Paul Knuth

Handbuch der Blütenbiologie

Zweiter Band - Erster Teil

D1720010

Paul Knuth

Handbuch der Blütenbiologie

Zweiter Band - Erster Teil

ISBN/EAN: 9783959130448

Auflage: 1

Erscheinungsjahr: 2015

Erscheinungsort: Treuchtlingen, Deutschland

HANDBUCH

DER

BLÜTENBIOLOGIE

UNTER ZUGRUNDELEGUNG VON HERMANN MÜLLERS WERK:
„DIE BEFRUCHTUNG DER BLUMEN DURCH INSEKTEN"

BEARBEITET

VON

DR. PAUL KNUTH

PROFESSOR AN DER OBER-REALSCHULE ZU KIEL
KORRESPONDIERENDEM MITGLIEDE DER BOTANISCHEN GESELLSCHAFT DODONAEA ZU GENT

II. BAND:

DIE BISHER IN EUROPA UND IM ARKTISCHEN GEBIET GEMACHTEN BLÜTEN-BIOLOGISCHEN BEOBACHTUNGEN

I. TEIL:

RANUNCULACEAE BIS COMPOSITAE

MIT 210 ABBILDUNGEN IM TEXT UND DEM PORTRÄT
HERMANN MÜLLERS

LEIPZIG

VERLAG VON WILHELM ENGELMANN

1898.

Die bisher in Europa und im arktischen Gebiet gemachten blütenbiologischen Beobachtungen. I.

[Die in den Litteraturnachweisen gebrauchten Abkürzungen sind im Vorwort (Bd. I) gegeben. In den Mitteilungen über die Thätigkeit der Insekten beim Blumenbesuch bedeutet: hld. honigleckend; sgd. saugend; psd. pollensammelnd; pfd. pollenfressend; ferner: hfg. häufig; slt. selten; sowie die Zusätze: n. nicht; s. sehr. Sind keine näheren Angaben über den Beobachtungsort angedeutet, so sind meine Beobachtungen in Schleswig-Holstein und zwar besonders bei Kiel gemacht worden, diejenigen von Hermann Müller in der Umgebung von Lippstadt in Westfalen, von Buddeberg in Nassau, von Borgstette bei Tecklenburg. Die sonst gebrauchten Abkürzungen der Beobachtungsgegenden etc. bedürfen keiner weiteren Erklärung.]

1. Familie Ranunculaceae Juss

H. M., Befr. S. 123, 124. Knuth, Ndfr. Ins. S. 16, 17; Grundriss S. 15—17.

Die Ranunculaceen sind durch eine so grosse Mannigfaltigkeit der Blüteneinrichtungen ausgezeichnet, wie sie nur bei wenigen anderen Familien angetroffen wird. Die Augenfälligkeit der Blüten wird bald durch die Blumenkrone (Ranunculus, Batrachium, Adonis), bald durch den Kelch (Clematis, Hepatica, Pulsatilla, Anemone, Caltha, Trollius, Helleborus, Eranthis, Aconitum), bald durch beide (Aquilegia, Delphinium), bald selbst durch die Staubblätter (Thalictrum) bewirkt. Die Blütenfarbe ist häufig weiss, grünlich oder gelb (Anemone, Batrachium, Ranunculus, Myosurus, Caltha, Trollius, Helleborus, Eranthis, Actaea), seltener rot, blau oder violett (Pulsatilla, Atragene, Hepatica, Adonis, Aquilegia, Delphinium, Aconitum, Paeonia). Ebenso mannigfaltig wie der Schauapparat ist die Absonderung und Bergung des Honigs: derselbe wird bald von den Kelchblättern (einige Paeonien), bald von den Staubblättern (Pulsatilla), bald von den Fruchtblättern (Caltha), in den meisten Fällen von den Kronblättern abgesondert, und zwar entweder am Grunde derselben (Batrachium, Ranunculus, Myosurus), oder in eigens zu diesem Zwecke zu Nektarien umgestalteten Organen (Trollius, Helleborus, Eranthis, Aquilegia, Aconitum, Nigella). Die Zusammenstellung einiger Nektarien

von Ranunculaceen (s. Fig. 1) zeigt den allmählichen Übergang von der ganz
einfachen Honiggrube bei Ranunculus bis zu den komplizierten Apparaten von
Aconitum: bei Trollius ist das Kronblatt stark verschmälert und zeigt über
dem Grunde eine verlängerte Honigrinne; bei Helleborus ist die eigentliche
Blattfläche bereits gänzlich verschwunden, so dass nur noch ein Honignäpfchen übrig geblieben ist; Aquilegia zeigt ein ähnlich geformtes, aber viel
grösseres, umgekehrtes und an der Spitze umgebogenes Organ, das ausser der
Honigabsonderung und -bergung auch noch der Anlockung dient und daher bunt
gefärbt ist; das Nektarium von Aconitum zeigt im allgemeinen dieselbe Gestalt,
wie dasjenige von Aquilegia, nur ist es wieder kleiner und mit einem langen Stiel,
dem Nagel des ursprünglichen Kronblattes, zum Zwecke des tieferen Versteckens
des Honigs versehen; das merkwürdige Nektarium von Nigella ist durch keine
Zwischenglieder mit den vorigen verbunden.

Bei nicht wenigen Ranunculaceen findet überhaupt keine Honigabsonderung
statt (Clematis, Thalictrum, Anemone, Hepatica); diese bieten den

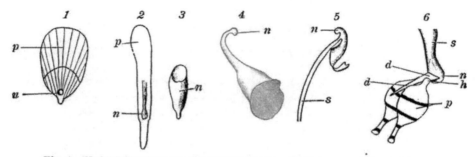

Fig. 1. Nektarien einiger Ranunculaceen. (Vergrössert. Nach der Natur. (

1. Ranunculus sceleratus L.   3. Helleborus niger L.   5. Aconitum Napellus L.
2. Trollius europaeus L.   4. Aquilegia vulgaris L.   6. Nigella arvensis L.

n Honigdrüse.   s Stiel.   d Deckel.   p Platte.   h Höcker.

besuchenden Insekten alsdann Pollen als Entgelt für die von demselben zu
leistende Arbeit der Wechselbefruchtung. Es sind daher die Ranunculaceen in
fast sämtlichen Blumenklassen vertreten; es gehören zu

Po oder W: Clematis (die meisten Arten), Thalictrum, Anemone, Hepatica,
Adonis, Actaea;

A: Myosurus, einige Arten von Ranunculus und Batrachium;

AB: Ranunculus, Batrachium, Caltha, Eranthis, Isopyrum, Cimicifuga;

B: Pulsatilla, Trollius, Helleborus;

H: Aquilegia, Delphinium, Aconitum, Atragene, Nigella.

Die Arten der Blumenklassen Po, A, AB und B zeigen Homogamie oder
schwache Protandrie, seltener Protogynie; bei ihnen ist durch die Stellung
und die Entwickelung der Staub- und Fruchtblätter bei ausbleibendem Insekten-

besuche in späteren Blütenzuständen spontane Selbstbestäubung möglich. Bei den Arten der Klasse II dagegen ist dieselbe durch ausgeprägte protandrische Dichogamie vielfach ausgeschlossen und zur Befruchtung Bienenbesuch oft unbedingt erforderlich.

Die Besucher und Befruchter gehören allen Insektenordnungen an. Die weissen, gelbgrünen und gelben Pollenblumen und die ebenso gefärbten Blumen mit leicht zugänglichem Nektar erhalten ihren Besuch hauptsächlich von kurzrüsseligen Insekten, besonders Fliegen und Käfern, seltener von Hymenopteren, noch seltener von Schmetterlingen. Die blau gefärbte Pollenblume (Hepatica) dagegen wird hauptsächlich von pollensuchenden Bienen besucht und befruchtet. Die gelbe Blume mit verborgenem Honig (Trollius) erhält ziemlich gleichmässig Besuch von Hymenopteren, Dipteren und Coleopteren, während die violette Blume dieser Klasse (Pulsatilla) fast ausschliesslich von Bienen befruchtet wird. Aquilegia, Delphinium und Aconitum sind ausgeprägte Hummelblumen, Nigella und Atragene ebenso ausgeprägte Bienenblumen.

1. Clematis L.

Meist Pollenblumen mit blumenkronartigen Kelchblättern, welche als Schauapparat dienen.

1. C. Vitalba L. [H. M., Weit. Beob. I. S. 312; Schulz, Beitr. I, S. 1; Kirchner, Flora S. 258; Loew, Blütenb. Floristik S. 175; Kerner, Pflanzenleben II; Knuth, Bijdragen; Notizen.] — Protogynische Pollenblume. Die zu dichten Trugdolden angeordneten Blüten werden durch den kletternden Stengel hoch empor gehoben, so dass die weissen zurückgeschlagenen Kelchblätter und die ebenfalls weissen Staubblätter die Pflanze weithin sichtbar machen. Als weiteres Anlockungsmittel dient auch der weissdornähnliche (von Trimethylamin herrührende) Geruch der Blumen. In den schwach protogynischen (nach Schulz vereinzelt auch homogamen) Blüten stehen die beim Aufblühen noch geschlossenen, zahlreichen, aufrechten Staubblätter anfangs etwas tiefer als die Narben, die dann schon empfängnisfähig sind. Sodann strecken sich die Staubfäden etwas und neigen sich in dem Masse, in welchem die Antheren aufspringen, nach aussen. Indem die äusseren Staubblätter zuerst entwickelt sind, ist anfangs Selbstbestäubung erschwert. Da die Narben auch bis zur Reife der innersten Staubblätter frisch bleiben, ist gegen Ende der Blütezeit spontane Selbstbestäubung leicht möglich.

Besucher und Befruchter sind pollensammelnde Bienen und pollenfressende Fliegen, welche Fremdbestäubung herbeiführen müssen, wenn sie von einer anderen Blüte kommend, auf den in der Blütenmitte stehenden und etwas hervorragenden Narben Fuss fassen. Die Beobachtung ihrer Thätigkeit ist durch die Höhe der Pflanze sehr erschwert.

Als Besucher sind von Buddeberg (1) in Nassau, von Hermann Müller (2) in Westfalen und von mir (!) in Holstein beobachtet:

A. Diptera: a) *Muscidae:* 1. Musca domestica L. (!); 2. Sarcophaga carnaria L. (!); 3. Scatophaga stercocaria L. (!), sämtlich pfd. b) *Syrphidae:* 4. Eristalis nemo-

1*

rum L. (!); 5. E. tenax L. (!); 6. Rhingia rostrata L. (!); 7. Syrphus balteatus Deg. ♂ (!); 8. S. ribesii L. ♀ (!); sämtlich pfd. B. Hymenoptera: a) *Apidae*: 9. Apis mellifica L. (!; 2, in Thüringen sehr häufig); 10. Anthrena albicans Müll. (!); 11. Halictus calceatus Scop. (!); 12. H. nitidiusculus K. ♀ (1), sämtlich psd. b) *Vespidae*: 13. Odynerus parietum L. ♂ (1).

Loew beobachtete in Steiermark (Beiträge S. 46):

A. Diptera: *Syrphidae*: 1. Syrphus lunulatus Mg., pfd. (?). B. Hymenoptera: *Apidae*: 2. Halictus malachurus K. ♀ pfd.

Mac Leod beobachtete in den Pyrenäen 1 Hummel und 5 Dipteren als Besucher (Pyr. Bl. S. 389).

2. C. recta L. [H. M., Befr. S. 111; Schulz, Beitr. I. S. 1; Beyer, Spont. Bew.; Knuth, Bijdragen; Kirchner, Flora S. 258. 259.]

Während die vorige Art meist schwache Protogynie zeigt, ist C. recta schwach protandrisch. Wenn die weissen, in endständigen, rispenförmigen Trugdolden stehenden Blüten sich öffnen, sind die Narben noch nicht völlig entwickelt und von den sie dicht umgebenden Staubblättern überragt. Von diesen biegen sich die äussersten alsbald auswärts und öffnen ihre Antheren, so dass die Blumen sich jetzt im ersten, dem männlichen Zustande, befinden, in welchem sie wohl Pollen an Insekten abgeben, aber keinen fremden, von Insekten herbeigebrachten auf ihren Narben festzuhalten vermögen; ebensowenig ist jetzt spontane Selbstbestäubung möglich. Die Auswärtsbiegung und das Aufspringen der Staubblätter schreitet nunmehr weiter nach innen fort, und noch ehe sich die innersten geöffnet haben, sind die Narben entwickelt und der Berührung pollenbedeckter, in der Blütenmitte auffliegender Insekten ausgesetzt. Die besuchenden, den reichlich vorhandenen Pollen sammelnden Bienen, verfahren nach den Beobachtungen Herm. Müllers fast stets so, während die pollenfressenden Fliegen in sehr unregelmässiger Weise auffliegen und, auf den Blüten umherschreitend, ebenso leicht Fremd- wie Selbstbestäubung herbeiführen können. Bei ausbleibendem Insektenbesuche tritt durch Berührung der empfängnisfähig bleibenden Narben mit den aufspringenden innersten Staubbeuteln leicht spontane Selbstbestäubung ein.

Hermann Müller beobachtete folgende Besucher:

A. Coleoptera: *Scarabaeidae*: 1. Trichius fasciatus L., Antheren fressend. B. Diptera: a) *Muscidae*: 2. Prosena siberita F.; b) *Syrphidae*: 3. Eristalis arbustorum L.; 4. E. sepulcralis L.; 5. Helophilus floreus L.; 6. Syrphus pyrastri L.; 7. Syritta pipiens L.; 8. Xylota ignava Pz.; 9. X. lenta Mg., sämtlich pfd. C. Hymenoptera: a) *Apidae*: 10. Anthrena albicans Müll. ♀; 11. A. gwynana K. ♀; 12. Apis mellifica L. ♀; 13. Bombus terrester L. ♀; 14. Halictus sexnotatus K. ♀; 15. Osmia rufa L. ♀; 16. Prosopis signata Pz. ♂, sämtlich psd. b) *Sphegidae*: 17. Gorytes mystaceus L., vielleicht nur Fliegen jagend; 18. Oxybelus uniglumis L., pfd. c) *Vespidae*: 19. Odynerus parietum L. ♀, wie 17. — Handlirsch verzeichnet als Besucher die Grabwespe Gorytes mystaceus L.

Ich sah an Gartenpflanzen nur eine pollenfressende Schwebfliege (Eristalis tenax L.).

3. C. Viticella L. [Knuth, Bijdragen] ist, wie die vor., honiglos. Trotz der sehr grossen, dunkelvioletten, blauen oder roten Pollenblumen habe ich an Exemplaren, die in Kiel als Laubenbekleidung angepflanzt waren, nur einmal die Honigbiene psd. bemerkt. Aus der Heimat dieser Pflanze, dem Mittelmeergebiet, liegen keine Beobachtungen vor.

4. C. Balearica Rich. (= C. cirrhosa L.), im Mittelmeergebiet heimisch, ist Honigblume: nach Delpino sondern nämlich die in löffelförmige Nektarien umgewandelten äusseren Staubblätter Honig ab. Als Besucher dieser Art beobachtete derselbe Forscher Bombus und Xylocopa.

5. C. integrifolia L. ist gleichfalls Honigblume: hier sondern, nach Delpino (Applic. S. 8), die inneren Staubblätter Nektar ab. Die hängenden Blüten sind, nach Kerner (Pflanzenleben II. S. 346, 347), kurze Zeit protogyn, daher im Beginn der Blütezeit der Fremdbestäubung angepasst. Die dicht aufeinander liegenden Staubblätter bilden zusammen eine kurze Röhre, in deren Grunde die zahlreichen, dann noch unentwickelten Stempel liegen, während die äusseren Antheren bereits aufgesprungen sind, also der Fremdbestäubung dienen. Allmählich öffnen sich auch die Antheren der inneren Staubblätter, aber dieser Pollen würde infolge der hängenden Stellung der Blüte keine spontane Selbstbestäubung herbeiführen können, wenn nicht in den beiden letzten Blühtagen eine Verlängerung des Stempels erfolgte, so dass, falls die Befruchtung noch nicht durch Vermittelung pollenübertragender Insekten erfolgt ist, die sich etwas spreizenden Narben der sich verlängernden Stempel durch den an den Staubblättern noch haftenden Blütenstaub belegt werden.

6. C. angustifolia Jacq.

Loew beobachtete im botanischen Garten zu Berlin als Besucher: Hymenoptera: *Apidae*: Bombus terrester L. ⚥, psd.

2. Atragene L.

Homogame Bienenblumen. Die grossen Kelchblätter dienen als Schauapparat; die kleinen Kronblätter sind in Nektarien umgewandelt.

7. A. alpina L. (Clematis alpina Miller). [H. M., Alpenblumen S. 124, 125; Ricca, Atti XIV. 3; Kerner, Pflanzenleben II. S. 346, 347; Schulz, Beiträge II. S. 1.] — Eine ausgeprägte Bienenblume. Nach Hermann Müller ist die Pflanze in den Alpen homogam; dabei ist Selbstbestäubung völlig ausgeschlossen, so dass die hauptsächlich aus Apiden bestehenden Blütenbesucher allein die Befruchtung vermitteln können. (S. Fig. 2 auf Seite 6.)

Nach Kerner stimmt die Blüteneinrichtung von Atragene alpina ganz mit derjenigen von Clematis integrifolia überein, so dass gegen Ende der Blütezeit durch Verlängerung der Stempel spontane Selbstbestäubung erfolgen kann.

Als Besucher sah H. Müller 1 Biene (Eucera) und 1 Käfer; Ricca beobachtete Hummeln, auch Schulz besonders Apiden.

3. Thalictrum L.

Pollenblumen, bei denen die Staubblätter als Schauapparat dienen oder Windblumen mit gelegentlichem Insektenbesuche. — Kerner beobachtete ein Öffnen und Schliessen der Antheren in Folge von Veränderungen im Feuchtigkeitsgehalt der Luft.

8. Th. aquilegifolium L. [H. M., Befr. S. 111, 112; Alpenbl. S. 115; Beyer, spont. Bew.; Ricca, Atti XIV, 3; Schulz, Beitr. II. S. 1, 2; Kerner,

Pflanzenleben II; Knuth, Bijdragen.] — Durch die vielen keuligen, strahlig auseinander spreizenden, starren, blass violett gefärbten Staubblätter der zahlreichen, dicht zusammengedrängten Blüten wird die hohe Pflanze weithin augenfällig. Im Anfange der Blütezeit werden die nach Müller dann bereits empfängnisfähigen, nach Schulz und Ricca aber teilweise noch unentwickelten Narben von den inneren, noch nicht aufgesprungenen Staubblättern überragt und vor der Berührung mit auffliegenden Insekten geschützt, die sich in diesem ersten Blütenzustande mit Blütenstaub beladen, indem sie beim Pollensammeln oder -fressen auf den Blüten umherkriechen. Später spreizen auch die heranreifenden inneren Staubblätter auseinander, so dass alsdann die in der Blütemitte auffliegenden Insekten die Narben mit fremdem Pollen versehen müssen, falls sie von anderen Blüten dieser Art kommen. Bei ausbleibendem Insektenbesuche findet spontane Selbsbestäubung statt, da die Narben in der Fallrichtung des Pollens der inneren Antheren liegen.

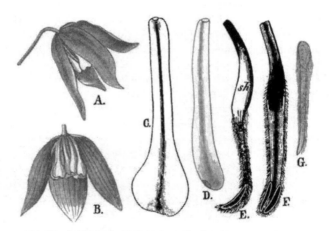

Fig. 2. Atragene alpina L. (Nach Herm. Müller.)

A. Blüte von der Seite gesehen (²/₃ nat. Gr.). *B.* Dieselbe nach Entfernung eines Kelchblattes. *C.* Eines der vier grossen Kronblätter. *D.* Eines der innersten kleinen Kronblätter, am Ende an der Seite mit einem Staubbeutel. *E.* Ein Staubblatt von der Seite gesehen. *F.* Dasselbe schräg von innen gesehen. *G.* Ein Stempel.

Auch die Möglichkeit, dass der leichte und wenig klebrige Pollen durch den Wind fortgeführt wird, ist vorhanden, doch findet, wie Schulz bemerkt, Fremdbestäubung durch den Wind wohl nicht gerade häufig statt, da die dicht gedrängt stehenden Staubblätter den Pollen nicht zu der Narbe gelangen lassen.

Besucher sind nach Hermann Müllers (1) und meinen (!) Beobachtungen pollensammelnde Bienen oder pollenfressende Fliegen und Käfer:

A. Coleoptera: a) *Nitidulidae*: 1. Meligethes (!). b) *Scarabaeidae*: 2. Trichius fasciatus L., Antheren fressend (1). B. Diptera: *Syrphidae:* 3. Eristalis arbustorum L. (1); 4. E. nemorum L. (1); 5. E. pertinax Scop. (!); 6. E. sepulcralis L. (1); 7. E. tenax L. (!, 1); 8. Rhingia rostrata L. (1); 9. Syrphus balteatus Deg. (!), sämtlich pfd. C. Hymenoptera: *Apidae*: 10. Apis mellifica L. psd. (!, 1); 11. Halictus cylindricus F. ♀, psd. (!); 12. H. sexnotatus K. ♀, psd. (1); 13. Prosopis signata Pz. ♂ ♀, psd. (1).

In den Alpen sah H. Müller ausserdem 4 Fliegen, 3 Käfer, 3 Hautflügler.

Loew beobachtete im botanischen Garten zu Berlin:

A. Coleoptera: *Scarabaeidae*: 1. Cetonia aurata L., Antheren fressend. B. Diptera: *Syrphidae*: 2. Syritta pipiens L., pfd. C. Hymenoptera: *Apidae*: 3. Apis mellifica L., psd.

9. **Th. alpinum L.** Die aus den hängenden Blüten weit hervorragenden Staubblätter zeigen an, dass die Pflanze windblütig ist. Die Narben sind, nach Lindman, vor den Staubblättern entwickelt, doch bleiben sie während des Aufspringens der Antheren noch empfängnisfähig. Nach Ekstam sind auf Nowaja Semlja die Blüten protogyn-homogam. Nach Kerner sind auch bei dieser Art die Narben anfangs unter den Kelchblättern geborgen; sie können jedoch nach dem Abfallen der letzteren geitonogam durch den Pollen benachbarter Blüten befruchtet werden. Dasselbe gilt von

10. **Th. flavum L.** [H. M., Befr. S. 112; Mac Leod, Bot. Jaarb. VI; Schulz, Beitr. II. S. 2.] — Nach Warnstorf (Abh. Bot. V. Brand. Bd. 37) sind die Blüten schwach protogynisch bis homogam. Der Pollen ist gelb, polyedrisch, glatt, etwa 25 bis 30 μ diam.

Als Besucher dieser Pollenblume sah ich in Gärten bei Kiel Apis mellifica L. ♀ und Bombus lapidarius L. psd. Erstere beobachtete auch Herm. Müller auf den Lippewiesen bei Lippstadt, ferner daselbst eine Anzahl pollenfressender Dipteren: a) *Syrphidae*: 1. Eristalis arbustorum L.; 2. E. nemorum L.; 3. E. tenax L.; 4. E. sepulcralis L.; 5. Syritta pipiens L. b) *Muscidae*: 6. Pollenia vespillo F.

11. **Th. minus L.** [H. M., Weit. Beob. I. S. 312, 313; Kerner, Pflanzenleben II; Schulz, Beitr. II. S. 2; Knuth, Rügen.] — Aus den honiglosen Blüten ragen die am Grunde verdünnten Staubfäden schlaff heraus, so dass sie von jedem Luftzuge bewegt werden, mithin die Pflanze als windblütig anzusehen ist. Durch die schwefelgelbe Farbe der Staubblätter werden die Blüten aber auch recht auffällig, so dass Insektenbesuch sich hin und wieder einstellt. Die Pflanze schwankt also zwischen Wind- und Insektenblütigkeit, weshalb ich die Blüten als Windblumen bezeichne. Die Besucher bewirken ebenso leicht Fremd- wie Selbstbestäubung. Häufig ist infolge ausgeprägter Protogynie auch bei Befruchtung durch den Wind Fremdbestäubung gesichert. Während H. Müller die Blüten in Thüringen ausgeprägt protogynisch fand, sind sie, nach Schulz, in Südtirol völlig homogam oder nur schwach protogynisch.

Nach Kerner sind die Narben anfänglich unter den Kelchblättern geborgen. Wenn sich letztere loslösen, ist Bestäubung durch den Pollen der Nachbarblüten möglich.

Auf der Insel Rügen beobachtete ich: Diptera: *Syrphidae*: Eristalis tenax L. pfd. als Besucher; Buddeberg in Nassau Syrphus sp. pfd.; Hermann Müller in Thüringen einen Käfer (Oedemera virescens L.) pfd. Schulz beobachtete vereinzelte Fliegen, Bienen und Käfer. In Dumfriesshire in Südschottland (Scott-Elliot, Flora S. 1) ist eine Muscide auf den Blüten beobachtet.

12. **Th. glaucophyllum Wend.**

Loew beobachtete im botanischen Garten zu Berlin: Coleoptera: *Scarabaeidae*: Cetonia aurata L., Antheren fressend.

4. Hepatica Dillenius.

Pollenblumen. Die der Blüte genäherte, kelchartige Aussenhülle dient als Schauapparat. Zuweilen Gynomonöcie und Gynodiöcie.

13. H. triloba Gilibert. (Anemone Hepatica L.) [Sprengel, S. 291; H. M., Weit. Beob. I. S. 313; Schulz, Beitr. II. S. 178; Calloni, Bot. Jb. 1885, I. S. 751; Kerner, Pflanzenleben II. S. 190, 205; Schroeter, An. hep.; Knuth, Bijdragen.] — Den im Sonnenscheine geöffneten Blüten ist die mehrblättrige Aussenhülle so genähert, dass diese als Kelch erscheint, dessen dunkelblaue Farbe von dem gelben, abgefallenen Laube der Buchen und Haselsträucher sich vorvortrefflich abhebt. Während der, nach Kerner, achttägigen Blütezeit verdoppelt sich die Länge der Hüllblätter, so dass die Augenfälligkeit der Blume sich noch erhöht. Die äusseren Staubblätter sind nach Müller gleichzeitig mit den Fruchtblättern entwickelt und von diesen abgebogen, so dass bei Insektenbesuch in diesem Zustande Fremdbestäubung eintreten kann. Später entwickeln sich auch die inneren Staubblätter, durch deren Pollen dann spontane Selbstbestäubung eintreten muss. Nach Warnstorf (Nat. V. d. Harzes. XI. 1896. S. 1) sind die Blüten protogynisch. Das Mittelband der beiden sich seitlich öffnenden weissen Antherenfächer ist weiss oder violett. Die Staubblätter überragen die Narben, so dass schliesslich Autogamie unvermeidlich ist. Es kommen nach Schulz und Schröter einzelne gynomonöcische und gynodiöcische Pflanzen vor.

Als Besucher und Befruchter sind besonders von Herm. Müller (1) und mir (!) in erster Linie pollenfressende und -sammelnde Insekten beobachtet, welche, auf den offenen Blüten umherkriechend, sowohl Fremd- als auch Selbstbestäubung herbeizuführen vermögen, nämlich:

A. Coleoptera: *Staphylinidae*: 1. Staphylinus? (Sprengel bei Spandau). B. Diptera: *Syrphidae*: 2. Eristalis tenax L. pfd. (!, 1). C. Hymenoptera: *Apidae*: 3. Apis mellifica L. ♀ (! Kiel in Gärten, psd., häufig; 1. in Westfalen sehr zahlreich); 4. Osmia rufa L. ♀ (1, vergeblich nach Honig suchend). D. Lepidoptera: *Rhopalocera*: 5. Rhodocera rhamni L. (1), längere Zeit auf den Blüten sitzend und mit der Spitze des ausgestreckten Rüssels an verschiedenen Stellen des Blütengrundes umhertastend; 6. Vanessa urticae L. (!), vergeblich Honig suchend.

14. H. angulosa DC.

Loew beobachtete im botanischen Garten zu Berlin: Hymenoptera: *Apidae*: Apis mellifica L. ♀, psd. auf den Blumen.

5. Pulsatilla Tourn.

Protogynische Blumen mit verborgenem Honig (selten Pollenblumen). Absonderung des Nektars durch äussere, rudimentäre Staubblätter. Als Anlockungsmittel dienen die grossen, bunten Kelchblätter. Ausser den Zwitterblüten kommen bei manchen Arten (P. vulgaris, vernalis, pratensis, montana) andromonöcische und androdiöcische, gynomonöcische und gynodiöcische Blüten vor.

15. P. vulgaris Miller. (Anemone Pulsatilla L.) [Sprengel, S. 290; H. M., Weit. Beob. I. S. 313, 314; Schulz. Beitr. I. S. 2; Knuth, Ndfr. Ins. S. 17, 147; Bijdragen.] — Die grossen, blauvioletten Kelchblätter bilden ein wirksames Anlockungsmittel der aufrecht stehenden Blüten. Im Anfange der Blütezeit sind die Narben bereits empfängnisfähig; sie bleiben dies auch während des in 2—4 Tagen erfolgenden Aufspringens der äusserst zahlreichen Staubbeutel. Der Nektar wird, wie bei den folgenden Arten, von einer zu kurz gestielten Knöpfchen umgewandelten, äussersten Reihe von Staubblättern abgesondert. Da die Narben auch die längsten Staubblätter überragen (s. Fig. 3, 1), so werden sowohl pollensammelnde als auch zum Honig vordringende Insekten zuerst die Narben berühren und, falls sie schon eine Blüte dieser Art besucht hatten, mit fremdem Pollen belegen.

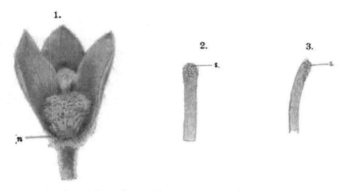

Fig. 3. Pulsatilla vulgaris L. (Nach der Natur.)

1. Blüte nach Entfernung der beiden vorderen Kelchblätter. n Nektarien. Die zahlreichen Narben überragen die Antheren. 2. Narbe eines mittelständigen Griffels. 3. Narbe eines seitenständigen Griffels. (2 und 3 stark vergrössert.)

Als Besucher und Befruchter sind von Herm. Müller (1) und mir (!) in erster Linie honigsaugende und pollensammelnde Bienen, als Honigräuber Ameisen beobachtet:

A. Hymenoptera: a) *Apidae*: 1. Apis mellifica L. ⚥, sgd. und psd. (!, Kiel häufig; 1, Thür.); 2. Bombus lapidarius L. ♀ sgd. (! Kiel; 1, Thür.); 3. B. terrester L. ♀ sgd., dabei sich an den Staubblättern und Stengeln festhaltend und rings im Kreise die Nektarien leerend (! Kiel, häufig; 1, Thür.); 4. B. hortorum L. ♀ (!) wie vor. Ferner beobachtete H. M. in Thür.: 5. Anthrena gwynana K. ♂, sgd.; 6. Halictus cylindricus F. ♀, psd., häufig; 7. H. morio F. ♀, psd. b) *Formicidae* (sämtlich Honigdiebe): 8. Lasius alienus Foerst. ⚥; 9. Leptothorax interruptus Schck. ⚥; 10. Myrmica levinodis Nyl. ⚥; 11. M. ruginodis Nyl. ⚥; 12. M. scabrinodis Nyl. ⚥; 13. Tapinoma erraticum Latr. ⚥. B. Coleoptera: a) *Nitidulidae*: 14. Meligethes hld.; b) *Meloidae*: 15. Meloelarven. C. Hemiptera: 16. Aphanus vulgaris Schill. D. Thysanoptera: 17. Thrips sehr häufig.

Schenk beobachtete in Nassau Osmia rufa L. ♂.

16. **P. pratensis Miller.** [Sprengel, S. 289; Franck, Beitr.; Loew. Bl. Fl. S. 390; Schulz, Beitr. II. S. 3; Knuth, Bijdr.] — Die schwarzvioletten Kelchblätter der hängenden, grossen Blüten schliessen glockenförmig zusammen, so dass sie ein die Staub- und Fruchtblätter gegen Regen schützendes Dach bilden. Die Blüteneinrichtung stimmt mit derjenigen der vorigen Art überein.

Infolge der Protogynie ist Autogamie ausgeschlossen. Warnstorf (Abh. Brand. Bd. 38) bezeichnet die bei Ruppin auftretenden Blumen als anfangs protogynisch und später homogam. Pollen glänzend weiss, etwa 37 μ diam.

Als Besucher und Befruchter sind von Loew (1) und mir (!) bisher nur Bienen beobachtet, welche beim Anfliegen zuerst die die Staubblätter überragenden Narben berühren und, sich dann in dem Gewirr der Staubblätter festhaltend, Pollen sammeln oder Honig saugen:

Hymenoptera: *Apidae*: 1. Apis mellifica L. ♀ und 2. Bombus hortorum L. ♀ (! Kiel, sgd. u. psd.); 3. Osmia bicolor Schrk. ♀, psd. (1, Mark Brandenburg).

17. P. vernalis Miller. [Beyer, Spont. Bew.; Kerner, Pflanzenleben II; H. M., Alpenbl. S. 125—127; Ricca, Atti XIV. 3; Schulz, Beitr. II. S. 2—4.]

Die im Sonnenscheine ausgebreiteten Kelchblätter sind auf der Innenseite weiss, aussen hellviolett bis rosenrot gefärbt und dienen als Anlockungsmittel.

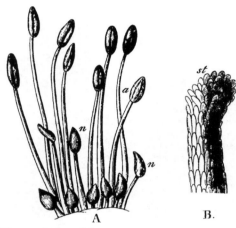

Die Blüteneinrichtung weicht in einigen Punkten von derjenigen der beiden vorigen Arten ab: die Protogynie ist meist viel schwächer, es kommen sogar fast homogame Blüten vor; ferner schreitet, nach Beyer, die Verstäubung der Antheren von einer mittleren Zone nach aussen und innen fort; sodann beobachtete Schulz ganz honiglose Blüten; endlich fand Kerner ausser Zwitterblüten mit kurzen Staubblättern, die durch Fremdbestäubung befruchtet werden, auch solche mit langen Staubblättern, welche beim Schliessen der Blüte der spontanen Selbstbestäubung unterworfen sind, ebenso waren die Pflanzen, welche Lindman auf dem Dovrefjeld beobachtete, durch spontane Selbstbestäubung befruchtbar. Hier bemerkte Lindman als Blütenbesucher eine Fliege. In den Alpen beobachtete Herm. Müller als Besucher 6 Hautflügler, 12 Fliegen, 4 Falter, 2 Käfer.

Fig. 4. Pulsatilla vernalis L. (Nach Herm. Müller.)
A. Einige der äussersten, in Nektarien umgewandelten Staubblätter, dahinter einige ausgebildete Staubblätter. *B.* Griffelspitze mit Narbe bei stärkerer Vergrösserung.

18. P. patens Miller stimmt, nach Kerner, in der Einrichtung der grossen, violettblauen, protogynen Blüten im wesentlichen mit derjenigen von P. vulgaris überein. Als Besucher sah ich im botanischen Garten zu Kiel Bombus hortorum L. ♀, sgd. und psd.

19. 20. P. montana Hampe und **P. transsilvanica Schur** stimmen in der Blüteneinrichtung gleichfalls mit P. vulgaris überein. Von letzterer erwähnt Kerner, dass sie gegen Ende des Blühens durch Entwickelung der inneren Staubblätter sich selbst bestäuben könne.

21. P. alpina Delarbre (Anemone alpina L.). [H. M., Alpenbl. S. 127, 128; Ricca, Atti XIV, 3; Kerner, Pflanzenleben II; Schulz, Beitr. II S. 4 —7.] — Sie ist nebst der schwefelgelb blühenden Abart (Anemone sulfurea L. als Art) eine protogynische Pollenblume. Die Abart ist im Riesengebirge und in den Tiroler Centralalpen vorwiegend, in den östlichen Kalkalpen dagegen tritt die Hauptform auf. Die Pflanze entwickelt, nach Kerner, wie P. vernalis ausser Zwitterblüten mit kurzen, wenigen Staubblättern solche mit langen, zahlreichen Staubblättern; die erstere Form ist wieder der Kreuzung, die letztere der Autogamie unterworfen. Herm. Müller fand ausser den Zwitterblüten auch androdiöcische, Schulz ausserdem noch seltener andromonöcische Blüten. Die männlichen Blumen bilden im Riesengebirge nur 3—5%, in den Alpen 80 bis 95% der Gesamtheit; sie sind kleiner als die Zwitterblüten. Herm. Müller beobachtete in den Alpen 6 Bienen, 12 Fliegen, 2 Käfer als Besucher; Frey in Graubünden einen Falter: Lypusa maurella S. V.; Dalla-Torre und Schletterer in Tirol Bombus alticola Kriechb. ♀ ♂, zieml. hfg.

6. Anemone Tourn.

Homogame oder schwach protogyne oder schwach protandrische Pollenblumen. Kronblätter fehlen; die meist weissen oder gelben, seltener violett, rot oder blau gefärbten Kelchblätter dienen der Anlockung. Einzelne Arten (A. Richardsonii Hooker in Grönland) sind auch wohl windblütig (Warming.)

22. A. silvestris L. [H. M., Weit. Beob. I. S. 314; Schulz, Beitr. II. S. 7; Kerner, Pflanzenleben II.] — In den milchweissen homogamen oder schwach protogynischen oder auch schwach protandrischen Blüten neigen die inneren Staubblättern über den Narben zusammen, so dass spontane Selbstbestäubung eintreten muss. Die Blumen erreichen, wenn sie sich im Sonnenschein ausbreiten, einen Durchmesser von 70 mm; sie locken daher zahlreiche Insekten an, welche, indem sie über die Blüten kriechen, sowohl Selbst- als auch Fremdbestäubung herbeiführen können.

Herm. Müller beobachtete in seinem Garten in Lippstadt folgende Besucher:

A. Coleoptera: a) *Cerambycidae*: 1. Grammoptera ruficornis F., Antheren fressend. b) *Dermestidae*: 2. Byturus fumatus F., pfd. c) *Malacodermata*: 3. Dasytes flavipes F.; 4. Malachius bipustulatus F., Antheren fressend. d) *Mordellidae*: 5. Anaspis rufilabris Gyll., pfd. e) *Scarabaeidae*: 6. Phyllopertha horticola L., Blütenteile abweidend. B. Diptera: a) *Bibionidae*: 7. Bibio hortulanus L., ohne Ausbeute. b) *Empidae*: 8. Rhamphomyia sp.; 9. Tachydromia connexa Mg. c) *Muscidae*: 10. Anthomyia-Arten, pfd; 11. Calliphora vomitoria L.; 12. Chlorops hypostigma Mg. d) *Syrphidae*: 13. Ascia podagrica F.; 14. Eristalis arbustorum L., häufig; 15. E. nemorum L., häufig; 16. E. tenax L., häufig; 17. Helophilus floreus L.; 18. Pipiza funebris Mg.; 19. Rhingia rostrata L.; 20. Syritta pipiens L., häufig; sämtliche Schwebfliegend eifrig pfd. C. Hymenoptera: *Apidae*: 21. Apis mellifica L., psd., zahlreich, auch sgd. Auch Schulz beobachtete Bienen, Fliegen, seltener Käfer.

Die Blüteneinrichtung stimmt im übrigen mit derjenigen der folgenden Art überein:

23. A. nemorosa L. [Sprengel, S. 292; Hua, An. nem.; H. M., Befr. S. 112; Weit. Beob. I. S. 314; Kirchner, Flora S. 260; Webster, A. nem.; Mac Leod, Bot. Jaarb. VI; Knuth, Bijdragen.] — Die Blüten sind erheblich kleiner als die der vorigen Art; es ist daher der Insektenbesuch auch bedeutend geringer.

In den weissen, aussen meist rötlich überlaufenen, selten ganz roten, sehr selten blauen Blumen überragen anfangs die Staubblätter noch die Narben, so dass letztere vor Berührung geschützt sind. Alsdann spreizen die Staubblätter nach aussen, so dass von nun ab die Staub- und Fruchtblätter der Berührung der Besucher ausgesetzt sind, die dann sowohl Fremd- als auch Selbstbestäubung bewirken können. Bei ausbleibendem Insektenbesuche fällt in den schräg gestellten Blüten Pollen auf die Narbe, so dass spontane Selbstbestäubung eintritt. Hua beobachtete Blumen mit verkümmerten Staubblättern.

Warnstorf (Abh. Brand. Bd. 38, S. 16) beobachtete in der Fasanerie bei Treskow weisse, verschieden grosse Blüten: von 35 mm Durchmesser und von nur 20 mm Durchmesser. Die ersteren zeigen auf der Unterseite der Perigonblätter einen Stich in's Blassviolette, letztere dagegen sind unterseitig gelbgrün; der Blütenstiel der grossblütigen Form erreicht eine Länge von über 30, der der kleinblütigen von nur etwa 25 mm. Die Blüten sind sämtlich schwach protogyn; ihre inneren und äusseren Staubblätter kürzer als die mittleren, sich über das Gynaeceum neigend und dadurch leicht Selbstbestäubung bewirkend. Die Antheren springen sehr unregelmässig auf. Pollen weiss, elliptisch bis kugeltetraëdrisch, sehr feinwarzig, etwa 37 μ lang und 25 μ breit.

Als Besucher sind besonders von Herm. Müller (1) und mir (!) pollensammelnde Bienen und pollenfressende Fliegen beobachtet:

A. Coleoptera: a) *Mordellidae*: 1. Anaspis frontalis L., pfd. (1); 2. Mordellistena pumila Gyll. (1). b) *Nitidulidae*: 3. Meligethes, pfd. (! Kiel, ! Wiesbaden; 1., auch zahlreich im Blütengrunde). B. Diptera: a) *Muscidae*: 4. Scatophaga merdaria L., pfd. (! Kiel, ! Wiesbaden; 1.); 5. S. stercoraria L., pfd. (wie vor.). b) *Syrphidae*: 6. Eristalis tenax L., nach Honig suchend, pfd. (wie vor.). C. Hymenoptera: *Apidae*: 7. Anthrena albicans Müll. ♂, pfd. (! Wiesbaden; 1.); 8. A fulvicrus K. ♀, pfd. (1); 9. A. parvula K. ♀, pfd. (1); 10. Apis mellifica L. ♀ (! Kiel, ! Wiesbaden; 1). Schon Hermann Müller beobachtete, dass die Honigbiene nicht nur Pollen sammelt, sondern auch saugt, indem sie den Rüssel in den Blütengrund bohrt und so den Saft erhält, welchen sie zum Anfeuchten des Pollens bedarf. 11. Bombus terrester L. ♀, psd. (1); 12. Halictus cylindricus F. ♀, psd. (1); 13. Osmia bicolor Schrk. ♀, psd. (1). D. Thysanoptera: 14. Thrips (1).

Alfken und Höppner (H.) beobachteten bei Bremen:

Apidae: 1. Anthrena albicans Müll. ♀; 2. A. parvula K. (H.); 3. Apis mellifica L. ♀. 4. B. hortorum L. ♀; 5. Bombus pratorum L. ♀. Sämtlich psd.

Mac Leod sah in Flandern Apis, 1 Halictus, 4 Musciden, 1 Empide, 1 Falter, 2 Käfer als Besucher (Bot. Jaarb. VI. S. 173).

In Dumfriesshire in Schottland (Scott-Elliot, Flora S. 2) sind Schwebfliegen, 1 Empide und 1 Muscide als Besucher beobachtet.

Burkill (Fert. of Spring Fl.) beobachtete an der Küste von Yorkshire: A. Diptera: a) *Muscidae*: 1. Anthomyia sp., pfd.; 2. Scatophaga stercoraria L., pfd. b) *Syr-*

phidae: 3. Melanostoma quadrimaculata Verall, pfd. B. Hemiptera: 4. Anthocoris sp. C. Hymenoptera: *Apidae*: 5. Bombus terrester L. D. Thysanoptera: 6. Thrips sp.

24. A. ranunculoides L. [H. M., Weit. Beob. I. S. 314, 315; Beyer, Spont. Bew.; Warnstorf, Abh. Bot. Ver. Brand. Bd. 38; Knuth, Bijdragen.] — Die Einrichtung der goldgelben Blüten stimmt ganz mit derjenigen von A. nemorosa überein. Warnstorf beobachtete in der Fasanerie bei Treskow gleichfalls eine gross- und eine kleinblütige Zwitterform: die Blüten der ersteren haben einen Durchmesser von etwa 30, die der letzteren von durchschnittlich 18—20 mm. Dagegen sah derselbe im Wustrauer Park eine Form mit sehr kleinen, kurzgestielten, z. T. vergrünten, vielblätterigen Blüten, deren Gynaeceum häufig ganz verkümmert war und deren Staubblätter sich mitunter in grüne, schmale Kelchblätter umgewandelt hatten.

Als Besucher sind von Herm. Müller (1) und mir (!) beobachtet:
A. Diptera: *Bombylidae*: 1. Bombylius discolor Mikan., vergeblich nach Honig suchend (1, Thür.). B. Hymenoptera: *Apidae*: 2. Apis mellifica L. ☿ (!, psd.; 1, psd. und sgd., Thür.).

Loew beobachtete im botanischen Garten zu Berlin: Coleoptera: *Dermestidae*: Anthrenus scrophulariae L., pfd.

25. A. narcissiflora L. [H. M., Alpenbl. S. 128; Schulz, Beitr. I. S. 3.] — Die Blüten sind protandrisch; die von Schulz im Riesengebirge untersuchten Pflanzen hatten zum Teil schwarzbraune und funktionslose Narben. Die von Müller in den Alpen beobachteten Pflanzen waren der spontanen Selbstbestäubung fähig. Als Besucher beobachtete dieser Forscher dort sechs pollenfressende Fliegen.

26. A. baldensis L. [Kerner, Pflanzenleben II.] — Die weissen, periodisch sich öffnenden Pollenblumen sind teils protogyne Zwitterblüten, teils scheinzwitterige Staubblattblüten. Die ersteren treten in zwei Formen auf, entweder besitzen sie kürzere Staubblätter und sind dann für Fremdbestäubung eingerichtet, oder sie haben längere Staubblätter und sind alsdann der spontanen Selbstbestäubung fähig.

27. A. trifolia L. [Kerner, Pflanzenleben II; Schulz, Beitr. II. S. 7.] — Die weissen, sich periodisch öffnenden Blüten sind homogame Pollenblumen, in welchen wegen der Nähe der Antheren und Narben leicht spontane Selbstbestäubung erfolgt. Schulz beobachtete in Südtirol als Besucher namentlich Fliegen, sowie auch Bienen und Käfer. Diese können ebensogut Fremd- wie Selbstbestäubung herbeiführen.

28. A. appennina L. [Knuth, Capri.] — Schwach protogynische Pollenblume. Der Durchmesser der violetten, schwach nach Cumarin duftenden, im Sonnenschein offenen Blüten beträgt 5 cm. Die vielen blauschwarz gefärbten Staubblätter umgeben in mehreren Kreisen die ebenso gefärbten Griffel. Die Narben der letzteren sind etwas früher entwickelt, als die Antheren aufspringen, so dass in diesem Zustande bei Insektenbesuch Fremdbestäubung eintreten kann. Die sich öffnenden Staubbeutel sind den Narben so genähert, dass alsdann spontane Selbstbestäubung erfolgen muss. Letzteres scheint auf Capri regelmässig der Fall zu sein, da der

Insektenbesuch trotz der grossen Augenfälligkeit der Blumen dort ein sehr spärlicher ist; nur einmal sah ich eine kleine Fliege (Muscide) auf einer Blüte Pollen fressen.

29. A. japonica Sieb. et Zucc. [Knuth, Bijdragen.] — Diese aus Japan stammende Art ist bei uns Gartenzierpflanze. Der Durchmesser der homogamen Blumen beträgt etwa 7 cm. Anfangs sind die Staubblätter den Kelchblättern anliegend, so dass Selbstbestäubung erschwert, dagegen Fremdbestäubung bevorzugt ist. Später richten sich die Staubblätter auf, so dass noch spontane Selbstbestäubung durch Berührung von Antheren und Narbe erfolgt.

Als Besucher beobachtete ich pollensammelnde und -fressende Insekten: A. Diptera: a) *Muscidae:* 1. Musca domestica L.; 2. Sarcophaga carnaria L.; b) *Syrphidae:* 3. Eristalis tenax L.; 4. Syrphus ribesii L. B. Hymenoptera: *Apidae:* 5. Bombus terrester L. ⚥. Von diesen flogen Eristalis nnd Bombus regelmässig auf die Blütenmitte und gingen von hier nach den Antheren, so dass sie fast immer Fremdbestäubung bewirkten. Die übrigen Besucher flogen teils auf die Blütenmitte, teils auf die Antheren, führten also teils Fremd-, teils Selbstbestäubung herbei.

Loew beobachtete im botanischen Garten zu Berlin:
A. Diptera: *Syrphidae:* 1. Eristalis tenax L., pfd.; 2. Syritta pipiens L., pfd.; 3. Syrphus balteatus Deg., an den Staubgefässen, pfd.; 4. S. ribesii L., w. v. B. Lepidoptera: *Rhopalocera:* 5. Pieris brassicae L., wiederholt den Rüssel zwischen die Fruchtknötchen steckend und wahrscheinlich Saft mit der Rüsselspitze erbohrend. C. Orthoptera: 6. Forficula auricularia L.

An der Form fl. purpurea beobachtete Loew im botanischen Garten zu Berlin:
A. Diptera: *Syrphidae:* 1. Syrphus balteatus Deg., an den Staubgefässen, pfd.; 2. S. corollae F., an den Antheren, pfd. B. Hymenoptera: *Vespidae:* 3. Vespa germanica F., anfliegend, ohne Erfolg zu saugen versuchend.

7. Adonis Dill.

Protogynische, sich periodisch schliessende und öffnende Pollenblumen, deren brennend rote oder gelbe Kronblätter als Anlockungsmittel dienen.

30. A. vernalis L. [Beyer, a. a. O.; Kerner, a. a. O.; H. M., Weit. Beob. I. S. 315; Knuth, Bijdr.]. — Die gelben Blüten breiten sich, nach Müllers Darstellung, im Sonnenscheine, sich der Sonne zuwendend, zu einer weithin sichtbaren Scheibe von 40—70 mm Durchmesser aus. Mit dem Öffnen der Blüte sind auch die zahlreichen Narben entwickelt, während die noch zahlreicheren Staubblätter noch unentwickelt und nach aussen gerichtet sind, so dass in diesem Zustande bei Insektenbesuch Fremdbestäubung möglich ist. Allmählich beginnen die Staubblätter — die äussersten zuerst, dabei also zwischen den innern hindurchtretend — sich aufzurichten und zu beiden Seiten des breiten Konnektivs aufzuspringen. Sind alle Staubblätter aufgesprungen, so überragen sie die Narben ein wenig, so dass jetzt bei Insektenbesuch ebenso leicht Fremd- wie Selbstbestäubung erfolgen kann. Letztere wird bei trübem Wetter spontan eintreten, weil alsdann die Blüte sich schliesst und dabei die Narben im späteren Stadium mit dem Pollen in Berührung kommen. Auch bei Sonnenschein tritt spontane Selbstbestäubung ein, weil infolge der Sonnenwendigkeit der Blume leicht Pollen auf die Narben hinabfällt.

Besucher sind nach Herm. Müllers (1) Beobachtungen in Thüringen und meinen (!) in Kieler Gärten besonders pollensammelnde Bienen und pollenfressende Fliegen und Käfer:

A. Coleoptera: a) *Coccinellidae*: 1. Micraspis 12 punctata L. (1), 4 Stück in einer Blüte, eines an den Narben leckend. b) *Nitidulidae*: 2. Meligethes (!, 1) in grösster Zahl, pfd. B. Diptera: a) *Muscidae*: 3. Scatophaga merdaria L. (1) pfd. b) *Syrphidae*: 4. Eristalis sp. (!); 5. E. tenax L. (!) beide pfd. C. Hemiptera: 6. Lygaeus equestris L. (1), sehr zahlreich, mit dem Rüssel in den Blütengrund bohrend. D. Hymenoptera: a) *Apidae*: 7. Anthrena nitida Fourcr. ♀, psd. (1); 8. A. parvula K. ♀, (1); 9. Apis mellifica L. ⚥, häufig (!, 1); 10. Bombus terrester L. ♀, nur anfliegend, aber weder saugend noch psd. (1); 11. Halictus albipes F. ♀, (1); 12. H. cylindricus F. ♀, zahlreich (1); 13. H. morio F. ♀, (1); b) *Formicidae*: 14. Formica congerens Nyl. ⚥ (1), sehr häufig, mit dem Munde sowohl an den Staubbeuteln (pfd. ?), als an den Narben beschäftigt (Narbenfeuchtigkeit leckend ?). E. Thysonoptera: 15. Thrips (1) nicht selten. In manchen Blüten fand sich, auf Beute lauernd, eine Spinne.

Loew beobachtete im botanischen Garten zu Berlin:
A. Coleoptera: *Nitidulidae*: 1. Meligethes sp., pfd. B. Diptera. a) *Muscidae*: 2. Anthomyia sp., pfd. b) *Syrphidae*: 3. Melithreptus scriptus L., pfd. C. Hymenoptera: *Apidae*: 4. Anthrena nitida Fourc. ♀, psd.

31. A. aestivalis L. [Kerner, Pflanzenleben II; Knuth Bijdr.]. Die roten oder (bei der Form A. citrinus Hoffmann als Art) gelben Kronblätter breiten sich im Sonnenscheine aus und locken pollensammelnde Bienen und pollenfressende Fliegen an. Die Blüteneinrichtung stimmt mit derjenigen der vorigen Art überein, doch ist der Insektenbesuch infolge der geringeren Grösse der Blume auch ein geringerer.

Ich beobachtete in Gärten bei Kiel:
A. Diptera: *Syrphidae*: 1. Eristalis tenax L., pfd. B. Hymenoptera: *Apidae*: 2. Apis mellifica L. ⚥, psd.

32. A. autumnalis L. [Knuth, Bijdr.] stimmt mit der vorigen Art in der Blüteneinrichtung überein. Nach Warnstorf (Bot. V. Brand., Bd. 38) sind die Blüten homo- und autogam. Die Staubblätter liegen zur Zeit der Pollenreife den purpurnen Narben der Stempel dicht an. Pollen zimmetbraun, unregelmässig elliptisch mit drei Längsfalten oder tetraëdrisch mit kugelschaliger Grundfläche, im ersten Falle 43 μ lang und 25 μ breit, im letzteren Falle 31 μ diam.

Als Besucher beobachtete ich nur Apis mellifica L. ⚥, psd.

8. Myosurus Dill.

Homogame oder auch protandrische Blumen mit freiliegendem Honig, der am Grunde der kleinen grünlich-gelben, daher wenig augenfälligen Kronblätter abgesondert wird.

33. M. minimus L. [Sprengel, S. 443; Delpino, Altri app., S. 57; H. M., Weit. Beob. I. S. 316—318; Mac Leod, Bot. Jaarb. VI. S. 173—174; Knuth, Nordfr. Ins. S. 17; Kirchner, Flora, S. 262.] — Beim Öffnen der Blume strecken sich die schmalen Endlappen der Kronblätter nach aussen, indem jedes in einer seichten Grube ein Honigtröpfchen absondert, das unmittelbar sichtbar ist. Die Staubblätter, welche dem von den Stempeln gebildeten Kegel dicht angedrückt sind, springen an beiden Seiten mit einem Längsspalte auf und bedecken sich an ihrer ganzen Aussenseite mit Pollen. Die kleinen, aus winzigen Fliegen und Mücken bestehenden Besucher behaften sich, indem sie den Honig lecken, an ihrer Unterseite mit Blütenstaub, den sie beim Umherlaufen auf dem Blütenkegel an die Narben derselben oder anderer Blüten absetzen. In jungen Blüten, in denen die Stempel nur ein kugeliges Köpfchen oder höchstens einen kurzen Kegel bilden, fliegen sie, nach M ü l l e r , in der Regel auf den Gipfel auf und bewirken so meist Fremdbestäubung. Da jedoch der Insektenbesuch infolge der Unansehnlichkeit der Blüten ein sehr geringer ist, so tritt spontane Selbstbestäubung dadurch in grossem Umfange ein, dass während des Blühens die mit den Stempeln dicht besetzte Blütenachse sich stark streckt und dabei immer neue Narben an den Antheren vorbeigeführt werden, welche, den Stempeln dicht angedrückt und dicht mit Blütenstaub bedeckt, dieselben der Reihe nach mit Pollen belegen.

Nach W a r n s t o r f (Bot. V. Brand. Bd. 38) ist in manchen sich eben öffnenden Blüten der Kegel des Gynaeceums noch niedriger als die dasselbe bedeckenden Staubblätter, und da die Narben bei der Pollenreife bereits belegungsfähig erscheinen, so sind diese Blüten homo- und autogam. In anderen Blüten ragt der verlängerte Fruchtknotenkegel bereits aus der noch geschlossenen Blüte hervor, und seine Narben sind noch nicht empfängnisfähig, während die am Grunde stehenden Staubgefässe einzelne Antheren schon geöffnet haben, weshalb diese Blüten vorzugsweise protandrisch sind. Eine Bestäubung der über der Mitte des Fruchtknotenkegels sitzenden Narben durch eigenen Pollen ist mithin ausgeschlossen und nur diejenigen der unteren Hälfte etwa könnten bei weiterer Streckung der die Fruchtknoten tragenden Achse sich selbst bestäuben.

B e s u c h e r : Ich sah auf der Insel F ö h r nicht näher bestimmte, winzige M u s c i d e n als Blütenbesucher; H e r m a n n M ü l l e r beobachtete bei Lippstadt:

D i p t e r a : a) *Bibionidae*: 1. Scatopse brevicornis Mg. b) *Cecidomyidae*: 2. Cecidomyia sp. c) *Chironomidae*: 3. Chironomus byssinus Schrk. und andere Arten. d) *Empidae*: 4. Microphorus sp. e) *Muscidae*: 5. Anthomyia sp., einige Exemplare. 6. Hydrellia chrysostoma Mg. 7. H. griseola Fallen. 8. Oscinis sp. f) *Mycetophilidae*: 9. Sciara sp. 2 Arten in 7 Exemplaren. g) *Phoridae*: 10. Phora sp. *Syrphidae*: h) 11. Melanostoma mellina L., ein einziges Exemplar.

9. Batrachium E. Meyer.

Homogame oder schwach protogynische oder protandrische Blumen mit halbverborgenem Honig. Anlockung durch die weissen, am Grunde meist mit einem gelben Saftmal gezierten Kronblätter. Honigabsonderung in einer (nach . A l m q u i s t bei mehreren nordischen Arten offenen) Grube am Grunde derselben. Stengel im Schlamm kriechend oder im Wasser flutend; Blüten daher nur fliegenden, nicht kriechenden Insekten zugänglich.

34. B. hederaceum E. Meyer. [Knuth, Ndfr. Ins. S. 17, 18, 147.] —
Der Durchmesser der homogamen Blüten beträgt nur 4—5 mm. Die Honigabsonderung ist eine geringe. Die 8—10 Staubblätter umstehen in einem einzigen
Kreise die mit ihnen gleich hohen und gleichzeitig entwickelten Narben, so dass
bei ausbleibendem Insektenbesuch spontane Selbstbestäubung eintreten muss.
Von letzterer wird ausgiebiger Gebrauch gemacht, da bei der geringen Augenfälligkeit der Blumen auch der Insektenbesuch ein geringer ist. Als Blütenbesucher beobachtete ich auf der Insel Föhr kleine Fliegen (Musciden), welche
selbstverständlich ebenso gut Selbst- als auch Fremdbestäubung herbeiführen
können.

Willis und Burkill (Fl. a. ins. in Gr. Brit. I., p. 267) fanden die
Blüten im mittleren Wales gleichfalls nur mit 5 mm Durchmesser. Eine Absonderung von Honig bemerkten diese Forscher ebensowenig wie Insektenbesuch.
Die Antheren springen auf, wenn die Blüte sich öffnet und bedecken sich ringsum
mit Pollen, indem sie gleichzeitig die Narben belegen. Nach dem Aufspringen
der Antheren bewegen sich die Staubblätter nach aussen. Die so erfolgte Selbstbestäubung ist von vollem Erfolg. Nach der Blüte biegt sich der Blütenstiel
abwärts, um die Frucht zu reifen.

35. B. aquatile, E. Meyer. [Axell, anordningarna S. 14; Hildebrand,
Geschl. S. 17; H. M., Befr. S. 113; Weit. Beob. I. S. 318, 319; Beyer, spont.
Bew.; Crié, Compt. rend. CI. S. 1025; Kirchner, Flora S. 263, 264; Knuth,
Ndfr. Ins. S. 18, 147.] — Die schwach duftenden, homogamen oder (auf Föhr)
schwach protogynischen Blüten breiten ihre Kronblätter im Sonnenscheine zu
einem weissen, in der Mitte gelben Stern von 20—25 mm Durchmesser aus,
doch variiert die Blütengrösse (und mit ihr die Zahl der Staubblätter) so
beträchtlich, dass sie, nach Kirchner, bis auf 3—4 mm (und die Zahl der
Staubblätter von mehr als 20 auf 8) herabsinken kann. Da jedoch die Pflanze
meist in Mengen auftritt und nicht selten flache Gräben und Wasserlöcher völlig
ausfüllt, so erscheint die Oberfläche dieser Gewässer mit einer weissen Blüten-
decke überzogen, so dass zahlreiche Insekten angelockt werden. Nach dem
Öffnen der Blüte springen die Staubbeutel bald auf und bedecken sich ringsum
mit Blütenstaub; die Narben entwickeln sich meist gleichzeitig mit den Staubblättern oder haben dies schon kurz vorher gethan. Im letzteren Falle wird
daher bei Insektenbesuch Fremdbestäubung eintreten müssen, wenn die Besucher
von einer bereits mit aufgesprungenen Staubbeuteln versehenen Blüte herkommen.
Bei Homogamie können die teils auf der Mitte, teils dem Rande der Blüte auffliegenden und auf den Blumen umherkriechenden Kerfe sowohl Fremd- als
auch Selbstbestäubung bewirken. Letztere wird bei ausbleibendem Besuche
spontan eintreten, da der Pollen leicht auf die benachbarten Narben fallen kann.

Wenn die Blüten bei hohem Wasserstande untergetaucht sind, bleiben sie
geschlossen und befruchten sich selbst. (Axell, Hildebrand).

Nach Warnstorf (Abh. Bot. V. Brand. Bd. 38) sind die Blüten bei Ruppin
homo- und autogam. Pollen gelb, unregelmässig brotförmig, warzig, etwa 25 μ
breit und 37 μ lang.

Als Besucher sind von Herm. Müller (1) und mir (!) beobachtet worden:
A. Coleoptera: a) *Byrrhidae:* 1. Pedilophorus aeneus F. mit dem Kopfe an den
Nektarien (1). b) *Chrysomelidae:* 2. Agelastica alni L., unthätig auf den Blüten sitzend (1);
3. Helodes phellandrii L., Antheren und Blumenblätter fressend (1). c) *Elateridae:*
4. Limonius cylindricus Payk., Kopf und Brust gelb bestäubt. B. Diptera: a) *Bibionidae:*
5. Dilophus vulgaris Mg. ♂ ♀, häufig (1). b) *Empidae:* 6. Empis rustica Fall. (1);
7. Hilara maura F. (1). c) *Muscidae:* 8. Anthomyia sp. sgd. und psd. (! Föhr, 1);
9. Cyrtoneura hortorum Fall. ♂ (1); 10. Hydrellia griseola Fall., sgd. und pfd., in
grösster Häufigkeit (1); 11. Hylemyia sp. (1); 12. Onesia floralis R.-D. ♂, häufig (1); 13. O.
sepulcralis Meig., häufig (1); 14. Sarcophaga carnaria L., hld. (! Kiel, 1); 15. Scatophaga
merdaria F., pfd. (1); 16. S. stercoraria F., pfd. (! Kiel); 17. Sepsis cynipsea L. (! Föhr);
18. Thryptocera sp. (1); 19. kleine Musciden (1); d) *Syrphidae:* 20. Chrysogaster viduata L., sgd. und pfd. (1); 21. Eristalis arbustorum L. (!); 22. E. nemorum L. (!); 23. E.
tenax L., (!, alle 3 pfd., häufig, ! Kiel; 1; pfd. oder sgd., an den Füssen reichlich mit
Pollen behaftet und daher beim Besuche einer neuen Blüte Fremdbestäubung bewirkend,
sobald sie die Narbe berühren); 24. Helophilus floreus L. (1); 25. H. pendulus L., beide pfd.
(! Kiel); 26. Melanostoma mellina L., pfd. (1); 27. Syrphus sp. pfd. (! Kiel). C. Hymenoptera: *Apidae:* 28. Apis mellifica L, ♀, sgd. und psd., häufig (! Kiel, ! Föhr, 1);
29. Bombus terrester L. ♀, sgd. (1); 30. Halictus minutissimus K. ♀, psd., einzeln (1);
31. H. sexstrigatus Schck. ♀, dgl. (1). D. Neuroptera: 32. Psocus sp. hld. (! Föhr).

Mac Leod bemerkte in Flandern Apis, Megachile, Eristalis. (Bot. Jaarb. VI.
S. 181.)

In Dumfriesshire in Schottland (Scott-Elliot, Flora S. 3) sind Musciden,
als Besucher beobachtet.

36. B. divaricatum Wimmer (B. circinnatum Sp.) haț nach Kirchner
dieselbe Blüteneinrichtung wie die vorige Art.

37. B. paucistamineum Sonder (= B. trichophyllum Chaix zum
Teil). [Knuth, Weit. Beob. S. 227, 228]. — Auf den nordfriesischen Inseln Nord-
strand und Pellworm ist die Pflanze sehr häufig. Die zahlreichen, auch bei
Regenwetter geöffnet bleibenden Blüten stehen infolge der Häufigkeit der
Pflanze auf den genannten Inseln so dicht zusammen, dass manche Gräben wie
von einer weissen Decke überzogen erscheinen. Der Durchmesser der Blüte
beträgt 12—13 mm. Jedes Kronblatt ist etwa 6 mm lang und gegen die
Spitze 3 mm breit; die mit einem gelben Saftmal versehene Basis ist stark
zusammengezogen, so dass zwischen den einzelnen Kronblättern ein ziemlich
grosser Zwischenraum bleibt. Die Pflanze ist schwach protogynisch: in den
eben geöffneten Blüten sind die Narben schon etwas entwickelt, während die
Antheren der wenigen (meist nur 8—12) Staubblätter noch geschlossen sind.
Das Aufspringen derselben schreitet von aussen nach innen fort, indem sich die
Staubfäden zuerst der 4—6 des äusseren Kreises strecken und dabei gegen die
Kronblätter biegen, so dass pollenbedeckte, auf die Blütenmitte fliegende Insekten Fremdbestäubung bewirken. Alsdann strecken sich auch die der 4—6
inneren Staubblätter, bleiben aber mit ihren geöffneten Antheren über den
jetzt auffallend stark papillösen Narben stehen, so dass unfehlbar Pollen auf
dieselben hinabfällt und spontane Selbstbestäubung eintritt. Letztere muss von
Erfolg sein, da stets alle Früchte entwickelt sind und ich trotz längerer Überwachung bei günstiger Witterung Insektenbesuch nicht beobachtete.

38. B. (Ranunculus) paucistamineum Tausch (non Sonder) fand Schulz in Mitteldeutschland homogam bis schwach protandrisch bei sehr veränderlicher Blütengrösse und Staubblattzahl; auch beobachtete er Gynomonöcie. Nach Warntorf (N. V. d. Harzes XI) sind die Blüten bei Neuruppin protogynisch und ihr Durchmesser beträgt 10—17 mm. Sie besitzen bis 15 Staubblätter, welche kürzer als das Fruchtknofenköpfchen sind. Pollen goldgelb, grobwarzig, vielgestaltig, elliptisch oder stumpf konisch, mit 3 Längsfurchen, 30—43 μ lang und 25—30 μ breit. Nach Freyn sind die untergetauchten Blüten unfruchtbar.

39. B. fluitans Wimmer (Ran. fluitans Lmk.) ist nach Freyn meist unfruchtbar, weil die Blüten untergetaucht werden. Von meinen Herbariumsexemplaren, welche aus dem östlichen Schleswig-Holstein und von der Insel Röm stammen, haben die meisten aber Früchte angesetzt.

40. B. carinatum Schur. Die sehr langen, senkrecht zur Wasseroberfläche gerichteten Blütenstiele werden nach Freyn beim Steigen des Wassers nicht untergetaucht.

41. B. Baudotii v. d. B. sah Verhoeff auf Norderney von einer Muscide (Anthomia sp., sgd., 1 Ex.) besucht.

10. Ranunculus L.

Homogame, seltener schwach protogynische oder protandrische Blumen mit halbverborgenem Honig. Anlockung durch die meist gelben, bei wenigen Arten weissen oder roten Kronblätter. Am Grunde derselben je ein Honiggrübchen, das entweder (bei den weiss und rot blühenden Arten) oberwärts in eine häutige Schuppe vorgezogen oder (bei den meisten gelbblühenden) mit einer fleischigen, aufwärts gerichteten Schuppe bedeckt, oder (bei R. sceleratus und nach Almquist einigen nordischen Arten: R. pygmaeus Wg., hyperboreus Rottb., R. nivalis L.) offen ist. Viele Arten besitzen wiederholt sich öffnende und schliessende Blüten. Die ihre Antheren öffnenden Staubblätter biegen sich den Kronblättern zu, so dass der Pollen auf letztere, schwieriger auf die Narben fällt. Von den honigsaugenden oder pollensammelnden oder -fressenden Insekten kommen daher nur die grösseren regelmässig mit den Narben in Berührung und können dann ebenso gut Selbst- als Fremdbestäubung bewirken. Erstere wird um so schwieriger spontan eintreten, je grösser die Blüten sind, da mit der Blütengrösse natürlich die Entfernung der Narbe von den Staubbeuteln zunimmt, das Hinabfallen des Pollens auf die Narben in den z. B. durch Wind schräg gestellten Blüten mithin erschwert wird. Mit der Blütengrösse njmmt aber auch die Wahrscheinlichkeit des Insektenbesuches und daher auch der Bestäubung durch dieselben zu, so dass auf diese Weise ein Ausgleich herbeigeführt wird.

Die Blüten sind zuweilen gynomonöcisch, doch findet sich, nach Schulz, bei R. acer, auricomus, hybridus und repens auch Gynodiöcie, welche von Whitelegge in England auch an R. bulbosus beobachtet wurde.

42. R. glacialis L. [Ricca, Atti XIV, 3; Lindman, a. a. O.; H. M., Alpenbl. S. 128, 129; Kerner, Pflanzenleben II.] — Die Blüten sind homogam,

oder nach Ricca schwach protandrisch, im skandinavischen Hochgebirge stark
protandrisch, zuletzt rein weiblich. Gegen Ende der Blütezeit ist leicht spontane
Selbstbestäubung durch Herabfallen von Pollen aus den Antheren der inneren
Staubblätter auf die Narben möglich. In den Alpen ist die Blütengrösse sehr
wechselnd: von 12 bis 30 mm Durchmesser. Die Ausbildung der Nektarien ist

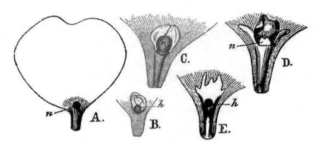

Fig. 5. Ranunculus glacialis L. (Nach Herm. Müller.)
A. Ein Kronblatt einer besonders kleinhülligen Pflanze (7 : 1). B.—E. Basis anderer Kronblätter mit verschiedener Ausbildung der Nektarien. (Gleichfalls 7 : 1.)

gleichfalls eine verschiedene. (Vergl. Fig. 5.) Ausser den Zwitterblüten beobachtete Kerner scheinzwittrige Pollenblüten. Derselbe Forscher fand zwei
Formen der Zwitterblüten, welche den beiden Formen von Anemone alpina
entsprachen. Als Besucher beobachtete Müller in den Alpen 2 Fliegen,
2 Kleinfalter.

43. R. lapponicus L. Nach Ekstam beträgt auf Nowaja Semlja der
Durchmesser der protogyn-homogamen Blüten 8 mm (im arktischen Sibirien nach
Kjellman 12 mm). Da die Narben die Antheren überragen, ist Selbst-
bestäubung ausgeschlossen.

44. R. sulfureus Sol. Nach Ekstam ist der Blütendurchmesser, der
im arktischen Sibirien (Kjellman) 16 mm beträgt, auf Nowaja Semlja bedeutend grösser. Als Besucher wurden Fliegen beobachtet.

45. R. pyrenaeus L. [Ricca, Atti XIV, 3; H. M., Alpenbl. S. 132,
133; Mac Leod, Pyreneeënbl. S. 114.] — Auch bei dieser Art sind die Nektarien
sehr veränderlich, wie die beigefügte Abbildung (6) zeigt. Nach Ricca ist durch
schwach ausgeprägte Protogynie anfangs Fremdbestäubung begünstigt. Später
ist nach Müller bei Insektenbesuch ebenso gut Fremd- als Selbstbestäubung
möglich. Letztere kann dann auch leicht spontan durch die Pollen der inneren
Staubblätter erfolgen.

Als Besucher beobachtete H. Müller in den Alpen 2 Käfer, 9 Fliegen,
1 Ameise, 1 Schlupfwespe, 1 Kleinfalter; Mac Leod in den Pyrenäen 2 Fliegen.

46. R. alpestris L. (einschliesslich Traunfellneri Hoppe). [H. M.,
Alpenbl. S. 130, 131; Kerner, Pflanzenleben II.] — In den homogamen oder

schwach protogynen Blüten ist, nach Müller, anfangs Kreuzung begünstigt, später Selbstbestäubung möglich. Die Zwitterblüten treten nach Kerner wieder in zwei Formen wie bei Anemone alpina auf; auch beobachtete Kerner wieder scheinzwittrige Pollenblüten.

Als Besucher sah H. Müller 19 Fliegen, 1 Käfer, 1 Hummel, 2 Falter.

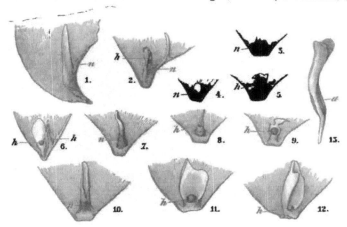

Fig. 6. Ranunculus pyrenaeus L. (Nach Herm. Müller.)
1—12. Verschiedene Nektarienformen. *h* Honig. 13. Übergang von Kronblatt zum Staubblatt.

47. R. aconitifolius L. [H. M., Alpenbl. S. 131; Aug. Schulz, Beitr.] — Im Riesengebirge sind die Blumen, nach Schulz, ausgeprägt protandrisch. Die meisten Stöcke tragen hier Blüten von sehr verschiedener Grösse, wodurch die Pflanzen ein eigenartiges Aussehen erhalten.

Müller beobachtete in den Alpen 7 Käfer, 18 Fliegen, 6 Hautflügler, 4 Falter als Besucher.

48. R. Seguieri Villars hat, nach Schulz, bei San Martino vereinzelte Stöcke mit rein männlichen Blüten.

49. R. parnassifolius L. [H. M., Alpenbl. S. 132.] — Die Blüten sind protogyn mit langlebigen Narben, wodurch anfangs Kreuzung gesichert ist. Später ist Selbstbestäubung durch die inneren Staubblätter ermöglicht. Besucher sind in den Alpen vornehmlich Fliegen (Musciden und Syrphiden). Von den Kronblättern ist meist nur 1 entwickelt, zuweilen auch 2 oder 3. (Vergl. Fig. 7).

50. R. amplexicaulis L. Die weissen Blüten sah Mac Leod in den Pyrenäen von einer Biene, einer Schwebfliege und zwei Musciden besucht.

51. R. Gouani Willd. sah derselbe in den Pyrenäen von 3 Bienenarten, einer Schwebfliege und 5 Muscidenarten besucht.

52. R. hyperboraeus Rottb. Im skandinavischen Hochgebirge sind, nach Lindman, die Blüten schwach protandrisch, und es stehen hier die zahlreichen Narben so hoch über den Antheren, dass spontane Selbstbestäubung unmöglich ist. Im arktischen Gebiete sind die Blumen auffallend klein und, nach Warming, autogam.

53. R. pygmaeus Wg. In den skandinavischen Hochgebirgen sind die Blüten, nach Ekstam, homogam; der Blütendurchmesser beträgt dort 7 oder 4 mm, während er auf Nowaja Semlja 5—10 mm beträgt. Die Narben stehen beson-

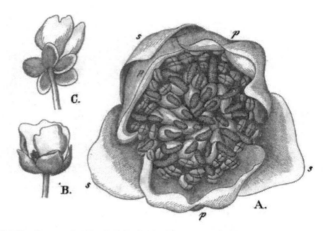

Fig. 7. Ranunculus parnassifolius L. (Nach Herm. Müller.)

A. Blüte im ersten (weiblichen) Zustande von oben gesehen (7 : 1). Alle Narben sind entwickelt, alle Antheren noch geschlossen. *B.* Blüte mit 5 Kelch- und 2 Kronblättern (von der Seite in nat. Gr.). *C.* Desgl. mit 1 Kronblatt (schräg von unten gesehen, nat. Gr.).

ders in den kleinen Blüten in gleicher Höhe mit den Antheren, so dass hier spontane Selbstbestäubung eintreten muss, die dort von Erfolg ist, was auch Warming für die Pflanze in den übrigen arktischen Regionen bestätigt.

54. R. Flammula L. [H. M., Befr. S. 113, 114; Weit. Beob. I. S. 319; Verhoeff, Norderney S. 127; Kirchner, Flora S. 265; Mac Leod, Bot. Jaarb. VI. S. 175; Knuth, Nordfr. Ins. S. 18, 147.] — Die hellgelben Blüten sind protandrisch: unmittelbar nach dem Aufblühen springen die Antheren der äussersten Staubblätter auf, wobei sich ihre den Kronblättern zugewandte Seite mit Pollen bedeckt, so dass die den am Grunde der Kronblätter abgesonderten Honig aufsuchenden Insekten sich mit Pollen behaften müssen. Die nun noch nicht völlig entwickelten Narben sind jetzt von den inneren Staubblättern noch ganz oder fast völlig bedeckt und so vor der Berührung besuchender Insekten geschützt. Das Aufspringen der Antheren schreitet langsam nach der Mitte vor, wobei sich jedes Staubblatt nach aussen biegt und die pollenbedeckte Seite gegen die Kronblätter kehrt. Ehe die Antheren der innersten Staubblätter aufspringen, sind die Narben entwickelt. Es muss also Kreuzung beim Auffliegen pollenbedekter Insekten auf die Blütenmitte eintreten, während diejenigen Insekten, welche auf ein Kronblatt auffliegen und dann über die Staubblätter · zu den Narben fortschreiten, ebenso gut Selbstbestäubung bewirken können. Letztere kann jetzt auch spontan erfolgen. Beide Arten des Anfliegens sind, nach Hermann Müller, für diese als auch für die folgenden drei Arten ungefähr gleich häufig.

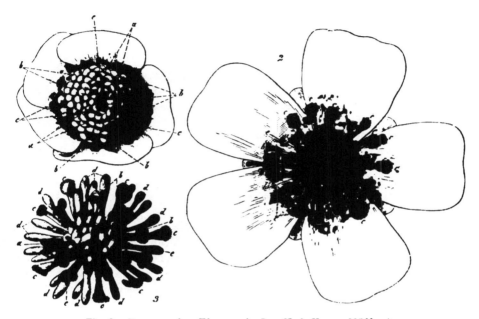

Fig. 8. Ranunculus Flammula L. (Nach Herm. Müller.)

1. Eben sich öffnende Blüte: einzelne randständige Staubblätter haben ihre Antheren geöffnet. *2.* Blüte im ersten (männlichen) Zustande: alle Antheren sind aufgesprungen, die Narben sind noch unentwickelt. *3.* Blüte im zweiten (zweigeschlechtigen) Zustande: die Narben sind sämtlich entwickelt, die Antheren zum Teil noch mit Pollen bedeckt *a* Noch unentwickelte Staubblätter. *b* Dem Aufspringen nahe Staubblätter. *c* Staubblätter mit aufgesprungenen Antheren. *d* Staubblätter mit entleerten Antheren. *e* Stempel.

Infolge der verhältnismässig kleinen Blüten erhält R. Flammula auch nur geringen Insektenbesuch. Es sind von Hermann Müller (1), Verhoeff (2) auf Norderney und mir (!) in Schleswig-Holstein beobachtet:

A. Coloptera: *Staphylinidae*: 1. Anthobium minutum F., sehr zahlreich (1, Teutoburger Wald). B. Diptera: a) *Muscidae*: 2. Anthomyia sp. (! Föhr; 1, 2); 3. Scatophaga merdaria L., pfd. (1); 4. S. stercoraria F., pfd. (! Kiel); b) *Syrphidae*: 5. Cheilosia sp., pfd. (1); 6. Eristalis tenax L., pfd. (! Kiel); 7. Melithreptus taeniatus Mgn., pfd. und sgd. (1); 8. Syritta pipiens L., pfd. und sgd. (! Kiel, 1). C. Hymenoptera: *Apidae*: 9. Apis mellifica L. ⚥, sgd. und psd. (! Kiel); 10. Halictus cylindricus F. ♀, psd. (1); 11. H. flavipes F. ♀, psd. (1). D. Lepitoptera: 12. Coenonympha pamphilus L., sgd. (1).

Alfken und Höppner beobachteten bei Bremen die kleine Glanzbiene Dufourea vulgaris Schck. ♀ ♂, mehrf., sgd.

H. de Vries (Ned. Kruidk. Arch. 1877) beobachtete in den Niederlanden eine Biene, Trachusa serratulae Pz. ♀, als Besucher; Mac Leod in Flandern 1 kurzrüsselige Biene, 3 Schwebfliegen, 1 Muscide. (B. Jaarb. VI. S. 175, 176.)

In Dumfriesshire in Schottland (Scott-Elliot, Flora S. 4) sind Musciden und einzelne Schwebfliegen als Besucher beobachtet.

55—57. R. acer L., R. repens L., R. bulbosus L., stimmen nach Herm. Müller (Befr. S. 114—116) in der Blüteneinrichtung mit R. Flammula überein, doch erhalten die erstgenannten drei Arten infolge der grösseren Augenfälligkeit auch einen stärkeren Insektenbesuch als die letztere Art. Besucher sind in erster Linie die lebhaften Farben nachgehenden und auch den halbverborgenen Nektar leicht auffindenden, pollenliebenden Schwebfliegen (Syrphiden) und kleine Bienen, besonders Halictus-Arten, welche mit ihren Fersenbürsten den reichlichen Pollen leicht sammeln und mit ihren ziemlich kurzen Rüsseln den zwar geborgenen oder doch unschwer zugänglichen Nektar leicht erlangen können. Diese Insekten und Blumen stehen, wie sich Herm. Müller ausdrückt, auf sich entsprechenden niedrigen Ausbildungsstufen und passen nach Grösse und ganzer Einrichtung vollständig für einander.

Die Blüten von R. acer besitzen nach Lindman auf dem Dovrefjeld bisweilen einen angenehmen schwach süsslichen Geruch; der Blütendurchmesser beträgt hier 15—25 mm; Besucher sind zahlreiche Fliegen, sowie Schmetterlinge. Nach Ekstam beträgt bei der Form borealis Trautv. auf Novaja Semlja der Durchmesser der schwach protogynen, protogyn-homogamen, protandrisch-homogamen oder homogamen Blüten bis 30 mm. Als Besucher wurden Fliegen beobachtet. — In Mitteldeutschland beobachtete Schulz auch Gynomonöcie.

R. repens L. ist nach Lindman auch auf dem Trontfjeld homogam. Diese Art ist nach Schulz in Mitteldeutschland auch gynodiöcisch.

Für R. bulbosus L. gilt nach Whitelegge dasselbe in England.

Nach Verhoeff (Nordeney S. 108—114) bieten R. repens, acer und Flammula[1]) auf den ostfriesischen Inseln drei höchst wichtige und interessante Stufenfolgen von Anpassung an die Insekten in ungleicher Vollkommenheit. Mit diesen verschiedenen Anpassungsstufen harmoniert nach demselben der thatsächliche Insektenbesuch und die Häufigkeit des Vorkommens aufs schönste. Nach Verhoeff hat R. repens in folgenden Eigentümlichkeiten einen Vorsprung vor R. acer: 1. Honigdrüse und Honigschuppe sind stärker entwickelt; 2. die Staubblätter weichen noch besser nach aussen als bei acer, daher sie bei repens gewöhnlich, bei acer selten aus dem Kelch heraushängen; 3. die Kronblätter sind breiter und glänzender; 4. die Blüten stehen dichter zusammen.

---

[1]) Verhoeff sagt: „Bei den Ranunculus-Arten hat sich H. Müller einmal getäuscht, indem er irrtümlicherweise behauptet, R. acer, repens und Flammula stimmten in ihrer Blüteneinrichtung und Auffälligkeit überein". Dies ist jedoch nicht ganz richtig, denn Herm. Müller sagt ausdrücklich (Befr. d. Bl. d. Ins. S. 114), dass R. Flammula sehr viel spärlicher von Insekten besucht wird als R. acer, repens und bulbosus, „jedenfalls weil er mit seinen viel kleineren Blüten viel weniger in die Augen fällt".

Gegenüber R. Flammula verhalten sich nach Verhoeff R. acer und repens in der zeitlichen Geschlechterentwickelung folgendermassen:

R. acer und repens:

Die Narben sind schon entwickelt, wenn noch keine Antheren Pollen ausstäuben, sie sind dabei der Berührung durch die Unterseite ausgesetzt.

Blüten, in denen erst die innersten Antheren zum Teil oder alle stäuben, haben schon angeschwollene Carpelle und abgeschrumpfte Papillen.

Die Narben stehen bisweilen etwas höher, bisweilen etwas tiefer als die benachbarten Antheren.

Protogynie.

R. Flammula:

Wenn die ersten Antheren ihnen Pollen ausstäuben, sind die Narben noch nicht entwickelt, erscheinen aber während des Aufblühens der übrigen äusseren Antheren.

Die Narben stehen von Anfang an höher als die benachbarten Antheren.

Annäherung an Protogynie.

In Westfalen hat Herm. Müller Unterschiede zwischen R. acer und repens nicht bemerkt; vielmehr hebt dieser Forscher ausdrücklich hervor, dass entsprechend der Übereinstimmung der Blüteneinrichtung, der Augenfälligkeit und des Standortes, die Blüten von R. acer, repens und bulbosus in gleicher Häufigkeit besucht und die Besucher in gleicher Thätigkeit angetroffen werden: „sogar die Honigbiene, welche im Ganzen sich streng an ein und dieselbe Blumenart hält, geht ohne Unterschied von R. acer auf repens und bulbosus und umgekehrt über".

Als Besucher der drei Arten beobachtete ich auf den nordfriesischen Inseln kleine Bienen, 7 Schwebfliegen, 2 Musciden, 1 Tagfalter, 1 Käfer; im übrigen Schleswig-Holstein (S. H.), auf Helgoland (H.), in Thüringen (Th.) und auf Rügen (R.) bemerkte ich:

A. Coleoptera: *Nitidulidae*: 1. Meligethes sp. (S. H.). B. Diptera: a) *Muscidae*: 2. Anthomyia sp. (S. H., Th.); 3. Aricia basalis Zett. (Th.); 4. A. incana Wied. (S. H.); 5. Coelopa frigida Fall. (H.); 6. Fucellia fucorum Fall. (H.); 7. Homalomyia scalaris F. ♂ (H.); 8. Kleine Musciden, häufig (H., S. H.). b) *Syrphidae*: 9. Chrysogaster macquarti Loew (S. H.); 10. Eristalis arbustorum L. ♂, sgd. (S. H., R.); 11. E. tenax L. (S. H.); 12. Helophilus pendulus L. (S. H.); 13. Melanostoma mellina L. (S. H.); 14. Syritta pipiens L. (S. H.); 15. Syrphus lunulatus Mgn. (Th.); 16. S. sp. (S. H.). C. Hymenoptera: a) *Apidae*: 17. Kurzrüsselige Bienen (S. H.). b) *Vespidae*: 18. Vespa saxonica F. ♀ (Th.). D. Lepidoptera: *Rhopalocera*: 19. Lycaena semiargus Rott. (S. H.); 20. Leucophasia sinapis L. (S. H.).

Mac Leod bemerkte in Flandern Apis, 12 kurzrüsselige Hymenopteren, 12 Schwebfliegen, 11 andere Fliegen, 2 Falter, 2 Käfer. (B. Jaarb. VI, S. 176—177).

Die weitaus meisten Besucher beobachtete Hermann Müller (1) in Westfalen und dessen Freund Dr. Buddeberg (2) in Nassau. Eine Zusammenstellung der Beobachtungen dieser Forscher ergiebt folgende Liste, in welcher sich auch einzelne Angaben von Borgstette (3) bei Tecklenburg finden:

A. Coleoptera: a) *Buprestidae*: 1. Anthaxia nitidula L. (1, 2). b) *Cerambycidae*: 2. Strangalia nigra L. (1), Blütenteile benagend. c) *Chrysomelidae*: 3. Cryptocephalus sericeus L. (1), wie vor.; 4. Galleruca nymphaeae L. (1); 5. Prasocuris glabra Hbst. (1), Blütenteile nagend. d) *Cistelidae*: 6. Cistela murina L. (1), wie vor. e) *Coccinellidae*: 7. Micraspis 12 punctata L., vergeblich suchend (1). f) *Curculionidae*: 8. Bruchus sp., hld. (1). g) *Dermestidae*: 9. Byturus fumatus F., pfd., häufig (1). h) *Elateridae*: 10. Limonius cylindricus Payk. hld. (1). i) *Malacodermata*: 11. Malachius aeneus L. (1); 12. M. bipustulatus F., beide Antheren fressend (1); 13. Trichodes apiarius L., pfd. (1). h) *Mordellidae*: 14. Mordella aculeata L. (1); 15. M. pusilla Dej. (1). l) *Nitidulidae*: 16. Meligethes brassicae Scop., pfd. (1); 17. M. sp., sehr häufig, sgd. und pfd. (1). m) *Oedemeridae*: 18. Oedemera virescens L. häufig. n) *Staphylinidae*: 20. Tachyporus solutus Er.; 19. Anthobium minutum F. sehr zahlreich, Teutob. Wald.

B. Diptera: a) *Asilidae*: 21. Dioctria atricapilla Mg. (3). b) *Empidae*: 22. Empis stercórea L., sgd. (1); 23. E. tessellata F., sgd. (1); 24. Rhamphomyia umbripennis Mg., sgd. (1). c) *Muscidae*: 25. Anthomyia spec. (1); 26. Calobata cothurnata Pz. (1); 27. Cyrtoneura caerulescens Mcq., sgd. (1). d) *Stratiomyidae*: 28. Odontomyia tigrina F., sgd. (1). e) *Syrphidae*: 29. Cheilosia albitarsis Mg., zahlreich, sgd. und pfd. (1); 30. Ch. pubera Zett., pfd., in Mehrzahl (1); 31. Ch. schmidtii Zett., sgd. und pfd. (1); 32. Ch. vidua Mg., sgd. und pfd. (1, 2); 33. Chrysochlamys ruficornis F., pfd. (1); 34. Chrysogaster macquarti Loew (1); 35. Ch. viduata L., sehr häufig, beide sgd. und pfd. (1); 36. Chrysotoxum arcuatum L., sgd. und pfd. (1); 37. Ch. festivum L., sgd. (1); 38. Eristalis arbustorum L. (1); 39. E. nemorum L. (1); 40. E. sepulcralis L. (1); 41. E. tenax L. (1), alle vier häufig, sgd. und pfd. (1); 42. Melanostoma mellina L., sgd. (1); 43. Melithreptus pictus Mg. (1); 44. M. scriptus L. (1); 45. M. taeniatus Mg. (1), alle drei häufig, sgd. und pfd.; 46. Pipiza chalybeata Mg., pfd. (1); 47. P. funebris Mg., sgd. (1); 48. Platycheirus albimanus F., pfd. (3); 49. Syritta pipiens L., häufig, sgd. und pfd. (1); 50. Syrphus pyrastri L., pfd. (1); 51. S. ribesii L., häufig, sgd. und pfd. (1).

C. Hymenoptera: *Apidae*: 52. Anthrena albicans Müll. ♀ ♂, häufig, sgd. und pfd. (1, 2); 53. A. albicrus K. ♂, häufig, sgd. und pfd. (1); 54. A. flavipes Pz. ♀ ♂, sgd. und pfd., häufig (1); 55. A. gwynana K. ♀ sgd. und psd. (2); 56. A. trimmerana K., ♂ sgd. (1); 57. Apis mellifica L. ♀, sgd. (1, 2); 58. Bombus agrorum F., flüchtig saugend (1); 59. Eriades florisomnis L. ♂ ♀, sgd. (1, 2); 60. E. nigricornis Nyl. ♂ sgd. (2); 61. Halictus albidulus Schenck ♀, sgd. und psd. (1); 62. H. albipes F. ♀, sgd. und psd. (2) · 63. H. cylindricus F. ♀, psd. und sgd. (1, 2); 64. H. flavipes F. ♀, psd. (1); 65. H. leucopus K. ♀, sgd. (2); 66. H. leucozonius Schrk. ♀, sgd. und psd. (1, 2); 67. H. longulus Sm. ♀, sgd. (1); 68. H. lugubris K. ♀ ♂, sgd. und psd. (2); 69. H. maculatus Sm. ♀, sgd. und psd. (1, 2); 70. H. morio F. ♀, sgd. (2); 71. H. nitidiusculus K. ♀, sgd. und psd. (1, 2); 72. H. rubicundus Chr. ♀, sgd. und psd. (1, 2); 73. H. sexnotatus K. ♀, sgd. und psd. (1, 2); 74. H. sexsignatus Schenck ♀, sgd. (1); 75. H. smeathmanellus K. ♀, sgd. und psd. (2); 76. H. tetrazonius Klg. ♀, sgd. und psd. (1); 77. H. villosulus K. ♀, sgd. und psd. (1, 2); 78. H. zonulus Sm. ♂, sgd. (1); 79. Osmia aenea L. ♂, sgd. (2); 80. O. rufa L. ♀, psd. (1, 2); 81. Panurgus calcaratus Scop., sgd. (1); 82. Prosopis brevicornis Nyl. ♂, sgd. (2); 83. P. clypearis Schenck ♂, sgd. (2); 84. P. hyalinata Sm. ♂, sgd. und pfd. (1). b) *Formicidae*: 85. Lasius niger L. ☿, hld. (1). c) *Sphegidae*: 86. Oxybelus uniglumis L. (1). d) *Tenthredinidae*: 87. Amasis crassicornis Rossi (2); 88. Cephus pallipes Klg., hld. (2); 89. C. pygmaeus L., sgd. und Antheren fressend, zu hunderten (1); 90. C. sp. kleinere unbestimmte Arten (1). e) *Vespidae*: 91. Odynerus spinipes L. ♀ (1).

D. Lepidoptera: a) *Rhopalocera*: 92. Coenonympha pamphilus L., wie vor. (1); 93. Lycaena icarus Rott., wie vor. (1, 2); 94. Pararge achine Scop., wie vor. (2); 95. Polyommatus dorilis Hfn., wie vor. (1); 96. P. phlaeas L., wie vor. (1). b) *Noctuae*: 97. Euclidia glyphica L.   c) *Tineidae*: 98. Micropteryx calthella L., sehr zahlreich, in Ran. rep., sgd. (Dr. Speyer).

E. Thysanoptera: 99. Thrips, häufig (1).

In den Alpen sah Herm. Müller (Alpenbl. S. 135) R. acer L. von 2 Käfern, 2 Schwebfliegen, 2 Tenthrediniden und 11 Faltern besucht; R. repens L. von 4 Käfern, 5 Fliegen, 5 Hymenopteren und 6 Faltern; R. bulbosus L. von 4 Hymenopteren.

Verhoeff beobachtete an Ranunculus acer auf Norderney:

A. Coleoptera: a) *Nitidulidae*: 1. Meligethes brassicae Scop., sgd.; 2. M. coracinus St. B. Diptera: a) *Dolichopidae*: 3. Dolichopus aeneus D. G., 1 ♂. b) *Empidae*: 4. Hilara 4-vittata Mg., sgd. c) *Muscidae*: 5. Anthomyia pratensis Mg., pfd. und sgd.; 6. A. spec., pfd. und sgd.; 7. Aricia incana Wied., pfd.; 8. Lucilia caesar L., sgd.; 9. Onesia floralis R.-D. ♀ ♂, sgd. d) *Syrphidae*: 10. Eristalis sepulcralis L. 1 ♂; 11. Melanostoma mellina L., 1 ♀; 12. Pipizella virens F.; 13. Platycheirus albimanus F. ♂. pfd.; 14. P. manicatus Mg. ♀, pfd. und sgd.

v. Dalla-Torre bemerkte in Tirol die Bienen Anthrena rosae Pnz. ♂; A. tibialis K. ♂; A. bicolor F. = gwynana K. ♂; A. fulvicrus K. ♀; Halictus albipes F. ♀; H. smeathmanellus K. ♀ ♂; Osmia caerulescens L. ♂; Chelostoma maxillosum L. ♂, sehr zahlreich.

Loew beobachtete an Ranunculus acer im botanischen Garten zu Berlin: *Apidae:* Anthrena nitida Fourc. ♀, sgd. und psd.; in Brandenburg: Pipiza quadrimaculata Pz. ♀, sgd.; in Schlesien die Schwebfliegen: 1. Syrphus luniger Mg.; 2. S. lunulatus Mg.; 3. Melithreptus scriptus L., sgd.; sowie Meligethes, hld.; ferner in der Schweiz (Beiträge S. 57):

A. Coleoptera: *Buprestidae*: 1. Anthaxia quadripunctata L. B. Diptera: *Muscidae*: 2. Hydrotaea ciliata F.; 3. Tetanocera elata Fr. C. Hymenoptera: *Apidae*: 4. Panurgus banksianus K. ♀, psd.; Ricca (Atti XIII) daselbst Fliegen.

Schletterer verzeichnet für Tirol als Besucher die Apiden: 1. Anthrena austriaca Pz.; 2. A. flavipes Pz.; 3. A. gwynana K.; 4. A. tibialis K.; 5. Eriades florisomnis L.; 6. Halictus albipes F.; 7. H. smeathmanellus K.; 8. Osmia caerulescens L.

Mac Leod beobachtete in den Pyrenäen 4 kurzrüsselige Hymenopteren, 1 Falter, 2 Käfer, 3 Syrphiden, 6 Musciden als Besucher (a. a. O. S. 387).

Alfken beobachtete bei Bremen an Ranunculus repens und acer:

A. Diptera: a) *Bibionidae*: 1. Bibio marci L.; 2. Dilophus vulgaris L. b) *Syrphidae*: 3. Ascia podagrica L.; 4. Eristalis arbustorum L.; 5. C. sepulcralis L.; 6. Melanostoma mellina L.; 7. Rhingia rostrata L.; 8. Syritta pipiens L.

B. Hymenoptera: a) *Apidae*: 9. Anthrena albicans Müll. ♀; 10. A. nigro-aenea K. ♀; 11. Bombus terrester L. ♀; 12. Eriades florisomnis L. ♀ ♂; 13. Osmia rufa L. ♀. b) *Thenthredinidae*: 13. Cephus nigrinus Ths. (nicht auf R. acer).

H. de Vries (Ned. Kruidk. Arch. 1877) beobachtete in den Niederlanden 2 Bienen: Anthrena trimmerana K. ♀ und Eriades florisomnis L. ♂ als Besucher.

In Dumfriesshire in Schottland (Scott-Elliot, Flora S. 5) sind an R. acer und repens Musciden, Empiden, Syrphiden, Blattwespen und Meligethes beobachtet.

Auf den Blüten von R. repens beobachteten von Loew in Brandenburg (Beiträge S. 38): Eriades florisomnis L. ♀, psd.; ebenso Schenck in Nassau, sowie Schletterer und v. Dalla-Torre in Tirol.

Verhoeff bemerkte an R. repens auf Norderney:

A. Coleoptera: a) *Nitidulidae*: 1. Brachypterus gravidus Jll., sgd.; 2. Meligethes aeneus L. B. Diptera: a) *Empidae*: 3. Hilara 4-vittata Mg., sgd. b) *Muscidae*: 4. Anthomyia spec.; 5. Aricia incana Widem. ♀ ♂, pfd. und sgd.; 6. Calliphora erythrocephala Mg. 1 ♀; 7. Cyrtoneura hortorum Fall.; 8. Lucilia caesar L. ♂ ♂, sgd.; 9. Onesia floralis R.-D. ♀ ♂. c) *Syrphidae*; 10. Chrysogaster metallina F.; 11. Eristalis arbustorum L., 3 ♂; 12. E. sepulcralis L. 1 ♀, sgd.; 13. Melanostoma mellina L.; 14. Platycheirus manicatus Mg., pfd., sgd. C. Hymenoptera: a) *Formicidae*: 15. Formica fusca L., Rasse fusca Forel, 1 ⚲. D. Lepidoptera: a) *Pieridae*: 16. Pieris brassicae L. 1 ♀, sgd.

Loew beobachtete in der Schweiz (Beiträge S. 57):

Diptera: *Syrphidae*: 1. Cheilosia antiqua Mg., pfd.; 2. Merodon cinereus F., pfd. H. de Vries (Ned. Kruidk. Arch. 1877) bemerkte in den Niederlanden die Bienen: 1. Apis mellifica L. ⚲; 2. Eriades florisomnis L. ♂; 3. Halictus leucozonius K. ♀; 4. Panurgus banksianus Latr. ♂ und 1 Holzwespe: Cephus pygmaeus L.

Als Besucher von R. bulbosus sind beobachtet von Loew in Brandenburg (Beiträge S. 38): Cetonia hirtella L.; von Schmiedeknecht in Thüringen die Biene Anthrena humilis Imh.; von Schenck in Nassau Anthrena cingulata F.; von H. de Vries (Ned. Kruidk. Arch. 1877) in den Niederlanden die Biene Erlades florisomnis L. ♂.

Mac Leod bemerkte in den Pyrenäen 3 kurzrüsselige Hymenopteren, 2 Falter, 1 Syrphide, 3 Musciden als Besucher. (B. Jaarb. III. S. 387, 388.)

In Dumfriesshire (Schottland) [Scott-Elliot, Flora S. 5] sind Apis, 1 Hummel, 1 Blattwespe und 2 Musciden als Besucher beobachtet.

58. R. Lingua L. [Knuth, Ndfr. Ins. S. 18—20; Rügen] ist von mir auf Föhr und bei Kiel untersucht. Der meterhohe, oberwärts ästige Stengel trägt eine Anzahl grosser, goldgelber Blüten, deren Durchmesser etwa 4 cm beträgt, so dass die Pflanze weithin sichtbar ist. Am Grunde eines jeden Kronblattes befindet sich ein grosses, reichlich Honig absonderndes Nektarium. Die Blüten sind protogynisch. Nachdem die Narben der zahlreichen Fruchtknoten — die äussersten zuerst — sich entwickelt haben, springen die Antheren zuerst der äusseren und dann der inneren Staubblätter auf und zwar an der den Fruchtblättern abgewendeten Seite. In dem Masse, in welchem die Staubblätter reif werden, biegen sie sich den ausgebreiteten Kronblättern zu, so dass spontane Selbstbestäubung sehr erschwert ist. Dieselbe ist zwar infolge der schiefen Stellung der Blüte möglich, doch scheint sie ohne Erfolg zu sein, da häufig nur wenige, nicht selten gar keine Früchte ausgebildet sind. Die Fremdbestäubung wird durch Vermittelung von Fliegen herbeigeführt, welche fast regelmässig auf die Blütenmitte auffliegen, also, falls sie bereits mit Pollen versehen waren, die Narben belegen, und dann zum Blütenstaub und den Nektarien hinschreiten. Ich beobachtete folgende Besucher und Bestäuber in Schleswig-Holstein:

Diptera: a) *Muscidae*: 1. Aricia incana Wied. hld. und pfd. (! Föhr); 2. Kleinere Musciden (desgleichen); 3. Calliphora erythrocephala Mg. (! Kiel); 4. Lucilia caesar L. (wie vor.); 5. Sarcophaga carnaria L., hld. und pfd. (! Föhr). b) *Syrphidae*: 6. Eristalis arbustorum L. (!); 7. E. tenax L. (!); 8. Rhingia rostrata L. (!); 9. Syrphus balteatus Deg. (!); 10. S. ribesii L. (!); 11. Syritta pipiens L. (!), sämtlich sgd. und pfd.

Auf der Insel Rügen beobachtete ich ausserdem:

A. Diptera: *Odontomyidae*: 1. Chrysomyia formosa Scop., sgd. B. Lepidoptera: *Hesperidae*: 2. Hesperia lineola O., sgd.

59. R. hybridus Biria ist nach Schulz in Tirol homogam oder schwach protandrisch. Blütengrösse und Zahl der Staubblätter ist sehr veränderlich. Schulz beobachtete auch Gynomonöcie.

60. R. auricomus L. [Sprengel, S. 294; H. M., Befr. S. 116, 117; Knuth, Bijdragen; Mac Leod, Bot. Jaarb. VI. S. 179.] — Die Blüteneinrichtung stimmt mit denjenigen von R. Flammula überein, doch ist die Blumenkrone selten ganz regelmässig ausgebildet, fast immer sind einzelne oder selbst alle Kronblätter verkümmert, oder es sind überhaupt keine vorhanden. Dafür übernehmen die mit breitem, gelbem Saume ausgestatteten Kelchblätter die Anlockung. Die Gestalt der Nektarien ist sehr veränderlich; meist sind es Grübchen ohne Schuppe. Herm. Müller hat verschiedene Nektarienformen von R. auricomus zusammengestellt, die hier folgen:

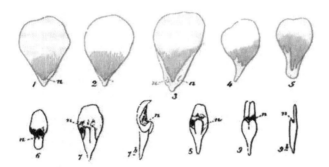

Fig. 9. Ranunculus auricomus L. (Nach Herm. Müller.)
1—8. Kronblätter mit verschieden ausgebildeten Nektarien. *9.* Kronblatt von Eranthis hiemalis (zum Vergleich).

Die von Lindman auf dem Dovrefjeld beobachteten Blumen waren zuerst protogyn, dann homogam; sie hatten einen Durchmesser von 5—22 mm. Besucher waren dort Fliegen und ein Falter.

Warnstorf (Bot. V. Brand. Bd. 38) bemerkte bei Ruppin in einzelnen Blüten, wenn auch sehr selten, einzelne Staubblätter, welche an der Spitze eine mit Papillen besetzte Narbe trugen. Pollen gelb, warzig, sehr unregelmässig und von verschiedener Grösse, meist rundlich-tetraëdrisch, bis 43 μ diam.

Ranunculus auricomus ist nach Focke (Abh. N. V. Bremen XII) selbstfertil.

In Nord- und Mitteldeutschland sind von H. Müller (1) und mir (!) folgende Besucher beobachtet:

A. Coleoptera: 1. Meligethes pfd. (!). B. Diptera: a) *Muscidae*: 2. Anthomyia radicum L. ♀ ♂. besonders häufig (1); 3. Lucilia caesar L., pfd. (! Kiel); 4. Scatophaga merdaria F., sgd. und pfd. (1). b) *Syrphidae*: 5. Cheilosia vernalis Fall., pfd. (1); 6. Eristalis tenax L., pfd. (! Kiel); 7. Melanostoma mellina L., pfd. (!, 1); 8. Pipizella virens F., pfd. (1). C. Hymenoptera: a) *Apidae*: 9. Anthrena fulvescens Sm. ♂, sgd. (1); 10. A. parvula K. ♀, pfd. (!, 1); 11. Apis mellifica L. ⚥, psd. (! Kiel); 12. Halictus albipes F. ♀, psd. (1); 13. H. cylindricus F. ♀ dgl. (!). b) *Formicidae*: 14. Eine Ameise hld. (Sprengel, 1). D. Lepidoptera: *Tineidae*: 15. Micropteryx calthella L., sgd. (1). E. Thysanoptera: 16. Thrips (Sprengel, 1).

Warnstorf beobachtete bei Ruppin zahlreiche pollenfressende Käfer. In Dumfriesshire (Schottland) (Scott-Elliot, Flora S. 4) sind 2 Musciden und 1 Käfer als Besucher beobachtet.

61. R. nivalis L. Die Blüten sind, nach Lindman, protogyn, dann homogam. Die Einrichtung ist derjenigen von R. acer ähnlich, doch ist die Blumenkrone tiefer und enger und der Fruchtboden höher und gewölbter. Die Kronblätter haben oberwärts zwei längsgerichtete, hohle Anschwellungen. Nach Ekstam ist der Durchmesser der Blüte, der im arktischen Sibirien 18 mm beträgt, auf Nowaja Semlja erheblich geringer. Als Besucher wurde dort eine kleine Fliege beobachtet.

62. R. lanuginosus L. [H. M., Befr. S. 116; Weit. Beob. I. S. 321; Knuth, Bijdragen.] — Die Blüteneinrichtung stimmt mit derjenigen von R. acer überein, doch ist der Insektenbesuch trotz der grösseren Blüten nur an lichteren Waldstellen ein reichlicher. Als Besucher und Befruchter sind von Herm. Müller (1) und mir (!) beobachtet:

A. Coleoptera: a) *Coccinellidae*: 1. Coccinella 14 punctata L., hld. (1). b) *Dermestidae*: 2. Byturus fumatus L., pfd., häufig (1). c) *Elateridae*: 3. Athous haemorrhoidalis F. (1), mit dem Kopfe im Blütengrunde. d) *Nitidulidae*: 4. Meligethes aeneus F., häufig Kronen- und Staubblätter benagend (!, 1). B. Diptera: a) *Bibionidae*: 5. Dilophus vulgaris L. (1). b) *Empidae*: 6. Empis livida L. (1), sgd.; 7. E. trigramma Mg., sgd. c) *Muscidae*: 8. Anthomyia sp. (!, 1); 9. Hylemyia conica Wied. (1); 10. Scatophaga stercoraria L. d) *Syrphidae*: 11. Ascia lanceolata Mg. (1), einzeln; 12. A. podagrica F. (1, !), häufig; 13. Bacha elongata F., einzeln (1); 14. Cheilosia albitarsis Mg. (1); 15. Ch. pubera Zett. (1) und andere Arten (1); 16. Eristalis arbustorum L. (!); 17. Melanostoma mellina L. in Mehrz. (1); 18. Pipiza notata Mg. (1); 19. Syrphus lunulatus Mg. (!, 1); 20. S. nitidicollis Mg. (1); 21. S. ribesii L. (!); 22. S. venustus Mg. (1), in Mehrzahl; 23. Volucella pellucens L. (1); sämtlich pfd. C. Hymenoptera: *Apidae*: 24. Anthrena cingulata F. ♀, psd. (1); 25. A. parvula K. ♀, sgd. (!, 1); 26. Apis mellifica L. ⚥, psd. (!); 27. Bombus terrester L. ♀, sgd. (1); 28. Eriades florisomnis L. ♂, sgd. (1); 29. Halictus flavipes F. ♀, sgd. (!, 1); 30. Osmia bicolor Schrk. ♀, psd. und sgd. (1).

Loew beobachtete im botanischen Garten zu Berlin:

Hymenoptera: *Apidae*: Eriades florisomnis L. ♂ sgd., ♀ psd.

63. R. montanus Willd. (einschliesslich Villarsii DC.). [H. M., Alpenbl. S. 133—135.] — Die Blüten sind denjenigen der vorigen Art an Grösse etwa gleich; sie sind protogyn, doch ist spontane Selbstbestäubung möglich.

Loew beobachtete in der Schweiz (Beiträge S. 57):

Diptera: a) *Asilidae*: 1. Lasiopogon cinctus F. b) *Syrphidae*: 2. Cheilosia antiqua Mgn., pfd.; H. Müller in den Alpen 3 Käfer, 20 Fliegen, 7 Hautflügler, 19 Falter.

64. R. illyricus L.

Als Besucher beobachtete Schletterer bei Pola die Apiden: 1. Halictus calceatus Scop.; 2. H. fasciatellus Schck.; sowie 3. die Blattwespe Amsais laeta F.

65. R. sardous Crntz. (R. Philonotis Ehrh.). [Knuth, Nordfriesische Inseln S. 18—20.] — Blüteneinrichtung und Besucherkreis stimmten mit R. repens u. s. w. überein. Warnstorf (Nat. V. des Harzes XI) beschreibt eine behaart-grosse Form bei Ruppin: Honigschuppe hohl, breit-trapezoidisch; Honig wird nicht abgesondert. Blüten schwach protogyn; Antheren extrors, von aussen nach innen (centripetal) reifend, etwas höher als das Fruchtknotenköpfchen; Selbstbefruchtung erschwert, doch nicht gänzlich ausgeschlossen; Pollen gelb, rundlich oder oval, mit 3 Längsfurchen, warzig, 30—37 μ diam.

H. de Vries (Ned. Kruidk. Arch. 1877) beobachtete in den Niederlanden die Honigbiene, als Besucher; Mac Leod in Flandern 2 Syrphiden, 2 Musciden, 1 Holzwespe. (B. Jaarb. VI. S. 178.)

66. R. arvensis L. [Hoffmann, Sexualität; Kirchner, Flora S. 266.] — Nach Kirchner sind die Grössenverhältnisse der Blüten, sowie die Entwickelungsfolge und die Zahl der Staub- und Fruchtblätter sehr schwankend. Der Durchmesser der schwefelgelben Blüten beträgt 4—10 mm. Beim Öffnen derselben legen sich die Staubblätter anfangs so nach innen über die Fruchtknoten, dass diese oft ganz verdeckt werden, doch strecken sich, während die Antheren beginnen, nach oben und aussen aufzuspringen, auch die Griffel, welche am Ende und auf einer nach innen gerichteten Längslinie mit Narbenpapillen besetzt sind. Wegen der gegenseitigen Lage des Pollens und der Narben dürfte spontane Selbstbestäubung kaum erfolgen; doch kommen Blüten vor, deren Antheren sich schon geöffnet haben, wenn die Narben noch tiefer unten stehen, und in diesen kann durch Hinabfallen von Pollen leicht spontane Selbstbestäubung eintreten; dagegen ist sie später unmöglich, da die Blüten aufrecht und die Narben oberhalb der Antheren stehen. Die Anzahl der Staubblätter beträgt meist 10—13, doch verkümmern nicht selten einige, so dass in der Blüte nur noch 5—2 vorhanden sind, ja mitunter schlagen alle fehl, so dass die Pflanze gynomonöcisch wird. Diese weiblichen Blüten sind viel kleiner, als die zwittrigen und während sie sich öffnen, ragen die Griffel bereits aus der Krone hervor. — Hoffmann beobachtete auch stark protandrische Zwitterblüten. — Ranunculus arvensis ist nach Focke (Abh. N. V. Bremen XII) selbstfertil.

Mac Leod beobachtete in Flandern 1 Kleinschmetterling und 2 kleine Musciden als Besucher. (B. Jaarb. VI. S. 180).

67. R. sceleratus L. [Knuth, Ndfr. Ins. S. 20, 147.] — Die zahlreichen Blüten, deren Durchmesser meist 1 cm nicht erreicht, machen die Pflanze trotz der Kleinheit der Einzelblüten weithin sichtbar, so dass auch zahlreiche kurzrüsselige Insekten dem in einer Grube am Grunde der Kronblätter abgesonderten Nektar nachgehen. Beim Öffnen der Blüte liegen die Staubblätter mit noch geschlossenen Antheren den Fruchtblättern mit bereits empfängnisfähigen Narben dicht an, die sie jedoch an Höhe nicht erreichen. In dem Masse, in welchem die Antheren — zuerst die der äusseren, dann die der inneren Staubblätter — aufspringen, biegen sich die Filamente von den Stempeln ab und nähern sich den wagerecht ausgebreiteten Kronblättern. Durch besuchende Insekten wird beim Auffliegen auf die Fruchtblätter Fremdbestäubung herbeige-

führt, anderenfalls Selbstbestäubung; bei ausbleibendem Insektenbesuche wird der
Pollen der abblühenden Antheren bei Neigung der Pflanze durch den Wind auf
die bis zum Ende der Blütezeit empfängnisfähigen Narben fallen.

Als Besucher sind von mir auf den nordfriesischen Inseln und bei Kiel
bisher ausschliesslich Musciden beobachtet:

1. Lucilia Caesar L.; 2. Musca corvina F.; 3. kleinere Musciden.

Verhoeff beobachtete auf Norderney:

Diptera: a) *Dolichopidae*: 1. Dolichopus aeneus Deg. b) *Muscidae*: 2. Anthomyia spec. 1 ♂, sgd.; 3. Aricia dispar Fall. 1 ♂; 4. Aricia incana Wiedem. ♀ ♂, pfd.;
5. Myospila meditabunda F. 1 ♀; 6. Scatophaga stercoraria L. c) *Syrphidae*: 7. Eristalis
intricarius L. 1 ♀; 8. Platycheirus peltatus Mg. 1 ♀; 9. Pyrophaena ocymi F. 1 ♂.

In Dumfriesshire in Schottland (Scott-Elliot, Flora S. 4) sind Fliegen
(Musciden, Empiden, Dolichopiden) als Besucher beobachtet.

Mac Leod bemerkte in Flandern 1 Schwebfliege, 1 Muscide auf den
Blüten. (B. Jaarb. VI. S. 179).

68. R. Ficaria L. (H. M., Befr. S. 116; Weit. Beob. I. S. 321, 322; Chatin,
Compt. rend. 1866; Kerner, Pflanzenleben II.; Schulz, Beitr. II. S. 179;
Knuth, Bijdragen.] — Die Bestäubungseinrichtung der goldgelben Blüten, die
sich im Sonnenscheine zu einem Stern von meist 20—25 mm Durchmesser ausbreiten, stimmt nach H. Müller mit derjenigen von R. acer und auricomus
überein.   Ausser den homogamen oder schwach protandrischen Zwitterblüten
kommen auch weibliche Blüten vor.   Zu Anfang der Blütezeit findet man häufig
Blüten, in denen die Anzahl der entwickelten Kronblätter bis auf 3, selbst auf
2 herabsinkt, später steigert sie sich auf 8—10. Überhaupt ist die Blütengrösse
und die Anzahl der Staubblätter sehr veränderlich. — Die Blüten setzen selten
Früchte an: Irmisch und Hunger sahen solche an schattigen, wasserreichen
Standorten; Kerner dagegen beobachtete an sonnigen Stellen einzelne reife
Fruchtköpfchen, während er die Pflanze an schattigen Plätzen steril und mit
Brutknöllchen in den Blattachseln sah. Nach Warnstorf (Bot. V. Brand Bd. 38)
kommt die Pflanze bei Ruppin an den schattigen Wallgräben häufig mit einzelnen (meist 2—3) ausgebildeten Früchtchen vor; alle diese Pflanzen tragen
auch Bulbillen in den Blattachseln.

Burkill (Journ. of Botany 1897) sagt mit Recht, dass die äusserst seltene
Ausbildung von Früchten bei Ranunculus Ficaria ein Rätsel ist.   Das
Fehlen der Samenbildung ist keineswegs auf mangelnden Insektenbesuch zurück-
zuführen, denn die Blumen werden von einer grossen Anzahl der verschiedensten
Insekten besucht.

Nach Chatin trägt die bulbiferierende Form keinen Samen, weil sie keinen
Pollen produziert; Müller dagegen kultivierte ein mit Bulbillen in den Blattachseln versehenes Exemplar, das reifen, keimfähigen Samen produzierte. — Die
Vermehrung der Pflanze erfolgt in den weitaus meisten Fällen auf ungeschlecht-
lichem Wege durch die in den Blattachseln gebildeten Brutknöllchen (Bulbillen),
welche im Frühsommer mit dem Absterben aller oberirdischen Teile der Pflanze
abfallen.

Als Besucher sind von Herm. Müller (1) und mir (!) beobachtet: A. Coleoptera: 1. Meligethes, häufig, sgd., pfd. und an Blumenblättern nagend (1, !). B. Diptera: a) *Muscidae*: 2. Anthomyia radicum L., sehr häufig (1); 3. A. sp. pfd. (!); 4. Scatophaga merdaria F. (1); 5. Sepsis häufig (1). b) *Syrphidae*: 6. Brachypalpus valgus Pz., pfd. (1); 7. Rhingia rostrata L., pfd. (!). C. Hymenoptera: *Apidae*: 8. Anthrena albicans Müll. ♀ ♂, psd. und sgd. (1); 9. A. gwynana K. ♀, psd. (1); 10. A. parvula K. ♀, sgd. (1); 11. Apis mellifica L. ⚥, sgd. und pfd. häufig (1, !); 12. Halictus albipes F. ♀, sgd. (1); 13. H. cylindricus F. ♀, w. v. (1); 14. H. lucidus Schenck ♀, w. v. (1); 15. H. nitidiusculus K. ♀, w. v. (1); 16. H. sp. sgd. (!); 17. Osmia rufa L. ♂, sgd. (1, Thür.). D. Thysanoptera: 18. Thrips, sehr zahlreich (1).

Sickmann gibt für Osnabrück Salius sepicola Smith (Wegewespe) als Besucher an.

Alfken und Höppner (H.) beobachteten bei Bremen:

Apidae: 1. Anthrena albicans Müll. ♀ ♂ sgd.; 2. A. cineraria L. ♂ sgd.; 3. A. clarkella K. ♂; 4. A. extricata Sm. ♀; 5. A. flavipes Pz. ♀ ♂; 6. A. gwynana K. ♀ ♂; 7. A. morawitzi Ths. ♀; 8. A. nitida Fourcr. ♂; 9. A. parvula K. ♀ ♂; 10. A. varians K. ♀ ♂; 11. Apis mellifica L. ⚥; 12. Bombus agrorum F. ♀; 13. B. terrester L. ♀; 14. Halictus minutus K. ♀; 15. H. morio F. ♀; 16. H. nitidiusculus K. ♀; 17. Nomada alternata K. ♂; 18. N. bifida Ths. ♂; 19. N. borealis Ztt. ♂ (H.); 20. N. fucata Pz. ♂; 21. N. lineola Pz. ♂; 22. N. ruficornis L. ♂; 23. N. xanthosticta K. ♀ ♂. sgd.; 24. Osmia rufa L. ♀; 25. Podalirius acervorum L. ♂. Syrphidae: 26. Brachypalpus valgus Pz.

Mac Leod bemerkte in Flandern 2 langrüsselige und 2 kurzrüsselige Bienen, 1 Blattwespe, 3 Musciden, 1 Käfer. (B. Jaarb. VI. S. 181, 182).

In Dumfriesshire in Schottland (Scott-Elliot, Flora S. 4) sind Apis, Syrphiden, Empiden und Musciden als Besucher beobachtet.

Burkill (Fert. of Spring Fl.) beobachtete an der Küste von Yorkshire: A. Coleoptera: *Chrysomelidae*: a) 1. Longitarsus fuscicollis Foudr. b) *Colydiidae*: 2. Coninomus nodifer Westw. c) *Nitidulidae*: 3. Meligethes picipes Sturm, sgd., häufig. B. Diptera: a) *Muscidae*: 4. Onesia cognata Mg., sgd., einmal; 5. Lucilia cornicina F., sgd. und pfd.; 6. Pollenia rudis F., einmal; 7. Scatophaga stercoraria L., sgd. und pfd., häufig; 8. Sepsis nigripes Mg., sgd. und pfd., gelegentlich. b) *Empidae*: 9. Empis sp., sgd., einmal. c) *Phoridae*: 10. Phora sp. d) *Syrphidae*: 11. Cheilosia nebulosa Verral; 12. Eristalis arbustorum L., sgd., einmal; 13. E. pertinax Scop., sgd. und pfd., häufig; 14. Melanostoma quadrimaculatum Verral ♂ ♀, sgd.; 15. Syrphus lasiophthalmus Ztt., sgd. C. Hymenoptera: a) *Apidae*: 16. Anthrena clarkella K., sgd.; 17. A. gwynana K. ♂ ♀, sgd., gelegentlich; 18. A. nigro-aenea K. ♀; 19. Apis mellifica L. ⚥, sgd. und psd., einmal; 20. Bombus agrorum F., einmal. b) *Formicidae*: 21. Formica fusca L. c) *Ichneumonidae*: 22. Ichneumon sp., sgd. D. Lepidoptera: *Rhopalocera*: 23. Vanessa urticae L., sgd. E. Thysanoptera: 24. Thrips sp.

69. Coptis trifolia Salisb. Diese nordische Pflanze ist, nach Warming, in Grönland homogam. Das Vorhandensein von Honig konnte nicht festgestellt werden; die Blume gehört entweder zu B oder Po.

11. Caltha L.

Homogame Blumen mit halbverborgenem Honig. Anlockung durch die grossen gelben Kelchblätter, (Kronblätter fehlen). Honigabsonderung durch zwei flache Vertiefungen an beiden Seiten jedes Fruchtknotens.

70. C. palustris L. [Knuth, Ndfr. Ins. S. 20, 147; Sprengel, S. 298; H. M., Befr. S. 117, 118; Weit. Beob. I. S. 322; Alpenbl. S. 135, 136; Kirchner, Flora S. 270; Beyer, spont. Bew.; Schulz, Beitr. II. S. 179; Haussknecht, Mitt.] — In den grossen, dottergelben Blüten, die sich im Sonnenscheine zu einer Fläche von 4 cm Durchmesser ausbreiten, ist die Honigabsonderung eine so reichliche, dass die Tröpfchen der benachbarten Vertiefungen zusammenfliessen.

Fig. 10. Caltha palustris L. (Nach Herm. Müller.) Ein einzelnes Fruchtblatt. *st* Stigma. *n* Nektarium (mit einem Honigtröpfchen).

Trotz der gleichzeitigen Entwickelung der Staub- und Fruchtblätter ist Fremdbestäubung bei eintretendem Insektenbesuche dadurch begünstigt, dass die Antheren, und zwar die der äussersten Staubblätter zuerst, nach aussen aufspringen. Ausser den Pflanzen mit homogamen Zwitterblüten sind in Frankreich und in Tirol auch Stöcke mit rein männlichen Blüten beobachtet. — Im skandinavischen Hochgebirge haben die Blüten bisweilen nur einen Durchmesser von 2 cm; sie besitzen dort, nach Lindman, einen schwachen, an Guttapercha · erinnernden Geruch. Nach Ekstam beträgt auf Novaja Semlja der Blütendurchmesser 10 bis 36 mm. — Nach Haussknecht herrschen in Thüringen grossblütige, in Süddeutschland kleinblütige Formen vor. Nach Lecoq (Géogr. bot. IV. S. 488) ist Caltha palustris L. andromonöcisch. (Darwin, Forms of flowers S. 13).

Als Besucher haben Herm. Müller in Westfalen (1), und ich in Schleswig-Holstein (!) folgende Insekten beobachtet:

A. Coleoptera: a) *Chrysomelidae*: 1. Donacia discolor Hoppe (1); 2. Helodes marginella L. (1). b) *Curculionidae*: 3. Bruchus seminarius L., hld. (?), (1). c) *Nitidulidae*: 4. Epuraea aestiva L. (1); 5. Meligethes sehr häufig, sgd. und pfd. (1). d) *Staphylinidae*: 6. Tachyporus hypnorum F., hld. (?), (1). B. Diptera: a) *Bibionidae*: 7. Dilophus vulgaris Mg. ♀ in Mehrzahl, (1). b) *Empidae*: 8. Cyrtoma spuria Fall. (1); 9. Empis opaca F., sgd. (1). c) *Muscidae*: 10. Anthomyia sp., äusserst zahlreich, pfd. (1, !); 11. Aricia serva Mg. (1); 12. Hydrotaea dentipes F. (1); 13. Onesia floralis R.-D. (1); 14. Scatophaga merdaria F. (1); 15. Sc. stercoraria L., pfd. (1). d) *Stratiomydae*: 16. Odontomyia argentata F. (1). e) *Syrphidae*: 17. Ascia podagrica F., pfd. (1); 18. Cheilosia albitarsis Mg., sgd. und pfd. (1); 19. Cheilosia sp., pfd. (1); 20. Cheilosia pubera Zett., pfd. (1); 21. Eristalis arbustorum L., häufig, sgd. und pfd. (!, 1); 22. E. intricarius L., sgd. und pfd. (1); 23. E. nemorum L., w. v. (1, !); 24. Melanostoma ambigua Fallen (1); 25. Pipiza tristis Mg. (1); 26. Platycheirus manicatus Mg. (1); 27. Rhingia rostrata L., pfd. (1). C. Hymenoptera: *Apidae*: 28. Anthrena albicans K. ♂, sgd. (1); 29. Apis mellifica L. ☿, sehr häufig, sgd. und pfd. (1, !); 30. Bombus terrester L. ♀, sgd. (1, !); 31. Osmia rufa L. ♂, sgd. (1). D. Neuroptera: *Perlidae*: 32. Perla sp., häufig (1).

v. Fricken beobachtete in Westfalen und Ostpreussen den Blattkäfer Prasocuris hannoverana F.; Rössler bei Wiesbaden den Falter: Eriocephala calthella L.

In den Alpen sah Herm. Müller vier Fliegen als Besucher.

Mac Leod beobachtete in Flandern Apis, 3 Schwebfliegen, 4 Musciden als Besucher (B. Jaarb. VI. S. 182); in den Pyrenäen eine Muscide.

In Dumfriesshire in Schottland (Scott-Elliot, Flora S. 6) sind Apis, 1 Hummel, Schwebfliegen, Musciden und 1 Kleinfalter als Besucher beobachtet.

Burkill (Fert. of Spring Fl.) beobachtete an der Küste von Yorkshire: A. Coleoptera: *Nitidulidae*: 1. Meligethes picipes Sturm, sgd., einmal. B. Diptera: a) *Muscidae*: 2. Scatophaga stercoraria L., mit Schwierigkeit sgd. b) *Syrphidae*: 3. Syrphus sp., pfd., einmal. C. Hemiptera: 4. Deraeocoris sp. D. Hymenoptera: *Apidae*: 5. Apis mellifica L., psd., einmal.

12. Trollius L.

Meist homogame Blumen mit verborgenem Honig. Die grossen, hellgelben, kugelig zusammenschliessenden Kelchblätter dienen als Schauapparat und umschliessen die kleinen, linealischen Kronblätter, die am Grunde eine unbedeckte Nektargrube besitzen.

71. T. europaeus L. [H. M., Alpenbl. S. 136, 137; Ricca, Atti XIV. 3; Beyer, spont. Bew.; Kerner, Pflanzenleben II. S. 179; Kirchner, Flora S. 270; Schulz, Beitr. II. S. 8; Knuth, Herbstbeob.] — Die schwach (— nach Kerner aurikel-) duftenden Blüten sind bei trüber Witterung fast gänzlich geschlossen; im Sonnenscheine schliessen die Kelchblätter etwas weniger fest zu-

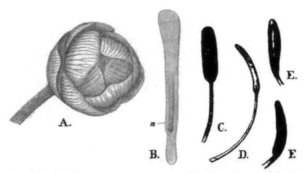

Fig. 11. Trollius europaeus L. (Nach Herm. Müller.)
A. Blüte von aussen gesehen, etwas verkleinert. *B.* Nektarium (n) von der Innenseite. *C.* Staubblatt vor dem Aufspringen der Antheren von der Innenseite. *D.* Dasselbe von der Seite gesehen. *E.* Ein Staubblatt mit fast entleerten Antherenfächern. *F.* Dasselbe von der Seite gesehen. *B.—F.* Vergrösserung 4²/₃ : 1.

sammen. Die zahlreichen Staubblätter sind vor dem Aufspringen der Antheren einwärts gebogen: mit dem (von aussen nach innen vorschreitenden) Aufspringen der letzteren strecken sie sich noch etwas. Die in die Blüte von oben her zum Pollen oder zum Nektar vordringenden Insekten gelangen zuerst in die Blütenmitte, also auf die Narben, bewirken daher ziemlich regelmässig Fremdbestäubung. Bei ausbleibendem Insektenbesuche ist spontane Selbstbestäubung unvermeidlich, weil die äusseren Staubblätter die Narben überragen; es ist aber fraglich, ob diese wirksam ist.

Als Besucher ist von mir nur eine pollenbehaftete Muscide (Anthomyia sp.), sowie antherenfressend Forficula auricularia L. beobachtet. Herm. Müller fand in den Alpen 3 Käfer, 4 Fliegen, 3 kleine Hautflügler; Ricca sah gleichfalls kleine pollenbedeckte Fliegen in den Blüten. Schulz beobachtete zahlreiche Fliegen, Hautflügler und Käfer.

In Dumfriesshire in Schottland (Scott-Elliot, Flora S. 6) sind 1 Käfer, 1 Muscide, 3 Schwebfliegen und 1 Blattwespe als Besucher beobachtet.

Loew beobachtete im botanischen Garten zu Berlin:

Hymenoptera: *Apidae*: Halictus minutissimus K. ♀, psd.

13. Eranthis Salisbury.

Homogame Blumen mit halbverborgenem Honig. Die länglichen, gelben Kelchblätter dienen als Schauapparat. Der Nektar wird in den in kleine, hohle, verkehrt-kegelförmige, fast tütenförmige und beinahe zweilippige Nektarien umgewandelten Kronblättern abgesondert. (S. Fig. 9, 9.)

72. E. hiemalis L. [H. M., Befr. S. 118; Kerner, Pflanzenleben II. S. 114; Knuth, Bijdr.] — Die Blüteneinrichtung stimmt, nach Müller, mit derjenigen von Ranunculus auricomus überein. In den bei trüber Witterung geschlossenen, im Sonnenscheine ausgebreiteten Blüten sind die Staub- und Fruchtblätter gleichzeitig entwickelt, so dass die während der Blütezeit dieser Pflanze nur im Sonnenscheine fliegenden und die Blume besuchenden Insekten beim Auffliegen auf die Blütenmitte Fremdbestäubung herbeiführen, während bei trüber Witterung in der geschlossenen Blüte durch Berührung der Antheren und Narben spontane Selbstbestäubung erfolgt. Nach Kerner beträgt die Blütedauer der von 8 Uhr morgens bis 7 Uhr abends geöffneten Blüte acht Tage. Während dieser Zeit erreichen die Blumenblätter das Doppelte ihrer ursprünglichen Grösse.

Als Besucher und Befruchter sah ich in Gärten bei Kiel die Honigbiene pollensammelnd und honigsaugend. Dieselbe beobachtete Herm. Müller in Westfalen in so grosser Häufigkeit, dass „sie für sich allein ausreichte, alle Blüten zu befruchten". Ausserdem sah H. Müller noch 3 Musciden: 1. Pollenia rudis F. („mit den Rüsselklappen auf den Blumenblättern und Antheren umhertupfend, gelegentlich auch die Narben berührend, endlich aber auch den ausgereckten Rüssel in die Honigtäschchen steckend"); 2. Musca domestica L., ebenso; 3. Sepsis, an den Antheren beschäftigt. Als einen ferneren Besucher sah ich Vanessa urticae L. auf den Kelchblättern sitzend und so honigsaugend, doch berührte dieser Falter weder die Antheren noch die Narben.

14. Helleborus Adanson.

Protogyne Blumen mit verborgenem Honig. Die grossen Kelchblätter dienen als Schauapparat. Die Kronblätter sind in kurzgestielte, grünliche, mehr oder weniger deutlich zweilippige, kurze, röhrenförmige Nektarien umgewandelt.

73. H. foetidus L. [Kirchner, Flora S. 271; Knuth, Bot. Centralbl. 1894. No. 20.] — Durch ihre Zusammenhäufung zu reichblütigen Inflorescenzen werden die grünen, aussen meist bräunlich gefleckten oder überlaufenen, eiförmigen Blumen ziemlich augenfällig. Mit dem Öffnen derselben sind die Narben bereits empfängnisfähig und stehen so in dem nur etwa 1 cm im Durchmesser betragenden Blüteneingange, dass jedes in das Innere hineinkriechende grössere Insekt sie unfehlbar streifen muss. Nicht nur die schwach keulig verdickte Griffelspitze ist papillös, sondern, entsprechend der von einem zum Honig vordringenden Insekt auszuführenden Bewegung, auch die nach der Blütenmitte gerichtete Seite des Griffels, und zwar setzen sich diese Papillen in Form einer Rinne bis zu den in diesem ersten (weiblichen) Zustande noch geschlossenen Staubbeuteln, welche jetzt von den Narben noch um 3—4 mm überragt werden, fort.

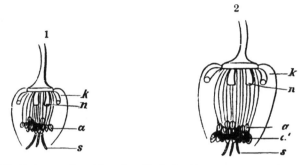

Fig. 12. Helleborus foetidus L. (Nach der Natur, halbschematischer Aufriss.)
1 Blüte im ersten (weiblichen) Zustande. 2 Blüte im zweiten (männlichen) Zustande. *k* Umriss des Kelches, *n* Nektarien, *a* geschlossene, *a'* aufgesprungene Antheren, *s* Narbe.

Alsdann wachsen die Staubfäden, die äussersten zuerst, soweit heran, dass die nach aussen aufspringenden Staubbeutel den sich auf 1,5—2 cm erweiternden Blüteneingang ausfüllen, während die Griffel gleichfalls noch einige Millimeter gewachsen sind. Auch zu Anfang dieses zweiten (männlichen) Zustandes sind die Narben noch nicht völlig vertrocknet, sondern immer noch empfängnisfähig, sodass sowohl ein anfliegendes Insekt vielleicht noch Fremdbestäubung herbeiführen, als auch durch Hinabfallen von Pollen auf die Narben vielleicht spontane Selbstbestäubung erfolgen könnte. Mit blossem Auge oder mit der Lupe betrachtet, erscheinen die Narbenpapillen allerdings schon vertrocknet; die mikroskopische Untersuchung zeigt jedoch, dass auch zu Anfang dieses zweiten Blütenzustandes zahlreiche Pollenkörner in den Narbenpapillen haften. Es ist aber nicht wahrscheinlich, dass die so erfolgende spontane Selbstbestäubung von Erfolg ist, denn man findet selten ausgebildete Früchte mit Samen, wenn Insektenbesuch wegen ungünstiger Witterung ausblieb.

Der Honig wird in den zu merkwürdigen, näpfchenförmigen Nektarien umgebildeten Kronblättern ausgesondert und geborgen. Durch die herabhängende Stellung der Blüten und den dichten Zusammenschluss der Kelchblätter ist er völlig gegen Regen geschützt. Die Nektarien liegen den Kelchblättern dicht

an; sie werden von den Antheren und Narben um ein so bedeutendes Stück
überragt, dass manche der die Blüte besuchenden Insekten gar nicht bis zu ihnen
vordringen, sondern sich mit dem Sammeln von Pollen begnügen, indem sie
sich, nachdem sie die Narbe gestreift haben, dabei in dem Gewirr der Staubblätter umhertummeln. Diejenigen aber, welche Nektar saugen, klettern an Griffeln
und Staubblättern zwischen letzteren und den Kelchblättern bis zu den Nektarien
empor, berühren also stets die Narben und bedecken sich in einer im zweiten
Zustande befindlichen Blüte mit Pollen, so dass sowohl die Pollensammler, als
auch die Honigsauger Fremdbestäubung herbeiführen.

Besucher und Befruchter sind vorwiegend *Hymenopteren*; ich beobachtete:

1. Apis mellifica L. ⚥, sehr zahlreich, sowohl psd. als auch sgd.; 2. Bombus
terrester L. ♀ einzeln, wie vorige; 3. B. lapidarius L. ♀, einzeln, wie vorige; 4. Anthophora pilipes F. ♀, einzeln, wie vorige. Ausserdem Diptera: 5. Eristalis tenax L. pfd.

74. H. viridis L. [Sprengel, S. 298; Knuth, a. a. O.] — Die
gelblich-grünen, einzelnen oder zu zweien stehenden Blumen und die frühere
Blütezeit bewirken, dass der Insektenbesuch bei dieser Art ein erheblich geringerer ist, als bei voriger.

Auch hier sind die Narben wieder beim Öffnen der Blüte entwickelt
und ziemlich .stark nach aussen gebogen. Sie werden von dem anfangs einen
Öffnungsdurchmesser von 1,5 cm besitzenden Kelche um mehrere Millimeter überragt und überragen ihrerseits die noch völlig geschlossenen, nur wenig über die
Nektarien vorgestreckten Antheren um etwa 5 mm.

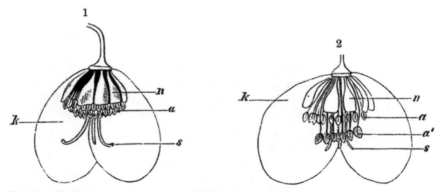

Fig. 13.   Helleborus viridis L.   (Nach der Natur, die 3 vorderen Kelchblätter sind
entfernt.)

1 Blüte im ersten (weiblichen) Zustande.   2 Blüte im zweiten (männlichen) Zustande.   k Kelchblatt, n Nektarium, a geschlossene, a' aufgesprungene Anthere, s Narbe.

Ein honigsaugendes Insekt muss sich daher an den herabhängenden Griffeln
festhalten und, falls es von einer im zweiten Zustande befindlichen Blüte kam,
die Narben mit fremdem Pollen belegen.   Die Griffel sind bei dieser Art daher

erheblich dicker, als bei voriger, die Spitze ist kopfförmig verdickt und die Biegung, entsprechend der grösseren Blütenöffnung, stärker, als bei voriger.

Auch die Narbenpapillen, welche den ganzen Griffelkopf dicht bedecken und sich an der Innenseite des Griffels noch eine Strecke fortsetzen, sind hier grösser, während die Pollenkörner der beiden Arten etwa dieselbe Grösse (0,04 mm lang, 0,02 mm breit) und dieselbe länglich-eiförmige Gestalt besitzen. Die Narbenpapillen sind bei *H. viridis* etwas kegelförmig gestaltet, so dass ein Pollenkorn genau zwischen zwei Narbenhervorragungen passt, gewissermassen dazwischen geklemmt wird.

Mit dem allmählichen Vertrocknen der Narben wachsen die Staubblätter, wieder die äussersten zuerst, ebenso allmählich hervor und nehmen, indem sie die pollenbedeckte Seite nach aussen kehren, die Stelle ein, welche im ersten Blütenzustande die Narben inne hatten. Gleichzeitig weichen die Kelchblätter soweit auseinander, dass der Blütendurchmesser 3 cm beträgt.

Die Nektarien sind hier erheblich grösser, als bei voriger Art; durch die herabhängende Stellung der Blüte ist dem Regen der Zutritt zum Honig verwehrt. Da die Blüte eine viel grössere Öffnung besitzt, als bei *H. foetidus*, so gelangen die besuchenden Insekten ohne Mühe und ohne langes Suchen sofort an die Honignäpfchen und saugen aus ihnen, indem sie sich an Griffeln und Staubblättern festhalten, so dass auch hier Fremdbestäubung eintreten muss. Ein blosses Pollensammeln habe ich bei den von mir beobachteten Besuchern nicht gesehen.

Als Besucher und Befruchter sah ich in Gärten bei Kiel wieder: Hymenopteren: 1. Apis mellifica L.; 2. Bombus terrester L. ♀; 3. B. lapidarius L. ♀. Mac Leod beobachtete in den Pyrenäen eine Anthrena; Burkill (Fert. of Spring Fl.) an der Küste von Yorkshire Bombus terrester L., sgd.

75. H. niger L. [Knuth, a. a. O.] — Trotz der sehr grossen weissen Blüte ist der Insektenbesuch ein sehr geringer, ohne Zweifel, weil die Ungunst der Jahreszeit während des Blühens dieser Blume die Insekten meist am Ausfliegen verhindert. Die Blüteneinrichtung stimmt ganz mit derjenigen von *H. viridis* überein. Nach Warnstorf (N. V. des Harzes XI) ist die Zahl der Nektarien etwa 10—12. Der weisse, glatte, elliptische Pollen ist durchschnittlich 53 μ lang und 28 μ breit.

Als Besucher und Befruchter sah ich bei Kiel nur *Apis mellifica L.*

76. H. siculus Schff. vom Aetna verhält sich, nach Nicotra (Bull. d. Soc. bot. ital. 1894), bei der Anthese ähnlich, wie die von mir beschriebenen anderen Niesswurzarten, insbesondere stimmt sie mit derjenigen von H. viridis überein. Auch die sicilianische Art ist protogyn. Die Nektarien scheiden erst mit dem Aufspringen der Antheren Honig aus. Autogamie ist völlig ausgeschlossen, da zur Zeit des Öffnens der ersten Antheren, die Narben bereits vertrocknet sind.

77. H. atrorubens W. K. Loew beobachtete im botanischen Garten zu Berlin die Honigbiene psd., ebenso an

78. H. cyclophyllus Boiss. und

79. H. lividescens A. Br. et Sauer; an
80. H. pallidus Host. daselbst eine Muscide (Scatophaga stercoraria L.).

15. Isopyrum L.

Blumen mit halbverborgenem Honig. Die Kelchblätter dienen als hauptsächlichster Schauapparat; die in Nektarien umgewandelten schaufelförmigen Kronblätter sind erheblich kleiner als die Kelchblätter.

81. I. thalictroides L. [Kerner Pflanzenleben II. S. 251]. — Kurz nach dem Öffnen der weissen Blüte springen die Antheren des äussersten Kreises der Staubblätter auf, wobei sich die Filamente so krümmen, dass die Antheren über den Nektarien stehen, so dass sie unvermeidlich von honigsaugenden Insekten gestreift werden müssen. Am nächsten Tage bewegen sich diese Staubblätter gegen die zurückgeschlagenen Kelchblätter, während gleichzeitig der nächste Kreis der Staubblätter aufspringt und sich über die Nektarien neigt. Am dritten Tage sind auch diese nach aussen gerückt und durch die Glieder des dritten Kreises ersetzt, und so geht es fort, bis sämtliche Staubblätter der Reihe nach ihre Antheren über die Nektarien gestellt haben. Auf die Blütenmitte auffliegende Insekten müssen daher Fremdbestäubung herbeiführen, falls sie bereits eine Blüte dieser Art besucht haben. Über die Besucher selbst ist nichts bekannt.

16. Nigella Tourn.

Ausgeprägt protandrische Bienenblumen. Die grossen, buntgefärbten Kelch. blätter dienen der Anlockung. Die 8 Kronblätter sind in eigentümliche Nektarien umgewandelt: sie besitzen einen hohlen, knieförmig gebogenen Stiel und eine gespaltene, mit zwei Fortsätzen versehene Platte; vom Knie aufwärts hat der Stiel an der Oberseite einen Spalt, der mit einem Deckel versehen ist. Der Honig wird im Innern, an der Unterseite des Kniees, abgesondert und in der Röhre geborgen. Der Deckel schliesst sich nach dem Öffnen elastisch und liegt, um vor Verschiebung geschützt zu sein, zwischen zwei Höckern. (S. Fig. 14, B. C. D.)

82. N. arvensis L. [Sprengel, S. 280—289; Terraciano, Bot. Centr. Bd. 51; Knuth, Bijdr.] — Die Blüteneinrichtung hat Sprengel mit grosser Ausführlichkeit beschrieben; die Darstellung derselben gehört zu den ausgezeichnetsten Leistungen dieses grossen Forschers.

Die Kelchblätter sind unten weisslich, an der Spitze hellblau, die in Nektarien umgewandelten, kleinen Kronblätter sind oberseits bräunlich oder blau mit zwei weissen oder gelbgrünen Querbinden, ihre Platten sind weisslich oder braun quer gestreift, der Fortsatz des Deckels ist weisslich und braun, endlich haben die weissen Staubfäden auf ihrer innern, den Fruchtblättern zugekehrten Seite unfern ihres Grundes einen nach aussen schwach durchschimmernden weissen Fleck. Auf diese Weise entstehen in der Blüte zehn abwechselnd helle und dunkle Ringe, die als ringförmiges Saftmal dienen und die besuchenden Insekten (Bienen) rings im Kreise zu den Nektarien führen.

Über den Nektarien stehen 8 Gruppen von je 6 hinter einander befindlichen Staubblättern. Wenn die Blüte sich öffnet, stehen alle 48 Staubblätter
aufrecht. Am ersten Tage des Blühens krümmt sich das äusserste einer jeden
Gruppe abwärts und nach aussen, wobei sich seine Anthere nach unten öffnet,
so dass ein aus den Nektarien saugendes Insekt die Oberseite des Körpers mit
Pollen bedecken muss. Am zweiten Tage haben die 8 äussersten, nunmehr abgeblühten Staubblätter sich wagerecht niedergestreckt, so dass sie den Kelchblättern
anliegen; dabei ist ihre Stelle von den 8 Staubblättern der folgenden Gruppe
eingenommen. Am dritten Tage haben sich auch diese niedergelegt und sind
durch die 8 der dritten Gruppe ersetzt u. s. f., bis nach 6 Tagen alle
Staubblätter abgeblüht sind und sich niedergelegt haben.

Während dieser Zeit stehen die Griffel aufrecht, doch drehen sie sich allmählich etwas spiralig und krümmen sich so nach aussen und unten, dass sie
fast wagerecht stehen, wenn alle Antheren verblüht sind. Die in Form einer
Längsnaht sich vom Grunde bis zur Spitze des Griffels erstreckende Narbe muss

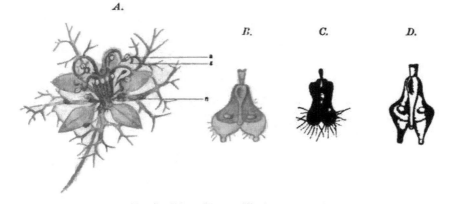

Fig. 14. Nigella L. (Nach der Natur)

A. Nigella damascena L. Blüte gegen Ende des zweiten Stadiums: die Griffel (*s*) haben
sich schraubig abwärts gedreht und berühren die noch pollenbedeckten Antheren (*a*), so dass
spontane Selbstbestäubung erfolgen muss. (Nat. Gr.) *B. C. D.* Nektarien von N. sativa, N.
damascena und N. arvensis. (Vergr. 3½ : 1.) Die Form der Nektarien *B.* und *C.* scheint
etwas veränderlich zu sein.

also nunmehr von honigsaugenden Insekten berührt und, falls diese von einer
im ersten Zustande befindlichen Blume dieser Art herkommen, mit Pollen belegt
werden. Nachdem die Griffel diese Stellung 3—4 Tage inne gehabt haben,
richten sie sich wieder empor. Bleibt Befruchtung durch Insekten aus, so beobachtete ich an Gartenexemplaren zuweilen, dass durch schraubige Abwärts-
biegung der Griffel spontane Selbstbestäubung erfolgte. Nach Terraciano
ist der Pollen der unteren Staubblätter unwirksam, und es findet in der Regel
spontane Selbstbestäubung statt, indem die Narben mit den Antheren der oberen
Staubblätter in Berührung kommen. Terraciano beobachtete niemals Insekten-

besuch im Freien; dagegen fand er, dass obige Art und auch N. sativa L., damascena L., Bourgaei Jord., foeniculacea DC., gallica Jord. ohne Beihülfe von Befruchtungsvermittlern, also durch spontane Selbstbestäubung, zahlreiche keimfähige Samen hervorbrachten.

Als Besucher und Befruchter sah schon Sprengel solche Bienen, deren Körpergrösse genau den Ausmessungen der Blume entspricht. Nur Bienen sind geschickt genug, den Deckel der Nektarien zu öffnen. Ich bemerkte Apis, sowie Bombus lapidarius L. ☿, die Nektarien geschickt öffnend und regelrecht Fremdbestäubung herbeiführend; ferner als nutzlosen Blumengast Vanessa Jo. L.

Friese beobachtete in Ungarn die Seidenbiene Colletes punctatus Mocs. ♂ n., ♀ s. slt. und seinen Schmarotzer, die Schmuckbiene Epeolus fasciatus Friese (= transitorius Friese) n. slt.

83. N. sativa L. [Knuth, Bijdr.] hat dieselbe Blüteneinrichtung wie vor.; nur weicht der Bau des Nektariums ein wenig von demjenigen der vorigen Art ab[1]). Dasselbe gilt von

84. N. damascena L. [Knuth, Bijdr.; Notizen; H. M., Weit. Beob. I. S. 322.] — Hier tritt spontane Selbstbestäubung durch schraubige Abwärtskrümmung der Griffel regelmässig ein. Dieselbe scheint hier auch regelmässig von Erfolg zu sein, da die Blüten immer Früchte bilden. (Vgl. Fig. 14, A.)

Als Besucher sah Buddeberg in Nassau 2 Bienen:
1. Ceratina callosa F. ♂, an den Staubbeuteln beschäftigt; 2. Prosopis confusa Nyl. ♂, sgd.[1])

17. Aquilegia Tourn.

Protandrische Hummelblumen. Als Schauapparat dienen die bunt gefärbten Kelch- und Kronblätter, aus deren Mitte die Staub- und Fruchtblätter als gelbe Säule hervortreten. Der Honig wird im Grunde des Sporns der Kronblätter abgesondert und geborgen.

85. A. vulgaris L. [Sprengel, S. 279, 280; H. M., Befr. S. 118—120; Beyer, spont. Bew.; Schulz, Beitr.; Kirchner, Flora S. 273; Knuth, Weit. Beob. S. 230; Rügen.]

Die violett-blauen (selten rosa oder weissen) Blüten hängen nach unten, so dass der im Grunde des Sporns der Kronblätter abgesonderte Honig gegen Regen geschützt ist. Die trichterförmigen Eingänge zu den 15—22 mm langen Spornen sind so weit, dass sie einen Hummelkopf bequem aufnehmen können. Der stark verengerte Endteil des Sporns biegt sich nach innen und unten um

---

[1]) Nach Fertigstellung des Manuskripts sah ich am 12. August 1897 im Botan. Garten zu Kiel sowohl Nigella damascena als auch N. sativa von der Honigbiene und zwei Hummeln (Bombus terrester L. ☿ und B. lapidarius L. ☿ ♂) besucht, welche den Verschluss der Nektarien der Reihe nach öffneten und Honig saugten. Dabei berührten sie mit der Oberseite des Thorax die pollenbedeckten Antheren bezüglich die empfängnisfähigen Narben, führten also Kreuzung herbei.

und birgt hier den Nektar, der von einer fleischigen Verdickung in der äussersten Spitze abgesondert wird. Hummeln, deren Rüssel lang genug ist, um auf normalem Wege zum Honig zu gelangen, hängen sich von unten an die Blüten, halten sich mit den Vorderbeinen am Grunde des Sporns, mit den Mittel- und Hinterbeinen an den Staub- und Fruchtblättern und dringen mit dem Kopfe in den Sporn ein. Dabei berühren sie in jüngeren Blüten die nach aussen mit Pollen bedeckten, die Stempel dicht umschliessenden Staubbeutel, in älteren die aus denselben hervorgetretenen und ihre Narben etwas auseinander breitenden Fruchtblätter mit der Unterseite des Hinterleibes, wodurch unvermeidlich Fremd-bestäubung herbeigeführt wird. Bei ausbleibendem Insektenbesuche erfolgt leicht spontane Selbstbestäubung, da die Fruchtblätter zwischen den Staubblättern hin-

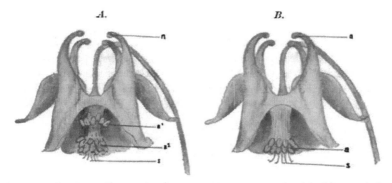

Fig. 15. Aquilegia vulgaris L. (Nach der Natur. Das vordere Kronblatt und 2 Kelch-blätter sind fortgenommen.)
A. Blüte im ersten (männlichen) Zustande: die meisten Antheren (a²) sind aufgesprungen, einige (a¹) sind noch geschlossen, ihre Staubfäden kurz, sie selbst noch nach oben zurückge-klappt. Die Narben (s) sind noch unentwickelt. B. Blüte im zweiten (zweigeschlechtigen) Zustande: alle Antheren (a) sind geöffnet, die Narben (s) entwickelt. n Nektarium.

durchwachsen und die Narben durch Heranwachsen der Griffel schliesslich tiefer stehen als die Antheren.

Der regelrechte Befruchter ist die Gartenhummel (Bombus hortorum L.), deren 19—21 mm langer Rüssel bequem bis in den Grund des Spornes reicht. Sie ist der häufigste Besucher des Aklei; ich sah sie in Schleswig-Holstein, Mecklenburg, Thüringen, Vorpommern, auf Rügen, den nordfriesischen Inseln u. s. w., Herm. Müller beobachtete sie in Westfalen. Dieser Forscher sah auch — aber viel seltener — die Ackerhummel (Bombus agrorum F. ♀) in regelrechter Weise Honig saugen und so Kreuzung herbeiführen. Diese muss aber, um mit ihrem nur 12—17 mm langen Rüssel bis zum Sporngrunde vor-dringen zu können, den Kopf ganz in den Sporneingang stecken und so die Spornlänge um 5 mm abkürzen. Bienen mit noch kürzerem Rüssel sind von dem regelrechten Genuss des Honigs ausgeschlossen; sie müssen, um zum Nektar zu gelangen, den Sporn anbeissen. Besonders ist es die Erdhummel (Bombus terrester L.) mit nur 7 — 9 mm langem Rüssel, welche den Sporn an der Umbiegungsstelle anbeisst und durch die gemachte Öffnung den Honig. raubt. Hermann Müller sah eine Erdhummel auf die Oberseite einer Akleiblüte fliegen, mit der Zungenspitze am Grunde der Kelchblätter lecken; als sie hier nichts fand, an die Unterseite der Blüte kriechen und den Kopf in einen Sporn stecken; da sie hier wieder nichts fand, nochmals auf die Oberseite kriechen, nochmals vergeblich mit der Zungenspitze am Grunde der Kelchblätter lecken, endlich aber den Sporn anbeissen, die Rüsselspitze in das gebissene Loch stecken und auf diese Weise den Honig stehlen. Nunmehr wiederholte sie an den übrigen Spornen derselben Blüte und an jeder folgenden Blüte ohne weiteres Besinnen die Honiggewinnung durch Einbruch, und es ist wahrscheinlich, dass jede Erdhummel erst durch Probieren lernt, wie sie den Honig erlangen kann. Nachdem sie dies gelernt hat, beisst sie selbst an noch nicht geöffneten Blüten die Sporne an und kommt so allen normalen Besuchern zuvor, wie H. Müller bei Lippstadt und ich bei Kiel sahen. Schon Sprengel beobachtete, wie die Honigbiene (mit 6—7 mm langem Rüssel) auf dieselbe Weise verfuhr wie die Erdhummel; H. Müller bestätigt diese Beobachtung und fügt hinzu, dass sie öfters auch die von der Erdhummel gebissenen Löcher benutzt. Auch Schulz beobachtete in Tirol und in Thüringen Einbruchslöcher, welche von Hummeln herrührten.

Sowohl die Honigbiene als auch andere kleinere Bienen (— Hermann Müller beobachtete Halictus smeathmanellus K. ♀ und H. leucozonius K. ♀ —) sammeln Pollen auf den Akleiblüten, wobei sie sowohl Fremd- als auch Selbstbestäubung herbeiführen können.

Schenck beobachtete in Nassau: Hymenoptera; a) *Apidae*: 1. Anthrena convexiuscula K.; 2. A. curvungula Thoms.; 3. Halictus xanthopus K. b) *Vespidae*: 4. Odynerus melanocephalus L.; Mac Leod in den Pyrenäen 3 Hummeln als Besucher, nur Bombus hortorum L. normal sgd. (B. Jaarb. III. S. 386.)

86. A. atrata Koch. [H. M., Alpenbl. S. 137.] — Die Blüteneinrichtung stimmt mit derjenigen der vorigen Art im wesentlichen überein. Es ist jedoch zweifelhaft, ob bei ausbleibendem Insektenbesuche spontane Selbstbestäubung erfolgt. Als Besucher beobachtete H. Müller 3 Hummeln und 2 Bienen (Anthrena-Arten).

87. A. pyrenaica DC. [Mac Leod, Pyreneeënbl. S. 385—386.] — Die Blütenfarbe ist dunkler als bei A. vulgaris, mit welcher im übrigen die Blüteneinrichtung übereinstimmt. Der enge Sporn der Kronblätter ist 20 mm lang, doch am Eingange 5—6 mm breit, so dass ein Rüssel von etwa 15 mm Länge dazu gehört, um bis zum Sporngrunde zu reichen. Besucher beobachtete Mac Leod nicht.

88. A. crysantha A. Gr. [Knuth, Bijdragen.] — Diese aus Nordamerika stammende, bei uns in Gärten angepflanzte Art besitzt eine mit derjenigen von A. vulgaris im wesentlichen übereinstimmende Blüteneinrichtung, doch ist der Sporn 45—50 mm lang, so dass Bombus hortorum L., den ich wiederholt als

Besucher beobachtete, mit seinem etwa 20 mm langen Rüssel nur einen Teil des im Sporn oft 30 mm und mehr aufsteigenden Nektars zu erlangen vermag. Die Länge des Sporns und die helle Blütenfarbe lassen darauf schliessen, dass diese Art wohl eine Nachtschwärmerblume ist, doch habe ich bei Kiel keine Sphingiden als Besucher gesehen.

18. Actaea L.

Protogynische Pollenblumen. Die kleinen Blüten sind zu Trauben vereinigt. In der Einzelblüte wird der Schauapparat durch die weisslichen Kelch-, Kron- und Staubblätter gebildet.

89. A. spicata L. [Ricca, Atti XIV; Kerner, Pflanzenleben II.; Delpino, Ult. oss. II; H. M., Weit. Beob. I. S. 323; Kirchner, Beitr. S. 18.] — Die Blüten sind, nach Ricca, Kerner und Kirchner protogynisch. Mit Ausnahme des grünlichen Fruchtknotens sind die Blüten fast ganz weiss, nur die Spitze der Kelchblätter ist violett gefleckt, bei einzelnen Blüten zeigen auch die Staubfäden eine leicht violette Färbung. Die auseinander gespreizten Staubblätter sind nach oben keulig verdickt.

Als Besucher beobachtete Buddeberg in Nassau einen Käfer (Byturus fumatus F.) und einen Geradflügler (Forficula auricularia L.), letzteren Pollen und auch wohl Antheren fressend.

19. Cimicifuga L.

Blumen mit halbverborgenem Honig, welche am Grunde der Kronblätter in napfförmigen Gruben abgesondert wird.

90. C. foetida L. [Kerner, Pflanzenleben II. S. 189.] — Die kleinen, weisslichen, zu langen Trauben vereinigten Blüten duften nach frischem Honig, sie besitzen schaufelförmige Honigblätter. Über die sonstigen Einrichtungen der Blüten sowie über die Besucher ist nichts bekannt.

20. Delphinium Tourn.

Protandrische Hummelblumen. Der Nektar wird im Grunde des Spornes einer oder zweier Kronblätter abgesondert und so tief geborgen, dass er nur für einen langen Hummelrüssel erreichbar ist. Vornehmlich die Kelchblätter dienen als Anlockungsmittel. Das obere ist gespornt; der Sporn desselben umschliesst den Sporn des Kronblattes oder der Kronblätter als Futteral.

91. D. elatum L. [H. M., Befr. S. 120—122; Weit. Beob. I. S. 322; Beyer, spont. Bew.; Schulz, Beitr. II. S. 204; Knuth, Bijdr.] — Der Sporn des Kelchblattes dient, wie Herm. Müller in trefflicher Weise auseinandersetzt, nicht nur als Saftdecke, sondern nötigt auch die anfliegenden Hummeln auf dem allein zur Befruchtung der Blüte führenden Wege den Honig zu suchen: Das hohle, spitzkegelförmige Ende der nach hinten gerichteten Fortsätze der beiden obersten Kronblätter sondert den Honig ab und füllt sich mit demselben so vollständig an, dass noch ein Teil desselben in den halbkegelförmigen, an der Innenseite offenen Hohlraum desselben Fortsatzes tritt. Indem beide Fortsätze sich dicht aneinander legen, bilden sie zusammen einen Hohlkegel, der sich am Ende in zwei mit Honig gefüllte Spitzen spaltet, mithin einen in ihm vor-

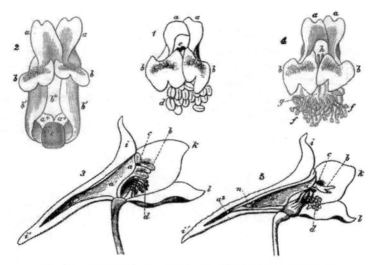

Fig. 16. Delphinium elatum L. (Nach Herm. Müller.)

1. Jüngere Blüte nach Fortnahme des blumenkronartigen Kelches, von vorn gesehen. *2.* Die Blumenblätter in ihrer natürlichen Lage, schräg von vorn und unten gesehen. *3.* Jüngere Blüte nach Fortnahme der rechten Seite des Kelches, von der rechten Seite gesehen. *4.* Ältere Blüte ebenso, gerade von vorn gesehen. *5.* Jüngere Blüte nach Fortnahme der rechten Seite des Kelches und der Blumenkrone, von der rechten Seite gesehen. *aa* die beiden oberen Blumenblätter, welche sich nach hinten in zwei den Honig absondernde und beherbergende Sporne verlängert und vorn Eingang und Führung für den Hummelrüssel darbieten. — *a** Grund derselben. — *bb* die beiden unteren Blumenblätter, deren dicht an einander liegende Flächen den Eingang für den Insektenrüssel nach unten einschliessen und auf ihrer Oberseite je ein Büschel gelber Haare als Saftmal darbieten, während ihre Stiele (*b'*, *2*) so weit auseinander liegen, dass sich im ersten Blütenstadium die Staubblätter, im zweiten die Narben zwischen ihnen hindurch (bei *b**, *2*) in den Weg des Insektenrüssels stellen können. — *c* Aufgesprungene Antheren, welche sich hinter dem Sporneingange in den Weg des Insektenrüssels gestellt haben. — *d* Noch nicht aufgesprungene, nach unten gebogene Antheren, die weiblichen Blütenteile verdeckend. — *e* Grundfläche der (fortgeschnittenen) Staubblätter und Stempel. — *f* Verblühte, nach unten zurückgebogene Staubblätter. — *g* Fruchtknoten. — *h* Narben, die sich an dieselbe Stelle gestellt haben, wo im ersten Blütenstadium die geöffneten Antheren standen. *i* Linke Hälfte des oberen Kelchblattes, welches sich nach hinten in eine verschrumpfte Spornscheide (*i'*) verlängert. — *k* Linkes seitliches Kelchblatt. — *l* Linkes unteres Kelchblatt.

(3 und 5 in nat. Gr.; 1, 2 und 4 vergrössert.)

dringenden Hummelrüssel, falls er lang genug ist, sicher zum Honig leitet, während er kürzerrüsseligen Insekten wegen seiner Länge den Zutritt zum Honig verwehrt. Die nach vorn gerichteten Teile derselben Blätter setzen den oberen Teil des Hohlkegels nach vorn fort und bieten, indem sie sich am vorderen Ende erweitern und aufrichten, dem Hummelrüssel einen bequemen Eingang und sichere

Führung in die Honigbehälter. Diese vorderen Teile der oberen Kronblätter biegen sich schon bei leichtem Drucke auseinander, so dass der ganze Hummel-kopf zwischen ihnen vorzudringen vermag, mithin die Tiefe, bis zu welcher der Rüssel vorgestreckt werden muss, um die Nektarien zu erreichen und zu ent-leeren, um 6—7 mm verkürzt wird. Die Länge vom Eingange des Hohlkegels bis zum Anfange der honigführenden Spitzen beträgt etwa 20 mm, bis zum Ende derselben 26—28 mm, so dass zur Erreichung des Nektars ein Rüssel von 13 bis 14 mm Länge nötig ist, wenn die Hummel den Kopf gänzlich in den Ein-gang steckt; zum völligen Entleeren der Nektarien ist alsdann aber ein Rüssel von 19—22 mm erforderlich.

Die beiden unteren Kronblätter besitzen auf ihren nach vorn gerichteten Flächen Büschel aufrecht stehender gelber Haare, die nicht nur als Saftmal an-zusehen sind, sondern auch, indem sie sich dicht aneinanderlegen und dadurch den Eingang zum Honig auch nach unten begrenzen, der Hummel keine andere Wahl lassen, als an der einzig richtigen Stelle den Rüssel hineinzustecken. Ihre stielförmigen Teile stehen dagegen soweit auseinander, dass sie den Staubblättern und, nach deren Abblühen und Wiederabwärtsbiegen, den Fruchtblättern freien Raum lassen, sich in den dicht hinter dem Eingange liegenden Teil des Hohl-kegels aufzurichten, so dass sie unfehlbar von der Unterseite des Rüssels oder Kopfes der honigsaugenden Hummeln gestreift werden müssen, mithin Kreuzung herbeigeführt wird.

Die Staubblätter sind anfangs (im noch nicht aufgesprungenen Zustande) nach unten geschlagen, richten sich dann in dem Masse, in welchem ihre An-theren sich öffnen, auf, sich dabei dem eindringenden Hummelkopfe in den Weg stellend, und biegen sich, wenn sie verblüht sind, wieder nach unten, um den sich jetzt aufrichtenden Griffeln mit den nunmehr herangereiften Narben Platz zu machen. Spontane Selbstbestäubung ist daher ausgeschlossen und Fremd-bestäubung zur Befruchtung nötig. Erstere ist, nach Darwin, ohne Erfolg, wenn sie künstlich herbeigeführt wird. Die Aussaugung des Honigs kann auf regelrechtem Wege, wie oben nachgewiesen, nur von Hummeln mit einer Rüssellänge von 19—22 mm herbeigeführt werden. Von den mittel- und nord-deutschen Bienen besitzen nur zwei eine solche, nämlich Anthophora pilipes F. (= Podalirius acervorum L.) und Bombus hortorum L. Die Flugzeit der ersteren ist aber zur Blütezeit von Delphinium elatum L. bereits vorüber, so dass nur noch die Gartenhummel als regelrechter Befruchter dieses Ritter-sporns übrig bleibt. In der That ist diese Art bisher fast als der einzige regelrecht honigsaugende und dabei befruchtende Besucher von Delphinium elatum L. von Müller in Gärten von Lippstadt, von mir in Kieler Gärten beobachtet, wenn-gleich auch manche unserer anderen Hummelarten vermöge ihrer Rüssellänge im-stande wären, wenigstens einen Teil des Honigs zu erlangen, z. B. B. agrorum F. mit 10—15 mm und B. senilis Sm. mit 14—15 mm langem Rüssel. Bei Strass-burg beobachtete H. Müller Anthophora personata Ill. ♀. Im Riesengebirge beobachtete Schulz Einbruchslöcher an den Blütenspornen, die ohne Zweifel von honigraubenden, kurzrüsseligen Bienen gebissen waren.

92. D. Staphysagria L. stimmt nach Hildebrand in Bezug auf Blüteneinrichtung und Besucher mit vor. im allgemeinen überein.

93. D. Consolida L. [H. M., Befr. S. 122, 123; Weit. Beob. I. S. 322,
323; Kirchner, Flora S. 274; Schulz, Beitr. II. S. 204; Knuth, Herbstbeobachtungen; Weit. Beob. S. 231.] — Die Blüteneinrichtung dieser Art unterscheidet sich, wie Herm. Müller zuerst auseinandergesetzt hat, von derjenigen
der vorigen besonders durch die Verwachsung der vier Kronblätter. Dadurch
verschmelzen die Fortsätze der beiden nach hinten gerichteten oberen Kronblätter zu nur einem Sporn von 15 mm Länge, der in seinem Grunde den
Honig absondert und birgt. Die nach vorn gerichteten Lappen der vier Kronenblätter bilden ausserdem eine am Eingange 7 mm weite Scheide, welche den
Hummelkopf bequem aufzunehmen vermag. Da sie nur nach unten offen ist,
wird hier im Anfange des Blühens der Pollen, später die Narbe von der Unterseite des Hummelkopfes berührt, da die Staub- und Fruchtblätter sich wieder
in derselben Reihenfolge, wie bei D. elatum entwickeln. Mithin ist auch bei
D. Consolida bei regelrechter Honigausbeute Fremdbestäubung gesichert. Spontane Selbstbestäubung ist ausgeschlossen; künstlich vorgenommene Selbstbestäubung ist von ziemlich unvollkommenem Erfolge.

Da, wie erwähnt, die Länge des Sporns, ausser dem 7 mm langen Eingange, 15 mm beträgt, so würde auch ein Rüssel von 15 mm Länge hinreichen,
um bis zum Sporngrunde vorzudringen. Von den nord- und mitteldeutschen
Hummelarten sind (— wieder abgesehen von Anthophora pilipes F. mit 19 bis
21 mm langem Rüssel, deren Flugzeit aber zur Blütezeit des Feld-Rittersporns
bereits beendet ist —) eine Anzahl mit so langem Rüssel ausgestattet (vgl. Bd. I,
S. 190), doch ist nur Bombus hortorum L. (mit 17—21 mm langem Rüssel) allein
imstande, ohne grösseren Zeitverlust bis zum Nektar vorzudringen, während die
übrigen Arten genötigt sind, den Kopf zwischen die vier als Eingang dienenden
Lappen der Kronblätter zu zwängen. Überall, wo Beobachtungen über die Besucher von Delphinium Consolida L. gemacht sind (in Westfalen, Thüringen,
Schleswig-Holstein), ist Bombus hortorum L. als der normale Besucher und Befruchter beobachtet worden. Mit grösster Emsigkeit fliegt diese Hummel von
Blüte zu Blüte, fortwährend Kreuzung herbeiführend, wofür ihr dann aller Honig
dieser Blume zufällt. Gelegentlich allerdings stellen sich andere Gäste ein, besonders Schmetterlinge (Vanessa-, Pieris-, Satyrus-, Hesperia-Arten), die mit
ihrem langen, dünnen Rüssel meist bis zum Honig kommen, ohne Staub- und
Fruchtblätter zu berühren. Auch die Honigbiene (mit nur 5—7 mm langem
Rüssel) sah ich als gelegentlichen Besucher vergeblich nach Nektar suchend, mit
dem Rüssel in den Sporn eindringen und dabei gelegentlich Fremdbestäubung
herbeiführen. In Thüringen sind die Sporne von Honigräubern, also von
kurzrüsseligen Hummeln erbrochen beobachtet, doch konnte Schulz die Atten-
täter nicht erwischen; hier sah H. Müller auch B. lapidarius L. ♀ saugend.
Schletterer beobachtete bei Pola die Wollbiene Anthidium manicatum L.

94. D. Ajacis L. [Sprengel, S. 277, 278; Knuth, Herbstbeob.] — Die
Blüteneinrichtung stimmt mit derjenigen der vorigen Art überein. Spornlänge

an Gartenpflanzen bei Kiel 15—18 mm. Als regelrechten Besucher und Befruchter sah ich wieder Bombus hortorum L., als gelegentlichen Befruchter wieder die Honigbiene, der es natürlich nicht gelang, bis zum Honig vorzudringen; als Honigdieb stellte sich hin und wieder Vanessa Jo L. ein.

95. D. grandiflorum Jord. besitzt, nach Jordan, an den hinteren Staubblättern nach aussen gerichtete Antheren, an den seitlich und vorn stehenden seitwärts nach aussen gerichtete.

21. Aconitum Tourn.

Litt.: Kronfeld, Aconitumblüte (Englers Jahrb. Bd. XI.)

Protandrische Hummelblumen. Die grossen, blauen, violetten, buntgescheckten oder lebhaft gelben Kelchblätter dienen im Verein mit den kleineren Kronblättern als Anlockungsmittel.' Die Augenfälligkeit wird noch erhöht durch die meist reichblütigen und traubigen Blütenstände. Die beiden oberen Kronblätter sind in langgestielte, vom oberen Kelchblatte, dem Helme, bedeckte kapuzenförmige Honigbehälter umgewandelt.

M. Kronfeld bezeichnet den Stiel des Honigblattes der Aconitum-Blüte als eine Hohlschiene, in welche die honigsaugenden Hummeln den Rüssel ein-

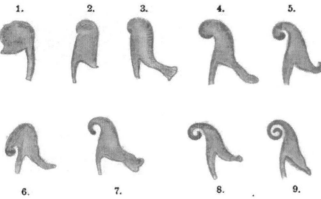

Fig. 17. Allmähliche Vervollkommnung der Nektarien bei Aconitum. (Nach M. Kronfeld.)

1. Nektarium von Aconitum heterophyllum Wall. (völlig spornlos). 2. A. palmatum Wall. (mit seichter Ausbuchtung). 3. A. Napellus L. (mit etwas stärkerer Ausbuchtung und verlängerter Lippe). 4. A. Anthora L. und A. columbinum L. (mit noch stärkerer Ausbuchtung). 5. A. paniculatum Lam. (Sporn deutlich abgesetzt). 6. A. volubile Pall., E. villosum Rgl. (mit buckelförmiger Erhebung des Rückens). 7. A. Fischeri Reichenb. (einwärts gebogen). 8. A. septentrionale Koelle (einwärts gerollt). 9. A. Lycoctonum L (noch stärker einwärts gerollt).

führen, um ihn nach vor- und aufwärts bis zur eigentlichen Honigquelle vorzuschieben. Das Nektarium zeigt, wie Kronfeld nachweist, bei den verschiedenen Arten eine verschiedene Ausbildung (s. Fig. 17). Die einfachste Form findet sich bei A. heterophyllum Wall., einer ostindischen Art, bei welcher an einem ziem-

lich dicken Stiele eine unterwärts offene Kappe sitzt, deren freier Rand nur
eine kurze Lippe aufweist. Bei A. palmatum Wall. tritt der Sporn zuerst
als seichte Ausbuchtung auf; bei A. Napellus L. ist die Lippe verlängert
und ausgeweitet; noch merklicher tritt der Sporn bei A. Anthora L. und
A. columbinum Nutt. hervor, um bei A. paniculatum Lam. deutlich
abgesetzt zu erscheinen; bei dem japanischen A. Fischeri Reichenb. ist der
Sporn nach Art eines Flamingoschnabels vorgezogen und einwärts gebogen; bei
A. septentrionale Koelle ist der Sporn rüsselförmig bis zu einer Länge
von 6 mm ausgezogen; bei A. Lycoctonum L. ist er endlich zu 1$^{1}/_{2}$ Windungen aufgerollt.

Die Aconitum-Blüten sind, wie Kronfeld sich ausdrückt, Hummelblumen
par excellence. Der Hummelkörper füllt das Innere einer Aconitum-Blüte gerade

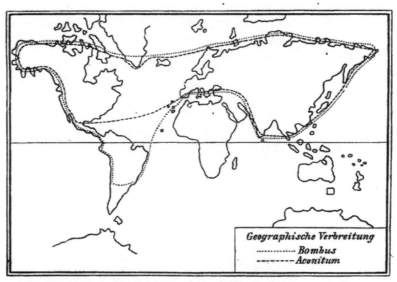

Fig. 18. Verbreitungskarte der Arten der Gattungen Aconitum und Bombus.
(Nach Kronfeld.)

aus. Macht man einen Abguss des Blüteninneren von Aconitum, so stimmt
derselbe auffallend mit den äusseren Körperformen eines mittelgrossen Hummel-
weibchens überein. Aconitum ist in der That von Bombus abhängig: dort, wo
Hummelbesuche nicht zu verzeichnen sind oder wo Hummeln bloss seitlich ein-
brechen, muss Aconitum aussterben. Am besten lässt sich die Abhängigkeit der
Eisenhutarten von den Hummeln durch eine Zusammenstellung der Verbreitung
von Aconitum und Bombus erkennen. Ein Blick auf die Karte (Fig. 18) zeigt,
dass der Verbreitungskreis der Eisenhutarten in jenen der Hummeln vollständig
hineinfällt und sich mit dem Hauptareal desselben deckt, d. h. die Gattung
Aconitum ist in ihrem Vorkommen an das Insektengenus Bombus gebunden.

96. A. Napellus L. [Sprengel, S. 278, 279; H. M., Alpenblumen
S. 137—139; Beyer, spont. Bew.; Knuth, Weit. Beob.; Rügen u. s. w.]
— Das obere, grosse Kelchblatt der aufrecht stehenden Blüte ist nicht nur
ein Teil des Schauapparates, sondern dient auch als Schutzdach für die
beiden Nektarien und die darunter liegenden Staub- und Fruchtblätter. Die
drei unteren kleineren Kelchblätter dienen im Verein mit den beiden unteren
Kronenblättern gleichfalls der Anlockung, sind aber auch die Anflugstellen und

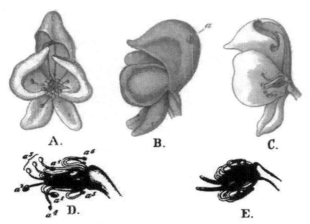

Fig. 19. Aconitum Napellus L. (Nach Herm. Müller.)

A. Blüte im ersten (männlichen) Zustande. Die (dunkel gehaltenen) Staubblätter haben sich
aufgerichtet, ihre Antheren sind geöffnet und mit weissem Pollen bedeckt. *B.* Dieselbe Blüte,
von der Seite gesehen. *a* ein von Bombus mastrucatus gebissenes Loch. *C.* Dieselbe im
Längsdurchschnitt. *D.* Staub- und Fruchtblätter im ersten (männlichen) Blütenstadium · Die
Antheren sind zum Teil geöffnet, die Narben noch unentwickelt. a^1 noch nicht aufgesprungene
Antheren an noch zurückgebogenen Filamenten. a^2 sich aufrichtende Staubblätter. a^3 aufgerichtete, pollenbedeckte Staubblätter. a^4 entleerte und sich wieder zurückbiegende Staubblätter. a^5 entleerte und wieder ganz zurückgebogene Staubblätter. *E.* Staub- und Fruchtblätter im zweiten (weiblichen) Blütenstadium: Die Staubblätter sind sämtlich entleert und
zurückgebogen, die Narben entwickelt.
(*A.—C.* natürl. Grösse; *D. E.* Vergr. 2:1.)

Standflächen für die in die Blüte hineinkriechenden Hummeln; endlich vervoll-
ständigen sie das Schutzdach für die Staub- und Fruchtblätter. Die beiden
oberen Kronenblätter sind in charakteristische Nektarien umgewandelt, deren etwa
15 mm langer Stiel sich der Biegung des Helmes anschmiegt und dann in ein
unten offenes und mit geschweiftem Mündungslappen versehenes, oben ge-
schlossenes und knotig angeschwollenes Gefäss übergeht. Die knotige Anschwellung ist aussen blauschwarz, innen grünlich gefärbt und sondert an der
Innenseite eine so grosse Menge Nektar ab, dass dieser in Form eines grossen
Tropfens an dem verengerten Halse des Nektariums hängt.

Die zahlreichen Staubblätter liegen anfangs mit nach unten umgebogenen,
unaufgesprungenen Staubbeuteln im Blüteneingange. Alsdann richten sie sich

in dem Masse, in welchem die Staubbeutel aufspringen, in die Höhe und bieten den zum Honig vordringenden Hummeln den Pollen dar, der an der Unterseite des Insektes haften wird. Während dieses ersten Blütenzustandes sind die 3—5 Fruchtblätter noch unentwickelt und werden von den Staubblättern so dicht umschlossen, dass sie völlig verdeckt sind. Die Staubblätter biegen sich in dem Masse, in welchem sie abblühen, wieder nach unten; dabei sind zur Zeit der Verstäubung die Beutel der vorderen Staubblätter nach hinten, die der seitlichen nach innen, die der hinteren vorwiegend seitlich gerichtet. Sind alle Staubblätter abgeblüht, so entwickeln sich die Narben, die dann, befreit von den sie bisher umschliessenden Staubblättern, nunmehr den Blüteneingang beherrschen, so dass Hummeln, welche pollenbedeckt von einer im ersten Zustande befindlichen Blüte kommen, die Narben belegen und so .Fremdbestäubung herbeiführen müssen. Spontane Selbstbestäubung ist daher in der Regel ausgeschlossen; doch kommt es vor, dass ein oder zwei Staubblätter noch mit Pollen behaftet und noch nicht dem Blütengrunde wieder zugebogen sind, wenn die Narben sich entwickeln, so dass in solchen Ausnahmefällen spontane Selbstbestäubung erfolgen kann.

Besucher und Befruchter sind ausschliesslich Hummeln. Überall, wo ich die Pflanze in Gärten beobachtete (bei Kiel, auf den nordfriesischen Inseln, in Mecklenburg, auf Rügen, in Thüringen u. s. w.), fand ich die Gartenhummel (Bombus hortorum L. ♀), vereinzelt auch die Erdhummel (Bombus terrester L. ♀) als Besucher, honigsaugend. Hermann Müller beobachtete in den Alpen Hummelarten honigsaugend oder pollensammelnd, eine Hummel (Bombus mastrucatus Gerst.) den Helm anbeissend und aus der Öffnung Honig raubend, doch auch einzelne Exemplare dieser Art auf normalem Wege Honig saugend. Ein von H. Müller in den Alpen als Blütenbesucher beobachteter Schmetterling (Lycaena sp.) suchte vergeblich, Honig zu erlangen.

Frey-Gessner beobachtete in der Schweiz die Bienen:
1. Bombus agrorum F. ♀ ⚥ ♂. 2. B. alticola Kriechb. ⚥ ♂. 3. B. brevigena Ths. (= mastrucatus Gerst.). 4. B. Gerstaeckeri Mor. ♀ ⚥ ♂ (besonders die Nest- oder Mutterweibchen). 5. B. hortorum L. ♀ (abgeflogen) ⚥ ♂. 6. B. mendax Gerst. 1 ♂, zahlreiche ⚥, 1 ♂. 7. B. pratorum L.; v. Dalla-Torre in Tirol: B. alticola Kriechb.; Gerstäcker bei Kreuth die Hummeln: 1. Bombus hortorum L. die Blüten „gleich anderen Hummel-Arten häufig am Grunde aufbeissend"; 2. B. Gerstaeckeri Mor.; 3. B. mastrucatus Gerst. ♀ ⚥, welche die Blüten „von der Basis her aufbissen"; 4. Psithyrus globosus Ev.; Schletterer in Tirol die Gartenhummel.

Alfken beobachtete bei Bremen die Hummeln:
1. Bombus agrorum F. 2. B. hortorum L. 3. B. silvarum L. und in Tirol am Schlern 4. B. Gerstaeckeri Mor.

Mac Leod beobachtete in den Pyrenäen 3 Hummeln und den Taubenschwanz als Besucher. (A. a. O. S. 381, 382.)

In Dumfriesshire in Schottland (Scott-Elliot, Flora S. 7) ist eine Hummel als Besucher beobachtet.

Ausserdem beobachteten, nach Kronfeld, Handlirsch in Nieder-Österreich 8, Hoffer in Ober-Österreich 10 Hummelarten, von denen die kurzrüsseligen (B. mastrucatus, terrester, soroënsis, mendax) den Honig durch Einbruch gewannen.

97. A. variegatum L. ist von Schulz in Thüringen mit Einbruchslöchern beobachtet. Kronfeld sah Bombus agrorum ☿ und ♀ und hortorum ♀, ☿, ♂ in Österreich normal saugen, dagegen Halictus morio und andere kurzrüsselige Insekten vergeblich nach Honig suchen.

98. A. Lycoctonum L. [Sprengel, S. 279; H. M., Alpenbl. S. 139, 140; Mac-Leod, Pyreneeënbl.; Aurivillius, Bot. Centr. Bd. 29; Schulz, Beitr. II. S. 284; Kronfeld, a. a. O.; Loew, Blumenbesuch I. S. 28; Knuth, Blütenbesucher.] — Die Blüteneinrichtung dieser Art stimmt im wesentlichen mit derjenigen der vorigen überein, doch ist der Nektar so tief geborgen, dass er nur den Hummeln mit allerlängstem Rüssel zugänglich ist. Der Helm der gelben Blüte ist ein fast rechtwinkelig aufsteigender Cylinder, welcher dem Nektarium als Schutzhülle dient. Letzteres bildet ein spiralig aufgerolltes Gefäss, dessen 1½ Spiralwindungen sich mit Honig füllen und welches daher eine sehr reichliche Menge Nektar absondern und fassen kann. Der Stiel desselben ist etwa 20 mm lang, und da die honigsaugenden Hummeln in dem einen Cylinder bildenden Helme keinen Halt haben, sondern sich nur an den Staub- und Fruchtblättern halten können, so ist auch ein etwa 20 mm langer Rüssel erforderlich.

Fig. 20. Aconitum Lycoctonum L. (Nach Herm. Müller.)

A. Blüte im zweiten (weiblichen) Zustande, von der Seite gesehen. Nat. Gr. *B.* Dieselbe im Längsdurchschnitt (fast 2 : 1). Die oberen Staubblätter sind schon abgefallen.

In Mittel- und Norddeutschland wird der gelbe Eisenhut ausschliesslich von Bombus hortorum L., in den Alpen fast ausschliesslich von B. opulentus Gerstäcker (= B. Gerstaeckeri Morawitz) besucht[1]). Diese beiden Hummeln besitzen von allen ihren in den genannten Gebieten vorkommenden Gattungsgenossen den

---

[1]) Frey-Gessner (Exkursionen 1880) wies zuerst darauf hin, dass die alten ♀ von Bombus Gerstaeckeri Morawitz konsequent auf Aconitum Lycoctonum L., die ☿ und ♂ auf A. Napellus L. fliegen, eine Erscheinung, welche von Dalla Torre als Heterotrophie bezeichnet hat. (Vgl. Bd. I, S. 191.) Dieser Forscher erklärt die Erscheinung durch die äusserst kurze Arbeitszeit des B. Gerstaeckeri, der erst im Juli erscheint und selbstverständlich Ende September, Anfang Oktober verschwindet und dadurch, dass mit den Mutterhummeln gleichzeitig ☿ und ♂ (vom 20. August ab) erscheinen, es also im Interesse der Art liegt, dass sie verschiedene Blumen besuchen. Heterotrophie (ἕτερος, τροφή) nennt v. Dalla Torre diese Erscheinung insofern mit Recht, als in jenen Gegenden, in welchen A. Lycoctonum und A. Napellus zusammen in grosser Menge vorkommen, nach allen bisherigen Beobachtungen die ♀ von B. Gerstaeckeri wirklich nur A. Lycoctonum, die ☿ und ♂ aber ausschliesslich A. Napellus zu besuchen scheinen, also eine wirkliche Teilung des Tisches (Verschieden-

längsten Rüssel: B. hortorum einen von 21, B. Gerstaeckeri von 22 mm. Auch
Alfken bemerkte, nach einer brieflichen Mitteilung an mich, am Aufstieg zum
Schlern in Tirol B. hortorum L. ♀ ♂, sehr hfg. in Gesellschaft der Weibchen
von B. Gerstaeckeri Mor. in den Blüten von A. Lycoctonum eifrig Honig
saugen. — ·In Jämtland (im mittleren Schweden) sah Aurivillius ausser
B. hortorum L. auch häufig B. consobrinus Dahlb. als Befruchter. Letzterer
steht dem ersteren so nahe, dass Schmiedeknecht ihn (Apidae Europaeae
p. 295, 297, 305) als eine Form desselben bezeichnet. — Endlich hat Mac
Leod in den Pyrenäen auch wieder B. hortorum L. als Besucher von A. Lycoctonum L. var. pyrenaicum Ser. (als Art) angetroffen. Ausserdem sah
dieser Forscher auch zahlreiche Exemplare von B. Gerstaeckeri Mor. ♀ dem
Nektar dieser Blume nachgehen und dabei Fremdbestäubung bewirken.

Es ergiebt sich aus diesen Beobachtungen also, dass A. Lycoctonum L.
überall von Hummeln mit ausnahmsweise langem Rüssel besucht und befruchtet
wird. Sonst ist in den Alpen und Pyrenäen nur noch B. mastrucatus Gerst.
an den Blüten des gelben Eisenhut beobachtet, teils pollensammelnd, teils den
Helm in der Höhe des Nektariums anbeissend und so Honig raubend. Auch
in Mitteldeutschland und in Schweden sind kurzrüsselige Hummeln als Honigräuber
beobachtet, wie B. terrester L. und B. alticola Kriechb. Pollensammelnd ist in
Schweden auch B. jonellus K. = B. scrimshiranus K. bemerkt.

Aurivillius und Mac Leod beobachteten (in Schweden bezw. in den
Pyrenäen) zwei meist scharf getrennte Blütenformen, zwischen denen sich allerdings hie und da Übergänge finden:

a) orthocera Knuth: Sporn fast gerade, stärker, die Spitze stumpfer;

b) campylocera Knuth: Sporn mehr oder weniger stark, zuweilen fast
halbkreisförmig aufwärts gebogen, enger, gegen die Spitze schmaler. (Im Knospenzustande ist auch der Sporn von Form b gerade.)

99. A. Anthora L. [Mac Leod, Pyreneeënbl.] — Die blassgelben Blumen
sind weit geöffnet. Der Helm hat über der Mündung der Blüte einen nach vorn
gerichteten, gebogenen Schnabel. Die beiden seitlichen Kelchblätter sind von
innen konkav und wollig behaart. Als Anflugsstelle und Halteplätze dienen
die drei oder zwei übrigen Blumenblätter. Die schwarzen Staubblätter stechen
gegen die sonstige allgemeine Färbung der Blüte stark ab, wodurch die Blumen
sehr augenfällig werden. Die Entwickelungsfolge der Staub- und Fruchtblätter
ist dieselbe wie bei A. Napellus. Die Anzahl der gleichzeitig entwickelten Staubblätter ist gering, woraus folgt, dass die Blume lange Zeit in dem nämlichen

---

heit der Nahrung) stattfindet oder wenigstens stattzufinden scheint. (Nach Hoffer,
Naturw. Miscell. 1889, S. 21, 22.) Hoffer (a. a. O., S. 23—25) bemerkte jedoch in
Steiermark an Standorten, an welchen A. Napellus sehr häufig ist, während A. Lycoctonum nur höchst selten auftritt, B. Gerstaeckeri ♀ auch an A. Napellus
fliegen, so dass die von v. Dalla Torre am Schlern in Tirol beobachtete Heterotrophie
in Steiermark nicht vorkommt, sondern hier alle drei Formen oder Geschlechter (♀ ♂ ♂)
hauptsächlich von A. Napellus leben.

Zustande bleibt. — Besucher hat Mac Leod nicht beobachtet. Hoffer beobachtete bei Graz Bombus Gerstaeckeri ⚥ saugend.

100. A. septemtrionale Koell. ist, nach Axell (Anordn. S. 34), gleichfalls protandrisch.

101. A. Cammarum L. [A. Stoerkianum Rchb.] — In Gärten beobachtete Schneider (Tromsö Museums Aarshefter 1894) im arktischen Norwegen Bombus hortorum als Besucher. Sonst beobachtete er diese Hummel dort nirgends.

22. Paeonia Tourn.

Protogyne Pollenblumen (?). Die grossen, roten Kronblätter dienen als Schauapparat.

102. P. officinalis L. Die nur am Tage geöffneten Blüten besitzen nach Kerner Nachtschattenduft.

Als Besucher sah ich in Gärten bei Kiel Bombus terrester L. ⚥, vergeblich nach Honig suchend.

103. P. Moutan Sims (P. arborea Don). Die Befruchtung dieser aus China stammenden Art wird nach Delpino regelmässig durch Käfer (Cetonien) bewirkt, wobei diese besonders die am Grunde der Fruchtknoten sitzende fleischige Scheibe belecken.

2. Familie Magnoliaceae DC.

104. Illicium religiosum L. In der Blütenmitte befinden sich, nach Delpino (Appl. S. 10), kleine, Narbenpapillen ähnliche, saftreiche Drüsen, durch welche wahrscheinlich Käfer (Cetonien) angelockt werden, welche honigleckend die Befruchtung vermitteln.

105. Magnolia Yulan Desf. (Aus China stammend.) Die weissen, duftenden, aufrechten, lilienförmigen Blüten sind, nach Delpino (Ult. oss.), protogyne Bienenblumen. Im ersten (weiblichen) Blütenzustande sind die besuchenden Bienen weder imstande, an den glatten Kronblättern emporzukriechen, noch von den in der Blütenmitte aufrecht stehenden, kurzen Stempeln zu entkommen, sondern sie bleiben bis zum Eintritt des zweiten (männlichen) Blütenzustandes, in welchem die Staubbeutel aufspringen, gefangen. Alsdann können sie, mit Pollen bedeckt, die Blüte verlassen und werden beim Besuche einer anderen, im ersten Zustande befindlichen, diese mit dem Blütenstaube der ersten belegen.

106. M. grandiflora L. (In Florida heimisch.) Die weissen, duftenden, protogynen Blüten werden, nach Delpino (Ult. oss. S. 233—235), von Käfern (Cetonien) besucht und befruchtet. Im ersten Blütenzustande finden sie unter den drei inneren Kronblättern, welche über den Fruchtblättern ein Gewölbe bilden, ein warmes und honigbietendes Obdach, welches sie erst verlassen, wenn die Kronblätter beim Aufspringen der Antheren abfallen. Mit Pollen bedeckt, begeben sie sich alsdann wieder in eine im ersten Zustande befindliche Blüte, deren bereits entwickelte Narbe sie daher belegen müssen. Selbstbestäubung ist infolge der ausgeprägten Protogynie ausgeschlossen. Besucher sind Cetonia aurata L. und Oxythyrea funesta Poda (= C. stictica L.)

3. Familie **Anonaceae** Juss.

107. Asimina triloba Dunal. In der Mitte der hängenden, protogynen Blüten erheben sich, nach Delpino (a. a. O. S. 231), die Staubblätter als eine Halbkugel, an deren Mitte einige Griffel mit den Narben hervortreten. Im ersten (weiblichen) Zustande liegen die drei inneren Kronblätter, an deren Grunde der Honig abgesondert wird, den Staubblättern dicht an, so dass die besuchenden Insekten (Fliegen) die bereits entwickelten Narben berühren müssen, wenn sie zum Honig gelangen wollen. Im zweiten (männlichen) Zustande sind die Narben vertrocknet, die inneren Kronblätter haben sich gehoben, so dass die jetzt pollenbedeckten Antheren auf dem Wege zum Honig berührt werden, mithin Fremdbestäubung in jüngeren Blüten durch den Pollen älterer herbeigeführt werden muss. — Als Besucher beobachtete Delpino folgende sieben von Rondani bestimmte Musciden:

1. Calliphora erythrocephala Mg., 2. Lucilia sericata Mg., 3. Cyrtoneura pascuorum Mg., 4. C. stabulans Fall., 5. C. assimilis Fall., 6. Homalomyia prostrata Rossi, 7. Megaglossa umbrarum Mg.

4. Familie **Menispermaceae** DC.

108. Akebia quinata Des. Nach Francke (Diss. 1883) findet Fremdbestäubung durch Wind oder Insekten statt. Die weiblichen Blüten sind lange vor den männlichen entwickelt.

5. Familie **Calycanthaceae** Lindl.

109. Chimonanthus fragrans Lindl. (Calycanthus praecox L.) Die grünlich-weissen, stark duftenden, vor den Blättern erscheinenden Blüten sind, nach Hildebrand (Bot. Ztg. 1869), protogynisch. Im ersten Zustande sind die noch unentwickelten Antheren von den Narben entfernt, welche mit dem Pollen anderer, bereits im zweiten Zustande befindlicher Blüten durch Vermittelung von Insekten belegt werden können. Im zweiten Stadium überragen die aufgesprungenen Antheren die Narben, so dass erstere von den Besuchern gestreift werden müssen.

Auch Entleutner (Die sommergrünen Ziergehölze von Südtirol) schildert die Blüten als protogynisch: Im ersten Blütenzustande bilden die Staubblätter in der erst halb geöffneten Blüte einen Trichter, aus dessen Mitte sich die von sterilen Staubblättern umgebenen Fruchtblätter mit den bereits belegungsfähigen Narben erheben. Im zweiten Stadium legen sich die bis dahin gegen die Blütenhülle zurückgebogenen Antheren an die Fruchtblätter und verdecken und überragen diese dabei vollständig. Dann öffnen sich die Antheren, so dass ein besuchendes Insekt nun zwischen Antheren und Blütenhülle zu dem im Blütengrunde abgesonderten Honig vordringen muss. Fliegt es dann auf eine im ersten Blütenzustande befindliche Blume, so belegt es die Narbe derselben, da es alsdann nur den kegelförmigen Raum zwischen Antheren und Narben benützen kann, um zum Nektar zu gelangen.

Als Besucher sah Delpino (Altri app. S. 59) bei Florenz eine Biene (Osmia).

110. Calycanthus floridus L. Die braunen, schwach erdbeerduftenden, honiglosen Blumen dieses aus Nordostamerika stammenden Strauches sind, nach Delpino (Ult. oss. in Atti XVII und Altr. app. S. 58), protogynisch mit kurzlebigen Narben. Als Befruchter wirken wahrscheinlich Rosenkäfer (Cetonien).

6. Familie Berberidaceae Ventenat.

23. Berberis L.

Homogame Blumen mit halbverborgenem Honig, welche zu reichen Trauben vereinigt sind, so dass trotz der verhältnismässigen Kleinheit der Einzelblüten sie durch ihre Zusammenhäufung recht augenfällig werden. Sowohl die Innenseite der Kelchblätter als auch die Kronblätter sind gelb gefärbt. Der Nektar wird an der Innenseite der Kronblätter nahe dem Grunde derselben von je zwei fleischigen Polstern abgesondert und von den konkaven Kronblättern ziemlich gut geborgen. Viele Arten haben reizbare Staubblätter, welche sich bei Berührung der Innenseite ihrer Basis plötzlich gegen den Stempel bewegen.

111. B. vulgaris L. [Sprengel, S. 203—206; H. M., Befr. 124—126; Weit. Beob. I. S. 323; Alpenbl. S. 142; Kirchner, Flora S. 255; Knuth, Grundriss S. 21; Bijdr.] — Sprengel, welcher die Blüteneinrichtung zuerst beschrieb, deutete sie auf Selbstbestäubung: „Wenn ein von einem Insekt berührtes Filament sich an das Pistill anlegt, so drückt es die innere staubvolle Spitze dicht an das Stigma an, und weil dieses feucht ist, muss ein Teil des Staubes an demselben haften. Auf solche Art wird das Stigma nach und nach ringsherum mit Staub versehen und der Fruchtknoten befruchtet."

Herm. Müller wies diese Auffassung als irrtümlich nach und deutete die Blüteneinrichtung auf Fremdbestäubung:

Die Blüten stehen wagerecht oder schräg abwärts (nicht senkrecht wie Sprengel beschreibt und abbildet); sie sind daher, wie Herm. Müller hervorhebt, durch ihre Stellung nicht völlig gegen das Eindringen des Regens geschützt, doch geschieht dies ziemlich erfolgreich durch die konkaven, an der Spitze noch stärker einwärts gekrümmten drei inneren Kelchblätter und die sechs ebenso beschaffenen Kronenblätter, welche die Staubblätter im ungereizten Zustande völlig in sich aufnehmen und die Staubbeutel mit ihren Spitzen überdecken.

Die Nektardrüsen bilden zwei dicke, orangefarbene Anschwellungen am Grunde jedes Kronblattes und liegen so dicht aneinander, dass sie sich berühren. Die Staubblätter liegen im ungereizten Zustande den Nektarien so dicht an, dass der Nektar sich in den Winkeln zwischen den Staubfäden und dem Fruchtknoten ansammelt. Als Narbe dient, wie schon Sprengel erkannt hat, der klebrige Rand der auf dem Fruchtknoten sitzenden Scheibe. Sie ist mit den Staubblättern gleichzeitig entwickelt.

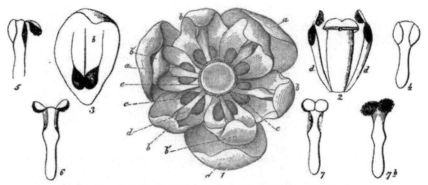

Fig. 21. Berberis vulgaris L. (Nach Herm. Müller.)

1 Blüte von oben gesehen. *a* die drei inneren, grossen Kelchblätter, welche durch Grösse und Farbe mit zur Anlockung dienen, *b* äussere, *b'* innere Kronblätter, *c* Honigdrüsen, *d* Staubfäden, *e* Narbe. *2* Stellung der nach dem Griffel hin bewegten Staubblätter. *3* Kronblatt mit den beiden dicken, fleischigen, orangeroten Saftdrüsen *c*. *4—7* Staubblätter in den verschiedenen Zuständen des Aufspringens, Aufrichtens und Drehens der Staubmassen von aussen gesehen. *4* Staubblatt mit noch geschlossenen Staubbeuteln. *5* Die äussere Haut des rechten Beutels hat sich unten klappenförmig ringsum abgelöst und beginnt das freie Ende mit der an ihr haftenden Staubmasse aufwärts zu drehen. *6* Beide Klappen in fast vollendeter Aufwärtsdrehung. *7* Beide Klappen haben sich so gedreht, dass sie die Staubmassen der Blütemitte zukehren. *7b* Ein solches Staubblatt von der Blütenmitte her gesehen.

Indem Insekten den Nektar aufsuchen, berühren sie den verbreiterten, reizbaren Grund der Staubfäden und veranlassen dadurch diese zu einer plötzlichen Einwärtsbewegung nach dem Stempel zu, so dass der Kopf oder der Rüssel des Insektes zwischen die aufgesprungenen Antheren und den mit diesen gleich hoch stehendem Narbenrand gerät. Meist verlassen dann die Insekten die eben besuchte Blüte und begeben sich zu einer anderen, so dass sie in dieser, wenn sie mit der bestäubten Seite die Narbe berühren, Fremdbestäubung bewirken. Bei ausbleibendem Insektenbesuche tritt beim Verwelken der Blüte spontane Selbstbestäubung ein, indem die Antheren von selbst mit der Narbe in Berührung kommen. Sie scheint jedoch nicht stets von Erfolg zu sein, da zahlreiche Blüten die Früchte nicht ausbilden.

Nach Pfeffer wird die Bewegung der Staubblätter durch Wasserzufluss nach der gereizten Stelle hervorgerufen. Nach Chauveaud (Comptes rendues Bd. 119) ist jedoch ein besonderes Gewebe an der Bewegung beteiligt, welches aus langgestreckten, fest aneinander gefügten, engen Zellen besteht, zwischen denen sich, namentlich an den Enden, kleine Intercellularräume befinden. Die Querwände dieser Zellen sind dünn, ihre Längswände dagegen dick, mit zahlreichen eingestreuten dünnen Stellen. Diese letzteren ermöglichen sowohl einen sehr schnellen Austausch zwischen den Zellen, als auch eine schnelle Beugung dieses elastischen Gewebes. Dasselbe ist von dünnwandigen Zellen überdeckt, deren Inhalt das reizbare aktive Element bildet. Im Ruhezustande bildet das Protoplasma jeder Zelle des Bewegungsgewebes ein dickes, der Zellhinterwand anliegendes Band. Wird es gereizt, so wird es plötzlich schlaff, breitet sich aus, krümmt sich zu einem Bogen und, während seine Ränder an den Transversalwänden ziehen, presst seine konvexe Mitte gegen die äussere Wand, welche sich noch stärker wölbt, so dass die Zelle sich verkürzt und dicker wird. Diese Veränderung des Bewegungsgewebes hat eine Krümmung des Fadens nach innen zur Folge.

Besucher und Befruchter sind, der Bergung des Nektars entsprechend, meist mittel- und kurzrüsselige Insekten. Sie saugen sämtlich Honig, nur einige Bienen sammeln auch Pollen. Als Besucher beobachteten H. Müller (1) und ich (!):

A. Coleoptera: a) *Coccinellidae:* 1. Coccinella conglobata L. = 14punctata L. sgd. (1); 2. C. septempunctata L., häufig, sgd. (!); 3. C. variabilis Hbst., hld. (1). b) *Dermestidae:* 4. Attagenus pellio L., sgd. (1). B. Diptera: a) *Muscidae:* 5. Musca corvina F., sgd. (1); 6. Musca domestica L., sgd. (1, !); 7. Onesia cognata Mg., w. v. (1); 8. O. floralis R.-D., w. v. (1); 9. O. sepulcralis Mg., w. v. (1). b) *Syrphidae:* 10. Ascia podagrica F., häufig, sgd. (1); 11. Eristalis arbustorum L., sgd. (1, !); 12. E. nemorum L., w. v. (1); 13. E. pertinax Scop., w. v. (!); 14. E. tenax L., w. v. (1, !); 15. Helophilus floreus L., w. v. (1); 16. H. pendulus L., w. v. (1, !); 17. Rhingia rostrata L, w. v. (1, !); 18. Syrphus balteatus Deg., w. v. (!). C. Hymenoptera: a) *Apidae:* 19. Anthrena albicans Müll. ♀, w. v. (1, !); 20. A. fulva Schrk. ♀, ziemlich häufig, sgd. und psd. (1); 21. A. fulvicrus K. ♂, in Mehrzahl, sgd. (1); 22. A. helvola L. ♂, sgd. (1); 23. A. praecox Scop. ♀, w. v. (1); 24. A. trimmerana K. ♀, w. v. (1); 25. Apis mellifica L. ☿, zahlreich, sgd. (1, !); 26. Bombus pratorum L. ♀, sgd. (1); 24. B. terrester L. ☿, w. v., häufig (1, !); 28. Halictus rubicundus Chr. ♀, sgd. (1). b) *Formicidae:* 29. Lasius niger L. ☿, hld. (1). c) *Vespidae:* 30. Vespa holsatica F. ☿, sgd. (1); 31. V. rufa L. ☿, w. v. (1).

In den Alpen beobachtete Herm. Müller ferner 14 Fliegen, 3 Käfer, 9 Falter. v. Dalla Torre bemerkte in Tirol die Bienen Anthrena trimmerana K. ♂, A. atriceps K. ♂; Kohl daselbst die Goldwespe Elampus aeneus Pz., sowie die Faltenwespe Leionotus nigripes Pz.; Schiner in Österreich die Schwebfliege Criorhina berberina F.; Schletterer verzeichnet für Tirol die beiden Erdbienen Anthrena tibialis K. und trimmerana K. als Besucher.

Ricca (Atti XIV) beobachtete Hummeln und Wespen; H. de Vries (Ned. Kruidk. Arch. 1877) in den Niederlanden Apis mellifica L. ☿, sehr zahlreich, als Besucher.

In Dumfriesshire in Schottland (Scott-Elliot, Flora S. 7) sind 2 Hummeln, 1 kurzrüsslige Apide und 2 Schwebfliegen als Besucher beobachtet.

112. B. aquifolium Pursh (Mahonia aquifolium Nuttall), ein aus Nord-Amerika stammender Zierstrauch unserer Gärten, besitzt eine Blüteneinrichtung, welche derjenigen der vorigen Art entspricht.

Als Besucher sah ich Syrphiden (Eristalis tenax L., Syrphus ribesii L., Rhingia rostrata L.), ferner die Honigbiene und Anthrena albicans Müll. ♀, sowie 2 Hummeln: Bombus terrester L. ♀, B. lapidarius L. ♀ und einige Musciden, sämtlich sgd. Schletterer beobachtete bei Pola die Apiden: 1. Bombus terrester L. „von den Weihnachtstagen bis Ende Jänner"; 2. Xylocopa violacea L.

24. Epimedium L.

Protogyne Blumen mit verborgenem Honig. Die blutroten Kronblätter dienen als Schauapparat; die eine Nebenkrone darstellenden, becherförmigen Honigblätter sind gelb und besitzen eine nektarabsondernde kurze Aussackung.

113. E. alpinum L. [Kerner, Pflanzenleben II. S. 234; Loew, Bl. Fl. S. 182; Knuth, Bijdragen.] — Die Antheren springen mit Klappen auf, die sich über der bereits vorher empfängnisfähigen Narbe zusammenlegen, diese aber nicht mit Pollen versehen können, da die Blüten anfangs hängen. Später richten sie sich auf, so dass nunmehr Pollen herabfallen kann. Die spontane Selbstbestäubung tritt um so sicherer ein, als der Stempel sich bis zur Berührung mit den Antheren verlängert.

Nach Warnstorf ist der Pollen gelb, brotförmig, zartwarzig, durchschnittlich 43 μ lang und 31 μ breit.

Am 2. Mai 1896 gelang es mir, den Befruchter dieser interessanten Blume im botanischen Garten der Ober-Realschule zu Kiel zu beobachten: es war die Honigbiene. Sie sog die Honigblätter der Reihe nach aus, indem sie sich dabei auf der Blüte im Kreise herumdrehte. Beim Auffliegen berührte sie die 1 mm weit aus der Blüte hervorragende Narbe und belegte sie mit mitgebrachtem Pollen. Beim Honigsaugen bedeckte sie dann ihre Unterseite von neuem mit Blütenstaub.

114. E. pinnatum Fisch. [Loew, Blütenbiol. Beitr. I. S. 5.] — Diese aus dem Kaukasus und aus Persien stammende Art ist im botanischen Garten zu Berlin gleichfalls protogynisch; sie stimmt in Bezug auf die Blüteneinrichtung, abgesehen von den Dimensionen und der Färbung, mit E. alpinum, überein.

Als Besucher beobachtete Loew Osmia rufa L. ♀, sgd.

115. E. macranthum Lindl. besitzt, nach Loews Untersuchungen (Blütenb. Beiträge. I. S. 6), im botanischen Garten zu Berlin, lange, dünne Sporne, welche den Nektar bergen, so dass wohl langrüsselige Bienen die Befruchter sind. Die Einrichtung von

116. E. violaceum Morr. et Dene. ist dieselbe wie diejenige der vorigen Art, mit welcher E. violaceum vielleicht zu einer zusammenzufassen ist. [Loew, Blütenb. Beitr. I. S. 6.]

117. E. rubrum Morr. [Loew, Blütenbiol. Beitr. I. S. 6], welches, wie die beiden vorhergehenden aus Japan stammt, besitzt einen verhältnismässig dicken Sporn. Die Blüten sind, wie die der vorhergehenden Arten, protogynisch.

Als Besucher beobachtete Loew im botanischen Garten zu Berlin Bombus agrorum F. ♀, sgd.

25. Podophyllum L.

Honig- und saftmallose Pollenblumen.

118. P. Emodi Wallr. [Loew, Blütenbiol. Beitr. I. S. 8.] — Diese aus dem Himalaya stammende Art wird wahrscheinlich in der Weise befruchtet, dass die Besucher die Narbe als Anflugstelle benutzen und dann, um Pollen zu sammeln, zu den Staubblättern übergehen. Beim Besuche einer zweiten Blüte muss dann Fremdbestäubung erfolgen. Da die Narbe die Antheren überragt, ist spontane Selbstbestäubung ausgeschlossen.

119. P. peltatum L. [Loew, Beitr. I. S. 9.] — Die Zahl der Blütenteile dieser nordamerikanischen Art variiert oft. Die Staubblätter ragen schon aus der Knospe hervor.

120. Achlys triphylla DC. hat, nach Calloni [Arch. sc. phys. et nat. Genève 1886], drei Blütenformen in jedem Blütenstande: Die unteren sind unfruchtbar, die mittleren zum Teil fruchtbar, die oberen sämtlich fruchtbar.

7. Familie Nymphaeaceae DC.

Knuth, Ndfr. Ins. S. 20, 21; Caspary in Engler und Prantl, Natürl. Pflanzenfamilien III. 2. S. 2—3.

Die grossen schwimmenden Blüten sind durch den Standort der Pflanzen im Wasser gegen ankriechende Tiere geschützt und nur fliegenden Insekten zugänglich. Die Innenseite der Kelchblätter ist von der Farbe der Kronblätter, so dass beide Blütenblattkreise die Augenfälligkeit bewirken. Als weiteres Anlockungsmittel dient ein mehr oder minder deutlicher Honigduft.

26. Nymphaea L.

Homogame oder schwach protogyne Pollenblumen mit Honigduft. (Die Narbe sondert eine Feuchtigkeit ab, welche vielleicht von Insekten abgeleckt wird; nach Jordan sollen jedoch vor den Staubblättern flache Nektarien liegen, so dass die Blumen alsdann zur Klasse B oder AB gehören würden.) Die weisse Innenseite der Kelchblätter und die zahlreichen, weissen, allmählich in die Staubblätter übergehenden Kronblätter bedingen die Augenfälligkeit der Blüte.

121. N. alba L. [Delpino, Alcuni appunti S. 17; Knuth, Ndfr. Ins. S. 21, 148; Weit. Beob. S. 231; Heinsius, Bot. Jaarb. IV, 1892; Kerner, Pflanzenleben II. S. 211—213; Schulz, Beitr. II. S. 9; Watson, Bot. Jb. 1884. I. S. 682; Caspary in Engler, Nat. Pflanzenfam.] — Die schwach duftenden, sehr grossen, weissen, sich morgens öffnenden und gegen Abend schliessenden Blüten sind nach meinen Beobachtungen homogam; nach Kerner sind die Narbenpapillen bereits beim Aufblühen entwickelt und bleiben einige Tage frisch. Die Antheren beginnen am Tage des Aufblühens oder einen, selten einige Tage später sich zu öffnen. Durch sichelförmige Biegung der Staubfäden stehen die Antheren über den zu einer Platte ausgebreiteten Narben, so dass

durch Hinabfallen des Pollens spontane Selbstbestäubung eintreten muss. Besuchende Insekten können sowohl Fremd- als auch Selbstbestäubung herbeiführen, doch ist der Insektenbesuch nur spärlich. Der Blütendurchmesser beträgt
meist bis 10 und selbst noch mehr Centimeter. In ausgetrockneten Marsch-
gräben auf der Insel Föhr fand ich aber Blüten von nur 5 cm Durchmesser,
die ich (Flora der nordfriesischen Inseln, S. 32) als forma terrestris bezeichnet habe.

Besucher: Ich sah auf der Insel Föhr zahlreich eine winzige Muscide
(Notiphila cinerea Fall.); Heinsius in Holland gleichfalls eine Art derselben
Gattung (Notiphila nigricornis Stenh.); Schulz in Mitteldeutschland einzelne
Fliegen und Käfer. Mac Leod bemerkte in Flandern 1 Käfer (Donacia).
[B. Jaarb. VI. S. 183.]

In Dumfriesshire (Schottland) [Scott-Eliot, Flora S. 7] sind Apis,
1 Hummel und Musciden als Besucher beobachtet.

122. Victoria regia Lindley. Die bis tellergrossen, anfangs weissen, dann
rosa Blüten werden nach Delpino's Vermutung von Cetonien und Glaphyriden
besucht und befruchtet.

27. Nuphar Sm.

Homogame oder schwach protogyne Blumen mit halb- oder ganz verborgenem Honig, welcher im Rücken der Kronblätter abgesondert und in dem
Winkel zwischen Kelch- und Kronblättern angesammelt wird. Die innen gelb
gefärbten Kelchblätter und die übrigen gleichfalls gelben Blütenblattkreise dienen
als Schauapparat.

123. N. luteum Smith. [Sprengel, S. 273; H. M., Befr. S. 108, 109;
Caspary, a. a. O.; Schulz, Beitr. II. S. 10, 11; Kirchner, Flora S. 276;
Mac Leod, Bot. Jaarb. VI. S. 183—184; Knuth, Ndfr. Ins. S. 21; Weit.
Beob. S. 226. Anm. 1; Axell, S. 104; Warnstorf, Abh. Bot. V. Brand.
Bd. 37.] — Die dottergelben, stark duftenden Blüten sind homogam oder, nach
Caspary und nach Schulz, protogyn, indem die Narben beim Aufblühen
völlig entwickelt sind, die Staubbeutel aber etwas später — die äusseren zuerst
— aufspringen. Indem die Staubblätter in dem Masse, in welchem sie aufspringen, sich den Kronblättern zu bewegen, ist spontane Selbstbestäubung ausgeschlossen.

Auch Warnstorf bezeichnet die Blüten als protogynisch, und zwar sind
nach ihm beim Erschliessen der Kelchblätter die Staubgefässe dicht unter der
Narbe um den Fruchtknoten zusammengedrängt, später biegen sie sich beim Öffnen
der Antherenfächer zurück und bieten nun auf ihrer Innenseite kleineren, die
Blüte besuchenden Insekten ihre Pollenmassen dar. Pollen gelb, gross, ellip-
soidisch, igelstachelig, durchschnittlich 63 μ lang und 37,5 μ breit; Stacheln
bis 8,75 μ lang. Die auf den Blüten umherkriechenden Insekten können sowohl
Fremd- als auch Selbstbestäubung bewirken.

Als Besucher beobachteten Herm. Müller (1) und ich (!):

A. Coleoptera: a) *Chrysomelidae*: 1. Donacia dentata Hoppe (1); 2. D. sparganii Ahr. (!). b) *Nitidulidae*: 3. Meligethes (!). B. Diptera: *Muscidae*: 4. Calliphora vomitoria L. (!); 5. Scatophaga sp. (!); 6. Onesia floralis R.-D. (1). C. Neuroptera: 7. Phrygauide (!). Schulz beobachtete gleichfalls Fliegen und Käfer.

Heinsius beobachtete in Holland zahlreiche Fliegen (Notiphila nigricornis Stenh. und Cleigastra sp.) als Besucher. (B. Jaarb. IV, S. 61—63).

8. Familie **Sarraceniaceae** Endl.

124. Sarracenia purpurea L. ist, nach Hildebrand [Ber. d. d. bot. Ges. I.], homogam, doch ist Fremdbestäubung bei Insektenbesuch bevorzugt, da die Besucher durch Widerhaken an der Narbe gezwungen werden, seitlich von der Narbenfläche den Ausgang zu suchen.

9. Familie **Papaveraceae** DC.

Homogame oder schwach protogyne, selten protandrische Pollenblumen. Im Knospenzustande werden die inneren Blütenblattkreise durch den derben, zwei- oder dreiblätterigen oder kapuzenförmigen Kelch geschützt, der nach Erfüllung dieser Aufgabe bei der Entfaltung der Blumenkrone abgeworfen wird. Die grossen, meist grell gefärbten Kronblätter machen die Blumen weithin sichtbar. Zuweilen wird die Augenfälligkeit durch gefärbte Staubblätter erhöht. (Die Gattung Hypecoum ist etwas abweichend; sie wird daher auch zu den Fumariaceen gerechnet.)

28. Papaver Tourn.

Pollenblumen mit lebhaft gefärbten, grossen Kronblättern.

125. P. alpinum L. [H. M., Alpenbl. S. 142, 143; Kerner, Pflanzenleben II. S. 120, 189; Hoffmann in Darwin, Cross. S. 331.] — Die teils weissdornähnlich, teils moschusartig duftenden Blüten besitzen in den Alpen citronengelbe Kronblätter mit hellerem, schwefelgelbem oder grünlichem Grunde, ebenso sind sie in Krain dunkelgelb, in Niederösterreich und in Steiermark sind sie weiss, meist mit gelbem Grunde.

Die Blüten sind homogam. In der Mitte der zu einer Schale von 30 bis 35 mm ausgebreiteten Krone befindet sich der Fruchtknoten, dessen 5—8strahlige Narben bereits zur Zeit des Aufblühens empfängnisfähig sind. Gleichzeitig springen die Antheren einiger der äusserst zahlreichen Staubblätter auf. Besuchende, dem sehr reichlichen Blütenstaub nachgehende Insekten können daher sowohl Fremd- als auch Selbstbestäubung herbeiführen.

Die Blüten bleiben bei trübem Wetter halb geschlossen; nach Kerner öffnen sie sich nur vormittags. Dann neigen sich die inneren Staubblätter über den Narben zusammen und bedecken diese mit Pollen. Diese spontane Selbstbestäubung ist jedoch von äusserst geringem Erfolge, denn nach H. Hoffmann waren Gartenpflanzen bis auf eine selbststeril. [Darwin, Cross. S. 331.]

Als Besucher sah H. Müller in den Alpen mehrere Fliegen.

126. P. nudicaule L. In den schwefelgelben oder weissen Pollenblumen ist, nach Warming, Selbstbestäubung fast unvermeidlich, die von Erfolg sein muss, da reife Früchte mehrfach beobachtet sind und wegen Insektenmangels im nordischen Gebiet Fremdbestäubung kaum eintritt. Nach Focke sind jedoch kultivierte Pflanzen selbststeril. Nach Ekstam beträgt auf Nowaja Semlja der Durchmesser der schwachduftenden Blüten 20—40 mm. Selbstbestäubung ist auch hier schon in der Knospe möglich. Als Besucher wurden dort Fliegen beobachtet. Alfken bemerkte bei Bremen an Gartenpflanzen folgende pollensammelnde Apiden:

1. Anthrena albicans Müll. ♀; 2. A. nigro-aenea K. ♀; 3. A. nitida Fourcr. ♀; 4. A. parvula K. ♀; 5. Osmia rufa L. ♀, sämtlich psd.

127. P. Rhoeas L. [H. M., Befr. S. 127; Weit. Beob. I. S. 323; Hoffmann, B. Ztg. 36. S. 290; Beyer, Spont. Bew.; Kirchner, Flora S. 277; Knuth, Ndfr. Ins. S. 22, 148.] — Die Kronblätter sind scharlachrot und besitzen am Grunde einen schwarzen Fleck. Schon in der Knospe sind die zahlreichen Staubblätter aufgesprungen, so dass die pollenbedeckten Antheren die noch niedergeschlagene, aber bereits empfängnisfähige Narbe an ihren unteren Teilen berühren und belegen. Diese unvermeidliche spontane Selbstbestäubung ist jedoch, nach Hoffmann, von gar keinem Erfolge. In den geöffneten Blüten kann bei eintretendem Insektenbesuche sowohl Fremd- als auch Selbstbestäubung erfolgen. — Nach Warnstorf [Bot. V. Brand. Bd. 37] ist der Pollen graugrünlich, im Wasser kugelig oder fast kugelig, sehr fein gekörnelt, durchschnittlich 37,5 μ diam.

Als Besucher sind von Herm. Müller (1) in Wesfalen und mir (!) in Schleswig-Holstein beobachtet:

A. Coleoptera: a) *Nitidulidae:* 1. Meligethes, sehr zahlreich, pfd. (1). b) *Oedemeridae:* 2. Oedemera virescens L., pfd. (1, Thür.). c) *Scarabaeida*: 3. Oxythyrea funesta Poda, sehr häufig, Blütenteile fressend (1). B. Diptera: a) *Empidae:* 4. Empis livida L. (1). b) *Muscidae:* 5. Ulidia erypthrophthalma Mg. (1, Thür.). c) *Syrphidae:* 6. Cheilosia, pfd. (1); 7. Syrphus ribesii L. (!), pfd.; 8. S. umbellatarum F. (!), pfd. C. Hymenoptera: *Apidae:* 9. Anthrena dorsata K. ♀, häufig, psd. (1); 10. A. fulvicrus K. ♀, zahlreich psd. (1); 11. Apis mellifica L., ⚥ (!); 12. Bombus terrester L. (!); 13. B. lapidarius L. ♀; 14. Halictus cylindricus K. ♀, sämtl. psd. (1); 15. H. flavipes F. ♀, zahlreich, psd. (1); 16. H. leucopus K. ♀, psd. (1 Thür.); 17. H. longulus Smith ♀, psd. (1); 18. H. maculatus Sm. ♀ (1); 19. H. sexnotatus K. ♀, sehr häufig, psd. (1); 20. H. smeathmanellus K. ♀, psd. (1 Thür.). D. Orthoptera: 21. Forficula auricularia L. (1). — Friese beobachtete in Mecklenburg Osmia papaveris Ltr.; einz.; Schletterer bei Pola Eucera longicornis L.; Mac Leod in den Pyrenäen Bombus terrester L. ⚥, psd. n den Blüten; in Flandern 3 Schwebfliegen. (B. Jaarb. VI, S. 184, 185.)

128. P. Argemone L. [H. M., Befr. S. 128; Mac Leod, Bot. Jaarb. VI, S. 185—186; Knuth, Ndfr. Ins. S. 22, 148; Warnstorf, Bot. V. Brand. Bd. 38.] — Die roten Kronblätter sind am Grunde schwarz gefleckt. Die Blüteneinrichtung stimmt mit derjenigen der vorigen Art überein, doch wird

Papaveraceae. 65

ein noch geringerer Teil der Narbe von den Antheren berührt. **Warnstorf** bezeichnet die Blüten als pseudokleistogam, weil die himmelblauen Antheren schon in der noch geschlossenen Blüte aufspringen und die bereits empfängliche Narbe mit Pollen belegen. — Pollenzellen bläulich, kugelig, von sehr kleinen Würzchen undurchsichtig, durchschnittlich 50 μ diam.

Als Besucher beobachtete ich bei Kiel eine Schwebfliege: Platycheirus podagratus Zett. pfd.

129. P. somniferum L. [Kerner, Pflanzenleben II. S. 279; Kirchner, Flora S. 278; Knuth, Ndfr. Ins. S. 22, 148.] — Die Kronblätter sind entweder karminrot bis violett, am Grunde oft schwärzlich, oder weiss, am Grunde lila. Die Blüteneinrichtung stimmt mit derjenigen von P. Argemone und P. Rhoeas überein, nur überragen im Knospenzustande die Staubbeutel die noch niedergeklappten Narbenlappen, so dass schon in der noch geschlossenen Blüte nicht nur die unteren, sondern die ganzen Narbenpapillen dicht mit Pollen bedeckt sind. Diese spontane Selbstbestäubung ist stellenweise von Erfolg. Bei der Grösse der Blüte ist jedoch der Insektenbesuch ein recht häufiger, so dass Fremdbestäubung bei günstiger Witterung gesichert ist. Die von mir als Besucher beobachteten Dipteren (Syrphiden) flogen fast immer auf die grosse, lappige Narbe, von welcher sich die Staubblätter nach der Entfaltung der Blüte abgewendet haben, und von da auf die Staubbeutel, so dass schon der zweite Blütenbesuch Fremdbestäubung herbeiführen muss. Die von mir gleichfalls als Besucher beobachteten Hummeln dagegen berührten die Narbe nur hin und wieder, sondern flogen fast immer sofort auf die Staubblätter, in deren Gewirr sie sich pollensammelnd umhertummelten. — Der weissliche Pollen ist nach Warnstorf [Bot. V. Brand. Bd. 38] elliptisch, etwa 44 μ lang und 28 μ breit.

Als Besucher von P. somniferum sind von Buddeberg (1) in Nassau und mir (!) in Schleswig-Holstein folgende Insekten beobachtet:

A. Coleoptera: a) *Scarabaeidae:* 1. Cetonia stictica L., Blütenteile fressend (1). b) *Nitidulidae:* 2. Meligethes sp. (!). B. Diptera: *Syrphidae:* 3. Eristalis aeneus Scop., pfd. (1); 4. E. arbustorum L. (1, !), pfd.; 5. E. tenax L. (!); 6. Platycheirus peltatus Mg. (!); 7. Syrphus sp. (!), sämtlich pfd. C. Hymenoptera: *Apidae:* 8. Apis mellifica L. ☿, häufig (!); 9. Bombus terrester L., häufig (!); 10. Eriados campanularum K. ♀, sämtl. psd. (1). 11. E. truncorum L. ♀, psd. (1); 12. Halictus cylindricus F. ♀, psd. (1); 13. H. leucopus K. ♀, psd. (1).

130. P. dubium L. [H. M., Befr. S. 128.] Spontane Selbstbestäubung ist bei dieser Art erschwert, weil die Antheren einige Millimeter unterhalb der Narbe stehen; sie kann daher nur bei abwärts geneigten Blüten eintreten. H. Müller meint, dass die auffallend grössere Seltenheit dieser Pflanzen in manchen Gegenden vielleicht auf die Schwierigkeit des Eintrittes der Autogamie zurückzuführen sei. Nach Warnstorf [Bot. V. Brand. Bd. 37] ist der Pollen gelb, im Wasser kugelig bis brotförmig, mit mehreren Längsfurchen, 31—37 μ diam.

Mac Leod beobachtete in Flandern kleine Fliegen in den Blüten. [B. Jaarb. VI. S. 186].

In Dumfriesshire (Schottland) [Scott-Elliot, Flora S. 8] sind 3 Musciden, 1 Schwebfliege und Meligethes als Besucher beobachtet.

Knuth, Handbuch der Blütenbiologie. II, I. 5

131. P. argemonoides L. ist, nach Hildebrand, mit dem eigenen Pollen fruchtbar.

132. P. hybridum L. hat, nach Hoffmann, (wenigstens in Gärten) kleistogame Blüten. — Als Besucher beobachtete Schletterer bei Pola die Furchenbiene Halictus calceatus Scop.

133. P. bracteatum Lindl. sah Loew im botanischen Garten zu Berlin von Apis mellifica L. ⚥, psd., dabei die Narbe überschreitend, besucht.

134. P. Burseri Cr. sah Loew im botanischen Garten zu Berlin von einer langrüsseligen Biene (Osmia rufa L. ♀, psd.) besucht.

29. Glaucium Tourn.

Homogame oder schwach protogyne, geruchlose, rote oder gelbe Pollen- blumen.

135. G. flavum Crantz (G. luteum Sm.). [Kerner, Pflanzenleben II. S. 209; Kirchner, Beitr. S. 19; Knuth, Herbstbeob.] — Die grossen, citronen- gelben Kronblätter fallen bereits am zweiten Blühtage ab. Die (nach Kerner etwas früher als die Antheren entwickelte) Narbe überragt den Staubblattbüschel ein wenig, so dass spontane Selbstbestäubung ausgeschlossen ist. Als Pollen- überträger beobachtete ich an kultivierten Pflanzen bei Kiel zahlreiche Exem- plare einer Schwebfliege (Syrphus ribesii L.) pollenfressend, sowie einzelne Schmetterlinge (das Tagpfauenauge, Vanessa io L. und den Citronenvogel, Rhodocera rhamni L.) vergeblich nach Honig suchend; Kirchner beobachtete in Hohenheim die Honigbiene und Thrips; Loew bei Bellagio Xylocopa violacea L. ♀, psd. In Dumfriesshire (Schottland) [Scott-Elliot, Flora S. 9] sind 2 Musciden, 1 Schwebfliege und Meligethes als Besucher beobachtet.

136. G. corniculatum Curt. (G. phoeniceum Curt.). [Kerner a. a. O.; Knuth a. a. O.] — Die Einrichtung der hochroten, am Grunde der Kronblätter mit schwarzem Fleck versehenen Blüten ist dieselbe wie bei voriger. Ich be- obachtete auch dieselben Besucher an kultivierten Pflanzen, welche neben den Pflanzen der vorigen Art standen.

30. Chelidonium L.

Homogame Pollenblumen mit gelben Kronblättern.

137. Ch. majus L. [Sprengel, S. 271; H. M., Befr. S. 128; Weit. Beob. I. S. 323; Hildebrand, Geschl. S. 60; Kirchner, Flora S. 279; Knuth, Herbstbeob.; Bijdr.; Warnstorf, Bot. V. Brand. Bd. 38.] — Die Blüten öffnen sich bei sonnigem Wetter. Sogleich springen die Antheren seitlich auf, gleichzeitig ist auch die Narbe entwickelt. Da letztere aber die Staubblätter etwas überragt, so bewirken die in der Blütenmitte auffliegenden, von einer anderen Blume dieser Art herkommenden Insekten Fremdbestäubung, die seitlich anfliegenden können ebenso gut Selbstbestäubung herbeiführen. Bei trübem Wetter bleiben die Blüten länger geschlossen; die dann sich schon in der Knospe öffnenden Staubbeutel bewirken alsdann spontane Selbstbestäubung. Warnstorf bezeichnet die Blüten als schwach protogynisch oder homogam bis protandrisch. Pollen schön gelb, rundlich, feinwarzig und bis 37 μ diam messend. — Besucher sind besonders öfter vergeblich nach Honig suchende, dann pollensammelnde Bienen und pollenfressende Fliegen. Die grösseren Bienen (Hummeln, die Honigbiene) fliegen meist auf die Blütenmitte und bewirken daher regelmässig Fremdbestäubung, die kleineren (Halictus-Arten) fliegen meist seitlich auf, kommen mit der Narbe nur gelegentlich in Berührung und bewirken daher ebenso gut Selbst- als Fremdbestäubung. Ebenso verhalten sich die besuchenden Schwebfliegen.

Fig. 22. Chelidonium majus L. (Nach Hildebrand.) Die Narbe überragt die Antheren.

Als Besucher sind von Herm. Müller (1) in Westfalen und mir (!) in Schleswig-Holstein festgestellt:

A. Coleoptera: a) *Chrysomelidae:* 1. Cryptocephalus sericeus L., pfd. (!). b) *Nitidulidae:* 2. Meligethes, pfd. (1). B. Diptera: a) *Empidae:* 3. Empis livida L., vergeblich nach Honig suchend oder vielleicht erbohrend (1). b) *Syrphidae:* 4. Ascia podagrica F., pfd. (1); 5. Eristalis arbustorum L., pfd. (!); 6. E. nemorum L., pfd. (!); 7. E. pertinax Scop. (!), pfd.; 8. Helophilus pendulus L., pfd. (!); 9. Melanostoma mellina L., pfd. (!); 10. Melithreptus taeniatus Mg., pfd. (!); 11. Rhingia rostrata L., zuerst vergeblich nach Honig suchend, dann pfd. (1); 12. Syritta pipiens L., pfd. (1); 13. Syrphus balteatus Deg., pfd. (1, !); 14. S. ribesii L., pfd. (1, !). C. Hymenoptera: a) *Apidae.* 15. Anthophora pilipes F. ♀. psd. (!); 16. Apis mellifica L. ☿, psd. (1, !); 17. Bombus agrorum F. ☿, psd. (1, !); 18. B. hortorum L. ☿, psd. (!); 19. B. lapidarius L. ☿, psd. (!); 20. B. pratorum L. ☿, psd. (1); 21. B. rajellus K. ☿, psd. (1); 22. B. terrester L., psd. (!). Schon H. Müller bemerkte, dass die Hummeln mitten auf das Blüten auffliegen, in grösster Hast mit den Fersenbürsten der Vorder- und Mittelbeine Pollen von den Antheren bürsten, ihn fast gleichzeitig an die Körbchen der Hinterbeinen geben und nach kaum 2—3 Sekunden die Blüte verlassen, um sofort eine andere in gleiche Behandlung zu nehmen; sie bewirken dabei regelmässig Fremdbestäubung. 23. Halictus cylindricus F. ♀ (1); 24. H. sexnotatus K. ♀ (1); 25. H. sexstrigatus Schenck ♀ (1); 26. H. zonulus Sm. ♀ (1); diese vier H.-Arten fliegen auf die Staubbeutel und sammeln Pollen, hierbei berühren sie nur zufällig einmal die Narbe.

Loew beobachtete im botanischen Garten zu Berlin die Schwebfliege: Syrphus balteatus Deg., pfd.; Alfken bei Bremen 3 pollensammelnde Apiden: Bombus lucorum L. ☿; Anthrena nitida Fourc. ♀; A. nigro-aenea K. ♀, die letzteren beiden sehr mit Pollen beladen, womit die letzten Zellen gefüllt werden sollten, mit zerzausten Flügeln schwerfällig fliegend; Hoffer in Steiermark: Bombus agrorum F. ☿, ungeheure Pollenmassen aufladend, sowie Bombus terrester L. ☿ hfg. als Besucher; Mac Leod in Flandern Apis, 3 Hummeln, 2 Halictus, 5 Schwebfliegen, 1 Muscide (B. Jaarb. VI. S. 186, 187).

31. Eschscholtzia Cham.

Homogame, meist gelbe Pollenblumen.

138. E. californica Cham. [F. Müller, Bot. Ztg. 1868; Darwin, Bot. Z. 1869; Hildebrand, Jahrb. f. wiss. Bot. VII; H. M., Befr. S. 127; Weit. Beob. I. S. 323; Knuth, Herbstbeob.] — Die fädlichen Narben sind anfangs von dem Büschel der Staubblätter dicht umgeben, doch biegen sich bei der weiteren Blütenentwickelung die Staubfäden den etwas abstehenden Kronblättern zu, wobei dann die Antheren der äusseren Reihe aufspringen, während die der inneren noch geschlossen bleiben. Die in der Blütenmitte stehende, jetzt empfängnisfähige Narbe kann also nicht mit dem Pollen der eigenen Blüte belegt werden, doch müssen auf sie fliegende, pollenbedeckte Insekten Fremdbestäubung bewirken. Später sind auch die Antheren der inneren Staubblätter aufgesprungen, und dann tritt bei ausgebliebenem Insektenbesuche Fremdbestäubung ein. Dieselbe ist, nach Fritz Müller, in Südbrasilien erfolglos, in England dagegen, nach Darwin, von Erfolg. Merkwürdigerweise waren Exemplare, welche Fritz Müller aus Brasilien nach England an Charles Darwin schickte, mit eigenem Pollen etwas fruchtbar. Hildebrand fand die Pflanze in Deutschland fast selbststeril.

Bei sonnigem Wetter sah ich die lebhaft gelben Blumen von zahlreichen Exemplaren einer Schwebfliege (Syrphus ribesii L.) besucht, welche unregelmässig bald auf die Narbe, bald auf die Staub- oder auch Kronblätter aufflogen, dabei also teils Fremd- teils Selbstbestäubung bewirkend. Oft sah ich 5—6 dieser Fliegen in einer Blüte, und zwar blieben sie so beharrlich darin, dass ich die Blume abpflücken und dieselbe mit der Lupe betrachten konnte, ohne dass die Besucher fortflogen, vielmehr pollenfressend blieben. Sie waren am Kopfe und besonders an der Ober- und Unterseite der Brust dicht mit Pollen bedeckt. H. Müller sah eine andere Schwebfliege (Helophilus floreus L.) als Besucher.

32. Sanguinaria L.

Honig- und saftmallose Pollenblumen.

139. S. canadensis L. [Loew, Blütenbiol. Beitr. I. S. 9, 10.] — Bei dieser in Nordamerika einheimischen Pflanze überragen die inneren Staubblätter die Narbe ein wenig, während die äusseren kürzer als dieselbe sind.

Als Besucher beobachtete Loew im botanischen Garten zu Berlin Apis psd. und Bombus terrester L. ♀ psd.

33. Hypecoum L.

Meist gelbe, protandrische Pollenblumen, deren innere, grössere Kronblätter den Pollen in einer Tasche beherbergen.

140. H. pendulum L. Nach F. Hildebrand [Jahrb. f. wiss. Bot. 1869] sind von den vier Kronblättern die beiden inneren, grösseren mit zwei seitlichen Blättchen (Nebenblättern) versehen, während der mittlere Teil (das eigentliche Kronblatt) im Laufe der Blütenentwickelung sehr verschiedene Form besitzt. Bereits im Knospenzustande springen die Antheren auf und zwar nach aussen, so dass der Blütenstaub von den alsdann nach innen löffelartig gefalteten, inneren Kronblättern aufgenommen wird. Nunmehr schrumpfen die pollenentleerten Antheren zusammen und die mit Pollen bedeckten Löffel bilden eine Höhlung, welche den Blütenstaub ganz umschliesst. Wenn sich nun die Blüte öffnet, lassen sich die Ränder der Pollentaschen durch einen Druck von oben auseinanderbiegen, so dass ein auf die Pollentaschen fliegendes Insekt die Körperunterseite mit Blütenstaub behaften muss.

Während dieses ersten Zustandes ist die Narbe noch nicht ganz entwickelt; erst später verlängert sich der Griffel, so dass er die Taschenblätter überragt, mithin ein pollenbedecktes Insekt die nunmehr stark hervorgetretenen Narbenpapillen beim Anfliegen belegen muss. Bleiben die Insekten jedoch aus, so biegen sich inzwischen die Pollentaschen an ihrer Spitze und ihren Seitenrändern etwas nach aussen, wodurch nun der Pollen, wenn er nicht schon vorher durch Insekten entfernt worden, in eine solche Lage gebracht wird, dass er leicht durch Erschütterung der Pflanze oder durch den Wind auf die Narbe geführt wird. H. pendulum L. öffnet nach Kerners Beobachtungen bei schlechtem Wetter die Blüten nicht, sondern diese bleiben geschlossen, wobei pseudokleistogame spontane Selbstbestäubung erfolgt.

141. H. procumbens L. öffnet nach Kerner die Blüten bei ungünstiger Witterung gleichfalls nicht.

142. H. grandiflorum L. ist nach Hildebrand fast, aber nicht absolut unfruchtbar, wenn die Narbe mit dem Pollen der eigenen Blüte oder einer anderen Blüte derselben Pflanze belegt wird.

Die Hypecoum-Arten werden vielfach auch der folgenden Familie zugerechnet; in blütenbiologischer Hinsicht schliessen sie sich den Papaveraceen an.

7. Familie Fumariaceae DC.

Litt.: Hildebrand, Jahrb. f. wiss. Bot. 1869; Knuth, Ndfr. Ins. S. 23.

Die Blüteneinrichtung der Arten dieser Familie sind von Hildebrand eingehend und sehr sorgfältig untersucht worden; H. Müller hat alsdann die Bestäuber festgestellt. Die folgenden Mitteilungen stützen sich im wesentlichen auf die Untersuchungen dieser beiden Forscher.

Die Fumariaceen sind homogame Bienenblumen. Als Schauapparat dienen die meist grossen, lebhaft gefärbten, oft zu traubigen Ständen vereinigten, eigenartig gestalteten Blüten, die nicht selten auch einen mehr oder minder starken Honigduft besitzen. Der Nektar wird in Spornen oder Aussackungen der Kronblätter abgesondert und geborgen, und zwar sind entweder zwei solcher Organe vorhanden (bei Diclytra und Adlumia) oder eins (Corydalis, Fumaria). Die beiden inneren Kronblätter sind an der Spitze verwachsen und bilden so eine kapuzenförmige Hülle, welche Staubbeutel und Narbe einschliessen. Diese Kapuze wird von honigsuchenden Bienen nach unten oder zur Seite gedrückt, doch springt sie nach dem Aufhören des Druckes meist elastisch zurück und umschliesst die genannten Teile wieder. Die besuchenden Bienen behaften sich in jüngeren Blüten mit Pollen, den sie auf die Narben älterer, bereits des Blütenstaubes beraubter tragen. Sie bewirken, da sie die Blütenstände regelmässig von unten nach oben absuchen, auch regelmässig Fremdbestäubung mindestens durch den Pollen einer anderen Blüte derselben Pflanze, beim Übergange auf eine andere Pflanze Fremdbestäubung mit dem Pollen einer solchen. (Vgl. Hypecoum.)

34. Diclytra DC.

Homogame Bienenblumen, deren Honig meist in den beiden Aussackungen am Grunde der beiden halbherzförmigen äusseren Kronblätter abgesondert und geborgen wird.

143. D. spectabilis DC. [Hildebrand a. a. O.; H. M., Befr. S. 129, 130; Knuth, Bijdr.] — Die Blütenstielchen sind so dünn und biegsam, dass die Blüten durch ihr Gewicht immer senkrecht nach unten hängen. Die beiden lanzettlichen Kelchblätter fallen schon sehr früh ab. Jedes der halbherzförmigen Kronblätter umschliesst drei der Biegung seines Aussenrandes folgende Staubfäden, welche zusammen eine von der Blütenmitte abgewendete Rinne bilden, die zum Nektar führt.

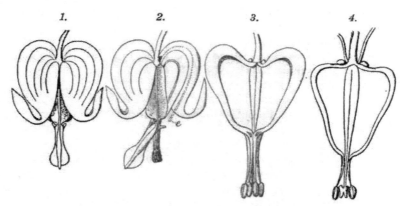

Fig. 23. Diclytra spectabilis DC. (Nach Hildebrand).

1. Blüte in natürlicher Grösse. *2.* Dieselbe nach Entfernung eines halben äusseren Blütenblattes: die Kapuze ist zur Seite gedrückt; die bei *e* anfangende punktierte Linie deutet den Weg des Insektenrüssels an. *3.* Die Geschlechtsteile einer Knospe. *4.* Stempel und die beiden mittleren Staubblätter aus einer Knospe vor Aufspringen der Antheren.

Diese Rinne mündet an dem entgegengesetzten Ende gerade an der Stelle, wo zwischen den äusseren Kronblättern und dem geflügelten Grunde der inneren eine Öffnung bleibt, d. h. an den beiden einzigen Orten, wo sich ein Eingang in das Blüteninnere findet. Die aus der Blüte hervorragenden Teile der Staubfäden mit den Staubbeuteln liegen dicht aneinander, umschliessen den steifen Griffel mit der Narbe und werden selbst von einer durch die Verwachsung der Spitzen der beiden inneren Kronblätter gebildeten Kapuze umschlossen.

Schon längere Zeit bevor die Blüte sich öffnet, springen die Antheren auf, entleeren den Pollen auf die grosse, lappige, gleichzeitig empfängnisfähige Narbe, wo er, umschlossen von der Kapuze, deponiert wird. Es würde also unvermeidlich spontane Selbstbestäubung stattfinden und es würde niemals Pollen aus dem dichten Verschlusse herauskommen können, wenn nicht durch Insekten und zwar ausschliesslich Bienen, Fremdbestäubung herbeigeführt würde. Hängt sich nämlich eine Biene an die Blüte, um Honig zu saugen, so muss sie mit der Körperunterseite die Kapuze und die von dieser umschlossenen, biegsamen Staubblätter zur Seite schieben und mit dem Haarkleide ihrer Bauchseite den Pollen abkehren, welcher an der am Ende des steifen Griffels sitzenden, daher nicht zur Seite gedrängten Narbe haftet. Sobald die Biene sich entfernt, kehrt die Kapuze in ihre frühere Lage zurück und umschliesst Staubbeutel und Narbe von neuem. Da in jeder Blüte zwei Nektarien vorhanden sind, geschieht dieser Vorgang jederseits einmal. Dabei wird in jüngeren Blüten der an der Narbe haftende Pollen durch die Biene abgefegt und auf die Narbe einen älteren, des eigenen Pollens bereits beraubten gelegt.

Da die zum Nektar führenden, gebogenen Rinnen bei Diclytra spectabilis 18—20 mm lang sind, können nur zwei unserer Bienen den Rüssel auf normalem Wege bis zum Honig vorschieben, nämlich Bombus hortorum L. ♀ (mit 20—21 mm langem Rüssel) und Anthophora pilipes F. ♀ (Rüssellänge 19—20 mm). In der That sind diese beiden Bienen die normalen Besucher und Befruchter dieser Blume. H. Müller beobachtete beide sgd. in Westfalen, ich erstere in Kieler Gärten. Bienen mit kürzerem Rüssel rauben den Honig durch Einbruch. Bombus terrester L. ♀ mit 7—9 mm langem Rüssel durchbeisst, sich an die Oberseite der Blüte klammernd, die Kronblätter in der Nähe der Nektarien und holt den Saft durch das gebissene Loch. H. Müller sah auch B. pratorum L. ♀ (Rüssellänge 11—12 mm) und B. rajellus K. ♀ (12—13 mm) ebenso verfahren, während Osmia rufa L. ♀ (9 mm), Megachile centuncularis L. ♂ (6—7 mm) und Apis mellifica L. ☿ (6 mm) die von den Hummeln gebissenen Löcher zum Honigraub benutzten. Die Glätte der Kronblätter verursachte der Honigbiene beim Honigraube grossen Zeitverlust.

144. D. eximia DC. hat eine Blüteneinrichtung, welche mit derjenigen der vorigen Art im wesentlichen übereinstimmt, nur ist der Spielraum für die Seitwärtsbiegung der Kapuze ein geringerer, auch ist der Weg zum Honig ein kürzerer. (Vgl. F. Hildebrand in Jahrb. für wiss. Bot. (Band VII) 1869—1870, S. 434—436 und Tafel XXIX, Fig. 24—31.)

145. D. cucullaria DC. besitzt zwei langgespornte äussere Kronblätter; der Nektar wird von zwei in diese Sporne hineinragenden, hornförmigen Verlängerungen der mittleren Staubfäden abgesondert. (Vgl. a. a. O., S. 436, 437 und Tafel XXXI, Fig. 28—31.)

35. Adlumia Rf.

Blütenbau ähnlich demjenigen der vorigen Gattungen, doch ist die Verwachsung der einzelnen Blütenteile untereinander eine noch stärkere als dort.

Die Aussackung der äusseren Kronblätter ist eine geringe; die Rändern dieser Kronblätter sind in ihrem unteren Teile mit einander verwachsen.

146. A. cirrhosa Rf. Nur der obere Kapuzenteil ist ausgebildet und frei, der untere Teil ist den äusseren Kronblättern angewachsen. Die sechs Staubfäden sind unterwärts zu einer bauchig erweiterten Röhre verwachsen. (Vgl. a. a. O., S. 437—439 und Tafel XXXI, Fig. 19—27.)

36. Corydalis DC.

Homogame Bienenblumen. Die Verschiebung der Kapuze kann nur nach unten geschehen. Das obere der beiden äusseren Kronblätter ist nach hinten in einen honigführenden Sporn verlängert.

147. C. cava Schweigg. et Kört. [Hildebrand a. a. O.; H. M., Befr. S. 130, 131; Kerner, Pflanzenleben II; Kirchner, Flora S. 280; Knuth, Bijdragen.] — In den rosenroten oder weissen homogamen, honigduftenden Hummelblumen reicht der Sporn um etwa 12 mm nach hinten über den Blüten-

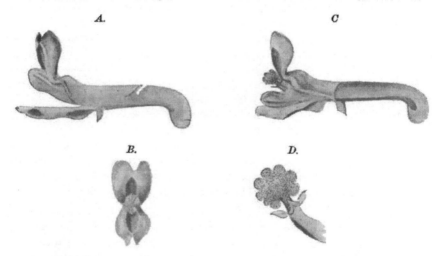

Fig. 24. Corydalis cava Schweigg. et Kört. (Nach der Natur.)

A. Blüte von der Seite mit geschlossener Kapuze. Der Sporn ist durch die Erdhummel angebissen. *B.* Blüten gerade von vorn. *C.* Blüte von der Seite mit heruntergeklappter Kapuze, so dass die pollenbedeckte Narbe sichtbar ist. Im Sporn scheint die Honigdrüse durch. (Vergrössert.) *D* Pollenbedeckte, lappige Narbe, darunter die verschrumpften leeren Antheren. (Noch stärker vergrössert.)

stiel hinaus. In den Sporn ragt eine gemeinsame, am Ende verdickte Verlängerung der oberen Staubfäden bis in die Umbiegungsstelle des Spornes hinein und sondert Nektar ab, der in dem abwärts gebogenen Teile des Sporns geborgen wird. Die zwei inneren, seitlich stehenden Kronblätter sind an ihrer Spitze untereinander, an ihrem Grunde mit den zwei äusseren Kronblättern verwachsen. Diese

Kapuze umschliesst die Staubbeutel und die Narbe. Letztere ist gross und lappig und von körniger Oberfläche; sie sitzt auf einem steifen nicht herabdrückbaren Griffel und ist bereits vor dem Öffnen der Blüte mit dem Pollen der sämtlichen sie umgebenden Staubblätter bedeckt, der gut an ihrer körnigen Oberfläche haftet. Die entleerten Staubbeutel sind nur noch als kleine Anhänge der Staubfäden unterhalb der Narbe vorhanden. Die zum Nektar vordringenden Insekten (langrüsselige Bienen) müssen den Rüssel zwischen der Kapuze und dem oberen, gespornten Kronblatt einführen. Dabei drücken sie die Kapuze nach unten und behaften ihre Körperunterseite in jüngeren Blüten mit dem auf der Narbe deponierten Blütenstaube, den sie in älteren auf die bereits des sie bedeckenden Pollens beraubte Narbe legen, so dass Fremdbestäubung eintritt. Nach dem Aufhören des Druckes durch das besuchende Insekt springt die Kapuze elastisch nach oben und umschliesst die Narbe wieder. .

Da der Sporn, nach Herm. Müller, von seiner Anheftungsstelle an den Blütenstiel sich 12 mm nach rückwärts erstreckt und der Nektar das Ende derselben nur 4—5 mm weit ausfüllt, so kann von den zur Blütezeit des hohlknolligen Lerchensporns fliegenden Bienen nur eine (Anthophora pilipes F. ♀ und ♂ mit 19—21 mm langem Rüssel) auf regelrechtem Wege zum Honig gelangen. Sie besucht diese Blume (nach den Beobachtungen H. Müllers bei Lippstadt und den meinigen bei Kiel) so zahlreich und eifrig, dass wohl keine der Corydalis-Blüten unbefruchtet bleibt.

Als Honigräuber tritt die Erdhummel (Bombus terrester L.) auf. Sie wäre zwar noch gerade imstande, mit ihrem 7—9 mm langem Rüssel bis zum Anfange des Nektars vorzudringen und einen Teil desselben zu naschen, allein sie verzichtet darauf und beisst den Sporn an der Oberseite in der Nähe des Honigs entweder an der Umbiegungsstelle des Sporns oder ein Stück davor an, steckt den Rüssel hinein und raubt so den Nektar. (Vgl. Fig. 24, A.) Durch die von Bombus terrester gebissenen Löcher gewinnen auch andere kurzrüsselige Bienen den Honig, z. B. die Honigbiene (Rüssellänge 6 mm), sowie auch Anthrena-, Sphecodes- und Nomada-Arten. Apis mellifica L. versucht allerdings zuweilen auf regelrechtem Wege zum Nektar vorzudringen, aber in Folge der Kürze des Rüssels immer vergebens. Bei diesen gelegentlichen, vergeblichen Versuchen wird sie ebenso wie Anthophora pilipes Fremdbestäubung herbeiführen, auch dann, wenn sie unter Verzicht auf den Honig pollensammelnd sich in den Blüten aufhält. H. Müller sah noch einige Wollschwebfliegen (Bombylius major L. und B. discolor Mikan mit 10, bezüglich 11—12 mm langen Rüsseln) freischwebend, wie es ihre Art ist, Honig auf dem vorschriftsmässigen Wege saugen, doch ist ihr Rüssel viel zu dünn, als dass sie Befruchtung bewirken könnten.

Trotzdem die Narbe in der Kapuze von dem Pollen der eigenen Blüte umgeben ist, findet spontane Selbstbestäubung nicht statt. Hildebrand hat durch zahlreiche Versuche festgestellt, dass die Blumen mit eigenen Pollen bestäubt, durchaus unfruchtbar, mit Pollen anderer Blüten derselben Pflanzen in hohem Grade unfruchtbar, nur mit Pollen getrennter Pflanzen durchaus fruchtbar sind.

Hoffer beobachtete in Steiermark Bombus mastrucatus Gerst. ♀ den Sporn durchbeissend und Honig raubend.

148. C. intermedia P. M. E. (C. fabacea Pers.). [Warnstorf,
Abh. Bot. V. Brand. Bd. 38.] — Die Blüten sind schmutzigpurpurn, in 3 bis
4 blütigen Trauben stehend, wenig in die Augen fallend. Ihre Einrichtung ist
dieselbe wie bei der vorigen Art; der Sporn ist etwa 9 mm lang. Da zur Blüten-
zeit der Insektenbesuch noch schwach, die Blüten ausserdem häufig erbrochen
sind, so könnte, wenn die Pflanze auf Fremdbestäubung allein angewiesen wäre,
nur in seltenen Fällen Frucht- und Samenbildung erfolgen. Soweit Warnstorf
beobachten konnte, entwickelt aber jede Blüte gut ausgebildete Früchte, die
Pflanze muss also bei ausbleibendem Insektenbesuche auch autogam sein. Kerner
bestätigt die Selbstfertilität dieser Art. Pollen weisslich, in Menge gelblich,
kugeltetraëdrisch, 37 μ diam.

149. C. solida Smith (C. digitata Persoon). [Hildebrand a. a. O.;
H. M., Befr. S. 131; Kirchner, Flora S. 280; Mac Leod, Bot. Jaarb. VI.
S. 187—188; Warnstorf, Bot. V. Brand. Bd. 38; Knuth, Bijdr.] stimmt
in der Blüteneinrichtung mit derjenigen von C. cava überein, nur ist der Sporn
zuweilen etwas kürzer.

Die hellvioletten Blüten stehen in einer reichblütigen Traube und sind
darum sehr in die Augen fallend. Die beiden seitlichen Kapuzenblätter sind,
nach Warnstorf, an der Verwachsungsstelle, sowie am ganzen Kiel' entlang
mit grossen, gefurchten Papillen besetzt, welche die Reibung vermehren und das
Abrutschen der Insektenfüsse verhindern sollen. Auch diese Art, ist nach
Hildebrand, selbststeril. Der normale Besucher und Befruchter ist
wieder Anthophora pilipes; durch Einbruch gewinnen wieder Bombus terrester
und Apis mellifica Honig; auf dem gesetzmässigen Wege ohne Nutzen für die
Blume gelangen wieder die Bombylius-Arten zum Nektar. Auch Loew beobachtete im bot. Garten zu Berlin Anthophora und Apis als Blütenbesucher.

150. C. nobilis Pers. verhält sich, nach Hildebrand, in den Be-
stäubungsvorrichtungen wie C. cava.

151. C. capnoides Pers. hat, nach Hildebrand, einen ähnlichen Bestäubungsmechanismus, nur ist die Form der äusseren Kronblätter etwas abweichend, besonders des oberen, dessen Sporn auf dem Blütenstiel eingebogen
ist. Diese Art ist nach Kerner mit dem eigenen Pollen fruchtbar.
Loew beobachtete im botanischen Garten zu Berlin die Honigbiene sgd.

152. C. ochroleuca Koch [Hildebrand a. a. O.] unterscheidet sich von
den vorigen Arten, bei welchen nach dem Aufhören des von oben wirkenden
Druckes durch die besuchenden Insekten die Kapuze wieder zurückspringt, dadurch, dass die einmal abwärts gedrückte Kapuze nicht in die frühere Lage
zurückkehrt, sondern abwärts geneigt bleibt, während die Staub- und Fruchtblätter ähnlich wie bei Medicago sativa, wie eine ihres Druckes befreite Feder
aufwärts schnellen und sich in einer Vertiefung des oberen Kronblattes bergen.
Jede Blüte kann daher nur einmal in einer auf die Staub- und Fruchtblätter
wirkenden Weise besucht werden. Die betreffende Biene behaftet ihre Unter-

seite alsdann mit dem auf der Narbe befindlichen Pollen und belegt, falls sie bereits eine andere Blume dieser Art besucht hatte, gleichzeitig die Narbe mit fremdem Blütenstaub. Diese Art ist nach den Versuchen Hildebrands mit dem eigenen Pollen fruchtbar. Kerner bestätigt, dass sie bei ausbleibendem Insektenbesuche autogam ist.

153. C. lutea DC. [Hildebrand a. a. O.; H. M., Befr. S. 132; Weit. Beob. I. S. 324]. — Die Blüteneinrichtung ist im wesentlichen dieselbe wie bei der vorigen Art.

Als Besucher beobachtete H. Müller bei Lippstadt Bombus agrorum F. ♀ normal sgd., ferner bei Jena noch folgende Bienen: 1. Anthophora aestivalis Pz. ♀ ♂ sgd.; 2. Bombus confusus Schenck. ♀ sgd.; 3. B. lapidarius L. ♀ sgd.; 4. B. pomorum Pz. ♀ sgd.; 5. B. rajellus K. ♀ sgd.; 6. Eucera longicornis L. ♀ sgd.; 7. Halictus xanthopus K. ♀ sgd. oder wenigstens versuchend; 8. Osmia aurulenta Pz. ♀ sgd.; 9. Psithyrus rupestris F. ♀ sgd.; Schenck bemerkte in Nassau die Bienen: Osmia cornuta Ltr. und Podalirius acervorum L. sgd. In Dumfriesshire Schottland (Scott-Elliot, Flora S. 10) ist 1 Hummel als Besucher beobachtet.

154. C. acaulis Pers. hat, nach Kerner, eine ähnliche Einrichtung wie die vorigen.

155. 156. C. bracteata P. und **C. Kolpakowskiana Rgl.** sah Loew im bot. Garten zu Berlin von Anthophora pilipes F. ♀ sgd. besucht.

157. C. claviculata DC. [Knuth, Bot. Centralbl. Bd. 52. S. 1, 2; Hart, Nature X. S. 5] — Die unscheinbaren, nur 6—8 mm langen und 2 mm breiten, weisslichen Blüten stehen in wenig- (meist nur 6-) blütigen Trauben. Sie sind homogam. Die Staubblätter sind anfangs etwas kürzer, als der Griffel, so dass spontane Selbstbestäubung erst dann eintreten kann, wenn der Pollen in die dunkellila gefärbte, die Narbe umgebende Kapuze entleert wird. Blütenbesucher habe ich nicht beobachtet, wohl aber die Spuren der Thätigkeit honigsaugender Insekten bemerkt. An vielen Blüten war nämlich die Verbindung zwischen dem gespornten Kronblatt und den drei übrigen gewaltsam gelöst, wobei die letzteren eine bequeme Haltestelle für die Bienen bilden müssen. Die heruntergedrückte Kapuze kehrt nicht in die ursprüngliche Lage zurück; die Narbe wird vielmehr unter der gefalteten Platte des inneren oberen Kronblattes geborgen. Die Kleinheit der Blüte erschwerte die genaue Untersuchung der Einrichtung.

Als Besucher beobachtete Willis (Flowers and Insects in Great Britain Pt. I) in der Nähe der schottischen Südküste: Hymenoptera: Apidae: 1. Bombus agrorum F., sgd., häufig; 2. B. terrester L., sgd.; beide wirken befruchtend. Jede Blüte scheint eine Frucht zu bilden.

In Dumfriesshire (Schottland) (Scott-Elliot, Flora S. 10) sind Apis, 4 Hummeln, eine kurzrüsslige Biene und 1 Muscide als Besucher beobachtet.

37. Fumaria L.

Homogame Bienenblumen. Die Absonderung des Honigs geschieht durch einen von dem oberen Staubfadenband ausgehenden kurzen Fortsatz, die Bergung desselben in einer kurzen, gerundeten Aussackung der oberen Kronblätter; sonst wie vor.

158. F. officinalis L. [Hildebrand a. a. O. VII. S. 450; H. M.,
Befr. S. 132, 133; Mac Leod, Bot. Jaarb. V. S. 188—190; Kirchner,
Flora S. 281; Knuth, Ndfr. Ins. S. 23]. — Die trübpurpurnen Blüten sind
an der Spitze schwärzlich rot gefärbt. Ihre Bestäubungseinrichtung stimmt mit
derjenigen von Corydalis cava überein. Bei der Kleinheit der Blüten, der
späteren Blühzeit und dem versteckten Standorte werden sie nur spärlich von
Insekten besucht. Warnstorf (Abh. Bot. V. Brand. Bd. 38) meint, dass
Fremdbestäubung durch Bienen oder Hummeln schon aus dem Grunde kaum
möglich ist, da der Griffel bei gewaltsamer Entfernung des oberen Kronen-
blattes von den beiden an ihrer Spitze mit einander verwachsenen und die
Sexualorgane einschliessenden Seitenblättchen sehr leicht an der Basis abbricht
und nicht, wie bei Corydalis, elastisch ist und nachgiebt. Nach demselben (a. a.
O., Bd. 37) ist der Pollen weisslich, kugelig, mit grossen hervorragenden Keim-

1.   *2.*

Fig. 25. Fumaria officinalis L. (Nach Hildebrand.)
1. Blüte von der Seite. (Vergrössert.) *2.* Dieselbe nach Entfernung der einen Hälfte des
oberen Blütenblattes und Hinabdrücken der inneren Blütenblätter.

warzen, glatt, 56—62 μ diam. H. Müller sah in Westfalen und ich bei
Kiel und auf Föhr einigemale die Honigbiene als Besucher und Pollen-
überträger; Warnstorf beobachtete eine nicht näher bezeichnete Hummel. Da
die Blüten sich trotz des spärlichen Insektenbesuches doch fast sämmtlich zu
Früchten entwickeln, selbst bei andauernd regnerischem Wetter, das jeden
Bienenbesuch ausschliesst, so ist die unvermeidliche spontane Selbstbestäubung
ohne Zweifel von Erfolg. In Dumfriesshire (Schottland) (Scott-Elliot, Flora
S. 9) ist 1 Tagfalter als Besucher beobachtet.

159. 160. F. capreolata L. und **F. parviflora Lam.** haben nach Hildebrand (a. a. O.) eine Bestäubungseinrichtung, welche derjenigen von F. officinalis L. ganz ähnlich ist, nur sind die Kapuzenblätter so wenig elastisch, dass
nach einem Drucke von oben die Kapuze nur langsam oder gar nicht über die
Staub- und Fruchtblätter zurückklappt. Beide Arten sind durch spontane Selbstbestäubung fruchtbar. Die in West- und Südeuropa heimische Form pallidiflora
von F. capreolata L., deren Blüten vor der Befruchtung weiss, nach derselben rosarot bis selbst karminrot erscheinen, sah Moggridge von einer langrüsseligen Biene (Osmia) besucht. Der merkwürdige Farbenwechsel der bereits
befruchteten Blüten erklärt sich wohl daraus, dass die bereits befruchteten die
Augenfälligkeit des ganzen Blütenstandes erhöhen, sie selbst aber von den hoch-

entwickelten Besuchern als bereits nektarlos erkannt werden. Ähnliche Erscheinungen finden sich bei Ribes aureum und sanguineum, Weigelia rosea, Melampyrum pratense u. a. (Vergl. Bd. I. S. 104.)

161. F. spicata DC. hat, nach Hildebrand (a. a. O.), eine Blüteneinrichtung, welche derjenigen von Corydalis lutea und C. ochroleuca entspricht. Die aus der Kapuze hervorgetretene Säule der Staub- und Fruchtblätter schnellt durch die Spannung des oberen Staubfadenbandes in die Höhe und legt sich in die schützende Vertiefung des oberen Kronblattes. Auch diese Art ist durch eigenen Pollen fruchtbar.

8. Familie Cruciferae Juss.

Litt.: H. M., Befr. S. 141, 142; Knuth, Ndfr. Ins. S. 24.

Die Kreuzblütler sind sämtlich insektenblütig und meist homogam. Durch Streckung der Blütenstandsachse wird der anfangs meist eine Doldentraube bildende Blütenstand zu einer Traube, die je nach der Grösse und Zahl der Blüten eine grössere oder geringere Augenfälligkeit der Pflanze bewirkt; doch steigert sich letztere nur bei wenigen Arten dieser Familie so erheblich, dass der Insektenbesuch ein sehr ausgedehnter ist. Es besitzen daher fast alle Kreuzblütler die Möglichkeit spontaner Selbstbestäubung.

Der Kelch dient nicht nur als Schutzorgan für die sich entwickelnde Blüte, sondern hält in vielen Fällen die Nägel der Kronblätter so zusammen, dass sie eine kurze Röhre bilden, in deren Grunde der Honig liegt. Die Kronblätter dienen der Anlockung; sie sind meist gelb oder weiss gefärbt, seltener violett, blau oder rot. Trotz der grossen Übereinstimmung im Aufbau der Blüten zeigen die Cruciferen doch eine so grosse Veränderlichkeit in der Zahl und Lage der Honigdrüsen, in der Stellung der Staubblätter zu diesen und zu der Narbe, sowie in der Art der Aufbewahrung und Bergung des Honigs, dass hierin kaum zwei Arten völlig übereinstimmen.

Die Zahl und Lage der Honigdrüsen ist besonders eingehend von J. Velenovský untersucht. Seine Untersuchungen erstrecken sich auf 170 Arten, welche alle einheimischen Kreuzblütler und einige exotische umfassen. Er bildete von 123 Arten (in 55 Gattungen) die Honigdrüsen in der Vorder- und Seitenansicht ab. Nach ihm fehlen bei keiner Art Nektarien. Verkümmert ein Staubblatt, so entwickelt sich die Honigdrüse zu einer rundlichen Anschwellung. Die Grösse der Nektarien steht meist im Verhältnis zur Grösse der Blüte, doch finden sich auch Ausnahmen. So hat Heliophila amplexicaulis viel kleinere Blüten als Malcolmia maritima und besitzt doch viel grössere Honigdrüsen als letztere. Die grössten (oberen) Drüsen besitzt Crambe maritima, die kleinsten Stenophragma Thalianum und Lepidium ruderale. Während die unteren Drüsen d. h. die am Grunde der kürzeren Staubblätter stehenden stets vorhanden sind, obwohl sie manchmal sehr klein, fast rudimentär sein können, wie bei Crambe maritima und cordifolia, fehlen die oberen sehr oft, und zwar können einige

Arten einer Gattung solche besitzen, andere nicht. Die Lage der Honigdrüsen entspricht namentlich dem Bau und der Form der Früchte.

Velenovský gruppiert die Cruciferen in Bezug auf den Bau der Honigdrüsen in folgender Weise:

I. Siliquosae.

Obere und untere Drüsen stets entwickelt, meist mit deutlichen Seitenwällen.

1. Cheirantheae. Nur die untere Drüse vorn und hinten frei. (Cheiranthus, Matthiola, Malcolmia, Hesperis, Chorispora).

2. Erysimeae. Obere und untere Drüsen entweder frei oder durch einen schwachen Seitenwall verbunden; die unteren vorne offen, hinten geschlossen und dort am meisten verdickt. (Barbaraea, Nasturtium, Armoracia, Roripa, Erysimum, Conringia, Alliaria).

3. Arabideae. Obere und untere Drüsen entweder durch einen Seitenwall mit einander verbunden oder ganz getrennt; die unteren nach hinten stets offen, nach vorne geschlossen, dort am meisten verdickt und verschiedenartig gebildet; obere entweder einfach oder zusammengesetzt und verschiedenartig geformt. (Cardamine, Dentaria, Arabis, Stenophragma, Turritis).

4. Sisymbrieae. Untere Drüsen den Grund der kürzeren Staubblätter als ein gleichmässiger, ununterbrochener, fünfeckiger Ring umfassend, obere einen geraden Querwall darstellend, welcher durch einen Seitenwall mit den unteren Drüsen verbunden ist. Es sind daher sämtliche sechs Staubblätter von einem zusammenhängenden, gleichförmig verdickten Wall umschlossen. (Sisymbrium, Chamaeplium).

II. Siliculosae.

a) Latiseptae.

Nur die unteren Drüsen sind entwickelt; diese sind stets frei, d. h. auf der Innen- und Aussenseite nie zusammenhängend, deutlich oder ungefähr dreiseitig.

1. Alysseae. Die (unteren) Drüsen vorn und hinten offen, ohne Seitenfortsätze. (Schiewereckia, Alyssum, Vesicaria, Cochlearia, Draba).

2. Lunarieae. Die (unteren) Drüsen ohne Seitenfortsätze, entweder ringsum zusammenhängend oder hinten offen. (Aubretia, Lunaria).

b) Angustiseptae.

Auch die oberen Drüsen zuweilen entwickelt, den unteren, mit denen sie durch einen seitlichen Querwall gleichsam verbunden sind, gleichend.

α) Nur die unteren Drüsen entwickelt, dreiseitig, hinten stets offen, vorne entweder offen oder geschlossen, an den Seiten meist wallförmig verlängert. (Thlaspi, Carpoceras, Capsella, Teesdalea, Aethionema, Eunomia).

β) Nur die unteren Drüsen entwickelt, prismatisch, an der oberen Fläche abgestutzt, vorn und hinten frei, an den Seiten nicht verlängert. (Iberis.)

γ) Untere und obere Drüsen entwickelt oder nur die ersteren, jedoch in der Stellung der letzteren, so bei einigen Arten der Gattung Lepidium und bei Coronopus didymus, die unteren an den Seiten in einen starken Wall verlängert, hinten frei, vorn an den herablaufenden Enden geschlossen oder frei; die oberen einfach, mit den unteren nicht zusammenhängend. (Carduria, Phy-solepidium, Lepidium, Coronopus).

III. Nucamentaceae.

Die Verhältnisse der Drüsen sind nicht so konstant, wie in den vorigen Gruppen; in der Gattung Biscutella, je nach ihren Sektionen, zu allen früheren Gruppen hinneigend. Entweder nur untere oder auch obere Drüsen vorhanden. Die unteren sind entweder prismatisch und dann die oberen säulen-förmig, mit einem Grübchen am Ende; oder es sind nur die unteren entwickelt und diese stellen dann einen ringsum gleichförmig verdickten Wall vor, welcher vorn oder hinten offen oder auch an beiden Enden geschlossen ist. Die unteren Drü-en verlängern sich an den Seiten zu langen Fortsätzen, welche mit den oberen Drüsen — falls diese entwickelt sind — zusammenhängen. Letztere sind in diesem bald doppelt, bald einfach oder nur blosse Querwälle. (Bunias, Ochthodium, Myagrum, Isatis, Peltaria, Neslea, Camelina).

IV. Brassiceae.

Die unteren und die oberen Drüsen sind entwickelt und nie mit einander zusammenhängend. Die unteren sind prismatisch, am oberen Ende flach abge-stutzt, auf der Hinterseite der kürzeren Staubblätter eingefügt. Die oberen sind stets einfach, entweder kantig-säulenförmig oder gebrochen dreiseitig, nie einen Querwall darstellend. (Succowia, Erucastrum, Eruca, Diplotaxis, Brassica, Melanosinapis, Sinapis, Moricandia, Rapistrum, Raphanus, Crambe). (Vgl. die Referate von Polák in Bot. Centralbl. XII, p. 264—266; XIX, p. 9—11.) —

Die Stellung der Nektarien zu den Antheren ist eine solche, dass die honigsuchenden Insekten alle oder einige der letzteren mit der einen und die Narbe mit der anderen Seite des Körpers berühren müssen. Je ungünstiger die

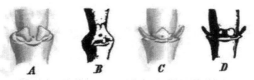

A   *B*   *C*   *D*

Fig. 26. Nektarien einiger Cruciferen.

von der Seite gesehen, nach Entfernung der Kelch-, Kron- und Staubblätter. (Nach Prantl.) *A.* Hesperis matronalis L. *B.* Selenia aurea Nutt. *C.* Sisymbrium strictissimum L. *D.* Bras-sica Napus L.

Stellung der Staub- und Fruchtblätter für diesen Erfolg ist, desto mehr ist spontane Selbstbestäubung ermöglicht. Die meisten Kreuzblütler gehören in Bezug auf die Honigbergung zur Blumenklasse AB, einige mit senkrecht ab-stehenden Kelchblättern (Sinapis, Erucastrum) zu A, andere und zwar solche

mit violetter, roter oder blauer Blütenfarbe (Matthiola-, Cakile-, Cardamine-
Arten) zur Klasse B. Letztere werden entschieden häufiger und von höher
entwickelten, blumentüchtigeren Insekten besucht als die weiss- oder gelbblühenden Cruciferen der Blumenklasse AB. Während diese überwiegend von Fliegen
(besonders Syrphiden) und den weniger ausgeprägten Bienen (Apiden), in
untergeordneter Weise auch von anderen Hymenopteren (Sphegiden), Käfern,
Schmetterlingen besucht werden, erhalten die violetten u. s. w. Blumen mit
verborgenem Honig einen reichlichen Besuch auch von langrüsseligen Bienen
und von Schmetterlingen. Einzelne Arten (Hesperis tristis L.) sind ausgesprochene Falterblumen (F).

38. Matthiola R. Br.

Blüten ansehnlich, mit tief verborgenem Honig, welcher von je einem
Nektarium am Grunde der beiden kurzen Staubblätter abgesondert wird.

162. M. incana R. Br. [Knuth, Bijdr.; Bot. Centralbl. Bd. 70, S. 337, 338].
— Die nelkenduftenden, lebhaft roten Blumen sind homogam. Die Kelchblätter stehen aufrecht und sind in ihrem oberen Teile verwachsen. Sie halten
die Nägel der Kronblätter dicht umschlossen, so dass diese eine Röhre von

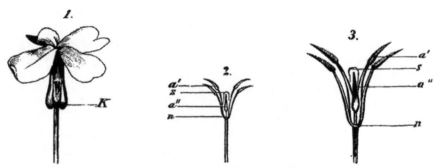

Fig. 27. Matthiola incana R. Br. (Nach der Natur.)

1. Blüte in natürlicher Grösse. K Ausbuchtung des Kelchgrundes. 2. Staubblätter und
Stempel nach Entfernung von Kelch und Blumenkrone, die Staubblätter daher auseinanderspreizend, in natürlicher Grösse. a' Anthere eines längeren Staubblattes. a" Anthere eines
kurzen Staubblattes. s Narbe. n das den Grund des kürzeren Staubblattes wallförmig umgebende
Nektarium. 3. Staubblätter und Stempel in zweifacher Vergrösserung. Bezeichnung wie in 2.

15 mm Länge und 2 mm Durchmesser bilden, welche sich oben auf 4 mm
erweitert. Die herzförmige Gestalt des Kelchgrundes verrät schon von aussen
die Lage der Nektarien: Der Grund jedes der beiden kürzeren Staubblätter
wird von einem ziemlich grossen honigabsondernden Wulst umgeben, welcher
jederseits je einen grossen Honigtropfen absondert, so dass die Kronröhre bis
zur Hälfte mit Nektar gefüllt sein kann. Die vier längeren Staubblätter sind
an ihrem Grunde von je einem viel kleineren nicht secernierenden Wulste

umgeben. Es ist daher die Ausbuchtung der sie umgebenden beiden anderen Kelchblätter nur sehr gering.

Die Antheren der vier längeren Staubblätter stehen dicht unter der Blütenöffnung und kehren ihre etwa 5 mm lange aufgesprungene Seite nach innen. Die Antheren der beiden kürzeren Staubblätter sind ebenso lang, doch besitzen ihre Filamente nur eine Länge von 2—3 mm; sie erreichen daher die Narbe nicht, weil diese etwa 8 mm hoch in der Kronröhre steht. Hiernach sind also die vier längeren Staubblätter für die Selbstbestäubung vorhanden, indem diese durch Pollenfall spontan oder auch durch besuchende Insekten erfolgt, während die kürzeren, deren Risse gleichfalls nach innen gewendet sind, der Fremdbestäubung dienen: ein zu einem der honigabsondernden Nektarien vordringender Insektenrüssel wird sich mit einem Teile des Pollens des benachbarten kürzeren Staubblattes behaften und ihn auf die Narbe einer anderen Blume dieser Art übertragen.

Als Besucher sah ich an den im Garten der Ober-Realschule zu Kiel kultivierten Pflanzen einen Tagfalter (Vanessa urticae L.) saugend. Da der Schmetterling mehrere Blüten hinter einander besuchte, so musste er Fremdbestäubung herbeiführen. Sein 14—15 mm langer Rüssel reicht gerade bis in den honigführenden Blütengrund; ferner bemerkte ich dort Pieris sp. sgd.

163. M. annua Sweet. [Nobbe, Bot. Centralbl. Bd. 32. S. 253; Knuth, Bijdragen.] — An kultivierten Pflanzen beobachtete F. Nobbe, dass bei energischer Keimung der Samen (in 3—4 Tagen) überwiegend, in einzelnen Fällen ausschliesslich gefüllte Blüten erzeugt wurden, dass dagegen solche Pflanzen (der nämlichen Sorte), welche aus langsam keimendem Samen hervorgegangen sind, vorwiegend einfache, fruchtbare Blüten tragen. Ferner fand derselbe Forscher, dass bei Kreuzungen zwischen Levkojensorten, welche von Natur zur Produktion gefüllter Blüten hinneigen und solchen mit vorwaltend einfachen Blüten in dem Kreuzungsprodukt stets die Eigenschaften derjenigen Sorten sich geltend machten, welche den Pollen lieferten, nicht sowohl in der Blütenfarbe, welche zwischen beiden Stammeltern die Mitte hielt, als vielmehr in der Gesamtform der Blütentraube und in dem Verhältnis der gefüllt blühenden zu den einfach blühenden. — Weitere Kulturversuche sind ausser von Nobbe auch von Schmid, Richter, Hiltner angestellt und in „Landwirtschaftliche Versuchsstationen" XXXV, Heft 3, 1888 veröffentlicht.

Auch an der Sommer-Levkoje sah ich einen Weissling (Pieris) als Blütenbesucher; Schletterer bei Pola Xylocopa violacea L.

164. M. valesiaca Boiss. Nach Briquet (Etudes) breiten sich die schmutzig violetten, im Schlunde weisslichen Platten der Kronblätter zu einer Fläche von 30—35 mm aus. Am Grunde der beiden kurzen Staubblätter befinden sich je zwei, also im ganzen vier Nektarien, die den Nektar aussondern. Dieser ist in einer engen, 8—10 mm tiefen, von den Kelchblättern und den Nägeln der Kronblätter gebildeten Röhre geborgen und wird von Tagfaltern (auch von Hummeln) ausgesogen, welche, weil die Antheren der vier langen

Staubblätter oberhalb der Narbe stehen, hauptsächlich Selbstbestäubung, seltener Fremdbestäubung bewirken.

165. M. nudicaulis (L.) Trautv. Nach Ekstam beträgt auf Novaja Semlja der Durchmesser der stark duftenden, homogamen Blüten 10—20 mm, zuweilen bis 35 mm. Am Grunde der kürzeren Staubblätter befinden sich Nektarien. Als Besucher wurden Hummeln beobachtet.

39. Cheiranthus L.

Ansehnliche, duftende, homogame Blumen mit fast verborgenem Nektar. Die Nektarien sind zwei Wülste am Grunde der zwei kürzeren Staubblätter. Narbe mit zwei zurückgebogenen Plättchen.

166. Ch. Cheiri L. [H. M., Weit. Beob. I, S. 324; Kirchner, Flora S. 285; Knuth, Weit. Beob. S. 231.] — Die von Kirchner untersuchten, verwilderten Pflanzen haben hellgelbe Blüten. Von den beiden Nektarien treten nach aussen rechts und links zwei Spitzen hervor, deren Honig in den Aussackungen der Kelchblätter aufbewahrt wird. Die Antheren springen nach innen auf; sie liegen so, dass sie den Eingang zur Blüte ganz schliessen, indem die vier höher stehenden mit ihrem unteren Teile, die zwei tieferen mit ihrem oberen Teile die Narbe berühren. Es ist daher spontane Selbstbestäubung unvermeidlich; bei eintretendem Insektenbesuche ist jedoch Fremdbestäubung bevorzugt, indem die Besucher mit entgegengesetzten Seiten des Rüssels Narbe und Antheren berühren. Die Blüten kultivierter Pflanzen sind meist orange- bis braungelb.

Als Besucher solcher sah ich ausser der Honigbiene eine Schwebfliege (Rhingia); H. Müller beobachtete ausserdem noch Anthophora pilipes F. ♀, honigsgd.; Schenck in Nassau Anthrena flessae Pz. Burkill (Fert. of Spring Fl.) beobachtete an der Küste von Yorkshire eine Hummel, Bombus terrester L., sgd. Schletterer verzeichnet für Tirol (T.) als Besucher und beobachtete bei Pola: Hymenoptera: a) *Apidae*: 1. Anthrena albicrus K. ♀ ♂ (T.); 2. A albopunctata Rossi = funebris Pz.; 3. A. carbonaria L.; 4. A. flavipes Pz.; 5. A. morio Brull.; 6. A. schlettereri Friese; 7. Bombus argillaceus Scop., sgd.; 8. Eucera longicornis L.; 9. Halictus calceatus Scop.; 10. H. levigatus K. ♀; 11. H. morio F.; 12. H. scabiosae Rossi; 13. H. villosulus K.; 14. Podalirius acervorum L.; 15. P. crinipes Sm.; 16. P. nigrocinctus Lep.; 17. P. retusus L., v. meridionalis Pér.; 18. Xylocopa violacea L. b) *Ichneumonidae*: 19. Bassus laetatorius F.; 20. Homoporus tarsatorius Pz. Die kurzrüsseligen Bienen wohl nur psd.

40. Nasturtium R. Br.

Weisse oder gelbe, homogame Blumen mit halbverborgenem Nektar. 4 oder 6 Honigdrüsen.

167. N. officinale R. Br. [H. M., Weit. Beob. I, S. 325; Alpenbl. S. 153; Kirchner, Flora S. 286; Knuth, Ndfr. Ins. S. 24, 148.] — In den weissen Blüten sitzen an der Innenseite des Grundes jedes der beiden kürzeren Staubblätter dicht neben einander zwei grüne, fleischige Nektarien. Die beiden kürzeren Staubblätter kehren ihre pollenbedeckte Seite der Narbe zu, welche sie weit überragt. Die vier längeren, Staubblätter stehen anfangs mit der

Narbe in gleicher Höhe, später werden auch sie von ihr überragt; sie sind so weit den kürzeren zugedreht, dass ein zum Honig vordringender Kopf oder Rüssel gleichzeitig die Narbe und die pollenbedeckten Seiten der drei ihr benach-'barten Antheren streifen muss. Bei regnerischem Wetter bleiben die Blüten fest geschlossen, so dass durch den Pollen der längeren Staubblätter spontane Selbstbestäubung bewirkt wird. Warnstorf (Bot. V. Brand. Bd. 38) bezeichnet die Blüten als schwach protogynisch: die längeren Staubblätter stehen in gleicher Höhe mit der Narbe; nach der Verstäubung des Pollens färben sich Filamente und Antherenfächer violett.

Als Besucher sah ich (!) auf der Insel Föhr und Herm. Müller (1) in Thüringen:
A. Coleoptera: *Nitidulidae:* 1. Meligethes (1). B. Diptera: a) *Conopidae:* 2. Physocephala rufipes F., sgd., einzeln (1). b) *Empidae:* 3. Empis livida L., sgd., sehr häufig (1); 4. E. rustica Fallen. w. v. (1). c) *Muscidae:* 5. Ocyptera cylindrica F., sgd. (1). d) *Syrphidae:* 6. Eristalis arbustorum L., häufig, sgd. (1); 7. E. nemorum L., w. v. (1); 8. E. sepulcralis L., w. v. (1); 9. E. sp. (!) dgl.; 10. Helophilus floreus L., sgd. und pfd., in Mehrzahl (1); 11. Melithreptus sp., pfd. (1); 12. Syritta pipiens L. (!); 13. Syrphus sp. (!), beide sgd. C. Hymenoptera: *Apidae:* 14. Apis mellifica L. ⚥, sgd. (1, !); 15. Halictus maculatus Sm. ⚥, sgd. und pfd. (1).
In den Alpen beobachtete Herm. Müller ferner 2 Hymenopteren und 4 Fliegen; Mac Leod in Flandern Apis, 1 Eristalis (B. Jaarb. VI. S. 196).
In Dumfriesshire (Schottland) (Scott-Elliot, Flora S. 11) sind Käfer und zahlreiche Fliegen als Besucher beobachtet.

168. N. amphibium R. Br. [H. M., Befr. S. 133; Weit. Beob. I, S. 324; Kirchner, Flora S. 287; Knuth, Ndfr. Ins. S. 24.] — In den gelben Blüten fliessen die sechs, zwischen je zwei Staubblättern sitzenden Nektarien zu einem Ringe zusammen. Die Antheren der vier längeren Staubblätter stehen in gleicher Höhe mit der Narbe, die der beiden kürzeren etwas tiefer. Bei sonnigem Wetter sind die Staubblätter etwas auseinandergespreizt und die Antheren springen an der der Narbe zugekehrten Seite auf, so dass Insekten beim Aufsuchen des Honigs mit verschiedenen Seiten des Kopfes die Narbe und den Pollen berühren müssen, mithin sowohl Fremd- als auch Selbstbestäubung bewirken können. Bei regnerischem Wetter öffnen sich die Blüten nur halb, so dass die Antheren der längeren Staubblätter die mit ihnen in gleicher Höhe stehende Narbe berühren und spontane Selbstbestäubung bewirkt wird.

Warnstorf (Bot. V. Brand. Bd. 38) bezeichnet die Blüten wieder als schwach protogynisch, und zwar wird schon beim Aufblühen die Narbe von den Staubblättern überragt, deren Antheren über die Narbe geneigt sind; bei der Entleerung machen dieselben eine Bewegung von 90° nach aussen, so dass die geöffneten Antherenfächer mit dem Pollen von der Narbe abgewendet nach oben gerichtet sind, wodurch Selbstbestäubung natürlich erschwert, Fremdbestäubung aber begünstigt wird. Zwischen den Filamenten am Grunde des Fruchtknotens stehen sechs kleine dunkelgrüne Nektardrüsen. Pollen gelb, elliptisch, dicht warzig, bis 44 μ lang und 25—32 μ breit.

Als Besucher beobachteten Herm. Müller (1) und ich (!) folgende Insekten:
A. Coleoptera: *Nitidulidae:* 1. Meligethes hld. und pfd. (1). B. Diptera: a) *Empidae:* 2 Empis livida L., sgd. (1). b) *Muscidae:* 3. Calobata cothurnata Pz. (1);

4. Lucilia-Arten pfd. (1). c) *Syrphidae:* 5. Eristalis arbustorum L., sgd. und pfd. (!, 1);
6. Rhingia rostrata L. sgd. (1); 7. Syritta pipiens L., sgd. (1). C. Hymenoptera:
Apidae: 8. Apis mellifica L. ♀, sgd. (!, 1). b) *Pteromalidae:* 9. Pteromaliden hld. (1).
c) *Tenthredinidae:* a) Allantus arcuatus Forst., sgd. (1).

Mac Leod sah in Flandern Apis, 9 kurzrüsselige Bienen, 1 Holzwespe, 5 Schwebfliegen, 4 andere Fliegen als Blumengäste. (B. Jaarb. VI. S. 198).

169. N. silvestre R. Br. [H. M., Befr. S. 133; Weit. Beob. I. S. 324.]
— Die Blüteneinrichtung stimmt mit derjenigen der vorigen Art überein, doch

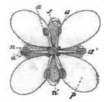

fliessen die Nektarien nicht zusammen, sondern
bilden vier fleischige Drüsen.

Als Besucher sahen Herm. Müller (1) und
Buddeberg (2):

A. Diptera: a) *Bombylidae:* 1. Anthrax hottentotta L., sgd. (2). b) *Empidae:* 2. Empis livida L.,
sgd. (1). c) *Syrphidae:* 3. Chrysogaster macquarti

Fig. 28. Nasturtium silvestre
R. Br. (Nach Herm. Müller.)
Blüte gerade von oben gesehen. In
der Mitte die Narbe, den Fruchtknoten verdeckend; um dieselbe
herum vier grössere (*n*) und zwei
kleinere Honigtröpfchen (*n'*); rechts
und links die beiden kürzeren (*a'*),
vorn und hinten die zwei paar
längeren Staubblätter (*a*). Von allen
Antheren ist die der Narbe zugekehrte bestäubte Seite sichtbar. Die
Staubfäden erscheinen sämtlich bedeutend verkürzt. *s* Kelchblatt.
p Kronblatt.

Loew, sgd. (1); 4. Eristalis arbustorum L, sgd. (1);
5. Syritta pipiens L. (1); 6. Syrphus sp., beide sgd.
und pfd. (1).   B. Hymenoptera. a) *Apidae:*
7. Anthrena labiata Schck. ♀, psd. (1); 8. Apis
mellifica L. ♀, psd., häufig (1); 9. Halictus nitidiusculus K. ♀, sgd. (1). b) *Sphegidae:* 10. Crabro wesmaeli v. d. L., sgd. (1); 11. Tiphia minuta v. d. L.,
w. v. (1).

Alfken beobachtete bei Bremen: Apidae:
Halictus nitidiusculus K. ♀; Anthrena albicans Müll.
♀; A. albicrus K. ♀; Mac Leod in Flandern
1 Hummel, 2 Schwebfliegen, 1 Falter. (B. Jaarb.
VI. S. 197).

170. N. palustre DC. [Kirchner, Flora S. 287; Knuth, Ndfr. Ins.
S. 25, 148]. — Die hellgelben Kronblätter sind nur von der Länge der Kelchblätter, daher sind die Blüten unscheinbarer als diejenigen der verwandten Arten.
Zu den Seiten des Grundes je eines der kürzeren Staubblätter befinden sich
2 Nektarien. Die Antheren der 4 längeren Staubblätter stehen mit der Narbe
in gleicher Höhe, die 2 kürzeren stehen tiefer und sind etwas von ihr abgebogen; alle 6 Antheren springen nach innen auf. Die 2 kürzeren Staubblätter
dienen also ausschliesslich der Fremdbestäubung; die 4 längeren bewirken bei
ausbleibendem Insektenbesuche spontane Selbstbestäubung.

Als Besucher und Befruchter sah ich auf Föhr eine Schwebfliege
(Eristalis sp.); Mac Leod in Flandern 3 Schwebfliegen. (Bot. Jaarb. VI. S. 197).

In Dumfriesshire (Schottland) (Scott-Elliot, Flora S. 11) sind 2 Musciden und
Meligethes als Besucher beobachtet.

171. N. lippicense DC. Als Besucher beobachtete Schletterer bei
Pola die Apiden:

1. Anthrena albopunctata Rossi; 2. A. carbonaria L.; 3. A. combinata Chr.;
4. A. convexiuscula K.; 5. A. flavipes Pz.; 6. A. nana K.; 7. A. parvula K.; 8. Halictus
calceatus Scop.; 9. H. fasciatellus Schck.; 10. H. levigatus K. ♀; 11. H. morio F.;
12. Prosopis clypearis Schck.

172. N. pyrenaicum R. Br. (Roripa pyrenaica Rchb.). [Mac Leod,
Pyreneeënbl.] — Die gelben Blumen haben einen Durchmesser von 5,5 mm,

wenn sie sich ausgebreitet haben. Von den 4 Honigdrüsen sind die beiden zwischen den langen Staubblattpaaren stehenden sehr klein. Beim Abblühen findet durch Berührung der Antheren und der Narbe spontane Selbstbestäubung statt. Fremdbestäubung ist bei Besuch honigsuchender Insekten bevorzugt Mac Leod beobachtete in den Pyrenäen eine kurzrüsselige Biene (Halictus) und zwei Musciden als Besucher.

41. Barbaraea R. Br.

Homogame, gelbe Blumen mit halbverborgenem Honig. 6 Honigdrüsen von denen je 2 am Grunde der kürzeren Staubblätter öfter verschmelzen.

173. B. vulgaris L. [H. M., Weit. Beob. I. S. 325, 326; Kirchner, Flora S. 288; Knuth, Bijdragen.] — Die goldgelben Kronblätter breiten sich im Sonnenschein so weit auseinander, dass die Blüte einen Durchmesser von 7—9 mm hat. Jeder der beiden kürzeren Staubblätter hat am Grunde jederseits eine kleine, fleischige, grüne Honigdrüse, doch verschmelzen je zwei derselben häufig zu einem halbkreisförmigen, wallartigen Nektarium. Ausserdem sitzt je eine etwas grössere, zähnchenförmig verlängerte Honigdrüse aussen am Grunde zwischen je 2 längeren Staubblättern (entsprechend den verschwundenen beiden kürzeren Staubblättern). Letztere sondern nur ein kleines Tröpfchen aus, während die andern 4 Drüsen (oder die beiden Wülste) bei günstigem Wetter reichlichen Nektar bilden. Letzterer sammelt sich in Aussackungen am Grunde der beiden äusseren Kelchblätter. Die Menge des hier vorhandenen Nektars ist so gross, dass die Staubblätter sich so stellen, als ob, wie sich H. Müller ausdrückt, die beiden zwischen den 2 längeren Staubfäden sitzenden Honigtröpfchen gar nicht vorhanden wären. Die längeren, die Narbe überragenden Staubblätter machen nämlich eine Vierteldrehung nach der Seite der benachbarten kürzeren, während die letzteren, welche mit der Narbe gleich hoch stehen, dieser zugekehrt bleiben. Bei sonnigem Wetter sind die Blüten weit geöffnet, die kürzeren Staubblätter biegen sich weit von der Narbe ab; bei andauernd regnerischem Wetter belegen sie die Narbe mit Pollen. Besuchende Insekten, die zu den grösseren Honigtropfen vordringen, werden vorzugsweise Fremdbestäubung bewirken.

Besucher und Befruchter sind ausser der auch von mir beobachteten Honigbiene nach H. Müller Fliegen und Käfer, nämlich:

A. Coleoptera: a) *Nitidulidae:* 1 Meligethes hld. und pfd. in grosser Zahl. b) *Curculionidae:* 2. Ceutorhynchus sp. c) *Scarabaeidae:* 3. Phyllopertha horticola L., Blütenteile nagend. B. Diptera: a) *Muscidae:* 4. Anthomyia-Arten sgd.; 5. Aricia incana Wiedem., sgd.; 6. Calobata cothurnata Pz., sgd.; 7. Scatophaga merdaria F., sgd. b) *Syrphidae:* 8. Ascia podagrica F., psd.; 9. Rhingia rostrata L., sgd. und psd., zahlreich.

Loew beobachtete im botanischen Garten zu Berlin: Hymenoptera: *Apidae:* 1. Anthrena extricata Sm. ♀, psd.; 2. Apis mellifica L. ♀, sgd.; 3. Bombus lapidarius L. ., sgd.; Mac Leod in Flandern 2 Bienen, 1 Schwebfliege; Empide. (Bot. Jaarb. VI. S. 194.)

In Dumfriesshire (Schottland) (Scott-Elliot, Flora S. 10) sind Apis, 2 kurzrüsselige Bienen, 2 Musciden, 2 Schwebfliegen und ein Kleinfalter als Besucher beobachtet.

174. B. intermedia Bor. [Kirchner, Flora S. 288; Mac Leod, Bot. Jaarb. VI. S. 195.] hat kleinere und heller gelbe Blüten als vorige; ihr Durchmesser ist oben nur 6 mm. Im übrigen stimmt die Blüteneinrichtung mit derjenigen von B. vulgaris überein, doch sind nur 4 Nektarien vorhanden.

42. Turritis Dill.

Homogame Blumen mit halbverborgenem Honig. 4 Nektardrüsen.

175. T. glabra L. [Kirchner, Flora S. 289; Knuth, Bijdragen.] — Da die gelblich-weissen Kronblätter ziemlich aufrecht stehen, sind die Blüten wenig augenfällig. Von den 4 Nektardrüsen stehen 2 aussen am Grunde der 2 längeren Staubblattpaare; die kürzeren Staubblätter sitzen einem Wulste auf, der beiderseits kegelförmig hervortritt. Nicht selten verschmelzen die 4 Nektarien zu einem Ringe. Die Antheren springen nach innen auf; diejenigen der längeren Staubblätter liegen mit ihrem unteren Teile, die der kürzeren mit der Spitze der Narbe an, so dass spontane Selbstbestäubung unvermeidlich ist. Honigsuchende Insekten können sowohl Fremd- als auch Selbstbestäubung herbeiführen. Warnstorf (Bd. V. Brand. Bd. 38) bezeichnet die Blumen als protogynisch: Narbenpapillen schon in noch nicht vollkommen geöffneten Blüten entwickelt, später die Antheren in gleicher Höhe mit der Narbe und Autogamie ermöglichend.

Besucher finden sich in geringer Zahl ein: ich sah bei Kiel nur 2 Schwebfliegen (Rhingia rostrata L. und Syritta pipiens L.) honigsaugend.

43. Arabis L.

Meist kleine, seltener ansehnliche, weisse oder weissliche, selten rosa oder lila oder blaue, meist homogame, seltener protogyne Blumen mit halbverborgenem Honig. 2, 4 oder 6 Nektarien.

176. A. alpina L. [Sprengel, S. 333; Axell a. a. O.; H. M., Alpenbl. S. 143, 144; Schulz, Beitr. II. S. 11, 12.] — Die Blüten sind homogam. Von den 4 Honigdrüsen sind die an der Aussenseite des Grundes jedes der beiden kürzeren Staubblätter sitzenden die grössten; ihr Nektar sammelt sich in der Aussackung des darunter stehenden Kelchblattes. Die 2 kleineren aussen zwischen den Wurzeln je zweier längerer Staubblätter sitzenden sondern kaum Honig ab. Die Form der Nektarien ist übrigens sehr veränderlich. Die längeren Staubblätter kehren ihre pollenbedeckte Seite bald den benachbarten kürzeren zu, so dass ein zum Nektar vordringendes Insekt sie streifen muss und daher Fremdbestäubung bevorzugt ist; bald kehren sie dieselbe der Narbe zu und lassen dann namentlich bei trübem Wetter (in Grönland stets) Pollen auf die Narbe fallen oder berrühren dieselbe, so dass spontane Selbstbestäubung eintritt. Nach Ekstam beträgt auf Novaja Semlja der Durchmesser der schwach duftenden, dort protogyn-homogamen Blüten 6—12 mm. Reichliche Honigabsonderung findet statt, und Selbstbestäubung ist auch dort leicht möglich. (S. Fig. 29.)

Als Besucher beobachtete H. Müller in den Alpen 2 Fliegen; Schulz in Tirol auch noch einzelne Tagfalter. Mac Leod beobachtete in den Pyrenäen 2 Fliegen als Besucher; Loew im bot. Garten zu Berlin die Honigbiene sgd.

177. A. pauciflora Garcke (A. brassiciformis Wallr., Brassica alpina L.) [Schulz, Beitr. II. S. 11.] — Die weissen Blüten sind homogam.

Am Grunde der kürzeren Staubblätter findet sich je ein wulstförmiges Nektarium und am Grunde jedes der beiden längeren Staubblätter ein kleiner Höcker. Die Honigabsonderung ist eine sehr geringe. Auch hier ist die Form der Nektarien sehr veränderlich. Die Narbe steht meist in gleicher Höhe mit dem Grunde der Antheren der längeren Staubblätter und wird von diesen berührt, so dass spontane Selbstbestäubung -unvermeidlich ist. Bei günstiger Witterung drehen

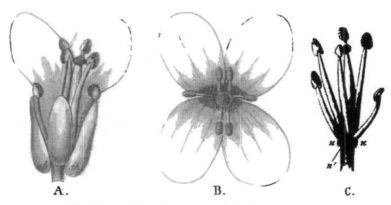

A.   B.   C.

Fig. 29. Arabis alpina L. (Nach Herm. Müller.)

A. Blüte nach Entfernung zweier Kronblätter von der Seite gesehen. *sh* Safthalter. In dieser Blüte ist jedes längere Staubblatt dem benachbarten kürzeren zugewendet. *B.* Blüte von oben gesehen. In dieser Blüte haben alle Antheren ihre pollenbedeckte Seite der Narbe zugekehrt; die Staubfäden sind jedoch soweit zurückgebogen, dass Selbstbestäubung vorläufig nicht eintritt. *C.* Blüte nach Entfernung von Kelch und Krone. *n* funktionierende Nektarien; *n'* rudimentäre. Die Staubblätter stehen wie bei *B.*
(Vergrösserung 7 : 1.)

sich die Antheren den kürzeren Staubblättern zu, so dass alsdann bei Insektenbesuch auch Fremdbestäubung erfolgen kann. Schulz sah jedoch in Thüringen nur Blasenfüsse und Blumenkäfer (Meligethes) als Blütenbesucher.

178. A. petraea (L.) Lam. Nach Ekstam sind auf Novaja Semlja die ziemlich stark mandelduftenden Blüten homogam. Selbstbestäubung ist leicht möglich. Als Besucher wurde eine mittelgrosse Fliege beobachtet.

179. A. hirsuta Scop. [H. M., Befr. S. 134.] — Die weissen Blüten sind homogam. Nur 2 an der Innenseite des Grundes der kürzeren Staubblätter befindliche Drüsen sondern Nektar ab. In den meisten Blüten überragen die längeren Staubblätter die Narbe, so dass bei ausbleibendem Insektenbesuche durch Pollenfall Autogamie eintritt; seltener stehen die Antheren der längeren Staubblätter mit der Narbe in gleicher Höhe, wobei dann durch unmittelbare Berührung spontane Selbstbestäubung eintritt. Honigsuchende Insekten können sowohl Fremd- als auch Selbstbestäubung herbeiführen. Warnstorf (Bot. V. Brand. Bd. 38) bezeichnet die Blüten als protogynisch: Narbe schon in noch geschlossenen Blüten belegungsfähig und die Staubgefässe etwas überragend.

Als Besucher sah H. Müller:

A. Diptera: *Syrphidae*: 1. Syritta pipiens L., sgd. B. Hymenoptera: a) *Apidae*: 2. Anthrena albicrus K. ♂, sgd.; 3. Apis mellifica L. ⚥, sgd.; 4. Halictus sexnotatus K. ♀, psd. b) *Sphegidae*: 5. Ammophila sabulosa L., sgd. C. Lepidoptera: *Bombyces*: 6. Euchelia jacobaeae L., sgd.

In Dumfriesshire (Schottland) (Scott-Elliot, Flora S. 12) sind 1 Empide, 2 Musciden und 2 Schwebfliegen als Besucher beobachtet.

180. A. arenosa Scop. Als Besucher der lila, seltener weissen Blüten beobachtete Buddeberg bei Nassau ausser einem Tagfalter (Thecla) zahlreiche kurzrüsselige Bienen, nämlich:

A. Hymenoptera: *Apidae*: 1. Anthrena albicansMüll. ♀, sgd.; 2. A. cineraria L. ♀, psd.; 3. A. cingulata F. ♀ ♂, sgd.; 4. A. nigroaenea K. ♀, sgd.; 5. A. parvula K. ♀, sgd. und psd., häufig (12 Ex.); 6. Halictus calceatus Scop. ♀, sgd. und psd.; 7. H. flavipes K. ♀, sgd.; 8. H. leucopus K. ♀, sgd. und psd.; 9. H. tetrazonius Klg. (quadricinctus K. olim) ♀, sgd. B. Lepidoptera: *Rhopalocera*: 10. Thecla rubi L., sgd. Bail (Bot. Centralbl. Bd. 9) beobachtete in Westpreussen namentlich Schwebfliegen (Eristalis intricarius L. u. s. w., Melanostoma mellina L. u. s. w., Melithreptus scriptus L.) und Musciden (Lucilia sp., Anthomyia sp.), ferner Hymenopteren (Apis, Anthrena nana K., Dolerus vestigialis Klug), Falter (Pieris napi L., Thecla rubi L., Nemeobius lucina L., Euclidia glyphica L.), 1 Wanze (Eurydema oleraceum) und 1 Käfer (Athous subfuscus Müll.) als Besucher.

181. A. Turrita L. Die weissen Blüten sah Mac Leod in den Pyrenäen von einer kurzrüsseligen Biene (Halictus cylindricus F. ♀);

182. A. sagittata DC. daselbst von einem Schmetterling (Adela sp.) besucht.

183. A. pumila Jacq. [Schulz, Beiträge II. S. 12, 13.] — Die weissen Blüten sind in Tirol protogyn. Am Grunde der kürzeren Staubblätter befinden sich an der Aussenseite je ein zweihöckeriges, halbmondförmiges Nektarium. Die Narbe ist in der Regel bereits in der Knospe entwickelt und ragt vielfach schon vor dem Aufblühen zwischen den Kronblättern hervor. Zur Zeit der Blütenöffnung überragt der Griffel fast immer die Antheren und zwar die der längeren Staubblätter um 1 mm, die der kürzeren um 2—3 mm. Nur in Ausnahmefällen erreichen die ersteren die Narbe. Es ist daher spontane Selbstbestäubung fast ausgeschlossen. Besuchende Insekten bewirken vorzugsweise Fremdbestäubung. Schulz sah bei trüber Witterung 3 kleine Dipteren als Besucher. Derselbe beobachtete auch Gynomonöcie.

184. A. bellidifolia Jacq. [H. M., Alpenblumen S. 144. 145.] — Die weissen Blüten sind protogyn mit langlebigen Narben. Am Grunde der kürzeren Staubblätter sitzt je ein grünes, wallförmiges, reichlich Honig absonderndes, fleischiges Nektarium; ausserdem befindet sich je ein kleines Knötchen an der Aussenseite des Grundes der vier längeren Staubblätter. Bei trübem Wetter bleiben die sich öffnenden und mit der Narbe gleich hoch stehenden Antheren der längeren Staubblätter der ersteren zugewandt und belegen sie; bei sonnigem Wetter spreizen die Staubblätter nach aussen, so dass keine Berührung stattfindet, ein besuchendes Insekt daher Fremdbestäubung herbeizuführen vermag. Als Besucher beobachtete H. Müller nur eine Schwebfliege (Eristalis tenax L.).

185. **A. alpestris Rchb.** Als Besucher beobachtete H. Müller in den Alpen die Honigbiene, 2 Tagfalter, 2 Schwebfliegen und 2 Musciden. (A. u. O. S. 145.)

186. **A. coerulea Haenke.** [Kerner, Pflanzenleben II: Kirchner, Beitr. S. 20; Schulz, Beitr. II. S. 13.] — Die anfangs blauen, später verbleichenden Blumen sind homogam oder schwach protogyn. An der Aussenseite des Grundes der kurzen Staubblätter finden sich oft sehr unbedeutende Nektarien; ähnliche aber nicht secernierende stehen am Grunde der langen Staubblätter. Die Antheren der längeren Staubblätter liegen der mit ihnen in gleicher Höhe stehenden Narbe bei trüber Witterung und in der Nacht dicht an; auch die der kürzeren erreichen nicht selten die Narbe. Es ist daher spontane Selbstbestäubung unausbleiblich. Nach Kerner findet solche bei andauerndem Regenwetter in der geschlossen bleibenden Blüte, also pseudokleistogam, statt. Als Besucher sind einige Fliegen beobachtet.

187. **A. Holboellii Hornemann.** Die ansehnlichen Blüten sind nach Warming homogam. Die Antheren der längeren Staubblätter überragen anfangs die Narbe, berühren sie aber später in Folge Heranwachsens des Stempels.

188. **A. albida Stev.** Loew beobachtete im botanischen Garten zu Berlin: A. Coleoptera: *Coccinellidae*: 1. Coccinella septempunctata L. B. Diptera: *Syrphidae*: 2. Cheilosia sp., pfd.; 3. Eristalis aeneus Scop. C. Hymenoptera: *Apidae*: 4. Anthrena parvula K. ♂, sgd., ♀, sgd. und psd.; 5. Apis mellifica L. ♀, sgd.; 6. Bombus hortorum L. ♀, sgd.; 7. B. lapidarius L. ♀, sgd.; 8. Osmia rufa L. ♂, sgd. D. Lepidoptera: *Rhopalocera*: 9. Vanessa urticae L., sgd.

189. **A. deltoides DC.** sah Loew im bot. Garten von einer langrüsseligen Biene (Osmia rufa L. ♀, sgd. und psd.) besucht.

190. **A. caucasica Willd.** Burkill (Fert. of Spring Fl.) beobachtete an der Küste von Yorkshire 1 Syrphide, Eristalis pertinax Scop., sgd., als häufigen Besucher.

44. Cardamine L.

Homogame oder protogynische, weisse oder auch lila Blumen mit halb oder ganz verborgenem Honig. 2 oder 4 Nektarien.

191. **C. pratensis L.** [Sprengel, S. 331; H. M., Befr. S. 134, 135: Weit. Beob. I. S. 326; Kirchner, Flora S. 290, 291; Warnstorf, Bot. V. Brand. Bd. 38; Knuth, Ndfr. Ins. S. 25, 148.] — Die weissen oder lila Blüten sind gross und augenfällig; es ist daher auch der Insektenbesuch ein stärkerer als bei den meisten übrigen Pflanzen dieser Familie. Am Grunde der beiden kurzen Staubblätter stehen 2 grössere Nektarien, 2 andere, kleinere, nach aussen gerichtete zwischen je zwei längeren Staubblättern. Der von diesen 4 Nektarien abgesonderte Honig sammelt sich in dem ausgebauchten Grunde der Kelchblätter; demgemäss ist die Ausbauchung der beiden unter den grösseren und daher stärker secernierenden Nektarien stehenden Kelchblätter auch eine stärkere, als diejenige der unter den beiden kleineren stehenden. Man kann, wie schon H. Müller hervorhebt, daher an dem von unten betrachteten Kelche erkennen, wo in der Blüte die beiden kürzeren Staubblätter stehen. Die Kelchblätter liegen den Kronblättern dicht an, so dass die Nägel der letzteren zu einer Röhre

von mehreren Millimeter Länge zusammengehalten werden, in deren Grunde der Nektar geborgen ist. C. pratensis gehört daher zu Blumenklasse B. Bereits in der Knospe überragen die längeren Staubblätter die Narbe. Sie machen dabei eine viertel Drehung nach den benachbarten kürzeren Staubblättern hin, so dass honigsuchende Insekten mit den entgegengesetzten Seiten des Kopfes die Narbe und die pollenbedeckten Antheren streifen, mithin, je nachdem sie den Rüssel rechts und links in die Blüte senken oder im Kreise herumgehen, entweder Fremd- oder Selbstbestäubung herbeiführen müssen. Die beiden kürzeren Staubblätter wenden die aufgesprungene Seite ihrer Antheren immer der Narbe zu, und zwar stehen dieselben in manchen Blüten tiefer als die letztere, in anderen mit ihr gleich hoch, in noch anderen höher, so dass in den beiden letzten Fällen spontane Selbstbestäubung möglich ist. Bei kaltem, regnerischem Wetter ist die Drehung der längeren Staubblätter in manchen Blüten schwächer oder findet gar nicht statt, so dass der Pollen von selbst auf die Narbe fällt. Doch ist die Pflanze, nach Hildebrand (Ber. d. d. b. Ges. 1896), selbststeril. Warnstorf bezeichnet die Blüten als protogynisch: Narbe schon in noch geschlossenen Blüten mit ausgebildeten Papillen.

An den von Warming untersuchten Pflanzen Grönlands liegen die Antheren der kurzen Staubblätter der Narbe so dicht an, dass spontane Selbstbestäubung möglich ist; doch bilden sich selten reife Früchte, sondern die Vermehrung geschieht auf vegetativem Wege durch Bulbillen.

Nach Ekstam beträgt auf Novaja Semlja der Durchmesser der schwach duftenden, protogyn-homogamen Blüten 10—15 mm (nach Kjellman im arktischen Sibirien meist 24 mm). Die Blüteneinrichtung stimmt mit der von mir beschriebenen (auf den nordfriesischen Inseln) überein. Als Besucher wurde eine kleinere Fliege bemerkt.

Als Besucher beobachteten Hermann Müller (1) und ich (!).

A. Coleoptera: a) *Nitidulidae*: 1. Meligethes sp., häufig, hld. (1, !). b) *Staphylinidae*: 2. Omalium florale Payk., äusserst zahlreich (1). B. Diptera: a) *Bombylidae*: 3. Bombylius discolor Mg., sgd. (1); 4. B. major L., sgd. (1). b) *Empidae*: 5. Empis opaca F., sgd. (1). c) *Muscidae*: 6. Anthomyia sp., pfd. (1, !). d) *Syrphidae*: 7. Eristalis nemorum L., pfd. (1); 8. Helophilus pendulus L., sgd. (1, !); 9. Melanostoma mellina L., pfd. (1); 10. Rhingia rostrata L., sgd. und pfd., häufig (1); 11. Syrphus nitidicollis Mg., sgd. und pfd. (1); 12. S. sp. (!). C. Hymenoptera: *Apidae*: 13. Anthrena cineraria L. ♀, ein Ex., psd. und sgd. (1); 14. A. dorsata K. ♀, sgd. und psd. (1); 15. A. gwynana K. ♀, psd., einmal (1); 16. A. parvula K. ♀ ♂, psd. u. sgd. (1); 17. Apis mellifica L. ♀. sehr häufig, bald psd., bald sgd. (1, !); 18. Bombus terrester L. ♀, sgd. (1, !); 19. Halictus cylindricus F. ♀, psd. und sgd. (1); 20. Nomada lateralis Pz. ♀, sgd. (1); 21. N. lineola Pz. ♂, sgd. (1); 22. Osmia rufa L. ♂, sgd. (1). D. Lepidoptera: *Rhopalocera*, sgd.: 23. Anthocharis cardamines L. (1); 24. Pieris brassicae L. (1); 25. P. napi L. (1, !); 26. Rhodocera rhamni L. (1); 27. Vanessa urticae L. (!). E. Thysanoptera: 28. Thrips, sgd. und pfd. (1).

Alfken beobachtete bei Bremen: *Apidae*: 1. Bomb. derhamellus K. ♀, sgd.; 2. B. pomorum Pz. ♀, sgd.; 3. Nomada succincta Pz. ♀, sgd., sowie den Falter Thecla rubi L., sgd.; Rössler bei Wiesbaden den Falter Macroglossa fuciformis L.

In Dumfriesshire (Schottland) (Scott-Elliot, Flora S. 13) sind 1 Bibionide, 1 Muscide, 4 Schwebfliegen und 1 Falter als Besucher beobachtet.

H. de Vries (Ned. Kruidk. Arch. 1877) beobachtete in den Niederlanden 1 Biene, Halictus quadricinctus F. ♀, als Besucher; Mac Leod in Flandern 8 Bienen, 11 Fliegen. 4 Falter, 1 Käfer. (B. Jaarb. VI. S. 192, 193.)

192. C. amara L. [Ludwig, D. Bot. Monatsschrift VI. S. 5; Mac Leod, B. Jaarb. VI. S. 193—194; Kirchner, Flora S. 291; Warnstorf, Bot. V. Brand. Bd. 38; Knuth, Bijdragen.] — Die Nektarien sind ebenso wie bei C. pratensis. Die Blüten sind unterwärts trichterförmig verengt, sie gehören daher zur Blumenklasse B. Die sechs Staubblätter sind fast gleichlang und spreizen weit auseinander, wobei die pollenbedeckte Seite der Antheren nach innen gewendet ist. Das Fruchtblatt ist kaum halb so lang wie die Staubblätter (nach Warnstorf ist es ebenso lang). Besuchende, honigsaugende Insekten berühren daher mit der einen Seite des Kopfes die Antheren, mit der entgegengesetzten die Narbe, bewirken also vorzugsweise Fremdbestäubung, nur dann Selbstbestäubung, wenn sie den Kopf abwechselnd rechts und links vom Stempel in die Blüte senken. Ausser den Zwitterblüten sind auch kleinblumige, weibliche Blüten beobachtet.

In Dumfriesshire (Schottland) (Scott-Elliot, Flora S. 12) sind Fliegen, Falter und Käfer als Besucher beobachtet.

193. C. impatiens L. [H. M., Weit. Beob. I. S. 327; Kirchner, Flora S. 292.] — Die Kronblätter sind sehr klein, weiss, zuweilen fehlen sie gänzlich; es sind daher die Blüten wenig augenfällig. Am Grunde der längeren Staubblattpaare sitzt je eine Honigdrüse, ebenso je eine am Grunde der kürzeren Staubblätter. Sie sind auf der Aussenseite der Filamente durch einen grossen Wulst verbunden. Die pollenbedeckte Seite der sich weit nach aussen biegenden Staubblätter ist nach innen gerichtet, so dass honigsuchende Insekten vorzugsweise Fremdbestäubung bewirken können.

Als Besucher beobachtete Buddeberg bei Nassau eine honigsaugende und pollensammelnde Biene: Anthrena albicans Müll. ♀.

194. C. hirsuta L. Nach Jordan liegen die Antheren der Narbe an, so dass spontane Selbstbestäubung unvermeidlich ist.

Als Besucher sah Mac Leod in Flandern 1 kurzrüsselige Biene, 1 Muscide, 1 Käfer. (Bot. Jaarb. VI. S. 193.)

In Dumfriesshire (Schottland) (Scott-Elliot, Flora S. 14) sind 1 Käfer, 1 Schwebfliege und 2 Musciden als Besucher beobachtet.

195. C. latifolia Vahl. Die lila Blüten mit verborgenem Nektar sah Mac Leod in den Pyrenäen von zwei Tagfaltern besucht.

196. C. bellidifolia L. Die Blüten sind nach Warming in Grönland autogam, da die Antheren zeitweilig der Narbe dicht anliegen.

Nach Ekstam sind auf Novaja Semlja die geruchlosen Blüten. deren Durchmesser nach Kjellman im arktischen Sibirien 8 mm beträgt, protogynhomogam. Selbstbestäubung ist auch dort unvermeidlich.

197. C. resedifolia L. In den homogamen Blüten ist, nach Schulz (Beitr. II S. 13, 14), spontane Selbstbestäubung unvermeidlich. Als Besucher sah H. Müller in den Alpen sechs Fliegen (Musciden, Syrphiden, Empiden) und einen Tagfalter.

198. C. alpina L. ist nach Kerner protogyn. Die Narbe tritt aus der sich eben öffnenden Blüte hervor, während die Staubblätter noch unentwickelt in der Blüte stehen, so dass jetzt nur durch Insekten befruchtet werden kann. Später ist durch die sich verlängernden Staubblätter spontane Selbstbestäubung möglich.

199. C. chenopodiifolia L. hat, nach G r i s e b a c h, ausser den oberirdischen offenen Blüten unterirdische kleistogame.

45. Dentaria Tourn.

Ansehnliche, weissliche oder rötliche Blumen, meist mit verborgenem Honig. Meist vier Nektarien.

200. D. enneaphyllos L. [S c h u l z, Beitr. II. S. 14.] — Die weisslichgelben Kronblätter sind 13—17 mm lang. Aussen am Grunde der kurzen Staubblätter befindet sich je ein halbmondförmiger, nach aussen gerichteter Wulst; auch in der Mitte des Grundes jedes der beiden längeren Staubblattpaare sitzt ein breiter, ebenfalls nach oben gerichteter Fortsatz. Diese vier Nektarien sondern unbedeutend Honig ab. Die Antheren der längeren Staubblätter überragen die Kronblätter vielfach ein wenig und stehen mit der häufig bereits in der Knospe empfängnisfähigen Narbe meist in gleicher Höhe, selten ein wenig tiefer. Da die Kron- und Staubblätter sich auch bei warmer Witterung nur wenig spreizen, so befinden sich die Antheren in so grosser Nähe der Narbe, dass spontane Selbstbestäubung erfolgen muss. Die Antheren der kurzen, meist nur bis zur Mitte der langen reichenden Staubblätter springen gleichzeitig mit denen der letzteren auf oder ein wenig nach ihnen. Sie dienen ausschliesslich der Fremdbestäubung. Als B e s u c h e r sah S c h u l z bei S a n M a r t i n o und P a n e v e g g i o in die Blüte hineinkriechende F l i e g e n und K ä f e r, vorzüglich aber N o k t u i d e n.

201. D. bulbifera L. [K i r c h n e r, Flora S. 292; K n u t h, Bijdr.] — In den grossen, blasslila, rosenroten oder auch weissen Blüten steht je eine Honigdrüse aussen am Grunde der beiden kürzeren Staubblätter und je eine meist gespaltene aussen zwischen den Wurzeln der beiden längeren Staubblattpaare. Zuweilen sind die vier Nektarien zu einem Ringe verbunden. Nur an sonnigen Stellen, wo Insektenbesuch eintritt, erfolgt Fruchtansatz, im Waldesschatten ist die Pflanze fast immer steril und vermehrt sich hier durch grosse, bei der Reife schwarzviolette Bulbillen in den Blattachseln. Trotz häufiger Überwachung habe i c h in den Wäldern bei K i e l und F l e n s b u r g niemals Insektenbesuch wahrgenommen, sowie äusserst selten Fruchtansatz.

46. Hesperis L.

Ansehnliche, duftende Blumen mit verborgenem Honig. (Blumenklasse B und F.) Zwei oder vier Nektarien.

202. H. matronalis L. [H. M., Befr. S. 137; K i r c h n e r, Flora S. 293; W a r n s t o r f, Bot. V. Brand. Bd. 38; K e r n e r, Pflanzenleben II. S. 197; K n u t h, Weit. Beob. S. 23; Bijdragen.] — Die grossen violetten Blüten duften besonders am Abend stark veilchenartig (K e r n e r). Als Nektarien dienen zwei grosse, den Grund der kürzeren Staubblätter umfassende, besonders nach innen stark entwickelte, grüne, fleischige Drüsen. Der Honig sammelt sich an jeder Seite der Blüte zwischen den Wurzeln von drei Staubblättern und dem Grunde des Fruchtknotens an. Die Antheren der längeren Staubblätter stehen im Blüteneingange; nach dem Verstäuben wachsen sie etwas und ragen aus der Blüte hervor. Die Antheren der kürzeren Staubblätter berühren beim Aufspringen mit ihrem obersten Teile die Narbe; im Verlaufe des Blühens wächst diese aus der Blüte herver. Alle Antheren springen nach innen auf, sodass sie sämtlich die Narbe mit Pollen bedecken; es ist also spontane Selbstbestäubung unausbleiblich. Honigsaugende Insekten bewirken aber regelmässig Fremdbestäubung, da sie Narbe und Antheren mit entgegengesetzten Seiten des Rüssels oder Kopfes berühren; pollensammelnde Insekten können ebensowohl Fremd- als Selbstbestäubung herbeiführen.

Warnstorf bezeichnet die Blüten als schwach protogynisch bis homogam. Pollenzellen blass-gelblich, dicht- und kleinwarzig, elliptisch, bis 37 μ lang und 25 μ breit.

Als Besucher beobachteten Herm. Müller (1), Borgstette (2), Buddeberg (3) und ich (!):

A. Coleoptera: *Telephoridae*: 1. Anthocomus fasciatus L. (1). B. Diptera: a) *Stratiomyidae*: 2. Nemotelus pantherinus L., pfd. (1). b) *Syrphidae*: 3. Chrysogaster aenea Mg., pfd. (2); 4. Eristalis arbustorum L., pfd. (!); 5. E. nemorum L., pfd. (1, 2); 6. E. pertinax Scop., pfd. (!); 7. E. tenax L., pfd. (1, !); 8. Rhingia rostrata L., sehr häufig, sgd. und pfd (1, 3, !); 9. Volucella pellucens L. (2). C. Hymenoptera: *Apidae*: 10. Anthrena albicans Müll. ♀, psd. (1); 11. Apis mellifica L. ♀, psd. (1, !); 12. Bombus lapidarius L. ♀, ebenso (!); 13. Halictus leucopus K. ♀, psd. (1). D. Lepidoptera: 14. Pieris brassicae L., häufig, sgd. (1, !); 15. P. napi L., desgl. (1, !); 16. P. rapae L., desgl. (1, !); 17. Vanessa urticae L., sgd. (!).

203. H. tristis L., eine homogame Nachtfalterblume. [H.M., Weit. Beob. II. S. 200—202; Kerner, Pflanzenleben II. S. 192.] — Die schmutziggrüngelben Kronblätter sind mit einem Netze zarter, schmutzig-graugrünfarbener Adern durchzogen; sie stechen daher, trotzdem ihre abstehenden Lappen 14—20 und mehr mm lang und 3—5½ mm breit sind, nur wenig von den grünen Teilen der Pflanze ab. Bei Tage duften sie unmerklich, sie erhalten dann auch kaum Insektenbesuch. Wenn sie sich aber abends zwischen 7 und 8 Uhr öffnen, verbreiten sie einen kräftigen Wohlgeruch (nach Hyacinthen, Kerner), wodurch sie sich als Nachtfalterblumen kennzeichnen.

An der Innenseite des Grundes der kürzeren Staubblätter sitzen, nach Herm. Müllers Darstellung, zwei grosse, grüne, fleischige Honigdrüsen, welche so reichlich Nektar aussondern, dass derselbe die beiden Winkel zwischen dem Grunde je eines kürzeren Staubblattes, demjenigen der beiden benachbarten längeren und dem Stempel ganz ausfüllt.

Die Kelchblätter sind schmal und 11—15 mm lang. In ihrem untersten Teile sind sie schwach auswärts gebogen, dagegen schliessen die obersten zwei Drittel derselben so dicht aneinander, dass sie die Nägel der Kronblätter fest zusammenhalten und zu Anfang der Blütezeit nur ein oder zwei enge, nur für

Schmetterlingsrüssel bequeme Honiggänge frei lassen. Im Anfange der Blütezeit stehen die pollenbedeckten Antheren der vier längeren Staubblätter der Blütenmitte zugekehrt im Blüteneingange; 1—2 mm unter ihnen befindet sich die gleichzeitig entwickelte Narbe. Diese ist in der Richtung von einem kürzeren Staubblatt zum anderen seitlich ausgezogen und durch einen Längsspalt in zwei Lappen geteilt, deren schmale Enden abwärts gekrümmt sind. Die beiden kürzeren Staubblätter kehren ihre pollenbedeckte Seite gleichfalls der Blütenmitte zu und befinden sich so dicht unter der Narbe, dass ihr oberster Teil mit dem herabgebogenen Narbenende etwa in gleicher Höhe und in etwa 1 mm Abstand liegt. Die ein oder zwei engen Durchgänge führen zwischen Narbenende und kurzem Staubblatt hindurch, sodass ein zum Nektar vordringender Schmetterlingsrüssel mit einer Seite die Narbe, mit der entgegengesetzten den Pollen der kürzeren Staubblätter streifen, mithin, sobald der Rüssel ringsum mit Blütenstaub behaftet ist, bei jedem ferneren Blütenbesuche Fremdbestäubung herbeiführen muss. Unterbleibt Insektenbesuch, so rückt die Narbe zwischen den vier längeren Staubblättern empor und behaftet sich dabei mit. Pollen, sodass spontane Selbstbestäubung erfolgt, die, nach H. Müllers Versuchen, von Erfolg ist, während Hesperis tristis nach Hildebrand (Ber. d. d. b. Ges. 1896) selbststeril ist. Im Anfange der Blütezeit dienen die längeren Staubblätter nur dazu, unberufene Gäste vom Nektar fernzuhalten, indem sie mit ihren Staubbeuteln den Blüteneingang verstopfen.

Als Besucher und Befruchter sah H. Müllers Tochter Agnes an einigen milden Maiabenden 3 Noktuiden: 1. Dianthoecia nana Hufn.; 2. Hadena sp.; 3. Plusia gamma L., hfg.; 1 Spanner Jodis lactearia L. und 1 Zünsler Pionea forficalis L. Die Rüssellänge derselben ist 11—18 mm.

47. Malcolmia R. Br.

Ansehnliche Blumen mit verborgenem Nektar.

204. M. maritima R. Br. besitzt, nach Kerner, zwei Reihen abstehender, starrer, spitzer Börstchen auf dem Fruchtknoten, welche den Insektenrüssel verhindern, einen anderen Weg zum Nektar einzuschlagen, als denjenigen, auf welchem der Rüssel und der Kopf die pollenbedeckten Antheren und die Narbe streifen muss. Die Pflanze ist, nach Hildebrand (Ber. d. d. b. Ges. 1896), selbstfertil.

48. Sisymbrium L.

Kleine, gelbliche oder weissliche, homogame bis schwach protogyne Blumen mit halbverborgenem Honig. 2, 4 oder 6 Honigdrüsen.

205. S. officinale Scop. [H. M., Befr. S. 138; Weit. Beob. II. S. 202; Knuth, Ndfr. Ins. S. 26.] — Die kleinen, hellgelben Blüten haben einen Durchmesser von nur 3 mm. Jedes der beiden kürzeren Staubblätter hat zu beiden Seiten des Grundes eine Honigdrüse, deren abgesonderter Nektar in den Winkeln, der von einem kürzeren und einem längeren Staubblatt und dem Stempel gebildet wird, sitzt. Zuerst ragen die Narbe und die mit ihr gleich hoch stehenden und ihr mit der aufgesprungenen Seite der Antheren fast anliegenden, längeren Staubblätter ein wenig aus der Blüte hervor, während die beiden kürzeren zwar noch in der Blüte verborgen sind, aber gleichfalls bereits geöffnete Staubbeutel haben. Sodann wachsen alle 6 Staubblätter noch ein wenig, so dass die längeren höher als die Narbe stehen und über ihr zusammenneigen, während die kürzeren nunmehr den Fruchtblättern an Länge gleich und etwas nach aussen gespreizt

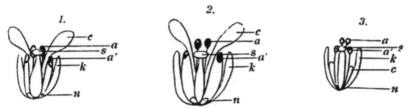

Fig. 30. Sisymbrium. (Nach der Natur. Halbschematisch, vergrössert. Zwei längere Staubblätter, zwei Kronblätter und das vordere Kelchblatt sind fortgenommen.)

1. S. officinale L. Blüte im ersten Stadium: Die Antheren der längeren Staubblätter (*a*) stehen in gleicher Höhe mit der Narbe (*s*), die der kürzeren (*a'*) tiefer als dieselbe. *2. S. offic.* Blüte im zweiten Stadium: Die Antheren der längeren Staubblätter überragen die Narbe, die der kürzeren stehen mit ihr in gleicher Höhe. *3. S. Sophia* L. Blüte im zweiten Zustande. *k* Kelch; *c* Kronblatt; *n* Nektarium.

sind. Durch ein besuchendes Insekt kann daher sowohl Fremd- als auch Selbstbestäubung herbeigeführt werden. Letztere tritt bei dem geringen Insektenbesuche häufig spontan durch Hinabfallen des Pollens auf die Narbe im zweiten Blütenzustande ein. Diese Selbstbestäubung ist, nach Comes (Ult. stud.), von Erfolg.

Als Besucher sahen H. Müller (1) und ich (!):

A. Diptera: a) *Muscidae:* 1. Anthomyia sp., pfd. (1). b) *Syrphidae:* 2. Ascia podagrica F., pfd., in Menge (1). B. Hymenoptera: *Apidae:* 4. Apis mellifica L., sgd. (!): 3. Anthrena dorsata K., psd. und sgd. (1); 5. Halictus morio F. ♂, sgd. (1). C. Lepidoptera: 6. Pieris brassicae L., sgd. (!); 7. P. napi L., sgd. (1, !); 8. P. rapae L. sgd. (1).

Alfken beobachtete bei Bremen *Apidae:* 1. Prosopis communis Nyl. ♀; 2. Eriades nigricornis Nyl. ♀. Schletterer beobachtete bei Pola die beiden Bienen Anthrena florea F., „öfters“, sgd. und Halictus calceatus Scop., dann die Grabwespe Pemphredon unicolor F., s. hfg.

Mac Leod sah in Flandern 2 Bienen. 3 Schwebfliegen, 1 Muscide. (Bot. Jaarb. VI. S. 199, 200).

In Dumfriesshire (Schottland) (Scott-Elliot, Flora S. 14) sind 1 Muscide und 1 Schwebfliege als Besucher beobachtet.

206. S. Sophia L. [Kirchner, Beitr. S. 20, 21; Mac Leod, Bot. Jaarb. VI. S. 200; Kerner, Pflanzenleben II; Knuth, Ndfr. Ins. S. 26, 27; Weit. Beob. S. 231.] — Obgleich die Pflanze bis 1 m hoch wird und einen reichblütigen Blütenstand entwickelt, ist sie doch wenig augenfällig, da der Durchmesser der Einzelblüte nur 3 mm beträgt und eine gelblich-grüne, also wenig auffallende Farbe besitzt. Die Kronblätter sind nur halb so lang wie die Kelchblätter (siehe Fig. 30) und unterscheiden sich von ihnen kaum durch ihre Färbung, treten also fast gänzlich von ihrer eigentlichen Aufgabe zurück.

Frucht- und Staubblätter sind (nach meinen Untersuchungen) gleichzeitig entwickelt und verhalten sich in Bezug auf ihre gegenseitige Stellung wie bei
der vorigen Art; auch die Lage der Nektarien stimmt überein (nach den von
mir auf den nordfriesischen Inseln beobachteten Pflanzen), während Vele-
nowsky ein unregelmässig wulstiges, den ganzen Blütengrund einnehmendes
Nektarium abbildet. Nach Kerner findet schwache Protogynie statt, doch beträgt der Zeitunterschied in der Entwickelung der Staub- und Fruchtblätter nur
wenige Stunden: spontane Selbstbestäubung ist also auch hier unvermeidlich.
Nach Warnstorf (Bot. V. Brand. Bd. 37) ist der Pollen blassgelb, elliptisch,
äusserst fein papillös bis fast glatt, 18—19 μ breit und 25—31 μ lang.

Als Besucher beobachtete ich auf der Insel Föhr: Diptera: a) *Muscidae*:
1. Anthomyia sp. ♀; 2. Sepsis sp.; 3. Themira minor Hal. b) *Syrphidae*: 4. Syritta
pipiens L., sämtlich sgd.; v. Fricken in Westfalen und Ostpreussen den Blattkäfer
Colaphus sophiae Schall.; Schiner in Österreich Thereva anilis L.; Redtenbacher
bei Wien gleichfalls den Blattkäfer Colaphus sophiae Schall.

207. S. austriacum Jacq. Loew beobachtete im botanischen Garten
zu Berlin:

A. Diptera: *Syrphidae*: 1. Eristalis arbustorum L.; 2. E. nemorum L.; 3. Pipiza
festiva Mg., sgd.; 4. Syritta pipiens L.; 5. Syrphus albostriatus Fall., sgd. B. Hymenoptera: *Apidae*: 6. Anthrena dorsata K. ♀, sgd. und psd.; 7. A. nitida Fourc. ♀, psd.;
8. A. propinqua Schenck ♀, sgd. und psd.; 9. A. tibialis K. ♀, sgd. und psd.; 10. Apis
mellifica L. ☿, sgd.; 11. Melecta armata Pz. ♀, sgd.; 12. Nomada lineola Pz. ♀, sgd.;
13. Osmia caerulescens L. ♀, sgd. und psd.; 13. O. fulviventris Pz. ♂ ♀, sgd.

208. S. orientale L. (S. Columnae Jacq.) Als Besucher beobachtete
Friese bei Fiume (F.), Triest (T.) und in Ungarn (U.) die Apiden:

1. Anthrena carbonaria L., n. slt. (F.); 2. A. decorata Sm. (U.); 3. A. hypopolia Pér.
(U., mehrfach, F.); 4. A. limbata Ev. (U.); 5. A. morio Brullé (F., hfg. U.); 6. A. nobilis Mor. ♀ ♂ (U.), n. slt.; 7. A. scita Ev. (U.), n. slt.; 8. A. sisymbrii Friese,
slt. (F.); 9. A. suerinensis Friese (U.), n. slt.; 10. A. tibialis K. 2. Generat. (U.); 11. Nomada chrysopyga Mor. (U.), hfg.; 12. Osmia bisulca Gerst. (F., U.); 13. O. fulviventris
Pz.; 14. O. panzeri Mor. (F., U.), hfg.; 15. O. solskyi Mor. (F.).

209. S. acutangulum DC. (S. austriacum var. acutangulum
Koch.) Mac Leod beobachtete in den Pyrenäen 5 kurzrüsselige Hymenopteren,
1 Falter, 3 Käfer, 7 Schwebfliegen, 1 Mücke, 2 Empiden, 7 Musciden als Besucher. (B. Jaarb. VI. S. 392, 393.)

210. S. pinnatifidum DC. Mac Leod beobachtete in den Pyrenäen
einen Halictus als Besucher. (A. a. O. S. 393.)

211. S. strictissimum L. Loew beobachtete im botanischen Garten
Garten zu Berlin die Honigbiene sgd.

49. Stenophragma Čelakovský.

Kleine, weisse, homogame bis schwach protogyne Blumen mit halbverborgenem Honig. Von den sechs am Grunde der Staubblätter stehenden Nektarien
sondern nur die an der Basis der kürzeren Honig ab, die anderen vier sind
rudimentär.

212. St. Thalianum Cel. (Sisymbrium Thalianum Gaud.) [H. M.,
Weit. Beob. II. S. 202, 203; Kerner, Pflanzenleben II; Kirchner, Flora
S. 294; Warnstorf, Bot. V. Brand. Bd. 38; Knuth, Ndfr. Ins. S. 27.] —
Der von den am Grunde der beiden kürzeren Staubblätter sitzenden Nektarien
abgesonderte Honig sammelt sich in den darunter stehenden Kelchblättern an,
doch unterbleibt die Honigabsonderung bisweilen gänzlich. Die mit Pollen bedeckten Seiten der Antheren der längeren Staubblätter umgeben die Narbe und
führen unfehlbar spontane Selbstbestäubung herbei. Die Ausbildung der Staubblätter ist, nach Kirchner, schwankend: in der Regel sind alle 6 vorhanden,
die Länge der kürzeren beträgt $^4/_5$—$^1/_5$ der längeren; doch fehlen nicht selten die
beiden kürzeren gänzlich. Nach Kerner findet schwache Protogynie statt.
Warnstorf bezeichnet die Pflanzen von Ruppin als homogam. Blüten dort
zwitterig und auf derselben Pflanze mit fehlschlagenden Staubblättern, daher
gynomonoecisch; Stempel in letzteren Blüten zweiseitig rötlich-braun. Pollen
weisslich, eiförmig bis elliptisch, feinwarzig, etwa 30 μ lang und 25 μ breit.

Als Besucher beobachtete Herm. Müller:

A. Coleoptera: a) *Curculionidae*: 1. Ceutorhynchus sp. b) *Mordellidae*: 2. Anaspis rufilabris Gyll. c) *Nitidulidae*: 3. Meligethes. B. Diptera: a) *Empidae*: 4. Empis
vernalis Mg., sgd. b) *Syrphidae*: 5. Ascia podagrica F., pfd.; 6. Rhingia rostrata L., sgd.
C. Hymenoptera: *Apidae*: 7. Apis mellifica L. ⚥, sgd.

Mac Leod sah in Flandern eine Muscide. (Bot. Jaarb. VI. S. 200).

In Dumfriesshire (Schottland) (Scott-Elliot, Flora S. 12) ist 1 Schwebfliege als
Besucher beobachtet.

213. Hugueninia tanacetifolia Rchb. Nach Briquet (Etudes) beträgt
der Blütendurchmesser 5 mm. Der Kelch und die gelbe Krone sind ausgebreitet.
Die Staubblätter spreizen sich auseinander und wenden ihre Antheren wagerecht
mit der aufgesprungenen Seite nach oben. Die Besucher der homogamen, nach
Honig duftenden Blüten sind Fliegen, Wespen, Bienen und Schmetterlinge,
welche vorzugsweise Selbstbestäubung bewirken. Kirchner fügt hinzu, dass im
botanischen Garten zu Hohenheim sowohl die Kronblätter, als auch die Staubblätter aufrecht standen, weshalb die Narbe von den vier oberen Antheren dicht
umschlossen und spontan mit Pollen belegt wurde. Die Pflanze ist, nach Hildebrand (Ber. d. d. b. Ges. 1896), selbststeril.

50. Alliaria Adanson.

Kleine, weisse, homogame Blumen mit halbverborgenem Honig. Von den
vier Nektarien sondern nur die beiden am Grunde der kürzeren Staubblätter
stehenden Honig nach innen ab, während die beiden anderen, welche zwischen
dem Grunde je zweier längerer Staubblätter stehen, nicht secernieren.

214. A. officinalis Andrz. (Sisymbrium Alliaria Scop.) [H. M.,
Befr. S. 137, 138; Weit. Beob. II. S. 202; Mac Leod, Bot. Jaarb. VI.
S. 199; Knuth, Herbstbeob.] — Der von den beiden secernierenden Honigdrüsen abgesonderte Nektar bildet zunächst vier Tröpfchen im Grunde zwischen
je einem kürzeren und einem benachbarten längeren Staubblatt und füllt endlich
die Zwischenräume zwischen den Basen der Staubblätter und dem Grunde des

Stempels aus. Da der Nektar nach innen abgesondert wird und nicht nach den Kelchblättern zu, so sind letztere nach dem Aufblühen überflüssig und fallen leicht ab. Alle Antheren springen nach innen auf, wobei diejenigen der längeren Staubblätter die Narbe so eng umschliessen, dass spontane Selbstbestäubung eintreten muss, die auch (Hildebrand, Ber. d. d. bot. Ges. 1896) von Erfolg ist. Zum Nektar vordringende oder auch Pollen fressende oder sammelnde Insekten müssen nach der Lage der Antheren und der Narbe auch gelegentlich Fremdbestäubung bewirken.

Als Besucher sahen Herm. Müller (1), Borgstette (2) und ich (!): A. Coleoptera: a) *Curculionidae*: 1. Ceutorhynchus winzige Art (1). · b) *Dermestidae*: 2. Byturus fumatus F., pfd. und sgd. (?), sehr häufig (1). c) *Nitidulidae*: 3. Epuraea (1); 4. Meligethes, häufig (1). B. Diptera: a) *Bibionidae*: 5. Dilophus vulgaris Mg. ♂, sgd. (?), (1). b) *Empidae*: 6. Empis nigricans Fall., sgd., häufig (1); 7. E. punctata F., sgd. (1). c) *Muscidae*: 8. Anthomyia, sgd. (1); 9. Sepsis sp. (1). d) *Syrphidae*: 10. Rhingia rostrata L., sgd. (1); 11. Syrphus decorus Mg. (2). C. Hymenoptera: *Apidae*: 12. Anthrena nitida Fourc. ♀, sgd. (1); 13. Apis mellifica L. ♀, sgd. (1, !). Rössler bemerkte bei Wiesbaden den Falter Adela rufimitrella Scop.

Verhoeff beobachtete auf Norderney: A. Coleoptera: a) *Nitidulidae*: 1. Meligethes brassicae Scop. b) *Staphylinidae*: 2. Tachyporus obtusus L. B. Diptera: a) *Muscidae*: 3. Anthomyia spec. b) *Syrphidae*: 4. Platycheirus peltatus Mg. 1 ♂, pfd. C. Lepidoptera: a) *Tineidae*: 5. Adela cuprella Thbg. ♀.

Ducke beobachtete bei Triest Anthrena tscheki Mor. ♀.

In Dumfriesshire (Schottland) (Scott-Elliot, Flora S. 14) sind 1 Käfer, 1 Empide, 2 Musciden und 2 Schwebfliegen als Besucher beobachtet.

51. Braya Sternberg et Hoppe.

Kleine gelbe oder weisse Blumen mit halbverborgenem Honig.

215. B. alpina Sternb. [Kerner, Pflanzenleben II. S. 248.] — Wie bei Malcolmia werden die Insekten durch zwei Gruppen aufrecht abstehender, starrer, spitzer, am Fruchtknoten sitzender Börstchen auf den Weg zum Honig verwiesen, wobei sie mit dem Rüssel und Kopf die pollenbedeckten Antheren streifen müssen. Die Narbe ist vor den Staubblättern entwickelt und ist sofort sichtbar, sobald die Kronblätter der aufblühenden Knospe sich etwas auseinander schieben. — Nach Ekstam sind auf Nowaja Semlja die geruchlosen Blüten homogam oder schwach protogyn-homogam. Selbstbestäubung ist möglich.

52. Erysimum L.

Gelbe, homogame oder protogyne Blumen mit halbverborgenem Honig. Zwei oder vier Nektarien.

216. E. cheiranthoides L. [H. M., Weit. Beob. II. S. 203, 204; Kirchner, Flora S. 295.] — Von den vier Nektarien befinden sich zwei rudimentäre zwischen den Wurzeln der längeren Staubblattpaare, während die beiden secernierenden an der Innenseite des Grundes der beiden kürzeren Staubblätter sitzen. Dieselben bereiten soviel Nektar, dass dieser jederseits den Raum zwischen dem Grunde der kürzeren und der benachbarten längeren Staubblätter und dem Fruchtknoten ausfüllt. Alle Antheren kehren die aufgesprungene, pollenbedeckte Seite nach innen, wobei sich jedoch die kürzeren Staubblätter nach aussen biegen, dadurch den Zugang zum Nektar frei machen und so Fremdbestäubung durch besuchende Insekten ermöglichen, während die vier längeren die Narbe umgeben und bei ausbleibendem Besuche spontane Selbstbestäubung sichern.

Als Besucher sah Buddeberg in Nassau eine kurzrüsselige Biene (Panurgus calcaratus Scop.) sgd. Loew beobachtete in Schlesien (Beiträge S. 30): Vanessa urticae L., sgd.; Mac Leod in Flandern 1 kurzrüsselige Biene, 1 Schwebfliege, 1 Muscide. (Bot. Jaarb. VI. S. 198, 199.)

217. E. helveticum DC. [H. M., Alpenbl. S. 150.] Die homogamen Blumen sah Herm. Müller von Musciden, drei Käfern, vier Faltern besucht.

218. E. orientale R. Br. [Knuth, Herbstbeob.] sah ich im botanischen Garten zu Kiel von saugenden Schwebfliegen (Eristalis sp., Platicheirus sp., Syritta pipiens L., Syrphus balteatus Deg.) und Faltern (Pieris napi L.) besucht. Nach Warnstorf (Bot. V. Brand. Bd. 38) sind die gelblich-weissen, elliptischen, warzigen Pollenkörner 30—37 μ lang und 18—21 μ breit.

219. E. aureum Breb. ist selbstfertil. (Comes, Ult. stud.)

220. E. crepidifolium Rchb. [Schulz, Beitr. II. S. 14, 15.] — Der Grund der kürzeren Staubblätter ist von einem vier- oder mehreckigen, honigabsondernden Wulste umgeben; auch vor den Wurzeln jedes Paares der längeren Staubblätter stehen drei schräg aufwärts gerichtete, secernierende Fortsätze, deren mittlerer sich gerade vor dem Spalt zwischen den beiden Staubfäden befindet. Die Narbe ist sofort nach dem Aufblühen reif; sie überragt anfangs die längeren Staubblätter um etwa 3 mm. Später strecken sich die Filamente, so dass die Antheren die Narbe erreichen, doch springen die Staubbeutel erst ganz zuletzt auf, so dass anfangs nur Fremdbestäubung und erst gegen Ende der Blütezeit Selbstbestäubung möglich ist. — Als Besucher der leuchtend gelben Blüten sah Schulz Schmetterlinge, Bienen und Fliegen, sowie zahllose kleine Käfer (Meligethes); dieselben bewirken wohl vielfach neben Fremdbestäubung auch Selbstbestäubung.

53. Brassica L.

Homogame oder schwach protogyne, gelbe, meist zu grossen Ständen vereinigte, daher ziemlich augenfällige Blumen mit halbverborgenem Nektar. Vier Nektarien, von denen zwei an der Innenseite der beiden kürzeren und zwei zwischen je zwei längeren Staubblättern sitzen.

221. B. oleracea L. [H. M., Befr. S. 139. 140; Weit. Beob. II. S. 204; Kirchner, Flora S. 297; Cobelli, Brass. oler; Knuth, Helgoland; Ndfr. Ins.; Weit. Beob. S. 231.] — Die hellgelben, nach Kerner von 8 Uhr morgens bis 9 Uhr abends geöffneten Blüten besitzen vier Honigdrüsen, von denen sich zwei an der Innenseite der Wurzel der kürzeren Staubblätter befinden, die beiden andern zwischen den Wurzeln je zweier längerer. Die von den ersteren ausgesonderten Nektartropfen verbreiten sich zwischen je drei benachbarten Staubblättern und dem Fruchtknoten, die von den beiden anderen ausgeschiedenen sitzen an der Aussenseite

zwischen je zwei dicht nebeneinander stehenden längeren Staubblättern und
schwellen, nach Müller, bisweilen bis zur Berührung mit dem dahinter stehenden
Kelchblatte an; nach Jordan secernieren sie dagegen nicht. Die beiden kürzeren Staubblätter sind meist kürzer, bisweilen so lang wie das Fruchtblatt; sie
biegen sich von demselben nach aussen ab, indem die pollenbedeckte Seite der
Antheren sich dabei nach innen wendet. Die vier längeren Staubblätter entfernen
sich nicht von der Blütenmitte, aber sie machen eine viertel oder halbe Drehung,
so dass die pollenbedeckte Seite ihrer Antheren den kürzeren Staubblättern zugewendet oder ganz nach aussen gerichtet ist. Mit dieser Darstellung Herm.
Müllers fand ich auch die Blüteneinrichtung des „wilden" Kohl von Helgoland
übereinstimmend. Es bewirken daher Insekten, welche zu dem von den innen
liegenden Nektarien abgesonderten Honig vordringen, vorwiegend Fremdbestäubung.
Der Nektar der anderen Drüsen kann ohne Berührung der Narbe gewonnen werden.
Diese sind also wohl für die Befruchtung nutzlos, was die oben erwähnte Bemerkung Jordans zu bestätigen scheint. Bei ausbleibendem Besuche krümmt sich
der obere Teil der längeren Staubblätter meist soweit nach der Narbe zu, dass
eine Berührung und somit spontane Selbstbestäubung eintritt. Nach Lund
und Kjaerskou (B. Jb. 1885. I. S. 753) ist letztere zwar von Erfolg, doch
sind die zahlreich hervorgebrachten Früchte meist nicht so reich an Samen wie
die durch Kreuzung befruchteten.

Unter den Besuchern nimmt die Honigbiene eine erste Stelle ein;
ausser ihr beobachtete ich besonders auf Helgoland den Kohlweissling (Pieris
brassicae L.)[1]. Auf den nordfriesischen Inseln sah ich ausserdem verschiedene
pollenfressende und saugende Syrphiden (Helophilus, Eristalis, Syrphus, Rhingia),
sowie die Erdhummel sgd. Überall tritt auch ein kleiner Käfer (Meligethes)
pollenfressend und Kronblätter annagend auf, meist ohne der Blume zu nutzen.

Als Besucher des Kohls beobachteten Herm. Müller (1) und Buddeberg (2):
A. Coleoptera: *Nitidulidae*: 1. Meligethes, sehr zahlreich, Pollen oder andere
Blumenteile fressend (1). B. Hymenoptera: a) *Apidae*: 2. Anthrena fulvescens Sm.
♀, psd. (2); 3. A. fulvicrus K. ♀, psd. (1); 4. A. nana K. ♂, sgd. (1); 5. A. gwynana
K. ♀, sgd. und psd. (1); 6. A. nigroaenea K. ♀, sgd. (1); 7. Apis mellifica L. ⚥, sgd. und
psd. (1); 8. Halictus cylindricus K. ♀ (1); 9. H. morio F. ♀, psd. und sgd. (2); 10. Osmia
rufa L. ♂, sgd. (2). C. Thysanoptera: 11. Thrips häufig (1).

Alfken und Höppner (H.) beobachteten bei Bremen: Apidae: 1. Anthrena
albicans Müll. ♀, n. slt.; 2. A. humilis Imh. ♂ (H.); 3. A. argentata K. ♀, slt.; 4. A.
carbonaria L. ♀, slt.; 5. A. convexiuscula K. ♀, slt.; 6. A. nigroaenea K. ♀, n. slt.;
7. A. propinqua Schk. ♀ (H.); 8. Bombus agrorum F. ♀, slt.; 9. B. derhamellus K. ♀,
slt.; 10. B. silvarum L. ♀, slt.; 11. Halictus calceatus Scop. ♀, s. hfg.; 12. H. flavipes
F. ♀, hfg.; 13. H. levis K. ♀, slt.; 14. H. minutus K. ♀, slt.; 15. H. nitidiusculus K. ♀,
hfg.; 16. H. punctulatus K. ♀, hfg.; 17. H. rubicundus Chr. ♀, hfg.; 18. H. sexnotatulus
Nyl. ♀, s. slt.; 19. Nomada succincta Pz. ♀ ♂, sgd.; 20. O. rufa L. ♀ ♂, n. slt.;
21. Podalirius retusus L. ♀ ♂, slt.

Leege beobachtete auf Juist: Hymenoptera: a) *Apidae*: 1. Colletes cunicularis L.; 2. Osmia maritima Friese ♂, hfg., sgd.

---

[1] Nach Fertigstellung des Manuskripts sah ich am 5. Juni 1897 als häufigen
Besucher des wilden Kohls auf Helgoland eine Biene, Anthrena carbonaria L., sgd., deren
Grössenverhältnisse denjenigen der Blüte entspricht.

Loew beobachtete im botanischen Garten zu Berlin: Hymenoptera: *Apidae*:
1. Anthophora carbonaria L. ♂, sgd.; 2. Anthrena extricata Sm. ♀, psd.; 3. Bombus
agrorum F. ♀, sgd. und psd.; 4. B. lapidarius L. ♀. sgd.; 5. B. terrester L. ♀ ♂. sgd.
und psd.; 6. Osmia rufa L. ♂, sgd.; Mac Leod in Flandern 6 langrüsselige, 8 kurzrüsselige Bienen, 8 Schwebfliegen, 2 Musciden, 3 Falter, 1 Käfer (Bot. Jaarb. VI. S. 204.);
Schletterer bei Pola die beiden Furchenbienen 1. Halictus calceatus Scop.; 2. H. fasciatellus Schck.

Cobelli (Verh. der zool.-bot. Ges. zu Wien 1889) beobachtete bei
Roveredo auf den Blüten der Var. sabauda 50 Apiden aus den Gattungen:
Anthrena, Anthophora, Apis, Bombus, Chalicodoma, Chelostoma, Eucera, Halictus,
Melecta, Nomada, Osmia, Xylocopa, während die später blühende Var. botrytis-
asparagoides nur von 11 Apiden-Arten, die auch in geringer Individuenzahl
auftraten, besucht wurde.

222. B. Rapa L. [Kirchner, Flora S. 298; Schulz, Beitr. I. S. 3, 4;
Mac Leod, B. Jaarb. VI. 204—205; Knuth, Ndfr. Ins. S. 27, 28.] — Die goldgelben, schwach protogynen Blumen stimmen in Bezug auf die Anzahl und die Lage
der Nektarien mit der vorigen Art überein, doch trennen sich, nach Kirchner,
die an der Innenseite der kürzeren Staubblätter liegenden und reichlichen Nektar
absondernden mitunter in zwei Höcker. Wenn die Blüten sich öffnen, sind die
Antheren noch geschlossen, und es liegen die der vier längeren Staubblätter der
bereits entwickelten Narbe dicht an. Noch bevor die Kronblätter sich völlig auseinander gebreitet haben, springen die Staubbeutel auf, wobei die Filamente eine
halbe Umdrehung machen, so dass ihre pollenbedeckten Seiten nach aussen gerichtet sind. Nach Schulz vollführen sie bisweilen jedoch nur eine viertel Drehung.
Die Antheren der kürzeren Staubblätter bleiben mit der pollenbedeckten Seite
der Narbe zugewandt, stehen aber 2—3½ mm tiefer als diese. Beim Abblühen
krümmen sich die längeren, die Narbe ein wenig überragenden Antheren so,
dass spontane Selbstbestäubung stattfinden kann, die nach Kirchner und
Hildebrand (Geschl. S. 70) von Erfolg ist, während Lund und Kjaerskou
(a. a. O.), sowie Focke die Pflanze als selbststeril bezeichnen. Besuchende Insekten werden, wie bei voriger Art vorwiegend Fremdbestäubung bewirken,
welche grosse Fruchtbarkeit zur Folge hat.

Als Besucher sah ich bei Kiel ausser der Honigbiene (sgd. und psd.) auch
pollenfressende Schwebfliegen (Helophilus pendulus L., Syritta, Eristalis tenax L. und
nemorum L., Syrphus), sowie als unnützen Blumengast Meligethes.

Krieger beobachtete bei Leipzig Prosopis communis Nyl.

Schmiedeknecht in Thüringen die Apiden: 1. Anthrena flessae Pz.; 2. A. floricola Ev.; 3. A. dorsata K.; 4. Osmia bicolor Schrk. ♀; 5. O. rufa L. und giebt für
Florenz nach Piccioli als Besucher 6. Anthrena florentina Magr. an.

Schenck bemerkte in Nassau die Apiden: 1. Anthrena albicans Müll.; 2. A. chrysosceles K.; 3. A. cineraria L.; 4. A. combinata Chr.; 5. A. convexiuscula K.; 6. A. extricata Sm.; 7. A. flavipes F.; 8. A. floricola Ev.; 9. A. gwynana K.; 10. A. parvula K.;
11. A. propinqua Schck.; 12. A. punctulata Schck.; 13. A. nitida Fourcr.; 14. A. trimmerana K.; 15. Halictus albipes F.; 16. H. interruptus Pz. ♀; 17. Nomada alternata K.;
18. N. succincta Pz.; 19. N. xanthosticta K.; 20. Osmia bicolor Schrck.

223. B. Napus L. [H. M., Weit. Beob. II. S. 204; Kirchner, Flora
S. 299; Knuth, Ndfr. Ins. S. 28.] — Die goldgelben, schwach protogynen

Blüten stimmen in ihrer Einrichtung ganz mit derjenigen der vorigen Art überein. Nach Kirchner ist aber die Protogynie etwas ausgeprägter, da die an der Spitze einen kleinen roten Punkt tragenden Antheren erst ein wenig nach dem Öffnen der Blüte aufspringen. Die Blüten sind etwas grösser als bei voriger Art, doch stehen sie infolge der Verlängerung der Blütenstandsachse etwas lockerer.

Als Besucher sah ich dieselben Besucher wie bei voriger Art.

Wüstnei beobachtete auf der Insel Alsen Anthrena carbonaria L. als Besucher; Alfken bei Bremen (auf B. Napus u. Rapa): A. Diptera: *Syrphidae*: 1. Orthoneura nobilis Fall.; 2. Platycheirus albimanus F.; 3. Syrphus venustus Mg., s. hfg. B. Hymenoptera: *Apidae*: 4. Anthrena albicrus K. ♀, hfg.; 5. A. argentata Smith ♀; 6. A. carbonaria L. ♀ ♂, slt.; 7. A. cineraria L. ♀, slt.; 8. A. cingulata F. ♀, slt.; 9. A. flavipes Pz. ♀, hfg.; 10. A. fucata Smith ♀, slt.; 11. A. nigroaenea K. ♀, n. slt.; 12. A. parvula K. ♀, s. hfg.; 13. A. propinqua Schck. ♀ ♂, s. hfg.; 14. A. tibialis K. ♀, slt.; 15. Eriades florisomnis L. ♀ ♂, slt.; 16. Halictus calceatus Scop. ♀, s. hfg.; 17. H. flavipes F. ♀, hfg.; 18. H. leucopus K. ♀, slt.; 19. H. nitidiusculus K. ♀, n. slt.; 20. H. rubicundus Chr. ♀; hfg.; 21. H. sexnotatulus Nyl. ♀, slt.; 22. Nomada bifida Ths. ♀, slt.; 23. N. lineola Pz. ♀, sgd., slt.; 24. N. ruficornis L. var. flava Pz. ♀, slt.; 25. Osmia rufa L. ♀ ♂, hfg.; 26. Podalirius acervorum L. ♀, slt.; 27. P. retusus L. ♀ ♂, hfg. Schmiedeknecht sah in Thüringen Osmia bicolor Schrk. ♀.

Mac Leod beobachtete in Flandern an Brassica Napus und Rapa: Apis, 1 Hummel, 6 kurzrüsselige Bienen, 4 Schwebfliegen, 3 andere Dipteren, 2 Falter, 1 Käfer (Bot. Jaarb. VI. S. 205); de Vries in den Niederlanden die Biene Anthrena dorsata K. ♀.

224. B. nigra Koch. [Kirchner, Flora S. 299; Mac Leod, B. Jaarb. VI. S. 205—206; Knuth, Helgoland; Ndfr. Ins. S. 149.] — Der starke, kumarinartige Duft und die zahlreichen gelben Blüten locken da, wo die Pflanze, wie auf dem Oberlande von Helgoland, häufig auftritt, auch zahlreiche Insekten zum Besuche an. Der gelbe Kelch steht schräg ab, die Kronblätter stehen aufrecht, der Durchmesser der Blüte beträgt 11—12 mm. Da die grossen Staubblätter in gleicher Höhe mit der Narbe etwa 1 mm von ihr entfernt stehen, kann beim Neigen der Blumen im Winde Pollen auf die Narbe fallen, also spontane Selbstbestäubung eintreten. Sie sind den beiden kürzeren Staubblättern zugekehrt, die 2—3 mm tiefer als die Narbe stehen, also niemals Selbstbestäubung bewirken können, sondern der Fremd-bestäubung dienen, die durch zahlreiche Insekten herbeigeführt wird, welche bei der Suche nach dem im Blütengrunde abgesonderten Nektar sich bald ringsum mit Pollen bedecken, den sie dann auf die in der Blütenmitte aufragende Narbe abstreifen. Von den vier grünen, etwa gleich grossen Honigdrüsen befindet sich je eine an der Innenseite der beiden kürzeren und je eine an der Aussenseite je zweier längerer Staubblätter. Sie sondern reichlich Nektar ab. — Nach Kirchner kommen auf verschiedenen Stöcken Griffel von verschiedener Länge vor, so dass die Narben bald in der Höhe der kürzeren, bald in der Höhe der längeren Staubblätter stehen. Ich habe solche Verschiedenheiten an den von mir auf Helgoland untersuchten Pflanzen nicht bemerkt.

Als Besucher sah ich auf dieser Insel zahlreiche pollenfressende Fliegen oder pollensammelnde oder honigsaugende Bienen:

A. Diptera: a) *Muscidae*: 1. Calliphora erythrocephala Mg., s. hfg.; 2. C. vomitoria L., hfg.; 3. Coelopa frigida Fall., s. hfg.; 4. Cynomyia mortuorum L. ♂, hfg.; 5. Fucellia fucorum Fall., s. hfg.; 6. Lucilia caesar L., s. hfg; 7. Scatophaga stercoraria

L. ♀ ♂, s. hfg.; 8. mittelgrosse Musciden. b) *Syrphidae*: 9. Eristalis arbustorum L.
♀ ♂, s. hfg.; 10. E. tenax L. ♀ ♂, hfg.; 11. Helophilus trivittatus F. ♀, einzeln;
12. Syritta pipiens L., s. hfg. B. Hymenoptera: *Apidae*: 13. Anthrena carbonaria
L. ♀, 2. Generation. C. Lepidoptera: *Rhopalocera*: 14. Pieris brassicae L., einzeln.
D. Orthoptera: 15. Forficula auricularia L., sehr zahlreich, Blütenteile fressend. Sämtliche Insekten vom 8.—11. Juli 1895 auf dem Oberlande.

Verhoeff beobachtete auf Baltrum: A. Coleoptera: a) *Nitidulidae*: 1. Meligethes
brassicae Scop. b) *Scarabaeidae*: 1. Phyllopertha horticola L. B. Diptera: a) *Muscidae*:
1. Anthomyia spec.; Heinsius in Holland 1 Muscide (Scatophaga stercoraria L. ♂)
und 1 Schwebfliege (Eristalis arbustorum L. ♀) (Bot. Jaarb. IV. S. 65); H. de Vries
(Ned. Kruidk. Arch. 1877) in den Niederlanden 1 Hummel, Bombus subterraneus L. ⚥,
als Besucher.

225. B. fructicosa Cyr. ist selbstfertil. (Comes, Ult. stud.)

54. Sinapis Tourn.

Gelbe, homogame bis schwach protogyne Blumen, deren Kelchblätter bei
einigen Arten senkrecht abstehen, so dass der Honig freiliegt; bei anderen Arten
ist er dagegen völlig geborgen. Vier Nektarien von derselben Lage wie bei Brassica.

226. S. arvensis L. [H. M., Befr. S. 140; Weit. Beob. II. S. 204, 205;
Knuth, Ndfr. Ins. S. 28, 149; Rügen; Kirchner, Flora S. 299, 300.] —
Da die Kelchblätter wagerecht abstehen, sind die Honigdrüsen zwar von aussen
sichtbar und zugänglich, doch stehen die Blüten so dicht zusammen, dass die
besuchenden Insekten bequemer den Rüssel zwischen den Staubblättern hindurch
zum Nektar vorschieben, was auch regelmässig geschieht. Die Antheren der
längeren Staubblätter drehen anfangs die aufgesprungene Seite den benachbarten
kürzeren Staubblättern zu, am dritten Blühtage aber kehren sie die pollenbedeckte
Seite nach oben und krümmen die Fäden abwärts, wobei, falls der Pollen noch
nicht von besuchenden und dabei die Bestäubung vermittelnden Insekten abgestreift ist, die zwischen die Antheren in die Höhe rückende Narbe von selbst
damit belegt wird. — Eggers beobachtete (nach Hansgirg) Pseudokleisto-
gamie. Nach Jordan secernieren in der Regel nur die beiden vor den kürzeren
Staubblättern stehenden Nektarien. Nach Kerner sind die Blüten protogyn.
Nach Warnstorf (Bot. V. Brand. Bd. 37) in den Pollen gelb, brotförmig,
mit regelmässigen, zarten, gefelderten Leisten.

Als Besucher beobachteten Herm. Müller (1), Buddeberg (2) und ich (!)
folgende Insekten:

A. Coleoptera: a) *Alleculidae*: 1. Gonodera murina L. (1). b) *Cerambycidae*:
2. Leptura livida F., Antheren fressend (1); 3. Strangalia nigra L., w. v. (1). c) *Coccinellidae*:
4. Coccinella 7 punctata L., hld. (1). d) *Nitidulidae*: 5. Meligethes sp., häufig (1, !).
e) *Scarabaeidae*: 6. Phyllopertha horticola L., Blütenteile abweidend (1). B. Diptera:
a) *Conopidae*: 7. Dalmannia punctata F., sgd. (1); 8. Myopa buccata L., sgd. (1). b) *Empidae*: 9. Empis sp., sgd. (1). c) *Muscidae*: 10. Lucilia sp., pfd. (1); 11. Scatophaga merdaria F. (1); 12. Sc. stercoraria L., pfd. (1). d) *Syrphidae*: 13. Chrysogaster macquarti
Loew, pfd. (1); 14. Eristalis aeneus Scop., sgd. und pfd. (1); 15. E. arbustorum L., zahlreich, w. v. (1); 16. E. pertinax Scop., nicht selten, w. v. (1); 17. E. sepulcralis L., w. v. (1);
18. E. tenax L., dgl. (!); 19. Rhingia rostrata L., sgd. und pfd. (1); 20. Syritta pipiens L., pfd.
(1); 21. Syrphus umbellatarum F., dgl. (!). C. Hemiptera: *Pentatomidae*: 22. Eurydema
ornatum L., Blütenteile anbohrend und sgd. (2). D. Hymenoptera: a) *Apidae*: 23. An-

threna albicrus K. ♂, sgd., in Mehrzahl (1); 24. A. cingulata F. ♂, sgd. (1); 25. A. dorsata K. ♀, sgd. und pfd. (1); 26. A. nana K. ♂, sgd. (1); 27. Apis mellifica L. ♀, sgd., häufig (1, !); 28. Bombus lapidarius L. ♀, sgd. (1); 29. Eriades nigricornis Nyl. ♂, sgd. (2); 30. Halictus leucozonius K. ♀, sgd. (1); 31. H. malachurus K. ♀, sgd. und psd. (1); 32. H. sexnotatus K. ♀, sgd., einzeln (1); 33. H. sexsignatus Schenck ♀, sgd., einzeln (1); 34. Nomada alboguttata H.-Sch. var. pallescens H.-Sch. ♀, sgd., häufig (1); 35. Prosopis hyalinata Sm. ♂, sgd. und psd. (1); 36. Prosopis confusa Nyl. ♀, w. v. (1). b) *Tenthredinidae*: 37. Cephus pygmaeus L., hld. und pfd. (1). C. Lepidoptera: a) *Noctuidae*: 38. Euclidia glyphica L., sgd. (1). b) *Rhopalocera*: 39. Pieris napi L. (1); 40. P. rapae L. (!), beide sgd.

Auf Helgoland beobachtete ich (Bot. Jaarb. 1896, S. 38): Diptera: a) *Muscidae*: 1. Calliphora vomitoria L., pfd. b) *Syrphidae*: 2. Eristalis tenax L., sgd.; ferner auf der Insel Rügen: A. Diptera: a) *Syrphidae*: 1. Eristalis anthophorinus Zett. ♂; 2. E. arbustorum L. ♂; 3. E. pertinax L.; 4. E. sepulcralis L.; 5. E. tenax L.; 6. Helophilus floreus L.; 7. Syrphus pyrastri L.; 8. S. ribesii L, sämtl. sgd. und pfd. b) *Tabanidae*: 9. Chrysops caecutiens L. ♂. B. Hymenoptera: *Apidae*: 10. Anthrena carbonaria L. ♀; 11. Apis mellifica L. ♀; 12. Bombus terrester L. ♀; 13. Halictus rubicundus Chr. ♀, sämtl. sgd. und psd. C. Lepidoptera: *Rhopalocera*: 14. Vanessa atalanta L.; 15. V. urticae L; 16. Pieris sp., sämtl. sgd.

Alfken beobachtete bei Bremen: *Apidae*: 1. Anthrena albicans Müll. ♀; 2. A. carbonaria L. ♀; 3. A. denticulata K. ♀; 4. A. flavipes Pz. ♀; 5. Eriades florisomnis L. ♀.

Heinsius beobachtete in Holland 2 Schwebfliegen (Eristalis arbustorum L. ♀, E. horticola Deg. ♀), 1 Falter (Pieris brassicae L. ♀), 1 kurzrüsselige Biene (Anthrena carbonaria L. ♀, häufig) und 4 langrüsselige (Podalirius acervorum L ♀, Apis mellifica L. ♀, Bombus hortorum L. ♀, B. lapidarius L. ♀) als Besucher. (Bot. Jaarb. S. 63–65.)

H. de Vries (Ned. Kruidk. Arch. 1877) beobachtete in den Niederlanden Apis mellifica L. ♀, als Besucher; Mac Leod in Flandern 5 Schwebfliegen, 1 Muscide, 1 Falter (Bot. Jaarb. VI. S. 207); Schletterer bei Pola die Blattwespe Arge cyanocrocea Forst.

227. S. Cheiranthus Koch γ. montana DC. (Brassica montana DC). [Mac Leod, Pyreneeënbl.] — Die Nägel der gelben Blumenblätter werden durch die Kelchblätter so dicht zusammengehalten, dass eine enge Kronröhre von 9—11 mm Tiefe entsteht; es ist daher der Nektar auf normalem Wege nur dem dünnen Rüssel der Falter leicht zugänglich. Von den vier Honigdrüsen sitzen zwei kleinere immer am Grunde der kürzeren Staubblätter, zwei grössere am Grunde der längeren, doch scheiden diese letzteren keinen Nektar aus und können (wie bei Diplotaxis muralis) auch von aussen durch Spalten zwischen den Kelchblättern erreicht werden. Die kleineren Honigdrüsen secernieren dagegen; sie können nur durch zwei enge Zugänge an beiden Seiten der Narbe erreicht werden. Ein eingeführter dünner Insektenrüssel berührt daher zuerst die nach innen geöffneten und die Narbe etwas überragenden Antheren der vier längeren Staubblätter und dann mit der entgegengesetzten Seite die Narbe, so dass Fremdbestäubung bevorzugt ist. Später ist diese noch mehr erleichtert, indem diese Antheren ihre Pollenflächen nach oben kehren.

Einen dem Blütenbau entsprechenden Besucher beobachtete Mac Leod in den Pyrenäen, nämlich einen Tagfalter: Anthocharis belia Cr. var. simplonia Freyer, sgd.

228. S. alba L. [Hildebrand, Bot. Jahrbücher 12, S. 26; Kirchner, Beitr. S. 22, 23.] — Die dichtgedrängten, goldgelben Blumen haben einen vanilleartigen Duft. Die Kronblätter breiten auf 5 mm langen, anfangs aufrecht stehenden Nägeln ihre Platten flach aus, so dass der Blütendurchmesser 15 mm beträgt. Die Narbe und die Antheren der längeren Staubblätter überragen die Kronblätter um 2—3 mm. Spontane Selbstbestäubung findet jedoch nicht statt, weil die Antheren die aufgesprungene Seite von der Narbe ab nach aussen wenden. Die beiden kürzeren Staubblätter stehen um 3—4 mm tiefer; ihre pollenbedeckte Seite ist nach innen gerichtet. Von den vier Nektarien stehen zwei innen am Grunde der längeren Staubblätter.

Als Besucher beobachtete ich an kultivierten Pflanzen bei Kiel die Honigbiene sgd., sowie eine Syrphide (Eristalis tenax L.) pfd.

55. Erucastrum Prsl.

Gelbliche, homogame bis schwach protogyne Blumen mit freiliegendem Honig. 4 Nektarien.

229. E. obtusangulum Rchb. [Kirchner, Beitr. S. 22, 23.] — Die Kelchblätter der Pflanzen bei Zermatt stehen, wie bei Sinapis arvensis, senkrecht ab; es würde daher der Nektar von den besuchenden Insekten wieder von aussen erreichbar sein, doch stehen auch hier die Blüten wieder so dicht zusammen, dass es für die Kerfe bequemer ist, den Honig von oben her auszubeuten. Derselbe wird von vier Nektarien abgesondert von denen, nach Velenovskýs Abbildung, zwei breite und flache an der Innenseite der Wurzeln der beiden kürzeren Staubblätter stehend, zwischen den Nägeln der Kronblätter hervortreten. Letztere sind 5 mm lang, aufwärts gerichtet und seitlich aneinander schliessend. Ihre Platten breiten sich so aus, dass der Blütendurchmesser etwa 12 mm beträgt. Die Antheren tragen vor ihrem Aufspringen an der Spitze einen dunkelroten Fleck. Sie wenden sämtlich ihre geöffnete Seite nach innen, sind aber sämtlich von der gleichzeitig entwickelten, dicht über dem Blüteneingange stehenden Narbe entfernt, so dass bei der aufrechten Stellung der Blüten spontane Selbstbestäubung in der Regel nicht eintreten kann. Die Antheren der längeren Staubblätter stehen mit ihren unteren Enden mit der Narbe in gleicher Höhe, die der beiden kürzeren etwas tiefer als letztere.

Mac Leod beobachtete in den Pyrenäen 6 Bienen, 6 Falter, 1 Käfer, 5 Syrphiden, 1 Bombylide, 1 Muscide als Besucher. (A. a. O. S. 392.)

56. Diplotaxis DC.

Gelbe, ziemlich grosse, wohlriechende, homogame Blumen mit halbverborgenem Honig. Vier Nektardrüsen.

230. D. tenuifolia DC. [Mac Leod, Untersuchungen II.; Kirchner, Flora S. 301; Schulz, Beitr. II. S. 15; H. M., Alpenbl. S. 150.] — Von den vier Nektarien secernieren nur die zwei kleineren, innen am Grunde der beiden kürzeren Staubblätter stehenden; die beiden anderen sind viel grösser, sie sitzen aussen zwischen den Wurzeln je zweier längerer Staubblätter und sind schräg nach aussen gerichtet. Die zwei vor den aussondernden Drüsen befindlichen Kelchblätter stehen aufrecht, die beiden andern stehen wagerecht ab. Die kürzeren Staubblätter wenden die aufgesprungenen Seiten ihrer Antheren nach innen;

die Antheren der längeren sind den kürzeren zugekehrt. Zum Nektar vordringende Insekten bewirken daher meist Fremdbestäubung; bei ausbleibendem
Insektenbesuche erfolgt durch Berühren der Antheren und Narbe Selbstbestäubung.

Als Besucher sah H. Müller in den Alpen 2 Musciden, 2 Apiden (Halictus)
und einen Falter; Schulz beobachtete zahlreiche Fliegen und Falter, seltener Hautflügler und Käfer; Mac Leod in Flandern 2 Schwebfliegen, 1 Falter (Bot. Jaarb. VI.
S. 202.)

231. D. muralis DC. [Kirchner, Beitr. S. 23, 24.] — Die Blüteinein-
richtung stimmt im wesentlichen mit derjenigen der vorigen Art überein, doch
secernieren alle vier Nektarien; es stehen daher auch die vier Kelchblätter gleichmässig schräg ab. Die Blüten haben einen Durchmesser von 16—20 mm. Die
Platten der Kronblätter sind so breit, dass sie mit den Seitenrändern etwas übereinander greifen. Mit dem Öffnen der Blüte sind die Antheren aufgesprungen,
und auch die Narbe ist bereits entwickelt. Diese steht anfangs etwas tiefer
oder eben so hoch wie die Antheren der vier längeren Staubblätter. Zwar wenden diese ihre aufgesprungene Seite nach aussen ab, es tritt aber doch unvermeidlich spontane Selbstbestäubung ein, da diese Antheren fast ringsum mit
Pollen bedeckt sind und der Narbe ganz nahe stehen. Wenn die Blüten sich
vollständig ausgebreitet haben, überragt die Narbe die Antheren der längeren
Staubblätter ein wenig, so dass bei eintretendem Insektenbesuche nun Fremdbestäubung begünstigt ist. Die Antheren der beiden kürzeren Staubblätter sind
nach innen gewendet und stehen etwa 3 mm tiefer als die Antheren der längeren.

Als Besucher beobachtete Mac Leod in Flandern Apis, 1 Halictus, 4 Schwebfliegen, 1 Muscide, 1 Falter. (Bot. Jaarb. VI. S. 203.)

57. Eruca DC.

Gelbliche, grosse, homogame Blumen mit halbverborgenem Honig. Vier
Nektarien.

232. E. sativa Lam. [Hildebrand, Vergleich. Unters.; Kirchner,
Beitr. S. 21.] — Die weisslich-gelben, mit dunkelbraunen Adern gezierten Kronblätter breiten sich zu einem Kreuz von etwa 25 mm Durchmesser aus. Die
Blüten sind homogam. Die Antheren sind nach innen geöffnet und stehen dicht
an der Narbe, es ist daher spontane Selbstbestäubung unvermeidlich. Von vier
Nektarien secernieren nur die zwei grossen, flachen, an der Innenseite der
kurzen Staubblätter stehenden, während die beiden anderen aussen zwischen den
Wurzeln der beiden längeren Staubblattpaare befindlichen keinen Honig aussondern.

58. Vesicaria Lam.

Gelbe Blumen mit halbverborgenem Nektar.

233. V. artica R. Br. In Grönland beobachtete Warming noch in
700 m Höhe Fruchtansatz. Über die Blüteneinrichtung ist nichts bekannt.

234. V. utriculata L. Nach Briquet (Etudes) beträgt der Durchmesser der gelben Krone, deren Nägel mit den Kelchblättern eine innen 1—1¹/₂ mm weite Röhre bilden, 15 mm. Am Grunde der beiden kurzen Staubblätter sitzen vier Nektarien, deren Nektar sich am Grunde der bereits erwähnten Röhre befindet. Fremdbestäubung ist vorwiegend, da die Narbe die am Blüteneingange stehenden Antheren der vier längeren Staubblätter etwas überragt, was eine spontane Selbstbestäubung in der Regel unmöglich macht. Die zwei äusseren Staubblätter haben bisweilen dieselbe Länge, wie die vier inneren. Die von Kirchner (Bot. Centralbl. Bd. 69. S. 20, Anm.) untersuchten Blüten waren duftlos; sie zeigten schwache Protogynie und ihr Durchmesser betrug 15—22 mm.

59. Alyssum Tourn.

Ziemlich kleine, gelbe, homogame bis protogyne Blumen mit halbverborgenem Honig. Meist vier Nektarien. Zuweilen auch nektarlose Blumen.

235. A. calycinum L. [Kirchner, Flora S. 304; Kerner, Pflanzenleben II.; Knuth, Bijdragen.] — Der Durchmesser der kleinen, hellgelben, sich später verfärbenden, nektarlosen Blüten beträgt 1,5—2 mm. Die Kelchblätter stehen aufrecht und falten die Nägel der Kronblätter dicht zusammen. Die Antheren öffnen sich nach innen; da diejenigen der kürzeren Staubblätter mit der Narbe in gleicher Höhe stehen, die der längeren sie eben überragen, so ist spontane Selbstbestäubung unausbleiblich. Nach Kerner findet anfangs schwache Protogynie statt, so dass alsdann bei Insektenbesuch Fremdbestäubung erfolgen muss; bleibt dieser aus, so tritt gegen Ende der Blütezeit Autogamie ein, indem sich die Staubblätter gegen die Narbe biegen.

Als Besucher beobachtete ich im botan. Garten zu Kiel eine Schwebfliege: Syritta pipiens L. sgd.; H. Müller (Weit. Beob. I. S. 327) in Thüringen eine Conopide (Myopa testacea L.) sgd.

236. A. montanum L. [Kerner, Pflanzenleben II.; Schulz, Beitr. II. S. 15.] — Die ziemlich kleinen, gelben, honigduftenden, homogamen Blüten besitzen vier honigabsondernde Nektarien, von denen zwei in dem Winkel zwischen dem Grunde der kurzen Staubblätter und zwei zwischen je zwei langen Staubblättern sitzen. Die Antheren stehen meist in gleicher Höhe mit der gleichzeitig entwickelten Narbe. Bei heiterer Witterung spreizen Kron- und Staubblätter etwas, so dass alsdann bei Insektenbesuch Fremdbestäubung bevorzugt ist; bei trübem Wetter und in der Nacht liegen sie dem Fruchtblatte dicht an, so dass spontane Selbstbestäubung eintreten muss. Nach Kerner wird durch nachträgliches Wachsen der Kronblätter die Augenfälligkeit der Blütenstände bedeutend erhöht.

Als Besucher bezeichnet Schulz Fliegen. Herm. Müller beobachtete in seinem Garten: A. Coleoptera: *Telephoridae*: 1. Dasytes plumbeus Müll., häufig. B. Diptera: a) *Muscidae*: 2. Anthomyia-Arten sgd., zahlreich; 3. Lucilia cornicina F., andauernd sgd. b) *Syrphidae*: 4. Eristalis sepulcralis L., sgd. in Mehrzahl; 5. Syritta pipiens L., sgd. und pfd., häufig. C. Hymenoptera: a) *Apidae*: 6. Halictus nitidiusculus K. ♀, sgd. und psd., häufig; 7. Nomada ruficornis L., sgd.; 8. Prosopis ♂, in Mehrzahl sgd. b) *Sphegidae*: 9. Cerceris rybiensis L., sgd., nicht selten.

Friese beobachtete in Ungarn die seltene Anthrena tscheki Mor. = nigrifrons Smith; Ducke bei Triest die Erdbienen: Anthrena tscheki Mor. ♀ und A. (Biareolina) neglecta Dours ♂ als Besucher.

237. A. alpestre L. [Kirchner, Beitr. S. 25, 26.] — Die honigduftenden, homogamen Blüten sind an den Pflanzen der gelben Wand von Zermatt goldgelb; ihr Durchmesser beträgt 3—4 mm. Die vier Nektarien sitzen zu beiden Seiten des Grundes der zwei kurzen Staubblätter. Die Antheren der vier längeren Staubblätter stehen in gleicher Höhe mit der gleichzeitig entwickelten Narbe etwa 1 mm oberhalb des Blüteneinganges. Die Antheren der zwei kurzen Staubblätter stehen in demselben. Die Antheren springen nach innen auf und bleiben auch in dieser Lage, doch sind sie von der Narbe so weit entfernt, dass spontane Selbstbestäubung nicht völlig gesichert ist.

238. A. saxatile L. Loew beobachtete im botanischen Garten zu Berlin; Diptera: *Syrphidae*: Eristalis sepulcralis L. sgd.

239. Aubrietia Columnae Guss. sah Loew im botanischen Garten zu Berlin von der Honigbiene (sgd.) besucht, ebenso

240. A. spathulata DC.

60. Berteroa DC.

Weisse, homogame Blumen mit halbverborgenem Nektar. Vier Honigdrüsen.

241. B. incana DC. [Schulz, Beiträge I. S. 4; Kirchner, Flora S. 304; Mac Leod, B. Jaarb. VI. S. 209; Warnstorf, Bot. V. Brand. Bd. 38; Knuth, Herbstb.; Bijdragen.] — Die Nektarien liegen zu je zwei an dem innern Grunde eines kurzen Staubblattes. Die Antheren der langen Staubblätter überragen die Narbe ein wenig und drehen sich gleich nach dem Aufblühen denen der kürzeren zu. Letztere stehen mit der Narbe in gleicher Höhe, sind aber infolge der Krümmung der Staubfäden ziemlich weit von ihr entfernt. Indem sich aber die Beutel der längeren Staubblätter an der Spitze etwas zu krümmen pflegen, ist spontane Selbstbestäubung leicht möglich. Der über jeder Honigdrüse freie Weg zum Nektar wird durch den Zahn der kürzeren Staubblätter eingeschränkt, so dass ein eingeführter Insektenrüssel zwischen je einem kurzen und einem benachbarten langen Staubblatt eingeführt werden muss, woraus die Drehung der längeren Staubblätter dem Blüteneingang zu ihre Erklärung findet.

Warnstorf bezeichnete die Blüten als protogyn: Narbe schon in halbgeöffneten Blüten entwickelt; die längeren Staubblätter sind um diese Zeit noch viel kürzer als der Griffel und besitzen geschlossene Antheren; beim Ausbreiten der Blumenblätter strecken sie sich und überragen ein wenig die Narbe, so dass leicht Autogamie eintreten kann. Pollen gelb, brotförmig, dicht warzig, etwa 35 μ lang und 15 μ breit.

Als Besucher und Befruchter sah ich an Gartenexemplaren bei Kiel saugende Schwebfliegen (Eristalis arbustorum L., E. nemorum L., Rhingia rostrata L., Syritta pipiens L., Syrphus ribesii L.) und Falter (Vanessa io. L.); Warnstorf bei Ruppin Bienen; Alfken bei Bremen: *Apidae*: Halictus brevicornis Schck. ♀, sgd.

61. Lunaria L.

Grosse, violette, homogame Blumen mit verborgenem Honig.

242. L. annua -L. (L. biennis Mnch.) [Knuth, Bijdragen; Bot. Centralbl. Bd. 70. S. 339, 340.] — Die Blüteneinrichtung hat mit derjenigen von Matthiola incana eine grosse Ähnlichkeit, doch ist die Kronröhre nur 10 mm lang, so dass der Nektar kürzerrüsseligen Insekten zugänglich ist. Der Kelch ist am Grunde tiefherzförmig und schliesst dicht zusammen, so dass die Nägel der violetten, duftlosen Kronblätter zu einer Röhre vereinigt sind. Die Antheren der vier längeren Staubblätter ragen zur Hälfte aus dem Blütenein-

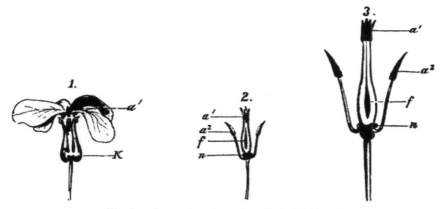

Fig. 31. **Lunaria annua L.** (Nach der Natur.)

1. Blüte in natürlicher Grösse. *K* Ausbuchtung des Kelchgrundes. *a'* die halb aus der Blüten-öffnung hervorragenden Antheren der 4 längeren Staubblätter. *2.* Staubblätter und Stempel nach der Entfernung von Kelch und Blumenkrone, die kürzeren Staubblätter daher ausein-anderspreizend, in natürlicher Grösse. *a¹* Antheren der längeren Staubblätter. *a²* Antheren eines kürzeren Staubblattes. *f* Der untere Teil des zwischen den zusammenschliessenden Staubfäden der längeren Staubblätter sichtbaren Stempels. (Narbe verborgen.) *n* Nektarium mit Honigtropfen. *3.* Wie vorige, aber in zweifacher Vergrösserung.

gänge hervor und kehren ihre pollenbedeckten, dicht aneinander liegenden Seiten nach innen. Es kann daher auch hier durch Pollenfall spontan oder bei Insektenbesuch Selbstbestäubung eintreten. Die beiden kürzeren Staub-blätter neigen am Grunde bogig ab und lassen auf diese Weise Platz für die an ihrer Innenseite gelegenen Nektarien und die von diesen abgesonderten grossen Nektartropfen. Die Antheren der beiden kürzeren Staubblätter sind zwar, wie die der beiden längeren, mit der Narbe gleichzeitig entwickelt, kehren ihr auch die aufgesprungene Seite zu, trotzdem ist aber durch den Pollen der kürzeren Staubblätter kaum Selbstbestäubung möglich, da die Fila-mente der vier längeren Staubblätter den Stempel dicht umgeben und so die Narbe vor Berührung mit den Antheren der zwei kürzeren schützen. Bei Besuch weiterer Blüten wird dieser Pollen dann zwischen den auseinandergedrängten

Filamenten der längeren Staubblätter auf die Narbe gebracht und so Fremdbestäubung bewirkt.

Die Rüssel der zum Nektar vordringenden Insekten bedecken sich mit
dem Pollen der beiden kürzeren Staubblätter, da das Saugorgan zwischen der
Aussenseite der längeren und der Innenseite der kürzeren Staubblätter vorge-
schoben werden muss. Zum Ausbeuten des Nektars ist zwar ein 10 mm langer
Rüssel erforderlich, doch genügt schon ein halb so langer, um den Honig zu
erreichen, da dieser bis in die Mitte der Kronröhre emporsteigt.

Pollensammelnde oder -fressende kleine Insekten können Blütenstaub nur
von den aus der Blüte etwas hervorragenden Antheren der vier längeren Staubblätter erhalten und können dabei durch Hinabstossen von Pollen auf die Narbe
Selbstbestäubung herbeiführen. Letztere erfolgt bei ausbleibendem Insektenbesuche spontan durch Pollenfall.

Als Besucher beobachtete ich im Garten der Ober-Realschule zu Kiel
honigsaugende Tagfalter (Vanessa urticae L. und Pieris brassicae L. ♂)
regelmässig von Blüte zu Blüte fliegend und dabei Fremdbestäubung herbeiführend; ebenso die langrüsseligste unserer Frühlingsbienen: Anthophora pilipes F. ♂,
sgd., sowie Bombus lapidarius L. ♀ ⚥. Auch mehrere Exemplare der Honigbiene
bemühten sich, andauernd zu saugen, und da sie gleichfalls zahlreiche Blüten
nach einander besuchten und ich die Saugbewegung wahrnehmen konnte, so
ergiebt sich, dass sie mit ihrem nur 6 mm langen Rüssel gleichfalls den Nektar
erreichten und in derselben Weise Fremdbestäubung herbeiführten wie die Falter.
Eine kleine pollensammelnde Biene (Anthrena gwynana K. ♀) bewirkte
gelegentliche Selbstbestäubung, ebenso eine pollenfressende Schwebfliege (Syritta
pipiens L.).

243. L. rediviva L. sah Loew im bot. Garten zu Berlin von der
Honigbiene (sgd.) besucht.

62. Schievereckia Andr.

Blumen mit halbverborgenem Honig. 4 Nektarien.

244. Sch. podolica Andrz. [Kerner, Pflanzenleben II. S. 171, 337.] —
Zu jeder Seite des Grundes der beiden kürzeren Staubblätter liegt ein Nektarium.
In den Blüten ist durch Protogynie anfangs Selbstbestäubung verhindert. Auch
noch nach dem Aufspringen der Antheren ist diese zunächst ausgeschlossen,
weil die Staubblätter noch von der Narbe abstehen. Gegen Ende der Blütezeit
erfolgt jedoch Autogamie, weil sich dann die Staubblätter gegen die Blütenmitte neigen.

Als Besucher beobachtete Loew an Pflanzen des botanischen Gartens zu Berlin:
A. Coleoptera: *Nitidulidae*: 1. Meligethes aeneus F., hld. B. Diptera: *Syrphidae*:
2. Eristalis aeneus Scop., pfd. C. Hymenoptera: *Apidae*: 3. Anthrena parvula K. ♀,
sgd. und psd.; 4. Apis mellifica L. ⚥, sgd.; 5. Halictus nitidiusculus K. ♀, sgd. und psd.

63. Petrocallis R. Br.

Rosa gefärbte, homogame Blumen mit halbverborgenem Honig. 4 Nektarien.

245. P. pyrenaica R. Br. [Schulz, Beiträge II. S. 16.] — Zu beiden Seiten des Grundes jedes der 2 kürzeren Staubblätter sitzt eine reichlich seccernierende Honigdrüse. Mit der beim Aufblühen bereits empfängnisfähigen Narbe stehen die Antheren der kurzen Staubblätter in gleicher Höhe, doch findet eine Berührung nicht statt, da die Staubfäden am Grunde kreisförmig nach aussen gerichtet sind. Diejenigen der längeren Staubblätter sind bis zur Mitte gleichlaufend, worauf sie sich nach aussen wenden. Ihre abwärts gerichteten Antheren stehen alsdann fast über denjenigen der kürzeren Staubblätter; sie können leicht spontane Selbstbestäubung herbeiführen.

Als Besucher sah Schulz in Tirol zahlreiche Fliegen und Falter, welche neben der Fremdbestäubung in vielen Fällen auch Selbstbestäubung bewirken können.

64. Erophila DC.

Kleine, weisse, homogame bis schwach protogyne Blumen mit halbverborgenem Honig. 4 Nektarien.

246. E. verna E. Meyer. (Draba verna L.) [H. M., Befr. S. 135; Weit. Beob. I. S. 327; Hildebrand, Geschl. S. 70; Kerner, Pflanzenleben II.; Kirchner, Flora S. 305; Knuth, Ndfr. Ins. S. 28.] — Die 4 kleinen, grünen Nektarien sitzen jederseits am Grunde der beiden kürzeren Staubblätter. Die 4 längeren Staubblätter stehen mit ihren pollenbedeckten Seiten dicht an der mit ihnen gleichzeitig entwickelten Narbe und entlassen bei leichter Erschütterung ein Wölkchen Blütenstaub, so dass spontane Selbstbestäubung unausbleiblich ist. Letztere ist nach den Versuchen von Hildebrand von Erfolg. Die Antheren der kürzeren Staubblätter stehen tiefer als die Narbe, dienen also der Fremdbestäubung. Während Müller Homogamie feststellte, sind nach Kerner die Blumen beim Aufblühen protogyn, doch springen schon an ·demselben Tage die Antheren auf, und es tritt dadurch spontane Selbstbestäubung ein, dass sich die Staubblätter der Blütenmitte zubiegen. Nach dem letzteren Forscher vergrössern sich die Kronblätter während des Aufblühens stark. Die Blüten öffnen sich nach demselben morgens um 9 Uhr und schliessen sich nachmittags um 6 Uhr.

Jordan unterscheidet kurzfrüchtige und langfrüchtige Erophila-Formen oder -Arten. Erstere sind so gebaut, wie oben geschildert; bei letzterem überragt die Narbe die Antheren, und es unterbleibt daher häufig die Fruchtbildung.

Infolge der Kleinheit der Blüten ist der Insektenbesuch ein sehr geringer. Ich sah bei Kiel nur die Honigbiene sgd. und psd. H. Müller sah in Westfalen ausser dieser noch zwei kleine kurzrüsselige Bienen (Anthrena parvula K. ♀ und Halictus sp.) sgd., sowie einige pollenfressende Musciden (Anthomyia sp.; Hylemyia cinerella Mg.; Sarcophaga carnaria L.).

Alfken beobachtete bei Bremen: *Apidae*: 1. Anthrena parvula K. ♀ psd. und sgd., ♂ sgd.; 2. Apis mellifica L. ⚥, sgd. und psd.; 3. Bombus terrester L. ♀, sgd.; 4. Halictus calceatus Scop. ♀, sgd. und psd.; 5. H. morio F. ♀, sgd. und psd.; 6. Halictus nitidiusculus K. ♀, sgd. und psd. *Muscidae*: 7. Musca domestica L. ♂, sgd. Mac Leod sah in Flandern 2 Musciden (B. Jaarb. VI. S. 210); Burkill (Fert. of Spring Fl.) an der Küste von Yorkshire eine sehr kleine kurzrüsselige Diptere, honigsaugend.

Iu Dumfriesshire (Schottland) (Scott-Elliot, Flora S. 17) sind 1 Käfer und 2 Fliegen als Besucher beobachtet.

65. Draba L.

Kleine weisse oder gelbe, homogame oder protogyne Blumen mit halb- bis ganzverborgenem Honig.

247. D. aizoides L. [Hildebrand, Crucif. S. 13; H. M., Alpenblumen S. 145, 146; Kerner, Pflanzenleben II.] — In den anfangs goldgelben, später

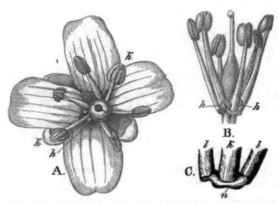

weisslichen Blüten überragt im ersten (weiblichen) Zustande die Narbe die noch geschlossenen Staubblätter. Die Antheren derselben springen erst auf, wenn sie soweit gewachsen sind, dass die längeren von ihnen mit der Narbe in gleicher Höhe stehen. Durch Neigung der Antheren gegen dieselbe ist spontane Selbstbestäubung möglich. Bei sonnigem Wetter spreizen sie sich jedoch soweit auseinander, dass der

Fig. 32. Draba aizoides L. (Nach Herm. Müller.)
A. Blüte von oben gesehen. *B.* Blüte nach Entfernung von Kelch und Blumenkrone. *C.* Nektarium nebst den Wurzeln der Staubfäden. *h* Honigtröpfchen. *n* Nektarium. *k* kürzere, *l* längere Staubblätter. (Vergr. 7 : 1.)

Nektar sichtbar wird und bei Insektenbesuch Fremdbestäubung erfolgt.

Als Besucher sah H. Müller in den Alpen Fliegen (7 Musciden, 6 Syrphiden), 10 Falter und 1 Käfer.

248. D. Zahlbruckneri Host. [Kirchner, Beitr. S. 26.] — In den goldgelben, protogynen Blüten ist in späterem Zustande durch Pollenfall Selbstbestäubung möglich. Zu jeder Seite der beiden kürzeren Staubblätter steht ein kleines, Honig absonderndes Nektarium.

249. D. Wahlenbergii Hartm. [H. M., Alpenbl. S. 146; Warming a. a. O.] ist homogam. Bei ausbleibendem Insektenbesuche gelangt regelmässig von selbst Pollen auf die Narbe.

250. D. Thomasii Koch. Als Besucher sah H. Müller in den Alpen besonders Fliegen (3 Musciden und eine·Syrphide).

251. D. frigida Sauter. Als Besucher der homogamen, der Selbstbestäubung fähigen Blüten sah H. Müller (Alpenbl. S. 147) 1 Muscide.

252. D. incana L. ist in Grönland, nach Warming, homogam und der spontanen Selbstbestäubung fähig. Ebenso verhalten sich dort nach demselben Forscher:

253—256. D. nivalis Liljebl., D. corymbosa R. Br., D. artica J. Vahl, D. hirta L. und deren var. rupestris Hartm., während deren var. leiocarpa Lindbl. nicht so leicht spontan befruchtbar ist.

257. D. aurea M. Vahl weicht nach Warming durch die tiefere Bergung des Nektars ab. Hier schliessen die langen Nägel der Kronblätter röhrenförmig zusammen, so dass nur Insekten mit längerem Rüssel zum Honig gelangen können. In den homogamen Blüten kann nur durch die längeren Staubblätter spontane Selbstbestäubung erfolgen, während die kürzeren der Fremdbestäubung dienen.

258. D. alpina L. ist nach Lindman auf dem Dovrefjeld homogam und spontaner Selbstbestäubung fähig.

Nach Ekstam stimmt die Einrichtung der protogyn-homogamen Blüte auf Novaja Semlja mit derjenigen der skandinavischen und grönländischen Formen überein.

259. D. crassifolia L. ist nach Warming im arktischen Gebiet homogam und autogam.

66. Kernera Med.

Kleine, weisse, homogame Blumen mit halbverborgenem Honig. 4 Nektarien.

260. K. saxatilis Rchb. (Cochlearia sax. Lam.) [H. M., Alpenbl. S. 147.] — Die Blüten sind homogam. Jederseits des Grundes der beiden kürzeren Staubblätter befindet sich je ein honigabsonderndes, grünes fleischiges Knötchen. Die anfangs kleinen und aufrechten Kronblätter breiten sich später aus. Die Antheren der 4 längeren Staubblätter stehen dicht neben denjenigen der beiden kürzeren; alle 6 springen nach innen auf und stehen so, dass ein honigsaugendes Insekt sie streifen muss und mit der anderen Seite die Narbe berührt, mithin Kreuzung begünstigt ist.

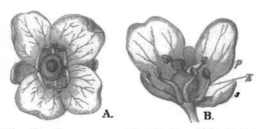

Fig. 33. Kernera saxatilis Rchb. (Nach Herm. Müller.)

A. Blüte von oben gesehen. *B.* Blüte nach Fortnahme zweier Kronblätter von der Seite. *k* kürzeres Staubblatt. (Vergr. 7 : 1.)

Bei trübem Wetter bleiben die Blüten halb geschlossen, so dass spontane Selbstbestäubung erfolgt. Der Fruchtknoten färbt sich in älteren Blüten purpurbraun.

Als Besucher beobachtete H. Müller in den Alpen besonders Fliegen (5 Musciden, 1 Empide, 3 Syrphiden), sowie einzelne Bienen (Anthrena) und Käfer (Meligethes).

67. Cochlearia L.

Weisse, duftende, homogame Blumen mit halbverborgenem Honig oder auch honiglose Blüten.

261. C. Armoracia L. [H. M., Weit. Beob. II. S. 198; Kirchner, Flora S. 305; Warnstorf, Bot. V. Brand. Bd. 38; Kerner, Pflanzenleben II.; Knuth, Bijdragen.] — In den duftenden Blüten sitzen am Grunde der Staubblätter wallförmige Nektarien, deren Honigabsonderung eine sehr geringe ist. Die Antheren springen sämtlich nach innen auf; die der längeren stehen mit der gleichzeitig entwickelten Narbe in gleicher Höhe. Letztere befindet sich im Blüteneingange, so dass durch besuchende Insekten vorzugsweise Fremdbestäubung bewirkt wird, doch ist auch Selbstbestäubung leicht möglich, die jedoch nach Kerner fast oder ganz wirkungslos ist. Nach Warnstorf sind die Blüten protogyn: Narbenpapillen schon in noch geschlossenen Blüten entwickelt. Nach demselben überragen sämtliche Staubblätter die Narbe. Pollen gelblich, brotförmig, warzig, durchschnittlich 37—43 μ lang und 15—19 μ breit.

Als Besucher sahen Herm. Müller (1) und ich (!):

A. Coleoptera: a) *Nitidulidae*: 1. Meligethes sp. in grösster Zahl in den Blüten (!, 1). b) *Telephoridae*: 2. Malachius bipustulatus L., Antheren fressend (1). B. Diptera: a) *Bibionidae*: 3. Bibio hortulanus L., vergeblich honigsuchend (1). b) *Empidae*: 4. Empis punctata F., sgd. (1). c) *Muscidae*: 5. Scatophaga merdaria F., sgd. (1); 6. Sepsis sp. (1). d) *Syrphidae*; 7. Eristalis sp., sgd. und pfd. (!); 8. Syritta pipiens L., w. v. (1, !); 9. Syrphus balteatus Deg., w. v. (!). C. Hymenoptera: a) *Apidae*: 10. Anthrena albicans Müll. ♀, w. v. (1); 11. Halictus levis K. ♀, sgd. (1); 12. H. zonulus Sm. ♀, sgd. (1). b) *Ichneumonidae*: 13. Mehrere Arten, nach Honig-suchend (1).

262. C. officinalis L. [Knuth, Ndfr. Ins. S. 29, 149.] — Der Blütendurchmesser beträgt 8—10 mm. Nektarien vermochte ich bei dieser und der folgenden Art nicht zu erkennen. Burkill (Fert. of Spring Flowers in Journ. of Bot. 1897) fand an der Küste von Yorkshire dagegen vier deutliche Nektarien im Blütengrunde. Die Antheren der 4 längeren Staubblätter stehen mit der gleichzeitig entwickelten Narbe in gleicher Höhe, anfangs etwas von ihr abgewendet. Die Antheren der kürzeren springen etwas später auf, stehen anfangs etwas tiefer, erreichen aber später die Höhe der Narbe. Spontane Selbstbestäubung ist daher leicht möglich. Durch besuchende, pollensammelnde oder Säfte im Blütengrund erbohrende Insekten kann Fremd- oder Selbstbestäubung hervorgebracht werden.

Als Besucher sah ich einzelne Fliegen (Syrphiden, Musciden) und Käfer (Meligethes). Loew beobachtete im botanischen Garten zu Berlin die Honigbiene. Burkill (Fert. of Spring Fl.) beobachtete an der Küste von Yorkshire: A. Coleoptera: *Nitidulidae*: 1. Meligethes picipes Sturm, sgd. B. Diptera: *Muscidae*: 2. Coelopa sp., sgd.; 3. Hylemyia sp., sgd.; 4. Drosophila graminum Fall., sgd.; 5. Scatophaga stercoraria L., sgd. und pfd.; 6. eine andere kleine Muscide. C. Hymenoptera: *Ichneumonidae*: 7. Ichneumon sp., sgd. In Dumfriesshire (Schottland) [Scott-Elliot, Flora S. 16] sind 1 Muscide und Meligethes als Besucher beobachtet.

263. C. arctica Schl. Nach Ekstam findet auf Novaja Semlja Selbstbestäubung beim Zusammenschliessen der Blüte statt.

264. C. danica L. [Knuth, Nordfr. Ins.; Helgoland.] — Der Blütendurchmesser beträgt nur 4—5 mm. Die Antheren der 4 längeren Staubblätter springen wieder zuerst auf, sind aber von Anfang an der Narbe zugekehrt und überragen diese ein wenig. Alsbald springen auch die Antheren der kürzeren Staubblätter auf, worauf die Beutel der sämtlichen 6 Staubblätter gegen die

Blütenmitte neigen und so spontane erfolgreiche Selbstbestäubung bewirken, falls nicht vorher durch Insektenbesuch Autogamie oder Allogamie herbeigeführt ist. Auch erstere ist von Erfolg.

Als Besucher sah ich in Schleswig-Holstein (Nordfr. Ins. S. 149) Fliegen (Syrphiden und Musciden), sowie eine honigleckende Ameise; auf Helgoland (Bot. Jaarb. 1896, S. 38): Diptera: *Syrphidae*: 1. Eristalis sp.; 2. Syritta pipiens L. Ferner sah ich am 5. Juni 1897 winzige Musciden andauernd im Blütengrunde beschäftigt, wo sie offenbar Saft fanden, doch gelang es mir wieder nicht, solchen zu entdecken.

265. C. groenlandica L. Nach Warming sind zwei Nektarien vorhanden, doch secernieren dieselben nicht. Eine Berührung zwischen den Antheren und der gleichzeitig entwickelten Narbe findet nicht statt, doch tritt wahrscheinlich durch Schliessen der Blüten während der Nacht oder bei ungünstiger Witterung Autogamie ein, die von Erfolg sein muss, da sich zahlreiche Früchte bilden. Nach Kerner erfolgt die Autogamie wie bei Schiereckia (s. S. 110).

266. Eutrema Edwardsii R. Br. Nach Ekstam sind auf Novaja Semlja die geruchlosen Blüten, deren Durchmesser im arktischen Sibirien nach Kjellmann meist 5 mm beträgt, homogam. Selbstbestäubung ist möglich.

68. Camelina Crtz.

Gelbe, homogame Blumen mit halbverborgenem Honig. 4 Nektarien.

267. C. sativa Crntz. (C. microcarpa Andrz.) [Kirchner, Flora S. 306; Warnstorf, Bot. V. Brand. Bd. 37, 38; Knuth, Ndfr. Ins. S. 29, 30; Bijdragen.] — Von den 4 Nektarien sitzen je 2 aussen am Grunde der beiden kürzeren Staubblätter. Der Durchmesser der Blumenkrone beträgt nur 4 mm. Die Antheren der längeren Staubblätter stehen mit der Narbe in gleicher Höhe und in ihrer unmittelbaren Nähe; sie dienen daher der Selbstbestäubung. Die Beutel der kürzeren Staubblätter stehen tiefer und sind von der Narbe ab nach aussen gebogen; sie dienen der Fremdbestäubung. Pollen, nach Warnstorf, blassgelb, eiförmig bis elliptisch, sehr fein papillös, etwa 37,5 μ lang und und 27,5 μ breit.

Als Besucher sah ich an kultivierten Pflanzen bei Kiel nur Meligethes in den Blüten.

69. Subularia L.

Winzige, homogame, oft kleistogame Blumen. Nektarien konnte ich nicht wahrnehmen.

268. S. aquatica L. [Axell, Anordn.; Knuth, Ndfr. Ins. S. 30; Hiltner, Subularia; Hildebrand, Geschl.] — Die unter dem Wasser blühende Pflanze ist kleistogam. In der von mir untersuchten blühenden Landform lagen die pollenbedeckten Antheren fast unmittelbar an der Narbe. Nach Hiltner haben die untergetauchten, also kleistogamen Pflanzen grosse Narbenpapillen, welche unmittelbar den Pollen aufnehmen; sie bilden zahlreichere Samen, als die chasmogame Uferform.

In Dumfriesshire (Schottland) [Scott-Elliot, Flora S. 17] ist 1 Fliege als Besucherin beobachtet.

70. Thlaspi Dill.

Weisse oder lila, homogame bis protogyne Blumen mit halbverborgenem Honig. 4 Nektarien.

269. T. arvense L. [H. M., Weit. Beob. II. S. 198, 199; Mac Leod, Bot. Jaarb. VI. S. 211; Kerner, Pflanzenleben II. S. 333; Warnstorf, Bot. V. Brand. Bd. 38; Knuth, Ndfr. Ins. S. 30.] — Die kleinen weissen Blumen besitzen am Grunde der kürzeren Staubblätter jederseits ein grünes, fleischiges Nektarium. Die Antheren der 4 längeren Staubblätter stehen in gleicher Höhe mit der gleichzeitig entwickelten Narbe oder auch etwas höher; sie kehren ihre pollenbedeckte Seite der letzteren zu und sind ihr so nahe, dass spontane Selbstbestäubung unvermeidlich ist. Die Antheren der 2 kürzeren Staubblätter stehen etwas tiefer als die Narbe, der sie ihre Risse gleichfalls zukehren; sie sind von derselben weiter entfernt, dienen also bei eintretendem Insektenbesuche der Fremdbestäubung.

Nach Warnstorf überragen sämtliche Staubblätter die Narbe und sind mit den nach innen aufspringenden Antheren über die Narbe geneigt, so dass Autogamie unvermeidlich ist. Pollen gelblich-weiss, elliptisch, warzig, etwa 25—30 μ lang und 20—23 μ breit.

Nach Kerner findet schwache Protogynie statt, doch tritt später durch Berührung der Antheren und der Narbe spontane Selbstbestäubung ein. Hieronymus hat kleistogame Blüten beobachtet.

Als Besucher beobachtete H. Müller in Westfalen: A. Diptera: *Muscidae*: 1. Anthomyia sp. ♀; 2. Pollenia rudis F. B. Hymenoptera: *Apidae*: 3. Anthrena parvula K. ♀, sgd. und psd.; 4. Apis mellifica L. ☿, sgd.

270. T. perfoliatum L. [Kirchner, Flora S. 307.] — Die Blumen sind noch kleiner als diejenigen der vorigen Art, also noch unscheinbarer; dazu kommt, dass die Kronblätter sich nur wenig nach aussen biegen, doch wird die Augenfälligkeit der Blütenstände dadurch erhöht, dass die Kronblätter nach der Befruchtung nicht sofort abfallen. Die Blüteneinrichtung stimmt mit derjenigen von T. arvense überein. Bei trübem Wetter sind die Blüten geschlossen oder nur wenig geöffnet, und selbst im Sonnenschein öffnen sie sich nur so weit, dass ein nur etwa 1 mm weiter Eingang entsteht.

271. T. montanum L. [Kirchner, Beiträge S. 26, 27, nach Exemplaren von der Schwäbischen Alb.] — In den ansehnlichen weissen Blüten fliessen die Nektarien ineinander. Die Antheren der 4 längeren Staubblätter stehen mit der gleichzeitig entwickelten Narbe in gleicher Höhe und richten ihre pollenbedeckten Seiten dieser zu; die gleichfalls nach innen gerichteten Beutel der kürzeren Staubblätter stehen etwas tiefer.

272. T. alpinum Crtz. [Kirchner, Beitr. S. 27; Riffelalp bei Zermatt.] — Die Nektarien sind, wie bei vor., miteinander verschmolzen und bilden so eine buckelige Erhebung auf dem Blütenboden, in welcher auch die Staubblätter eingefügt sind. Der Durchmesser der geöffneten, weissen Blüte beträgt 7 mm. Trotz Homogamie ist spontane Selbstbestäubung dadurch verhindert, dass die Narbe die Antheren der längeren Staubblätter um etwa 1 mm überragt. Alle

6 Antheren kehren ihre pollenbedeckte Seite nach innen; diejenigen der längeren ragen ein wenig aus dem Blüteneingange hervor, die der beiden kürzeren stehen etwa 1 mm tiefer in demselben. Bestäubung kann also nur durch besuchende Insekten erfolgen, doch ist über dieselben bisher nichts bekannt geworden.

273. T. alliaceum L. Die Blüten sind nach Kerner (Pflanzenleben II., S. 333) protogyn, doch tritt später durch Berührung der aufspringenden Antheren mit der Narbe spontane Selbstbefruchtung ein.

274. T. alpestre L. Die homogamen, weissen Blüten, deren Antheren anfangs gelb, dann purpurrot, zuletzt schwarz sind, sah Herm. Müller (Alpenbl. S. 147) von 9 Fliegen und 2 Faltern, Buddeberg (Bot. Jb. 1888. I. S. 564) besonders von Bienen (17 Arten) und Fliegen (7), sowie einzelnen Blatt- (2) und Raubwespen (1) und einem Käfer besucht.

275. T. rotundifolium Gaud. [Schulz, Beitr.] — Die hellvioletten Blüten heben sich von dem weissen Dolomitgeröll, auf welchem die Pflanze in Südtirol oft quadratmetergrosse Flächen bedeckt, sehr gut ab. Der Nektar, welcher am Grunde der kurzen Staubblätter in reichlicher Menge abgesondert wird, ist 3—4 mm tief geborgen. Die Antheren der langen Staubblätter befinden sich meist in gleicher Höhe mit der Narbe und wenden sich zuletzt vollständig denjenigen der kurzen Staubblätter zu. Eine Berührung mit der gleichzeitig entwickelten Narbe findet nicht statt, so dass spontane Selbstbestäubung ausgeschlossen ist. Ebensowenig kann eine solche durch die Antheren der 2 kürzeren Staubblätter erfolgen, da diese die Narbe nicht erreichen.

Als Besucher beobachtete Schulz Falter (Pieris, Vanessa cardui) und Fliegen.

276. T. corymbosum Gay. [Kirchner, Beitr. S. 27, 28.] — Die Blüten vom Riffelberg bei Zermatt sind helllila bis violett, wohlriechend und zu verhältnismässig grossen Ständen vereinigt. Der Durchmesser der Einzelblüte schwankt zwischen 6 und 10 mm. Die Blumen sind schwach protogyn: beim Beginn des Blühens sind die Antheren noch geschlossen, während die im Blüteneingange stehende Narbe bereits empfängnisfähig ist. Haben sich die Blüten vollständig ausgebreitet, so sind die Antheren der 4 längeren Staubblätter geöffnet; die der 2 kürzeren öffnen sich bald darauf. Alle Antheren springen nach innen auf und ändern ihre Lage nicht; die der längeren Staubblätter ragen etwas aus dem Blüteneingange hervor, die der kürzeren und die Narbe stehen in demselben. Spontane Selbstbestäubung ist wohl möglich, doch sind die Antheren von der Narbe entfernt.

277. T. praecox Wulf. Als Besucher beobachtete Schletterer bei Pola: Hymenoptera: a) *Apidae:* 1. Anthrena convexiuscula K.; 2. A. deceptoria Schmiedekn.; 3. A. tscheki Mor. b) *Tenthredinidae:* 4. Athalia rosae L. var. liberta Klug.

71. Teesdalea R. Br.

Kleine, weisse, hälftig-symmetrische Blumen mit halbverborgenem Honig. 4 Nektarien.

278. T. nudicaulis R. Br. [H. M., Befr. S. 135—137; Weit. Beob. II. S. 199, 200; Knuth, Ndfr. Ins. S. 30; Weit. Beob. S. 231.] — Während der

Blütezeit, sagt H. Müller, sind die Blüten zu einer Fläche zusammengedrängt, deren nach aussen gerichtete Kronblätter, wie bei den Umbelliferen, sich stärker ausdehnen, als die nach innen liegenden. Da aber bei Teesdalea in demselben Maasse, als das Verblühen fortschreitet, die Achse sich streckt und die Blütenfläche in eine Traube auseinander zieht, so kommt jede Blüte gerade während ihrer Blütezeit an den Rand der Fläche zu stehen. Es haben daher nicht, wie bei den Umbelliferen und Kompositen, nur die ursprünglich am Rande stehenden, sondern alle Blüten Blumenkronen, die nach aussen stärker entwickelt sind.

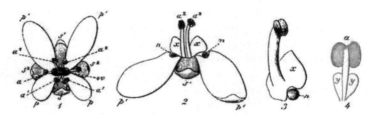

Fig. 34. Teesdalea nudicaulis R. Br. (Nach Herm. Müller.)

1. Blüte von oben gesehen. *2.* Der Aussenseite des Blütenstandes zugekehrte Blütenhälfte, von aussen gesehen. *3.* Eins der längeren Staubblätter nebst Honigdrüse, von aussen gesehen. *4.* Eins der beiden kürzeren Staubblätter, von aussen gesehen. *s* inneres, *s'* äusseres, s^2 seitliches Kelchblatt. *p* inneres, *p'* äusseres Kronblatt. *a* die kürzeren, *a'* die inneren längeren, a^2 die äusseren längeren Staubblätter. *x*, *y* kronblattartige Anhänge der Staubfäden. *n* Nektarium. *ov* Fruchtknoten.

Die an der Spitze weiss gefärbten Kelchblätter tragen zur Augenfälligkeit bei, die jedoch hauptsächlich durch die weissen Kronblätter bewirkt wird. In ihrer Wirkung werden sie noch durch kronblattartige Anhänge der Staubfäden unterstützt. Die Anhänge der 4 inneren Staubblätter umschliessen dicht den zusammengedrückten Fruchtknoten. Gerade über der Mitte des Grundes des benachbarten Kronblattes hat jeder dieser 4 Anhänge eine kleine Ausbuchtung. Zwischen dieser und der ebenfalls ausgebuchteten Mitte des Kronblattgrundes befindet sich je ein kleines, grünes, fleischiges, secernierendes Nektarium, das dem Blütenboden selbst anzugehören scheint.

Die Antheren der 4 längeren Staubblätter überragen die Narbe etwas, die der 2 kürzeren stehen mit ihr in gleicher Höhe. Alle 6 Antheren machen beim Aufblühen der Blume eine Vierteldrehung, nämlich jede der 4 längeren nach dem benachbarten kürzeren Staubblatt zu, jedes der 2 kürzeren nach der Aussenseite des Blütenstandes. Nun springen die Antheren auf, und gleichzeitig ist auch die Narbe entwickelt. Besuchende Insekten, welche zu einem der beiden äusseren Nektarien vordringen, berühren mit Kopf oder Rüssel zwei benachbarte Antheren, während sie beim Vordringen zu einem der beiden inneren Honigtröpfchen nur eine Anthere berühren; in beiden Fällen stossen sie mit der anderen Seite des Kopfes oder Rüssels an die Narbe. Sie werden daher ebensogut Fremd- als auch Selbstbestäubung bewirken können. Bei ausbleibendem Insektenbesuche erfolgt letztere spontan durch die längeren Staubblätter.

Als Besucher sah Herm. Müller bei Lippstadt:

A. Coleoptera: a) *Chrysomelidae*: 1. Cassida nebulosa L.; 2. Aphthona nemorum L., sgd.; 3. Chaetocnema concinna Marsh., sgd. b) *Curculionidae*: 4. Ceutorhynchidius pumilio Gyll.,sgd. c) *Elateridae*: 5. Limonius parvulus Pz. d) *Hydrophilidae*: 6. Paracercyon analis Pk. B. Diptera: a) *Bibionidae*: 7. Bibio laniger Mg., sgd. b) *Empidae*: 8. Empis sp., sgd. c) *Muscidae*: 9. Onesia floralis R.-D., pfd.; 10. Scarcophaga carnaria L. ♀; 11. Themyra putris L., sgd. d) *Syrphidae*: 12. Ascia podagrica F.. pfd.; 13. Melithreptus sp., pfd. C. Hymenoptera: *Apidae*: 14. Halictus flavipes F. ♀, sgd. und psd.; 15. H. lucidulus Schenck. ♀, w. v.; 16. H. morio F. ♀, w. v.; 17. H. nitidiusculus K. ♀, w. v.; 18. H sexstrigatus Schenck ♀, w. v. 19. H. smeathmanellus K. ♀, w. v.; 20. Sphecodes ephippia L., sgd.

Auf der Insel Föhr bemerkte ich Musciden als Blütenbesucher; Mac Leod in Flandern 2 Dipteren (B. Jaarb. VI. S. 211.)

In Dumfriesshire (Schottland) (Scott-Elliot, Flora S. 17) sind kleine Fliegen als Besucher beobachtet.

72. Iberis L.

Weisse bis lila, homogame Blumen mit halbverborgenem Honig.

279. 280. I. amara und **J. umbellata** L. Die nach aussen gerichteten Kronblätter der randständigen Blüten sind doppelt so gross wie die der mittelständigen (Kerner).

Als Besucher der ersteren Art (= I. Forestieri Jord.) sah Mac Leod in den Pyrenäen eine Fliege (Muscide).

Alfken beobachtete an den Blüten von I. amara bei Bremen: *Apidae*: 1. Anthrena albicans Müll. ♂; 2. A. albicrus K. ♂; 3. A. praecox Scop. ♂; 4. Bombus lapidarius L. ♀; 5. B. lucorum L. ♀; 6. B. terrester L. ♀; 7. Osmia rufa L. ♂; sämtlich sgd.

281. I. pinnata ist, nach Hildebrand (Ber. d. d. b. Ges. 1896), fast selbststeril.

282. I. saxatilis L. Nach Briquet (Etudes) sind die Kelchblätter ausgebreitet, die Kronblätter weiss und zygomorph. Der Durchmesser der Kronen der äusseren Blüten jedes Blütenstandes, die etwa zweimal grösser sind, als die der inneren, beträgt ca. 5 mm. Die Narbe steht zwar unterhalb der introrsen Antheren, aber da diejenigen der vier längeren Staubblätter sich nach aussen drehen und die zwei kurzen Staubblätter seitlich abgespreizt sind, so ist trotz der Homogamie zur Bestäubung Insektenhülfe nötig. Die Bestäuber, welche Fremd- und Selbstbestäubung vollziehen, sind Fliegen, Wespen, Bienen und Falter. Nach der Befruchtung färben sich Filamente und Griffel dunkelviolett. (Nach Kirchner).

73. Biscutella L.

Gelbe, homogame Blumen mit halbverborgenem Honig. Vier Nektarien, doch secernieren nur zwei.

283. B. laevigata L. [H. M., Alpenbl. S. 148, 149.] — Die zu auffälligen Ständen vereinigten Blüten besitzen an der Aussenseite des Grundes jedes der beiden kürzeren Staubblätter ein Nektarium, dessen Honig sich in der Aushöhlung des darunter stehenden Kelchblattes ansammelt. Am Grunde der Aussenseite jedes Paares der längeren Staubblätter sitzt je ein nicht secernierendes

Knötchen. Jedes Kronblatt erweitert sich über dem Grunde jederseits zu einem
Läppchen, doch ist das den kürzeren Staubblättern zugekehrte erheblich grösser
als das andere und bildet so eine Saftdecke für die secernierenden Nektarien,
so dass alsdann nur ein kleiner Zugang zum Honig frei bleibt. Der Ausser-
dienststellung der beiden anderen Nektarien entspricht die Verkümmerung der
beiden anderen Kronblattläppchen.

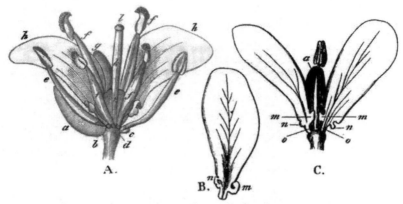

Fig. 35. Biscutella laevigata L. (Nach Herm. Müller.)

A. Blüte nach Entfernung zweier Kelch- und Kronblätter von der breiten Seite aus gesehen.
B. Einzelnes Kronblatt von der Innenseite. *C.* Ein kurzes Staubblatt mit den beiden benachbarten Kronblättern. (Vergr. 7 : 1). *a* tiefer stehendes, am Grunde (*b*) ausgehöhltes, hier als
Safthalter dienendes Kelchblatt. *c* entwickeltes Nektarium. *d* verkümmertes Nektarium.
e die beiden kürzeren, nach innen aufspringenden Staubblätter. *f* die vier längeren, nach
den kürzeren zu aufspringenden Staubblätter. *g* höher stehendes Kelchblatt. *i* Fruchtknoten
k Griffel. *l* Narbe. *m* grosser, *n* kleiner Lappen eines Kronblattes. *o* Zugang zum Nektar.

Die Staubbeutel stehen so, dass jedes zum Nektar vordringende Insekt mit
drei Seiten je eine aufgesprungene Anthere, mit der vierten die gleichzeitig entwickelte Narbe streift. Es wird mithin ein von Blüte zu Blüte gehendes Insekt
fortwährend Kreuzung vermitteln. Bei ausbleibendem Insektenbesuche entsteht
durch Schliessen der Blüten Berührung von Antheren und Narbe, so dass spontane Selbstbestäubung erfolgt.

Als Besucher sah H. Müller in den Alpen 23 Fliegen, 5 Hymenopteren,
6 Falter, Meligethes. Loew beobachtete in der Schweiz (Beitr. S. 56) eine Pyralide sgd.

74. Lepidium L.

Kleine, weisse oder gelbe, homogame oder protogyne Blumen mit halbverborgenem Honig. Vier oder sechs Nektarien. Zuweilen fehlt die Blumenkrone.

284. L. Draba L. [Kirchner, Flora S. 308, 309; Kerner, Pflanzenleben II. S. 337.] — Die Augenfälligkeit der kleinen weissen Blüten ist zwar
eine geringe, doch sind zahlreiche Blütchen vereinigt. Bei günstiger Witterung
spreizen zu Anfang der Blütezeit die Blütenteile so weit auseinander, dass der

Blütendurchmesser 6—7 mm beträgt und die sechs kleinen, grünen Nektarien, welche aussen zwischen den Wurzeln der sechs Staubblätter sitzen, auch kurzrüsseligen Insekten leicht zugänglich werden. Die Antheren der sechs Staubblätter überragen die Narbe und sind ihr zugewendet, doch ist anfangs spontane Selbstbestäubung durch Abbiegen der Staubfäden nach aussen verhindert. Besuchende Insekten werden alsdann mit verschiedenen Seiten des Körpers Narbe und Pollen berühren, mithin leicht Fremdbestäubung bewirken. Später legen sich die Blütenteile etwas zusammen, so dass der Blütendurchmesser nur noch 4—5 mm beträgt. Dabei nähern sich die Antheren so sehr den Narben, dass spontane Selbstbestäubung eintreten muss. Nach Kerner ist die Blüte schwach protogyn. Nach demselben Forscher verbergen sich die Antheren der längeren Staubblätter während der ersten Zeit des Blühens hinter den Kronblättern, so dass sie von besuchenden Insekten nicht berührt werden können.

Als Besucher giebt Redtenbacher für Österreich die *Nitidulide*: Meligethes lepidii Mill. und die *Oedemeride*: Nacerdes viridipes Schmidt an. Schletterer beobachtete bei Pola die Furchenbienen: 1. Halictus interruptus Pz.; 2. H. malachurus K.; 3. H. minutus K.

285. L. sativum L. [H. M., Befr. S. 139; Weit. Beob. II. S. 204; Kirchner, Flora S. 310; Kerner, Pflanzenleben II. S. 333.] — Trotz geringer Augenfälligkeit werden die weissen Blüten infolge ihres starken Duftes von Insekten leicht bemerkt und stark besucht. Die vier Nektarien sitzen zwischen je einem längeren und dem ihm benachbarten kürzeren Staubblatt. Die Antheren springen nach innen auf, biegen sich aber bei sonnigem Wetter so weit nach aussen, dass spontane Selbstbestäubung nicht eintreten, bei Insektenbesuch jedoch Fremdbestäubung erfolgen kann. Bei trüber Witterung oder wenn Insektenbesuch nicht erfolgt ist, schliessen sich die Blüten, so dass als Notbehelf Autogamie zustande kommt. Nach Kerner ist auch diese Art schwach protogyn.

Als Besucher sahen H. Müller (1) und Buddeberg (2):

A. Coleoptera: a) *Dermestidae*: 1. Anthrenus pimpinellae F. (1). b) *Telephoridae*: 2. Anthocomus fasciatus L. (1); 3. Dasytes plumbeus Müll. F. (1); 4. Malachius bipustulatus F., Antheren und Blumenblätter nagend (1). B. Diptera: a) *Bombylidae*: 5. Argyromoeba sinuata Fall. (1). b) *Muscidae*: 6. Siphona cristata F. (1). c) *Syrphidae*: 7. Ascia podagrica F., sehr zahlreich, sgd. und pfd. (1); 8. Eristalis arbustorum L., sgd. und pfd. (1); 9. E. nemorum L., w. v. (1); 10. E. sepulcralis L., w. v. (1); 11. Helophilus floreus L., w. v. (1); 12. Melithreptus taeniatus Mg., w. v. (1); 13. Pipiza chalybeata Mg., w. v. (1); 14. Syritta pipiens L., häufig, w. v. (1). C. Hymenoptera: a) *Apidae*: 15. Anthrena carbonaria L. F. ♂ (1); 16. A. parvula K. ♀, sgd. (1); 17. Halictus lucidulus Schck. ♀, sgd. (1); 18. H. nitidiusculus K. ♀, sgd. (1); 19. Pr. bipunctata F. ♂, sgd. (2); 20. Pr. communis Nyl. ♂ ♀, w. v. (1); 21. Prosopis hyalinata Sm. ♂ ♀, sehr häufig, sgd. und psd. (1). b) *Chrysidae*: 22. Hedychrum nobile Scop. F. ♂ (1). c) *Ichneumonidae*: 23. Unbestimmte Art, einzeln (1). d) *Syphidae*: 24. Cerceris rybiensis L., sehr zahlreich (1); 25. Pemphredon unicolor F. (1); 26. Oxybelus bellus Dahlb., zahlreich (1); 27. O. uniglumis L., sehr häufig (1). D. Lepidoptera: 28. Sesia tipuliformis Cl., sgd., wiederholt (1).

286. L. ruderale L. [Kirchner, Flora S. 310; Knuth, Nordfr. Ins. S. 30; Warnstorf, Bot. V. Brand. Bd. 38.] — In den kleinen, grünlich-weissen Blüten finden sich nur hin und wieder Kronblätter. Auch von den ursprünglich sechs Staubblättern sind nur die beiden kürzeren vorhanden, während an der Stelle der vier längeren je eine kleine Honigdrüse sitzt. Die mit der Narbe gleich hoch stehenden und mit ihr gleichzeitig entwickelten Staubblätter bewirken regelmässig spontane Selbstbestäubung, welche nach Comes (Ult. stud.) von Erfolg ist. Nach Warnstorf sind die Antheren der zwei Staubblätter schon beim Öffnen der Blüten durch zwei Kelchblätter an die empfängliche Narbe gedrückt.

287. L. campestre L. Nach Kirchner (Beitr. S. 28, 29) breiten sich die sehr kleinen weissen Blüten zu einem Durchmesser von nur 2 mm auseinander. Zu beiden Seiten des Grundes der kürzeren Staubblätter befindet sich je ein kleines, grünes Nektarium (Velenovský bildet sechs Honigdrüsen ab). Die sechs Antheren wenden ihre aufgesprungene Seite der gleichzeitig entwickelten Narbe zu. Beim Verblühen schliessen sich die Kelchblätter so zusammen, dass sämtliche Staubblätter gegen die Narbe gedrückt werden, also die für die Pflanze wohl unentbehrliche spontane Selbstbestäubung erfolgt. Nach Kerner ist auch diese Art schwach protogyn.

288. L. graminifolium L. Als Besucher beobachtete Schletterer bei Pola:

Hymenoptera: a) *Apidae*: 1. Prosopis genalis Thoms. = confusus Först. b) *Ichneumonidae*: 2. Amblyteles litigiosus Wesm. c) *Sphegidae*: 3. Pemphredon unicolor F.

75. Hutchinsia R. Br.

Kleine, weisse, homogame oder protogyne Blumen mit halbverborgenem Honig. Vier Nektarien.

289. H. alpina R. Br. [H. M., Alpenblumen S. 150; A. Schulz, Beiträge II. S. 17.] — H. Müller bezeichnet die Blumen als protogyn mit langlebigen Narben; in den von diesem Forscher untersuchten Pflanzen (Albulahospiz) sind nur manche Pflanzen spontaner Selbstbestäubung fähig, indem die vier längeren Staubblätter die Narbe erreichen. A. Schulz bezeichnet die Blumen (aus Südtirol) als homogam oder fast homogam und der spontanen Selbstbestäubung leicht fähig, indem die Antheren der längeren Staubblätter die Narbe berühren. Auch nach Kerner erfolgt die Autogamie wie bei Schievereckia (s. S. 110).

Als Besucher sah H. Müller 6 Fliegenarten; auch A. Schulz bemerkte kleine Fliegen. Mac Leod beobachtete in den Pyrenäen 2 Musciden als Besucher. (A. a. O. S. 396.)

76. Capsella Vent.

Kleine, weisse, homogame Blumen mit halbverborgenem Honig. Vier Nektarien.

290. C. bursa pastoris Moench. [H. M., Befr. S. 138; Weit. Beob. II. S. 204; Kirchner, Flora S. 311; Knuth, Ndfr. Ins. S. 31, 149; Warnstorf, Bot. V. Brand. Bd. 38.] — Die vier Nektarien sitzen zu beiden Seiten der kürzeren Staubblätter. Sämtliche Antheren bleiben der Narbe zugewendet, die der vier längeren stehen mit derselben in gleicher Höhe und ihr so nahe, dass regelmässig spontane Selbstbestäubung eintritt, die auch von Erfolg ist. Besuchende Insekten können sowohl Fremd- als auch Selbstbestäubung bewirken.

Breitenbach beobachtete ausser Zwitterblüten grössere weibliche Blüten (vgl. Bot. Jb. 1884. I. S. 676).

Willis (Proc. Cambr. Phil. Soc. 1893) beobachtete auch in England Gynomonöcie und Gynodiöcie. Burkills Untersuchungen (Fert. of Spring Flowers; Journ. of Botany 1897) bestätigen die Annahme, dass der Gynodiöcismus und Gynomonöcismus von Capsella b. p. durch Kälte hervorgebracht wird: Die bald nach der strengen Kälte im Januar und Februar 1895 aufblühenden Pflanzen der Yorkshire-Küste enthielten nur verkümmerte Staubblätter, und erst im Anfang April erschienen die Zwitterpflanzen. Nach dem milden Winter von 1896 waren die zuerst erscheinenden Pflanzen weiblich, doch traten die zweigeschlechtigen bereits gegen Ende März auf. Die weiblichen Blüten hatten durchschnittlich einen Durchmesser von 3 mm; letzterer ist in Yorkshire also nicht grösser als derjenige der Zwitterblüten, während Breitenbach (Kosmos III. S. 206) in Deutschland grössere weibliche Blüten beobachtete.

Auch Warnstorf bemerkt, dass in den ersten Blüten bei Ruppin häufig die Staubblätter verkümmern; im späteren Verlauf der Blütezeit findet man nur Zwitterblüten, deren Antheren in gleicher Höhe mit der Narbe stehen, weshalb Selbstbestäubung unvermeidlich eintritt. Durch Kulturversuche stellte Anna Bateson (Effect of cross-fertilisation of inconspicuous flowers) fest, dass die aus Kreuzung hervorgegangenen Pflanzen nicht wesentlich grösser, aber etwas schwerer, als die durch Selbstbestäubung hervorgegangenen seien, indem das Gewichtsverhältnis auf 100 : 88 ermittelt wurde.

Als Besucher bemerkten Herm. Müller in Westfalen (1), Buddeberg (2) in Nassau und ich (!): A. Coleoptera: *Mordellidae*: 1. Anaspis rufilabris Gyll. (1). B. Diptera: a) *Muscidae*: 2. Anthomyia, sgd. (1). b) *Syrphidae*: 3. Ascia podagrica F., sgd. (1); 4. Chrysotoxum bicinctum L., pfd. (2); 5. Eristalis nemorum L., sgd. und pfd. (1); 6. E. sp. (!), w.v.; 7. Melithreptus pictus Mg., sgd. und pfd. (1); 8. M. scriptus L., w. v. (1); 9. M. taeniatus Mg., w. v. (1); 10. Syritta pipiens L., w. v. (1, !, auch auf Helgoland); 11. Syrphus balteatus Deg., w. v. (1). C. Hymenoptera: a) *Apidae*: 12. Prospis pictipes Nyl. ♂ (2); 13. Pr. bipunctata F. ♂ (2). b) *Sphegidae*: 14. Sapyga clavicornis L., sämtl. sgd. (2). D. Lepidoptera: *Tineidae*: 15. Adela violella Tr., sgd. (1). E. Thysanoptera: 16. Thrips, häufig (1).

Schmiedeknecht beobachtete in Thüringen Anthrena distinguenda Schck. Alfken bei Bremen: *Apidae*: Anthrena flavipes Pz. ♀, sgd. Verhoeff auf Baltrum: A. Diptera: a) *Muscidae*: 1. Anthomyia spec.; 2. Cynomyia mortuorum L. b) *Syrphidae*: 3. Syritta pipiens L., pfd., sgd.

v. Dalla Torre beobachtete in Tirol die Biene Anthrena rosae Pz. ♂. Dieselbe giebt Schletterer für Tirol als Besucher an. Dieser beobachtete ferner bei Pola die *Apiden*: 1. Anthrena parvula K.; 2. Eucera longicornis L.; 3. Halictus malachurus K. und die *Tenthrediniden*: 4. Athalia spinarum F.; 5. A. rosae L. v. liberta Klg.

In Dumfriesshire (Schottland) (Scott-Elliot, Flora S. 18) sind Apis, 1 kurzrüsselige Biene, 3 Schwebfliegen und 4 Musciden als Besucher beobachtet.

Mac Leod sah in Flandern Apis, 9 kurzrüsselige Hymenopteren, Schwebfliegen, 1 Muscide, 1 Käfer, 1 Falter (B. Jaarb. VI. S. 212); in den Pyrenäen 1 Muscide und 1 Falter als Besucher (A. a. O. S. 396.)

291. C. pauciflora K. lässt nach K i r c h n e r (Jahresb. d. V. f. vaterl.
Naturk. in Württ. 1893, S. 100) an seinen natürlichen Standorten (in Südtirol,
unter überhängenden Felsen) keine Nektaraussonderung erkennen. Exemplare,
welche unter sehr günstigen Bedingungen kultiviert wurden, zeigten im Blütengrunde zu beiden Seiten des Grundes je eines der kürzeren Staubblätter winzige,
dunkelgrüne, honigaussondernde Nektarien.

292. Aethionaema saxatile R. Br. Nach B r i q u e t (Etudes) sind die
aufrecht stehenden Kelchblätter weiss berandet, die weiss oder hellrosa mit roten
Adern versehenen Kronblätter oben ausgebreitet. Die Narbe steht anfangs
unterhalb der Antheren, später verlängert sich der Griffel. Die besuchenden
Insekten (Fliegen und kleine Käfer) bewirken vorwiegend Selbstbestäubung,
gelegentlich auch Fremdbestäubung. K i r c h n e r fügt hinzu, dass die Blumen
schwach protogynisch sind, dass der obere Durchmesser der Krone 3—4 mm
beträgt und dass durch die Antheren der vier längeren Staubblätter regelmässig
spontane Selbstbestäubung vollzogen wird.

293. A. grandiflorum ist nach H i l d e b r a n d (Ber. d. d. b. Ges. 1896,
S. 324) selbststeril.

77. Coronopus Haller.

Kleine, weisse, homogame bis protogyne Blumen mit halbverborgenem
Honig. Vier Nektarien.

294. C. Ruelli All. [K i r c h n e r, Flora S. 312; M a c L e o d, Bot. Jaarb.
VI. S. 213; K n u t h, Weit. Beob.; Helgoland; W a r n s t o r f, Bot. V. Brand. Bd. 38.]
-— Die kleinen, weissen Blüten stehen in dichten, wickelartigen Inflorescenzen in den
Gabelungen der Verzweigungen, besonders also in der Mitte der dem Boden ange-
drückten Pflanze. Der Blütendurchmesser beträgt nur 4 mm. Zu jeder Seite der
beiden kürzeren Staubblätter, also vor den Kronblättern, befindet sich je ein verhältnismässig grosses, grünes Nektarium, welches so reichlich Honig absondert,
dass der Grund des Fruchtknotens ringsum glänzend erscheint. Beim Aufblühen
stehen die noch geschlossenen Antheren der sechs Staubblätter in gleicher Höhe
mit der vielleicht schon empfängnisfähigen Narbe. Mit dem Ausbreiten der
Kronblätter biegen sich die Staubblätter von der Narbe ab und springen — die
geöffnete Seite der Narbe zugewendet — ziemlich gleichzeitig auf. Bei Insektenbesuch ist also Fremdbestäubung möglich. Bleibt dieser aus, so ist spontane
Selbstbestäubung gesichert, indem die Kronblätter später zusammenneigen, wodurch die Antheren in direkte Berührung mit der Narbe kommen. Nach
W a r n s t o r f biegen sich während des Blühens zwei Kelchblätter nach innen und
drücken auf diese Weise je zwei längere Staubblätter an die Narbe, wodurch
Autogamie eintritt. Pollen weisslich, brotförmig, dichtwarzig, 25—30 μ lang und
15—18 μ breit.

Auf H e l g o l a n d sah ich 2 kleine F l i e g e n (Musciden) als B e s u c h e r, nämlich
Coelopa frigida Fall. und Fucellia fucorum Fall., beide sgd.

78. Isatis L.

Kleine, gelbe, homogame Blumen mit halbverborgenem Honig. 6 Nektarien.

295. I. tinctoria L. [Kirchner, Flora S. 313; Knuth, Bijdragen.] — Trotz der geringen Grösse der Einzelblüte sind die Blütenstände wegen ihres Umfanges sehr augenfällig. Nach Kirchner befinden sich die sechs Nektarien zwischen den sechs Staubblättern. Letztere biegen sich so nach aussen, dass sie von der Narbe weit entfernt sind, und kehren ihre aufgesprungene Seite nach oben. Es wird daher durch besuchende Insekten vornehmlich Fremdbestäubung bewirkt.

Als Besucher sah ich an Gartenexemplaren bei Kiel: A. Diptera: *Syrphidae*: 1. Syritta pipiens L., sgd. B. Hymenoptera: *Apidae*: 2. Anthrena parvula K. ♀, sgd.; 3. Apis mellifica, sgd. C. Coleoptera: 4. Meligethes.

Loew beobachtete im botanischen Garten zu Berlin: A. Coleoptera: *Telephoridae*: 1. Cantharis rusticus Fall. B. Diptera: a) *Bibionidae*: 2. Bibio hortulanus L., sgd. b) *Syrphidae*: 3. Eristalis nemorum L., sgd.

79. Myagrum Tourn.

Kleine, gelbe, homogame Blumen mit halbverborgenem Honig. Zwei ausgebildete und zwei rudimentäre Nektarien.

296. M. perfoliatum L. Nach Kirchner (Flora S. 313) haben die Blütchen zwei stark ausgebildete Nektarien an der Innenseite der Wurzeln der zwei kürzeren Staubblätter, während von den zu den längeren Staubblättern gehörigen nur eine schwache Andeutung in Form von schmalen, grünen Streifen vorhanden ist. Spontane Selbstbestäubung ist möglich und auch von Erfolg.

Schletterer beobachtete bei Pola als Besucher die Apiden: 1. Anthrena carbonaria L.; 2. A. deceptoria Schmiedekn.; 3. A. flavipes Pz.; 4. A. lucens Imh.; 5. A. morio Brull.; 6. A. parvula K.; 7. Halictus levigatus K.; 8. H. quadricinctus F.; 9. H. scabiosae Rossi.

80. Neslea Desvaux.

Kleine, gelbe, homogame Blumen mit halbverborgenem Honig. Zwei Nektarien.

297. N. paniculata Desv. Nach Kirchner (Flora S. 314) haben die Blüten nur eine schwache Andeutung von zwei Nektarien in Form kleiner Polster, denen die kürzeren Staubblätter aufsitzen. Alle sechs Antheren wenden ihre aufgesprungene Seite der Narbe zu. Spontane Selbstbestäubung ist leicht möglich, da, nach Warnstorf (Bot. V. Brand. Bd. 38), die Antheren die Narbe ein wenig überragen. Nach demselben (a. a. O. Bd. 37) ist der Pollen blassgelb, elliptisch, fein papillös, etwa 31 μ lang und 25 μ breit.

81. Bunias L.

Gelbe, homogame Blumen mit halbverborgenem Honig. Zwei Nektarien.

298. B. orientalis L. Nach Kirchner (Flora S. 314, 315) haben die goldgelben, duftenden, zu grossen Ständen vereinigten Blüten nur zwei wenig secernierende Nektarien an der Innenseite der zwei kürzeren Staubblätter. Der Blütendurchmesser beträgt 11 mm. Die Antheren der vier längeren Staubblätter überragen die Narbe und kehren ihre pollenbedeckte Seite nach oben. Die Antheren der zwei kürzeren Staubblätter stehen mit der Narbe etwa gleich hoch, sind aber von ihr ab nach aussen gebogen und bleiben senkrecht: sie springen

etwas später auf als die der vier längeren und richten ihre aufgesprungene Seite
nach innen. Bei Insektenbesuch kann also sowohl Fremd- als Selbstbestäubung
erfolgen. Letztere tritt durch Hinabfallen von Pollen aus den Antheren der
längeren Staubblätter auf die Narbe spontan ein und ist, nach Comes (Ult. stud.),
von Erfolg. Warnstorf (Bot. V. Brand. Bd. 38) bezeichnet die Blüten als
protogyn. Pollen blassgelb, elliptisch, mit netzartigen Verdickungsleisten, etwa
44 μ lang und 25 μ breit.

Als Besucher beobachtete Loew im botanischen Garten zu Berlin: A. Diptera:
a) *Bibionidae*: 1. Bibio hortulanus L. ♀ ♂, sgd. b) *Syrphidae*: 2. Ceria conopsoides L.,
sgd.; 3. Eristalis arbustorum L. B. Hymenoptera: a) *Apidae*: 4. Anthrena propinqua
Schenck ♀, sgd. und psd.; 5. Prosopis communis Nyl. ♂, sgd. b) *Tenthredinidae*:
6. Cephus sp. ♀.

299. B. Erucago L. ist nach Comes selbstfertil.

Schletterer beobachtete bei Pola als Besucher die Apiden: 1. Anthrena flavipes Pz.; 2. A. nana K.; 3. Halictus fasciatellus Schck.; 4. H. morbillosus Krchb.;
5. H. morio F.

82. Cakile Tourn.

Ziemlich grosse, hellviolette bis fast weisse, homogame Blumen mit verborgenem Honig. Vier Nektarien.

300. C. maritima Scop. [Mac Leod, Bot. Jaarboek I. 1889; Knuth,
Ndfr. Ins. S. 31—32, 149—150; Weit. Beob. S. 231; Helgoland.] — Die
wohlriechenden Blumen besitzen vier Nektarien: je ein grösseres, dreieckiges an
der Aussenseite zwischen je zwei längeren Staubblättern und je ein kleines zwei-
lappiges an der Innenseite der beiden kürzeren. Die Kelchblätter schliessen eng
zusammen und halten die Nägel der Kronblätter aufrecht, sodass eine 4—5 mm
lange Röhre entsteht, in deren Grunde sich der Nektar oft in so erheblicher
Menge ansammelt, dass sie nicht selten bis zur Hälfte damit gefüllt ist. Die
Antheren der längeren Staubblätter ragen aus der Krone hervor, so dass durch
Hinabfallen von Pollen auf die im Blüteneingange stehende, gleichzeitig mit
den Antheren entwickelte Narbe spontane Selbstbestäubung möglich ist. Die
Antheren der kürzeren Staubblätter bleiben in der Blüte eingeschlossen und er-
reichen die Höhe der Narbe.

Die Wahrscheinlichkeit der Fremdbestäubung ist bei Insektenbesuch ebenso
gross wie die der Selbstbestäubung. Die honigsuchenden Insekten drängen den
Kopf oder Rüssel, wie bei allen Kreuzblütlern, zwischen Narbe und Antheren,
bestäuben sich mithin nur an der einen Seite, falls sie in der Blüte die Runde
machen und den Kopf nicht von neuem hineinsenken. Haben sie vorher in
einer anderen Blüte die andere Seite bestäubt, so werden sie die Narbe belegen.
Senken sie den Kopf rechts und links in die Blüte, so erfolgt Selbstbestäubung.
Nach dem Besuch mehrerer Blüten werden aber beide Seiten des Insekts mit
Pollen behaftet sein, und es wird jeder neue Besuch Fremdbestäubung herbeiführen.

Als Besucher sah ich bei Kiel und auf den nordfriesischen Inseln:
A. Coleoptera: 1. Meligethes. B. Diptera: a) *Muscidae*: 2. Aricia albolineata
Fall.; 3. Musca domestica L.; 4. Onesia sepulcralis Mg.; 5. Scatophaga merdaria F.;

6. Sc. stercoraria L., sämtl. pfd. b) *Syrphidae*: 7. Eristalis arbustorum L.; 8. E. pertinax Scop.; 9. E. sp.; 10. E. tenax L.: 11. Platycheirus podagrata L.; 12. Rhingia campestris Mg.; 13. Syrphus arcuatus Fall.; 14. S. umbellatarum F.; 15. Tropidia milesiformis Fall.; sämtl. sgd. u. pfd. C. Hymenoptera: a) *Apidae*: 16. Apis mellifica L.: 17. Bombus lapidarius L.; 18. Halictus calceatus Scop. D. Lepidoptera: a) *Noctuidae*; 19. Plusia gamma L. b) *Rhopalocera*: 20. Epinephele janira L.; 21. Hipparchia hyperanthus L.; 22. Pieris napi L.; 23. P. rapae L.; 24. Vanessa urticae L. c) *Zygaenidae*: 25. Zygaena filipendulae L., sämtl. sgd.

Auf der Düne von Helgoland (wo Bienen fehlen) bemerkte ich am 9. 7. 95:
A. Coleoptera: a) *Coccinellidae*: 1. Coccinella septempunctata L. b) *Oedemeridae*: 2. Nacerdes melanura L.; c) *Telephoridae*: 3. Psilothrix cyaneus Ol. (Dolichosoma nobilis Rossi). B. Diptera: a) *Syrphidae*: 4. Syrphus arcuatus Fall. ♀ ♂; 5. S. pyrastri L. ♀ ♂; 6. Eristalis tenax L.; 7. E. sp. b) *Muscidae*: 8. Calliphora vomitoria L. ♂. C. Lepidoptera: *Noctuidae*: 9. Plusia gamma L. Sämtliche Insekten sehr häufig, die Fliegen und der Schmetterling honigsaugend, die Käfer pollenfressend.

Alfken und Leege beobachteten auf Juist: A. Diptera: *Syrphidae*: 1. Syritta pipiens L. B. Hymenoptera: a) *Apidae*: 1. Bombus lapidarius ♀ ♂, s. hfg. sgd.; 2. B. lucorum L. ♀ ♂, s. hfg. sgd.; 3. B. ruderatus F. ♂, sgd., selten; 4. B. terrester L. ♀, sgd. 5. Psithyrus rupestris F. ♂, hfg. sgd.; 6. Psithyrus vestalis Fourcr. ♂, hfg. sgd. b) *Chrysidae*: 1. Chrysis ignita L. c) *Scoliidae*: 1. Tiphia femorata F. d) *Pompilidae*: 1. Pompilus chalybeatus Schiödte; 2. Pompilus plumbeus Dhlb. C. Lepidoptera: a) *Pieridae*: 1. Pieris brassicae L.; 2. Pieris napi L. b) *Satyridae*: Hipparchia semele L., hfg.

Verhoeff beobachtete auf Norderney: A. Coleoptera: a) *Nitidulidae*: 1. Meligethes aeneus L., hfg. b) *Scarabaeidae*: 1. Phyllopertha horticola L. B. Diptera: a) *Bombylidae*: 1. Phthiria canescens Löw. b) *Syrphidae*: 1. Eristalis arbustorum L., sgd.; 2. E. intricarius L., sgd. pfd.; 3. E. tenax L., 1 ♂, sgd. pfd.

Mac Leod sah bei Blankenberghe einen kleinen Nachtfalter als Besucher.

In Dumfriesshire (Schottland) (Scott-Elliot, Flora S. 19) sind 1 Muscide und Meligethes als Besucher beobachtet.

83. Rapistrum Boerh.

Gelbe, homogame Blumen mit halbverborgenem Honig. 4 Nektarien.

301. R. rugosum Bergt. [Kirchner, Beitr. S. 24, 25; Hildebrand, Vergl. Unters. S. 25.] — Von den 4 (auch von Velenovský abgebildeten) Nektarien liegen 2 wulstförmige, reichlich secernierende an der Innenseite des Grundes der beiden kurzen Staubblätter; ihr Nektar sammelt sich in Aussackungen der Kelchblätter. Die beiden anderen Nektarien sind kleiner, zapfenförmig, wenig secernierend und liegen aussen zwischen je 2 längeren Staubblättern. Der Durchmesser der Blüte beträgt 10 mm; die 5 mm langen, aufrechten Kelchblätter halten die ebenso langen Nägel der Kronblätter aufrecht. Die Antheren der 4 längeren Staubblätter stehen 1—1½ mm über dem Blüteneingange, die gleichzeitig mit ihnen entwickelte Narbe in gleicher Höhe. Zwar drehen erstere ihre geöffneten Seiten von der Narbe fort, doch bedecken sie sich ringsum mit Pollen; auch stehen sie der Narbe so nahe, dass doch wohl gelegentlich spontane Selbstbestäubung eintritt. Die Antheren der beiden kürzeren Staubblätter erreichen nur den Blüteneingang und spreizen sich weiter vom Fruchtblatt ab, dienen also der Fremdbestäubung. (Kirchner). Rapistrum rugosum ist, nach Hildebrand (Ber. d. d. b. Ges. 1896), fast selbststeril.

84. Crambe Tourn.

Ziemlich grosse, weisse, schwach protogyne Blumen mit halbverborgenem Honig. 4 Nektarien.

302. C. maritima L. [Knuth, Bot. Centralbl. Bd. 44. S. 305—308.] — Die honigduftenden Blüten, deren Durchmesser 12 mm beträgt, sind zu grossen, dichtgedrängten Ständen vereinigt. Die rötlich-weissen, abstehend-aufstrebenden Kelchblätter stützen die ausgebreiteten Kronblätter, deren weisse Platte fast wagerecht steht. Ihr Nagel ist anfangs gelblich-grün, später wird er hellviolett-rot. Dieselbe Farbenveränderung machen auch Staubfäden und Griffel durch, während Antheren und Narbe gelb sind und bleiben; das Blüteninnere einer jüngeren, geschlechtsreifen Blüte ist also gelblich-grün, das einer älteren erscheint missfarbig-violett. Am Grunde je zweier langer Staubblätter befindet sich eine grosse, rundliche, grüne Honigdrüse, an welcher der Nektartropfen haften bleibt; an der Innenseite der kleineren, gebogenen Staubblätter sitzt gleichfalls je eine grüne, aber viel kleinere Honigdrüse. Die Fäden der längeren Staubblätter sind an der Spitze gabelig gespalten, und zwar sitzen die Antheren an dem den kurzen Staubblättern zugewandten Aste. Durch die Gabelung des Staubfadens wird dem zum Nektar vordringenden Insektenkopfe der Weg vorgeschrieben, der für die Berührung der Antheren und der Narbe notwendig ist.

Schon in der Knospe ist die Narbe entwickelt; die Staubbeutel sind dann noch geschlossen. Beim Aufblühen erscheint die bereits empfängnisfähige Narbe in der Blütenöffnung. Nach kurzer Zeit strecken sich die Staubfäden, wobei die bisher unter der Narbe befindlichen Antheren gehoben werden und aufspringen. Nunmehr stehen die der längeren Staubblätter etwas höher als die Narbe, die der kürzeren erreichen sie.

Die zum Honig vordringenden Insekten, deren Körper dick genug ist, um Antheren und Narbe gleichzeitig zu berühren, werden regelmässig Kreuzung bewirken, wenn sie den Kopf nur einmal in die Blüte senken. So verfuhr die Honigbiene. Andere Insekten von etwa derselben Körpergrösse, nämlich einige Schwebfliegen (Eristalis tenax L., Syrphus ribesii L.) verfuhren nicht regelmässig so, bewirkten daher auch gelegentlich Selbstbestäubung. Eine dritte zum Nektar vordringende Schwebfliege (Syritta pipiens L.) war zu schmächtig, um die Staub- und Fruchtblätter zu berühren; sie ist ebenso nutzlos für die Pflanze wie zwei ebenso verfahrende und ebenso schlanke Musciden (Borborus sp. und Phora pulicaria Fall.). Endlich fanden sich in den Blüten zahlreiche kleine, pollenfressende Blumenkäfer (Meligethes brassicae Scop., seltener M. viridescens F.) und auch deren Larven. Erstere führen in den meisten Fällen Selbstbestäubung herbei, können aber auch gelegentlich Fremdbestäubung bewirken. Die Larven von Meligethes finden sich nicht nur in den entwickelten Blüten, sondern auch schon in den Knospen in sehr grosser Zahl. Sie zerstören die Staub- und Fruchtblätter, so dass zahlreiche Blüten keine Früchte bilden können. Es fragt sich nun, ob die Käfer und ihre Larven nur als Schädlinge für die Pflanze aufzufassen sind. Ich glaube dies verneinen zu müssen: da die kleinen Käfer offen-

bar zu den wichtigsten Bestäubern der Blume gehören, vielleicht die hauptsächlichsten sind, so würde, wenn die Käfer und ihre Larven in geringer Menge
auftreten, zwar manche Blüte nicht zerstört, aber auch manche nicht befruchtet
werden. Umgekehrt, treten die Käfer in zu grosser Zahl auf, so wird die Zer-
störung überwiegen. In demselben Masse werden dann aber auch die Käfer
wieder nur in geringerer Zahl zur Entwickelung gelangen können, mithin später
die Bestäubung darunter leiden. Eine gewisse mittlere Zahl von Käfern wird
also der Pflanze nützlich sein, und dieses Mittel wird sich in der Symbiose
zwischen Blüte und Insekt immer wieder einstellen. (Vergl. Bd. I. S. 123.)

In Dumfriesshire (Schottland) (Scott-Elliot, Flora S. 19) sind 2 Musciden und
gleichfalls Meligethes als Besucher beobachtet.

303. C. tataria Wulf. Nach Kerners Untersuchungen ist künstlich
herbeigeführte Selbstbestäubung erfolglos.

304. C. pinnatifida R. Br. Loew beobachtete im botanischen Garten
zu Berlin als Blütenbesucher:

A. Diptera: *Syrphidae*: 1. Eristalis arbustorum L.; 2. Syritta pipiens L.;
3. Syrphus ribesii L. B. Hymenoptera: *Apidae*: 4. Apis mellifica L.; sämtlich sgd.

305. C. grandiflora DC. sah Loew im bot. Garten zu Berlin von einer
Schwebfliege (Melithreptus scriptus L., sgd.) besucht.

85. Raphanus Tourn.

Weissliche, homogame Blumen mit halbverborgenem Honig. 4 Nektarien.

306. R. Raphanistrum L. [H. M., Befr. S. 140; Weit. Beob. II. S. 205;
Mac Leod, Bot. Jaarb. VI. S. 208; Kirchner, Flora S. 302; Knuth,
Nordfr. Ins. S. 32, 140; Rügen; Warnstorf, Bot. V. Brand. Bd. 37.] — Die
Lage der Nektarien ist dieselbe wie bei Sinapis arvensis, doch ist der Honig
wegen der aufrechten Stellung der Kelchblätter nicht von aussen sichtbar und
zugänglich. Die Kronblätter sind entweder weiss mit violetten Adern oder hellgelb mit dunkelgelben Adern. Alle Antheren kehren ihre aufgesprungene Seite
der Narbe zu, die der kürzeren Staubblätter stehen mit ihr in gleicher Höhe,
die der längeren überragen sie; es scheint daher spontane Selbstbestäubung noch
mehr begünstigt als bei Sinapis, doch ist dieselbe ohne Erfolg. — Der Pollen
ist, nach Warnstorf, blassgelb, elliptisch, äusserst klein-netzig-warzig, etwa
37,5 μ lang und 31 μ breit.

Als Besucher der Hederichblüten beobachteten Herm. Müller in Westfalen (1)
und ich (!) in Schleswig-Holstein:

A. Coleoptera: *Nitidulidae*: 1. Meligethes brassicae Scop. (!). B. Diptera: *Syrphidae*: 2. Melanostoma gracilis Mg. sgd. (!); 3. Rhingia rostrata L., häufig, sgd. und pfd.
(1); 4. Syritta pipiens L., pfd. (1, !); 5. Syrphus ribesii L., pfd. (1); 6. S. sp. (!) C. Hymenoptera: a) *Apidae*: 7. Apis mellifica L. ♀, sgd. und pfd. (1, !); 8. Bombus lapidarius
L., sgd. (!); 9. B. muscorum F. ♀, sgd. (1); 10. B. pratorum L., sgd. (!); 11. B. variabilis Schmied.
♀, sgd. (1); 12. Halictus flavipes F. ♀, sgd. (1); 13. H. smeathmanellus K. ♀, sgd. (1).
b) *Tenthredinidae*: 14. Cephus pygmaeus Pz. (1). D. Lepidoptera: *Rhopalocera*:
15. Coenonympha pamphilus L., sgd. (1); 16. Rhodocera rhamni L. (!); 17. Lycaena sp. (!);
18. Pieris napi L. (!); 19. P. rapae L. (!); sämtlich sgd.

Alfken beobachtete bei Bremen die Furchenbiene Halictus nitidiusculus K. ♀.

Auf der Insel Rügen beobachtete ich ausserdem: A. Diptera: *Syrphidae*: 1. Volucella bombylans L. B. Hymenoptera: *Apidae*: 2. Apis mellifica L. ⚥. C. Lepidoptera: *Rhopalocera*: 3. Pieris sp.; 4. Vanessa urticae L.; sämtlich sgd.

Schletterer beobachtete bei Pola die kleine grüne Furchenbiene Halictus morio F.

In Dumfriesshire (Schottland) (Scott-Elliot, Flora S. 19) sind Apis,. 1 Hummel,
Musciden und Meligethes als Besucher beobachtet.

307. R. sativus L.[1]) Die Blüteneinrichtung hat Kirchner (Flora S. 302,
303) nach kultivierten Exemplaren beschrieben: Die Kronblätter sind weiss oder
lila mit dunkleren Adern. Der Durchmesser der ausgebreiteten Blüte beträgt
etwa 20 mm. Von den vier Nektarien sitzt je ein grosses, kissenförmiges an der
Innenseite des Grundes der zwei kürzeren Staubblätter und je ein dünnes,
zapfenförmiges, aussen zwischen den Wurzeln der längeren Staubblattpaare. Die
beiden äusseren Kelchblätter haben am Grunde Aussackungen für die Aufnahme
des Nektars. Die Staubblätter erleiden keine Drehung, aber sie legen sich wagerecht nach aussen zurück, sodass sie von der Narbe entfernt sind. Die Antheren
der vier längeren stehen mit ihr in gleicher Höhe, die der zwei kürzeren 2—3 mm
unter ihr; letztere sind auch weiter nach aussen gebogen. Beim Verblühen
kommen die Antheren der längeren Staubblätter mit der Narbe in Berührung,
so dass bei ausbleibendem Insektenbesuche spontane Selbstbestäubung erfolgt, die
zwar normalen Fruchtansatz, aber nur etwa die halbe Samenbildung zur Folge
hat. Bei Insektenbesuch ist Fremdbestäubung bevorzugt.

Als Besucher sah Kirchner Bienen (Apis, Bombus-Arten), Schwebfliegen,
Falter (Pieris) und Käfer (Meligethes). Schletterer giebt für Tirol (T.) als Besucher an und beobachtete bei Pola die Apiden: 1. Anthrena carbonaria L.; 2. A. deceptoria Schmiedekn.; 3. A. flavipes Pz.; 4. A. gwynana K. (T.); 5. A. nana K.; 6. A.
thoracica F.; 7. Eucera clypeata Er.; 8. E. longicornis L.; 9. Halictus calceatus Scop.;
10. H. malachurus K.; 11. Podalirius acervorum L.; 12. P. nigrocinctus Lep.; 13. P. retusus L. var. meridionalis Pér.; 14. Xylocopa violacea L. v. Dalla Torre beobachtete
in Tirol gleichfalls Anthrena gwynana K. ♀; Mac Leod in Flandern 3 Fliegen, 2 Falter
(B. Jaarb. VI. S. 209).

308. Lobularia maritima ist, nach Hildebrand (Ber. d. d. b. Ges.
1896), selbststeril.

309. L. nummularia ist, nach Kerner (Pflanzenleben II. S. 337), protogynisch, doch kommt gegen Ende der Blütezeit dadurch Autogamie zustande,
dass die Staubblätter sich gegen die Blütenmitte bewegen und dann der Pollen
der längeren auf die Narbe gelangt. Dasselbe gilt von

310. Clypeola Messanensis. (A. a. O. S. 337.)

311. Sobolewskia clavata ist, nach Hildebrand (Ber. d. d. b. Ges.
1896), selbststertil; ebenso

312. Succovia balearica.

313. Pugionium dolabratum Maxim. ist, nach Batalin (Act. Petr. X.
1889), protandrisch.

---

[1]) Raphanus sativus und R. Raphanistrum sind nach Carrière (André,
Belg. horticole 1869, XIX, S. 151) und Hoffmann (B. Ztg. 1872. Nr. 26; 1873. Nr. 9;
1884) eine Art.

9. Familie Capparidaceae Juss.

Nach Delpino (Sugli app.) sind Arten der Gattungen Capparis L., Cleome Cl. und Polanisia kleistogam.

10. Familie Resedaceae DC.
86. Reseda L.

Weissliche oder gelbliche, homogame oder schwach protandrische Blumen mit halb- bis ganz verborgenem Honig. — Die Kronblätter sind in strahlig divergierende, keulig verdickte Fäden zerschlitzt. Der Blütenboden erweitert sich hinten zu einer senkrecht aufgerichteten', viereckigen Scheibe, die vorne samtartig rauh ist und als Saftmal dient. Ihre hintere glatte Fläche sondert den Nektar ab und birgt ihn. Die verbreiterten Nägel der hinteren und mittleren Kronblätter schützen, indem sie der Hinterseite der Scheibe dicht anliegen und mit ihren nach vorn gerichteten Lappen deren obere und die seitlichen Ränder umfassen, den Nektar gegen Regen und unnütze Besucher (Fliegen). Wilson vergleicht das Nektarium mit einer Dose, deren Deckel von den honigsuchenden Insekten geöffnet werden muss; hierzu sind kurzrüsselige Bienen (Prosopis) besser geeignet als langrüsselige. Auch im Knospenzustande liegen die Blütenteile offen. Es findet also ein eigentliches Aufblühen nicht statt; der Eintritt des Blühens wird nur durch den Beginn der Nektarabsonderung bezeichnet. Der frei in der Blumenmitte aufragende Fruchtknoten bildet die bequemste Anflugsstelle für besuchende Insekten. Letztere werden daher stets Fremdbestäubung herbeiführen, wenn sie bereits eine andere Blüte besucht hatten. (Vergl. Fig. 36.)

314. R. luteola L. [H. M., Befr. S. 143; Weit. Beob. II. S. 205; Mac Leod, Bot. Jaarb. VI. S. 214—215; Kirchner, Flora S. 316.] — Die an sich unscheinbaren, hellgelben, schnell welkenden, gleichfalls bereits in der Knospe geöffneten Blüten sind zu ziemlich auffälligen Ständen vereinigt. Die Staubblätter liegen gleichmässig um den Fruchtknoten herum; sie werden von den drei Narben etwas überragt. Da eine Bewegung der Staubblätter während des Blühens nicht stattfindet, so ist spontane Selbstbestäubung leicht möglich. Nach Beyer ist die Verstäubungsfolge (abweichend von anderen Arten) centrifugal.

Als Besucher beobachteten H. Müller (1), und Buddeberg (2):

A. Coleoptera: *Anthribidae:* 1. Urodon conformis Suffr. (2); 2. U. rufipes F. (2).
B. Hymenoptera: *Apidae:* 3. Anthrena nigroaenea K. ♀, sgd. in Mehrzahl (1, Thür.); 4. Apis mellifica L. ⚥, sgd. und psd. (1); 5. Prosopis bipunctata F. ♀ (2); 6. Pr. communis Nyl. ♀ ♂, sehr häufig (1); 7. Pr. hyalinata Sm. ♂ ♀, häufig, beide sgd. und psd. (1).

315. R. lutea L. [H. M., Befr. S. 143; Weit. Beob. II. S. 205; Mac Leod, Bot. Jaarb. VI. S. 213; Warnstorf, Bot. V. Brand. Bd. 38; Kirchner, Flora S. 315; Schulz, Beitr. I. S. 4.] — In den geruchlosen, grünlich-hellgelben, homogamen (Kirchner) oder schwach protandrischen (Schulz) Blüten sind die Staubblätter anfänglich über die Stempel hinabgebogen. Mit dem Beginn der Nektarabsonderung springen einige Antheren auf und ihre Staubfäden biegen sich gegen die Platte hinauf. Nach Kirchner entwickeln sich schon jetzt die Narbenpapillen, nach Schulz erst dann, wenn nur noch die innersten Staubbeutel Pollen führen. Bei ausbleibendem Insektenbesuch tritt spontane Selbstbestäubung ein, da die geöffneten Antheren über der Narbe' stehen. Die Autogamie ist aber von geringem oder keinem Erfolg. (Darwin, Focke.) — Schulz beobachtete ausser den zwitterigen Blüten auch andromonöcische, indem in einzelnen Blumen die Narbe unentwickelt bleibt. Pollen, nach Warnstorf, blass-gelblich, brotförmig, feinwarzig, etwa 44 μ lang und 19 μ breit.

Als Besucher beobachtete Herm. Müller in Thüringen:
A. Coleoptera: a) *Anthribidae*: 1. Urodon rufipes F., w. folg. b) *Curculionidae*: 2. Baris abrotani Germ., vergebl. Honig suchend; c) *Mordellidae*: Anaspis rufilabris Gyll. B. Diptera: *Muscidae*: 3. Ulidia erypthrophthalma Mg., vergebl. n. Honig suchend. C. Hymenoptera: a) *Apidae*: 4. Apis mellifica L. ♀, sgd. und psd.; 5. Halictus sp. ♀, sgd.; 6. Prosopis pictipes Nyl. ♀, sgd.; 7. Pr. signata Pz. ♀ ♂, sgd., sehr zahlreich. b) *Formicidae*: 8. Lasius niger L. ⚥, w. v. c) *Ichneumonidae*: Unbestimmte Arten, w. v. d) *Sphegidae*: 9. Cerceris arenaria L., sgd.; 10. C. labiata F., häufig, sgd.; 11. C. rybiensis L., sehr zahlreich, sgd.; 12. Crabro (Entomognathus) brevis v. d. L. ♀ ♂, sgd.; 13. Diodontus tristis v. d. L. ♀, einzeln. e) *Vespidae*: 14. Odynerus parietum L. ♂, sgd.

Loew beobachtete in Steiermark (Beiträge S. 51): Prosopis sp.; v. Dalla Torre in Tirol die Bienen: 1. Halictus quadricinctus Fbr. ♀; 2. H. sexnotatus K. ♀; Mac Leod in den Pyrenäen: 7 kurzrüsselige Hymenopteren, 1 Falter, 2 Syrphiden, 1 Muscide als Besucher (A. a. O. S. 396); Smith in England: Prosopis bipunctata F. = signata Pz.

Schletterer giebt für Tirol (T.) als Besucher an und beobachtete bei Pola: Hymenoptera: a) *Apidae*: 1. Anthidium diadema Ltr.; 2. A. oblongatum Ltr.; 3. Anthrena albopunctata Rossi; 4. A. convexiuscula K.; 5. A. convexiuscula K. v. fuscata K.; 6. A. flessae Pz.; 7. A. labialis K.; 8. A. morio Brull.; 9. A. parvula K.; 10. A. thoracica F.; 11. Ceratina cucurbitina Rossi; 12. Colletes lacunosus Dours; 13. C. niveofasciatus Dours; 14. Eucera longicornis L.; 15. Halictus calceatus Scop.; 16. H. interruptus Pz.; 17. H. quadricinctus F. (T.); 18. H. sexnotatus K. (T.); 19. Nomada nobilis H.-Sch.; 20. Nomia diversipes Latr.; 21. Prosopis clypearis Schck. b) *Ichneumonidae*: 22. Pristomerus luteus Pz. c) *Pompilidae*: 23. Pseudagenia albifrons Dalm; 24. Salius notatus Lep. d) *Sphegidae*: 25. Cerceris arenaria L.; 26. C. emarginata Pz.; 27. C. quadrifasciata Pz.; 28. C. specularis Costa; 29. Crabro clypeatus L. e) *Tenthredinidae*: 30. Allantus fasciatus Scop. f) *Vespidae*: 31. Eumenes pomiformis Pz.; 32. Odynerus parietum L.; 33. Polistes gallica L.

316. R. odorata L. [H. M., Befr. S. 142, 143; Weit. Beob. II. S. 205; Knuth, Weit. Beob. S. 231.] — Die Blüteneinrichtung stimmt mit derjenigen der vorigen Art überein. Die gelblich-weissen, duftenden, homogamen Blumen locken zahlreiche kleine Bienen an, welche honigsaugend oder pollensammelnd die Befruchtung vermitteln. Bei ausbleibendem Insektenbesuch tritt spontane, erfolgreiche Selbstbestäubung ein. (S. Fig. 36.)

Als Besucher sahen Herm. Müller (1) in Westfalen und ich (!) in Schleswig-Holstein:
A. Diptera: *Syrphidae*: 1. Syritta pipiens L., pfd. (1). B. Hymenoptera: a) *Apidae*: 2. Anthrena nigroaenea K. ♀, psd. (1); 3. Apis mellifica L. ⚥, häufig, sgd. u. psd. (1, !); 4. Halictus smeathmanellus K. ♀, psd. (1); 5. H. zonulus Sm. ♀, psd. (1); 6. Prosopis annularis Sm. ♀ (= P. panzeri Först, nach Dalla Torre) (1); 7. P. bipunctata F. ♀ ♂, häufig (1); 8. P. communis Nyl. ♀ ♂, sehr häufig (1); 9. P. hyalinata F. ♀ ♂ (1); 10. P. pictipes Nyl. ♂ (1); sämtl. psd., sgd. b) *Sphegidae*: 11. Cerceris rybiensis L. ♀ ♂, sgd. und pfd. (1). C. Lepidoptera: 12. Pieris sp. (!). D. Thysanoptera: 13. Thrips, sehr zahlreich (1).

Loew beobachtete in Mecklenburg (Beiträge S. 41): Halictus rubicundus Chr. ♂, sgd., sowie in Schlesien (Beiträge S. 33): A. Diptera: *Syrphidae:* 1. Syrphus balteatus Deg., sgd. B. Hymenoptera: *Apidae:* 2. Apis mellifica L. ♀, sgd.

Schenck beobachtete in Nassau die Wollbienen: 1. Anthidium oblongatum Ltr.; 2. A. punctatum Ltr.; 3 A. strigatum Ltr.; Alfken bei Bozen die *Apiden:* 1. Coelioxys rufocaudata Sm. ♀ ♂, sgd., n. slt.; 2. Halictus flavipes F. ♀, sgd. und psd., hfg.; 3. Megachile pacifica Pz. ♀, psd., hfg.; sowie die Käfer: a) *Buprestidae:* 1. Acmaeodera flavofasciata Pill. b) *Cerambycidae:* 2. Clytus massiliensisL.; 3. C. ornatus Hbst.

Friese giebt als Besucher an für Baden (B.), den Elsass (E.), Mecklenburg (M.), Nassau (N.) und Ungarn (U.) die *Apiden:* 1. Prosopis bipunctata F. (B. E. M.); 2. P. confusa Nyl. (M.); 3. P. dilatata K. (U.), n. slt.; 4. P. nigrita F. (M. U.); 5. Stelis signata Ltr. (N., nach Schenck).

Fig. 36. Reseda odorata L. (Nach Herm. Müller.)

1. Blüte vor dem Aufspringen der Antheren, von vorn gesehen. *2.* Blüte nach dem Aufspringen eines Teiles der Antheren, ebenso. *3.* Junge Frucht von der Seite gesehen. *4.* Das linke obere, *5.* das linke mittlere, *6.* das linke untere Kronblatt. *a* Kelchblätter. *b* Kronblätter. *c* verbreitete Nägel der oberen und mittleren Kronblätter, welche die schildförmige Erhebung des Blütenbodens *h* umfassen. *d* noch nicht aufgesprungene, abwärts gebogene Staubblätter. *e* aufspringende, sich erhebende Staubblätter. *f* aufgesprungene aufgerichtete Staubblätter. *g* Stempel. *h* schildförmige Erhebung des Blütenbodens. *i* Honigdrüse nebst Honig.

317. R. glauca L. Die weissen Blumen, die Mac Leod (Bot. Jaarb. III. S. 397—398) in den Pyrenäen untersuchte, sind zu augenfälligen Ständen vereinigt. Das Nektarium ist eine halbkreisförmige, weisse Scheibe an der Hinterseite des Fruchtknotens; sie scheidet in der Mitte Honig ab, der von den zwei Platten der Kronblätter teilweise bedeckt wird, so dass der Nektar nur von vorn sichtbar ist und die Blume in die Klasse **A B** zu rechnen ist.

Wenn die Blüte sich öffnet, sind die vier Narben empfängnisfähig, können also bei Insektenbesuch durch Fremdbestäubung befruchtet werden; dann öffnen sich die Antheren der oberen Staubblätter, später die der unteren. Spontane Selbstbestäubung ist durch Hinabfallen von Pollen aus den oberen Antheren auf die Narbe möglich.

Als Besucher beobachtete Mac Leod Hymenopteren (6 Anthrena-, 2 Halictus-Arten, 1 Polistes) und Fliegen (Syrphiden und Musciden).

11. Familie Cistaceae Dunal.

Weisse oder lebhaft gefärbte, meist grosse, homogame oder schwach protogyne Pollenblumen, die sich nur im Sonnenscheine öffnen und zwar meist nur kurze Zeit (einige Stunden). Der Mangel an Nektar wird durch die grosse Menge des Pollens ersetzt. In den sich schliessenden Blüten findet bei ausgebliebener Fremdbestäubung Autogamie statt. Viele Arten haben auch kleistogame Blüten. So auch nach M. Kuhn Arten der Gattung Lechea (Bot. Ztg. 1867, S. 67).

87. Helianthemum Tourn.

Homogame bis protogyne Pollenblumen, deren sämtliche Staubblätter fertil sind.

318. H. vulgare Gaertner. (H. Chamaecistus Miller, Cistus Helianthemum L.) [H. M., Befr. S. 147; Weit. Beob. II. S. 210; Alpenbl. S. 161, 162; Mac Leod, Pyreneeënbl. S. 124, 125; Knuth, Bijdragen; Warnstorf, Bot. V. Brand. Bd. 37, 38.] — Im Sonnenschein breiten sich die citronengelben, seltener weissen Pollenblumen zu einer Scheibe von 25 bis mehr als 30 mm Durchmesser auseinander, und die zahlreichen Staubblätter spreizen sich von der mit ihnen gleichzeitig entwickelten Narbe ab, so dass sie ziemlich weit von einander entfernt sind. Es wird daher durch Insekten, welche in der Blütenmitte auffliegen und bereits von anderen Blüten Pollen mitbringen, Fremdbestäubung herbeigeführt. Schon bei halbgeschlossener Blüte berühren die pollenbedeckten Antheren die Narbe, so dass spontane Selbstbestäubung bei ausbleibendem Insektenbesuche erfolgen muss. Nachts und bei Regenwetter schliessen sich die Blüten vollständig.

Nach Warnstorf sind die Blüten homogam bis protogynisch: die dicke, grünliche Narbe ist oft bereits in der noch nicht vollkommen geöffneten Blüte belegungsfähig. Pollen schön dunkelgelb, biscuitförmig, mit einer Längsfurche, sehr zartwarzig gestreift, etwa 75 μ lang und 31 μ breit.

Als Besucher beobachtete Mac Leod in den Pyrenäen 7 kleinere Bienen, 10 Fliegen, 2 (vergeblich zu saugen versuchende) Falter, 5 Käfer; Herm. Müller in den Alpen 5 Käfer, 19 Fliegen, 13 Bienen, 16 Falter; Loew eine Schwebfliege (Merodon cinereus F., pfd.). In Mittel- und Norddeutschland beobachteten Herm. Müller (1) und ich (!):

A. Coleoptera: a) *Buprestidae*: 1. Anthaxia nitidula L. (1); 2. A. quadripunctata L. (1). b) *Bruchidae*: 3. Spermophagus cardui Stev., pfd. (?) (1). c) *Cerambycidae*: 4. Strangalia nigra L., Antheren fressend (1). d) *Mordellidae*: 5. Mordella aculeata L., vergebl. suchend (1). e) *Oedemeridae*: 6. Oedemera virescens L., pfd. (1). f) *Telephoridae*: 7. Dasytes plumbeus Müll., pfd. (1). B. Diptera: *Syrphidae*: 8. Ascia podagrica F., pfd. (1); 9. Chrysostoxum fasciolatum Deg., pfd. (1); 10. Eristalis nemorum L., pfd. (!); 11. Helophilus pendulus L., pfd. (1, !); 12. Melithreptus scriptus L., pfd. (1); 13. M. taeniatus Mg., pfd. (1, !); 14. Merodon aeneus Mg., pfd. (1); 15. Syrphus pyrastri L., pfd. (1); 16. S. ribesii L., pfd. (1, !). C. Hymenoptera: *Apidae*: 17. Anthrena fulvicrus K. ♀, psd. (1); 18. Apis mellifica L. ☿, häufig, psd. (1, !); 19. Bombus lapidarius L. ☿ ♀, psd. (!); 20. B. agrorum F. ☿, psd. (1); 21. Halictus sp., psd. (!); 22. H. villosulus K. ♀, psd. (1); 23. Prosopis annularis Sm. ♀ (= P. panzeri Först, nach Dalla Torre), psd. (1). D. Lepidoptera: 24. Melithaea athalia Rott., flüchtig zu saugen versuchend (1).

Willis (Flowers and Insects in Great Britain Pt. I) beobachtete in der Nähe der schottischen Südküste: Diptera: *Muscidae*: Anthomyia radicum L., pfd., sehr häufig. Auch in Dumfriesshire (Schottland) (Scott-Elliot, Flora S. 20) sind zahlreiche Fliegen als Besucherinnen beobachtet.

Schletterer giebt für Tirol (T.) als Besucher an und beobachtete bei Pola die *Apiden*: 1. Anthrena parvula K.; 2. Bombus derhamellus K. (T.); 3. Halictus calceatus, Scop.; 4. H. morio F.; 5. Melitta melanura Nyl. (T.)

319. H. alpestre DC. [H. M., Alpenbl. S. 160—162; Kerner, Pflanzenleben II.] — Der Durchmesser der geöffneten Blume beträgt 12—20 mm. Die Blüteneinrichtung stimmt im wesentlichen mit derjenigen der vorigen Art überein. Müller bezeichnet die Blume als homogam, Kerner als schwach protogyn. Die Staubblätter sind reizbar, wodurch Fremdbestäubung begünstigt ist. Nachts und bei trüber Witterung schliessen sich die Blüten, wodurch spontane Selbstbestäubung erfolgt.

In den Alpen beobachtete H. Müller einen ähnlichen Besucherkreis als bei H. vulgare, doch infolge geringerer Blütengrösse auch in geringer Artenzahl und Häufigkeit.

320. H. Fumana Mill. [Schulz, Beiträge II. S. 17, 18.] — Die gelben, an Grösse veränderlichen Blüten sind nach Schulz homogam. Sie öffnen sich nur bei Sonnenschein und zwar nur einen Vormittag, dann ist Selbstbestäubung anfangs durch die Stellung der Narbe verhindert, doch spreizen die Staubblätter entweder von selbst oder durch besuchende Insekten soweit nach innen, dass die Narbe berührt wird und spontane Selbstbestäubung erfolgt.

Als Besucher sah Schulz in Südtirol kleine Bienen und Fliegen, seltener Käfer.

321. H. oelandicum Whlnberg. (H. vineale Pers). Auch diese Blüten sind nach Schulz (Beitr. II. S. 18) homogam. Sie sind kleiner als die der vorigen Art, aber nicht so ephemer. Indem die Neigung des Griffels eine schwächere ist als bei voriger Art, findet gleich im Anfang des Blühens entweder eine Berührung der Antheren und der Narbe statt, oder es liegt die Narbe in der Fallrichtung des Pollens.

Als Besucher beobachtete Schulz Fliegen, Bienen und Käfer.

Mac Leod sah die gelben Pollenblumen in den Pyrenäen von einer Fliege (Syrphide) besucht.

322. H. guttatum Miller. [Verhoeff, Norderney.] — Die citronengelben, am Grunde der Kronblätter meist mit schwarzbraunem Pollenmal gezeichneten

Blüten sind nur an einem Vormittage geöffnet. Da die Antheren höher als die grosse, weissliche Narbe stehen, ist spontane Selbstbestäubung durch Hinabfallen des Pollens leicht möglich. Sie tritt unvermeidlich nach dem Abfallen der Kronblätter ein, da sich die Kelchblätter alsdann so fest schliessen, dass die Antheren an die Narben gedrückt werden. Erstere haften an letzteren noch, wenn die Frucht heranwächst. Linné (Amoenitates III. S. 396) beobachtete in Upsala an kultivierten, aus Spanien stammenden Pflanzen Kleistogamie. Ebenso beobachtete Linné (a. a. O.), dass

323. H. salicifolium Pers. in Upsala reife Früchte hervorbrachte, ohne dass die Blüten sich geöffnet hatten.

Schletterer beobachtete bei Pola die kleine Furchenbiene Halictus morio F. als Besucher.

324. H. polifolium DC. Nach Briquet (Etudes) öffnet und schliesst sich die Blüte wiederholt durch die Bewegungen der Kelchblätter. Die am Grunde citronengelben Kronblätter sind weiss, die zahlreichen gelben Staubblätter sind in der Mitte der Blüte zu einem Bündel zusammengehäuft und tragen Antheren, die anfänglich intrors sind, während des Stäubens aber sich mit der geöffneten Seite mehr oder weniger nach aussen wenden. Nektar ist nicht vorhanden. Der Fruchtknoten trägt einen S-förmig gebogenen Griffel mit grosser Narbe. Die schon längst bekannte Reizbarkeit der Staubfäden hält während der ganzen Blütezeit an, erstreckt sich gleichmässig auf die ganze Oberfläche der Staubfäden und ist am lebhaftesten bei 18—25°C. und trockenem Wetter. Sie äussert sich darin, dass ein Staubfaden bei Berührung sich binnen 1—5 Sekunden aus seiner fast senkrechten Stellung durch Krümmung einer ca. $^1/_2$ mm langen Zone dicht oberhalb seines Grundes in eine fast wagerechte Lage begiebt. Nach etwa 15 Sekunden bewegt er sich langsam in seine ursprüngliche Stellung zurück und ist dann aufs neue reizbar. Die Mechanik der Reizbewegung wird auf ähnliche Vorgänge wie die in den Mimosa-Blattpolstern zurückgeführt; ihre biologische Bedeutung liegt darin, dass durch die Auswärtsbewegung der Staubblätter auf die Krone auffliegende Insekten (Hummeln und Bienen), welche die Reizung vollziehen, mit Pollen bestäubt werden, den sie häufig, namentlich in solchen Blüten, in welchen der Griffel seitlich aus dem Staubblattbündel hervorragt, auf die Narbe anderer Blüten übertragen. Spontane Selbstbestäubung ist, da die Narbe um 0,5—0,7 mm über die Antheren der sie umgebenden Staubblätter hervorragt, gewöhnlich ausgeschlossen. Ausser den Zwitterblüten wurden auch ab und zu andromonöcisch verteilte männliche Blüten (eine auf 50- bis 80-zwittrige) beobachtet, die von geringerer Grösse waren, weniger Staubblätter und gar keinen Stempel besassen. (Nach Kirchner.)

325. H. canum Dun. Nach Briquet (Etudes) öffnen und schliessen sich die Blüten der protogynischen Pollenblumen, die von Hummeln und Bienen besucht werden, durch die Bewegungen der Kelchblätter. Die Staubfäden sind nicht reizbar, die lebhaft gelb gefärbten Kronblätter breiten sich auf einen Durchmesser von 12—13 mm aus. Wegen der Protogynie und weil die geöffneten Antheren extrors werden, findet spontane Selbstbefruchtung fast niemals statt. (Nach Kirchner.)

326. 327. H. Kahiricum und **H. Lippii**, beide aus Ägypten, besitzen, nach Ascherson (Bull. mens. de la soc. Linn. de Paris 1880, p. 250, 251; Sitzungsber. d. Ges. nat. Fr. zu Berlin 1880, S. 97—108), oft kleistogame Blüten.

328. 329. H. villosum Thib. und **H. ledifolium L.** sind nach Ascherson (Sitzungsber. d. nat. Fr. zu Berlin 1880) nur morgens geöffnet und befruchten sich, falls nicht in dieser Zeit Kreuzung erfolgt ist, beim Schliessen der Blüten selbst. Dasselbe gilt von Arten der Gattung

88. Cistus Tourn.,

nämlich von

330. 331. C. hirsutus L. und **C. villosus L.** Letztere sah Schletterer bei Pola von pollensammelnden Erd- und Furchenbienen besucht:

1. Anthrena convexiuscula K.; 2. A. cyanescens Nyl.; 3. A. nana K.; 4. Halictus calceatus Scop. var. obovatus K.; 5. H. fasciatellus Schck.; 6. H. interruptus Pz.; 7. H. levigatus K. ♂; 8. H. minutus K.; 9. H. quadrinotatus K.; 10. H. scabiosae Rossi; 11. H. tetrazonius Klug; 12. H. varipes Mor.

332. C. monspeliensis L. Schletterer beobachtete bei Pola als Besucher die Apiden:

1. Anthrena cyanescens Nyl.; 2. A. morio Brull.; 3. A. nana K.; 4. Ceratina cucurbitina Rossi; 5. Colletes lacunatus Dours; 6. Halictus calceatus Scop.; 7. H. minutus K.; 8. H. morio F.; 9. H. quadrinotatus K.; 10. H. scabiosae Rossi; 11. Prosopis clypearis Schck.; 12. P. genalis Ths.; 13. P. variegata F.

333. C. salviaefolius L. [Knuth, Capri.] — Im Sonnenscheine breitet sich die schwach nach Jasmin duftende Blüte zu einer Scheibe von 5 cm Durchmesser aus. Die weissen Kronblätter haben am Grunde ein gelbes Pollenmal. Die zahlreichen Staubblätter besitzen beim Aufblühen bereits aufgesprungene Antheren; mit ihnen ist die grosse, kopfförmige, stark papillöse Narbe entwickelt. Die Staubblätter liegen im Sonnenscheine anfangs den zurückgebogenen Kronblättern an, richten sich alsdann auf, so dass die Antheren über der Narbe stehen, mithin durch Hinabfallen des Pollens spontane Selbstbestäubung eintreten kann. Letztere tritt beim Schliessen der Blüte während der Nacht und bei trüber Witterung unfehlbar ein.

Als fast ausschliesslichen Besucher und Befruchter bemerkte ich auf der Insel Capri einen Käfer (Oxythyrea squalida Scop.), an dessen behaartem Körper der Pollen leicht haftet. Seltener stellte sich eine mittelgrosse Biene (Halictus sp.) ein, welche an den Schienen der Hinterbeine Pollen sammelte. Beide flogen meist zuerst auf die Narbe, so dass sie dann Fremdbestäubung bewirkten.

Schletterer beobachtete bei Pola Hymenoptera: a) *Apidae*: 1. Anthrena cyanescens Nyl.; 2. A. dubitata Schck.; 3. A. nana K.; 4. A. parvula K.; 5. Halictus interruptus Pz. b) *Pompilidae*: 6. Pompilus rufipes L. c) *Tenthredinidae*: 7. Amasis laeta F.

12. Familie Violaceae DC.

Die wichtigste Gattung dieser Familie ist

89. Viola Tourn.

Die Arten dieser Gattung besitzen meist grosse, lebhaft gefärbte Blüten, und zwar wiegt die gelbe, violette und blaue Blumenfarbe vor. Das vordere (untere) Kronblatt ist gespornt, wodurch die eigentümliche Gestalt der Blüte bedingt wird, welche von vorneherein vermuten lässt, dass die Veilchen bestimmten Insektengruppen angepasst sind. Die meisten Veilchenarten sind in der That Bienenblumen, bei denen Fliegen und Schmetterlinge nur eine untergeordnete Rolle als Befruchter spielen. Einzelne Arten jedoch sind mit so langen Spornen versehen, dass nur der lange Rüssel der Falter bis zum Honig gelangen kann (z. B. Viola calcarata). Andererseits finden sich auch so kurz gespornte Veilchen, dass sie als Fliegenblumen bezeichnet werden müssen (V. biflora). Es gehören demnach die Viola-Arten vorwiegend zur Blumenklasse **Hb,** einzelne auch zu den Klassen F und **D.** Sie sind sämtlich homogam.

Die Antheren der beiden unteren Staubblätter entsenden, wie schon Sprengel trefflich auseinandersetzt, je einen honigabsondernden Fortsatz in den zur Aufbewahrung des Nektars dienenden Sporn der Blumenkrone. Alle 5 Staubblätter besitzen ein häutiges Konnektiv-Anhängsel. Indem diese seitlich etwas übereinander greifen und dabei den Griffel unterhalb der Narbe umfassen, bilden sie einen kegelförmigen Hohlraum, in welchen beim Öffnen der Antheren der trockne Pollen fällt. Die Narbe ragt aus diesem Kegel hervor und verschliesst den Blüteneingang, so dass honigsuchende Insekten zuerst die Narbe berühren müssen, wobei sie den Narbenkopf in die Höhe drücken und dadurch den Antherenkegel öffnen, aus welchem ihnen Pollen auf die Oberseite des Rüssels fällt. Sie müssen also, da sie den Rüssel in jede Blume nur einmal zu stecken pflegen, regelmässig Fremdbestäubung bewirken. — Bei zahlreichen Arten sind neben den normalen, offenen Blumen auch kleistogame Blüten mit verkümmerter Krone beobachtet. (Vgl. Bd. I. S. 71).

334. V. odorata L. [Sprengel, S. 394; H. M., Befr. S. 145; Weit. Beob. II. S. 209; Hildebrand, Geschl.; Kerner, Pflanzenleben; Schulz, Beitr. II. S. 205; Mac Leod, B. Jaarb. VI. S. 221—222; Arch. de Biologie VII; Knuth, Bijdragen; Kirchner, Flora S. 318; Warnstorf, Bot. V. Brand. Bd. 38.] — Die geringe Augenfälligkeit der dunkelblauen Blumen, die fast von den Blättern verdeckt werden, wird durch den starken Wohlgeruch ein wenig aufgehoben. Die Krone ist in der Mitte weisslich gefärbt; dieser weisse Fleck auf dem unteren (gespornten) Kronblatte wird von dunkelblauen Adern durchzogen, die sich als Wegweiser zum Nektar gegen den Sporneingang hinziehen. Das narbentragende Griffelende ist anfangs nur angeschwollen, dann hakig nach unten gebogen und etwas von dem unteren Kronblatte entfernt. In der Narbenhöhle wird, nach Mac Leod, eine Flüssigkeit ausgeschieden, von der ein Tröpfchen hervorgepresst wird, wenn ein Insekt beim Eindringen in den Sporn die Narbe berührt und in die Höhe hebt. Dieses Tröpfchen befeuchtet den Kopf des Insektes und macht ihn so zum Aufnehmen des trocknen, weissen, glatten Pollens, dessen Körner etwa 44 μ lang und 25 μ breit sind, geeigneter.

Nach Hildebrand und nach Kerner wird der Lappen an der Unterseite der Narbenhöhlung von dem einfahrenden Insektenrüssel mit Pollen bedeckt, welcher beim Zurückziehen des Rüssels durch Herandrücken des Lappens an den Narbenkopf in die Höhlung gebracht wird.

Als Besucher treten vornehmlich Bienen auf. Schon Sprengel bildet auf dem Titelkupfer seines „Entd. Geheimn." die Honigbiene als Befruchter ab, und in der That ist diese die häufigste Besucherin dieses Veilchens. Ausserdem sind besonders von H. Müller langrüsselige Bienen honigsaugend und befruchtend beobachtet; seltener sind es Bombyliden und Falter (Vanessa, Rhodocera), welche, durch den Wohlgeruch angelockt, beim Saugen regelmässig Fremdbestäubung vollziehen. Letztere ist in den chasmogamen Blüten notwendig, weil schon Sprengels Versuche gezeigt haben, dass bei Insektenabschluss Fruchtbildung nicht erfolgt. Kurzrüsselige Hummeln beissen den Sporn zuweilen an und rauben Honig (Schulz).

Ausser den grosshülligen, offenen Blumen kommen nach Kirchner, wenn Insektenbesuch ausgeblieben ist, im August an den Ausläufern kleistogame Blüten zur Entwickelung. Diese sitzen an 3—5 cm langen Stielen in den Blattwinkeln und sind abwärts geneigt, ja sie dringen in den lockeren Erdboden bisweilen ein. Hinter den geschlossenen Kelchblättern finden sich 5 kleine, knospenförmig zusammenschliessende, helle Kronblätter und 5 Staubblätter mit kleinen Antheren, welche geschlossen bleiben und deren Pollen in Schläuche auswächst, die in die Narbe eindringen. Diese kleistogamen Blüten sind fruchtbar; ihre Kapseln graben sich in den Boden ein, wenn derselbe locker genug ist, und reifen dort.

Als Besucher von Viola odorata beobachteten Herm. Müller (1) in Westfalen, Buddeberg (2) in Nassau und ich (!) in Schleswig-Holstein:

A. Coleoptera: *Nitidulidae:* 1. Meligethes (1). B. Diptera: *Bombylidae:* 2. Bombylius discolor Mikan, sgd. (1). C. Hymenoptera: *Apidae:* 3. Anthrena fulva Schrk. ♀, vergebl. suchend (1); 4. Anthophora pilipes F. ♂, sgd. (1); 5. Apis mellifica L. ⚥, sgd. und psd. (?) (1, !); 6. Bombus derhamellus K. ♀ (1); 7. B. hortorum L. ♀ (1); 8. B. lapidarius L. ♀, sgd. (1, !); 9. Halictus calceatus Scop. ♀, vergebl. such. (1); 10. Osmia cornuta Latr. ♀, sgd. (1); 11. O. rufa L. ♀ ♂, sgd., sehr häufig (1, 2). D. Lepidoptera: *Rhopalocera:* 12. Rhodocera rhamni L., sgd. (1); 13. Vanessa cardui L., sgd., sehr zahlreich (1); 14. V. urticae L., sgd. (1).

Schmiedeknecht beobachtete in Thüringen: Hymenoptera: *Apidae:* 1. Bombus jonellus K. ♀; 2. B. pratorum L. ♀; 3. Osmia bicolor Schrk. ♀; 4. O. uncinata Gerst.; Schenck in Nassau: Osmia rufa L. ♂; Alfken bei Bremen: *Apidae:* 1. Anthrena albicans Müll. ♂; 2. A. albicrus K. ♂; 3. A. praecox Scop. ♂; 4. Bombus lapidarius L. ♀; 5. B. lucorum L. ♀; 6. B. terrester L. ♀; 7. Osmia rufa L. ♀ ♂; 8. Podalirius acervorum L. ♀.

Mac Leod sah in Flandern Apis und 4 andere langrüsselige Bienen, 2 kurzrüsselige Bienen. 3 Falter (B. Jaarb. VI S. 222.)

Friese beobachtete bei Fiume (F.), Innsbruck (I.), in Mecklenburg (M.), bei Triest (T.) und in Ungarn (U.) die *Apiden:* 1. Osmia acuticornis Duf. et Pér. (= dentiventris Mor. = hispanica Schmiedekn.) (F. T. U.); 2. O. bicolor Schrk. (M.) ♀, sgd. (M., einz. U.); 3. O. cornuta Ltr. (J.); 4. O. pilicornis Sm. (M. einz., Thüringen, U.); 5. O. rufa L. (M.).

335. V. hirta L. Die Einrichtung der duftlosen, heller gefärbten Blumen stimmt, nach Kirchner (Flora S. 318), im wesentlichen mit derjenigen von V. odorata überein. Meist sind sie unfruchtbar. Schulz sah den Sporn auch dieser Art bisweilen von Hummeln angebissen. Die kleistogamen Sommerblumen stimmen, nach Kirchner, mit denen der vorigen Art überein.

Pollen (nach Warnstorf) weiss, unregelmässig brotförmig, glatt, etwa 37 μ lang und 25—30 μ breit.

Die Form Salvatoriana hat, nach Calloni, gleichfalls chasmogame und kleistogame Blumen. Erstere werden von Bienen und Faltern (Argynnis) besucht.

336. V. collina Bess. besitzt, nach Kerner, gleichfalls kleistogame Blüten. Schulz sah die Sporne der chasmogemen Blumen bisweilen von Hummeln angebissen.

337. V. silvatica Fr. (V. silvestris Lmk. z. T.). Die Einrichtung der geruchlosen Blumen stimmt, nach Müller (Befr. S. 145), mit derjenigen der vorigen Art überein. Die Krone ist violett, der 7 mm lange Sporn ist etwas dunkler gefärbt. Die von Corry und Bennett entdeckten kleistogamen Blüten dieser Art stimmen, nach Kirchner, im Bau mit denen von V. odorata überein, nur sind die Kelchzipfel abstehend.

Als Besucher beobachtete H. Müller Bienen (Bombus agrorum F. ♀), Fliegen Bombylius discol or Mikan) und Falter (Pieris brassicae L., rapae L., napi L., Rhodocera rhamni L., Anthocharis cardamines L.), sämtlich sgd.

338. V. Riviniana Rchb. Die Blüteneinrichtung stimmt mit derjenigen von V. silvatica überein. Die Krone ist grösser und heller blau; der Sporn ist gelblichweiss. Es kommen, nach Kirchner, chasmogame und kleistogame Blüten vor.

Als Besucher sah ich bei Kiel eine honigsaugende Hummel (Bombus agrorum F. ♀).

339. V. canina L. [H. M., Befr. S. 146; Weit. Beob. II. S. 209; Mac Leod, Bot. Jaarb. VI. S. 222—223; Arch. de Biologie VII.; Kirchner, Flora S. 320; Knuth, Ndfr. Ins. S. 33.] — Die Blüteneinrichtung stimmt im wesentlichen mit derjenigen von V. odorata überein. Die Narbe ist, nach Mac Leod, in der Knospe angeschwollen, mit breiter Öffnung und kleiner Klappe; später streckt sie sich gerade vor und zuletzt biegt sie sich hakenförmig um. Bei ausbleibendem Insektenbesuche sind die Blüten unfruchtbar (Darwin). Die kleistogamen Sommerblüten haben, nach Kirchner, dieselbe Stellung wie bei V. odorata, doch sind die Kronblätter fast völlig fehlgeschlagen; die Staubblätter sind sehr klein, und nur die beiden unteren mit kleinen, wenig Pollen enthaltenden Antheren versehen. Die Pollenkörner treiben ihre Pollenschläuche durch eine am oberen Ende des Antherenfaches befindliche Öffnung. Die Kapseln der kleistogamen Blüten reifen viel schneller als die der offenen.

Bei Kiel sah ich eine Hummel und einen Falter (Pieris), sowie Podalirius acervorum L. ♀, sgd., als Besucher; auf Sylt an der Form flavicornis Smith (mit auffallend dunklen Blüten und lebhaft orange Sporn) eine Hummel (Bombus lapidarius L.), sgd.

Herm. Müller beobachtete in Westfalen und Thüringen: A. Diptera: Bombylidae: 1. Bombylius discolor Mikan, sgd. (?); 2. B. maior L., sgd. B. Hymenoptera: Apidae:

3. Bombus lapidarius L. ♀, sgd.; 4. B. terrester L. ♀, sgd. (Thür.); 5. Osmia bicolor Schrk. ♀, sgd.; 6. O. rufa L. ♂, sgd. C. Lepidoptera: *Rhopalocera*: 7. Anthocharis cardamines L., sgd.; 8. Pieris brassicae L., sgd.; 9. P. napi L., sgd.; 10. P. rapae L., sgd.; 11. Rhodocera rhamni L., sgd.

Alfken sah bei Bremen: *Apidae*: 1. Bombus arenicola Ths. ♀; 2. B. derhamellus K.; 3. B. muscorum F.♀; 4. Podalirius acervorum L.♀; Verhoeff auf Norderney: A. Coleoptera: a) *Nitidulidae*: 1. Meligethes coracinus St., in angebissenen Spornen. B. Hymenoptera: a) *Apidae*: 2. B. lapidarius L. ♀, sgd.; 3. B. terrester L. ♀, sgd.; 4. Osmia maritima Friese, 1 ♀; 5. Psithyrus vestalis Fourcr. ♀, sgd. C. Lepidoptera: *Pieridae*: 6. Pieris brassicae L. 2 ♀; Mac Leod in Flandern 3 Hummeln, Anthophora, 1 Ameise, 1 Käfer (B. Jaarb. VI S. 223).

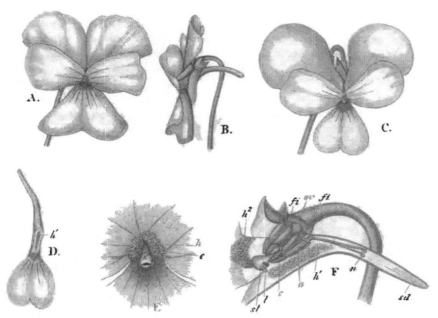

Fig. 37. Viola calcarata L. (Nach Herm. Müller.)

A. Blüte von Piz Umbrail gerade von vorn gesehen. *B.* Dieselbe von der Seite. *C.* Blüte vom Albula gerade von vorn gesehen. *D.* Unterlippe derselben mit dem honigführenden Sporn. *E.* Blüteneingang von *A*, gerade von vorn gesehen. *F.* Aufriss der Blüte *A.*
a Antheren. *c* Konnektivanhänge derselben. *h′* pollenaufsammelnde Haare. *h²* Haare, welche bei den bienenblumigen Veilchen den von oben kommenden Bienen zum Festklammern dienen, hier zwecklos sind. *k* Narbenkopf. *l* lippenförmiger Anhang an der unteren Seite des Einganges in die Narbenhöhle (*st*). *sd* Safthalter. (*A.—D.* nat. Gr.; *E. F.* 3¹/₂ : 1.)

Burkill (Fert. of Spring Fl.) beobachtete an der Küste von Yorkshire: A. Diptera: *Muscidae*: 1. Cephalia nigripes Mg., sgd. B. Hymenoptera: *Apidae*: 2. Bombus terrester L., sgd.

In Dumfriesshire (Schottland) (Scott-Elliot, Flora S. 21) sind 2 Hummeln, 1 Empide und 1 Schwebfliege als Besucher beobachtet.

339a. V. canina × stagnina Ritschl. [Warnstorf, Bot. V. Brand. Bd. 38.] — Blüten chasmo- und kleistogam; erstere, auf bis 70 mm langen,

deutlich vierflügeligen Stielen, hellblau, unteres und beide seitliche Kronenblätter
mit dunkelvioletten Adern; Sporn stumpf, an der Spitze rinnig, grünlich-gelb,
so lang oder wenig kürzer als die Kelchanhängsel; Narbe 1 mm aus dem Streu-
kegel der Antheren hervorragend. Die kleistogamen Blüten in den Blattwinkeln
der oberen Äste sehr kurz gestielt, kronenlos und die Antheren der blattartig
verbreiterten Staubblätter ausserordentlich klein. — Chasmogame Blüten fast
immer am Sporn erbrochen.

340. V. calcarata L., eine Falterblume. [H. M., Alpenbl. S. 154
bis 156.] — Die Länge des Sporns beträgt 13—25 mm. Der am Grunde desselben geborgene Nektar ist nur Faltern bequem zugänglich. Der wechselnden
Spornlänge entsprechend, sind die Besucher teils Tagfalter, teils Nachtfalter; die am längsten gespornten Formen können nur von einem Tagschwärmer (Macroglossa stellatarum L. mit 25—28 mm langem Rüssel) ausgebeutet werden, der auch
als erfolgreichster Befruchter
auftritt. So sah H. Müller
diesen Schmetterling in $6^3/4$
Minuten nicht weniger als
194 Blüten verschiedener
Pflanzen von V. calcarata
besuchen und befruchten.
Autogamie ist ausgeschlossen. (S. Fig. 37.) Die Blütenfarbe ist, nach Kerner, in
den westlichen Centralalpen
blau, in Krain gelblich.

**341. V. biflora L.,
eine Fliegenblume.**
[H. M., Alpenbl. S. 152
bis 154.] — Der Sporn ist
so kurz, dass schon ein
2—3 mm langer Rüssel
genügt, um den Nektar zu
erreichen. Es wird daher
V. biflora hauptsächlich
von Fliegen besucht und
befruchtet. (S. Fig. 39). Ob

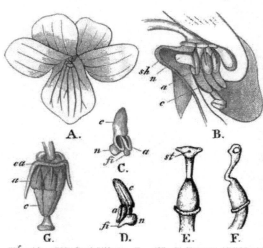

Fig. 38. Viola biflora L. (Nach Herm. Müller.)
A. Blüte von vorn gesehen ($3^1/_2$: 1). *B.* Blüte im Aufriss, ohne Saftmalzeichnung (7 : 1). *C.* Eines der mit honigabsondernden Anhängen (*n*) versehenen Staubblätter, von
der der Blütenmitte zugekehrten Seite. *D.* Dasselbe von
aussen. *E.* Stempel gerade von unten gesehen. *F.* Derselbe von der Seite. *G.* Staubblätter und Stempel gerade
von oben gesehen. *fi* Staubfaden. *a* Staubbeutel. *c* An-
therenanhang. *n* Nektarium.

bei ausbleibendem Insektenbesuche spontane Selbstbestäubung erfolgt, muss noch
festgestellt werden.

Auf dem Dovrefjeld beobachtete Lindman ausser den mit den
alpinen übereinstimmenden chasmogamen Blüten andere, welche, zu Kleistogamie
übergehen. Bei diesen sind die seitlichen Blumenblätter, zuweilen auch das vordere
Kronblatt stark reduziert. Selbst der Griffel ist in einzelnen Exemplaren sehr ver-

kürzt, wobei sich die mit Pollen bestreute Narbe alsdann in derselben Lage befindet wie sonst in kleistogamen Blüten.

Als Besucher beobachtete H. Müller in den Alpen Fliegen, besonders Syrphiden (7 Arten), welche von oben saugend regelmässig Fremdbestäubung bewirkten; die grösseren Musciden verfuhren ebenso. Kurzrüsselige Bienen (Halictus cylindricus) versuchten erst von unten zu saugen, lernten aber dann in kurzer Zeit, den Honig regelrecht von oben zu erlangen. Einige Schmetterlinge stellten sich gleichfalls sgd. ein.

Mac Leod beobachtete in den Pyrenäen zwei Musciden als Besucher. (A. a. O. S. 398, 399).

342. V. lutea Smith. Willis und Burkill (Flowers and Insects in Great Britain Pt. I.) beobachteten im mittleren Wales:

Diptera: *Muscidae*: 1. Anthomyia sp.; 2. Hylemyia lasciva Zett., sgd.: 3. Siphona geniculata Deg., sgd.

Wittrock beobachte an der Form grandiflora Vill. in der Nähe von Stockholm Falter- und Hummelarten als Besucher.

343. V. sepincola Kerner ist, nach Kerner, an sonnigen Standorten chasmogam, im Waldesschatten kleistogam. Nach Calloni (B. S. B. Genève, V, 1889) kommen hemi- und eukleistogame Blüten vor.

344. V. sciaphila K. V. besitzt, nach Calloni, ausser chasmogamen Frühlingsblumen halb oder völlig kleistogame Blüten.

345. V. stagnina Kit. besitzt, nach Corry, auch kleistogame Blüten.

346. An V. montana L. beobachtete schon Linné kleistogame Blüten.

347. 348. V. elatior L. und **lancifolia L.** haben, nach Daniel Müller (Bot. Ztg. 1867), kleistogame Blüten. Ebenso

349. V. bicolor L. nach Müller, und

350. V. mirabilis L. nach Dillenius.

351. V. palustris. L. [Knuth, Ndfr. Ins. S. 33.] — Die Blüten sind klein, helllila, das untere Kronblatt besitzt eine dunkelviolette Strichzeichnung.

In Dumfriesshire (Schottland) (Scott-Elliot, Flora S. 20) ist 1 Muscide als Besucherin beobachtet.

352. V. cornuta L., deren Sporn über blumenkronlang ist, duftet nachts stark; die Blume ist nach Hart (Ground Ivy) der Bestäubung durch Nachtfalter angepasst.

Hart beobachtete als Besucher in der That eine Eule (Cucullia umbratica L.), ausserdem einen Tagfalter (Hipparchia janira L.) und Hummeln.

Wittrock beobachtete in der Nähe von Stockholm Bombus subterraneus L. und mehrere Tagfalter als Besucher.

353. V. pinnata L. [H. M., Alpenbl. S. 151.] — Die Unterlippe besitzt keine Haare zur Aufnahme des aus dem Antherenkegel fallenden Pollens; ein in den Sporn eindringender Insektenrüssel behaftet sich daher nicht von unten mit Blütenstaub, sondern wird von oben damit bestreut, wobei der untere Narbenrand gestreift und Fremdbestäubung bewirkt wird. Selbstbestäubung ist durch stärkere Erweiterung des Narbenrandes ausgeschlossen. (S. Fig. 39.) Schon Linné beobachtete kleistogame Blüten.

Besucher sind vermutlich Bienen.

354. V. arenaria DC. [H. M., Alpenbl. S. 152.] — Die Blüteneinrichtung stimmt im wesentlichen mit derjenigen der vorigen Art überein. Auch hier findet die Bestreuung des eingeführten Insektenrüssels von oben her statt, auch hier ist Selbstbestäubung ausgeschlossen. Statt der Erweiterung des Narbenrandes finden sich hier abstehende, steife Härchen. (S. Fig. 40.)

Als Besucher beobachtete H. Müller Tagfalter (Vanessa).

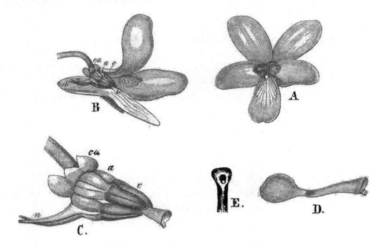

Fig. 39. Viola pinnata L. (Nach Herm. Müller.)
A. Blüte von vorn gesehen. B. Blüte im Aufriss. C. Befruchtungsorgane in gleicher Stellung.
D. Stempel von der Seite. E. Griffel mit Narbenkopf von vorn.
(A. B. Vergr. $3^{1}/_{2}$: 1; C.—E. 7 : 1.)

Auf dem Dovrefjeld bei Kongsvold fand Lindman, dass die Blüten in den ersten drei Wochen des Juli kleistogam waren und Früchte bildeten.

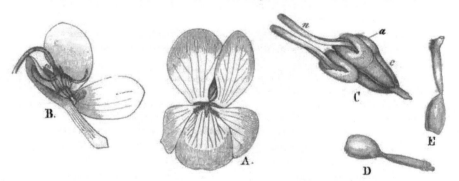

Fig. 40. Viola arenaria DC. (Nach Herm. Müller.)
A. und B. wie bei voriger Figur. C Befruchtungsorgane von unten. D. und E. Stempel von
oben und von der Seite. (A. B. Vergrösserung $2^{1}/_{3}$: 1; C.—E. 7 : 1.)

Kerner beobachtete in Tirol an den liegenden Ausläufern neben chasmogamen auch kleistogame Blüten.

355. V. tricolor L. [Sprengel, S. 386—400; Hildebrand, Geschl. S. 53—56; H. M., Befr. S. 145; Weit. Beob. II. S. 206—209; Mac Leod, Bot. Jaarb. VI. S. 215—220; Knuth, Ndfr. Ins. S. 33, 150; Kirchner, Flora S. 320.] — Um zum Nektar zu gelangen, müssen, nach H. Müllers Darstellung, die Insekten den Rüssel dicht unter dem kugeligen Narbenkopf in den Sporn einführen. Der Narbenkopf liegt aber in einer von Haaren eingefassten Rinne des unteren Kronblattes, in welche der Pollen von selbst oder durch Anstoss eines Insektenrüssels fällt. Indem der Rüssel in dieser Rinne vordringt, behaftet er sich von unten mit Pollen. Im übrigen sind drei Formen zu unterscheiden:

α) *vulgaris Koch.* Diese Form ist grossblumig; die Blüten sind 20—30 mm lang, 14—16 mm breit. Die Kronblätter sind länger als der Kelch, sämtlich violett oder die vier oberen violett, das untere gelb mit violetten Adern, oder auch die seitlichen gelblich. Diese Form ist nur durch Fremdbestäubung zu befruchten. Der kugelige Narbenkopf kehrt seine Höhlung nach aussen, so dass der aus dem Antherenkanal herausfallende Pollen nicht von selbst in die Höhlung fallen kann. Am unteren Rande derselben findet sich eine lippenförmige, biegsame Klappe, welche verhindert, dass der aus dem Sporn zurückgezogene Insektenrüssel die Narbe mit eigenem Pollen belegt; dagegen wird beim Eindringen in eine neue Blüte der mitgebrachte Pollen auf die Lippe gelegt, mithin Fremdbestäubung bewirkt. Von selbst fällt der Pollen erst nach einigen Blühtagen aus dem Antherenkanal heraus in die behaarte Rinne des unteren Kronblattes. Bei verhindertem Insektenzutritt bleiben die Blüten 2—3 Wochen frisch und setzen keine oder nur wenige Kapseln mit nicht keimfähigem Samen an.

Als Besucher der grossblumigen Form sah ich Anthophora pilipes F. und Bombus hortorum L. ♀, beide sgd. Auch Herm. Müller beobachtete nur langrüsselige Bienen: Apis, Bombus lapidarius, terrester, hortorum, Anthophora pilipes F. ♀, sämtl. sgd. Letztere Biene beobachtete auch Delpino.

Als weitere Besucher sah H. Müller eine kleine Biene (Anthrena albicans Müll. ♂), deren 2—2¹/₂ mm langer Rüssel aber nicht bis zu dem 3 mm tief geborgenen Nektar reichte. Bei den vergeblichen Versuchen, denselben zu erlangen, bewirkte sie Selbstbestäubung. Eine Schwebfliege (Syritta pipiens L.) sah H. Müller pfd. auf den Blüten; sie berührte dabei auch öfters die Narbe, so dass auch dieser Besucher Selbstbestäubung bewirkte.

Alfken beobachtete auf Juist: A. Hymenoptera: a) *Apidae*: Bombus hortorum L. einmal, sgd.

Verhoeff beobachtete auf Norderney und Juist (J.): A. Hymenoptera a) *Apidae*: 1. Bombus cognatus Steph. (= muscorum F.), 1 ♀ (J.), sgd.; 2. B. lapidarius L. ♀, sgd.; 3. B. latreillelus K. (= subterraneus L.), 2 ♀; 4. B. terrester L. 2 ♀, sgd., ♂ nicht normal; 5. Psithyrus vestalis Fourcr. 1 ♀, sgd. b) *Vespidae*: 6. Odynerus parietum L. 1 ♀, am durchbissenen Sporn saugend. B. Lepidoptera: *Pieridae*: 7. Pieris brassicae L. 4 ♀, 1 ♂, sgd.

Friese giebt als Besucher für Central-Europa Podalirius acervorum L. an.

Dalla Torre und Schletterer beobachteten in Tirol Bombus hortorum L. ♂.

Die zweite morphologische und biologische Form ist:

β) *arvensis Murr.* Die Blüten sind 8—13 mm lang, 6—8 mm breit; die Kronenblätter sind klein, kaum so lang wie der Kelch, gelblich-weiss, seltener die oberen bläulich oder violett und das unterste dunkler gelb. Das Saftmal ist mehr oder weniger reduziert. Diese Form ist durch Selbstbestäubung befruchtbar. Der kugelige Narbenkopf kehrt nämlich seine Höhlung nach innen, so dass Pollenkörner hineinfallen können. Auch fehlt der lippenförmige Anhang, so dass auch der sich zurückziehende Insektenrüssel Selbstbestäubung bewirken kann, die auch von Erfolg ist.

Als Besucher der kleinblumigen Form des Stiefmütterchens sah ich bei Kiel die Honigbiene, Anthophora pilipes F. ♂, Bombus agrorum F. und einen Weissling (Pieris napi L.), sämtlich sgd. Herm. Müller beobachtete:

A. Coleoptera: *Nitidulidae*: 1. Meligethes. B. Diptera: *Syrphidae*: 2. Rhingia rostrata L., sgd. C. Hymenoptera: *Apidae*: 3. Apis mellifica L. ⚲, sgd.; 4. Bombus hortorum L. ♀, sgd.; 5. B. agrorum F. ♀, sgd.; 6. B. rajellus K. ♀, sgd.; 7. Osmia rufa L ♂, flüchtig sgd. D. Lepidoptera: *Rhopalocera*: 8. Pieris napi L., sgd.; 9. P. rapae L. sgd.; 10. Polyommatus dorilis Hfn., sgd.

Loew bemerkte in Schlesien (Beiträge S. 34—35): A. Hymenoptera: *Apidae*: 1. Diphysis serratulae Pz. ♂, sgd. B. Lepidoptera: *Rhopalocera*: 2. Pieris brassicae L., sgd.

Mac Leod beobachtete in Flandern 1 Faltenwespe, 1 Falter (B. Jaarb. VI S. 220), sowie in den Pyrenäen eine Schwebfliege, welche vergeblich in die Blüte zu dringen versuchte (B. Jaarb. III. S. 398).

An Gartenpflanzen sah Schneider (Tromsø Museums Aarshefter 1894) im arktischen Norwegen B. pratorum L. ⚲ und B. terrester L. ♀ als Besucher; Wittrock beobachtete bei Stockholm nur einen einzigen Besuch eines Kreuzung vermittelnden Insekts, nämlich Apis mellifica L.

Eine dritte Form ist:

γ) *alpestris*. [H. M., Alpenbl. S. 156.] — Diese Form bildet eine Zwischenstufe zwischen V. tricolor var. vulgaris und V. calcarata (s. S. 142). Die Blumen sind ausgewachsen, 25—30 mm lang und 18—22 mm breit. Die Spornlänge steht in der Mitte zwischen derjenigen von V. tricolor (3—4 mm) und V. calcarata (13—25 mm). Bei eintretendem Insektenbesuch ist Kreuzung gesichert; spontane Selbstbestäubung ist meist ausgeschlossen. Der Besucherkreis steht zwischen dem der beiden genannten Arten; er besteht aus Syrphiden, Apiden und Faltern. —

König (Abh. der Gesellsch. Isis, Dresden 1891) macht darauf aufmerksam, dass die grossblumige Form des Stiefmütterchens eine viel mannigfaltigere Farbenzeichnung besitzt als die kleinblumige, welche meist gelblichweiss ist und ein reduziertes Saftmal aufweist. Selten sind die oberen Kronblätter der letzteren Form bläulich oder violett. (Vgl. vor. Seite.)

Nach Müller welken die gegen Insektenzutritt geschützten Blüten der kleinblumigen Form nach 2—3 Tagen, wobei bereits Fruchtansatz erfolgt ist. Die Blüten der grossblumigen Form bleiben dagegen 2—3 Wochen frisch und welken dann meist ohne Fruchtansatz. (Vgl. S. 145.)

In Belgien fand Mac Leod bei Blankenberghe eine Dünenform mit auffallend grossen Blumen, deren Narbe unterseits schwarz gefleckt erscheint. Auch sind die Narbenpapillen dieser Form zahlreicher als an Blumen von anderen Standorten.

Wittrock (Viola-Studier) bemerkt folgendes: Die beiden Bestandteile des Saftmales des unpaarigen Kronblattes, nämlich der bei dessen Basis gelegene „Honigflecken" und die von demselben nach vorn radiierenden „Honigstreifen" haben bei ein- und derselben Form von Viola tricolor auch bei im übrigen wechselnder Farbe des Kronblattes immer eine konstante Farbe, und zwar ist jener gelb oder orangefarbig, diese sind dunkelviolett. Auch der Sporn ist regelmässig violett gefärbt.

Die haarbekleidete Rinne am untersten Kronblatt funktioniert nach Wittrock als ein „Pollenmagazin", das den aus den Staubblättern herausfallenden Pollen aufsammelt und bis zu einem gelegentlichen Insektenbesuche aufbewahrt; die Haare scheinen durch ihre knotenartigen Verdickungen für das Festhalten der Pollenkörner besonders angepasst zu sein. Die Rinne bildet im vorderen Teil eine nach oben offene „Pollenhöhle", im hinteren schmaleren Teil, dem „Pollenkanal", bilden die Haare ein durchbrochenes Dach. Der Pollen fällt durch eine zwischen den membranartigen Anhängseln der zwei untersten Staubfäden genau über der Pollenhöhle befindliche Öffnung in dieselbe hinunter.

Durch direkte Versuche hat Wittrock nachgewiesen, dass die an der Basis des Spreitenteils der mittleren Kronblätter befestigten Haare als ein gegen Regen schützendes Dach für den Sexualapparat und das Pollenmagazin dienen; ausserdem sind sie, wie es auch von früheren Forschern angenommen ist, als Stütze für die pollinierenden Insekten von Nutzen.

Die Kronblätter sind in jüngeren Blüten viel kleiner und verhältnismässig viel breiter als in älteren.

Auch nach den verschiedenen Jahreszeiten zeigen sich die Blüten bei demselben Individuum verschieden: die Frühlings- und Vorsommerblüten haben viel grössere, merklich breitere und beträchtlich stärker gefärbte Kronblätter als die Hochsommerblüten. Ferner fehlen im Hochsommer und Nachsommer oft die Honigstreifen, (der Honigflecken und die Honigdrüsen treten aber konstant auf).

Ausnahmsweise finden sich an demselben Individuum ganz verschieden gefärbte Blüten. In einem solchen näher untersuchten Falle zeigte sich diese Verschiedenheit nur während der wärmsten Zeit des Sommers — die Blütenfarbe wechselte vom Violetten bis zum Weissen —; im Frühling und im Herbst kamen dagegen nur ganz violette Blüten zum Vorschein. Auf diese und andere Erfahrungen gestützt, hält es Wittrock für wahrscheinlich, dass starke Wärme einen nachteiligen Einfluss auf die Blütenbildung der Viola tricolor-Formen ausübt, insofern, als hierdurch nur kleinere und schwächer gefärbte Blüten erzeugt werden.

Während der zwei bis drei ersten Tage der etwa eine Woche dauernden Anthese sind die Kronblätter der Viola tricolor nyktitrop: die zwei obersten Blätter biegen sich abends nach vorn, bis zu einer fast horizontalen Lage, die mittleren Blätter ein wenig nach innen und das unterste Blatt nimmt durch Aufwärtsbiegen der Seitenränder die Form einer seichten Rinne an. Zu diesen von früheren Forschern nicht erwähnten Bewegungen kommt die schon von Kerner beobachtete nyktitropische Krümmung der Blütenstiele. Während der letzten drei bis vier Tage der Anthese sind die Nutationen der Kronblätter und Blütenstiele kaum merkbar.

Die Staubbeutel lassen den Pollen nicht gleichzeitig heraus: Beim Öffnen der Blüte oder auch schon einen Tag früher wird das oberste Staubblatt geöffnet, ein paar Tage später öffnen sich die zwei mittleren, zuletzt auch die zwei untersten.

Die Pollenkörner sind di- oder trimorph; von vorn gesehen sind sie vier- oder drei- oder seltener fünfeckig, von der Seite elliptisch.

Bezüglich der Funktionen der einzelnen Teile des weiblichen Apparates bei der Bestäubung gelangt Wittrock zu Resultaten, die von der bisherigen Auffassung beträchtlich abweichen:

Die Form und Struktur der Narbenlippe (labellum) scheint vorher nicht richtig erkannt worden zu sein, infolgedessen auch deren Funktion falsch gedeutet. Nach Wittrock bildet sie einen Epidermisauswuchs von kurz fächerartiger Form und sehr geringer Grösse und wird von keulenförmig ausgewachsenen, ziemlich steifen, hyalinen, mit Papillen besetzten Epidermiszellen aufgebaut. Diese Zellen bilden in der mittleren Partie der Lippe fünf (oder vier) über einander gelegene Schichten; die Zellen der mittleren Schicht sind am längsten, nach oben und nach unten werden sie allmählich kürzer. Die Seitenteile der Lippe bestehen aus drei Schichten, von welchen die mittlere die längsten Zellen besitzt. Wittrock hat durch Versuche dargethan, dass die Lippe in keinem nennenswerten Grade biegsam ist, und dass infolgedessen, wenn ein Insekt den Rüssel aus der Blüte zurückzieht, weder ein Zuschliessen der Narbenhöhle durch die Lippe, noch ein Hineinpressen des Pollens in dieselbe stattfinden kann. Die Lippe ist also nur im untergeordneten Grade behilflich, das Eindringen des eigenen Blütenstaubes in die Narbenhöhle bei den Insektenbesuchen zu verhindern; in weit höherem Masse ist hierbei das am unteren Teil des Griffels befindliche knieförmige Gelenk thätig, durch dessen Elastizität die bekannte Aufwärtsbiegung des Narbenkopfes beim Druck des Insektenrüssels erfolgt.

Über die Insektenbesuche hat Wittrock an bei Stockholm spontan wachsenden Individuen von Viola tricolor L. f. versicolor Wittr. Beobachtungen gemacht, aus welchen er hauptsächlich folgende Schlüsse zieht: Die Viola tricolor-Blume ist im mittleren Skandinavien gleichzeitig Falter- und Hymenopterenblume. Die Mehrzahl der besuchenden Insekten befördern die Kreuzbefruchtung. Honigdiebe sind einige kleinere Hymenopteren, z. B. Odynerus oviventris L., ferner die Fliege Ocyptera brassicaria Fabr.; der Käfer Cetonia aurata L. frisst Staub- und Kronblätter. Die pollenfressenden Physopoden können in gewissen Fällen Selbstbestäubung bewirken. — Die legitimen Insektenbesuche sind auch während des Hochsommers spärlich.

Das Pollenmagazin ist bei Viola arvensis Murr. nach vorn ganz offen, sodass hier keine scharf begrenzte Pollenhöhle zustande kommt. Die Pollenkörner können demzufolge in die Narbenhöhle unbehindert hinabfallen; Selbstbestäubung findet daher in der Regel statt. — Die Augustblüten entbehren in der Regel ganz und gar der Honigstreifen. Bei den Herbstblüten werden namentlich die oberen Kronblätter kleiner im Verhältnis zu den Kelchblättern, als bei den Frühlings- und Sommerblüten. Bei Viola patens können auch zu früheren Jahreszeiten Blüten mit bisweilen sehr stark reduzierten Kronblättern auftreten. Solche Blüten, die gewöhnlich an Achsen höherer Ordnung sitzen, haben auch in den Fällen, wo die Kronblätter zu kleinen Schuppen reduziert sind, jedoch einen normal ausgebildeten völlig funktionsfähigen Geschlechtsapparat; hierdurch, ebenso wie auch durch die offene Krone unterscheiden sie sich von den klandestinen Blüten.

Als den thätigsten Besucher beobachtete Wittrock in der Nähe von Stockholm Bombus subterraneus L., der wegen seiner Leistungen mit dem durch H. Müller berühmt gewordenen Schmetterlinge Macroglossa stellatarum L. (vgl. Bd. I. S. 204; Bd. II. S. 142) verglichen wird. (Nach dem Ref. von Grevillius im Bot. C. Bd. 71). —

Arten der Gattung **Jonidium** sind, nach Bernoulli (Bot. Ztg. 1869), kleistogam.

13. Familie Droseraceae DC.

Die kleinen weissen Blüten der Arten von Drosera und Aldrovandia sind häufig kleistogam.

90. Drosera L.

Die meisten Blüten sind nach meinen Beobachtungen in Schleswig-Holstein kleistogam [1]. Nur bei sehr günstigem, andauernd sonnigem Wetter entfalten sich die kleinen weissen Blumen, doch ist die Blütezeit nur auf einen Vormittag beschränkt. Hansgirg bezeichnet die Arten als pseudo-kleistogam.

Nach Kerner wird in den chasmogamen Blüten Nektar von den gelben Nägeln der Kronblätter abgesondert. Nach kurzer Blütezeit schliessen sich die Blumen wieder; dabei werden die sechs Lappen der Griffel so weit emporgekrümmt, dass die Narbenpapillen mit den pollenbedeckten Antheren in Berührung kommen. Diese Selbstbefruchtung ist von Erfolg.

356. D. rotundifolia L. [Kirchner, Flora S. 322; Knuth. Ndfr. Ins. S. 34.] — In den wenigsten Fällen öffnen sich die weissen Blüten. Ihr Durchmesser beträgt nur 3 mm; von Insektenbesuch kann daher kaum die Rede sein. Die mit dem Aufblühen der Blume aufgesprungenen Antheren der fünf Staubblätter stehen in gleicher Höhe mit den gleichzeitig entwickelten, ausgebreiteten Narben und zwar nur etwa $1/2$ mm von denselben entfernt, so dass spontane Selbstbestäubung leicht erfolgen kann, besonders bei dem gegen Ende des Blühens erfolgenden Schliessen der Blume. Durch besuchende Insekten könnte in den offenen Blüten ebensowohl Fremd- wie Selbstbestäubung bewirkt werden. In den geschlossen bleibenden Blüten sind die entwickelten Staub- und Fruchtblätter in unmittelbarer Berührung. Diese kleistogamen Blüten bilden reichlich Samen [1].

In Dumfriesshire (Schottland) (Scott-Elliot, Flora S. 73) wurden mehrere Musciden als Besucher beobachtet.

---

[1] Eine eingehende Schilderung der kleistogamen Blüten habe ich Bd. I. S. 66 gegeben.

357. D. intermedia Hayne [Knuth, Ndfr. Ins. S. 34] hat dieselbe Blüteneinrichtung wie vorige. Kleistogame Blüten sind noch häufiger als dort.

358. Drosera anglica Huds. [Warnstorf, Bot. V. Brand. Bd. 38.] — Blüten meist pseudokleistogam, sich öfter gegen Mittag öffnend, aber bald wieder schliessend; Narbenäste und Antheren in geschlossenen Blüten gleichzeitig entwickelt; Antheren sehr klein, auf dicken, weitzelligen Filamenten. Pollenkörner goldgelb, dicht stachelwarzig, mit 3—4 zelligen Pollinien.

91. Aldrovandia Monti.

Meist kleistogame Blüten. (Bentham und Hooker.)

359. A. vesiculosa L. Nach Korschinsky (Bot. Jb. 1887. I. S. 354, 355) enthält jede Anthere höchstens 35 Pollenkörner. Die Antheren werden mit der Narbe durch Pollenschläuche verbunden, doch bleiben die meisten Samenknospen unbefruchtet, wenn sie auch mit dem Fruchtknoten anschwellen.

14. Familie Polygalaceae Juss.

Die für uns in Betracht kommende Gattung dieser Familie ist:

92. Polygala L.

Hildebrand, Bot. Ztg. 1867, S. 281; Knuth, Ndfr. Ins. S. 35. — Homogame Bienenblumen. Als Anlockungsmittel dienen hauptsächlich zwei grosse, seitliche, blumenkronartig gefärbte Kelchblätter, während die Kronblätter meist weniger die Augenfälligkeit bewirken, als vielmehr Schutzorgane für die Staub- und Fruchtblätter sind. Auch Kleistogamie ist beobachtet (Kuhn).

Chodat (Révision et critiques des Polygala suisses. Bull. d. trav. de la Soc. Bot. de Genève 1890) ist der Ansicht, dass sämtliche Schweizer Polygala-Arten der Selbstbestäubung fähig sind. Als solche werden genannt: P. vulgaris L., P. comosa Schk., P. amara Jacq., P. calcarea Schz., P. nicaeensis Risso, P. depressa W., P. alpina Long. et Perr., P. Chamaebuxus L.

360. P. comosa Schk. [Hildebrand, Bot. Ztg. 1867, S. 281; H. M., Befr. S. 156—157; Weit. Beob. II. S. 213; Alpenbl. S. 169; Kirchner, Flora S. 353—354; Schulz, Beitr. II. S. 18—19.] — Als Anflugstelle werden ausgezackte Vorsprünge des unteren Blumenkronblattes benutzt. Dasselbe hat auf seiner Oberseite eine zweiklappige Tasche, welche die Antheren und das löffelartige Griffelende umschliesst. Hinter der löffelartigen Erweiterung des Griffels liegt als eine hakige, klebrige Hervorragung die Narbe. Die Antheren liegen so über dem Griffellöffel, dass der Pollen bei ihrem Aufspringen in den letzteren fallen muss. Hier wird der Blütenstaub aufbewahrt, während die Staubblätter einschrumpfen. Ein zu dem im Blütengrunde abgesonderten Honig vordringender Insektenrüssel muss also zuerst die mit Pollen gefüllte Höhle, alsdann die Narbe streifen, doch findet auf diese Weise keine Selbstbestäubung statt, sondern erst, wenn der Insektenrüssel sich an der Narbe mit Klebstoff beschmiert hat, bleibt beim Zurückziehen des Kopfes Pollen an ihm haften, der beim Besuch einer zweiten Blüte auf die Narbe gelegt wird. Bei ausbleibendem Insektenbesuche krümmt sich, nach Hildebrand, der Narbenhöcker so weit gegen den mit Pollen gefüllten Löffel, dass spontane Selbstbestäubung stattfindet; nach Schulz tritt diese Narbenkrümmung nur ausnahmsweise ein, doch kann der Pollen

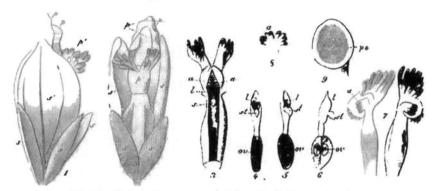

Fig. 41. Polygala comosa Schk. (Nach Herm. Müller.)

1. Blüte von der Seite gesehen. (Statt wagerecht ist sie senkrecht gestellt.) *s* Kelchblatt. *s'* eines der beiden seitlichen, der Anlockung dienenden Kelchblätter. *p* Kronblatt. *p'* das untere Kronblatt, dessen fingerförmige Anhänge den anfliegenden Insekten zum Anklammern dienen. *2.* Blüte von unten gesehen. *3.* Unteres Kronblatt nebst den inneren Organen, von oben gesehen. *a* Antheren. *s* (*st*) Stigma (mit Klebstoff). *l* löffelförmiges Griffelende, welches den Pollen der benachbarten Antheren aufnimmt. *4.* Stempel gerade von oben gesehen (*st* Narbe, *l* Löffel). *5.* Derselbe schräg von oben gesehen. (Wie vor.) *6.* Derselbe von der Seite gesehen. (Wie vor.) *7.* Das untere Kronblatt einer dem Aufblühen nahen Blüte, in der Mitte zerspalten und so die eingeschlossenen Antheren (*a*) zeigend. *8.* Antheren zusammenhängend. *9.* Eine geöffnete Anthere. *po* Pollenkörner.

trotzdem mit der klebrigen Narbenfläche in Berührung kommen. Nach letzterem findet Selbstbestäubung schon häufig beim Beginn des Blühens statt, indem der Pollen so reichlich aus den Antheren in das löffelförmige Ende des Griffels austritt, dass dieser bis zur Höhe der Narbenplatte damit angefüllt wird, ein in die Blüte eindringender Insektenrüssel den Pollen also auf die dicht hinter dem Löffel befindliche Narbenplatte schieben muss.

Als Besucher sah H. Müller in den Alpen 3 Falter; Buddeberg in Nassau; A. Hymenoptera: *Apidae*: 1. Anthrena albicans Müll. ♀; 2. A. fulvago Chr. ♀; 3. Eucera longicornis L. ♂. B. Lepidoptera: *Rhopalocera*: 4. Lycaena sp. Sämtlich sgd.

361. P. vulgaris L. [Hildebrand a. a. O.; H. M., Befr. S. 157; Weit. Beob. II. S. 213; Kirchner, Flora S. 354; Schulz, a. a. O.; Mac Leod, Bot. Jaarb. VI. S. 241—246; Knuth, Ndfr. Ins. S. 35.] — Die Blüteneinrichtung stimmt mit derjenigen der vorigen Art überein.

Als Besucher beobachteten Herm. Müller (1) und ich (!): A. Hymenoptera: *Apidae*: 1. Apis mellifica L. (!, 1); 2. Bombus lapidarius L. (!, 1); 3. B. terrester L. (!, 1); a) *Geometrae*: 4. Odezia chaerophyllata L. (1). B. Lepidoptera: b) *Rhopalocera*: 5. Polyommatus hippothoë L. (1). C. Diptera: *Empidae*: 6. Empis livida L. (1). Sämtlich sgd.

In den Pyrenäen beobachtete Mac Leod eine honigsaugende Hummel und eine Faltenwespe (zu saugen versuchend).

362. P. amara L. Die Blüteneinrichtung stimmt gleichfalls mit derjenigen von P. comosa überein. Die Blüten der Form austriaca Koch sind, nach Kirchner, in allen Teilen kleiner.

In sehr vielen Fällen vermochte Schulz (Beitr. II. S. 19) die von Hildebrand beschriebene, gegen Ende der Blütezeit eintretende Auswärtskrümmung des Narbenfortsatzes — nach dem löffelförmigen Fortsatze zu — nicht wahrzunehmen.

363. P. calcarea Schulz. In den Pyrenäen sah Mac Leod einen Falter (sgd.) als Besucher.

364. P. Chamaebuxus L. [Hildebrand a. a. O.; H. M., Alpenblumen S. 165—168.] — Die zuerst von Hildebrand beschriebene

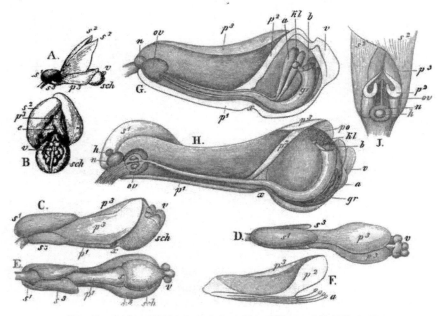

Fig. 42. Polygala Chamaebuxus L. (Nach Herm. Müller.)

A. Blüte von der Seite gesehen. (Nat. Gr.) *B.* Blüte gerade von vorn gesehen (2¹/₂ : 1). *C* Blüte nach Entfernung der beiden als Fahne dienenden Kelchblätter, von der Seite gesehen. *D.* Dieselben von oben gesehen. *E.* Dieselben von unten gesehen. (3 : 1.) *F.* Die beiden linken Blumenblätter. (2¹/₂ : 1). *G.* Knospe nach Entfernung der Kelchblätter. (5¹/₂ : 1.) *H* Fertige Blüte im Längsdurchschnitt. (5¹/₂ : 1.) *J.* Blütengrund nach Entfernung des oberen Kelchblattes gerade von oben gesehen. (7 : 1.) *s¹* oberes, *s²* seitliches, *s³* unteres Kelchblatt. *p¹* unteres, *p²* seitliches, *p³* oberes Kronblatt. *b* Becher des Griffels. *e* Blüteneingang. *kl* Narbenklebstoff. *po* Pollen. *ov* Fruchtknoten. *gr* Griffel. *sch* Schiffchen mit Scharnier (*x*).

Einrichtung der (nach Kerner pflaumenduftenden) Blüten hat eine gewisse Ähnlichkeit mit derjenigen gewisser Papilionaceen (Lotus). In beiden verlaufen Staubblätter und Griffel im unteren Teile der wagerecht liegenden Blüte und biegen sich an dem freien Ende nach oben. Antheren und Narbe liegen in einem seitlich zusammengedrückten, nur oben sich öffnenden Behälter

Polygalaceae. 153

(Schiffchen), welches von den besuchenden Insekten niedergedrückt wird, wobei nicht die Antheren selbst, sondern ein Teil des bereits im Knospenzustande in den Behälter entleerten Pollens dem Insekt an den Leib gedrückt wird. Dabei wird auch die Narbe der Unterseite der Biene angedrückt, doch wird sie vielleicht erst durch die Reibung empfängnisfähig oder der eigene Pollen ist wirkungslos oder seine Wirkung wird durch den fremden überholt, so dass Fremdbestäubung erfolgt.

Als Besucher sind von Müller in den Alpen teils saugende, teils den Honig durch Einbruch gewinnende Hummeln (5), sowie 3 saugende, aber für die Blumen unnütze Falter beobachtet; Dalla Torre und ebenso Schletterer beobachteten in Tirol Bombus silvarum L. ♀ ♂; Hoffer (Kosmos II.) in den Voralpen (Steiermark) als Besucher besonders folgende Apiden: 1. Anthophora pilipes F.; 2. Anthrena fulva Schrank; 3. Apis mellifica L.; 4. Bombus agrorum F.; 5. B. hortorum L.; 6. B. lapidarius L.; 7. B. mastrucatus Gerst.; 8. B. pomorum Pz.; 9. B. pratorum L.; 10. B. rajellus K.; 11. B. silvarum L.; 12. B. soroënsis F.; 13. B. terrester L.; 14. Osmia bicolor Schrk.; 15. O. cornuta Latr. Von diesen rauben B. mastrucatus und terrester den Honig durch Einbruch. Die von diesen gebissenen Löcher benutzen Apis, Bombus pratorum und B. soroënsis, um Honig zu stehlen.

Ricca fand 95 % der Blüten erbrochen, auch Schulz sah bei Bozen vielfach erbrochene Blüten.

365. P. serpyllacea Weihe (P. depressa Wender.) sah Mac Leod in Flandern von Bombus agrorum und hortorum (B. Jaarb. VI. S. 246) besucht.

366. P. alpestris Rchb. [H. M., Alpenblumen S. 168, 169.] — Die Blüteneinrichtung stimmt mit derjenigen von P. comosa ziemlich überein, doch findet durch die Verwachsung der drei unteren Kronblätter auch eine gewisse Ähnlichkeit mit derjenigen von P. Chamaebuxus statt.

Als Besucher sah Müller in den Alpen ausschliesslich Tagfalter (4 Arten).

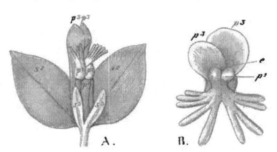

Fig. 43. **Polygala alpestris Rchb.**
(Nach Herm. Müller.)

A. Blüte von unten gesehen. (7 : 1.) B. Dieselbe von vorn, stärker vergrössert. e Blüteneingang.

367. P. myrtifolia L. stimmt, nach Delpino (Ult. oss. S. 185—187), in ihrer Blüteneinrichtung mit derjenigen einiger Papilionaceen (Lathyrus, Phaseolus) überein und wird auch auf dieselbe Weise und von derselben Biene (Xylocopa violacea L.) befruchtet.

15. Familie Silenaceae DC.

Knuth. Grundriss S. 29, 30.

Die Blüten sind häufig gross und von lebhafter Färbung; die Augenfälligkeit wird erhöht durch den oft reich verzweigten Blütenstand. In der Einzelblüte werden

die meist langbenagelten Blumenkronblätter durch den verwachsenblättrigen Kelch
so zusammengehalten, dass eine mehr oder minder lange Röhre entsteht, die
häufig noch durch ein Krönchen (Ligula) verlängert wird. · Der im Blütengrunde
abgesonderte Honig oder die dort erbohrbaren Säfte sind daher meist nur langrüsseligen Insekten zugänglich, so dass viele Silenaceen Falterblumen sind
und zwar die rotblühenden Tagfalter- und die weissblühenden Nachtfalter-
oder Schwärmerblumen.

Einzelne sind allerdings auch so weit und kurzröhrig (Tunica prolifera,
Gypsophila), dass der Nektar selbst Käfern und kurzrüsseligen Fliegen zugänglich ist. Eine Art (Silene Otites Sm.) ist vorwiegend windblütig. Von
den meist 10 Staubblättern entwickeln sich fast immer die fünf des äusseren
Kreises zuerst, die des inneren zuletzt. Erst nach dem Abblühen der Staubblätter entfaltet die Narbe ihre Papillen, so dass viele Blumen ausgeprägt protandrisch sind. Selten sind sie homogam (Tunica prolifera). Einige
schwanken zwischen Protandrie und Homogamie. In verschiedenen Gegenden
verhalten sich einzelne Arten verschieden. Bei manchen Arten kommen neben
den Zwitterblumen auch rein weibliche vor, andere sind zweihäusig, die weiblichen
Blüten meist ein wenig kleiner als die männlichen und diese wieder kleiner als
die zweigeschlechtigen. Auch in den Zwitterblüten sind hin und wieder einzelne
Staubblätter verschwunden. Zahlreiche Arten sind gynodiöcisch, gynomonöcisch,
androdiöcisch oder andromonöcisch, z. B.:

Gypsophila repens L.: gynodiöcisch, seltener gynomonöcisch (Ludwig).

G. fastigiata L.: gd. und gm. (Schulz).

Tunica saxifraga Scop.: gd. (Breitenbach), selten gm.

T. prolifera Scop: gd. und gm. (Schulz).

Dianthus Seguieri Vill.: gd., selten gm. (Schulz).

D. caesius Sm.: gd. (Kirchner).

D. deltoides L.: gd. (Schulz).

D. Armeria L.: gd. und gm. (Kirchner).

D. Carthusianorum L.: gd., selten gm. (Schulz).

D. atrorubens All., D. superbus L., D. monspessulanus L.,
D. silvestris Wulf wie vorige.

· Saponaria officinalis L.: gd., selten gm. (Schulz).

S. ocymoides L.: gd. und gm., selten ad. und am., auch trimonöcisch
(Hildebrand).

Vaccaria parviflora Much.: gd., selten gm. (Schulz).

Cucubalus baccifer L.: gd. und gm. (Schulz).

Silene Armeria L.: gd. (Breitenbach).

S. nutans L.: gm., gd., am., ad. (Schulz).

S. Otites Sm.: diöcisch, selten ad. (Knuth).

S. inflata Sm.: gm., gd., am., ad. (Schulz, Magnus, Knuth u. a.).

S. saxifraga L.: am. und gm. (Lalanne).

S. noctiflora L.: gm. (Mac Leod), gd. und am. (Schulz).

S. dichotoma Ehrh.: gd. (Warming, Kirchner).

Viscaria vulgaris Roehl.: gm., gd., selten ad. und am. (Schulz).
Coronaria flos cuculi A.Br.: gd., gm., selten ad. und am. (Schulz).
C. tomentosa A.Br.: gd., selten gm. (Schulz).
Agrostemma Githago L.: gd., selten gm. (Schulz).
Melandryum rubrum Gcke.: triöcisch, selten gm. oder am. (Schulz).
M. album Gcke.: diöcisch.

93. Gypsophila L.

Protandrische Blumen, meist mit verborgenem Nektar, der von einem fleischigen, aus den verdickten Staubfadenwurzeln gebildeten Ringe abgesondert wird.

368. G. paniculata L. [H. M., Befr. S. 187; Weit. Beob. II. S. 230.] — Zahlreiche Blüten sind auf einem Stocke vereinigt, so dass die Pflanze trotz der Kleinheit der Einzelblüten recht augenfällig wird. Letztere erreichen nämlich nur einen Durchmesser von 4—5 mm und bilden ein Glöckchen von $2^1/_2$ mm Tiefe. Im Grunde desselben wird der Nektar von einem grünen, fleischigen Ringe abgesondert; er ist daher auch Insekten mit sehr kurzem Rüssel leicht zugänglich. Zuerst entwickeln sich die Antheren der fünf mit den Kronblättern abwechselnden Staubblätter, dann die vor den Kronblättern stehenden; sie treten aus der Blüte hervor, indem sie sich den Blumenblättern zuneigen, und bedecken be-

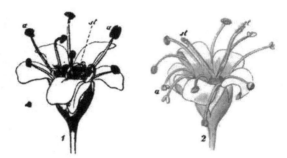

Fig. 44. Gypsophila paniculata L. (Nach Herm. Müller.)

1. Blüte im ersten (männlichen) Zustande. *2.* Blüte im zweiten (weiblichen) Zustande. *a* Antheren. *st* Narbe.

suchende Insekten mit Pollen. Nach dem Verblühen biegen sich die Staubblätter ganz nach aussen und unten, während die bisher einwärts gebogenen Griffel sich strecken und nun ebenfalls divergierend aus der Blüte hervortreten und durch die von Blüte zu Blüte eilenden, zahlreichen Besucher belegt werden.

Als Besucher beobachtete Herm. Müller: A. Diptera: a) *Muscidae*: 1. Anthomyia sp.; 2. Lucilia silvarum Mg., sgd.: 3. Miltogramma sp., sgd.; 4. Mosillus arcuatus Latr., sgd.; 5. Onesia floralis R.-D., sgd.; 6. Pyrellia cadaverina L., sgd.; 7. Sarcophaga carnaria L., sgd. b) *Syrphidae*: 8. Ascia podagrica F., sgd. und pfd; 9. Eristalis aeneus Scop., w. v.; 10. E. arbustorum L., w. v.; 11. E. nemorum L., w. v.; 12. Melithreptus pictus Mg., w. v.; 13. M. taeniatus Mg., w. v.; 14. Syritta pipiens L., zahlreich, w. v.; 15. Syrphus balteatus Deg., w. v. c) *Tabanidae*: 16. Chrysops caecutiens L., sgd. B. Hymenoptera: a) *Apidae*: 17. Prosopis armillata Nyl. ♀ ♂, sgd.; 18. P. brevicornis Nyl. ♂, sgd.; 19. P. communis Nyl. ♀. sgd.; 20. Sphecodes ephippium L. ♂, sgd. b) *Evaniadae*: 21. Gasteruption jaculator F., sgd. c) *Formicidae*: mehrere Arten. d) *Sphegidae*: 22. Oxybelus 14 notatus Jur. ♀ ♂, sgd.; 23. O. uniglumis L., sgd. e) *Vespidae*: 24. Odynerus parietum L., sgd.; 25. O. quadrifasciatus F., sgd.

369. G. muralis L. In den fleischfarbigen, mit roten Adern versehenen Blüten, deren Durchmesser etwa 5 mm beträgt, entwickeln sich, nach Kirchner (Flora S. 242), gleichfalls zuerst die Antheren der 5 äusseren, dann die der 5 inneren Staubblätter, indem die Staubfäden sich soweit strecken, dass die Staubbeutel aus dem Blüteneingange hervortreten. Sind die Antheren verstäubt, so biegen sich die Staubfäden so weit nach aussen, dass die nunmehr aus der Blüte hervortretenden, divergierenden Griffel nicht von den Antheren berührt werden können und somit spontane Selbstbestäubung verhindert ist. In diesem zweiten (weiblichen) Zustande rollen sich die bis dahin flach ausgebreiteten Kronblätter der Länge nach etwas zusammen, so dass die Blüten jetzt weniger augenfällig sind als im ersten (männlichen) Zustande, mithin in diesem eher von den Insekten bemerkt und besucht werden.

370. G. fastigiata L. Ausser protandrischen Zwitterblüten beobachtete Schulz (Beitr. II. S. 180) am Kyffhäuser gynomonöcische und gynodiöcische Pflanzen. Der Pollen ist, nach Warnstorf (Bot. V. Brand. Bd. 37), weiss, rundlich-polyedrisch, zart papillös, 30—37 μ diam.

Als Besucher beobachtete Loew im botanischen Garten zu Berlin: Hymenoptera: *Apidae*: Prosopis communis Nyl. ♀, sgd.

371. G. repens L. [H. M., Alpenbl. S. 191, 192; Kerner, Pflanzenleben II.; Ludwig, Bot. Centr. 1888; Schulz, Beitr. II. S. 19, 20). — Der

Fig. 45. Gypsophila repens L. (Nach Herm. Müller.)

A. Blüte im Anfange des ersten (männlichen) Zustandes. *B.* Blüte am Ende desselben Zustandes. *C.* Blüte im zweiten (weiblichen) Zustande. *a* Antheren. *st* Narbe. *n* Nektarium.

Durchmesser der schwach bis ausgeprägt protandrischen, rosenrötlichen Blumen ist zwar kaum 10 mm, doch tritt die Pflanze an steinigen Abhängen in den Alpen zu grösseren Rasen zusammen, so dass sie sehr augenfällig wird. Die Nektarabsonderung ist sehr reichlich. Es findet daher bei günstiger Witterung auch ausgedehnter Insektenbesuch statt, durch den Kreuzung herbeigeführt wird. Bleibt Insektenbesuch aus, so tritt an weniger günstigen Standorten spontane Selbstbestäubung ein. Ludwig beobachtete auch Gynodiöcie, seltener Gynomonöcie.

Als Besucher beobachtete H. Müller in den Alpen besonders Fliegen (14 Arten), einige Hummeln (2) und Falter (5); A. Schulz bemerkte in Tirol einen ähnlichen Besucherkreis, nämlich Fliegen, Bienen, Falter und auch noch einzelne Käfer.

Mac Leod beobachtete in den Pyrenäen 1 Biene, 13 Fliegen als Besucher. (Bot. Jaarb. III. S. 375, 376.)

372. G. perfoliata L. Loew beobachtete im botanischen Garten zu Berlin: Diptera: *Syrphidae*: 1. Eristalis nemorum L.; 2. Syritta pipiens L. als Besucher.

373. G. elegans Bilb. ist protandrisch und selbstfertil. (Comes, Ult. stud.).

94. Tunica Scop.

Protandrische oder homogame Blumen mit verborgenem Honig. Zuweilen Gynodiöcie, selten Gynomonöcie.

374. T. saxifraga Scop. Nach Schulz (Beitr. II. S. 20, 21) ist die Grösse der Zwitterblüten sehr veränderlich: ihr Durchmesser schwankt zwischen 6 und 10 mm, ihre Tiefe zwischen 4 und $5^1/2$ mm. Zuerst entwickeln sich wieder die 5 äusseren, dann die 5 inneren Staubblätter, endlich die Narbe, und zwar letztere so spät, dass Selbstbestäubung fast gänzlich ausgeschlossen ist. Ausser den Zwitterblüten kommen, wie schon Breitenbach (Kosmos 1884) erwähnt, rein weibliche Blumen vor, deren Grösse in den botanischen Gärten zu Marburg und Göttingen gleichfalls sehr variabel ist. Die Nektarabsonderung ist eine sehr reichliche.

Als Besucher beobachtete Schulz bei Bozen zahlreiche Fliegen (30 Arten), kleinere Bienen (etwa ebensoviele) und Schmetterlinge, sowie einzelne Käfer.

Loew beobachtete im botanischen Garten zu Berlin die Biene Halictus minutissimus K. ♂, sgd.; Schletterer bei Pola die Apiden: 1. Anthrena nana K.; 2. A. parvula K.; 3. Halictus morio F.

375. T. prolifera Scop. (Dianthus prolifer L.) [Schulz, Beitr. II. S. 21; Kerner, Pflanzenleben II.] — Auch diese Pflanze ist, nach Schulz, wie die vorige gynodiöcisch und gynomonöcisch. Die Zwitterblüten sind homogam (bei Halle und bei Bozen), so dass spontane Selbstbestäubung regelmässig erfolgt. Diese ist allein von Bedeutung, da die kleinen, wenig augenfälligen und wenig honigbereitenden Blumen nur spärlich von Insekten (vereinzelten saugenden Tagfaltern und pollenfressenden Fliegen) besucht werden. Auch ist die Blütendauer, nach Kerner, nur eine geringe (2 Tage), und zwar sind die Blumen nur von morgens 8 Uhr bis mittags 1 Uhr geöffnet.

95. Dianthus L.

Meist grosse, oft schön gefärbte, protandrische Blumen, deren Kronblätter plötzlich in einen langen, mit Flügelleisten versehenen Nagel verschmälert sind. Durch den meist mit begrannten, derben, gegen Hummeleinbruch schützenden Hochblättern (Kelchschuppen) umgebenen Kelch werden die Nägel der Kronblätter zu einer langen Röhre zusammengehalten, in deren Grunde der Nektar abgesondert und geborgen wird. Die Länge und Enge der Röhre ist meist eine solche, dass der Honig nur Faltern, zuweilen nur den langrüsseligsten (Schwärmern)

zugänglich ist. Die Blumen gehören daher zur Klasse **F**. — Viele Arten sind
gynomonöcisch oder gynodiöcisch.

376. D. deltoides L., eine protandrische Tagfalterblume. [H. M.,
Befr. S. 185, 186; Weit. Beob. II. S. 230; Kirchner, Flora S. 244; Knuth,
Bijdragen.] — Die untersten Enden der Staubblätter sind, nach Herm. Müllers
Darstellung, mit den Kronblättern zu einem Ringe verwachsen, der den Frucht-
knotenstiel umschliesst und an der Innenseite Nektar aussondert. Zu diesem
führt nur ein enger, 12—14 mm langer Zugang, da die Kelchröhre eine solche
Länge besitzt und dabei nur 2 mm Durchmesser hat. Beim Beginn des Blühens

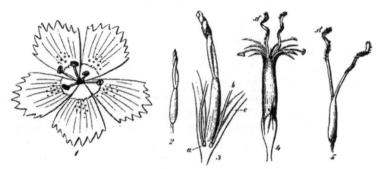

Fig. 46. Dianthus deltoides L. (Nach Herm. Müller.)

1. Blüte im ersten (männlichen) Zustande gerade von oben gesehen. Fünf Staubblätter mit
pollenbedeckten Antheren ragen aus der Blüte hervor, zwei mit noch geschlossenen Antheren
stehen im Blüteneingange. *2*. Stempel am Ende des ersten Blütenzustandes. Alle 10 Antheren
sind bereits aufgesprungen, die beiden Griffel sind noch zusammengedreht. *3*. Derselbe nebst
den Wurzeln der Staub- und Kronblätter (stärker vergrössert). *a* Honigdrüse. *c* Kronblätter.
b Staubfäden. *4*. Blüte im zweiten (weiblichen) Zustande, nach Entfernung der Kronblätter,
von der Seite gesehen. Die meisten Antheren sind abgefallen, die Griffel haben sich getrennt.
5. Stempel derselben Blüte. Die getrennten Griffel haben ihre schraubenförmige Gestalt beibehalten, so dass nach allen Seiten hin Narbenpapillen stehen.

wird dieser Zugang durch die eingeschlossenen 5 inneren Staubblätter so verengt,
dass er nur für einen Schmetterlingsrüssel passierbar ist. Der Zugang zum
Nektar wird durch ein Saftmal auf den rosenroten Kronblättern angedeutet,
deren weisslich gefärbte Mitte von einem purpurroten, mit weisslichen Punkten
umgebenen Ringe umzogen ist. Von den 10 Staubblättern strecken sich zunächst
die 5 äusseren so, dass ihre aufgesprungenen Antheren aus der Blumenkronröhre
hervorragen; nach ihrem Verblühen folgen die anderen 5, und nach deren Verstäubung strecken sich die beiden bis dahin zusammengedreht in der Kronröhre
verborgenen Griffel so, dass ihre narbentragenden Enden aus der Blüte hervorragen und dadurch den Blüteneingang beherrschen. Indem sie sich auseinanderbreiten, bleiben sie schraubig gedreht, so dass nun ein Schmetterlingsrüssel, von
welcher Seite er auch kommen mag, unfehlbar einen Teil der Narbenpapillen
berühren und, falls der Falter von einer jüngeren Blüte kam, Fremdbestäubung
bewirken muss.

Als Besucher sahen Herm. Müller (1) in Westfalen und ich (!) in Schleswig-
Holstein: Lepidoptera: a) *Bombyces*: 1. Gnophria quadra L., sgd. (?) (1). b) *Tineidae*:

2. Nemotois metallicus l'oda (1). c) *Rhopalocera*: 3. Hesperia lineola O., sgd., sehr häufig (1); 4. H. thaumas Hfn., sgd. (1); 5. Lycaena icarus Rott., sgd. (!, 1); 6. Pieris napi L., sgd. (1); 7. P. rapae L., sgd. (1); 8. P. sp., sgd. (!); 9. Polyommatus phlaeas L., sgd. (!); 10. Rhodocera rhamni L.; sgd. (!); 11. Epinephele janira L. (1).

Als unnützen Blumenbesucher bemerkte ich in Thüringen die kleine Biene Halictus morio F. ♀, vergebl. zu saugen versuchend, dann psd.

Loew beobachtete in Schlesien (Beiträge S. 35): A. Diptera: *Syrphidae*: 1. Volucella bombylans L., zu saugen versuchend. B. Lepidoptera: *Rhopalocera*: 2. Argynnis pandora S. V., sgd.; 3. Pieris brassicae L.; 4. Rhodocera rhamni L., sgd.

377. D. superbus L., eine protandrische Tagschwärmerblume.
[Sprengel, S. 248; H. M., Alpenbl. S. 202—204.] — Die Einrichtung der duftenden, mit zierlich zerschlitzten Kronblättern geschmückten, roten Blumen stimmt mit derjenigen der vorigen Art überein, doch ist die Bergung des Honigs eine so tiefe (20—25 mm) und der Zugang zu demselben so eng, dass selbst Tag-

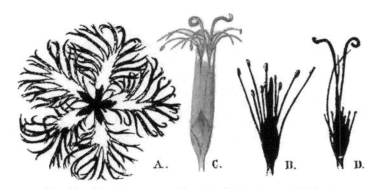

Fig. 47. Dianthus superbus L. (Nach Herm. Müller.)

A. Zweigeschlechtige Blüte im ersten (männlichen) Zustande, gerade von oben gesehen. (Nat. Gr.) B. Staub- und Fruchtblätter in demselben Zustande, von der Seite gesehen. C. Dieselbe im zweiten (weiblichen) Zustande. (2 : 1.) D. Geschlechtsorgane einer rein weiblichen Blüte, 8 Staubblätter mit winzigen Anthererresten sind nur so lang wie der Fruchtknoten, 2 Staubblätter ohne jegliche Antheren sind doppelt so lang.

falter nicht zu ihm gelangen können, sondern nur Tagschwärmer (Macroglossa-Arten). Auch hier ist Selbstbestäubung ausgeschlossen. Ausser den zwitterigen Blüten sind selten auch weibliche beobachtet, die jedoch kleiner als erstere sind. — Nach Schulz besitzt auch die im Riesengebirge vorkommende grossblütige Form grandiflora Tausch viel kleinere weibliche Blüten.

Warnstorf (Bot. V. Brand. Bd. 38) konnte bei Ruppin folgende Formen unterscheiden:

1. Grossblütige Form. Kronendurchmesser etwa 6 cm, Filamente der Staubblätter stets sämtlich ausgebildet, nur ein grösserer oder kleinerer Teil der Antheren abortierend und bräunlich.

2. Mittelblütige Form. Kronendurchmesser etwa 4 cm, sämtliche Staubblätter ausgebildet, daher sämtliche Blüten zwitterig. — Häufig tritt Nr. 1 auch mit einzelnen mittelgrossen zwitterigen Blüten auf.

Beiderlei Blüten sehr stark protandrisch, die Staubblätter entwickeln sich nach und nach und ragen zuletzt weit aus der etwa 23—25 mm langen Kelchröhre heraus. Die Antheren sind weisslich, intrors und führen nach dem Verstäuben des Pollens eine Drehung von 90° aus, so dass die fast flach ausgebreiteten Fächer rechtwinkelig zum Staubfaden gestellt sind. Pollen weiss, dodekaëdrisch, warzig, durchschnittlich 50 μ diam. messend.

3. Kleinblütige Form. Kronendurchmesser nur etwa 3 cm und sämtliche Staubblätter bis auf kleine Rudimente am Grunde der Kelchröhre fehlschlagend, daher diese Blüten weiblich. Diese weiblichen Stöcke sind bei Ruppin selten.

Die zerschlitzte Platte sämtlicher Blüten ist entweder hell- bis dunkelviolett oder rein weiss; im ersteren Falle ist der am Grunde der Platte befindliche Fleck schmutzig grün und mit langen purpurnen Haaren besetzt, während die übrigen Teile der Platte mit sehr kurzen violetten Härchen bedeckt sind; im letzteren Falle erscheint der erwähnte Fleck an der Basis der Platte schön hellgrün und ist mit ungefärbten, hyalinen Haaren, ebenso wie der übrige Teil der Platte bedeckt. Auffallend ist hierbei noch, dass diese weissblütigen Individuen sich von daneben wachsenden dunkelblütigen Exemplaren schon von weitem durch die bleichgrüne Färbung ihrer Stengel, Äste, Blätter und Kelche auszeichnen. (Warnstorf.)

378. D. Armeria L. [Kirchner, Flora S. 245; Schulz, Beitr. II. S. 21.] — Wenn, nach Kirchner, die Blüteneinrichtung im wesentlichen auch mit derjenigen von D. deltoides übereinstimmt, so ist doch wegen der Unscheinbarkeit der Blumen spontane Selbstbestäubung möglich, indem die Griffel schon entwickelt sind, wenn die Antheren der äusseren Staubblätter noch mit Pollen versehen sind. Die Blumenkrone ist hochrot mit helleren Punkten; ihr Durchmesser beträgt 13 mm, ihre Röhre ist 15 mm lang und kaum 2 mm weit. Ausser den Zwitterblüten giebt es Blumen, in denen ein Staubblattkreis verkümmert ist. Ausserdem kommen rein weibliche Blumen vor, in welchen die gelben Antheren in der Kronröhre eingeschlossen bleiben und sich nicht öffnen. Die Pflanze ist also gynodiöcisch und gynomonöcisch.

Der Insektenbesuch ist nach Beobachtungen von A. Schulz nur ein sehr spärlicher; es wurde nur ein Falter (Vanessa urticae) gesehen.

379. D. Carthusianorum L., eine protandrische Tagfalterblume. [Sprengel, S. 250, 251; H. M., Befr. S. 186, 187; Weit. Beob. II. S. 230; Schulz, Beitr. I. S. 5; Knuth, Ndfr. Ins. S. 36—37, 150—151; Bijdragen.] — Die Blüteneinrichtung stimmt mit derjenigen von D. deltoides überein. Ausser den Zwitterblüten kommen auch weibliche Blumen vor; die Pflanze ist gynodiöcisch, seltener gynomonöcisch.

Warnstorf (Bot. V. Brand. Bd. 37) unterschied bei Ruppin grosse und kleine Blüten. Erstere sind androdynamisch-protandrisch. Antheren zur Zeit der Pollenreife die Griffel weit überragend, lila. Pollen gross, rund, zart netzigwarzig, 44—50 μ diam. Kleinere Blüten unvollkommen zwittrig. Staubgefässe zur Zeit der Narbenreife viel kürzer als die Griffel, mit kleineren gelblichen Antheren, ihre Pollenzellen polyedrisch, höchstens bis 31 μ diam., papillös.

Als Besucher sah ich auf den nordfriesischen Inseln Falter, sowie als unberufene Gäste kleine Bienen, sowie einzelne Fliegen, Käfer und Schrecken.

Herm. Müller (1) und ich (!) beobachteten in Mitteldeutschland folgende Besucher: Lepidoptera: a) *Noctuae*: 1 Plusia gamma L. (!, 1), häufig, sgd. b) *Rhopalocera*: 2. Coenonympha arcania L. (!), sgd.; 3. Colias hyale L. (!); 4. Hesperia sp. (1), wiederholt; 5. H. lineola O. (1), sgd., sehr häufig; 6. H. silvanus Esp. (1), w. v.; 7. Melanargia galathea L. (1), sgd.; 8. Polyommatus phlaeas L. (!, 1); 9. Rhodocera rhamni L. (!, 1), zahlreich; 10. Syrichthus malvae L. (1), sgd., häufig. c) *Sphinges:* 11. Macroglossa stellatarum L. (1); 12. Zygaena carniolica Scop. (1); 13. Z. lonicerae Esp. (1), sgd., häufig; 14. Z. pilosellae Esp. (!, 1), w. v.; 15. Z. trifolii Esp. (!), wie vor. Sämtl. sgd.

Als unnütze Blumenbesucher bemerkte H. M. noch einige Käfer: Oedemera podagrariae L., Danacea pallipes Pz. und Spermophagus cardui Stev.; Rössler bemerkte bei Wiesbaden 2 saugende Falter: Ino geryon Hüb. und Dianthoecia compta F.

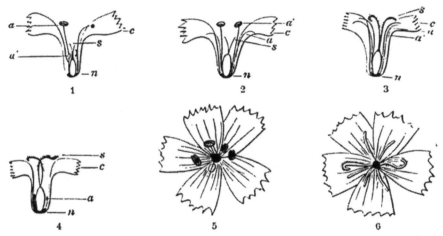

Fig. 48. Dianthus Carthusianorum L. (Natürliche Grösse nach Entfernung von Kelch und 3 Blumenkronblättern, halbschematisch. Nach der Natur.)

1 *a* Zwei Staubblätter des äusseren Kreises, das eine mit Pollen, das andere bereits verblüht. *a'* Zwei verschieden lange Staubblätter des inneren Kreises. *s* Narbe (unentwickelt). *c* Zwei Blumenkronblätter. *n* Honigdrüsen. 2 *a* Zwei verblühte Staubblätter des äusseren Kreises. *a'* Zwei reife Staubblätter des inneren Kreises. *s, c, n* wie in 1. 3 *a* und *a'* verblühte Staubblätter des äusseren bez. inneren Kreises. *s* Entwickelte Narben. *c* und *n* wie in 1. 4 Form mit verkümmerten Staubblättern. 5 Blüte im ersten (männlichen) Zustande von oben. 6 Blüte im zweiten (weiblichen) Zustande von oben.

380. D. chinensis L., eine protandrische Falterblume.

H. Müller sah an Exemplaren in seinem Garten Nachtfalter (Plusia gamma L., Agrotis pronuba L., Brotolomia meticulosa L.) als Besucher.

381. D. barbatus L., eine protandrische Tagfalterblume. [Sprengel, S. 251.]

Als Besucher beobachtete ich in Gärten, sowohl auf der Insel Föhr als auch auf Helgoland Macroglossa stellatarum L.; auf letzterer Insel auch einige Tagfalter (Pieris brassicae L. und Vanessa urticae L.), sämtlich sgd.

382. D. silvestris Wulfen, eine protandrische Tagfalterblume. [H. M., Alpenblumen S. 204, 205; Schulz, Beitr. II. S. 22 und 23.] — Die duftenden, rosenfarbenen Blüten breiten sich zu einer Scheibe von 25—35 mm

Durchmesser aus. Der Honig ist so tief (nach Schulz sogar 18—25 mm) geborgen, dass er an der Grenze der Erreichbarkeit für Tagfalter steht, indem, nach
Müller, eine Rüssellänge von 18—20 mm erforderlich ist. Sonst stimmt die
Blüteneinrichtung mit derjenigen von D. deltoides u. s. w. überein. Als Besucher ist Macroglossa stellatarum L. sowohl von Müller· im Suldenthal als
auch von Schulz bei Bozen beobachtet. Die Pflanze ist nach letzterem auch
gynodiöcisch, seltener gynomonöcisch.

383. D. atrorubens All., eine protandrische Tagfalterblume.
Die dunkelroten Kronblätter sind mit dunkleren Haaren und Punkten versehen.
Der Honig wird nach Müller 13—15, nach Schulz 10—17 mm tief geborgen,
ist also vielen Tagfaltern zugänglich. Ausser ausgeprägt protandrischen Zwitterblüten beobachtete Schulz einzelne weibliche Blüten, und zwar Gynodiöcie,
seltener Gynomonöcie.

Als Besucher sah H. Müller in den Alpen Tagfalter (4 Arten saugend) und
Zygaena minos W. V. (= Z. pilosellae Esp.) vergebens den Nektar zu erlangen suchend;
A. Schulz (Beitr. II. S. 22) beobachtete in Tirol (bei Bozen) 2 Falterarten.

384. D. arenarius L., eine protandrische Nachtschwärmerblume (?). — Die Blüteneinrichtung ist von Kirchner (Beiträge S. 18) nach
Gartenexemplaren beschrieben. Der Kelch ist 16 mm lang und nur $2^1/2$—3 mm
weit. Er umschliesst die Nägel der weissen Kronblätter eng, die ihn noch um
9 mm überragen. Diese tiefe Bergung des Honigs und die weisse Blütenfarbe lassen
den Schluss zu, dass die Blume von Nachtschwärmern befruchtet wird. Die
Reihenfolge in der Entwickelung der Staub- und Fruchtblätter ist die gewöhnliche.

385. D. monspessulanus L., eine Falterblume. — In den fleischfarbigen oder weissen Blumen, deren Durchmesser zwischen 25 und 35 mm
schwankt, wird nach Schulz (Beitr. II. S. 23), der Nektar 14—25 mm tief
geborgen. Die Entwickelungsfolge der Staub- und Fruchtblätter ist dieselbe wie
bei den übrigen Arten. Als Besucher beobachteten A. Schulz (bei Bozen)
und auch G. E. Mattei (I lepidotteri e la dicogamia, 1888. S. 16) Macroglossa
stellatarum L., dessen 25—28 mm langer Rüssel den Nektar bequem auszu-
saugen vermag. In den Pyrenäen (B. Jaarb. III. S. 377) beobachtete Mac
Leod den normalen Besucher nicht, sondern nur einen Blumenkäfer. — Bei
Bozen beobachtet Schulz auch weibliche Blüten, deren Durchmesser auf 8 mm
herabsinken kann.

386. D. Caryophyllus L. ist nach Darwin selbststeril.

387. D. neglectus Loisl. Die Blüten sind, nach Kerner, zwar protandrisch, doch ist gegen Ende der Blütezeit spontane Selbstbestäubung möglich.
Sie sind vormittags und nachmittags zwischen 6 und 7 Uhr geöffnet.

388. D. glacialis L. Nach Kerner ist in den anfangs protandrischen
Blumen später spontane Selbstbestäubung möglich. Die Pflanze ist auch
gynodiöcisch.

389. D. caesius Sm. Die Einrichtung der rosa gefärbten, stark nach
Nelken duftenden Blüten stimmt, nach Kirchner (Beitr. S. 17, 18), ganz mit
derjenigen von D. silvestris überein. Ausser den protandrischen Zwitterblüten

kommen (bei Überlingen) auf besonderen Stöcken weibliche Blüten von derselben Grösse wie erstere vor.

390. D. Seguieri Villars. Ausser den protandrischen Zwitterblüten beobachtete Schulz weibliche Blüten, die mit ersteren auf demselben Stocke oder auf verschiedenen auftraten.

391. D. plumarius L. [Knuth, Weit. Beob. S. 231] sah ich in Gärten auf der Insel Föhr von Bombus hortorum L. ♀ (sgd.) besucht.

96. Saponaria L.

Ausgeprägt protandrische Falterblumen. Kronblätter plötzlich einen langen mit Flügelleisten versehenen Nagel verschmälert. Durch den etwas bauchigen, nicht von Hochblättern umgebenen Kelch werden die Nägel der Kronblätter zu einer langen, den Honig bergenden Röhre zusammengehalten, die nach oben noch durch ein am Grunde der Platte eines jeden Kronblattes befindliches, zweispitzes Krönchen verlängert wird. — Zuweilen Gynomonöcie und Gynodiöcie.

392. S. officinalis L., eine protandrische Schwärmerblume. [Sprengel, S. 248; H. M., Befr. S. 187, 188; Weit. Beob. II. S. 232; Mac Leod, Pyreneenbl. S. 101; B. Jaarb. VI. S. 151—153; Kirchner, Flora S. 246; Knuth, Nordfr. Ins. S. 37, 38, 151; Schulz, Beitr. I. S. 6). — Die weissen oder hellfleischfarbigen Kronblätter haben kein Saftmal; der Duft der Blumen tritt am Abend besonders stark auf. Der Nektar wird im Grunde der 18—21 mm langen Kelchröhre ausgesondert und geborgen; dieselbe wird durch das Krönchen der Kronblätter noch um einige mm verlängert, so dass der Honig nur sehr langrüsseligen Schmetterlingen erreichbar ist. Von den 10 Staubblättern kommen zuerst die 5 des äusseren Kreises aus der Blüte hervor und öffnen ihre Antheren über dem Blüteneingange; nachdem sie den Pollen verloren haben, spreizen sie auseinander und machen den Blüteneingang für die inneren Staubblätter frei, nach deren Verstäuben die 2 Griffel hervorwachsen und ihre Narben in der Höhe auseinanderspreizen, die vorher die Antheren inne gehabt hatten. Selbstbestäubung ist daher ausgeschlossen. Die Pflanze ist auch gynodiöcisch, seltener gynomonöcisch.

Besucher und Befruchter sind in erster Linie Schwärmer (Sphinx und Macroglossa). Herm. Müller sah Sphinx ligustri L., sgd.; ich in Kieler Gärten Macroglossa stellatarum L. Denselben Schwärmer beobachtete Mac Leod sehr zahlreich in den Pyrenäen, ebenso Sphinx convolvuli L.; ein einziger Windenschwärmer besuchte 29 Blumen in 2 Minuten. Kerner beobachtete Noktuiden aus den Gattungen Dianthoecia und Mamestra. Tagfalter können wegen der Kürze ihres Rüssels den Nektar nicht ausbeuten; so beobachtete ich auf den nordfriesischen Inseln Vanessa io L., vergeblich zu saugen versuchend. Ebenso vermochte die Honigbiene nicht Honig zu erlangen. Ausserdem sah ich dort pollenfressende Schwebfliegen und Lucilia caesar L. Buddeberg fand als unberufenen Gast eine kleine Biene (Halictus morio F. ♀) psd. auf den Blüten.

H. de Vries (Ned. Kruidk. Arch. 1877) beobachtete in den Niederlanden 1 Hummel, Bombus terrester L. ♀, als Besucher wohl nur psd.

393. S. ocymoides L., eine protandrische Falterblume. Die Entwickelungsfolge der Staub- und Fruchtblätter ist, nach H. Müller (Alpenblumen S. 200, 201), dieselbe wie bei den bisher betrachteten Silenaceen; spontane Selbstbestäubung ist ausnahmsweise im Notfalle möglich. Abweichend ist, dass sich jedes der fünf äusseren Staubblätter an seinem Grunde in einen fleischigen, rötlich gefärbten, wohl den Nektar absondernden Anhang erweitert. — Ausser den protandrischen Zwitterblumen finden sich auch rein weibliche und selten auch rein männliche Blüten: die Pflanze ist, nach Hildebrand (Geschl. S. 11), gynodiöcisch, gynomonöcisch, androdiöcisch, andromonöcisch, selbst trimonöcisch ($\female = \male > \female$).

Als Besucher und Befruchter beobachtete H. Müller in den Alpen zahlreiche Schmetterlinge (mehr als 30 Arten), sowie einige nur mit Anstrengung zum Honig gelangende Hummeln (3 Arten) und Bombyliden (2 Arten); A. Schulz (Beitr. II. S. 24—26) beobachtete in Südtirol gleichfalls Schmetterlinge in überwiegender Zahl (35 Arten), einzelne saugende Hummeln und pollenfressende Fliegen. Recht häufig fand dieser Forscher die Blüten durch Bombus mastrucatus Gerst., seltener durch B. terrester L. am Kelch angebissen und so des Nektars beraubt.

97. Vaccaria Medicus.

Protandrische bis homogame bis schwach protogynische Falterblumen. Kelch (zum Schutz gegen Einbruch durch Hummeln) bauchig, scharf fünfkantig, fast geflügelt, am Grunde ohne Hochblätter; Kronblätter genagelt, ohne Krönchen, mit Flügelleisten am Nagel. Zuweilen Gynomonöcie und Gynodiöcie.

394. V. parviflora Moench, eine Tagfalterblume. (Saponaria Vaccaria L.). [H. M., Weit. Beob. II. S. 231, 232; Schulz, Beitr. II. S. 23, 24; Kirchner, Flora S. 247.] — Nach H. Müller ist die bauchige Erweiterung des Kelches so stark, dass derselbe unter seiner Mitte 7 mm Durchmesser erreicht. Seine bauchig erweiterte Fläche faltet sich zwischen den scharf hervortretenden Längsrippen tief ein. Dadurch wird der Schutz gegen Raubhummeln (z. B. Bombus terrester) wirksamer, da dieselben in den Falten nicht anzubeissen vermögen; und wenn sie die hervorstehenden Kanten anbeissen, können sie wohl kaum zum Honig gelangen. Durch die Falten werden ausserdem die Nägel der fleischfarbigen bis rosenroten Kronblätter eng zusammengehalten. Die Kelchröhre verengt sich oben, so dass sie durch die Kron-, Staub- und Fruchtblätter fast geschlossen wird und nur für einen Schmetterlingsrüssel zugänglich ist. Der Nektar wird im Grunde des Kelches 15—18 mm tief in geringer Menge abgesondert. Die Entwickelungsfolge der Staub- und Fruchtblätter ist zuweilen eine schwach protogynische, manchmal ist sie auch protandrisch, öfters sind die Blüten auch homogam. Spontane Selbstbestäubung ist immer möglich. Sie kommt nach Kerner durch Heranwachsen der Staubblätter zu stande. Auf solche ist die Blume wegen ihrer geringen Augenfälligkeit auch angewiesen, doch ist zu Anfang der Blütezeit Fremdbestäubung bei Insektenbesuch gesichert. Ausser den Zwitterblüten sind auch weibliche Blüten beobachtet; die Pflanze ist gynomonöcisch und gynodiöcisch.

Als Besucher sah Schulz im östlichen Westfalen Schmetterlinge (Weisslinge, besonders Pieris brassicae L.).

98. Cucubalus Tourn.

Der bauchig-glockige Kelch schliesst Einbruch durch Hummeln aus; Kronblätter allmählich in den langen Nagel übergehend.

395. C. baccifer L. Nach Schulz (Beitr. II. S. 181) sind die Zwitterblüten protandrisch. Ausser solchen kommen in geringer Zahl auch weibliche Blüten auf denselben oder auf verschiedenen Stöcken vor.

99. Silene L.

Protandrische bis homogame bis protogynische Blumen, deren Nektar in sehr verschiedener Weise geborgen ist. Der Kelch ist röhrig bis bauchig; in letzterem Falle bildet er ein Schutzmittel gegen den Einbruch honigraubender Hummeln. Die Kronblätter besitzen zuweilen ein Krönchen; sie sind langbenagelt, und zwar werden die Nägel durch den Kelch vielfach so fest zusammengehalten, dass der Zugang zu dem im Blütengrunde abgesonderten Nektar nur Faltern zugänglich ist, also zahlreiche Arten dieser Gattung zur Blumenklasse F gehören. Bei anderen Arten ist der Nektar auch langrüsseligen Bienen bequem zugänglich, so dass sie zur Blumenklasse H zu rechnen sind. Vielfach ist der Honig noch weniger geborgen, so dass dann die Blumen der Klasse B entsprechen. Eine Art (S. Otites) ist sogar der Bestäubung durch den Wind vorzugsweise angepasst. Häufig Gynomonöcie und Gynodiöcie.

Nach Rohrbach (Monogr. d. Gatt. Silene, Leipzig 1868, S. 41—43) sind folgende Arten ausschliesslich der Selbstbestäubung unterworfen: S. antirrhina L., S. apetala W., S. cerastoides L., S. clandestina Jacq., S. gallica L., S. hirsuta L., S. inaperta L., S. longicaulis Pourr., S. tridentata Desf.

Batalin beobachtete an folgenden Silene-Arten kleistogame Blüten: S. vilipensa Knze., S. hirsuta Lag., S. gallica L., S. cerastoides L., S. tridentata Desf., S. clandestina Jacq., S. longicaulis Pourr., S. apetala W., S. inaperta L., S. antirrhina L.

396. S. inflata Smith (S. vulgaris Gcke.), eine protandrisch-triöcische Falter- und Hummelblume(?). [Axell, a. a. O. S. 46; H. M., Alpenbl. S. 198, 199; Kerner, Pflanzenleben II.; Kirchner, Flora S. 248; A. Schulz, Beitr. I. S. 9, 10; Mac Leod, B. Jaarb. III. S. 374—375; VI. S. 154; Knuth, Ndfr. Ins. S. 38, 39, 151; Weit. Beob. S. 231; Warnstorf, Bot. V. Brand. Bd. 38.] — Die weissen, zweilappigen Kronblätter besitzen kein Saftmal. Der Nektar ist 10—12 mm tief geborgen, doch ist der Blüteneingang nicht allzu stark verengt, so dass auch ein Hummelrüssel in denselben einzudringen vermag. Die männlichen und die zweigeschlechtigen Blüten sind grossblumiger als die weiblichen; letztere und die männlichen besitzen die Überreste des anderen Geschlechts. Die Zwitterblüten sind protandrisch und besitzen die Möglichkeit spontaner Selbstbestäubung. Der aufgeblasene Kelch erweist sich nicht immer als ein wirksames Schutzmittel gegen den Einbruch honigraubender Hummeln, da es Bombus terrester und B. mastrucatus zuweilen (nicht immer, wie Mac Leod in den Pyrenäen beobachtete) gelingt, den Nektar durch in den Kelch gebissene Löcher zu rauben.

Die Geschlechterverteilung ist, nach Schulz, bei dieser Art eine fünffache: es kommen rein zwittrige, rein männliche, rein weibliche, gynomonöcische und andromonöcische Pflanzen vor. Die Verteilung dieser Formen ist eine sehr verschiedene; stellenweise scheinen die männlichen Stöcke ganz zu fehlen oder doch seltener zu sein als die weiblichen.

Die Besucher und Befruchter sind teils saugende Schmetterlinge (meist Nachtfalter), teils saugende Hummeln. Ich sah auf den nordfriesischen Inseln 2 Falter (Plusia gamma L. und Epinephele janira L.) und 1 Hummel (Bombus lapidarius L.); Kerner beobachtete in Tirol Noktuiden (Dianthoecia und Mamestra); Loew in Niederschlesien (Beiträge S. 28): Bombus agrorum F. ⚥, sgd.; Rössler bei Wiesbaden den Falter Dianthoecia nana Rott. sgd.; H. Müller in den Alpen Falter (2 Nacht- und 3 Tagfalter) und Hummeln (7 Arten); Mac Leod in den Pyrenäen 3 Hummelarten, eine Wespe, einen Bombylius (saugend auf der Blüte sitzend!), eine pollenfressende Fliege (Muscide), keinen Falter; Lindman auf dem Hardangerfjord eine Hummel, einen Falter und eine Fliege; Warnstorf sah in Brandenburg als nutzlose Besucher zahlreiche Ameisen.

In Dumfriesshire (Schottland) (Scott-Elliot, Flora S. 23) sind 1 Empide, zahlreiche Musciden und Schwebfliegen als Besucher beobachtet.

397. S. nutans L., eine protandrische Nachtfalterblume. [Sprengel, S. 252; Ricca, Atti XIV. 3; H. M., Alpenbl. S. 197, 198; Kerner, Pflanzenleben II.; Schulz, Beitr. I. S. 6, 7; Kirchner, Flora S. 248; Knuth, Ndfr. Ins. S. 40, 41.] — Die schmutzig weissen, saftmallosen, nachts hyacinthenartig duftenden Blumen bergen den Honig 13—14 mm tief. Sie entfalten nach Kerner (in Tirol) in drei auf einander folgenden Nächten ihre Staub- und Fruchtblätter. Die Zwitterblüten treten am häufigsten auf; sie sind ausgeprägt protandrisch: in der ersten Nacht entwickeln sich die Antheren des äusseren Staubblattkreises, in der zweiten die des inneren, in der dritten die Narben. Selbstbestäubung ist also ausgeschlossen. Am Tage sind die Blüten geschlossen und duftlos. Ausser den zweigeschlechtigen Blüten sind männliche und weibliche beobachtet: die Pflanze ist gynomonöcisch und gynodiöcisch, andromonöcisch und androdiöcisch. Die weiblichen Blüten sind kleiner als die anderen, doch kommt auch eine kleinblütige Zwitterform vor. Die Antheren sind weit vorgestreckt und die Narbenpapillen sind lang; in diesem Umstande will Schulz eine Andeutung von Windbestäubung erkennen. Dieser Forscher fand die Angaben Kerners sowohl bei Halle und in Thüringen, als auch in Tirol und Norditalien nur in wenigen Punkten bestätigt; er fand vielmehr, dass die Entwickelung der Staub- und Fruchtblätter zu jeder Zeit stattfindet und dass auch der zeitliche Abstand zwischen den drei Entwickelungsstadien kein so gleichmässiger ist, wie Kerner angiebt. Ebenso fand Schulz die Angabe Kerners, dass die Kronblätter sich stets bei Tage einrollen und dadurch die Blüten ganz unscheinbar werden, bei weitem nicht immer bestätigt, da in höher gelegenen Gegenden (2000—2200 m ü. M.) die Einrollung nur an sehr sonnigen Standorten und nur während der Mittagsstunden eintritt. Die von mir auf Sylt und auch später im Garten der Ober-Realschule zu Kiel untersuchten Pflanzen entsprachen den Angaben Kerners: sie sahen am Tage wie verwelkt aus und waren völlig duftlos; mit dem Eintritt der Dämmerung wurden ihre Kronblätter straff, und die Blüten hauchten einen starken Hyacinthenduft aus. Blütengäste ich leider nicht wahrgenommen.

Als Besucher sind Eulen (Dianthoecia und Mamestra) beobachtet, welche, nach Kerner ihre Eier in die Blüten legen und, nach Buchanan White (Bot. Jb. 1873. I.

S. 377), in einem ähnlichen Verhältnis zu Silene stehen, wie die Yukkamotte zur Yukkapflanze. (Vergl. Bd. I. S. 125.)

Rössler beobachtete bei Wiesbaden folgende Falter: 1. Cidaria hydrata Tr.; 2. Dianthoecia albimacula Bkh.; 3. Cucullia chamomillae Schiff.; H. Müller in den Alpen 3 Falterarten (2 Tag-, 1 Nachtfalter) und 3 Hummelarten, von denen 2 den Nektar durch Einbruch gewannen; Loew am Comersee (Beiträge S. 63): Bombus hortorum L. ♀, sgd.; Frey den Falter Pterogon proserpina Pall.; Schulz Tag- und Nachtfalter und Hummeln, von denen einige den Honig durch Einbruch erlangten.

398. S. dichotoma Ehrhart. Die weissen Blüten sind protandrisch. Gynodiöcie wurde von Warming in Dänemark und von Kirchner in Württemberg beobachtet.

399. S. Armeria L. Die rosenroten Blüten sind, nach Mac Leod, ausgezeichnet protandrisch. Die Kronröhre ist 16—18 mm lang, der Nektar nur Faltern zugänglich.

Ausser den Zwitterblüten sind von Breitenbach (Kosmos 1884) in den bot. Gärten zu Marburg und Göttingen auch weibliche Blüten auf besonderen Stöcken beobachtet.

Als Besucher sind in Belgien von Mac Leod auch am Tage fliegende Sphingiden (Macroglossa) und Nachtfalter (Plusia) beobachtet.

Gegen ankriechende Tiere (Ameisen) sind die Blüten durch klebrige obere Internodien geschützt.

400. S. longiflora Ehrhart. Die weissen, nachts nach Hyacinthen duftenden Blumen öffnen sich zwischen 8 und 9 Uhr abends; sie werden von Nachtschmetterlingen besucht und befruchtet (Kerner). Auch

401. S. viridiflora L. duftet, nach demselben Forscher, nachts nach Hyacinthen, erscheint daher gleichfalls Nachtfaltern angepasst.

Schletterer beobachtete bei Pola die Furchenbiene Halictus patellatus Mor.

402. S. Otites Smith. [H. M., Weit. Beob. II. S. 234; Schulz, Beitr. I. S. 78; Verhoeff, Norderney; Knuth, Ndfr. Ins. S. 39, 40, 151; Weit. Beob. S. 232.] — Die Pflanze ist fast diöcisch (auf der Insel Röm durchaus); die männlichen Blüten sind weit zahlreicher als die weiblichen; ausserdem kommen hin und wieder zweigeschlechtige Blüten vor. Aus dem 4 mm langen Kelche ragen die Kronblätter nur 2—3 mm weit hervor, doch bleiben die der weiblichen Blüten an manchen Standorten fast im Kelche verborgen. Die Honigabsonderung und -Bergung geschieht im Blütengrunde. Die Nektarien der männlichen Blüten secernieren in Mitteldeutschland nicht; die der weiblichen Blüten sind hier wegen des festen Anschlusses von Kelch und Fruchtknoten für Insekten auf normalem Wege nicht erreichbar (Schulz). Auf der nordfriesischen Insel Röm und in Tirol sondern jedoch beide Blütenformen Honig ab, der auch den Insekten zugänglich ist und von ihnen auch ausgebeutet wird. Es scheint daher, als ob die Blüten teils wind-, teils insektenblütig sind. Von den 10 Staubblättern der männlichen Blüten entwickeln sich erst die fünf des äusseren Kreises und strecken sich dabei 3—4 mm weit aus der Kelchröhre hervor; alsdann werden sie von den fünf des inneren Kreises abgelöst. In den weiblichen Blüten ragen die Narben gleichfalls einige mm aus der

Blüte hervor. Dass auch bei diesen honigabsondernden Blumen die Übertragung des Pollens durch den Wind als die eigentliche Bestäubungsart anzusehen ist, geht daraus hervor, dass trotz des äusserst geringen Insektenbesuches, den ich auf der Insel Röm beobachtete, dort keine weibliche Blüte unbefruchtet blieb. Das starke Überwiegen der männlichen Stöcke bestätigt dies. — Die Zwitterblüten sind ausgeprägt protandrisch.

Als Besucher beobachtete ich auf den nordfriesischen Inseln 4 honigsaugende Falter (Epinephele janira L., Coenonympha pamphilus L., Plusia gamma L., Zygaena filipendulae L.) und einige Hemipteren (vergeblich nach Honig suchend); Verhoeff auf Norderney Plusia gamma L., sgd.; H. Müller bei Kitzingen saugende Grabwespen (Cerceris variabilis Schrk. ♀ ♂ und Philantus triangulum F. ♂).

Die Pflanze ist meist durch einen klebrigen Stengel gegen ankriechende Insekten geschützt.

403. S. gallica L.

Als Besucher beobachtete Buddeberg (H. M., Weit. Beob. II. S. 235) eine kleine pollensammelnde Biene: Halictus smeathmanellus K. ♀.

404. S. Saxifraga L. [S. petraea W. K.]

In den Blüten sind, nach Lalanne (Bot. Jb. 1888 I. S. 563), teils die Fruchtknoten, teils die Antheren verkümmert. Kerner bezeichnet die Pflanze als triöcisch mit stark protandrischen Zwitterblüten. Da die Blüten, nach Kerner, erst abends zwischen 8 und 9 Uhr sich öffnen, so wird die Blume offenbar von Nachtschmetterlingen besucht.

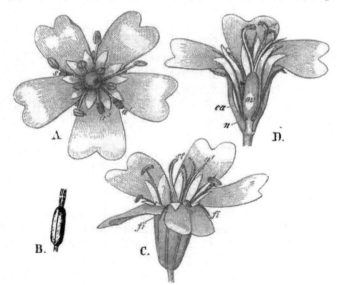

Fig. 49. Silene rupestris L. (Nach Herm. Müller.)
A. Blüte im ersten (männlichen) Zustande. B. Stempel derselben Blüte mit noch zusammengelegten Griffeln und unentwickelten Narben. C. Blüte im zweiten (zwitterigen) Zustande. D. Blüte im dritten (weiblichen) Zustande.

405. S. rupestris L. [H. M., Alpenblumen, S. 193, 194; Schulz, Beitr. II. S. 29, 30.]

— Die Zwitterblüten sind protandrisch, doch scheint die Möglichkeit spontaner Selbstbestäubung nicht ausgeschlossen. Die von Warming im skandinavischen Hochgebirge beobachteten Pflanzen waren gleichfalls stark protandrisch, ebenso die von Schulz in Tirol untersuchten. Dieser bezeichnet die Pflanze als gynodiöcisch, selten gynomonöcisch, sehr selten androdiöcisch oder andromonöcisch.

Als Besucher beobachtete Loew in der Schweiz (Beiträge S 60): Diptera: *Bombylidae*: 1. Argyromoeba sinuata Fall.; 2. Bombylius minor L.; H. Müller bemerkte dort zahlreiche Falter. besonders Noktuiden und Fliegen, sowie einige Bienen; A Schulz beobachtete einen ähnlichen Besucherkreis in Tirol; Mac Leod sah in den Pyrenäen 1 Muscide als Besucher (B. Jaarb. III. S 375).

406. S. acaulis L. [H. M., Alpenblumen S. 194—197; Mac Leod, B. Jaarb. III. S. 375, 376; Ricca, Atti XIII.] — Die Pflanze ist triöcisch. Die in grosser Anzahl dicht gedrängt nebeneinander wachsenden roten Blumen werden von so zahlreichen Insekten besucht, dass die Notwendigkeit spontaner Selbstbestäubung

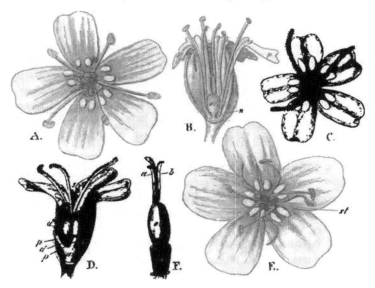

Fig. 50. Silene acaulis L. (Nach Herm. Müller.)

A. Blüte am Ende der ersten Hälfte des ersten (männlichen) Zustandes. *B.* Kleinere männliche Blüte am Ende der zweiten Hälfte ihrer Entwickelung. *C.* Weibliche Blüte von oben gesehen. [| *D.* Dieselbe im Aufriss. *E.* Zwitterblüte am Ende des männlichen Zustandes. *F.* Stempel dieser Blüte.

für die stark protandrischen Zwitterblüten kaum oder nicht vorhanden ist. Letztere fehlen stellenweise ganz. (Schulz, Warming.) Nach Ekstam beträgt auf Novaja Semlja der Durchmesser der diöcischen, roten oder weissen Blüten 6—12 mm. Es wurden dort von eingeschlechtigen Blüten nur männliche beobachtet. Die Zwitterblüten sind auch dort protandrisch.

Als Besucher beobachtete H. Müller in den Alpen zahlreiche Falter (23 Gross- und 4 Kleinschmetterlingsarten), sowie einige Bienen, Musciden, Syrphiden und antherenfressende Käfer; Frey daselbst die Falter Anarta melanopa

Thunb.; in der Schweiz Anarta nigrita Bsd.; Mac Leod in den Pyrenäen Falter (6) und pollenfressende Käfer (3); Lindman auf dem Dovrefjeld eine Hummel, ebenso Ekstam auf Novaja Semlja; Schneider (Tromsö Museums Aarshefter 1894) beobachtete Bombus agrorum L. und B. lapponicus L. im arktischen Norwegen.

407. S. noctiflora L. (Melandryum noctiflorum Fries). — Die nach Kerner sich abends zwischen 7 und 8 Uhr öffnenden, von Warnstorf schon zwischen 5 und 6 Uhr nachmittags geöffnet beobachteten, alsdann auch duftenden Blüten werden wahrscheinlich von Nachtfaltern besucht und bestäubt. Die Zwitterblüten sind so ausgeprägt protandrisch, dass nach Mac Leod Selbstbestäubung fast ausgeschlossen ist; sie bergen den Nektar 18 mm tief. In Belgien ist die Pflanze gynomonöcisch (Mac Leod); Warnstorf beobachtete bei Ruppin Gynodiöcie; auch nach Schulz ist die Pflanze häufiger gynodiöcisch, stellenweise auch androdiöcisch und andromonöcisch. Schulz beobachtete hin und wieder Einbruchslöcher an den Blüten. Die schon von Gärtner beobachteten weiblichen Blüten sind nur 12 mm tief. Nach Hansgirg kommen hin und wieder pseudokleistogame Blüten vor.

408. S. conica L. Nach Kerner (Pflanzenleben II. S. 334, 535) sind die Blumen protandrisch; zuerst öffnen sich die Antheren des äusseren Kreises, und wenn diese abgefallen sind, spreizen sich die nun belegungsfähigen Narben auseinander, schliesslich springen auch die Antheren des inneren Kreises auf, und es findet durch Verlängerung der Staubfäden Berührung dieser Antheren mit den Narben statt. Diese Entwickelung vollzieht sich im Laufe eines Tages.

409. S. vespertina Retzius öffnet nach Kerner die Blüten abends zwischen 7 und 8 Uhr.

410. S. Elisabethae Jan. Nach Loew, der kultivierte Exemplare untersuchte, gehören die Blumen zu Klasse II. Sie sind protandrisch. Trotzdem der Kelch weit geöffnet ist und die Nägel der Kronblätter weit auseinander spreizen, werden die Blüten häufig von Hummeln erbrochen. Nach Kerner sind Früchte mit keimfähigem Samen selten.

411. S. Pumilio Wulf fand Kerner in den Tauern von Hummeln erbrochen.

412. S. Vallesiaca L. öffnet nach Kerner die Blüten abends zwischen 8 und 9 Uhr.

413. S. maritima With. Die von Warming am Altenfjord beobachteten Exemplare hatten ziemlich stark protandrische Zwitterblüten, in denen jedoch schliesslich Selbstbestäubung möglich war. Nach Gibson (Flora of St. Kilda) wird die Pflanze auf St. Kilda, der äussersten Insel der schottischen Westküste (ausgenommen the barren Rockall), wo Falter und Bienen (sowie Wespen) fehlen, wahrscheinlich durch Fliegen befruchtet, da sich hin und wieder Früchte ausbilden.

414. S. inaperta L. (S. vilipensa Kze.?) hat nach Batalin völlig kleistogame Blüten, deren Eingang von den Kelchzähnen vollständig verschlossen wird.

415. S. linicola Gmelin. An kultivierten Exemplaren konnte Kirchner keine Nektarabsonderung wahrnehmen. Der Durchmesser der wenig augenfälligen Blüten beträgt anfangs nur 4—5 mm. Schon beim Beginn des Blühens sind 5 von den 10 **Staubblättern** so weit entwickelt, dass sie aufspringen und ihre pollenbedeckten Antheren mit den **3 Narben in** Berührung kommen, mithin spontane Selbstbestäubung erfolgt. Später breiten sich die Platten der Kronblätter flach auseinander, so dass die Blüte nun einen Durchmesser von 8—9 mm erhält. Nunmehr strecken sich auch die 5 übrigen Staubblätter so, dass ihre Antheren im Blüteneingang stehen, während die 5 älteren Antheren vertrocknen und abfallen.

In den Blüten ist bisher nur Thrips (Larven und Insekten) bemerkt.

416. S. Bastardi Bor. Loew beobachtete im botanischen Garten zu Berlin: Hymenoptera: *Apidae:* Halictus sexnotatus K. ♀, in die Blüte hineinkriechend.

417. S. petraea ist, nach Lalanne und Caille (Actes soc. Linn. Bordeaux 1887), heterostyl-dimorph.

100. Viscaria Röhling.

Protandrische, seltener homogame oder protogynische Tagfalterblumen. Kronblätter rot, mit Krönchen und linealem Nagel. Gynomonöcisch und gynodiöcisch, selten androdiöcisch oder andromonöcisch.

418. V. vulgaris Röhl. (Lychnis Viscaria L.), eine protandrische Tagfalterblume. [H. M., Weit. Beob. II. S. 233, 234; A. Schulz, Beitr. II. S. 32; Kirchner, Flora S. 250; Knuth, Bijdragen; Warnstorf, Bot. V. Brand. Bd. 38.] — Der rot gefärbte Kelch trägt zur Augenfälligkeit bei. Er besitzt eine Länge von 13 mm, doch genügt schon ein Rüssel von 7—8 mm, um ohne Auseinanderzwängen des Blüteneinganges zum Nektar vorzudringen, da sich die Blütenachse erst noch 5 mm weiter fortsetzt, ehe die Kron-, Staub- und Fruchtblätter aus ihr hervortreten. Die rosenroten Kronblätter bilden einen Stern von 18—20 mm Durchmesser. Der Nagel eines jeden läuft in ein 3 mm langes, tief zweispaltiges Krönchen aus, das so nach aussen gebogen ist, dass sich der Blüteneingang von 3 auf 5 mm erweitert. In den Zwitterblüten stehen beim Beginn des Blühens die fünf äusseren Staubblätter mit pollenbedeckten Antheren zwischen den Krönchen. Etwas tiefer im Eingang der Kronröhre stehen die Antheren der fünf inneren Staubblätter, die etwas später oder auch gleichzeitig aufspringen. Sind die Antheren verstäubt, so biegen sich die Staubfäden aus der Krone heraus nach unten, während die Griffel heranwachsen und die Narben über die Spitzen der Nebenkrone hervorstrecken. Nach Schulz sind die Zwitterblüten zuweilen auch homogam. Ausser den zweigeschlechtigen Blüten sind auch eingeschlechtige (weibliche, vereinzelt auch männliche) auf denselben oder auf verschiedenen Stöcken beobachtet (Gynomonöcie, Gynodiöcie, selten Andromonöcie und Androdiöcie). Nach Schulz entwickeln sich die Narben der rein weiblichen Blüten erst nach der Blütenöffnung.

Nach Warnstorf kommen auch bei Ruppin grössere und kleinere Blüten vor: Die ersteren sind vollkommen zwittrig und protandrisch. Die Griffel sind zur Zeit der Pollenreife noch sehr kurz und werden von den langen Staubblättern mit lila gefärbten Antheren weit überragt; dieselben verlängern sich später und ragen weit aus der Blüte hervor. Die kleineren Blüten sind unvollkommen zwittrig und werden durch das Abortieren der kleinen gelblichen Antheren der kurzen Staubblätter, welche stets von den Griffeln überragt werden, rein weiblich. Die Pollenkörner der normalen Antheren sind kugelig, weiss, durchsichtig, fast glatt und messen etwa 31—37,5 μ, selten bis 50 μ diam., während die der fehlgeschlagenen Antheren in den kleineren Blüten rundlich-polyedrisch, zart papillös sind und nur etwa 25 μ diam. messen.

Als Besucher sah Schulz in Tirol zahlreiche Tagfalter, sowie als unberufene Blumengäste Fliegen. Als Kreuzungsvermittler beobachtete H. Müller in Westfalen einige Falter (Ino statices L. und I. pruni Schiff., sgd.) und als unberufene Gäste einzelne Sphegiden·(Gorytes quinquecinctus F. ♀) und Käfer (Meligethes). In Thüringen beobachtete ich 2 Hummeln (Bombus soroënsis F. var. proteus Gerst. ☿ und B. terrester L. ☿, beide sgd.) als Besucher; Loew im bot. Garten zu Berlin Pieris brassicae L., sgd.

419. V. alpina Don, eine protandrische Falterblume. [Axell, S. 33; Kerner, Pflanzenleben II; Kirchner, Beitr. S. 17.] — Die nach Vanille duftenden Blumen sind, nach Kirchner, bei Zermatt zum grössten Teil zweigeschlechtig und protandrisch, doch sind auch weibliche Stöcke nicht selten. Die Zwitterblüten haben einen Durchmesser von 10—12 mm, die weiblichen, in denen die Staubblätter so verkümmert sind, dass sie kaum die Länge des Fruchtknotens erreichen, einen solchen von 6—8 mm. Warming hat in Grönland ausser ebensolchen Pflanzen wie Kirchner bei Zermatt auch protogynische Blüten beobachtet und dort das Vorkommen gynodiöcisch verteilter weiblicher kleiner Blüten, sowie Mittelformen zwischen weiblichen und zweigeschlechtigen Blüten festgestellt, doch ist das Vorkommen rein männlicher Blüten dort zweifelhaft. Derselbe Forscher fand in Skandinavien Gynodiöcie, Gynomonöcie und Andromonöcie bei dieser Pflanze. Die Zwitterblüten sind zuletzt der Selbstbestäubung fähig.

Als Besucher ist bisher nur ein Tagfalter (Argynnis pales Schiff.) in Skandinavien beobachtet.

101. Coronaria L.

Protandrische Falterblumen. Kronblätter mit Nebenkrone und geteilter oder ungeteilter Platte. Honigabsonderung wie gewöhnlich.

420. C. flos cuculi A. Br. (Lychnis flos cuculi L.) [Sprengel, S. 261; H. M., Befr. S. 188, 189; Weit. Beob. II. S. 232; Kerner, Pflanzenleben II.; Schulz, Beitr. I. S. 11, 12; Loew, Bl. Flor. S. 392, 395; Kirchner, Flora, S. 251; Knuth, Ndfr. Ins. S. 42, 151.] — Die fleischroten, saftmallosen, protandrischen Blüten scheiden den Honig am Grunde der Staubblätter aus. Der Kelch ist 6—7 mm lang; er besitzt 3 mm lange Zähne und hält die Nägel der Kronblätter zusammen. Die Entwickelungsfolge der Staub- und Fruchtblätter ist die gewöhnliche: zuerst entwickeln sich die 5 äusseren Staubblätter; ihre Antheren stehen im Blüteneingange und kehren ihre pollenbedeckte Seite nach innen; beim Abblühen verlängern sich die Staubfäden und biegen sich nach aussen, so dass nun für die sich entwickelnden inneren 5 Staubblätter Platz wird, deren aufgesprungene Antheren alsdann die Stelle im Blüteneingange einnehmen; endlich entwickeln sich die 5 Griffel und lösen die inneren Staubblätter ab. Ihre Enden sind schraubig gedreht, so dass ein eindringender Insektenrüssel sie berühren muss. Spontane Selbstbestäubung ist dadurch möglich, dass Pollen, der am Rande der Kronröhre haften geblieben ist, mit den Narben in Berührung kommt.

Ausser den protandrischen Zwitterblumen ist auch das Vorkommen gynodiöcisch und gynomonöcisch, selten auch androdiöcisch und andromonöcisch verteilter weiblicher oder männlicher Blüten beobachtet. In den weiblichen Blüten gelangen nach Schulz die Narben erst längere Zeit nach dem Aufblühen zur Entwickelung, ebenso bleiben die männlichen Blüten nach dem Verstäuben der Antheren vollständig frisch, ein Umstand, der für die Pflanze von keiner Bedeutung ist. Schulz ist der Ansicht, dass sie dieses Frischbleiben offenbar von den Vorfahren, bei denen nach der Verstäubung noch die Narben zur Entwickelung kamen, überkommen haben.

Als Besucher beobachtete ich auf der Insel Föhr 2 Tagfalter, Apis, 2 Bombus, 1 pollenfressende Schwebfliege (Syrphus); Loew in Brandenburg (Br.) und Hessen (H.) (Beiträge S. 45): A. Diptera: *Syrphidae*: 1. Volucella bombylans L. (Br.). B. Lepidoptera: *Sphingidae*: 2. Macroglossa fuciformis L. (Br., H.); Rössler bei Wiesbaden den Falter Dianthoecia nana Rott.; Kerner in Tirol Noktuiden (Dianthoecia und Mamestra); Schletterer bei Pola Hymenoptera: a) *Apidae*: 1. Eucera interrupta Baer; 2. E. longicornis L. b) *Ichneumonidae*: 3. Tryphon rutilator Gr.; Herm. Müller in Westfalen: A. Diptera: *Syrphidae*: 1. Rhingia rostrata L., sgd.; 2. Syrphus pyrastri L., pfd.; 3. Volucella plumata L., pfd. B. Hymenoptera: *Apidae*: 4. Anthrena nitida Fourc. ♀, vergeblich Honig suchend; 5. Apis mellifica L. ☿, häufig, sgd. und psd.; 6. Bombus agrorum F. ♀; 7. B. lapidarius L. ♀ ☿; 8. B. rajellus K. ♀; 9. B. terrester L. ☿; 10. Osmia rufa L. ♀; 11. Psithyrus vestalis Fourcr. ♀, sgd. C. Lepidoptera: a) *Noctulae*: 12. Euclidia glyphica L., sehr häufig. b) *Rhopalocera*: 13. Lycaena icarus Rott.; 14. Pieris brassicae L.; 15. P. rapae L., beide häufig. c) *Sphinges*: 16. Ino statices L.; 17. Macroglossa fuciformis L.

Mac Leod bemerkte in Flandern Apis, 3 Hummeln, 2 Schwebfliegen, 4 Falter (B. Jaarb. VI S. 155); H. de Vries (Ned. Kruidk. Arch. 1877) in den Niederlanden Apis mellifica L. ☿ und 2 Hummeln: Bombus agrorum F. und B. subterraneus L. ☿ als Besucher.

In Dumfriesshire (Schottland) (Scott-Elliot, Flora S. 24) sind 2 Hummeln, 2 Schwebfliegen und 2 Musciden als Besucher beobachtet.

421. C. flos Jovis Lam. (Lychnis flos Jovis L.), eine ausgeprägt protandrische Tagfalterblume. [H. M., Alpenblumen S. 199, 200.] — Der Honig ist in den roten Blumen etwa 10 mm tief geborgen und wegen des nur 1—2 mm weiten, durch die Antheren bezüglich die Griffel noch bedeutend eingeengten Blüteneingangs nur für den Rüssel von Schmetterlingen bequem zugänglich. Die Entwickelungsfolge der 5 äusseren und der 5 inneren Staubblätter und der 5 Narben ist die gewöhnliche, doch ist spontane Selbstbestäubung vielleicht möglich, weil die Griffeläste bereits mit halbentwickelten Narbenpapillen aus dem Blüteneingange hervortreten, wenn die letzten Antheren infolge nicht eingetretenen Insektenbesuches noch mit Pollen behaftet sind. Nach Briquet (Etudes) ist zur Ausbeutung des Honigs, der von der Innenseite des Staubblattgrundes abgesondert wird, eine Rüssellänge von etwa 15 mm notwendig. Besucher sind Schmetterlinge, die, da Selbstbestäubung durch die sehr ausgeprägte Protandrie ausgeschlossen ist, Fremdbestäubung bewirken. (Nach Kirchner.)

Als Besucher und regelrechte Befruchter beobachtet Müller saugende Tagfalter (Argynnis, Colias), als gelegentlichen eine pollenfressende Schwebfliege (Eristalis tenax L.).

422. C. tomentosa A. Br. (Agrostemma Coronaria L.) Die grossen purpurroten Falterblumen bergen, nach Schulz (Beiträge II. S. 33), bei Bozen den spärlich abgesonderten Honig 12—15 mm tief. In den protandrischen Zwitterblüten tritt spontane Selbstbestäubung wohl nur selten ein, da zwar die Narben gegen Ende der Blütezeit wohl mit den Antheren in Berührung kommen, aber an diesen dann gewöhnlich kein Pollen mehr haftet. — Neben den zweigeschlechtigen Blüten wurden gynodiöcisch oder gynomöcisch verteilte weibliche, kleinere Blüten beobachtet.

Als Besucher sah Schulz zahlreiche grössere Tagfalter (Pieris- und Vanessa-Arten, Papilio machaon L. und podalirius L.).

102. Melandryum Roehling.

Meist di- oder triöcische Nacht- oder Tagfalterblumen; seltener protandrische bis protogynische Zwitterblumen. Kronblätter mit Krönchen und zweispaltiger Platte. Honigabsonderung wie gewöhnlich.

423. M. album Garcke. (Lychnis vespertina Sibth., Lychnis dioica L. z. T.). Fast diöcische Nachtfalterblume. [Sprengel, S. 255 bis 260; H. M., Befr. S. 189; Delpino, Ult. oss. S. 161—164; Kerner, Pflanzenleben II.; Schulz, Beitr. I. S. 13; II. S. 33—35; Mac Leod, Bot. Jaarb. VI. S. 156, 157; Kirchner, Flora S. 251; Knuth, Ndfr. Ins. S. 41, 151.] — Die weissen Kronblätter besitzen kein Saftmal, sind am Tage schlaff und sehen wie verwelkt aus, duften nicht und schliessen sich fast gänzlich. Am Abend öffnen sie sich, die Kronblätter breiten sich dann aus und die Blüten besitzen einen starken Duft. An schattigen Standorten sind sie auch häufig am Tage geöffnet, im hellen Sonnenschein meist von morgens 9 Uhr bis nachmittags 6 Uhr geschlossen. Der Nektar wird, wie gewöhnlich, von der fleischigen Unterlage des Fruchtknotens abgesondert und ist in den weiblichen Blüten 20—25, in den männlichen 15—18 mm tief geborgen. Die Länge der Staubblätter und Griffel ist, nach Schulz, veränderlich. Ausser den eingeschlechtigen Blüten sind auch zweigeschlechtige beobachtet, die dann stark protandrisch sind und gewöhnlich mit männlichen Blüten zusammen auf demselben Stocke vorkommen.

Nach Magnin (Recherches sur le polymorphisme floral. Lyon 1889) sind die männlichen Blüten kleiner als die weiblichen und die zweigeschlechtigen. Letztere sind durch die Einwirkung eines Pilzes (Ustilago antherarum Fries) aus den weiblichen entstanden. Dieser Pilz verursacht in den männlichen Blüten nur eine geringe Gestaltveränderung der Antheren, in den weiblichen Blüten verkümmert der Griffel und der obere Teil des Fruchtknotens, während die Antheren sich ausbilden, weil dies der einzige Ort ist, wo der Pilz sich entwickeln kann. Damit ist auch eine Verlängerung des Internodiums zwischen

Kelch und Krone verbunden, welches für die rein männlichen Blüten charakteristisch ist. Diese Erscheinung der castration parasitaire androgène ist von Tulasne entdeckt, von Cornu und von Giard (Sur la castration parasitaire du Lychnis dioica L par l'Ustilago antherarum Fries. Compt. rend. 1888) beschrieben.

Als Besucher von Melandryum album beobachtete ich auf der Insel Amrum sehr häufig einen Nachtfalter (Plusia gamma L.); H. Müller in Westfalen einen Nachtschwärmer (Deilephila porcellus L.); Rössler bei Wiesbaden den Falter Dianthoecia nana Rott.; sämtlich sgd.

In Dumfriesshire (Schottland) (Scott-Elliot, Flora S. 23) sind mehrere Fliegen und Motten als wohl nutzlose Besucher beobachtet.

424. M. rubrum Garcke. (Lychnis diurna Sibth., L. dioica L. z. T.). Eine triöcische Tagfalterblume. [Sprengel, a. a. O.; Müller, a. a. O.; Mac Leod, B. Jaarb. VI. S. 155, 156; Schulz, Beitr. I. S. 12; Kerner, a. a. O.; Schulz, a. a. O.; Loew, Bl. Flor. S. 400; Knuth a. a. O.] — Die Blüteneinrichtung stimmt mit derjenigen der vorigen Art im wesentlichen überein, doch ist der Nektar nur 12—15 mm tief geborgen. Die bei den männlichen Blüten 1 1/2 cm, bei den weiblichen 1 1/4 cm lange Kelchröhre hält die ebenso lang genagelten, mit fast 1 cm langer, geteilter Platte versehenen Kronblätter so eng zusammen, dass eine Öffnung von nur 4 mm Durchmesser entsteht. Sie ist von dem 3—4 mm hohen Krönchen umstellt, und in ihr stehen in den männlichen Blüten die Antheren, in den weiblichen die Narben. In ersteren sind von den 10 Staubblättern die fünf vor den Kelchzipfeln stehenden eher entwickelt als die fünf anderen; man findet aber immer nur 2—3 Antheren in der Blütenöffnung, welche dadurch völlig ausgefüllt wird, so dass ein auch noch so dünner, zum Honig vordringender Insektenrüssel sie streifen muss. Die Narbenpapillen sind sämtlich nach innen gerichtet und lassen den Zugang zum Honig zwischen sich offen, so dass ein von einer männlichen Blüte kommendes Insekt mit dem pollenbedeckten Teil seines Körpers die Narbenpapillen berühren muss, wenn es zum Honig gelangen will. Dieser wird in den weiblichen Blüten am Grunde des Fruchtknotens, in den männlichen an der Basis der Innenseite der Staubfäden abgesondert, wo die Rudimente des Fruchtknotens sitzen. Als Honigschutz dienen in den männlichen Blüten zahlreiche, an dem unteren Drittel der Staubfäden sitzende, senkrecht abstehende Härchen, in den weiblichen dient der etwas überstehende Fruchtknoten als solcher. (Nach Knuth, Ndfr. Ins. S. 41.)

Ausser den eingeschlechtigen sind stellenweise, aber selten auch zweigeschlechtige Blüten beobachtet, so von Schulz bei Halle a. S. Diese Zwitterblüten sind ausgeprägt protandrisch.

Als Besucher der schwach duftenden Blüten sah ich bei Kiel als regelrechten Bestäuber nur Bombus hortorum L., während Apis nur kurze Zeit an der Blüte beschäftigt war und bald zu einer anderen Pflanzenart überging; die männlichen Blüten wurden auch von pollenfressenden Syrphiden (Eristalis, Melanostoma) besucht. Auf dem Dovre beobachtete Lindman gleichfalls Hummeln und Fliegen; Herm. Müller in den Alpen (Alpenbl. S. 200) 12 Falter und eine Schwebfliege.

Rössler beobachtete bei Wiesbaden die Falter: Dianthoecia filigrana Esp. und D. nana Rott.; Loew bei Varenna (Beiträge S. 63) eine Schwebfliege: Leucozona lucorum L., zu sgn. versuchend.

H. de Vries (Ned. Kruidk. Arch. 1877) beobachtete in den Niederlanden 1 Hummel, Bombus terrester L. ⚥, als Besucher.

Willis (Flowers and Insects in Great Britain Pt. I.) beobachtete in der Nähe der schottischen Südküste: A. Diptera: *Syrphidae*: 1. Platycheirus albimanus F., pfd., nur männliche Blüten besuchend. B. Hymenoptera: *Apidae*: 2. Bombus terrester L., sgd., häufig.

In Dumfriesshire (Schottland) (Scott-Elliot, Flora S. 24) sind 3 Hummeln und 2 Schwebfliegen als Besucher beobachtet.

Bisweilen werden die Blüten auch von Hummeln erbrochen (Schulz).

425. M. apetalum Fzl. (= Wahlbergella apetala Fr.) Diese nordische Art ist wohl nicht falterblütig. Lindman konnte keinen Honig in den Blüten erkennen, obwohl sich an der Innenseite der Staubblattwurzeln Nektarien in Form kleiner Anschwellungen finden. Die Kronblätter sind schmal, wenig oder nicht aus dem Kelche hervorragend. Bei den grönländischen Pflanzen ist Selbstbestäubung unvermeidlich. Sie entwickeln noch bis zum $70—71^0$ n. Br. Früchte. Lindman konnte in Norwegen zwei Formen unterscheiden, von denen die eine grössere, mehr weibliche Blüten mit eingeschlossenen, schmutzig-rötlichen Kron- und kürzeren Staubblättern, die andere kleinere, mehr männliche Blüten mit hervorragenden, flach ausgebreiteten, isabellfarbenen Kron- und längeren Staubblättern besass. Eine zwischen diesen beiden Formen stehende beobachtete Warming in Nowaja Semlja, deren Kronblätter mittelang waren und die der Autogamie fähig war. Der letztere Forscher sah in Grönland und Norwegen auch anscheinend normale, aber pollenlose, mithin weibliche Blüten. Nach Ekstam verhält sich die Pflanze auf Nowaja-Semlja ebenso wie auf Grönland. (Nach Loew, Bl. Fl. S. 100.)

426. M. involucratum Cham. et Schldl. ist in der Form: b) affine Rohrb. von Warming in Grönland untersucht. Die schwach duftenden Blumen haben mehr oder weniger hervorragende Kronblätter. Es ist zweifelhaft, ob sie zur Klasse F gehören. In den anfangs protogynen Blüten ist später spontane Selbstbestäubung möglich. Reife Früchte entwickeln sich bis zum $70—71^0$ n. Br., im Grinell-Land im arktischen Amerika sogar unter 84^0, sowie auf Spitzbergen und Nowaja-Semlja. In Norwegen sind auch rein weibliche Blumen beobachtet. (Wie vor.)

427. M. triflorum J. Vahl. Nach Warming, der diese nordische Art in Grönland untersuchte, ist es zweifelhaft, ob sie zur Klasse F gehört. Die Blumen duften schwach; die Kronblätter sind mehr oder weniger ausgebreitet. Die Zwitterblüten sind schwach protogyn, doch ist später Selbstbestäubung unvermeidlich, die von Erfolg ist, da Fruchtansatz regelmässig, selbst noch unter 76^0 n. Br. eintritt. In Grönland sind unter 73^0 auch rein weibliche Blüten beobachtet. (Wie vor.)

428. M. divaricatum Nym. (= M. macrocarpum Wk.) Nach Focke besitzt diese südeuropäische Art in dem stark aufgeblasenen Kelche ein Schutzmittel gegen den Legestachel von Insekten. Das Entgegengesetzte gilt nach demselben Forscher von

428a. M. album × Silene noctiflora, dessen Kelch enger ist, als der von M. album; der Bastard ist daher weniger gut gegen eierlegende Insekten, die den Kelch mit dem Legestachel anbohren, geschützt.

103. Agrostemma L.

Protandrische bis homogame Tagfalterblumen. Kronblätter rot, ungeteilt, ohne Nebenkrone; die im unteren Teil mit 2 Flügelleisten versehenen Nägel durch den oben verengten Kelch zusammengehalten. Honigabsonderung wie gewöhnlich.

429. A. Githago L. (Lychnis Githago L.; Githago segetum Desf.). [Sprengel, S. 254, 255; H. M., Befr. S. 189, 190; Weit. Beob. II. S. 234; Tullberg, Botaniska Notiser. Upsala 1868. S. 10; Kerner, Pflanzenleben II; Kirchner, Flora S. 252, 253; Schulz, Beitr. I. S. 11; Mac Leod, B. Jaarb. VI. S. 157; Knuth, Nordfr. Ins. S. 42, 151.] — Die purpurnen Kronblätter schliessen sich weder nachts noch bei schlechtem Wetter; sie haben am Grunde der Platten weissliche Stellen mit dunkelpurpurnen Linien und Flecken. Die Nektarabsonderung ist die gewöhnliche. Auch die Entwickelungsfolge der Staub- und Fruchtblätter der Zwitterblüten stimmt mit derjenigen der meisten anderen Arten dieser Pflanzenfamilie überein. Ausser den Zwitterblüten finden sich auch kleinerblütige Formen mit stärker entwickelten Fruchtblättern und weniger entwickeltem Saftmal. Tullberg beobachtete in Schweden Übergänge von protandrischer zu homogamer Blütenentwickelung. Auch Schulz bezeichnet die Zwitterblüten als zwischen Protandrie und Homogamie schwankend, und zwar findet im letzteren Falle Selbstbestäubung statt. Nach Kerner stellt sich letztere durch Heranwachsen der Staubblätter zuletzt stets spontan ein. Nach ersterem Forscher treten oft auf ein und demselben Felde beide Entwickelungsarten neben einander auf, oft sind sie aber auch lokal getrennt. Ausser den Zwitterblüten kommen gynodiöcisch, selten auch gynomonöcisch verteilte weibliche Blüten vor.

Als Besucher sah ich auf der Insel Amrum nur einen Falter (Pieris brassicae L.) normal saugend, ausserdem als unnützen Blütengast eine Fliege. H. Müller beobachtete in Mitteldeutschland: A. Diptera: *Syrphidae:* 1. Rhingia rostrata L., vergeblich Honig suchend. B. Lepidoptera: a) *Rhopalocera:* 2. Hesperia lineola O., sgd.; 3. H. silvanus Esp., sgd.; 4. H. thaumas Hfn., sgd.; 5. Pieris brassicae L., sgd., sehr häufig. b) *Sphinges:* 6. Ino statices L., sgd.

16. Familie Alsinaceae DC.

H. M., Befr. S. 190; Knuth, Grundriss S. 31; Schulz, Beitr. I. S. 25—26; II. S. 52—55.

Die kleinen Blumen sind, auch wenn sie zu Blütenständen zusammentreten, meist nur wenig augenfällig. Der getrenntblättrige Kelch gestattet den Blumenkronblättern, sich auszubreiten. Dies geschieht im Sonnenschein, wobei gleichzeitig der im Blütengrunde abgesonderte Honig sichtbar wird, so dass die Alsinaceen sämtlich zur Blumenklasse AB gehören. Der Nektar ist daher auch den kurzrüsseligsten Insekten zugänglich; vorwiegend sind Fliegen und die wenig ausgeprägten Bienen als Blütenbesucher beobachtet. Viele Alsinaceen sind dichogamisch und zwar fast immer protandrisch, zuweilen protogynisch; seltener sind sie homogam. Die Dichogamie ist um so ausgeprägter, je augenfälliger die Blüten und je zahlreicher daher der Insektenbesuch ist. Spontane Selbstbestäubung ist wohl bei allen möglich; sie ist um so mehr gesichert, je unscheinbarer die Blüten und je beschränkter dadurch und durch die Ungunst der Jahreszeit der Insektenbesuch ist.

Schulz fügt (Beitr. I. S. 25—26) folgendes hinzu: In vielen Fällen ist nicht die normale Anzahl (10) der Staubblätter entwickelt. Bei einzelnen Arten (Spergularia salina Presl, Holosteum umbellatum L., Cerastium semidecandrum L.[1]) und Verwandten) kommen 10 Staubblätter entweder nie oder doch nur selten vor, bei andern sind sie häufiger vorhanden (Sagina Linnaei Presl, Stellaria media Cyr.). In den meisten Fällen schwinden einzelne oder alle Staubblätter des inneren Kreises, in vielen Fällen auch einzelne des äusseren; Spergularia salina, Holosteum umbellatum und Stellaria media besitzen gewöhnlich nur drei des äusseren Kreises. Von den Staubfäden haben sich gewöhnlich noch Überreste, meist mit kleineren und pollenlosen Antheren, erhalten, seltener sind sie fast gänzlich geschwunden. Bei den meisten Arten kommen rein weibliche Stöcke vor, welche oft in grossen Scharen, vielfach aber nur einzeln auftreten. Bei manchen werden auch zweigeschlechtige und weibliche Blüten auf denselben Stöcken beobachtet. Männliche Blüten wurden nicht angetroffen. Die weiblichen Blüten fallen meist schon äusserlich durch geringere Grösse auf. Von den kleinblumigen Arten haben weit weniger weibliche Stöcke entwickelt, als von den grossblumigen. Bei einigen Arten, bei denen fast nie sämtliche Staubblätter (nicht einmal des äusseren Kreises) ausgebildet sind, gehören doch weibliche Blüten zu den Seltenheiten. Es sind sowohl einzelne kleinblütige, also die Insekten wenig anlockende Arten protandrisch, als grossblütige homogam. Durchschnittlich sind aber die kleinblütigen homogam oder nur schwach protandrisch.

Über die Entwickelung der Befruchtungsorgane u. s. w. äussert sich Schulz (Beitr. II. S. 52—55) in etwa folgender Weise:

Meist sehr bald nach dem Aufblühen öffnen sich die Antheren der äusseren Staubblätter, deren Filamente bei vielen Arten nach der Blütenmitte zu geneigt sind und sich häufig oberhalb des Fruchtknotens berühren. Kürzere oder längere Zeit nach dem Aufspringen der Antheren der äusseren Staubblätter — dieselben besitzen zu dieser Zeit bei einzelnen Arten noch reichlich Pollen, bei andern sind sie fast oder ganz pollenleer, bei noch andern endlich, z. B. bei Alsine verna, sind sie sogar sämtlich oder wenigstens zum Teil schon abgefallen — beginnen auch die Antheren der Staubblätter des andern Kreises, deren Filamente senkrecht oder mehr oder weniger nach den Blütenblättern zu geneigt stehen, auszustäuben. Nur bei wenigen Arten erfolgt das Aufspringen der Antheren beider Staminalkreise gleichzeitig. Die Antheren jedes Kreises

---

[1]) Vergl. auch Cerastium tetrandrum Curt.

öffnen sich entweder zu gleicher Zeit oder in kurzen, meist nur wenige Minuten langen Zeiträumen nach einander; eine bestimmte Reihenfolge ist im letzteren Falle bei keiner Art vorhanden. Sie befinden sich ursprünglich in introrser Stellung, begeben sich aber bei der Mehrzahl der Arten vor dem Aufspringen oder während desselben, seltener erst gegen Ende des Ausstäubens, in eine horizontale oder vollständig extrorse Stellung. Die Griffel und Narben sind bei der Mehrzahl der Arten beim Aufblühen resp. beim Beginn des Ausstäubens noch nicht vollständig entwickelt.

Bei manchen Arten erfolgt jedoch die Reife und Konzeptionsfähigkeit der Narben in der Regel noch während des Verstäubens der äusseren oder wenigstens der inneren Stamina; bei andern jedoch erst gegen Ende des Verstäubens der inneren Stamina, bei noch andern, z. B. Alsine verna, Stellaria graminea, sogar oft, nachdem die pollenleeren Antheren sämtlich oder wenigstens diejenigen des inneren Kreises, welche zuerst ausstäuben, abgefallen sind. Nur bei wenigen Arten sind die Narben bereits beim Beginn des Ausstäubens der Antheren des äusseren Kreises konzeptionsfähig. Spontane Selbstbestäubung ist bei denjenigen Arten, bei welchen sich die Narben bereits während des Verstäubens der Antheren der vielfach nach der Blütenmitte zu geneigten Staubblätter des äusseren Kreises im konzeptionsfähigen Zustande befinden, fast unvermeidlich. Tritt die Reife der Narben erst während des Ausstäubens der Antheren der aufrechten oder mehr oder weniger nach auswärts geneigten Staubblätter des inneren Staminalkreises ein, so ist spontane Selbstbestäubung sehr erschwert; ganz unmöglich ist dieselbe natürlich, wenn die Narben erst, nachdem die Antheren bereits ihren Pollen verloren haben oder sogar schon sämtlich oder teilweise abgefallen sind, empfängnisfähig werden. Nur bei wenigen Arten sind die zweigeschlechtigen Blüten regelmässig im Besitze der typischen Anzahl der Staubgefässe; bei der Mehrzahl sind in einer — grösseren oder geringeren — Anzahl einzelne oder alle Staubgefässe des inneren Kreises, seltener neben letzteren auch noch ein bis zwei, ja sogar drei des äusseren Kreises geschwunden. Bei manchen Arten tritt die normale Zahl nur selten, bei einigen sogar nur sehr selten auf; bei einer kleinen Anzahl scheint dieselbe noch niemals beobachtet zu sein. Bei fast sämtlichen Arten — eine Ausnahme scheinen nur Moenchia erecta und Moehringia trinervia zu machen — treten weibliche Blüten auf, und zwar in viel höherem Grade bei denjenigen, deren Blüten in der Regel die typische Staubblattzahl enthalten, als bei solchen, in deren Blüten dieselbe nur selten oder niemals vorkommt. Dieselben befinden sich gewöhnlich allein auf den Pflanzen, viel seltener, bei einigen Arten sogar sehr selten, sind sie mit zweigeschlechtigen auf demselben Stocke vereinigt. Bei einigen Arten ist jedoch das Zusammenvorkommen von zweigeschlechtigen und weiblichen Blüten auf derselben Pflanze fast die Regel. Die weiblichen Blüten sind bei fast allen Arten kleiner als die zweigeschlechtigen; wie diese variieren auch sie vielfach bedeutend in der Grösse. Staubblätter sind entweder vollständig geschwunden oder auf Überreste von grösserer oder geringerer Länge reduziert. Im letzteren Falle pflegen meist Antherenreste vorhanden zu sein; die grösseren derselben, oftmals nur unbedeutend kleiner, als die normalen und typisch gestaltet, doch fast immer weiss oder missfarbig gelb, enthalten hin und wieder neben den anormalen, kleinen, polyedrischen oder runden auch einige normale, Keimschläuche treibende Pollenkörner. Die Griffel der weiblichen Blüten sind häufig etwas länger, die Narben dicker und dichter, mit oftmals etwas längeren Papillen besetzt, als diejenigen der zweigeschlechtigen Blüten. Bei fast sämtlichen Alsinaceen zeigt sich eine Neigung, bei Nacht und bei kühler, feuchter Witterung die Blüte ganz oder fast ganz zu schliessen oder wenigstens zusammenzuziehen. Bei vielen Arten, deren Blüten sich bei Nacht und bei ungünstigem Wetter vollständig schliessen, sind dieselben bei heiterer, warmer Witterung während sämtlicher Tagesstunden geöffnet; bei anderen dagegen findet ein Öffnen in diesem Falle nur in den Mittags- und Nachmittags-Stunden statt, und zwar bei einigen Arten, z. B. Sagina Linnaei var. macrocarpa, wie es scheint, auch nur dann, wenn mindestens die letzten 5—6 Stunden vorher schon warmes Wetter geherrscht hat. Noch andere Arten, wie Sagina Linnaei var. microcarpa und Stellaria media var. pallida (S. Boraeana Jord.) haben einen weiteren Schritt zur Kleistogamie hin gethan, indem sie sich häufig auch in längeren Perioden warmer Witterung nicht öffnen. Stellaria media var. pallida ist sogar stellenweise vollständig kleistogam geworden. — Die meisten Arten sondern sehr reichlich Honig ab; derselbe träufelt gewöhnlich von den Nektarien zwischen den Basen der Petalen hindurch auf die bei vielen Arten horizontal abstehenden, schüsselartig geformten Kelchblätter hinab. Die grösseren, aber honigarmen Blüten mancher Arten werden viel weniger besucht als die kleineren, jedoch reichlicher mit Honig ausgestatteten anderer. Es bleiben aber auch die relativ sehr reichlich Honig absondernden, kleinen Blüten einzelner Arten, wie diejenigen von Arenaria serpyllifolia, Sagina Linnaei var. macrocarpa, fast ganz ohne Besuch. Wahrscheinlich beruht diese Verschiedenheit im Besuche auf einer verschiedenen Zusammensetzung des Honigs; wahrscheinlich fehlen demselben bei Arenaria serpyllifolia und ähnlichen Arten gewisse riechende Substanzen, so dass ihn die Insekten schwer zu wittern vermögen.

Als gynodiöcisch (gd.) oder gynomonöcisch (gm.) sind folgende Arten bekannt:

Sagina nodosa Fzl. ist in Dänemark (Warming) und Belgien (Mac Leod) gynodiöcisch.

S. Linnaea P. ist gynodiöcisch und gynomonöcisch (Schulz).

Spergula arvensis L.: gynomonöcisch, seltener gynodiöcisch (Schulz).

Sp. vernalis W. und Sp. pentandra L.: gm. und gd. (Schulz).

Spergularia media P.: gd., selten gm. (Schulz).

Sp. salina P. wie vor.

Sp. rubra P.: gm. und gd. (Schulz), ebenso

Alsine verna Bartl., Cherleria sedoides L., Moehringia muscosa L., Arenenaria serpyllifolia L., A. biflora L., A. ciliata L., Holosteum umbellatum L., Stellaria nemorum L., St. media Cyr., St. Holostea L., St. uliginosa Murr. (meist nach Schulz).

St. graminea L.: gm. (Mac Leod).

St. palustris Ehrh.: gd. (Warming, Ludwig, Müller), ebenso

St. graminea Retz. (Tullberg, Warming, Müller, Ludwig, Schulz).

Malachium aquaticum Fr.: gd. (Ludwig) und gm. (Schulz).

Cerastium arvense L.: gd. und gm. (Schulz).

C. triviale Lk.: gd. (Ludwig) und gm. (Schulz).

C. glomeratum Thuill.: gd. (Ludwig).

C. brachypetalum Desp.: gm., seltener gd. (Schulz). Ebenso

C. semidecandrum L., C. pallens F. Schultz, C. obscurum Chaub., C. trigynum Vill., C. latifolium L.

C. alpinum L.: gd. (Ludwig).

104. Sagina L.

Kleine, weissliche, protandrische, homogame oder protogynische Blumen mit halbverborgenem Honig, welcher am Grunde der Staubblätter abgesondert wird.

430. S. procumbens L. [Schulz, Beitr. II. S. 38, 39.] — Am Grunde der Staubfäden befinden sich 4 kleine Nektarien. Die meist 4 weissen Kronblätter sind kleiner als die in ebenso grosser Zahl vorhandenen Kelchblätter. Die 4 oder 5 Staubblätter sind mit den 4 oder 5 Narben gleichzeitig entwickelt. Spontane Selbstbestäubung ist unvermeidlich, da bei trübem Wetter die Blüten geschlossen bleiben. In Grönland sind, nach Warming, die Antheren auch in den geöffneten Blüten in unmittelbarer Berührung mit den kurzen, stark spreizenden Griffeln. In Dänemark hat der letztere Forscher neben den Zwitterblüten auch weibliche beobachtet.

Als Besucher beobachtete Schulz einzelne kleine Fliegen und Bienen; Mac Leod in Flandern Ameisen, Poduriden, Akariden. (B. Jaarb. VI. S. 159.)

In Dumfriesshire (Schottland) (Scott-Elliot, Flora S. 25) sind mehrere Ameisen als Besucher bemerkt.

431. S. apetala L. [Mac Leod, B. Jaarb. VI. S. 159; Kirchner, Flora S. 234.] — Die Blüteneinrichtung stimmt mit derjenigen der vorigen Art im wesentlichen überein. Die sehr schwach protandrischen Blüten, deren Kronblätter sehr klein sind oder auch ganz fehlen oder doch bald verschwinden, öffnen sich im Sonnenschein und scheiden an derselben Stelle wie bei vor. Nektar aus. Die Staubblätter biegen sich im Verlaufe des Blühens so weit nach innen, dass die Antheren die Narbe berühren und spontane Selbstbestäubung erfolgen muss; letztere tritt bei trübem Wetter sofort ein, weil die Blüten alsdann geschlossen bleiben.

Als Besucher sind Akariden, sowie von Mac Leod in Belgien Poduriden, Ameisen und Milben, die auch Fremdbestäubung bewirken können, beobachtet.

432. S. maritima Don. Die Blüteneinrichtung dieser Art, welche ich auf den Halligen untersuchte, stimmt mit derjenigen der vorigen im wesentlichen überein. Besucher beobachtete ich nicht.

433. S. Linnaei Prsl. (S. saxatilis Wimm.). In den Alpen sind die Zwitterblüten, nach Schulz (Beitr. I. S. 14, 15), homogam oder schwach protogynisch; bei trüber Witterung tritt spontane Selbstbestäubung ein, weil die

Blüten dann geschlossen bleiben. In den geöffneten Blüten dienen, nach Kerner, die 5 äusseren Staubblätter der Fremd-, die 5 inneren der Selbstbestäubung. Ausser den Zwitterblüten kommen gynodiöcisch oder gynomonöcisch verteilte weibliche Blüten vor. Schulz beobachtete im Riesengebirge eine grossblütige, honigreiche Form, deren Staubblätter teilweise verkümmert waren. Warming beobachtete noch in Grönland reife Früchte.

Als Besucher sah Schulz Fliegen und kleine Käfer.

434. S. nivalis Fr. ist nach Lindman auf dem Dovrefjeld autogam, kommt nach Warming auf Spitzbergen und an der Nordküste Sibiriens mit Fruchtansatz vor. Nach Ekstam beträgt auf Nowaja-Semlja der Durchmesser der geruchlosen, protogyn-homogamen, zuweilen homogamen Blüten 5 mm. Selbstbestäubung ist unvermeidlich.

435. S. caespitosa J. Vahl. ist nach Warming in Grönland homogam, autogam und ist dort mit Fruchtansatz beobachtet. Ausserdem ist die Pflanze in Norwegen gynodiöcisch mit weiblichen Blüten beobachtet, deren Staubblätter in verschiedenem Grade verkümmert sind.

436. S. nodosa Fenzl. Die Zwitterblüten sind in Norwegen und Dänemark (nach Warming) sowie in Russland (Batalin, Bot. Ztg. 1870) protandrisch. Bei ungünstiger Witterung bleiben die Blüten geschlossen und bestäuben sich selbst. Ausser Zwitterblüten beobachtete Mac Leod (B. C. Bd. 29) auf den Dünen der flandrischen Küste weibliche Exemplare. Auch in Dänemark sind (von Warming) weibliche Stöcke beobachtet.

Auch Warnstorf (Bot. V. Brand. Bd. 38) beobachtete bei Ruppin Gynodiöcie und unvollkommene Gynomonöcie. Er unterschied 1. grössere Blüten von 10 mm Durchmesser, zwitterig und häufig mit teilweise fehlschlagenden Antheren oder Staubgefässen; 2. kleinere Blüten, nur 5—6 mm diam. messend und durch Abortieren sämtlicher Staubblätter weiblich; die Zwitterblüten protandrisch. Zuerst reifen die am Grunde mit einer Nektardrüse versehenen äusseren Staubgefässe und biegen sich über die noch geschlossenen Narbenäste, dann erst folgen die inneren. Honigabsonderung reichlich.

Als Besucher beobachtete Herm. Müller (Alpenbl. S. 183) in den Alpen eine Bombylide (Anthrax sp.).

· **437. S. subulata Torr. et Gray.** Kultivierte Exemplare fand Warming teils protogynisch, teils schwach protandrisch.

105. Spergula L.

Weisse, meist homogame, selten protogyne Blumen mit halbverborgenem Honig; welcher an der gewöhnlichen Stelle abgesondert wird.

438. S. arvensis L. [H. M., Weit. Beob. II. S. 225; Kerner, Pflanzenleben II.; Schulz, Beitr. I. S. 15, 16; Kirchner, Flora S. 232; Knuth, Ndfr. Ins. S. 43; Bijdragen.] — Die weissen, homogamen Blumen öffnen sich im Sonnenscheine weit und sondern in der Umgebung des Grundes der Staubblätter Nektar aus. Die Staubblätter sind dabei soweit nach aussen gebogen, dass honigsuchende Insekten mit der einen Körperseite die Antheren, mit der anderen die Narbe streifen, wodurch also Fremdbestäubung begünstigt ist. Bei ungünstiger Witterung bleiben die Blüten geschlossen und bestäuben sich selbst, auch tritt, nach Kerner, die Selbstbestäubung gegen Ende der Blütezeit, wenn die Blumen sich zu schliessen beginnen, spontan ein. Nach demselben sind die Blüten von vormittags 10 Uhr bis nachmittags 4 Uhr geschlossen. Nach Schulz kommen zahlreiche weibliche Blüten vor, und zwar machen die gynomonöcisch verteilten zuweilen über 50 % aus, während Gynodiöcie selten ist. Nach Schulz variiert die Zahl der Staubblätter, indem dieselben oft mehr oder weniger verkümmern. Dabei treten normale Blüten und nicht normale teils auf denselben, teils auf verschiedenen Stöcken auf.

Als Besucher sahen Herm. Müller (1) in Westfalen und ich (!) in Schleswig-Holstein :

A. Diptera: a) *Muscidae*: 1. Lucilia sp., sgd. (1). b) *Syrphidae:* 2. Eristalis arbustorum L., sgd. und pfd. (1); 3. E. tenax L., sgd. und pfd. (!); 4. Helophilus pendulus L., w. v. (1); 5. Melanostoma ambigua Fall., w. v. (1); 6. Melithreptus menthastri L., w. v. (1); 7. M. strigatus Staeg., w. v. (1); 8. Syritta pipiens L., w. v. (1, !); 9. Syrphus balteatus Deg., w. v. (1, !); 10. S. corollae F., w. v. (1); 11. S. ribesii L., w. v. (1, !). B. Hymenoptera: a) *Apidae*: 12. Anthrena albicrus Müll. ♀, psd. (1); 13. A. convexiuscula K. ♂, sgd. (1); 14. Apis mellifica L., sgd. (!); 15. Halictus malachurus K. ♀, sgd. und pfd. (1). b) *Sphegidae*: 16. Crabro wesmaëli v. d. L. ♀, sgd. (1).

Mac Leod sah in Flandern 2 Schwebfliegen, 1 Muscide. (Bot. Jaarb. VI. S. 158.)

In Dumfriesshire (Schottland) (Scott-Elliot, Flora S. 31) sind 1 Empide, 3 Musciden und 5 Schwebfliegen als Besucher beobachtet.

439. S. pentandra L. Nach Schulz (Beitr. II. S. 41) sind die Blüten von 12—5 Uhr geöffnet. Die Zwitterblüten sind homogam. In denselben sind meist nur 5 Staubblätter entwickelt. Sie stehen in der geöffneten Blüte in der Regel aufrecht oder ein wenig nach aussen gespreizt, so dass die Antheren gewöhnlich nicht mit den Narben in Berührung kommen. Da sich die Blüten aber schon nach kurzer Zeit schliessen, bei trüber Witterung überhaupt ungeöffnet bleiben, so findet dann spontane Selbstbestäubung statt, während in den geöffneten bei Insektenbesuch Fremdbestäubung begünstigt ist. Ausser den Zwitterblüten kommen selten weibliche vor, die gynomonöcisch oder gynodiöcisch verteilt sind.

440. S. Morisonii Boreau (= S. vernalis Willd. zum Teil.) Nach Schulz (Beitr. II. S. 39—41) sind die Zwitterblüten in Nord-Thüringen homogam, doch berühren in den (von 12—5 Uhr) geöffneten Blüten die Antheren die Narbe gewöhnlich nicht. Von den ursprünglich 10 Staubblättern schlagen oft einige fehl, manchmal fehlen sie gänzlich, so dass die Blüten weiblich werden. Diese sind dann gynomonöcisch oder gynodiöcisch verteilt, doch sind sie kleiner als die Zwitterblüten. Bei Insektenbesuch ist wieder Fremdbestäubung begünstigt; beim Schliessen der Blüte tritt spontane Selbstbestäubung ein. — Warnstorf (Bot. V. Brand. 38) beobachtete bei Ruppin nur homo- und autogame Zwitterblüten.

106. Spergularia Presl.

Weisse oder rote, ausgeprägt protandrische bis homogame Blumen mit halbverborgenem Honig.

441. S. media Poir. (S. marginata Kittel, Arenaria marginata DC.) Die roten oder weissen Zwitterblüten sind, nach Schulz, bei Halle ausgeprägt protandrisch. Meist sind alle 10 Staubblätter entwickelt. Ausser den Zwitterblüten sind hin und wieder gynodiöcisch, seltener gynomonöcisch verteilte, kleinere weibliche Blumen beobachtet, so von Mac Leod an der belgischen Küste.

Als Besucher sah ich auf den Halligen kleine Dipteren (Hilara- und Hydrellia-Arten).

442. S. salina Presl (Arenaria rubra β marina L., S. marina Grisebach, Arenaria marina Roth, Lepigonum medium Wahlberg). Die von Mac Leod an der Belgischen Küste untersuchten Blüten sind den weiblichen der vor. Art sehr ähnlich. Die Kronblätter sind rosa gefärbt; von den Staubblättern sind nur 1—3 entwickelt; spontane Selbstbestäubung ist gesichert. — Schulz untersuchte die Blüten am salzigen See bei Eisleben, wo sie erheblich kleiner zu sein scheinen, als in Belgien. Die Kronblätter sind kürzer als die Kelchblätter; von den Staubblättern sind oft nur 3 entwickelt und zwar meist etwas früher als die mit ihnen in gleicher Höhe stehenden Narben. Der Nektar wird von einem fleischigen Ringe an der Innenseite des Grundes der Staubblätter abgesondert. Bei ungünstiger Witterung bleibt die Blüte geschlossen, so dass spontane Selbstbestäubung eintreten muss. — Magnus beobachtete bei Kissingen nur solche Pflanzen, die einen Übergang zur Kleistogamie zeigten, indem die blasse Blumenkrone geschlossen blieb. — Ausser den Zwitterblüten sind von Schulz gynomonöcisch, seltener gynodiöcisch verteilte weibliche Blüten beobachtet.

Als Besucher beobachtete ich (Weit. Beob. S. 232) auf der Insel Sylt die Honigbiene (sgd.).

Verhoeff sah auf Norderney: A. Diptera: a) *Empidae*: 1. Hilara quadrivittata Mg. b) *Muscidae*: 2. Anthomyia spec., sgd.; 3. Aricia incana Wiedem., sgd.; 4. Lucilia caesar L. ♂, sgd. c) *Syrphidae*: 5. Syritta pipiens L., sgd.

443. S. rubra Presl (Arenaria rubra α campestris L., Alsine rubra Wahlenberg, Lepigonum rubrum Wahlenberg). Die Blüteneinrichtung ähnelt, nach Schulz (Beitr. I. S. 17), derjenigen von S. salina, mit der sie auch die geringe Anzahl Staubblätter gemeinsam hat. Auch diese Art schwankt zwischen Homogamie und schwacher Protandrie. Wie bei vor. Art geht die Befruchtung häufig in geschlossener Blüte vor sich. Ausser den Zwitterblüten finden sich meist kleinere, gynomonöcisch und gynodiöcisch verteilte weibliche Blumen. Diese Art bildet, nach Schulz, ein biologisches Bindeglied zwischen den beiden vorhergehenden Arten.

Als Besucher beobachtete Mac Leod in Flandern 1 Empide. (B. Jaarb. VI. S. 157).

107. Cherleria L.

Protandrische bis homogame, höchst unscheinbare Blumen mit halbverborgenem Honig, welcher zwischen den Wurzeln der Staubblätter abgesondert wird.

444. Ch. sedoides L. [H. M., Alpenbl. S. 184, 185; Schulz, Beitr. II. S. 44, 45.] — Die Kronblätter erreichen kaum ¹/₃ der Länge der Kelchblätter. Letztere breiten sich zu einem Sterne von 4—5 mm Durchmesser aus.

Die Zwitterblüten sind, nach Müller, in den Alpen ausgeprägt protandrisch; spontane Selbstbestäubung ist daher in der Regel ausgeschlossen.

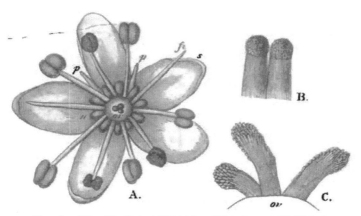

Fig. 51. Cherleria sedoides L. (Nach Herm. Müller.)

A. Blüte von oben gesehen. (16 : 1.) *B.* Griffel und Narben im ersten (männlichen) Blüten-zustande. *C.* Dieselben im zweiten (weiblichen) Blütenzustande. *s* Kelchblätter. *p* Kronblätter. *fi* Staubfaden. *n* Honigdrüse. *ov* Fruchtknoten.

Schulz untersuchte die Pflanze nicht weit von demselben Standorte und fand sie homogam bis schwach protandrisch. Ausser den Zwitterblüten beobachtete er gynodiöcisch oder gynomonöcisch verteilte weibliche Blumen.

Als Besucher sah H. Müller zahlreiche kleine, honigsaugende Fliegen.

108. Alsine L.

Weisse, meist kleinblütige, protandrische, homogame oder protogynische Blumen mit halbverborgenem Honig.

445. A. verna Bartling (A. Gerardi Whlnbg.). [H. M., Alpenbl. S. 183, 184; Schulz, Beitr. I. S. 18.] — Die Blüten erreichen in den Alpen, nach Müller, einen Durchmesser von 6 mm, nach Schulz in einer Höhe von 2—3000 m einen solchen von 7—9, im Riesengebirge von durchschnittlich 10 mm. Die Zwitterblüten sind ausgeprägt protandrisch (siehe Fig. 52); nach Schulz ist Selbstbestäubung ausgeschlossen, nach Kerner tritt sie gegen Ende der Blütezeit, nach Mac Leod beim abendlichen Schliessen der Blumen ein. Ausser den Zwitterblüten sind besonders im Hochgebirge gynomonöcisch und gynodiöcisch verteilte weibliche kleinere Blüten beobachtet.

Sowohl H. Müller als auch A. Schulz sahen in den Alpen als Be-sucher vorzugsweise Fliegen (Musciden, Syrphiden, Empiden, Bombyliden), einzelne Käfer, Ameisen und Schmetterlinge (Pyraliden); Mac Leod in den Pyrenäen gleichfalls Fliegen (B. Jaarb. III. S. 379—381).

Die von Warming in Grönland beobachteten Zwitterblüten der var. b) hirta Lange sind fast homogam und der Selbstbestäubung fähig; in

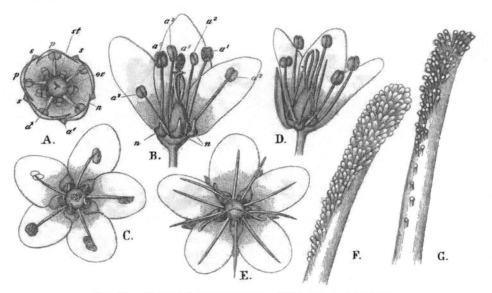

Fig. 52. Alsine verna Bartling. (Nach Herm. Müller.)

A. Blüte vor Beginn des ersten Zustandes. *B.* Blüte in der ersten Hälfte des ersten (männlichen) Zustandes. *C.* Blüte in der zweiten Hälfte desselben Zustandes von oben gesehen. *D.* Dieselbe im Aufriss von der Seite gesehen. *E.* Blüte im zweiten (weiblichen) Zustande. *F.* Oberer Teil der Narbe. *G.* Unterer Teil derselben.

Spitzbergen beobachtete dieser Forscher auch Protogynie oder vielleicht Übergangsformen zur weiblichen Blüte.

446. A. recurva Wahlenberg. [H. M., Alpenbl. S. 183.] — Die Blüten bleiben nach Müller zum Teil offen, zum Teil schliessen sie sich halb.

Als Besucher sind in den Alpen Fliegen (Syrphiden, Musciden) und einzelne Falter beobachtet.

447. A. stricta Whlnbg. Nach Warming in Grönland und in Norwegen homogam. Die eintretende spontane Selbstbestäubung ist von Erfolg, da sich regelmässig reife Früchte (noch unter 70—71° n. Br.) bilden.

448. A. rubella Wg. Nach Ekstam beträgt auf Nowaja-Semlja der Durchmesser der geruchlosen, protogyn-homogamen Blüten 5—8 mm. Selbstbestäubung ist erschwert, weil die Narben meist höher als die Antheren stehen.

449. A. groenlandica Fzl. Nach Warming in Grönland mit schwach protandrischen oder auch gleich homogamen Blüten, in denen Selbstbestäubung fast unvermeidlich ist.

450. A. biflora Wg. Die Zwitterblumen sind auf dem Dovrefjeld protandrisch, doch erfolgt beim Schliessen der Blüten spontane Selbstbestäubung. Die von Warming in Grönland beobachteten Pflanzen hatten dagegen schwach protandrische oder homogame oder auch schwach protogynische Zwitterblüten, in denen Selbstbestäubung erfolgen muss, die reichlichen Fruchtansatz zur Folge hat. Auf Spitzbergen sind die Blumen kleiner. In Norwegen ist Gynodiöcie beobachtet.

109. Honckenya Ehrh.

Protandrische, weisse Blumen mit halbverborgenem Honig, welcher an der gewöhnlichen Stelle abgesondert wird.

451. H. peploides Ehrh. (Ammadenia peploides Ruprecht, Arenaria pepl. L., Halianthus pepl. Fries). Die von mir auf den nordfriesischen Inseln (a. a. O. S. 44) untersuchten Pflanzen breiten ihre Blüten im Sonnenscheine fast tellerförmig zu einer Scheibe von etwa 8 mm Durchmesser aus. Die fünf weissen spatelförmigen Kronblätter haben etwa dieselbe Länge wie die hellgrünen Kelchblätter. Von den 10 Staubblättern sind die 5 vor den Kelchblättern stehenden zuerst entwickelt. Sie sind dann etwas aufgerichtet und überragen die Blüte um etwa 1 mm. Nach ihnen entwickeln sich die bisher den Kronblättern anliegenden 5 anderen Staubblätter und wachsen zur Länge der äusseren heran. Erst dann entfalten sich die Narben. Am Grunde des Fruchtknotens befindet sich zwischen je zwei Staubblättern je eine grosse, gelbe Drüse,

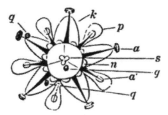

Fig. 53. Honckenya peploides Ehrh. (Nach der Natur. Halbschematisch.)

Blüte in der ersten Hälfte des ersten (männlichen) Zustandes von oben gesehen. *k* Kelchblatt. *p* Kronblatt. *a* Staubblatt des äusseren Kreises mit geöffneten Antheren. *a'* Staubblatt des inneren Kreises mit geschlossenen Antheren. *s* unentwickelte Narbe. *q* Sandkörnchen.

welche so reichlich Honig absondert, dass der Zwischenraum zwischen je 2 benachbarten Staubblättern vollständig ausgefüllt wird.

Trotz des reichlich abgesonderten Honigs wird die Blume selten von Insekten besucht (— ich sah auf der Insel Röm trotz langer Überwachung bei günstigster Witterung keine —). Es fällt aber aus den aufgesprungenen Antheren häufig Pollen in die Blüte hinein, der durch Windstösse auf die Narbe derselben Pflanze oder benachbarter geführt werden kann. Auch findet man regelmässig kleine, durch den Wind hineingeschleuderte Sandkörnchen in den Blüten, welche von Blüte zu Blüte getrieben werden können und so vielleicht gelegentlich als Pollenüberträger dienen. Bei trüber Witterung schliessen sich die Blüten, so dass alsdann spontane Selbstbestäubung möglich ist.

In Grönland, Island, im nördlichen Norwegen, auf Spitzbergen und Nowaja-Semlja sind, nach Warming, Zwitterblüten sehr selten, vielmehr ist die Pflanze dort fast immer diöcisch, polyöcisch oder monöcisch. Auf Grönland beobachtete Warming Fruchtansatz.

188 Alsinaceae.

Als Besucher bemerkte ich am 8. Juni 1895 auf der Düne von Helgoland zwei Musciden: Lucilia caesar L. und Fucellia fucorum Fall., beide sgd.

Verhoeff beobachtete auf Norderney: A. Diptera: *Muscidae*: 1. Lucilia caesar L. ♀ ♂, sgd.; 2. Scatophaga stercoraria L.

In Dumfriesshire (Schottland) (Scott-Elliot, Flora S. 26) sind 2 Musciden als häufige Besucher beobachtet.

110. Moehringia L.

Weisse, homogame, protandrische oder protogynische Blumen mit halb-verborgenem Honig.

452. M. trinervia Clairv. (Arenaria trin. L.) [H. M., Befr. S. 180, 181; Weit. Beob. II. S. 225; Warnstorf, Bot. V. Brand. Bd. 38; Schulz, Beitr. II. S. 46, 47; Kirchner, Flora S. 235.] — Nach Herm. Müller sind die Blumen protogynisch mit langlebigen Narben, während A. Schulz sie fast stets homogam, viel seltener schwach protandrisch oder schwach protogynisch fand. Am Grunde der fünf äusseren Staubblätter findet sich je eine fleischige Anschwellung, welche jede einen verhältnismässig grossen Nektartropfen aussondert. Von den zehn Staubblättern springen zuerst die Antheren der fünf äusseren, dann die der fünf inneren auf. Besuchende Insekten bewirken in der Regel Fremdbestäubung, da sie die Narben früher als die Antheren berühren. Bei ausbleibendem Besuche findet spontane Selbstbestäubung statt, indem sich die Staubblätter allmählich bis zur Berührung der Narben nach innen biegen. Manchmal sind die Antheren der fünf äusseren Staubblätter verkümmert.

Nach Warnstorf sind die Blüten bei Ruppin homo- und autogam. Die langen Narbenäste (meist drei, seltener nur zwei) biegen sich weit zurück und krümmen sich oft hakenförmig um die Staubblätter, wodurch unvermeidlich Selbstbestäubung erfolgen muss; letztere wird auch dadurch bewirkt, dass sich die Staubblätter an die Narbe legen.

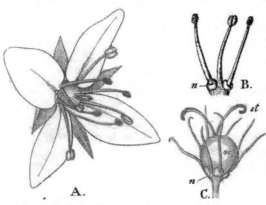

Fig. 54. Moehringia muscosa [L. (Nach Herm. Müller.)

A. Blüte im ersten (männlichen) Zustande. B. Staubblätter dieser Blüte von aussen gesehen. C. Blüte im zweiten (weiblichen) Zustande nach Entfernung von Kelch und Krone.

Selten sind die Griffel verkümmert; aber häufig finden sich vierzählige Blüten.

Die unscheinbaren, geruchlosen Blüten, deren Kronblätter kürzer als die Kelchblätter sind, werden nur selten besucht.

Herm. Müller beobachtete: A. Coleoptera: a) *Nitidulidae*: 1. Meligethes, hld. b) *Phalacridae*: 2. Olibrus affinis Sturm, hld. B. Diptera: a) *Bibionidae*: 3. Dilophus vulgaris Mg., hld. b) *Muscidae:* 4. Sapromyza rorida Fall. hld.

Mac Leod sah in Flandern 1 Empide. (B. Jaarb. VI. S. 162.)

In Dumfriesshire (Schottland) (Scott-Elliot, Flora S. 26) sind 1 Schlupfwespe, 1 Empide und mehrere andere Fliegen als Besucher beobachtet.

453. M. muscosa L., eine protandrische Schwebfliegenblume. [H. Müller, Alpenblumen S. 187, 188; Schulz, Beitr. II. S. 45, 46.] — Von den acht Staubblättern richten sich erst die vier äusseren in die Höhe und öffnen ihre Antheren, dann die vier inneren, und erst nach dem Verblühen der sämtlichen acht Staubblätter entwickeln sich die Griffel mit den Narben. Spontane Selbstbestäubung ist daher nur ausnahmsweise möglich. (S. Fig. 54.) Ausser den Zwitterblüten kommen nach Schulz auch gynodiöcisch, selten gynomonöcisch verteilte weibliche Blüten vor.

Als Besucher sah H. Müller nicht selten kleine Schwebfliegen (besonders Sphegina clunipes Fall.), indem sie vor den Blüten schweben, anfliegend Honig lecken oder Pollen fressen und dann eine andere Blüte besuchen. A. Schulz sah ausser Fliegen auch kleine Bienen.

Krascheninikovia Turcz. kommt, nach Kuhn, mit kleistogamen Blüten vor.

111. Arenaria L.

Kleine, weisse, homogame oder protandrische Blumen mit halbverborgenem Honig, welcher an gewöhnlicher Stelle im Blütengrunde abgesondert wird.

454. A. serpyllifolia L. [H. M., Weit. Beob. II. S. 226; Mac Leod, B. Jaarb. VI. S. 161; Kirchner, Flora S. 754; Schulz, Beitr. I. S. 19; II. S. 47.] — Ausser den Zwitterblüten, in denen Staubblätter und Narben gleichzeitig entwickelt und die Honigtröpfchen im Grunde der Blüte im Sonnenschein sichtbar sind, hat Schulz gynomonöcisch, selten gynodiöcisch verteilte weibliche Blüten beobachtet. Auch in den Zwitterblüten ist die Zahl der Staubblätter häufig reduziert; durch Berührung der Antheren und Narben ist in ihnen spontane Selbstbestäubung unvermeidlich.

Als Besucher, die auch Fremdbestäubung bewirken können, sah H. Müller zwei kleine kurzrüsselige Bienen (Sphecodes ephippius L. ♀ und Halictus lucidulus Schck. ♀), sgd.

Mac Leod beobachtete in den Pyrenäen eine Schwebfliege als Besucher. (Bot. Jaarb. III. S. 377.)

In Dumfriesshire (Schottland) (Scott-Elliot, Flora S. 26) sind 1 Schwebfliege und Thrips als Besucher beobachtet.

455. A. biflora L. [H. M., Alpenblumen S. 185—187; Schulz, Beitr. II. S. 47, 48.] — Die weissen Blüten sind protandrisch, doch greifen die Entwickelungszeiten nicht nur der äusseren und inneren Staubblätter, sondern auch der inneren und der Narbe ineinander, so dass bei ausbleibendem Insektenbesuche spontane Selbstbestäubung erfolgen kann. (S. Fig. 55.) Ausser den Zwitterblüten beobachtete Schulz gynodiöcisch, selten gynomonöcisch verteilte weibliche Blüten.

Als Besucher sah H. Müller in den Alpen ausschliesslich Fliegen (Musciden [11], Syrphiden [3] und Empiden [1]).

456. A. ciliata L. Die von Kirchner (Beitr. S. 14) bei Zermatt untersuchten Zwitterblüten sind protandrisch. Sie haben ausgebreitet einen Durchmesser von 12 mm. Nach dem Verstäuben der Antheren wachsen die Griffel und bilden sich die Narbenpapillen. Ausser den Zwitterblüten beobachtete Kirchner auch kleinere weibliche Blüten mit einem Durchmesser von 7—10 mm. Ihre Staubblätter zeigen verschiedene Grade der Verkümmerung: bisweilen sind alle zehn vorhanden, aber entweder sämtlich oder zum grössten Teil ganz kurz, oder es fehlen einige gänzlich. Schon Ludwig (B. C. 1880, S. 1021) hatte das Vorkommen gynodiöcisch verteilter weiblicher Blüten in . der Schweiz festgestellt; Warming fand die Pflanze in Norwegen gynomonöcisch. (Om Caryophyllaccernes blomster. 1890, S. 32, 33.)

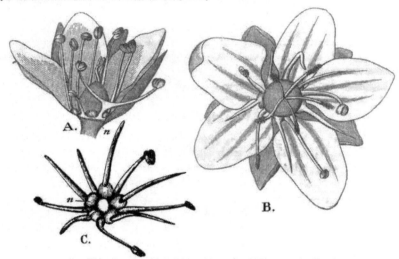

Fig. 55. Arenaria biflora L. (Nach Herm. Müller.)
A. Blüte im ersten (männlichen) Zustande im Aufriss. *B.* Blüte (mit 5 Griffeln) im zweiten (weiblichen) Zustande gerade von oben gesehen. *C.* Staubblätter und Nektarien derselben Blüte.

Die Form: b) humifusa Rink ist von Warming mit schwach protandrischen, später homogamen Zwitterblüten noch auf Disko mit reifen Früchten gefunden.

457. A. graminifolia Schrad. Loew beobachtete im botanischen Garten zu Berlin:

A. Diptera: *Syrphidae*: 1. Eristalis nemorum L. B. Hymenoptera: *Apidae*: 2. Apis mellifica L. ⚥, sgd.; 3. Prosopis communis Nyl. ♂, pfd.

112. Holosteum L.

Homogame oder schwach protandrische oder protogynische Blüten mit halbverborgenem Honig.

458. H. umbellatum L. [H. M., Weit. Beob. II. S. 226, 227; Schulz, Beitr. II. S. 48, 49; Warnstorf, Nat. V. Brand. Bd. 38; Nat. V. des Harzes XI.] — Die kleinen weissen Blüten sind, nach Herm. Müller, protandrisch mit früh eintretender spontaner Selbstbestäubung, aber bei eintretendem

Insektenbesuche darauf folgender Kreuzung. Meist sind nur 3 Staubblätter vorhanden, seltener 4 oder 5 oder nur 2. Am Grunde der Staubfäden befindet sich je eine grüne, fleischige, honigabsondernde Anschwellung. Im Beginne der Blütezeit stehen die Griffel mit den noch nicht völlig entwickelten Narben aufrecht, während die Antheren bereits stäuben; doch sind die Staubblätter so in die Blütenmitte gebogen, dass die Antheren gerade über den Narben stehen und so bei deren Weiterentwickelung durch Hinabfallen von Pollen spontane Selbstbestäubung eintreten muss. Letztere tritt auch häufig in der geschlossenen Blüte ein. Die verblühten Staubblätter treten später mehr nach aussen zurück, während die Narben weiter auseinanderspreizen. — Nach Warnstorf reifen die Staubblätter des äusseren Kreises früher als die des inneren; ihre Filamente sind länger und haben am Grunde gelbe Nektarien. Antheren gelb; ihre Fächer nach dem Verstäuben eine Drehung von 90° ausführend und wagerecht stehend. Pollen goldgelb, regelmässig dodekaëdrisch und dicht mit niedrigen Stachelwarzen bedeckt, durchschnittlich 37 μ diam.

Ausser den Zwitterblüten sind gynodiöcisch, seltener gynomonöcisch verteilte weibliche Blüten beobachtet. Die Zwitterblüten sind stellenweise auch homogam, selbst protogyn (z. B. in Dänemark) beobachtet.

Als Besucher der unscheinbaren Blütchen beobachtete H. Müller: A. Diptera: *Muscidae*: 1. Anthomyia sp. ♀. B. Hymenoptera: *Apidae:* 2. Anthrena gwynana K. ♀, sgd.; 3. A. parvula K. ♀, sgd.; 4. Halictus sp. ♀, sgd.

113. Stellaria L.

Weisse, protandrische, homogame oder protogynische Blumen mit halbverborgenem Honig, welcher am Grunde der Staubblätter abgesondert wird.

459. St. graminea L. [H. M., Befr. S. 181, 182; Weit. Beob. II. S. 227; Knuth, Ndfr. Ins. S. 45; Bijdragen; Kirchner, Flora S. 238; Ludwig, B. C. 1880; Schulz, Beitr. I. S. 20; II. S. 50, 51.] — Am Grunde der 5 äusseren Staubblätter sitzen die 5 Nektarien in Form grüner, fleischiger Wülste. Die Zwitterblüten sind protandrisch; in denselben biegen sich nach dem Aufblühen der Blumen zuerst die 5 äusseren Staubblätter nach der Mitte zu und öffnen ihre Antheren, während die 5 inneren Staubblätter mit noch geschlossenen Antheren nach aussen gebogen sind und auch die Narben sich noch nicht entwickelt haben. Bevor die Antheren der 5 äusseren Staubblätter verblüht sind, öffnen sich auch die der 5 inneren, doch bleiben sie nach aussen gebogen. Während diese verblühen, richten sich die Griffel in die Höhe und entfalten die Narben über den sich verkürzenden und zusammenschrumpfenden Staubblättern. Jedes nicht zu kleine Insekt muss daher beim Vordringen zum Honig, mag es in der Mitte oder am Rande der Blüte anfliegen, sich in jüngeren Blüten mit Pollen behaften, in älteren die Narbenpapillen berühren, mithin immer Fremdbestäubung bewirken. Bei ausbleibendem Insektenbesuche kommen die sich noch weiter zurückkrümmenden Narbenäste mit den noch pollenbedeckten Antheren in Berührung, sodass alsdann als Notbehelf spontane Selbstbestäubung eintritt. (S. Fig. 56.)

Ausser diesen, in ihrer Blüteneinrichtung so von H. Müller geschilderten protandrischen Zwitterblumen kommen auch kleine weibliche Blüten mit völlig verkümmerten, weissen Staubblättern, sowie auch mittelgrosse Übergangsformen mit 2—3 fruchtbaren Staubblättern vor (z. B. nach Mac Leod in Belgien). Nach Tullberg tritt die Pflanze in Schweden auch gynodiöcisch auf, nach Warming ebenso am Altenfjord. Schulz beobachtete in Mitteldeutschland ausser Gynodiöcie auch Gynomonöcie, und zwar tritt die weibliche Form stellenweise ausschliesslich oder doch sehr häufig auf. Schulz unterschied auch an den Zwitterblüten drei verschiedene Grössen, nämlich von 8—10, 10—14 und 16—18 mm Durchmesser, die auf verschiedene Bezirke verteilt zu sein schienen. Doch ist der Insektenbesuch der grösseren Blüten nicht reichlicher als derjenige der kleineren.

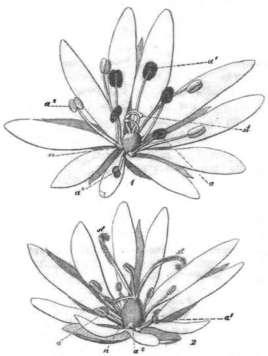

Fig. 56. **Stellaria graminea L.** (Nach Herm. Müller.) *1.* Blüte in der ersten Hälfte des ersten (männlichen) Zustandes: die fünf äusseren Staubblätter haben sich nach innen gebogen und ihre Antheren sich mit Pollen bedeckt. *2.* Blüte im zweiten (weiblichen) Zustande: alle Staubblätter sind entleert und verschrumpft, die Griffel haben sich auseinander gespreizt und zurückgekrümmt, dabei ihre papillöse Seite nach oben kehrend. a' äusserer Staubblattkreis, a^2 innerer, n Nektarien.

Als Besucher beobachtete Schulz Fliegen, kleine Bienen und Käfer. In den falterreichen Alpen sah H. Müller auch einen Schmetterling die Blüten besuchen. In Nord- und Mitteldeutschland beobachteten Herm. Müller (1) und ich (!) folgende Insekten:

A. Coleoptera: *Nitidulidae:* 1. Meligethes, sgd. und pfd. (1). B. Diptera: a) *Empidae:* 2. Empis livida L., sgd. (1). b) *Syrphidae:* 3. Eristalis tenax L., sgd. (!); 4. Helophilus pendulus L., sgd. (!); 5. Syritta pipiens L., sgd. und pfd. (1); 6. Volucella bombylans L., sgd. (1).

Verhoeff beobachtete auf Norderney: A. Coleoptera: a) *Nitidulidae:* 1. Brachypterus gravidus Ill., sgd. B. Diptera: a) *Empidae:* 2. Hilara quadrivittata Mg., sgd. b) *Muscidae:* 3. Anthomyia spec. c) *Syrphidae:* 4. Melanostoma mellina L., sgd.; 5. Syritta pipiens L., sgd. C. Hymenoptera: a) *Formicidae:* 6. Lasius niger L., sgd.

In den Alpen sah Herm. Müller 1 Falter (Alpenbl. S. 189); Mac Leod bemerkte in Flandern Apis, 6 Syrphiden, 1 Empide, 2 Schlupf-, 1 Holzwespe, 1 Falter. (B. Jaarb. VI. S. 164.)

In Dumfriesshire (Schottland) (Scott-Elliot, Flora S. 29) sind 1 Empide, 2 Schwebfliegen und 4 Dolichopiden als Besucher beobachtet.

460. St. cerastioides L. [H. M., Alpenbl. S. 188, 189.] — Die homogamen, in der Zahl der Fruchtblätter schwankenden Blüten sah Herm. Müller in den Alpen von Fliegen (1 Empide, 2 Musciden, 4 Syrphiden) besucht.

461. St. Holostea L. [H. M., Befr. S. 182; Weit. Beob. II. S. 228; Kirchner, Flora S. 238; Mac Leod, B. Jaarb. III. S. 378; VI. S. 162—163; Schulz, Beitr. I. S. 22; Knuth, Bijdr.] — Die Blüteneinrichtung dieser Art stimmt, nach Herm. Müller, mit derjenigen von St. graminea im wesentlichen überein, doch sind die Blüten grösser und daher der Insektenbesuch ein häufigerer. Die Nektarien sind gelb. In den Zwitterblüten stehen zu Beginn des Blühens die fünf äusseren, alsdann die fünf inneren Staubblätter in der Blütenmitte, wobei die nicht stäubenden nach aussen gebogen sind. Ausser den Zwitterblüten sind auch weibliche beobachtet, sowie Übergänge, z. B. von Mac Leod in Belgien Blumen mit teilweise verkümmerten Staubblättern. Die weiblichen Blüten sind, nach Schulz, gynodiöcisch, selten gynomonöcisch verteilt. Ausser den protandrischen Zwitterblüten beobachtete Schulz auch homogame, in denen spontane Selbstbestäubung unvermeidlich ist.

Als Besucher sahen Herm. Müller (1), Borgstette (2), Buddeberg (3) und ich (!) in Mittel- und Norddeutschland: A. Coleoptera: a) *Nitidulidae*: 1. Meligethes, sgd., zahlreich (1, !). b) *Oedemeridae*: 2. Oedemera virescens L. (2). B. Diptera: a) *Bombylidae*: 3. Bombylius canescens Mikan, sgd. (3); 4. B. maior L., sgd. (!). b) *Empidae*: 5. Empis ciliata F. ♀, sgd. und pfd. (3); 6. E. opaca F., sgd. (1); 7. E. tesselata F., sgd. (1). c) *Muscidae*: 8. Anthomyia sp., sgd. (1); 9. Hydrotaea dentipes F., sgd. (1); 10. Scatophaga merdaria L., sgd. (!); 11. Siphona geniculata Deg., sgd. (1). d) *Syrphidae*: 12. Eristalis arbustorum L., sgd. und pfd. (1); 13. E. nemorum L., w. v. (!); 14. Platycheirus peltatus Mg., w. v. (1); 15. Rhingia rostrata L., w. v. (!); 16. Syrphus balteatus Deg., w. v. (!); 17. S. ribesii L., w. v., häufig (1). C. Hymenoptera: a) *Apidae*: 18. Anthrena cineraria L. ♀, sgd. (1, 3); 19. A. parvula K. ♀, sgd. (1); 20. A. gwynana K. ♀, sgd. (1); 21. A. labiata Schck. Nyl. ♀, sgd. (3); 22. Apis mellifica L. ♀, sgd. (1, !); 23. Halictus cylindricus F. ♀, sgd. (1, 3, !); 24. H. albipes K. ♀, sgd. und psd. (3); 25. H. flavipes F. ♀, sgd. (3); 26. H. nitidiusculus K. ♀, sgd. (3); 27. H. rubicundus Chr. ♀, sgd. (3); 28. Nomada flavoguttata K. ♀, sgd. (1, 3); 29. N. ruficornis L. ♀, sgd. (1, 3). b) *Tenthredinidae*: 30. Cephus pallipes Kl., sgd. (1). D. Lepidoptera: *Rhopalocera*: 31. Pieris napi L., sgd. (1); 32. P. rapae L., sgd. (1). E. Thysanoptera: 33. Thrips, häufig (1).

Alfken beobachtete bei Bremen: a) *Apidae*: 1. Anthrena chrysopyga Schck. ♀, sgd.; 2. Nomada bifida Ths., sgd.; 3. N. flavoguttata K. ♀ ♂, sgd.; b) *Syrphidae*: 4. Platycheirus albimanus F.; Schenck in Nassau Anthrena cingulata F.; Rössler bei Wiesbaden den Falter: Asychna modestella Dup.

Mac Leod beobachtete in Flandern 6 Schwebfliegen, 12 andere Dipteren, 2 Käfer, 3 Falter (B. Jaarb. VI. S. 162, 163); in den Pyrenäen 1 Biene, 3 Syrphiden, 4 Musciden als Besucher (A. a. O. III. S. 378).

In Dumfriesshire (Schottland) (Scott-Elliot, Flora S. 30) sind mehrere Fliegen, Meligethes und 1 anderer Käfer als Besucher beobachtet.

Burkill (Fert. of Spring Fl.) beobachtete an der Küste von Yorkshire 1 Muscide, Sepsis nigripes Mg.

462. St. scabigera fand Breitenbach (Kosmos 1884) in den botanischen Gärten zu Marburg und Göttingen gynodimorph.

463. St. media Vill. [H. M., Befr. S. 182, 183; Weit. Beob. II. S. 228; Schulz, Beitr. I. S. 20; Knuth, Ndfr. Ins. S. 45, 151; Bijdragen; Kirchner, Flora S. 237; Warnstorf, Bot. V. Brand. Bd. 38.] — Nach Herm. Müller sind von den zehn Staubblättern fast immer einige, meist die inneren fünf, oft auch 1—2 äussere verkümmert. Die am Grunde der fünf äusseren Staubblätter sitzenden Nektarien sondern bei sonnigem Wetter Honig ab. Die Antheren öffnen sich nach einander und zwar entweder gleichzeitig mit den Narben oder etwas früher oder später als dieselben. Nach Kerner erfolgt Autogamie, wenn die Blüten sich zu schliessen beginnen. Nach Warnstorf sind die Blüten bei Ruppin zwitterig oder die Pflanze tritt mit scheinzwitterigen Stempelblüten auf. Erstere mit 2—5, selten 6—8, violette Antheren tragenden Staubblättern, welche entweder die Narbenäste überragen oder mit letzteren in gleicher Höhe stehen und durch Bewegung zur Blütenmitte Autogamie bewirken. In den scheinzwitterigen Stempelblumen abortieren entweder alle oder nur einige Staubgefässe. Die Form decandra ist ausgeprägt protandrisch. Beim Schliessen der Blüten tritt spontane Selbstbestäubung ein, die von voller Fruchtbarkeit begleitet ist. Nach Bateson sind die durch Kreuzung entstandenen Pflanzen etwas grösser und schwerer als die durch Selbstbestäubung erzeugten, nämlich in dem Verhältnis von 100:91.

Die Form Boraeana ist nach Čelakovský kleistogam. In der Form apetala beobachtete Mac Leod in Belgien in einer geschlossenen Blüte eine pollenbedeckte Milbe.

Ausser den (mit den europäischen in der Blüteneinrichtung übereinstimmenden) Zwitterblüten sind auch gynodiöcisch oder gynomonöcisch verteilte weibliche Blüten von Warming in Grönland beobachtet. Die Zwitterblüten sind hier auch kleistogam.

Die Pflanze blüht so früh, dass sie nur wenige Mitbewerber besitzt; dazu kommt, dass sie massenhaft auftritt, so dass der Besuch trotz der Kleinheit der Blüten ein ziemlich starker ist. In den Zwitterblüten können die Blütengäste teils Fremd- teils Selbstbestäubung bewirken.

Als Besucher beobachteten Herm. Müller (1) in Westfalen und ich (!) in Schleswig-Holstein: A. Diptera: a) *Muscidae*: 1. Anthomyia sp., sgd. (1); 2. Chlorops circumdata Mg., emsig sgd. (1); 3. Lucilia cornicina F., pfd. (!); 4. Musca corvina F., w. v. (1); 5. M. domestica L., w. v. (1, !); 6. Pollenia rudis F., pfd. (!); 7. Scatophaga sp., pfd. (!); 8. Sepsis sp., sgd. (1). b) *Syrphidae*: 9. Ascia podagrica F., sgd. (1); 10. Cheilosia sp., sgd. (1); 11. Eristalis arbustorum L., pfd. (!); 12. Syritta pipiens L., sgd. und pfd. (1, !); 13. Syrphus corollae F., pfd. (!); 14. S. ribesii L., pfd. (!). B. Hymenoptera: a) *Apidae*: 15. Anthrena albicans Müll. ♀, sgd. (1); 16. A. albicrus K. ♂, sgd. (1); 17. A. chrysosceles K. ♂, sgd. (1); 18. A. dorsata K. ♀, sgd. (1); 19. A. fasciata Wesm. ♂, sgd. (1); 20. A. florea F. ♀ ♂. sgd. (1); 21. A. fulvicrus K. ♂, sgd. (1); 22. A. gwynana K. ♀, sgd. und psd. (1); 23. A. smithella K. ♂, sgd. (1); 24. Apis mellifica L. ⚥, sgd. (!); 25. Halictus cylindricus F., sgd. (!); 26. H. flavipes F. ♀, sgd. (1, !); 27. H. leucopus K. ♀, sgd. (1); 28. H. sexstrigatus Schenck ♀, sgd. (1); 29. Osmia rufa L. ♂, sgd. (1); 30. Sphecodes gibbus L. ♀, sgd. (1). b) *Cynipidae*: 31. Eucoela sp. (1). C. Thysanoptera: 32. Thrips, pfd. (1).

Mac Leod sah in Flandern Apis, 14 andere, kurzrüsselige Hymenopteren, 7 Syrphiden, 10 andere Dipteren, 2 Käfer. (B. Jaarb. VI. S. 166, 167.)

Verhoeff beobachtete auf Norderney: A. Diptera: a) *Bibionidae*: 1. Scatopse

notata L. b) *Muscidae*: 2. Anthomyia spec., hfg., sgd.; 3. Lucilia caesar L. ♀ ♂. sgd.;
4. Nemopoda stercoraria Rob.-Desv., sgd. c) *Syrphidae*: 5. Platycheirus clypeatus Mg. ♂,
sgd.; 6. Syritta pipiens L., sgd. B. Hymenoptera: *Formicidae*: 7. Lasius niger. L., sgd.;
Alfken bei Bremen: a) *Apidae*: 1. Anthrena parvula K. ♀, sgd; 2. Halictus nitidiusculus
K. ♀, sgd.; 3. Podalirius acervorum L. ♂. b) *Syrphidae*: 4. Chrysogaster macquarti Löw;
Schmiedeknecht in Thüringen die Apiden: 1. Anthrena congruens Schmiedekn.;
2. A. dorsata K. ♂; 3. A. eximia Smith; 4. A. floricola Ev.; Friese in Baden (B.) und
Mecklenburg (M.) die Apiden: 1. Anthrena gwynana K., II. Generation (M.); 2. A. parvula
K. (M., hfg.) (B., s. hfg.); v. Dalla Torre in Tirol die Bienen: 1. Anthrena eximia Sm. ♂;
2. Halictus albipes Fbr. ♀; 3. Nomada alternata K. ♂; dieselben giebt auch
Schletterer an.

Burkill (Fert. of Spring Fl.) beobachtete an der Küste von Yorkshire:
A. Diptera: a) *Bibionidae:* 1. Scatopse notata L. b) *Muscidae*: 2. Lucilia cornicina F.;
3. Phorbia muscaria Mg.; 4. Scatophaga stercoraria L.; 5. Sepsis nigripes Mg. c) *Phoridae*:
6. Phora sp. B. Hymenoptera: *Ichneumonidae*: 7. Pezomachus sp. C. Thysanoptera:
8. Thrips sp. Alle sgd.

In Dumfriesshire (Schottland) (Scott-Elliot, Flora S. 28) sind zahlreiche Fliegen
und Meligethes als Besucher beobachtet.

464. St. nemorum L. Die Zwitterblüten sind überall mehr oder minder
stark protandrisch. Ausser diesen kommen kleinere gynodiöcisch (nach Ludwig
in Thüringen, nach Schulz im Riesengebirge), selten 'gynomonöcisch verteilte
kleinere weibliche Blüten vor.

Auf dem Dovrefjeld beobachtete Lindman mittelgrosse und kleine Fliegen
als Besucher.

In Dumfriesshire (Schottland) (Scott-Elliot, Flora S. 28) sind zahlreiche Fliegen
und Meligethes als Besucher beobachtet.

465. St. Frieseana Lange ist, nach Lindman, in der Form alpestris
auf dem Dovrefjeld protogynisch, infolge langlebiger Narben später homogam;
in Atnedalen kommen aber auch zahlreiche protandrische Pflanzen vor. Spontane
Selbstbestäubung ist gegen Ende der Blütezeit durch Berührung von Narben
und Antheren leicht möglich.

466. St. palustris Ehrh. (St. glauca With.). Ausser stark protandrischen Zwitterblüten sind in Dänemark von Warming, in Deutschland von
Ludwig und Herm. Müller gynodiöcisch verteilte weibliche Blüten beobachtet.

Mac Leod (B. Jaarb. VI. S. 164) beobachtete in Flandern eine Muscide in den Blüten.

467. St. bulbosa Wulf. Die von Kerner in Krain beobachteten
Pflanzen haben zwar ziemlich ansehnliche Blüten, erhalten jedoch sehr geringen
Insektenbesuch (durch einzelne Fliegen) und sind völlig unfruchtbar. Vielmehr
geschieht die Vermehrung durch zahlreiche Knöllchen an den fadenförmigen
unterirdischen Stengel.

468. St. crassifolia Ehrh. Ausser stark protandrischen Zwitterblüten
beobachtete Warming in Dänemark auch gynodiöcisch verteilte weibliche
Blumen. Nach Warnstorf sind die Blüten auch bei Ruppin protandrisch.

469. St. longipes Goldii. Nach Warming sind die Zwitterblüten
auf Grönland protandrisch oder homogam, und zwar scheint durch die gegenseitige Stellung der Antheren und Narben Selbstbestäubung verhindert zu sein.
Die weiblichen Blüten sind gynodiöcisch verteilt, ebenso auf Spitzbergen, wo
sie aber auffallend klein sind.

Nach Ekstam beträgt auf Novaja Semlja der Durchmesser der geruchlosen, protogyn-homogamen (auf Spitzbergen und Grönland nach Warming protandrisch-homogamen oder homogamen, zweigeschlechtigen und rein weiblichen) Blüten 8—12 mm. An Besuchern wurde eine mittelgrosse Fliege beobachtet.

470. St. humifusa Rottb. Nach Warming sind die Zwitterblüten auf Grönland meist protandrisch, selten protogynisch, im späteren Zustande aber immer homogam. Die weiblichen Blüten verhalten sich auf Spitzbergen wie die der vorigen Art. Warming beobachtete keine Fruchtbildung; dafür findet wohl reichliche vegetative Vermehrung durch Sprossbildung statt.

Nach Ekstam beträgt auf Novaja Semlja der Durchmesser der protogyn-homogamen Blüten 10—15 mm. Selbstbestäubung ist möglich. Zuweilen findet sich ziemlich starker Honigduft und dann auch stärkere Nektarausscheidung. An Besuchern wurde eine kleine Fliege beobachtet.

471. St. borealis Big. Nach Lindman sind die Blumen auf dem Dovrefjeld homogam. Gegen Ende der Blütezeit berühren die Antheren der längeren Staubblätter zuletzt die Narbe, so dass spontane Selbstbestäubung erfolgt. In Grönland sind, nach Warming, die Blumen kronenlos und gleichfalls homogam, auch hier findet spontane Selbstbestäubung statt. Auch Gynodiöcie ist hier beobachtet.

472. St. uliginosa Murr. [Mac Leod, Bot. Jaarb. VI. 164—165; Knuth, Ndfr. Ins. S. 145; Schulz, Beitr. I. S. 22—23.] — Die von Mac Leod in Belgien untersuchten Pflanzen haben wenig auffallende, protandrische Blüten, deren Kronblätter kürzer als die Kelchblätter sind. Zuerst entwickeln sich die äusseren Staubblätter und bleiben während der ganzen Blütezeit in der Blütenmitte stehen, während die inneren sich nach aussen biegen. Nachdem die Antheren aufgesprungen sind, entwickeln sich die Griffel und breiten ihre Narben aus, so dass diese mit den äusseren Antheren in Berührung kommen. Gegen Ende der Blütezeit neigen sich die äusseren Staubblätter unter Berührung der Narbe gleichfalls nach innen, so dass spontane Selbstbestäubung jederzeit gesichert ist.

Warming fand die Zwitterblüten in Dänemark und Schulz bei Halle gleichfalls mehr oder weniger protandrisch, letzterer im Herbste jedoch homogam, im Riesengebirge vorwiegend homogam und der spontanen Selbstbestäubung unterworfen. Ausser den Zwitterblumen treten, nach Schulz, gynodiöcisch, selten gynomonöcisch verteilte weibliche Blüten auf.

Als Besucher beobachtete Mac Leod in Flandern 1 Empide. (B. Jaarb. VI. S. 165).

In Dumfriesshire (Schottland) (Scott-Elliot, Flora S. 29) sind mehrere Fliegen als Besucher beobachtet.

114. Moenchia Ehrh.

Kleine, weisse, protogyne Blumen mit halbverborgenem Honig.

473. M. erecta Fl. Wett. Nach Schulz (Beitr. II. S. 51) sind von den Staubblättern meist einige nicht entwickelt. Bereits in der Knospe sind die 4, seltener 3 oder 5 Narben empfängnisfähig. In den geöffneten Blüten kommen die Narben nur selten mit den Antheren in Berührung; es ist daher spontane Selbstbestäubung in denselben ziemlich erschwert. Bei trüber Witterung aber erfolgt sie pseudokleistogam in geschlossener Blüte. Im hellen Sonnenscheine sondern die Nektarien ziemlich reichlich Honig ab, doch sah Schulz die Blüten nur von wenigen Fliegen besucht.

115. Malachium Fries.

Weisse, protandrische Blumen mit halbverborgenem Honig.

474. M. aquaticum L. (Cerastium aquaticum L.) [H. M., Befr. S. 184; Weit. Beob. II. S. 230; Knuth, Bijdragen; Kirchner, Flora S. 239; Schulz, Beitr. I. S. 23; Ludwig, D. B. Mon. 1888, S. 5; B. C. Bd. 8, S. 79; Kerner, Pflanzenleben II.; Warnstorf, Bot. V. Brand. Bd. 38.] — Die protandrische Blüteneinrichtung ist, nach H. Müller, derjenigen von St. Holostea ähnlich. In den Zwitterblüten, deren Kronblätter etwa $1^1/_2$ mal so lang wie die Kelchblätter sind, kommen bei ausbleibendem Insektenbesuche die Enden der auseinander spreizenden 3—5 Narbenäste regelmässig mit den noch mit Pollen behafteten, blässlichen Antheren in Berührung. Nach Schulz ist diese Selbstbestäubung sehr selten, während Kerner beobachtet hat, dass sie gegen Ende der Blütezeit eintritt, wenn die Blüten sich zu schliessen beginnen. Ausser Zwitterblüten sind auch gynodiöcisch (nach Ludwig), selten gynomonöcisch (nach Schulz) verteilte Blüten beobachtet (in Dänemark nach Warming bisher nicht), deren Kronblätter nur die Länge der Kelchblätter besitzen und deren Staubblätter gelbliche, verkümmerte Antheren haben. — Warnstorf fand bei Ruppin meist nur Zwitterblüten, seltener sind hier 1—4 Staubblätter fehlgeschlagen. Während sich die 5 Staubblätter des äusseren Kreises über die noch dicht zusammenstehenden Narbenäste biegen und ihren Pollen entleeren, stehen die des inneren Kreises noch mit geschlossenen Antheren weit zurück zwischen den Blumenblättern und öffnen ihre Antheren erst, wenn auch die Narbenäste anfangen sich auseinander zu spreizen. Zuletzt biegen sich die inneren Staubgefässe wieder zurück, so dass sämtliche Antheren schliesslich beim Spreizen der Narbenäste in der Peripherie eines Kreises liegen, wodurch Selbstbestäubung sehr erschwert wird. Pollen lange an den Antherenfächern haftend, weiss, dodekaëdrisch, glatt, durchschnittlich mit 37—43 μ diam.

Als Besucher beobachteten Herm. Müller (1) in Westfalen, Buddeberg (2) in Nassau und ich (!) in Schleswig-Holstein:

A. Coleoptera: *Nitidulidae:* 1. Meligethes, häufig, hld. (1). B. Diptera: a) *Muscidae:* 2. Anthomyia, sgd. (1). b) *Syrphidae:* 3. Ascia podagrica F., häufig, sgd. (1); 4. Eristalis arbustorum L., sgd. und pfd. (1, !); 5. Helophilus lineatus F., häufig, sgd. (1); 6. Rhingia rostrata L., sgd. und pfd. (!); 7. Syritta pipiens L., w. v. (1, !); 8. Syrphus sp., w. v. (!). C. Hymenoptera: *Apidae:* 9. Colletes daviesanus K. ♂, sgd. (2); 10. Halictus quadricinctus F. ♀, sgd. (2); 11. H. sexnotatus K. ♂, sgd. (1); 12. Prosopis communis Nyl. ♀, sgd. (1); 13. Pr. hyalinata Sm. ♀, sgd. (1). D. Thysanoptera: 14. Thrips, sehr zahlreich (1).

Mac Leod sah in Flandern 1 kurzrüsselige Biene (Bot. Jaarb. VI. S. 378), sowie 3 Schwebfliegen und 3 andere Fliegen (B. Jaarb. VI. S. 170).

116. Cerastium L.

Meist protandrische, weisse Blumen mit halbverborgenem Honig, der, wie bei den vorigen Gattungen, an der gewöhnlichen Stelle abgesondert wird.

475. C. arvense L. [H. M., Befr. S. 183; Weit. Beob. II. S. 229; Schulz, Beitr. I. S. 24; Kirchner, Flora S. 240; Knuth, Bijdragen; Loew, Bl. Flor. S. 389, 397; Warnstorf, Bot. V. Brand. Bd. 38.] — Auch diese Blüten sind protandrisch und stimmen, nach Herm. Müller, in Bezug auf die Lage der Nektarien, die Entwickelungsfolge der Staubblattkreise und der Narben und daher auch die Wahrscheinlichkeit der Fremdbestäubung bei eintretendem und die Möglichkeit der Selbstbestäubung bei ausbleibendem Insektenbesuche mit Stellaria Holostea überein. Die in Grönland von Warming noch unter 67° n. Br. beobachteten Pflanzen hatten etwas kleinere protandrische Blüten. — Ausser den Zwitterblüten sind kleinere, weibliche Blüten mit weisslichen, verkümmerten Staubblättern beobachtet. Sie sind, nach Schulz, meist gyno-

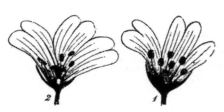

Fig. 57. Cerastium arvense L. (Nach Herm. Müller.)

1. Blüte in der ersten Hälfte des ersten (männlichen) Zustandes: die Antheren der äusseren Staubblätter sind mit Pollen bedeckt, die der inneren noch geschlossen; die Narbenäste sind noch einwärts gekrümmt. *2.* Blüte im fast weiblichen Zustande: die Antheren der äusseren Staubblätter sind teils abgefallen teils verschrumpft, die der inneren noch spärlich mit Pollen behaftet; die Narben sind entwickelt.

diöcisch, seltener gynomonöcisch verteilt. Nach Warnstorf kommt die Pflanze bei Ruppin mit grösseren und kleineren Zwitterblüten vor; erstere haben einen Durchmesser von 15, die letzteren einen solchen von nur 10 mm. Die kleinblütige Form zeichnet sich ausserdem noch durch oberwärts besonders stark drüsenhaarige Stengel aus.

Als Besucher sind von Herm. Müller (1) in Westfalen, und mir (!) in Schleswig-Holstein folgende Insekten beobachtet:

A. Coleoptera: a) *Carabidae*: 1. Amara sp. (1). b) *Cerambycidae*: 2. Leptura livida F., vergeblich nach Honig suchend (1); 3. Malachius bipustulatus F. (1). c) *Nitidulidae*: 4. Meligethes hld. (1, !). d) *Staphylinidae*: 5. Omalium florale Payk. (1). e) *Telephoridae*: 6. Dasytes sp., pfd. (1). B. Diptera: a) *Conopidae*: 7. Dalmannia punctata F., sgd. (1). b) *Empidae*: 8. Empis livida L., sgd. (1); 9. E. opaca F., sehr häufig, sgd. (1); 10. E. rustica Fall., w. v. (1). c) *Leptidae:* 11. Leptis strigosa Mg., sgd. (1). d) *Muscidae*: 12. Anthomyia aestiva Mg., sgd. (1); 13. Onesia sepulcralis Mg., sgd. (1); 14. Pyrellia aenea Zett., pfd. (1); 15. Scatophaga merdaria F., sgd. (1); 16. Sc. stercoraria L., sgd. (!). e) *Syrphidae*: 17. Eristalis arbustorum L., sgd. (1, !); 18. E. nemorum L., sgd. (1, !); 19. E. sepulcralis L., sgd. (1); 20. Helophilus sp. sgd. (!); 21. Melanostoma mellina L., sgd. häufig (1, !); 22. Melithreptus scriptus L., sgd. (1); 23. M. strigatus Staeg., pfd. (1); 24. Platycheirus manicatus Mg., häufig, sgd. (1); 25. Syritta pipiens L., sgd. (1, !); 26. Syrphus pyrastri L., sgd. (!); 27. S. sp., sgd. (1). C. Hymenoptera: a) *Apidae*: 28. Anthrena albicans Müll. ♀, sgd. (1); 29. A. argentata Sm. ♀, sgd. (1); 30. A. cineraria L. ♀, sgd. (1); 31. Halictus leucozonius Schrk. ♀, sgd. (1); 32. H. sexnotatus K. ♀, sgd., in Mehrzahl (2); 33. H. sp. ♀, sgd. (1). b) *Ichneumonidae*: 34. Ichneumon sp., sgd. (1). D. Lepidoptera: a) *Noctuae*: 35. Euclidia glyphica L., sgd. (1). b) *Rhopalocera*: 35. Pieris napi

L., sgd. (!); 37. Polyommatus dorilis Hfn., sgd. (1); 38. P. phlaeas L., sgd. (1). E. Thysanoptera: 39. Thrips, zahlreich (1).

In den Alpen bemerkte Herm. Müller (Alpenbl. S. 171) 20 Fliegen, 2 Bienen, 3 Falter.

Loew beobachtete an der Form strictum Haencke in der Schweiz (Beiträge S. 57): A. Diptera: Syrphidae: 1. Melithreptus dispar Lw. B. Hymenoptera: Apidae: 2. Halictus cylindricus F. ♀, sgd. C. Lepidoptera: Pyralidae: 3. Unbestimmte Spez.

Mac Leod beobachtete in den Pyrenäen 1 Biene, 1 Ameise, 3 Syrphiden, 1 Empide, 7 Musciden als Besucher (Bot. Jaarb. III. S. 378); in Flandern 4 Fliegen, 1 Falter, 1 Käfer (Bot. Jaarb. VI. S. 167).

In Dumfriesshire (Schottland) (Scott-Elliot, Flora S. 27) sind mehrere Fliegen als Besucher beobachtet.

476. C. triviale Link. (C. vulgatum L., C. caespitosum Gil.). [Axell, S. 16, 17; H. M., Befr. S. 184; Kirchner, Flora S. 240; Schulz, Beitr. I. S. 24.] — Die Blüten haben, nach Müller, dieselbe Bestäubungseinrichtung wie C. arvense, nur sind sie kleiner, daher ist die Protandrie weniger ausgeprägt und der Insektenbesuch geringer. Bleibt dieser aus, so tritt spontane Selbstbestäubung ein, die nach Axell von Erfolg ist. In den Zwitterblüten sind die Staubblätter oft - mehr oder weniger verkümmert. In Dänemark ist von Warming auch Protogynie beobachtet. Nach Schulz kommen im Riesengebirge protandrische und protogyne Blumen manchmal auf demselben Stocke vor. Ausser den Zwitterblüten sind hier und da gynodiöcisch (Ludwig), öfters gynomonöcisch (Schulz) verteilte weibliche Blüten beobachtet. Kerner bezeichnet die Form longirostre Wichura als protandrisch; auch in diesen erfolgt beim Schliessen der Blüten Autogamie.

Als Besucher sah H. Müller einzelne Fliegen (Syritta pipiens L., Empis livida L.; Melithreptus scriptus L. ♂). Verhoeff beobachtete auf Norderney: A. Coleoptera: a) Carabicidae: 1. Amara familiaris Duft. B. Diptera: a) Empidae: 2. Hilara quadrivittata Mg. ♂ ♀, hfg., sgd. b) Muscidae: 3. Anthomyia spec.; 4. Aricia incana Wiedem., sgd. und pfd.; 5. Lucilia caesar L., sgd. c) Syrphidae: 6. Eristalis arbustorum L.; 7. Platycheirus manicatus Mg. 1 ♂; Mac Leod in Flandern 2 Bienen, 1 Fliege (Bot. Jaarb. VI. S. 168). Burkill (Fert. of Spring Fl.) beobachtete an der Küste von Yorkshire: A. Diptera: a) Muscidae: 1. Helomyza sp. b) Phoridae: 2. Phora sp., sgd. B. Thysanoptera: 3. Thrips sp., sgd.

477. C. semidecandrum L. [H. M., Befr. S. 184; Weit. Beob. II. S. 229, 230; Knuth, Nordfr. Ins. S. 46, 151; Bijdr.; Mac Leod, B. Jaarb. VI. S. 168; Kirchner, Flora S. 241, 242.] — Nach Herm. Müller stimmt die Bestäubungseinrichtung dieser Art mit derjenigen der vorigen überein, doch sind die Blüten noch unscheinbarer, weshalb der Insektenbesuch noch geringer und die Protandrie noch weniger ausgeprägt ist, oder die Blüten sind ganz homogam (Schulz). Bei ausbleibendem Besuche erfolgt regelmässig spontane Selbstbestäubung. Die inneren Staubblätter sind nektarienlos und fast immer verkümmert, höchstens sind noch Andeutungen der Staubfäden vorhanden, selten findet sich ein vollständiges Staubblatt. Bei trüber Witterung bleiben die Blüten geschlossen. Ausser den Zwitterblüten sind ebenso grosse gynomonöcisch, seltener gynodiöcisch verteilte weibliche Blüten beobachtet. (Schulz, Beitr. I. S. 23, 24.)

Als Besucher beobachteten Herm. Müller (1) und ich (!)

A. Diptera: a) *Muscidae*: 1. Pollenia rudis F., sgd. (1); 2. P. vespillo F., sgd.
(1). b) *Syrphidae*: 3. Rhingia rostrata L., sgd. (1). B. Hymenoptera: *Apidae*: 4. Apis
mellifica L. ⚲, sgd. (1, !); 5. Sphecodes ephippium L. ♀, emsig sgd. (1). Mac Leod sah
in Flandern 2 kurzrüsselige Bienen, 1 Falter, 1 Käfer (Bot. Jaarb. VI. S. 168).

478. 479. C. obscurum Chaub. und C. pallens Schltz. sind der
vorigen Art nahe verwandt und stimmen mit ihr (nach Schulz) in Bezug auf
die Blüteneinrichtung und die Geschlechterverteilung überein.

480. C. tetrandrum Curtis. Die von mir auf der Düne der Insel
Helgoland aufgefundene Pflanze ist durch den Wechsel in der Zahl ihrer
Blütenteile merkwürdig: einzelne Blütenblattkreise sind vierzählig, andere dagegen
fünfzählig, und zwar ist meist Kelch und Blumenkrone vierzählig, von Staubblättern sind meist fünf vorhanden, während von Fruchtblättern meist wieder
vier auftreten, doch sind sie zuweilen selbst bis auf drei reduziert.

Die im Sonnenschein offenen Blüten haben einen Durchmesser von 3 bis
4 mm und sind ebenso hoch. Die Kronblätter sind am Grunde grünlich und
verdickt: hier scheint eine geringe Honigabsonderung stattzufinden, da die besuchenden Insekten sich an dieser Stelle andauernd beschäftigen, doch konnte
ich bei meinen wiederholten Besuchen von Helgoland 1895 und 1897 keinen
Nektar finden, trotzdem ich den Grund der Kronblätter mit ziemlich starker Vergrösserung untersuchte. Die mit Drüsenhaaren besetzten Kelchblätter sind fast
so lang wie die Kronblätter; sie tragen ein wenig zur Anlockung bei.

In den homogamen Blüten überragen die Antheren die Narben etwa ¹/₂ mm.
Gegen Ende der Blütezeit neigen sie sich gegen die letzteren und belegen sie mit
Pollen. Diese Selbstbestäubung ist offenbar von Erfolg, da Insektenbesuch ganz
ausserordentlich selten eintritt, aber sämtliche Blüten Früchte ansetzen. Ich fand
stets beide Arten der Befruchtungsblätter entwickelt: ich habe zahlreiche Exemplare
untersucht, aber nie ein gänzliches Fehlschlagen von Staub- oder Fruchtblättern
bemerkt. Bei den kräftigeren Pflanzen überwog die Fünfzahl der Blütenteile,
bei den schwächlicheren die Vierzahl.

Besuchende Insekten senken den Kopf in den Blütengrund und berühren
dabei die im Sonnenscheine den zurückgeschlagenen Kronblättern anliegenden
Staubbeutel und die mit ihnen gleich hoch stehenden und gleichzeitig mit ihnen
entwickelten Narben, müssen daher schon beim Besuch der zweiten Blüte Fremdbestäubung herbeiführen. Bei trüber Witterung schliessen sich die Blüten, so
dass die Antheren in unmittelbare Berührung mit der Narbe kommen, also spontane Selbstbestäubung stattfindet.

Als Besucher sah ich am 5. Juni 1895 eine Schwebfliege (Syritta
pipiens L.). Diese Beobachtung interessierte mich deshalb ganz besonders, weil
ich am Morgen desselben Tages auf dem Oberlande dieselbe Schwebfliegenart
(ausserdem noch eine andere, Eristalis sp.) honigsaugend in den Blüten von
Cochlearia danica sah. Sie bestätigt in einem gewissen Grade die Vermutung,
welche J. Behrens 1878 in der „Flora" (Regensburger bot. Zeitung, S. 225
bis 232) in Bezug auf den biologisch-genetischen Zusammenhang von C. tetran-

drum und Cochlearia danica aussprach. Behrens meinte nämlich, dass beide Pflanzenarten einen so übereinstimmenden Blütenbau hätten, dass man sich die Möglichkeit denken könne, dass erstere durch den Einfluss der insularen Lebensweise aus C. semidecandrum in Nachahmung der besser insektenlockenden Cochlearia danica entstanden sein könne. Die Gleichheit der besuchenden Insekten scheint dieser Annahme einen noch höheren Grad der Wahrscheinlichkeit zu geben, obschon Syritta pipiens L. auch die anderen Blumen mit ähnlichem Blütenbau ¦auf Helgoland besucht (z. B. Brassica nigra, Capsella bursa pastoris), was ja auch natürlich erscheint, da die Grössenverhältnisse des Insekts auch zu denen der übrigen besuchten Blumen ebenso gut passen, wie zu Cerastium tetrandrum und Cochlearia danica.

481. C. glomeratum Thuill. Die Blüten sind nach Henslow autogam; sie bleiben zuweilen geschlossen (Warming). Ausser den Zwitterblüten kommen, nach Ludwig (Bot. Centralbl. 1880, S. 1021), gynodiöcisch verteilte, weibliche Blüten vor. Hin und wieder sind die Kronblätter verkümmert (Kirchner). Nach Warnstorf (Nat. V. des Harzes XI) öffnen sich die Blüten nur wenig oder bleiben geschlossen; Antheren intrors und sich an die Griffeläste legend, homo- und autogam. Pollen weiss, rundlich-dodekaëdrisch, mit sechs deutlich hervortretenden Keimwarzen rings um die äquatoriale Zone, etwa 37 μ diam.

Schletterer beobachtete bei Pola Halictus calceatus Scop. als Besucher.

482. C. brachypetalum Desp. Nach Schulz (Beitr. I. S. 51, 52) schwankt auch bei dieser Art, wie bei den verwandten, die Zahl der Staubblätter. Die Narben sind bereits in der noch geschlossenen Blüte empfängnisfähig. In den geöffneten Blüten findet keine Berührung von Narbe und Antheren statt oder ist nur sehr selten. Beim Schliessen derselben tritt aber regelmässig spontane Selbstbestäubung ein. Ausser den Zwitterblüten sind gynomonöcisch, seltener gynodiöcisch verteilte weibliche Blüten beobachtet.

Als Besucher sah Schulz 2 Fliegen. Schletterer beobachtete bei Pola die zwei kleinen Bienen Anthrena parvula K. und Halictus morio F.

483. C. tomentosum L. An kultivierten Exemplaren beobachtete Warming Protandrie mit Übergängen zur Homogamie. Gegen Ende der Blütezeit findet spontane Selbstbestäubung statt.

484. C. viscosum L. Batalin beobachtete, dass Blüten, die aus Pflanzensamen desselben Sommers entstanden waren, oft geschlossen blieben, während im nächsten Sommer sich offene Blüten bildeten.

485. C. trigynum Vill. (Stellaria cerastioides L.). [Ricca, Atti; H. M., Alpenblumen S. 188, 189; Schulz, Beitr. II. S. 49, 50.] — Die Zwitterblüten sind nach Müller und nach Ricca homogam, nach Schulz aber auch zuweilen schwach protogynisch oder schwach protandrisch. Bei sonnigem Wetter sind die Antheren so weit von der Narbe entfernt, dass in der Blütenmitte aufffliegende Insekten Fremdbestäubung bewirken. Bei kalter, trüber Witterung öffnen sich die Blüten fast gar nicht, bei etwas wärmerem Nebelwetter etwas weiter. Es erfolgt alsdann stets spontane Selbstbestäubung. Die Zahl der Griffel schwankt zwischen drei und fünf. Hin und wieder sind die

Staubblätter verkümmert. Die weiblichen Blüten sind, nach Schulz, gynomonöcisch, seltener gynodiöcisch verteilt.

Auch auf dem Dovrefjeld sind die Blumen, nach Lindman, homo- und
autogam, und zwar tritt hier die Selbstbestäubung unmittelbar nach der Blütenöffnung ein.

Als Besucher der duftenden Blüten sah H. Müller ausschliesslich Fliegen
(besonders Syrphiden und Musciden, ausserdem einzelne Empiden).

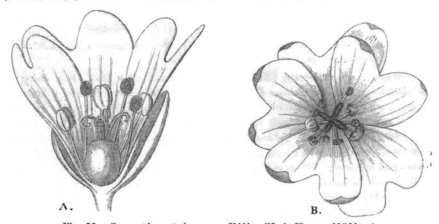

A.   B.

Fig. 58. Cerastium trigynum Vill. (Nach Herm. Müller.)

A. Blüte inmitten ihrer Entwickelung, im Aufriss (7 : 1). *B.* Halbgeschlossene Blüte in spontaner Selbstbestäubung begriffen.

486. C. latifolium L. [H. Müller, Alpenblumen S. 189, 190.] — Diese
Art ist nach H. Müller protandrisch, nach A. Schulz auch homogam, doch ist
auch im ersteren Falle spontane Selbstbestäubung möglich. (S. Fig. 59.) Die
Exemplare von Dovre sind schwach protandrisch und autogam; Warming beobachtete einmal schwache Protogynie. Als Blütenschutz gegen ankriechende
Tierchen dient, nach Kerner, der klebrige Kelch. Ausser den Zwitterblüten
hat Schulz gynodiöcisch, seltener gynomonöcisch verteilte weibliche Blüten beobachtet.

Als Besucher sah H. Müller in den Alpen besonders Fliegen (8 Arten),
ferner einzelne Bienen (Halictoides), Käfer (1) und Falter (4).

487. C. alpinum L. (C. lanatum Lam). Ausser den, nach Kerner
(Pflanzenleben II. S. 351), protandrischen, zuletzt homogamen Zwitterblüten beobachtete F. Ludwig in den Alpen gynodiöcisch verteilte weibliche Blüten.
Auch auf dem Dovrefjeld sind die Blüten zuerst protandrisch und bestäuben
sich dann selbst, indem die Narben sich rückwärts biegen und so mit den Antheren
in Berührung kommen (Lindman). Nach Warming sind auch die Zwitterblüten von Grönland und Spitzbergen protandrisch, aber so schwach, dass
Homogamie sehr früh, zuweilen schon in der halbgeöffneten Knospe unter Eintritt von spontaner Selbstbestäubung erfolgt. Da Warming in Grönland
auch die Narben der (gynodiöcisch oder gynomonöcisch verteilten) weiblichen

Blüten mit Pollen bedeckt fand, so mussten sie von Insekten besucht gewesen sein. Nach Ekstam beträgt auf Nowaja Semlja der Durchmesser der protandrisch-homogamen oder homogamen Blüten 10—20 mm. Im letzteren Falle ist spontane Selbstbestäubung leicht, im ersteren zuweilen möglich. Als Besucher wurden dort Fliegen beobachtet.

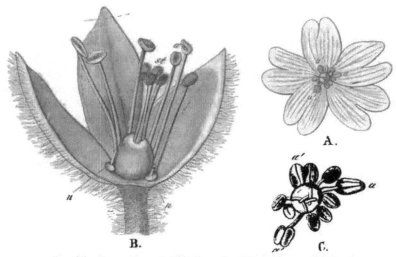

Fig. 59. Cerastium latifolium L. (Nach Herm. Müller.)
A. Blüte im ersten (männlichen) Zustande. *B.* Blüte im zweiten (zweigeschlechtigen) Zustande (7 : 1). *C.* Staub- und Fruchtblätter von *A.* (7 : 1).

H. Müller (Alpenbl. S. 190) sah in den Alpen Fliegen (3 Musciden, 1 Syrphide) und einen Falter. Desgleichen beobachtete Lindman auf dem Dovrefjeld grössere und kleine Fliegen, sowie einen Falter; Ekstam beobachtete gleichfalls Fliegen; Holmgren auf Spitzbergen die Hymenopteren Hemiteles septentrionalis Holmgr. und Orthocentrus pedestris Holmgr., sowie die Dipteren Aricia (Spilogaster) dorsata Zett., A. (Sp.) denudata Holmgr., A. (Sp.) megastoma Bohem., Sciara atrata Holmgr. (sehr hfg.).

488. C. uniflorum Murith. (C. subacaule Heget., C. glaciale Gaud.) Kirchner (Beitr. S. 15—16) beschreibt die in der Hauptsache mit derjenigen von C. latifolium übereinstimmende Einrichtung der Blüten vom Gorner Grat bei Zermatt in folgender Weise: Die Blüten sind protandrisch mit Wahrung der Möglichkeit spontaner Selbstbestäubung. Im ausgebreiteten Zustande beträgt der Blüten-Durchmesser ungefähr 15 mm; die weissen Kronenblätter tragen dunkle, nach dem Blütengrunde hinführende Adern; Nektar wird an der Basis der Staubfäden abgesondert. Nach dem Aufgehen der Blüte stehen die Staubblätter wenig gespreizt in die Höhe und ihre Antheren verstäuben nach einander, zuerst die der äusseren, dann die der inneren Staubblätter; nach dem Abblühen biegen sich alle Staubblätter nach aussen. Die 5 Griffel liegen in der eben geöffneten Blüte nahe aneinander und sind kaum 2 mm lang; sie strecken sich aber so, dass sie eine Länge von ungefähr 5 mm erlangt haben zu der Zeit, wenn die

5 äusseren Antheren geöffnet sind; jetzt spreizen sie sich etwas auseinander, ihre Narben sind empfängnisfähig und bleiben es bis nach dem Abblühen aller Staubblätter. Es macht demnach jede Blüte zu Anfang des Blühens einen männlichen, später einen zwitterigen und zuletzt einen weiblichen Zustand durch.

17. Familie Malvaceae R. Br.

Knuth, Grundriss S. 32.

Die Augenfälligkeit wird fast immer durch die grosse, lebhaft gefärbte Blumenkrone im Verein mit der gleichfalls häufig lebhaft gefärbten Staubblattpyramide bewirkt. Der Honig wird zwischen den Wurzeln je zweier. Blumenkronblätter oder im Grunde des Kelches abgesondert. Viele Arten gehören daher zur Klasse B. Einzelne Gattungen (Hibiscus) haben auch honiglose Arten, gehören also zur Blumenklasse P⁰. Fast alle Malvaceen sind ausgeprägt protandrisch. — Die in Südbrasilien vorkommenden Abuliton-Arten werden von Kolibris befruchtet, welche das Geschäft der Fremdbestäubung so lebhaft besorgen, dass die Möglichkeit der Fortpflanzung durch spontane Selbstbestäubung verloren gegangen ist (H. M., Befr. S. 173).

117. Malva L.

Protandrische Blumen mit verborgenem Honig, welcher, wie oben angegeben, abgesondert wird.

489. M. silvestris L. [Sprengel, S. 347—350; H. M., Befr. S. 171, 172; Weit. Beob. II. S. 221; Knuth, Ndfr. Ins. S. 47, 48, 152; Kirchner, Flora S. 331.] — Die roten Kronblätter sind mit dunkleren Kreisen als Wegweiser zum Honig versehen. Als Honigschutz dienen Wimperhaare über dem-

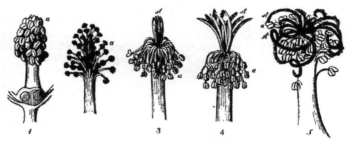

Fig. 60. Malva silvestris L. und M. rotundifolia L. (Nach Herm. Müller.)
M. silvestris: *1.* Staubblattsäule der Knospe, die Griffel einhüllend. *2.* Befruchtungsorgane im ersten (männlichen) Zustande. *3.* Dieselben im Übergange zwischen dem ersten und zweiten Zustande. *4.* Dieselben im zweiten (weiblichen) Znstande. *5.* M. rotundifolia: *s* Dieselben im letzten Zustande, sich selbst bestäubend. *a* Antheren. *st* Narbe.

selben. Im ersten Blütenzustande überdecken die über den unterwärts zusammengewachsenen Staubfäden pyramidenförmig zusammengestellten Antheren die noch unentwickelten und in der Staubfadenröhre eingeschlossenen Narbenäste vollständig, so dass die geöffneten Antheren allein die Blütenmitte einnehmen. Nachdem die letzteren ihre Blütezeit beendet haben, krümmen sich die Staubblätter nach unten, während die Narbenäste heranwachsen und sich strahlig auseinanderbreiten, so dass jetzt die an der Innenseite gelegenen Papillen die Stelle einnehmen, welche im ersten Zustande die Antheren inne hatten. Besuchende Insekten müssen daher regelmässig Fremdbestäubung vollziehen. Spontane Selbstbestäubung ist ausgeschlossen und infolge des reichlichen Insektenbesuches auch nicht notwendig.

Als Besucher beobachteten H. Müller (1) und ich (!) in Mittel- und Norddeutschland:

A. Coleoptera: a) *Chrysomelidae*: 1. Mantura fuscicornis L., pfd. (1). b) *Nitidulidae:* 2. Meligethes w. v. (1). c) *Telephoridae*: 3. Danacea pallipes Pz., in den Blüten sitzend (1). B. Diptera: a) *Muscidae*: 4. Ulidia erythrophthalma Mg., w. v. (1). b) *Stratiomydae:* 5. Sargus cuprarius L., ohne Nutzen (1). c) *Syrphidae*: 6. Rhingia rostrata L., sgd., häufig (1). C. Hemiptera: 7. Pyrrhocoris apterus L., sgd. (1). D. Hymenoptera: a) *Apidae*: 8. Anthrena fulvicrus K. ♂, sgd. (1); 9. A. gwynana K. ♀, sgd. (1); 10. A. parvula K. ♂, sgd. (1); 11. Apis mellifica L. ♀, sgd., häufig (1, !); 12. Bombus agrorum F. ♀, sgd. (1); 13. B. hortorum L. ♀, sgd. (1); 14. B. lapidarius L. ♀, häufig, sgd. (1, !); 15. B. agrorum L. ♀ ♀, sgd. (1); 16. B. pratorum L. ♂ ♀ ♀, sgd. in grosser Zahl (1); 17. B. silvarum L. ♀, sgd. (1); 18. Chelostoma campanularum L. ♂, sgd. (1); 19. Ch. nigricorne Nyl. ♂ ♀, sehr häufig, sgd. und pfd. (1); 20. Cilissa haemorrhoidalis F. ♂ ♂, sgd. (1); 21. Coelioxys conoidea Ill. ♂, sgd. (1); 22. C. elongata Lep. ♀ ♂, sgd. (1); 23. Halictus albipes F. ♀, sgd., zahlreich (1); 24. H. cylindricus F. ♀, sgd. (1); 25. H. flavipes F. ♀, sgd. (1); 26. H. maculatus Sm. ♀, sgd. (1); 27. H. morio F. ♀ ♂, sgd. (1); 28. H. nigerrimus Schenck ♀, sgd. (1); 29. H. smeathmanellus K. ♀, sgd. (1); 30. H. zonulus Sm. ♂, sgd. (1); 31. Megachile ligniseca K. ♂, sgd. (1); 32. M. willughbiella K. ♂, sgd. (1); 33. Nomada lateralis Pz. ♀, sgd. (1); 34. Osmia aenea L. ♂, sgd. (1); 35. O. aurulenta Pz. ♀, sgd. (1); 36. P. communis Nyl. ♀ ♂, sgd., wiederholt (1); 37. P. dilatata K. ♂, sgd. (1); 38. P. hyalinata Sm. ♂, sgd. (1); 39. P. pictipes Nyl. ♂, sgd. (1); 40. P. signata Pz. ♂, sgd. (1); 41. Stelis aterrima Pz. ♂, sgd. (1); 42. St. minuta Lep. ♂, sgd. (1). b) *Ichneumonidae*: 43. Ichneumon sp., vergeblich Honig suchend (?) (1). c) *Vespidae*: 44. Odynerus melanocephalus L. ♀, sgd. (1). E. Lepidoptera: *Rhopalocera*: 45. Pieris rapae L., sgd. (1.)

Schenck beobachtete in Nassau: Osmia caerulescens L.; Alfken bei Bremen: *Apidae*: 1. Bombus agrorum F. ♀, sgd., psd., hfg.; 2. B. arenicola Ths. ♀, sgd., psd., hfg.; 3. B. derhamellus K. ♀, sgd., psd. ♂, sgd.; 4. B. proteus Gerst. ♀; 5. B. silvarum L. ♀; 6. Coelioxys elongata Lep. ♀, sgd.; 7. C. rufescens Lep. ♀ ♂, sgd.; 8. Eriades florisommis L. ♀, sgd. u. psd., s. hfg.; 9. E. nigricornis Nyl. ♀, sgd. u. psd., s. hfg. ♂; 10. E. truncorum L. ♀; 11. Megachile centuncularis L. ♂; 12. M. willughbiella K. ♀; 13. Osmia caerulescens L. ♀; 14. Podalirius furcatus Pz. ♂; 15. Prosopis communis Nyl. ♀ ♂.

Schletterer giebt für Tirol (T.) als Besucher an und beobachtete bei Pola die Apiden: 1. Anthrena albopunctata Rossi; 2. Colletes fodiens Ltr. (T.); 3. Halictus scabiosae Rossi; 4. Megachile muraria L.; 5. Osmia anthrenoides Spin.; 6. O. rufohirta Ltr.

Loew beobachtete im botanischen Garten zu Berlin: A. Hymenoptera: *Apidae*: 1. Apis mellifica L. ♀, psd.; 2. Bombus terrester L. ♀, psd. B. Lepidoptera: *Rhopalocera*: 3. Pieris brassicae L., sgd.; Mac Leod in Flandern Apis, eine kleine Fliege (Bot. Jaarb. VI. S. 227—228).

In Dumfriesshire (Schottland) (Scott-Elliot, Flora S. 36) wurden 2 Hummeln und 2 Schwebfliegen als Besucher beobachtet.

Smith beobachtete in England die Apiden: 1. Anthrena gwynana K. II. Generat.; 2. Stelis aterrima Pz.; 3. St. phaeoptera K.

Die von H. Müller so zahlreich beobachteten Bienen sammelten bis auf eine Art (Chelostoma nigricorne Nyl.) niemals Pollen, obgleich sie sich stets reichlich mit dem mit stachligen Vorsprüngen versehenen Pollenkörnern behafteten, sondern sie waren stets honigsaugend. Die genannte Art sammelte jedoch die ungewöhnlich grossen Pollenkugeln.

Auf eine Eigentümlichkeit der Blüten von M. silvestris macht H. Müller (Befr. S. 172) aufmerksam, nämlich dass diese nicht hinreichend gegen Honigraub geschützt sind. Nachmittags, wenn sich die Blüten zu schliessen beginnen, steckt die Honigbiene an noch frischen, aber schon zugedrehten Blumen häufig aussen den Rüssel der Reihe nach hinter die fünf Kelchblätter und entleert so die Honigbehälter von aussen. Einige Male sah H. M. sogar Bienen, welche mehrere zugedrehte Blüten nacheinander von aussen her ausgesaugt hatten, dieses Verfahren auch an den nächsten noch offenen Blüten fortsetzen.

490. M. rotundifolia L. (M. borealis Wallmann). [H. M., Befr. S. 171, 172; Weit. Beob. II. S. 221; Warnstorf, Bot. V. Brand. Bd. 37.] — Die Blüteneinrichtung dieser Art ist im Anfange der Blütezeit dieselbe wie bei voriger. Doch besitzt M. rotundifolia infolge ihrer viel kleineren und viel weniger lebhaft gefärbten Blüten die Möglichkeit spontaner Selbstbestäubung, die wegen des natürlich viel geringeren Insektenbesuches für die Erhaltung dieser Art notwendig ist. Die Staubblätter bleiben nämlich so weit aufgerichtet, dass die mit Pollen bedeckten Antheren von den sich zurückkrümmenden und spiralig aufrollenden Narbenästen berührt werden. (S. Fig. 60.)

Warnstorf giebt eine etwas abweichende Darstellung: Während die meisten bei uns vorkommenden Malva-Arten, wie M. Alcea, M. silvestris und M. neglecta, dichogame und zwar ausgesprochen protandrische Blüten besitzen, bei welchen eine Selbstbestäubung wenigstens im ersten Blütenstadium ausgeschlossen erscheint, in einem späteren Stadium dagegen wegen der mit ihren dicht stehenden Stacheln lange noch an den entleerten Antherenfächern haftenden grossen Pollenkörnern möglich ist, besitzt M. rotundifolia sehr kleine, unscheinbare, meist unter einem dichten Blätterdache verborgene, fast homogame Blüten, welche auf Insektenbesuch kaum rechnen können. (Vergl. dagegen die unten stehende Besucherliste.) Schon zu Anfang der Blütezeit haben sich die Narben bereits mehr oder weniger zur Empfängnis aufgerollt und fallen, wenn man von oben her in die geöffnete Blüte blickt, sofort in die Augen. Der durch die Kleinheit der verborgenen Blüten unmöglich gemachte oder wenigstens sehr erschwerte Insektenbesuch wird durch die Homogamie der Blüten bei dieser Art vollkommen ausgeglichen. Nur einige Male bemerkte Warnstorf in den Blüten dieser Art in Buslar (Pommern), woselbst dieselbe neben M. neglecta ganz gemein ist, einzelne geflügelte Ameisen, welche auf ihren Flügeln zahlreiche Pollenkörner trugen und also Fremdbestäubung bewirken konnten. — Pollen von M. rotundifolia etwa 100 μ, von M. neglecta gegen 112 μ und von M. silvestris bis 144 μ diam.; bei allen genannten Arten dicht-igelstachelig. (Warnstorf.)

Als Besucher sah Hermann Müller: A. Hymenoptera: Apidae: 1. Anthophora quadrimaculata F. ♂; 2. Apis mellifica L. ☿; 3. Bombus agrorum F. ☿; 4. Halictus

morio F. ♂; 5. H. tetrazonius Kl. ♀, sämtlich sgd. B. Hemiptera: 5. Pyrrhocoris
aptera L., sgd.; Mac Leod in Flandern Apis, 2 Halictus, Syritta, 1 Muscide (Bot. Jaarb.
VI. S. 229), in den Pyrenäen eine Apide.

491. M. neglecta With. [Knuth, Nordfr. Ins. S. 48, 152.] — Die
Blüteneinrichtung dieser Art steht in der Mitte zwischen derjenigen von M. silvestris und M. rotundifolia. Auch hier umschliessen im Anfange der
Blütezeit die über den unterwärts verwachsenen Staubfäden pyramidenförmig
zusammengestellten Antheren die noch unentwickelten Narben vollständig. Nachdem die Staubbeutel ihre Blütezeit beendet haben, biegen sich die oberen freien
Teile der Staubfäden nach unten, so dass die bisher von ihnen eingeschlossenen
Narben frei werden. Diese breiten sich nunmehr strahlenförmig auseinander und
biegen sich soweit zurück, dass die an ihrer Innenseite gelegenen Papillen frei

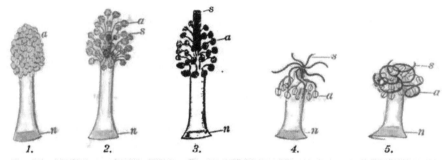

Fig. 61. Malva neglecta With. (In etwa fünffacher Vergrösserung nach Entfernung von
Kelch und Blumenkrone.) (Nach der Natur.)

1. Knospenzustand: Staubblattsäule mit geschlossenen Antheren. *2.* Erster männlicher Zustand: Staubblattsäule mit geöffneten Antheren, die unentwickelten Narben um-
gebend. *3.* Zweiter männlicher Zustand: die Griffel ragen etwas aus der Staubblattsäule hervor; sonst wie vor. *4.* Erster Zwitterzustand (für Fremdbestäubung): die nunmehr empfängnisfähigen Narben ragen aus den noch mit Pollen bedeckten, aber abwärts
geneigten Staubbeuteln weit hervor und haben sich sternförmig im Blüteneingange ausgebreitet.
5. Zweiter Zwitterzustand (für spontane Selbstbestäubung): die Narben haben sich
spiralig um die noch pollenbedeckten Staubbeutel gerollt. *a* Staubblätter, *s* Narben, *n* Honigring.

hervortreten und die Stelle einnehmen, welche vorher die Antheren inne hatten.
Insekten, welche von einer im ersten Zustande befindlichen Blume kommen,
müssen also in einer im zweiten befindlichen Fremdbestäubung herbeiführen.
Gegen Ende der Blütezeit krümmen sich die Narbenäste soweit abwärts, dass sie
die noch mit etwas Pollen bedeckten, herabgeschlagenen Staubblätter berühren,
und alsdann, falls Insektenbesuch ausgeblieben ist, noch spontane Selbstbestäubung
erfolgt.

Als Besucher sah ich auf der Insel Föhr nur die Honigbiene, sgd. und psd.

492. M. mauritiana L. hat nach Kirchner (Flora S. 332) dieselbe
Blüteneinrichtung wie M. silvestris. Auch diejenige von

493. M. Alcea L. [H. M., Befr. S. 172; Weit. Beob. II. S. 221;
Warnstorf, Bot. V. Brand. Bd. 38)] stimmt damit überein.

Als Besucher beobachteten Hermann Müller (1) in Westfalen und Buddeberg (2) in Nassau:

Hymenoptera: *Apidae*: 1. Anthrena schrankella Nyl. ♂, sgd. (1); 2. Apis mellifica L. ⚥, sehr häufig, sgd. (1); 3. Chelostoma nigricorne Nyl. ♂, sgd. (2); 4. Cilissa haemorrhoidalis F. ♂, sgd. (1, 2); 5. Halictus cylindricus F. ♀, sgd. (1); 6. Rhophites canus Ev. ♂, sgd, (2). — Friese sah bei Bozen Eucera malvae Rossi.

Loew beobachtete im botanischen Garten zu Berlin: A. Diptera: *Syrphidae*: 1. Syrphus balteatus Deg., pfd. B. Hymenoptera: *Apidae*: 2. Apis mellifica L. ⚥, psd. C. Lepidoptera: *Rhopalocera*: 3. Pieris brassicae L., sgd.; 4. Spilothyrus alceae Esp., sgd.

494. M. moschata L. [H. M., Befr. S. 173] hat dieselbe Blüteneinrichtung wie vorige Art.

Als Besucher beobachtete Hermann Müller:

A. Diptera: *Bombylidae*: 1. Systoechus sulphureus Mikan, sgd. B. Hymenoptera: *Apidae*: 2. Anthrena coitana K. ♂, sgd.; 3. Apis mellifica L. ⚥, sgd.; 4. Chelostoma nigricorne L. ♀, sgd. C. Lepidoptera: 5. Hesperia silvanus Esp., sgd.

Mac Leod beobachtete in den Pyrenäen Bombus lapidarius L. ⚥ als Besucher. (B. Jaarb. III. S. 401.)

In Dumfriesshire (Schottland) (Scott-Elliot, Flora S. 35) wurden Apis und 2 Hummeln als Besucher beobachtet.

118. Lavatera L.

Wie vorige.

495. L. thuringiaca L. Die blassrosenroten, grossen Blüten sind, nach Schulz [Beitr. I. S. 26], protandrisch. Die Antheren der 70—90 Staubblätter bleiben vielfach noch eine Zeitlang nach dem Öffnen der Blüte geschlossen. Das Verstäuben der Staubbeutel beginnt von oben; nach Beendigung desselben biegen sich die Staubfäden nicht nach unten. Bevor die unteren Antheren verstäubt sind, erheben sich die bis dahin in der Staubfadenröhre eingeschlossenen Griffel und krümmen sich so weit nach aussen, dass die Narbenäste die Antheren berühren. Da jedoch letztere dann keinen Pollen mehr zu enthalten pflegen, so findet spontane Selbstbestäubung kaum statt.

Als Besucher beobachtete Loew im bot. Garten zu Berlin die Honigbiene, psd.

496. L. trimestris L. Als Besucher beobachtete Schenck in Nassau die Grabwespe Crabro serripes Pz.

497. Kitaibelia vitifolia W. sah Loew im botanischen Garten zu Berlin von der Schwebfliege Syrphus balteatus Deg., pfd., besucht.

119. Althaea L.

Wie vorige.

498. A. ficifolia Cav. ist selbstfertil. (Comes Ult. stud.).

Als Besucher beobachtete Loew im botanischen Garten zu Berlin: Hymenoptera: *Apidae*: 1. Bombus terrester L. ♂, sgd., sich dabei dicht mit Pollen bestreuend; 2. Psithyrus vestalis Fourcr. ♂, w. v.

499. A. rosea Cav. [Kirchner, Flora S. 333; Knuth, Bijdragen.] — Die weissen, sehr grossen, gelben, roten oder schwärzlichen Blüten dieser bekannten Gartenzierpflanze sind ausgeprägt protandrisch. Ihr Durchmesser beträgt 6—7 cm; das einzelne Kronblatt ist etwa 4 cm lang und oben 5—6 cm breit. Der Nektar wird von 5 am Grunde des Kelches zwischen den Lücken der

Kronblattbasen befindlichen gelben Stellen ausgesondert; durch die Behaarung der Kronblätter wird er 'vor Regen und kleinen Insekten geschützt. Bei ausbleibendem Insektenbesuche tritt zuletzt spontane Selbstbestäubung ein, indem die Narben sich zwischen die noch nicht ganz entleerten Antheren zurückkrümmen.

Als Besucher sah ich Apis mellifica L. und Bombus terrester L. Beide saugten andauernd, obgleich ich den Nektar nicht durch den Geschmack wahrnehmen konnte; sie flogen von Blüte zu Blüte, jedesmal sgd. und jedesmal Kreuzung herbeiführend. Dieselben Besucher beobachtete auch Loew im bot. Garten zu Berlin.

Alfken beobachtete bei Bremen saugende Hummeln: Bombus hortorum L. ♂ und B. agrorum F. ♂; Rössler bei Wiesbaden den Falter Ortholitha cervinata S. V.

Schletterer verzeichnet für Tirol den im Süden Europas verbreiteten Bombus pascuorum Scop. als Besucher.

500. A. officinalis L. [Knuth, Bijdragen] hat dieselbe Blüteneinrichtung wie die vorige Art, doch sind die Blüten erheblich kleiner: ihr Durchmesser beträgt 2—3 cm; die Kronblätter sind 2 cm lang und etwa ebenso breit.

Als Besucher sah ich in Kieler Gärten gleichfalls Honigbiene und Erdhummel, sgd.; Schletterer verzeichnet für Tirol die Gartenhummel.

501. A. cannabina L. Loew beobachtete im botanischen Garten zu Berlin:

A. Diptera: *Syrphidae*: 1. Eristalis nemorum L., pfd.; 2. E. tenax L., dgl.
B. Hymenoptera: *Apidae*: 3. Apis mellifica L. ⚥, psd.

120. Hibiscus L.

Protandrische Pollenblumen.

502. H. Trionum L. Die gelben, im Grunde purpurnen Blüten sind, nach Kerner (Pflanzenleben II), zwischen 8 und 12 Uhr geöffnet. Aus der Mitte der eben ausgebreiteten Blüten erheben sich die pollenbedeckten Antheren, deren freie Staubfadenteile sich bald im Bogen herabschlagen, so dass nun die empfängnisfähig werdenden Narbenäste an die Stelle der Antheren treten können. Besuchende Insekten müssen also Fremdbestäubung herbeiführen. Nach wenigen Stunden drehen sich die Griffel S-förmig und krümmen sich so weit herab, dass die Narbenpapillen mit den noch pollenbedeckten Antheren in Berührung kommen.

Ganz dieselbe Einrichtung hat nach Kerner auch

503. Abutilon Avicennae DC. (= Sida Abutilon L.), deren Blüten von 10—6 Uhr geöffnet sind und deren Staubblätter und Griffel dieselbe Bewegung wie diejenigen der vorigen Pflanze zeigen.

121. Anoda Cav.

Protandrische Pollenblumen.

504. A. hastata Cav. [Hildebrand, Geschl. S. 48, 49.] — Wie bei Malva bilden anfangs die Antheren eine Pyramide, welche die noch unentwickelten Griffel umschliesst; die oberen Staubfäden sind gerade, die unteren zurückgekrümmt. Die Antheren der oberen Staubblätter springen zuerst auf; ihnen folgen die der unteren, indem deren Filamente sich aufrichten. Alsdann

erblickt man die gleichfalls nach unten herabgeschlagenen, daher der Staubfadensäule dicht anliegenden Griffel in 5 Bündeln zusammenstehend. Zwischen diesen
Bündeln ist die Staubfadensäule mit abstehenden Haaren bedeckt, so dass die
rötlichen Narben immer noch vor der Berührung durch besuchende Insekten

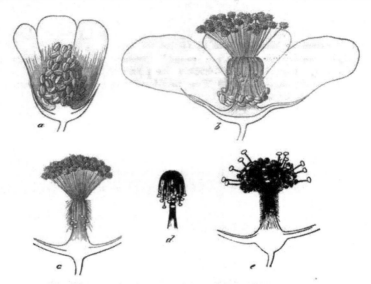

Fig. 62. Anoda hastata Cav. (Nach Hildebrand.)

a Knospenzustand. *b* Anfang des ersten (männlichen) Zustandes: ein Teil der Staubblätter
ist aufgerichtet und pollenbedeckt. *c* Männlicher Zustand: alle Staubblätter sind aufgerichtet
und ihre Antheren pollenbedeckt, die Griffel (*d*) noch herabgeschlagen. *e* Zweiter Zustand:
die Griffel haben sich aufgerichtet.

geschützt sind. Während sich nun die Staubblätter mit entleerten Antheren
zurückbiegen, richten sich die Griffel auf, so dass die Narben jetzt dort stehen,
wo sich im ersten Blütenzustande die pollenbedeckten Staubbeutel befanden.

    505. Goethea coccinea [Delpino, Alt. app. S. 59; Hildebrand,
Geschl. S. 19.] — Die Nektarabsonderung erfolgt durch fünf im Kelchgrunde
befindliche Drüsen. Als Saftdecke dient die Blumenkrone, während die vier-
blätterige Hülle den Schauapparat bildet. Als Besucher der protogynischen
Blüten vermutet Delpino Bienen oder Kolibris.

    506. Pavonia hastata Cav. kommt, nach Heckel (Compt. rend. 1880),
mit kleistogamen Blüten vor.

    507. Malope grandiflora [Knuth, Notizen] hat dieselbe ausgeprägt
protandrische Blüteneinrichtung wie Malva. Am 10. 9. 97 sah ich die Blüten
im Garten der Ober-Realschule zu Kiel von Apis mellifica L. ☿ (sgd.) besucht.
Die Honigbiene bedeckte sich dabei in den im ersten Zustande befindlichen
Blüten an der Körperunterseite mit Pollen, von dem sie beim Besuche einer im
zweiten Zustande befindlichen auf die Narbe brachte.

    Schenck beobachtete in Nassau die Grabwespe Crabro serripes Pz. auf den Blumen.

18. Familie Sterculiaceae Vent.

508. Pterospermum acerifolium Willd. ist, nach Lanza (Contrib. 1894), im botanischen Garten zu Palermo protandrisch. Die adynamandrischen Blumen dürften als Abendfalterblumen aufzufassen sein.

509. Cheirostemon platanoides Humb. et Bpl. Nach Lanza (Contrib. 1894) ist Autogamie ausgeschlossen. Die im botanischen Garten zu Palermo gedeihenden Pflanzen bringen niemals Früchte, offenbar weil dort geeignete Befruchtungsvermittler fehlen.

19. Familie Büttneriaceae R. Br.

510. Rulingia pannosa R. Br. ist protandrisch. [Urban, Ber. d. d. bot. Ges. I. 1883.]

511. R: corylifolia Grah. ist homogam. (A. a. O.).

512. R. parviflora Endl. Die anfangs gelblich-weissen Kronblätter werden, wie bei Weigelia, nach dem Verstäuben rosafarben. (A. a. O.)

20. Familie Tiliaceae Juss.

In Europa ist diese Familie durch die Gattung

122. Tilia L.

vertreten, deren Arten meist weissliche Blüten aus der Klasse A enthalten. Die beiden Arten

513. T. platyphyllos Scop. (T. grandifolia Ehrh.) und

514. T. ulmifolia Scop. (T. parvifolia Ehrh.) [Sprengel, S. 275, 276; H. M., Befr. S. 170, 171; Weit. Beob. II. S. 219; Mac Leod, B. Jaarb. VI. S. 227; Hildebrand, B. Ztg. 1869, Nr. 29—31; Kirchner, Flora S. 329; Knuth, Ndfr. Ins. S. 48, 152; Weit. Beob. S. 232; Bijdragen] haben dieselbe Blüteneinrichtung und dieselben Besucher; die letztere Art blüht jedoch etwa 14 Tage später als die erstere. Dadurch, dass die Blüten nach unten hängen, wird der von den hohlen Kelchblättern abgesonderte und beherbergte Honig vor Regen geschützt. Die gelblichen, stark honigduftenden Blüten sind, wie Hildebrand (Bot. Ztg. 1869) zuerst nachwies, protandrisch. Die zahlreichen, auswärts gebogenen Staubblätter überragen Kelch- und Blumenkrone; es können daher anfliegende Insekten an den hängenden Blüten nur auf den Staubblättern und den Narben oder in dem zwischen beiden freibleibenden Raume Fuss fassen. Sie werden sich also in jüngeren Blüten mit Pollen bedecken, den sie in älteren auf die Narbe bringen. Spontane Selbstbestäubung ist kaum möglich, da die Staubblätter bis zuletzt auswärts gebogen bleiben. Die Blüten werden aber auch von so zahlreichen Insekten besucht, dass Fremdbestäubung gesichert ist. —Pollen von Tilia platyphyllos, nach Warnstorf (Bot. V. Brand. Bd. 37), weiss tetraëdrisch, dichtwarzig, undurchsichtig, mit 3 in der Mitte der Kanten der

Grundfläche gelegenen Keimwarzen, durchschnittlich 31 μ diam. — Der oberflächlich beherbergte, nach Jordan in 2 Grübchen am Grunde der Kelchblätter angesammelte Honig ist auch den kurzrüsseligsten Insekten zugänglich. Ausser der zu Tausenden die Lindenblüten besuchenden, nur Nektar, nicht auch Pollen sammelnden Honigbiene sind andere Apiden, sowie Syrphiden und Musciden sehr häufige Blumengäste.

Als Besucher beobachteten Herm. Müller in Westfalen (1) und ich (!) in Schleswig-Holstein:

A. Diptera: a) *Muscidae*: 1. Lucilia cornicina F., sgd. (1); 2. Musca domestica L., sgd. (1, !); 3. Sarcophaga carnaria L., sgd. (1, !). b) *Syrphidae*: 4. Eristalis arbustorum L., sgd. (1); 5. E. nemorum L., sgd. (1, !); 6. E. sepulcralis L., sgd. (1); 7. E. tenax L., sgd. (1, !); 8. Helophilus floreus L., sehr häufig, sgd. und pfd. (1); 9. Volucella bombylans L., sgd. (!); 10. V. pellucens L., sgd. (1). c) *Tabanidae*: 11. Tabanus bovinus L., sgd. (1). B. Hymenoptera: a) *Apidae*: 12. Apis mellifica L. ♀, sgd. (1, !); 13. Bombus agrorum F. ♀, häufig, sgd. (1); 14. B. lapidarius L., sgd. (!); 15. B. soroënsis F. var. proteus Gerst., sgd. (!); 16. B. terrester L., sgd. (!); 17. Prosopis, zahlreich (1). b) *Sphegidae*: 18. Oxybelus uniglumis L., häufig, hld. (1).

Alfken beobachtete bei Bremen: A. Diptera: *Empidae*: 1. Empis tessellata F.; B. Hymenoptera: a) *Apidae*: 2. Bombus agrorum F. ♀ ♀; 3. B. muscorum F. ♀ ♀. b) *Vespidae*: 4. Vespa crabro L. ♀ ♀.

515. T. tomentosa Mnch. [Kirchner, Flora S. 330.] — Diese aus Ungarn stammende Art hat hellgelbe, homogame Blüten, in denen dadurch, dass die Narbe die Antheren überragt, bei Insektenbesuch Fremdbestäubung gesichert ist.

516. T. silvestris Dess. sah Mac Leod in den Pyrenäen von einer Hummel und vier Fliegen besucht. (B. Jaarb. III. S. 400.)

21. Familie Elatinaceae Camb.

Von den in diese Familie gehörigen Pflanzen ist bisher nur die Blüteneinrichtung von

517. Elatine hexandra DC. untersucht. Nach Vaucher findet in den kleinen, rötlich-weissen Blumen spontane Selbstbestäubung statt, indem die Antheren nach innen aufspringen und die drei Narben unmittelbar belegen.

22. Familie Hypericaceae DC.

Die Familie ist durch die Gattung

123. Hypericum L.

vertreten. Als Schauapparat dienen ausser der meist grossen, lebhaft gelben Blumenkrone die ebenso gefärbten, als „Bündel" bezeichneten, stark verzweigten Staubblätter nebst den drei Griffelästen. Die Blüten der Hypericum-Arten sind homogame Pollenblumen. Die bei vielen Arten auf dem Kelche sitzenden Drüsen halten aufkriechende Insekten vom Blütenbesuche ab. Die Blüteneinrichtungen stimmen (bis auf die Blütengrösse, die Anzahl der Staubblätter und die Möglichkeit der spontanen Selbstbestäubung) mit derjenigen von

518. Hypericum perforatum L. [H. M., Befr. S. 150, 151; Weit. Beob. II. S. 211, 212; Kirchner, Flora S. 325; Knuth, Ndfr. Ins. S. 49, 152; Weit. Beob. S. 232; Rügen; Bijdragen] überein. Zwischen den drei Staubfadenbündeln stehen die drei seitwärts gespreizten Griffel. Indem die Staubbeutel nach oben aufspringen (die innersten zuerst), berühren sie die mit ihnen in gleicher Höhe stehenden Narben meist nicht, so dass nur durch Insektenbesuch Befruchtung (sowohl Fremd- als auch Selbstbestäubung) eintreten kann. Beim Verblühen ziehen sich die Blumenkron- und Staubblätter zusammen, wodurch die Narben meist mit den noch pollenbedeckten Antheren in Berührung kommen, mithin bei ausgebliebenem Insektenbesuche noch spontane Selbstbestäubung erfolgt.

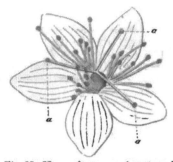

Fig. 63. Hypericum perforatum L.
(Nach Herm. Müller.)

Blüte schräg von oben gesehen.
a, a, a die drei Narben.

Als Besucher beobachteten Herm. Müller (1) in Westfalen, Buddeberg (2) in Nassau und ich (!) in Schleswig-Holstein und Pommern:

A. Coleoptera: *Chrysomelidae*: 1. Cryptocephalus sericeus L., pfd. (1). B. Diptera: a) *Bombylidae*: 2. Anthrax flava Mg., pfd. (?) (1, Thür.); 3. A. maura L., (1, Thür.); 4. Argyromoeba sinuata Fall., vergebl. suchend (1); 5. Bombylius canescens Mikan., sgd. (1). b) *Empidae*: 6. Empis livida L., sgd. (1). c) *Muscidae*: 7. Musca sp. (1). d) *Syrphidae*: 8. Ascia podagrica F., pfd. (1); 9. Eristalis aeneus Scop. ♀, pfd. (! Rügen); 10. E. arbustorum L., pfd. (1); 11. E. nemorum L., pfd. (1, !); 12. E. sepulcralis L., pfd. (1); 13. E. sp. (!); 14. E. tenax L., pfd. (1); 15. Helophilus pendulus L., pfd. (1); 16. H. trivittatus F., pfd. (1); 17. Melanostoma mellina L., pfd. (1); 18. Melithreptus pictus Mg., pfd. (1); 19. M. scriptus L., pfd. (1); 20. Syrphus balteatus Deg., pfd. (1); 21. S. ribesii L., pfd. (1, !); 22. S. sp., pfd. (!). C. Hymenoptera: a) *Apidae*: 23. Anthrena shawella K. ♀, psd. (1); 24. A. dorsata K. ♀, psd. (1); 25. A. fulvicrus K. ♀, psd. (2); 26. A. nigriceps K. ♀, psd. (!); 27. Apis mellifica L. ☿, dgl. (!); 28. Bombus agrorum F. ♀, psd. (1, !); 29. B. lapidarius L., psd. (1); 30. B. rajellus K. ♀, psd. (1); 31. B. terrester L. ☿, psd. (1, !); 32. Cilissa melanura Nyl. ♀, psd. (1); 33. Halictus cylindricus F. ♀, psd. (2); 34. H. malachurus K. ♀, psd. (2); 35. H. morio F. ♀, psd. (2); 36. Nomada lateralis Pz. ♀, sgd. (1); 37. N. lineola Pz. ♀, sgd. (1); 38. Presopis armillata Nyl., psd. (1); 39. Saropoda bimaculata Pz. ♀, sgd. (1). b) *Tenthredinidae*: 40. Tenthredo sp., vergeblich suchend (1). Lepidoptera: *Rhopalocera*: 41. Hesperia silvanus Esp., das Gewebe anzubohren versuchend (1); 42. Melitaea athalia Rott., w. v. (1); 43. Pieris rapae L., w. v. (1); 44. Epinephile janira L., w. v. (1).

Loew beobachtete in Schlesien (Beiträge S. 28):

A. Coleoptera: *Chrysomelidae*: 1. Cryptocephalus sericeus L., pfd. B. Diptera: *Syrphidae*: 2. Didea intermedia Lw., pfd.; 3. Eristalis horticola Deg., pfd. C. Hymenoptera: *Apidae*: 4. Bombus terrester L. ☿, psd.; 5. Diphysis serratulae Pz. ♀, psd. D. Lepidoptera: *Rhopalocera*: 6. Argynnis paphia L., nach Honig suchend (nutzlos); sowie in Schlesien (Beiträge S. 46): Chrysomela varians Schall.

Alfken beobachtete bei Bremen 3 pollensammelnde Hummeln: 1. Bombus lapidarius L. ☿; 2. B. terrester L. ☿; 3. B. hortorum L. ☿; Mac Leod in Flandern 1 Hummel,

3 Schwebfliegen, 1 Muscide (B. Jaarb. VI. S. 225, 226) und in den Pyrenäen Bombus terrester L. ♀, psd. in den Blüten. (B. Jaarb. III. S. 400.)

Willis (Flowers and Insects in Great Britain Pt. I) beobachtete in der Nähe der schottischen Südküste:

A. Coleoptera: *Nitidulidae*: 1. Meligethes aeneus F., pfd., häufig. B. Diptera: a) *Empidae*: 2. Tachydromia sp., pfd. b) *Muscidae*: 3. Anthomyia radicum L., pfd., sehr häufig; 4. A. sp., pfd.; 5. Calliphora erythrocephala Mg., pfd.; 6. C. vomitoria L., pfd.; 7. Morellia sp., pfd.; 8. Mydaea sp., pfd., häufig; 9. Stomoxys calcitrans L., pfd. c) *Syrphidae*: 10. Eristalis pertinax Scop., pfd., häufig; 11. Platycheirus albimanus F., pfd.; 12. P. peltatus Mg., häufig, pfd.; 13. Syritta pipiens L., w. v.; 14. Syrphus balteatus Deg., w. v.; 15. S. topiarius Mg., pfd. C. Hemiptera: 16. Eine sp. D. Hymenoptera: a) *Apidae*: 17. Bombus agrorum F., vergeblich Honig suchend. b) *Ichneumonidae*: 18. Eine sp.

In Dumfriesshire (Schottland) (Scott-Elliot, Flora S. 32) sind Apis, 4 Hummeln, 1 Empide, 8 Schwebfliegen und 4 Musciden als Besucher beobachtet.

519. H. hirsutum L. [H. M., Befr. S. 151; Kirchner, Flora S. 327] hat etwas kleinere Blüten und eine geringere Anzahl von Staubbeuteln. Es sind daher, wie H. Müller auseinandersetzt, die drei Staubbeutelgruppen durch weitere Zwischenräume von einander getrennt, so dass in der offenen Blüte spontane Selbstbestäubung ausgeschlossen ist. Letztere tritt aber durch Zusammenziehung der Blüte noch vor dem Verwelken regelmässig ein. Dieselbe scheint, nach Müller, von voller Fruchtbarkeit begleitet zu sein.

In Dumfriesshire (Schottland) (Scott-Elliot, Flora S. 34) wurden 2 Hummeln, 1 Empide, 3 Musciden und 1 Schwebfliege als Besucher beobachtet.

520. H. quadrangulum L. [H. M., Befr. S. 151, 152; Weit. Beob. II. S. 212; Mac Leod, Jaarb. VI. S. 226; Kirchner, Flora S. 325; Knuth, Rügen; Bijdragen] steht, nach Herm. Müller, in Bezug auf die Grösse der Blüten und die Anzahl der Staubblätter in der Mitte zwischen den beiden vorhergehenden. In den offenen Blüten sah derselbe die Narben nicht in unmittelbarer Berührung mit den Antheren; wohl aber erfolgt beim Verblühen ein Zusammenziehen der Blütenteile, welches spontane Selbstbestäubung zur Folge hat.

Als Besucher beobachteten H. Müller (1) und ich (!):

A. Diptera: a) *Muscidae*: 1. Aricia vagans Fall., pfd. (1). b) *Syrphidae*: 2. Syritta pipiens L., pfd. (!); 3. Syrphus balteatus Deg., pfd. (1); 4. S. ribesii L., pfd. (!). B. Hymenoptera: *Apidae*: 5. Apis mellifica L. ♀, psd. (!); 6. Bombus agrorum F. ♀, psd. (! Rügen); 7. B. terrester L. ♀, psd. (!). Die letztere Hummel sah auch Loew im botanischen Garten zu Berlin psd. an den Blüten.

In Dumfriesshire (Schottland) (Scott-Elliot, Flora S. 32) sind Apis, 3 Hummeln, 1 Schnepfenfliege und 3 Musciden als Besucher beobachtet.

520a. H. commutatum Nolte (H. perforatum × quadrangulum). Loew beobachtete im botanischen Garten zu Berlin:

Hymenoptera: *Apidae*: 1. Apis mellifica L. ♀, psd.; 2. Bombus terrester L. ♀, psd.

521. H. tetrapterum Fr. [H. M., Weit. Beob. II. S. 212; Kirchner, Flora S. 325.] — Auch bei dieser Art stimmt die Blüteneinrichtung mit derjenigen der verwandten überein. Nach Kirchner ist in der offenen Blüte spontane Selbstbestäubung meist nicht möglich.

Besucher sind nach Müller: A. Coleoptera: *Nitidulidae:* 1. Meligethes aeneus F., pfd. (1). B. Diptera: a) *Muscidae:* 2. Aricia incana Wiedem., pfd., häufig (1); 3. A. vagans Fall., w. v. (1). b) *Syrphidae:* 4. Syrphus balteatus Deg., pfd. (1). C. Hymenoptera: *Apidae:* 5. Apis mellifica L. ⚥, psd. (1); 6. Bombus terrester L. ♀ ⚥, psd. (1).

Mac Leod beobachtete in Flandern 1 Hummel, 1 Muscide. (Bot. Jaarb. VI. S. 226.)

522. H. pulchrum L. [Knuth, Ndfr. Ins. S. 49.] — Die Blüteneinrichtung stimmt gleichfalls mit derjenigen der verwandten Arten überein. Der Blütendurchmesser der von mir auf den nordfriesischen Inseln untersuchten Pflanzen ist ungefähr 1,5 cm; die Zahl der Staubblätter beträgt etwa 50.

Als Besucher beobachtete Mac Leod in Flandern kleine Fliegen (Bot. Jaarb. VI. S. 378).

In Dumfriesshire (Schottland) (Scott-Elliot, Flora S. 33) wurden Apis und zahlreiche Fliegen als Besucher beobachtet.

523. H. humifusum L. [H. M., Befr. S. 152; Mac Leod, B. Jaarb. VI. S. 226; Kirchner, Flora S. 326; Knuth, Ndfr. Ins. S. 52.] — Die von mir auf den nordfriesischen Inseln beobachteten Blumen hatten nur 10—15 Staubblätter. In der sich schliessenden Blüte trat regelmässig spontane Selbstbestäubung ein. Dieselbe erfolgt oft schon in der geöffneten Blüte (Müller). Bei ungünstiger Witterung öffnen sich, nach Kerner, die Blüten nicht; es erfolgt dann spontane Selbstbestäubung in der pseudokleistogam geschlossen bleibenden Blüte.

Der Blütendurchmesser beträgt, nach Warnstorf (Bot. V. Brand. Bd. 38), bis 8 mm; die Kronenblätter besitzen am Rande schwarze Drüsen. Pollen gelb, brotförmig, zart warzig, etwa 31 μ lang und 15 μ breit.

In Dumfriesshire (Schottland) (Scott-Elliot, Flora S. 33) sind mehrere Musciden als Besucher beobachtet.

524. H. helodes L. (Elodes palustris Spach). [Mac Leod, B. Jaarb. VI. S. 226—227.] — Jedes der gelben Kronblätter trägt an seinem Grunde eine zerschlitzte Schuppe, welche vielleicht Honig abscheidet. Zwischen den Staubfadenbündeln kommen darüber sehr kleine, kronartige, zweispaltige Drüsen (umgewandelte Staubblätter?) vor, welche dem Fruchtknoten angedrückt sind und vielleicht gleichfalls Honig absondern.

In Dumfriesshire (Schottland) (Scott-Elliot, Flora S. 34) wurde 1 Muscide als Besucher beobachtet.

23. Familie Malpighiaceae Juss.

525. 526. Camarea St. Hil. und **Janusia A. Juss.** haben, nach Jussieu, neben chasmogamen auch kleistogame Blüten.

527. Aspicarpa urens Rich. hat, nach H. v. Mohl (Bot. Ztg. 1863), kleistogame Blüten. Ebenso

528. Gaudichaudia H., B. et K. (Kuhn, Bot. Ztg. 1867.)

529. Bunchosia Gaudichaudiana (Delpino und Hildebrand, Bot. Ztg. 1870) wird von Bienen (Tetrapodia, Epicharis) besucht, welche ihre

Unterseite mit Pollen behaften, den sie auf die Narben anderer Blüten übertragen.

530. Coriaria myrtifolia ist, nach Hildebrand (Bot. Ztg. 1869, S. 494, 495) ausgeprägt protandrisch mit rein männlichen ersten Blüten.

531. Hiptage Madablota Grt. ist, nach Lanza (Contrib. 1894), im botanischen Garten zu Palermo protogynisch. Die Blüte besitzt eine einzige, der Blütenachse zugekehrte Honigdrüse zwischen den beiden oberen Kronblättern. Die Blüteneinrichtung hat mit derjenigen von Aesculus Ähnlichkeit, und es wird, wie bei der Rosskastanie, der Pollen durch Bienen übertragen.

532. Cratoxylon formosum hat, nach Darwin (diff. forms), dimorphe Blüten.

24. Familie Aceraceae DC.

In Europa ist diese Familie nur durch die Gattung

124. Acer L.

vertreten. Die Augenfälligkeit der kleinen, grünlich-gelben Blumen wird durch ihre Zusammenhäufung zu mehr- bis vielblütigen Blütenständen bewirkt, bei einigen Arten auch noch besonders dadurch, dass die Blumen vor den Blättern

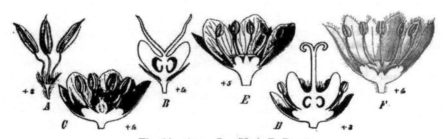

Fig. 64. Acer L. (Nach F. Pax.)

Blüten von Acer-Arten im Längsdurchschnitt. A. Negundo: A ♂, B ♀. — A. Pseudoplatanus: C, D. — A. Hookeri: E. — A. campestre: F.

erscheinen. Der Honig wird von einer mittelständigen, dicken, fleischigen Scheibe völlig freiliegend abgesondert. Die Arten gehören also zur Blumenklasse **A.** Meist monöcisch, selten diöcisch.

533. A. platanoides L. [H. M., Weit. Beob. II. S. 212, 213; Kirchner, Flora S. 351; Wittrock, Botan. Centralbl. Bd. 25, S. 55; Jordan, a. a. O.; Knuth, Grundriss S. 35; Warnstorf, Nat. V. d. Harzes XI.] — Die Blüten erscheinen vor den Blättern. Die meist acht Staubblätter entspringen aus Gruben einer fleischigen Scheibe, die sich mit ganz kleinen, offen daliegenden Honigtröpfchen bedeckt. Nach V. B. Wittrock ist die Verteilung der männlichen und weiblichen Blüten auf die Blütenstände eine fünffache; es kommen folgende vor: 1. solche, welche ausschliesslich aus weiblichen Blüten bestehen; 2. solche, bei denen die zuerst entwickelten Blüten weiblich, die später entwickelten männlich sind; 3. solche, bei denen die zuerst entwickelte Blüte (die Gipfelblüte) männlich ist, die folgenden Blüten, teils männlich, teils weiblich, sowie die zuletzt auftretenden meistenteils männlich sind; 4. solche, bei denen die zuletzt entwickelten Blüten männlich und die später entwickelten weiblich sind; endlich 5. solche, wo alle Blüten männlich sind. — Auf den allermeisten Bäumen findet man nur eine dieser Blütenstandsformen, doch kann der eine oder andere Baum ausnahmsweise zwei oder sogar drei verschiedene Arten von Inflorescenzen zeigen. Die am häufigsten vorkommende Form ist 2 (etwa 40%) der von Wittrock untersuchten Bäume), dann folgen 4 (22%), 5 (12%), 3 (4%), 1 (nicht ganz 1%).

Die weiblichen Blüten besitzen scheinbar normale Staubblätter, allein die Antheren derselben öffnen sich nie, obwohl sie eine nicht geringe Anzahl dem Äusseren nach normale Staubblätter enthalten; ihre Staubfäden sind bedeutend kürzer als die der männlichen Blüten. Die der letzteren sind nämlich so lang, dass die Antheren etwa die Spitze der Kronblätter erreichen; in ihrer Mitte findet sich ein Rudiment des Stempels. Nach der Befruchtung schliessen sich die weiblichen Blüten, indem die Kelch- und Kronblätter sich aufrichten. — Pollen, nach Warnstorf, brotförmig, blassgelb, mit drei Längsfurchen, sehr zart gestreift, etwa 50 μ lang und 25 μ breit.

Als Besucher ist von H. Müller die Honigbiene beobachtet.

534. A. campestre L. Da die grünlichen Blüten gleichzeitig mit den Blättern erscheinen, sind sie viel weniger auffällig als die der vorigen Art, mit denen sie in Bezug auf die Blüteneinrichtung und die Geschlechtsverteilung, nach Wittrock, ganz übereinstimmen.

Alfken beobachtete bei Bremen drei Apiden: 1 Anthrena nigro-aenea K. ♀. 2. A. trimmerana K. ♀; 3. Apis mellifica L. ☿.

H. de Vries (Ned. Kruidk. Arch. 1877) beobachtete in den Niederlanden Apis mellifica L. ☿, zahlreich, als Besucher.

535. A. Pseudoplatanus L. Die erst nach Entfaltung der Blätter erscheinenden Blüten auch dieser Art stimmen, nach Wittrock, im wesentlichen mit denen von A. platanoides überein, doch sind bisher rein männliche und rein weibliche Blütenstände nicht beobachtet. Nach Jordan befindet sich am Grunde der Staubblätter eine Honigdecke in Form weisser Haare.

Warnstorf (Nat. V. d. Harzes XI) giebt folgende Beschreibung: Blütenstand traubig-rispig; Blüten stark protandrisch. Untere Blütenachsen verzweigt, mit männlichen und scheinzwitterigen weiblichen Blüten, die mittleren entweder fast rein weiblich und die oberen mit männlichen und weiblichen gemischt, oder die mittleren mit weiblichen und männlichen gemischt und die obersten rein weiblich. Antheren der männlichen Blüten auf langen, die Blumenblätter weit überragenden Filamenten, die der weiblichen Blüten sehr kurz gestielt, die Blumenblätter nicht überragend.

Als Besucher beobachtete H. Müller (Weit. Beob. II. S. 213):

A. Diptera: *Syrphidae*: 1. Eristalis arbustorum L., sgd. (1); 2. E. tenax L., sgd. (1); 3. Syrphus ribesii L., pfd. (1). B. Hymenoptera: *Apidae*: 4. Anthrena albicans Müll. ♀, sgd. (1); 5. Anthophora aestivalis Pz. ♀, sgd. (1); 6. Bombus hortorum L. ♀, sgd. (1); 7. B. lapidarius L. ♀, sgd. (1); 8. B. rajellus K. ♀, sgd. (1); 9. B. terrester L. ♀, sgd. (1); 10. Melecta luctuosa Scop. ♀, sgd. (1); 11. Osmia emarginata Lep. ♀, sgd. (1); 12. Psithyrus barbutellus K. ♀, sgd. (1).

Loew beobachtete im botanischen Garten zn Berlin: A. Diptera: *Bibionidae*: 1. Bibio hortulanus L. ♀, sgd. B. Hymenoptera: *Apidae*: 2. Apis mellifica L., sgd.; Friese in Ungarn die Apiden: 1. Anthrena bucephala Stph., hfg.; 2. A. gwynana K. II. Generat.; 3. A. mitis Pér.; 4. A. rufula Pér.; 5. A. trimmerana K.; 6. Nomada alternata K.; 7. N. bifida Ths.; 8. N. ruficornis L.; 9. N. succincta Pz.

536. A. dasycarpum Ehrh. Diese aus Nordamerika stammende, bei uns bisweilen angepflanzte Art entwickelt ihre in dichten, knäueligen Ständen stehenden Blüten lange vor den Blättern. Die männlichen Blüten besitzen, nach Kirchner (Flora S. 352), nur einen Durchmesser von etwa 2 mm. Aus dem gelblichen, am Saume rötlich gefärbten, 4 mm langen Kelche ragen die Staubblätter 6 mm weit hervor; ein Fruchtknoten ist nicht zu bemerken. Die weiblichen Blüten sind, entsprechend der Form des Fruchtknotens, zusammengedrückt; die Durchmesser des Kelches sind 5 und 2 mm, die Länge desselben ist 3—4 mm. In demselben stehen um den behaarten Fruchtknoten rudimentäre Staubblätter, deren Antheren sich nicht öffnen.

Als Besucher sah Kirchner die Honigbiene.

537. A. rubrum L. Die Blüteneinrichtung dieser gleichfalls aus Nordamerika stammenden Art ist, nach Kirchner (a. a. O.), im wesentlichen dieselbe wie die der vorigen.

538. A. tataricum L. Diese in Krain und Russland heimische Art besitzt, nach Francke, männliche Blüten mit verkümmertem Fruchtknoten und weibliche Blüten mit verkümmerten Staubblättern. Die Zwitterblüten werden durch den Pollen der männlichen Blüten bestäubt, weil jener der Zwitterblüten spät reift.

25. Familie **Hippocastanaceae** DC.

Die in Europa angepflanzten Arten besitzen in ihren grossen, zu reichblütigen, kandelaberartigen Blütenständen vereinigten Blumen einen vorzüglichen Schauapparat. Da der Honig im Grunde der Blüte abgesondert und geborgen wird, gehören die Blumen zur Klasse **B.**

125. Aesculus L.

539. A. Hippocastanum L. [Sprengel, S. 209—214; H. M., Befr. S. 154 bis 156; Kirchner, Flora S. 349; Knuth, Grundriss S. 35, 36; Nordfr. Ins. S. 50; Bijdragen; Hildebrand, Geschl. S. 11, 26; Beyer, spont. Bew.; Martelli, Bot. Centr. Bd. 36, S. 264, 265; Ogle, Pop. Sc. Rev. 1870, S. 54; Jordan, a. a. O.; Focke, Rosskastanie.] — Coenomonöcisch. Sprengel beschreibt

die Zwitterblüten merkwürdigerweise als protandrisch, während sie, wie Hilde-
brand zuerst richtig bemerkt hat, protogynisch sind. — Von den weissen
Kronblättern sind die beiden obersten am grössten, das unterste ist am kleinsten.
Als Saftmal haben sie einen anfangs gelben, später karminroten Fleck. Diese
Umfärbung erhöht, nach Focke, die Augenfälligkeit des ganzen Blütenstandes.
Die Honigabsonderung findet am Grunde des Kelches zwischen den Nägeln der
obersten Blumenkronblätter und den obersten Staubblättern statt. Der hier aus-

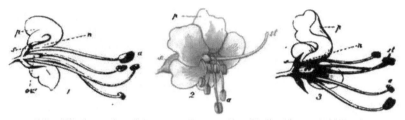

Fig. 65. Aesculus Hippocastanum L. (Nach Herm. Müller.)
1. Männliche Blüte, im Aufriss. *2.* Zwitterblüte im ersten (männlichen) Zustande, schräg
von vorn gesehen. *3.* Dieselbe im zweiten (weiblichen) Zustande, im Aufriss. *a* Antheren.
n Nektarium. *ov* Fruchtknoten. *ov'* verkümmerter Fruchtknoten. *s* Kelchblatt. *p* Kronblatt.

geschiedene Honig wird durch die wagerechte Stellung der Blüten, die
Faltung der Kronblätter und die wolligen, an den Kron- und Staubblättern befindlichen Haare geschützt. In ein und demselben Blütenstande kommen teils
zwitterige, teils männliche, teils weibliche Blüten vor. In den Zwitterblüten sind
die Staubblätter so lange nach unten gekrümmt, als die Antheren noch geschlossen sind, während der Griffel wagerecht aus der Blüte hervorragt. Im
zweiten Blütenzustande biegen sich die Staubblätter mit aufgesprungenen Antheren nach oben, kehren aber nach dem Abblühen in die frühere Lage zurück.
Zur Ergänzung des anfänglichen Pollenmangels sind alle zuerst aufblühenden
Blumen eines Blütenstandes rein männlich (mit verkümmertem Stempel), während
sich im unteren Teile der Blütenstände in der Regel einige ihrer Wirkung nach
weibliche Blüten befinden, deren Staubbeutel abfallen, ohne aufzuspringen, obwohl
ihre Fächer mit Pollenkörnern angefüllt sind. (Müller.) Nur die untersten Blüten
des Gesamtblütenstandes sind, nach Martelli (Nuovo Giorn. Bot. Ital. XX),
fertil, innerhalb der einzelnen cymösen Blütenstände sind 2—4 Blüten fertil,
und zwar in ununterbrochener Reihenfolge die vierte (selten dritte) bis siebente,
vom Grunde des Wickels an gerechnet.

Ähnlich schildert Warnstorf (Bot. V. d. Harzes XI) die Geschlechterverteilung: Die unteren Blüten der Rispenäste männlich, sich zuerst entfaltend,
dann gegen die Mitte häufig vereinzelte scheinzwitterige Pollenblüten mit fehlen-
dem Griffel und sitzender Narbe; die oberen Blüten zwitterig, protogyn, mit
aus der Blüte hervorragendem Griffel; Fruchtknoten derselben mit grossen, rot-
stieligen Drüsen besetzt. — Pollen zinnoberrot, brotförmig, glatt, mit mehreren
Längsfurchen, etwa 20 μ breit und 37—40 μ lang.

Die Grössenverhältnisse der Blüte entsprechen denjenigen der hauptsächlichsten Besucher, der Hummeln, welche beim Anfliegen sofort in bequemster Stellung zum Saugen auf der Blüte ruhen und dabei mit der Unterseite des Hinterleibes Narbe oder Antheren berühren, mithin immer Fremdbestäubung vollziehen. Die Körpergrösse der sonstigen, von Herm. Müller als Besucher bemerkten Bienen (Apis, Eucera, Osmia rufa L., Halictus rubicundus Christ., Anthrena) entsprechen nicht den Ausmessungen der Rosskastanienblüte.

Die Beobachtung der Blütenbesucher ist durch die Höhe der Bäume sehr erschwert, doch konnte ich folgende in ihrer Thätigkeit an den Blumen genau beobachten: A. Diptera: a) *Muscidae*: 1. Musca domestica L., seitl. sgd., ohne Narbe oder Antheren zu berühren; 2. Scatophaga merdaria L., w. v.; 3. S. stercoraria L., w. v. b) *Syrphidae*: 4. Syritta pipiens L., w. v., auch pfd., dabei aber die Narbe nicht streifend; 5. Syrphus balteatus Deg., wie Musca. B. Hymenoptera: *Apidae*: 6. Apis mellifica L. ♀, sich von unten an die Staubfäden hängend und so saugend, ohne Narbe oder Antheren zu berühren, zuweilen auch psd.; 7. Bombus lapidarius L. ♀, regelrecht sgd. und befruchtend; 8. B. terrester L. ♀ ☿, w. v.

Loew beobachtete im bot. Garten zu Berlin die Honigbiene, sgd. und psd., als Besucher.

Alfken und Höpper (H) beobachteten bei Bremen: *Apidae*: 1. Apis mellifica L. ☿; 2. Bombus terrester L. ♀; 3. Podalirius retusus L., var. obscurus Friese ♀ (H.). Sämtlich hfg., sgd.; 1 und 2 auch psd.

Auch bei

540. Ae. carnea Willd. sind, nach Martelli (a. a. O.), nicht alle Blüten fertil. Hier kommen fertile Blüten einzeln oder paarweise vor, von sterilen auf demselben Wickel unterbrochen. Fertil ist ebenfalls nur der untere Teil des Gesamtblütenstandes. Bei Ae. flava kommen sterile Blüten vor, doch ist die überwiegende Mehrzahl fruchttragend; es findet sich kein Unterschied weder in dem Gesamtblütenstand, noch in den Einzelwickeln. Überhaupt sind die bei uns angepflanzten Aesculus (-Pavia-)Arten, nach Focke (Abh. Nat. V. Bremen XIV. S. 302), gleich unserer Rosskastanie andromonöcisch. Zur Fruchtbildung ist im allgemeinen Fremdbestäubung (durch Hummeln) erforderlich.

541. Ae. Pavia L. (Pavia rubra Link). [Warnstorf, Nat. V. des Harzes XI.] — Die unteren Blüten der Rispenäste sind zwitterig und fruchtbar, die nächstoberen scheinzwitterig, oder sämtliche Blüten scheinzwitterig. Die beiden hinteren grösseren Kronenblätter haben ein gelbes Saftmal, welches später intensiv rot wird. Staubblätter etwa so lang wie die hinteren Kronenblätter. — Pollen zinnoberrot, elliptisch, längsfurchig, durchschnittlich 25—30 μ breit und 43 μ lang.

Als Besucher beobachtete Alfken bei Bremen: *Apidae*: 1. Apis mellifica L. ☿; 2. Bombus hortorum L. ♀; 3. B. lucorum L. ♀; 4. B. muscorum F. ♀; 5. B. ruderatus F. ♀; 6. Psithyrus barbutellus K. ♀; sgd.; 7. P. vestalis Fourc. 1 bis 5 sgd. und psd.

542. Ae. rubicunda Lodd. [Hildebrand, Geschl. S. 26, 27]. — Andromonöcisch mit protogynen Zwitterblüten. Während Hildebrand gefunden hatte, dass alle ersten Blüten der Rispen rein männlich sind, beobachtete Kirchner (Neue Beob. S. 31), dass die zuerst aufbrechenden Blüten zwitterig auftreten, und zwar fanden sie sich hauptsächlich im unteren Teile des Blütenstandes, in welchem im ganzen die männlichen Blüten an Zahl bei weitem überwiegen.

543. Ae. flava Ait. Martelli fand die meisten Blüten fruchtbar. (Vergl. Ae. carnea.) Focke fand viele Blüten von Bombus terrester erbrochen.

544. Ae. macrostachya Mich. [Kirchner, Beitr. S. 30; Knuth, Bijdragen.] — Andromonöcisch mit protandrischen Zwitterblüten. Vielleicht Nachtfalterblume. Die wagerecht stehenden Blüten sind mit Ausnahme der roten Antheren weiss; sie besitzen einen lilienartigen Duft. Der Nektar wird aussen am Grunde der oberen Staubblätter abgesondert. Der röhrenförmig zusammenschliessende Kelch ist 7—8 mm lang. Die Kronblätter sind schmal, lang benagelt, anfangs 12 mm lang; die Staubblätter sind anfangs ebenso lang, später ragen sie 20—25 mm aus der Krone hervor und öffnen dann einzeln nach einander ihre Antheren. Haben letztere verstäubt und sich verwelkt nach unten gebogen, so ist die Narbe völlig entwickelt; sie ist dann bis über 30 mm herangewachsen. In den männlichen Blüten ist der Stempel verkümmert.

Als Besucher sah Kirchner die Honigbiene, doch vermutet derselbe, dass nach dem Bau, der Farbe und dem Duft der Blüten Nachtschwärmer die eigentlich wirksamen Besucher sind. Ich beobachtete im botanischen Garten zu Kiel gleichfalls die Honigbiene sgd. an den Blüten, ausserdem auch Bombus hortorum L. ♀. Beide Besucher erhoben sich, wenn sie sich von einer Blüte zur anderen begaben, nicht zum Fluge, sondern krochen von Blüte zu Blüte.

545. Melianthus major L. ist, nach Franke (Diss.), protandrisch.

26. Familie Ampelidaceae H. B. K.

Kleine, grüne, aber duftende, homogame oder protandrische Blumen.

126. Ampelopsis Michaux.

Protandrische Blumen mit verborgenem Honig, welcher am Grunde des Fruchtknotens abgesondert wird.

546. A. quinquefolia Mich. Der Nektar wird, nach Kirchner (Flora S. 362), in kleinen Tröpfchen unter dem Grunde des Fruchtknotens abgesondert. Nach dem Aufspringen der Knospen legen sich die grünen Kronblätter ganz nach hinten zurück, während die 5 Staubblätter sich aufrichten und ihre Antheren nach innen öffnen. Diese kehren alsdann ihre pollenbedeckte Seite nach oben und stehen nun etwa 1 mm höher als die jetzt noch unentwickelte Narbe. Erst wenn die Kron- und Staubblätter abfallen, wird die Narbe empfängnisfähig.

Als Besucher sah Kirchner die Honigbiene. Ich (Bijdragen) beobachtete Lucilia caesar L. die Antheren betupfend; nach Kerner (Pflanzenleben II. S. 201) werden die Blüten eifrig von Bienen besucht, welche durch den für den Menschen nicht wahrnehmbaren Geruch angelockt werden. Auch Plateau bemerkte in Belgien Apis als Besucherin.

127. Vitis L.

Homogene Blumen mit freiliegenden Honigdrüsen. Vielleicht findet auch durch Hülfe des Windes Befruchtung statt. Manche Arten der Gattung Vitis sind, nach Focke (Abh. Nat. V. Bremen XIV. S. 302), androdiöcisch. Nach

Beach (Bot. Gaz. XVII. 1892) findet bei Vitis-Arten häufig Selbstbestäubung in den noch geschlossenen Blüten statt.

547. V. vinifera L. [Kirchner, Flora S. 361; Rathay, Reben; Kronfeld, Rebenblüte; Knuth, Bijdragen.] — Die wenig augenfälligen, kleinen, gelblich-grünen Blüten locken durch ihren herrlichen Duft Insekten zum Besuch

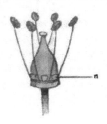

Fig. 66. Vitis vinefera L.
(Nach der Natur.)
n Nektarium.

an. Am Grunde des Fruchtknotens sitzen zwischen den Staubfäden 5, seltener 6 gelbe, fleischige Nektarien. Die Blüten öffnen sich bekanntlich, indem die 5, selten 6 grünen Kronblätter am Grunde abreissen und in Form einer Kapuze abfallen. Alsdann spreizen sich die 5 (oder 6) Staubblätter auseinander, und die Antheren bedecken sich oberseits mit Pollen. Gleichzeitig entwickeln sich die Narben, doch sind diese, nach Kirchner, noch frisch, wenn die Antheren schon vertrocknet sind. Da die Narben von den Antheren überragt werden, so ist spontane Selbstbestäubung möglich und, nach Kirchner, auch von Erfolg.

Nach Rathays Beobachtungen scheiden die fünf Nektarien keinen Nektar aus, während sie nach Delpino reichlich Tropfen bilden; nach Portele ist das Narbensekret der Rebenblüte stark zuckerhaltig, während Rathay nur Spuren von Traubenzucker auffinden konnte. Nach Rathay ist die Rebe sowohl windblütig, weil er nachwies, dass der Wind einzelne Pollenkörner aus den geöffneten Antheren forttragen kann (Geschlechtsverhältnisse der Reben I. S. 31 ff.), als auch insektenblütig, indem er (a. a. O. II. S. 16 ff.) 27 verschiedene Blütenbesucher von Vitis vinifera beobachtete (s. u.), die sich an besonders heissen Tagen einstellten, und zwar trug von den 4 Halictus-Arten ein ♀ grosse „Höschen", welche ganz aus Rebenpollen bestanden. Kirchner („Über einige irrtümlich für windblütig gehaltene Pflanzen" in Jahresheft des V. f. vaterl. Naturk. in Württ. 1893, S. 98 ff.) zeigt, dass die Möglichkeit des Transportes von Pollenkörnern durch den Wind nicht dafür beweisend ist, dass Windbestäubung in irgend erheblichem Masse stattfinden könne, da erst in 200 Stunden bei unveränderter Windrichtung ein Pollenkorn auf eine in ziemlicher Nähe befindliche Narbe gelangt. Das steht aber, sagt Kirchner, mit allen Erfahrungen, die man bei der Bestäubung windblütiger Pflanzen machen kann, in ebenso unvereinbarem Widerspruch, wie überhaupt der ganze Bau von Narbe und Pollen der Rebenblüte. Die Narbe ist nämlich zur Zeit ihrer Empfängnisfähigkeit mit kurzen Papillen bekleidet, und von einer reichlichen, glänzenden Narbenflüssigkeit bedeckt, welche zwar sehr geeignet ist, auf sie gelangende Pollenkörner festzuhalten, aber durchaus nicht sie aufzufangen, weil sie eben für diesen Zweck eine viel zu kleine Oberfläche besitzt; auch ist wohl keine einzige unzweifelhaft windblütige Pflanze bekannt, deren Narbe eine kleberige Flüssigkeit aussondert. Was den Pollen anbetrifft, fährt Kirchner fort, so ist derselbe allerdings nur wenig zusammenballend, und seine einzelnen Körner besitzen eine glatte, nicht mit Öltröpfchen besetzte Exine, aber für eine windblütige Pflanze würde er in

einer auffallend geringen Menge hervorgebracht, und lässt sich auch keineswegs
leicht von den aufgesprungenen Antheren herunterblasen. Dies musste man aber
bei einer windblütigen Pflanze um so eher erwarten, wenn, wie dies in der Rebenblüte zutrifft, ihre Staubfäden starr und steif, und die Antheren mit ihnen fest
und unbeweglich verbunden sind. Die Unscheinbarkeit der kleinen Blütchen
wird durch ihren prachtvollen Duft aufgewogen und wäre sicher geeignet, zahlreiche Insekten zum reichlichen Besuch der Blüten anzulocken, wenn sie in
diesen eine dem Anlockungsmittel entsprechende Ausbeute fänden. Allein die
Pollenmenge ist gering, und Nektar scheint, wenigstens in Mitteleuropa, nach
allen vorliegenden Berichten, nie ausgesondert zu werden, was namentlich die
klugen Bienen zur Zeit der Rebenblüte, in der so zahlreiche Nektarquellen für
sie fliessen, vom Besuche abhalten mag. Dieser Nektarmangel jedoch, die letzte
Stütze für die Annahme der Anemophilie, ist auch kein absoluter; denn wenn
ein Beobachter vom Range Delpinos angiebt, dass die am Grunde des Fruchtknotens sitzenden fünf Drüsen, die nach Rathay zugleich die Duftorgane der
Blüte sind, reichlich Nektar ausscheiden, so kann daraus nichts anderes geschlossen
werden, als dass in wärmeren Gegenden sich die Rebe anders verhält wie bei uns, und
ihre Blüten eben thatsächlich Nektar produzieren. Durch diese Notiz Delpinos
wird Kirchner in einer längst von ihm gehegten Vermutung bestärkt: Um
ihres edlen Produktes willen bis zur äussersten möglichen klimatischen Grenze
angebaut, aber aus wärmeren Gegenden stammend, hat die Rebe bei uns die
früher vorhandene Nektaraussonderung verloren.

Die Befruchtung der Zwitterblüten erfolgt offenbar durch spontane
Selbstbestäubung, denn besonders günstig für die Befruchtung der Reben
ist warmes und stilles, nicht windiges Wetter. Ausser dieser Autogamie wird
ohne Zweifel nicht selten Befruchtung durch Geitonogamie erfolgen
(Kerner, Pflanzenleben II. S. 324), indem Pollen benachbarter Blüten auf die
Narben gelangt. Dabei bleibt zwar die Richtung und die Lage der Narbe unverändert, doch strecken und krümmen sich die Staubfäden soweit, dass der
Pollen auf die Narben der Nachbarblüten gelangen kann. Fremdbestäubung
wird nach dem Gesagten vornehmlich durch Insekten herbeigeführt, doch ist es
wohl möglich, dass bisweilen auch der Wind den lockeren Pollen auf nicht weit
entfernte Blüten überträgt.

An den von mir bei Kiel untersuchten kultivierten Reben waren nämlich
alle Blüten mit gelben Pollen dicht bestreut, so dass ich immer noch annehmen
möchte, dass durch den Wind gelegentlich spontane Selbstbestäubung oder Fremdbestäubung von Blüten desselben Stockes stattfinden kann, während durch Insekten Kreuzung getrennter Stöcke möglich ist.

Nach Rathay treten die kultivierten Reben gynodiöcisch oder androdiöcisch auf, die wilden Reben dagegen diöcisch mit scheinzwitterigen, männlichen und weiblichen Blüten. Die zwitterige Form von Vitis vinifera L.
ist, nach Focke (Abh. Nat. V. Bremen XIV. S. 302), an sich vollkommen
fruchtbar, bei Vitis cordifolia Mchx. ist zu guter Fruchtbildung der Pollen
der männlichen Form erforderlich. Diese Art ist somit nahezu zweihäusig.

Als Besucher der Blüten von Vitis vinifera sah ich bei Kiel Honigbiene und Erdhummel, welche pollensammelnd von Blüte zu Blüte flogen. Besonders die letztere war so emsig im Besuch, dass sie immer wieder kam, trotzdem sie von dem Besitzer der Reben, der eine Beschädigung der Blüten durch die Insekten fürchtete, wiederholt verscheucht wurde. Auch Kronfeld (Ber. d. d. bot. Ges. 1889) sah in einem Garten bei Ober-St.-Veit zahlreiche Honigbienen als Besucher der Rebenblüten.

Die meisten Blütenbesucher von Vitis vinifera beobachtete Rathay (Die Geschlechtsverhältnisse der Reben, II. Teil. 1889, S. 17—23), nämlich:

A. Coleoptera: 1. Adrastus humilis Er.; 2. Agriotes ustulatus Schaller; 3. Anaglyptus mysticus L.; 4. Anaspis pulicaria Costa.; 5. Clytra musciformis Göze; 6. Clytus figuratus Scop.; 7. C. ornatus Herbst.; 8. Danacea nigritarsis Küst.; 9. Dasytes plumbeus Müll.; 10. Adoxus obscurus L. var. vitis Fabr.; 11. Limonius lythrodes Germ.; 12. Malachius elegans Oliv.; 13. M. geniculatus Germ.; 14. Meligethes brassicae Scop.; 15. Nacerdes austriacus Ggb.; 16. Notoxys cornutus Fabr.; 17. N. monoceros L.; 18. Oxythyrea funesta Poda.; 19. Phyllopertha horticola L.; 20. Spermophagus cardui Stev.; 21. Epilachna globosa Sehneid. B. Diptera: 22. Sciara sp. C. Hymenoptera: 23. Anthrena sp. ♀; 24. Apis mellifica L.; 25. Halictus albipes F. var. affinis Schenck; 26. H. morio F.; 27. H. villosulus K. D. Hemiptera: 28. Zwei unbestimmte Exemplare.

Rathay giebt (a. a. O.) ausserdem noch folgende Blütenbesucher für die verschiedenen Rebsorten an:

A. Coleoptera: 1. Adrastus humilis Er., 1 auf Zimmet-T.; 2. Anaspis pulicaria Costa., 2 auf Zimmet-T.; 3. Clytra musciformis Goeze, 1 auf Zimmet-T.; 4. Clytus figuratus Scop., 6 auf Zimmet-T.; 5. Danacea nigritarsis Küst. 2 auf Zimmet-T.; 6. Dasytes plumbeus Müll., 1 auf Zimmet-T., 1 auf V. riparia; 7. Adoxus obscurus L. var. vitis Fabr., 1 auf Zimmet-T.; 8. Limonius lythrodes Germ., 1 auf Zimmet-T; 9. Malachius geniculatus Germ., 2 auf Zimmet-T., 3 auf V. riparia; 10 Meligethes brassicae Scop., 3 auf blauer Kardaka (V. vinifera), 10 auf der Zimmet-T. (V. vinif.); 11. Nacerdes austriaca Ggb. 5 ♀ und 2 ♂ auf Zimmet-T.; 12. Oedemera lurida Marsh., 1 auf V. riparia; 13. Oxythyrea funesta Poda., 1 auf Zimmet-T.; 14. Phyllopertha horticola L., 2 auf Zimmet-T.; 15. Spermophagus cardui Stev., 3 auf V. riparia, 2 auf Zimmet-T.; 16. Subcoccinella 24-punctata L., 1 auf Zimmet-T. B. Diptera: 17. Sciara sp., 2 auf Zimmet-T.; 18. Syritta pipiens L., 1 auf V. riparia. C. Hymenoptera: 19. Halictus albipes F. var. affinis Schk., 2 auf Zimmet-T.; 20. H. morio F., 1 auf Zimmet-T.

Nachträgliches Verzeichnis: A. Coleoptera: 1. Coccinella bipunctata L., 1 auf riparia; 2. Agriotes ustulatus Schall., 1 auf V. vinifera; 3. Anaglyptus mysticus L., 1 auf vinifera; 4. Anaspis melanostoma Cost., 1 auf rupestris candicans; 5. Ceutorrbynchus suturalis Fabr., 1 auf riparia; 6. Cis hispidus Payk., 1 auf riparia; 7. Clytus figuratus Scop., 1 auf vinif., 1 auf Taylor-Sämling; 8. C. ornatus Hbst., 2 auf vinifera; 9. Coccinella 7-punctata L., 1 auf riparia; 10. Dasytes plumbeus Müll., 1 auf riparia, 1 auf cordifolia rupestris; 11. Clytra affinis Hellw., 1 auf Clinton; 12. Limonius bructeri Panz., 1 auf V. riparia; 13. Malachius aeneus L., 2 auf V. riparia; 14. M. elegans Oliv., 3 auf V. riparia, 2 auf V. rupestris, 1 auf V. vinifera, 1 auf Othello (riparia vinifera, amerikanische Sorte), 1 auf Taylor-Sämling (riparia labrusca), 2 auf Clinton (riparia labrusca); 15. Meligethes brassicae Scop., 3 auf V. riparia, 1 auf V. arizonica; 16. M. pedicularis Gyll., 1 auf V. riparia; 17. Nacerdes austriacus Gyll., 4 auf Clinton, 3 auf Solonis (riparia, rupestris, candicans); 18. Notoxys cornutus Fabr., 6 auf V. vinifera; 19. N. monoceros L., 4 auf V. vinifera; 20. Oedemera lurida Marsh., 1 auf riparia; 21. Omophlus longicornis Bert., 1 auf riparia; 22. Oxythyrea funesta Poda., 1 auf V. riparia; 23. Spermophagus cardui Stev., 1 auf riparia, 1 auf vinif., 1 auf Solonis.

B. Diptera: 24. Eine Anthomyine, 1 auf riparia; 25. Pipizella virens Fabr., 1 auf riparia, 1 auf Solonis; 26. Syritta pipiens L., 4 auf riparia, 4 auf rupestris. C. Hymenoptera: 27. Anthrena sp. ? ♀, 1 auf vinifera; 28. Apis mellifica L., 5 auf riparia, 8 auf vinifera; 29. Halictus morio F. ♀, 1 auf Clinton; 30. H. sp. ♀, 1 auf Clinton; 31. H. villosulus Kirb. ♀; 32. Hemiptera 32. Zwei unbest. Exempl. auf vinifera.

27. Familie Linaceae DC.

128. Linum L.

Homogame Blumen mit verborgenem Honig. Häufig Dimorphismus.

Nach Alefeld sind zahlreiche europäische, asiatische und nordafrikanische Arten dimorph, während die Arten vom Kap und aus Nord- und Südamerika monomorph sind.

548. L. catharticum L. [H. M., Befr. S. 167, 168; Mac Leod, B. Jaarb. VI. S. 238—239; Warnstorf, Bot. V. Brand. Bd. 38.] — Die Staubfäden der kleinen, weissen, homogamen Blumen sind am Grunde zu einem fleischigen Ringe verwachsen,

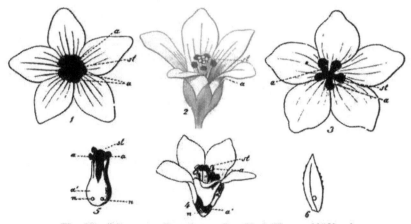

Fig. 67. Linum catharticum L. (Nach Herm. Müller.)

1. Jüngere Blüte, gerade von oben gesehen: die Antheren sind noch von den Narben entfernt. *2.* Dieselbe, schräg von oben gesehen. *3.* Etwas ältere Blüte, gerade von oben gesehen: die Antheren liegen den Narben an. *4.* Blüte nach Entfernung des Kelches, um die Anheftung der Kronblätter und die Honigdrüsen zu zeigen. *5.* Die aus der Blüte herausgenommenen Staub- und Fruchtblätter, in spontaner Selbstbestäubung begriffen. *6.* Kelchblatt von der Innenseite, mit einem Honigtröpfchen. *a* Antheren. *st* Narbe. *n* Nektarien. *a'* die verwachsenen Staubfäden.

der, wie Müller auseinandersetzt, aus fünf in der Mittellinie der Staubfäden liegenden, flachen, kleinen Grübchen an seiner Aussenseite fünf Nektartröpfchen absondert. Demselben Ringe sind etwas über den Honiggrübchen und zwischen je zweien derselben die fünf Kronblätter angeheftet. Sie schliessen in ihrer unteren Hälfte mit den Rändern dicht aneinander, sind jedoch an ihrem Grunde plötzlich in der Weise verschmälert, dass zwischen je zwei benachbarten und gerade über jedem Honiggrübchen eine kleine, runde Öffnung als Zugang zum Nektar entsteht. Die Antheren stehen in gleicher Höhe mit den Narben, sind aber anfangs von ihnen entfernt, so dass besuchende Insekten neben Selbst- auch Fremdbestäubung vollziehen können. Erstere tritt bei ausbleibendem Insektenbesuche spontan ein, indem die Staubblätter sich immer mehr nach innen biegen und am Abend die Blüten sich schliessen.

Nach Warnstorf sind die Blüten schwach proterogyn: Narben schon in der geschlossenen Blüte entwickelt. Pollen goldgelb, gross, kugelig bis elliptisch, warzig, bis 50 μ lang und 30—37 μ breit.

H. Müller sah als Besucher 2 honigsaugende Fliegen, eine Bombylide (Systoechus sulphureus Mikan in Westfalen) und eine Empide (Empis livida L. in Thüringen).

Mac Leod beobachtete in den Pyrenäen 1 Syrphide und 1 Bombylide als Besucher. (B. Jaarb. III. S. 406.)

In Dumfriesshire (Schottland) (Scott-Elliot, Flora S. 35) wurden 1 Empide, 1 Muscide und 1 Schwebfliege als Besucher beobachtet.

549. L. usitatissimum L. [Sprengel, S. 175; Hildebrand, Geschl. S. 75; H. M., Befr. S. 175—178; Weit. Beob. II. S. 219.] — Die Einrichtung der hellblauen Blüten stimmt, nach Müller, ganz mit derjenigen der vorigen Art überein. Infolge der grösseren Augenfälligkeit werden sie aber häufiger von Insekten besucht; es tritt also häufiger Fremdbestäubung ein. Auch bei spontaner Selbstbestäubung tritt, wie Hildebrand nachgewiesen hat, Fruchtbarkeit ein.

Als Besucher sah Sprengel eine Hummel; H. Müller beobachtete Bienen (Apis, Halictus cylindricus F.) und Falter (Plusia gamma L., Pieris rapae L.); Mac Leod in Flandern 1 Hummel, 1 Muscide (B. Jaarb. VI. S. 239). Vgl. L. grandiflorum.

550. L. tenuifolium L. Die rosa, schwach duftenden Blüten fallen, nach Kerner, bereits am zweiten Blühtage ab. Die Blüteneinrichtung stimmt, nach Kirchner (Beitr. S. 29, 30), der dieselben in Wallis untersuchte, in Bezug auf Homogamie, Honigabsonderung und -bergung mit derjenigen von L. usitatissimum überein, allein die gegenseitige Stellung der gleichzeitig entwickelten Narben und Antheren deutet auf regelmässiges Eintreten von Fremdbestäubung hin, die infolge der Augenfälligkeit der einen Durchmesser von 22 mm besitzenden Blüten gewiss eintritt. Die fünf auf dem Fruchtknoten stehenden Griffel spreizen sich weit auseinander, während die fünf unter sich verwachsenen Staubfäden aufrecht zwischen den Griffeln stehen und zwar in gleicher Höhe mit den weiter nach aussen gerückten Narben, aber 3 mm von diesen entfernt. Wenn sich auch gegen Ende des Blühens die Kronblätter und die Griffel zusammenlegen, so findet doch spontane Selbstbestäubung in der Regel nicht statt, da die Narben in der geschlossenen Blüte oberhalb der Antheren stehen.

551. L. Lewisii L. Nach Planchon hat jeder Stock drei ungleiche Blumenformen: gleichgriffelige, langgriffelige und kurzgriffelige.

552. L. austriacum L.

Als Besucher beobachtete Friese in Ungarn: Anthrena braunsiana Friese; v. Dalla Torre im botanischen Garten zu Innsbruck die Biene Osmia leucomelaena K. ♂ ♀; dieselbe giebt auch Schletterer für Tirol an.

553. L. grandiflorum Desf. bildete den Ausgangspunkt der Untersuchungen Darwins: „On the existence of two forms, and their reciprocal sexual relation in several species of the genus Linum" (1863). Dieser Forscher zeigte, dass die grösste Fruchtbarkeit eintrat, wenn die langgriffelige Form mit Pollen der kurzgriffeligen Form bestäubt wurde, und umgekehrt. Aus den Untersuchungen ergab sich ferner, dass die kurzgriffelige Form durch Selbstbefruchtung grössere Fruchtbarkeit zeigte, als die langgriffelige, die dann fast unfruchtbar war. Wurde beiderlei Pollen auf beiderlei Narben gebracht, so trieb im allgemeinen nur der Pollen auf den ungleichnamigen Narben Schläuche in dieselben, nicht oder wenig auf den gleichnamigen.

Als Besucher beobachtete Frey-Gessner in der Schweiz: Hymenoptera: *Apidae:* 1. Nomia diversipes Ltr.; 2. Systropha curvicornis Scop. — Plateau bemerkte, dass kleine Syrphiden von den roten Blumen von L. grandiflorum unmittelbar auf die blauen von L. usitatissimum übergingen.

554. L. perenne L. Darwin fand (1863), dass legitime Befruchtung sowohl der lang- als auch der kurzgriffeligen Form bei ³/₄ der Blüten volle Fruchtbarkeit bewirkte, dass dagegen illegitime Befruchtung der langgriffeligen Form gänzliche, der kurzgriffeligen Form fast gänzliche Unfruchtbarkeit zur Folge hatte. Hildebrands Untersuchungen (1864) zeigten, dass die kurzgriffelige Form sowohl mit eigenem Pollen, als auch mit dem Pollen anderer Blüten desselben Stockes, als auch endlich mit Pollen anderer kurzgriffeliger Pflanzen durchaus unfruchtbar, dagegen mit Pollen langgriffeliger Blumen durchaus fruchtbar sind.

129. Radiola Dill.

Winzige, weisse Blüten, wohl mit verborgenem Honig.

555. R. linoides Gmelin. Nach Mac Leod (B. Jaarb. VI. S. 379) kommen die 4 Antheren mit den 4 Narben in Berührung, so dass spontane Selbstbestäubung unvermeidlich ist. Wegen der Kleinheit der Blüten waren Honigdrüsen nicht zu erkennen.

Als Besucher beobachtete H. Müller mehrere winzige Fliegen.

28. Familie Geraniaceae DC.

H. M., Befr. S. 165; Knuth, Grundriss S. 37.

Die meist lebhaft, sehr häufig rot gefärbten Blumen haben bei den verschiedenen Arten eine sehr verschiedene Grösse. In demselben Grade, in welchem die Augenfälligkeit abnimmt, sinkt zwar die Reichhaltigkeit des Insektenbesuches herab, nimmt aber die Wahrscheinlichkeit der spontanen Selbstbestäubung zu. Der Honig wird bei den meisten Arten von der Aussenseite des Grundes der fünf äusseren Staubblätter abgesondert. In Bezug auf die Bergung des Nektars gehören fast alle Blumen zur Klasse B, einzelne Arten sind aber der Klasse H zuzurechnen, nicht weil sie den Nektar tiefer bergen, sondern weil die Blüten so hängen, dass nur sehr geschickte Blumengäste zu demselben gelangen können. Die Zwitterblüten sind meist protandrisch, selten homogam oder protogynisch.

Je grösser die Wahrscheinlichkeit des Insektenbesuches ist, desto ausgeprägter ist die Dichogamie. Ausser den Zwitterblüten sind · bei einzelnen Arten auch meist gynodiöcisch verteilte, kleinere weibliche Blüten beobachtet.

130. Geranium L.

Protandrische, selten protogynische (G. dissectum und pusillum) Blumen mit verborgenem Honig, welcher an der Aussenseite des Grundes der fünf inneren Staubblätter abgesondert wird, oder Bienenblumen. Nach Jordan bilden in den aufrecht stehenden, zur Klasse B gehörigen Blumen die Kronblätter die Anflugstelle der Insekten, in den hängenden, zur Klasse H gehörigen die Staub- und Fruchtblätter.

556. G. palustre L. [Sprengel, S. 335—337; H. M., Befr. S. 160; Schulz, Beitr. I. S. 28; Kirchner, Flora S. 335; Knuth, Bijdragen.] — Die ausgeprägt protandrischen Blumen breiten ihre purpurroten, am Nagel blässeren Kronblätter zu einer Fläche von 30—40 mm aus und kehren sie der Sonne zu. Als Saftmale dienen dunklere, nach der Blütenmitte zusammenlaufende Linien auf den Kronblättern. Der Nektar wird reichlich von den fünf an der Aussenseite der fünf inneren Staubblätter befindlichen Drüsen abgesondert. Als Nektarschutz dienen die am Grunde der Kronblätter befindlichen Haare, welche den Zutritt von Regentropfen verhindern. Zuerst öffnen sich die fünf inneren, dann die fünf äusseren Staubblätter, und erst, nachdem auch· diese verstäubt haben, entwickeln sich die bis dahin zusammengelegten Narben und ragen aus der Blütenmitte hervor. Nach dem Verblühen biegen sich alle zehn Staubblätter. so weit nach aussen, dass spontane Selbstbestäubung unmöglich ist. — Schulz hat ausser den Zwitterblüten auch gynodiöcisch, häufiger noch gynomonöcisch verteilte weibliche Blüten beobachtet und von den Zwitterblüten zwei Formen, eine grossblütige und eine kleinblütige, unterschieden.

Als Besucher beobachteten Herm. Müller (1) in Westfalen und ich (!) in Schleswig-Holstein:

A. Diptera: a) *Muscidae:* 1. Anthomyia sp., sgd. (1). b) *Syrphidae:* 2. Eristalis tenax L., sgd. (1); 3. Helophilus pendulus L., sgd. (!); 4. Melithreptus scriptus L., sgd. (1); 5. Platycheirus peltatus Mg., sgd. (1); 6. Rhingia rostrata L., sgd. ·(!). B. Hymenoptera: *Apidae:* 7. Anthrena dorsata K. ♂, sgd. (1); 8. A. fulvicrus K. ♂, sgd. (1); 9. Apis mellifica L. ♀. sgd. (!); 10. Halictus albipes F. ♂, sgd. (1); 11. H. cylindricus F. ♂, sgd. (1): 12. H. flavipes F. ♂, sgd. (1); 13. H. longulus Sm. ♀, sgd. (1); 14. H. nitidiusculus K. ♀ ♂, sgd. (1); 15. H. zonulus Sm. ♂, sgd. (1); 16. Prosopis communis Nyl. ♀, sgd. (1). C. Lepidoptera: *Rhopalocera:* 17. Pieris rapae L., sgd. (!).

Loew beobachtete im botanischen Garten zu Berlin: A. Diptera: a) *Muscidae:* 1. Anthomyia sp., sgd.; 2. Lucilia caesar L. b) *Syrphidae:* 3. Eristalis nemorum L., sgd.; 4. E. tenax L.; 5. Syritta pipiens L. B. Hymenoptera: *Apidae:* 6. Apis mellifica L. ♀. sgd.; 7. Chelostoma nigricorne Nyl. ♂, sgd.; 8. Coelioxys rufescens Lep. ♀, sgd.; 9. Halictus cylindricus F. ♂, sgd.; 10. H. nitidiusculus K. ♀, sgd.; 11. H. rubicundus Chr. ♀, sgd.; 12. H. sexnotatus K. ♀, sgd.; 13. H. villosulus K. ♂, sgd.; 14. Prosopis communis Nyl. ♂, sgd.

557. G. silvaticum L. [Sprengel, S. 1; Axell, S. 36; H. M., Alpenbl. S. 174—178; Schulz, Beitr. I. S. 26, 27; Loew, Bl. Flor.

S. 398; Kirchner, Flora S. 335, 336.] — Diese Art bildete den Ausgangs-punkt für die klassischen Untersuchungen Christian Konrad Sprengels. Die Blüteneinrichtung stimmt mit derjenigen der vorigen Art überein; durch ausgeprägte Protandrie ist auch hier Selbstbestäubung ausgeschlossen. Ausser grossen Blumen, deren Durchmesser etwa 27 mm beträgt, sind von Lindman auch kleine mit nur 15 mm Durchmesser beobachtet. Nach Schulz giebt es

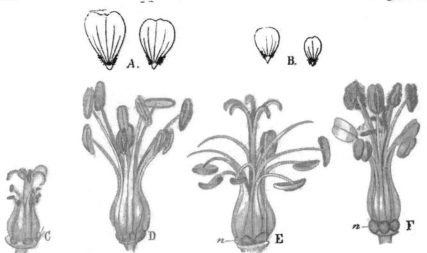

Fig. 68. Geranium silvaticum L. (Nach Herm. Müller.)

A. Kronblätter verschiedener Stöcke der grossblumigen Form in nat. Gr. — Am Grunde die als Saftdecke dienenden Haare, welche Sprengel zu seinen Untersuchungen veranlassten. *B.* Kronblätter verschiedener Stöcke der kleinblumigen Form in nat. Gr. — Desgl. *C.* Staub- und Fruchtblätter einer kleinhülligen, weiblichen Blüte. *D.* Desgl. einer grosshülligen Blüte am Ende des ersten (männlichen) Zustandes: die Antheren sind sämtlich entleert, die Narben noch zusammengeschlossen. *E.* Dieselben im zweiten (weiblichen) Zustande. *F.* Befruchtungs-organe einer homogamen Blüte. (*C.—F.* Vergr. 7:1.)

kleinere weibliche Blüten, in denen die Staubblätter ganz kurz sind und die Antheren verkümmern. Selten finden sich unter den zwitterblütigen Stöcken solche mit homogamen Blüten, in denen spontane Selbstbestäubung möglich ist. Endlich sind von Schulz in Südtirol auch grossblumige, männliche Formen beobachtet, in denen sich die Griffeläste überhaupt nicht auseinander legen. Die einge-schlechtigen Blüten sind gynodiöcisch, etwas seltener gynomonöcisch, sowie andro-diöcisch und andromonöcisch. Ekstam beobachtete im skandinavischen Hochgebirge neben protandrischen Zwitterblumen auch weibliche Blüten (mit Staubblattrudimenten) und kleine männliche.

Der Insektenbesuch ist nach Schulz in Mitteldeutschland ein reichlicher.

Herm. Müller beobachtete in den Alpen 8 Käfer, 21 Fliegen, 24 Haut-flügler, 20 Schmetterlinge.

Loew beobachtete im botanischen Garten zu Berlin: Hymenoptera: *Apidae:* 1. Apis mellifica L. ♂, sgd.; 2. Bombus hortorum L. ♀, sgd.; sowie dort an der var.

robustum: 3. Prosopis communis Nyl. ♀, sgd.; in der Schweiz (Beiträge S. 60):
A. Diptera: *Syrphidae*: 1. Platycheirus manicatus Mg. ♂; 2. Syrphus annulipes Zett.
B. Hymenoptera: *Apidae*: 3. Anthrena sp.

Schneider (Tromsø Museums Aarshefter 1894) beobachtete im arktischen Norwegen Bombus hypnorum L. und B. kirbyellus Curt. ♂ ♀ als Besucher; Lindman auf dem Dovrefjeld Fliegen und Hummeln.

In Dumfriesshire (Schottland) (Scott-Elliot, Flora S. 34) wurden Apis (häufig), 2 Hummeln, 2 kurzrüsselige Bienen, 3 Empiden, 5 Musciden und 2 Schwebfliegen als Besucher beobachtet.

Durch die drüsige Behaarung des Stengels werden von unten aufkriechende Insekten von dem Besuch der Blüten abgehalten.

558. G. pratense L. [Hildebrand, Geschl. S. 27; H. M., Befr. S. 161; Weit. Beob. II. S. 167; Schulz, Beitr. I. S. 27, 28; Kirchner, Flora S. 336.] — Die Einrichtung der ausgeprägt protandrischen Blüten stimmt mit derjenigen von G. palustre im wesentlichen überein. Die Staubblätter liegen anfangs auf den Kronblättern; sie erheben sich, wenn die Antheren aufspringen, rücken in die Blütenmitte und legen sich nach dem Verblühen wieder zurück. Hildebrand hat durch Versuche festgestellt, dass die Narben zu der Zeit, in welcher die Antheren aufgesprungen und pollenbedeckt sind, in der Regel noch nicht empfängnisfähig sind, sondern es erst werden, wenn die abgeblühten Staubblätter sich wieder zurücklegen, und dass die Narben aufhören, empfängnisfähig zu sein, wenn die Kronblätter abfallen. — Nach Schulz schwankt die Blütengrösse beträchtlich. Derselbe beobachtete ausser den Zwitterblüten auch gynodiöcisch oder gynomonöcisch verteilte weibliche Blüten. — Pollen, nach Warnstorf, weiss, kugelig, grobwarzig, 100 μ diam. — Auch diese Art besitzt in der klebrigen Beschaffenheit des Stengels ein Schutzmittel gegen ankriechende Insekten.

Als Besucher sah ich nur die Honigbiene sgd. Herm. Müller beobachtete in Westfalen und Thüringen folgende Insekten:

A. Coleoptera: *Curculionidae*: 1. Coeliodes geranii Payk., sgd. (?); 2. Miarus campanulae L., sgd. (?). B. Diptera: a) *Stratiomydae*: 3. Nemotelus pantherinus L. b) *Syrphidae*: 4. Melithreptus pictus Mg., pfd. C. Hymenoptera: *Apidae*: 5. Anthrena coitana K. ♀ ♂, sgd.; 6. A. gwynana K. ♀, sgd.; 7. Apis mellifica L. ☿, sehr häufig, sgd.; 8. Chelostoma campanularum K. ♀ ♂, sgd., häufig; 9. Ch. nigricorne L. ♀ ♂, sehr zahlreich, sgd.; 10. Coelioxys conoidea Ill. ♂, sgd.; 11. C. elongata Lep., sgd.; 12. C. quadridentata L. ♂, sgd.; 13. C. rufescens Lep. ♀ ♂, sgd.; 14. Halictus albipes F. ♂, sgd.; 15. H. cylindricus F. ♂, sgd.; 16. H. leucozonius K. ♀, sgd.; 17. H. lucidulus Schenck. ♀, psd.; 18. H. maculatus Sm. ♂, sgd. (Thür.); 19. Heriades truncorum L., sgd.; 20. Osmia fulviventris F. ♀, sgd.; 21. O. rufa L. ♀, sgd.; 22. Prosopis hyalinata Sm. ♀, sgd.; 23. Stelis aterrima Pz. ♀ ♂, sgd.; 24. St. breviuscula Nyl. ♀ ♂, sgd.; 25. St. minuta Lep. ♂, sgd.; 26. St. phaeoptera K. ♀ ♂, sgd. D. Lepidoptera: *Rhopalocera*: 27. Pieris napi L., sgd.

In Dumfriesshire (Schottland) (Scott-Elliot, Flora S. 38) wurden Apis (honigstehlend), 2 Hummeln, 1 kurzrüsselige Biene, 1 Muscide und 1 Schwebfliege als Besucher beobachtet.

Loew beobachtete im botanischen Garten zu Berlin: Hymenoptera: *Apidae*: 1. Apis mellifica L. ☿, sgd. (auch an der var. fl. albo); 2. Chelostoma nigricorne Nyl. ♂, sgd.; 3. Coelioxys elongata Lep. ♀, sgd.; 4. Megachile argentata F. ♂, sgd.; 5. M. ericetorum Lep. ♂, sgd.

559. G. argenteum L. ist, nach Kerner (Pflanzenleben II. S. 305), ebenso ausgeprägt protandrisch (mit ausgeschlossener Selbstbestäubung) wie G. pratense und silvaticum.

560. G. sanguineum L. [H. M., Befr. S. 162; Weit. Beob. II. S. 217; Alpenbl. S. 174; Schulz, Beitr. II. S. 56; Knuth, Bijdragen.] — Nach H. Müllers Untersuchungen sind die purpurroten Blüten protandrisch, aber bei ausbleibendem Insektenbesuche der spontanen Selbstbestäubung fähig, was infolge des schattigen Standortes der Pflanze notwendig ist. Beim Öffnen der Blüte richten sich die fünf inneren Staubblätter so auf, dass die nach oben und aussen auf-springenden Antheren die noch zusammengelegten Narben überragen. Inzwischen krümmen sich die fünf äusseren Staubblätter nach unten. Am folgenden Tage richten sie sich auf und öffnen ihre Antheren. Ein oder zwei Tage später be-ginnen die Narben, sich auseinander zu spreizen und kommen durch Streckung in gleiche Höhe mit den Antheren, so dass, falls der Pollen nicht schon durch Insekten entfernt ist, bei deren Besuch sowohl Fremd- als auch Selbstbestäubung eintreten kann. Letztere muss bei ausbleibendem Insektenbesuche spontan erfolgen.

Schulz hat vereinzelte gynomonöcisch, häufiger gynodiöcisch verteilte weibliche Blüten beobachtet. Als Besucher sah Lindman auf dem Dovre-fjeld, wo die Blüten ebenso gross wie in Mitteldeutschland, aber auch kleiner und zwar zweigeschlechtig, männlich und weiblich auftreten, Fliegen und Hum-meln. Ich beobachtete in Schleswig-Holstein nur die Honigbiene, sgd.

H. Müller beobachtete in Westfalen und Thüringen nicht sehr zahlreiche Besucher, besonders Fliegen und Bienen, welche die eigentlichen Bestäuber sind; sie fliegen teils auf die Blütenmitte, teils auf ein Blumenblatt und saugen von hier.

Herm. Müller giebt folgende Besucherliste:
A. Coleoptera: *Curculionidae*: 1. Coeliodes geranii Payk., sgd. (?); 2. Miarus graminis Schk. B. Diptera: *Syrphidae*: 3. Merodon aeneus Mg., sgd., häufig; 4. Pele-cocera tricincta Mg., pfd.; 5. Pipiza sp., pfd.; 6. Rhingia rostrata L., pfd. C. Hyme-noptera: a) *Apidae*: 7. Bombus pratorum L. ⚥, psd.; 8. Halictus maculatus Sm. ♀, hld.; 9. H. sexnotatus K. ♀, hld.; 10. Prosopis sp., sgd. b) *Sphegidae*: 11. Oxybelus sp., sgd. c) *Tenthredinidae*: 12. Megalodontes cephalotes F., sgd., sehr häufig. D. Lepido-ptera: *Sphingidae*: 13. Ino globulariae Hbn., sgd.

v. Fricken beobachtete in Westfalen den kleinen Prachtkäfer Trachys nana Hbst., s. slt.; v. Dalla Torre in Tirol die Schmarotzerbiene Nomada guttulata Schck. ♂; dieselbe verzeichnet Schletterer daselbst.

In den Alpen beobachtete Herm. Müller 2 Hymenopteren; Mac Leod in den Pyrenäen 2 Hymenopteren, 1 Bombylius, 1 Muscido als Besucher (B. Jaarb. III. S. 402).

Iu Dumfriesshire (Schottland) (Scott-Elliot, Flora S. 37) wurden Apis, 1 Hummel, 2 kurzrüsselige Bienen und mehrere Fliegen als Besucher beobachtet. Loew beobachtete im botanischen Garten zu Berlin: A. Diptera: *Syrphidae*: 1. Helophilus pendulus L. B. Hymenoptera: a) *Apidae*: 2. Halictus cylindricus F. ♂, sgd. b) *Sphegidae*: 3. Cerceris variabilis Schrk. ♀; 4. Oxybelus sericatus Gerst. ♀.

561. G. pyrenaicum L. [H. M., Befr. S. 161, 162; Alpenbl. S. 173, 174; Schulz, Beitr. II. S. 185; Knuth, Bijdragen] stimmt, nach H. Müller, in Bezug auf mitteldeutsche Pflanzen mit voriger Art überein; auch ist nach A. Schulz die Verteilung der weiblichen Blüten gynodiöcisch, viel seltener gynomonöcisch. — In den Alpen hat H. Müller (Alpenblumen S. 173, 174) eine Form beobachtet, welche die lilaroten Kronblätter vollständig zu einer Ebene ausbreitet und deren Staubblätter sich vor dem Verstäuben stark nach aussen biegen. Erst dann breiten sich die Griffel auseinander, so dass spontane Selbstbestäubung unmöglich wird.

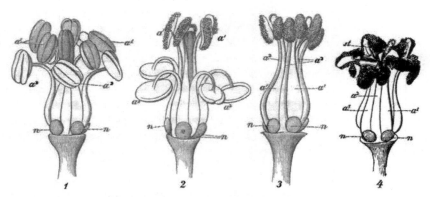

Fig. 69. Geranium pyrenaicum L. (Nach Herm. Müller.)

1. Staub- und Fruchtblätter vor Beginn des ersten Zustandes: alle Antheren sind noch geschlossen, die unentwickelten Narben sind zwischen ihnen versteckt. *2.* Dieselben in der ersten Hälfte des ersten (männlichen) Zustandes: die äusseren Staubblätter sind aufgerichtet und ihre Antheren mit Pollen bedeckt. *3.* Dieselben in der zweiten Hälfte desselben Zustandes. *4.* Dieselben im zweiten (zweigeschlechtigen) Zustande: alle Antheren pollenbedeckt, die Narben ausgebreitet. *a'* Antheren des äusseren, *a²* des inneren Staubblattkreises. *st* Narbe. *n* Nektarium.

Als Besucher dieser Alpenform beobachtete H. Müller honigsaugende Bienen (5), sowie 2 saugende Syrphiden und 1 Falter. Ich sah in Schleswig-Holstein nur die Honigbiene als Blütenbesucher. Die mitteldeutschen Pflanzen sah Borgstette gleichfalls besonders von Bienen und Fliegen besucht:

A. Coleoptera: a) *Cistelidae*: 1. Cistela murina L. b) *Dermestidae*: 2. Byturus fumatus L. c) *Telephoridae*: 3. Malachius aeneus L. B. Diptera: a) *Muscidae*: 4. Echinomyia fera L.; 5. Scatophaga stercoraria L. b) *Syrphidae*: 6. Ascia podagrica F.; 7. Chrysostoxum bicinctum L.; 8. Helophilus floreus L.; 9. Melithreptus pictus Mg.; 10. M. taeniatus Mg.; 11. Pelecocera tricincta Mg.; 12. Rhingia rostrata L.; 13. Syrphus balteatus Deg.; 14. S. pyrastri L.; 15. S. ribesii L., sämtl. sgd. C. Hymenoptera: a) *Apidae*: 16. Anthrena dorsata K. ♀; 17. A. fulvago Christ. ♀; 18. A. gwynana K. ♀ ♂; 19. A. parvula K. ♀; 20. Chelostoma nigricorne L ♀; 21. Halictus cylindricus F. ♀; 22. H. maculatus Sm. ♀; 23. H. smeathmanellus K. ♀; 24. Osmia fusca Christ. ♀; 25. Sphecodes gibbus L. ♀, sämtl. sgd. b) *Sphegidae*: 26. Ammophila sabulosa L. c) *Vespidae*: 27. Odynerus spinipes L.

Mac Leod beobachtete in den Pyrenäen 5 Hymenopteren, 2 Bombylius, 2 Empis, 2 Musciden als Besucher (B. Jaarb. III. S. 401); Loew im botanischen Garten zu Berlin: A. Diptera: a) *Muscidae*: 1. Anthomyia sp., sgd. b) *Syrphidae*: 2. Syrphus pyrastri L., längere Zeit über einer Blüte schwebend, dann sgd. B. Hymenoptera: *Apidae*: 3. Apis mellifica L. ☿, sgd.; 4. Bombus lapidarius L. ☿, sgd.; 5. Stelis phaeoptera K. ♀, sgd.

562. G. cinereum Cav. Diese Pyrenäenpflanze besitzt, nach Mac Leod (Bot. Jaarb. III. S. 403—405), vollkommen protandrische Zwitterblüten. Sie haben einen Durchmesser von 3—3¹/₂ cm, wenn sie ganz geöffnet sind. Die Kronblätter sind dunkelviolett, mit zahlreichen violetten Adern. Anfangs sind die Staubblätter nach aussen gebogen und die Antheren noch geschlossen. Dann richten sie sich auf, indem die Staubbeutel aufspringen. Nachdem diese abgeblüht haben, biegen sich die Staubblätter wieder nach aussen, worauf die Narben sich auseinander falten. Selbstbestäubung ist also ausgeschlossen. Ausser den Zwitterblüten beobachtete Mac Leod auch gynodiöcisch verteilte, kleinere, weibliche Blumen, deren antherenlose Staubfäden aber dieselbe Bewegung ausführen wie die der Zwitterblüten. Auch die Protandrie ist bei ihnen noch erhalten, da die Narben noch einige Zeit nach der Blütenöffnung geschlossen bleiben. Diese Einrichtung ist, wie Mac Leod zeigt, nicht bloss nutzlos, sondern sogar schädlich, da sie die Narbe und den Nektar einige Zeit dem Regen und dem Winde aussetzt.

Als Besucher beobachtete Mac Leod Bienen (Bombus), Falter (Pyralide), Syrphiden (Eristalis), Empiden und besonders Musciden (Anthomyia-Arten).

563. G. phaeum L. [Ricca, Atti XIII; Mac Leod, Pyrenecönbl. S. 130, 131; Schulz, Beitr. II. S. 184; Kirchner, Flora S. 336, 337; Errera, Ger. phaeum; Knuth, Bijdragen.] — Nach Mac Leod ist die dunkelrotbraune bis violette Blume eine Bienenblume. Zwar ist ihr Nektar nicht tiefer geborgen, als bei den anderen grossblütigen Geranium-Arten, aber die Blüten stehen senkrecht und hängen sogar ein wenig über. Infolge dieser Haltung können sie nur von sehr geschickten Blumenarbeitern, den Bienen, ausgebeutet werden. Die Blüten sind, nach Kirchner, ausgeprägt protandrisch. Zu Anfang des Blühens breiten sich die Kronblätter zu einer Fläche von 22 mm Durchmesser aus, schlagen sich aber bald so weit nach hinten zurück, dass der Durchmesser nur noch 18 mm beträgt und die Staubblätter, bezüglich später die Narben frei aus der Blüte hervorstehen. Die Honigdrüsen finden sich, wie gewöhnlich, aussen am Grunde der mit den Kronblättern wechselnden Staubblätter; sie werden von ersteren dadurch vor Regen geschützt, dass die Nägel derselben senkrecht in die Höhe stehen, der untere Teil der Platte aber gewölbt ist und so ein Dach über den Nektarien bildet. Die Staubblätter entwickeln sich nach einander, und zwar die des inneren Kreises zuerst. Anfangs sind alle bogig gegen den Blütengrund gekrümmt; wenn die Antheren aufspringen, richten sich die Staubfäden straff auf und stehen etwa 10 mm weit wagerecht aus der Blüte heraus. Nachdem sie ausgestäubt haben, fallen sie ab, und die Staubfäden krümmen sich wieder in ihre frühere Lage zurück. Die anfangs nur etwa 7 mm aus der Blüte hervorragenden, dann noch dicht aneinander gelegten Griffel wachsen allmählich zu einer Länge von 10—11 mm heran und entfalten, nachdem die sämtlichen Antheren abgefallen sind, die fünf Narbenäste in derselben Höhe, in welcher früher die Antheren standen. Nach der Bestäubung legen sie sich wieder zusammen. — Ausser diesen ausgeprägt protandrischen Blumen sah Schulz an kultivierten Pflanzen gynodiöcisch verteilte weibliche Blüten.

Als Besucher sah Kirchner bei Hohenheim (Württemberg) zahlreiche

Honigbienen. Auch ich sah solche als Blütenbesucher bei Kiel; sie hängen sich in der von Jordan angedeuteten Weise an die Staubblätter bezügl. Griffel.

Mac Leod beobachtete in den Pyrenäen 4 Hummeln als Besucher. (B. Jaarb. III. S. 405, 406). Darwin, giebt Hummeln, Ricca Hummeln uud Apis, Plateau Eucera longicornis L., Errera 29 Hymenopteren als Besucher an.

Loew beobachtete im botanischen Garten zu Berlin: Hymenoptera: *Apidae*: 1. Apis mellifica L. ⚥, sgd. (auch an der Form: lividum), sehr zahlreich; 2. Bombus hortorum L. ♀, sgd.; 3. B. lapidarius L. ⚥, sgd.; 4. B. rajellus K. ♀, sgd.; 5. Coelioxys elongata Lep. ♀, sgd.; 6. Halictus albipes F. ♀, sgd.

564. G. macrorrhizum L. Auch diese Art hat, nach Jordan, hängende Blüten, die in derselben Weise besucht werden, wie die der vorigen. Sie ist, nach Hildebrand (Bot. Ztg. 1869 S. 479—481), gleichfalls protandrisch; anfangs treten rein weibliche Blüten auf.

565. G. dissectum L. [H. M., Befr. S. 165; Weit. Beob. II. S. 217, 218; Mac Leod, B. Jaarb. VI. S. 233; Kirchner, Flora S. 338; Warnstorf, Bot. V. Brand. Bd. 30] hat, abweichend von den bisher betrachteten Arten, protogyne Blüten mit langlebigen Narben. Auch im Sonnenscheine öffnen sie sich nur trichterförmig, wobei ein Eingang von 6—8 mm Durchmesser entsteht. Mit der Blütenöffnung sind die Narben entwickelt und ihre Äste ausgebreitet, während die Antheren, welche die Narben dicht umstehen, noch geschlossen sind. Indem sie alsdann nach einander aufspringen, behaften sie die Narben mit Pollen: die so eintretende spontane Selbstbestäubung ist nach H. Müllers Versuch von Erfolg. Besuchende Insekten können ebensowohl Selbst- als Fremdbestäubung herbeiführen, doch ist der Besuch sehr gering. — Warnstorf bezeichnet die Blüten als homo- und autogam: Narbenpapillen beim Aufspringen der Antheren schon entwickelt, letztere blau, dicht an die Narbenäste gedrückt und Selbstbestäubung deshalb unvermeidlich. Pollen bläulich-weiss, kugelig, dicht warzig, adhärent, durchschnittlich 63 μ diam. messend.

Als Besucher beobachtete Herm. Müller in Thüringen nur eine Biene (Anthrena gwynana K. ♀ ♂, sgd.) und zwei Fliegen (Occemyia atra F., sgd., und Merodon aeneus Mg., sgd.).

Schletterer beobachtete bei Pola die schöne Mauerbiene Osmia versicolor Ltr. und die Blattwespe Amasis laeta F.

Mac Leod sah in den Pyrenäen 1 Falter, 1 Fliege als Besucher (B. Jaarb. III. S. 402).

In Dumfriesshire (Schottland) (Scott-Elliot, Flora S. 39) wurden 1 Schwebfliege und 2 Musciden als Besucher beobachtet.

Auch bei dieser Art wird der Zutritt ankriechender Insekten zur Blüte durch drüsige Beschaffenheit des Kelches verhindert.

566. G. lucidum L. Nach Kerner sind die kleinen Blüten von morgens 7 bis abends 8 Uhr geöffnet. Ausser den protogynischen, der Selbstbestäubung fähigen Zwitterblüten kommen gynomonöcisch verteilte weibliche Blüten vor.

In Dumfriesshire (Schottland) (Scott-Elliot, Flora S. 38) wurden 6 Schwebfliegen als Besucher beobachtet.

567. G. columbinum L. Die hellrosa Kronblätter haben als Saftmale je drei dunklere Adern. Die Einrichtung der, nach Kerner, von 8 bis 5 Uhr geöffneten Blüten scheint eine wechselnde zu sein, denn Kerner bezeichnet die

Blüten als protogynisch und autogam, während sie nach Schulz (Beiträge II. S. 185) schwach protandrisch sind. Ausser Zwitterblumen kommen nach letzterem gynodiöcisch und gynomonöcisch verteilte weibliche Blüten vor.

568. G. rotundifolium L. Die von A. Schulz (Beitr. II. S. 56) bei Bozen untersuchten rosa Blüten sind im geöffneten Zustande etwa 5—7 mm weit. Kurz nachdem die Blüte sich geöffnet hat, springen die Antheren der äusseren Staubblätter auf, und meist erst nach deren Abblühen diejenigen der inneren. Die Narben stehen in gleicher Höhe mit den Antheren und sind mit ihnen gleichzeitig entwickelt, so dass bei ausbleibendem Insektenbesuche spontane Selbstbestäubung unvermeidlich ist. Die Kleinheit der Blüten und die geringe Menge des abgesonderten Nektars bewirken, dass sich nur wenige Besucher einstellen, die dann ebensowohl Selbst- als Fremdbestäubung bewirken können.

Als Besucher sah Schulz vereinzelte Fliegen (meist Schwebfliegen, z. B. Rhingia) und 2 Falter (Lycaena).

F. F. Kohl beobachtete in Tirol die Faltenwespe: Odynerus tarsatus Sauss.

Die drüsige Behaarung bildet einen Schutz gegen ankriechende Tiere.

569. G. molle L. [Sprengel, S. 338; H. M., Befr. S. 163; Weit. Beob. II. S. 217; Kirchner, Flora S. 340; Knuth, Ndf. Ins. S. 51; Notizen; Mac Leod, B. Jaarb. VI. S. 230—233; Loew, Bl. Flor. S. 398; Warnstorf, Bot. V. Brand. Bd. 38.] — Die rosafarbigen Blüten sind schwach protandrisch. Beim Öffnen der Blüte liegen die Narbenäste noch an einander, so dass ihre empfängnisfähige Stelle verdeckt ist. Auch die Antheren sind noch geschlossen und dabei nach aussen gerichtet. Alsdann biegen sich die inneren Staubblätter nach einander einwärts, ihre Antheren legen sich auf die Spitze der noch unempfänglichen

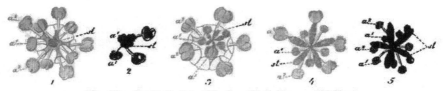

Fig. 70. Geranium molle L. (Nach Herm. Müller.)

Staub- und Fruchtblätter in den auf einander folgenden Stadien der Entwickelung. a' äussere, am Grunde mit Honigdrüse versehene Staubblätter. a² innere Staubblätter. st Narben.

Narbenäste und springen auf, so dass die Blüte jetzt rein männlich ist. Aber noch bevor alle 5 inneren Antheren sich geöffnet haben, beginnen die Narbenäste sich auseinanderzubreiten. Alsdann biegen sich auch die äusseren Staubblätter der Mitte zu und öffnen ihre Antheren. Endlich stehen die Antheren zwischen und etwas über den Narben, so dass besuchende Insekten sowohl Fremd- als auch Selbstbestäubung herbeiführen werden. Letztere muss bei ausbleibendem Insektenbesuche spontan eintreten. — Warnstorf bezeichnet die Blüten als homo- und autogam. Pollen gelblich, kugelig, netzig-warzig, etwa 63 μ diam. — Ausser den protandrischen Zwitterblüten beobachtete Mac Leod bei Blankenberghe weibliche Blüten mit pollenlosen Antheren und Übergänge zwischen den zweigeschlechtigen und weiblichen Blüten, bei denen nur einzelne Staubblätter steril waren.

Als Besucher sah Herm. Müller folgende Insekten: A. Diptera: a) *Conopidae*: 1. Dalmannia punctata F., sgd.; 2. Myopa testacea L., sgd. b) *Muscidae*: 3. Scatophaga merdaria F., sgd. c) *Syrphidae*: 4. Ascia podagrica F., sgd., sehr häufig; 5. Helophilus pendulus L., sgd.; 6. Rhingia rostrata L., sgd.; 7. Syritta pipiens L., sgd. B. Hymenoptera: a) *Apidae*: 8. Anthrena gwynana K. ♀, sgd.; 9. Apis mellifica L. ♀, sgd.; 10. Chelostoma campanularum K. ♀. sgd. (Bdb.); 11. Halictus nitidus Schenck. ♀, sgd.; H. sp., sgd. Ich sah auf Helgoland am 5. 6. 97: 1. Eucera difficilis (Duf.) Pér. ♂, sgd.; 2. Lucilia caesar L., sgd.; 3. Syritta pipiens L., erst längere Zeit vor der Blüte schwebend, dann sgd. und pfd.; 4. Anthrena labialis K. ♂, sgd.

H. de Vries (Ned. Kruidk. Arch. 1877) beobachtete in den Niederlanden 1 Hummel, Bombus terrester L. ♀, als Besucher; Mac Leod in Flandern 6 Bienen, 4 Schwebfliegen, 2 Musciden, 1 Falter (Bot. Jaarb. VI. S. 232, 233).

Loew beobachtete in der Schweiz (Beiträge S. 60): Melithreptus menthastri L.; Schletterer bei Pola: Hymenoptera: a) *Apidae*: 1. Anthrena dubitata Schck.; 2. A. flavipes Pz.; 3. A. parvula K.; 4. Halictus calceatus Scop.; 5. Osmia versicolor Ltr. b) *Tenthredinidae*: 6. Cladius pectinicornis Fourcr.

In Dumfriesshire (Schottland) (Scott-Elliot, Flora S. 39) wurden 1 kurzrüsselige Biene, 1 Schwebfliege und mehrere Musciden als Besucher beobachtet.

570. G. pusillum L. [H. M., Befr. S. 164; Weit. Beob. II. S. 217; Kirchner, Flora S. 339; Knuth, Nordfr. Ins. S. 50, 51.] — Wie Herm. Müller auseinandersetzt, sind die kleinen, lila gefärbten Blüten dieser Pflanze noch weniger augenfällig als die der vorigen Art, daher ist der Insektenbesuch noch geringer, und es findet vor Ende der Blütezeit spontane Selbstbestäubung in vollem Masse statt. Obgleich die Blüten der beiden Arten äusserlich einander sehr ähnlich sind, sind die Blüteneinrichtungen äusserst verschieden. G. pusillum ist protogynisch mit langlebigen Narben. Nur die fünf inneren Staubblätter, welche auch an ihrem Grunde die Honigdrüsen tragen, besitzen Antheren. Beim Öffnen der Blüte sind die Narbenäste bereits zur Hälfte auseinander gespreizt,

Fig. 71. Geranium pusillum L. (Nach Herm. Müller.)

Staub- und Fruchtblätter einer eben sich öffnenden Blüte. *a* Antheren. *st* Narbe.

während die zwischen denselben liegenden Antheren noch geschlossen sind. Mit dem Aufspringen der letzteren spreizen die Narbenäste sich weiter auseinander, während sich die Staubblätter nach der Mitte der Blüte zusammenbiegen, so dass alsdann die pollenbedeckten Antheren über den Narbenästen stehen, bei ausbleibendem Insektenbesuche also durch Hinabfallen des Pollens spontane Selbstbestäubung eintritt. Auch noch nach dem Abfallen der Staubbeutel bleiben die Narben empfängnisfähig.

Als Besucher sah H. Müller nur einige Syrphiden (Ascia podagrica F., sgd.; Rhingia rostrata L., sgd.), Bienen (Anthrena cingulata F. ♀, sgd.; Halictus lucidulus Schenck ♀, sgd.) und eine Sphegide (Diodontus minutus F., sgd.).

571. G. Robertianum L. [Sprengel, S. 337; H. M. Befr. S. 166; Weit. Beob. II. S. 218; Mac Leod, B. Jaarb. VI. S. 229—230; Kirchner, Flora S. 340, 341; Schulz, Beitr. II. S. 57, 58; Knuth, Bijdragen.] —

Die Blüten sind, nach Herm. Müller, schwach protandrisch. Die Nägel der rosa gefärbten, mit drei helleren Streifen versehenen Kronblätter bleiben aufrecht, sodass die Blüte sich nicht weit öffnet. Zur Erlangung des Nektars, welcher sich in dem flach ausgehöhlten Grunde der Kelchblätter sammelt, ist ein 7 mm langer Rüssel erforderlich. Beim Öffnen der Blüte liegen die 5 Narbenäste noch aneinander, die 5 inneren Staubblätter stehen in der Blütenmitte, ihre Antheren öffnen sich etwas oberhalb der Narben und bedecken sich nach oben mit Pollen. Die 5 äusseren Staubblätter sind weit nach aussen gebogen. Noch während die Antheren der 5 inneren Staubblätter Pollen besitzen, strecken sich die Narbenäste und öffnen sich über den Antheren. Während nun die 5 inneren Staubblätter abblühen, bewegen sich auch die 5 äusseren nach der Blütenmitte und umgeben den Griffel. Bei eintretendem Insektenbesuche ist durch die anfängliche Protandrie, später durch die Stellung der entwickelten Narben über den pollenbedeckten Antheren Fremdbestäubung gesichert, Selbstbestäubung jedoch nicht ausgeschlossen. — Nach Schulz sind die Zwitterblüten auch bisweilen homogam. Ausser den zweigeschlechtigen Blüten kommen gynodiöcisch und gynomonöcisch, ferner androdiöcisch und andromonöcisch verteilte eingeschlechtige vor. — Pollen, nach Warnstorf, gross, kugelig, dicht warzig und undurchsichtig, etwa 70 μ diam. messend.

Als Besucher beobachteten Herm. Müller (1), Buddeberg (2) und ich (!) in Mittel- und Norddeutschland:

A. Coleoptera: a) *Staphylinidae*: 1. Anthobium sp. (1). b) *Telephoridae*: 2. Dasytes flavipes F., sgd. und Blumenblätter nagend. B. Diptera: a) *Empidae*: 3. Empis sp., vergeblich suchend (2). b) *Syrphidae*: 4. Rhingia rostrata L., sgd. und pfd., häufig (1, 2). C. Hymenoptera: *Apidae*: 5. Anthrena gwynana K. ♂ (2); 6. Bombus agrorum F. ☿, sgd. (1); 7. B. hortorum L. ☿, andauernd sgd. (1); 8. B. lapidarius L., sgd. (!); 9. B. terrester L., sgd. (!); 10. Ch. nigricorne Nyl. ♂, sgd. (2); 11. Halictus cylindricus F. ♀, sgd. (1, Thür.); 12. Osmia adunca Pz. ♂, sgd. (2); 13. O. rufa L. ♀, sgd. (2). D. Lepidoptera: *Rhopalocera*: 14. Pieris napi L., sgd., zahlreich (1).

Krieger beobachtete bei Leipzig die Apiden: 1. Anthidium manicatum L.; 2. Anthrena gwynana K., II. Generation; 3. Coelioxys rufescens Lep.; 4. Eriades nigricornis Nyl.; 5. Osmia caerulescens L. (= aenea L.); 6. O. solskyi Mor.; 7. Stelis phaeoptera K.

In den Alpen sah Herm. Müller (Alpenbl. S. 174) noch 4 Hummeln, 2 Schwebfliegen, 3 Falter.

Willis (Flowers and Insects in Great Britain Pt. I.) beobachtete in der Nähe der schottischen Südküste:

A. Diptera: *Syrphidae*: 1. Syrphus sp., sgd. B. Hymenoptera: *Apidae*: 2. Bombus agrorum F., sgd., häufig. C. Lepidoptera: *Rhopalocera*: 3. Pieris napi L., sgd.

In Dumfriesshire (Schottland) (Scott-Elliot, Flora S. 38) wurden 2 Hummeln. 2 Empiden, mehrere Musciden, 1 Falter und Meligethes als Besucher beobachtet.

Mac Leod beobachtete in den Pyrenäen 4 Bienen, 4 Falter, 1 Muscide als Besucher (B. Jaarb. III. S. 402); in Flandern 1 Hummel, 1 Empis, 1 Wespe, 1 Falter (B. Jaarb. VI. S. 230).

572. G. rivulare Vill. Nach Briquet (Etudes) ist diese Blume so ausgeprägt protandrisch, dass spontane Selbstbefruchtung nur ausnahmsweise stattfinden kann. Die Kronblätter sind weiss und je mit 5 roten Adern ver-

schen. Die gelben Antheren sind nach dem Aufspringen extrors und violett.
Der Grund der Staubfäden ist mit Haaren als Saftdecke versehen. Besucher
sind Dipteren, Hymenopteren und Schmetterlinge. (Nach· Kirchner).

Loew beobachtete im botanischen Garten zu Berlin folgende Besucher an:

573. G. albanum M. B. eine Muscide (Anthomyia sp.) sgd.;

574. G. Arnottianum Steud. die Honigbiene, sgd.;

575. G. ibericum Cav.:

A. Diptera: *Syrphidae*: 1. Helophilus pendulus L. B. Hymenoptera: *Apidae:*
2. Apis mellifica L. ⚥, sgd.; 3. Bombus lapidarius L. ⚥, sgd.; sowie an der Form
platypetalum: Apis und Prosopis communis Nyl. ♀; an

576. G. pseudosibiricum J. Mey. die Honigbiene, sgd.; ebenso an

577. G. reflexum L.; an

578. G. rubellum Mnch.:

Apidae: 1. Coelioxys elongata Lep. ♀, sgd.; 2. Osmia aenea L. ♀, sgd.;

579. G. ruthenicum Uechtr. eine Biene (Halictus cylindricus F. ♂) sgd.;

580. G. sibiricum L. eine Muscide (Anthomyia sp.) sgd.;

581. G. striatum L. Bienen (Apis und Halictus pleucozonicus Schr. ♂) sgd.

131. Erodium L'Héritier.

Protandrische, homogame oder protogynische Blumen mit verborgenem Honig,
welcher wie bei voriger Gattung abgesondert wird. Kronblätter häufig ungleich
die unteren länger. Staubblätter 10, die vor den Kronblättern stehenden 5 breiter,
antherenlos, die mit ihnen abwechselnden mit Antheren und am Grunde mit
·Honigdrüse.

582. E. cicutarium L'Hérit. [Sprengel, S. 338—340; H. M., Befr.
S. 166, 167; Ludwig, Bot. Centralbl. Bd. 18, S. 143; 19, S. 118, 185 u. s. w.;
Mac Leod, B. Jaarb. VI. S. 234—237; Schulz, Beitr. II. S. 58, 59, 185;
Knuth, Nordfries. Ins. S. 51—53, 152; Kirchner, Flora S. 341—342; Loew,
Bl. Flor. S. 212; Warnstorf, Bot. V. Brand. Bd. 38.] — Sprengel hat eine
treffliche Darstellung der Blüteneinrichtung gegeben. F. Ludwig hat zuerst auf
die blütenbiologischen Unterschiede der beiden vegetativ verschiedenen Formen
dieser Pflanze aufmerksam gemacht. Nach demselben sind zu unterscheiden:

a) genuinum. Diese gewöhnliche Form hat meist gleichmässig rosa
gefärbte, gleich grosse Kronblätter, nur die oberen sind zuweilen etwas kürzer
und dann intensiver gefärbt. Die Nektarien sind, wie bei Geranium, sämtlich
gleichmässig ausgebildet. Die Blüten sind homogam oder schwach protogynisch.
Die drei oberen Antheren liegen während ihres Stäubens den Narbenästen dicht
an, und auch die beiden unteren legen sich später gleichfalls an den Griffel,
so dass spontane Selbstbestäubung unvermeidlich ist. Diese erfolgt, nachdem das
Aufblühen morgens um 7 Uhr geschehen ist, eine Stunde später. Mittags haben
die Blumen schon ihre Kronblätter verloren. Diese Form ist mit dem eigenen
Pollen vollkommen fruchtbar.

b) pimpinellifolium Willd. Die bibernellblätterige Form ist
ausgeprägt insektenblütig. Die Blumen sind meist grösser, die beiden oberen

Kronblätter kürzer, breiter und kräftiger rot, als die drei unteren. Letztere sind verlängert und bilden so eine Anflugstelle für die besuchenden Insekten. Meist sind die beiden oberen Kronblätter mit einem dunklen Saftmal versehen, doch kann es auch fehlen oder es können auch die übrigen Kronblätter alle oder zum Teil ein solches besitzen. Anfangs ist die Blüte in ihrem unteren Teile durch die Staubblätter so geschlossen, dass kein Insekt eindringen kann. Das obere Kelchblatt und die oberen Kronblätter sind so weit von den oberen Staubblättern entfernt, dass die obere, dunkle Nektardrüse sichtbar wird, während die unteren durch die Haare der Kronblätter fast verborgen werden. Die unteren Nektarien sind bedeutend kleiner als die oberen und sondern eine viel geringere Menge Honig aus. Beim Öffnen der Blüte ist der Griffel noch kurz, unentwickelt, die Antheren etwas von ihm entfernt. Es öffnen sich zuerst die oberen, dann die unteren Antheren auf der dem Griffel abgewendeten Seite. Die Staubblätter biegen sich bald ganz nach aussen, indem sie die Antheren meist abwerfen, bevor sich die Narbenäste öffnen und ausbreiten, was meist am zweiten Tage geschieht. Nur zuweilen, besonders bei wenig auffälligem Saftmal kehren die Staubblätter zur Narbe zurück, so dass dann als Notbehelf spontane Selbstbestäubung möglich ist; diese ist aber nur in geringem Grade von Erfolg. Die Kronblätter fallen meist am zweiten Tage ab. (An den kleineren weiblichen Blüten, die neben den Zwitterblüten auf denselben oder getrennten Stöcken auftreten, fehlt öfters das Saftmal oder ist wenig ausgeprägt). —

Jedoch nicht überall zeigt die Form pimpinellifolium die von Ludwig beschriebenen Eigenschaften [1]. Schulz hat an verschiedenen Orten in Deutschland und Tirol mehrere Jahre hindurch den Formen von Erodium cicutarium seine Aufmerksamkeit geschenkt. Die Hauptform (genuinum) kommt nach demselben z. B. bei Halle in 2 biologischen Formen vor:

1. Die in vielen Fällen vollständig strahlig-symmetrischen (aktinomorphen), einfarbig roten Blüten haben ungefähr einen Durchmesser von 8 bis 13 mm. Zuweilen sind die beiden oberen Kronblätter verkürzt und verbreitert, manchmal auch intensiver gefärbt als die übrigen, auch wohl mit einem oder mehreren, grauweissen, auch rot gestrichelten Flecken auf denselben. Diese Blüten sind fast immer homogam, seltener schwach protandrisch, sehr selten protogyn. Selbstbefruchtung ist in der Regel die einzige Befruchtungsart dieser Form. Der Insektenbesuch ist selbst bei den Formen, welche mit Saftmal versehen sind, ein äusserst geringer.

2. Die meist ausgeprägt hälftig-symmetrischen (zygomorphen) Blüten sind sehr gross; ihr Durchmesser beträgt 12—15 mm. Das Saftmal ist hin und wieder vorhanden und dann scharf abgegrenzt, ziemlich gross, durch die Mittelrippe oft fast in zwei Teile zerlegt und mit zahlreichen, tief gefärbten Strichen und Punkten bedeckt. Die Blüten sind ausgeprägt protandrisch; Selbstbestäubung ist meist ausgeschlossen.

---

[1] Die Form genuinum beschrieb Ludwig nach Pflanzen aus der Umgegend von Greiz, die Form pimpinellifolium nach solchen aus der Gegend von Schmalkalden, Schleusingen u. s. w.

Die Form pimpinellifolium Willd. hat, nach Schulz, bei Halle beinahe immer grössere Blüten als die mittleren der Hauptform sind, und zwar sind sie in der Regel hälftig-symmetrisch und mit Saftmal ausgestattet, seltener sind sie strahlig-symmetrisch mit gefleckten oder ungefleckten Kronblättern. Sie sind fast immer protandrisch, stellenweise auch homogam. Die Pflanze ist in vielen Fällen ganz auf Fremdbestäubung angewiesen.

In Südtirol fand Schulz nur die Form genuinum mit meist vollständig oder fast vollständig strahlig-symmetrischen, ungefleckten, homogamen Blüten. An anderen Orten sah Schulz auch die grossblütige Form dieser Abart mit der var. pimpinellifolium zusammenwachsen; die Blüten beider Formen wurden von Insekten gleich häufig besucht. Schulz entfernte von den Nektarien einer Anzahl soeben aufgeblühter Blüten der Form pimpinellifolium mit einer Pipette sorgfältig jede Spur des Honigs und überzog dieselben mit Schellack; trotz ihres Saftmales wurden diese Blüten nur noch von vereinzelten Insekten besucht, während die benachbarten Blüten der Form genuina, sowie auch die unversehrten der Form pimpinellifolium sich nach wie vor eines ziemlich reichen Besuches zu erfreuen hatten. Es ist also auch hier wieder der Geruch des Honigs das Hauptanlockungsmittel für die Insekten; das „Saftmal" ist für die Anlockung der Insekten von sehr geringer Bedeutung (wenn es sich nicht durch grelle Färbung von seinem Untergrunde gut abhebt).

Zu ähnlichen Ergebnissen bin ich (ohne die Forschungen von Schulz damals zu kennen) durch meine Untersuchungen der Saftmalformen von Erodium Cicutarium auf den nordfriesischen Inseln gekommen. Hier ist die Pflanze ausgeprägt protandrisch und stets hälftig-symmetrisch, indem die oberen Kronblätter kürzer, aber breiter und intensiver gefärbt sind, als die unteren. Die Saftmale sind in sehr verschiedenem Grade ausgebildet; bei einigen

Fig. 72. Verschiedene Formen der Saftmale auf den Kronblättern von Erodium Cicutarium L'Herit. (Nach der Natur.)

Blumen sind sie fast verschwunden; bei anderen treten sie sehr auffallend hervor. Der Insektenbesuch ist für alle Formen derselbe: es werden keineswegs die mit stärkeren Saftmalen versehenen Blumen etwa auch stärker von Insekten aufgesucht als die fast saftmallosen, sondern die Kerfe fliegen von einer Blütenform zur anderen, ohne Auswahl in Bezug auf die Stärke des Saftmals zu treffen. Es ist dies deshalb beachtenswert, weil man annimmt, dass den Insekten das Saftmal als Wegweiser zum Honig dient, dass sie mithin in Blumen ohne Saftmal den Nektar entweder nicht finden oder nicht vermuten. Haben sie aber erst in einer Blume mit Saftmal den Nektar gefunden, so ist es ihnen leicht, auch in saftmallosen Blumen derselben Art den Honig aufzufinden. Die verschiedenen Blütenformen von Erodium Cicutarium schränken die bereits von

Sprengel (S. 15, 16) aufgestellte Saftmaltheorie insofern ein, als das Saftmal den Insekten wohl die Auffindung des Nektars erleichtert, für sie jedoch nicht unbedingt notwendig ist, sondern dass es genügt, wenn eine Anzahl Blumen solche Wegweiser besitzen.

Loew fasst (Blütenbiologische Floristik S. 212) das Ergebnis der über Erodium Cicutarium gemachten blütenbiologischen Untersuchungen in folgendem Satze zusammen: Nicht der Besitz eines Saftmals ist das wesentliche Kriterium der autogamen und der allogamen Form, auch ist letzteres nicht, wie Ludwig angegeben, auf die var. pimpinellifolium beschränkt, sondern beide Hauptvarietäten der Art bilden verschieden abgestufte, allo- und autogame Abänderungen aus, die sich vorzugsweise durch stärkere oder schwächere Protandrie, sowie grössere oder kleinere, zygomorphe oder „regelmässige" Blumenkronen unterscheiden.

Ausser den Zwitterblüten sind gynodiöcisch und gynomonöcisch, sowie androdiöcisch und andromonöcisch verteilte eingeschlechtige Blüten beobachtet (Schulz).

Warnstorf bezeichnet die Blüten als protogyn und fügt hinzu: Staubblätter kürzer als die Griffel, daher Selbstbestäubung ausgeschlossen. Die kleinen Blüten haben (bei Ruppin) meist am Grunde ungefleckte Kronenblätter; doch zeigen häufig auch die zwei oberen kleineren, intensiver rot gefärbten Blättchen an der Basis die für die grösseren Blüten charakteristischen gelblichen Flecke; bei letzterer Form kommen, wenn auch selten, 3—4 Kronenblätter gefleckt vor. In den kleinen Blüten schlagen die Staubblätter oft fehl, so dass solche Stöcke weiblich werden. Die Narbe ist bald purpurn, bald rosa, bald blassgelblich gefärbt.

Als Besucher beobachtete schon Sprengel Hummeln und die Honigbiene; auf der Insel Röm sah ich eine Schwebfliege (Helophilus pendulus L.) ganz besonders häufig, andere Schwebfliegen auch auf Föhr und bei Kiel, sowie kurzrüsselige Bienen.

Herm. Müller giebt folgende Besucherliste:

A. Coleoptera: *Coccinellidae*: 1. Coccinella septempunctata L.; bld. B. Diptera: a) *Conopidae*: 2. Myopa buccata L., sgd. b) *Muscidae*: 3. Calliphora vomitoria L., sgd.; 4. Lucilia cornicina F., sgd.; 5. L. sp., sgd. c) *Syrphidae*: 6. Rhingia rostrata L., sgd.; 7. Syritta pipiens L., sgd. C. Hymenoptera: a) *Apidae*: 8. Anthrena gwynana K. ♀, sgd. (Thür.); 9. A. parvula K. ♀, sgd.; 10. Apis mellifica L. ♀, sgd. und psd.; 11. Halictus cylindricus F. ♀, sgd.; 12. H. leucozonius Schrk. ♀, sgd.; 13. H. nitidiusculus K. ♀, sgd.; 14. Sphecodes ephippia L., sgd. b) *Sphegidae*: 15. Ammophila sabulosa L., sgd. D. Lepidoptera: *Rhopalocera*: 16. Pieris napi L., andauernd sgd.; 17. P. rapae L. w. v.

Verhoeff beobachtete auf Norderney: A. Coleoptera: a) *Nitidulidae*: 1. Meligethes aeneus F., pfd. B. Diptera: a) *Muscidae*: 2. Anthomyia spec.; 3. Miltogramma spec., pfd. b) *Syrphidae*: 4. Melithreptus menthastri L. C. Hymenoptera: a) *Chrysidae*: 5. Holopyga amoenula Dhlb. b) *Pteromalidae*: 6. Pteromalus spec. c) *Sphegidae*: 7. Oxybelus uniglumis L., sgd.

Loew beobachtete in Schlesien (Beitr. S. 25) Apis mellifica L. ♀, sgd.; ebenso H. de Vries (Ned. Kruidk. Arch. 1877) in den Niederlanden; Mac Leod bemerkte in Flandern Apis, 1 Hummel, 2 kurzrüsselige Bienen, 3 Schwebfliegen, 3 Musciden, 1 Falter. (B. Jaarb. VI. S. 236, 237).

Schletterer beobachtete bei Pola als Besucher die Apiden: 1. Anthrena ventricosa Dours. ♀; 2. Ceratina cucurbitina Rossi; 3. Halictus calceatus Scop.

In Dumfriesshire (Schottland) (Scott-Elliot, Flora S. 37) wurden 3 Musciden als Besucher beobachtet.

Als Besucher von Erodium cicutarium var. pimpinellifolium sah Ludwig (Deutsche bot. Monatsschrift 1884) einige Apiden und zahlreiche Fliegen, nämlich: Syrphus pyrastri L., S. cinctellus Zett., S. lineola Zett., S. corollae F., S. balteatus Deg., S. arcuatus Fall.; Eristalis sepulcralis, L.; Syritta pipiens L.; Melithreptus scriptus L., M. pictus Mg., M. taeniatus Mg.; Melanostoma mellina L., M. gracilis Mg.; Ascia podagrica F.; Xylota segnis L.; Platycheirus albimanus F., P. scutatus Mg., P. clypeatus Mg., P. fasciculatus Löw; Lucilia caesar L., L. silvarum Mg.; Anthomyia radicum L.; Spilogaster duplicata Mg.; Chortophila cilicrura Rond., Ch. dissecta Mg., Ch. floccosa Mg.; 2 Schlupfwespen, 5 Apiden.

583. E. malacoides Willd.

Als Besucher beobachtete Schletterer bei Pola die Furchenbiene Halictus calceatus Scop.

584. E. gruinum W. Die in Südeuropa und Nordafrika heimische Pflanze hat, nach Ludwig (Bot. Centr. Bd. VIII. S. 357—362), blaue, grosse, protogyne, strahlig-symmetrische Blüten, deren Durchmesser 28 mm beträgt. Die Staubblätter biegen sich anfangs nach aussen, später wieder nach innen, wobei zuletzt Selbstbestäubung eintritt.

585. E. macrodenum L'Hérit. Diese in den Pyrenäen heimische Art hat, nach Ludwig, so ausgeprägt protandrische Blüten, dass Selbstbestäubung ausgeschlossen ist. Die beiden oberen Kronblätter haben ein grosses, auffälliges Saftmal. Diese Art ist, nach Ludwig (Bot. Centralbl. VIII. S. 87, 88), adynamandrisch.

586. E. Gussonii Ten. Diese kleinblütige, südeuropäische Art ist fast homogam.

587. E. Manescavi Coss. Diese in den Pyrenäen heimische Art besitzt, nach Ludwig, purpurviolette, dunkler geaderte Kronblätter, von denen die oberen am Grunde mit Saftmal ausgestattet sind. Die Blütedauer der protogynen Blumen beträgt $1^1/_2$—3 Tage, die Blütezeit der Pflanze 4 Monate.

Die Pflanze ist bis zu einem gewissen Grade auto-, resp. allokarp. Von 44 Blüten hatten 26 nach Bestäubung von demselben Stocke Früchte angesetzt, von denen allerdings nur 4 % zur Reife kamen.

588. E. moschatum L'Hérit. Nach Ludwig sind die purpurnen, unscheinbaren, kurzlebigen Blüten homogam oder schwach protogyn.

589. E. maritimum L'Hérit. ist, nach Ludwig, zuweilen pseudokleistogam.

132. Pelargonium L'Hérit.

Nach Hildebrand (Bot. Ztg. 1869, S. 479—481) sind manche Arten dieser Gattung protandrisch; die ersten Blüten sind rein weiblich.

590. P. triste L. Die grünlichen Blüten sah Plateau am Tage nur von einen kleinen Muscide besucht; da sie jedoch während der Nacht einen kräftigen Duft aushauchen, werden sie wahrscheinlich von Nachtinsekten befruchtet.

591. P. zonale ist nach Darwin selbststeril.

29. Familie Oxalidaceae DC.

Die Familie ist vertreten durch die Gattung

133. Oxalis L.

H. v. Mohl, Bot. Ztg. 1863; Hildebrand, Monatsber. d. Akad. d. Wiss. Berlin 1866; Bot. Ztg. 1871; Die Lebensverhältnisse der Oxalis-Arten, Jena 1884.

Homogame Blumen mit halbverborgenem Honig, welcher im Blütengrunde abgesondert wird.

Während unsere drei einheimischen Arten nur in je einer Blütenform auftreten, sind eine grosse Anzahl ausländischer Arten tri- oder dimorph. Künstliche Befruchtungsversuche, welche Hildebrand mit trimorphen Oxalis-Arten anstellte, bestätigen das von Darwin für andere dimorphe Pflanzen und für Lythrum Salicaria nachgewiesene Gesetz der grössten Fruchtbarkeit bei legitimer Befruchtung. Bei einzelnen Arten (auch bei Oxalis Acetosella) sind kleistogame Blüten beobachtet. Unsere drei Arten stimmen in Bezug auf die Blüteneinrichtung fast überein.

592. O. Acetosella L. [H. M., Befr. S. 169; Mac Leod, B. Jaarb. VI. S. 237-238; Kirchner, Flora S. 342, 343; Knuth, Grundriss S. 39.] — Die chasmogamen Blüten sind, nach Kerner, von 9—6 Uhr geöffnet. Ihre weissen Kronblätter besitzen als Saftmal violette Längsadern und einen gelben Fleck am Grunde unmittelbar über der Honigdrüse. Der Nektar sammelt sich in fünf Vertiefungen im Grunde der Krone, welche durch fleischige, bis an die Staubfäden reichende Ansätze der Nägel der fünf Kronblätter gebildet werden. Da die Länge des Griffels veränderlich ist, so überragt die Narbe bald die Antheren, bald steht sie zwischen ihnen. Die Blumen werden nur selten besucht.

Alfken beobachtete bei Bremen Apis und Bombus terrester L. ♀.

Herm. Müller sah folgende Besucher:

A. Coleoptera: a) *Nitidulidae*: 1. Meligethes, häufig. b) *Staphylinidae*: 2. Omalium florale Payk., zahlreich. B. Thysanoptera: 3. Thrips, häufig.

In den Alpen sah derselbe (Alpenbl. S. 178, 179) noch 7 Fliegen und 1 Ameise, sowie gleichfalls Thrips.

In Dumfriesshire (Schottland) [Scott-Elliot, Flora S. 40] wurde 1 Muscide als Besucher beobachtet.

Burkill (Fert. of Spring Fl.) beobachtete an der Küste von Yorkshire: A. Coleoptera: *Nitidulidae*: 1. Meligethes picipes Sturm, sgd. B. Thysanoptera: 2. Thrips sp.

Die kleistogamen Blüten hat zuerst Hugo von Mohl (Bot. Ztg. 1863) beschrieben. (Vgl. Bd. I. S. 63—63.)

593. O. stricta L. [Kirchner, Flora S. 343; Schulz, Beitr I. S. 31; Kerner, Pflanzenleben II.] — Die hellgelben Blumen sind, nach Kerner, von 8—4 Uhr geöffnet. Die Blüteneinrichtung ist derjenigen der vorigen Art sehr ähnlich, doch stehen, nach Schulz, die Antheren der längeren Staubblätter mit der gleichzeitig mit ihnen entwickelten Narbe in gleicher Höhe und liegen ihr an, so dass spontane Selbstbestäubung unvermeidlich ist. Die kürzeren Staubblätter dienen der Kreuzung. Bei schlechtem Wetter bleiben, nach Kerner, die Blüten geschlossen. Kleistogame Blüten sind bisher nicht beobachtet.

Als Besucher beobachtete Mac Leod in Flandern Apis, 2 Schwebfliegen, 2 Falter. (Bot. Jaarb. VI. S. 238).

594. O. corniculata L. stimmt in der Blüteneinrichtung gänzlich mit O. stricta überein. Auch bei dieser Art bleiben, nach Kerner, die Blüten bei schlechtem Wetter geschlossen und befruchten sich pseudokleistogam.

595. O. cernua. Diese in Sicilien und Sardinien eingewanderte und auf diesen Inseln verbreitete Art ist, nach Nicotra (Oss. antobiol.), dort ausschliesslich mikrostyl, woraus sich die Sterilität der Pflanze in der genannten Gegend erklärt. Narbenpapillen sind fast nicht vorhanden. Die Pollenkörner sind nicht homogam. Da die kürzeren Staubblätter rascher als die Griffel heranwachsen, so findet man häufig die Narben mit Pollen belegt; doch scheint diese Bestäubung ohne Erfolg zu sein. Nicotra beobachtete auch kleistogame Blüten oder doch Übergänge zu solchen, welche vielleicht hin und wieder Früchte hervorbringen.

30. Familie **Tropaeolaceae** Juss.
134. Tropaeolum L.

Protandrische Immenblumen, deren gespornter Kelch Nektar absondert und birgt.

596. T. majus L. [Sprengel, S. 213—227; Delpino, Sugli app. S. 30; Knuth, Bijdragen.] — Ausgeprägt protandrische Hummelblume. Die gelben Kronblätter haben am Grunde ihrer Platte einen roten, als Saftmal dienenden Fleck. Wenn die Blüte sich öffnet, sind die Staubblätter noch sämtlich abwärts

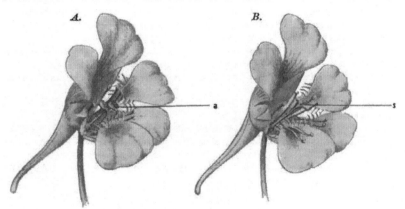

Fig. 73. Tropaeolum majus L. (Nach der Natur.)
A. Blüte im ersten (männlichen) Zustande: eine Anthere (a) steht im Blüteneingange. B. Blüte im zweiten (weiblichen) Zustande: die Narbe (s) steht im Blüteneingange. (Nat. Grösse.)

gebogen und die Antheren haben sich noch nicht geöffnet; auch der Griffel ist noch sehr kurz, und die Narben liegen noch aneinander. Alsdann richtet sich ein Staubblatt nach dem anderen in die Höhe, öffnet seine Antheren gerade vor dem Blüteneingange und biegt sich dann wieder abwärts, wenn am folgenden Tage ein zweites Staubblatt sich aufrichtet und seine pollenbedeckte Anthere vor den Blüteneingang stellt. Haben die sämtlichen acht Staubblätter diese Bewegungen ausgeführt, haben sie sich also sämtlich mit verwelkten Antheren abwärts gebogen, so hat der Griffel auch die Länge erreicht, dass die nun allmählich empfängnisfähige Narbe gerade diejenige Stellung einnimmt, welche vorher die pollenbedeckten Antheren inne hatten. Beim Besuch einer jüngeren Blume wird also ein zum Nektar vordringendes Insekt sich an der Körperunterseite mit Pollen behaften, den es älteren Blüten auf die Narbe bringen muss.

Als Besucher beobachtete Sprengel eine Ameise (im Sporn), kleine Spinnen („die vermutlich auf die hineinkriechenden kleinen Insekten Jagd machen") und eine Fliege („die aber nicht für die Befruchtung bestimmt war, denn das dumme und träge Insekt hielt die Saftdecke für den Safthalter, steckte seinen Saugrüssel hinein und fand, weil es vorher geregnet hatte, Regentropfen in demselben").

Als Besucher sah ich in Schleswig-Holstein, Mecklenburg, Pommern, Thüringen Bombus hortorum L., auch in der Färbung nigricans Schmdkn. (sgd., in jeder Blüte einige Sekunden verweilend). Zwar ist der Sporn 25 mm lang, so dass der bis 21 mm lange Rüssel dieser Hummel nicht bis zum Grunde des Sporns reichen würde; doch ist der Sporneingang so weit, dass die Hummel ihren Kopf in denselben 5 mm weit zwängen und so den Honigbehälter auslecken kann. Es ist also die Gartenhummel der regelmässige Befruchter der Kapuzinerkresse. Ausser dieser sah ich auch einmal einen Ohrwurm (Forficula auricularia) halb im Sporn stecken und in demselben so hartnäckig verweilen, dass ich die Blüte abpflücken und das Insekt in seiner Thätigkeit beobachten konnte: es konnte offenbar von dem ausnahmsweise weit den Sporn anfüllenden Nektar etwas erlangen. Als dritten Besucher beobachtete ich Apis mellifica L. ♀. Diese drang zuerst so tief wie möglich in den Sporn und machte vergebliche Saugversuche. Als es ihr nicht gelang, Honig in genügender Menge zu bekommen, sammelte sie von nun an nur Pollen und machte, durch die Erfahrung gewitzigt, nicht einmal einen Versuch mehr, zu saugen. — Auch Alfken beobachtete bei Bremen Bombus hortorum L. ♂, sgd.

597. T. minus L. [Knuth, Bijdragen.] — Diese, wie die vorige, aus Peru stammende Pflanze hat eine sehr ähnliche Blüteneinrichtung. Der Sporn ist jedoch meist noch erheblich länger, nämlich von 25—35 mm. Es ist daher keine unserer deutschen Hummeln oder Bienen imstande, bis in den Grund der längsten Sporne zu gelangen, selbst wenn sie den etwa 5 mm langen Kopf in den Sporneingang steckt. Ein Staubblatt nach dem andern stellt die pollenbedeckte Anthere in den Blüteneingang und legt sich nach dem Abblühen derselben gegen die Blumenkrone zurück. Haben alle Antheren ausgeblüht, so stellt sich die dreizipfelige Narbe in den Blüteneingang, so dass nunmehr diese von den honigsaugenden Besuchern berührt wird. Die drei unteren Kronblätter besitzen nach dem Blüteninnern zu gerichtete Fransen, welche verhindern, dass die Besucher den Versuch machen, in den unteren Teil der Blüte einzudringen. Dieselben werden vielmehr genötigt, oberhalb der nach oben aufgesprungenen Anthere oder der Narbe gegen den Sporneingang vorzugehen.

31. Familie Balsaminaceae A. Rich.

135. Impatiens L.

Ausgeprägt protandrische Bienenblumen, selten Schwebfliegenblumen, welche den Nektar im Grunde des Kelchspornes absondern. Einige Arten (auch Impatiens

noli tangere), besonders nordamerikanische, haben, nach Hugo von Mohl
(Bot. Ztg. 1863), hin und wieder kleistogame Blüten. Die Beschreibung derselben durch Hugo von Mohl ist in Band I. S. 64 gegeben. Manche
nordamerikanische Arten von Impatiens werden von Kolibris besucht.

598. I. noli tangere L. [Kirchner, Flora S. 346, 347; Knuth,
Grundriss S. 38—39; Bijdragen.] — In den grossen, goldgelben, im Schlunde
rot punktierten, hängenden Blüten umschliessen die an der Oberlippe sitzenden,
unter einander verwachsenen Antheren der fünf Staubblätter die Narbe. Mit
dem Öffnen der Blüte sind auch die Staubbeutel aufgesprungen, so dass eine
zum Honig vordringende Hummel mit ihrem Rücken den Pollen abstreifen
muss. Später löst sich die Staubblattkapuze, und nun erst entwickelt sich die
Narbe, die dann dieselbe Stelle einnimmt, wie vorher die Staubbeutel. Durch
noch sitzengebliebenen Pollen ist spontane Selbstbestäubung möglich.

Als Besucher sah ich bei Eutin zwei Hummelarten: Bombus lapidarius L. ♀ ♂
und B. hortorum L. ♀ ♂ (auch in der Färbung nigricans Schmdkn.), sgd. Eine Faltenwespe (Vespa media Retz. ♀) fand ich gleichfalls an den Blüten beschäftigt; sie schien den
tief im Sporn befindlichen Honig zu erreichen. Bei Flensburg beobachtete ich auch
die Erdhummel (Bombus terrester L.), die aber nicht imstande war, den Sporn völlig
zu entleeren. H. Müller beobachtete in Mitteldeutschland gleichfalls Hummeln, ohne
jedoch die Art feststellen zu können. Pollensammelnd und dabei auch gelegentlich
Fremdbestäubung herbeiführend, sah Loew eine kleine Biene (Halictus cylindricus F. ♀).
Von unberufenen Gästen bemerkte Müller ferner auch einen Halictus (H. zonulus
Sm. ♀), 2 Käfer (Meligethes und Dasytes flavipes F.) und eine Fliege (Sargus cuprarius L. ♂).

Herm. Müller fand (Alpenbl. S. 179) die Blüten im Prättigau häufig
von Bombus mastrucatus Gerst. angebissen und bemerkt dazu, dass die Blume dort
wohl oft von der durch Darwin (Cross. S. 367) nachgewiesenen Fähigkeit, sich
durch spontane Selbstbestäubung fortzupflanzen, Gebrauch machen wird.

599. I. parviflora DC. [Bennett, Impatiens; Henslow, Self-
fertilisation; Knuth, Bijdragen.] — Die kleinen, hellgelben Blüten haben dieselbe
Einrichtung wie vor., doch ist spontane Selbstbestäubung,
nach Henslow, begünstigt. Kleistogame Blüten
kommen, nach Bennett, nicht vor. Als Besucher
sah ich in Kieler Gärten niemals eine Biene, sondern
wiederholt eine kleine Schwebfliege (Syrphus balteatus Deg.) andauernd saugend und stets mehrere
Blüten hinter einander besuchend.

Auch am 10. September 1897 sah ich (Notizen)
im Garten der Ober-Realschule zu Kiel die Blüten von
Schwebfliegen und zwar fast ausschliesslich von Syrphus
corollae F. besucht. Diese hielt sich zuerst im Sonnenscheine vor der Blüte schwebend, näherte sich ihr auf
wenige Millimeter, schwebte dann wieder etwas zurück
und wiederholte dieses Spiel mehrere Male nach einander,

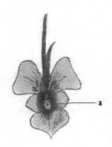

Fig. 74. Impatiens par-
viflora DC. (Nach der
Natur).
Blüte von vorn. a Antheren.

bis sie sich endlich auf dieselbe niederliess, teils um zu saugen, teils um Pollen
zu fressen. Auch Syrphus ribesii L. sah ich an demselben Morgen einige Male

die Blüten besuchen, während Apis die Blüten verschmähte, indem sie zwischen den Blütenständen hindurchflog und die Blumen von Sedum maximum stetig besuchte. Demnach sehe ich I. parviflora für eine Schwebfliegenblume an und nicht für eine Bienen- oder Hummelblume, wie es die anderen bei uns kultivierten Arten sind.

Im allgemeinen ist der Insektenbesuch von Impatiens parviflora ein recht geringer; da aber trotzdem alle Blüten sich zu Früchten entwickeln, so ist anzunehmen, dass die Pflanze selbstfertil ist.

600. I. Balsamina Tilo. [Sprengel, S. 400; Hildebrand, Bot. Ztg. 1867; Delpino, Sugli app. S. 30, 31.] — Die Blüteneinrichtung stimmt mit derjenigen von I. noli tangere überein: in jüngeren Blüten bedecken sich die Besucher mit Pollen, den sie auf die Narbe älterer bringen, in denen die Staubblätter bereits abgefallen sind.

Die Befruchter sind Bienen (Hummeln). Auch Prunet (Rev. gén. d. Botanique 1892) sah die Blüten von zahlreichen Insekten, besonders Apis, Bombus hortorum L. und terrester L., Polistes gallica L., besucht.

601. I. glanduligera Royle (= J. Roylei Walp.). [Delpino, Ult. oss. II; Hildebrand, Bot. Ztg. 1867; Stadler, Beitr.; Loew, Jahrb. f. Syst. Bd. 14. 1891. S. 166—182; Knuth, Bijdragen.] — Diese aus Ostindien stammende, bei uns in Gärten häufig angepflanzte Art ist eine ausgeprägte Hummelblume. Die grossen, purpurroten, mit kurzem Sporn versehenen, ausgeprägt protandrischen Blüten haben eine solche Grösse, dass ein Hummelkörper darin gerade Platz hat. Die Besucher streifen in Blüten, die sich im

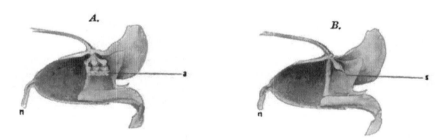

Fig. 75. Impatiens glanduligera Royle. (Im Längsschnitt. Nach der Natur.) A. Blüte im ersten (männlichen) Zustande: die pollenbedeckten Antheren (a) stehen über dem Blüteneingange. B. Blüte im zweiten (weiblichen) Zustande: die Narbe (s) steht über dem Blüteneingange. n Nektarium. (Nat. Gr.)

ersten Stadium befinden, die pollenbedeckten Antheren mit ihrem Rücken, in den im zweiten Zustande befindlichen die Narbe mit derselben Stelle. Dabei verschwinden sie gänzlich in der Blüte, wenn sie aus dem kurzen, stummelförmigen Sporn Nektar saugen und kehren aus den im männlichen Zustande befindlichen Blüten mit einem 1—3 mm langen Pollenstreich auf dem Rücken zurück.

Als Besucher sah ich in Kieler Gärten: 1. Bombus agrorum F. ♀ ♂; 2. B. lapidarius L. ♂; 3. B. terrester L. ♀ ♂. Alle 3 sehr häufig, sgd. Auch Apis mellifica L. ⚲ sah ich als Besucher; auch sie streift beim Hinein- und Hinausschlüpfen mit ihrer Körperoberseite leicht die Antheren bezw. die Narbe, kann also auch Kreuzung herbeiführen.

Diese Auffassung von der Blüteneinrichtung, welche in meiner Abbildung dargestellt ist, haben auch Delpino und Hildebrand. Loew bestreitet zwar die Möglichkeit einer solchen Bestäubungseinrichtung nicht, doch scheint ihm dieselbe nicht die normale, durch den Blütenbau selbst angezeigte zu sein: die auffallend narbenähnliche Ausbildung der Ligularspitzen, sagt dieser Forscher, die Anbringung derselben in einem von vorn leicht zugänglichen Spalt, die Lage des letzteren an dem am weitesten nach vorn vorspringenden Punkte des Andröceums dicht oberhalb der „Pollenstreufläche", endlich die Auffindung einer schlauchtreibenden Pollenmasse auf der Oberfläche der geschlossenen Narbe — alle diese Momente führen darauf, den spaltenförmigen Hohlraum zwischen den vorderen Staubfäden als „Bestäubungskammer" und die Ligularspitzen als „Pseudonarben, resp. Pollenfänger" anzusprechen. Wenn beispielsweise eine entsprechend grosse Hummel — auf der Pfaueninsel bei Potsdam Bombus agrorum F. und B. terrester L. — in den weiten Blüteneingang anfliegt, so setzt sie sich zunächst auf die Unterlippenblätter, wobei ihr die seitlichen Zähne als Haltpunkte für die Beine dienen, und sucht dann den Kopf unterhalb des von der Decke des Blüteneingangs herabhängenden Geschlechtsapparats fortzuschieben, um in das weite, sackförmige, an seinem Ende den Honig absondernde Kelchblatt einzudringen. Indem sie dabei mit dem Kopfe gegen das Andröceum drückt, schiebt sie wahrscheinlich die innerhalb des letzteren schräg nach vorwärts gerichtete Narbenspitze nebst den Pollenfängern (d. h. dem Ligularkrönchen) ein wenig nach vorn; aber auch ohne diese Annahme muss die Hummel in vielen Fällen beim Drücken gegen den Vorderrand des Andröceums ihre weit vorragenden Kopfhaare in den Spaltraum einführen und hier mit der Stempelspitze in Berührung bringen. Sofern sie an jenem dabei Pollen einer vorher besuchten Blüte mitbringt, wird derselbe von dem trichterförmigen Ligularkrönchen festgehalten und auf der dazwischen befindlichen, narbentragenden Ovariumspitze zum Keimen gebracht. Der Umstand, dass die Narben von I. Roylei verwachsen bleiben und die Ligularspitzen ganz augenscheinlich an ihre Stelle treten, spricht besonders für diese Deutung.

Loew beobachtete auch eine Zwergblüte, welche einen Übergang zwischen chasmogamer und kleistogamer Einrichtung bildete. Eigentlich kleistogame Blüten, welche bei zahlreichen Arten dieser Gattung bemerkt worden sind, wurden bisher bei I. Roylei nicht beobachtet.

602. I. latifolia DC. ist, nach Loew (a. a. O.), falterblütig und besitzt nicht verwachsene Narben, sondern diese ragen in Form dünner, schwach gelappter Hautlamellen vor.

32. Familie Rutaceae Juss.

Knuth, Grundriss S. 39; Urban, Jahrb. d. bot. G. zu Berlin, 1883.

Die Arten der Gattung Ruta sind Ekelblumen, durch deren scharfen Geruch und trübgelbe Blütenfarbe Hymenopteren und vornehmlich fäulnisliebende Fliegen angelockt werden, während die Arten von Dictamnus von Apiden besucht werden. Durch ausgeprägte Protandrie tritt bei den Arten beider Gattungen bei Insektenbesuch Fremdbestäubung ein.

136. Ruta Tourn.

Blumen mit freiliegendem Nektar, welcher von einer unter dem Fruchtknoten sitzenden fleischigen Scheibe abgesondert wird.

603. R. graveolens L. [Sprengel, S. 236; H. M., Befr. S. 158, 159; Weit. Beob. II. S. 213; Schulz, Beitr. II. S. 59, 60; Kirchner, Flora S. 348; Knuth, Herbstbeob.] — Die Blüteneinrichtung dieser Pflanze hat, wie H. Müller treffend bemerkt, viele Ähnlichkeit mit derjenigen von Parnassia palustris, indem bei beiden zuerst die Staubblätter nach einander zur Entwickelung kommen, worauf die Narbe folgt. Die Sicherung der Pollenübertragung geschieht bei beiden dadurch, dass die den bequemsten Sitz darbietende Blütenmitte erst von je einem aufgesprungenen Staubbeutel und dann von der Narbe eingenommen wird. Endlich bringt bei beiden die offene Lage des Honigs ähnliche Gäste (Fliegen und kurzrüsselige Hymenopteren), doch erhalten im Gegensatz zu den weissen, auch von Käfern besuchten Blüten von Parnassia, die trübgelben von Ruta keinen Käferbesuch.

Ein Unterschied ist jedoch vorhanden, indem bei Ruta sich sämtliche Staubblätter, bevor die Narbe verwelkt, nach Urban, noch einmal in die Höhe biegen, so dass, wenn die Antheren noch Pollen enthalten, dieser auf die Narbe hinabfällt, mithin gegen Ende der Blütezeit spontane Selbstbestäubung möglich ist, die jedoch von Schulz als ausgeschlossen bezeichnet wird.

Als Besucher sahen Herm. Müller in Westfalen (1), Buddeberg (2) in Nassau und ich (!): in Schleswig-Holstein:

A. **Diptera:** a) *Muscidae:* 1. Anthomyia obelisca Mg., sgd. und pfd. (Winnertz); 2. A. pratensis Mg., w. v. (dgl.); 3. A. radicum L., w. v. (dgl.); 4. Calliphora erythrocephala Mg., w. v. (!, 1); 5. Lucilia caesar L., w. v. (!); 6. L. cornicina F., w. v. (1); 7. L. silvarum Mg., w. v. (1); 8. Pollenia rudis F., w. v. (1); 9. Sarcophaga albiceps Mg., w. v. (1); 10. S. carnaria L., w. v. (1, !); 11. S. haemorrhoa Mg., w. v. (1); 12. Scatophaga stercoraria L., w. v. (!); 13. Sepsis, w. v. (1). b) *Stratiomyidae:* 14. Chrysomyia formosa Scop., sgd. (2); 15. Sargus cuprarius L., sgd. und pfd. (1). c) *Syrphidae:* 16. Ascia podagrica F., w. v. (1); 17. Eristalis sepulcralis L., w. v. (1); 18. E. tenax L., w. v. (!); 19. Helophilus floreus L., w. v. (1); 20. Melithreptus pictus Mg., w. v. (1); 21. Syritta pipiens L., w. v. (!, 1); 22. Syrphus nitidicollis Mg., w. v. (1); 23. S. ribesii L., w. v. (1). B. **Hymenoptera:** a) *Apidae:* 24. Apis mellifica L. ⚥, sgd. (!, 1); 25. Halictus sexnotatus K. ♀, sgd. (1); 26. H. tetrazonius Kl. ♀, sgd. (!, 1); 27. Prosopis sinuata Schenck. ♀, sgd. (1, 2); 28. Sphecodes gibbus L. ♀, sgd. (2). b) *Chrysidae:* 29. Chrysis ignita L., sgd. (1). c) *Evaniadae:* 30. Gasteruption affectator F., sgd. (1); 31. G. jaculator F., sgd. (1). d) *Ichneumonidae:* 32. Ichneumon sp., sgd. (1). e) *Scoliidae:*

33. Tiphia minuta v. d. L. ♂, sgd. (1). f) *Sphegidae*: 34. Crabro chrysostoma Lep. ♂, sgd. (2); 35. C. clavipes L., sgd. (1); 36. C. dives H.-Sch. ♂, sgd. (2); 37. C. elongatulus v. d. L. ♀, sgd. (1); 38. C. guttatus v. d. L. ♂, sgd. (2); 39. Oxybelus bellus Dhlb., sgd. (1); 40. Pseudagenia carbonaria Scop ♂, sgd. (1); 41. Trypoxylon figulus L., sgd. (1). g) *Vespidae*: 42. Odynerus parietum L. ♂, sgd. (1, 2); 43. Polistes gallica L, sgd. (2).

Loew beobachtete im botanischen Garten zu Berlin: A. Diptera: *Syrphidae*: 1. Syritta pipiens L., sgd. B. Hymenoptera: *Apidae*: 2. Apis mellifica L. ☿, sgd. und psd.; F. F. Kohl in Tirol die Faltenwespe: Eumenes pomiformis F.

Die Form divaricata Tenore sah Schletterer bei Pola von der Maskenbiene Prosopis clypearis Schck besucht.

604. R. bracteosa DC. [Knuth, Capri] sah ich auf Capri nur von wenigen Fliegen und einer Ameise besucht. Die Blüteneinrichtungen und die Anlockungsmittel dieser Art entsprechen denjenigen von R. graveolens.

137. Dictamnus Tourn.

Protandrische Immenblumen.

605. D. albus L. [Delpino, Ult. oss. S. 145; Hildebrand, Bot. Ztg. 1870; Loew, Bl. Fl. S. 214; Urban a. a. O.; Jordan a. a. O.; Kerner a. a. O.; Knuth, Bijdragen.] — Die Blüteneinrichtung ist derjenigen von Aesculus Hippocastanum sehr ähnlich. Aus den zitronenduftenden Blüten ragen, wie Delpino zuerst auseinandergesetzt hat, im ersten Zustande die pollenbedeckten Staubblätter, im zweiten die empfängnisfähige Narbe hervor. Sie dienen

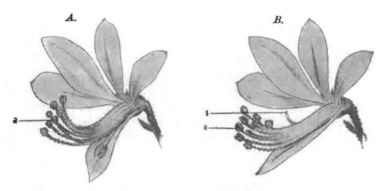

Fig. 76. Dictamnus albus L. (Nach der Natur.)

A. Blüte im ersten (männlichen) Zustande: die Antheren (*a*) stehen im Blüteneingange. *B.* Blüte im zweiten Zustande: die Narbe (*s*) ist zwischen den Staubblättern hervorgetreten. (Natürl. Gr.)

den besuchenden Insekten als Anflug- und Haltestelle. Während des männlichen Zustandes der Blüte liegen die Staubblätter auf der Unterlippe und krümmen sich oberhalb der Mitte aufwärts, während der Griffel noch zwischen ihnen verborgen liegt. Nach dem Verstäuben strecken sich die Staubfäden gerade, während nunmehr der Griffel sich mit der entwickelten Narbe rechtwinklig aufwärts biegt und so der weibliche Zustand folgt. Ein zu dem im Blütengrunde abgesonderten Nektar vordringender, entsprechend langer Insektenrüssel muss daher zwischen den Kronblättern und den Staubblättern, bezüglich der Narbe, eingeführt werden, so dass beim Besuch zweier verschieden alter Blüten Fremdbestäubung erfolgen muss.

Ich sah im botanischen Garten zu Kiel mehrere Apiden: 1. Megachile willughbiella K. ♀ ♂; 2. Bombus lapidarius L. ♀; 3. Apis mellifica L. ♀; alle drei häufig, sgd. Von diesen Besuchern flog jedoch nur die Honigbiene immer so an, dass sie die Antheren, bezügl. die Narbe berührte, also regelmässig Fremdbestäubung herbeiführte. Die beiden anderen flogen oft seitlich an, so dass sie nur die Staubfäden berührten.

Loew beobachtete im botanischen Garten zu Berlin: Hymenoptera: Apidae: 1. Apis mellifica L. ♀, sgd. und psd.; 2. Bombus agrorum F. ♀ ♀, sgd. und psd.; sowie an der var. roseus daselbst:

Hymenoptera: Apidae: 1. Megachile centuncularis L. ♀, psd., dabei über den Staubgef. schwebend und den Pollen mit der Bauchbürste abstreifend; 2. M. circumcincta K. ♂, sgd.

606. Correa Sm. ist protandrisch. [Delpino, Ult. oss. S. 170.] — Zahlreiche Arten des botanischen Gartens zu Berlin hat Urban (Jahrb. d. K. bot. G. u. bot. Mus. zu Berlin II. 1883, p. 366—404, Taf. XIII) auch in Bezug auf die Bestäubungseinrichtungen untersucht (vergl. Ref. im Bot. Centralbl. Bd. XIV, 1883, p. 200—204). — Urban giebt zum Schluss folgende Übersicht über den Blütenbau und die Bestäubungseinrichtungen der von ihm beobachteten Rutaceengattungen:

I. Pflanzen monoklinisch.

A. Mit protandrischen Blüten.

1. Die Staubfäden führen die Antheren successive an den Punkt, wo später die entwickelte Narbe liegt, und wieder in die Aufblühstellung zurück.

a) Griffel (und Narbe) im männlichen Zustand nicht entwickelt.

α) Ruta. Die Filamente sind anfangs horizontal, verlängern sich erheblich, legen sich dem Ovar an, bewegen sich wieder zurück und richten sich noch einmal auf. Petala wagerecht. Selbstbestäubung meist unmöglich.

β) Coleonema. Die Filamente sind anfangs aufrecht, kurz, verlängern sich, biegen sich über und strecken sich wieder gerade. Petala unterwärts röhrenförmig zusammentretend. Spontane Selbstbestäubung durch herabfallenden Pollen möglich.

b) Griffel schon in männlichem Zustand (wenn auch nicht vollständig) entwickelt, aber so gerichtet, dass Selbstbestäubung nicht eintreten kann.

* Blüten zygomorph.

α) Dictamnus. Die Staubfäden liegen auf der Unterlippe, krümmen sich, die unteren zuerst, oberhalb der Mitte nach aufwärts und strecken sich nach dem Verstäuben gerade. Der Griffel anfangs etwas abwärts gebogen, biegt sich nach dem Verstäuben rechtwinkelig aufwärts.

β) Calodendron. Die Staubfäden sind nach aufwärts gebogen, strecken sich, die vorderen zuerst, zum Verstäuben fast gerade und biegen sich zuletzt auswärts. Der Griffel, anfangs abwärts gebogen, streckt sich nach dem Verstäuben gerade.

** Blüten aktinomorph. Die Filamente verlängern sich nach dem Aufblühen (successive) noch bedeutend.

α) Diosma. Der Griffel ist zuerst dicht über dem Ovar horizontal eingebogen. Die Petala richten sich zuletzt wieder auf; zwischen ihnen hindurch krümmen sich zuletzt die Filamente nach auswärts.

β) Adenandra. Wie vorher, aber zuletzt neigen sich nicht die Petala, sondern die Staminodien wieder zusammen, während die fruchtbaren Staubfäden sich nur wenig auswärts gebogen hatten.

γ) Barosma. Der Griffel biegt sich nach dem Aufblühen durch die Staminodien hindurch nach aus- und abwärts. Die Petala bleiben in wagerechter Stellung, die Staminodien liegen dem Ovarium an, die fruchtbaren Staubfäden nehmen nach dem Verstäuben ihre anfängliche horizontale Lage wieder an.

2. Die Staubfäden führen nur eine Bewegung und zwar gleichzeitig aus: im männlichen Zustand stehen die Filamente senkrecht oder sind etwas zu einander hingeneigt, so dass sich die Antheren am Rande berühren, im weiblichen haben sie sich nach auswärts gebogen.

a) Die Antheren werden beim Auseinanderweichen der Filamente abgegliedert und fallen ab. Da jetzt erst die Narbenstrahlen auseinandertreten, so ist Selbstbestäubung unmöglich: Ravenia.

b) Die Antheren persistieren an den auseinandergetretenen Filamenten.

* Im männlichen Stadium kann aus den Antheren fallender Pollen auf die noch ungestielte oder unvollkommen entwickelte Narbe gelangen und später Selbstbestäubung herbeiführen; auch noch später kann der Wind oder die Stellung der Blüten Pollen aus den zurückgebogenen Antheren auf die entwickelte Narbe führen.

α) Zieria und Eriostemon mit im zweiten Stadium der Blüte heranwachsendem Griffel.

β) Boronia (ex parte) mit erst später normal entwickelter Narbe.

γ) Erytrochiton mit erst später heranwachsendem Griffel, dessen Narbe aber die noch nicht auseinander getretenen Antheren noch berührt.

** Weder im männlichen noch im weiblichen Zustand kann Pollen aus den Antheren spontan auf die Narbe gelangen, sowohl wegen der Stellung der Antheren, als auch wegen der Klebrigkeit des Pollens: Metrodorea.

3. Die Staubfäden führen bei und nach dem Verstäuben keinerlei Bewegung aus.

a) Correa. Selbstbestäubung der hängenden Blüten zuletzt nach dem Auseinanderweichen der Narbenlappen ermöglicht.

b) Agathosma (ex parte). Der Griffel wird im männlichen Stadium von den Staminodien eingeschlossen; im weiblichen kann die Narbe bei ausbleibendem Insektenbesuch gewöhnlich noch zuletzt von Pollen der Antheren benachbarter Blüten bestäubt werden.

B. Mit homogamen Blüten.

1. Spontane Selbstbestäubung unmöglich.

a) Boronia (ex parte) infolge klebrigen Pollens.

b) Triphasia, weil die Narbe die Antheren bedeutend überragt.

2. Spontane Selbstbestäubung infolge der Stellung der Staubfäden unmöglich, aber gegenseitige spontane Bestäubung benachbarter Blüten durch Stellung und Drehung der Antheren begünstigt: Agathosma (ex parte).

3. Spontane Selbstbestäubung und Fremdbestäubung erschwert, Selbstbestäubung durch Insektenhülfe unausbleiblich: Crowea.

4. Spontane Selbstbestäubung ermöglicht, Fremdbestäubung begünstigt: Cusparia, Choisya, Skimmia (ex parte), Murraya, Citrus.

II. Pflanzen diklinisch.

Selbstbestäubung unmöglich, Fremdbestäubung notwendig: Ptelea, Skimmia (ex parte). — Vgl. auch die folgende Familie (Ptelea.)

33. Familie Xanthophyllaceae Juss.

138. Ptelea L.

Scheinzwitterig-zweihäusige, in trugdoldig angeordneten Trauben sitzende grünliche Blüten mit verborgenem Honig, welcher im Grunde der Blüte abgesondert wird.

606. P. trifoliata L. [Knuth, Bijdragen.] — Der bei uns nicht häufig angepflanzte Strauch stammt aus Nordamerika. Die weisslich-grünen Blüten duften stark nach Hyazinthen; sie sondern sehr geringe Mengen Nektar im Grunde der Blüte unterhalb des Fruchtknotens ab; er wird in den weiblichen Blüten von dem Fruchtknoten, in den männlichen auch noch durch die Haare der Staubfäden verborgen. Die weiblichen Blüten zeigen verkümmerte Staubblätter, deren Antheren keinen Pollen entwickeln; sie werden von der an der Spitze des Griffels sitzenden Narbe um 1—2 mm überragt. Die männlichen Blüten besitzen einen ziemlich grossen, aber sich nicht weiter entwickelnden Fruchtknoten. Die fünf Staubblätter sind an der Innenseite ihrer Fäden in der unteren Hälfte mit dicht stehenden, ziemlich langen, weissen Haaren besetzt, welche zum Schutze des Nektars gegen Regen und unberufene Gäste dienen. Die Antheren springen gleichzeitig auf und stellen ihre pollenbedeckten Seiten nach oben, so dass ein honigsuchendes Insekt sich am Kopfe, bezw. am Thorax ringsum mit Blütenstaub bedeckt, den es beim Besuch einer weiblichen auf die Narbe legen muss. Die männlichen Blüten sind erheblich grösser (Durchmesser 14 mm) als die weiblichen und haben auch, wie es mir scheint, einen etwas kräftigeren Geruch, so dass sie zuerst von den Insekten aufgesucht werden.

Als Besucher sah ich am 20. 6. 96 in Kieler Gärten die Honigbiene (zahlreich,
sgd., dicht mit Pollen bedeckt) und eine Schwebfliege: Syritta pipiens L. (einzeln,
pfd. und sgd.).

34. Familie Celastraceae R. Br.

Zwittrige oder eingeschlechtige, meist wenig auffallende Blumen mit freiliegendem oder halbverborgenem Honig.

139. Evonymus Tourn.

Unansehnliche, protandrische Blumen mit freiliegendem Honig, welcher von
einer den Griffel umgebenden, fleischigen Scheibe abgesondert wird.

608. E. europaea L. [Delpino, Altri app. S. 52; H. M., Befr. S. 153,
154; Kirchner, Flora S. 357; Schulz, Beitr. II. S. 61; Knuth, Bijdragen.]—
In den grünlichen, triöcischen Blüten ist der Nektar so flach liegend und so
allgemein zugänglich, dass er hauptsächlich von kurzrüsseligen Insekten aufgesucht wird. Die Zwitterblüten sind protandrisch. Die vier Staubblätter sind
von der Narbe entfernt und stehen auf steifen Fäden. Ihre Antheren springen
nach aussen auf, während die Narbe noch unentwickelt ist. Sie entfaltet ihre
Lappen erst mehrere Tage später und schliesst sie nach eingetretener Befruchtung
wieder. Spontane Selbstbestäubung ist mithin gänzlich ausgeschlossen. Bei eintretendem Insektenbesuche wird fast immer Fremdbestäubung erfolgen, Selbstbestäubung unter Umständen dann, wenn in den ersten Blühtagen kein Insektenbesuch erfolgte. Pollen, nach Warnstorf, weiss, elliptisch, sehr warzig, bis
50 μ lang und 25 μ breit. Ausser den Zwitterblüten finden sich auch eingeschlechtige, in denen die Überreste des anderen Geschlechts vorhanden, aber
nicht funktionsfähig sind. Sie sind, nach Schulz, gyno- und andromonöcisch,
selten gyno- und androdiöcisch verteilt.

Als Besucher sah Schulz in Südtirol ausser Fliegen auch Schlupfwespen,
Ameisen und Käfer. Letztere hat H. Müller ebensowenig als Besucher der trübgelben
Blüten von Evonymus beobachtet, als er sie auf den etwa ebenso gefärbten von Ruta
gesehen hatte. Ich habe gleichfalls keine Käfer beobachtet. In Nord- und Mitteldeutschland sahen H. Müller (1) und ich (!) folgende Blumengäste:
A. Diptera: a) *Bibionidae*: 1. Bibio hortulanus L., sgd. (1); zahlreiche winzige
Mücken (1). b) *Muscidae*: 2. Calliphora erythrocephala Mg., sgd. und pfd. (1); 3. C. vomitoria L., sgd. (1, !); 4. Echinomyia fera L., sgd. und pfd. (!); 5. Lucilia cornicina F.,
w. v. (1, !); 6. Musca domestica L., w. v. (1, !); 7. Sarcophaga carnaria L., w. v. (1, !);
8. Scatophaga merdaria F., w. v. (!); 9. Sc. stercoraria L., sgd. (1). c) *Syrphidae*:
10. Eristalis nemorum L., sgd. und pfd. (!); 11. E. tenax L., sgd. (1); 12. Helophilus
floreus L., sgd. (1); 13. Syritta pipiens L., sgd. (1); 14. Syrphus ribesii L., sgd. (1);
15. S. sp., sgd. und pfd. (!); 16. Xanthogramma citrofasciata Deg., sgd. (1). B. Hymenoptera: *Formicidae*: 17. Formica sp., sgd. (1).
Schiner beobachtete in Österreich die Schwebfliege Criorhina asilica Fall., hfg.

609. E. latifolius Scop. Loew beobachtete im botanischen Garten zu
Berlin:
Diptera: *Muscidae*: Calliphora erythrocephala Mg., sgd.

610. E. americanus L. sah derselbe dort von der Honigbiene, sgd., besucht.

611. E. japonicus Thb.

An den Blüten dieser aus Japan stammenden Art beobachtete F. F. Kohl in Tirol die Goldwespen: Chrysis leachii Shuck, Chr. viridula L., Chr. splendidula Rossi, Chr. rutilans Oliv., Chr. scutellaris Fabr., Chr. analis Spin., Chr. distinguenda Spin., Chr. comparata Lepel., Chr. inaequalis Dhlb., Stilbum nobile Sulz., Hedychrum nobile Scop., H. rutilans Dhlb., Holopyga rosea, H. chrysonota Foerst., Ellampus caeruleus Pall. und die Faltenwespen: Vespa crabro L., V. germanica F., V. saxonica Fabr., Polistes gallica L., Eumenes pomiformis F., Odynerus floricola Sauss., O. modestus Sauss.

Handlirsch verzeichnet nach Kohl als Besucher die Grabwespe Gorytes pleuripunctatus Costa.

612. E. variegatus.

Als Besucher beobachtete F. F. Kohl in Tirol die Goldwespen: Chrysis leachii Shuck., Chr. bidentata L., Chr. scutellaris Fabr., Chr. distinguenda Spin., Chr. inaequalis Dhlb., Holopyga rosea Rossi und die Faltenwespe: Polistes gallica L.

613. Celastrus Orixa Thunb. (C. Japonicus Koch). Die bis auf die gelben Antheren grünen Blüten sah Plateau im botan. Garten zu Gent von pollenfressenden Musciden (Musca domestica L., Calliphora vomitoria L.) besucht.

140. Staphylea L.

Wenig ansehnliche, aber zu traubigen Ständen vereinigte, homogame, Blumen mit halbverborgenem Honig, welcher von der Unterlage des Fruchtknotens abgesondert wird.

614. St. pinnata L. [Kirchner, Flora S. 356; Knuth, Bijdragen.] — Nach Kirchner breiten sich die weissen, aussen meist rötlich angelaufenen Kelchblätter schliesslich fast wagerecht aus. Die fünf kleinen, weissen Kronblätter stehen senkrecht in der hängenden Blüte und umschliessen die fünf Staubblätter ziemlich dicht. Der napfförmig vertiefte, grüne Blütengrund bildet um den Grund des Fruchtknotens herum eine Rinne, die nach aussen durch einen fünfeckigen Wulst abgegrenzt wird; ausserhalb desselben stehen die Staubblätter. Die Narben der beiden Griffel sind einander so genähert, dass sie zu einer zusammengeschmolzen sind. Sie sind gleichzeitig mit den Antheren entwickelt und stehen mit ihnen meist gleich hoch, doch überragen sie dieselben auch hin und wieder ein wenig. Alsdann ist bei eintretendem Insektenbesuche Fremdbestäubung begünstigt.` Da die Staubblätter den Griffel dicht umgeben und die Antheren nach innen aufspringen, gelangt der klebrige Pollen infolge der abwärts geneigten Lage der Blüten leicht von selbst auf die Narbe.

Als Blütenbesucher sah ich an Sträuchern in Kieler Gärten ausschliesslich saugende oder pollenfressende Fliegen, nämlich: a) Syrphiden: 1. Eristalis tenax L.; 2. Syrphus ribesii L.; 3. Melanostoma mellina L. b) Musciden: 4. Scatophaga stercoraria L.; 5. Lucilia caesar L.; 6. Sarcophaga carnaria L.

35. Familie Rhamnaceae R. Br.

Unansehnliche, protandrische Blumen mit freiliegendem Honig. Häufig Diöcie, zuweilen Dimorphismus.

141. Rhamnus L.

Unansehnliche, oft diöcische Blumen mit freiliegendem Honig, welcher vom Kelche abgesondert wird. Zuweilen dimorphe Blüten (z. B. Rhamnus lanceolatus nach Darwin).

615. Rh. cathartica L. [Mac Leod, B. Jaarb. VI. S. 248—249; Schulz, Beitr. II. S. 185; Kirchner, Flora S. 363; Warnstorf, Bot. V. Brand. Bd. 38; Knuth, Bijdragen.] — Die grünlichen, diöcischen, wohlriechenden Blumen enthalten, nach Kirchner, die Rudimente des anderen Geschlechts. Die männlichen Blüten sind grösser als die weiblichen; ihr Stempel ist entweder ganz verkümmert und narbenlos oder er ist etwas mehr entwickelt. Die weiblichen Blüten besitzen verkümmerte Staubblätter; der Griffel kommt in zwei verschiedenen Längen vor.

Nach Warnstorf sind Sträucher mit scheinzwitterigen Pollenblüten bei Ruppin selten, und zwar sind sie stets viel reichblütiger als die weiblichen Pflanzen; Kronblätter nur die Filamente der vier steif aufrechten Staubblätter deckend; Antheren intrors. Pollen weiss, rundlich, elliptisch bis eiförmig, durchschnittlich 31 μ lang und 25 μ breit.

Als Besucher sah ich bei Kiel nur eine Schwebfliege (Eristalis nemorum L.), sgd.; Hoffer beobachtete in Steiermark Bombus hypnorum L. ♀.

616. Rh. pumila L. [H. Müller, Alpenblumen S. 169—171.] — Die, nach Kerner, honigduftenden, kleinen Blüten sind, nach Müller, meist

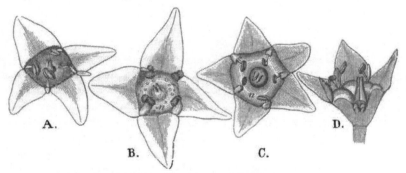

Fig. 77. Rhamnus pumila L. (Nach Herm. Müller.)

A. Eine vierzählige Blüte mit noch 2 Kronblättern; zwei Antheren sind geöffnet, zwei noch geschlossen. *B.* Eine vierzählige Blüte ganz ohne Kronblätter; alle Antheren sind geöffnet. *C.* Eine fünfzählige Blüte mit fünf Kronblättern; alle Antheren sind entleert. *D.* Dieselbe im Längsdurchschnitt.

zweigeschlechtig, während sie, nach Koch (Synopsis), zweihäusig-vielehig sind. Fremdbestäubung ist in den Zwitterblüten durch die entgegengesetzte Stellung der Staubblätter und Narben zum Nektar begünstigt.

Als Besucher sah H. Müller in den Alpen Hymenopteren (Chrysiden, Formiciden), Käfer und Fliegen (Musciden, Empiden, Syrphiden).

617. R. saxatilis L. Nach Kerner ist die Pflanze diöcisch mit scheinzwittrigen Pollenblüten und scheinzwittrigen weiblichen Blüten.

618. Rh. Frangula L. (Frangula Alnus Miller). [H. M., Befr.
S. 152, 153; Weit. Beob. II. S. 212; Kirchner, Flora S. 363, 364;
Warnstorf, Bot. V. Brand. Bd. 38; Schulz, Beitr. I. S. 31; II. S. 61; Knuth,
Bijdragen.] — Die unscheinbaren, grünlich-weissen, zwittrigen Blüten sind, nach
den Untersuchungen von Herm. Müller und A. Schulz, minder (in Thüringen) oder mehr (Westfalen, Süd-
tirol) protandrisch. Der napfförmige
Kelch stellt zugleich ein halbkugliges
Nektarium dar. Zwischen den fünf
dreieckigen, weisslichen Kelchzipfeln
sitzen die fünf kleinen, weissen,
zweispaltigen Kronblätter und, von
diesen fast überdeckt, die fünf nach
innen zusammenneigenden Staubblätter, deren Antheren nach innen
aufspringen. Im Kelchgrunde befindet sich der Fruchtknoten mit
einem kurzen Griffel, dessen zweilappige Narbe tiefer als die Antheren
steht. Wenn letztere sich öffnen,
ist die Narbe noch wenig entwickelt.
Besuchende Insekten bewirken, indem sie beim Honigsaugen gewöhnlich mit der einen Körperseite die
Antheren, mit der anderen die Narbe
berühren, meist Fremdbestäubung.
Da die Blüten jedoch wenig augenfällig sind, so ist der Insektenbesuch

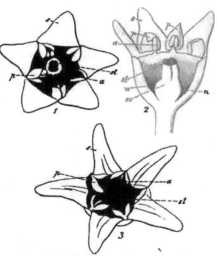

Fig. 78. Rhamnus Frangula L.
(Nach Herm. Müller.)

1. Jüngere Blüte von oben gesehen. *2.* Dieselbe
nach Fortnahme der vorderen Kelchhälfte von
der Seite gesehen. *3.* Ältere Blüte von oben gesehen. *s* Kelchblätter. *p* Kronblätter. *a* Antheren. *st* Narbe. *ov* Fruchtknoten. *n* Nektarium.

nur gering, und es erfolgt daher als Notbehelf häufig nachträglich spontane
Selbstbestäubung, indem die verblühenden Staubblätter Pollen auf die entwickelten Narben fallen lassen.

Von dieser Müller'schen Darstellung weichen die Angaben von A. Schulz
in manchen Punkten ab. Dieser fand, dass an den Pflanzen von Halle und
Nord-Thüringen die Kronblätter niemals so tief gespalten sind, wie sie Müller
abbildet. (S. Fig. 78.) Die Antheren werden, nach Schulz, längere Zeit von
den weissen, in der Mitte zusammengefalteten Kronblättern eingehüllt; erst später
richten sich die Kronblätter auf, so dass die Antheren dann frei werden.

Ähnlich schildert Warnstorf die Einrichtung der Blüten bei Ruppin:
Sie sind homogam; beim Aufblühen sind die Narbenpapillen bereits entwickelt
und wohl belegungsfähig. Die Staubblätter sind anfänglich von den kleinen,
kapuzenartig zusammengefalteten weissen Kronblättern ganz überdeckt, später
neigen sie sich nach der Mitte der Narbe zu. Da die Antheren sich nach innen
öffnen, so dürfte bei ausbleibendem Insektenbesuche Autogamie gesichert sein.

Pollen klein und unregelmässig, weiss, glatt, rundlich-tetraëdrisch bis fast brotförmig, etwa 30 μ lang und 19 μ breit.

Nach S c h u l z scheinen zwei Blütenformen, eine kurz- und eine langgriffelige, aufzutreten. Bei der einen ragt, wie sie M ü l l e r abbildet, der Griffel
nicht bis zur Höhe der Antheren, bei der anderen reicht er mindestens bis an
ihren Grund, gewöhnlich sogar bis zu ihrer Mitte und noch höher. Diese beiden
Formen sind lokal getrennt.

Als B e s u c h e r sah S c h u l z bei B o z e n zahlreiche B i e n e n (darunter Apis),
W e s p e n, S c h l u p f w e s p e n, F l i e g e n, K ä f e r, insgesamt gegen 300 Besucher in
14 Tagen; auch in Mitteldeutschland beobachtete derselbe dergleichen Insektenbesuch.

F. F. K o h l bemerkte in T i r o l die Faltenwespe: Polistes gallica L.

H e r m. M ü l l e r beobachtete in W e s t f a l e n:

A. D i p t e r a: 1. Culex pipiens L. ♂, sgd. B. H y m e n o p t e r a: a) *Apidae*: 2. Apis
mellifica L. ⚥, sgd. und psd.; 3. Bombus agrorum F. ♀ ⚥, sgd.; 4. Macropis labiata
F. ♂, sgd. b) *Vespidae*: 5. Eumenes pomiformis F., sgd.; 6. Vespa silvestris Scop. ♀,
sgd.; S c h i n e r in Österreich die Muscide Lophosia fasciata Mg.; A l f k e n bei B r e m e n:
A. C o l e o p t e r a: *Elateridae*: 1. Corymbites sjaelandicus Müller; 2. Elater balteatus L.;
3. E. pomonae Steph.; 4. Sericus brunneus L. B. H y m e n o p t e r a: *Apidae*: 5. Apis
mellifica L. ⚥, sgd. und psd.; 6. Bombus jonellus K. ♀, sgd.; 7. B. proteus Gerst. ♀;
8. B. terrester L. ♀ ⚥; M a c L e o d in Flandern Apis, 1 Hummel, 1 Empis, 1 Käfer (Bot.
Jaarb. VI. S. 248). Auch H. de V r i e s (Ned. Kruidk. Arch. 1877) beobachtete in den
Niederlanden die Honigbiene.

619. Rh. alaternus L.

S c h m i e d e k n e c h t giebt für Florenz nach P i c c i o l i Anthrena schmiedeknechti
Magr. als Besucher an.

142. Paliurus Tourn.

620. P. aculeatus Lam. (P. a u s t r a l i s G a e r t n.) ist, nach D e l p i n o
(Altri app. S. 51, 52), ausgeprägt protandrisch. Die Staubblätter sind anfangs
aufrecht oder schwach einwärts gebogen und bieten den Pollen dar. Später
biegen sie sich zurück, während sich die Narben entwickeln.

Als B e s u c h e r beobachtete S c h i n e r in Österreich die Schwebfliege Spilomyia
speciosa Rossi.

S c h l e t t e r e r beobachtete bei Pola H y m e n o p t e r a: a) *Apidae*: 1. Anthidium
diadema Ltr.; 2. A. variegatum F.; 3. Anthrena austriaca Pz.; 4. A. colletiformis Mor.;
5. A. flavipes Pz.; 6. A. nana K.; 7. Ceratina cucurbitina Rossi; 8. Colletes lacunatus
Dours.; 9. Epeolus scalaris Ill.; 10. Eriades campanularum K.; 11. Halictus calceatus
Scop.; 12. H. interruptus Pz.; 13. H. leucozonius K. ♀; 14. H. tetrazonius Klg.;
15. Nomia diversipes Ltr.; 16. Osmia cephalotes Mor.; 17. Prosopis clypearis Schck.;
18. P. hyalinata Sm. var. subquadrata Först.; 19. P. pictipes Nyl.; 20. P. variegatus F.;
21. Sphecodes gibbus L.; 22. S. subquadratus Sm. b) *Braconidae*: 23. Bracon castrator
F.; 24. B. nominator F.; 25. B. terrefactor Vill. ♀; 26. B. urinator F.; 27. B. xan-
thogaster Krchb. 1 ♀, 1 ♂; 28. Isomecus schletereri Krchb.; 29. Microgaster
subcompletus Nees; 30. M. tibialis Nees. c) *Chalcididae*: 31. Brachymeria minuta L.;
32. Leucaspis dorsigera F., slt.; 33. L. intermedia Ill., slt. d) *Chrysidae*: 34. Chrysis
igniventris Ab.; 35. C. chevrieri Mocs.; 36. C. inaequalis Dhlb.; 37. C. indigotea Duf. et
Per.; 38. C. jucunda Mocs.; 39. C. pustulosa Ab.; 40. C. refulgens Spin.; 41. C. splendidula
Rossi; 42. C. succincta L.; 43. Ellampus spina Lep.; 44. Holopyga amoenula Dhlb.;
45. H. chrysonota Först.; 46. H. curvata Först.; 47. H. gloriosa F. e) *Evanidae*:
48. Gasteruption affectator L.; 49. G. granulithorax Tourn.; 50. G. kriechbaumeri Schlett.;

51. G. opacum Tourn.; 52. G. pedemontanum Tourn.; 53. G. rubricans Guér.; 54. G. terrestre Tourn.; 55. G. tibiale Tourn.; 56. G. tournieri Schlett. f) *Ichneumonidae*: 57. Amblyteles armatorius Först.; 58. Casinaria tenuiventris Gr.; 59. Crypturus argiolus Rossi; 60. Cryptus bucculentus Tschek.; 61. C. viduatorius F.; 62. Exephanes hilaris Wesm.; 63. Exetastes guttatorius Gr. var. procera Krchb.; 64. Glypta ceratites Gr.; 65 Hoplismenus armatorius Pz.; 66. Ichneumon balteatus Wesm.; 67. I. consimilis Wesm.; 68. I. monostagon Gr.; 69. I. pisorius (L.) Gr.; 70. I. sarcitorius L.; 71. Limneria chrysosticta Gr.; 72. Linoceras macrobatus Gr. var. geniculata Krchb.; 73. Lissonota folii Ths.; 74. L. verberans Gr. var. procera Krchb.; 75. Mesostenus grammicus Gr.; 76. M. grammicus Gr. v. nigroscutellata Krchb.; 77. Metopius dentatus F.; 78. M. micratorius F.; 79. Onorga mutabilis Hgr.; 80. Ophion (Eremotylus) undulatus Gr.; 81. Phygadeuon (Campoplex) nitens Gr.; 82. Pimpla illecebrator Gr.; 83. P. instigator Gr ; 84. P. turionellae L.; 85. P. vesicaria Ratzeb.; 86. Pristomerus vulnerator Gr.; 87. Sagaritis annulata Gr.; 88. S. annulata Gr. v. fuscicarpus Krchb.; 89. Spilocryptus claviventris Kriechb.; 90. Trachynotus foliator F., massenhaft; 91. Trichomma enecator F.; 92. Trychosis plebejus Tschek var. nigritarsis Krchb. g) *Pompilidae*: 93. Agenia variegata L.; 94. Ceropales variegata F.; 95. Pompilus aterrimus Rossi; 96. P. cellularis Dhlb.; 97. P. cingulatus Rossi; 98 P. latebricola Kohl.; 99. P. nigerrimus Scop.; 100. P. quadripunctatus F.; 101. P. ursus F.; 102. P. vagans Klug.; 103. P. viaticus L.; 104. Pseudagenia albifrons Dalm.; 105. P. carbonaria Scop.; 106. Salius affinis v. d. L.; 107. S. elegans Spin.; 108. S. fuscus F. h) *Scoliidae*: 109. Myzine tripunctata Rossi; 110. Tiphia femorata F., slt.; 111. T. morio F. i) *Sphegidae*: 112. Astatus boops Schrk.; 113. A. minor Kohl.; 114. Cerceris arenaria L.; 115. C. bupresticida Duf.; 116. C. conigera Dhlb.; 117. C. emarginata Pz.; 118. C. quadricincta Vill.; 119. C. quadrimaculata Duf.; 120. C. quinquefasciata Rossi; 121. C. specularis Costa; 122. Crabro clypeatus Schreb.; 123. C. meridionalis Costa; 124. C. vagus L., hfg.; 125. Gorytes consanguineus Handl.; 126. G. pleuripunctatus Costa; 127. G. procrustes Handl.; 128. G. quinquecinctus F.; 129. Larra anathema Rossi, 1 ♂; 130. Nysson scalaris Ill.; 131. Pemphredon shuckardi A. Mor. 1 ♀; 132. P. unicolor F.; 133. Psen pallidipes Pz. 1 ♂; 134. Sceliphron destillatorium Ill., s. hfg.; 135. S. omissum Kohl, zieml. slt.; 136. S. spirifex L., einige ♂; 137. Tachysphex nitidus Spin.; 138. T. rufipes Aich. k) *Tenthredinidae*: 139. Allantus viduus Rossi; 140. Arge cyaneocrocea Först.; 141. Athalia rosae L. var. cordata Lep.; 142. Cephus (Philoecus) pareyssei Spin.; 143. Emphytus balteatus Klg.; 144. Macrophya diversipes Schrck.; 145. M. neglecta Klg.; 146. M. rustica L.: 147. Tenthredopsis austriaca Knw.; 148. T. dorsalis Lep.; 149. T. raddatzi Knw. var. vittata Knw.; 150. T. thomsoni Knw. v. femoralis Cam.; 151. T. thomsoni Knw. v. nigripes Knw. l) *Vespidae*: 152. Eumenes mediterraneus Krchb.; 153. E. pomiformis F.; 154. Odynerus alpestris Sauss.; 155. O. bidentatus Lep.; 156. O. dantici Sauss.; 157. O. floricola Sauss.; 158. O. levipes Shuck ; 159. O. modestus Sauss.; 160. O. parietum L.; 161. Polistes gallica L.

36. Familie **Anacardiaceae** Lindley. (Terebinthaceae DC.)

143. Rhus Tourn.

Zwei- oder eingeschlechtige, grünliche Blüten mit freiliegendem Honig, welcher vom Blütengrunde abgesondert wird. Die Zwitterblüten homogam oder oft protandrisch (D a r w i n).

621. R. Cotinus L. [H. M., Befr. S. 157, 158; Schulz, Beitr. II. S. 62—64.] — Nach Müller, der seine Beobachtung an kultivierten Pflanzen machte, treten auf ein und demselben Exemplare zahlreiche Zwischenstufen zwischen rein männlichen, zweigeschlechtigen und rein weiblichen Blüten auf.

Die rein männlichen Blüten sind die grössten, am weitesten geöffneten, mithin augenfälligsten; die weiblichen sind die kleinsten, am wenigsten geöffneten und daher unscheinbarsten. Es werden daher die Blüten in der für die Befruchtung brauchbarsten Reihenfolge besucht werden. Auch Schulz, welcher in Süd-Tirol die wild wachsende Pflanze untersuchte, beobachtete drei durch die Ausbildung der Staub- und Fruchtblätter verschiedene Formen. Die Pflanzen waren aber, wie auch kultivierte Formen bei Halle, diöcisch. Nach Schulz bilden die weiblichen Blüten zwei Formenreihen, von denen die eine (Blütendurchmesser

Fig. 79. Rhus Cotinus L. (Nach Herm. Müller.)
1. Rein männliche Blüte.   *2.* Zweigeschlechtige Blüte.   *3.* Rein weibliche Blüte.   *s* Kelchblätter.   *p* Kronblätter.   *a* Staubblätter.   *st* Narbe.   *n* Nektarium.

$3^1/_4$—4 mm) Antheren besitzt, die der Gestalt nach mit denen der männlichen Blüten übereinstimmen, aber deren Pollenkörner abnorm gebaut sind, während die Staubblätter der zweiten (Blütendurchmesser 3—$3^1/_2$ mm) völlig verkümmert sind. Der Durchmesser der männlichen Blüten beträgt 5—6 mm. Die Verteilung der Blüten ist, nach Schulz, diöcisch oder seltener monöcisch. Alle Blüten sondern auf einer gelben oder orangefarbenen Scheibe im Blütengrunde Nektar ab, der offen daliegt, so dass er auch von Insekten mit ganz kurzem Rüssel ausgebeutet werden kann. Die Blütenbesucher bewirken, nach Müller, in den Zwitterblüten wegen des ziemlich grossen Zwischenraumes zwischen den Antheren und Narben vorwiegend Fremdbestäubung.

H. Müller beobachtete in Westfalen namentlich Fliegen und kurzrüsselige Hymenopteren, dagegen nur sehr wenige Käfer, welche die trübgelbe Blütenfarbe nicht besonders zu lieben scheinen. Schulz dagegen sah in Tirol zahlreiche Käfer, sowie Fliegen, Wespen, Schlupfwespen und andere kurzrüsselige Hymenopteren, und zwar in so grosser Menge, dass derselbe in kaum einer halben Stunde 350 Individuen, welche etwa 50 Arten angehörten, an einem einzigen, nicht grossen Strauche fing.

Die Besucherliste Herm. Müllers ist folgende:

A. Coleoptera: *Dermestidae*: 1. Anthrenus pimpinellae F., hld.   B. Diptera: a) *Muscidae*: 2. Calliphora erythrocephala Mg.; 3. Lucilia cornicina F., sgd.; 4. Sarcophaga carnaria L.   b) *Syrphidae*: 5. Helophilus floreus L., sehr häufig, sgd. und pfd.; 6. H. pendulus L., w. v.; 7. Syritta pipiens L., w. v.   C. Hymenoptera: a) *Apidae*: 8. Anthrena albicans Müll. ♀, psd.; 9. Apis mellifica L. ☿, sgd.; 10. Halictus sexnotatus K. ♀, sgd.; 11. H. sexstrigatus Schenck ♀, sgd.   b) *Sphegidae*: 12. Gorytes campestris L., hld.; 13. Oxybelus uniglumis L., hld.   c) *Tenthredinidae*: 14. Allantus marginellus F., hld. d) *Vespidae*: 15. Eumenes pomiformis F., hld.; 16. Odynerus sinuatus F., hld.; 17. O. spinipes L., hld.

622. Rh. typhina L. [H. M., Befr. S. 158.] — Die zweihäusigen Blüten sind ziemlich auffällig und sondern den Honig allgemein zugänglich ab. Als Pollenüberträger sah H. Müller einzelne honigsaugende Bienen (Apis, Prosopis communis Nyl. ♀♂, sgd.) und einen Netzflügler (Panorpa communis L., sgd).

37. Familie Caesalpiniaceae R. Br.

Blüten hälftig-symmetrisch (zygomorph), nicht oder kaum schmetterlingsförmig. Kronblätter fünf, zuweilen alle oder einige fehlend; Staubblätter zehn, öfters auch weniger oder mehr (2—15), frei oder in verschiedener Art verwachsen, zuweilen einige steril.

144. Gleditschia L.

Unscheinbare, grüne Blüten, welche im Kelchbecher reichlich Honig absondern. Die Zwitterblüten protogyn.

623. G. triacanthos L. Die duftenden, honigreichen Blüten sind, nach Kirchners Darstellung (Neue Beob. S. 48, 49), monöcisch-polygam, vielleicht auch diöcisch. Die vier grünen Kelch- und Kronblätter sind unten zu einem Becher verschmolzen, der an seiner Innenseite reichlich Nektar absondert. Als Schutz desselben dienen Haare, welche am Grunde der Staubblätter sitzen. Die Zwitterblüten sind protogynisch. Der behaarte, langgezogene Fruchtknoten trägt an seiner Spitze ein grosses Narbenpolster, welches bereits aus der Blüte um einige mm hervorragt, wenn die zusammenschliessenden Kelch- und Kronblätter die Staubblätter noch umschliessen. Die männlichen Blüten enthalten meist 5—7 herausragende Staubblätter; vom Stempel ist nichts zu erkennen. Die weiblichen Blüten besitzen noch Staubblätter mit verkümmerten Antheren.

Als Besucher sah Kirchner zahlreiche Insekten, besonders Bienen.

624. Cercis Siliquastrum L. sah Loew im botanischen Garten zu Berlin von sgd. Honigbienen besucht.

625. Parkinsonia aculeata L. ist, nach Lanza (Contrib. 1894), im botanischen Garten zu Palermo dichogam. Die Fahne der bereits befruchteten Blüte wechselt die Farbe. — Als Befruchter sah Lanza dort Xylocopa cyanescens.

626. Cassia marylandica L. öffnet (Nature XXXV) die Antheren nicht selbst, da sie von einer dünnen Haut verschlossen bleiben, sondern das Öffnen geschieht durch Hummeln.

38. Familie Papilionaceae L.

Sprengel, S. 358, 359; H. M., Befr. S. 259—262; Delpino, Sugli app. S. 24—28; Ult. oss. S. 39—66; Kirchner, Flora S. 467, 468; Loew, in Engler und Prantl, Die Natürl. Pflanzenfamilien III. 3. S. 88 ff.; Knuth, Flora von Schleswig-Holstein S. 231; Nordfr. Ins. S. 53—55; Grundriss S. 40—42.

Die Aufgabe der einzelnen Teile der Schmetterlingsblüte hat schon Ch. K. Sprengel auseinandergesetzt. Die verschiedenartigen besonderen Einrichtungen blieben ihm aber noch verborgen; ihre Enträtselung verdanken wir F. Delpino und Herm. Müller. In den folgenden Beschreibungen schliesse ich mich möglichst an die trefflichen Darstellungen dieses letzteren Forschers an. Unsere sämtlichen Schmetterlingsblütler sind homogame, selten schwach protandrische Bienenblumen[1]) (im weiteren Sinne).

Die eigentümlich gestalteten, meist lebhaft gefärbten, oft zu sehr augenfälligen, traubigen oder kopfigen Ständen vereinten Blumen bilden einen vorzüglichen Schauapparat, der in seiner Anlockungsfähigkeit noch häufig durch einen mehr oder minder starken Duft unterstützt wird. Der verwachsenblättrige Kelch hält die Kronblätter in der mehr oder weniger wagerechten, für den Insektenbesuch geeigneten Weise zusammen. Die Fahne der Blumenkrone dient in der Knospe als Schutzdecke für die inneren Blütenteile; in der aufgeblühten Blume steht sie aufrecht und dient so als Aushängeschild; sie ist vielfach mit einer als Saftmal dienenden Strichzeichnung versehen. Auch dient sie den Bienen als Stütze, gegen welche sie beim Honigsaugen den Kopf stemmen. Die Flügel haben eine dreifache Aufgabe: 1. sie sollen den besuchenden Bienen als Halteplatz dienen; 2. sie sollen als Hebelarme zum Abwärtsbiegen des Schiffchens dienen, um bei Insektenbesuch Narben und Pollen aus demselben hervortreten zu lassen und mit der Unterseite der besuchenden Biene in Berührung zu bringen; 3. sie sollen das Schiffchen in seiner Lage zu den Staub- und Fruchtblättern halten und nach dem Aufhören der durch Insektenbesuch hervorgebrachten Lageveränderung wieder in dieselbe zurückführen. Das Schiffchen bildet ein Schutzorgan der Staub- und Fruchtblätter gegen Regen und unberufene Blumengäste (Schmetterlinge und Fliegen). Sind alle zehn Staubfäden verwachsen, so bieten die Blumen nur Pollen, ist das obere frei, so entsteht zu beiden Seiten desselben je eine Rinne, welche zu dem am Grunde der Innenseite der Staubblätter abgesonderten Honig führen. Der geschlossene oder oben aufgeschlitzte Staubfadencylinder umschliesst das Fruchtblatt, dessen Griffel an der Spitze meist aufwärts gebogen ist und die Staubbeutel etwas überragt, so dass die an der Spitze befindliche Narbe bei Insektenbesuch zuerst aus dem Schiffchen hervortritt, mit der Unterseite der Biene zuerst in Berührung kommt und, falls diese schon von einer anderen Blüte derselben Art herkam, mit fremdem Pollen belegt wird. Bei einigen Arten ist die Narbe von dem Blütenstaube der eigenen Blüte völlig eingehüllt, wird aber von demselben meist nicht befruchtet, sondern erst durch Zerreiben der Narbenpapillen (durch besuchende Insekten) empfängnisfähig.

Es lassen sich, nach Delpino, vier, durch Übergänge mit einander verbundene Blüteneinrichtungen bei unseren Papilionaceen unterscheiden:

1. Einfache Klappvorrichtung. Staubblätter und Fruchtblatt treten so lange aus dem Schiffchen hervor, wie der Druck der besuchenden

---

[1]) In den Besucherlisten der Papilionaceenblumen sind deshalb die Hymenopteren zuweilen vorangestellt.

Biene währt, und kehren alsdann in ihre frühere Lage zurück. Solche Blüten gestatten mehrfachen erfolgreichen Besuch.

a) Der Honig ist offen abgesondert: Melilotus, Trifolium, Galega, Onobrychis, Astragalus, Oxytropis, Phaca, Ornithopus, Hedysarum.

b) Der Saft ist im Zellgewebe eingeschlossen, muss daher erbohrt werden: Cytisus (einzelne Arten dieser Gattung zeigen Übergänge nach 3a).

2. Explosions-Vorrichtung: Staub- und Fruchtblätter schnellen aus dem Schiffchen hervor. Solche Blüten gestatten nur einen einmaligen erfolgreichen Besuch.

a) Honighaltige Blüten: Medicago.

b) Honiglose Blüten.

α) Die Biene berührt Pollen und Narbe mit ihrer Unterseite: Genista, Ulex.

β) Der Biene wird Pollen und Narbe auf den Rücken geschnellt: Sarothamnus.

3. Pumpeneinrichtung: Die verdickten Staubfadenenden pressen den Pollen in einzelnen Portionen aus der Spitze des Schiffchens hervor. Zur Befruchtung ist mehrmaliger Insektenbesuch notwendig.

a) Honighaltige Blüten: Lotus, Anthyllis, Tetragonolobus, Hippocrepis.

b) Honiglose Blüten: Ononis, Lupinus, Coronilla.

4. Bürsteneinrichtung: Eine Griffelbürste fegt den Blütenstaub aus der Spitze des Schiffchens hervor. Auch hier ist zur Befruchtung meist wiederholter Insektenbesuch notwendig.

a) Griffelspitze gerade: Lathyrus, Pisum, Vicia, Lens, Robinia.

b) Griffelspitze schneckenförmig gedreht: Phaseolus.

Die mit Bürstenvorrichtung versehenen Papilionaceenblüten zerfallen nach der Darstellung von Taubert (in Engler und Prantl, Natürliche Pflanzenfamilien III, 3, S. 92), in zwei Unterabteilungen, je nachdem der Fegeapparat genau in der Richtung der Blütenmediane wirkt oder nicht. Im ersteren Falle wird der Pollen auf der Körperunterseite des Besuchers abgesetzt (— „pollinazione sternotriba" bei Delpino —), z. B. bei Vicia Cracca, V. sepium, V. Faba, auch bei Pisum sativum, das eine Vereinigung von Pumpen- und Bürstenvorrichtung besitzt. Im zweiten Falle tritt die Bürste in seitlich schräger, nicht mit der Blütenmediane zusammenfallender Richtung aus dem Schiffchen hervor, wobei der Pollen nur an der rechten oder linken Körperseite des Besuchers abgesetzt werden kann (— „pollinazione pleurotriba" bei Delpino). Eine Andeutung einer solchen excentrisch wirkenden Konstruktion findet sich zunächst bei einigen Lathyrus-Arten (L. silvestris, L. grandiflorus), während andere Arten derselben Gattung (z. B. L. pratensis) den median wirkenden Bestäubungsapparat besitzen. Ausgeprägter tritt die Asymmetrie des letzteren bei Phaseolus-Arten (Ph. vulgaris, Ph. multiflorus) auf, bei denen sie durch die schneckenförmige Einrollung der Griffelspitze bedingt ist. Am stärksten ist die Einrollung der letzteren bei Ph. Caracalla, wo sie 4—5 Umläufe macht.

Einen Übergang zu anderen, besonders bei nicht europäischen Arten vertretenen Formen des Bestäubungsapparates macht Apios tuberosa, bei welcher, nach Loew (Flora 1891), die sichelförmige Schiffchenspitze in einer kapuzenartigen Einsackung der Fahne derart festgehalten wird, dass dadurch der gewöhnliche Bewegungsmechanismus der Schmetterlingsblüte unmöglich gemacht und eine anderweitige Sicherung der Fremdbestäubung eingetreten ist. (S. Fig. 80.) — Eine weitere Umänderung der Blütenkonstruktion zeigen die Arten von Erythrina. Bei E. crista galli dreht sich, nach Hildebrand (Bot. Ztg. 1870), die Blüte so, dass der Bestäubungsapparat gerade umgekehrt wird und ausserdem Flügel und Schiffchen eine starke Reduktion erfahren. Letzteres bildet eine starre, unbewegliche Scheide, welche oben den weit hervortretenden Geschlechtsapparat umfasst und unten sich zu einer, zur Nektaraufnahme bestimmten Höhlung erweitert. Delpino vermutete Trochilus- und Nectarinia-Arten als Bestäuber. Diese Vermutung

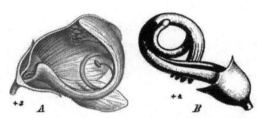

ist durch direkte Beobachtung von Nectarinia-Arten an E. caffra Thunb. durch Scott-Elliot bestätigt. Nach letzterem sind auch E. indica Lam. und Sutherlandia frutescens R. Br. ornithophil. Gänzliche Unterdrückung der Flügel und des Schiffchens findet sich bei Amorpha fruticosa, welche, nach Herm. Müller (Weit. Beob. S. 244, 245), sich auch durch Protogynie von den sonst meist

Fig. 80. Apios tuberosa Mnch. (Nach Taubert und nach Loew.)

A. Blüte von der Seite, nach Entfernung des halben Kelches, der halben Fahne und des rechten Flügels. (3:1.)
B. Geschlechtsapparat nach Entfernung der Krone; Staubblätter rechts, Griffel links hervortretend. (4:1.)

homogamen oder protandrischen Papilionaceen unterscheidet. (Taubert a. a. O.) —

Manche Gattungen enthalten, nach Kuhn (Bot. Ztg. 1867), Arten mit kleistogamen Blüten, so Arachis L., Chapmannia Torr. et Gray, Heterocarpaea Phil., Lesperdeza Rich., Stylosanthes Swartz.

Folgende Papilionaceen sind bisher als selbststeril erkannt: Trifolium pratense, repens, incarnatum, Phaseolus multiflorus, Lathyrus grandiflorus, Vicia Faba, Erythrina sp., Sarothamnus scoparius, Melilotus officinalis, Lotus corniculatus, Cytisus Laburnum (Darwin), Astragalus alpinus (Axell), Wistaria sinensis (Gentry).

145. Sarothamnus Wimmer.

Gelbe, homogame, honiglose Immenblumen mit hervorschnellenden Staub- und Fruchtblättern und sich aufrollendem Griffel. Nur einmaliger erfolgreicher Besuch.

627. S. scoparius Wimmer. (Spartium scoparium L.). [Darwin,
Proc. of Linn. Soc. 1867, S. 358; H. M., Befr. S. 240—243; Weit. Beob. II.
S. 257; Mac Leod, B. Jaarb. VI. S. 329—332; Knuth, Nordfries. Ins.
S. 55, 56, 152; Bijdragen.] — Die Blüteneinrichtung, welche nur Hummeln
und die Honigbiene auszulösen verstehen, während kleinere und weniger geschickte
Apiden, sowie einige Syrphiden und Käfer nur pollensammelnd oder pollen-
fressend auf den bereits explodierten Blüten angetroffen werden, wird von
Herm. Müller in etwa folgender Weise geschildert:

Die Anlockung dieser Insekten geschieht durch die grossen, gelben Blumen,
welche, trotzdem sie honiglos sind, auf den Fahnen nach dem Blütengrunde
zusammenlaufende Linien besitzen, wodurch den Insekten die Anwesenheit von

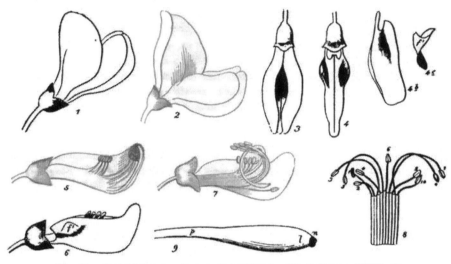

Fig. 81. Sarothamnus scoparius Wimm. (Nach Herm. Müller.)

1 Unexplodierte Blüte, von der Seite gesehen. *2* Dieselbe mit etwas höher aufgerichteter
Fahne. von rechts vorn gesehen, um das Saftmal zu zeigen. *3* Dieselbe nach Entfernung
der Fahne, von oben gesehen. *4* Dieselbe, nachdem auch die Flügel entfernt worden sind.
4b Der linke Flügel von der Innenseite, die Falte *f* zeigend, welche sich auf die Aussackung *f*
des Schiffchens legt. *4c* Die Aussackung des Schiffchens, gerade von vorn gesehen. *5* Lage
der Staubblätter und des Fruchtblattes in der unexplodierten Blüte. *6* Blüte nach Explosion
der kurzen Staubblätter und Entfernung der Fahne und Flügel, von der Seite gesehen. *7* Lage
der Blütenteile nach geschehener Explosion. *8* Die Staubfadenröhre, unmittelbar rechts von
dem oben in der Mitte liegenden Staubfaden (*1*) der Länge nach aufgeschnitten und ausgebreitet. *9* Griffelende mit der Narbe *n*, von der Innenseite gesehen. *pl* die den Blütenstaub wegschleudernde Platte.

Honig vorgespiegelt wird. Setzt sich eine Honigbiene auf eine bis dahin noch
nicht besucht gewesene Blüte, so umfasst sie mit den Mittel- und Hinterbeinen
die Flügel, während sie die Vorderbeine und den Kopf unter die Mitte der
Fahne drängt. Dadurch werden die Flügel der Blüten stark nach unten gedrückt, gleichzeitig auch das mit ihnen im unteren Drittel durch eine Falte
verbundene Schiffchen abwärts bewegt. Infolgedessen gehen die oberen Ränder

des letzteren, vom Grunde bis zur Spitze fortschreitend, auseinander, und sobald
dieses Aufspalten bis zur Mitte fortgeschritten ist, schnellen die fünf kürzeren
Staubblätter, welche schon in der Knospe sich nach oben geöffnet haben, aus
der Blüte hervor und schleudern einen Teil ihres Blütenstaubes der Biene an
den Bauch, ohne dass sie sich dadurch in ihrer Arbeit stören liesse. Der Spalt
rückt nun schnell in der Richtung nach der Spitze des Schiffchens weiter vor,
bis er an den Punkt kommt, wo die Spitze des Griffels gegen die Naht drückt,
und jetzt erfolgt eine zweite, weit heftigere Explosion. Bis dahin lag nämlich
der lange Griffel wie eine gespannte Feder in der Weise im Schiffchen, dass
er den äussersten, unteren und vorderen Winkel seines Hohlraumes ausfüllte und
seine Spitze gegen den hervorragendsten Punkt des Schiffchens drückte. Kaum
ist also die Spaltung des Schiffchens bis zu diesem Punkte vorgerückt, so schnellt
der Griffel hervor und schlägt mit seiner papillösen Spitze die Biene auf den
Rücken; unmittelbar hinterher wird der grösste Teil des Pollens, welchen der
plattenförmige Teil des Griffels mitgerissen hat, der Biene auf den Rücken ge-
schleudert, und gleichzeitig schnellen die fünf langen, längst aufgesprungenen
Staubblätter, sich einwärts krümmend, aus dem Schiffchen hervor. Die Biene
befreit sich nunmehr von dem sie meist umschlingenden Griffel und sammelt
den noch an den Antheren haftenden Pollen. Dieser ist so reichlich vorhanden,
dass die Biene trotz des Mangels an Honig und trotz des sie peitschenden
Griffels mit dem Besuche anderer Blüten fortfährt.

Während die Honigbiene erhebliche Anstrengungen machen muss, um die
Staubblätter und den Griffel zur Explosion zu bringen, besorgen dies die besuchenden, stärkeren und schwereren Hummeln (Erd- und Steinhummel) mit
grösster Leichtigkeit.

Fremdbestäubung wird dadurch herbeigeführt, dass der Griffel einen Augen-
blick früher aus dem Schiffchen hervorschnellt, als die Staubblätter, also schon
die Narbe der zweiten Blüte mit fremdem Pollen belegt wird. Aber auch die
erstbesuchte Blüte wird sehr wahrscheinlich durch fremden und nicht durch den
eigenen, sie umgebenden Pollen befruchtet, weil der Griffel sich soweit aufrollt,
dass die Narbe sich wieder oben befindet, so dass spätere Insektenbesuche doch
noch Fremdbestäubung herbeiführen können. Bienen oder Hummeln gehen fast
niemals an explodierte Blüten; solche Blumen werden fast nur von kleineren
Bienen, von Schwebfliegen oder Blumenkäfern besucht. Bei ausbleibendem Hummel-
oder Bienenbesuche explodieren die Blüten nicht und bleiben, nach Darwin,
unfruchtbar.

Von den Besuchern sind nur starke, langrüsselige (eutrope) Bienen (Apis,
Bombus, Eucera) imstande, den Blütenmechanismus auszulösen. Sonstige Besucher
(meist hemitrope) Bienen, pollenfressende Schwebfliegen und Käfer können, wie oben
gesagt, nur bereits explodierte Blüten ausbeuten.

Von legitimen Besuchern beobachteten Herm. Müller (1) in Westfalen, Loew (2)
in Brandenburg, Alfken (3) bei Bremen, Verhoeff (4) auf Norderney und ich (!) in
Schleswig Holstein: 1. Apis mellifica L. ⚥ (1, 3, !); 2. Bombus agrorum F., slt. ♀ (!, 3); 3. B.
distinguendus Mor. ♀, hfg. (3); 4. B. lapidarius L. ♀ (1, 4, !); 5. B. hortorum L. (3, !);
6. B. muscorum F., hfg. ♀ (3); 7. B. terrester L. ♀ (1, 4. !); 8. Eucera longicornis L. ♂ (2).

Sämtlich psd. Auch de Vries beobachtete in den Niederlanden die Honigbiene; Mac Leod in Flandern Apis, 3 Hummeln, 3 Anthrena, 3 Schwebfliegen. In Dumfriesshire (Schottland) bemerkte Scott-Elliot (Flora S. 42) Apis, 1 Hummel und mehrere Fliegen; Saunders in England Eucera longicornis L. mit ihrem Schmarotzer Nomada sexfasciata Pz. Als illegitime Besucher beobachtete Herm. Müller Apiden (Anthrena fulvicrus K. ♀, Halictus zonulus Sm. ♀, Osmia fusca Chr. ♀), Syrphiden (Rhingia rostrata L.) und Käfer (Anthobium abdominale Gr., A. florale Gr. und Meligethes), sowie Rössler bei Wiesbaden die Falter: Trifurcula immundella Z., Fidonia famula Esp., Threnodes pollinalis Schiff.

v. Fricken beobachtete in Westfalen und Ostpreussen die Curculioniden Bruchus villosus F. und Tychius venustus F. (die Blüten verwüstend) und die Chrysomeliden Cryptocephalus vittatus F. und Gonioctena olivacea Forst., pfd.

628. Spartium junceum L. hat gleichfalls eine Explosionsvorrichtung.

Als Besucher beobachtete Delpino (Ult. oss. I) besonders Xylocopa violacea L. Schletterer bemerkte bei Pola die beiden Sandbienen Anthrena flavipes Pz. und A. morio Brull. und die Mörtelbiene Megachile muraria L., letztere „einer der wenigen Naschgäste."

146. Genista L.

Gelbe, homogame, honiglose Bienenblumen mit hervorschnellenden Staub- und Fruchtblättern, welche von den besuchenden Bienen mit der Körperunterseite berührt werden. Nur einmaliger erfolgreicher Besuch. Seltener einfache Klappvorrichtung.

629. G. tinctoria L. [G. Henslow, Proc. Linn. Soc. 1868; H. M., Befr. S. 235—239; Weit. Beob. II. S. 257; Mac Leod, B. Jaarb. VI. S. 332—333; Knuth, Nordfr. Ins. S. 56, 57, 152; Weit. Beob. S. 232.] — Die gelben, zu traubigen Blütenständen vereinigten Blumen sind honig- und saftmallos. Die 10, in zwei fünfgliederigen Kreisen stehenden Staubblätter und der zwischen ihnen hervorragende Griffel sind vom Schiffchen fest umschlossen. Schon in der Knospe springen die Antheren der 4 oberen Staubblätter des äusseren Kreises auf und entleeren den Pollen in das Schiffchen. Dieser Pollen bleibt, indem die 4 Staubfäden einschrumpfen, über dem Griffel liegen und wird durch die heranwachsenden fünf Staubblätter des inneren Kreises in den vordersten Teil des gleichfalls noch wachsenden Schiffchens geschoben. Kurz vor dem Entfalten der Fahne entleert sich der Pollen der bis dahin noch nicht aufgesprungenen sechs Staubblätter, so dass nunmehr das Schiffchen in seinem oberen Teile den Pollen aller 10 Staubblätter und darunter den Griffel fest umschliesst. Letzterer stellt mit der Staubfadenröhre eine nach oben gespannte Feder dar, während die Nägel des sie umschliessenden Schiffchens und der mit ihnen verbundenen Flügel dagegen abwärts gespannt sind. Diese entgegengesetzten Kräfte halten sich so lange im Gleichgewicht und die Blütenteile in wagerechter Stellung, bis der Zusammenhang der oberen Ränder des Schiffchens aufgehoben wird. Da jeder Flügel mit einer Falte in den Winkel eingreift, den die spitzwinkelig hervorragende Aussackung jeder Schiffchenhälfte mit dem oberen Rande derselben bildet, so gleiten, wenn sich eine Biene auf die Blüte setzt, indem sie sich mit den Beinen auf die Flügel stützt und den Kopf unter die Fahne zwängt, die Einsackungen der Flügel beiderseits von der aus den Staubblättern und dem Fruchtblatt gebildeten Säule

hinunter, und gleichzeitig spaltet sich die obere Naht des Schiffchens, vom
Grunde nach der Spitze fortschreitend, auseinander. Ist die Spaltung bis zur
Griffelspitze fortgeschritten, so schnellen die gespannten Blütenteile auseinander:
Schiffchen und Flügel nach unten, Griffel und der auf ihm gelagerte Pollen
nach oben. Dabei berührt zuerst die Narbe die Unterseite des Insekts und
wird, falls es bereits eine andere Blüte dieser Art besucht hatte, mit Pollen
belegt; unmittelbar darauf wird der Pollen gegen den Bauch der Biene gedrückt.

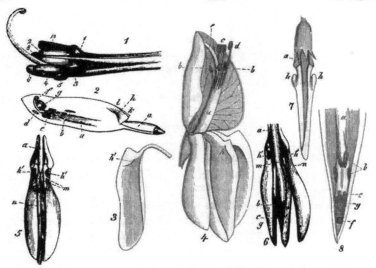

Fig. 82. Genista tinctoria L. (Nach Herm. Müller.)

1 Die aus der Knospe genommenen Staubblätter nebst Griffel und Narbe. *2* Lage der im
Schiffchen eingeschlossenen Teile in einer noch nicht von Insekten besuchten Blüte. *3* Rechter
Flügel, von innen gesehen. *4* Blüte nach dem Losschnellen. *5* Noch nicht losgeschnellte
Blüte nach Entfernung von Kelch und Fahne, von oben gesehen. *6* Dieselbe, nachdem das
Schiffchen durch Druck von oben bis gegen die Spitze hin offen gespalten ist. *7* Noch nicht
losgeschnellte Blüte nach Entfernung von Fahne und Flügel, von oben gesehen. *8* Vordere
Hälfte einer bis zum Eintritt des Losschnellens offen gespaltenen Blüte, doppelt so stark vergrössert, von oben gesehen. *a* Staubblätter mit Griffel und Narbe. *b* die 4 kurzgebliebenen
äusseren Staubblätter (*2, 4, 8, 10* in Fig. *1*). *c* die 5 inneren Staubblätter (*1, 3, 5, 7, 9*). *d* das
unter dem Griffel liegende äussere Staubblatt. *e* Griffelspitze. *f* Narbe. *g* Blütenstaub.
h seitliche Falte des Schiffchens, in welche eine Falte (*h'*) des zugehörigen Flügels eingreift.
kl der schon vor dem Losschnellen getrennte Teil der oberen Ränder des Schiffchens. *m* Flügel.
n Schiffchen.

Ist keine Fremdbestäubung eingetreten, so bewirkt das zurückkriechende Insekt
Selbstbestäubung. Losschnellen der gespannten Blütenteile ohne äussere Ein-
griffe ist nicht beobachtet worden. Besucher sind, nach Herm. Müller,
besonders pollensammelnde, manchmal auch vergeblich nach Honig suchende
Bienen, welche sämtlich, auch die vergeblich nach Honig suchenden Männchen
das Losschnellen und somit die Befruchtung bewirken, indem sie mit den Beinen
auf die Flügel der Blüte gestützt den Kopf unter die Fahne drängen. Nutzlose
Besucher sind Wespen, Conopiden, Syrphiden, Falter, schädliche Blütenteile
fressende Käfer (Cryptocephalus).

Ich beobachtete in Schleswig-Holstein bisher Apis und einige Hummeln (Bombus cognatus Steph., B. lapidarius L., B. terrester L.) als Besucher und Befruchter.

Herm. Müllers Besucherliste ist folgende:

A. Coleoptera: a) *Chrysomelidae*: 1. Cryptocephalus moraei L., Blütenteile nagend; 2. C. sericeus L.; 3. C. vittatus F. b) *Elateridae*: 4. Agriotes gallicus Lac., vergebl. sgd.; 5. A. ustulatus Schall., w. v. B. Diptera: a) *Conopidae*: 6. Myopa testacea L., vergebl. sgd.; 7. Sicus ferrugineus L., w. v. b) *Syrphidae*: 8. Chrysotoxum bicinctum L., w. v. C Hymenoptera: a) *Apidae*: 9. Anthrena albicrus K. ♂, psd.; 10. A. fulvescens Sm. ♂, psd.; 11. A. fulvicrus K. ♀, psd.; 12. A. xanthura K. ♀, psd.; 13. Anthidium punctatum Latr. ♂, vergebl. Honig suchend. psd.; 14. Apis mellifica L. ♀, häufig, psd.; 15. Bombus terrester L. ♀, psd.; 16. Colletes daviesanus K. ♀, psd.; 17. Diphysis serratulae Pz. ♂, psd.; 18. Halictus albipes F. ♀, psd.; 19. H. rubicundus Chr. ♀, psd.; 20. Megachile centuncularis L. ♀, sehr zahlreich, psd.; 21. M. circumcincta K. ♀, w. v.; 22. M. versicolor Sm. ♀, psd.; 23. M. willughbiella K. ♀, psd.; 24. Osmia platycera Gerst., psd. b) *Vespidae*: 25. Odynerus trifasciatus F. ♀, pfd. D. Lepidoptera: 26. Lycaena damon S. V.; 27. Melitaea athalia Rott.; 28. Pararge megaera L., vergebl. suchend.

Rössler bemerkte bei Wiesbaden gleichfalls einen Falter: Grapholitha scopariana H.-S. an den Blüten.

In Dumfriesshire (Schottland) (Scott-Elliot, Flora S. 42) wurden 2 Hummeln als Besucher beobachtet.

630. G. germanica L. hat, nach Kirchner (Flora S. 473, 474), eine ähnliche Blüteneinrichtung wie die vorige Art, aber es erfolgt hier kein elastisches Losschnellen, sondern die Staubblätter und der Griffel treten frei aus dem Schiffchen hervor, so dass eine einfache Klappvorrichtung entsteht. Das Schiffchen ist oben bis zur Spitze durch einen Schlitz geöffnet; hinten vor den Nägeln befindet sich jederseits eine buckelförmige Aussackung, die in eine entsprechende Einsackung des Flügels fest hineinpasst. Die Antheren liegen in der Knospe in 2 Reihen dicht hinter einander und werden von dem hakig nach innen zurückgekrümmten Griffel überragt; sie öffnen sich bereits in der Knospe. Die vordere Fläche des Griffels wird gegen die Innenwand des Schiffchens gepresst, so dass zwischen dem Griffel und den Staubblättern einerseits und dem Schiffchen andererseits eine wenn auch geringe Spannung vorhanden ist. In diesem Blütenzustande ist noch die Fahne nach vorn auf Flügel und Schiffchen niedergeklappt, und es muss, da die Narbe bereits entwickelt ist, nach obiger Darstellung nun spontane Selbstbestäubung eintreten. Während sich die Fahne aufrichtet, streckt sich der Griffel und tritt, bogig nach dem Blütengrunde gekrümmt, frei aus der Spitze des Schiffchens der wagerecht stehenden Blüte hervor. Besuchende Insekten müssen dieselbe daher beim Anfliegen zuerst berühren, und, falls sie schon eine andere Blüte besucht haben, Fremdbestäubung bewirken. Tritt Insektenbesuch ein, so wird aus dem herabgedrückten Schiffchen fast sämtlicher Pollen auf einmal entleert. Wird dabei das Schiffchen nur schwach abwärts gedrückt, so kehrt es nach dem Aufhören des Druckes vermöge der geringen Elastizität seiner nach oben übergreifenden Fortsätze langsam wieder in seine frühere Lage zurück. Wird es aber von kräftigeren und schwereren Insekten so weit hinabgedrückt, dass jene Fortsätze ganz unterhalb des Griffels zu liegen kommen, so ist ein Zurückkehren in die frühere Lage unmöglich. Solche Blüten sehen dann ähnlich aus wie die explodierten Blüten von G. tinctoria.

Als Besucher beobachtete ich (Bijdragen) in Schleswig-Holstein Bombus lapidarius L. ♀.

631. G. sagittalis L. hat, nach Kirchner (Flora S. 474), wie G. germanica eine einfache, nicht explodierende Klappvorrichtung. Die aus dem Griffel und den Staubblättern gebildete Säule tritt bei Insektenbesuch frei aus dem Schiffchen hervor, um nach dem Aufhören der Belastung wieder in dasselbe zurückzukehren. Die Antheren öffnen sich bereits in der Knospe, und da der schwach aufwärts gebogene Griffel sie jetzt nur wenig überragt, so wird die Narbe mit dem Pollen der eigenen Blüte bedeckt. Nachdem die Fahne sich aufgerichtet hat, überragt der schwach aufwärts gekrümmt bleibende Griffel die Staubbeutel etwa um 1 mm, so dass die Narbe bei Insektenbesuch zuerst aus dem Schiffchen hervortritt und früher mit der Unterseite der Biene in Berührung kommt, als die Antheren, so dass schon bei der zweiten Blüte Fremdbestäubung eintreten muss. Bei stärkerer Belastung bleibt das Schiffchen wie bei G. germanica abwärts geklappt.

Als Besucher beobachtete Kirchner Apiden (ohne nähere Angaben über die Arten); Schenck in Nassau die beiden Bauchsammlerbienen Megachile circumcincta K. und Trachusa serratulae Pz.

632. G. anglica L. Bei dieser von Herm. Müller (Befr. S. 239) zuerst eingehender beschriebenen Art sind die entgegengesetzten Spannungen der Griffel-Staubblattsäule einerseits und des Schiffchens und der Flügel andererseits viel schwächer ausgeprägt. Schiffchen und Flügel sinken beim Losschnellen nur wenig abwärts, und nur der Griffel krümmt sich aufwärts und mit seiner Spitze einwärts.

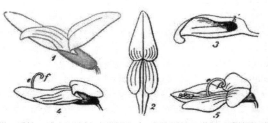

Fig. 83. Genista anglica L. (Nach Herm. Müller.)
1 Jungfräuliche Blüte, von der Seite gesehen. *2* Dieselbe von vorn gesehen. *3* Rechter Flügel von der Innenseite. *4* Eine losgeschnellte Blüte, deren Griffel sich ungewöhnlich schwach zurückgebogen hat. *5* Eine normal losgeschnellte Blüte, von links oben gesehen.

Als Besucher beobachtete H. Müller die Honigbiene, welche fast ausschliesslich unexplodierte Blüten besucht und dabei in der Stellung, als wenn sie im Blütengrunde verborgenen Honig saugen wollte, mit den Mittelbeinen den Blütenstaub an die Körbchen brachte. Ausserdem sah H. Müller wiederholt zwei kurzrüsselige Bienen (Anthrena fulvicrus K. ♀ und Halictus cylindricus F. ♀) pollensammelnd an den Blüten von G. anglica.

Alfken und Höppner (H) beobachteten bei Bremen: *Apidae:* 1. Anthrena nigroaenea K. ♀, slt., psd.; 2. A. convexiuscula K. ♀, psd.; 3. Apis mellifica L., psd.; 4. Bombus muscorum F. ♀; 5. B. terrester L. ♀; 6. Halictus flavipes F. ♀, hfg., psd.; 7. H. leucopus K. ♀; 8. H. rubicundus Chr. ♀, hfg., psd.; 9. Osmia uncinata Gerst. ♀, einmal, psd.; 10. Nomada alternata Pz. ♀ (H.); 11. N. succincta Pz. ♀, (H.).

Ich (Nordfr. Ins. S. 152) beobachtete auf Amrum und Föhr nur die Honig-biene.

Als nutzlosen Blütengast beobachtete ich auf Föhr und Sylt einen Falter (Zygaena filipendulae L.), vergeblich zu saugen versuchend.

633. G. pilosa L. stimmt in der Blüteneinrichtung ganz mit voriger Art überein; dieselbe ist von Delpino (Ult. oss. S. 48—52) zuerst beschrieben. Dieser Forscher fand die Blüten dieser Art mit dem eigenen Pollen unfruchtbar.

Als Besucher sah H. Müller (Befr. S. 240) in Westfalen und ich auf den Inseln Föhr und Amrum die Honigbiene.

Als nutzlosen Besucher bemerkte Rösser bei Wiesbaden den Falter: Threnodes pollinalis S. V.

147. Ulex L.

Wie vorige.

634. U. europaeus L. [Ogle, Pop. Sc. Rev. 1870, S. 164, 165; Heinsius, Bot. Jaarb. VI. 1892 S. 101 ff.; Knuth, Bijdragen.] — Die Blüteneinrichtung stimmt, nach Ogle, ganz mit derjenigen von G. tinctoria überein. Auch Kerner bezeichnet sie als eine Explosionseinrichtung. Nach meinen Beob-achtungen sind die entgegengesetzten Spannungen der Staubblatt-Griffelsäule und des Schiffchens nebst den Flügeln weniger stark; die Blüteneinrichtung ent-spricht daher vielmehr derjenigen von G. anglica und pilosa.

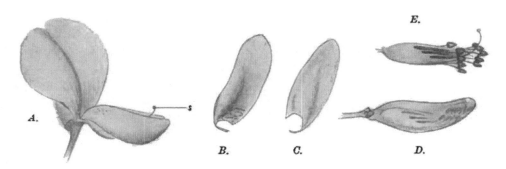

Fig. 84. Ulex europaeus L. (Nach der Natur.)
A. Explodierte Blüte. s Narbe. B. C. Flügel von innen und von aussen. D. Die im Schiffchen eingeschlossenen, durchscheinenden Staub- und Fruchtblätter. Die an der Spitze des federartig gebogenen Griffels befindliche Narbe drückt gegen die oberen, verklebten Ränder des Schiffchen. E. Dieselben, aus dem Schiffchen herausgenommen.

Die Verbindung von Schiffchen und Flügel findet nur an einer Stelle über dem Nagel des betreffenden Kronblattes durch Ineinanderstülpen einiger Oberhautzellen und eine Ein- bezw. Ausbuchtung statt. Diese Verbindung ist eine so lockere, dass man sie leicht lösen kann, ohne die Blütenteile dabei zu zerreissen.

Trotz der schwachen Explosion wird der Pollen so vollständig an den

Bauch der besuchenden Biene abgegeben, dass sich nach dem Besuche kaum noch einige Körnchen auf den Antheren finden lassen.

Auf der Insel Föhr (Nordfr. Ins. S. 55) sah ich zahlreiche, gut ausgebildete Früchte, welche auf Insektenbesuch schliessen lassen, doch habe ich solchen dort niemals direkt beobachtet. Die Grössenverhältnisse der Blüte lassen darauf schliessen, dass Hummeln die Befruchter sind. Am 9. V. und 23. V. 96 beobachtete ich bei Kiel in der That Bombus terrester L. ♀ als Befruchter. Als nutzlosen Blütengast sah ich Meligethes. Mac Leod bemerkte in Flandern Apis, Bombus terrester L. ♀, 2 Halictus, 2 Fliegen (die letzteren 4 nur an explodierten Blüten). (Bot. Jaarb. VI. S. 329).

Burkill (Fert. of Spring Fl.) beobachtete an der Küste von Yorkshire: A. Araneida: 1. Philodromus aureolus Clerck, in noch nicht explodierten und den Kegeln explodierter Blüten auf der Lauer liegend. B. Coleoptera: 2. Apion ulicis Forst., 3. Meligethes picipes Sturm, pfd.; 4. Cryptophagus vini Panz., pfd. und Honig suchend. C. Diptera: a) *Muscidae:* 5. Hylemyia sp., Honig suchend; 6. Lucilia cornicina F., Honig suchend; 7. Sepsis nigripes Mg., w. v. b) *Syrphidae:* 8. Eristalis arbustorum L., pfd.; 9. E. pertinax Scop., Honig suchend; 10. Melanostoma quadrimaculata Verral, pfd. D. Hymenoptera: *Apidae:* 11. Anthrena clarkella K., psd.; 12. Apis mellifica L., psd. und zuweilen Honig suchend; 13. Bombus lapidarius L., Honig suchend; 14. B. terrester L., w. v., psd. E. Thysanoptera: 15. Thrips sp., sehr häufig.

148. Cytisus L.

Gelbe, homogame bis protandrische, monadelphische Bienenblumen, deren Saft im Zellgewebe des Blütenbodens eingeschlossen ist und daher erbohrt werden muss. Durch den Druck des besuchenden Insektes treten die Staub- und Fruchtblätter aus dem Schiffchen hervor und kehren nach dem Aufhören des Druckes in ihre frühere Lage zurück. Daher ist mehrfacher erfolgreicher Besuch gestattet. Einige Arten zeigen Übergang zur Pumpeneinrichtung. (Vgl. C. nigricans.)

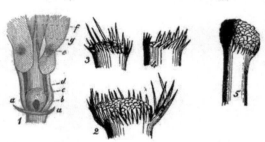

Fig. 85.   Cytisus Laburnum L.   (Nach Herm. Müller.)

1 Basalteil einer älteren Blüte, nach Entfernung von Kelch und Krone, von oben gesehen. *aa* Durchschnittfläche des Kelches. *b* Einfügungstelle der Fahne. *c* Der die Einfügungsstelle der Fahne umgebende fleischige Höcker, welcher von Insekten vermutlich angebohrt wird. *d* Stiele der Flügel. *e* Flache Einsackung der Flügel, welche in entsprechende Vertiefungen der Oberseite des Schiffchens eingreifen. *f* Schiffchen. *g* Offener Spalt desselben. *2, 3, 4* Narben jüngerer Blüten. *5* Narbe einer älteren Blüte.

635. C. Laburnum L.
[H. M., Befr. S. 234, 235; Kirchner, Flora S. 475, 476; Knuth, Bijdragen.] — Die ansehnlichen Blüten sind zu reichen, weithin sichtbaren Ständen vereinigt. Beim Aufblühen dreht sich, nach

Kerner, der Blütenstiel so, dass die Fahne wieder nach oben, das Schiffchen nach unten gerichtet wird. Die Einfügungsstelle der Fahne ist nach vorn von einer dicken, fleischigen Anschwellung umwallt, welche mit Honigsaft erfüllt ist. Die Fahne besitzt als Saftmal dunkle, nach dem Blütengrunde zusammenlaufende, dunkle Linien, in deren Verlängerung der anzubohrende, saftreiche Wulst liegt. Die Verbindung der Flügel mit dem Schiffchen ist nur lose, da eine flache Einsackung jedes Flügels in eine entsprechende Vertiefung des Schiffchens eingreift.

Gegen Ende der Knospenzeit liegt die Narbe in der Spitze des Schiffchens rings von glashellen, steifen, aufrechten Haaren umgeben, welche die Narbe überragen und zu Anfang der Blütezeit über deren Papillen etwas zusammenneigen, wodurch sie dieselben vor der Berührung mit der Unterseite besuchender Insekten schützen. Die Haare verschrumpfen allmählich, so dass in älteren Blüten die Narbenpapillen unbedeckt sind. Gleichzeitig krümmt sich der Griffel immer mehr einwärts und streckt seine mit der Narbe endigende Spitze immer weiter aus dem offenen Spalt des Schiffchens hervor, so dass bei eintretendem Insektenbesuche die Narbe zuerst berührt wird, mithin Fremdbestäubung gesichert ist. Spontane Selbstbestäubung ist ausgeschlossen.

Als Besucher sah H. Müller pollensammelnde, meist aber Honig erbohrende Bienen (Bombus lapidarius L. ♀ ⚥, sgd., psd.; B. terrester L. ♀, sgd.; Anthrena albicans Müll. ♀, psd.; A. tibialis K.; A. xanthura K. ♀, psd.; Apis mellifica L. ⚥, psd., häufig) und saugende Schmetterlinge (Plusia); ausserdem Meligethes in den Blüten umherkriechend. Müller sah sowohl Bienen als auch Schmetterlinge wiederholt nicht nur an einzelnen, sondern an zahlreichen Blüten nach einander den Rüssel unter die Fahne stecken und an jeder Blüte einige Zeit verweilen, wobei der Pollensammelapparat der Bienen auch nach wiederholten Blütenbesuchen leer blieb. Es ist also hieraus zu schliessen, dass die Bienen und Schmetterlinge den saftreichen Wulst in der That anbohren und aussaugen.

Ich sah in Kieler Gärten ausser der Honigbiene am 21. 5. 96 unsere drei gewöhnlichsten Hummeln (B. hortorum L. ♀, B. terrester L. ♀, B. lapidarius L. ♀) pollensammelnd. die eben aufblühenden Blumen des Goldregens besuchen.

Alfken beobachtete bei Bremen: *Apidae*: 1. Bombus agrorum F. ♀; 2. B. hortorum L. ♀; 3. B. ruderatus F. ♀; 4. Psithyrus vestalis Fourer. Sämtlich sgd.

636. C. decumbens Spach. Nach Briquet (Etudes) ist diese Pflanze nektarlos und mit nur einmal funktionierender Explosionseinrichtung versehen, welche durch Hummeln in Thätigkeit gesetzt wird und oft zu Fremdbestäubung führt. Bei Regenwetter tritt spontane Selbstbestäubung ein. (Nach Kirchner.)

637. C. hirsutus L.
Schletterer giebt für Tirol als Besucher die Pelzbienen Podalirius acervorum L. und P. tarsatus Spin. an.

638. C. nigricans L. Die Blüteneinrichtung der goldgelben Blumen bildet, nach Herm. Müller (Weit. Beob. II. S. 254—256), eine Zwischenstufe zwischen der Pumpeneinrichtung von Lotus (s. u.) und der einfachen Klappvorrichtung von C. Laburnum. Die Flügel umschliessen nämlich den obersten, in eine scharfe Kante verschmälerten Teil des Schiffchens als zwei schwach nach aussen gewölbte Flächen von beiden Seiten, und ihre unteren Kanten stützen sich der Verbreiterung der Seiten des Schiffchens auf. In der jungen Knospe überragen die sehr grossen, mit den Kronblättern abwechselnden, also fünf äusseren Staubblätter die sehr kleinen vor den Kronblättern stehenden (inneren) vollständig. Noch vor dem Aufblühen der Blume springen die Antheren der grossen Staubblätter auf und schrumpfen rasch zusammen, so dass ihr Pollen lose, nur vom Schiffchen umschlossen, zwischen ihnen liegt. Jetzt strecken sich die bisher am Ende einwärts gebogenen Staubfäden der kleinen Antheren gerade aus; letztere rücken dadurch zwischen die entleerten Staubbeutel der äusseren Staubblätter und schieben den Pollen derselben in das leere, aufwärts gebogene Ende des Schiffchens. Die verdickten Staubfäden der äusseren Staubblätter sind steif und pressen beim Niederdrücken des Schiffchens den Pollen zur Öffnung der Spitze des Schiffchens heraus. Die Staubfäden der grossen Staubblätter wirken daher als Kolbenstangen; die Antheren der kleinen Staubblätter fungieren, indem sie den unteren Teil des Pollenbehälters ausfüllen, als Kolben. Wenn man in jungen Blüten, in denen die Ränder des Schiffchens bis zur Öffnung an der Spitze immer dicht zusammenhalten, das Schiffchen niederdrückt, so tritt etwas Pollen aus der Spitze hervor, so dass er sich der Unterseite besuchender Insekten anheften muss. In älteren Blüten dagegen halten die Ränder des Schiffchens so lose zusammen, dass beim Niederdrücken desselben die Staubblätter und die sie überragende Narbe frei aus dem dann oben ganz offenen Schiffchen hervortreten. Pollensammelnde Insekten werden also den Blütenstaub aus jüngeren Blüten auf die Narben älterer bringen und so Fremdbestäubung bewirken.

Als Besucher sah H. Müller in der Oberpfalz nur eine pollensammelnde Biene (Anthrena xanthura K. ♀); E. Loew beobachtete in Steiermark eine langrüsselige Biene (Megachile sp., psd.); Hoffer daselbst Bombus mastrucatus Gerst. ♀.

639. C. sagittalis Koch. [H. M., Weit. Beob. II. S. 254.] — Besucher sind pollensammelnde Bienen.

H. Müller sah in den Vogesen: 1. Anthrena convexiuscula K. ♀; 2. Bombus lapidarius L. ⚥; 3. B. terrester L. ♀; 4. Halictus rubicundus Chr. ♀; 5. Osmia fulviventris Pz. ♀.

Buddeberg beobachtete in Nassau: 1. Bombus variabilis Schmiedekn. var. tristis Seidl. ⚥; 2. Diphysis serratulae Pz. ♂; 3. Megachile circumcincta K. ♀.

Rössler beobachtete als nutzlose Besucher bei Wiesbaden folgende Falter: 1. Grapholitha asseclana Hb.; 2. G. fuchsiana·Rsslr.; 3. G. succedana Fröl.; 4. Threnodes pollinalis S. V.

640. 641. C. canariensis L. und C. albus Link. Hildebrand (Bot. Ztg. 1866 S. 75) deutet die Explosionseinrichtung dieser Blüten, bei welcher Antheren und Griffel der Bewegung des herabgedrückten Schiffchens anfangs ein wenig folgen und dann erst nach oben losschnellen, auf Selbstbestäubung, indem der herausgeschleuderte Pollen zum Teil auf die Narbe fliegt. Es lässt sich wohl annehmen, dass bei Insektenbesuch Fremdbestäubung bevorzugt ist.

642. C. austriacus L. Loew beobachtete im botanischen Garten zu Berlin:

Hymenoptera: *Apidae*: Bombus agrorum F., psd.

643. Sophora flavescens Ait. sah Loew im botanischen Garten zu Berlin von Bombus terrester L. ♂, sgd., besucht;

644. Thermopsis fabacea DC. daselbst von Bombus hortorum L., sgd.

149. Lupinus Tourn.

Gelbe, blaue oder weisse, honiglose Bienenblumen mit Nudelpumpeneinrichtung.

645. L. luteus L. [H. M., Befr. S. 243; Knuth, Rügen; Bijdragen.] — In den dunkelgelben, stark duftenden, aber honiglosen Blüten sind, nach H. Müllers Darstellung, die Flügel miteinander durch die Verwachsung des vorderen Randes, mit dem Schiffchen durch eine seitliche, nahe am Grunde befindliche Falte, die sich in eine Einsackung des Schiffchens legt, verbunden. Die Antheren der fünf äusseren Staubblätter sind sehr viel grösser, als die der fünf inneren; sie springen bereits in der Knospe auf, verschrumpfen dann völlig, indem sie den Pollen in dem von der Spitze des Schiffchens gebildeten Hohlkegel ablagern. Die bisher noch kurzen inneren fünf Staubblätter beginnen nunmehr lebhaft zu wachsen, wobei sie den Pollen in der Schiffchenspitze zusammenpressen. Sie dienen bei Insektenbesuch als Pumpenkolben, indem sie den Pollen dann aus der Spitze des Schiffchens in Form einer bandförmigen Masse hervorpressen. Lässt der Druck, den das besuchende Insekt verursacht, nach, so kehren Flügel und Schiffchen in ihre alte Lage zurück, so dass bei fernerem Insektenbesuch neue Pollenmassen hervorgepresst werden können. Später

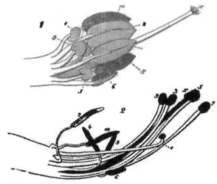

Fig. 86. Lupinus luteus L. (Nach Herm. Müller.)

1 Staub- und Fruchtblätter in der Knospe. *2* Dieselben in der entwickelten Blüte. *2, 4, 6, 8, 10* die fünf äusseren, *1, 3, 5, 7, 9* die fünf inneren Staubblätter. *z* Narbe.

tritt bei Insektenbesuch auch die Narbe aus der Spitze des Schiffchens hervor. Es wird also diese von dem an den Besuchern haftenden Pollen aus jüngeren Blüten belegt, mithin Kreuzung erfolgen. Spontane Selbstbestäubung ist durch einen ähnlichen Kranz steif aufrecht stehender Haare wie bei Cytisus Laburnum verhindert oder doch beschränkt.

Als Besucher sah H. Müller pollensammelnde Apiden: 1. Apis mellifica L. ⚥, zahlreich; 2. Bombus lapidarius L. ⚥, einzeln; 3. Megachile circumcincta K. ♀.

In Mecklenburg beobachtete ich ausser den ersten beiden Besuchern auch Bombus terrester L. ⚥, psd. Auf Rügen sah ich: A. Hymenoptera: *Apidae*: 1. Apis mellifica L. ⚥, sgd. und psd., mit grossen orangefarbigen Pollenmassen in den Körbchen; 2. Bombus agrorum F. ⚥, sgd. und psd. B. Lepidoptera: *Rhopalocera*: 3. Argynnis paphia L., sgd., ohne Nutzen für die Blume.

Loew beobachtete in Schlesien (Beiträge S. 34): Hymenoptera: *Apidae*: 1. Bombus cognatus Steph. ⚥, psd.; 2. B. rajellus K. ⚥, psd.; 3. Megachile maritima K. ♀, psd.; Alfken bei Bremen: Bombus lapidarius L. ♀.

646. L. angustifolius L. Nach Kirchner (Flora S. 478) stimmt die Blüteneinrichtung der blauen, nektar- und duftlosen Blüten mit derjenigen der vorigen Art überein.

Als Besucher beobachtete ich in Mecklenburg dieselben Bienen wie bei vor.

647. L. polyphyllus Lindl. Loew beobachtete im botanischen Garten zu Berlin:

Hymenoptera: *Apidae*: 1. Anthrena dorsata K. ♀, Pollen mittels der Nudel-presseinrichtung herausdrückend und ihn an Schenkel- und Schienenbürste der Hinter-beine übertragend; 2. Anthidium manicatum L. ♀, psd. und trotz der Honiglosigkeit der Blume zu saugen versuchend, ♂ die Blüten umschwärmend; 3. Apis mellifica L. ♀, mittels der Nudelpresse Pollen sammelnd, vergeblich sgd.; 4. Megachile centuncularis L. ♀, psd., vergeblich sgd.; 5. M. circumcincta K. ♀, psd. und ohne Erfolg sgd.; 6. M. ericetorum Lep. ♀, psd. und dabei sgd. (ohne Erfolg); auch das ♂ sgd., aber der Honiglosigkeit der Blüte wegen ohne Erfolg; 7. Osmia aenea L. ♀, psd. und vergeb-lich sgd. — Ich sah bei Kiel Bombus lapidarius L. ♂, vergebl. sgd.

648. L. albus L. stimmt, nach Delpino (Ult. oss. S. 46, 47), im wesent-lichen mit L. luteus überein.

649. L. hirsutus L.

Schletterer beobachtete bei Pola die Erdhummel als Besucher.

150. Ononis L.

Meist rote, selten weisse oder gelbe, honiglose Bienenblumen mit Nudel-pumpeneinrichtung. — Südeuropäische Arten entwickeln, nach Bentham, viel-fach blumenkronlose und dann kleistogame Blüten.

650. O. spinosa L. [H. M., Befr. S. 232—234; Kirchner, Flora S. 478, 479; Knuth, Ndfr. Ins. S. 57, 58; Loew, Bl. Floristik S. 392; Warnstorf, Bot. V. Brand. Bd. 38.] — In den rosaroten, selten weissen, nektar- und saftmallosen Blüten umschliessen, nach H. Müller, die Flügel den oberen Teil des Schiffchens als zwei nach unten auseinandertretende, ebene Blätter und sind mit demselben durch zwei nach vorn und unten gerichtete Spitzen verbunden, welche von der Innenfläche der Flügel nahe deren Grunde und oberen Rande ausgehen und in zwei tiefe Falten der beiden Schiffchen-blätter eingreifen. Zwei nach hinten gerichtete Lappen am Grunde des oberen Randes der beiden Flügel liegen lose und ohne gegenseitige Berührung auf der von den Staubblättern und dem Stempel gebildeten Säule.

Die zehn mit einander verwachsenen Staubfäden sind unterhalb der An-theren etwas verdickt, und zwar die fünf äusseren viel stärker als die fünf inneren, während letztere grössere Mengen Pollen hervorbringen. Schon in der Knospe erreichen die Antheren den Grund des von der Schiffchenspitze gebil-deten Hohlkegels, den sie völlig mit Pollen anfüllen, während sie selbst ver-trocknen. Ein wenig unterhalb der Schiffchenspitze liegt die Narbe.

Anfangs sind die oberen Ränder des Schiffchens bis auf eine kleine Öffnung an der Spitze verwachsen. Wird nun das Schiffchen schwach hinab-gedrückt, so werden die verdickten Staubfadenenden weiter in den Hohlkegel hineingepresst, so dass eine entsprechende Menge Pollen aus der Öffnung an der Spitze hervorquillt; hört der Druck auf, so kehrt das Schiffchen in seine frühere Lage zurück. Wird das Schiffchen wiederholt hinabgedrückt, so spaltet sich seine obere Naht, so dass nun die Staubblätter und der Griffel hervortreten, aber, falls der Druck nicht zu stark war, wieder in das Schiffchen zurückkehren. Bei stärkerem Drucke bleiben die Antheren und die Narbe ganz oder teilweise ausserhalb des Schiffchens.

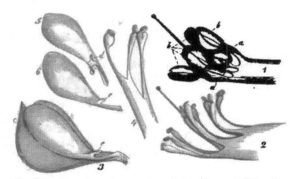

Fig. 87. Ononis spinosa L. (Nach Herm. Müller.)

1 Befruchtungsorgane einer Knospe. *2* Befruchtungsorgane einer ausgebildeten Blüte. (7:1.) *3* Blüte nach Entfernung von Fahne und Kelch, von der Seite gesehen. *4* Einige Staubblätter, stärker vergrössert, um den Unterschied in der Dicke der äusseren und inneren Staubfäden zu zeigen. *5* Linker Flügel von der Innenseite, den oberen Rand nach unten kehrend. *6* Derselbe von der Aussenseite. *a* äussere, *b* innere Staubblätter. *c* Pollen, durch das Schiffchen durchscheinend. *d* Nach vorn und unten gerichteter spitzer Vorsprung des Flügels. *e* Nach hinten gerichteter Lappen des oberen Flügelrandes.

Besucher sind Bienen, und zwar besonders Bauchsammler. Von solchen beobachtete H. Müller in Westfalen: 1. Anthidium manicatum L. ♀ ♂, häufig; 2. A. punctatum Latr. ♀ ♂; 3. Megachile circumcincta K. ♀, häufig; 4. M. lagopoda L. ♀ ♂, wiederholt; 5. M. versicolor Sm. ♀; 6. Osmia aenea L. ♀, wiederholt; Sodann in Thüringen: O. aurulenta Pz. ♀, häufig.

Von Schienensammlern beobachtete H. Müller in Westfalen: 1. Apis mellifica L. ☿: 2. Bombus lapidarius L. ☿; 3. B. terrester L. ♀; 4. Cilissa leporina Pz. ♀; sodann in Thüringen: 5. Podalirius vulpinus Pz. ♀ ♂, häufig.

Ich sah in Schleswig-Holstein nur Schienensammler, nämlich: Apis, Bombus terrester und B. lapidarius; Loew in Norddeutschland einen Bauchsammler: Megachile maritima K. ♀, psd. Loew beobachtete ausserdem im botanischen Garten zu Berlin:

Hymenoptera: *Apidae*: Anthidium manicatum L. ♀, psd. und trotz der Honiglosigkeit der Blume fortwährend Saugbewegungen ausführend; nachdem das ♀ gefangen war, besuchte kurz darauf ein ♂ dieselbe Blüte und kehrte, als es verscheucht wurde, hartnäckig zu ihr zurück.

Alfken beobachtete bei Bremen: *Apidae*: 1. Anthrena flavipes Pz. ♀ (2. Generation); 2. Bombus arenicola Ths. ♀: 3. B. distinguendus Mor. ♀; 4. Megachile maritima K. ♀. Sämtlich psd. Sickmann giebt für Osnabrück die Grabwespe Astata minor Kohl. als Besucher an. Alfken beobachtete auf Juist: Hymenoptera: *Apidae*: 1. Bombus lapidarius L. ♀; 2. B. muscorum F. ☿; B. terrester L. ☿; 4. Megachile maritima K. ♀ ♂; Rössler als nutzlose Besucher bei Wiesbaden folgende Falter: 1. Grapholitha microgammana Gn.; 2. Acidalia humiliata Hufn.; 3. Hesperia actaeon Rott.; 4. Lycaena argus L.; Mac Leod in Flandern Apis, 4 Hummeln, 1 Falter (Bot. Jaarb. VI. S. 335, 336).

651. O. repens L. (O. procurrens Wallroth). [H. M., Weit. Beob. II. S. 254; Kirchner, Flora S. 479; Knuth, Bijdragen; Warnstorf, Bot. V.

Brand. Bd. 38.] — Die Blüteneinrichtung stimmt ganz mit derjenigen der vorigen
Art überein, nur sind die Blüten von O. repens, nach Kirchner, etwas
grösser. Nach Warnstorf ist der schräg nach unten gerichtete stiftartige
Fortsatz der Flügel bei O. repens viel länger und spitzer als bei O. spinosa.
Pollen von O. repens goldgelb, elliptisch bis brotförmig, etwa 37 μ lang und
25 μ breit.

Besucher sind gleichfalls pollensammelnde oder vergeblich zu saugen versuchende Bienen, nämlich: A. Bauchsammler: 1. Anthidium manicatum L. ♀ ♂
(Buddeberg in Nassau); 2. A. oblongatum Latr. (dgl.); 3. Megachile argentata F. (dgl.);
4. M. circumcincta K. ♀ (dgl.); 5. M. fasciata Sm. ♂, sgd. (dgl.); 6. Osmia spinulosa
K. ♀ (Müller in Thüringen). B. Schienensammler: 1. Bombus agrorum F. (Knuth
in Holstein); 2. B. variabilis Schmied. var. tristis Seidl. (Müller in Thüringen); 3. Cilissa
leporina Pz. ♀, sgd. (Buddeberg in Nassau).

Auf der Insel Rügen beobachtete ich die Honigbiene psd.

H. de Vries (Ned. Kruidk. Arch. 1877) beobachtete in den Niederlanden Bombus
terrester L. ⚲ als Besucher.

652. O. arvensis L. syst. nat. Die Blüteneinrichtung stimmt, nach
Kirchner, mit derjenigen der beiden vorigen Arten überein, doch sind die
Blüten oft kleiner. In Dumfriesshire, Schottland (Scott-Elliot, Flora S. 43),
wurden die Honigbienen und eine Hummel als Besucher beobachtet.

653. O. Natrix Lmk. [Mac Leod, Pyr.; Kirchner, Beitr. S. 40.] —
Die gelben Blüten haben auf der Fahne dunkelrote Linien. Ihre Einrichtung stimmt, nach Kirchner, mit derjenigen der anderen Arten dieser Gattung
überein.

Als Besucher sah Mac Leod in den Pyrenäen pollensammelnde Bienen
und zwar 3 Bauchsammler (1 Megachile, 2 Osmia) und 6 Schienensammler
(1 Anthrena, 4 Bombus, 1 Eucera).

654. O. rotundifolia L. Nach Briquet (Etudes) haben die rosenroten
Blüten wie die übrigen Arten dieser Gattung eine Nudelpumpeneinrichtung. Sie
erhalten einen reichlichen Insektenbesuch, meist von Lepidopteren und Apiden.
In der Regel vollziehen diese Fremdbestäubung, da die Narbe, welche die Antheren überragt, erst klebrig wird, wenn ihre Papillen am Insektenkörper sich
abgerieben haben. Spontane Selbstbefruchtung kann am Ende der Anthese eintreten. Das oberste Staubblatt ist mit den übrigen nicht verwachsen. Kirchner
fand jedoch den obersten Staubfaden an seinem Grunde etwa 3 mm weit mit
seinem Nachbarn verwachsen, sonst frei. Die Blüten haben nach demselben
einen rosenartigen Duft.

151. Medicago L.

Gelbe oder bläuliche, nektarhaltige Bienenblumen, deren Staub- und Fruchtblätter aus dem Schiffchen hervorschnellen.

655. M. sativa L. [Henslow, Proc. Linn. Soc. 1867; Hildebrand,
Bot. Ztg. 1866, S. 74, 75; 1867, S. 283; Delpino, Sugli app. S. 26—28;
Ult. oss. S. 47, 48; H. M., Befr. S. 225—229; Weit. Beob. II. S. 252;
Mac Leod, B. Jaarb. VI. S. 336—338; Knuth, Bijdragen; Loew, Bl.

Fl. S. 391.] — Die bläulichen oder violetten Blüten stehen in reichblütigen Trauben und werden daher ziemlich augenfällig. Die Einzelblüte ist 7 bis 11 mm lang. Die Nektarabsonderung findet an der gewöhnlichen Stelle statt, der Zugang zum Honig ist gleichfalls der gewöhnliche, nämlich zu beiden Seiten des freien Staubblattes. Durch den Druck eines besuchenden Insekts schnellen Staubblätter und Stempel aus dem Schiffchen hervor, wobei ein Zurückkehren in die frühere Lage ausgeschlossen ist. Die Federkraft, welche für die Explosion erforderlich ist, liegt ausschliesslich in den oberen Staubblättern; die Hemmung wird durch zwei Einrichtungen bewirkt, nämlich: 1. es befinden sich in der oberen Basalecke der beiden Schiffchenblätter zwei nach vorn gerichtete Einsackungen, welche dicht neben einander liegen und die von den Staubblättern und dem Fruchtblatte gebildete Säule in ihrem vorderen Teile von oben umfassen und in welche zwei noch tiefere Einsackungen der Flügel hineinpassen; 2. es entsendet jeder Flügel vom Grunde seines oberen Randes noch einen langen, fingerförmigen Fortsatz nach hinten, und zwar krümmen sich beide Fortsätze in der Weise nach oben und innen, dass sie die Geschlechtssäule in etwa ein Drittel ihrer Länge von oben umfassen. Diese beiden Hemmungen halten die Geschlechtssäule gewaltsam in wagerechter Stellung. Werden aber Schiffchen und Flügel durch ein besuchendes Insekt hinabgedrückt, so schnellen die Staubblätter nebst dem damit fest verbundenen Fruchtblatte aus dem Schiffchen hervor gegen die Unterseite des Insekts oder des Insektenrüssels.

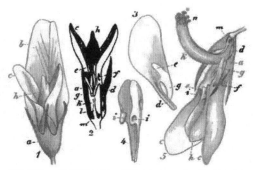

Fig. 88.   Medicago sativa L.   (Nach Herm. Müller)

1 Jungfräuliche Blüte, von unten gesehen. *2* Dieselbe nach Entfernung der Fahne und der oberen Kelchhälfte, von oben gesehen. *3* Rechter Flügel, von der Innenseite gesehen. *4* Schiffchen von rechts oben gesehen, so dass man von dem rechten Blatte desselben die Aussenseite, von dem linken die Innenseite erblickt. *5* Blüte nach dem Losschnellen, nachdem Fahne und obere Hälfte des Kelches entfernt sind, von rechts oben gesehen. (Vergr. 3 1/3 : 1.) *a* Kelch. *b* Fahne. *c* Flügel. *d* Stiel des Flügels. *e* Nach innen und vorn gerichtete Einsackung des Flügels. *f* Eingang in diese Einsackung. *g* Nach hinten und innen gerichteter fingerförmiger Fortsatz des Flügels. *h* Schiffchen. *i* Einsackungen des Schiffchens, in welche sich die nach innen und vorn gerichteten Einsackungen der Flügel stülpen. *k* Die verwachsenen Staubfäden. *l* Der oberste, freie Staubfaden. *m* Honigzugänge. *n* Staubbeutel. *o* Narbe.

Da die Narbe die Antheren überragt, so wird sie zuerst berührt und behaftet sich, falls das Insekt bereits eine Blüte dieser Art besucht hatte, mit fremdem Pollen. Eine zuerst besuchte Blüte wird dagegen beim Zurückziehen des Insekts aus derselben mit dem eigenen Pollen belegt werden. Auch ist spontane Selbstbestäubung in der infolge ausgebliebenen Insektenbesuches nicht vorgeschnellten Blüte möglich und unter Umständen von Fruchtbarkeit begleitet. (Vergl. folgende Seite.)

Burkill (Proc. Cambridge Phil. Soc. VIII, 3) bezeichnet die basalen Vorsprünge der Flügel und des Schiffchens treffend als zwei Drücker, durch welche die Blüte sozusagen abgefeuert wird. Nach diesem Forscher ist die Oberfläche der Flügel beiderseits mit Papillen bedeckt, welche den besuchenden Insekten zum Festhalten dienen. Auch die Innenseite der Fahne ist am Rande mit einer Längslinie von Papillen besetzt, welche wohl langbeinigen Insekten als Haltestelle dienen. Die Narbe wird nicht eher empfängnisfähig, bis ihre Papillen zerrieben sind. Burkill bedeckte nämlich eine Anzahl Blüten mit Netzen, um Insektenbesuch zu verhindern, und erhielt dasselbe Ergebnis, wie schon früher Urban (Verh. d. Bot. V. d. Pr. Brandenburg, XV. 1873), nämlich dass die unexplodierten Blüten, trotzdem ihre Narbe von Pollen umgeben waren, keine Früchte ansetzten. Doch gelang es Burkill, auch unexplodierte Blüten zum Fruchtansatz zu bringen, indem er 1. die Narbe durch den Kiel quetschte; 2. den Kiel mit einer Nadel durchbohrte und die Narbe ätzte; 3. die Spitze des Kiels abschnitt und die Narbe mit einem Borstenpinsel rieb.

Besucher sind Bienen und Falter. Ohne Zweifel genügt auch der feine Schmetterlingsrüssel, um das Losschnellen der Blüte zu bewirken, doch muss er in der Mitte in den Blütengrund eingeführt werden, während von der Seite saugende Insekten das Losschnellen nicht bewirken, wie z. B. die Honigbiene, welche den Rüssel seitlich neben einem Flügel in den Blütengrund senkt.

Als weitere Besucher beobachteten Müller(1), Buddeberg (2) und ich(!) folgende Insekten: A. Hymenoptera: a) *Apidae*: 1. Apis mellifica L. ⚥, sgd., sehr zahlreich (1, !); 2. Bombus agrorum L. ♀ ⚥, sgd. (1, !); 3. B. terrester L., sgd. (!); 4. Cilissa leporina Pz. ♂, sgd. (1); 5. Coelioxys rufescens Lep. ♂, sgd. (1); 6. Colletes sp. ♂, sgd. (1); 7. Halictus morio F. ♀, sgd. (2); 8. Megachile argentata F. ♀ ♂, sgd. (1, 2); 9. M. pyrina Lep., sgd. (1); 10. M. willughbiella K. ♂, sgd. (1); 11. Osmia aenea L. ♀, sgd. und psd., zahlreich (1); 12. O. rufa L. ♀, sgd. (1); 13. Rhophites canus Eversm. ♂, sgd. (1); 14. Xylocopa violacea L. ♂, sgd. (1). b) *Sphegidae*: 15. Bembex rostrata L., sgd. (1). B. Lepidoptera: a) *Noctuae*: 16. Plusia gamma L. b) *Rhopalocera*: 17. Colias edusa L., sgd. (2); 18. C. hyale L. (1, 2); 19. Hesperia lineola O., sgd. (2); H. thaumas Hufn. (1); 20. Lycaena argiolus L. (1); 21. Pieris brassicae L. (1); 22. P. napi L. (1); 23. P. rapae L. (1); 24. Rhodocera rhamni L., sgd. (2); 25. Satyrus hyperanthus L. (1); 26. Vanessa urticae L. (1).

Loew beobachtete in Brandenburg (Beiträge S. 44): Cilissa leporina Pz. ♂, sgd.; Alfken bei Bremen: *Apidae*: 1. Anthidium manicatum L. ♀ ♂; 2. Bombus variabilis Schm. ⚥; 3. Melitta leporina Pz. ♀ ♂; Frey-Gessner Eucera hungarica Friese ♀ ♂ (im Kanton Wallis); Friese in Baden Melitta leporina Pz., einzeln; derselbe giebt für die Schweiz nach Frey-Gessner Eucera hungarica Friese ♀ ♂ an; Krieger bei Leipzig Eucera longicornis L. ♀; Schenck in Nassau Melitta leporina Pz.; Rössler bei Wiesbaden den Falter: Colias edusa F.; Dalla Torre und Schletterer in Tirol Bombus pomorum Pz. ♂.

Burkill (Proc. of Cambr. Phil. Soc. VIII, 3) beobachtete bei Cambridge: A. Coleoptera: *Nitidulidae*: 1. Meligethes viridescens F. B. Diptera: a) *Muscidae*: 2. Caricea tigrina F.; 3. Lucilia sericata Mg. b) *Syrphidae*: 4. Eristalis pertinax Scop.; 5. Helophilus floreus L.; 6. Melithreptus scriptus L.; 7. Platycheirus albimanus F.; 8. P. manicatus Mg.; 9. P. scutatus Mg.; 10. Syritta pipiens L.; 11. Syrphus balteatus Deg.; 12. S. corollae F.; 13. S. ribesii L. C. Hymenoptera: a) *Apidae*: 14. Anthrena convexiuscula Kirby ♀; 15. A. extricata Smith ♂; 16. Apis mellifica L. ⚥, sehr häufig; 17. Bombus agrorum F.; 18. B. hortorum L., gemein; 19. B. lapidarius L.; 20. B. pratorum L.; 21. Megachile centuncularis L. ♀. b) *Vespidae*: 22. Vespa vulgaris L. ♂.

D. Lepidoptera: a) *Noctuidae:* 23. Agrotis pronuba L.; 24. Phasiane clathrata L.; 25. Plusia [gamma L. b) *Rhopalocera:* 26. Lycaena icarus L.; 27. Pieris brassicae L., häufig; 28. P. napi L.; 29. P. rapae L.; 30. Polyommatus phlaeas L.; 31. Vanessa urticae L.

Die sämtlichen Insekten suchen Honig, aber die Fliegen scheinen denselben selten zu erreichen; auch den Pollen können sie nur erlangen, wenn die Blüten explodiert sind. Wie schon Herm. Müller und Henslow beobachtet haben, bringt die Honigbiene die Blüten nicht zur Explosion, sondern steckt den Rüssel seitlich in die Blüte und stiehlt so Nektar. Burkill beobachtete an einem heissen Nachmittage Bombus hortorum L. in grosser Anzahl an den Blüten beschäftigt und beim regelrechten Saugen dieselben zur Explosion bringen.

Nach Burkill sind die Blüten nicht immer in gleichem Grade explosiv: je heisser das Wetter ist, desto explosiver sind die Blüten. Bei kalter Witterung bleiben sie 8—9 Tage unexplodiert und vertrocknen dann; bei heissem, sonnigen Wetter ist, nach Burkill, die Blütendauer höchstens dreitägig. Erschütterungen durch den Wind bringen die Blüten nicht zur Explosion.

Auch Einbrüche von Hummeln und von Apis sind an Medicago sativa beobachtet, so von Schulz in Thüringen, von Urban bei Berlin.

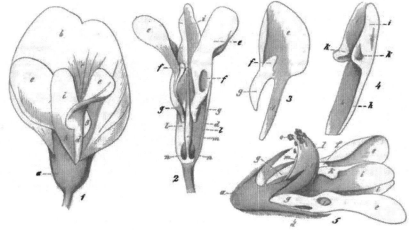

Fig. 89. Medicago falcata L. (Nach Herm. Müller.)

1 Blüte schräg von unten gesehen. *2* Dieselbe, nach Entfernung des Kelches und der Fahne, von oben gesehen. *3* Linker Flügel, von rechts und oben gesehen. *4* Schiffchen, von rechts oben gesehen. *5* Losgeschnellte Blüte, nach Entfernung der Fahne, von rechts oben gesehen. Die Geschlechtssäule erscheint bedeutend verkürzt. (Vergr. 7 : 1.) *a* Kelch. *b* Fahne. *c* Saftmal. *d* Flügelstiel. *e* Flügelblatt. *f* Nach vorn gerichtete Einsackung des Flügels *g* Nach hinten gerichteter Fortsatz des Flügels. *h* Stiele des Schiffchens. *i* Blätter desselben. *k* Einsackung des Schiffchens, in welche die nach vorn gerichtete Einsackung des Flügels eingreift. *l* Geschlechtssäule. *m* Oberer Staubfaden. *n* Zugänge zum Honig. *o* Narbe.

656. M. falcata L. [H. M., Befr. S. 229, 230; Weit. Beob. II. S. 252; Mac Leod, B. Jaarb. VI. S. 338.] — Die Bestäubungseinrichtung der gelben Blüten stimmt, nach H. Müller, im ganzen mit derjenigen der vorigen Art überein, doch ist das Losschnellen der Geschlechtssäule bei einem Drucke von oben dadurch erleichtert, dass Schiffchen und Flügel diese nur lose von oben umfassen. Andererseits ist den besuchenden Bienen das Fortnehmen des Honigs mit Umgehung des Losschnellens erschwert, indem die kürzeren und breiteren Flügel in ihrer Basalhälfte auf eine kürzere Strecke dem Schiffchen anliegen.

Besucher sind wieder Apiden und Schmetterlinge. Erstere bewirken infolge der zuletzt genannten Eigentümlichkeit der Blüte stets ein Losschnellen, während die Falter infolge der Dünne ihres Rüssels an jungfräulichen Blüten ohne solchen Erfolg zu saugen vermögen. H. Müller beobachtete am Röhmberge bei Mühlberg in Thüringen folgende Insekten: A. Hymenoptera: *Apidae:* 1. Anthrena denticulata K. ♀, sgd.; 2. A. fulvicrus K. ♀, sgd.; 3. Apis mellifica L. ⚇, sgd., zahlreich; 4. Bombus agrorum F. ♀, sgd.; 5. Cilissa leporina Pz. ♀ ♂, sgd. und psd.; 6. Halictus quadricinctus F. ♀, psd.; 7. Nomada ferruginata K. ♀, sgd.; 8. N. solidaginis Pz. ♀, sgd.; 9. N. fucata Pz. ♀, sgd.; 10. Osmia aurulenta Pz. ♀, sgd. und psd., häufig; 11. Rhophites canus Ev. ♀ ♂, sgd. B. Diptera: a) *Bombylidae:* 12. Systoechus sulphureus Mikan, sgd. b) *Syrphidae:* 13. Helophilus trivittatus F. C. Lepidoptera: a) *Noctuae:* 14. Euclidia glyphica L., sgd. b) *Rhopalocera:* 15. Epinephele janira L., sgd.; 16. Hesperia silvanus Esp., sgd.; 17. Lycaena coridon Poda, sgd.; 18. Melitaea athalia Rott., sgd.; 19. Pieris rapae L., sgd.; 20. Vanessa urticae L., sgd. c) *Sphinges:* 21. Sesia asiliformis Rott., sgd.; 22. Zygaena carniolica Scop., häufig. In den Alpen sah H. Müller ausserdem 1 Hummel und 2 Falter. (Alpenbl. S. 248).

Rössler bemerkte bei Wiesbaden den Falter Colias hyale L. als nutzlosen Besucher.

Burkill (Proc. of Cambr. Phil. Soc. VIII, 2) beobachtete bei Cambridge: A. Diptera: *Syrphidae:* 1. Syritta pipiens L.; 2. Syrphus balteatus Deg.; 3. S. luniger Mg. B. Hymenoptera: a) *Apidae:* 4. Apis mellifica L. ⚇; 5. Bombus hortorum L. b) *Formicidae:* 6. Formica rufa L. c) *Ichneumonidae:* 7. Cryptus analis Gr.

Schletterer beobachtete bei Pola die kleine Blattschneiderbiene Megachile argentata F.

Auch an dieser Art sind Einbrüche von Hummeln und der Honigbiene beobachtet, so von Schulz in Thüringen und von Urban bei Berlin.

Die Blüten sind explosiver als diejenigen von M. sativa. Auch bei dieser Art wird, nach Burkill, die Explosionsfähigkeit durch Wärme erhöht und zwar bis zu einem solchen Grade, dass selbst Fliegen (Syrphiden und sogar Musciden) beim Niederlassen auf die Blüte die Explosion herbeiführen und dann Nektar saugen können. In diesem äusserst explosiven Zustande verursacht selbst ein Regenguss die Explosion.

656a. M. media Pers. (falcata × sativa). [Knuth, Bijdragen.] — Diesen in der Farbe der Blumenkrone wechselnden, meist erst gelblichen, dann grünlichen, zuletzt bläulichen oder violetten Bastard sah ich in grossen Mengen am Wall der Veste Coburg, bald der Art sativa, bald falcata näher stehend. Als häufigen Besucher beobachtete ich dort die Honigbiene.

Loew beobachtete im botanischen Garten zu Berlin: A. Coleoptera: *Coccinellidae:* 1. Coccinella octodecimpunctata Scop., aussen an der Blüte sitzend. B. Hymenoptera: *Apidae:* 2. Anthrena fasciata Wesm. ♂, sgd.; 3. Cilissa tricincta K. ♀, normal sgd. und psd.

657. M. prostrata Jacq. [Burkill, Proc. of Cambr. Phil. Soc. VIII, 3.] — Die Blüteneinrichtung stimmt mit derjenigen von M. falcata L. überein, doch sind die Blüten kleiner und explodieren bei geringerer Belastung der Flügel, als M. falcata.

658. M. silvestris Fr. (von Urban, Verh. d. Bot. V. der Prov. Brandenburg XV. 1873, p. 56, zu M. falcata gerechnet) steht nach Burkill (Proc. Cambr. Phil. Soc. VIII, 3), in blütenbiologischer Hinsicht M. sativa näher als M. falcata, da sie niemals den „äusserst explosiven Zustand" der letzteren besitzt. Die Honigbiene ist im botanischen Garten zu Cambridge der bei weitem häufigste Besucher; sie saugt den Nektar von der Seite wie bei M. sativa. Da nur Hummeln den Blütenmechanismus auslösen, blieben dort 99% der Blüten unbefruchtet.

Als Besucher beobachtete Burkill folgende Insekten:

A. Diptera: a) *Muscidae*: 1. Caricea tigrina F.; 2. Lucilia sericata Mg.; 3. Sarcophaga carnaria L. b) *Syrphidae*: 4. Eristalis pertinax Scop.; 5. Melithreptus scriptus L.; 6. Platycheirus manicatus Mg.; 7. Syritta pipiens L.; 8. Syrphus balteatus Deg.; 9. S. corallae F.; 10. S. luniger Mg.; 11. S. ribesii L. B. Hymenoptera: *Apidae*: 12. Apis mellifica L. ♀, sehr zahlreich; 13. Bombus hortorum L.; 14. B. lucorum L.; 15. Odynerus parietum L. ♀. C. Lepidoptera: *Rhopalocera*: 16. Pieris brassicae L.

659. M. lupulina L. [Darwin, Proc. Linn. Soc. 1867; H. M., Befr. S. 230; Weit. Beob. II. S. 252; Kirchner, Flora S. 483; Knuth, Ndfr. Ins. S. 59, 152.] — Die kleinen, goldgelben Blütchen, deren Länge kaum 2 mm beträgt, haben eine Blüteneinrichtung, welche mit derjenigen von M. sativa übereinstimmt, doch ist die Federkraft der oberen Staubblätter eine nur geringe. Bei eintretendem Insektenbesuch schnellt die Geschlechtssäule aus dem Schiffchen hervor, um nach dem Aufhören des Druckes nicht wieder in das Schiffchen zurückzukehren. Nach Darwin ist die leicht mögliche spontane Selbstbestäubung von weit geringerem Erfolg als Fremdbestäubung.

Als Besucher sah Darwin in England, Mac Leod in Flandern, Müller in Westfalen, ich in Schleswig-Holstein die Honigbiene. Herm. Müller bemerkt hierzu: Es ist bezeichnend für den Sammelfleiss der Biene, dass sie es nicht verschmäht, selbst die winzigen Honigtröpfchen dieser Blüten zu saugen. Unter dem Gewichte der Biene senkt sich das ganze Blütenköpfchen, so dass sie von unten an demselben hangend, das Saugen vollziehen muss. Sie thut dies mit äusserster Behendigkeit, indem sie an jedem Köpfchen an einzelnen (meist nicht über 4) Blüten die Zungenspitze unter die Fahne steckt und dann zu einem anderen Köpfchen fliegt, auf diese Weise in ausgedehntem Masse Kreuzung verschiedener Stöcke bewirkend.

Während meist die Honigbiene als der hauptsächlichste Befruchter dieser Blume beobachtet ist, waren, nach Burkill (Proc. Cambr. Phil. Soc. 1894, VIII, 3), in England bei Scarborough eine Schwebfliege (Platycheirus manicatus), bei Cambridge eine kurzrüsselige Biene (Halictus morio) und eine Muscide (Scatophaga) die wirksamsten Besucher. Burkill giebt für Scarborough im Juni 1893 und Cambridge im Juli und August 1893 folgende Besucherliste:

A. Coleoptera: 1. Anthobium torquatum Marsh.; 2. Ceuthorhynchidius floralis Payk.; 3. Meligethes aeneus F. B. Diptera: a) *Anthomyidae*: 4. Anthomyia sp.; 5. Caricea tigrina F.; 6. Chortophila cinerella Fall.; 7. C. sepitorum Meade.; 8. C. sp.; 9. Homalomyia armata Mg.; 10. Hydrotea irritans Fall.; 11. Hylemyia pullula Zett.;

12. Pogonomyia alpicola Rnd.? b) *Bibionidae*: 13. Scatopse brevicornis Mg. c) *Cheiro-nomidae*: 14. Cheironomus sp. d) *Chloropidae*: 15. 16. 17. Chlorops 3 sp.; 18. Ossinis sp.?, sehr zahlreich. e) *Empidae*: 19. Empis punctata F. f) *Muscidae*: 20. 21. zwei unbe-stimmte Arten. g) *Sarcophagidae*: 22. Sarcophaga sp., sehr zahlreich. h) *Scatophagidae*: 23. Scatophaga stercoraria L. i) *Sepsidae*: 24. Hydrellia griseola Fall; 25. Sepsis cynip-sea L. k) *Syrphidae*: 26. Paragus tibialis Fall.; 27. Pipizella virens F.; 28. Platycheirus albimanus F.; 29. P. manicatus Mg.; 30. P. scutatus Mg.; 31. Syrphus balteatus Deg.; 32. S. corollae F.; 33. Syritta pipiens L. l) *Tabanidae*: 34. Ptiolina crassicornis Pz. m) *Tachinidae*: 35. Myobia inanis Fall.; 36. Siphona cristata F.; 37. S. geniculata Deg. C. Hemiptera: 38. Aphis sp.; 39. Siphonophora artemisiae Koch. D. Hyme-noptera: *Apidae*: 40. Anthrena parvula Kirby ♀; 41. Apis mellifica L. ☿, selten; 42. Bombus hortorum L.; 43. Halictus minutissimus Kirby ♂; 44. H. morio F. ♂ ♀, nicht selten; 45—50. sechs unbestimmte Arten. E. Lepidoptera: a) *Noctuae*: 51. Hadena fasciuncula Haw. b) *Pyralidae*: 52. Crambus pratellus L.; 53. Porrectaria sp. c) *Tortrices*: 54. Tortrix sp.?; 55. Tortrix sp.? F. Neuroptera: 56. Thrips sp.

Sickmann giebt für Osnabrück die Grabwespe Gorytes lunatus Dhlb. als nicht häufigen Besucher an.

Als weitere Besucher sah H. Müller: A. Hymenoptera: *Apidae:* 1. Anthrena convexiuscula K. ♀, sgd.; 2. A. xanthura K. ♀, psd.; 3. Bombus agrorum F. ♀ ☿, sgd. (Strassburg); 4. Halictus flavipes F. ♀, psd. B. Diptera: *Conopidae*: 5. Myopa buc-cata L., sgd.; 6. M. testacea L., sgd. C. Lepidoptera: *Rhopalocera*: 7. Thecla rubi L. ♀, sgd. — In den Alpen beobachtete derselbe ausserdem noch 3 saugende Falter. (Alpenbl. S. 248.)

Mac Leod beobachtete in Flandern ausser Apis auch Halictus sp. (Bot. Jaarb. VI. S. 338); H. de Vries (Ned. Kruidk. Arch. 1877) in den Niederlanden Bombus terrester L. ☿, als Besucher.

660. M. arabica All.
Die Blüteneinrichtung dieser aus Südeuropa stammenden Art stimmt, nach Kirchner (Flora S. 484), mit derjenigen von M. sativa überein. Die mit Strichzeichnung versehene Fahne der gelben Blüte ist etwa 6 mm, das Schiffchen etwa 4 mm lang; die Flügel sind etwas kürzer.

661. M. hispida Gaertner.
Die Blüten dieser in Südeuropa heimischen Art sind, nach Kirchner (Flora S. 483), etwa noch einmal so lang wie die-jenige von M. lupulina, mit deren Bestäubungseinrichtung sie im wesentlichen übereinstimmen.

662. M. carstiensis Jacq.
Loew beobachtete im botanischen Garten zu Berlin:

Hymenoptera: *Apidae*: 1. Bombus rajellus K. ☿, sgd.; 2. Cilissa tricincta K. ♀, normal sgd. und psd., ♂ sgd.; 3. Megachile centuncularis L. ♂, sgd.; 4. M. circum-cincta K. ♀, psd.; 5. M. lagopoda L. ♀, psd.

663. Dorycnium hirsutum Ser.
(Bonjeania hirsuta Rchb.) hat eine Pumpeneinrichtung mit verdickten Staubfadenenden. (Delpino, Ult. oss. S. 45).

Als Besucher beobachtete Schletterer bei Pola: Hymenoptera: *Apidae*: 1. Anthrena convexiuscula K. v. fuscata K.; 2. A. morio Brulle; 3. Bombus argillaceus Scop.; 4. B. terrester L.; 5. Eucera hispana Lep.; 6. E. interrupta Baer.; 7. Megachile muraria L.; 8. Podalirius retusus L. v. meridionalis Pér. b) *Sphegidae*: 9. Cerceris specularis Costa.

664. D. herbaceum Vill.
Als Besucher beobachtete Schletterer bei Pola:

Hymenoptera: a) *Apidae*: 1. Anthidium strigatum Ltr.; 2. Anthrena dubitata Schck.; 3. A. limbata Ev.; 4. A. morio Brull.; 5. Coelioxys aurolimbata Först.; 6. Colletes lacunatus Dours.; 7. Eucera alternans Brull.; 8. E. clypeata Er.; 9. E. interrupta Baer.; 10. E. ruficollis Brull.; 11. Halictus calceatus Scop. v. obovàtus K.; 12. H. maculatus Sm. 1 ♂; 13. H. morbillosus Kriechb.; 14. H. quadricinctus F.; 15. H. scabiosae Rossi; 16. H. villosulus K.; 17. Nomada nobilis H.-Sch.; 18. N. ochrostoma K.; 19. Nomia diversipes Ltr.; 20. Osmia anthrenoides Spin.; 21. O. crenulata Mor ; 22. Prosopis clypearis Schck.: 23. P. variegata F.; 24. Sphecodes gibbus L ; 25. S. subquadratus Sm.; 26. Xylocopa cyanescens Brull. 1 ♀.   b) *Braconidae*: 26. Bracon terrefactor Vill. c) *Chalcididae*: 28. Leucaspis dorsigera F.; 29. L. gigas F.; 30. L. intermedia Ill. d) *Evanidae*: 31. Gasteruption pedemontanus Tourn.; 32. G. rubricans Guér.; 33. G. tibiale Schlett. e) *Pompilidae*: 34. Agenia erythropus Kohl.; 35. Pompilus quadripunctatus F.; 36. Pseudagenia carbonaria Scop. f) *Scoliidae*: 37. Myzine tripunctata Rossi; 38. Scolia hirta Schrk.; 39. S. insubrica Scop.; 40. S quadripunctata F.; 41. Tiphia minuta v. d. L. g) *Sphegidae*: 42. Cerceris arenaria L.; 43. C. bupresticida Duf.; 44. C. emarginata Pz.: 45. C. ferreri v. d. L.; 46. C. labiata F.; 47. C. leucozonica Schlett.; 48. C. quadrimaculata Duf.; 49. C. rybiensis L.; 50. C. specularis Costa; 51. Gorytes quinquecinctus F.; 52. Oxybelus melancholicus Chevr.; 53. Tachytes europaeus Kohl.; 54. T. obsoletus Rossi. h) *Tenthredinidae*: 55. Cyphona furcata Vill. var. melanocephala Pz. i) *Vespidae*: 56. Eumenes pomiformis F.; 57. Polistes gallica L.

152. Indigofera L.

Hildebrand, Bot. Ztg. 1866, S. 74, 75.

Blüten mit Explosionsvorrichtung. Schiffchen und Flügel klappen beim Losschnellen nach unten; die Staubblatt-Griffelsäule bleibt dabei in wagerechter Stellung. Spontane Selbstbestäubung ist beim Verblühen möglich.

665. I. speciosa hat, nach Henslow (Proc. Linn. Soc. 1867), die von Hildebrand beschriebene Einrichtung, welche Henslow ausdrücklich auf Fremdbestäubung zielend darstellt.

666. I. macrostachya Vent. sah Delpino (Ult. oss. S. 54) von Bombus italicus besucht.

667. Parochetus Ham. kommt mit kleistogamen Blüten vor (Kuhn).

153. Melilotus Tourn.

Gelbe oder weisse, in Trauben stehende, honighaltige und kumarinduftende Bienenblumen mit einfacher Klappvorrichtung, bei welcher die Staubblätter und das Fruchtblatt so lange aus dem Schiffchen hervortreten, wie der Druck der besuchenden Biene währt.

668. M. altissimus Thuillier. (M. officinalis Willd.) [H.M., Befr. S. 225; Kerner, Pflanzenleben II.; Schulz, Beitr. II. S. 208; Mac Leod, B. Jaarb. VI. S. 338—339; Loew, Bl. Flor. S. 392, 395; Knuth, Bijdragen.] — In den hellgoldgelben, cumarinduftenden Blüten ist, nach Herm. Müller, der Kelch nur 2 mm lang und auch ziemlich weit, so dass der Nektar auch kurzrüsseligen Insekten erreichbar ist. Die Flügel und das Schiffchen sind jederseits an einer Stelle mit einander verwachsen, so dass beide gemeinsam ihre durch Insektenbesuch herbeigeführte

Bewegung nach unten ausführen und nach dem Aufhören des Druckes auch wieder gleichzeitig in die frühere Lage zurückkehren müssen. Letztere Bewegung wird dadurch erreicht, dass an der oberen Basalecke der Flügel 2 nach hinten und innen gerichtete fingerförmige Fortsätze die aus den Staubblättern und dem Stempel gebildete Säule oben umfassen, welche, da sie im Bogen nach oben zusammenlaufen, nach dem Aufhören des Druckes von selbst in ihre Lage zurückkehren, mithin auch Schiffchen und Flügel zurückgeführt werden.

Da die Narbe die Staubbeutel überragt, so ist bei eintretendem Insektenbesuche Fremdbestäubung gesichert; bleibt solcher aus, so ist spontane Selbstbestäubung erschwert. Dieselbe ist, nach Kerner von Erfolg.

Als Besucher sah H. Müller: Hymenopteren, nämlich: A. *Apidae*: 1. Anthrena dorsata K. ♀, sgd. u. psd.; 2. Apis mellifica L. ♀, sehr zahlreich, sgd. u. psd.; 3. Coelioxys quadridentata L. ♂, sgd.; 4. Heriades truncorum L. ♀, psd.; 5. Osmia sp. B. *Sphegidae*: 6. Ammophila sabulosa L. ♂, sgd.

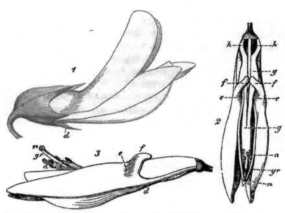

Fig. 90. Melilotus officinalis Willd. (Nach Herm. Müller.)

1 Blüte von der Seite gesehen. *2* Dieselbe nach Entfernung der Fahne und des Kelches, von oben gesehen. *3*. Dieselbe nach Abwärtsdrückung der Flügel und des Schiffchens, von der Seite gesehen. *a* Antheren. *d* Drehpunkt des Schiffchens. *e* Eingedrückte Stellen der Flügel, deren Innenflächen mit den Aussenflächen der beiden Blätter des Schiffchens durch Ineinanderstülpung der Oberhautzellen zusammengehalten sind. *f* Fingerförmige Fortsätze der oberen Basalecken der Flügel. *g* Geschlechtssäule. *h* Honigzugänge. *gr* Griffel. *n* Narbe.

C. *Tenthredinidae*: 7. Tenthredo sp., vergeblich nach Honig suchend.

Ich beobachtete in Schleswig-Holstein nur die Honigbiene in sehr grosser Anzahl, psd. und sgd.

Loew sah in Mitteldeutschland eine kurzrüsselige Biene (Halictus zonulus Sm. ♀), psd., bei Warnemünde folgende Besucher: A. Hymenoptera: a) *Apidae*: 1. Anthrena pilipes F. ♀, psd.; 2. Anthidium strigatum Latr. ♀, psd.; 3, Coelioxys quadridentata L. ♂, sgd.; 4. C. elongata Lep. ♀, sgd.; 5. C. rufocaudata Sm. ♂, sgd.; 6. Halictus rubicundus Chr. ♀, psd.; 7. Osmia claviventris Thoms. ♂, sgd. b) *Sphegidae*: 8. Oxybelus furcatus Lep., sgd. B. *Empidae*: 9. Empis sp.

Schletterer beobachtete bei Pola: Hymenoptera: a) *Apidae*: 1. Anthidium strigatum Ltr.; 2. Anthrena convexiuscula K.; 3. A. flessae Pz.; 4. A. limbata Ev.; 5. A. lucens Imh.; 6. A. morio Brull.; 7. A. nana K.; 8. A. thoracica F.; 9. Halictus calceatus Scop.; 10. H. morbillosus Krchb.; 11. H. patellatus Mor.; 12. H. sexcinctus F.; 13. H. tetrazonius Klg.; 14. Nomia diversipes Ltr. b) *Tenthredinidae*: 15. Amasis laeta F.; 16. Cephus haemorrhoidalis F.; 17. C. pygmaeus L. c) *Vespidae*: 18. Polistes gallica L.

Schulz beobachtete Einbruch von Bienen.

669. M. offcinalis Desr. (M. arvensis Wallr.) [Knuth, Bijdragen.] — Die goldgelben, gleichfalls kumarinduftenden Blüten haben dieselbe Einrichtung wie die der vorigen Art.

Als Besucher sah ich die Honigbiene.

Loew beobachtete in Mecklenburg (Beiträge S. 45): A. Diptera: Empidae: 1 Empis sp. B. Hymenoptera: a) Apidae: 2. Anthrena pilipes F. ♀, psd.; 3. Anthidium strigatum Latr. ♀, psd.; 4. Coelioxys conica L. ♂, sgd.; 5. C. elongata Lep. ♀, sgd.; 6. C. octodentata Lep. ♂, sgd.; 7. Halictus rubicundus Chr. ♀, psd.; 8. Osmia claviventris Thoms. ♂, sgd. b) Sphegidae: 9. Oxybelus furcatus Lep., sgd.

Schletterer und Dalla Torre geben für Tirol als Besucher an die Apiden: 1. Bombus hortorum L.; 2. B. mastrucatus Gerst.; 3. Ceratina cyanea K.

670. M. albus Desr. (M. vulgaris Willd.). [H. M., Befr. S. 225; Weit. Beob. II. S. 252; Loew, Bl. Flor. S. 392; Kirchner, Beitr. S. 40; Knuth, Bijdragen.] — Die weissen, ebenfalls nach Kumarin riechenden Blüten haben dieselbe Einrichtung wie die der vorigen Art. Der Kelch ist 2 mm lang, die Platte der schräg in die Höhe gerichteten Fahne 4 mm; Schiffchen und Flügel stehen 2½ mm aus dem Kelche hervor. Die kurz vor der Blütenöffnung aufspringenden Antheren erreichen die Narbe nicht.

Als Besucher sind ausser der (saugenden und pollensammelnden) Honigbiene zahlreiche Insekten beobachtet. Loew sah nämlich bei Warnemünde:

A. Hymenoptera: a) Apidae: 1. Anthrena cineraria L. ♀, psd.; 2. A. fulvicrus K. ♀, psd.; 3. A. gwynana K. f. aestiva Sm. ♀, psd.; 4. A. pilipes F. ♀, psd.; 5. Coelioxys conica L. ♀, sgd.; 6. C. elongata Lep. ♂, sgd.; 7. C. sp., sgd.; 8. Colletes fodiens K. ♂, sgd.; 9. Macropis labiata Pz. ♀, sgd. b) Sphegidae: 10. Cerceris arenaria L. ♀ ♂, sgd. c) Vespidae: 11. Odynerus parietum L. var. renimacula Lep., sgd.; 12. Eumenes coarctata L., sgd. B. Diptera: a) Chironomidae: 13. Ceratopogon fasciatus Mg. ♀. b) Conopidae: 14. Physocephala rufipes F., sgd. c) Muscidae: 15. Olivieria lateralis F. d) Syrphidae: 16. Eristalis intricarius L., sgd.; 17. Helophilus pendulus L., sgd.; 18. Melithreptus sp.; 19. Volucella bombylans L., sgd.

Friese giebt nach Konow für Mecklenburg Systropha curvicornis Scop., n. slt. und nach Sajo für Ungarn Osmia grandis Mor. (1 ♂) als Besucher an.

Alfken beobachtete bei Bremen: Apidae: 1. Anthrena flavipes Pz. ♀; 2. A. propinqua Schck. ♀; 3. Bombus lapidarius L. ⚥; Ducke bei Aquileja die Langhornbienen: 1. Eucera (Macrocera) ruficornis F. ♂; 2. E. (M.) salicariae Lep. ♀; v. Dalla Torre und Schletterer beobachteten in Tirol die Biene Halictus rubicundus Chr ♂.

Schmiedeknecht giebt als seltenen Besucher Anthrena nasuta Gir. an.

Schulz beobachtete Einbruch durch Bienen.

671. M. dentatus Persoon. Auch an dieser Art beobachtete Schulz Einbruch durch Bienen.

672. M. coeruleus Desr. (= Trigonella coerulea C. A. M.). [Kirchner, Beitr. S. 41.] — Die Einrichtung der hellblauen, in verkürzten Trauben zusammenstehenden Blüten stimmt mit derjenigen der übrigen Melilotus-Arten überein, doch steht die Narbe zwischen den Antheren oder überragt sie nur wenig. Der Kelch ist 3—4 mm, die Platte der Fahne 5 mm lang; die Flügel sind 2, die Fahne ist 3 mm kürzer. Da die Flügel am Grunde einen über die Staubfadenröhre greifenden Fortsatz besitzen, so werden Flügel und Schiffchen nur unter Anwendung einer gewissen Kraft herabgedrückt. Alsdann

schnellen Staubblätter und Griffel bis zur Fahne hervor und kehren nach dem
Aufhören des Druckes wieder in das Schiffchen zurück.

Als Besucher beobachtete Kirchner die Honigbiene.

154. Trifolium Tourn.

Gelbe, weisse oder rote, zu Köpfchen zusammengestellte, honighaltige und
duftende Bienenblumen (sehr selten auch Falterblumen) mit einfacher Klappvorrichtung wie bei voriger Gattung. — Manche Arten haben, nach Kuhn (Bot.?Ztg.
1867), kleistogame Blüten; z. B. ist, nach Darwin (Forms of flowers), T. poly-
morphum kleistogam.

673. T. repens L. (H. M., Befr. S. 220—222; Weit. Beob. II. S. 246;
Darwin, Annals and Mag. of Nat. Hist. 3. Ser. Vol. 2. p. 460; Lindman a. a. O.;
Verhoeff, Norderney; Mac Leod, B. Jaarb. VI. S. 342—349; Loew, Bl. Flor.
S. 395; Knuth, Ndfr. Ins. S. 59, 60, 153; Weit. Beob. S. 232; Halligen; Helgoland;
Bijdr.; Thüringen; Rügen etc.] — Die weissen oder rötlichen Blüten sind honigduf-
tend. Der Nektar wird an der gewöhnlichen Stelle, also innen am Grunde der Staubfadenröhre abgesondert. Da die Kelchröhre nur 3 mm lang ist, sind auch kurzrüsselige
Bienen zum Honig zugelassen. Nach Hermann Müller sind die Flügel mit
dem Schiffchen jederseits an einer Stelle verwachsen, so dass beide gleichzeitig
auf- und abwärts bewegt werden. Ihre Drehung bei Belastung durch ein honigsuchendes Insekt wird dadurch
möglich, dass die Nägel der
genannten Blütenteile sehr
schwach sind. Diese Nägel
sind zum grössten Teile mit
der oben gespaltenen Staubfadenröhre verwachsen. Das
Zurückkehren der Blütenteile
in die ursprüngliche Lage wird
besonders durch die Fahne
und die Flügel bewirkt. Der
breite Nagel der Fahne umschliesst nämlich die übrigen
Kronblätter sowie die Staubblätter und das Fruchtblatt
vollständig und führt den
Grund derselben daher durch
seine Elastizität nach dem
Aufhören des Druckes in die
frühere Lage zurück. Die
vorderen Teile der Kronblätter

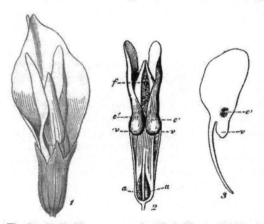

Fig. 91. Trifolium repens L. (Nach Herm. Müller.)
1 Blüte von unten gesehen. *2* Dieselbe nach Entfernung
von Kelch und Fahne von oben gesehen. *3* Rechter
Flügel von der Innenseite. *a* Zugänge zum Honig.
c' Einbuchtungen der Schiffchenblätter, in welche die
Einbuchtungen der Flügel eingreifen. *f* Narbe. *v* Blasen-
förmige Anschwellung am Grunde des oberen Flügelrandes.

nebst der Geschlechtssäule werden dadurch zurückgeführt, dass die oberen
Basallappen der Flügel zu 2 elastischen Blasen umgebildet sind, welche auf der
Oberseite der Geschlechtssäule dicht neben einander liegen.

Um zum Honig zu gelangen, müssen die besuchenden Insekten den Kopf unter die Fahne stecken; dabei haben sie keinen anderen Halteplatz als die Flügel, sie drücken diese alsdann mit dem Schiffchen nach unten, und die Fahne nach oben, wobei die Staubblätter und die Narbe aus dem Schiffchen hervortreten. Da die Narbe etwas die Antheren überragt, so ist Fremdbestäubung in hohem Grade begünstigt. Die regelrechte Auslösung des Blütenmechanismus wird aber nur von Bienen bewirkt, welche daher regelmässig Fremdbestäubung herbeiführen, während andere besuchende Insekten, wie Fliegen und Schmetterlinge, dies nur zufällig bewirken.

Mac Leod (Bot. Jaarb. VI. S. 342—349) giebt eine ausführliche Schilderung der Blüteneinrichtung von T. repens, die in manchen Stücken von der Müllerschen abweicht, wobei er zu folgenden Schlüssen kommt:

Die Blüte von T. repens besteht aus zwei zusammenwirkenden (synergischen) Teilen, nämlich den Flügeln und dem Kiel, die mit einander verbunden sind und sich zusammen gleichzeitig und in derselben Weise bewegen. Jedes dieser Organe kann aber auch für sich die Bewegung ausführen. Hierbei kommen noch zwei andere Organe, die Staubfäden (die eine passive Rolle spielen) und der Nagel der Fahne (welcher eine aktive Rolle zu spielen scheint) in Betracht. Wenn man in einer jungfräulichen Blume die Flügel nebst dem Kiel dreissigbis vierzigmal nacheinander niederdrückt, scheint der Mechanismus nicht zu ermüden: die Fortpflanzungsorgane werden nach dem Aufhören des Druckes immer wieder von dem Kiel umschlossen. Wenn man aber den Kiel allein oder die Flügel allein einigemale nach unten drückt, nehmen diese Organe zwar ihre ursprüngliche Lage wieder ein, aber die Bewegungen sind langsam und der Mechanismus lässt deutliche Zeichen der Ermüdung erkennen. Durch die Vereinigung verschiedener zusammenwirkender (synergischer) Organe hat die Natur nicht nur mehr Sicherheit der Bewegungen gegeben, sondern sie hat auch der Ermüdung zuvorzukommen gewusst.

Auf gleiche Weise werden die Bewegungen bei den höheren Tieren durch Gruppen von zusammenwirkenden Muskeln vollbracht: dadurch werden dieselben Vorteile erreicht, wie durch das Zusammenwirken von Flügeln, Kiel und Fahne in der Blume von Trifolium repens.

Nach Darwins Versuchen (Cross. S. 364) ist zur vollständigen Fruchtbarkeit des weissen Klees Fremdbestäubung nötig; bei Insektenabschluss sind die Blüten in hohem Grade selbststeril.

Als Besucher beobachteten Herm. Müller (1) in Westfalen, Buddeberg (2) in Nassau und ich (!) in Schleswig-Holstein (S. H.), auf Rügen (R.), auf Helgoland (H.) und in Thüringen (Th.): A. Diptera: a) Conopidae: 1. Myopa buccata L., sgd. (1); 2. M. testacea L., sgd. (1). b) Syrphidae: 3. Eristalis sp. (1); 4. Volucella bombylans L., sgd. (1). B. Hymenoptera: Apidae: 5. Anthrena fulvicrus K. ♀, sgd. (1); 6. A. nigriceps K. ♀, sgd. (1); 7. A. sp. (!, H.); 8. Anthophora quadrimaculata Pz. ♀ (! S. H u. H.); 9. Apis mellifica L. ⚥, sgd. und psd., sehr häufig (! S. H. u. R., 1); 10. Bombus cognatus Steph. ⚥ ♀ (S. H., !); 11. B. cullumanus K., Th. (S. H., !); 12. B. lapidarius L. ⚥ ♀ (!, S. H. u. Th.); 13. B. pratorum L. ⚥, sgd. (1); 14. B. rajellus K. ♀, sgd. (!, R.); 15. B. terrester L. (! Th.); 16. Cilissa leporina Pz. ♂, sgd. (2); 17. Colletes balteatus Nyl. (!, S. H.); 18. Eucera

difficilis (Duf.) Pérez. (!, R.); 19. Halictus maculatus Sm. ♀, psd. (1); 20. H. sexnotatus
K. ♀, sgd. (1); 21. H. smeathmanellus K. ♀. sgd. (2); 22. H. tarsatus Schenck ♀,
sgd. (1); 23. H. zonulus Sm. ♀, sgd. (1); 24. Megachile willughbiella K. ♂ (1); 25. Psithyrus quadricolor Lep. ♂, sgd. (1). C. Lepidoptera: *Rhopalocera*: 26. Coenonympha
pamphilus L., sgd. (1, Thür.); 27. Epinephele janira L., sgd. (!, S. H.); 28. Hesperia,
sgd. (1); 29. Melitaea athalia Esp., sgd. (1, Thür.); 30. Lycaena semiargus Rott.,
sgd. (!, S. H.); 31. Pieris brassicae L., sgd. (!, S. H., 1); 32. P. napi L., sgd. (1).

In den Alpen beobachtete H. Müller ausserdem 11 Bienen, 1 Schwebfliege,
10 Falter an den Blüten (Alpenbl. S. 244).

v. Dalla Torre beobachtete in Tirol die Biene Stelis aterrima Pz. ♀.

Hoffer giebt für Steiermark die seltene Alpenhummel Bombus alpinus L. an
und zwar ein altes Nestweibchen. Loew (Beitr. S. 53) beobachtete daselbst Halictus
zonulus Sm. ♀, psd.; in Schlesien (Beitr. S. 34) die Honigbiene.

Schiner beobachtete in Österreich die Raupenfliege Ocyptera pusilla Mg. (wohl
vergebens zu saugen versuchend); Rössler bei Wiesbaden den Falter: Colias hyale L.
(als nutzlosen Besucher); Schenck in Nassau Melitta leporina Pz.

Schletterer giebt für Tirol (T.) als Besucher an und beobachtete bei Pola die
Apiden: 1. Anthrena dubitata Schck.; 2. Megachile muraria L.; 3. Osmia tridentata
Duf. et Perr.; 4. Stelis aterrima Pz. (T.).

Friese giebt als Besucher für Mecklenburg nach Konow an die selteneren
Apiden: 1. Colletes nasutus Smith; 2. Meliturga clavicornis Ltr.

Alfken und Höppner (H.) beobachteten bei Bremen: *Apidae*: 1. Anthrena flavipes Pz. ♀ (2. Generation); 2. Bombus agrorum F. ☿; 3. B. arenicola Ths. ☿; 4. B. derhamellus K. ♀, ☿, ♂; 5. B. distinguendus Mor. ☿ sgd., ♀ (H.); 6. B. hortorum L. ☿ sgd.,
psd. ♀; 7. B. lapidarius L. ☿; 8. B. lucorum L. ☿; 9. B. muscorum F. ☿; 10. B. silvarum L. ☿; 11. B. terrester L. ☿; 12. Coelioxys rufescens Lep. ♀, ♂; 13. Melitta leporina
Pz. ♀, ♂; 14. Psithyrus barbutellus K. ♂.

Verhoeff beobachtete auf Norderney: A. Diptera: a) *Syrphidae*: 1. Syrphus
corollae F. ♀, nicht selten; 2. S. pyrastri L. einzeln. B. Hymenoptera: a) *Apidae*:
3. Bombus hortorum L. ☿; 4. B. lapidarius L. ♀ ☿ ♂, hfg., sgd.; 5. B. terrester L. ☿,
hfg. C. Lepidoptera: a) *Noctuae*: 6. Plusia gamma L.

Alfken beobachtete auf Juist: A. Hymenoptera: a) *Apidae*: 1. Bombus distinguendus Mor. ☿, psd., sgd.; 2. B. hortorum L. ☿, psd., sgd.; 3. B. lapidarius L. ☿, psd.,
sgd.; 4. B. muscorum F. ☿, psd., sgd.

Mac Leod bemerkte in Flandern Apis, 1 Hummel, 1 Grabwespe, 7 Falter (Bot.
Jaarb. VI. S. 349); in den Pyrenäen 8 Hummeln, 2 kurzrüsselige Bienen, 1 Falter, 1 Käfer
als Besucher (A. a. O. III. S. 436); H. de Vries (Ned. Kruidk. Arch. 1877) in den
Niederlanden die Honigbiene.

E. D. Marquard beobachtete in Cornwall: Cilissa leporina Pz. als Besucher.

Smith beobachtete in England Melitta leporina Pz.; Saunders Colletes marginatus L.

In Dumfriesshire (Schottland) (Scott-Elliot, Flora S. 46) wurden Apis und
1 Schwebfliege als Besucher beobachtet.

Schneider (Tromsø Museums Aarshefter 1894) beobachtete im arktischen Norwegen: 1. Bombus lapponicus L. ☿ ♂; 2. B. pratorum L. ☿ ♂; 3. B. scrimshiranus K.
☿ ♂; 4. B. terrerster L. ☿ ♂; 5. Psithyrus quadricolor Lep. ♂; P. vestalis Fourcr. ♂ als
Besucher.

Auch auf dem Dovrefjeld beobachtete Lindman zahlreiche Hummeln als
Besucher.

An der Form atropurpureum beobachtete Loew in botanischen Garten zu
Berlin die Honigbiene.

674. T. hybridum L. Da die Blüten anfangs weiss und aufrecht, dann
rosenrot und herabgeschlagen sind, so werden die jungen, weissen Blüten von

einem Kranze rosenroter, herabgeschlagener umgeben, wodurch die Köpfchen ihre Augenfälligkeit erhöhen. Die Einrichtung der Einzelblüten stimmt mit derjenigen der vorigen Art überein.

Als Besucher sah Buddeberg in Nassau eine Biene: Cilissa leporina Pz. ♂, sgd.

Ich (Bijdragen) beobachtete im östlichen Holstein die Honigbiene, in Thüringen zwei Hummeln: 1. Bombus agrorum F. ♂ (Coburg 4. 7. 94); 2. B. terrester L. ♀ (Inselsberg 16. 7. 94).

675. T. fragiferum L. [H. M., Befr. S. 222; Weit. Beob. S. 246; Mac Leod, B. Jaarb. VI. S. 349; Knuth, Ndfr. Ins. S. 60, 153; Weit. Beob.; Halligen.] — Wie schon H. Müller erwähnt, ist die Blüteneinrichtung dieser Art dieselbe wie bei T. repens, doch sind alle Blütenteile kleiner als bei letzterem.

Als Besucher sah ich bei Kiel von honigsaugenden Apiden: 1. Apis mellifica L. ♀; 2. Bombus lapidarius L. ♀; 3 B. silvarum L. ♀; auf Sylt Apis. Auf der Hallig Langeness ist, soweit ich beobachten konnte, Anthophora quadrimaculata Pz. ♀ der einzige Befruchter.

In Westfalen beobachtete Herm. Müller nur die Honigbiene und zwar von T. fragiferum zu T. repens und umgekehrt übergehend.

Alfken beobachtete bei Bremen: *Apidae*: Bombus terrester L. ♀; auf Juist: Hymenoptera: *Apidae*: Bombus terrester L. ♀, mehrfach, sgd. und psd. Nach Überdecken des Fangnetzes sammelte er noch ruhig weiter.

Heinsius beobachtete in Holland 2 Apiden: 1. Apis mellifica L. ♀; 2. Bombus lapidarius L. ♂ ♀.

Mac Leod beobachtete in Flandern Bombus lapidarius L. ♀ (Bot. Jaarb. VI. S. 346); Schiner in Österreich die Raupenfliege Ocyptera pusilla Mg. (wohl vergeblich zu saugen versuchend).

676. T. montanum L. [H. M., Weit. Beob. II. S. 250—252; Befr. S. 224; Alpenbl. S. 243.] — Die weissen Blüten sind, nach H. Müller, vom Grunde bis zur Spitze des Schiffchens etwa 5 mm lang; der Kelch hat eine Länge von 2—3 mm. Der Nektar ist also allen Insekten mit 5 mm langem Rüssel zugänglich. Dabei bewirken besuchende Bienen dieselbe Art der Auslösung der Geschlechtssäule wie bei T. repens; aber auch die besuchenden Schmetterlinge streifen, indem sie ihren Rüssel in der von der zusammengelegten Fahne gebildeten Rinne hinabgleiten und in den oben offenen Spalt des Schiffchens eintreten lassen, ebenfalls Narbe und Staubblätter, so dass auch sie Fremdbestäubung bewirken. Der Bergklee ist daher der Befruchtung durch Bienen und Falter angepasst. Die Blüteneinrichtung stimmt im übrigen mit derjenigen von T. repens überein, nur sind die blasenartigen Anschwellungen oben am Grunde der Flügel, welche über der Geschlechtssäule zusammenschliessen, schwächer entwickelt.

Als Besucher beobachtete Herm. Müller in Westfalen die Honigbiene, in Thüringen: A. Hymenoptera: a) *Apidae*: 1. Apis mellifica L. ♀, sgd., sehr häufig; 2. Bombus pratorum L. ♂, sgd.; 3. Nomada roberjeotiana Pz. ♀, sgd.; 4. N. ruficornis L. ♀, sgd. b) *Sphegidae*: 5. Ammophila campestris Latr. ♀ ♂, sgd. B. Lepidoptera: *Rhopalocera*: 6. Hesperia silvanus Esp., sgd.; 7. Lycaena aegon W. V. ♀, sgd.; 8. L. corydon Poda, sgd.; 9. Melitaea athalia Esp., andauernd sgd., zahlreich.

In den Alpen beobachtete derselbe 8 Bienen und 8 Falter; Dalla Torre und Schletterer in Tirol: Bombus mastrucatus Gerst. ♂; Mac Leod in den Pyrenäen 1 Hummel, 1 Anthrena als Besucher (B. Jaarb. III. S. 436, 437).

677. T. pratense L. [Darwin, Origin of species Chap. III.; H. M., Befr. S. 222—224; Weit. Beob. II. S. 246, 247; Lindman a. a. O.; Loew, Bl. Flor. S. 396; Mac Leod, B. Jaarb. VI. S. 339—342; Schulz, Beitr. II. S. 208; Kerner, Pflanzenleben II.; Knuth, Ndfr. Ins. S. 59, 152, 153; Weit. Beob. S. 232; Halligen; Rügen; Helgoland; Thüringen; Bijdragen.] — Die roten, selten weissen, honigduftenden, zu augenfälligen, kugeligen Köpfchen zusammengestellten Blüten werden reichlich von Insekten besucht. Der Honig ist, nach H. Müller, am Grunde einer durch Verwachsung der neun unteren Staubfäden mit den Nägeln des Schiffchens, der Flügel und der•Fahne gebildeten, 9 bis 10 mm langen Röhre geborgen. Das obere freie Staubblatt liegt an einer Seite der Blüte, so dass der Zugang zum Honig durch den ganzen oberen Spalt der Staubfadenröhre gebildet wird. Schiebt nun eine Biene ihren Rüssel unter die Fahne gegen den Honig vor, während sie mit ihren Vorderbeinen die mit dem Schiffchen zusammenhaftenden Flügel festhält und Mittel- und Hinterbeine auf tiefer gelegene Teile des Blütenköpfchens stützt, so dreht sich das Schiffchen nebst den Flügeln nach unten, und es tritt zuerst die Narbe und unmittelbar darauf die Gesamtheit der nach oben geöffneten Antheren

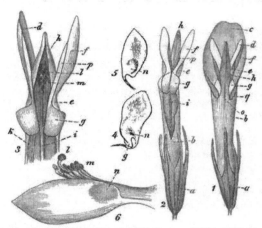

Fig. 92. Trifolium pratense L. (Nach Herm. Müller.)

1 Blüte von unten gesehen. *2* Dieselbe, nach Entfernung der Fahne, von oben gesehen. *3* Vorderer Teil derselben, nachdem die Ränder des Schiffchens auseinander gedrückt sind. In doppelter Vergrösserung von *1* und *2.* *4* Rechter Flügel, mit losgerissenem Stiel, von der Innenseite. *5* Rechte Hälfte des Schiffchens von der Aussenseite, mit abgerissenen Stielen. *6* Die nach dem Niederdrücken des Schiffchens hervorgetretenen Staubbeutel und darüber liegende Narbe nebst dem Schiffchen, von der Seite gesehen. *a* Kelch, *b* die durch Verwachsung von 9 Staubfäden mit den Stielen der Fahne, der Flügel und des Schiffchens gebildete Röhre, *c* hohler Teil der Innenseite der Flügel, *f* Aussenseite der Flügel, *g* zu einer Blase angeschwollene Flügelgrund, *h* Schiffchen, *i* Griffel, *k* oberstes, freies Staubblatt, *l* Narbe, *m* Staubbeutel, *n* Verwachsungsstelle zwischen Flügel und Schiffchen, *o* Drehpunkt des Schiffchens, *p* nach aussen gebogener Teil des oberen Flügelrandes, *q* auf die Unterseite übergreifende Erweiterung der Fahne.

hervor, sich der Unterseite des Bienenkopfes andrückend. Die Narbe erhält mithin den von einer früheren Blüte mitgebrachten Pollen, welcher nun durch neuen ersetzt wird. Fremdbestäubung ist also gesichert; Selbstbestäubung kann beim Zurückziehen des Bienenkopfes zwar auch stattfinden, ist aber, nach Darwin, ohne Erfolg, (nach Kerner dagegen von Erfolg) und wird durch die vorher erfolgte Fremdbestäubung unwirksam gemacht.

Das Zurücktreten der Blütenteile nach dem Aufhören des durch das Insekt hervorgebrachten Druckes wird durch die eigene Elastizität des Grundes des

Schiffchens bewirkt. Die Flügel sondern sich von der gemeinschaftlichen Röhre mit dünnen, leicht drehbaren Nägeln ab, umfassen dann mit 2 starken, blasigen Anschwellungen die Geschlechtssäule von oben und sichern durch die Elastizität dieser Anschwellungen die gegenseitige Lage der Staubblätter und des Fruchtblattes und der sie umschliessenden Kronblätter. Die Staubfadenröhre trennt sich in freie, steife, aufwärts gebogene, am Ende etwas verdickte Staubfäden, zwischen denen sich der Griffel so in die Höhe krümmt, dass die Narbe die Antheren etwas überragt.

Um auf dem regelrechten Wege zum Honig gelangen zu können, muss ein Insekt einen der Länge der Kronröhre entsprechend langen Rüssel von mindestens 9 bis 10 mm besitzen (viele Hummelarten und andere Apiden als regelmässige, einzelne Schmetterlinge als zufällige Fremdbestäuber). Der Blütenstaub ist dagegen allen kurzrüsseligen Insekten zugänglich, welche das Schiffchen abwärts zu drehen geschickt genug sind. Auch diese bewirken regelmässig Fremdbestäubung (z. B. die Honigbiene). Endlich wird dem roten Klee der Honig noch gewaltsam geraubt, indem besonders die Erdhummel (mit nur 7—9 mm langem Rüssel) und die Honigbiene (Rüssellänge 6 mm) die Blüten von aussen anbeissen und durch das Loch den Rüssel bis zum Honig vorstrecken. Diese Öffnung benutzen andere Insekten gleichfalls zum Honigraube.

Als Besucher sah Lindman auf dem Dovrefjeld Hummeln und Falter. Herm. Müller (1) in Westfalen, Buddeberg (2) in Nassau und ich (!) in Schleswig-Holstein (S. H.), auf Rügen (R.), auf dem Oberland von Helgoland (H.) und in Thüringen (Th.) beobachteten folgende Insekten: A. Diptera: a) Bombylidae: 1. Systoechus sulphureus Mikan, vergeblich Honig zu erlangen suchend (1). b) Conopidae: 2. Sicus ferrugineus L., w. v. (1). c) Syrphidae: 3. Volucella bombylans L., w. v. (1). B. Hymenoptera: Apidae: 4 Anthrena convexiuscula K. ♂, vergebl. zu saugen versuchend (2); 5. A. fasciata Wesm. ♀ ♂, vergebl. suchend (1); 6. A. fulvicrus K. ♀ (1), wie vor.; 7. A. labialis K. ♂, vergebl. zu saugen versuchend (1); 8. A. schrankella Nyl. ♀ (1); 9. A. xanthura K. ♀, psd. (1); 10. Anthidium manicatum L. ♀ ♂, sgd. (1); 11. Anthophora aestivalis Pz., sgd. (! R., 2); 12. A. pilipes F., sgd. (1); 13. Apis mellifica L. ⚥, durch die von der Erdhummel gebissenen Löcher Honig stehlend, psd. (1, ! S. H.); 14. Bombus agrorum F. ⚥ ♀, sgd. (1, ! S. H., R., Th.); 15. B. confusus Schenck ⚥ ♀, sgd. (1); 16. B. cullumanus K. Th., sgd. (! S. H.); 17. B. distinguendus Mor. ♀, sgd. (1); 18. B. hortorum L., forma hortorum L. ♂, sgd. (!, Th., R.); 19. B. lapidarius L., ⚥ ♀, sgd. (1, ! S. H.); 20. B. muscorum F., sgd. (1); 21. B. pratorum L., ⚥ mit 8 mm langem Rüssel, ♀ mit 10 mm l. R. sgd. (2); 22. B. rajellus K. ⚥ ♀, sgd. (1, ! R.); 23. B. silvarum L. ♀, sgd. (1, ! R.); 24. B. terrester L., die Blumenröhre anbeissend und so Honig raubend, auch an Knospen (1, ! Th.); 25. Cilissa leporina Pz. ♂, vergebl. zu saugen versuchend (2); 26. Colletes fodiens K. ♂, psd. (1); 27. Diphysis serratulae Pz. ♀, psd. (1); 28. Eucera difficilis (Duf.) Pérez (!, Greifswalder Oie bei Rügen, Helgoland), sgd.; 29. E. longicornis ♀ ♂, sgd. (1, ! S., H.); 30. Halictus cylindricus F. ♀, vergebl. zu saugen versuchend (2); 31. H. flavipes F. ♀, psd. (1); 32. H. interruptus Pz. ♀, psd. (1, Thür.); 33. H. malachurus K. ♀, psd. (2); 34. H. sexnotatus K. ♀, vergeblich zu saugen versuchend (2); 35. H. tetrazonius Kl. ♀, w. v. (2); 36. Megachile circumcincta l. ♀, sgd. und psd. (1); 37. Osmia aurulenta Pz. ♀, psd. (1, Thür.); 38. O. aenea L. ♀, sgd. und psd. (1); 39. Psithyrus barbutellus K. ♀, sgd. (1); 40. P. campestris Pz. ♀ (1); 41. P. rupestris F. ♀, sgd. (1, ! S. H.); 42. P. vestalis Fourc. ♀, sgd. (1). C. Lepidoptera: a) Bombyces: 43. Gnophria quadra L., an den Blüten sitzend (1). b) Noctuae: 44. Plusia gamma l., sgd. (1, ! S. H.). c) Rhopalocera: 45. Argynnis adippe L., sgd. (! Th.);

46. Coenonympha pamphilus L. ♀, sgd. (1, ! S. H.); 47. Epinephele janira L., sgd. (1, ! S. H.); 48. Hesperia silvanus Esp., sgd. (1); 49. H. thaumas Hfn., sgd. (1); 50. Melanargia galatea L., sgd., häufig (1, Thür.); 51. Papilio podalirius L., sgd. (2); 52. Pieris brassicae L., sgd. (1, ! S. H., H.); 53. Pararge megaera L., sgd. (1); 54. Vanessa urticae L., sgd. (1, ! H.). d) *Zygaenidae*: 55. Zygaena filipendulae L., sgd. (! S. H.); 56. Z. sp., nur gelegentlich kreuzend (! R.).

Krieger beobachtete bei Leipzig die Apiden: 1. Anthrena labialis K.; 2. Eucera longicornis L. ♀; Schmiedeknecht in Thüringen: Hymenoptera: *Apidae*: 1. Bombus agrorum F. ♂; 2. B. distinguendus Mor. ♀ ♂; 3. B. hortorum L. ♀ ⚲ ♂; 4. B. lapidarius L. ♀ ⚲ ♂; 5. B. latreillellus K. (= subterraneus L.) ♀ ⚲ ♂; 6. B. mastrucatus Gerst. ♂; 7. B. mesomelas Gerst. ♀ ⚲ ♂; 8. B. muscorum F. ♀ ⚲ ♂; 9. B. pomorum L. ♀ ⚲, hfg., ♂, einzeln; 10. B. ruderatus F. ♀ ⚲ ♂; 11. B. silvarum L. ♀ ♂; 12. B. variabilis Schmiedekn. ♀ ⚲ ♂; 13. Psithyrus vestalis Fourcr. ♀; Schenck in Nassau die Apiden: 1. Anthrena labialis K. ♀ ♂; 2. A. convexiuscula K.; 3. Bombus confusus Schck. ♀; 4. B. derhamellus K. ♀ ⚲ ♂; 5. B. lapidarius L.; 6. B. muscorum F. ♀ ⚲ ♂; 7. B. pomorum Pz. ♀; 8. Halictus tetrazonius Klg. ♀; Loew in Hessen Eucera longicornis L. ♀, psd.; v. Dalla Torre und Schletterer in Tirol die Bienen: 1. Anthrena fulva Schrk. ♀; 2. A. nana K. ♀ ♂; 3. Bombus silvarum L. ♀ ⚲; 4. Chalicodoma pyrenaica Lep. ♀; Schletterer ausserdem bei Pola: 1. Bombus silvarum L.; 2. B. terrester L.; 3. Eucera alternans Brull.; 4. Megachile pyrenaica Lep.; Ducke bei Triest die Apiden: 1. Anthrena korleviciana Friese ♀; 2. Eucera difficilis (Duf.) Pér. ♀; 3. Osmia aurulenta Pz. ♀ ♂, hfg.; 4. Rophites canus Ev. ♀ ♂; Hoffer in Steiermark: Hymenoptera: *Apidae*: 1. Bombus agrorum F. ♀ ⚲; 2. B. hortorum L. ♂; 3. B. lapidarius L. ♀ ⚲; 4. B. mesomelas Gerst. ♀ (Dalla Torre); 5. Psithyrus vestalis Fourcr. ♂; Friese im Elsass (E.), bei Fiume (F.), in Meckenburg (M.) und in Ungarn (U.) die Apiden: 1. Anthrena convexiuscula K. (M.), s. hfg.; 2. A. labialis K. (M.), n. hfg. (U.), einzeln; 3. Eucera seminuda Brullé ♀ (U.), einzeln; 4. Melitta dimidiatus Mocs. (F. U.), n. slt.; 5. M. leporina Pz. (M.), n. slt.; 6. Podalirius fulvitarsis Brullé ♀. (E.), hfg.; 7. P. parietinus F. (M.), n. slt.

Alfken beobachtete bei Bremen: A. Diptera: *Muscidae*: 1. Prosena siberita F. B. Hymenoptera: *Apidae*: 2. Anthrena convexiuscula K. ♀ ♂; 3. A. labialis K. ♀ ♂; 4. Bombus agrorum F. ⚲ ♂; 5. B. arenicola Ths. ♀ ⚲; 6. B. derhamellus K. ♀ ♂ ⚲; 7. B. distinguendus Mor. ♀, sgd., psd. ⚲ ♂; 8. B. hortorum L. ♀ sgd., psd., ⚲ sgd., psd., ♂ sgd., var. nigricans Schmied ⚲ ♂ sgd.; 9. B. lapidarius L. ♀ ⚲ sgd., psd.; 10. B. lucorum L. ♀ ⚲ (Kronröhre anbeissend); 11. B. muscorum F. ♀; 12. B. pomorum Pz. ♀ ⚲; 13. B. ruderatus ♀ ⚲ sgd., psd.; 14. B. silvarum L. ♀ ⚲ sgd., psd.; 15. B. subterraneus L. ♀ ⚲ sgd., psd.; 16. Coelioxys quadridentata L. ♂ sgd.; 17. Eucera difficilis (Duf.) Pér. ♀ ♂; 18. Megachile circumcincta K. ♀; 19. M. willughbiella K. ♂; 20. Melitta leporina Pz. ♀; 21. Osmia caerulescens L. ♂; 22. O. claviventris Ths. ♂; 23. Podalirius borealis Mor. ♀ ♂, sgd.; 24. P. parietinus F. ♀, sgd.; 25. P. retusus L. ♂ ♀; 26. Psithyrus barbutellus K. ♂, sgd.; 27. P. campestris Pz. ♀, sgd.; 28. P. rupestris; 29. P. vestalis Fourcr. ♀, sgd.; Verhoeff auf Norderney: Hymenoptera: *Apidae*: 1. Bombus lapidarius L. ♀, sgd.; 2. B. latreillellus K. (= subterraneus L.) 1 ♀; 3. B. terrester L. ♀ ⚲ (Diebe), sgd.; Alfken auf Juist: Hymenoptera: *Apidae*: 1. Bombus hortorum L. ⚲ ♂; 2. B. muscorum F. ♀; 3. B. ruderatus F. ♂.

Morawitz beobachtete bei St. Petersburg Podalirius borealis Mor.; H. de Vries (Ned. Kruidk. Arch. 1877) in den Niederlanden 3 Bienen: Anthrena labialis K. ♀, A. xanthura K. ♀, Apis mellifica L. ⚲ und 6 Hummeln: Bombus agrorum F. ⚲ ♂, B. hortorum L. ⚲ ♂, B. pratorum L. ♂, B. silvarum L. ⚲, B. subterraneus L. und B. terrester L. ⚲ als Besucher.

Mac Leod sah in Flandern Apis, 11 Hummeln, Eucera, 1 Anthrena, 1 Schwebfliege, 12 Falter (B. Jaarb. VI. S. 341, 342); in den Pyrenäen 8 Hummeln, 1 Anthophora, 11 Falter, 1 Bombylius, 1 Schwebfliege als Besucher. (B. Jaarb. III. S. 435, 436).

In Dumfriesshire (Schottland) (Scott-Elliot, Flora S. 45) wurden 3 Hummeln als Besucher beobachtet.

Die Form b) nivale (= T. nivale Sieb. als Art), welche vorwiegend über der Baumgrenze auftritt und eine schmutzig-weisse, statt rote Blütenfarbe besitzt, sah Herm. Müller in den Alpen von 7 Hummeln, 17 Faltern besucht (d. h. es waren 71% der Besucher Falter). Die Hauptform dagegen sah derselbe in den Alpen von 15 Hummeln, 21 Faltern und 1 Käfer besucht (d. h. es waren 55% der Besucher Falter). [Alpenbl. S. 241—243.] —

Es möge hier noch eine Bemerkung Herm. Müllers zu der bekannten Kette von Schlüssen: „Je mehr Katzen, desto weniger Mäuse; je weniger Mäuse, desto mehr Hummeln; je mehr Hummeln, desto fruchtbarer der rote Klee; also: je mehr Katzen, desto fruchtbarer der rote Klee" Platz finden: Allerdings sind die Hummeln die hauptsächlichsten (nicht, wie Darwin meinte, die einzigen) Befruchter des roten Klees, doch bleiben nach Ausschluss derselben noch immer zahlreiche, normal saugende und Pollen sammelnde Insekten, um die zur vollen Fruchtbarkeit nötigen Fremdbestäubungen zu besorgen; es ist mithin das Glied der obigen Kette: „Je mehr Hummeln, desto fruchtbarer der rote Klee" unhaltbar. Durch die Einführung von etwa 100 Hummeln auf Neu-Seeland, wo sich keine einheimische Hummelart findet, wurde der rote Klee dort ausserordentlich reich an Samen. (Dunning, Ent. Soc. London 1886).

678. T. incarnatum L. Nach Kirchner (Flora S. 491, 492) stimmt die Blüteneinrichtung im wesentlichen mit derjenigen von T. pratense überein. Die Länge der Kronröhre der lebhaft blutroten Blüten beträgt 8—9 mm, die der Kelchröhre 5 mm. Die Fahne ist zusammengefaltet und kann daher längeren Insektenrüsseln als Führung zum Nektar dienen. Sie umfasst mit dem Grunde ihrer Platte die Nägel der Flügel und des Schiffchens fast vollständig; ihr eigener Nagel ist frei. Die Flügel haben kräftige, über die Geschlechtssäule greifende, blasige Fortsätze und ausserdem eine Längseinstülpung, die innen mit der Oberhaut des Schiffchens verklebt ist.

Spontane Selbstbestäubung ist von viel geringerem Erfolge als Fremdbestäubung.

Als Besucher sah ich (Bijdragen) in Mecklenburg langrüsselige Bienen, nämlich: 1. Bombus lapidarius L. ⚥, sgd.; 2. Eucera longicornis L. ♀ ♂, sgd.

Höppner beobachtete bei Bremen: 1. Bombus agrorum F.; 2. B. muscorum F.; 3. B. variabilis Schmied.

679. T. alpestre L. [H. M., Weit. Beob. II. S. 247, 248; Schulz, Beitr. S. 209.] — Die Blütenköpfchen dieser Art sind, nach Hermann Müller, grösser und auch lebhafter gefärbt, als diejenigen von T. pratense, mit dessen Blüteneinrichtung diejenige von T. alpestre in den meisten Stücken übereinstimmt. Während aber bei ersterer Art die Kronröhre bis zu ihrer Spaltung in Schiffchen und Fahne 7 mm, bis zum Ende des Schiffchens 11 mm lang ist, betragen bei letzterer Art die entsprechenden Längen 11 bezgl. 14 mm. Es ist daher ein grosser Teil der Hummeln von der normalen Gewinnung des Honigs ausgeschlossen. Da ausserdem das Schiffchen nebst den Flügeln von der Fahne nicht überragt wird, so wird das Einführen des Rüssels den Bienen erschwert, den Schmetterlingen erleichtert. Endlich ist das Schiffchen erheblich höher als die Blütenröhre und stark aufwärts gebogen, so dass ein Schmetterlingsrüssel den Blütengrund nicht anders erreichen kann, als dass er in den offenen Spalt gerät und dabei zuerst die Narbe und dann den Pollen streift, mithin bei wiederholten Besuchen regelmässig Kreuzung bewirkt. Bei T. pratense dagegen kommt ein so eingeführter Schmetterlingsrüssel mit der Narbe und dem Pollen nicht in Berührung. Letztere Art ist daher eine reine Hummelblume, während T. alpestre neben der Befruchtung durch Hummeln auch derjenigen durch Falter angepasst ist. Der von Herm. Müller in Thüringen beobachtete Insektenbesuch entspricht dieser Auffassung. Er fand nämlich folgende Besucher:

A. Hymenoptera: Apidae: 1. Eucera longicornis L. ♂, sgd.; 2. Psithyrus rupestris F. ♀, sgd. B. Lepidoptera: Rhopalocera: 3. Coenonympha arcania L., zu saugen versuchend; 4. C. pamphilus L., w. v ; 5. Epinephele janira L., w. v.; 6. Hesperia thaumas Hfn., sgd., sehr häufig; 7. Lycaena semiargus Rott., versuchend; 8. Melanargia galatea L., sgd. oder versuchend, in Mehrzahl; 9. Melitaea athalia Rott., zu saugen versuchend; 10. Pieris rapae L., sgd., in Mehrzahl; 11. Syrichtus malvae L , zu saugen versuchend.

Loew beobachtete in Schlesien (Beiträge S. 53): Eucera longicornis L. ♀, psd.; in der Schweiz (Beiträge S. 62): Bombus pomorum Pz. var. elegans Seidl ♂; Schletterer und Dalla Torre verzeichneten für Tirol die Blattschneiderbiene Megachile nigriventris Schck. als Besucher.

680. T. medium L. (= T. flexuosum Jacq.). Die Bestäubungseinrichtung dieser Art ist, nach Kirchner (Flora S. 492), dieselbe wie bei T. pratense. Die Blüten sind lebhafter rot.

Als Besucher sind (H. M., Befr. S. 224; Weit. Beob. II. S. 250) von H. Müller (1) in Westfalen und Buddeberg (2) in Nassau beobachtet:

A. Hymenoptera: Apidae: 1. Anthrena dorsata K. ♀, psd. (1); 2. Bombus agrorum F. ♀, normal sgd. (1); 3. B. muscorum F. ♀, sgd. (2); 4. B. terrester L. ♀, die Blütenröhre anbeissend und Honig raubend (1, Thür.): 5. Halictus smeathmanellus K. ♀, versuchend (2); 6. Psithyrus barbutellus K. ♀, sgd. (2); 7. P. campestris Pz. ♀, sgd. (2). B. Diptera: Syrphidae: 8. Volucella plumata L., versuchend (2). C. Lepidoptera: Rhopalcera: 9. Coenonympha pamphilus L., sgd. (1, Thür.); 10. Hesperia lineola O., sgd. (1); 11. Lycaena semiargus Rott., sgd. (1); 12. Melanargia galatea, sgd. (1, Thür.).

Alfken und Höppner beobachteten bei Bremen folgende Apiden: 1. Anthrena convexiuscula K. ♀ psd., ♂; 2. Colletes daviesanus K. ♀; 3. Megachile circumcincta K. ♀ psd.; 4. Podalirius borealis Mor. ♀ psd., ♂.

In Dumfriesshire (Schottland) (Scott-Elliot, Flora S. 45) wurden Apis und 2 Hummeln als Besucher beobachtet.

681. T. rubens L. [H. M., Befr. S. 224; Weit. Beob. II. S. 248, 249.] — Nach Herm. Müller, welcher auch diese Art in Thüringen untersuchte, steht die Blüteneinrichtung in der Mitte zwischen derjenigen von T. pratense und T. alpestre. Die purpurroten Blüten stehen an einer verlängerten Achse sämtlich in gleicher Stellung schräg aufwärts und haben den oberen Teil ihrer Blütenröhre stärker nach aussen gebogen, wodurch eine Krümmung entsteht, welche der bequemsten Rüsselhaltung langrüsseliger Bienen entspricht.

Die Länge der Kronröhre beträgt bis zur Spaltung in Fahne und Schiffchen 8—9 mm, bis zum Ende des letzteren 13—14 mm. Die Fahne überragt das Schiffchen um 1—1½ mm. Die Flügel sind fast wagrecht nach aussen gebogen,

wodurch den besuchenden Bienen eine ebenso bequeme Angriffsfläche zum Abwärtsdrücken des Schiffchens geboten wird, wie bei T. pratense durch die
Verlängerung der Fahne, während andererseits den Faltern die zum Einführen
des Rüssels geeignete Stelle fast ebenso frei sichtbar bleibt wie bei T. alpestre.

Diesen zwischen den genannten Kleearten ungefähr die Mitte haltenden
Verhältnissen des Blütenbaues entsprechen die von H. Müller in Thüringen
beobachteten Besucher:

A. Hymenoptera: Apidae: 1. Anthophora retusa L. K. ♀, sgd.; 2. Bombus
muscorum F. ♀ sgd., ⚥, psd.; 3. B. Proteus Gerst. ⚥, sgd.; 4. B. silvarum L. ♀, sgd.;
5. B. variabilis Schmdk. v. tristis Seidl. ⚥, sgd.; 6. Psithyrus rupestris F. ♀, sgd.
B. Lepidoptera; a) Rhopalocera: 7. Epinephele hyperanthus L., sgd.; 8. Hesperia
silvanus Esp., sgd.; 9. Lycaena corydon Poda., sgd.; 10. Melanargia galatea L., andauernd
saugend; 11. Pieris napi L., sgd. b) Sphinges: 12. Zygaena filipendulae L., sgd.; 13. Z. lonicerae Esp., sgd. C. Coleoptera: Elateridae: 14. Corymbites holosericeus L., vergebl.
suchend.

Schletterer und Dalla Torre verzeichnen für Tirol als Besucher die auf
Alpenrosen häufige Hummel Bombus alticola Krchb. und die Blattschneiderbiene Megachile
nigriventris Schck. = ursula Gerst.

682. T. arvense L. [H. M., Befr. S. 224; Weit. Beob. II. S. 248;
Knuth, Weit. Beob. S. 222.] — Die kleinen, unscheinbaren, weisslichen oder
rosa Blüten haben eine kaum 2 mm lange Blütenröhre. Sie sind auch bei spontaner Selbstbestäubung fruchtbar.

Als Besucher sind von H. Müller besonders Bienen, weniger häufig Falter
beobachtet:

A. Hymenoptera: a) Apidae: 1. Anthrena carbonaria L. ♂, sgd.; 2. A. denticulata K., sgd.; 3. A. fuscipes K. ♂, sgd.; 4. A. xanthura K. ♀, sgd.; 5. Apis mellifica L. ⚥, sgd.; 6. Bombus lapidarius L. ⚥, sgd.; 7. B. rajellus K. ♀ ⚥, sehr zahlreich,
sgd.; 8. Cilissa leporina Pz. ♀, sgd.; 9. Colletes marginatus L. ♂, sgd.; 10. Diphysis
serratulae Pz. ♂, sgd; 11. Epeolus variegatus L., sgd.; 12. Halictus flavipes F. ♀, sgd.;
13. H. quadricinctus F. ♀, sgd.; 14. H. zonulus Sm. ♀, sgd.; 15. Megachile argentata
F. ♂, sgd.; 16. M. maritima K. ♂, sgd.; 17. Osmia spinolae Schck. ♂ (Thür.);
18. Saropoda bimaculata Pz. ♂, sgd., zahlreich. b) Sphegidae: 19. Ammophila affinis
K. ♀, sgd. B. Diptera: Muscidae: 20. Gonia capitata Deg., sgd. (Buddeb.). C. Lepidoptera: Rhopalocera: 21. Coenonympha pamphilus L., sgd. (Thür.); 22. Hesperia thaumas Hfn., sgd.; 23. Lycaena aegon S. V., sgd.; 24. Polyommatus phlaeas L, sgd.

Auf der Insel Rügen beobachtete ich: Bombus lapidarius L. ⚥, sgd.

Als Besucher giebt Friese für Mecklenburg nach Brauns und Konow die sehr
seltene Anthrena nigriceps K. an.

Alfken beobachtete bei Bremen: Apidae: 1. Bombus agrorum F. ⚥; 2. B. derhamellus
K. ⚥; 3. B. lapidarius L. ⚥; 4. B. pomorum Pz. ⚥; 5. B. soroënsis F. v. proteus Gerst. ⚥;
6. Coelioxys quadridentata L. ♀, sgd.; 7. Colletes marginatus L., hfg. ♀ sgd. u. psd., ♂ sgd.;
8. Megachile argentata F. ♀♂, w. v.; 9. Melitta leporina Pz. ♂; 10. Podalirius bimaculatus
Pz. ♀ ♂, wie 8; ferner auf Juist: A. Diptera: a) Asilidae: 1. Asilus albiceps Meig.,
s. hfg., sgd. b) Syrphidae: 1. Eristalis tenax L.; 2. Melithreptus spec.; 3. Syrphus pyrastri L., s. hfg.; B. Hymenoptera: Apidae: 4. Bombus lucorum L. ⚥ ♂; 5. B. muscorum F. ⚥, hfg., sgd.; 6. B. terrester L. ♀ ⚥ ♂; 7. Colletes marginatus L., hfg., sgd.

Mac Leod sah in Flandern Halictus flavipes F. ♀ (Bot. Jaarb. VI. S. 350).

In Dumfriesshire (Schottland) (Scott-Elliot, Flora S. 45) wurden 1 Hummel
und 2 Schwebfliegen als Besucher beobachtet.

683. T. nigrescens Viv.

Als Besucher beobachtete Schletterer bei Pola die Apiden: 1. Anthrena
flavipes Pz.; 2. A. lucens Imh.; 3. A. parvula K.; 4. Eucera parvula Friese, s. hfg.;
5. Halictus interruptus Pz.; 6. H. levigatus K. ♀; 7. H. varipes Mor.; 8. Megachile
argentata F.; 9. M. muraria L.; 10. Osmia gallarum Spin.; 11. O. tridentata Duf. et Pér.; 12. O. versicolor Ltr.

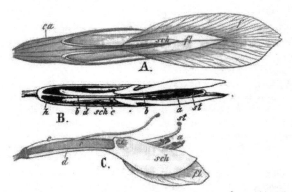

Fig. 93. Trifolium alpinum L. (Nach Herm. Müller.)
A. Blüte von unten gesehen. (3¹/₂ : 1.) B. Dieselbe nach Entfernung des Kelchs und der Fahne von oben gesehen. d Stiel
des Flügels. C. Der vordere Teil derselben Blüte, nachdem
auch der rechte Flügel entfernt und das Schiffchen nebst dem
linken Flügel abwärts gedrückt worden ist, von der Seite gesehen. d Stiel des Schiffchens. ca Kelch. f Fahne. fl Flügel.
sch Schiffchen. h Honigzugang. a Antheren. b Oberer freier
Staubfaden. c Verwachsene Staubfäden. st Narbe. x Zusammenhangstelle des rechten Schiffchens mit dem Flügel.

684. T. parviflorum Ehrh.

Als Besucher beobachtete Schletterer bei
Pola die Furchenbiene Halictus variipes Mor.

685. T. alpinum L. [H. Müller, Alpenblumen S. 240, 241.]
— Der verbreiterte Grund der Fahne umschliesst die inneren Blütenteile auf etwa 10 mm; es ist daher der Honig dieser Blume von allen alpinen Bienen nur den Hummeln zugänglich.

Als Besucher beobachtete H. Müller in den Alpen 8 honigsaugende oder
pollensammelnde Hummelarten (ausserdem Bombus terrester L. ♀ den Nektar durch
Einbruch gewinnend) und 4 saugende oder zu saugen versuchende Falterarten.
Loew beobachtete in der Schweiz (Beiträge S. 62): A Hymenoptera: Apidae:
1. Bombus alticola Krchb. ♀, sgd ; 2. B. mucidus Gerst. ♀, sgd.; 3. B. rajellus K. ♀,
sgd.; 4 Halictus xanthopus K. ♀, psd. B. Lepidoptera: Rhopalocera: 5. Lycaena sp.

686. T. pallescens Schreb. [H. M., Alpenblumen, S. 244—246.] —
Da die Kelchröhre nur etwa 1 mm lang und der Abstand von der Spitze des
Schiffchens nur 4—5 mm beträgt, so ist der im Blütengrunde geborgene Honig
selbst kurzrüsseligen Bienen zugänglich. Die Blüteneinrichtung stimmt im wesentlichen mit derjenigen von T. repens überein. Spontane Selbstbestäubung ist
leicht möglich. (S. Fig. 94.)
Als Besucher beobachtete Loew (Beiträge S. 63) in den Alpen eine kurzrüsselige Biene (Anthrena), H. Müller ausser der Honigbiene und 6 Hummelarten auch
8 honigsaugende Schmetterlingsarten.

687. T. badium Schreber. [H. M., Alpenblumen, S. 246, 247.] — Die
winzigen, goldgelben Blüten haben nur eine Länge von kaum 8 mm, der Abstand von der Spitze des Schiffchens bis zum Nektar beträgt kaum 4 mm, so
dass derselbe auch ganz kurzrüsseligen Bienen erreichbar ist. Ausserdem aber
sind Schmetterlinge leicht imstande, Kreuzung herbeizuführen, da die Narbe,
von den Antheren in etwa gleicher Höhe umgeben, ganz oben im offenen, breiten

Spalt des Schiffchens liegt. (S. Fig. 95.) Bei ausbleibendem Insektenbesuch tritt leicht spontane Selbstbestäubung ein.

Als Besucher sah H. Müller 4 Hummeln und 11 Falter.

688. T. agrarium L. [H. M., Weit. Beob. II. S. 250; Mac Leod, B. Jaarb. VI. S. 350.] — Auch bei dieser Art ist spontane Selbstbestäubung von Erfolg.

Besucher (nach H. M.): A. Hymenoptera: *Apidae*: 1. Apis mellifica L. ⚲, sgd. B. Lepidoptera: *Rhopalocera*: 2. Epinephele hyperanthus L., sgd. (bayer. Oberpfalz); 3. Hesperia lineola O., sgd., wie vor.; 4. Lycaena aegon S. V. ♂, sgd. — Mac Leod beobachtete in Flandern Halictus flavipes F. ♀ als Besucher.

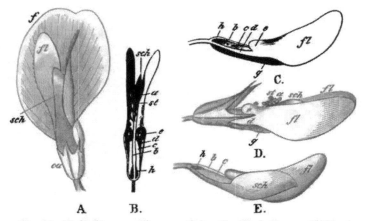

Fig. 94. Trifolium pallescens Schreb. (Nach Herm. Müller.)
A. Blüte von unten gesehen. *B.* Dieselbe nach Entfernung des Kelches und der Fahne von oben gesehen. *C.* Dieselbe von der Seite gesehen. *D.* Blüte nach Entfernung der Fahne mit herabgedrückten Flügeln und Schiffchen. *E.* Blüte nach Entfernung von Kelch, Fahne und rechtem Flügel, von der rechten Seite gesehen.

689. T. campestre Schreber [Knuth, Nordf. Ins. S. 60, 61, 153] ist eine Form von T. procumbens L. mit grösseren, dunkelgelben, später braun werdenden Blüten. Im Knospenzustande umschliesst die grosse Fahne die übrigen Blütenteile fest und vollständig. Beim Aufblühen bildet die durch eine Anzahl Längsadern versteifte Fahne ein Dach, durch welches die Flügel und das winzige Schiffchen nebst den Staub- und Fruchtblättern geschützt werden. Die Platten der Flügel sind mit dem Schiffchen verwachsen, so dass beide Organe gemeinschaftlich hinabgedrückt oder zur Seite gedrängt werden und die Staub- und Fruchtblätter hervortreten, wenn Insektenbesuch eintritt. Da die Narbe die Antheren etwas überragt, so muss ein besuchendes Insekt mit der Unterseite zuerst die Narbe und dann die Antheren berühren, mithin schon beim Besuche der zweiten Blüte Kreuzung bewirken. Je älter eine Blüte wird, desto mehr tritt an Stelle der ursprünglichen goldgelben Färbung ein bräunlicher Ton. Gleichzeitig legt sich die mit 12—16 gewellten Rippen verseheneFahne über die übrigen Blütenteile und verschliesst den Zugang zu denselben.

Als Besucher sah ich bei Kiel die Honigbiene und Bombus pratorum L. ⚥, auf Sylt nur die erstere.

690. Die Hauptform **T. procumbens L.** [M. H., Befr. S. 224; Weit. Beob. II. S. 250] wird, nach Herm. Müller (1) und Buddeberg (2), gleichfalls von honigsaugenden Bienen besucht, nämlich:

A. Hymenoptera: *Apidae*: 1. Anthrena schrankella Nyl. ♀, sgd. (2); 2. Apis mellifica L. ⚥, sgd. (1); 3. Halictus flavipes F. ♀, sgd. (1); 4. H. nitidiusculus K. ♀, sgd. (2). B. Diptera: *Muscidae*: 5. Ocyptera brassicaria F., sgd. (2). C. Lepidoptera: *Rhopalocera*: 6. Epinephele janira L., sgd. (1, Thür.); 7. Lycaena icarus Rott., sgd. (1).

Mac Leod beobachtete in Flandern Apis, 1 Muscide. (Bot. Jaarb. VI. S. 350.)

In Dumfriesshire (Schottland) (Scott-Elliot, Flora S. 46) wurden 3 Schwebfliegen als Besucher beobachtet.

691. T. minus Relhan [H. M., Befr. S. 224; Knuth, Nordfr. Ins. S. 153] sah ich auf Sylt und bei Kiel von Apis mellifica L. ⚥ sgd. besucht.

H. Müller beobachtete ausserdem Halictus albipes F. ♀ sgd. und H. cylindricus F. ♀, psd.

Alfken beobachtete bei Bremen: *Apidae*: Anthrena parvula K. ♀; Nomada succincta Pz. Mac Leod sah in den Pyrenäen 3 Tagfalter als Besucher (Pyr. S. 437).

692. T. subterraneum L. [Warming, Bot. Jb. 1883. I. S. 502; Glaab, D. B. M. 1890 S. 20—22; Ross, Trif. subterr.] — Nach E. Warming besitzt der Blütenstand nur wenige, gewöhnlich 3—4 normale, fruchtbildende Blüten, die sich selbst befruchten können, wenn sie es vielleicht auch nicht immer thun. Der Blütenstand wendet sich abwärts und dringt in den Boden ein. Um ihn gegen Losreissen aus diesem zu schützen, bilden sich die schon während des Blühens vorhandenen oberen Blütenanlagen während der Fruchtansetzung zu eigentümlichen hakenförmigen Organen um, welche den Blütenstand im Erdboden befestigen und unter deren Schutze die Früchte gleichzeitig

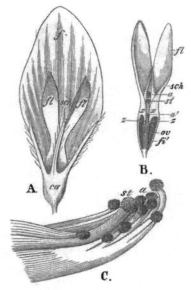

Fig. 95. Trifolium badium Schreber. (Nach Herm. Müller.)

A. Blüte von unten gesehen. (7:1.) *B*. Dieselbe nach Entfernung von Kelch und Fahne, von oben gesehen. *C*. Narbe (*st*) und Staubblätter (*a*) in ihrer natürlichen Lage. (35 : 1.)

reifen können. Die normale Blüte ist fast stiellos, während die umgebildeten einen besonders kräftigen, 2—4 mm langen Stiel besitzen. Die untersten dieser metamorphosierten Blüten haben noch die fünf Kelchzipfel, während alle übrigen Blütenteile abortiert sind. Je höher die Blüten an der Inflorescenz stehen, desto geringer ist auch die Ausbildung der Kelchzipfel; die obersten

Blüten stellen nur dicke, kegelförmige, etwas gekrümmte Stiele ohne eine Spur von Blättern dar.

L. Glaabs Mitteilungen, welche unabhängig von den von Warming veröffentlichten Beobachtungen gemacht sind, bestätigen die Angaben des letzteren: Beim Sichtbarwerden des Blütenköpfchens zeigt dieses 3—5 vollständig ausgebildete Blumenkronen. Während des Verblühens derselben verlängert sich der Blütenstandsstiel, nachdem er sich zuvor dem Boden zugekehrt hat, bis er das Erdreich erreicht hat und drückt das Fruchtköpfchen derart in den Boden, dass es zuweilen bis zur Hälfte in demselben vergraben erscheint. Diejenigen Köpfchen, welche mehr oder weniger von Erde umgeben sind, entwickeln die grössten Fruchtköpfchen, die zahlreichsten unfruchtbaren Kelche und schliesslich die meisten (3—4) und grössten Samen, während solche Köpfchen, welche auf Hindernisse, z. B. auf Steine stossen, in der Entwickelung hinter ersteren zurückbleiben.

693. E. pannonicum L. Loew beobachtete im botanischen Garten zu Berlin:

Hymenoptera: *Apidae:* 1. Anthrena dorsata K. ♀, psd.; 2. Anthophora parietina F. ♂ sgd., ♀ sgd. und psd.; 3. Bombus hortorum L. ♀, sgd.; 4. Megachile centuncularis L. ♀, sgd. und psd.

155. Anthyllis L.

Gelbe, honighaltige Bienenblumen mit Nudelpumpeneinrichtung. Alle 10 Staubfäden sind an der Spitze keulig verdickt.

694. A. Vulneraria L. [Delpino, Ult. oss. S. 45; H. M., Befr. S. 231, 232; Alpenbl. S. 248, 249; Knuth, Ndfr. Ins. 58, 152; Kerner, Pflanzenleben II; Frey, Lepidopteren der Schweiz S. 16, 20; Schulz, Beitr. II. S. 208.] — Die zuerst von Delpino, später ausführlicher von H. Müller beschriebene Blüteneinrichtung ist nach der Darstellung des letzteren folgende: Die sehr verlängerten Nägel der Kronblätter sind von einem 9—10 mm langen, in der Mitte etwas aufgeschwollenen Kelche eingeschlossen, aus welchem die am Ende flach ausgebreitete Fahne 6—7 mm weit hervorragt. Sie umschliesst mit dem rinnenförmigen Teile ihres Plattengrundes die Flügel, welche etwas von ihr überragt werden, von oben und greift zugleich mit zwei gerundeten Lappen zu beiden Seiten ihres Grundes nach unten, mit ihnen die Flügel fast vollständig einfassend. Letztere umschliessen das Schiffchen und sind mit demselben so fest verbunden, dass dieses mit ihnen bei Insektenbesuch gleichzeitig hinabgedrückt wird. Die Verbindung dieser Teile kommt auf dreierlei Weise zu stande: 1. es greift eine tiefe, schmale Einfaltung an der Oberseite jedes Flügels nahe am Grunde desselben in eine Falte des darunter liegenden Schiffchenblattes ein; 2. ein ausserhalb dieser Falte des Schiffchens vorspringender spitzer, dreieckiger Zahn greift in den hinter der Einfaltung des Flügels liegenden Hohlraum ein; 3. eine Einfaltung der oberen Flügelränder vor ihrer Mitte bewirkt ein festes Zusammenschliessen derselben über dem Schiffchen. Dicht vor dieser letzten Einfaltung tritt beim Niederdrücken der Flügel die mit einem Spalt geöffnete

Spitze des hinter diesem Spalte auch mit den oberen Rändern verwachsenen Schiffchens hervor, und aus diesem Spalte quillt beim Drucke einer besuchenden Biene, von hinten durch die verdickten Enden der zehn Staubblätter gepresst, eine bandförmige Masse Pollen hervor, der von den Antheren bereits im Knospenzustande in der Schiffchenspitze abgelagert war. Hört der Druck auf Flügel und Schiffchen auf, so kehren diese in ihre frühere Lage zurück; bei erneuerter Belastung werden neue Pollenmassen hervorgepresst. Später tritt aus dem Spalt auch die Narbe hervor, die von dem eigenen Pollen zwar umgeben

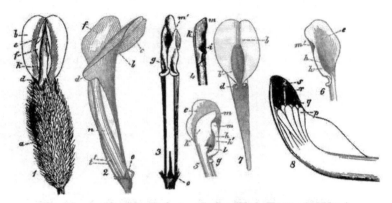

Fig. 96. Anthyllis Vulneraria L. (Nach Herm. Müller.)

1 Blüte von unten gesehen. *2* Blüte nach Entfernung des Kelches, von der Seite gesehen. *3* Blüte nach Entfernung des Kelches und der Fahne, von oben gesehen. *4* Vordere Hälfte des Schiffchens, schräg von oben und links gesehen. *5* Vordere Hälfte des Schiffchens und des Flügels, von der linken Seite gesehen. *6* Linker Flügel (unter Fortlassung des Grundes), von innen gesehen. *7* Fahne, von unten gesehen. (3¹/₂:1.) *8* Spitze des Schiffchens, nach Entfernung seiner linken Hälfte, nebst darin eingeschlossenen Staubblättern und dem Griffel, von der linken Seite her gesehen. (7:1.) *a* Kelch. *b* Unterseite der Fahne. *b'* Rinne derselben. *c* Aussenseite der Fahne. *d* Flügel und Schiffchen umschliessende Fahnenlappen. *e* Innenseite der Flügel. *f* Aussenseite derselben. *g* Schmale tiefe Einfaltung oben auf der Aussenseite des Flügels, welche innen als scharfe Kante (*h*) vorspringt. Diese letztere legt sich in eine tiefe Einfaltung (*i*) der oberen Seite des Schiffchens (*k*) und bekommt durch einen spitzen Vorsprung des Schiffchens (*l*), der hinter die scharfe Kante (*h*) in den Hohlraum *h'* eingreift, um so festeren Halt. *m* Öffnung des Schiffchens zum Hervortreten des Pollens. *m'* Vordere Einfaltung des oberen Flügelrandes. *n* Geschlechtssäule. *o* Honigzugänge. *p* Verdickte Staubfadenenden. *q* Entleerte Staubbeutel. *r* Pollen. *s* Narbe. *tt* Flügelstiele.

war, aber doch von ihm frei bleibt, weil ihre Papillen noch nicht klebrig sind. Erst wenn die Blüte den Pollen an die Unterseite besuchender Insekten abgegeben hat, werden bei weiteren Besuchen die zarten Oberhautzellen der Narbe zum Teil zerrieben und so für die Behaftung mit (fremden) Pollen fähig gemacht.

Besucher sind besonders Hummeln. H. Müller beobachtete:

A. Hymenoptera: *Apidae*: 1. Bombus agrorum F. ♀, sgd.; 2. B. hortorum L. ♀, sgd.; 3. B. silvarum L. ♀, sgd. B. Lepidoptera: 4. Lycaena minima Fuessl. ♀, sgd. C. Hemiptera: 5. Capsus sp., zu saugen versuchend. Kerner beobachtete einen Tagfalter, Lycaena hylas Esp., als Besucher; die Weibchen legen die Eier in den Fruchtknoten ab. Nach Frey leben die Raupen dieses Falters nur an Thymus Serpyllum und

Coronilla varia, während Lycaena minima Fuessl. und L. semiargus Rott. als Raupen an Anthyllis leben. Dies stimmt auch mit H. Müllers Angabe überein.

In den Alpen sah Herm. Müller 10 Apiden, 10 Falter, 2 Käfer als Besucher. Alfken beobachtete auf Juist: Hymenoptera: *Apidae*: 1. Bombus hortorum L. ♀, s. hfg.; 2. B. lapidarius L. ♂, s. hfg.; 3. B. muscorum F. ♀. s. hfg. Mac Leod sah in den Pyrenäen 4 Hummeln, 1 Antophora, 5 Falter, 1 Fliege als Besucher (B. Jaarb. III. S. 435); Loew in der Schweiz (Beiträge S. 61): Hymenoptera: *Apidae*: 1. Bombus pomorum Pz. var. elegans Seidl. ♀, psd.; 2. Eucera longicornis L. ♀, psd., sowie im bot. Garten zu Berlin Bombus agrorum F. ♀, sgd. In Dumfriesshire (Schottland) (Scott-Elliot, Flora S. 47) wurde 1 Hummel als Besucher beobachtet.

Schulz beobachtete Hummeleinbruch.

Ich beobachtete in Schleswig-Holstein als Besucher der var. maritima Schwegg., deren Blüteneinrichtung mit derjenigen der Hauptform übereinstimmt. Hummeln (Bombus agrorum F.), sowie als nutzlose Besucher auf der Insel Föhr zwei saugende Falter: Epinephele janira L. und Zygaena filipendulae L.

An der Form A. Dillenii Schult beobachtete Schletterer bei Pola die Dolchwespe Scolia flavifrons F. var. haemorrhoidalis F.

695. A. montana L. Nach Briquet (Etudes) haben diese lebhaft rosenroten Blüten eine im wesentlichen mit derjenigen von Anthyllis Vulneraria übereinstimmende Nudelpumpeneinrichtung. Die Besucher sind Honigbienen, Hummeln und auch Schmetterlinge, die nach Abholung des Pollens Fremdbestäubung bewirken. Spontane Selbstbestäubung ist wenig wahrscheinlich. (Nach Kirchner.)

156. Lotus Tourn.

Wie vorige Gattung. Nur die 5 äusseren Staubfäden sind an der Spitze keulig verdickt.

696. L. corniculatus L. [Delpino, Sugli app. S. 25; H. M., Befr. S. 217—220; Weit. Beob. II. S. 245—246; Alpenbl. S. 238—240; Mac Leod, B. Jaarb. VI. S. 350—353; Knuth, Nordfries. Ins. S. 61, 62, 153; Weit. Beob. S. 233; Halligen; Rügen u. s. w.; Loew, Bl. Fl. S. 391, 395, 399; Schulz, Beitr. II. S. 209; Verhoeff, Norderney; Warnstorff, Bot. V. Brand. Bd. 38.] — Die Blüteneinrichtung ist zuerst von Delpino gedeutet, später von Herm. Müller in mustergültiger Weise ausführlich beschrieben. Ich gebe im folgenden einen Auszug aus dieser Darstellung: Die Fahne der goldgelben, in fünfblütigen Köpfchen stehenden Blüten ist senkrecht aufgerichtet und häufig rot überlaufen. Ihre Saftmale weisen nach dem an der gewöhnlichen Stelle ausgeschiedenen Honig, dem zahlreiche Insekten nachgehen. Als Befruchter wirken nur Hymenopteren; nutzlose Besucher sind verschiedene Schmetterlinge und einzelne Fliegen. Nahe am Grunde seiner Platte hat jeder Flügel eine tiefe Einbuchtung, welche in eine Vertiefung der Oberseite des Schiffchens passt. Dicht hinter dieser Stelle sind die oberen Ränder der beiden Flügel miteinander verwachsen, sodass beim Besuch eines angepassten Insekts Flügel und Schiffchen gleichzeitig abwärts bewegt werden müssen. Bereits in der Knospe, noch bevor die Kronblätter völlig ausgewachsen sind, springen die zehn Antheren auf und entleeren den Pollen in die Schiffchenspitze, worauf die Staubbeutel verschrumpfen. Von den

zehn Staubfäden strecken sich mit dem Heranwachsen der Blüte nur die der
fünf äusseren Staubblätter, indem sich gleichzeitig ihre Enden verdicken und
die mit Pollen gefüllte und die Narbe beherbergende, an der Oberseite mit
einem Schlitz versehene, kegelförmige Schiffchenspitze gegen den unteren Teil
des Schiffchens dicht abschliessen. Durch den Druck eines honigsuchenden
Insekts dringen die fünf verdickten Staubfadenenden tiefer in die Schiffchen-

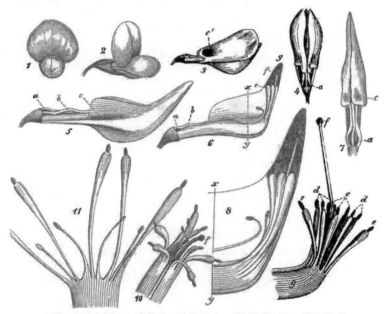

Fig. 97. Lotus corniculatus L. (Nach Herm. Müller.)

1 Blüte von vorn gesehen. *2* Blüte schräg von der Seite gesehen. *3* Blüte nach Entfernung
der Fahne von der Seite. *4* Blüte ebenso von oben. *5* Blüte nach Entfernung der Fahne und
der Flügel von der Seite, stärker vergrössert. *6* Blüte nach Entfernung des rechten Schiffchenblattes, von der rechten Seite gesehen. *7* Blüte nach Entfernung der Fahne und der Flügel,
von oben gesehen. *8* Die in dem vorderen Teile des Schiffchens eingeschlossenen Staubblätter nebst Griffel und Narbe, stärker vergrössert als in *6*. *9* Staubblätter nebst Griffel
und Narbe einer Knospe, unmittelbar nach Abgabe des Blütenstaubes, aus der Blüte genommen, von der Seite gesehen. Die äusseren Staubfäden sind noch dicker geworden, als sie in
8 waren. *10* Dieselben von oben gesehen: die äusseren, am Ende verdickten Staubfäden
weichen, vom Drucke des Schiffchens befreit, auseinander. *11* Die 9 verwachsenen Staubfäden
einer entwickelten Blüte, auseinander gebreitet. *a* Honigzugänge. *b* Aufwärtsbiegung des
freien Staubfadens. *c* Einbuchtungen der beiden Blätter des Schiffchens, in welche die Einbuchtungen *cc* der beiden Flügel eingreifen. *d* die 5 inneren, kurzbleibenden, *e* die 5 äusseren, sich verlängernden und keulig verdickenden Staubfäden. *f* Narbe. *e—g* mit Pollen
gefüllter Hohlkegel des Schiffchens. *g* Öffnung des Schiffchens, aus welcher der Pollen hervorgepresst wird.

spitze hinein, wobei eine entsprechende Menge Pollen portionsweise aus der
Öffnung des Schiffchens hervortritt. Bei stärkerem Abwärtsdrücken wird auch
die Narbe freigelegt, sodass alsdann sowohl Fremd- als auch Selbstbestäubung
erfolgen kann. Letztere ist jedoch ohne Erfolg. Mit dem Aufhören des
Druckes kehren die Blütenteile wieder in ihre ursprüngliche Lage zurück. Spon-

tane Selbstbestäubung durch den die Narbe umhüllenden Pollen der nicht von Insekten besuchten Blüte findet nicht statt, da die Narbenpapillen wahrscheinlich erst zerrieben werden müssen, um empfängnisfähig zu werden. Nach Kerner sind die Blüten jedoch bei Insektenabschluss fruchtbar. Pollen, nach Warnstorf, sehr klein, glänzend, weiss, glatt, prismatisch, mit stumpfen Enden und in der Mitte ein wenig eingeschnürt, durchschnittlich 25 μ lang und 12 μ breit.

Als Besucher beobachteten Herm. Müller in Westfalen (1), Buddeberg in Nassau (2) und ich (!) in Schleswig-Holstein (S. H.), auf Rügen (R.) und in Thüringen (Th.): A Hymenoptera: Apidae: a) Bauchsammler: 1. Anthidium manicatum L. ♀ (1); 2. A. oblongatum Latr. ♂, ♀ sgd. und psd., häufig (1. 2); 3. A. punctatum Latr. ♀♂, w. v. (1, 2); 4. A. strigatum Latr. ♀♂, w. v. (1, Th., 2); 5. Chelostoma nigricorne Nyl. ♂, sgd. (2); 6. Diphysis serratulae Pz. ♀♂, sgd. und psd. (1, 2); 7. Magachile argentata F. ♀♂, sgd. (1, 2); 8. M. circumcincta K. ♀♂, häufig (!, S. H. und R., 1, 2); 9. M. fasciata Sm. ♀ ♂, sgd. und psd. (1, Th., 2); 10. M. analis Nyl. var. obscura Alfk. (!, Langeness); 11. M. pyrina Lep. ♀♂, zahlreich (1); 12. M. willughbiella K. ♀♂, sgd. und psd. (1, 2); 13. Osmia adunca Latr. ♀♂, sgd. und psd. (2); 14. O. aenea L. ♀♂, sgd. und psd., zahlreich (1); 15. O. aurulenta Pz. ♀, sehr zahlreich (1, 2); 16. O. claviventris Ths. ♀ (1); 17. O. fucicornis Latr. ♀, sgd. (1, Th.); 18. O. pilicornis Sm. ♀ (2); 19. O. rufa L. ♀♂, sgd. (1, 2). b) Schenkel- und Schienensammler: 20. Anthrena convexiuscula K. ♀, sgd. und psd. (1); 21. A. labialis K. ♀, sgd. (1); 22. A. xanthura K. ♀, psd. (1); 23. Anthophora quadrimaculata Pz. ♀ (!, S. H); 24. Apis mellifica L. ☿, sehr häufig, sgd., seltener psd. (!, S. H. und R., 1); 25. Bombus agrorum F. ♂ ♀ ☿, sgd., seltener psd. (!, 1, 2); 26. B. cullumanus K., Ths. ☿ (!); 27. B. lapidarius L. ☿, sgd. (!, Th. und S. H., 1, Th.); 28. B. pratorum L. ☿ (2); 29. B. muscorum F. ☿, sgd. (1, Th., 2) ♀ (!); 30. B. silvarum L. ☿, sgd. (1, Th.); 31. B. terrester L. ☿, sgd., seltener psd. (!, S. H. und Th., 1); 32. Cilissa haemorrhoidalis F. ♂, sgd. (2); 33. C. leporina Pz. ♀, sgd. (2); 34. Eucera. longicornis L. ♀ ♂, sgd. (1, 2); 35. Halictus flavipes F. ♀, sgd. (1); 36. H. leucopus K. ♀ (2); 37. H. leucozonius Schrk. ♀ (2); 38. H. levigatus K. ♀ (2); 39. H. rubicundus Chr., sgd. und psd. (1); 40. H. sexnotatus K. ♀ (2); 41. H. smeathmanellus K. ♀ (2); 42. Rhophites canus Eversm. ♀ ♂ (1, Th.). c) Kukuksbienen: 43. Coelioxys elongata Lep. ♀, sgd. (1, Th.); 44. C. sp. ♂, sgd. (1); 45. Nomada ruficornis L. ♀, sgd. (1). B. Coleoptera: a) Elateridae: 46. Agriotes sputator L., vergeblich suchend (1, Th.). b) Mordellidae: 47. Mordella fasciata F., w. v. (1, Th.). C. Diptera: a) Conopidae: 48. Conops flavipes L., sgd., den Rüssel unter die Fahne einführend (1); 49. Myopa testacea L., sgd. (2). b) Syrphidae: 50. Melanostoma mellina L., pfd. (1). D. Lepidoptera: a) Bombyces: 51. Porthesia similis Fuessl., vergeblich suchend (1). b) Noctuidae: 52. Euclidia glyphica L., sgd. (1); 53. Plusia gamma L. (1). c) Rhopalocera: 54. Coenonympha arcania L., sgd. (1); 55. Coenonympha pamphilus L., sgd. (!); 56. Epinephele janira L. (!); 57. Syrichthus malvae L. (1); 58. Nisoniades tages L. (1); 59. Lycaena aegon S. V., sämtl. sgd. (1, Th.); 60. L damon S. V. (1, Th.); 61. L. icarus Rott., sgd. (1); 62. L. semiargus Rott. (!); 63. L. sp. (!); 64. Thecla spini S. V., sgd. (1). d) Sphinges: 65. Sesia empiformis Esp. (1, Th.); 66. Zygaena filipendulae L., sgd. (!, 1, Th.); 67. Z. sp. (!, R.), sämtl. sgd.

In den Alpen beobachtete Herm. Müller 17 Apiden, 25 Falter und 1 Schwebfliege als Besucher; Dalla Torre in Tirol die Hummeln: 1. Bombus mastrucatus Gerst. ♂, 2. B. pratorum L. ☿ ♂; dieselben giebt Schletterer daselbst an und beobachtete ausserdem bei Pola die Apiden: 1. Anthrena albopunctata Rossi; 2. A. convexiuscula K.; 3. A. cyanescens Nyl.; 4. A. deceptoria Schck.; 5. A. flavipes Pz.;

6. A. parvula K.; 7. Halictus levigatus K. ♀; 8. Osmia anthrenoides Spin.; 9. O. aurulenta Pz.; 10. O. latreillei Spin.; 11. O. ligurica Mor.

Ducke beobachtete bei Triest die Apiden: 1. Meliturga clavicornis Latr.; 2. Osmia aurulenta Pz.; 3. O. tiflensis Mor. ♀, einz.; 4. O. versicolor Ltr. ♀ ♂, s. hfg.; 5. Die südliche Varietät der Schmarotzerhummel Psithyrus barbutellus K. = maxillosus Klug ♀.

Alfken beobachtete bei Bad Ratzes in Tirol die Apiden: 1. Anthidium strigatum Ltr. ♀ ♂, hfg,; 2. Megachile willughbiella K. ♀, sgd., hfg.; 3. Trachusa serratulae Pz., s. hfg.; Kohl daselbst die Mauerbiene Osmia claviventris Thoms.

Alfken beobachtete bei Bremen: *Apidae*: 1. Anthidium strigatum Pz. ♀ sgd., psd., ♂ sgd.; 2. Anthrena convexiuscula K. ♀, sgd., psd.; 3. A. labialis K. ♀; 4. Bombus agrorum F. ♀ ☿; 5. B. arenicola Ths. ☿; 6. B. derhamellus K. ♀ ☿; 7. B. distinguendus Mor. ☿; 8. B. hortorum L. ☿: 9. B. lapidarius L. ☿; 10. B. muscorum F. ♀ ☿; 11. B. silvarum L. ☿; 12. B. variabilis Schmied. ☿; 13. Coelioxys quadridentata ♀, sgd.; 14. C. mandibularis Nyl. ♀, sgd.; 15. C. rufescens Lep. ♀, sgd.; 16. Eucera longicornis L. ♀; 17. Halictus calceatus Scop.; 18. H. rubicundus Chr. ♀; 19. H. tumulorum L. ♀; 20. Megachile analis Nyl. ♀ ♂; 21. M. centuncularis L. ♀ ♂; 22. M. circumcincta K. ♀ ♂; 23. M. maritima K. ♀ ♂; 24. M. willughbiella K. ♀ ♂; 25. Melitta leporina Pz. ♂; 26. Nomada jaçobaeae Pz. ♀, sgd.; 27. N. ochrostoma K. ♀; 28. Osmia claviventris Ths. ♀; 29. Podalirius vulpinus Pz. ♀; 30. Trachusa serratulae Pz. ♀ ♂.

Alfken (1) und Leege (2) beobachteten auf Juist: A. Hymenoptera: *Apidae*: 1. Bombus hortorum L. ☿, psd., sgd.; 2. B. lapidarius L. (2); 3. B. muscorum F. (2); 4. Megachile circumcincta K. ♀, selten, psd., sgd. (1, 2); 5. Osmia maritima Friese ♀, s. hfg., psd., sgd. (1, 2); 6. Psithyrus rupestris L. (2). B. Lepidoptera: *Sphingidae*: 7. Deilephila galii Rott., s. hfg. (2); 8. D. porcellus L., s. hfg. (2); Verhoeff auf Norderney und Juist (J.): A. Coleoptera: *Staphylinidae*: 1. Anthobium torquatum Marsh. (J.), anormal. B. Hymenoptera: *Apidae*: 2. Bombus cognatus Steph. (= muscorum F.) ♀, sgd. (J.); 3. B. hortorum L. ♀, sgd. (J.); 4. B. lapidarius L. ♀, sgd. und psd., hfg.; 5. B. terrester L. ☿, sgd. und anormal (J.) sgd.; 6. Halictus minutus K. ♀, abnorm.; 7. Megachile circumcincta K. ♀, sgd.; 8. Osmia maritima Friese ♀ ♂, sgd., ♀ (J.), sgd. C. Lepidoptera: a) *Nymphalidae*: 9. Vanessa cardui L., abnorm. b) *Lycaenidae:* 10. Lycaena icarus Rott., abnorm (auch J.). c) *Pieridae*: 11. Pieris brassicae L., abnorm. (auch J.); Friese in Baden (B.), im Elsass (E.), bei Innsbruck (I.), in Mecklenburg (M.), in der Schweiz (S.), in Thüringen (Th.) und Tirol (Ti.) die Apiden: 1. Anthidium montanum Mor. (S.), n. hfg.; 2. A. oblongatum Latr. (Th.), n. slt.: 3. A. punctatum Latr. (E. M., slt. S. Th. Ti.); 4. A. strigatum Pz.; 5. Coelioxys elongata Lep. (Th.); 6. C. quadridentata L.; 7. Eucera difficilis Duf. (B.), einz.; 8. E. interrupta Baer. (B.), einz.; 9. E. longicornis L. (B.), hfg.; 10. Megachile apicalis Spin. (M.), einz.; 11. M. argentata F. (M.), hfg.; 12. M. centuncularis L. (M.), hfg.; 13. M. circumcincta K. (B. E. M. Th.), hfg.; 14. M. ericetorum Lep. (E.), einzeln; 15. M. muraria Retz. (E.), hfg.; 16. M. pyrenaica Lep.; 17. Osmia aurulenta Pz. (M., slt. B. E.), hfg.; 18. O. bicolor Schrk. (F.) ♀, sgd.; 19. O. claviventris Thms. (B., slt. M., einz. E. Th. U.); 20. O. nigriventris Zett. (S., n. hfg.); 21. O. lepeletieri Pér. ♀ ♂ (J. S.); 22. O. leucomelaena K. (M.), einz.; 23. O. maritima Friese (M.), hfg.; 24. O. morawitzi Gerst.; 25. O. vulpecula Gerst. (S.); 26. Podalirius bimaculatus Pz. (M.), n. slt.; 27. Trachusa serratulae Pz. (B. E. M. S. Ti., einz.).

Krieger beobachtete bei Leipzig die Apiden: 1. Anthidium strigatum Pz.; 2. Bombus derhamellus K. ☿; 3. Megachile centuncularis L.; 4. Osmia rufa L.; 5. Podalirius vulpinus Pz.: 6. Trachusa serratulae Pz.; Rössler bei Wiesbaden den Falter: Butalis aeneospersella Rsslr.; Schenck in Nassau: Hymenoptera: a) *Apidae*: 1. Anthidium oblongatum Ltr.; 2. A. punctatum Ltr.; 3. Anthrena labiata Schck.; 4. Megachile argentata F.; 5. M. maritima K.; 6. Podalirius bimaculatus Pz. b) *Vespidae*: 7. Odynerus xanthomelas H.-Sch.

Als Besucher giebt Schmiedeknecht für Thüringen Osmia aurulenta Pz. und für die Pyrenäen nach Pérez Osmia difformis Pér. an

Gerstäcker beobachtete bei Berlin die Apiden: 1. Coelioxys quadridentata L.; 2. Osmia tridentata Duf. et Perr. 1 ♀.

Loew beobachtete in der Schweiz (S.) und in Tirol (T.) (Beiträge S. 61): Hymenoptera: Apidae: 1. Chalicodoma muraria Retz. ♀, psd. (T.); 2. Eucera longicornis L. , psd. (S.); 3. Megachile analis Nyl. ♀, psd. (S.); 4. Osmia angustula Zett. (T.); in Braunschweig (Beiträge S. 53): Diphysis serratulae Pz. ♀, psd.; in Schlesien Eristalis tenax L., pfd.; in Mecklenburg (Beiträge S. 44): Hymenoptera: Apidae: 1. Cilissa tricincta K. ♀, psd.; 2. Colletes fodiens K. ♀, psd.; 3. Megachile argentata F. ♀, psd.; 4. M. willughbiella K. ♂, sgd.; Mac Leod in Flandern Apis, 5 Hummeln, Diphysis, 5 Falter (Bot. Jaarb. VI. S. 352, 353); in den Pyrenäen 11 langrüsselige Apiden, 7 Falter, 1 Fliege als Besucher (A. a. O. III. S. 437, 438).

In Dumfriesshire (Schottland) (Scott-Elliot, Flora S. 47) wurden Apis, 2 Hummeln, 1 kurzrüsselige Biene, 1 Schwebfliege und 1 Käfer als Besucher beobachtet.

Saunders beobachtete in England die Blattschneiderbiene Megachile versicolor Smith; Smith daselbst die Mauerbiene Osmia aurulenta Pz.

Schulz beobachtete in Mitteldeutschland Einbrüche durch Hummeln.

Von den Besuchern sind nur die Bienen imstande, die Blüteneinrichtung auszulösen, die übrigen sind nutzlose Blumengäste.

697. L. uliginosus Schkuhr (L. major Smith). [Mac Leod, B. Jaarb. VI. S. 353; Kirchner, Flora S. 494; Knuth, Ndfr. Ins. S. 62, 153; Weit. Beob. S. 233; Rügen; Schulz, Beitr. II, S. 209; Warnstorf, Bot. V. Brand. Bd. 35.] — Die Blüteneinrichtung stimmt mit derjenigen der vorigen Art vollständig überein, nur ist das Schiffchen länger, schmäler und nicht fast senkrecht, sondern schräg aufwärts gerichtet. Es genügt deshalb vielleicht ein noch geringerer Druck, um die Pumpeneinrichtung in Bewegung zu setzen. — Die Pollenzellen von L. uliginosus Schk. sind, nach Warnstorf, nur 18—19 μ lang und 12 μ breit, stimmen aber sonst mit denen der vorigen Art überein.

Als Besucher beobachtete ich auf der Insel Föhr nur die Honigbiene, auf Rügen Bombus rajellus K. ♀, sgd., sowie als nutzlosen Besucher einen Falter (Zygaena filipendulae L.); Schulz sah in Mitteldeutschland Einbrüche durch Hummeln.

In Thüringen beobachtete ich (Thür. S. 42) nur einen Schmetterling: Zygaena trifolii Esp. (nutzlos).

H. de Vries (Ned. Kruidk. Arch. 1877) beobachtete in den Niederlanden 1 Hummel, Bombus subterraneus L. ♀, als Besucher; Mac Leod in Flandern Apis, 2 Hummeln, 1 Schwebfliege, 2 Falter (Bot. Jaarb. VI. S. 353).

Willis (Flowers and Insects in Great Britain Pt. I) beobachtete in der Nähe der schottischen Südküste: Hymenoptera: Apidae: Bombus agrorum F., sgd.

157. Tetragonolobus Scopoli.

Wie vorige Gattung.

698. T. siliquosus Roth. Die Bestäubungseinrichtung der grossen gelben Himmelblume beschreibt H. Müller (Alpenblumen S. 238). Zur Ausbeutung des Honigs ist ein Rüssel von 12—14 mm Länge erforderlich. Kirchner (Beitr. S. 42) fügt hinzu, dass der etwas S förmig gebogene Griffel vor seinem

Ende verdickt, dann auf das letzte mm wieder verdünnt ist. Dort befindet sich auf der nach aussen und oben gerichteten, mit einer Vertiefung versehenen Seite die Narbe.

Besucher sind ohne Zweifel Hummeln, doch ist der Nektar so tief geborgen, dass er nur den mit langem Rüssel ausgestatteten Arten erreichbar ist; kürzerrüsselige erbeuten ihn, nach A. Schulz, in Mitteldeutschland durch Einbruch. Loew beobachtete im bot. Garten zu Berlin Bombus lapidarius L. ⚥, sgd.; Mac Leod in den Pyrenäen 2 Hummeln, 1 Osmia als Besucher (B. Jaarb. III. S. 437).

158. Amorpha L.

Honighaltige, protogynische Bienenblumen ohne Schiffchen und Flügel.

699. A. fruticosa L. Wie bereits Delpino (Ult. oss. S. 64—68) und nach diesem auch H. Müller (Weit. Beob. II. S. 244, 245) hervorhob, besitzt diese bei uns aus Nordamerika eingeführte Papilionacee weder Flügel, noch Schiffchen, so dass die Fahne allein die Staubblätter und den Stempel in der Knospe umschliesst. Im Anfange des Blühens ragt nur der Griffel mit bereits entwickelter Narbe unter der Fahne hervor, während die Antheren noch geschlossen unter derselben verborgen sind. Bald verlängern sich die Staubblätter aber so, dass sie oft die Narbe noch überragen. Diese bleibt, wenn sie nicht vorher befruchtet wurde, bis zum Aufspringen der Antheren empfängnisfähig, so dass bei ausbleibendem Insektenbesuche spontane Selbstbestäubung erfolgt. Tritt jedoch solcher ein, so ist durch die Protogynie Fremdbestäubung gesichert.

Als Besucher beobachtete H. Müller die Honigbiene sehr häufig sgd. und psd. Den Blüten fehlt eine eigentliche Anflugstelle und Stützfläche (Flügel und Schiffchen), daher benutzen die Bienen den gesamten Blütenstand als solche.

700. A. canescens Nutt. hat dieselbe Blüteneinrichtung.

159. Galega Tourn.

Lila oder weisse, honiglose Bienenblumen mit einfacher Klappvorrichtung.

701. G. officinalis L. [Kirchner, Beitr. S. 42.] — Die Blüten stehen in ansehnlichen, aufrechten Trauben. Die Kelchröhre ist $2^{1}/_{2}$ mm, die am Grunde in der Mitte mit einem hellen Längsstreifen versehene Platte der Fahne 9 mm lang. Das Schiffchen ragt ebenso weit aus dem Kelche hervor, wie die Fahne, während die Flügel ein wenig kürzer sind. Letztere sind an der Hinterecke ihrer Platte mit einem schräg nach oben gerichteten und über die Staubfadenröhre greifenden Fortsatz versehen; vor demselben befindet sich eine tiefe Einstülpung, welche in eine entsprechende Falte des Schiffchens eingreift und eine feste Verbindung zwischen diesem und den Flügeln herstellt. Die Narbe und die Antheren treten beim Herabdrücken der Flügel frei aus dem Schiffchen hervor und kehren nach dem Aufhören des Druckes wieder in dasselbe zurück. Der obere Staubfaden ist vorn frei, in seiner hinteren Hälfte mit den übrigen 9 verwachsen, so dass kein Zugang zum Grunde der Innenfläche der Staubfäden vorhanden ist. Die Blüte besitzt daher auch keinen Nektar. Bereits in der Knospe entlassen die Antheren ihren rotgelben Pollen.

160. Colutea L.

Meist gelbe, honighaltige Bienenblumen mit Bürsteneinrichtung.

702. C. arborescens L. [Kirchner, Beitr. S. 42, 43; Loew, Bl. Flor. S. 395; Knuth, Weit. Beob. S. 233; Bijdragen.] — Der dickwandige Kelch und die kräftigen elastischen Nägel halten, nach Kirchner, die Kronblätter in ihrer Lage und führen sie wieder nach dem Aufhören des Druckes durch ein besuchendes Insekt in dieselbe zurück. Die hochaufgerichtete Fahne zeigt ein schwaches Saftmal und trägt am Grunde ihrer Platte zwei vorspringende Schwielen, welche den Flügeln fest aufliegen. Letztere sind klein, nicht mit dem Schiffchen verbunden und umfassen nach hinten mit einem schräg abwärts gebogenen fingerförmigen Fortsatz die Geschlechtssäule. Derselben liegt das grosse, kräftige Schiffchen mit zwei nach hinten gerichteten dreieckigen Lappen auf; es ist vorn schwielig verstärkt, so dass die oberen Ränder dicht aneinander schliessen.

Der Griffel überragt die Antheren um etwa 3 mm und ist am Ende so eingerollt, dass seine Spitze nach unten gerichtet ist. Er trägt auf seiner Innenseite eine schräg aufwärts gerichtete, etwa 5 mm lange Griffelbürste. Oben ist er durch eine gerade Fläche quer abgeschnitten, in deren Mitte die zäpfchenartige kleine Narbe hervorspringt. Letztere wird durch sie umgebende Haare vor Selbstbestäubung geschützt.

Zum Herabdrücken des Schiffchens ist ein starker Druck erforderlich. Es tritt dann zuerst der Griffel mit daran hängendem Pollen hervor, sodann die Antheren. Diese haben sich kurz vor dem Aufblühen der Blume geöffnet und mit Pollen bedeckt, den sie teilweise in die Behaarung des Griffels absetzen.

Kirchner beobachtete Honigbienen in grosser Anzahl beim Besuche der Blüten. Zum Teil saugten sie normal, indem sie sich mitten auf die Flügel setzten und mit Anstrengung diese und das starke Schiffchen so herabdrückten, dass aus letzterem Narbe und Antheren hervortraten. Dabei belegen sie die Narbe auch häufig mit dem eigenen Pollen; oft aber auch mit dem an den Beinen mitgebrachten Blütenstaub. Während so die normal saugenden Bienen teils Selbst-, teils Fremdbestäubung herbeiführen, zieht es der grössere Teil vor, den Rüssel seitlich zwischen Fahne und Flügel hineinzuzwängen, wobei weder die Narbe noch der Pollen aus dem Schiffchen hervortreten, und zwar saugen an einem Strauche manchmal alle Bienen normal, an einem anderen liegen sie sämtlich dem Honigraube ob Auch Hummeln führen den Rüssel schräg in den Blütengrund ein, ohne das Schiffchen dabei herabzudrücken.

Mit diesen Angaben Kirchners stimmen meine Beobachtungen im wesentlichen überein:

Als Besucher stellt sich häufig Apis mellifica L. ⚥ ein; ich beobachtete die Honigbiene am 17. 6. 96 bei Kiel und am 1. 8. 96 bei Sonderburg auf der

Insel Alsen fast immer seitlich aufliegend, indem sie den Rüssel seitlich bis zum Honig vorschob und dann Honig saugte, ohne dabei den Bestäubungsmechanismus in Bewegung zu setzen. Zuweilen versuchte sie auch auf normalem Wege zum Honig zu gelangen, doch war sie zu schwach, um in die fest zusammen-schliessende Blüte einzudringen. Dies gelang ohne besondere Anstrengung der Steinhummel (Bombus lapidarius L. ♀), welche dabei Kreuzung bewirkte. Die-selbe Hummel beobachtete i c h auch am 4. 6. 93 auf der Insel Pellworm.

S c h l e t t e r e r verzeichnet für Tirol als Besucher 1. die Trauerbiene Melecta luctuosa Scop.; 2. die Pelzbiene Podalirius tarsatus Spin. und beobachtete bei Pola die Ichneu-monide Perithous mediator F.

L o e w beobachtete im Harzgebiet (Beiträge S. 52): Megachile lagopoda L. ♀, psd.

Nach K e r n e r besucht ein Falter (Lycaena baetica L.) die Blüten, und das Weib-chen legt die Eier in den Fruchtknoten. (Pflanzenleben II. S. 153.)

703. Glycyrrhiza grandiflora Tausch sah L o e w im botanischen Garten zu Berlin von der Honigbiene, sgd., besucht.

704. Tephrosia heteranthera Griseb. entwickelt nach H i e r o n y m u s (Jahresber. d. Schles. Ges. f. vaterl. Kultur 1897) kleistogame Blüten.

161. Robinia L.

Weisse oder rötliche, honighaltige Bienenblumen mit Bürsteneinrichtung.

705. R. Pseudacacia L. [K i r c h n e r, Flora S. 495, 496; K n u t h, Bijdragen.] — Die weissen, duftenden Blüten sind zu grossen, hängenden, traubigen Ständen vereinigt. Die Fahne besitzt ein grünes Saftmal. Die oberen Ränder des Schiffchens schliessen, nach K i r c h n e r, dicht zusammen; hinten findet sich die gewöhnliche Ausbauchung zur Verbindung mit den Flügeln. Das Zusammenhalten von Schiffchen und Flügeln mit der Geschlechtsäule wird hauptsächlich durch die Fahne besorgt, deren unterer Teil mit zwei kräftigen, elastischen Lappen alle diese Teile umfasst. Die hinteren Fortsätze der Flügel-platten drücken, solange sie von der Fahne umfasst werden, ebenfalls auf die Geschlechtssäule, weil die Flügelnägel hinten eine Drehung nach aussen haben, welche veranlasst, dass die Platten nach innen und unten gedrückt werden.

Die Antheren verstäuben schon in der Knospe; der Pollen setzt sich in die Haare der Griffelbürste, wird aber von der Narbe durch Schutzborsten abgehalten.

Fig. 98. R o b i n i a P s e u d a c a c i a L. (Nach der Natur.)

1 Das aus der Blüte herausgenommene Fruchtblatt, von der Seite gesehen. *2* Narbe (*s*) von oben gesehen. (Vergrössert.)

Der senkrecht aufsteigende, 6 mm lange Griffel trägt nämlich an seinem Ende die kopfförmige Narbe, welche von einem Kranze von schräg aufwärts gerichteten Schutzborsten umgeben ist. Unter-halb derselben folgt ein etwa $^1/_4$ mm langes, haarloses Griffel-stück, während der darunter liegende Teil die Griffelbürste in Gestalt von Sammelborsten trägt, die, wie m e i n e Zeichnung erläutert, auf der Aussenseite pinselartig zusammengedrängt sind und eine Strecke von nur etwa ½ mm einnehmen, während die auf der Innenseite befindlichen lockerer stehen und auf eine Strecke von 1½ — 2 mm verteilt sind. Wie ich mich überzeugen konnte, bleibt die Narbe noch lange nach dem Aufspringen der Antheren und der Entfernung des Pollens klebrig und empfängnisfähig.

Bei Insektenbesuch tritt erst die Narbe, später der Pollen aus der Spitze des Schiffchens hervor, um nach dem Aufhören des Druckes wieder in dasselbe zurückzukehren.

Besucher sind Bienen. Ich beobachtete 1. Apis mellifica L. (sgd.); 2. Bombus agrorum F. (sgd.).

706. R. viscosa Vent. (R. glutinosa Sims). [Knuth, Bijdragen.] — Diese in Nord-Amerika heimische Art ist bei uns nicht selten als Zierbaum angepflanzt. Die hellfleischfarbigen, in dichten Trauben stehenden Blüten haben auf der Fahne ein hellgelbes Saftmal. Die Griffelbürste ist wie bei R. Pseudacacia gebaut. Der obere freie Staubfaden ist fast bis zur Hälfte mit der Staubfadenröhre verwachsen.

Als Besucher sah ich bei Kiel und bei Rendsburg häufig Apis mellifica L. ⚥ und Bombus lapidarius L. ⚥, sgd. (28. 6. bis 1. 7. 96).

707. Caragana arborescens Lam. (= Robinia Caragana L.).

Als Besucher sah Kirchner (Beitr. S. 43) in Württemberg Hummeln (Bombus lapidarius L. ⚥), normal saugend.

162. Phaca L.

Meist gelbliche oder violette, honighaltige Bienenblumen mit einfacher Klappvorrichtung.

708. Ph. alpina Jacq. [H. M., Alpenblumen S. 236, 237.] — Der Nektar ist 9—10 mm tief geborgen. Die Kronblätter schliessen so fest zusammen, dass es zweifelhaft ist, ob es den durch die grosse Augenfälligkeit der Pflanze zahlreich angelockten Faltern, wenn sie auch die nötige Rüssellänge haben, gelingt, bis zum Honig vorzudringen. Wahrscheinlich ist dies nur den Hummeln mit entsprechender Rüssellänge möglich. Es ist zweifelhaft, ob Selbstbestäubung erfolgt.

Als Besucher beobachtete H. Müller in den Alpen 4 Hummelarten und 9 Falter.

Loew beobachtete im botanischen Garten zu Berlin: A. Diptera: Syrphidae: 1. Syritta pipiens L., in zahlreichen Exemplaren die Blüten umfliegend und sich auf Flügel sowie Schiffchen setzend; ob pfd.? B. Lepidoptera: Rhopalocera: 2. Pieris napi L., sgd.

709. Ph. frigida L. [H. M., Alpenblumen S. 237, 238.] — Bei dieser Art ist in den Alpen in einzelnen Blüten Selbstbestäubung möglich; im skandinavischen Hochgebirge sind, nach Axell (S. 17), die Blüten homogam, nach Lindman dagegen öffnen sich die Antheren bereits in der Knospe, während die Narbe noch nicht empfängnisfähig ist. Hier tritt in vollkommen entwickelten Blüten bei ungünstiger Witterung spontane Selbstbestäubung ein, während bei günstiger Witterung durch Hummeln Kreuzung herbeigeführt wird. H. Müller beobachtete, dass die Narbe meist von Anfang an etwas über die Staubblätter hinausragt; nur in einzelnen Blüten umgiebt der Pollen die Narbe, so dass spontane Selbstbestäubung erfolgt.

Besucher sind ohne Zweifel Hummeln, doch sind die Kreuzungsvermittler bisher nicht festgestellt.

163. Oxytropis DC.

Meist gelbe oder violette, honighaltige Bienenblumen mit einfacher Klappvorrichtung.

710. O. uralensis DC. (O. Halleri Bunge.) [H. Müller, Alpenblumen S. 232—234.] — Eine Hummel, welche mit dem Kopf Fahne und Flügel so weit wie möglich auseinanderzwängt, muss einen Rüssel von mindestens 10 mm Länge besitzen, um zum Honig zu gelangen. Da die Narbe nur unbedeutend über die Staubbeutel hinausragt, so wird sie von dem aus diesen hervorquellenden Blütenstaub überdeckt; doch scheint die Narbe erst später empfängnisfähig zu werden.

Als Besucher sah H. Müller Bombus mendax Gerst. ♀ ⚥, sgd.

711. O. Gaudini Reut. Die Pflanzen bei Zermatt stimmen, nach Kirchner (Beitr. S. 44), in der Blüteneinrichtung mit voriger Art überein, doch ist die Kelchröhre nur 4 mm lang, so dass die Blüte auch von kurzrüsseligen Bienen ausgebeutet werden kann.

712. O. montana DC. [H. Müller, Alpenblumen S. 234.] — Zur Gewinnung des Nektars ist ein Rüssel von 8—9 mm Länge erforderlich; im übrigen stimmt die Blüteneinrichtung mit derjenigen von O. uralensis überein.

Als Besucher sah H. Müller eine Hummel und 2 Schmetterlinge.

713. O. lapponica Gaud. [H. Müller, Alpenblumen S. 234, 235.] — Da der Kelch die Kronblätter nur in einer Länge von 3 mm umschliesst, so ist der Honig leichter zugänglich als bei voriger Art, mit welcher die Blüteneinrichtung sonst übereinstimmt.

Als Besucher sah H. Müller nur Schmetterlinge: (2 Tagfalter und 1 Zygaena; letztere ist wahrscheinlich Kreuzungsvermittler). Auf dem Dovrefjeld beobachtete Lindman flüchtigen Hummelbesuch.

714. O. campestris DC. [H. Müller, Alpenblumen S. 235, 236.] — Der Durchmesser der 7—9 mm langen Kelchröhre ist 3—4 mm; sie umschliesst die Nägel der Kronblätter so eng, dass ein 11—13 mm langer Rüssel zur Erreichung des Honigs erforderlich ist. Die Fahne besitzt ein Saftmal, das Schiffchen ein Pollenmal. Im übrigen stimmt die Blüteneinrichtung mit derjenigen von O. uralensis etc. überein.

Der Kelch ist in den Alpen häufig 5 mm über seinem Grunde durch Bombus mastrucatus Gerst. angebissen; auch Forficula beisst die Blüten an.

Als normale Besucher beobachtete H. Müller saugende oder pollensammelnde Hummeln (5) und saugende Falter (10). Auch Loew beobachtete in den Alpen

(Beiträge S. 62) 1 Hummel und 1 Falter: A. Hymenoptera: *Apidae*: 1. Bombus pomorum Pz. var. elegans Seidl. ♀, sgd. B. Lepidoptera: *Rhopalocera*: 2. Argynnis pales S. V.

Nach Ekstam werden auf Nowaja Semlja die ziemlich stark duftenden Blüten von Bombus hyperboreus Schönh. und B. nivalis Dahlb., sowie von mittelgrossen Fliegen besucht.

715. O. pilosa DC. [H. M., Weit. Beob. II. S. 253, 254; Loew, Flora 1891; Bl. Flor. S. 220, 399; Schulz, Beitr. II. S. 209.] — Bei den von H. Müller in Thüringen beobachteten Blumen umschliesst der Kelch die Kronblätter auf 6 mm. Die Fahne ist in der Mittellinie zusammengefaltet. Diese Falte bildet zusammen mit den hervorragenden Enden des Schiffchens eine Führung für den Bienenrüssel. Zur Ausbeutung des Nektars ist ein 6—7 mm langer Rüssel erforderlich. Auch bei dieser Art ist die Narbe mit dem Pollen der eigenen Blüte umgeben, doch haftet er ohne Druck wahrscheinlich nicht auf derselben.

Im Vergleich zu den von Herm. Müller (Alpenbl. S. 232—236) beschriebenen Arten von Oxytropis, nämlich O. uralensis DC., O. montana DC., O. lapponica Gaud. und O. campestris DC. steht, nach den Beobachtungen von Loew in der Uckermark, O. pilosa in der Mitte zwischen O. uralensis und O. campestris einerseits, sowie O. lapponica andererseits, da zur Ausbeutung des Nektars bei den beiden erstgenannten Arten ein Rüssel von 10—13 mm notwendig ist, während bei O. lapponica ein solcher von 4—5 mm Länge erforderlich ist. O. montana erfordert einen Rüssel von 8—9 mm Länge. Besonders charakteristisch für die letztere Art ist die stark vorgezogene Schiffchenspitze und die doppelte Vernietung zwischen Flügel und Schiffchen zu nennen. Nach Loews Untersuchungen ist letzteres, welches ja nach der mechanischen Gesamteinrichtung der Papilionaceenblüte sowohl dem stärksten Druck und Zug von seiten des Besuches ausgesetzt ist, auf den am meisten in Anspruch genommenen Stellen am reichlichsten mit den specifisch mechanischen, mit stark gerippten oder welligen Wänden ausgerüsteten Epidermiszellformen versehen.

Ferner sind die Epidermiszellen an den Ein- und Ausstülpungen der Doppelvernietung, durch welche Schiffchen und Flügel an ihrem Grunde verbunden sind, mit stark papillös vorspringenden Aussenwandungen versehen, die ausserdem durch Cuticularstreifen, welche vom Scheitel der einzelnen Zellen ausstrahlen, eine erhöhte Festigkeit erhalten.

Als Besucher beobachtete Loew in der Mark langrüsselige Bienen (Bauchsammler): Eucera longicornis L. ♀ ♂, Osmia aurulenta Panz. ♀ und auch einzelne Schienensammler (Hummelarten). H. Müller sah in Thüringen die Honigbiene sgd. und Pieris rapae L., sgd. Schulz beobachtete Einbruch durch Hummeln.

164. Astragalus Tourn.

Meist gelbliche oder violette, honighaltige Bienenblumen mit einfacher Klappvorrichtung.

716. A. glycyphyllos L. [H. M., Weit. Beob. II. S. 252, 253; Heinsius B. Jaarb. IV. S. 87—91; Schulz, Beitr. II. S. 209; Knuth, Bijdragen.] — In den grünlich-gelben Blüten schliessen, nach H. Müller, die Schiffchenränder in ihrem vorderen, die Antheren enthaltenden Teile so eng aneinander, dass sie etwas Pollen abschaben und draussen lassen, wenn das abwärts gedrückte Schiffchen in seine frühere Lage zurückkehrt. Die Flügel sind nur in den vorderen Teil des Schiffchens eingestülpt; ihre fingerförmigen Fortsätze sind breit und flach und sitzen mit der unteren Kante fest der Geschlechtssäule auf. Der breite Grund der Fahne umschliesst nur die obere Hälfte der Blüte und geht allmählich in den aufgerichteten Fahnenteil über. Dieser ist in der Mitte von einer tiefen Rinne durchzogen, die als Führung für den Bienenrüssel dient. Zwischen den Nägeln von Fahne und Flügeln bleibt ein offener Spalt, den die Honigbiene regelmässig benutzt, um den Nektar von der Seite her zu stehlen.

Normal saugende und der Blume nützliche Besucher sind Hummeln und andere langrüsselige Bienen. Schulz beobachtete auch Hummeleinbruch.

Als Besucher sahen Herm. Müller (1), Buddeberg (2) und ich (!) in Nord- und Mitteldeutschland:

A. Hymenoptera: *Apidae*: 1. Apis mellifica L. ⚥, sgd. (1);. 2. Bombus agrorum F. ♀, sgd., in Mehrzahl (1, 2, !); 3. B. hortorum L. ♀ ♀ ♂, normal sgd., in Mehrzahl (1); 4. B. lapidarius L. ⚥, sgd. (1); 5. B. rajellus K. ♀, normal sgd. und psd. (1); 6. B. variabilis Schmied. v. tristis Seidl. ⚥, sgd. (1). B. Lepidoptera: a) *Geometridae*: 7. Odezia chaerophyllata L. (1). b) *Rhopalocera*: 8. Melanargia galatea L., sgd. (1).

Loew beobachtete im botanischen Garten zu Berlin: Hymenoptera: *Apidae*: 1. Megachile willughbiella K. ♂, sgd.; 2. Osmia rufa L. ♀, psd.

717. A. aristatus L'Hérit. Nach Briquet (Études) enthalten diese Blumen reichlichen Nektar und werden deshalb mit Vorliebe von Bienen und Hummeln besucht. Sie sind mit einer einmal funktionierenden Explosionseinrichtung versehen, doch kehren nachher Flügel und Schiffchen in ihre ursprüngliche Lage zurück und bei weiterem Insektenbesuche treten die Geschlechtsorgane wiederholt elastisch hervor. Spontane Selbstbefruchtung kann stattfinden. (Nach Kirchner.)

718. A. Cicer L. Nach Kirchner stimmt die Bestäubungseinrichtung der gelblich-weissen, angenehm duftenden Blüten mit derjenigen von A. glycyphyllos im wesentlichen überein.

Loew beobachtete im botanischen Garten zu Berlin eine saugende Hummel: Bombus agrorum F. ⚥.

Schulz (Beitr. II. S. 209) beobachtete Einbruch durch Hummeln, desgleichen so

719. A. danicus Retz. (= A. hypoglottis L.) und

720. A. exscapus L. Der Einbrecher ist bei dieser Art Bombus terrester L. Normal saugende und kreuzungvermittelnde Hummeln sind B. hortorum L. und B. agrorum F. Bei ausbleibendem Insektenbesuche ist spontane Selbstbestäubung unvermeidlich, da die Narbe zwischen den Antheren liegt (Schulz).

721. A. depressus L. [H. Müller, Alpenblumen, S. 230, 231.] — Das einmal niedergedrückt gewesene Schiffchen kehrt oft nicht wieder völlig in seine Lage zurück, so dass Narbe und Staubblätter etwas an demselben hervortreten. Ist Insektenbesuch ganz ausgeblieben, so erfolgt spontane Selbstbestäubung. (S. Fig. 99.)

Als Besucher beobachtete H. Müller 2 Hummelarten und Plusia.

722. A. monspessulanus L. Die Vermutung Herm. Müllers (Alpenblumen, S. 231), dass die durch ihre Grösse und Purpurfarbe augenfälligen Blüten einen reichlicheren Hummelbesuch als die vorige Art erhalten, wird durch die Beobachtung von Mac Leod, der in den Pyrenäen 4 Hummelarten normal

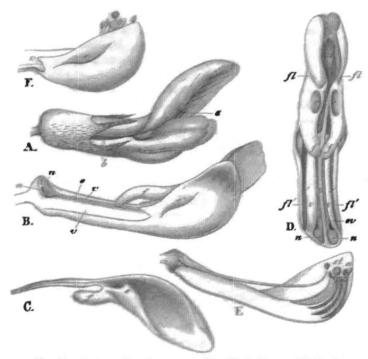

Fig. 99. Astragalus depressus L. (Nach Herm. Müller.)

A. Ältere, bereits besucht gewesene Blüte. ($4^1:1.$) B. Blüte nach Entfernung von Kelch, Fahne und des rechten Flügels. C. Der rechte Flügel von der Innenseite. D. Blüte nach Entfernung von Kelch und Fahne, von oben gesehen. E. Schiffchen nach Entfernung seiner rechten Seite. F. Vorderster Teil des Schiffchens, niedergedrückt. (B. - F. Vergr. 7:1.)

saugend sah, bestätigt. Müller fand nur Vanessa cardui eifrig und andauernd an den Blumen saugend.

Loew beobachtete im botanischen Garten zu Berlin: Hymenoptera: Apidae: 1. Anthrena dorsata K. ♀, pd.; 2. Bombus agrorum F. ♀, sgd.

723. A. alpinus L. (Phaca astragalina DC.). [Axell, S. 17; H. M., Alpenblumen, S. 231, 232; Lindman a. a. O.; Loew, Blütenb. Flor. S. 400.] — Zur Erlangung des Nektars genügt eine Rüssellänge von 6 mm, doch scheinen Bienen, die einen entsprechend langen Rüssel besitzen, in den Alpen zu fehlen;

es sind Hummeln und andere langrüsselige Bienen, sowie zahlreiche Falter die Kreuzungsvermittler.

H. Müller beobachtete Bombus alticola Kriechb. ⚥ (sgd. und psd.), sowie 6 Schmetterlinge; Loew gleichfalls in den Alpen (Albula) Bombus mastrucatus Gerst. ⚥, sgd. und Osmia morawitzi Gerst. ♂, sgd. Auch Lindman beobachtete auf dem Dovrefjeld Hummeln und Falter.

Schneider (Tromsø Museums Aarshefter 1894) beobachtete im arktischen Norwegen Bombus alpinus L. ♀ ⚥, B. hyperboraeus Schönh. ♀, B. hypnorum L. ♀ ⚥, B. lapponicus L. ♀ ⚥, B. scrimshiranus K. ♀ ⚥, B. terrester L. ♀ ⚥ als Besucher. Ekstam sah auf Nowaja Semlja die angenehm duftenden Blüten von kleinen Hummeln besucht.

724. A. oroboides Hornemann. Die nach Axell (S. 17) homogamen, in der Einrichtung mit voriger übereinstimmenden, blassblauen, am Grunde der Fahne und des Kiels violetten, stark unsymmetrischen Blüten werden, nach Lindman, auf dem Dovrefjeld spärlich von Hummeln und Faltern besucht.

Im botanischen Garten zu Berlin beobachtete Loew folgende Besucher an:

725. A. alopecuroides L.: Bombus hortorum L. ♀ ⚥, stetig sgd.;

726. A. arenarius L.: Bombus pratorum L. ⚥, sgd.;

727. A. glycyphylloides DC.: B. agrorum F. ♀, sgd.;

728. A. narbonensis Guan: B. hortorum L. ⚥, sgd.; Megachile fasciata Sm. ♂, sgd.;

729. A. Onobrychis L.: Megachile fasciata Sm. ♂, sgd. — Letztere Art sahen Dalla Torre und Schletterer in Tirol von folgenden Bienen besucht:

1. Anthrena curvungula Thoms.; 2. Bombus confusus Schck.; 3. B. hortorum L.; 4. B. variabilis Schmiedekn.; 5. Eucera longicornis L.; 6. Megachile muraria L.; 7. Melecta luctuosa Scop.; 8. Osmia aurulenta Pz.; 9. O. cornuta Ltr.; 10. O. spinolae Schck.; 11. Podalirius fulvitarsis Lep.; 12. P. parietinus F.; 13. P. retusus L.; 14. Sphecodes similis Wesm. — Schulz beobachtete bei Bozen Einbruch durch Hummeln.

165. Coronilla L.

Gelbe, honiglose Bienenblumen mit Nudelpumpeneinrichtung.

730. C. vaginalis Lam. (C. montana Schr.). [Herm. Müller, Alpenblumen, S. 249—252.] — Die Blüteneinrichtung stimmt im wesentlichen mit derjenigen von Lotus überein, doch weicht sie in der Reihenfolge der Entwickelung der inneren und äusseren Staubfäden und in ihrer Beteiligung an dem Herauspressen des Pollens, sowie in der Zusammenfügung der Flügel mit dem Schiffchen und dem Grössenverhältnis beider, endlich in der schwereren Drehbarkeit des Schiffchens ab. Selbstbestäubung ist zweifelhaft. (S. Fig. 100.)

Besucher sind sehr selten. H. Müller sah bei günstigster Witterung und tagelanger Beobachtung nur einmal eine pollensammelnde Biene (Anthrena?).

731. C. varia L. [F. Delpino, Ult. oss. S. 45; H. M., Befr. S. 255; Kirchner, Flora, S. 498; Loew, Bl. Flor. S. 399.] — Die Einrichtung ist auch bei dieser Art, ähnlich wie bei Lotus, nur dass alle 10 verdickten Staubfadenenden als Pumpenkolben wirken. Die Blüten sondern nicht an der gewöhnlichen Stelle Nektar aus, wie denn auch die beiden Öffnungen am Grunde des freien Staubblattes fehlen; dagegen wird an der Aussenseite des fleischigen

Kelches Nektar ausgeschieden, dem die besuchenden Bienen nachgehen. Dabei fliegen sie in normaler Weise auf die Flügel und stecken den Rüssel unter die Fahne: durch den weiten Zwischenraum, der sich zwischen den ungewöhnlich schmalen Wurzeln der Kronblätter findet, kommt der Insektenrüssel wieder aus der Blüte hervor und trifft den Honig auf der Aussenseite des Kelches. (Kirchner.)

H. Müller beobachtete als Besucher in Thüringen die Honigbiene; Loew in den Alpen eine pollensammelnde Biene (Anthrena propinqua Schck. ♀); in Schlesien einen Falter (Hesperia comma L.), vergeblich zu saugen versuchend, und im botanischen Garten zu Berlin: A. Diptera: *Syrphidae*: 1. Eristalis nemorum L., sich aussen an die Blumenkrone ansetzend. B. Hymenoptera: *Apidae*: 2. Anthidium manicatum L. ♀, psd. und trotz der Honiglosigkeit der Blume zu saugen versuchend; 3. Bombus agrorum F. ⚥, vergeblich sgd.; 4. B. hortorum L. ⚥, psd.; 5. B. lapidarius L. ⚥, psd. und vergeblich sgd.; 6. B. rajellus K. ⚥, sgd.; 7. Megachile centuncularis L. ♀, psd., vergeblich sgd.; 8. M. fasciata Sm. ♀, psd. und ohne Erfolg sgd.; 9. M. lagopoda L. ♀, psd.; 10. Osmia aenea L. ♀, psd.

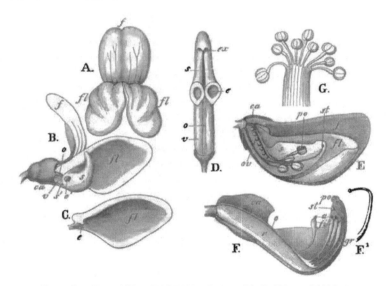

Fig. 100. Coronilla vaginalis Lam. (Nach Herm. Müller.)
A. Blüte gerade von vorn gesehen. (3½ : 1.) *B.* Dieselbe nach Entfernung der rechten Fahnenhälfte und des rechten Flügels. *C.* Linker Flügel von der Innenseite. (3½ : 1.) *D.* Blüte nach Entfernung von Kelch, Fahne und Flügeln, von oben gesehen. (7 : 1.) *E.* Junge Knospe im Längsdurchschnitt. *F.* Kelch und Schiffchen nebst den inneren Teilen im Aufriss. *G.* Die 9 verwachsenen Staubblätter aus einer Knospe herausgenommen und ausgebreitet.

Rössler beobachtete bei Wiesbaden den Falter: Lycaena argus L.; Schletterer in Tirol die Mauerbiene Megachile (Chalicodoma) muraria Retz. und bei Pola die seltene kleinste europäische Holzbiene Xylocopa cyanescens Brull.

732—734. C. montana Scop., C. glauca L., C. minima L. haben, nach Farrer (Nature 1874), dieselbe Art der Honigabsonderung und Befruchtung.

Als Besucher von C. montana beobachtete Loew im bot. Garten zu Berlin eine Hummel (Bombus rajellus K. ⚥), psd.

735. C. Emerus L. An dieser Art hat Delpino (Ult. oss. S. 39—44) zuerst die „Nudelpumpeneinrichtung" (apparecchio che offre una curiosa analogia col meccanismo con cui si fabrica la pasta da vermicellaja") erkannt und eingehend beschrieben.

Als Besucher beobachtete dieser Forscher langrüsselige Bienen (Bombus, Eucera longicornis L., Anthophora pilipis F., Xylocopa violacea L.). Friese beobachtete bei Bozen die schöne Pelzbiene Podalirius tarsatus Spin., hfg.; Ducke bei Triest die Blumenwespen: 1. Eucera caspica Mor. ♀ ♂; 2. Megachile (Chalicodoma) manicata Gir. ♀ ♂; Schletterer bei Pola die Apiden: 1. Anthrena carbonaria L.; 2. A. flavipes Pz.; 3. A. parvula K.; 4. Eucera interrupta Baer.; 5. Halictus patellatus Mor.; 6. H. sexcinctus F.; 7. Podalirius tarsatus Spin., letztere auch in Tirol.

166. Ornithopus L.

Bienenblumen mit einfacher Klappvorrichtung.

736. O. perpusillus L. [H. M., Weit. Beob. II. S. 262, 263; Knuth, Ndfr. Ins. S. 62.] — In den winzigen, gelblichen, mit Purpurstreifen an der Fahne versehenen Blütchen sind die Kron- und Staubblätter am Grunde mit dem Kelche verwachsen. Diese Verwachsung scheint, nach H. Müller, darauf hinzudeuten, dass sich der ganze Blütengrund bei günstiger Witterung mit Nektar füllt, obgleich H. Müller beim Untersuchen der Blüte gar keinen Honig fand. Auch ich konnte solchen an den zahlreichen, von mir auf der Insel Föhr untersuchten Blüten nicht entdecken. Staub- und Fruchtblätter sind gleichzeitig entwickelt und gleich lang. Da ich trotz sorgfältiger Überwachung keine Besucher, aber trotzdem regelmässige Fruchtbildung beobachtete, so ist die spontane Selbstbestäubung wohl ohne Zweifel von Erfolg.

H. Müller sah in Westfalen nur eine winzige Biene (Halictus flavipes F. ♀, sgd. und psd.) und eine winzige Grabwespe (Passaloecus turionum Dahlb. ♂, sgd.?) als Besucher.

MacLeod beobachtete in Flandern Bombus agrorum F. ♀, sgd.? (Bot. Jaarb. VI. S. 354).

In Dumfriesshire (Schottland) (Scott-Elliot, Flora S. 48) wurde 1 Schwebfliege als Besucherin beobachtet.

737. O. sativus Brotero. [Kirchner, Beitr. S. 44, 45; Knuth, Bijdragen.] — An kultivierten Pflanzen beobachtete Kirchner folgende Blüteneinrichtung: Die Röhre des 5 mm langen Kelches ist etwa $2^1/_2$ mm lang. Aus derselben steigt die 7—8 mm lange, rosa gefärbte und mit dunkleren Adern versehene Platte der Fahne aufrecht hervor. Die Platten der Flügel sind heller, etwa 6 mm lang und mit einer ihrem oberen Rande gleichlaufenden tiefen Längsfalte versehen, mit welcher sie sich oben so auf das Schiffchen und die Staubblattröhre legen, dass ihre Ränder sich vollständig berühren. Ausserdem besitzen die Flügel hinten noch kugelige, elastische Fortsätze, die sich am hinteren Ende ihrer Platte fest in eine seitliche, oben an jeder Seite des Schiffchens befindliche Vertiefung legen, so dass an dieser Stelle Schiffchen und Flügel fest mit einander verklebt sind. Die kugelige, von den geöffneten Antheren dicht umgebene Narbe tritt mit denselben beim Herabdrücken der Flügel aus dem grünlichen, nur 1 mm langen Schiffchen hervor und nach dem Aufhören der Belastung in dasselbe zurück.

Obgleich zu beiden Seiten des Grundes des oberen, freien Staubblattes ein ziemlich grosser Eingang zum Innern der Staubfadenröhre vorhanden ist, so konnte Kirchner auch bei sonnigem Wetter eine Nektarausscheidung nicht finden; ebensowenig habe ich solche bemerken können. Vielleicht, meint Kirchner, findet die Honigausscheidung nur unter besonders günstigen Verhältnissen oder nur in dem südlichen Vaterlande der Pflanze statt.

Die ganze Blüte zeigt eine leichte Asymmetrie: die Fahne ist an ihrem Grunde ein wenig nach rechts gedreht, während der linke Flügel eine Drehung nach links erfährt; seine obere Längsfalte ist tiefer als die des rechten Flügels, der ziemlich senkrecht steht oder etwas nach links gebogen ist. Auch die Staubfäden sind an ihrem vorderen Ende etwas nach links gedreht.

Nach der gegenseitigen Lage von Narbe und Antheren ist spontane Selbstbestäubung unvermeidlich. Fremdbestäubung kann durch besuchende Insekten herbeigeführt werden.

Kirchner beobachtete in Württemberg, ich in Schleswig-Holstein die Honigbiene als Besucherin: sie führt den Rüssel wie zum Saugen normal ein; es ist daher möglich, dass sie im Grunde der Blüte Säfte erbohrt. Kirchner sah ausserdem Meligethes in den Blüten. Mac Leod bemerkte in Flandern Apis, Eristalis tenax L. (Bot. Jaarb. VI. S. 380).

167. Hippocrepis L.

Gelbe, honighaltige Bienenblumen mit Nudelpumpeneinrichtung.

738. H. comosa L. [H. M., Alpenblumen S. 252—254.] — Die Blüteneinrichtung stimmt, nach H. Müller, im wesentlichen mit derjenigen von Lotus überein, doch ist die Verbindung der Flügel mit dem Schiffchen eine weit festere, indem jeder Flügel mit einer Falte und einer tiefen Einsackung sich in entsprechende Vertiefungen des Schiffchens einstülpt. Auch die Bergung des Nektars ist bemerkenswert: der Nagel der Fahne ist so schmal und biegt sich aus dem kurzen Kelch so weit nach oben, dass man zwischen ihm und den Staubblättern seitlich durchsehen kann. Es scheint demnach, als ob die besuchenden Insekten den Nektar leicht von der Seite her stehlen können, ohne den Blütenmechanismus in Bewegung zu setzen. Dies ist jedoch nicht der Fall, da der Fahnennagel an der Unterseite seines Grundes eine vorspringende dreieckige Platte trägt, welche die beiden Nektarzugänge fest verschliesst. Diesen Verschluss können die besuchenden Insekten nur öffnen, wenn sie den Kopf unter die Fahne zwängen. (S. Fig. 101.)

Als Besucher sah H. Müller in den Alpen besonders Bienen (12) und Falter (9). Schulz fand in Mitteldeutschland die Blumen von Hummeln erbrochen.

Schmiedeknecht beobachtete in Thüringen die Apiden: 1. Osmia aurulenta Pz.; 2. O. uncinata Gerst.; 3. O. xanthomelaena K. = fuciformis Gerst.; Friese in Baden (B.), in der Schweiz (S.), in Thüringen (Th.), bei Triest (T.) und in Ungarn (U.) die Apiden: 1. Megachile muraria Retz. (B.); 2. Osmia acuticornis Duf. et Perr. ♂ (U.); 3. O. anthrenoides Spin. (M.), slt.; 4. O. aurulenta Pz. (B.), hfg.; 5. O. gallarum Spin. (U. T.),

n. slt.; 6. O. lepeletieri Pér.; 7. O. leucomelaena (K. T. U.), hfg.; 8. O. rufohirta Lep. ♀ ♂,
sgd. (Th. U.); 9. O. uncinata Gerst. (S. Th.); 10. O. xanthomelaena (K. Th. S.); Loew in
Hessen (Beiträge S. 53): Apis mellifica L. ♀, psd.; dieselbe beobachtete er auch im bot.
Garten zu Berlin sgd., ferner daselbst eine saugende Hummel (Bombus lapidarius L. ♀).

  Ducke beobachtete bei Triest die Apiden: 1. Eucera cinerea Lep. ♀ ♂;
2. Megachile (Chalicodoma) pyrenaica Lep.; 3. Osmia anthrenoides Spin. ♀ ♂, hfg.;
4. O. campanularis Mor. ♂; 5. O. giraudi Schmiedekn. nicht sehr slt.; 6. O. fulviventris
Pz. ♂, n. slt.; 7. O. insularis Schmkn. ♀ ♂, s. hfg.; 8. O. longiceps Mor. ♀ ♂, n. slt.;
9. O. pallicornis Friese ♀ ♂, hfg.; 10. O. rubicola Friese ♀, hfg., ♂ s. einz.; 11. O. rufohirta Latr. ♀, hfg., ♂ seltener: 12. O. solskyi Mor., seltener; 13. O. tergestensis
Ducke ♀ ♂, n. hfg.; 14. O. tiflensis Mor. ♀ ♂, einz.; 15. O. tridentata Duf. et P.,
selten. Mac Leod sah in den Pyrenäen 2 langrüsselige Apiden und 1 Falter als Besucher (B. Jaarb. III. S. 440).

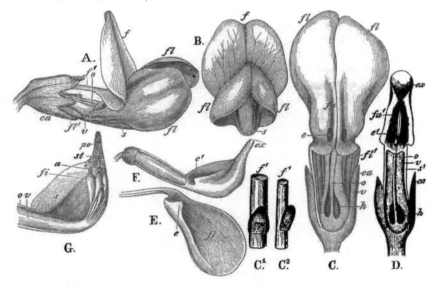

Fig. 101. Hippocrepis comosa L. (Nach Herm. Müller.)
A. Blüte von der Seite gesehen. (4 : 1.) B. Dieselbe gerade von vorn gesehen. C. Blüte
nach Entfernung der Fahne und des oberen Teiles des Kelches, von oben gesehen. (7 : 1.)
C.¹ C.² Unterster Teil des Fahnenstieles mit der Verschlussplatte der Honigzugänge. D. Dieselbe Blüte nach Entfernung der Flügel. E. Rechter Flügel von der Innenseite. F. Schiffchen von der Seite. G. Dasselbe im Aufriss, stärker vergrössert.

739. Desmodium canadense DC. Loew beobachtete im botanischen
Garten zu Berlin als Besucher:

  A. Diptera: *Syrphidae:* 1. Melithreptus scriptus L., anfliegend. B. Hymenoptera: *Apidae:* 2. Megachile centuncularis L. ♀, psd.; 3. M. fasciata Sm. ♀, psd.
C. Lepidoptera: *Rhopalocera:* 4. Pieris brassicae L., sgd.

168. Hedysarum L.
Rote, honighaltige Bienenblumen mit einfacher Klappvorrichtung.

  740. H. obscurum L. [H. M., Alpenblumen S. 254, 255; Schulz, Beitr. I.
S. 32; II. S. 210.] — Zur normalen Gewinnung des Honigs ist, nach H. Müller, ein

Rüssel von 9—10 mm Länge erforderlich. Die Blüteneinrichtung ist die einfachste, die sich bei dieser Pflanzenfamilie findet: bei Hummelbesuch treten Narbe und Antheren aus dem Schiffchen hervor und drücken gegen die Unterseite des Besuchers, und zwar die Narbe zuerst, da sie die Antheren um etwa 2 mm überragt, so dass Fremdbestäubung gesichert, Selbstbestäubung erschwert ist.

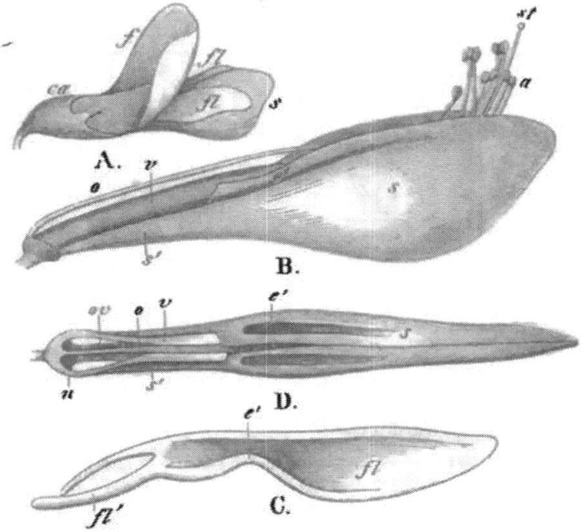

Als Besucher beobachtete H. Müller besonders saugende oder pollensammelnde Hummeln (5) und saugende und dabei auch meist die Kreuzung bewirkende Falter (13). Bombus mastrucatus Gerst. gewann auch Honig durch Einbruch.

A. Schulz beobachtete im Riesengebirge Hummelbesuch und auch Einbruch durch Hummeln.

Loew beobachtete im bot. Garten zu

Fig. 102. Hedysarum obscurum L. (Nach Herm. Müller.) A. Blüte von der Seite gesehen. (1½:1). B. Blüte nach Entfernung von Kelch, Fahne und Flügel und nach Abwärtsdrehung des Schiffchens, von der Seite gesehen. D. Dieselbe, von oben gesehen. C. Rechter Flügel von der Innenseite. (B.—D. Vergr. 3½:1.)

Berlin: Hymenoptera: Apidae: 1. Apis mellifica L. ⚥, sgd.; 2. Bombus hortorum L. ♀, sgd.; 3. B. lapidarius L. ⚥, sgd.; 4. Osmia rufa L. ♀, sgd. und psd.

741. H. sibiricum Poir. sah Loew im botanischen Garten zu Berlin von zwei saugenden Hummeln (Bombus agrorum F. ⚥ und B. rajellus K. ♀) besucht.

742. H. coronarium L. Als Besucher dieser in Italien heimischen Art beobachtete v. Dalla Torre im botanischen Garten zu Innsbruck die Bienen: 1. Megachile ericetorum Lep. ♂, sowie 2. Halictus leucozonius K. var. nigrotibialis D.-T., befruchtend; 3. M. maritima K. ♂, zahlreich. Dieselben giebt auch Schletterer für Tirol an.

169. Onobrychis Tourn.

Rote, honighaltige Bienenblumen mit einfacher Klappvorrichtung.

743. O. viciaefolia Scopoli (O. sativa Lmk.). [H. M., Befr. S. 256, 257; Weit. Beob. II. S. 263; Schulz, Beitr.; Knuth, Bijdragen.] — Die Blüteneinrichtung stimmt, nach H. Müller, im wesentlichen mit derjenigen von Melilotus und Trifolium überein, indem Narbe und Antheren bei Belastung des Schiffchens durch ein besuchendes Insekt frei aus demselben hervortreten und nach dem Aufhören des Druckes wieder in dasselbe zurückkehren. Die Fahne ist rosenrot mit dunkleren Streifen, das Schiffchen ist heller rot, die Flügel sind zu kleinen, nur die Nägel des Schiffchens deckenden Blättchen verkümmert, die nur als Schutzdecke für den Nektar dienen, indem sie das seitliche Entwenden von Honig verhindern oder doch erschweren. Es bildet daher das Schiffchen allein den Halteplatz für Insekten; vermöge seiner eigenen Elastizität kehrt es nach dem Aufhören des Insektenbesuches in die alte Lage zurück. Tritt letzterer ein, so ist durch Hervorragen der Narbe Fremdbestäubung gesichert. Spontane Selbstbestäubung ist ausgeschlossen, um so mehr, als sich der Griffel im Verlaufe des Blühens immer mehr und mehr aufrichtet, so dass er

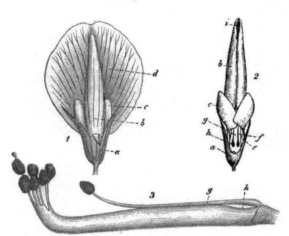

Fig. 103. Onobrychis viciaefolia Scop.
(Nach Herm. Müller.)

1. Blüte von unten. (3 : 1.) *2.* Dieselbe, nach Entfernung der Fahne und der oberen Hälfte des Kelches, von oben. *3.* Staubblätter und Stempel. von der Seite. (7 : 1.) *a* Kelch. *b* Schiffchen. *c* Flügel. *d* Fahne. *e* Flügelstiele. *f* Verwachsene Staubfäden. *g* Freier Staubfaden. *h* Zugänge zum Honig. *i* Offener Spalt des Schiffchens, durch welchen Narbe und Antheren hervortreten.

zuletzt 1—1$\frac{1}{2}$ mm aus dem Spalte des Schiffchens hervorragt. Da die Kelchröhre nur 2—3 mm lang ist, so ist der Nektar und der Pollen auch den kurzrüsseligsten Bienen zugänglich. Schulz beobachtete in Mitteldeutschland Hummeleinbruch.

Als Besucher beobachtete H. Müller in erster Linie die Honigbiene (sgd. und psd.), welche wenigstens ⁹/₁₀ aller Besucher ausmacht; auch ich sah in Mecklenburg Apis mellifica L. ♀ in grosser Anzahl die Blüten der Esparsette besuchen. Fernere Besucher sind nach Herm. Müller:

A. Hymenoptera: *Apidae:* 1. Anthidium manicatum L. ♂ ♀ sgd., ♀ auch psd.; 2. Anthrena labialis K. ♀, ♂ sgd., ♀ auch psd.; 3. A. nigroaenea K. ♂; 4. Apis mellifica L. ⚨, sgd.; 5. Bombus agrorum F. ♀ ⚨, sgd. und psd.; 6. B. confusus Schenck ♀, sgd. und psd.; 7. B. muscorum F. ♀, w. v.; 8. B. pratorum L. ♀ ⚨, w. v.; 9. B. scrimshiranus K. ♀, sgd. und psd.; 10. B. silvarum L. ♀, w. v.; 11. B. terrester L. ♀, w. v.; 12 Chalicodoma muraria F. ♀, w. v. (Thür.); 13. Coelioxys conoidea Ill. ♀, sgd.; 14. C. umbrina Sm. ♂, sgd., in Mehrzahl; 15. Eucera longicornis L. ♀♂, sgd. und psd.; 16. Halictus albipes F. ♀, sgd. und psd.; 17. H. flavipes F. ♀, sgd. und psd.; 18. H. lugubris K. ♀; 19. Megachile argentata F. ♂, sgd.; 20. M. centuncularis L. ♂, sgd.; 21. M. circumcincta K. ♀, sgd. und psd.; 22. M. fasciata Sm. ♂, sgd.; 23. M. willughbiella K. ♀ sgd. und psd., ♂ sgd.; 24. Osmia aenea L. ♀, sgd. und psd., zahlreich; 25. O. aurulenta Pz. ♀, sgd. und psd. (Thür.); 26. O. fulviventris Pz. ♀, sgd. und psd., in Mehrzahl; 27. O. rufa L. ♀, sgd.; 28. O. spinulosa K. ♀, sgd. (Thür.); 29. Psithyrus campestris Pz. ♀,sgd.; 30. P. rupestris F. ♀, sgd.; 31. Xylocopa violacea L. ♂, sgd. B. Diptera: *Syrphidae*: 32. Volucella bombylans L. v. plumata Mg. sgd., aber wahrscheinlich nicht befruchtend. C. Lepidoptera: a) *Noctuae*: 33. Euclidia glyphica L., häufig, sgd., aber wahrscheinlich nicht befruchtend; 34. Plusia gamma L., w. v. b) *Rhopalocera*: 35. Lycaena aegon S. V. ♂, sgd.; 36. L. corydon Poda., sgd.; 37. L. icarus Rott., sgd.; 38. L. sp., w. Euclidia glyphica L.; 39. Pieris napi L., sgd.; 40. Thecla ilicis Esp., sgd. c) *Sphinges*: 41. Zygaena carniolica Scop, w. Euclidia glyphica L. (Thür.).

In den Alpen sah Herm. Müller 4 Bienen. (Alpenbl. S. 254.)

Loew beobachtete im botanischen Garten zu Berlin: Hymenoptera: *Apidae*: 1. Anthidium manicatum L. ♀, sgd. und psd.; 2. Bombus agrorum F. ♀, sgd.; 3. B. lapidarius L. ⚥, sgd.; 4. Megachile fasciata Sm. ♂, sgd.; 5. Osmia aenea L. ♀, psd.

Schletterer giebt die Apide Meliturga clavicornis Ltr. für Tirol als Besucher an.

Rössler beobachtete bei Wiesbaden den Falter: Grapholitha caecana Schl.; Ducke bei Triest die Apiden: 1. Anthidium cingulatum Latr. ♀ ♂; 2. Melitta dimidiata Mor.; 3. Osmia rubicola Friese ♀ hfg., ♂ einz.; 4. O. rufohirta Ltr. ♀, hfg.; 5. O. tergestensis Ducke ♀ ♂; 6. O. tiflensis Mor. ♀, einz.; 7. O. versicolor Ltr. ♀ ♂, s. hfg.

Loew beobachtete im botanischen Garten zu Berlin folgende Apiden als Besucher von:

744. O. aureus Stev.: Osmia aenea L. ♀, sgd. u. psd.;

745. O. montana DC.: Anthidium manicatum L. ♀, sgd. u. psd., Megachile fasciata Sm. ♂, sgd.;

746. O. arenaria DC.: Bombus rajellus K. ⚥, sgd.

Friese giebt für Ungarn nach Mocsary als häufigen Besucher Nomia femoralis Pall. an.

170. Vicia Tourn.

Honighaltige Bienenblumen mit Griffelbürsteneinrichtung.

Bei vielen Arten dieser Gattung finden sich extraflorale Nektarien. Sie sitzen an der Unterseite der Nebenblätter als punktförmige, intensiv gefärbte Organe, welche im Sonnenschein Nektar absondern, bei trüber Witterung dagegen nicht. Dieser Nektar wird eifrig von Ameisen aufgesucht, welche ihrerseits der Pflanze als Schutz gegen Raupen u. dergl. dienen.

747. V. Cracca L. [Delpino, Ult. oss. S. 58; H. M., Befr. S. 250—252; Weit. Beob. II. S. 262; Lindman a. a. O.; Heinsius, B. Jaarb. IV. S. 100; Mac Leod, B. Jaarb. VI. S. 354—356; Knuth, Ndfr. Ins. S. 63, 153; Rügen; Bijdragen; Loew, Bl. Fl. S. 400.] — Die Einrichtung der in vielblütigen Trauben stehenden, violetten Blüten hat zuerst Delpino und dann H. Müller noch eingehender beschrieben: Die Flügel sind an je zwei Stellen mit dem Schiffchen verbunden. Jeder derselben hat nämlich ungefähr in der Mitte seines oberen Randes eine kleine, aber tiefe Einsackung, die sich dicht in eine Einbuchtung an der Oberseite des Schiffchens legt. Unmittelbar dahinter befindet sich am Flügel eine weit breitere, ebenso tiefe Einsackung, welche sich einer breiten, aber ziemlich flachen Einbuchtung auf der Oberseite des Schiffchens dadurch sehr fest und innig einfügt, dass die beiderseitigen Oberhautzellen der Blätter in einander eingestülpt sind, so dass es schwierig ist, Flügel und Schiffchen ohne Zerreissung von einander zu trennen.

21*

An der Umbiegungsstelle zwischen Nagel und Platte der Fahne sind auf der Rückseite zwei nach vorn auseinandergehende Rinnen eingedrückt, welche, nach unten als Kanten vorspringend, sich den Flügeln anschliessen und so den seitlichen Zugang zum Nektar versperren.

Bei Insektenbesuch wird das Niederdrücken des Schiffchens durch die auf obige Weise mit diesem fest verbundenen Flügel bewirkt, welche den besuchenden Bienen als Halteplatz dienen und auf das abwärts zu drehende Schiffchen als lange Hebelarme wirken. Das Zurücktreten von Schiffchen und Flügel in die ursprüngliche Lage nach Aufhören der durch das besuchende Insekt herbeigeführten Belastung wird ausser durch die eigene Elastizität dadurch bewirkt, dass zwei von den oberen Basalecken der Flügel nach hinten und innen gerichtete Fortsätze sich auf die Oberseite der Geschlechtssäule legen;

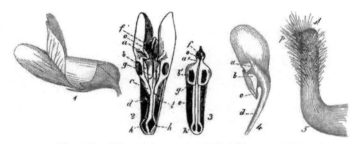

Fig. 104. Vicia Cracca L. (Nach Herm. Müller.)

1. Blüte von der Seite gesehen. (3 : 1.) *2.* Dieselbe nach Entfernung von Kelch und Fahne, von oben gesehen, etwas stärker vergrössert. *3.* Dieselbe nachdem auch die Flügel entfernt sind. *4.* Linker Flügel von der Innenseite. *5.* Griffel, bedeutend stärker vergrössert. *a* Vordere Einsackung des oberen Flügelrandes. *a'* Entsprechende Einbuchtung des Schiffchens. *b* Hintere Einsackung des oberen Flügelrandes. *b'* Entsprechende Einbuchtung des Schiffchens. *c* Nach hinten und innen gerichtete Fortsätze des oberen Flügelrandes. *d* Stiele der Flügel. *e* Stiele des Schiffchens. *f* Pollenführende Anschwellung des Schiffchens. *g* Obere Basallappen des Schiffchens. *h* Honig. *o* Öffnung zum Austritt des Griffels. *p* Bürste. *st* Narbe.

ferner umfassen die beiden oberen Basallappen letztere bis auf einen schmalen Spalt, und endlich biegt sich der breite Grund der Fahne beiderseits so weit hervor, dass er die Nägel des Flügels und des Schiffchens völlig umfasst. Der sehr kurze (nur etwa $1\frac{1}{2}$ mm lange) Griffel ist dicht unter der auf der Spitze sitzenden Narbe bis weit über seine Mitte hinab mit langen, schräg aufwärts gerichteten Haaren besetzt, die nach aussen etwas länger und dichter als nach innen sind.

Die Blüten haben kaum die Hälfte ihrer Grösse erreicht, so springen die die Griffelbürste dicht umgebenden Antheren auf und entleeren den Pollen in die Haare derselben, wobei auch die Narbe mit Pollen überdeckt wird. Bei Insektenbesuch haftet dann der Pollen an der Unterseite der Biene; gleichzeitig wird die Narbe durch Zerreissen ihrer Papillen klebrig und erst so empfängnisfähig.

Besucher sind Bienen und Falter, doch saugen letztere Honig, ohne die Befruchtung zu bewirken. Auf den nordfriesischen Inseln beobachtete ich Apis, 2 Bombus,

1 Zygaena bei Flensburg Bombus agrorum F., sgd., sowie auf der Insel Rügen 2 saugende Hummeln: Bombus hortorum L. ♀ und B. silvarum L. ♀ var. albicauda Schmdkn.

Alfken beobachtete bei Bremen: *Apidae:* 1. Anthidium manicatum L. ♀; 2. Bombus arenicola Ths. ♀ ♀; 3. B. derhamellus K. ♀ ♂; 4. B. distinguendus Mor. ♀; 5. B. muscorum F. ♀; 6. B. silvarum L. ♀ ♀; 7. Coelioxys rufescens Lep. ♀, sgd.; 8. Eucera difficilis (Duf.) Pér. ♀; 9. Megachile centuncularis L. ♀ ♂; 10. Podalirius borealis Mor. ♀.

Krieger sah bei Leipzig Eucera longicornis L. (einmal). De Vries beobachtete in den Niederlanden zahlreiche saugende Honigbienen; Heinsius in Holland Zygaena filipendulae L. und Lycaena icarus Rott. ♂; Mac Leod in Flandern 2 langrüsselige Apiden, 2 Falter, in den Pyrenäen 1 Hummel und 1 Falter; Loew in den Alpen Psithyrus globosus Ev. ♂, sgd.; Lindman auf dem Dovrefjeld mehrere Hummeln und Falterarten.

Herm. Müller giebt folgende Besucherliste für Westfalen:

A. Hymenoptera: a) *Apidae:* 1. Apis mellifica L. ♀, sgd., zahlreich (Thür.); 2. Bombus agrorum F. ♀ ♀, sgd.; 3. B. hortorum L. ♀, sgd.; 4. B. rajellus K. ♀, sgd.; 5. B. scrimsbiranus K. ♂ ♀ ♀, sgd.; 6. Eucera longicornis L. ♀ ♂, sgd.; 7. Diphysis serratulae Pz. ♀, sgd. und psd.; 8. Megachile circumcincta K. ♀, w. v.; 9. M. maritima K. ♀, w. v.; 10. M. versicolor Sm. ♀, w. v.; 12. M. willughbiella K. ♀, w. v.; 12. Osmia adunca Latr. ♀, w. v.; 13. Psithyrus vestalis Fourc. ♂, sgd. b) *Vespidae:* 14. Odynerus quadrifasciatus F. ♀, vergeblich suchend. B. Diptera: *Empidae:* 15. Empis livida L., häufig, sgd. C. Lepidoptera: a) *Rhopalocera:* 16. Hesperia lineola O., sgd.; 17. Lycaena arion L., sgd.; 18. Melanargia galatea L., sgd.; 19. Pieris rapae L., sgd., aber ohne Nutzen für die Befruchtung. b) *Sphingidae:* 20. Zygaena meliloti Esp., sgd.

In den Alpen sah Herm. Müller 4 Apiden und 5 Falter. (Alpenbl. S. 249).

In Dumfriesshire (Schottland) (Scott-Elliot, Flora S. 49) wurden 2 Hummeln 1 Empide und 1 Schwebfliege als Besucher beobachtet.

748. V. hybrida L.

Schletterer beobachtete bei Pola folgende Apiden als Besucher:

1. Eucera interrupta Baer.; 2. E. longicornis L.; 3. Halictus interruptus Pz.

749. V. dumetorum L.

Nach Kirchner (Flora S. 503) ist die Blüteneinrichtung derjenigen der vorigen Art ähnlich. Auch hier ist der 3 mm lange Griffel unter der Spitze auf eine Länge von 1 mm ringsum behaart, und zwar sind die an der Aussenseite sitzenden Haare merklich länger als die inneren. Bereits in der noch jungen Knospe öffnen sich die Antheren, doch ist die Narbe durch die Griffelbürste vor dem Pollen der eigenen Blüte ziemlich geschützt. Die Flügel sind mit einer kleineren vorderen und einer viel grösseren und tieferen hinteren Einbuchtung dem Schiffchen eingefügt; an letzterer sind auch die Oberhautzellen eingestülpt.

Besucher sind Apiden. Loew beobachtete im bot. Garten zu Berlin Bombus agrorum F. ♀, sgd. Die Honigbiene stiehlt den Nektar durch seitliches Auseinanderdrängen der Kronblätter. Schulz beobachtete Einbruch durch Hummeln.

750. V. villosa Roth.

Nach Kirchner (Flora S. 502) stimmt die Blüteneinrichtung auch dieser Art mit derjenigen von V. Cracca im wesentlichen überein, doch öffnen sich die Antheren bereits und geben ihren Pollen an die Griffelbürste ab, wenn die Blüten beinahe ausgewachsen sind.

Höppner beobachtete bei Bremen eine saugende Biene: Podalirius retusus L.

Die Form varia Host sah Schletterer bei Pola von folgenden Bienen besucht:

a) *Apidae*: 1. Anthidium manicatum L.; 2. Colletes lacunatus Dours.; 3. Eucera alternans Brull.; 4. E. longicornis L.; 5. E. parvula Friese; 6. E. ruficollis Brull; 7. Podalirius retusus L. v. meridionalis Pér.; 8. P. tarsatus Spin. b) *Mutillidae*: 9. Mutilla viduata Pall.

751. V. sepium L. [Sprengel, S. 356—357; H. M., Befr. S. 252—254; Weit. Beob. II. S. 262; Schulz, Beitr.; de Vries a. a. O.; Knuth, Bijdragen; Loew, Bl. Flor. S. 392, 395.] — Die Einrichtung der schmutzig-lila, am Grunde gelblich gefärbten Blüten ist, nach Herm. Müller, abgesehen von der Beschaffenheit der Griffelbürste, eine ähnliche wie bei V. Cracca. Der $2^{1}/_{2}$ mm lange Griffel trägt nämlich dicht unter der Narbe zwei völlig von einander getrennte Griffel-

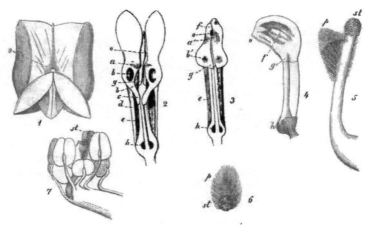

Fig. 105. Vicia sepium L. (Nach Herm. Müller.)

1. Blüte gerade von vorn. *2.* Dieselbe, nach Entfernung von Kelch und Fahne, von oben gesehen. *3.* Dieselbe, nachdem auch die Flügel entfernt sind, von oben gesehen. *4.* Dieselbe, von der Seite gesehen. *5.* Griffel mit Griffelbürste und Narbe, von der Seite gesehen. *6.* Griffelbürste und Narbe, von oben gesehen. *7.* Staubblätter und Stempel einer Knospe. (Die Bedeutung der Buchstaben wie in Fig. 106.)

bürsten, eine an der Innen- und eine an der Aussenseite, jede etwa 1 mm lang. Die an der Innenseite befindliche besteht aus einer einfachen Reihe schräg aufwärts gerichteter, kurzer Härchen; die an der Aussenseite befindliche verbreitert sich nach der Narbe zu, und ihre ebenfalls schräg aufwärts gerichteten Haare breiten sich nach oben strahlig auseinander, so dass das dicht unter der Narbe gerade abgeschnittene obere Ende der Bürste einen flachen, tellerförmigen Hohlraum darbietet (p, 5, 6). Die Antheren öffnen sich erst, wenn die Blüten schon ziemlich ihre Grösse erreicht haben; sie entleeren den Pollen in die Anschwellung an der Spitze des Schiffchens (f, 3, 4) und ziehen sich dann zurück.

Der Zutritt zum Nektar ist dadurch schwieriger als bei V. Cracca, dass die Kronblätter bei V. sepium dicker und fester sind, die Kelchröhre die Nägel derselben auf eine weitere Strecke umschliesst, der Eingang zwischen Flügeln und Fahne an der letzteren schwielig verdickt ist, endlich die von den

Flügeln gebildeten Hebelarme zum Herabdrehen des Schiffchens bei V. sepium relativ kürzer sind als bei V. Cracca. Es können daher nur kräftige Apiden (Bombus, Anthophora) normal saugen und dabei Fremdbestäubung vollziehen. Die Pflanze hat also den Vorteil, dass Fliegen und Schmetterlinge, welche bei V. Cracca den Honig auf normalem Wege oft stehlen, ohne der Blüte zu nützen, von dem Genusse des Honigs ausgeschlossen sind. Demgegenüber steht der Nachteil, dass Bombus terrester die Blüte regelmässig von der Seite anbeisst und so den Nektar raubt, obwohl diese Hummel die nötige Kraft, Geschicklichkeit und Rüssellänge besitzt. Die von B. terrester gebissenen Löcher benutzen dann schwächere und mit kürzerem Rüssel versehene Bienen (Apis, Osmia rufa) gleichfalls, um Honig zu stehlen.

Als Besucher beobachteten Herm. Müller (1) in Westfalen, Buddeberg (2) in Nassau und ich (!) in Schleswig-Holstein:

A. Hymenoptera: *Apidae*: 1. Anthophora aestiva Pz. ♂, sgd. (2); 2. A. pilipes F. ♀ ♂, normal sgd. (1); 3. Apis mellifica L. ☿, die von Bombus terrester L. gebissenen Löcher benutzend (1, !); 4. Bombus agrorum F. ♀ ☿, sgd. (1, !); 5. B. lapidarius L. ♀ ☿, sgd. (1, !); 6. B. muscorum F. ☿, sgd. (2); 7. B. rajellus K. ♀ ☿, sgd. (1, !); 8. B. silvarum L. ♀, sgd. (1); 9. B. terrester L. ☿, durch Einbruch Honig raubend (1, !); 10. Eucera longicornis L. ☿ ♂, sgd. (2, !); 11. Megachile circumcincta K. ♀, sgd. (2); 12. Osmia aurulenta Pz. ♀, sgd., in Mehrzahl (2); 13. O. rufa L. ♀, sgd., häufig (2), durch die von Bombus terrester L. gebissenen Löcher Honig raubend (1). B. Diptera: *Bombylidae*: 14. Bombylius canescens Mikan., sgd. (2).

Wüstnei sah auf der Insel Alsen Eucera longicornis L. als Besucher.

Alfken beobachtete bei Bremen: *Apidae*: 1. Anthrena convexiuscula K. ♂; 2. A. xanthura K. ♀; 3. Bombus arenicola Ths. ♀; 4. B. derhamellus K. ♀; 5. B. lapidarius L. ♀; 6. B. muscorum F. ♀; 7. B. silvarum L. ♀ ☿; 8. B. terrester L. ♀ (Blumenkrone durchbeissend); 9. Eucera difficilis (Duf.) Pér. ♀.

Loew sah in Brandenburg gleichfalls Eucera, im bot. Garten zu Berlin Bombus agrorum F. ☿, sgd., in Schlesien Megachile sp.

Schenck beobachtete in Nassau: Hymenoptera: a) *Apidae*: 1. Bombus confusus Schck.; 2. B. lapidarius L.; 3. B. pomorum Pz.; 4. Eucera longicornis L.; 5. Podalirius retusus L. b) *Sphegidae*: 6. Gorytes mystaceus L.; Rössler bei Wiesbaden den Falter: Toxocampa craccae F.; Friese in Baden Anthrena xanthura K., n. s.; Hoffer in Steiermark die Apiden: 1. Bombus lapidarius L. ♀ ☿; 2. B. derhamellus K. ♀ ☿; Dalla Torre und Schletterer in Tirol die Hummeln: 1. Bombus derhamellus K. ☿; 2. B. variabilis Schmiedekn. var. tristis Seidl. ☿, und die kurzrüsseligen Bienen: 1. Anthrena xanthura K. ♀; 2. Halictus major Nyl. ♂.

In den Alpen sah Herm. Müller Bombus mastrucatus Gerst. ☿, durch Einbruch Honig gewinnend. (Alpenbl. S. 249). Auch Schulz bemerkte Hummeleinbruch.

Mac Leod beobachtete in den Pyrenäen Bombus variabilis Schmiedekn. ♀ als Besucher (B. Jaarb. III. S. 438); in Flandern 2 Hummeln, 1 Anthrena, 1 Falter, (Bombus terrester L. Honig durch Einbruch gewinnend, Apis und Osmia aus denselben Löchern Honig stehlend (Bot. Jaarb. VI. S. 358); H. de Vries (Ned. Kruidk. Arch. 1877) in den Niederlanden 1 Hummel, Bombus silvarum L. ♀, sgd.

In Dumfriesshire (Schottland) (Scott-Elliot, Flora S. 50) wurden 3 Hummeln als Besucher beobachtet.

v. Fricken beobachtete bei Arnsberg: Coleoptera: *Curculionidae*: Bruchus pisi L., als Schädling.

752. V. sativa L. [Sprengel, S. 357; Heinsius, Bot. Jaarh. IV. S. 96 bis 100; Kirchner, Neue Beob. S. 44; Flora S. 506; Schulz, Beitr. II. S. 211; Knuth,

Bijdragen.] — Meist sind die Flügel violett, die Fahne lila, das Schiffchen weisslich mit blauer Spitze. Nach Kirchner ist die Verbindung der Flügel mit dem Schiffchen, welche durch Einstülpung in der gewöhnlichen Weise hergestellt wird, auch bei dieser Art durch das Ineinandergreifen der beiderseitigen Oberhautzellen so fest, dass die Flügel zerreissen, wenn man sie zu trennen versucht. Die hinteren Ecken des Schiffchens besitzen vorspringende Fortsätze und legen sich auf die Geschlechtssäule. Auch die Flügel besitzen Fortsätze; diese sind fingerförmig und gleichlaufend nach hinten gerichtet. Der obere Staubfaden ist mit den übrigen neun zusammengewachsen, doch sind an seinem Grunde zwei Nektargänge frei. Der etwa 2 mm lange Griffel ist in seiner oberen Hälfte mit einer Griffelbürste ausgestattet, deren Haare ringsum gestellt und schräg aufwärts gerichtet sind; an der Aussenseite befindet sich ein Büschel längerer Schutzhaare, welche die Narbe überragen.

Bereits in der Knospe öffnen sich die Antheren, wobei spontane Selbstbestäubung unvermeidlich ist; dieselbe ist von vollkommenem Erfolge.

Als Besucher sah ich in Schleswig-Holstein drei langrüsselige Bienen: 1. Bombus agrorum F. ♀; 2. B. lapidarius L. ♀ ♀; 3. Eucera longicornis L. ♀ ♂; sämtlich normal saugend. Sprengel giebt Sphinx (Deilephila) euphorbiae L. als Besucher an.

Loew beobachtete in Schlesien (Beiträge S. 34): Bombus silvarum L. ♀, sgd. Heinsius sah B. hortorum L. als normalen Besucher, den Citronenfalter (Rhodocera rhamni L.) als nutzlosen Blumengast und Bombus terrester L. als Honigräuber (die Blüte anbeissend). Auch Schulz sah in Mitteldeutschland Einbruch durch Hummeln.

Mac Leod beobachtete als Blütenbesucher in Flandern 1. Bombus, Eucera. (Bot. Jaarb. VI. S. 361). In Dumfriesshire (Schottland) (Scott-Elliot, Flora S. 50) wurden Hummeln als Besucher beobachtet.

Die extrafloralen Nektarien sah Heinsius von Vespa silvestris Scop. und V. rufa L., Apis und 1 Fliege (Cleigastra sp.) besucht.

753. V. angustifolia Allioni [H. v. Mohl, Bot. Ztg. 1863, S. 312; Kuhn, a. a. O. 1867, S. 67; H. M., Weit. Beob. II. S. 262; Treviranus, Bot. Ztg. 1863, S. 143; Knuth, Ndfr. Ins. S. 64, 153] wird als die Stammform der vorigen angesehen. Schon 1863 machten Treviranus und Hugo von Mohl auf die unterirdischen Blüten und Früchte (var. amphicarpos) von V. angustifolia aufmerksam; etwa 10 % der Pflanzen besitzen (bei Berlin) unterirdische kleistogame Blüten, die sich an niederblatttragenden Ausläufern befinden. Die Einrichtung der oberirdischen, offenen Blüten stimmt mit derjenigen von V. sativa überein.

Als Besucher von V. angustifolia sah ich auf den nordfriesischen Inseln Bombus cognatus Steph., sgd. und B. agrorum F., sgd. Schulz beobachtete in Mitteldeutschland Hummeleinbruch.

H. Müller beobachtete folgende Besucher: A. Hymenoptera: a) Apidae: 1. Bombus agrorum F. ♀, andauernd sgd.; 2. B. muscorum F. ♀, sgd.; 3. B. L. silvarum L. ♀, sgd.; 4. Saropoda rotundata Pz., sgd. B. Lepidoptera: a) Rhopalocera: 4. Lycaena aegon W. V., sgd. b) Sphingidae: 6. Ino pruni Schiff., sgd.; Alfken beobachtete bei Bremen: Apidae: Osmia solskyi Mor. ♀.

Nach Treviranus (a. a. O.) entwickeln auch

754. V. narbonensis L. und

755. V. pyrenaica Pourr. unterirdische Früchte. An den Blüten der letzteren Art beobachtete Mac Leod in den Pyrenäen 4 Hummelarten, 1 Anthophora, 1 Eucera, 1 Bombylius als Besucher.

756. V. pannonica Jacq. Die Einrichtung der gelblich-weissen Blüten ist, nach Kirchner (Beitr. S. 46), im allgemeinen dieselbe wie diejenige von V. sativa. Der Nagel der hellrosa überlaufenen und mit bräunlichen Saftmallinien versehenen Fahne ist so breit, dass er die übrigen inneren Blütenteile umfasst und seine beiden, etwas bogig verlaufenden unteren Längsränder unter der Staubfadenröhre sich etwa in der Mitte berühren. Die Flügelplatten sind mit Längsfalten versehen und so nach innen gewölbt, dass sie in der Mitte der Wölbung vor der Spitze des Schiffchens einander berühren; am oberen hinteren Rande haben sie eine tiefe, nach innen und rückwärts kegelförmig vorspringende Einstülpung, die sich in eine entsprechende Vertiefung am oberen Rande des Schiffchens legt, und noch weiter nach hinten zwei tiefe, sowie darunter eine flachere, faltige Einbiegung, deren Innenflächen derart mit dem Schiffchen verwachsen sind, dass man beim Versuche, die Flügel von demselben zu trennen, erstere zerreisst. Die nach hinten gerichteten, rundlichen Endlappen der Flügel und die darunter liegenden der Schiffchenplatten legen sich oben über die Staubfadenröhre und bewirken durch ihre Elastizität das Zurückkehren derselben in das grünlichgelbe, an der Spitze bräunliche Schiffchen. Der oberste Staubfaden ist wie bei V. sativa mit der Staubblattröhre verwachsen und lässt nur an seinem Grunde den Zugang zum Nektar offen, der an der gewöhnlichen Stelle reichlich abgesondert wird. Die zusammenschliessenden Nägel der Kronblätter sind 13 mm lang; sie werden auf eine Strecke von 6—7 mm von der Kelchröhre eingeschlossen.

Als Besucher beobachtete Kirchner an kultivierten Exemplaren in Württemberg eine Hummel (Bombus lapidarius L. ⚥).

Die Nebenblätter auch dieser Vicia-Art dienen als extraflorale Nektarien, doch scheiden nur einzelne derselben Nektar aus.

757. V. Faba L. [Sprengel, S. 357—360; H. M., Befr. S. 254, 255; Darwin, Ann. and Mag. of Nat. Hist. 1858, S. 460; Mattei, Bot. Jb. 1889. I. S. 480; Knuth, Rügen]. — Die Einrichtung der wohlriechenden, weissen, mit einem samtschwarzen Fleck auf jedem Flügel versehenen Blüten, stimmt, nach Herm. Müller, mit derjenigen von V. sepium überein, doch sind sie mehrfach grösser. Trotzdem ist der Nektar leichter zugänglich, da Fahne und Flügel weniger fest zusammenschliessen und das Schiffchen leichter herabzudrehen ist. Ausserdem fehlen die schwielenförmigen Vorsprünge unten an der Fahne, so dass der 13—16 mm lange Nagel derselben nur lose von der Kelchröhre umfasst wird. Dagegen sind die 2 Einsackungen, welche Schiffchen und Flügel zusammenhalten, vorhanden, doch ist ihre Verbindung weniger fest als bei V. sepium; auch sind die nach hinten gerichteten Fortsätze der Flügel erheblich schwächer entwickelt. Werden Flügel und Schiffchen stark herabgedrückt, so kehren sie wegen ihrer geringen Elastizität nicht wieder in ihre frühere Lage zurück.

Darwin fand V. Faba bei Insektenabschluss nur etwa ein Drittel so fruchtbar wie bei Insektenzutritt. Wurden aber die gegen Insektenbesuch geschützten Blüten erschüttert, so erfolgte gute und reichliche Samenbildung. — Eine aus Indien stammende Varietät ist, nach Mattei, adynamandrisch.

Von den Besuchern sind nur die mit langem Rüssel ausgestatteten Bienen im stande, auf normalem Wege zum Honig zu gelangen und dabei alsdann die Kreuzung herbeizuführen. Die kurzrüsseligen Bienen sammeln an bereits besuchten Blumen mit freigelegten Antheren Pollen (dabei gleichfalls Kreuzung bewirkend) oder gewinnen den Nektar durch Einbruch. Letzteres thut in erster Linie Bombus terrester L. ♀ (mit 7—9 mm langem Rüssel), der nur ganz ausnahmsweise zu saugen versucht. Die Honigbiene raubt entweder den Nektar aus den durch B. terrester gebissenen Löchern oder sammelt Pollen.

Auf der Insel Rügen beobachtete ich: Hymenoptera: Apidae: 1. Apis mellifica L. ⚲, honigraubend aus den Löchern, welche von 2. Bombus terrester L., gebissen sind; 3. B. hortorum L. ♀, sehr häufig, sgd.; 4. B. rajellus K. ♀, sgd.

Herm. Müller giebt folgende Besucher an:

A. Hymenoptera: Apidae: 1. Anthrena convexiuscula K. ♀, psd.; 2. A. labialis K. ♂, vergeblich Honig zu erlangen suchend; 3. Apis mellifica L. ⚲, durch die von Bombus terrester L. gebrochenen Löcher Honig raubend, psd.; 4. Bombus confusus Schenck ♀, sgd., häufig; 5. B. hortorum L. ♀, sgd., häufig; 6. B. lapidarius L. ♀, w. v.; 7. B. muscorum F. ♀, w. v.; 8. B. silvarum L. ♀, w. v.; 9. B. terrester L. ♀, durch Einbruch Honig gewinnend; 10. Osmia rufa L. ♀, sgd. B. Coleoptera: Malacodermata: 11. Malachius bipustulatus L., pfd.

Alfken beobachtete bei Bremen: Apidae: 1. Bombus ruderatus F. ♀; 2. B. terrester L. ♀ (nicht normal); Verhoeff auf Norderney und Baltrum (B.): Hymenoptera: a) Apidae: 1. Bombus lapidarius L. ♀, sgd.; 2. Bombus cognatus Steph. (= muscorum F.) 1 ♀, sgd.; Alfken und Leege (L.) auf Juist: A. Diptera: a) Syrphidae: 1. Syrphus pyrastri L., s. hfg. B. Hymenoptera: a) Apidae: 2. Bombus hortorum L. (A. u. L.); 3. B. muscorum F. (L.); 4. B. terrester L. (L.); H. de Vries (Ned. Kruidk. Arch. 1877) in den Niederlanden 1 Biene, Apis mellifica L. ⚲, sehr zahlreich, und 1 Hummel, Bombus agrorum F. ⚲, als Besucher.

758. V. hirsuta Koch. (Ervum hirsutum L.). [H. M., Weit. Beob. II. S. 260—262; MacLeod, B. Jaarb. VI. S. 361; Knuth, Ndfr. Ins. S. 62, 63.] — Die Einrichtung der kleinen, nur 4 mm langen, aber sehr honigreichen, bläulichweissen Blüten ist, nach Herm. Müller, durch ihre grosse Vereinfachung von besonderem Interesse: Statt der Griffelbürste sitzen am Griffel nur 6—12 Härchen. Die Staubblätter umgeben die Narbe dicht und überragen sie zum Teil, so dass die sich bereits in der Knospe öffnenden Antheren die Narbe mit Pollen bedecken. Das Schiffchen ist oben seiner ganzen Länge nach offen, so dass beim Niederdrücken Narbe und Antheren hervortreten. Beim Aufhören des Druckes führt die Elastizität der Flügel und des Schiffchens, unterstützt von der Elastizität der breiten, beide einschliessenden Fahne und von der Wirkung des die Wurzeln aller Kronblätter zusammenhaltenden Kelches die hinabgedrückten Teile in ihre frühere Lage zurück. Die Innenfläche der Flügel und die Aussenfläche des Schiffchens sind jederseits nur an einer einzigen, flach eingebuchteten Stelle durch schwaches Ineinanderstülpen der Oberhautzellen mit einander verbunden.

Spontane Selbstbestäubung tritt regelmässig ein und ist, nach Herm. Müllers Versuchen, durchaus von Erfolg. Besuchende Insekten können ebensogut Fremd- wie Selbstbestäubung bewirken. Trotz der Kleinheit der Blüten ist der Insektenbesuch ein ziemlich reichlicher. Dies wird offenbar durch den im Verhältnis zur Blütengrösse sehr starken Honigreichtum bewirkt: während sonst der Nektar zwischen dem Fruchtknotengrunde und den Staubfäden verborgen bleibt, tritt er bei V. hirsuta aus den zu beiden Seiten des Grundes des freien Staubfadens gelegenen Saftlöchern hervor und sammelt sich zu einem so grossen Tropfen an, dass er an der Unterseite der Fahne haftend bis über den Kelch hinausreicht und so von aussen durch die Fahne hindurch gesehen werden kann.

Besucher sind kleine Bienen und Falter. Ich sah auf der Insel Föhr die Honigbiene. Dieselbe beobachtete H. Müller in Westfalen. Ausserdem beobachteten derselbe (1) und Buddeberg (2): A. Hymenoptera: a) *Apidae*: 1. Anthrena convexiuscula K. ♂, sgd. (1); 2. Halictus flavipes K. ♀, sgd. (2). b) *Sphegidae*: 3. Ammophila sabulosa L. ♂, nur flüchtig zu saugen versuchend (1). B. Lepidoptera: *Rhopalocera:* 4. Coenonympha pamphilus L., sgd. (1); 5. Lycaena aegon W. V., sgd. (1).

H. de Vries (Ned. Kruidk. Arch. 1877) beobachtete in den Niederlanden 1 Biene, Apis mellifica L. ⚥, als Besucher.

In Dumfriesshire (Schottland) (Scott-Elliot, Flora S. 48) wurden 1 Muscide und mehrere Dolichopodiden als Besucher beobachtet.

759. V. tetrasperma Mnch. (Ervum tetraspermum L.) Die Einrichtung der hellbläulichen Blüten ist, nach Kirchner (Flora S. 504), nicht so weit rückgebildet wie bei voriger Art, sondern im wesentlichen derjenigen von V. Cracca gleich: die Flügel besitzen die übergreifenden fingerförmigen Fortsätze; vor denselben befinden sich jederseits 2 Einbuchtungen, die in entsprechende Vertiefungen des Schiffchens hineinpassen und mit diesen lose verklebt sind. Die oberen Schiffchenränder liegen dicht aneinander; der Fahnengrund umfasst die Nägel der übrigen Kronblätter. Kurz vor der Entfaltung der Knospe öffnen sich die Antheren und geben einen Teil des Pollens an die Sammelbürste ab.

Als Besucher sah ich (Bijdragen) bei Kiel die Honigbiene und Halictus sp., sgd.

760. V. pisiformis L. (Ervum pisiforme Petermann). Die von Herm. Müller (Weit. Beob. II. S. 258—260) in Thüringen untersuchten grünlichen bis gelblich-weissen Blüten haben eine Einrichtung, welche zwischen derjenigen von V. sepium und V. Cracca etwa in der Mitte steht. Der Griffel ist von der Narbe abwärts auf fast die Hälfte seiner Länge mit einer sehr regelmässigen Bürste versehen, an welche die bereits in der Knospe aufspringenden Antheren den grössten Teil ihres Pollens abgeben. Die oberen Ränder des Schiffchens schliessen so wenig fest zusammen, dass beim Niederdrücken desselben Narbe und Griffelbürste, sowie alle Staubblätter hervortreten. Die Verbindung zwischen dem Schiffchen und den Flügeln ist in ähnlicher Weise wie bei V. Cracca und V. sepium hergestellt, doch sind die fingerförmigen Fortsätze am Grunde der Flügelblätter bei V. pisiformis breiter und dicker, dreikantig, erst gegen die Spitze hin allmählich verschmälert und verflacht. Sie bewirken daher die Rückkehr aller Blütenteile in die ursprüng-

liche Lage in noch wirksamerer Weise als dies bei den erstgenannten beiden
Arten geschieht. Der Ausschluss nutzloser Gäste vom Honig wird auch hier
dadurch erreicht, dass die Fahne da, wo der Nagel sich in die aufgerichtete
Fläche umbiegt, durch zwei schwache, nach oben und vorn auseinandertretende
Eindrücke den Flügeln angedrückt ist.

Da der Fahnennagel 8—10 mm lang ist, so muss der Rüssel besuchender
Insekten dieselbe Länge besitzen; doch werden viele Bienen imstande sein, den
Kopf unter den Nagel zu drängen und auf diese Weise mit kürzerem Rüssel
zum Nektar zu gelangen.

Als Besucher sah H. Müller:

A. Hymenoptera: *Apidae*: 1. Bombus lapidarius L. ⚥, sgd.; 2. B. rajellus
K. ♀ ⚥, sgd.; 3. B. silvarum L. ♀, sgd. und psd.; 4. Halictus tetrazonius Klg. ♀, psd.;
5. Megachile circumcincta K. ♀, sgd. und psd.; 6. M. versicolor Sm. ♀, sgd. und psd.
B. Diptera: *Syrphidae*: 7. Syrphus balteatus Deg., anschwebend und vergeblich suchend.
C. Lepidoptera: *Rhopalocera*: 8. Coenonympha arcania L., sgd.

A. Schulz sah die Blüten von V. pisiformis von Hummeln erbrochen,
ebenso diejenigen von

761. V. silvatica L. (Ervum silvaticum Petermann) und von

762. V. cassubica L. (E. cassubicum Petermann).

In Dumfriesshire (Schottland) (Scott-Elliot, Flora S. 49) wurden 2 Hummeln
als Besucher von V. silvatica beobachtet.

763. V. Orobus DC. (Ervum Orobus Kittel).

Mac Leod sah in den Pyrenäen Bombus mastrucatus Gerst. ⚥, den Honig durch
Einbruch gewinnen. (B. Jaarb. III. S. 439.)

In Dumfriesshire (Schottland) (Scott-Elliot, Flora S. 50) wurde 1 Hummel,
wahrscheinlich Bombus agrorum F., beobachtet, doch schien sie nicht zu saugen.

764. V. Ervilia Willdenow (Ervum Ervilia L., Ervilia sativa Link).
Die geruchlosen, weissen Blüten besitzen auf der Fahne dunkelviolette Adern,
an der Seite des Schiffchens einen dunklen Fleck. Nach Kirchner (Flora
S. 507) befinden sich an der Fahne, welche die Nägel der übrigen Kronblätter
von oben her umfasst, am Grunde ihrer Platte zwei Vorsprünge, welche den
darunter liegenden Blütenteilen fest anliegen. Die Flügel besitzen fingerförmige
Fortsätze und vor denselben auf beiden Seiten je eine tiefe Einstülpung, welche
die Verbindung mit dem Schiffchen herstellt. Die gleichmässig feinhaarige
Griffelbürste ist etwa halb so lang wie der Griffel.

765. V. onobrychoides L. Loew beobachtete im botanischen Garten
zu Berlin:

Hymenoptera: *Apidae*: 1. Anthrena dorsata K. ♀, psd.; 2. Bombus agrorum
F. ⚥, stetig sgd.; 3. Megachile willughbiella K. ♂, sgd.; 4. Osmia aenea L. ♀, psd.

766. V. unijuga A. Br. Loew beobachtete im botanischen Garten zu
Berlin :

Hymenoptera: *Apidae*: 1. Bombus hortorum L. ⚥, sgd.; 2. B. lapidarius L. ⚥,
sgd.; 3. B. pratorum K. ⚥, sgd.; 4. Megachile circumcincta K. ♀, sgd. und psd.;
5. M. willughbiella L. ♂, sgd.; 6. Osmia rufa L. ♀, psd.

171. Lens Tourn.

Honighaltige Bienenblumen mit Griffelbürsteneinrichtung.

767. L. esculenta Moench. (Ervum Lens L.) Die bläulich-weissen Blüten haben auf der Fahne blaue Linien als Saftmal, auf der Schiffchenspitze einen kleinen blauen Fleck als Pollenmal. Nach Kirchner (Flora S. 508) liegt die Fahne, welche die übrigen Blütenteile nur wenig umfasst, mit zwei nach vorne gerichteten Einbuchtungen in einer vorspringenden Kante den Flügeln dicht auf. Der Griffel besitzt nur an seiner Innenseite Sammelhaare. Im übrigen stimmt die Blüteneinrichtung mit derjenigen von Vicia Ervilia überein. Die Blüten sind, nach Kerner, auch bei Insektenabschluss fruchtbar.

Als Besucher beobachtete H. Müller (Weit. Beob. II. S. 258) die Honigbiene, sgd. und einen Falter (Cynonympha pamphilus L.), sgd.

172. Pisum Tourn.

Honighaltige Bienenblumen mit Griffelbürsteneinrichtung, die in Pumpeneinrichtung übergeht.

768. P. sativum L. Die Einrichtung der weissen Blüten hat Herm. Müller (Befr. S. 247—250) sehr ausführlich beschrieben: Das starke, sichelförmig gebogene Schiffchen besitzt an der Verwachsungsstelle seiner beiden Blätter als Verstärkung einen blattartigen Auswuchs (b, 1, 4); Flügel und Schiffchen sind mit einander und mit der Geschlechtssäule sehr fest verbunden. Jeder Flügel hat nämlich am Grunde seiner Blattfläche eine tiefe, nach vorn und unten gerichtete Einsackung (c', 2, 5, 6), die sich einer entsprechenden Einbuchtung auf der Oberseite des anliegenden Schiffchenblattes (c, 1, 4) einfügt, wobei die beiderseitigen Oberhautzellen in einander gestülpt sind, so dass eine Trennung von Schiffchen und Flügel ohne Zerreissung kaum möglich ist. Ausserdem liegt weiter vorn eine von aussen nach innen in den Flügel eingedrückte Falte (d', 2, 5) die sich in eine Falte des Schiffchens legt (d, 1, 4); ferner hat die Fahne zwei tiefe und schmale Einsackungen, welche auf der Unterseite derselben als harte, kantige, nach vorn auseinander tretende Schwielen scharf vorspringen (d", 1, 3) und sich in die vorderen Falten der Flügel legen (d'). Jedes Schiffchenblatt erweitert sich an seinem Grunde zu einem nach oben und innen gerichteten Lappen (e, 4, 5), der sich oben auf die Geschlechtssäule legt und durch einen nach hinten und innen gerichteten Fortsatz des Flügels (e', 5, 6) in seiner Lage festgehalten wird. Diese Fortsätze des Flügels werden ihrerseits dadurch in ihrer Lage gesichert, dass unmittelbar neben ihnen und von ihnen wagerecht nach aussen gehend, noch zwei schmale Flächen (f, 5, 6) von den Flügeln nach hinten vorspringen, auf welche zwei rundliche Schwielen des sehr breiten und festen Fahnengrundes (f', 3) drücken.

Der Griffel steigt am Ende des wagerecht stehenden Fruchtknotens senkrecht auf; sein oberer Teil krümmt sich so stark einwärts, dass die an der Spitze stehende Narbe fast wagerecht gegen den Blütengrund gerichtet ist (st, 7). Die innere Seite des Griffels ist fast bis zur Hälfte nach abwärts mit wagerecht

abstehenden, langen Bürstenhaaren besetzt (7, 8). Auch die Schiffchenspitze ist
gegen den Blütengrund gerichtet. Zu beiden Seiten derselben ist eine Aussackung vorhanden (a, 1, 4), welche die Antheren in der Knospenzeit umschliesst; der dadurch entstehende kegelförmige hohle Raum besitzt an der
Spitze eine den Griffel eben durchlassende Öffnung (o, 4, 5).

Gegen Ende der Knospenzeit springen die Antheren auf und füllen den
kegelförmigen Hohlraum mit Pollen, indem sich die Staubfäden zurückziehen.
Griffelbürste und Narbe sind daher mit Blütenstaub bedeckt, so dass beim
Niederdrücken des Schiffchens etwas Pollen aus der Spitze hinausgefegt wird.
Beim Zurückkehren der Blütenteile streifen die Ränder der Öffnung Pollen ab,
der alsdann natürlich ausserhalb des Schiffchens bleibt. Die in dem unteren

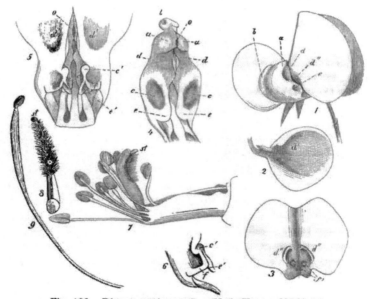

Fig. 106. Pisum sativum L. (Nach Herm. Müller.)

1. Blüte, nach Entfernung des linken Flügels, von links gesehen. *2.* Linker Flügel von der
Innenseite. *3.* Fahne von der Innenseite. *4.* Schiffchen, von oben gesehen, vergrössert.
5. Dasselbe, noch von den Flügeln, deren vorderer Teil fortgelassen ist, umschlossen. *6.* Basalhälfte des linken Flügels, Aussenseite. *7.* Die aus der Knospe herausgenommenen Befruchtungsorgane. *8.* Oberer Teil des Griffels, von innen (vom Blütengrunde her) gesehen. (7 : 1.)
9. Einzelnes Staubblatt. (Die Bedeutung der Buchstaben ergiebt sich aus dem Text.)

Teile des kegelförmigen Hohlraumes liegenden Enden der Staubfäden sind nach
dem Aufspringen der Antheren etwas keulig verdickt (7, 9) und drängen beim
Abwärtsdrücken des Schiffchens den Pollen vor sich her, so dass die Griffelbürste immer wieder von neuem damit bedeckt wird.

Das feste Ineinandergreifen und Zusammenschliessen der Blütenteile hat
den Vorteil für die Blume, dass die honigsuchenden Insekten genötigt werden,
diejenige Kraft anzuwenden, welche nötig ist, um den Blütenmechanismus in

Bewegung zu setzen, die Narbe an der bestäubten Unterseite des Insektes zu
reiben und letztere wieder mit neuem Pollen zu bedecken; ferner bewirkt das
feste Zusammenhalten der Blütenteile, dass sie nach dem Aufhören des Druckes
wieder in ihre frühere Lage zurückkehren; endlich ist der Zutritt zum Nektar
nur einer Auswahl von kräftigen Insekten gestattet. So kräftige Bienen kommen
aber bei uns kaum vor; es sind daher Besucher nur selten. Obgleich die Mehrzahl der Erbsenblüten nicht von Insekten besucht wird, so sind sie doch durch
spontane Selbstbestäubung ebenso fruchtbar wie bei Insektenbesuch. (Ogle,
Müller, Kerner).

Als Besucher sah H. Müller während einer Beobachtungszeit von 4 Sommern
nur 3 Bienen: 1. Eucera longicornis L.; 2. Halictus sexnotatus K., psd.; 3. Megachile
pyrina Lep. (die Männchen beider Arten sgd., die Weibchen sgd. und psd.).

A. Schulz beobachtete Einbruch durch Hummeln.

Alfken sah bei Bremen: *Apidae*: 1. Anthidium manicatum F. ♀; 2. Megachile
maritima K. ♂ als saugende Besucher.

173. Lathyrus L.

Honighaltige Bienenblumen mit Griffelbürsteneinrichtung.

769. L. pratensis L. [Delpino, Ult. oss. S. 55—59; H. M., Befr.
S. 244—246; Weit. Beob. II. S. 257; Alpenbl. S. 249; Schulz, Beitr. II. S. 211;
Lindman a. a. O.; MacLeod, B. Jaarb. VI. S. 362—364; Loew, Bl. Flor. S. 395;
Knuth, Ndfr. Ins. S. 201; Weit. Beob. S. 233.] — Die von Delpino zuerst beschriebene, von Herm. Müller später ausführlich auseinandergesetzte Einrichtung
der gelben Blüten ist ähnlich wie diejenige von Pisum. Die Verbindung der Flügel
und des Schiffchens mit der aus den Staubblättern und dem Stempel gebildeten
Geschlechtssäule wird durch zwei lange, blasig angeschwollene, nach hinten gerichtete Fortsätze der Flügel hergestellt, welche sich oben auf die Geschlechtssäule legen und sich dort auf deren Mittellinie mit ihren Spitzen berühren.
Durch ihre Elastizität bewirken sie auch, dass nach dem Aufhören des durch
ein besuchendes Insekt hervorgebrachten Druckes das Schiffchen in seine alte
Lage zurückkehrt. An der Spitze des Schiffchens befindet sich jederseits eine
Aussackung, welche von den freien Rändern desselben durch eine tiefe Falte
getrennt ist und nur an der Spitze des Schiffchens einen Ausgang besitzt. Diese
Aussackung umschliesst in der Knospe sämtliche Staubbeutel, welche beim Beginn des Blühens aufspringen. An der Spitze des fast senkrecht aufsteigenden
Griffels befindet sich die eiförmige Narbe; unter ihr verbreitert sich der Griffel
zu einer länglich-eiförmigen, auf der Innenseite ganz mit kurzen, schräg aufwärts
gerichteten Haaren besetzten Platte, die den von den Antheren auf sie entleerten Pollen aus der Schiffchenspitze der besuchenden Biene an die Unterseite
fegt. Dieser Blütenstaub wird beim Besuch einer zweiten Blüte auf die zuerst
hervortretende Narbe gelegt, so dass Fremdbestäubung eintritt. Trotzdem die
Narbe vom eigenen Pollen umhüllt ist, tritt spontane Selbstbestäubung vielleicht
doch nicht ein, sondern die Narbenpapillen müssen erst (durch besuchende
Bienen) zerrieben werden, um empfängnisfähig zu werden.

Als Besucher sah ich auf den nordfriesischen Inseln folgende Bienen: 1. Apis mellifica L. ⚥, sgd.; 2. Bombus derhamellus K. sgd.; 3. B. terrester L., sgd.; auf der Insel Rügen 4. Bombus agrorum F. ♀, sgd.

Alfken beobachtete bei Bremen: 1. Bombus arenicola Ths. ⚥; 2. B. derhamellus K. ♀ ⚥; 3. B. distinguendus Mor. ♀ ⚥; 4. B. lapidarius L. ⚥; 5. B. lucorum L. ⚥; 6. B. muscorum F. ♀; 7. B. silvarum L. ♀; 8. Eucera difficilis (Duf.) Pér. ♀ ♂; 9. Megachile circumcincta K. ♂; 10. M. willughbiella K. ♀; Loew in Steiermark (Beiträge S. 53): Diphysis serratulae Pz. ♀, psd.

Herm. Müller (1) und Buddeberg (2) geben folgende Besucher an:

A. Hymenoptera: *Apidae*: 1. Bombus agrorum F. ♀, sgd., in Mehrzahl (1, Thür.); 2. Diphysis serratulae Pz. ♀ ♂, sgd. (1, 2); 3. Eucera longicornis L. ♀, sgd. (1, 2); 4. Megachile maritima K. ♂, sgd. (1); 5. M. versicolor Sm., sgd. und psd. (1).

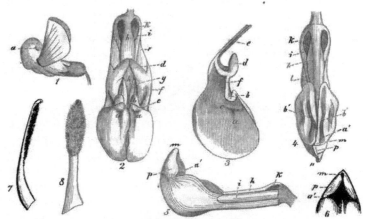

Fig. 107. Lathyrus pratensis L. (Nach Herm. Müller.)

1. Blüte, schwach vergrössert, von der Seite. *2*. Blüte nach Entfernung von Kelch und Fahne, von oben. Stärker vergrössert. *3*. Linker Flügel von der Innenseite. *4*. Blüte nach Entfernung von Fahne und Flügel, von oben. *5*. Knospe, kurz vor dem Aufblühen, nach Entfernung von Kelch, Fahne und Flügel, von der Seite. *6*. Der vordere Teil derselben, von oben. *7*. Griffel, von der Seite, mit Griffelbürste und Narbe. *8*. Derselbe, von innen.

a Schwache Einsackung des Flügels, welche sich in eine tiefere Einsackung (*a'*) des Schiffchens legt. *b* Nach vorn und unten gerichtete Anschwellung des Flügelrandes, welche sich in den engsten Teil der taschenartigen Einsackung des Schiffchens klemmt. *c* Quereindruck des Flügels, dicht hinter dem vorderen, dunkelgelb gefärbten Lappen, an welche sich eine nach unten als scharfkantige Schwiele (*o*) vorspringende Einsackung der Fahne dicht anschliesst. *d* Nach hinten gerichtete Anschwellung des oberen Flügelrandes. *e* Flügelstiel. *f* Umgelegter Rand desselben. *gg* Schiffchenränder. *h* Oberster Staubfaden. *i* Die verwachsenen Staubfäden. *kk* Saftzugänge, im Grunde die Saftdrüse. *l* Schiffchenstiele. *m* Stelle, an welcher beim Niederdrücken des Schiffchens die Griffelspitze mit der Narbe hervortritt. *n* Blattartige Erweiterung der Verwachsungslinie beide Schiffchenhälften. *o* Schwiele der Fahne. *p* Bauchige Aussackung des Schiffchens, welche die Staubblätter und den Griffel umfasst und von dem oberen Rande des Schiffchens jederseits durch eine tiefe Falte getrennt ist.

In den Alpen beobachtete Herm. Müller 1 Hummel und 1 Falter; v. Dalla Torre in Tirol die Biene Xylocopa violacea L. ♀; dieselbe giebt auch Schletterer daselbst an, sowie bei Pola Polistes gallica L.

Mac Leod sah in Flandern Bombus silvarum L. ♀ ⚥ (Bot. Jaarb VI. S. 364); Lindman in Skandinavien 1 Falter.

In Dumfriesshire (Schottland) (Scott-Elliot, Flora S. 51) wurden Apis, 3 Hummeln und 1 Blattwespe als Besucher beobachtet.

Von den besuchenden Insekten sind aber nur die Bienen als Bestäuber
thätig, während die Falter mittelst ihres dünnen Rüssels wohl den Nektar
saugen können, aber den Blütenmechanismus dabei nicht auslösen.

Schulz beobachtete Einbruch durch Hummeln.

770. L. maritimus Bigelow. [Knuth, Ndfr. Ins. S. 64, 65, 153;
Weit. Beob. S. 233 u. s. w.] — Wenn ich anfangs der Ansicht war, dass die
Befruchtung bereits in der Knospe möglich ist, so dürfte, obgleich die Narbe
von Anfang an mit dem Pollen der eigenen Blüte umgeben ist, bei eintretendem
Insektenbesuche Fremdbestäubung gesichert sein, da der eigene Pollen nicht an
der Narbe haftet, sondern letztere erst beim Reiben (durch ein besuchendes Insekt) empfängnisfähig wird.

Die Blüteneinrichtung stimmt im wesentlichen mit derjenigen von L. pratensis überein. Die grossen, lebhaft gefärbten Blüten stehen zu 5—8 in
traubigen Ständen. Die aufgerichtete Fahne ist violett gefärbt und mit einer
dunkleren, aderigen Zeichnung versehen; sie ist 2 cm lang und oben etwa
$1^{1}/_{2}$ cm breit. An der Übergangsstelle zwischen Nagel und Platte besitzt sie
eine 3 mm lange Ausstülpung für entsprechende Vorsprünge der Flügel, wodurch ein vollkommener Verschluss erreicht wird. Die violetten Flügel, welche
1 cm lang und mit 5 mm breiter Platte versehen sind, greifen ihrerseits in
Vertiefungen des Schiffchens, aus welchen sie bei Belastung durch ein besuchendes Insekt ausspringen, wobei die oben zusammenschliessenden Flügel
auseinander treten und zuerst die Narbe und alsdann die mit Pollenmassen
bedeckte Griffelbürste hervorkommen. Die beiden Erhöhungen der Flügel sind so
fest in entsprechende Vertiefungen des Schiffchens eingelassen, dass sie durch Insektenbesuch nicht von einander getrennt werden. Sie bewirken daher, dass beim
Aufhören des Druckes die Ränder der Flügel wieder in ihre frühere Lage
zurückkehren, was bei der Steifheit und Festigkeit der Nägel des Schiffchens
leicht erreicht wird. Letzteres ist fast rechtwinkelig gebogen, aussen hellviolett,
sonst weiss; der kahnförmige Teil desselben ist 8 mm, der Nagel etwa ebenso
lang. Die beiden Blättchen desselben sind an der ganzen Unterseite mit einander
verklebt, oben klaffen sie ein wenig auseinander, doch werden sie hier von den
zusammenschliessenden Flügeln überdacht. Die Staubfadenröhre ist etwa 1 cm
lang, der freie Teil der Staubfäden hat etwa dieselbe Länge.

Die Befruchtung geschieht durch langrüsselige Bienen (Hummeln), welche
sich in der bekannten Weise an der Blüte festhalten und den an der gewöhnlichen Stelle abgesonderten Honig saugen. Sie bewirken, wie eben dargelegt
Fremdbestäubung. Als Nektarräuber stellen sich Falter ein, welche den Blütenmechanismus nicht auslösen. Auch Einbruch (wahrscheinlich durch Hummeln)
beobachtete ich auf der Insel Föhr, indem sich im Nagel der Flügel ein Loch
fand, das wohl von kurzrüsseligen Hummeln gebissen war.

Ich beobachtete besonders auf Föhr und Sylt 5 Hummelarten und 3 Falter;
letzterer ohne Nutzen für die Pflanze.

Loew beobachtete im botanischen Garten zu Berlin: Hymenoptera: *Apidae:*

1. Bombus agrorum F. ♀, sgd.; 2. B. hortorum L. ⚥, sgd.; 3. B. lapidarius L. ⚥, sgd. und psd.; 4. B. pratorum L. ⚥, sgd.

Schneider (Tromsø Museums Aarshefter 1894) beobachtete im arktischen Norwegen Bombus nivalis Dhlb. ⚥ ♂ und B. alpinus L. ♀ ⚥ ♂ als Besucher.

771. L. sativus L. Nach Kirchner (Flora S. 511, 512) umgiebt die grosse Fahne der hellblauen oder weissen Blüten mit ihrem Nagel den Grund der Flügel nur von oben, denen sie aber dadurch sehr fest aufliegt, dass sie an ihrem Grunde zwei Paar zu einander fast rechtwinkelig gestellter, nach innen vorspringender Einfaltungen besitzt, welche sich in entsprechende Vertiefungen der Flügel fest einlegen. Die vordere Kante des Schiffchens ist durch einen flügelartigen Anhang verstärkt und derart S-förmig gebogen, dass die Spitze etwas nach links zu stehen kommt. Die Spitze des rechten Schiffchenblattes ist nach aussen gewölbt, während das linke vor der Spitze eine tiefe Einfaltung trägt, vor welcher der Griffel im Schiffchen liegt. Die Flügel sind, wie bei Pisum, mit dem Schiffchen fest verbunden; der rechte Flügel hat aber an der Stelle, mit welcher er über der Spitze des Schiffchens liegt, eine sich von oben nach unten hinziehende, faltige Ausbauchung, durch welche beim Herabdrücken des Schiffchens die Griffelspitze mit der kleinen Narbe hervortritt. Der Griffel ist nach oben verbreitert und von vorn nach hinten glatt zusammengedrückt, doch ist er so um 90° gedreht, dass seine ursprünglich innere Seite, welche schräg aufwärts gerichtete Sammelhaare trägt, nach links, die ursprünglich äussere kahle Seite nach rechts sieht. Die Antheren öffnen sich bereits in der Knospe, entleeren den Pollen in die Griffelbürste, welche ihn dann den besuchenden Insekten andrückt.

Als Besucher beobachtete Kirchner an gebauten Pflanzen in Württemberg die Honigbiene, welche, wenn sie sich gerade auf die Blüte setzt, rechts hinter dem Kopfe mit Pollen bedeckt wird; sie bewirkt regelmässig Fremdbestäubung. Häufig streckt sie den Rüssel seitlich rechts in die Blüte und stiehlt den Honig, dabei den Griffel nur gelegentlich mit den Füssen berührend.

772. L. silvester L. (L. pyrenaicus Jord.). [Delpino, Ult oss. S. 57, 58; H, M., Befr. S. 246; Kirchner, Flora S. 512; Mac Leod, B. Jaarb. III. S. 439.] — Auch die Blüte dieser Art ist, nach Delpino, unsymmetrisch und besitzt eine schräg gestellte Griffelbürste; doch ist die Asymmetrie weniger stark als bei L. sativus. Nach Kirchner hat die rosapurpurne, aussen grünliche Fahne einen längeren Nagel, aber keine nach innen gerichteten Einfaltungen. Durch die Drehung des grünlichen Schiffchens entsteht auch hier auf der rechten Seite ein spärlicher Zugang zum Nektar, der von der Honigbiene regelmässig zum Honigstehlen benutzt wird, so dass sie nur gelegentlich mit den Beinen Narbe und Pollen berührt.

Als sonstige Besucher sah Kirchner in Württemberg Falter (ohne Nutzen für die Blume).

Mac Leod beobachtete in den Pyrenäen 3 Hummelarten (normal sgd.) und 1 Falter. Delpino (Ult. oss. I) beobachtete besonders Xylocopa, ferner Apis, Bombus, Eucera, Anthophora als Besucher; auch Loew beobachtete im bot. Garten zu Berlin Apis sgd. Herm. Müller beobachtete gleichfalls die Honigbiene (sgd. und psd.), sowie mehrere Falter: Pieris rapae L., Plusia gamma L., Rhodocera rhamni L., Vanessa io L., V. urticae L., sämtlich sgd., aber ohne Nutzen für die Pflanze.

Alfken beobachtete bei Bremen: Apidae: 1. Bombus agrorum F. ♀; 2. B. der-hamellus K. ♂; 3. B. hortorum L. ♀ ♀; 4. B. silvarum L. ♀; 5. Megachile centuncularis L. ♀, psd.; 6. M. circumcincta K. ♀, psd.: 7. M. maritima K. ♀, psd.; 8. Trachusa serratulae Pz. ♀, psd.

773. L. tuberosus L. Nach Kirchner (Flora S. 511) stimmt die Ein-richtung der purpurroten, duftenden, stark asymmetrischen Blüten mit derjenigen der vorigen Art überein; dies gilt auch in Bezug auf die Drehung von Schiffchen und Griffel.

Als Besucher beobachtete Herm. Müller (Befr. S. 246; Weit. Beob. II. S. 257): A. Hymenoptera: Apidae: 1. Apis mellifica L. ♀, sgd. und psd. B. Lepidoptera: Rhopalocera: 2. Hesperia sp., sgd.; 3. Lycaena damon S. V., sgd.; 4. Pieris rapae L., sgd. C. Thysanoptera: 5. Thrips, häufig. v. Dalla Torre und Schletterer be-obachteten in Tirol die Biene Halictus sexcinctus Fbr. ♀; Loew im bot. Garten zu Berlin 2 langrüsselige Bienen: Megachile circumcincta K. ♀, sgd. und psd., und M. fas-ciata Sm ♂, sgd. Schulz sah die Blüten in Mitteldeutschland von Hummeln er-brochen. Ebenso diejenigen von

774. 775. L. heterophyllus L. und **L. paluster L.** Die Blüteneinn-richtung der letzteren Art ist von Heinsius (Bot. Jaarb. IV) ausführlich be-schrieben und abgebildet. Die Blüte ist gleichfalls asymmetrisch gebaut.

Als Besucher beobachtete Heinsius in Holland zwei Hummeln: Bombus agrorum F. (normal sgd.) und B. scrimshiranus K. (mit nur 9—10 mm langem Rüssel, nur psd.), ferner 1 Falter (Hesperia silvanus Esp. ♂, vielleicht ohne Nutzen für die Pflanze (B. Jaarb. IV. S. 91—94).

776. L. latifolius L. Als Besucher beobachtete Schenck in Nassau die Blattschneiderbiene Megachile maritima K.; v. Dalla Torre und Schletterer in Tirol die Wespenbiene Nomada lineola Pnz. ♂; Loew in Schlesien (Beiträge S. 34): A. Hymenoptera: Apidae: 1 Apis mellifica L. ♀, zu saugen versuchend; 2. Megachile maritima K. ♀, psd.; 3. Xylocopa violacea L. ♀, sgd. B. Lepidoptera: Rhopalocera: 4. Rhodocera rhamni L., zu saugen versuchend; im bot. Garten zu Berlin: A. Hymenoptera: Apidae: 1. Apis mellifica L. ♀, durch Hummellöcher sgd.; 2. Bombus terrester L. ♀, von aussen ohne Erfolg zu sgn. versuchend; ein andres ♀ beisst mit den Oberkiefern dicht über dem Kelch Löcher; 3. Megachile fasciata Sm. ♂ ♀, sgd. B. Lepidoptera: Rhopalocera: 4. Vanessa cardui L., sgd.; daselbst an der var. ensifolius: A. Hymenoptera: Apidae: 1. Megachile fasciata Sm. ♀, sgd. und psd. B. Lepidoptera: Rhopalocera: 2. Colias rhamni L., sgd.; 3. Pieris brassicae L., sgd.; sowie an der var. intermedius: A. Hymenoptera: Apidae: 1. Bombus silvarum L. ♀, normal sgd. und psd.; 2. Mega-chile fasciata Sm. ♀, sgd. und psd. B. Lepidoptera: Rhopalocera: 3. Lycaea bellargus Rott., sgd.; 4. Pieris brassicae L., sgd. Plateau beobachtete folgende Hymenopteren: 1. Bombus muscorum F.; 2. B. terrester L.; 3. Eucera longicornis L.: 4. Megachile ericetorum Lep.; 5. Odynerus quadra-tus Pz.; 6. Stelis sp.

777. L. luteus Grenier (Orobus luteus L.). Die anfangs gelben, nach dem Abblühen brennend roten Blüten haben, nach den Beobachtungen von Mac Leod in den Cottischen Alpen, dieselbe Einrichtung wie L. pratensis. Als Besucher sah Mac Leod eine Hummelart.

778. L. montanus Bernhardi (Orobus tuberosus L., L. macrorrhizus Wimm.). Die Blüten sind anfangs rosenrot, dann lila, zuletzt bräunlich-missfarben.

Nach Kirchner (Flora S. 513) stimmt die Blüteneinrichtung fast ganz mit derjenigen von L. pratensis überein, nur ist der Griffel oben ein wenig verbreitert.

Alfken beobachtete als Besucher bei Bremen: *Apidae*: 1. Anthrena convexiuscula K. ♀ ♂; 2. A. xanthura K. ♀, sgd., psd.; 3. Coelioxys quadridentata L. ♀, sgd.; 4. Halictus nitidiusculus K. ♀; 5. H. punctatissimus Schck. ♀; 6. Megachile circumcincta K. ♂; Schmiedeknecht in Thüringen die Hummeln Bombus hortorum L. ♀ und B. mastrucatus Gerst. ♀; Mac Leod in den Pyrenäen 2 Hummeln (B. Jaarb. III. S. 434, 440); Loew im botanischen Garten zu Berlin: Hymenoptera: *Apidae*: 1. Anthophora pilipes F. ♀, sgd.; 2. Bombus agrorum F. ♀, sgd.; 3. B. lapidarius L. ♂, sgd. In Dumfriesshire (Schottland) wurden (Scott-Elliot, Flora S. 52) 2 Hummeln als Besucher beobachtet.

Schulz beobachtete Einbrüche durch Hummeln.

779. L. odoratus L. Die mit Honigduft ausgestattete Art sah H. Müller bei Strassburg von einer saugenden Biene (Anthidium manicatum L.) besucht.

780. L. niger Bernhardi (Orobus niger L.). [Knuth, Bijdragen.] — Die Blüteneinrichtung auch dieser Art stimmt an den von mir in Schleswig-Holstein untersuchten Pflanzen mit derjenigen von L. pratensis überein. Die Fahne ist purpurrot gefärbt und besitzt ein dunkleres Saftmal; sie ist etwa 10 mm breit und 8 mm hoch aufgerichtet. Die Spitze der Flügel ist blau-violett gefärbt, die Nägel desselben, sowie die des Schiffchens sind farblos. Die ineinander greifenden Vorsprünge und Vertiefungen der Platten der Nägel und des Schiffchens sind noch kräftiger als bei A. pratensis, dagegen findet ein Ineinanderstülpen von Oberhautzellen kaum statt, so dass man sie leicht trennen kann. Der Abstand vom Blüteneingang bis zum Nektar beträgt 7 mm. Nach dem Verblühen werden die Blumen missfarbig.

Als Besucher sah ich Bombus agrorum F., sgd.; Loew im botan. Garten zu Berlin: Hymenoptera: *Apidae*: 1. Bombus agrorum F. ♀, sgd.; 2. B. lapidarius L. ♂, sgd.; 3. Osmia rufa L. ♀, sgd. und psd. Mac Leod beobachtete in den Pyrenäen Bombus agrorum F. ♀ als Besucher (B. Jaarb. III. S. 439). Auch Bombus terrester L. besucht die Blüten. Dieser beisst den Grund der Fahne oben oder an den Spitzen an und entnimmt den Nektar aus der gemachten Öffnung. Diese ist zuweilen 4 mm lang und 2 mm breit.

Auch Schulz sah die Blüten in Mitteldeutschland von Hummeln erbrochen. Ebenso diejenigen von

781. L. variegatus Ten. in Tirol. Diese Art sah Loew im botanischen Garten zu Berlin von zwei langrüsseligen Apiden (Bombus hortorum L. ♂, sgd., Osmia rufa L. ♀, sgd. u. psd.) besucht.

Schenck beobachtete in Nassau die Apiden Megachile ericetorum Lep. und Xylocopa violacea L.

782. L. setifolius L. entwickelt nach Kiefer kleistogame Blüten.

783. L. vernus Bernhardi (Orbus vernus L.). [Knuth, Bijdragen.] — Die Blüteneinrichtung stimmt mit derjenigen von L. pratensis fast ganz überein. Die Fahnenplatte ist dunkelpurpurrot, mit ganz zarter, etwas dunklerer Zeichnung, 12 mm breit, 6 mm hoch aufgerichtet. Ihr Nagel ist 10 mm lang, am Grunde weiss gefärbt und wie die übrigen Blütenteile vom Kelche fest eingeschlossen. Der freie Teil der Fahne und des Schiffchens ist violett gefärbt; die von dem Fahnennagel und dem Kelche eingeschlossenen Teile sind weiss. Die Verbindung zwischen Schiffchen und Flügeln ist eine ziemlich feste, doch gelingt es mit einiger Vorsicht, dieselben von einander zu trennen, ohne sie zu zerreissen; der Griffel ist nach oben gleichmässig ein wenig verschmälert; die Griffelbürste ist 3 mm lang.

Gegen Ende der Blütezeit färben sich die vorderen Teile von Fahne, Schiffchen und Flügeln blau.

Als Besucher verzeichnet Schmiedeknecht für Thüringen: Bombus mastrucatus Gerst. ♀, ebenso Hoffer für Steiermark.

Als Besucher beobachtete ich bei Kiel am (2. 5. 96) Hummeln: 1. Bombus hortorum L. ♀, mehrfach, normal sgd., eifrig von Blüte zu Blüte fliegend; 2. B. lapidarius L. ♀, einzeln, desgleichen; 3. B. terrester L. ♀, in den Flügelnagel unmittelbar zwischen den beiden oberen Kelchzähnen ein Loch beissend und so den Honig raubend. Hummeleinbruch hatte auch schon Schulz gesehen.

Loew beobachtete im botanischen Garten zu Berlin gleichfalls Bombus hortorum L. ♀, sgd. und B. terrester L. ♀, von aussen einbrechend; sowie an der var. flaccidus Kit. Osmia rufa L. ♀, sgd. und psd.

784. L. Aphaca L. Die heller oder dunkler gelben, geruchlosen Blüten haben auf der Fahne ein aus dunkleren Adern bestehendes Saftmal. Nach Kirchner (Flora S. 514) stimmt die Blüteneinrichtung mit derjenigen von L. pratensis überein, doch ist der Griffel nach oben nur sehr unbedeutend und allmählich verbreitert.

785. L. Nissolia L. Nach Kirchner (Flora S. 515) entfalten sich die karminroten, ziemlich kleinen Blüten häufig überhaupt nicht, bringen aber doch gute Früchte hervor, befruchten sich also kleistogam.

786. L. grandiflorus wird in England sehr selten von Insekten besucht. Die Blüten sind fruchtbarer, wenn sie erschüttert werden. (Darwin, Ann. and Mag. of. Nat. Hist. 1858. S. 459.)

Loew beobachtete im bot. Garten zu Berlin eine langrüsselige Apide (Megachile fasciata Sm. ♀) psd. und sgd. an den Blüten.

Loew beobachtete im botanischen Garten zu Berlin an einigen Lathyrus- und Orobus-Arten folgende Besucher:

787. L. brachypterus Alef.
Apidae: 1. Bombus agrorum F. ☿, sgd.; 2. B. lapidarius L. ☿, sgd. und psd.; 3. B. terrester L. ♂, von aussen dicht über den Kelch einzudringen versuchend; 4. Megachile centuncularis L. ♀, sgd. und psd.; 5. M. fasciata Sm. ♂ ♀ in Kopula auf der Blüte, das ♀ vorher sgd. und psd.;

788. L. cirrhosus Ser.:
Apidae: 1. Bombus agrorum F. ☿, sgd.; 2. B. hortorum L. ☿, sgd. und psd.; 3. B. lapidarius L. ☿, sgd. und psd.; 4. Eucera longicornis L. ♀, sgd. und psd.;

789. L. incurvus Roth.:
Apidae: Bombus agrorum F. ☿, normal die Flügel zusammendrückend, sgd. und psd.;

790. L. rotundifolius W.:
Apidae: 1. Bombus agrorum F. ♀, den Rüssel seitlich unter die Fahne einführend; 2. Megachile fasciata Sm. ♂, sgd.;

791. Orobus aureus Stev.

Apidae: 1. Bombus agrorum F. ♀, sgd.; 2. B. lapidarius L. ♀, sgd.;

792. O. hirsutus L.

Apidae: 1. Bombus agrorum F. ♀, sgd.; 2. Megachile fasciata Sm. ♂, sgd.;

793. O. Jordani Ten.

Bombus hortorum L. ⚥, sgd. und psd.

794. Erythrina crista galli L. [Delpino, Ult. oss. S. 64—68; H. M., Weit. Beob. II. S. 264.] — Die Blüte dieser aus Brasilien stammenden Art ist um 180⁰ gedreht, so dass die grosse Fahne nach unten gerichtet ist und als Anflug- und Halteplatz für die Besucher dient. Staubblätter und Griffel werden von dem nach oben gerichteten Schiffchen, dessen unterer Teil zu einem Honigbehälter erweitert ist, umschlossen. Die Flügel sind nur in Form zweier kleiner rudimentärer Blättchen vorhanden. Fremdbestäubung ist dadurch begünstigt, dass die Antheren ein wenig von der Narbe überragt werden.

Als Befruchter vermutet Delpino Kolibris.

795. E. velutina. [Delpino a. a. O.] — Die Fahne ist nach oben gerichtet; Flügel und Schiffchen sind nur als winzige Reste vorhanden, so dass die Geschlechtssäule frei unter der Fahne liegt.

Als Besucher vermutet Delpino Bienen, welche zwischen der Staubblatt-Griffelsäule und der Fahne eindringen müssen, um zu dem wie bei den anderen Schmetterlingsblüten abgesonderten Honig zu gelangen.

796. Glycine chinensis Curt. [Wistaria chinensis DC.] Als Besucher der grossen, zu reichblütigen Trauben vereinigten, blauen Blüten beobachtete Herm. Müller (Weit. Beob. II. S. 263) bei Strassburg:

Hymenoptera: *Apidae*: 1. Anthidium manicatum L. ♂, sgd.; 2. Anthophora personata Ill. ♀ ♂, sgd.; 3. Megachile willughbiella K. ♂, sgd.; 4. Osmia aenea L. ♀, sgd.; 5. O. rufa L. ♀, sgd.

Loew beobachtete im botanischen Garten zu Berlin saugende Honigbienen als Besucher.

Schletterer giebt für Tirol die verbreitetste Holzbiene Xylocopa violacea L an.

174. Phaseolus Tourn.

Honighaltige Bienenblumen mit Griffelbürsteneinrichtung, wobei die schneckenförmig gewundene Griffelspitze mit der Narbe und dem an der Griffelbürste haftenden Pollen beim Niederdrücken des gleichfalls schneckenförmig gewundenen Schiffchens aus dessen Spitze hervortritt und beim Aufhören der Belastung wieder in dasselbe zurückkehrt. Nach Delpino (Ult. oss. S. 55) ist die Windung des Griffels bei einigen Arten nach rechts, bei anderen nach links gerichtet und bietet alle Zwischenstufen von einer einfach sichelförmigen Biegung (bei Ph. angulosus u. s. w.) bis zu 4 bis 5 Umläufen (Ph. Caracalla).

797. Ph. vulgaris L. [H. M., Befr. S. 258; Kirchner, Flora S. 515, 516; Knuth, Bijdragen.] — Die Blüteneinrichtung ist zuerst von Darwin (Gardener's Chronicle 1857, S. 725; 1858, S. 824, 844; Ann. and Mag. of Nat. Hist. 1858, S. 462—464) beschrieben, der auch durch den Versuch nachwies, dass Insektenbesuch für die Befruchtung wesentlich sei. Doch besitzt die Bohne die Fähigkeit, sich mit vollem Erfolge selbst zu befruchten. Der linke Flügel der Blüte ist grösser als der rechte. Am Grunde ist die Flügelplatte zusammengezogen und trägt dort einen schiefen, zahnartigen, saftigen, derben Fortsatz, der in eine entsprechende Einsackung des Schiffchens passt. Im unteren Drittel des Flügels befindet sich auf seiner inneren Seite eine halbmondförmige, vorspringende Falte, welche in eine entsprechende Rinne des Schiffchens eingreift. Letzteres ist klein, die an einer Spitze befindliche Öffnung abwärts gekehrt und über dem zahnartigen Fortsatze des rechten Flügels liegend. Die schiefe, empfängnisfähige Narbenfläche an dem etwas verbreiterten Griffelende ist mit einem dichten Kranze kurzer Haare besetzt, welcher nicht nur verhindert, dass der sich aus der Blüte

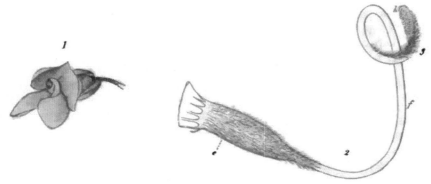

Fig. 108. Phaseolus vulgaris L.

1. Blüte schräg von vorn. (Nach der Natur.) *2.* Stempel vergrössert. (Nach Herm. Müller.)
e Fruchtknoten. *f* Griffel. *g* Griffelbürste. *h* Narbe.

zurückziehende Insektenrüssel die Narbe derselben Blüte berührt, sondern auch verhütet, dass die Narbenflüssigkeit, die aus den durch die Reibung mit dem rauhen Insektenkörper zerreissenden Narbenpapillen in grosser Menge ausgesondert wird, hinabläuft.

Die Antheren geben ihre Pollen an den von ihnen umschlossenen Griffel ab, doch wird dabei niemals auch die Narbe bedeckt. Der obere, freie Staubfaden verbreitert sich unmittelbar vor den beiden Saftzugängen so stark, dass er die Ränder der Staubfadenröhre umfasst und diese fest abschliesst. Um die Insekten zu verhindern, anders als auf normalem Wege zum Honig zu gelangen, was nur so geschehen kann, wenn sie sich auf den linken Flügel setzen und von hier aus mit dem Rüssel unterhalb der rechts liegenden Öffnung der Schiffchenspitze eindringen, befindet sich hier ein schief nach oben und vorn gerichtetes, schuppenförmiges Anhängsel.

Nur grosse Hummeln sind im stande, den Blütenmechanismus in Bewegung zu setzen. Es schnellt dann beim Niederdrücken des Schiffchens das Griffelende mit der pollenbedeckten Griffelbürste aus der Schiffchenöffnung hervor, und es entsteht ein enger Kanal, der unmittelbar unter der Schiffchenöff-

nung am Griffelende vorbei längs des rechten Randes der Staubfadenrinne bis
zum Grunde des Nektariums führt, wobei das obere, freie Staubblatt seine Lage
beibehält, während die übrigen 9 (verwachsenen) nach unten gebogen werden.
Da die Narbe früher von dem Insektenrüssel berührt wird als der Pollen, so
erfolgt bei Insektenbesuch regelmässig Kreuzung. Spontane Selbstbestäubung
ist ausgeschlossen; die nicht von Insekten besuchten Blüten bleiben, wie oben
bereits gesagt, unfruchtbar.

Als normal saugende Besucher sah ich bei Kiel Bombus hortorum L. ♀.
Trotz häufiger Überwachung der Blüten habe ich nur einige Male Insektenbesuch
wahrgenommen; die Bohnenblüten machen wohl in den weitaus meisten Fällen
von der ihnen möglichen spontanen Selbstbestäubung Gebrauch. Nach Darwin
ist allerdings zur Befruchtung Insektenbesuch wesentlich. (S. vor. Seite). Manche
Hummeln entwenden den Nektar durch Anbeissen der Blüte; ich beobachtete
bei Kiel Bombus terrester L. als Honigdieb.

Alfken beobachtete bei Bremen Megachile maritima K. ♀, sowie auf Juist Osmia
maritima Friese ♀; Leege auf Juist: A. Hymenoptera: *Apidae*: 1. Osmia maritima
Friese ♀, hfg., psd., sgd. B. Lepidoptera: a) *Sphingidae*: 2. Deilephila galii Rott.
b) *Noctuidae*: 3. Chariclea umbra Hfn., s. hfg.

798. Ph. multiflorus Willd. [H. M., Befr. S. 258, Kirchner a. a. O.;
Knuth, Bijdragen.] — Die Blüteneinrichtung dieser Art, welche ganz mit derjenigen
der vorigen übereinstimmt, ist zuerst von Farrer (Ann. and Mag. of Nat. Hist. 1868,
S. 256—260) beschrieben. Nach Ogle (Pop. Sc. Rev. 1870, S. 166) sind die
Blüten bei Bienenabschluss unfruchtbar; nach Kirchner besitzen sie die Fähigkeit,
sich mit vollem Erfolge selbst zu befruchten. — Die Honigbiene und andere kleine
Bienenarten, welche zu schwach sind, das Schiffchen abwärts zu drücken, benutzen
die Löcher, welche Bombus terrester L. in den Kelch beisst, um Honig zu
stehlen. Kräftigere Bienenarten mit hinreichend langem Rüssel fliegen, nach
Herm. Müller (Befr. S. 258), auf den linken Flügel der Blume und berühren, indem sie den Rüssel in den Blütengrund zwängen, mit der Basis des
Rüssels zuerst die Narbe, welche, wie bei der vorigen Art geschildert, dadurch
mit dem aus früher besuchten Blüten mitgebrachten Pollen belegt wird. Indem
sie nun die Flügel und das mit demselben verbundene Schiffchen stärker abwärts
drücken, tritt aus der röhrigen und zu beinahe 2 Umläufen schneckenförmig
gedrehten Schiffchenspitze die ebenso gedrehte Griffelspitze in der Weise hervor,
dass die Narbe sich nach links unten kehrt und die mit Pollen behaftete Griffelbürste den Grund des Bienenrüssels berührt und mit neuem Pollen behaftet.
Es ist daher bei eintretendem Insektenbesuche Fremdbestäubung gesichert, Selbstbestäubung ausgeschlossen. Letztere kann, nach H. Müller, auch nicht spontan
eintreten, da die Narbe aus der Schiffchenspitze hervorragt, während der Pollen
in derselben eingeschlossen ist.

Als normal saugenden Besucher sah ich bei Kiel einige Male Bombus hortorum L. ♀; Schletterer führt für Tirol Eucera longicornis L. als Besucher auf.

799. Apios tuberosa Mch. ist, nach Loews Untersuchungen (Flora 1891),
eine Schmetterlingsblume, bei welcher durch Festlegung des Schiffchens eine

mechanische Verbindung zwischen letzterem und den Flügeln aufgegeben und damit gleichzeitig das Hervorpressen von Antheren und Narbe aus dem Schiffchen, die gewöhnliche Art der Pollenausstreuung auf die Unterseite des Besuchers und die durch letzteren herbeigeführte Belegung der Narbe mit Pollen, unmöglich gemacht ist. Zum Ersatz dafür hat die Blüte durch entgegengesetzte Orientierung von Narbe und Antheren eine anderweitige Sicherung der Fremdbestäubung gewonnen und ausserdem durch Kürzung und Freilegung der Honigzugänge den Insekten den Nektargenuss erleichtert. (Vergl. S. 264.)

800. Alhagi camelorum Fischer.

Als Besucher beobachtete Morawitz im Kaukasus die Buprestide Sphenoptera karelini Falderm.

39. Familie Rosaceae Juss.

[Einschliesslich Drupaceae DC. (Amygdalaceae Juss.) und Pomaceae Lindley].

H. M., Befr. S. 216, 217; Knuth, Nordfries. Ins. S. 65, 66; Grundriss S. 51, 52.

Der Schauapparat ist in dieser Familie bei den einzelnen Gattungen in sehr verschiedener Weise ausgebildet: von den unscheinbaren, winzigen Blüten von Alchemilla bis zu den grossen, weithin sichtbaren Blumen der Rosen finden sich mancherlei Übergänge. Ebenso verschiedenartig, selbst bei den Arten derselben Gattung, sind die Blütenstände: teils stehen die Blüten einzeln oder zu zweien (Mespilus-, Cydonia-, Dryas-, Geum- und Rosa-Arten u. s. w.), teils bilden sie mehr oder minder reichverzweigte, doldige, kopfige, traubige, trugdoldige oder rispige Blütenstände (Spiraea, Crataegus, Pirus, Sorbus, Alchemilla, Sanguisorba, Amygdalus, Prunus, Potentilla, Agrimonia etc.). Viele Rosaceen sondern Honig ab, und zwar an einer ringförmigen Stelle der inneren Kelchwand. Die Menge des abgesonderten Nektars ist eine sehr verschiedene: von der reichlichen Absonderung sichtbarer Tropfen, z. B. bei Rubusarten und Geum rivale, bis zu der kaum mehr erkennbaren, aber von den Insekten noch gern beleckten Schicht bei Alchemilla und Potentilla finden sich mancherlei Zwischenstufen. Manche Arten sind völlig honiglos, einzelne sogar windblütig. Unsere Rosaceen gehören also folgenden Blumenklassen an:

W: Sanguisorba minor.

Po: Rosa, Ulmaria, Aruncus, Kerria.

A: Alchemilla, Sibbaldia, Amelanchier vulgaris.

AB: Amygdalus, Prunus, Geum, Potentilla, Spiraea, Crataegus.

B: Rubus, Comarum, Sorbus, Fragaria, Persica.

Es ist daher der Blütenbesuch bei den verschiedenen Arten ein sehr verschiedener: in erster Linie sind die Fliegen (besonders Schwebfliegen) und kürzerrüsselige Bienen (Anthrena, Halictus) die Befruchter, zu denen in den augenfälligeren und honigreicheren Blumen langrüsselige Bienen, sowie Käfer und

selbst Schmetterlinge kommen. Bei eintretendem Insektenbesuche ist Fremdbestäubung häufig durch Protogynie (Prunus, Amygdalus, Spiraea-Arten,
Geum, Fragaria, Crataegus, Sorbus, Pirus), bei Homogamie (Persica-,
Prunus-Arten, Rosa- und Potentilla-Arten) durch Abwendung der Staubblätter von den Narben, selten durch Protandrie (Rubus caesius) oder teilweise Diklinie (Sanguisorba minor) begünstigt oder gesichert. Bei ausbleibendem Insektenbesuche scheint in zweigeschlechtigen Blüten regelmässig
spontane Selbstbestäubung einzutreten.

175. Amygdalus L.

Hellrosenrote oder weisse, protogynische Blumen mit halbverborgenem
Honig, welcher vom unteren Teile des becherförmigen Kelches abgesondert wird.

801. A. communis L. (Prunus Amygdalus Stokes). Der Nektar
wird, nach Kirchner (Flora S. 460, 461), innen an dem gelb gefärbten unteren Teile des becherförmigen Kelches abgesondert. Gegen Regen und unberufene Gäste wird er durch Wollhaare geschützt, welche den Fruchtknoten und
den unteren Teil des Griffels bedecken. Die zahlreichen Staubblätter sind in
sehr ungleicher Höhe dem Kelche eingefügt, so dass ihre Antheren zum Teil
mit der Narbe gleich hoch stehen, zum Teil sie überragen. Dieselbe ist beim
Öffnen der Blüte bereits entwickelt; später springen die Antheren allmählich
auf und bedecken sich ringsum mit Pollen, so dass nun bei eintretendem
Insektenbesuche sowohl Fremd- als auch Selbstbestäubung eintreten kann.
Letztere kann auch spontan leicht erfolgen.

Als Besucher sah ich (Bijdragen) an kultivierten Pflanzen: A. Diptera: *Syrphidae*: 1. Eristalis tenax L., sgd. und pfd. B. Hymenoptera: a) *Apidae*: 2. Bombus
terrester L. ♀ sgd.; 3. Halictus cylindricus F. ♀, sgd. Die Hummel setzte sich meist auf
die Kronblätter und kroch dann unter die Staubblätter, um so zum Honig zu gelangen.
Dabei streifte sie mit dem Rücken die Antheren, kam aber mit der Narbe gar nicht in
Berührung. In selteneren Fällen flog sie auf die Blütenmitte, also auf die Narben und
kroch dann zu den Staubblättern, so dass sie ihre Unterseite mit Pollen bedeckte; sie
bewirkte in diesem Falle also Kreuzung. b) *Vespidae*: 4. Vespa sp., sgd.

Ducke beobachtete bei Triest als häufigen Besucher die rotpelzige Mauerbiene
Osmia cornuta Ltr. ♀ ♂; Schletterer bei Pola die Apiden: 1. Bombus terrester L.;
2. Xylocopa violacea L.

Die Laubblätter besitzen (Kirchner, Flora S. 461) Nektarien, welche
von Ameisen und Wespen besucht werden, die der Pflanze Schutz gegen
Raupen und andere schädliche Tiere gewähren.

802. A. nana L. (Prunus nana Stokes). Die Einrichtung auch
dieser Art hat Kirchner (Neue Beobachtungen S. 36) nach Blüten kultivierter
Pflanzen beschrieben. Die Länge der Kelchröhre beträgt bis zu ihrer Spaltung
10 mm, ihr Durchmesser am Schlunde 4 mm; nach unten zu verengt sie sich
noch etwas. Der untere Teil ihrer Innenwand ist gelb gefärbt und sondert
Nektar aus, welcher wie bei voriger Art dadurch gegen Regen und unberufene
Gäste geschützt ist, dass der Fruchtknoten und der Griffel, soweit letzterer in
der Kelchröhre steckt, mit reichlichen wolligen Haaren besetzt sind. Der obere,

unbehaarte Teil des Griffels ragt 2—3 mm aus dem Kelche hervor. Auch hier sind die Staubblätter in sehr ungleicher Höhe dem Kelche (becherförmigen Blütenboden) eingefügt und die Staubfäden verschieden lang, so dass die Antheren der kürzesten mit der Narbe in gleicher Höhe oder etwas tiefer stehen, während die längeren sie überragen. Wenn die Blüte sich öffnet, sind die Antheren noch geschlossen; die bereits entwickelte Narbe wird anfangs von den senkrecht in die Höhe ragenden Staubblättern verdeckt. Später springen die Antheren nach einander ohne erkennbare Reihenfolge auf und bedecken sich ringsum mit Pollen, so dass nunmehr auch spontane Selbstbestäubung leicht eintreten kann. Ob dieselbe von Fruchtbarkeit begleitet ist, erscheint zweifelhaft, da die von Kirchner zahlreich beobachteten Sträucher nur selten Früchte ansetzten.

176. Persica Tourn.

Homogame, hellrosenrote Blumen mit verborgenem Nektar, der im Kelchgrunde abgesondert wird.

803. P. vulgaris Miller (Prunus Persica Stokes, Amygdalus Persica L.). [H. M., Weit. Beob. II. S. 244; Kirchner, Neue Beob. S. 36, 37; Knuth, Bijdragen.] — Der becherförmige Teil des Kelches ist bis zur Trennung in die fünf Zipfel 8 mm lang; die untersten 5 mm sind, nach H. Müller, mit einer orangefarbigen Schicht ausgekleidet, welche Nektar aussondert. Die Blüten sind daher mehr für den Besuch langrüsseliger Insekten eingerichtet, als die übrigen Blumen dieser Familie. Nach Kirchner sind in den homogamen Blüten die Wurzeln der Staubfäden so gegen den Griffel gebogen, dass sie dicht neben einander liegend den Eingang zum Kelche und zu dem darin enthaltenen Nektar verschliessen. Die Blütengrösse ist je nach der Sorte sehr verschieden.

Als Besucher beobachtete ich in Kieler Gärten die Honigbiene sgd., Bombus lapidarius L. ⚲ (sgd.) und B. terrester L. ♀ (sgd.). Kirchner sah in Württemberg Apis, Bombus sp., Vanessa urticae L. H. Müller beobachtete ausser Meligethes mehrere Bienen, nämlich: 1. Anthrena albicans Müll. ♀ ♂, ped. und sgd.; 2. Bombus terrester L. ♀, sgd.; b) Osmia cornuta Latr. ♀ ♂, sgd.; 2. O. rufa L. ♂, sgd. Schletterer beobachtete bei Pola die Apiden: 1. Bombus terrester L.; 2. Xylocopa violacea L.; Plateau in Belgien: 1. Apis (hfg.); 2. Bombus lapidarius L.; 3. Osmia bicornis L.

177. Prunus L.

Weisse, homogame oder protogynische Blumen mit halb oder ganz verborgenem Honig, welcher im Kelchbecher abgesondert wird.

804. P. Armeniaca L. Die weissen, mit rötlichem Anfluge versehenen honigduftenden Blüten sind, nach Kirchner (Neue Beob. S. 37), homogam. Der rote Kelch bildet einen 7—8 mm tiefen Becher, dessen unterer orangegelber Wandteil den Nektar aussondert, so dass dieser ganz verborgen ist. Die Staubblätter stehen gerade aufrecht oder sind etwas nach aussen gerichtet, so dass der Zugang zum Nektar nicht verschlossen ist. Fruchtknoten und unterer Teil des Griffels sind zum Honigschutz behaart,

Als Besucher beobachtete H. Müller (Weit. Beob. II. S. 244) ausschliesslich Hymenopteren, nämlich: a) *Apidae*: 1. Anthrena fasciata Wesm. ♀, psd.; 2. A. parvula K. ♀, psd.; 3. Halictus leucozonius Schrk. ♀, sgd.; 4. H. sexstrigatus Schenck ♀, psd.. sgd.; 5. Osmia rufa L. ♂, zahlreich, sgd. b) *Pteromalidae*: 6. Chalcis sp., sgd. Schletterer sah bei Pola die Holzbiene Xylocopa violacea L.

805. P. domestica L. [Kirchner, Beitr. S. 35; H. M., Befr. S. 216; Knuth, Bijdragen.] — Die weissen, etwas grünlich schimmernden Blüten sind, nach Kirchner, protogynisch, während H. Müller sie als homogam bezeichnet. Der erste (weibliche) Zustand dauert, nach Kirchner, fast zwei Tage, dann erst springen die Antheren auf; in diesem zwittrigen Zustande verbleiben die Blüten drei Tage, so dass die Gesamtblühzeit fünf Tage beträgt. Fremdbestäubung ist daher im ersten Blütenzustande gesichert. Da die Narbe die inneren Staubblätter überragt, während die äusseren ihr an Länge gleich sind, so bewirken Insekten, welche den von der inneren fleischigen Wandung des Kelches abgesonderten Nektar saugen, vorzugsweise Fremdbestäubung, da sie in derselben Blüte Narbe und Antheren meist mit verschiedenen Seiten ihres Körpers berühren. In nicht ganz senkrecht stehenden Blüten kann bei ausbleibendem Insektenbesuche im zweiten Blütenzustande durch Hinabfallen von Pollen aus den äusseren, längeren Staubblättern auf die Narbe leicht spontane Selbstbestäubung eintreten.

Als Besucher sah ich bei Kiel: A. Diptera: *Syrphidae*: 1. Eristalis tenax L. B. Hymenoptera: *Apidae*: 2. Apis mellifica L. ⚥, sgd.; 3. Bombus terrester L. ♀, sgd. C. Lepidoptera: *Rhopalocera*: 4. Pieris sp., sgd.

Als Besucher von Prunus domestica, avium und cerasus nennt Herm. Müller (Befr. S. 216):

A. Diptera: *Syrphidae*: 1. Eristalis arbustorum L., sgd.; 2. E. tenax L.; 3. Rhingia rostrata L., sgd., häufig. B. Hymenoptera: *Apidae*: 4. Anthrena albicans Müll. ♀ ♂, psd. und sgd., sehr zahlreich; 5. A. fulva Schrk. ♀, sgd. und psd.; 6. Apis mellifica L. ⚥, sgd., sehr häufig; 7. Bombus hortorum L. ♀, sgd.; 8. B. lapidarius L. ♀, sgd.; 9. B. terrester L. ♀, sgd.; 10. Osmia cornuta Latr. ♀ ♂, sgd.; 11. O. rufa L. ♀ ♂, sgd., häufig. C. Lepidoptera: *Rhopalocera*: 12. Pieris brassicae L., sgd.; 13. P. napi L., sgd.; 14. P. rapae L., sgd.

Alfken beobachtete bei Bremen die Biene Anthrena tibialis K. ♀.

Mac Leod sah Prunus domestica in Flandern von Apis besucht. (Bot. Jaarb. VI. S. 325).

806. P. cerasifera Ehrh. [Knuth, Bijdragen] scheint, nach Focke, isoliert ziemlich unfruchtbar zu sein.

Als Besucher sah ich: Anthrena albicans Müll. ♀, sgd.

807. P. insititia L. Nach Kirchner (Beitr. S. 35) stimmt die Blüteneinrichtung dieser Art mit derjenigen von P. domestica überein, doch ist Fremdbestäubung dadurch mehr begünstigt, dass der Griffel zuweilen noch etwas länger als die längsten Staubblätter ist.

Als Besucher sah ich (Bijdragen) in Kieler Gärten nur Anthrena albicans Müll. ♀, sgd.

808. P. avium L. Die Angaben von Ch. K. Sprengel und H. Müller (Befr. S. 216) ergänzt O. Kirchner (Beitr. S. 32—34) zu folgender Darstellung: Die rein weissen Blüten besitzen einen schwachen, angenehmen Duft. Die Blumenkrone breitet sich gewöhnlich nicht flach aus, sondern bildet ein fast halbkugliges Glöckchen von 10 12 mm Tiefe und 17—25, durchschnittlich 22 mm Durchmesser, welches sich in der Regel auf einem herabhängenden Stiele nach unten öffnet. Durch diese Form und Stellung der Blüte werden die Staubblätter und der Stempel der Süsskirsche viel besser gegen Regen geschützt, als die Blüten unserer anderen Obstsorten. Die Zeitdauer des Blühens einer Blüte beträgt 7—8 Tage. Die Blüten sind homogam, ohne dass spontane Selbstbestäubung regelmässig erfolgen kann. Die Staubblätter sind von verschiedener Länge: die am weitesten nach innen stehenden sind nur 2—3 mm, die äussersten 9—11 mm lang.

Mit dem Öffnen der Blüte ist die Narbe entwickelt; sie steht mit den längsten Staubblättern etwa in gleicher Höhe. Diese sind nach den Seiten hin abgespreizt, ihre Antheren bis auf die von einigen kurzen (inneren) noch geschlossen; der Pollen der geöffneten kann kaum auf die Narbe gelangen. Das Aufspringen der Antheren schreitet dann ziemlich unregelmässig nach aussen fort, so dass am zweiten Tage nach dem Aufblühen noch eine Anzahl der äusseren Staubbeutel geschlossen ist, die sich dann im Laufe dieses Tages nach aussen öffnen. Der Griffel überragt nun in der Blütenmitte die schräg nach aussen gespreizten Staubblätter. In dieser Lage bleiben die genannten Organe bis zum Verblühen, so dass spontane Selbstbestäubung nur zufällig und nicht häufig eintreten kann. Besuchende Insekten, welche den Kopf und Rüssel zur Erlangung des von der Innenseite des Kelches abgesonderten Honigs in den Blütengrund senken, werden in derselben Blüte meist mit entgegengesetzten Körperseiten Narbe und Pollen berühren, mithin meist Fremdbestäubung herbeiführen, während pollenfressende ebenso gut Fremd- als Selbstbestäubung bewirken.

Als Besucher sah ich (Bijdragen) bei Kiel: A. Diptera: *Syrphidae*: 1. Eristalis arbustorum L., sgd.; 2. Rhingia rostrata L., sgd. B. Hymenoptera: *Apidae*: 3. Apis mellifica L. ☿, sgd.; 4. Bombus lapidarius L. ♀ ♂, sgd.

Herm. Müller beobachtete bei Jena (Weit. Beob. II. S. 244):

A. Coleoptera: a) *Cerambycidae*: 1. Tetrops praeusta L. b) *Chrysomelidae*: 2. Haltica sp. B. Hymenoptera: *Apidae*: 3. Anthophora aestivalis Pz. ♂ ♀, sgd. und psd.; 4. Apis mellifica L. ☿, sgd. und psd.; 5. Halictus maculatus Sm. ♀, psd.; 6. Osmia aurulenta Pz. ♂ ♀, sgd.; 7. O. fusca Christ. ♀, psd.

Loew beobachtete in Brandenburg (Beiträge S. 37): Hymenoptera: *Apidae*: 1. Anthrena combinata Chr. ♀, sgd.; 2. A. nigroaenea K. ♀, sgd.; 3. A. pilipes F. ♀, sgd.; 4. A. tibialis K. ♂, sgd.; 5. A. varians K. f. helvola L. ♀, sgd.; 6. Nomada alternata K. ♂; 7. Osmia rufa L. ♂, sgd. Mac Leod sah in Flandern Apis, Bombus terrester L. (Bot. Jaarb. VI. S. 323).

809. P. Cerasus L. Die Untersuchungen O. Kirchners (Beitr. S. 34, 35) haben auch für diese Art nicht unbedeutende Abweichungen von der durch Sprengel und Müller gegebenen Darstellung der Blüteneinrichtung geliefert: Die nach Bittermandeln riechenden Blüten stehen der Mehrzahl nach auf wagerechten, nicht selten auch schräg aufwärts oder abwärts gerichteten Stielen. Ihre Kronblätter breiten sich flach aus, so dass der Blütendurchmesser 28—31, im Durchschnitt 30 mm beträgt. Die Blühzeit der Einzelblüte ist 7—8 Tage. Die Blüten sind protogynisch, (H. Müller bezeichnete sie als homogam). Die Narbe steht mit den Antheren der längsten Staubblätter in etwa gleicher Höhe.

Wenn die Blüte sich öffnet, ist die Narbe bereits entwickelt, aber sämtliche Antheren sind noch geschlossen, so dass bei jetzt eintretendem Insektenbesuche Fremdbestäubung erfolgen muss. Indem die Blüte sich vollständig ausbreitet, beginnen schon im Laufe des ersten Tages die Antheren der inneren Staubblätter aufzuspringen. Das Aufspringen der Staubbeutel schreitet nun nach aussen fort, wobei die Staubblätter nach aussen spreizen, so dass in der grossen Mehrzahl der Blüten spontane Selbstbestäubung nicht erfolgen kann.

Als Besucher sah ich (Bijdragen) bei Kiel eine kleine Biene: Anthrena albicans Müll. ♀, sgd.

Schmiedeknecht beobachtete in Thüringen Bombus pratorum L. ♀; Schenck in Nassau die Schmarotzerbienen Nomada fabriciana L., var. nigrita Schck. und N. rhenana Mor.; Alfken und Höppner (H.) bei Bremen: Apidae: 1. Anthrena albicans Müll. ♀; 2. A. albicrus K. ♀; 2. A. argentata Sm. ♀; 3. Bombus agrorum F. ♀ (H.); 4. B. derhamellus K. ♀ (H.); 5. B. lapidarius L. ♀ (H.); 6. B. terrester L. ♀ (H.); 7. Nomada alboguttata H.-Sch. ♂; 8. Osmia rufa L. ♀; Friese in Mecklenburg Osmia rufa L., hfg.; Loew in Brandenburg (Beiträge S. 37): Anthrena propinqua Schck.; Plateau in Belgien: Anthrena fulva Schr. (= A. vestita F.); 2. Apis; 3. Osmia bicornis L.

In Dumfriesshire (Schottland) (Scott-Elliot, Flora S. 53) wurden Apis und 1 Schmarotzer-Hummel als Besucher beobachtet.

810. P. spinosa L. [H. M., Befr. S. 215; Weit. Beob. II. S. 244; Mac Leod, B. Jaarb. VI. S. 323—324; Knuth, Bijdragen.] — Die weissen, bei der Hauptform früher als die Blätter erscheinenden, duftenden Blüten bedecken in so grosser Zahl die dunklen Zweige des dornigen, stark verästelten Strauches, dass dieselben weithin sichtbar sind und zur Zeit der Blüte des Schwarzdorns die augenfälligste Erscheinung der Flora bildet. Die Blüten werden daher auch von zahlreichen Insekten besucht, die dem im Grunde des Kelches reichlich abgesonderten Nektar nachgehen oder Pollen sammeln. Sie sind protogynisch: beim Aufblühen sind die Antheren noch geschlossen, während der Griffel die um die Blütenmitte zusammengekrümmten Staubblätter um einige mm überragt, so dass, da die Narbe bereits empfängnisfähig ist, durch anfliegende Insekten, welche schon eine ältere mit Pollen versehene Blüte besucht haben, Fremdbestäubung herbeigeführt werden muss. Später strecken sich die Staubblätter, spreizen auseinander und öffnen ihre Antheren. Auch der Griffel streckt sich noch, so dass er die kürzeren Staubblätter etwas überragt. Auch jetzt ist die Narbe noch empfängnisfähig, so dass bei ausbleibendem Insektenbesuche spontane Selbstbestäubung stattfinden kann.

Als Besucher beobachteten Herm. Müller (1) und ich (!):
A. Coleoptera: *Nitidulidae*: 1. Meligethes, hld. (1, !). B. Diptera: a) *Bibionidae*: 2. Bibio marci L., hld. (1). b) *Empidae*: 3. Empis rustica Fall., sgd. (1). c) *Muscidae*: 4. Anthomyiaarten, sgd. (1); 5. Chlorops, sgd. (1); 6. Musca domestica L., sgd. (!); 7. Scatophaga merdaria F., sgd. (1); 8. S. stercoraria L., sgd. (1, !); 9. Sepsis, sgd., häufig (1). d) *Syrphidae*: 10. Eristalis arbustorum L., sgd. und pfd. (1); 11. E. intriacrius L., w. v. (1); 12. E. nemorum L., w. v. (1); 13. E. tenax L., w. v. (1, !); 14. Rhingia rostrata L., sgd. (!). C. Hymenoptera: a) *Apidae*: 15. Anthrena albicans Müll. ♀ ♂, sgd. und psd. (1, !); 16. A. atriceps K. ♀ ♂, sgd. (1); 17. A. dorsata K. ♀, psd. (1); 18. A. fasciata Wesm. ♂, sgd. (1); 19. A. fulva Schrank ♀, sgd. und psd. (1); 20. A. fulvicrus K. ♀ ♂. sgd. (1); 21. A. gwynana K. ♀, sgd. und psd. (1); 22. A. parvula K. ♀, w. v. (1, !); 23. A. eximia

Smith ♀, w. v. (1); 24. A. schrankella Nyl. ♀, psd. (1); 25. Apis mellifica L. ☿, sgd. und psd. (1, !); 26. Bombus lapidarius L. ♂, sgd. (1); 27. Halictus albipes F. ♀, häufig, sgd. und psd. (1); 28. H. cylindricus F. ♀, w. v. (1); 29. Nomada succincta Pz. ♂, sgd. (1); 30. Osmia rufa L ♂, sgd. (1). b) *Tenthredinidae*: 31. Dolerus gonager Kl., sgd. (1). D. Lepidoptera: *Rhopalocera*: 32. Vanessa io L., andauernd sgd. (1).

Alfken beobachtete bei Bremen: A. Diptera: a) *Bombylidae*: 1. Bombylius major L., mehrfach, sgd. b) *Muscidae*: 2. Sarcophaga carnaria L., sgd. c) *Syrphidae*: 3. Eristalis arbustorum L., s. hfg., sgd. und pfd.; 4. E. intricarius L., w. v.; 5. Helophilus pendulus L., w. v.; 6. Platycheirus albimanus F.; 7. Syritta pipiens L.; B. Hymenoptera: a) *Apidae*: 8. Anthrena albicans Müll. ♀ ♂; 9. A. albicrus K. ♀ ♂; 10. A. extricata Sm. ♀; 11. A. flavipes Pz. ♀; 12. A. helvola L. ♂; 13. A. nitida Fourc. ♀; 14. A. varians K ♀ ♂; 15. Apis mellifica L. ☿, s. hfg., sgd.; 16. Halictus flavipes F. ♀; 17. H. morio F. ♀; 18. H. nitidiusculus K. ♀; 19. Nomada alternata K. ♀; 20. N. lineola Pz. ♂, sgd ; 21. N. succincta Pz. ♂; 22. Osmia rufa L. ♂. b) *Tenthredinidae*: 23. Hoplocampa ferruginea F.; 24. H. rutilicornis Klg.; Gerstäcker bei Berlin die Männchen der Mauerbiene Osmia aurulenta Pz., hfg.

Schiner beobachtete in Österreich die Schwebfliege Mallota fuciformis F.; v. Dalla Torre in Tirol die Biene Halictus smeathmanellus K. ♀ ♂; dieselbe giebt Schletterer für Tirol als Besucher an; derselbe beobachtete ferner bei Pola Hymenoptera: a) *Apidae*: 1. Anthrena carbonaria L., hfg.; 2. A. deceptoria Schmiedekn.; 3. A. thoracica F.; 4. Bombus terrester L. b) *Vespidae*: 5. Polistes gallica L. Schmiedeknecht sah in Thüringen die Apiden: 1. Anthrena congruens Schmiedekn.; 2. A. eximia Smith; Saunders in England die seltene Erdbiene Anthrena bucephala Steph. mit ihrem Schmarotzer, der schönen Nomada xanthosticta K.; Smith in England Anthrena bimaculata K.

811. P. Padus L. [H. M., Befr. S. 215; Weit. Beob. II. S. 244; Knuth, Bijdragen.] — Die Einrichtung der weissen, zu vielblütigen, meist hängenden Trauben vereinigten, stark riechenden Blüten stimmt, nach H. Müller, in Bezug auf die Protogynie mit derjenigen von P. spinosa überein; doch bleiben die Staubblätter während der ganzen Blütezeit etwas einwärts gekrümmt, so dass im zweiten (zwittrigen) Blütenzustande bei Insektenbesuch noch leichter Selbstbestäubung eintritt, als bei voriger Art. Die inneren Staubblätter öffnen ihre Antheren, während sie unter die Narbe hinabgekrümmt sind, so dass sie beim Aufrichten den Narbenrand streifen müssen, und so bei ausbleibendem Insektenbesuche regelmässig spontane Selbstbestäubung erfolgt.

Als Besucher der nach Trimethylamin riechenden Blüten sah ich bei Kiel an Gartenpflanzen nur Musciden: 1. Calliphora vomitoria L.; 2. Lucilia caesar L.; 3. Musca domestica L.; 4. Sarcophaga carnaria L., sämtlich sgd.

Herm. Müller beobachtete:

A. Coleoptera: a) *Cerambycidae*: 1. Grammoptera ruficornis Pz., hld. b) *Malacodermata*: 2. Dasytes sp., hld. c) *Mordellidae*: 3. Anaspis rufilabris Gyll., hld. d) *Nitidulidae*: 4. Meligethes, hld. B. Diptera: *Empidae*: 5. Empis livida L., sgd.; 6. E. rustica Fall., sgd. C. Hymenoptera: *Apidae*: 7. Anthrena parvula K. ♀, sgd.

F. F. Kohl beobachtete in Tirol die Goldwespe: Ellampus aeneus F.

812. P. Mahaleb L. Auch diese Art ist, nach Kirchner (Neue Beob. S. 37), schwach protogynisch. Von den anfangs aufrecht stehenden oder etwas nach innen gebogenen Staubblättern spreizen sich die äusseren später nach auswärts. Der Griffel, welcher beim Beginn des Blühens den kürzesten Staubblättern an Länge gleichkommt, erreicht später die Länge der längsten.

Schletterer beobachtete als Besucher bei Pola: Hymenoptera: a) *Apidae*:
1. Anthrena morio Brull.; 2. A. thoracica F.; 3. Bombus argillaceus Scop. b) *Vespidae*:
4. Polistes gallica L.

178. Rosa Tourn.

Homogame, zuweilen schön duftende, meist grosse, rosa oder weisse, seltener
gelbe Blumen ohne Honig (einzelne Arten, vielleicht mit flacher Honigschicht am
Kelchrande). Der Mangel an Nektar wird durch reichlichen Pollen ersetzt.

813. R. canina L. [H. M., Befr. S. 204; Weit. Beob. II. S. 239;
Mac Leod, B. Jaarb. VI, S. 307—308; Heinsius, B. Jaarb. IV, S. 55—57;
Knuth, Nordfr. Ins. S. 70, 154.] — Die hellrosa gefärbten, wohlriechenden
Blumen sind homogam und auch wohl nektarlos. Obgleich, nach H. Müller,
der obere Rand der Kelchröhre innerhalb der Einfügung der Staubfäden
einen dicken, fleischigen Ring besitzt, so scheint dieser doch keinen Nektar
auszusondern. Dieser Ring hat, nach Heinsius, zwar den Bau eines
Nektariums, aber die Honigabsonderung ist zu gering, als dass man die
Blüte zu den Honigblumen rechnen könnte. Da die Staubblätter sich beim
Öffnen der Blüte nach aussen biegen und die Kronblätter ziemlich aufwärts
gerichtet bleiben, so bietet der erwähnte Ring nebst den in seiner Mitte
hervorragenden Narben den besuchenden Insekten den bequemsten Anfliegeplatz,
wodurch dann Fremdbestäubung bevorzugt ist. Bei ausbleibendem Insektenbesuche tritt in allen Blüten, welche nicht zufällig ganz aufrecht stehen, durch
Hinabfallen von Pollen auf die Narbe spontane Selbstbestäubung ein.

Als Besucher sah ich auf der Insel Amrum die Honigbiene, psd.; Mac Leod
in Flandern 1 Hummel, 1 Muscide, 2 Käfer (Bot. Jaarb. VI. S. 308, 380); Heinsius in
Holland 3 Schwebfliegen (Didea intermedia Loew ♀, Eristalis arbustorum L. ♀, E. horticola Deg. ♂), 2 Musciden (Anthomyia sp. ♂, Aricia vagans Fall. ♂) und 1 Käfer (Cetonia metallica F. = C. floricola Hbt.) als Besucher (B. Jaarb. IV. S. 57).

Herm. Müller (1) und Buddeberg (2) beobachteten:
A. Coleoptera: a) *Buprestidae*: 1. Anthaxia nitidula L., in den Blüten (2).
b) *Cerambycidae*: 2. Stenocorus inquisitor F. (1); 3. Strangalia maculata Poda (1). 4. St. nigra
L., Antheren und zarte Blütenteile überhaupt benagend (1). c) *Chrysomelidae*: 5. Luperus
flavipes L. (1). d) *Cleridae*: 6. Trichodes alvearius F. ♀ (2); e) *Dermestidae*: 7. Anthrenus
pimpinellae F., häufig, pfd. (1); 8. A. scrophulariae L., w. v. (1). f) *Mordellidae*: 9. Anaspis
frontalis L. (1); 10. Mordella aculeata L. (1). g) *Nitidulidae*: 11. Meligethes, häufig (1).
h) *Scarabaeidae*: 12. Cetonia aurata L., Narben und Antheren abweidend und grosse
Löcher in die Blumenblätter fressend (1. 2); 13. Oxythyrea stictica Poda, w. v. (1);
14. Phyllopertha horticola L., w. v. (1). i) *Telephoridae*: 15. Anthocomus fasciatus L. (1);
B. Diptera: *Syrphidae*: 16 Helophilus floreus L., pfd. (1); 17. Syritta pipiens L., häufig,
pfd. (1). C. Hymenoptera: *Apidae*: 18. Anthrena albicans Müll. ♀ ♂, psd. und pfd. (1);
19. A. fucata Sm. ♀, psd. (1); 20. Apis mellifica L. ☿, psd. (1); 21. Halictus nitidus
Schenck ♀, psd. (1); 22. Megachile circumcincta K. ♀, psd. (1); 23. Osmia rufa L. ♀,
psd. (1); 24. Prosopis communis Nyl. ♀ ♂, pfd., häufig (1).

Schenck sah in Nassau Anthrena labialis K. ♂; Redtenbacher bei Wien den
Blattkäfer Cryptocephalus. 12 punctatus F. v. Dalla Torre und Schletterer beobachteten in Tirol die Biene Anthrena propinqua Schck. ♀.

In Dumfriesshire (Schottland) (Scott-Elliot, Flora S. 62) wurden Apis (häufig),
3 Hummeln, 1 kurzrüsselige Biene, 1 Goldwespe, 1 Blattwespe, 2 Musciden und 5 Schwebfliegen als Besucher beobachtet.

814. **R. repens Scopoli** (R. arvensis Hudson). Die Einrichtung der weissen, duftenden, gleichfalls honiglosen Blüten stimmt, nach Kirchner, mit derjenigen der vorigen Art überein. Nach Kerner sind die Blüten von morgens 4 Uhr bis abends 9 Uhr geöffnet; ihre Blütedauer beträgt zwei Tage.

815. **R. pimpinellifolia DC.** (R. spinosissima Smith). [Knuth, Ndfr. Ins. S. 69, 70, 154.] — Die Blüteneinrichtung habe ich in den Dünen besonders der Insel Röm untersuchen können, doch habe ich dort nur wenige Besucher zu beobachten Gelegenheit gehabt. Der Durchmesser der weissen Blumenkrone beträgt etwa 3 cm. Mit dem Aufblühen ist die gleichzeitige Entwickelung der Antheren und Narben verbunden. Die Staubblätter biegen sich zwar von den Narben ab, so dass bei eintretendem Insektenbesuche auch Fremdbestäubung möglich ist, doch wird bei Ausbleiben desselben spontane Selbstbestäubung eintreten, weil beim Anschlagen der kleinen Pflanze gegen den Boden infolge der auf den Inseln häufigen und heftigen Winde leicht Pollen auf die nahe Narbe übertreten kann.

Als Besucher sah ich auf der Insel Röm mehrere pollenfressende Musciden, einige pollenfressende Käfer und Forficula.

Verhoeff beobachtete auf Norderney: A. Coleoptera: *Scarabaeidae*: 1. Phyllopertha horticola L., hfg., pfd. B. Hymenoptera: *Apidae*: 2. Bombus terrester L. 1 ⚥, psd.

816. **R. rubiginosa L.** [H. M., Weit. Beob. II. S. 239, 240; Knuth, Ndfr. Ins. S. 70, 154.] — Ausser den Blüten duften bei dieser Art auch die Laubblätter; letztere dienen also auch der Anlockung der Insekten. Die lebhaft rosa Blüten bieten den letzteren nicht nur Pollen, wie die anderen Arten dieser Gattung, sondern, wie bereits H. Müller nachwies, auch etwas Nektar, der in einer ganz flachen Schicht auf dem breiten fleischigen Rande des Kelches ausgeschieden wird. Auch die Blüten dieser Art sind schwach protogynisch, so dass bei Insektenbesuch anfangs Fremdbestäubung erfolgen muss. Im Beginn des Blühens ragen nämlich in der Blütenmitte zahlreiche ausgebildete Narben dicht aneinander gedrängt als polsterförmige Anschwellungen hervor und bieten für die Insekten eine bequeme Anflugstelle und Standfläche. Die Staubblätter sind jetzt noch nach auswärts gebogen, und ihre Antheren sind noch geschlossen. Später krümmen sich die Staubfäden mit dem Aufspringen der Antheren über der Blütenmitte zusammen, so dass spontane Selbstbestäubung erfolgt. Nach Kerner sind die Blumen von 5 Uhr morgens bis 9 Uhr abends geöffnet.

Als Besucher sah ich auf der Insel Amrum nur die Honigbiene psd.

Herm. Müller giebt folgende Besucherliste:

A. Coleoptera: a) *Chrysomelidae*: 1. Crytocephalus sericeus L., Blütenteile fressend; 2. Luperus flavipes L., häufig. b) *Telephoridae*: 3. Danacea pallipes Pz. in grösster Zahl in den Blüten. B. Diptera: *Stratiomyidae*: 4. Oxycera pulchella Mg., einzeln. C. Hymenoptera: *Apidae*: 5. Bombus pratorum L. ⚥, psd.; 6. B. terrester L. ⚥, psd.

817. **R. alpina L.** sah Herm. Müller (Alpenbl. S. 215) von einer kleinen Biene (Halictus) besucht.

818. **R. centifolia L.** [H. M., Befr. S. 205; Weit. Beob. II. S. 239; Knuth, Bijdragen] und andere kultivierte, gefüllte Arten sah ich (!) ziemlich häufig

von Insekten besucht; Herm. Müller (1) giebt eine noch grössere Anzahl von Besuchern von R. centifolia an:

A. Coleoptera: a) *Cerambycidae*: 1. Clytus arietis L., zarte Blütenteile, namentlich Antheren, verzehrend (1); 2. Grammoptera ruficornis F., sehr zahlreich. w. v. (1); 3. Strangalia atra Laich., w. Clytus (1); 4. St. attenuata L., w. v. (1). b) *Cistelidae*: 5. Cistela murina L., w. Clytus (1). c) *Dermestidae*: 6. Anthrenus fuscus Latr., selten (1); 7. A. pimpinellae F. (1); 8. A. scrophulariae L., häufig (1). d) *Mordellidae*: 9. Anaspis ruficollis F., w. Clytus (1); 10. Mordella aculeata L., w. v. (1). e) *Nitidulidae*: 11. Meligethes, in Menge (1, !). f) *Scarabaeidae*: 12. Cetonia aurata L., Blütenteile fressend (1, !); 13. Melolontha vulgaris L., w. v. (1, !); 14. Phyllopertha horticola L., w. v. (1, !). g) *Telephoridae*: 15. Anthocomus fasciatus L., häufig (1); 16. Dasytes sp., selten (1).

Kohl giebt die Grabwespe Crabro peltarius Schreb. ♀ ♂ als Besucher an.

819. R. alba L. Borbás beobachtete in Gärten bei Vésztö (Ungarn) an Sträuchern mit gefüllten Blumen 2—3 ausgebildete Früchte, welche keimfähige Samen enthielten.

820. R. pomifera Hermann.

Als Besucher beobachteten v. Dalla Torre und Schletterer in Tirol die Bienen: 1. Halictus albipes F.; 2. H. interruptus Pz.; 3. H. tumulorum L.; 4. Osmia leucomelaena K.; 5. Prosopis sinuata Schck. ♂.

179. Rubus L.

Weisse oder rötliche, homogame oder schwach protandrische oder schwach protogynische, manchmal auch diöcische Blumen (R. Chamaemorus) mit verborgenem Nektar, welcher von einem fleischigen Ringe des Kelchrandes innerhalb der Staubblätter in reichlicher Menge abgesondert wird.

Wie das Erkennen der neuerdings zahlreich unterschiedenen Rubus-Arten ein Spezialstudium erfordert, so werden es spätere Forscher vielleicht für nötig halten, die Blüteneinrichtung und die Blütenbesucher der einzelnen Arten zu unterscheiden, doch werden sich erhebliche Unterschiede kaum herausstellen. In der Blütenbiologie gilt vorläufig immer noch als Sammelname:

821. R. fruticosus L. [H. M., Befr. S. 206, 207; Weit. Beob. II. S. 240, 241; Kirchner, Flora S. 451; Loew, Bl. Fl. S. 391; Knuth, Rügen; Bijdragen etc.] — Nach Herm. Müllers Darstellung breiten sich die meist weissen Kronblätter flach aus, so dass die Augenfälligkeit eine ziemlich grosse ist. Die Staubblätter spreizen so weit auseinander, dass auch die kurzrüsseligsten Insekten den Kopf leicht zwischen Staubblättern und Stempeln hindurch bis zum honigabsondernden Ring in den Blütengrund senken. Von den weit auseinander stehenden Staubblättern springen die Antheren der äussersten zuerst auf und kehren ihre pollenbedeckte Seite nach oben. Gleichzeitig sind die Narben entwickelt; es bewirken daher die meisten Besucher Fremdbestäubung, so dass die meisten Blüten noch geschlossene Antheren haben, wenn sie bereits befruchtet sind. Spontane Selbstbestäubung ist ziemlich erschwert; nur die aufgesprungenen Antheren der innersten Staubblätter kommen bisweilen mit den äussersten Narben in Berührung. Von derselben wird auch nur in den seltensten Fällen bei andauernd ungünstiger Witterung Gebrauch gemacht, da sonst der Insektenbesuch ein sehr reichlicher ist. Die von Buddeberg in Nassau in grosser Anzahl auf den Blüten angetroffenen Halictus-Arten habe ich in Norddeutschland nicht bemerkt.

Als Besucher beobachteten Herm. Müller (1) und Buddeberg (2): A. Coleoptera: a) *Cerambycidae:* 1. Clytus arietis L., bald hld., bald Blütenteile fressend (1); 2. Leptura livida F., w. v. (1); 3. L. maculicornis Deg., sehr zahlreich in den Blüten (1); 4. Judolia cerambyciformis Schrk. w. v. (1); 5. Strangalia armata Hbst., w. v. (1); 6. S. atra F., w. v. (1); 7. S. melanura L., w. v. (1); 8. S. nigra L., w. v. (1). b) *Curculonidae:* 9. Spermophagus cardui Stev., an den Antheren beschäftigt (1). c) *Dermestidae:* 10. Byturus fumatus F., sgd. und Blütenteile fressend (1). d) *Elateridae:* 11. Corymbites aeneus L., zarte Blütenteile fressend (1); 12. Lacon murinus L. (1); Limonius cylindricus Payk., w. Corymbites aeneus L. e) *Mordellidae:* 13. Mordella aculeata L., in den Blüten (1, Thür.). f) *Nitidulidae:* 14. Meligethes, häufig. g) *Oedemeridae:* 15. Oedemera virescens L., hld. und zarte Blütenteile fressend (1). h) *Scarabaeidae:* 16. Phyllopertha horticola L., Blütenteile abweidend (1); 17. Trichius fasciatus L., zarte Blütenteile fressend (1). i) *Telephoridae:* 18. Cantharis rustica Fall., w. v. (1); 19. Malachius bipustulatus L., w. v. (1). B. Diptera: a) *Conopidae:* 20. Physocephala rufipes F., sgd. (1); 21. Sicus ferrugineus L., sgd. (1). b) *Empidae:* 22. Empis livida L., häufig, sgd. (1); 23. E. tesselata F., sgd. (1). c) *Muscidae:* 24. Echinomya grossa L., sgd. (1); 25. Lucila sp., sgd. e) *Syrphidae:* 26. Ascia podagrica F., sgd. und pfd. (1); 27. Chrysotoxum arcuatum L., w. v. (1); 28. Eristalis tenax L., w. v. (1); 29. Helophilus pendulus L., w. v. (1); 30. Rhingia rostrata L, w. v. (1); 31. Syritta pipiens L., w. v. (1); 32. Volucella inanis L., sgd. (2); 33. V. pellucens L., sgd. (1, 2). d. *Stratyomidae:* 34. Chrysomyia formosa Scop., sgd. (1); 35. Sargus cuprarius L, sgd. (1). f) *Tipulidae:* 36. Tipula oleracea L., sgd. (1). C. Hymenoptera: a) *Apidae:* 37. Anthrena albicrus K. ♂, sgd. (1); 38. A. gwynana K. ♀, sgd. (1); 39. A. thoracica F. ♀, sgd. (1); 40. Apis mellifica L. ⚥, sgd. und psd., sehr häufig (1); 41. Bombus agrorum F., sgd. und psd. (1, !); 42. B. hortorum L. ⚥, sgd. und psd. (1); 43. B. hypnorum L. ♂, häufig; sgd. (!); 44. B. lapidarius L. ♂, sgd. (!); 45. B. pratorum L. ♀ ♂, sgd., zahlreich (1); 46. B. scrimshiranus K. ⚥, sgd. und psd. (1); 47. B. silvarum L. ♀, sgd. und psd. (1). 48. B. soroënsis F. var. proteus Gerst., sgd., häufig (!); 49. B. terrester L. ♀ ♂, sgd, und psd. (1); 50. Coelioxys elongata Lep. ♀♂, sgd. (2); 51. C. rufescens Lep. ♀♂ (1); ♂, sgd. (1, 2); 52. Diphysis serratulae Pz. ♀, sgd. (1); 53. Halictus albipes F. var. affinis Schenck., sgd. (1); 54. H. cylindricus F. ♀ ♂, sgd. (1); 55. H. flavipes F. ♀, sgd. (2); 56. H. leucopus K. ♀, sgd. (2); 57. H. leucozonius Schrk. ♀, psd. (1); 58. H. lucidulus Schenck ♀, sgd. (1); 59. H. malachurus K. ♀, sgd. (2); 60. H. quadricinctus K. ♀, sgd. (2); 61. H. sexnotatus K. ♀, sgd. (1, 2); 62. H. smeathmanellus K. ♀, sgd. (2); 63. H. villosulus K. ♀, sgd. und psd. (1, 2); 64. H. zonulus Sm. ♀, sgd. (1); 65. Macropis labiata Pz. ♂, sgd. (1); 66. Nomada fabriciana L. ♀, sgd. (1); 67. N. lateralis Pz. ♀, sgd. (1); 68. N. lineola Pz. ♂, sgd. (1); 69. ruficornis L. ♂, sgd. (1); 70. Osmia fusca Christ. ♀, sgd. (1); 71. Prosopis communis Nyl. ♂, sgd. (1); 72. P. pictipes Nyl. ♂, sgd. (1); 73. P. variegata F. ♂, sgd. (1); 74. Psithyrus campestris Pz. ♀, sgd. (1); 75. P. quadricolor Lep. ♂, sgd. (1, !); 76. P. vestalis Fourcr. ♀, sgd. (1); 77. Stelis breviuscula Nyl. ♂, sgd. (1). b) *Formicidae:* 78. Formica pratensis Deg. ⚥, hld. (1); 79. F. sp., sgd. (!). c) *Sphegidae:* 80. Ammophila campestris Latr. ♂, sgd. (1); 81. A. hirsuta Scop., hld. (1). 82. A. sabulosa L. ♀ ♂, sgd. (1); 83. Cerceris quinquefasciata Rossi ♂, sgd. (1); 84. C. rybiensis L. ♀, hld. (2); 85. Crabro peltarius Schreb. ♀ ♂, sgd. (1); 86. Oxybelus uniglumis L. ♀ ♂, sgd. (1). D. Lepidoptera: *Rhopalocera:* 87. Argynnis paphia L., sgd. (1); 88. Epinephele janira L., sgd. (1); 89. Erebia ligea L., sgd., häufig (1); 90. Carterocephalus palaemon Pall., sgd. (1); 91. Melithaea athalia Esp., sgd., häufig (1); 92. Pieris crataegi L., sgd. (1); 93. P. napi L., sgd. (1); 94. Thecla ilicis Esp., sgd. (2).

355 Rosaceae.

Schenck beobachtete in Nassau die Apiden: 1. Anthrena florea F.; 2. A. trimmerana K.; 3. Coelioxys conoidea Ill. ♀; 4. Halictus albipes F. ♀; 5. H. calceatus Scop. ♀; 6. H. morio F.; 7. H. pauxillus Schck. ♀ ♂; 8. H. sexnotatus K.; Dalla Torre in Tirol: Bombus muscorum F. ☿, Schletterer: B. variabilis Schmkn.

Kohl bezeichnet daselbst die Grabwespe: Crabro peltarius Schreb. ♀ ♂ und die Goldwespe: Hedychrum nobile Scop. als Besucher.

Loew beobachtete in Schlesien (Beiträge S. 33): A. Coleoptera: a) *Cerambycidae*: 1. Leptura livida F., hld.; 2. L. maculicornis Deg., hld.; 3. Strangalia bifasciata Müll., hld. b) *Malacodermata*: 4. Dasytes flavipes F., hld. c) *Nitidulidae*: 5. Meligethes sp. B. Diptera: a) *Muscidae*: 6. Dexia rustica F., sgd. b) *Syrphidae*: 7. Eristalis intricarius L., sgd.; 8. E. tenax L., sgd.; 9. Helophilus floreus L., sgd.; 10. H. pendulus L., sgd.; 11. Syrphus grossulariae Mg., sgd.; 12. Volucella bombylans L., sgd.; 13. V. pellucens L., sgd. C. Hymenoptera: *Apidae*: 14. Diphysis serratulae Pz. ♂, sgd.; 15. Macropis labiata Pz. ♂, sgd. D. Lepidoptera: *Rhopalocera*: 16. Argynnis paphia L., sgd.; 17. Coenonympha arcania L., sgd.; 18. Hesperia comma L., sgd.; 19. Lycaena argiolus L., sgd.; 20. Melitaea parthenie Bkh., sgd.; 21. Epinephele jahira L., sgd.; 22. Pieris brassicae L., sgd.; 23. Polyommatus alciphron Rott., sgd.; 24. Vanessa prorsa L., sgd.; ferner daselbst (Beiträge S. 51). Hymenoptera: *Apidae*: 1. Bombus pratorum L. ♂, sgd.; 2. B. scrimshiranus K. ♂, sgd.; 3. B. soroënsis F. var proteus Gerst. ♂, sgd.

Derselbe beobachtete in Mecklenburg (Beiträge S. 41): Hymenoptera: *Apidae*: 1. Prosopis confusa Nyl. ♂, sgd.; 2. Pr. sp., sgd.; und in der Schweiz (Beiträge S. 60): Hymenoptera: *Apidae*: 1. Anthrena propinqua Schck. ♀, sgd.; 2. A. thoracica F. ♀, sgd.

Auf der Insel Rügen beobachtete ich: A. Diptera: a) *Muscidae*: 1. Aricia sp. b) *Syrphidae*: 2. Eristalis pertinax Scop.; 3. E. tenax L.; 4. Syrphus ribesii L.; 5. Volucella bombylans L. ♀, auch var. plumata Mg. B. Hymenoptera: a) *Apidae*: 6. Apis mellifica L.; 7. Bombus agrorum F. ♀; 8. B. lapidarius L. ☿; 9. B. terrester L. ♀; 10. Psithyrus quadricolor Lep. ♂. b) *Sphegidae*: 11. Ammophila sabulosa L. ♂. C. Lepidoptera: *Rhopalocera*: 12. Argynnis paphia L., auch var. valesina Esp.; 13. Epinephele janira L.; 14. Limenitis sibylla L.; 15. Pieris sp. Sämtlich häufig, sgd.

Gerstäcker beobachtete bei Berlin die Mauerbienen: 1. Osmia acuticornis Duf. et Perr.; 2. O. leucomelaena K.; 3. O. uncinata Gerst.

Alfken und Höppner (H.) beobachteten bei Bremen: A. Diptera: a) *Asilidae*: 1. Dioctria oelandica L. ♀ ♂. b) *Syrphidae*: 2. Sericomyia borealis Fall.; 3. Volucella pellucens L. B. Hymenoptera: a) *Apidae*: 4. Anthrena albicans Müll. ♀; 5. A. albicrus K. ♀; 6. A. tibialis K. ♀; 7. Bombus agrorum F. ♀ ☿; 8. B. lucorum L. ☿; 9. B. pratorum L. ♂; 10. B. proteus Gerst. ♀; 11. B. silvarum L. ♀; 12. Eriades truncorum L. ♂; 13. Halictus calceatus Scop. ♀; 14. H. levis K. ♀; 15. Macropis labiata K. ♀ ♂; 16. Megachile circumcincta K. ♂; 17. Nomada mutabilis Mor. ♀ (H.); 18. N. ochrostoma K. ♀; 19. N. roberjeotiana Pz. ♂ (H.); 20. N. similis Mor. ♀ (H.); 21. Prosopis bipunctata F. ♀; 22. P. communis Nyl. ♀ ♂; 23. P. confusa Nyl. ♀; 24. P. dilatata K. ♀; 25. P. hyalinata Sm. ♀; 26. P. nigrita F. ♀; 27. P. pictipes Nyl. ♀; 28. P. rinki Gorski ♂. b) *Sphegidae*: 29. Crabro subterraneus F. ♀.

Hoffer beobachtete in Steiermark Bombus hypnorum L. ☿ als Besucher; Schiner in Dalmatien die Therevide Xestomyza kollari Egg.; Friese in Ungarn die Apiden: 1. Anthrena albopunctata Rossi; 2. A. fucata Sm. und in Baden 3. Bombus jonellus K.; Mac Leod in Flandern Apis, 7 Hummeln, 7 kurzrüsselige Bienen, 1 Blattwespe, 5 Schwebfliegen, 6 andere Fliegen, 4 Käfer, 10 Falter (Bot. Jaarb. VI. S. 318. 319); in den Pyrenäen 3 Apiden, 1 Falter, 1 Käfer, 1 Schwebfliege als Besucher (A. a. O. III. S. 432); H. de Vries (Ned. Kruidk. Arch. 1877) in den Niederlanden 1. Biene, Halictus cylindricus F. ♀, als Besucher.

Willis (Flowers and Insects in Great Britain Pt. I) beobachtete in der Nähe der schottischen Südküste:

A. Coleoptera: *Nitidulidae*: 1. Meligethes viridescens F., sgd. und pfd., häufig. B. Diptera: a) *Muscidae*: 2. Anthomyia radicum L., häufig. b) *Syrphidae*: 3. Eristalis pertinax Scop., sgd., häufig; 4. Platycheirus albimanus F., sgd.; 5. Syrphus balteatus Deg., pfd.; 6. S. topiarius Mg., sgd. C. Hymenoptera: *Apidae:* 7. Bombus agrorum L., sgd., häufig; 8. B. hortorum L., w. v. D. Lepidoptera: a) *Microlepidoptera*: 9. Simaëthis oxyacanthella L., w. v. b) *Rhopalocera*: 10. Pieris napi L., w. v.

Saunders (Sd.) und Smith (Sm.) beobachteten in England die Apiden: 1. Anthrena austriaca Pz. = rosae Saund. (Sd. Sm.); 2. A. bimaculata K., 2. Generat. = decorata Sm. = vitrea Sm. (Sd. Sm.); 3. A. carbonaria L. = pilipes F., 2. Generat. (Sd.); 4. A. dorsata K. (Sd. Sm.); 5. Halictus sexnotatus K. ♂ (Sm.); 6. Prosopis bipunctata F. = signata Pz. (Sd.); 7. P. communis Nyl. (Sd.); 8. P. confusa Nyl. (Sd.); 9. P. hyalinata Sm. (Sd. Sm.).

Marquard beobachtete in Cornwall Anthrena austriaca Pz. und A. minutula K. als Besucher.

822. R. caesius L. [Knuth, Ndfr. Ins. S. 66, 67, 154; Weit. Beob. S. 233.] — Beim Öffnen der Blüte sind noch alle Antheren geschlossen und liegen mit einwärts gebogenen Fäden über der Blütenmitte. Alsdann biegen sich die äusseren Staubblätter gegen die Kronblätter zurück und öffnen ihre Antheren. Während das Aufspringen der Staubbeutel von den äusseren zu den inneren Staubblättern fortschreitet, wölbt sich der bis dahin flache Blütenboden mehr und mehr, die Griffel beginnen zu wachsen, und die Narben treten an

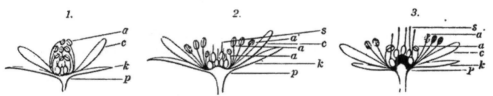

Fig. 109. Rubus caesius L. (Schematischer Blütenlängsschnitt in etwa zweifacher Vergrösserung. Föhr, Juli 1892.)

1. Blüte vor Beginn des ersten Stadiums: alle Antheren sind geschlossen und neigen über den gleichfalls unentwickelten Griffeln zusammen; der Fruchtboden ist flach. *2.* Blüte im Beginn des männlichen Zustandes: Die Antheren der äusseren und nunmehr zurückgeschlagenen Staubblätter sind geöffnet; die Narben sind noch unentwickelt; der Fruchtboden hat sich zu wölben begonnen. *3.* Blüte im Zwitterzustande: Die meisten Staubblätter sind zurückgebogen und haben ihre Antheren geöffnet, nur noch einige unentwickelte stehen mit gebogenen Filamenten unterhalb der auf gestreckten Griffeln sitzenden, entwickelten Narben; der Fruchtboden ist stark gewölbt. p Fruchtboden. k Kelchblatt. c Kronblatt. a geschlossene, a' geöffnete Antheren. s Narbe.

ihrer Spitze hervor. Während dieser Zeit haben sich mehrere Reihen Staubblätter mit aufgesprungenen Antheren gegen die Kronblätter geneigt, während diejenigen, deren Staubbeutel noch geschlossen sind, an gebogenen Filamenten unterhalb der Narbe bleiben. Bei Insektenbesuch wird daher beim Auffliegen auf die Blütenmitte Fremdbestäubung, sonst Selbstbestäubung erfolgen. Letztere tritt spontan ein, wenn die inneren Staubblätter sich aufrichten und dann unmittelbar an den Narben aufspringen.

Als Besucher beobachtete ich auf der Insel Föhr:

A. Coleoptera: *Nitidulidae*: 1. Meligethes sp. B. Diptera: a) *Muscidae*: 2. Anthomyia ♀; 3. Drymeia hamata Fall.; 4. Lucilia caesar L.; 5. Lucilia sp.; 6. Musca sp.; 7. Onesia sepulcralis Mg.; 8. Sarcophaga carnaria L. b) *Syrphidae*: 9. Eristalis arbustorum L.; 10. Helophilus floreus L. ♀; 11. H. pendulus L.; 12. Syrphus ribesii L. C. Hymenoptera: *Apidae*: 13. Apis mellifica L.; 14. Bombus lapidarius L.; 15. B. terrester L.; 16. Coelioxys acuminata Nyl.; 17. C. rufescens Lep.; 18. Colletes picistigma Thoms.; 19. Megachile centuncularis L. ♀. D. Lepidoptera: *Rhopalocera*: 20. Epinephele janira L.; 21. Lycaena semiargus Rott. Dazu im Jahre 1897 auf der Insel Amrum die von mir bisher auf den nordfriesischen Inseln nicht bemerkte Grabwespe 22. Ammophila sabulosa L., sämtl. sgd.

Alfken beobachtete auf Juist: A. Diptera: a) *Stratiomyidae*: 1. Sargus cuprarius L. b) *Syrphidae*: 2. Syrphus trilineatus L. B. Hymenoptera: *Apidae*: 3. Bombus lucorum L. ⚥, hfg., sgd.; 4. B. muscorum F. ⚥, hfg., sgd.; 5. B. terrester L. ⚥, hfg., sgd.; 6. Colletes marginatus L. ♀, hfg., psd., sgd.; 7. Megachile maritima K. ♀, sgd., psd., ♂ sgd.

Verhoeff beobachtete auf Norderney eine kleine Muscide.

Schenck beobachtete in Nassau die Apiden: 1. Ceratina cyanea K.; 2. Macropis labiata F. und die Varietät fulvipes F.; 3. Stelis breviuscula Nyl.

Schletterer beobachtete bei Pola: Hymenoptera: a) *Apidae*: 1. Bombus variabilis Schmiedekn.; 2. Eucera interrupta Baer.; 3. Halictus minutus K.; 4. H. morbillosus Krchb.; 5. H. quadricinctus F.; 6. H. scabiosae Rossi; 7. H. variiipes Mor.; 8. Osmia aurulenta Pz.; 9. Prosopis genalis Ths. b) *Sphegidae*: 10. Tachysphex nitidus Spin.

H. de Vries (Ned. Kruidk. Arch. 1877) beobachtete in den Niederlanden 2 Hummeln: Bombus subterraneus L. ⚥ und B. terrester L. ⚥ als Besucher.

823. R. odoratus L. [Knuth, Bijdragen.] — Die Blüteneinrichtung dieser aus Kanada stammenden, bei uns vielfach in Gärten als Zierstrauch angepflanzten Art ist folgende: Anfangs bedecken die zahlreichen noch geschlossenen Antheren die unentwickelten Narben vollständig. Alsdann springen die Staubbeutel der äusseren Staubblätter auf, und in demselben Masse werden die Narben durch Vergrösserung des Blütendurchmessers frei, so dass ein auf die Blütenmitte auffliegendes, pollenbehaftetes Insekt Fremdbestäubung herbeiführen muss. Wenn es dann zu den randständigen, aufgesprungenen Antheren kriecht, bedeckt es seine Unterseite von neuem mit Pollen. Das Aufspringen der Antheren schreitet von aussen nach innen allmählich fort, so dass der Pollen der innersten schliesslich durch Hinabfallen noch spontane Selbstbestäubung herbeiführt, falls Insektenbesuch ausgeblieben ist. Letzterer ist trotz der Grösse der Blüte, deren Durchmesser 40—50 mm beträgt und trotz der sattroten Farbe der Kronblätter ein geringer. Die spontane Selbstbestäubung ist bei uns aber nicht von Erfolg, denn ich beobachtete äusserst selten Fruchtbildung.

Auf der Insel Rügen beobachtete ich: Bombus lapidarius L. ♂, psd., als Besucher; Loew in Schlesien (Beiträge S. 51): Bombus hypnorum L. ⚥, sgd.; im bot. Garten zu Berlin: B. pratorum L. ⚥, sgd. und psd.

824. R. Idaeus L. [H. M., Befr. S. 205, 206; Kirchner, Flora S. 450—451; Knuth, Rügen.] — Die kleinen schmalen Kronblätter, welche, nach Kerner, am zweiten Blühtage, abfallen, bleiben nach H. Müllers Darstellung aufrecht, wodurch die Staubblätter zwischen ihnen und den Stempeln so gedrängt sind, dass honigsuchende Insekten nur mit dem Rüssel in den Blütengrund eindringen können; dieselben werden dabei meist Fremdbestäubung bewirken, da sie die Griffel meist als Anflugstelle benutzen. Spontane Selbstbestäubung tritt regelmässig ein, da ein Teil der Narben stets von selbst mit den Antheren in Berührung kommt.

Auf der Insel Rügen beobachtete ich: A. Diptera: a) *Muscidae*: 1. Lucilia caesar L.; 2. Scatophaga merdaria L. b) *Syrphidae*: 3. Eristalis arbustorum L.; 4. E. pertinax Scop.; 5. E. sepulcralis L.; 6. E. tenax L.; 7. Helophilus floreus L. ♂; 8. Syritta pipiens L. B. Hymenoptera: *Apidae*: 9. Bombus lapidarius L. ♀; 10. B. terrester L. ♀ ♀. C. Lepidoptera: *Rhopalocera*: 11. Pieris sp., sämtlich häufig, sgd.

Alfken beobachtete bei Bremen: A. Coleoptera: a) *Trixagidae*: 1. Trixagus fumatus F., hfg. b) *Cerambycidae*: 2. Strangalia nigra L., s. hfg. B. Diptera: a) *Empidae*: 3. Empis tessellata F., s. hfg. b) *Syrphidae*: 4. Ascia podagrica F.; 5. Syrphus ribesii L. B. Hymenoptera: a) *Apidae*: 6. Anthrena albicans Müll. ♀; 7. A. albicrus K. ♀; 8. A. fucata Sm. ♀, hfg., sgd., psd.; 9. A. fulvida Schck., slt. ♀, sgd. u. psd.; 10. A. nigro-aenea K. ♀; 11. A. parvula K. ♀; 12. Api smellifica L.; 13. Bombus agrorum F. ♀ ♀; 14. B. derhamellus K. ♀, sgd., psd.; 15. B. hortorum L. ♀, sgd.; 16. B. jonellus K. ♀, sgd.; 17. B. lapidarius L. ♀, sgd., psd.; 18. B. lucorum L. ♀ ♀; 19. B. muscorum F. ♀, sgd., psd.; 20. B. pratorum L. ♀ ♂, sgd., psd.; 21. B. proteus Gerst. ♀ ♀, psd. ♂ sgd.; 22. B. silvarum L. ♀; 23. B. terrester L. ♀, sgd., psd.; 24. Coelioxys quadridentata L. ♂, sgd.; 25. C. elongata Lep. ♂; 26. C. rufescens Lep. ♂, sgd.; 27. Eriades florisomnis L. ♀ ♂; 28. E. truncorum L. ♂; 29. Halictus calceatus Scop. ♀; 30. H. leucopus K. ♀; 31. H. levis K. ♀; 32. H. minutus K. ♀; 33. H. punctulatus K. ♀; 34. H. quadrinotatulus Schck. ♀; 35. H. tumulorum L. ♀; 36. Megachile centuncularis L. ♀; 37. Prosopis communis Nyl. ♂; 38. P. confusa Nyl. ♀; 39. Psithyrus rupestris F. ♀, sgd. b) *Ichneumonidae*: 40. Mesostenus ligator Gr., sgd. c) *Vespidae*: 41. Odynerus antilope Pz. ♂; 42. O. parietum L. ♀ ♂; 43. Vespa silvestris Scop. ♀.

Schenck beobachtete in Nassau: Hymenoptera: a) *Apidae*: 1. Anthrena fucata Sm.; 2. A. varians K. b) *Vespidae*: 3. Vespa norwegica F. 1 ♀.

Handlirsch verzeichnet die Grabwespe Gorytes mystaceus L. als Besucherin.

v. Fricken beobachtete in Westfalen und Ostpreussen an Käfern: a) *Nitidulidae*: 1. Cychramus luteus Oliv. b) *Byturidae*: 2. Byturus fumatus F., s. hfg. c) *Malacodermata*: 3. Dasytes niger L., n. slt. d) *Cucurlionidae*: 4. Anthonomus rubi Hbst., hfg.

Herm. Müller beobachtete in Westfalen:

A. Coleoptera: a) *Cerambycidae*: 1. Pachyta 8 maculata F., hld. und Blütenteile fressend, häufig. b) *Dermestidae*: 2. Byturus fumatus L., Antheren fressend und hld. B. Diptera: *Syrphidae*: 3. Rhingia rostrata L., sgd. und pfd.; 4. Volucella pellucens L., sgd. und pfd. (1). C. Hymenoptera: a) *Apidae*: 5. Anthrena albicrus K. ♂, sgd. (1); 6. A. nigroaenea K. ♂, sgd.; 7. Apis mellifica L. ♀, äusserst häufig, sgd. und psd.; 8. Bombus agrorum F. ♀, sgd., häufig; 9. B. hortorum L. ♀, psd.; 10. B. pratorum L. ♀ ♂, sgd. und psd., zahlreich; 11. B. muscorum F. ♀, sgd.; 12. B. silvarum L. ♀, sgd.; 13. Halictus lucidulus Schenck ♀, sgd. b) *Tenthredinidae*: Macrophya rustica L.

In den Alpen sah Herm. Müller 1 Schwebfliege, 7 Apiden, 1 Faltenwespe, 1 Falter. (Alpenbl. S. 215.)

Loew beobachtete in Schlesien (Beiträge S. 33): Vespa media Retz. ♀, sgd.; Warnstorf in Brandenburg: zahlreiche Bienen und Hummeln. Mac Leod bemerkte in Flandern: 5 langrüsselige, 4 kurzrüsselige Bienen, 2 Faltenwespen, 1 Ameise, 3 Schwebfliegen, 5 andere Fliegen, 5 Käfer, einige Falter (Bot. Jaarb. VI. S. 317); Plateau in Belgien Apis, Bombus hypnorum L., B. lapidarius L., sowie zahlreiche Nachtfalter, z. B. Scoliopteryx libatrix L.

In Dumfriesshire (Schottland) (Scott-Elliot, Flora S. 55) wurden Apis (häufig), 3 Hummeln und 2 Schwebfliegen als Besucher beobachtet.

Morawitz beobachtete bei St. Petersburg: Nomada ochrostoma K; Friese in Mecklenburg die Apiden: 1. Anthrena fucata Smith, hfg.; 2. A. fulvida Schck., slt.; Hoffer in Steiermark die Apiden: 1. Bombus agrorum F. ♀ ☿; 2. B. hypnorum L. ☿, einzeln; 3. B. pratorum L. ♀ ☿, s. hfg. ♂; 4. B. terrester L. ♂.

Schmiedeknecht verzeichnet nach S. Brauns als Besucher: Bombus jonellus K. ♂.

825. R. spectabilis Prsh. Als Besucher beobachtete Alfken bei Bremen folgende Apiden:

1. Apis mellifica L. ☿, hfg.; 2. B. jonellus K. ♀; 3. B. lucorum L. ♀; 4. B. muscorum F. ♀; 5. Podalirius acervorum L. ♀. Sämtlich sgd. und psd.

826. R. saxatilis L. Die weissen Blüten sind, nach Hermann Müller (Alpenbl. S. 215, 216), protogynisch mit langlebigen Narben: Beim Aufblühen sind die Narben bereits entwickelt; Alsdann springen von den etwa 40 Staubblättern zuerst die Antheren der äusseren auf, indem sie sich aufrichten, während die inneren noch nach innen gekrümmt bleiben und dadurch die Narben zunächst vor spontaner Selbstbestäubung schützen. Indem die Kronblätter über

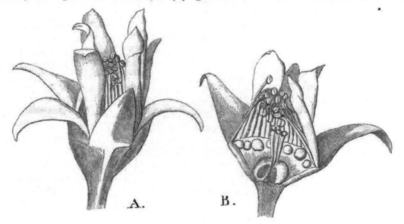

Fig. 110. Rubus saxatilis L. (Nach Herm. Müller.)
A. Blüte von der Seite gesehen. B. Blüte im Längsdurchschnitt. (Vergr. 7:1.)

dem honigabsondernden Napfe zusammenneigen, bleibt zu demselben nur ein kleiner Eingang. Die Besuchenden bewirken anfangs Fremdbestäubung, später auch Selbstbestäubung. Letztere findet bei ausbleibendem Insektenbesuche immer spontan statt. (Müller, Warming.)

Als Besucher sah H. Müller in der Schweiz 3 Bienen und 1 Fliege (Empide).

827. R. Chaemaemorus L. Die Pflanze ist diöcisch. In Grönland tritt sie, nach Vahl, streckenweise nur weiblich, in anderen Gegenden nur männlich auf. Im Riesengebirge kommen, nach Schulz, weibliche Blüten mit annähernd normal ausgebildeten Staubblättern vor.

Die weissen Blüten scheinen nur spärlich besucht zu werden, da Früchte selten beobachtet werden. Die Vermehrung geschieht, nach Warming, besonders durch unterirdische Sprosse.

Als Besucher beobachtete Schneider (Tromsö Museums Aarshefter 1894) im arktischen Norwegen Bombus alpinus L. und B. scrimshiranus K.

In Dumfriesshire (Schottland) (Scott-Elliot, Flora S. 57) wurden 1 Empide und 3 Musciden als Besucher beobachtet.

828. R. arcticus L. Nach Warmings (Arkt. Vaext. Biol. S. 37—40) Untersuchungen in Bosekop (Norwegen) sind die dunkelrosenroten, sternförmig ausgebreiteten Blüten schwach protandrisch. Die Antheren der äusseren Staub-

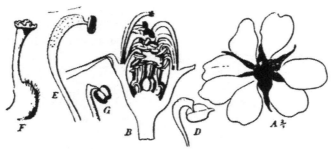

Fig. 111. Rubus arcticus L. (Nach E. Warming.)

A. Eine Blüte von oben. *B.* Längsschnitt durch eine Blume; die Antheren der äussersten Staubblätter sind geöffnet. *C. D. E.* Staubblätter von verschiedenen Reihen. *E.* Ein äusserstes Staubblatt. *F.* Stempel.

blätter sind früh geöffnet. Die Staubblätter schliessen über den Narben dichter zusammen als bei den anderen Arten dieser Gattung, so dass spontane Selbst-bestäubung erfolgen muss. Die Vermehrung erfolgt besonders durch Wurzelsprosse.

829. R. serpens Wh. sah Loew im botanischen Garten zu Berlin von Apis (sgd. u. psd.) besucht.

180. Dryas L.

Weisse, protogynische, homogame oder protandrische Blumen mit ver-borgenem Honig, der von einem fleischigen Ring innerhalb der Staubblatteinfügung abgesondert wird. Nicht selten Androdiöcie oder Andromonöcie.

830. D. octopetala L. [Ricca, Atti XIV. 3; H. M., Alpenbl. S. 227, 228; Schulz, Beitr.; Lindman u. a. O.; Warming u. a. O.] — Ausser den nach Ricca, A. Schulz und Lindman protogynischen, nach H. Müller der Funktion nach protandrischen Zwitterblüten kommen auch androdiöcisch (Müller) oder andromonöcisch (Schulz) verteilte eingeschlech-tige Blüten vor, und zwar sind auch diese männlichen Blüten durchschnittlich kleiner als die Zwitterblüten. Infolge der schrägen Stellung der Blüten muss bei ausbleibendem Insektenbesuche aus den die Narbe fast erreichenden Staub-blättern Pollen auf erstere hinabfallen, so dass alsdann spontane Selbstbestäu-bung erfolgt; bei Insektenbesuch wird dagegen infolge des Hervorragens der Narbe meist Kreuzung bewirkt.

Kerner (Pflanzenleben II. S. 376) bezeichnet die Blüten als protogynisch und schildert ihre Einrichtung folgendermassen: Die in der Knospe eingeschlagenen

Staubblätter strecken sich erst kurz vor dem Aufspringen der Antheren. Zuerst öffnen sich die Staubbeutel des äussersten Kreises, so dass anfangs infolge der Entfernung von Narbe und Antheren Autogamie ausgeschlossen ist, während jetzt besuchende Insekten, welche in der Blütenmitte anfliegen und von hier nach aussen fortschreiten, um Pollen zu sammeln oder Honig zu lecken, Fremdbestäubung bewirken. Alsdann strecken sich auch die Staubblätter der inneren Kreise und öffnen ihre Antheren, welche nun mit den noch belegungsfähigen Narben in gleiche Höhe zu stehen kommen und diese um so sicherer autogam belegen, als die Griffel der äussersten Stempel sich auswärts neigen. Damit aber auch die Narben der innersten Stempel bei ausgebliebenem Insektenbesuche spontan befruchtet werden können, krümmen sich die Blütenstiele so weit, dass diese Narben in die Falllinie des Pollens kommen und am Schlusse des Blühens noch belegt werden.

Lindman beobachtete auf dem Dovrefjeld Protogynie mit darauf sich einstellender Homogamie, doch keine Diöcie, während Warming in Grönland beobachtete, dass die Blüteneinrichtung der dortigen Pflanzen mit

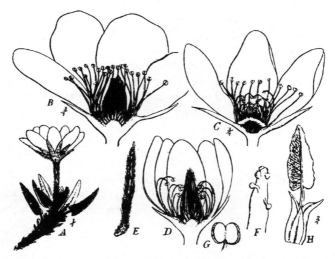

Fig. 112. Dryas integrifolia Vahl (von Grönland). (Nach E. Warming.)
A. Ganze Pflanze in ⁴/₅ natürlicher Grösse. B. Eine Zwitterblüte. C. Eine männliche Blüte. D. Protogynische Zwitterblüte. E. Ein Staubweg. F. Eine Griffelspitze mit keimenden Pollenkörnern. G. Staubbeutel. H. Ein Laubblatt.

derjenigen der europäischen übereinstimmt. Nach Ekstam beträgt auf Nowaja Semlja der Durchmesser der geruchlosen, homogamen Blüten 10—25 mm. Spontane Selbstbestäubung ist möglich.

In den Alpen sah H. Müller als Besucher zahlreiche Bienen (besonders Halictusarten) und Fliegen (besonders Musciden), sowie einzelne Käfer und Falter; Frey beobachtete in der Schweiz: Ergatis heliacella H.-S. und Finagma dryadis Stgr.

v. Dalla Torre beobachtete in Tirol die Biene Halictoides dentiventris Nyl. ♀; dieselbe giebt auch Schletterer an.

Lindman beobachtete auf dem Dovrefjeld 2 Fliegenarten; Holmgren auf Spitzbergen die Hymenopteren Hemiteles septentrionalis Holmgr. und Orthocentrus pedestris Holmgr., sowie die Dipteren Aricia (Spilogaster) dorsata Zett., A. (Chortophila) megastoma Bohem., Scaeva dryadis Holmgr.; Ekstam auf Nowaja Semlja mehrere kleine und mittelgrosse Fliegen. Mac Leod sah in den Pyrenäen 1 kurzrüsselige Biene. 1 Schwebfliege, 1 Muscide als Besucher. (B. Jaarb. III. S. 427.)

831. D. integrifolia M. Vahl. Nach Warming (Bestöveningsmaade S. 27—28), der diese Pflanze in Grönland beobachtete, kommen auch hier zweigeschlechtige und männliche Blüten vor. Die Zwitterblüten sind homogam oder schwach protogynisch oder auch schwach protandrisch; in ihnen kann spontane Selbstbestäubung leicht erfolgen. (Vgl. Fig. 112.)

181. Geum L.

Gelbe, protogyne, seltener homogame Blumen mit verborgenem Honig. welcher im Kelchgrunde abgesondert wird. Zuweilen androdiöcisch oder andromonöcisch.

832. G. rivale L. [H. M., Befr. S. 210, 211; Kerner, Pflanzenleben II.; Loew, Bl. Flor. S. 390; Schulz, Beitr. I. S. 33, 34; Warnstorf, Bot. V. Brand. Bd. 38; Knuth, Bijdragen.] — In den mit braunrotem Kelche und

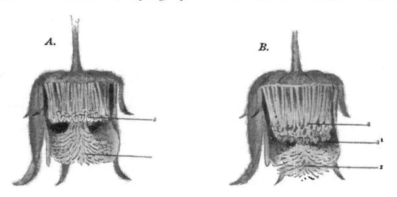

Fig. 113. Geum rivale L. (Nach der Natur, vergrössert.)
A. Blüte (nach Fortnahme der vorderen Kelch- und Kronblätter) im ersten Zustande mit entwickelten Narben (*s*) und noch geschlossenen Antheren (*a*). B. Dieselbe im zweiten Zustande mit noch empfängnisfähigen Narben (*s*) und teils geöffneten (*a²*) teils noch geschlossenen (*a¹*) Antheren.

hellgelben, rötlich überlaufenen Kronblättern ausgestatteten Blüten wird der Nektar in zahlreichen Tröpfchen am Grunde des Kelches abgesondert. Die Zwitterblüten sind, nach Herm. Müller, schwach protogynisch: anfangs überragen die schon ausgebildeten Narben die noch geschlossenen Antheren so, dass jetzt bei Insektenbesuch Fremdbestäubung eintreten muss; später strecken sich die Staubblätter so, dass die alsdann pollenbedeckten Antheren mit den äusseren

Narben in gleicher Höhe stehen, mithin beim Schliessen der Blüte leicht spontane Selbstbestäubung erfolgt.

Die besuchenden Insekten hängen sich meist von unten an die Blüten, indem sie sich mit den Mittel- und Hinterbeinen an denselben halten und den Kopf und die Vorderbeine in die Blüte stecken. Manche Hummeln, besonders Bombus terrester L., rauben auch den Honig von aussen, ohne für die Blume von Nutzen zu sein, indem sie den Rüssel zwischen Kelch und Kronblättern hindurchstecken.

Ausser den Zwitterblüten kommen, nach A. Schulz, auch androdiöcisch oder andromonöcisch verteilte eingeschlechtige Blüten vor. Diese männlichen Blüten sind von derselben Grösse wie die zweigeschlechtigen; sie zeigen in der Blütenmitte zwischen den Staubblättern ein Köpfchen verkümmerter Pistille. Auch Warnstorf beobachtete Andromonöcie und Androdiöcie, jedoch die männlichen Blüten viel kleiner. Pollen schön gelb, sehr unregelmässig, schwach warzig, rundlichtetraëdrisch oder brotförmig, bis 43 μ lang und 25 μ breit. Wird auch nach Warnsdorf sehr häufig von Hummeln besucht und erbrochen.

Als Besucher sahen Herm. Müller (1) in Westfalen, Loew (2) in Brandenburg und ich (!) in Schleswig-Holstein folgende Insekten: A. Coleoptera: *Nitidulidae*: 1. Meligethes, häufig, gänzlich mit Pollen bedeckt (1, !). B. Diptera: *Syrphidae*: 2. Eristalis nemorum L., pfd. (!); 3. Rhingia rostrata L., sgd. und pfd. (1, !). C. Hymenoptera: *Apidae*: 4 Anthrena helvola L. ♀, vergeblich suchend (1); 5. Apis mellifica L. ♀, die Blüten von aussen ansaugend, häufig (1, 2, !); 6. Bombus agrorum F. ♀, sgd. (1, 2, !); 7. B. confusus Schenck ♀, sgd. (1); 8. B. distinguendus Mor. ♀, sehr vereinzelt, sgd. (1); 9. B. hortorum L. ♀ ♀, sehr häufig, sgd. (1); 10. B. hypnorum L. ♀, sgd. (1); 11. B. lapidarius L. ♀, sgd. (1, 2, !); 12. B. pratorum L. ♀, sgd., ♀ auch psd. (1); 13. B. scrimshiranus K. ♀ ♀, sgd. (1); 14. B. muscorum F. ♀, sgd. (1); 15. B. silvarum L. ♀, häufig, sgd. und psd. (1); 16. B. terrester L. ♀, sgd. (1). — In den Alpen sah Herm. Müller 2 Hummeln (Alpenbl. S. 227).

Gerstäcker beobachtete bei Berlin: Osmia bicolor Schrk. ♀ psd.

In Dumfriesshire (Schottland) (Scott-Elliot, Flora S. 54) wurden 2 Hummeln und 1 Schwebfliege (sehr häufig) als Besucher beobachtet.

Schneider (Tromsø Museums Aarshefter 1894) beobachtete im arktischen Norwegen: Bombus hypnorum L. ♀ ♀ als Besucher.

833. G. urbanum L. [H. M., Befr. S. 211; Schulz, Beitr. I. S. 34; II. S. 186; Knuth, Ndfr. Ins. S. 66.] — In den viel kleineren, goldgelben Blüten wird, nach H. Müller, der Nektar von einem grünen, fleischigen Ringe, der sich innerhalb der Staubfäden erhebt, ausgesondert. Wenn die Blüte sich öffnet, sind die Staubblätter nach innen gebogen, wobei die Antheren den äusseren Stempeln dicht anliegen, während die Narben der inneren Fruchtblätter entwickelt sind und aus der Blütenmitte hervorragen. Alsbald biegen sich erst die äussersten Staubblätter nach aussen, öffnen ihre Antheren und kehren die pollenbedeckte Seite nach oben, worauf die weiter nach innen stehenden folgen und schliesslich die innersten fast immer etwas Pollen auf die äussersten Narben gelangen lassen. Es ist daher Fremdbestäubung bei frühzeitig eintretendem Insektenbesuche gesichert und auch noch später durch die Stellung der Narben begünstigt. Meist wird jedoch von der Möglichkeit der spontanen Selbstbestäubung

Gebrauch gemacht, da der Insektenbesuch infolge der Blühzeit und des Standortes der Pflanze zwischen zahlreichen augenfälligeren ein sehr spärlicher ist.

Ausser den Zwitterblüten kommen, nach Schulz, auch männliche Blüten vor, die meist andromonöcisch, selten androdiöcisch verteilt sind. Derselbe Forscher beobachtete grossblumige und kleinblumige Formen; erstere sind meist ausgeprägt protogyn, letztere homogam. Beide Formen sind durch Zwischenformen verbunden.

Als Besucher sah Herm. Müller:

A. Coleoptera: *Dermestidae*: 1. Byturus fumatus F., pfd. B. Diptera: *Syrphidae*: 2. Melithreptus scriptus L., sgd. und pfd. — Bei Kiel beobachtete ich am 20. 6. 97: Bombus terrester L. ♀, sgd.

Mac Leod bemerkte in Flandern 1 Muscide. (Bot. Jaarb. VI. S. 310.)

Verhoeff sah auf Norderney:

A. Coleoptera: *Malacodermata*: 1. Dasytes plumbeus Müll., pfd. B. Diptera: a) *Muscidae*: 2. Aricia incana Wiedem. (1) ♀. b) *Syrphidae*: 3. Melanostoma mellina L. (1) ♀, pfd.

In Dumfriesshire (Schottland) (Scott-Elliot, Flora S. 54) wurden 4 Musciden als Besucher beobachtet.

834. G. reptans L. [H. M., Alpenblumen S. 225. 226.] — Die Zwitterblüten sind ausgeprägt protogynisch; sie wachsen während des Blühens noch bedeutend, so dass der ursprüngliche Blütendurchmesser von 12—15 mm zu einem solchen von 30—35 mm wird. Nach Kerner treten die Zwitterblüten in zwei Formen, nämlich mit kurzen und mit langen Staubblättern auf. Ausser den zweigeschlechtigen Blüten finden sich auch solche, welche durch Verkümmerung der Stempel rein männlich geworden sind. Sie finden sich entweder auf eigenen Stöcken oder mit zweigeschlechtigen Blüten zusammen.

835. G. montanum L. [Ricca, Atti XIV, 3; Schulz, Beitr. I. S. 33; H. M., Alpenblumen S. 226, 227.] — Die Blüteneinrichtung dieser Art stimmt, mit derjenigen der vorigen völlig überein, nur sind die Blüten von G. montanum meist etwas kleiner. Auch hier unterschied Kerner 2 Formen. Ausser den Zwitterblüten kommen androdiöcisch und andromonöcisch verteilte eingeschlechtige Blumen vor (Schulz).

Nach Kerner, Pflanzenleben II. S. 376 verhalten sich die Blüten wie diejenigen von Dryas octopetala, so dass anfangs Fremdbestäubung bevorzugt ist, später aber noch Autogamie zu stande kommt. Dieselbe Blüteneinrichtung zeigt G. coccineum. (Vgl. Nr. 830.)

Als Besucher beobachtete Herm. Müller in den Alpen zahlreiche Fliegen (besonders Syrphiden und Musciden), sowie einzelne Apiden, Falter und Käfer; Mac Leod in den Pyrenäen 3 Hymenopteren, 4 Fliegen. (B. Jaarb. III. S. 427.)

Loew beobachtete im botanischen Garten zu Berlin einige Geum-Arten von folgenden Bienen besucht:

836. G. coccineum Sibth.: Halictus nitidiusculus K. ♀, psd.;

837. G. japonicum Thbg.: H. sexnotatus K. ♀, psd.;

838. G. inclinatum Schleich.: Apis mellifica L. ☿, im Umkreis der Staubblätter Honig suchend.

182. Waldsteinia Willd.

Protogynische Blumen mit verborgenem Honig, welcher dicht unterhalb der Insertionsstelle der Staubblätter vom oberen Rande der kreiselförmigen Blütenachse abgesondert wird.

839. W. geoides W. [Loew, Blütenbiol. Beitr. I. p. 14—16.] — Der Nektar wird bei dieser von Galizien und Siebenbürgen bis zur Krim verbreiteten Art durch kleine, im spitzen Winkel vom Grunde der Kronblätter abstehende herzförmige Plättchen verdeckt. Die Blüteneinrichtung ist derjenigen von Geum rivale ähnlich.

Als Besucher beobachtete Loew im botan. Garten zu Berlin eine kleine Furchenbiene (Halictus nitidiusculus K.) und eine Blumenfliege (Anthomyia), beide sgd.

840. W. trifolia Koch. (Loew a. a. O.). Die Blüteneinrichtung dieser aus Siebenbürgen und Sibirien stammenden Art ist derjenigen der vorigen ähnlich, doch fehlen die Honigdecken am Grunde der Staubblättter. Ebenso bei der in Nordamerika heimischen

841. W. fragaroides Tratt. Als Besucher beobachtete Loew (a. a. O.) dieselben Insekten wie an W. geoides.

183. Fragaria L.

Weisse, protogyne Blumen mit verborgenem Honig; derselbe wird von einem schmalen, fleischigen Ringe des Kelchgrundes abgesondert, den die äusseren Stempel von innen und die Staubblätter von aussen bedecken. Es kommen auch eingeschlechtige Blüten vor.

842. F. vesca L. [H. M., Befr. S. 207; Weit. Beob. II. S. 241; Alpenbl. S. 216; Schulz, Beitr. II. S. 187; Millardet, Note; Knuth, Bijdragen.] — Die Einrichtung der protogynischen Zwitterblüten hat Herm. Müller zuerst beschrieben: Die Kronblätter sind in einer Ebene ausgebreitet und bieten daher den anfliegenden Insekten bequeme Anflug- und Haltestellen. Da die Antheren erst weit später aufspringen, als die Narben entwickelt sind, so bewirken die zum Honigringe vordringenden Insekten in der Regel Fremdbestäubung. Bei ausbleibendem Insektenbesuche erfolgt wegen der schrägen Stellung der Blüte meist spontane Selbstbestäubung. Schulz beobachtete Gynomonöcie und Gynodiöcie, sowie Andromonöcie und Androdiöcie. Nach Darwin kommen in den Vereinigten Staaten von Nordamerika bei den zahlreichen Kulturformen der Erdbeere dreierlei Arten von Individuen vor, auf welche bei der Kultur Rücksicht genommen wird, nämlich 1. weibliche, welche sehr reichlich Früchte liefern; 2. zwitterige, die eine dürftige Ernte geben; 3. männliche, die natürlich keine Früchte ansetzen. Solche Formen lassen sich auch an den bei uns kultivierten Pflanzen unterscheiden, doch sind rein männliche Exemplare selten.

Als Besucher der Erdbeerblüten sahen Herm. Müller (1) und Buddeberg (2):
A. **Coleoptera:** a) *Cerambycidae:* 1. Grammoptera ruficornis F., nicht selten, hld. und Antheren fressend, selbst in Paarung, das Weibchen an einer Anthere nagend (1). b) *Dermestidae:* 2. Anthrenus pimpinellae F., hld. (1); 3. A. scrophularia L., hld. (1). c) *Telephoridae:* 4. Dasytes flavipes F., hld. und Antheren fressend (1); 5. Malachius bipustulatus L., w. v. (1). d) *Mordellidae:* 6. Mordella aculeata L., hld. (1). e) *Nitidulidae:*

7. Meligethes, häufig (1). B. Diptera: a) *Empidae*: 8. Empis chioptera Fall., sgd. (1); 9. E. livida L., sgd. (1). b) *Muscidae*: 10. Anthomyia sp. (1); 11. Musca corvina F. (1); 12. Scatophaga merdaria Fall., sgd. (1). c) *Syrphidae:* 13. Eristalis sepulcralis L., sgd. (1); 14. Melithreptus menthastri L., sgd. (1); 15. Paragus bicolor F., sgd. und pfd. (2); 16. Rhingia rostrata L., sgd. (1); 17. Syritta pipiens L., sgd., häufig (1); 18. Syrphus, sgd. (1). C. Hymenoptera: a) *Apidae*: 19. Anthrena dorsata K. ♀, psd. (1); 20. Apis mellifica L. ♀, psd. (1); 21. Halictus leucopus K. ♀, sgd. und psd. (2); 22. H. lucidulus Schenck ♀, sgd. (1); 23. H. sexstrigatus Schenck ♀ (1); 24. Nomada ruficornis L. ♀, sgd. (1); 25. N. ruficornis L. var. signata Jur. ♂, sgd. (1); 26. N. sexfasciata Pz. ♂ (1); 27. Prosopis communis Nyl. ♀ (1). b) *Formicidae*: 28. Myrmica levinodis Nyl. ♀, hld. (1). c) *Sphegidae*: 29. Oxybelus uniglumis L., hld. (1). D. Thysanoptera: 30. Thrips, häufig, sgd. (1).

In den Alpen beobachtete H. Müller 6 Hymenopteren, 2 Käfer, 8 Fliegen und 1 Wanze an den Erdbeerblüten.

Alfken beobachtete bei Bremen eine Syrphide (Pipiza spec.) hfg. als Besucher.

Friese beobachtete in Mecklenburg Osmia caerulescens L., n. slt.; Schenck in Nassau die Apiden: 1. Anthrena flessae Pz.; 2. Halictus albipes F. ♀; 3. H. calceatus Scop.; 4. H. morio F.; 5. Osmia bicolor Schrck. Mac Leod bemerkte in den Pyrenäen eine Ameise und 1 Käfer in den Blüten (B. Jaarb. III. S. 432); in Flandern 1 kurzrüsselige Biene. 2 Musciden, 1 Empide, 4 Käfer. (Bot. Jaarb. VI. S. 312, 380.)

In Dumfriesshire (Schottland) (Scott-Elliot, Flora S. 57) wurden 1 Schwebfliege und 2 Musciden als Besucher beobachtet.

Loew beobachtete im botanischen Garten zu Berlin an der var. semperflorens Hayne: Diptera: *Syrphidae*: 1. Eristalis aeneus Scop., sgd.; 2. Syritta pipiens L., pfd.

843. F. elatior Ehrhart (F. moschata Duchesne). Die Blüteneinrichtung dieser Art entspricht, nach Kirchner (Flora S. 442), derjenigen der vorigen. Schulz (Beitr. II. S. 187) beobachtete Andromonöcie und Androdiöcie, selten auch Gynodiöcie und Gynomonöcie. Diese Art ist stellenweise rein diöcisch, stellenweise nur männlich- oder weiblich-pleogam, an anderen Orten auch 10 % und mehr zwitterig.

Als Besucher beobachtete Herm. Müller in den Alpen: Käfer, 1 Faltenwespe, 1 Falter, 1 Bombylius, 4 Schwebfliegen (Alpenbl. S. 216); Loew im botanischen Garten zu Berlin: Diptera: *Syrphidae*: 1. Chrysogaster coemeteriorum L., sgd.

844. F. collina Ehrh. (F. viridis Duchesne). Die gelblich-weissen Blüten sind unvollkommen diöcisch; die scheinzwitterigen Pflanzen treten meist in überwiegender Anzahl auf. Schulz (Beitr. II. S. 187) beobachtete Androdiöcie und Gynodiöcie, aber auch Andromonöcie und Gynomonöcie. Nach Kirchner (Flora S. 441) sind die männlichen und weiblichen Blüten von gleicher Grösse, in den männlichen sind die Staubblätter doppelt so lang wie das Fruchtknotenköpfchen, in den weiblichen stehen die Antheren, die sich nicht öffnen, mit dem Fruchtknotenköpfchen in gleicher Höhe.

Als Besucher beobachtete Loew im botanischen Garten zu Berlin: Diptera: *Syrphidae*: 1. Eristalis nemorum L., pfd.; 2. E. sepulcralis L.

184. Comarum L.

Protandrische, dunkelpurpurrote Blumen mit halb- bis ganz verborgenem Honig, welcher an der gewöhnlichen Stelle abgesondert wird.

845. C. palustre L. [Knuth, Ndfr. Ins. S. 67, 68, 154; Weit. Beob. S. 234.] — Die etwa 2½ cm grossen Blüten sondern den Nektar in einer grünen, wulstförmigen Scheibe, die zwischen den Staubblättern und den Stempeln liegt, reichlich ab. Einige Zeit nach der Entfaltung der grossen, innen dunkel-purpurroten bis fast braunen Kelchblätter und der erheblich kleineren, etwas heller gefärbten Kronblätter springen die Antheren seitlich auf. Die etwa 20, in zwei Kreisen angeordneten Staubblätter stehen alsdann senkrecht, und zwar befinden sich die Antheren der innersten Reihe über den Stempeln, so dass Pollen auf die Narben hinabfallen muss, doch ist derselbe noch unwirksam, da die Narben noch unentwickelt sind. Nachdem die Antheren abgefallen sind, biegen sich die Staubfäden gegen die Kelch- und Kronblätter zurück, so dass für die nunmehr an der Spitze mit kleinen, gelben Papillen besetzten und auch länger gewordenen Griffel in der Blütenmitte der Platz frei wird, welchen vorher die Staubblätter inne hatten. Es muss daher bei Insektenbesuch Fremdbestäubung eintreten, während Selbstbestäubung auch spontan ausgeschlossen ist, es sei denn, dass noch etwas von dem herabgefallenen Pollen auf den Narben haften geblieben ist.

Nach geschehener Befruchtung schlagen sich die breiten Kelchzipfel und mit ihnen die kleinen, zugespitzten, 5 mm langen und $1^1/_2$ mm breiten Kron-blätter nach oben zusammen, so dass der Blütenzugang verdeckt und dabei die weniger augenfällige, rötlich-grüne Unterseite der genannten Blätter wieder (wie in der Knospe) sichtbar ist, während die Aussenkelchblätter nach wie vor senk-recht zum Blütenstiel stehen. — Pollen, nach Warnstorf, gelb, kugelig, glatt, 25—31 μ diam.

Als Besucher sah ich auf der Insel Röm die Honigbiene, sgd.; bei Kiel Musciden (besonders Aricia lardaria F.); auf der Insel Föhr eine andere Muscide (Nemoraea consobrina Mg.), sowie einen Falter (Epinephela janira L.).

Heinsius beobachtete in Holland: A. Diptera: a) *Muscidae*: 1. Aricia incana Wied. ♂; 2. Lucilia caesar L. ♂; b) *Stratiomydae*: 3. Odontomyia viridula F. ♂ ♀; c) *Syrphidae*: 4. Eristalis pertinax Scop. ♀; 5. Helophilus lineatus F. ♂; 6. Tropidia milesiformis Fall. ♀. B. Hymenoptera: *Apidae*: 7. Bombus scrimshiranus K. ⚥. C. Lepidoptera: *Rhopalocera*: 8. Epinephele janira L. (B. Jaarb. IV. S. 65.)

Schneider (Tromsø Museums Aarshefter 1894) beobachtete im arktischen Nor-wegen: Bombus nivalis Dahlb. ⚥ als Besucher.

185. Potentilla L.

Meist homogame, gelbe oder weisse Blumen mit halbverborgenem Nektar, der meist nur in Form einer ringförmigen, flachen, glänzenden, keine eigent-lichen Tropfen bildenden Schicht an der inneren Kelchwand abgesondert wird.

846. P. Anserina L. [H. M., Befr. S. 208; Weit Beob. II. S. 242; Schulz, Beitr. II. S. 187, 188; Knuth, Ndfr. Ins. S. 68, 154.] — Die gelben Blüten sind, nach Herm. Müller, homogam, nach Aug. Schulz auch schwach protandrisch oder schwach protogynisch. Nach ersterem ist der ringförmige Teil der inneren Kelchwand, welcher die Staubfadenwurzeln umgiebt und sich durch dunkle, bisweilen rötlich-gelbe Färbung auszeichnet, von einer flachen Nektarschicht bedeckt. Besuchende Insekten fliegen bald auf die Blütenmitte, bald auf die Kronblätter. Im ersteren Falle werden sie Fremdbestäubung bewirken; im letzteren kommen sie häufig mit den alsdann zu weit nach innen liegenden Narben gar nicht in Berührung, sondern nur mit den allseitig mit Pollen bedeckten Antheren. Bei trüber Witterung schliessen sich die Blüten halb, während der Nacht ganz, so dass spontane Selbstbestäubung bei ausgebliebenem Insektenbesuche erfolgen muss.

Schulz beobachtete auch Gynomonöcie und Gynodiöcie.

Als Besucher sah ich auf der Insel Föhr 2 Fliegen (Eristalis und Anthomyia); auf der Insel Rügen Eristalis arbustorum L. ♂, pfd.

Wüstnei beobachtete auf der Insel Alsen Anthrena pilipes Fbr. als Besucher.

Herm. Müller beobachtete besonders kurzrüsselige Bienen:

A. Coleoptera: a) *Nitidulidae*: 1. Meligethes, häufig. b) *Staphylinidae*: 2. Tachyporus sp., hld. c) *Telephoridae*: 3. Dasytes sp., hld. B. Diptera: *Muscidae*: 4. Anthomyia sp. ♀, sgd.; 5. Scatophaga merdaria F., sgd. C. Hemiptera: 6. Aphanus vulgaris Schill., sgd. D. Hymenoptera: a) *Apidae*: 7. Apis mellifica L. ♀. sgd.; 8. Halictus flavipes F. ♀, psd.; 9. H. sexstrigatus Schenck ♀, psd.; 10. H. zonulus Sm. ♀, sgd.; 11. Sphecodes gibbus L., sgd. b) *Formicidae*: 12. Lasius niger L. ♀, hld. c) *Sphegidae*: 13. Oxybelus bellus Dhlb.; 14. O. uniglumis L.

In den Alpen beobachtete Herm. Müller die Erdhummel, psd. (Alpenbl. S. 221); v. Dalla Torre in Tirol die Bienen: 1. Anthrena proxima K. ♂; 2. Melecta luctuosa Scop. ♀; letztere verzeichnet auch Schletterer daselbst.

Loew beobachtete in Schlesien (Beiträge S. 30): Pyrophaena rosarum F., sgd.

Verhoeff beobachtete auf Norderney:

A. Coleoptera: a) *Nitidulidae*: 1. Meligethes aeneus F. b) *Staphylinidae*: 1. Tachyporus hypnorum L. B. Diptera: a) *Empidae*: 2. Hilara quadrivittata Mg., sgd. b) *Muscidae*: 3. Anthomyia spec., hfg., sgd. und pfd.; 4. Aricia incana Wiedem. ♂, sgd. und pfd.; 5. Calliphora erythrocephala Mg.; 6. Cyrtoneura hortorum Fall. ♂, pfd.; 7. Lucilia caesar L. ♀ ♂, sgd.; 8. Myospila meditabunda F.; 9. Scatophaga stercoraria L. ♂; 10. Sepsis cynipsea L. c) *Syrphidae*: 11. Cheilosia spec. ♀; 12. Chrysogaster macquarti Löw ♀; 13. Eristalis arbustorum L. ♀, sgd.; 14. E. intricarius L.; 15. Helophilus pendulus L. ♀; 16. Melithreptus menthastri L. ♀, pfd.; 17. Pipizella virens F. ♂; 18. Platycheirus clypeatus Mg. ♂, sgd.; 19. P. peltatus Mg. ♂; 20. Syrphus ribesii L. d) *Therevidae*: 21. Thereva anilis L. ♂. C. Hymenoptera: a) *Apidae*: 22. Anthrena albicans Müll. ♀, sgd. und psd.; 23. Colletes cunicularius L. ♀, sgd. und psd.: 24. Osmia maritima Friese. b) *Chrysidae*: 25. Holopyga ovata Dhlb. c) *Formicidae*: 26. Formica fusca L. ♀, sgd.; 27. Lasius niger L. ♀, sgd. D. Lepidoptera: *Lycaenidae*: 28. Polyommatus phlaeas L. — Leege bemerkte auf Juist: A. Diptera: *Syrphidae*: 1. Volucella bombylans L., s. hfg. B. Hymenoptera: a) *Apidae*: 2. Anthrena albicans Müll. ♂, sgd., hfg.; 3. A. albicrus K. ♀, sgd., psd., hfg.; 4. Colletes cunicularius L., selten; 5. Halictus rubicundus Chr. ♀, einmal; 6. Nomada ruficornis L. ♂, einmal; 7. Prosopis brevicornis Nyl. ♂, selten. b) *Sphegidae*: 8. Ammophila sabulosa L., selten, sgd. — Mac Leod sah in Flandern 3 Musciden als Besucher (Bot. Jaarb. VI. S. 313).

In Dumfriesshiré (Schottland) (Scott-Elliot, Flora S. 59) wurden mehrere Fliegen als Besucher beobachtet.

847. P. Wiemanniana Guenther et Schummel (P. Guentheri Pohl). Als Besucher beobachtete F. F. Kohl in Tirol die Goldwespe: Chrysis dichroa Klg.

848. P. reptans L. [H. M., Befr. S. 205; Weit. Beob. II. S. 241; Schulz, Beitr. II. S. 187, 188; Knuth, Bijdragen.] — Die Blüteneinrichtung stimmt mit derjenigen von P. Anserina überein. Auch bei dieser Art beobachtete Schulz Gynomonöcie und Gynodiöcie.

Als Besucher beobachtete ich nur Volucella bombylans L. und Meligethes; Herm. Müller giebt folgende Besucherliste:

A. Coleoptera: 1. Notoxys monoceros L., in Mehrzahl in den Blüten. B. Diptera: a) *Empidae*: 2. Empis livida L., sgd. (Thür.); b) *Muscidae*: 3. Aricia sp., sgd. (Thür.). c) *Syrphidae*: 4. Eristalis arbustorum L., sgd. (Thür.); 5. Syritta pipiens L., sgd. und pfd. (Thür.); 6. Syrphus arcuatus Fall., pfd. C. Hymenoptera: a) *Apidae*: 7. Anthrena albicrus K. ♂; 8. A. nana K. ♂, sgd.; 9. Halictus cylindricus F. ♀, sgd.; 10. H. flavipes F. ♀, sgd. und psd. (Buddeb.); 11. H. leucozonius Schranck ♀, psd.; 12. H. maculatus Sm. ♀ ♂, sgd. und psd.; 13. H. sexstrigatus Schenck. ♀, sgd. und psd.; 14. H. tetrazonius Klg. ♀ ♂, psd. und sgd. (Thür., Buddeb.): 15. Nomada flavoguttata K. ♀, sgd. (Buddeb.); 16. N. succincta Pz. ♂, sgd.; 17. N. xanthosticta K. ♂. sgd.; 18. P. hyalinata Sm., sgd ; 19. Sphecodes gibbus L ♂, sgd. b) *Sphegidae*: 20. Ammophila sabulosa L. ♂; 21. Oxybelus bellus Dlb., hld.

Mac Leod beobachtete in Flandern 2 Schwebfliegen, 1 Muscide (Bot. Jaarb. VI. S. 313); in den Pyrenäen 1 Muscide in den Blüten (A. a. O. III. S. 431).

In Dumfriesshire (Schottland) (Scott-Elliot, Flora S. 58) wurden Dolichopodiden, 1 Muscide und 2 Schwebfliegen als Besucher beobachtet.

849. P. silvestris Necker. (P. Tormentilla Sibth., Tormentilla erecta L.). [H. M., Befr. S. 209; Weit. Beob. II. S. 242; Loew, Bl. Fl. S. 393; Schulz, Beitr. I., S. 35; Knuth, Weit. Beob. S. 234.] — Die Blüteneinrichtung stimmt mit derjenigen von P. Anserina überein, doch ist, nach Müller, die Honigabsonderung reichlicher und die Antheren bedecken sich nur an den schmalen Aussenrändern und nicht ringsum mit Pollen. Die Blüten sind, nach Schulz, auch auf derselben Pflanze teils homogam, teils protogyn, teils schwach protandrisch. Die Blütengrösse, sowie die Zahl der Staubblätter und der Stempel ist sehr veränderlich.

Besucher sind nach Herm. Müller:

A. Diptera: a) *Bombylidae*: 2. Systoechus sulphureus Mikan., sgd. b) *Syrphidae*: 2. Cheilosia sp., pfd.; 3. Chrysostoxum bicinctum L., in Mehrzahl; 4. Melithreptus scriptus L., pfd. B. Hymenoptera: *Apidae*: 5. Anthrena argentata Sm. ♀, pfd.; 6. A. denticulata K. ♀ ♂, sgd. und psd.; 7. A. parvula K. ♀, psd. C. Lepidoptera: 8. Pieris rapae L., sgd. In den Alpen sah Herm. Müller (Alpenbl. S 222) 2 Falter, 1 Muscide, 1 Käfer in den Blüten.

Ich beobachtete auf der Insel Föhr Anthrena .tibialis K. ♀, sgd.

Loew beobachtete in Schlesien (Beiträge S. 49): Diptera: a) *Leptidae*: 1. Leptis sp. b) *Syrphidae*: 2. Syrphus cinctellus Zett., sowie (Beitr. S. 30) Didea intermedia Lw., sgd.

Alfken und Höppner (H.) beobachteten bei Bremen: *Apidae*: 1. Anthrena shawella K. ♀, psd., sgd.; 2. A. tarsata Nyl. (H.); 3. Dufourea vulgaris Schck. (H.); 4. Nomada jacobaeae Pz. ♀ ♂; 5. N. obtusifrons Nyl. ♀ ♂; 6. N. solidaginis Pz. ♀ ♂; Verhoeff auf Norderney: A. Diptera: a) *Dolichopodidae*: 1. Dolichopus spec. b) *Syrphidae*: 2. Melithreptus taeniatus Mg. 1 ♂, pfd. B. Hymenoptera: *Apidae*: 3. Colletes cunicularis L. 1 ♀, psd.

Mac Leod beobachtete in Flandern 7 kurzrüsselige Bienen, 2 andere kurzrüsselige Hymenopteren, 3 Syrphiden, 4 Musciden, 1 Käfer (Bot. Jaarb. VI. S. 314); in den Pyrenäen 2 Syrphiden und 2 Musciden als Besucher (A. a. O. III. S. 432).

In Dumfriesshire (Schottland) (Scott-Elliot, Flora S. 58) wurden 1 Hummel, 1 kurzrüsselige Biene und mehrere Fliegen als Besucher beobachtet.

Willis und Burkill (Flowers and Insects in Great Britain Pt. I) beobachteten im mittleren Wales:

A. Diptera: a) *Muscidae*: 1. Anthomyia radicum L., sgd.; 2. Lucilia cornicina F., sgd.; 3. Siphona geniculata Deg., sgd. b) *Syrphidae*: 4. Eristalis horticola L., sgd.;

5. Sphaerophoria scripta L., sgd. B. Lepidoptera: *Rhopalocera*: 6. Polyommatus phlaeas L.; sowie in der Nähe der schottischen Südküste:

A. Coleoptera: *Scarabaeidae*: 1. Aphodius contaminatus Herbst., auf den Blüten sitzend. B. Diptera: a) *Muscidae*: 2. Anthomyia radicum L., sgd. und pfd., sehr häufig; 3. Cyrtoneura curvipes Mcq., sgd.; 4. Hydrellia griseola Fall., pfd.; 5. Hylemyia lasciva Ztt., pfd.; 6. Oscinis frit L., pfd. b) *Syrphidae*: 7. Sphaerophoria scripta L., pfd.; 8. Syritta pipiens L., pfd.

850. P. argentea L. [H. M., Weit. Beob. II. S. 242; Knuth, Ndfr. Ins. S. 154.] — Als Besucher beobachtete ich auf der Insel Sylt nur Meligethes, die eigentlichen Bestäuber sind jedoch Bienen und Fliegen; solche beobachtete Herm. Müller (1) in Thüringen und Buddeberg (2) in Nassau:

A. Coleoptera: a) *Buprestidae*: 1. Anthaxia quadripunctata L. (1, Thür.); 2. Coraebus elatus F. (1, Thür.). b) *Nitidulidae*: 3. Meligethes, hld. (1, Thür.). B. Diptera: a) *Muscidae*: 4. Anthomyia sp. ♀, sgd., häufig (1, Thür.); 5. Aricia sp., sgd. (1, Thür.); 6. Ulidia erythrophthalma Mg., sgd., in grosser Zahl (1, Thür.). b) *Syrphidae*: 7. Paragus bicolor F., sgd. (2). C. Hymenoptera: a) *Apidae*: 8. Anthrena dorsata K. ♀, sgd. und psd. (2); 9. Halictus leucopus K. ♀, sgd (2); 10. H. maculatus Sm. ♀, sgd. (1, Thür.); 11. H. morio F. ♀, sgd. (2); 12. H. villosulus K. ♀, sgd. und psd. (2); 13. Nomada fabriciana L. ♀, sgd. (2); 14. Prosopis communis Nyl. ♀, sgd. (1, Thür.); 15. Stelis breviuscula Nyl. ♀, sgd. (1, Thür.). b) *Evaniadae*: 16. Foenus affectator F., hld. (1, Thür.).

851. P. procumbens Sibth.

Mac Leod beobachtete in Flandern 3 Schwebfliegen, 1 Holzwespe (Bot. Jaarb. VI. S. 313, 314) als Besucher; Verhoeff auf Norderney: Hymenoptera: *Sphegidae*: Oxybelus uniglumis L., sgd.

852. P. minima Haller fil. [H. M., Alpenblumen S. 217.] — Die kleinen, gelben Blüten sind homogam, doch sind im Anfange der Blütezeit die Kronblätter noch nicht ganz ausgebreitet, so dass die Blütenmitte die bequemste Anflugstelle ist und Besucher, welche pollenbedeckt von einer älteren Blume kommen, sowohl Fremd- als auch Selbstbestäubung bewirken können. Bei ausbleibendem Insektenbesuche erfolgt spontane Selbstbestäubung, von der wohl häufig Gebrauch gemacht wird, denn als Besucher sah H. Müller nur 2 Musciden und einen Kleinschmetterling. (S. Fig. 114).

853. P. Salisburgensis Haenke (P. alpestris Haller, P. maculata Pourr.). [H. M., Alpenblumen S. 218.] — Die Blüteneinrichtung stimmt mit derjenigen der vorigen Art überein; doch sind die Blüten grösser und daher der Insektenbesuch reichlicher.

So beobachtete Herm. Müller in der Schweiz 8 Musciden, 7 Syrphiden, 2 Käfer, 3 Bienen, 3 Falter (vgl. P. verna); Mac Leod in den Pyrenäen 1 kurzrüsselige Biene, 1 Syrphide und 1 Muscide als Besucher (B. Jaarb. III. S. 431).

In Dumfriesshire (Schottland) (Scott-Elliot, Flora S. 58) wurden 1 Empide und 2 Musciden als Besucher beobachtet.

854. P. aurea L. [H. M., Alpenblumen S. 218, 219; Schulz, Beitr. II. S. 68; Loew, Bl. Flor. S. 397.] — Die Blüteneinrichtung ist wieder dieselbe wie bei voriger Art, doch sind die Blüten noch grösser, mithin die Besucher noch zahlreicher. Schulz beobachtete Gynomonöcie und Gynodiöcie; nach demselben sind die Zwitterblüten im Riesengebirge schwach protogyn.

H. Müller beobachtete 18 Musciden, 8 Schwebfliegen, 3 Käfer, 7 Bienen, 15 Falter; Loew sah 2 Schwebfliegen, 1 Muscide, 1 Falter, 1 Käfer.

Loew beobachtete in der Schweiz (Beiträge S. 57): A. Coleoptera: *Malaco-dermata*: 1. Dasytes alpigradus Kiesew. B. Diptera: a) *Muscidae*: 2. Anthomyia sp. Pz. b) *Syrphidae*: 3. Cheilosia brachysoma Egg. (?); 4. Pelecocera scaevoides Fall. C. Lepidoptera: *Zygaenidae*: 5. Zygaena exulans Hchw.

855. P. frigida Vill. Die Blüteneinrichtung dieser alpinen Art stimmt, nach Kirchner (Beitr. S. 39), im wesentlichen mit derjenigen von P. minima überein, doch breitet sich die Blumenkrone nicht flach, sondern beckenförmig aus, so dass der Blütendurchmesser nur 7—10 mm beträgt, obgleich jedes der gelben, am Grunde mit orangegelbem Fleck versehenen Kronblätter 5 mm lang ist. Die Blüten sind homogam; das Aufspringen der Antheren beginnt bei den äussersten Staubblättern und schreitet nach innen fort, so dass im Anfange der Blühzeit

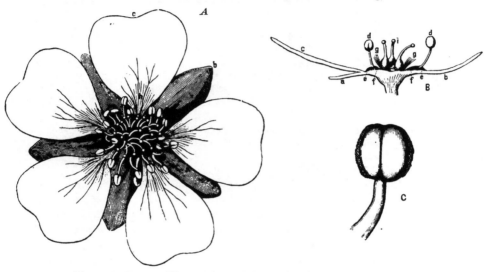

Fig. 114. Potentilla minima Haller fil. (Nach Herm. Müller.)
A. Blüte, gerade von oben gesehen. (7:1.) *B.* Längsschnitt durch dieselbe. *C.* Oberer Teil eines Staubblattes mit seitlich aufgesprungenem Staubbeutel. (35:1.)

bei Insektenbesuch Fremdbestäubung leichter ist als bei P. minima. Später ist, wenn auch die Antheren der inneren Staubblätter sich geöffnet haben, spontane Selbstbestäubung unvermeidlich.

856. P. multifida L. Die Blüteneinrichtung dieser gleichfalls alpinen Art stimmt (Kirchner a. ä. O.) mit derjenigen der vorigen überein, doch sind beim Beginn des Blühens sämtliche Antheren aufgesprungen. Diese befinden sich in unmittelbarer Nähe der Narben, so dass spontane Selbstbestäubung unvermeidlich ist.

Als Besucher beobachtete Loew (Jahrb. d. bot. G. IV. S. 159) an kultivierten Pflanzen im botanischen Garten zu Berlin eine pollenfressende Schwebfliege (Eristalis sepulcralis L.).

857. P. supina L. Auch die Blüteneinrichtung dieser Art, sowie das Vorkommen von Gynomonöcie und Gynodiöcie bei derselben stimmt mit P. Anserina überein (Schulz, Beitr. II. S. 187).

858. P. recta L. Nach Kerner fallen die Kronblätter am zweiten Blühtage ab; das Öffnen geschieht zwischen 11 und 12 Uhr.

859. P. grandiflora L. [H. M., Alpenblumen S. 219, 220.] — Die Blüten sind noch grösser als bei P. aurea; ausserdem stehen sie auf höheren Stengeln, so dass die Augenfälligkeit noch bedeutend erhöht wird. Der Insektenbesuch ist daher noch mehr gesteigert. Die Blüten sind denn auch protandrisch, so dass anfangs Kreuzung bevorzugt ist und spontane Selbstbestäubung seltener eintritt.

Als Besucher beobachtete H. Müller 10 Musciden, 4 Syrphiden, 4 Käfer, 12 Bienen, 13 Falter.

860. P. verna L. Die Blüteneinrichtung stimmt, nach H. Müller (Befr. S. 207), mit derjenigen von P. Anserina überein; doch ist die Blütengrösse geringer. Nach Schulz sind die leuchtend-gelben, honigreichen Blüten schwach protogyn. Die Antheren der inneren Staubblätter stehen über den Narben, so dass regelmässig spontane Selbstbestäubung eintritt.

Als Besucher beobachtete Schulz in Mitteldeutschland zahlreiche Fliegen, Käfer und kleine Bienen; Lindman auf dem Dovrefjeld Fliegen, einen Käfer und einen Tagfalter.

In den Alpen sah Herm. Müller (Alpenblumen S. 221) P. verna zusammen mit P. alpestris Hall. filius, die grossblütigen Form von P. salisburgensis (s. S. 371), von 17 Hymenopteren, 2 Dipteren, 1 Käfer, 2 Faltern besucht.

In Schleswig-Holstein sah ich (Bijdragen) eine Biene (Anthrena albicans Müll. ♀) und eine Schwebfliege (Eristalis tenax L.), beide sgd. Hermann Müller giebt für Westfalen und Thüringen folgende Besucherliste:

A. Coleoptera: a) *Curculionidae*: 1. Spermophagus cardui Stev. b) *Nitidulidae*: 2. Meligethes hld., häufig. B. Diptera: a) *Muscidae*: 3. Onesia cognata Mg., sgd.; 4. O. floralis R. D., sgd.: 5. Pollenia vespillo F., sgd. b) *Stratiomydae*: 6. Odontomyia argentata F., sgd. c) *Syrphidae*: 7. Cheilosia modesta Egg., sgd.; 8. Ch. praecox Zett., häufig, sgd.; 9. Rhingia rostrata L., sgd.; 10. Syritta pipiens L., sgd.; 11. Syrphus sgd. C. Hymenoptera: a) *Apidae*: 12. Anthrena albicans Müll. ♀ ♂, psd. und sgd., häufig; 13. A. albicrus K. ♂, sgd.; 14. A. argentata Smith ♂, sgd.; 15. A. dorsata K. ♀, psd.; 16. A. fulvicrus K. ♂, sgd.; 18. A. nana K. ♂, sgd.; 17. A. parvula K. ♀. sgd.; 19. A. xanthura K. ♀, sgd.; 20. Apis mellifica L. ⚥, psd. und sgd.; 21. Bombus terrester L. ♀, psd.; 22. Halictus albipes F. ♀, sgd.; 23. H. cylindricus F. ♀, psd.; 24. H. flavipes F. ♀. sgd.; 25. H. leucopus K. ♀, sgd. und psd.; 26. H. maculatus Sm. ♀. psd.; 27. H. morio F. ♀, sgd.; 28. H. nitidiusculus K. ♀, sgd.; 29. H. semipunctatus Schenck ♀, sgd.; 30. H. sexstrigatus Schenck ♀, psd.; 31. Nomada ruficornis L. ♂; 32. Osmia fusca Christ. ♀, sgd. und psd. b) *Formicidae*: 33. Formica pratensis Deg. Nyl. ⚥, hld.

Alfken beobachtete bei Bremen: 1. Anthrena albicans Müll. ♀, einzeln, sgd. und psd.; 2. A. albicrus K. ♀, hfg., sgd. und psd.; 3. Nomada bifida Ths. ♀, sgd.

Schmiedeknecht beobachtete in Thüringen die Apiden: 1. Anthrena cyanescens Nyl.; 2. A. parvula K.; Schenck in Nassau A. cingulata F.; Friese in Ungarn Anthrena genevensis Schmiedekn. und bei Innsbruck Osmia bicolor Schrk. ♀, nur psd.

v. Dalla Torre beobachtete in Tirol die Bienen: 1. Anthrena parvula K. ♀; 2. Halictus nanulus Schck. ♂; 3. Osmia aurulenta Pz. ♂ ♀; 4. Prosopis borealis Nyl. ♀; ausser diesen verzeichnet Schletterer noch Halictus albipes F. und Prosopis communis Nyl.

861—862. P. cinerea Chaix (P. arenaria Borkh.) und **P. opaca L.** stimmen, nach Schulz (Beitr. II. S. 67, 68), mit P. verna in der Blüteneinrichtung überein und werden von zahlreichen Insekten, besonders Fliegen, Käfern und kleineren, seltener auch von grösseren Bienen besucht. Die Mehrzahl der Besucher sammelt oder frisst Pollen.

Als Besucher beobachtete Loew in Brandenburg an P. cinerea (Beiträge S. 38): A. Diptera: *Syrphidae*: 1. Cheilosia praecox Zett., pfd. B. Hymenoptera: *Apidae*: 2. Halictus morio F. ♀, psd.; 3. H. tumulorum L. ♀, psd.; 4. Osmia bicolor Schr. ♂, sgd.; Schletterer beobachtete bei Pola die Apiden: 1. Anthrena parvula K.; 2. Halictus calceatus Scop.; 3. H. interruptus Pz.; 4. H. levigatus K. ♀; 5. H. malachurus K.; 6. H. morio F.; 7. H. quadrinotatus K.; 8. Osmia versicolor Ltr.

863. P. caulescens L. H. Müller (Alpenblumen S. 222) beobachtete als Besucher Apis, 1 Bombus, 1 Melithreptus. Die Blüten sind homogam, nach Kerner schwach protogyn. Die Besucher können Fremd- und Selbstbestäubung bewirken, letztere ist auch spontan möglich (Schulz).

864. P. atrosanguinea Lodd. Nach Delpino (Ult. oss. S. 233) sind die Blüten protogynisch mit kurzlebigen Narben. Anfangs sind die Staubblätter mit noch geschlossenen Antheren von der Blütenmitte abgebogen, während die bereits entwickelten Narben dieselbe einnehmen. Später richten sie sich zur Höhe der Narben auf.

Als Besucher beobachtete Delpino kleine Bienen (Anthrena- und Halictus-Arten).

865. P. fruticosa L. [H. M., Befr. S. 208, 209; Knuth, Bijdragen.] — Nach Herm. Müller ist die Honigabsonderung eine so geringe, dass dieselbe in Tröpfchenform nicht erfolgt; doch wird der glatte, glänzende, die Staubfadenwurzeln umgebende Ring des Kelchgrundes so häufig von Insekten, selbst von der Honigbiene, beleckt, dass sich hier ohne Zweifel eine dünne Honigschicht findet.

Die Blüten sind homogam. Von anfliegenden Insekten werden bald die Narben bald die an den Seiten aufspringenden Antheren zuerst berührt, so dass Fremd- und Selbstbestäubung eine ziemlich gleiche Wahrscheinlichkeit haben. Bleibt Insektenbesuch aus, so tritt zuweilen spontane Selbstbestäubung ein, indem die verwelkenden Staubblätter sich zum Teil nach innen krümmen und dabei manchmal die noch mit Pollen versehenen Antheren mit den Narben in Berührung kommen. Der Insektenbesuch ist aber ein so reichlicher, dass die spontane Selbstbestäubung kaum erfolgen wird.

Als Besucher sahen H. Müller (1) und ich (!):

A. Coleoptera: a) *Malacodermata*: 1. Dasytes flavipes F., hld. und Antheren fressend (1). b) *Nitidulidae*: 2. Meligethes sehr häufig, pfd. (1). B. Diptera: a) *Conopidae*: 3. Sicus ferrugineus L., hld. (1). b) *Culicidae*: 4. Culex pipiens L., sgd. (1). c) *Muscidae*: 5. Anthomyia, hld., sehr häufig (1): 6. Lucilia cornicina F., häufig, hld. (1); 7. L. silvarum Mg., w. v. (1); 8. Sarcophaga carnaria L., häufig, hld. (1); 9. Scatophaga merdaria F., w. v. (1); 10. Sepsis, sehr zahlreich, hld. (1); 11. kleinere Musciden, hld. (!); d) *Stratiomydae*: 12. Sargus cuprarius L., häufig, hld. und pfd. (1). e) *Syrphidae*: 13. Eristalis arbustorum L., häufig, hld. und pfd. (1); 14. E. nemorum L., sgd. od. pfd. (!); 15. E. sepulcralis L., w. v. (1); 16. Helophilus floreus L., w. Eristalis arbustorum L. (1); 17. H. pendulus L., w. v. (1); 18. Melithreptus taeniatus Mg., w. v. (1); 19. Syritta pipiens L., w. v. (1); 20. Syrphus pyrastri L., sgd. od. pfd. (!); 21. Volucella bombylans L., dgl. (!); 22. V. pellucens L., w. v. (1). f) *Tabanidae*: 23. Chrysops coecutiens L. ♂, hld. od. pfd. (1). C. Hymenoptera: a) *Apidae*: 24. Apis mellifica L. ☿, häufig, hld. (1, !); 25. Halictus zonulus Sm. ♀, hld. (1). b) *Sphegidae*: 26. Oxybelus bellus Dhlb., sehr häufig, hld. (1); 27. O. uniglumis L., einzeln hld. (1).

866. P. alchemilloides Lap. Die Einrichtung dieser Pyrenäenblume hat Mac Leod (Pyreneeënbl. S. 425—429) ausführlich beschrieben. Der Durchmesser der weissen Blüten beträgt 20 mm. Zwischen den Stempeln und dem Grunde der Staubblätter liegt eine von zwei Haarleisten umschlossene Honigfurche, welche an fünf Stellen am bequemsten zugänglich ist. Die Blüten sind beinahe homogam: wahrscheinlich springen die Antheren kurz vor dem Heranreifen der Narben auf. Besuchende Insekten können sowohl Fremd- als Selbstbestäubung bewirken. Letztere kann nur schwierig spontan erfolgen, da die Antheren von den Narben abgewendet sind, doch wird sie zuweilen durch ein aufrecht bleibendes Staubblatt herbeigeführt.

Als Besucher beobachtete Mac Leod in den Pyrenäen: **Empiden (2)** und **Musciden (5)**.

867. P. sterilis (L.) Garcke. (Fragaria sterilis L., P. Fragariastrum Ehrh., P. Fragaria Smith). Die Einrichtung der weissen Blüten hat Mac Leod (B. Jaarb. III. S. 429—430; VI. S. 314—315) in den Pyrenäen und in Belgien untersucht. An dem ersteren Standorte beträgt der Blütendurchmesser 20 mm, an dem letzteren nur 11—12 mm. Zwischen den Staubblättern und den Stempeln liegt ein fünfeckiger, behaarter, orangefarbiger (Belgien) oder rotbrauner (Pyrenäen) Nektarring. Zuletzt sind die Staubblätter so weit nach innen geneigt, dass spontane Selbstbestäubung in den (in Belgien anfangs schwach protogynen) Blüten durch Berührung der Antheren und Narben eintritt.

Als Besucher beobachtete Mac Leod in Flandern: kleine Käfer und Fliegen, 1 Akaride (Bot. Jaarb. VI. S. 315); in den Pyrenäen: 1 Biene, 1 Muscide, 1 Falter.

Burkill (Fert. of Spring Fl.) beobachtete an der Küste von Yorkshire: A. Coleoptera: *Curculionidae*: 1. Apion nigritarse K., sgd. B. Diptera: a) *Muscidae*: 2. Coelopa sp., pfd.; 3. Lucilia cornicina F., sgd.; 4. Onesia cognata Mg., sgd.; 5. Sepsis nigripes Mg., sgd.; 6. Siphonia geniculata Deg., sgd.; 7. eine andere Muscide; b) *Phoridae*: 8. Phora sp. C. Hymenoptera: a) *Apidae*: 9. Anthrena clarkella K. ♂ ♀; 10. A. gwynana K. ♂ sgd., ♀ psd.; b) *Formicidae*: 11. Formica fusca L., sgd.; c) *Ichneumonidae*: 12. Drei kleine sp.

868—874. P. pulchella R. Br., P. Sommerfeltii Lehmann, P. Ranunculus Lange, P. Vahliana Lehmann, P. emarginata Pursh, P. Frieseana Lange, P. tridentata. Diese arktischen Arten sind, nach Warming, wahrscheinlich homogam, und es ist bei ihnen spontane Selbstbestäubung möglich.

875. P. nivea L. sah Lindman auf dem Dovrefjeld von einer mittelgrossen Fliege besucht.

876. P. rupestris L. Diese von Schulz (Beitr. II. S. 68) bei Bozen untersuchte Art ist der spontanen Selbstbestäubung fähig, da die Antheren der inneren Staubblätter sich etwas nach der Blütenmitte über die mit ihnen gleichzeitig entwickelten Narben neigen und daher Pollen auf letztere hinabfällt. Da die Honigabsonderung nur eine geringe ist und die weissen Blüten wenig augenfällig sind, so ist der Insektenbesuch nur ein geringer.

Schulz beobachtete Fliegen, Käfer und Bienen; Mac Leod bemerkte in den Pyrenäen: 5 Syrphiden und 5 Musciden als Besucher (B. Jaarb. III. S. 431); Loew im bot. Garten zu Berlin: Apis, sgd.

877. P. alba L. Die Blüteneinrichtung dieser Art stimmt, nach Kirchner (Flora S. 447), mit derjenigen von P. verna, opaca und Anserina überein.

878. P. micrantha Ram. Nach Kerner bilden die Staubblätter einen Hohlkegel, welcher den honigabsondernden Blütenboden überdeckt.

879. P. hirta Vill.

Schletterer beobachtete als Besucher bei Pola: Hymenoptera: a) *Apidae*: 1. Anthrena lucens Imh.; 2. A. thoracica F.; 3. Halictus fasciatellus Schck.; 4. H. villosulus K.; 5. Prosopis clypearis Schck. b) *Tenthredinidae*: 6. Amasis laeta F.

Loew beobachtete im botanischen Garten zu Berlin an einigen Potentilla-Arten folgende Besucher:

880. P. Delphinensis G. G.: Apis, sgd. u. psd.; desgleichen an

881. P. Kurdica Boiss. et Hohen.;

882. P. chrysantha Trev.:

A. Diptera: *Syrphidae*: 1. Eristalis nemorum L.; 2. Syritta pipiens L., pfd. B. Hymenoptera: *Apidae*: 3. Apis mellifica L. ⚥, sgd. und psd.;

883. P. Mayeri Boiss. var. Fenzlii Lehm.: Prosopis communis Nyl. ♀, pfd.

186. Sibbaldia L.

Homogame, grünlich-gelbe Blumen mit freiliegendem Honig, der an der gewöhnlichen Stelle abgesondert wird.

884. S. procumbens L.

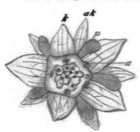

Fig. 115. Sibbaldia procumbens L. (Nach Herm. Müller.) Blüte, gerade von oben gesehen. (7 : 1.)

[H. M., Alpenblumen S. 222.] — Der freiliegende Honig wird von der breiten, fleischigen Scheibe abgesondert, welche die zehn Stempeln umschliesst. Er wird von kurzrüsseligen Insekten (Musciden, Ameisen, Ichneumoniden) gerne aufgesucht, welche dabei Kreuzung und Selbstbestäubung bewirken. Die Möglichkeit spontaner Selbstbestäubung scheint ausgeschlossen zu sein, da die Staubbeutel mit den Narben zwar gleichzeitig entwickelt sind, aber so weit von denselben entfernt stehen, dass der Pollen nicht wohl von selbst auf die Narben gelangen kann. Nach Lindman ist an den Pflanzen des skandinavischen Hochgebirges dagegen Autogamie sehr erleichtert. Dasselbe berichtet Warming von den grönländischen Exemplaren.

187. Alchemilla Tourn.

Kleine, grünliche, kronblattlose Blumen mit freiliegendem Honig, der von einem fleischigen Ringe an der Innenwand des Kelches abgesondert wird.

885. A. vulgaris L. [H. M., Befr. S. 209, 210; Lindman a. a. O.; Schulz, Beitr. II. S. 188; Kerner, Pflanzenleben II.; Loew, Bl. Fl.

S. 396.) — Die Pflanze ist, nach Schulz, ziemlich verbreitet gynomonöcisch und gynodiöcisch, sowie andromonöcisch und androdiöcisch; stellenweise fehlen die zweigeschlechtigen Blüten ganz. Nach Herm. Müller sondert der gelbe, fleischige Ring an der Innenwand des Kelches, welcher zur Zeit der Blüte den Griffel umschließt, eine flache Nektarschicht ab, wodurch der ganze Blütenstand ein gelbliches Aussehen erhält. Selten sind in den Blüten die Staubblätter und der Stempel normal entwickelt: entweder sind die Staubblätter ausgebildet, aber der Griffel so kurz geblieben, daß die Narbe kaum aus dem Nektarringe

Fig. 116. Alchemilla vulgaris L. (Nach Herm. Müller.)

1. Blüte mit entwickelten Staubblättern und kurzem Griffel, gerade von oben gesehen. 2. Dieselbe, schräg von oben gesehen. 3. Blüte mit einem entwickelten, 3 verkümmerten Staubblättern und entwickeltem Griffel, schräg von oben gesehen. 4. Blüte mit lauter verkümmerten Staubblättern und stark entwickeltem Griffel. a Außenkelch. b Kelch. c Staubblätter. c' Verkümmerte Staubblätter. d Narbe. e Nektarium.

hervorragt, oder der Griffel ist lang, während sämtliche 4 oder 1—3 Staubblätter verkümmert sind. Es ist daher spontane Selbstbestäubung sehr erschwert. Nach Kerner tritt sie jedoch in den anfangs protogynischen und daher auf Fremdbestäubung angewiesenen Zwitterblüten später dadurch ein, daß die Narbe noch bis zur Reife der Antheren empfängnisfähig bleibt und dann durch Verlängerung des Griffels Berührung mit den Antheren erfolgt.

Als Besucher bemerkte Herm. Müller eine Schwebfliege (Xanthogramma citrofasciata Deg.), Lindman auf dem Dovrefjeld ebenfalls Fliegen.

In den Alpen beobachtete Herm. Müller 3 Falter und 6 Fliegen an den Blüten (Alpenbl. S. 223. 224; Loew in der Schweiz (Beitr. S. 55) Melithreptus scriptus L.: Mac Leod in den Pyrenäen 1 Käfer, 5 Fliegen als Besucher (B. Jaarb. III. S. 408).

Plateau bemerkte in Belgien Calliphora, Musca, Sarcophaga, Syritta pipiens L. und kleine Hymenopteren.

In Dumfriesshire (Schottland) (Scott-Elliot, Flora S. 59) wurden 1 langrüsselige Biene, 1 Blattwespe, 2 Empiden, mehrere andere Fliegen und 2 Falter als Besucher beobachtet.

Ich habe trotz mehrfacher Überwachung keine Insekten an den Blüten wahrgenommen.

~~~ — 896. A. alpina L., A. fissa Schummel, A. pentaphyllea L. stimmen nach Herm. Müller (Alpenblumen S. 222. 223) in der Blüteneinrichtung mit A. vulgaris und Sibbaldia procumbens überein, desgleichen auch in der Geschlechterverteilung und der Verkümmerung einzelner Blütenorgane. Nicht selten finden sich auch drei- oder fünfzählige Blüten. (S. Fig. 117.)

Als Besucher dieser Arten beobachtete Herm. Müller kleine Musciden, Käfer, Ameisen und Schlupfwespen.

Als Besucher von A. alpina L. beobachtete Mac Leod in den Pyrenäen 2 Käfer, 4 Fliegen als Besucher (B. Jaarb. III. S. 439); Loew im bot. Garten zu Berlin eine kleine Biene (Sphecodes gibbus L. ♀), sgd.

889. A. arvensis Scopoli. Die höchst unscheinbaren, grünen Blütchen sind zwar zu kleinen, dichten, sitzenden, geknäuelten Trugdolden vereinigt, doch ist die Augenfälligkeit trotzdem eine äusserst geringe. Nach Kirchner (Flora S. 449) ist das Nektarium zwar vorhanden, doch ist es grün und nicht fähig,

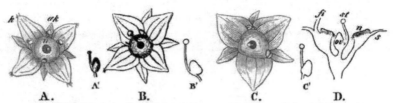

Fig. 117. Alchemilla fissa Schummel. (Nach Herm. Müller.)

A. Vierzählige Zwitterblüte; *A'* Stempel derselben. *B.* Vierzählige rein weibliche Blüte; *B'* Stempel. *C.* Dreizählige Zwitterblüte mit einem verkümmerten Staubblatt; *C'* Stempel. *D.* Blüte im Durchschnitt. *ak* Aussenkelch. *k* Kelch. *n* Nektarium.

Nektar auszusondern. Das einzige vorhandene Staubblatt steht schräg nach innen, so dass die Anthere über der Narbe liegt und spontane Selbstbestäubung eintreten muss.

890. A. acutiloba Stev.

Loew beobachtete im botanischen Garten zu Berlin: A. Diptera: a) *Bombylidae:* 1. Anthrax morio L., sgd. b) *Syrphidae:* 2. Eristalis tenax L., dgl.

188. Sanguisorba L.

Kronblattlose, zu kopfigen Ständen vereinigte Blüten mit halbverborgenem Honig oder Windblütler.

891. S. officinalis L. [H. M., Alpenblumen S. 224, 225.] — In den homogamen Blüten hüllt der Kelch in seinem untersten Teile den Fruchtknoten

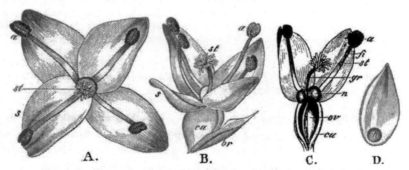

Fig. 118. Sanguisorba officinalis L. (Nach Herm. Müller.)

A. Blüte gerade von oben gesehen. *B.* Dieselbe von der Seite gesehen. *C.* Dieselbe im Längsdurchschnitt. *D.* Einzelnes Perigonblatt von der Innenseite. (Vergr. 7:1.)

ein, sondert etwa in der Mitte aus einem den Griffelgrund umgebenden Ringe Nektar aus und breitet sich am Ende in vier eiförmige, am Grunde hohle, oberwärts rot gefärbte Zipfel auseinander, welche somit als Safthalter und auch als Schauapparat dienen. Die 50—100 Blütchen eines Köpfchens blühen von unten nach oben in der Weise ab, dass immer nur eine Zone von einer einzigen Blütenreihe gleichzeitig im Blühen begriffen ist. Die Insekten stellen sich bei günstiger Witterung ziemlich reichlich ein und bewirken, da sie in der Regel Narben und Antheren mit verschiedenen Seiten des Kopfes berühren, Fremdbestäubung, sonst Selbstbestäubung. Letztere kann auch leicht spontan erfolgen.

Als Besucher sah H. Müller in den Alpen Musciden (4), Syrphiden (1), Falter (11); Loew daselbst eine Schwebfliege (Didea alneti Fall.) und im bot. Garten zu Berlin Syritta pipiens L.; Rössler bei Wiesbaden den Falter Lycaena euphemus IIb.

In Dumfriesshire (Schottland) (Scott-Elliot, Flora S. 60) wurden 5 Musciden als Besucher beobachtet.

Nach Kerner werden die Blüten von Lycaena arcas Rott. besucht, deren Raupen auf der Pflanze leben.

892. S. minor Scopoli. (Poterium Sanguisorba L.). [Axell, S. 54.] Diese Art ist nektarlos, windblütig und, nach Kirchner (Flora S. 456, 457), cönomonöcisch. Die männlichen Blüten stehen im kopfförmigen Blütenstande unten, die zweigeschlechtigen in der Mitte, die weiblichen oben. Schulz (Beitr. II. S. 69, 70, 188) beobachtete Gynomonöcie, Andromonöcie und auch reine Monöcie. Die Zwitterblüten sind meist homogam; die Verteilung der Geschlechtsformen auf die Einzelpflanzen ist eine sehr verschiedenartige. Bei Ruppin sind nach Warnstorf (Nat. V. des Harzes XI) meist nur die obersten Blüten der kopfförmigen Ähren weiblich (in der Minderheit), die übrigen männlich, öfter dazwischen mit einzelnen Zwitterblüten. Antheren gelb, auf langen rötlichen Filamenten pendelnd; in den Zwitterblüten nur wenige Staubblätter. Pollen schmutzig gelblich-weiss, rundlich polyëdrisch, glatt, bis 37 μ diam. Nach Ludwig wechselt in den männlichen Blüten, aus denen die Antheren an langen, dünnen Filamenten schlaff herabhängen, die Färbung der Staubblätter nicht selten individuell: meist sind die Antheren gelb und die Filamente weiss, doch kommen auch Stöcke mit roten Filamenten und gelblichroten bis roten Antheren vor. In den weiblichen Blüten sind Griffel und die grossen, sprengwedelförmigen Narben rot bis wachsgelb und weiss gefärbt.

H. Müller (Befr. S. 210) sah eine Wespe (Odynerus parietum L. ♀) an die Blüten fliegen, aber nach einigem Suchen sich wieder entfernen. Ich (Bijdragen) sah eine Schwebfliege (Melanostoma mellina L.) pfd. auf dem Blütenstande.

In Dumfriesshire (Schottland) (Scott-Elliot, Flora S. 61) wurden 1 Blattwespe und 2 Schwebfliegen als Besucher beobachtet.

893. S. alpina hat, ähnlich wie Thalictrum aquilegiifolium, keulig verdickte Staubfäden, wodurch sie selbst bei schwach bewegter Luft leicht ins Schwanken kommen und der Pollen ausgestreut wird. (Kerner, Pflanzenleben S. 141).

894. Poterium spinosum L. ist nach Pirotta anemophil. (Ann. d. R. Istituto bot. di Roma III. 1887). Es finden sich zweigeschlechtige Blüten nur an kultivierten Pflanzen, während die wildwachsenden (von Sardinien) nur eingeschlechtige besitzen, und zwar sind rein weibliche Blütenstände häufiger als polygamische, wobei die Zahl der männlichen Blüten selten grösser als die der weiblichen ist. Die kultivierten Pflanzen besitzen häufiger polygamische als rein weibliche Blütenstände.

895. P. polygama W. K. Die Pflanze ist, nach Kerner, trimonöcisch. In den Zwitterblüten ist die Zahl der Staubblätter zuweilen von 8 auf 1 reduziert.

189. Agrimonia Tourn.

Gelbe, homogame Pollenblumen mit Pseudonektarien.

896. A. Eupatoria L. [H. M., Befr. S. 209; Mac Leod, B. Jaarb. VI. S. 319—320; Kirchner, Flora, S. 457; Knuth, Bijdragen.] — Am Grunde der beiden Griffel befindet sich ein fleischiger Ring, der das Aussehen eines Nektariums besitzt, an dem aber eine Honigabsonderung nicht zu bemerken ist. Die am Rande dieser Scheibe befindlichen 5—7 Staubblätter stehen mit den Narben in gleicher Höhe und öffnen ihre Antheren seitlich. Sie kommen, indem sie sich einwärts biegen, mit den Narben in Berührung. Die Blühzeit der Einzelblüte währt nur einen Tag, an welchem sie sich sehr früh öffnet. Die anfänglich weit auseinander gebreiteten Staubblätter krümmen sich im Laufe des Tages einwärts, bis sie sich gegenseitig und die Narben berühren. Der Insektenbesuch ist ziemlich spärlich und bewirkt sowohl Fremd- als auch Selbstbestäubung. Letztere tritt nach obiger Darstellung spontan ein und ist offenbar von Erfolg.

Als Besucher beobachteten Herm. Müller (1) und ich (!):

A. Diptera: a) *Muscidae*: 1. Anthomyia sp., pfd. (1). b) *Syrphidae*: 2. Ascia podagrica F., pfd. (1); 3. Eristalis nemorum L., pfd. (!); 4. E. tenax L., pfd. (1); 5. Melanostoma mellina L., pfd. (1); 6. Melithreptus dispar Loew, pfd. (1); 7. M. pictus Mg., pfd. (1); 8. M. scriptus L., pfd. (1); 9. M. taeniatus Mg., pfd. (1); 10. Rhingia rostrata L., pfd. (1); 11. Syritta pipiens L., pfd. (1); 12. Syrphus ribesii L., pfd. (!). B. Hymenoptera: *Apidae*: 13. Apis mellifica L. ⚥, psd. (!); 14. Bombus terrester L. ♀ ⚥, psd. (!); 15. Halictus, kleine Arten ♀, psd. (1).

Schletterer verzeichnet für Tirol Bombus pascuorum Scop. als Besucher.

897. A. odorata Mill. sah Alfken bei Bremen von Apis und Prosopis sp. besucht.

190. Ulmaria Tourn.

Weisse, zweigeschlechtige, nektarlose, homogame Pollenblumen.

898. U. pentapetala Gilibert (Filipendula Ulmaria Maxim., Spiraea Ulmaria L.) [H. M., Befr. S. 211, 212; Weit. Beob. II. S. 243; Lindman a. a. O.; Schulz, Beitr. II. S. 186; Knuth, Weit. Beob. S. 234; Bijdragen.] — Die zu dichten, gedrängten Ständen vereinigten, gelblich-weissen Blüten locken auch durch ihren stark mandelartigen Duft zahlreiche Insekten zum Besuche an, wobei ihnen eine grosse Pollenmenge dargeboten wird. Die Staubblätter sind, nach Herm. Müller, anfangs in der Blütenmitte zusammengebogen, wodurch die Narben vollständig verdeckt werden. Alsdann richten sie sich allmählich von aussen nach innen fortschreitend auf und biegen sich sogar etwas nach auswärts, indem die Antheren aufspringen und sich ringsum mit Pollen bedecken. Haben sich auch die innersten Staubblätter aufgerichtet, so bildet die von den Narben eingenommene Blütenmitte die bequemste Anflugstelle für die Insekten, welche daher leicht Fremdbestäubung vollziehen können, aber ebenso leicht Selbstbestäubung bewirken. Bei ausbleibendem Insektenbesuche findet spontane Selbstbestäubung statt; auch ist in den dichtgedrängten Blütenständen Befruchtung durch Hinabfallen von Pollen auf die Narben benachbarter Blüten desselben Standes, mithin spontane Fremdbestäubung möglich. Schulz beobachtete auch andromonöcische Stöcke.

Als Besucher sah ich: A. Coleoptera: a) *Cerambycidae*: 1. Gaurotes virginea L.; 2. Judolia cerambyciformis Schrk.; 3. Leptura livida F.; 4. L. maculicornis Deg.; 5. Stenocorus mordax Deg. b) *Chrysomelidae*: 6. Cryptocephalus sericeus L. c) *Scarabaeidae*: 7. Trichius fasciatus L. B. Diptera: *Syrphidae*: 8. Syritta pipiens L., zahlreich. Sämtl. pfd.

Herm. Müller giebt folgende Besucherliste:

A. Coleoptera: a) *Cerambycidae*: 1. Judolia cerambyciformis Schrk.; 2. Leptura maculicornis Deg., Blütenteile fressend; 2. Pachyta quadrimaculata L., w. v.; 3. Antheren fressend; 4. Strangalia attenuata L., w. v.; 5. S. quadrifasciata L., Blütenteile fressend. b) *Cleridae*: 6. Trichodes apiarius L., w. v. c) *Dermestidae*: 7. Anthrenus pimpinella F., w. v. d) *Mordellidae*: 8. Mordella aculeata L. e) *Nitidulidae*: 9. Cychramus luteus Oliv. f) *Scarabaeidae*: 10. Cetonia aurata L., w. v.; 11. Trichius fasciatus L, w. v. g) *Telephoridae*: 12. Malachius bipustulatus L., Antheren fressend. B. Diptera: a) *Muscidae*: 13. Anthomyia sp. b) *Syrphidae*: 14. Eristalis arbustorum L., sehr häufig, pfd.; 15. E. horticola Deg., w. v.;

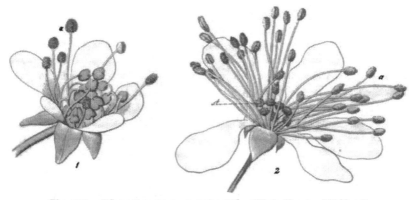

Fig. 119. Ulmaria pentapetala Gil. (Nach Herm. Müller.)
1. Jüngere Blüte. *2.* Ältere Blüte. *a* Antheren. *st* Narbe.

16. E. nemorum L., w. v.; 17. E. sepulcralis L., w. v.; 18. E. tenax L., w. v.; 19. Helophilus floreus L., w. v.; 20. Syritta pipiens L., w. v.; 21. Volucella bombylans L., w. v.; 22. V. pellucens L., pfd. C. Hymenoptera: a) *Apidae*: 23. Anthrena coitina K. ♀, psd.; 24. Apis mellifica L. ☿, häufig, psd.; 25. Prosopis armillata Nyl. ♂, pfd., zahlreich; 26. P. clypearis Schenck ♂, pfd.; 27. P. communis Nyl. ♂, pfd.; 28. P. confusa Nyl ♂ pfd.; 29. Xylocopa violacea L. ♀, psd. b) *Chrysidae*: 30. Chrysis ignita L.; 31. Ellampus auratus L.; 32. Hedrychum nobile Scop. c) *Sphegidae*: 33. Pemphredon unicolor F.; 34. Crabro larvatus Wesm. ♀; 35. C. wesmaeli v. d. L. ♂. D. Lepidoptera: Zygaena pilosellae Esp., zu saugen versuchend.

v. Fricken giebt für Westfalen und Ostpreussen die Cerambyciden: 1. Clytus figuratus Scop.; 2. Grammoptera ruficornis F. und die Curculionide: Apoderus

erythropterus Zschoch. = intermedius Ill. als Besucher an; Redtenbacher für Österreich die Bockkäfer: 1. Molorchus minimus Scop.; 2. Obrium brunneum F.

Alfken beobachtete bei Bremen: Bombus terrester L. ⚥; Loew in Schlesien
(Beiträge S. 28): A. Coleoptera: a) *Mordellidae*: 1. Anaspis frontalis L. b) *Nitidulidae*:
2. Meligethes sp. c) *Scarabaeidae*: 3. Cetonia aurata L., Antheren fressend. B. Diptera:
a) *Muscidae:* 4. Anthomyia sp. b) *Syrphidae*: 5. Chrysogaster coemeteriorum L., pfd.
C. Lepidoptera: *Rhopalocera*: 6. Argynnis pandora S. V., nach Honig suchend (nutzlos!).

Willis (Flowers and Insects in Great Britain Pt. I.) beobachtete in der Nähe der
schottischen Südküste:

A. Coleoptera: *Nitidulidae*: 1. Epuraea melina Er., pfd.; 2. Meligethes aeneus
F., pfd., häufig; 3. M. viridescens F., w. v. B. Diptera: a) *Muscidae*: 4. Anthomyia
radicum L., w. v.; 5. Mydaea sp., pfd.; 6. Trichophthicus hirsutulus Ztt., pfd. b) *Syrphidae*: 7. Eristalis aeneus Scop., pfd.; 8. E. horticola Deg., pfd.; 9. E. tenax L., pfd.;
10. Melanostoma mellina L., pfd. c) *Chironomidae*: 11. Corynoneura sp., pfd.

In den Alpen sah Herm. Müller häufig Cetonia aurata L. auf den Blüten (Alpenbl.
S. 228); Mac Leod in den Pyrenäen 1 kurzrüsselige Biene, 2 Käfer als Besucher
(B. Jaarb. III. S. 426, 427); in Flandern Apis, 1 Hummel, 12 Schwebfliegen, 1 Blattwespe,
3 Käfer, 1 Falter (Bot. Jaarb. VI. S. 321, 322, 380); Heinsius in Holland 2 pollenfressende Fliegen (Helophilus floreus L. ♀ und Cyrtoneura curvipes Macq. ♀) als Besucher (Bot. Jaarb. IV. S. 57); endlich Lindman auf dem Dovrefjeld zahlreiche Fliegen.

899. U. Filipendula A. Br. (Spiraea Filipendula L., Filipen-
dula hexapetala Gilibert). Die viel kleineren, schwach duftenden Blütenstände locken erheblich weniger Insekten an als die grossen der vorigen Art.
Die Nägel der weissen Kronblätter sind, nach H. Müller (Beitr. II. S. 212), so
dünn, dass letztere sich sehr leicht abwärts biegen und nicht als Anflugstelle für
Insekten dienen können; ausserdem biegen sie sich bei völliger Entfaltung der
Blüte etwas nach unten zurück. Da sich auch die Staubblätter noch vor dem
Aufspringen der Antheren weit nach aussen biegen, so bilden die 9—12 breiten,
zweilappigen, sich in der Blütenmitte strahlig auseinander spreizenden Griffel die
beste Anflugstelle für die Insekten, welche daher regelmässig Fremdbestäubung
bewirken. Bei ausbleibendem Insektenbesuche erfolgt spontane Selbstbestäubung,
indem die innersten Staubblätter oft bis zum Aufspringen ihrer Antheren einwärts gebogen bleiben, so dass ihr Pollen mit den Narben in Berührung kommt.
Spät blühende Stöcke sind, nach Schulz bisweilen andromonöcisch.

Als Besucher sah Herm. Müller:

A. Coleoptera: a) *Cerambycidae*: 1. Strangalia bifasciata Schrank. ♀, pfd.
b) *Oedemeridae*: 2. Oedemera podagrariae L., pfd. c) *Scarabaeidae*: 3. Cetonia aurata L.,
Antheren durchkauend; 4. Trichius fasciatus L., die Staubbeutel rasch von unten nach
oben durchkauend. B. Diptera: *Syrphidae:* 5. Eristalis arbustorum L., pfd.; 6. E. nemorum L, pfd.; 7. Helophilus floreus L., pfd.; 8. Syritta pipiens L., pfd. C. Hymenoptera: *Apidae*: 9. Halictus sexnotatus K. ♀, psd.; 10. H. zonulus Sm. ♀, psd.

Loew beobachtete im botanischen Garten zu Berlin: A. Diptera: *Syrphidae:*
1. Eristalis tenax L., pfd. B. Hymenoptera: *Apidae*: 2. Apis mellifica L. ⚥, psd.

191. Spiraea Tourn.

Weisse oder rote, zweigeschlechtige, oft protogynische, meist weissdornähnlich riechende Blumen mit halbverborgenem Honig, der von einem ringförmigen, orangegelben Wulst der Innenwand des Kelches innerhalb der Ein-

fügung der Staubblätter reichlich abgesondert wird. — Bei manchen Spiraea-Arten kommt, nach Kerner (Pflanzenleben II. S. 324), dadurch Geitonogamie zustande, dass zwar die Richtung des Griffels und die Lage der Narbe unverändert bleiben, aber die Staubfäden sich soweit strecken und krümmen, dass der Pollen auf die Narben der Nachbarblüten gelangen kann.

900. Sp. sorbifolia L. Diese aus Sibirien stammende, bei uns in Gärten und Anlagen als Zierstrauch angepflanzte Art lockt durch die grossen, duftenden Blütenstände, den Honig- und Pollenreichtum zahlreiche Insekten an. In den ausgeprägt protogynen Blüten sind, nach Herm. Müller (Befr. S. 213, 214), schon im Knospenzustande die breiten Narbenknöpfe mit entwickelten Papillen versehen und überragen die in der Blütenmitte zusammengekrümmtenStaubblätter. Hat sich die Blüte geöffnet, so richten sich die Staubblätter allmählich auf und beginnen nach einander von aussen nach innen aufzuspringen. Im Anfange der Blütezeit erfolgt daher bei Insektenbesuch Fremdbestäubung, später wird, da die Narben bis zum Aufspringen der

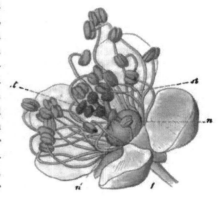

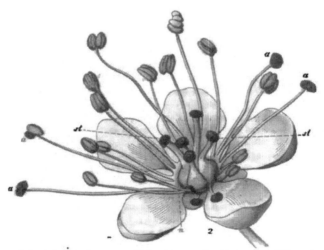

Fig. 120. Spiraea sorbifolia L. (Nach Herm. Müller.)

I. Blüte, unmittelbar nach dem Aufblühen. *2.* Ältere Blüte mit teilweise geöffneten Staubblättern. *a* Aufgesprungene Antheren. *st* Narbe. *n* Nektarium.

Antheren der innersten Staubblätter empfängnisfähig bleiben, auch Selbstbestäubung bewirkt werden können. Letztere ist auch spontan möglich.

Dieselbe Blüteneinrichtung haben auch

901. 902. Sp. salicifolia L. und **Sp. ulmifolia L.** [H. M., Befr.
S. 213, 214; Weit. Beob. II. S. 243], welche mit voriger als Ziersträucher angepflanzt werden. Hermann Müller hat deshalb die Besucher dieser drei
gleichzeitig blühenden Arten in einer einzigen Liste zusammengestellt:

A. Coleoptera: a) *Cerambycidae*: 1. Clytus arietis L., hld.; 2. Grammoptera
ruficornis, F., hld.; 3. Leptura livida F., sehr häufig, hld.; 4. Strangalia armata Hbst.,
hld.; 5. St. attenuata L., zahlreich, hld.: 6. St. nigra L., hld. b) *Cistelidae*: 7. Cistela
murina L., zahlreich, Antheren und Blumenblätter fressend. c) *Dermestidae*: 8. Anthrenus
museorum L., sehr häufig, hld.; 9. A. pimpinellae F., w. v.; 10. A. scrophulariae L., w. v.;
11. Attagenus pellio L., w. v.; 12. Byturus fumatus F., w. v.: d) *Elateridae*: 13. Cardio-
phorus cinereus Hbst., hld.; 14. Lacon murinus L., w. v. e) *Lagriidae*: 15. Lagria hirta L.,
hld. f) *Mordellidae*: 16. Anaspis frontalis L., häufig, hld.; 17. A. maculata Fourc., hld.
g) *Nitidulidae*: 18. Meligethes, häufig. h) *Scarabaeidae*: 19. Cetonia aurata L.; 20. Phyllopertha horticola L., Blütenteile abfressend; 21. Trichius fasciatus L., w. v. i) *Telephoridae*: 22. Cantharis fulva Scop.; 23. Dasytes flavipes F.; 24. Malachius bipustulatus L.,
Antheren fressend. B. Diptera: a) *Bibionidae*: 25. Bibio hortulanus L., hld. b) *Chironomidae*: 26. Ceratopogon, in grosser Anzahl, sgd. c) *Conopidae*: 27. Myopa polystigma Rondani, sgd.; 28. Physocephala rufipes F., sgd. d) *Empidae*: 29. Empis opaca F., zahlreich, sgd.;
30. E. punctata F., sgd.; 31. E. tesselata F., sehr zahlreich, sgd. e) *Muscidae*: 32. Anthomyiaarten; 33. Cyrtoneura simplex Loew; 34. Echinomyia fera L.; 35. E. magnicornis
Zett. (Borgstette); 36. Gymnosoma rotundata L.; 37. Lucilia cornicina F., sgd.; 38. L. silvarum Mg., sgd.; 39. Mesembrina meridiana L.; 40. Musca corvina F.; 41. Onesia cognata Mg.; 42. O. floralis R.-D.; 43. Sarcophaga carnaria L., sgd. f) *Stratiomydae*:
44. Odontomyia viridula F., sgd.; 45. Stratiomys riparia Mg., sgd. g) *Syrphidae*: 46. Ascia
lanceolata Mg., sgd.; 47. A. podagrica F., sgd.; 48. Cheilosia gilvipes Zett., sgd. und pfd.;
49. Chrysogaster viduata L.; 50. Chrysotoxum festivum L.; 51. Eristalis arbustorum L.,
häufig, sgd. und pfd.; 52. E. intricarius L., w. v.; 53. E. nemorum L., w. v.; 54. E. pertinax Scop., w. v.; 55. E. sepulcralis L., w. v.; 56. E. tenax L., w. v.; 57. Helophilus
floreus L., sgd., zahlreich; 58. Melithreptus strigatus Staeg.; 59. Pipiza funebris Mg.;
60. Rhingia rostrata L., sgd., in grosser Zahl; 61. Syritta pipiens L., w. v.; 62. Syrphus
excisus Zett.; 63. S. ribesii L., pfd.; 64. Volucella bombylans L. var. plumata Mg.; 65. Xylota
ignava Pz.; 66. X. lenta Mg.; 67. X. segnis L. h) *Tabanidae*: 68. Chrysops caecutiens L. ♂, sgd.
i) *Tipulidae*: 69. Pachyrhina pratensis L., hld. C. Hymenoptera: a) *Apidae*: 70. Anthrena
albicans Müll. ♀, sgd. und psd., häufig; 71. A. albicrus K. ♀ ♂, w. v.; 72. A. dorsata
K. ♀, w. v.; 73. A. fucata Sm. ♀, sgd. und psd.; 74. A. fulvicrus K. ♂, sgd.;
75. A. nigroaenea K. ♂, sgd.; 76. A. parvula K. ♀, sgd. und psd., häufig; 77. A. schrankella
Nyl. ♂, sgd.; 78. A. trimmerana K. ♀, sgd.; 79. Apis mellifica L. ☿, sgd. und psd.;
80. Bombus muscorum F. ♀, psd.; 81. B. scrimshiranus K. ☿, hastig über die Blütenstände laufend und psd.; 82. B. terrester L. ♀, sgp. und psd.; 83. Halictus flavipes
F. ♀; 84. H. sexnotatus K. ♀, psd.; 85. H. sexstrigatus Schenck ♀, sgd.; 86. H. villosulus K. ♀, sgd.; 87. Nomada ruficornis L. ♀, sgd.; 88. Osmia rufa L. ♀, psd.
89. Sphecodes gibbus L. ♀, sgd. (Buddeberg). b) *Chrysidae*: 90. Hedrychum lucidulum
F. ♂. c) *Evanidae*: 91. Foenus sp., hld. (Buddeb.). d) *Formicidae*: 92. Lasius niger L. ☿,
hld.; 93. Myrmica levinodis Nyl. ☿; 94. Zahlreiche kleine Ameisen lecken den Honig
und erbeuten auch winzige schwarze Mücken, die sehr zahlreich Honig lecken.
e) *Ichneumonidae*: 95. Verschiedene. f) *Sphegidae*: 96. Ammophila sabulosa L.; 97. Cerceris arenaria L., nicht selten; 98. Crabro lapidarius Pz. ♂, sgd.; 99. Oxybelus bellus
Dhlb., sehr häufig, sgd.; 100. O. uniglumis L., w. v.; 101. Passaloecus insignis
Shuck. ♀, sgd.; 102. Pompilus minutus Dhlb., sgd.; 103. Psen atratus Pz., sgd.
g) *Tenthredinidae*: 104. Allantus temulus Scop., hld. h) *Vespidae*: 105. Odynerus spinipes L.

D. Lepidoptera: 106. Adela croessella Scop., häufig, sgd.; 107. Dichrorampha plumbagana Tr. E. Neuroptera: 108. Agrion flog nicht selten auf Spiräablüten, schien sich aber nur zu sonnen; 109. Panorpa communis L., hld. F. Orthoptera: 110. Ectobia lapponica L., hld. (?).

Loew beobachtete an Sp. salicifolia in Schlesien (Beiträge S. 30): A. Coleoptera: a) *Malacodermata*: 1. Dasytes flavipes F., hld. b) *Nitidulidae*: 2. Meligethes sp. B. Hymenoptera: *Vespidae*: 3. Odynerus sinuatus F. ♀, sgd.; Schenck in Nassau die Erdbiene Anthrena gwynana K.

H. de Vries (Ned. Kruidk. Arch. 1877) bemerkte in den Niederlanden 1 Biene, Apis mellifica L. ♀, und 1 Hummel, Bombus terrester L. ♂, als Besucher.

903. Sp. opulifolia L. F. Ludwig spricht (Kosmos 1884, II. S. 203) die Ansicht aus, dass die Rotfärbung der Fruchtknoten nach dem Abblühen unberufene Gäste von den noch frischen, also unverfärbten Blüten abhält.

Alfken beobachtete bei Bremen Apiden: Prosopis communis Nyl. ♂; Anthrena albicans Müll. ♀; F. F. Kohl in Tirol die Faltenwespe: Odynerus oviventris Wesm.

904. Sp. digitata W. Loew beobachtete im botanischen Garten zu Berlin:

A. Coleoptera: *Scarabaeidae*: 1. Cetonia aurata L., in zahlreichen Exemplaren Blütenteile abweidend; 2. Phyllopertha horticola L., w. v. B. Diptera: *Syrphidae*: 3. Eristalis nemorum L., pfd.; 4. Helophilus floreus L., pfd. C. Hymenoptera: *Apidae*: 5. Apis mellifica L., psd.

192. Aruncus L.

Gelblich-weisse, diöcische, zu grossen Blütenständen vereinigte, nektarlose Pollenblumen.

905. A. silvester Kosteletzky (Spiraea Aruncus L.) Die Blüten sind polygam-diöcisch. Kerner unterschied scheinzwitterig-weibliche, scheinzwitterig-männliche, zwittrig-scheinzwittrig-männliche, rein zwitterige Stöcke.

Herm. Müller (Befr. S. 213; Weit. Beob. II. S. 243) giebt folgende Besucherliste:

A. Coleoptera: a) *Dermestidae*: 1. Anthrenus claviger Er., einzeln; 2. A. museorum L.; 3. A. pimpinellae F., sehr häufig; 4. A. scrophulariae L., nicht selten; 5. Attagenus schaefferi Herbst. b) *Nitidulidae*: 6. Meligethes häufig. B. Diptera: a) *Muscidae*: 7. Anthomyia-Arten, pfd. b. *Syrphidae*: 8. Syritta pipiens L., pfd., sehr häufig. C. Hymenoptera: a) *Apidae*: 9. Prosopis armillata Nyl.; 10. Pr. clypearis Schenck. ♂, pfd., zahlreich; 11. Pr. communis Nyl. ♂, pfd., in Mehrzahl; 12. Pr. signata Pz. ♀ ♂, pfd. b. *Sphegidae*: 13. Oxybelus bellus Dhlb., pfd.; 14. O. uniglumis L. c) *Vespidae*: 15. Odynerus sinuatus F., vergeblich suchend (?). — In den Alpen beobachtete Herm. Müller einen Bockkäfer an den Blüten. (Alpenbl. S. 228).

Sickmann beobachtete bei Osnabrück Hymenoptera: *Sphegidae*: 1. Crabro cetratus Shuck.; 2. C. chrysostomus Lep., hfg.; 3. C. dives H.-Sch., selten; 4. C. leucostomus L., n. hfg.; 5. Psen atratus Pz., hfg.; v. Dalla Torre in Tirol die Bienen: 1. Anthrena albicrus K. ♀ ♂; 2. Osmia leucomelaena K. ♂ ♀; 3. Prosopis borealis Nyl. ♀ ♂; 4. P. nigrita F.; 5. P. bipunctata Fbr.; dieselben führt auch Schletterer auf.

193. Kerria DC.

Homogame Pollenblumen.

906. K. japonica L. Die von Kirchner (Beitr. S. 40) geschilderte Blüteneinrichtung ist folgende: Schon in der Knospe haben sich die Antheren der am weitesten nach aussen stehenden Staubblätter geöffnet, und mit ihnen sind die Narben entwickelt. Die inneren Staubblätter sind um so kürzer, je weiter sie nach der Blütenmitte zu stehen. Anfangs sind sie eingebogen, später strecken sie sich. Zwischen ihnen stehen die stark auseinander gespreizten Griffel, welche fast die Länge der grössten Staubblätter erreichen. Es muss daher spontane Selbstbestäubung erfolgen, und zwar scheint diese schon vor dem Öffnen der Blüte einzutreten. Nach Focke ist die Pflanze in Europa selbststeril, setzt aber in ihrer Heimat (Centralchina) saftige Früchte an. (Abh. N. V. Bremen XIV.) Die anfangs orangegelben Kronblätter werden unansehnlich, bevor die innersten Antheren sich geöffnet haben. — Besucher sah Kirchner an den duft- und honiglosen Blüten nicht.

194. Mespilus L.

Weisse, ansehnliche, homogame Zwitterblüten mit halbverborgenem Nektar, welcher von der Oberfläche eines gelben, fleischigen, innerhalb der Staubblätter befindlichen Ringes im Blütengrunde abgesondert wird.

907. M. germanica L. In den weissen Blüten liegen, nach Kirchner (Flora S. 427), die fünf Griffel beim Öffnen der Blüte noch an einander, doch sind ihre Narben bereits entwickelt und nach aussen gerichtet. Die Staubblätter sind nach innen gebogen, und zwar liegen die innersten unterhalb der Narben, die Antheren der übrigen gleich hoch oder höher, so dass, da sie nach innen aufspringen, regelmässig spontane Selbstbestäubung eintreten muss. Erst später ist auch Fremdbestäubung möglich, da sich alsdann die Staubblätter mehr nach aussen zurücklegen und die Griffel oben bogig auseinanderklaffen.

195. Crataegus L.

Weisse, protogynische, nach Häringslake (Trimethylamin) riechende Blumen mit halbverborgenem Honig, der von einem im Blütengrunde befindlichen Ringe abgesondert wird. Ihr Geruch stellt sie in die Gruppe der Ekelblumen, die besonders von Fäulnis liebenden Fliegen besucht werden.

- **908. C. Oxyacantha L.** [H. M., Befr. S. 203; Weit. Beob. II. S. 239; Kirchner, Flora S. 426; Loew, Bl. Fl. S. 388, 389; Knuth, Weit. Beob. S. 234.] — Wenn die Blüten sich öffnen, ragen, nach Müllers Darstellung, die bereits entwickelten Narben in der Blütenmitte empor, während die Antheren noch sämtlich geschlossen sind; die äusseren Staubblätter sind aufgerichtet und die inneren so weit einwärts gebogen, dass die Antheren sich unterhalb der Narben befinden. Nach 1—2 Tagen beginnen die Antheren der äussersten Staubblätter aufzuspringen, wobei sie sich ringsum mit Pollen bedecken. Bei kaltem, trübem Wetter bleiben die inneren Staubblätter einwärts gekrümmt, die äusseren dagegen überragen die Narben und bleiben so nach innen gebogen, dass leicht spontane Selbstbestäubung eintritt. Im warmen Sonnenschein dagegen spreizen die Staubblätter von den Narben ab, so dass der sonst von den an den Griffelwurzeln sitzenden Wollhaaren bedeckte Honig sichtbar wird. Honigsuchende Insekten bewirken im Anfang der Blütezeit infolge der Protogynie immer, später vorwiegend Fremdbestäubung.

Als Besucher beobachtete ich auf der Insel Pellworm (4. 6. 93):

A. Diptera: a) *Muscidae*: 1. Scatophaga sp.; 2. Grössere und kleinere Musciden. b) *Syrphidae*: 3. Helophilus pendulus L·; 4. Rhingia sp.; 5. Syritta pipiens L. B. Hymenoptera: *Apidae:* 6. Anthrena albicans Müll. ♀; 7. Apis mellifica L.; 8. Bombus terrester L., sämtl. sgd.; Wüstnei auf der Insel Alsen Anthrena trimmerana K.

Alfken beobachtete bei Bremen: A. Diptera: a) *Empidae*: 1. Empis ciliata F.; 2. E. opaca F.; 3. E. tessellata F. b) *Muscidae*: 4. Cynomyia mortuorum L.: 5. Cyrtoneura hortorum Fall.; 6. Lucilia caesar L.; 7. Scatophaga stercoraria L. c) *Syrphidae*: 8. Ascia lanceolata Mg.; 9. A. podagrica F.; 10. Eristalis arbustorum L.; 11. Helophilus pendulus L.; 12. Malanostoma mellina L.; 13. Syritta pipiens L.; 14. Syrphus pyrastri L.; 15. S. ribesii L. B. Hymenoptera: a) *Apidae*: 16. Anthrena albicans Müll. ♀; 17. A. albicrus K. ♀; 18. A. carbonaria L. ♂; 19. A. cineraria L. ♀; 20. A. fucata Smith ♂; 21. A. humilis Imh. ♀; 22. A. nigroaenea K. ♀; 23. A. parvula K. ♀; 24. A. propinqua Schck. ♀; 25. A. trimmerana K. ♀; 26. A. varians K. ♀; 27. Bombus hortorum L. ♀, psd.; 28. Eriades florisomnis L. ♀ ♂; 29. Halictus calceatus Scop. var. elegans Lep. ♀; 30. H. levis K. ♀; 31. H. morio F. ♀; 32. H. rubicundus Chr. ♂, psd.; 33. H. sexnotatulus Nyl. ♀; 34. Osmia rufa L. ♀; 35. Psithyrus vestalis Fourcr. ♀, sgd. b) *Tenthredinidae*: 36. Pamphilus silvaticus L. c) *Vespidae*: 37. Vespa germanica F.; 38. V. silvestris Scop. ♀.

v. Fricken beobachtete in Westfalen und Ostpreussen die Cantharide Cantharis haemorrhoidalis F., den Bockkäfer Grammoptera ruficornis F. und die Chrysomelide Cryptocephalus violaceus F.

Loew beobachtete in Brandenburg (Beiträge S. 36): A. Coleoptera: a) *Cerambycidae*: 1. Molorchus minor L. b) *Dermestidae*: 2. Anthrenus scrophulariae L. c) *Mordellidae*: 3. Anaspis frontalis L. d) *Anobiidae*: 4. Anobium paniceum F. e) *Scarabaeidae*: 5. Cetonia aurata L. f) *Telephoridae*: 6. Cantharis rustica Fall.; 7. Malachius bipustulatus L. B. Diptera: a) *Empidae*: 8. Empis sp. b) *Muscidae*: 9. Anthomyia pluvialis L.; 10. Hydrotaea ciliata F. c) *Syrphidae*: 11. Criorhina oxyacanthae Mg., sgd.; 12. Syritta pipiens L., sgd. C. Hymenoptera: *Apidae*: 13. Anthrena albicans Müll. ♀, sgd.; 14. A. propinqua Schck. ♀, sgd.; 15. A. tibialis K. ♀, sgd.; 16. Halictus sexnotatus K. ♀, sgd.; 17. Nomada ruficornis L., sgd.; 18. Osmia bicornis L. ♀, sgd.

Herm. Müller (1) und Buddeberg (2) geben folgende Besucherliste:

A. Coleoptera: a) *Buprestidae*: 1. Anthaxia nitidula L. (1). b) *Cerambycidae*: 2. Clytus mysticus L., hld. (1); 3. Grammoptera ruficornis F., zahlreich, hld. (1). c) *Chrysomelidae*: 4. Clytra cyanea F., Blumenblätter verzehrend (1). d) *Dermestidae*: 5. Anthrenus claviger Er., einzeln, hld. (1); 6. A. pimpinellae F., sehr häufig, hld. (1); 7. A. scrophulariae L., häufig, hld. (1); 8. Attagenus pellio L., hld. (1). e) *Mordellidae*: 9. Anaspis frontalis L., hld. (1); 10. Mordellistena abdominalis F., hld. (1). f) *Nitidulidae*: 11. Epuraea sp., hld. (1); 12. Meligethes, hld., sehr häufig (1). g) *Oedemeridae*: 13. Asclera coerulea L. (1). h) *Scarabaeidae*: 14. Oxythyrea stictica L., Staubgefässe abfressend (1). i) *Telephoridae*: 15. Malachius (elegans Ol.?), Antheren abfressend (1); 16. Cantharis testacea L. (1). B. Diptera: a) *Bibionidae*: 17. Bibio marci L., sgd. (1); 18. Dilophus vulgaris Mg., sehr häufig (1). b) *Empidae*: 19. Empis livida L., sgd., in grösster Menge (?); 20. E. opaca F., sgd., häufig (1); 21. E. punctata F., w. v. (1); 22. Microphorus velutinus Macq. (1); 23. Tachydromia connexa Mg., häufig (1). c) *Muscidae*: 24. Aricia serva Mg. (1); 25. Cyrtoneura sp. (1); 26. Echinomyia fera L. (1); 27. Graphomyia maculata Scop. (1); 28. Mesembrina meridiana L. (1); 29. Onesia floralis R.-D., sgd. (1); 30. O. sepulcralis Mg., sgd. (1); 31. Sarcophaga carnaria L., sgd. (1). d) *Syrphidae*: 32. Eristalis arbustorum L., sehr häufig, sgd. und pfd. (1); 33. E. intricarius L., sgd. und pfd. (1); 34. E. nemorum L., sehr häufig, w. v. (1); 35. E. pertinax Scop., w. v. (1); 36. E. sepulcralis L., w. v. (1); 37. E. tenax L., w. v. (1); 38. Helophilus floreus L., häufig (1); 39. H. pendulus L., häufig (1); 40. Pipiza notata Mg. (1); 41. Rhingia rostrata L., sgd., häufig (1); 42. Xylota segnis L. (1). C. Hymenoptera: *Apidae*: 43. Anthrena albicans

Müll. ♀ ♂, höchst zahlreich, sgd. und psd. (1); 44. A. atriceps K. ♀ ♂, sgd. und psd. (1); 45. A. chrysosceles K. ♀, sgd. und psd. (1); 46. A. connectens K. ♀, w. v. (1); 47. A. dorsata K. ♀, w. v. (1); 48. A. fulva Schrk. ♀, w. v. (1, 2); 49. A. fulvicrus K. ♀ ♂, sgd. (1); 50. A. gwynana K. ♀, sgd. und psd. (1); 51. A. helvola L. ♀, sgd. (1); 52. A. nitida Fourcr. ♀ ♂, höchst zahlreich, sgd. und psd. (1); 53. A. parvula K. ♀, sgd. und psd. (1); 54. A. schrankella Nyl. ♂, sgd. (1, 2); 55. A. smithella K. ♀, sgd. (2); 56. A. trimmerana K. ♀ ♂, sgd. und psd. (1); 57. A. varians K. ♀, w. v. (1); 58. Apis mellifica L. ⚲, sgd. und psd., häufig (1); 59. Eucera longicornis L. ♂, sgd. (1); 60. Halictus cylindricus F. ♀, sgd. (1); 61. Nomada ruficornis L. ♀ ♂, sgd. (1); 62. N. ruficornis L. var. signata Jur. ♀ (1).

Sickmann giebt für Osnabrück die Grabwespe Gorytes mystaceus L. als seltenen Besucher an.

Schmiedeknecht beobachtete in Thüringen Anthrena ferox Smith; Krieger bei Leipzig die Apiden: 1. Anthrena albicans Müll.; 2. A. carbonaria L.; 3. A. fucata Smith; 4. A. labialis K.; 5. A. nigroaenea K.; 6. A. tibialis K.; 7. A. trimmerana K.; 8. A. varians K.; 9. Nomada lineola Pz.; 10. N. succincta Pz.; Friese in Baden Anthrena combinata Chr. 1 ♀.

Schenck beobachtete in Nassau die Mauerwespe Odynerus melanocephalus Gmel.; Schiner in Österreich: Diptera: a) Stratiomyidae: 1. Stratiomys furcata F.; b) Syrphidae: 2. Criorhina asilica Fall., hfg.; 3. C. berberina F., slt.; 4. C. floccosa Mg.; 5. C. oxyacanthae Mg., slt.; 6. Mallota fuciformis F.; 7. Plocota apiformis Schrk., s. slt.; c) Therevidae: 8. Thereva praecox Egg.; Redtenbacher in Österreich die Käfer: a) Cantharidae: 1. Cantharis sp. b) Chrysomelidae: 2. Cryptocephalus lobatus F. c) Dermestidae: 1. Hadrotoma nigripes F., slt.

Mac Leod beobachtete in Flandern Apis, 1 kurzrüsselige Biene, 2 Schwebfliegen, 1 Empide, 1 Muscide, 8 Käfer (Bot. Jaarb. VI. S. 305); H. de Vries (Ned. Kruidk. Arch. 1877) in den Niederlanden die Honigbiene; Mac Leod in den Pyrenäen 1 kurzrüsselige Biene, 1 Käfer, 2 Fliegen als Besucher (A. a. O. III. S. 433, 434).

In Dumfriesshire (Schottland) (Scott-Elliot, Flora S. 64) wurden Apis (häufig), 1 Hummel, 1 Dolichopodide und 1 andere Fliege als Besucher beobachtet.

Hermann Müller beobachtete auch extraflorale Nektarien am Weissdorn: die jungen Zweigspitzen zeigen bisweilen frei hervortretenden süssen Saft, der von Hymenopteren (Anthophora pilipes F. ♂, Bombus terrester L. ♀, Anthrena sp. ♂, Odynerus parietum L. ♀) geleckt wird.

H. Schütte in Elsfleth beobachtete am Weissdorn Vespa germanica F., in grosser Zahl dem Safte nachgehend, den die darauf lebenden Psylla-Larven ausschwitzten; auch sah er die Erdhummel diesen Saft lecken.

909. C. monogyna Jacquin. Die Blüteneinrichtung stimmt mit derjenigen der vorigen Art überein.

Als Besucher beobachtete ich auf der Insel Pellworm dieselben Insekten wie bei der vorigen Art.

196. Cotoneaster Medikus.

Weisse oder rote, homogame oder protogynische Blumen mit verborgenem Honig, welcher von der fleischigen Innenwand der Blütenglocke abgesondert wird.

910. C. integerrima Med. (C. vulgaris Lindley, Mespilus Cotoneaster L.), eine Wespenblume mit langlebigen Narben. [H. M., Alpenblumen S. 214, 215.] — Während die Blume in den Alpen protogynisch ist, beobachtete A. Schulz (Beitr. II. 70, 71) bei Halle und in Nordthüringen Homogamie bis Protogynie. Kron- und Staubblätter neigen über dem Honig so dicht zusammen, dass nur ein kleiner Zugang bleibt. In den protogynen Blüten wird vor dem Aufblühen der Antheren bei Insektenbesuch Fremdbestäubung bewirkt werden, in den homogamen ist Selbstbestäubung unvermeidlich, weil die Narben unmittelbar unter den Antheren der stets eingebogen bleibenden Staubblätter stehen.

H. Müller beobachtete als Besucher in den Alpen nur eine Wespenart (Polistes biglumis L.). Auch Schulz sah in Mitteldeutschland Wespen als Besucher, aber auch einzelne andere Hymenopteren, einige Fliegen und Käfer.

Morawitz beobachtete bei St. Petersburg Anthrena fucata Sm.

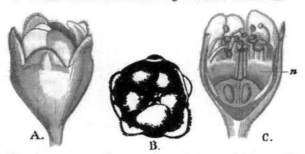

Fig. 121. Cotoneaster integerrima Med. (Nach Herm. Müller.)
A. Blüte, von der Seite und ein wenig schräg von oben gesehen. *B.* Dieselbe von oben gesehen. *C.* Dieselbe im Längsdurchschnitt. (Vergr. 7 : 1.)

911. C. nigra Wahlenberg. (Crataegus nigra W. K., Mespilus nigra Willd.). Nach dem Abblühen geht, nach Focke, die weisse Farbe der Kronblätter in Rosa über.

197. Amelanchier Medikus.

Weisse, homogame, protogynische oder protandrische Blumen mit freiliegendem Honig oder honiglose Pollenblumen (?).

912. A. vulgaris Moench. (A. rotundifolia C. Koch, Mespilus Amelanchier L., Aronia rotundifolia Persoon). [H. M., Alpenblumen S. 213, 214.] — Sowohl in den Alpen, als auch, nach Schulz (Beitr. II. S. 70, 72), in Mitteldeutschland sind die Blüten protandrisch, und zwar zuweilen so ausgeprägt, dass die Narben erst empfängnisfähig werden, wenn sämtliche Antheren bereits abgefallen sind. Der Nektar ist unmittelbar sichtbar und daher auch den kurzrüsseligsten Insekten zugänglich. Letztere bewirken in den ausgeprägt protandrischen Blüten Fremdbestäubung, in den weniger ausgeprägten ebensowohl Selbstbestäubung; diese tritt bei ausbleibendem Insektenbesuche durch Hinabfallen von Pollen auf die Narbe spontan ein. Nach Ricca (Atti XIV.) entwickeln sich in den protogynischen, honiglosen Blüten die vier Staubblattreihen nach einander.

Als Besucher sah H. Müller in den Alpen Käfer (7), Hymenopteren (1), Musciden (2) und Syrphiden (4); ebenso beobachtete A. Schulz in Mitteldeutschland Fliegen, Hymenopteren und Käfer.

913. A. canadensis Torrey et Gray. (A. Botryapium DC. Die von O. Kirchner (Beitr. S. 38—39) an angepflanzten Sträuchern untersuchte Einrichtung der zu augenfälligen traubigen Ständen vereinigten weissen, ähnlich wie Prunus Padus duftenden Blüten ist folgende: Sie sind schwach protogynisch, denn beim Öffnen sind die fünf Narben entwickelt und stehen in der Blütenmitte, die noch geschlossenen Antheren 1—2 mm überragend. Aber noch bevor die Blüte sich völlig ausgebreitet hat, springen zunächst die Antheren der äussersten Staubblätter auf, indem sich die Staubfäden bis zur Höhe der Narbe aufrichten, aber dabei so weit nach aussen spreizen, dass sie einige mm von derselben entfernt sind. Später verfahren die inneren Staubblätter ebenso. In den schräg stehenden Blüten kann durch Hinabfallen von Pollen leicht spontane Selbstbestäubung erfolgen. Nektarausscheidung wurde nicht bemerkt, vielleicht aber nur deshalb nicht, weil am Beobachtungstage trübes Wetter war; es lässt die Behaarung der Innenseite des Kelche und der Griffelwurzeln vielmehr vermuten, dass auf dem Blütenboden eine Honigabsonderung erfolgt.

198. Cydonia Tourn.

Rötlichweisse, ansehnliche, protogynische oder homogame Blüten mit halbverborgenem Honig, der von einem fleischigen Ringe am Grunde des Griffels abgesondert wird.

914. C. japonica Persoon. (Chaenomeles japonica Lindley). Nach Müller (Weit. Beob. II. S. 238) sind die Blüten homogam, nach Stadler (Beitr.) protogyn und in der Länge des Griffels veränderlich. In den homogamen Blüten springen beim Öffnen zunächst die Antheren der äusseren Staubblätter auf, während die inneren noch einige Zeit unter den empfängnisfähigen Narben verharren. Da die meisten Besucher zunächst in die Blütenmitte eindringen und dabei zuerst die Narben berühren, so bewirken sie regelmässig Fremdbestäubung. Nur die Honigbiene drängt sich meist zwischen Kron- und Staubblättern zum Nektar, so dass sie ebensowohl Selbstbestäubung bewirkt. Bei ausbleibendem Insektenbesuche ist spontane Selbstbestäubung, nach Stadler, nicht ausgeschlossen, doch ist die Pflanze, nach Focke und Waite, selbstfertil. Grosse Früchte enthalten oft nur taube Kerne.

Cydonia japonica Pers. ist, nach Focke (Abh. Nat. V. Bremen XIV. S. 303) andromonöcisch. Bestäubungen von Zwitterblüten mit Pollen der männlichen Blüten desselben Stockes schlagen fast stets fehl, während die Anwendung des Pollens eines anderen Stockes erfolgreich ist.

Als Besucher beobachtete Herm. Müller:

A. Coleoptera: *Coccinellidae:* 1. Rhizobius litura F., in den Blüten herumkriechend. B. Diptera: *Muscidae:* 2. Lucilia cornicina F. C. Hymenoptera: *Apidae:* 3. Anthrena albicans Müll. ♀, vergebens nach Honig suchend, dann pfd.; 4. A. fulva Schrk. ♀, psd.; 5. A. gwynana K. ♀, psd.; 6. Anthophora pilipes F. ♂ ♀, sgd.; 7. Apis mellifica L. ☿, meist sgd., bisweilen auch psd.; 8. Bombus muscorum F. ♀, sgd.; 9. B. pratorum ♀ ☿, andauernd sgd.; 10. B. rajellus K. ♀, sgd.; 11. B. terrester L. ♀, andauernd sgd.; 12. Halictus rubicundus Chr. ♀, psd.

Alfken beobachtete bei Bremen: *Apidae:* 1. Bombus agrorum F. ♀; 2. B. derhamellus K. ♀; 3. B. lucorum L. ♀ ☿; 4. Halictus calceatus Scop. ♀.

Schletterer beobachtete bei Pola die südliche Hummel Bombus argillaceus Scop. „ab und zu an sonnigen windstillen Tagen im Jänner."

915. C. vulgaris Persoon. (Pirus Cydonia L.). [Dodel-Port, Anat.-phys. Atlas d. Bot.; Kirchner, Flora S. 428.] — Die grossen, rötlich-weissen Blüten sind protogynisch. Der Nektar ist durch die Behaarung der Griffel und die einwärts gebogenen Staubfadenwurzeln gegen kleinere unberufene Gäste geschützt. Kleine ankriechende Insekten werden durch die zurück-geschlagenen, unterseits drüsig behaarten Kelchzipfel und die bärtige Behaarung des Grundes der Kronblätter vom Eindringen in die Blüte abgehalten. Im übrigen stimmt die Blüteneinrichtung mit derjenigen von Crataegus Oxycantha überein. Spontane Selbstbestäubung ist nicht ausgeschlossen.

Als Besucher beobachtete Loew im botanischen Garten zu Berlin: Hymenop-tera: *Apidae:* Halictus nitidiusculus K. ♀, psd.

199. Pirus Tourn.

Weisse oder rötliche, ansehnliche, protogynische Blüten mit halbverborgenem Honig, der im Blütengrunde ausgeschieden wird.

916. P. Malus L. Die hervorragende Stellung der Narbe, durch welche Fremdbestäubung bevorzugt ist, hat zuerst F. Hildebrand (Geschl. S. 60) abgebildet; die Protogynie erkannte zuerst Herm. Müller; die eingehendste weitere Untersuchung der Apfelblüten verdanken wir O. Kirchner (Beitr. S. 36—38): Die Grösse der rötlichweissen bis rosa gefärbten, flach aus-gebreiteten Blumen schwankt nach der Apfel-sorte; durchschnittlich beträgt der Blütendurch-messer bei einer kleinblütigen Sorte 38 mm, bei einer grossblütigen 49 mm. Bei Tage duften die Blüten nur schwach nach Honig; bei Nacht dagegen hauchen sie (nach Mitteilung von Dr. Steudel in Stuttgart) einen angenehmen Wohlgeruch aus, der zahlreiche Noktuiden anlockt. Die Staubblätter stehen dicht bei ein-

Fig. 122. Pirus Malus L. (Nach Hildebrand.)

Blüte von der Seite; die Narben überragen die Antheren.

ander, anfangs mit noch geschlossenen, gelben Antheren aufrecht in der Blütenmitte. Sie kommen den fünf vor ihnen entwickelten Narben an Höhe gleich oder sind bis zu 5 mm niedriger als sie (wie es Hildebrand abbildet). Etwa 2 Tage nach dem Aufblühen beginnen die Antheren der äusseren Staub-blätter, alsdann auch die der inneren aufzuspringen. Dabei spreizen sich die Staubblätter nur wenig nach aussen, so dass bei den Sorten mit längeren Staub-blättern leicht spontane Selbstbestäubung erfolgen kann. Auch beim Abblühen kann diese noch eintreten, da die Griffel sich dabei so stark nach aussen biegen, dass die Narben mit den wenig auseinandergespreizten Staubblättern in Berührung kommen. Die Blütendauer beträgt 5—6 Tage. Das Blüteninnere ist dem Regen meist schutzlos preisgegeben, und es scheint, als ob die Apfelblüten gegen Regen

sehr empfindlich sind. Pirus Malus erfordert zum guten Fruchtansatz Fremd-
bestäubuug. Nach Waite (pollination of flowers) bilden die Äpfel bei Selbstbestäubung nur ausnahmsweise Früchte. (Vgl. Seite 393.)

　　　　Als Besucher bemerkte ich (Bijdragen) in meinem Garten: A. Diptera:
Syrphidae: 1. Syritta pipiens L. (14. 5. 96); 2. Syrphus balteatus Deg. (27. 5. 96); beide
sgd. und pfd. B. Hymenoptera: 3. Anthrena parvula K. ♀, sgd. und psd.

　　　　Herm. Müller beobachtete (Befr. S. 201) an den Apfelblüten folgende Insekten:
　　　　A. Diptera: a) *Bibionidae*: 1. Dilophus vulgaris Mg., in grosser Menge, sgd.
b) *Bombylidae*: 2. Bombylius major L., sgd. c) *Empidae*: 3. Empis livida L., sgd.
d) *Muscidae*: 4. Onesia floralis R.-D., sgd. e) *Syrphidae*: 5. Rhingia rostrata L., höchst
zahlreich, meist sgd., aber auch pfd.; 6. Syrphus pyrastri L., sgd. und pfd. B. Hymenoptera: a) *Apidae*: 7. Anthrena albicans Müll. ♂ ♀, sgd. und psd.'; 8. Anthophora
pilipes F. ♀, w. v.; 9. Apis mellifica L. ⚲, w. v.; 10. Bombus agrorum F. ♀, sehr
häufig, w. v.; 11. B. hortorum L. ♀, w. v.; 12. B. lapidarius L., w. v.; 13. B. terrester
L. ♀, w. v.; 14. Halictus sexnotatus K. ♀, sgd.; 15. Osmia rufa L. ♂, sgd. b) *Formicidae*:
16. Verschiedene Arten, häufig, sgd.

　　　　Alfken beobachtete bei Bremen: *Apidae*: 1. Anthrena albicans Müll. ♀;
2. A. albicrus K. ♀; 3. A. convexiuscula K. ♀; 4. A. varians K. ♀; 5. Bombus agrorum
F. ♀; 6. B. hortorum L. ♀; 7. B. terrester L. ♀; 8. Halictus calceatus Scop. ♀;
9. H. levis K. ♀; 10. Osmia rufa L. ♀ ♂; 11. Podalirius acervorum L. ♀; ferner die
Pseudoneuroptere Agrion minium Harr., hfg. an den Blüten beschäftigt, konnte aber
nicht ermitteln, in welcher Weise sie thätig war. Krieger bemerkte bei Leipzig Bombus
hortorum L. ♀; Smith in England Anthrena fulva Schrk.; Plateau in Belgien Apis,
Anthrena fulva Schrk., Bombus terrester L., Vespa germanica F., Calliphora vomitoria L.,
Musca domestica L., Lucilia caesar L., Eristalis tenax L.

917. Pirus communis L.

Auf die ausgeprägte Protogynie hat Herm.
Müller (Befr. S. 202) zuerst aufmerksam gemacht und auch die Blüteneiein-
richtung kurz angedeutet; O. Kirchner (Beitr. S. 35, 36) hat dieselbe eingehend beschrieben: Die Blütendauer der Einzelblüte beträgt 7—8 Tage. Die
weissdornähnlich (nach Trimethylamin) oder, wie Kirchner sich ausdrückt, nach
Maikäfern riechenden Blüten zeigen je nach der Sorte in Bezug auf Grösse und
Form mannigfaltige Verschiedenheiten. Bisweilen sind die Blüten glockig gewölbt,
indem die Kronblätter schräg aufwärts stehen; ihr Durchmesser beträgt dann
durchschnittlich 18 mm. Bei anderen Sorten breitet sich die Krone flach aus,
so dass ihr Durchmesser 42—48 mm beträgt. Beim Öffnen der Blüten stehen
die Griffel mit bereits empfängnisfähigen Narben in der Mitte ziemlich aufrecht
neben einander, während die sämtlichen Staubblätter so nach innen gebogen
sind, dass ihre roten, noch geschlossenen Antheren auf einem Haufen in der
Blütenmitte bei einander liegen und von den Narben ein wenig überragt werden.
Sie versperren auch den Zugang zum Nektar. Besuchende Insekten werden
daher meist auf die Narben fliegen und, falls sie bereits eine ältere Blüte besucht
hatten, Fremdbestäubung bewirken. In diesem weiblichen Zustande bleibt die Blüte
je nach der Witterung 2—4 Tage. Inzwischen beginnen die äussersten Staubblätter allmählich sich aufzurichten, schräg nach aussen zu spreizen und dann
ihre Antheren zu öffnen. Die inneren Staubblätter folgen in derselben Weise
allmählich nach, bis nach 5—7 Tagen sich alle Antheren geöffnet haben. Bisweilen fallen die Kronblätter schon früher ab, als die Antheren der innersten

fünf Staubblätter sich öffnen. Beim Verblühen behalten die Staubblätter ihre nach aussen gespreizte Stellung bei, die Griffel jedoch biegen sich so weit auseinander, dass die Narben wohl noch mit verwelkten Antheren, an denen noch Pollen haftet, in Berührung kommen, so dass spontane Selbstbestäubung erfolgt. Dem Regen sind auch die Birnblüten schutzlos preisgegeben, doch sind sie wenig empfindlich gegen denselben. Pirus communis erfordert unbedingt Fremdbestäubung. Diese zuerst von George Swayne (Hort. Trans. V. p. 208) veröffentlichte Erfahrung ist durch Merton B. Waite (The pollination of flowers; Washington 1895) bestätigt. Nach letzterem bilden die Birnen im allgemeinen nur bei Fremdbestäubung vollkommene Früchte, und es ist die Bestäubung mit dem Pollen eines anderen Baumes derselben Sorte nicht wirksamer als reine Selbstbestäubung.

Waite (pollination of pear flowers. Washington 1894) kommt durch seine Bestäubungsversuche der Birnblüten zu folgenden Ergebnissen:

1. Viele der gewöhnlichen Birnsorten erfordern Kreuzung und zeigen bei Bestäubung mit dem eigenen Pollen keinen oder mangelhaften Fruchtansatz.

2. Einige Sorten sind fruchtbar mit dem eigenen Pollen.

3. Zur Kreuzung genügt nicht, Pollen von einem anderen Exemplar derselben Sorte anzuwenden, sondern sie wird nur erreicht bei Anwendung des Pollens einer anderen Sorte. Pollen eines anderen Baumes derselben Sorte wirkt nicht besser als solcher desselben Individuums.

4. Diese Unwirksamkeit des Pollens ist keine absolute, sondern beruht nur auf dem Mangel einer Affinität zwischen Pollen und Ovula derselben Sorte.

5. Deshalb kann der Pollen zweier Sorten vollständig unwirksam sein bei Übertragung auf die Narbe der gleichen Sorte, aber zugleich vorzüglich tauglich sich erweisen bei wechselseitiger Kreuzung.

11. Durch Selbstbefruchtung erzeugte Birnen zeigen mangelhaften Samenansatz, meist nur verkümmerte Samen; die durch Kreuzung entstandenen führen wohlentwickelte, gesunde Samenkörner.

12. Selbst bei den Sorten, die mit dem eigenen Pollen fruchtbar sind, ist der Pollen anderer Sorten wirksamer, und wenn man nicht die Fremdbestäubung durch Hinderung des Insektenbesuches ausschliesst, so scheint die Mehrzahl der Früchte einer Kreuzung ihre Entstehung zu verdanken.

13. Die typischen Früchte und im allgemeinen die grössten und besten Exemplare aller Sorten verdanken ihr Dasein der Kreuzbefruchtung, gleichgültig ob die Sorte zu den selbst-sterilen oder zu den selbst-fertilen gehört.

Waite hat seine Versuche auch auf Äpfel und Quitten ausgedehnt. Die Apfelsorten zeigen noch viel grössere Neigung zur Unfruchtbarkeit bei Bestäubung mit dem eigenen Pollen als die Birnen. Die Quitte dagegen zeigt bei der Selbstbestäubung fast die gleiche Fruchtbarkeit wie bei der Fremdbestäubung.

Als Besucher der Birnblüten sahen Herm. Müller (1) in Westfalen (Befr. S. 202) und ich (!) in Schleswig-Holstein (Weit. Beob. S. 234; Bijdragen):

A. Coleoptera: a) *Coccinellidae*: 1. Coccinella conglobata L., hld. (1). b) *Curculionidae*: 2. Rhynchites aequatus L., hld. (1). c) *Nitidulidae*: 3. Meligethes, häufig (1).

d) *Phalcridae*: 4. Olibrus aeneus F., hld. (1). B. Diptera: a) *Muscidae*: 5. Anthomyia radicum L. ♂ ♀, sehr häufig, sgd. (1); 6. A. sp. (!); 7. Calliphora erythrocephala Mg., sgd. (1); 8. Lucilia cornicina F., sgd. (1, !); 9. Musca corvina F., sgd. (1); 10. M. domestica L., sgd. (1, !); 11. Pollenia rudis F., sgd. (1); 12. P. vespillo F., sgd. (1); 13. Sarcophaga carnaria L. (!); 14. Scatophaga merdaria F., sgd. und pfd. (1); 15. Sepsis sp., sgd. (1). b) *Syrphidae*: 16. Ascia podagrica F., häufig, sgd. und pfd. (1); 17. Eristalis arbustorum L., sgd. und pfd. (1); 18. E. intricarius L., w. v. (1); 19. E. nemorum L., häufig, w. v. (1); 20. E. tenax L., w. v. (1, !); 21. Melanostoma mellina L., sgd. und pfd. (1); 22. Rhingia rostrata L., sgd. und pfd. (!); 23. Syritta pipiens L., w. v. (1, !). C. Hymenoptera: a) *Apidae*: 24. Anthrena albicans Müll. ♀ ♂, sgd. und psd., häufig (1, !); 25. A. collinsonana K. ♀, w. v. (1); 26. A. gwynana K. ♀, w. v. (1, !); 27. A. parvula K. ♀, w. v. (1, !); 28. Apis mellifica L. ⚥, w. v. (1, !); 29. Bombus terrester L. ♀, sgd. (1); 30. Halictus rubicundus Chr. ♀, sgd. und psd. (1). b) *Formicidae*: 31. Lasius niger L. ⚥, hld. (1). c) *Tenthredinidae*: 32. Dolerus gonager F., einzeln, sgd. (1); 33. Nematus capraeae L. (Nematus gallicola Steph.?), in Mehrzahl, sgd. (1). D. Thysanoptera: 34. Thrips, häufig (1).

Alfken beobachtete bei Bremen: *Apidae*: 1. Anthrena nigroaenea K. ♂; 2. A. varians K. ♀; 3. Bombus agrorum F. ♀; 4. B. lucorum L. ♀.

918. P. salicifolia L. Die Einrichtung der aus dem Orient stammenden, im botanischen Garten zu Hohenheim von Kirchner (Beitr. S. 38) untersuchten Blüten stimmt, auch in Bezug auf die Protogynie, mit derjenigen von P. communis überein.

200. Sorbus L.

Weisse oder rosenrote, zu vielblütigen Doldenrispen vereinigte, homogame, protogynische oder protandrische Blumen mit halbverborgenem Honig, der von einem an der Griffelwurzel befindlichen Ringe abgesondert wird.

919. S. aucuparia L. Die Blüten sind, nach Herm. Müller (Befr. S. 202), protogynisch und stimmen in der Einrichtung mit Crataegus Oxyacantha, mit der sie auch den Duft (nach Trimethylamin) gemeinsam haben, überein. Durch die Vereinigung zu grossen, weithin sichtbaren Blütenständen werden zahlreiche Insekten angelockt. — Nach Warnstorf (Nat. V. d. Harzes XI) ist der Pollen weiss, unregelmässig, rundlich bis elliptisch, fast glatt, etwa 37 μ lang und 25 μ breit.

Als Besucher beobachteten H. Müller (1), Buddeberg (2) und ich (!, Bijdragen):

A. Coleoptera: a) *Cerambycidae*: 1. Clytus arietis L., sgd. (1). b) *Chrysomelidae*: 2. Lochmaea sanguinea F., sgd. (1). c) *Curculionidae*: 3. Apion, sgd. (1); 4. Phyllobius maculicornis Germ., sgd. (1). d) *Dermestidae*: 5. Attagenus pellio L., einzeln (1); 6. Byturus, zu Hunderten (1). e) *Elateridae*: 7. Agriotes aterrimus L. (1); 8. Corymbites holosericeus L. (1); 9. Dolopius marginatus L. (1); 10. Limonius cylindricus Payk. (1); 11. L. parvulus Pz. (1). f) *Mordellidae*: 12. Anaspis rufilabris Gylh. (1). g) *Nitidulidae*: 13. Epuraea, zu Hunderten (1); 14. Meligethes, w. v. (1). h) *Scarabaeidae*: 15. Cetonia aurata L., alle Blütenteile abweidend (1); 16. Melolontha vulgaris L., w. v. (1). i) *Telephoridae*: 17. Malachius aeneus F., hld. und Antheren fressend (1). k) *Tenebrionidae*: 18. Microzoum tibiale F., (1). B. Diptera: a) *Bibionidae*: 19. Dilophus vulgaris Mg., gemein, sgd. (1). b) *Conopidae*: 20. Myopa testacea L. (1). c) *Empidae*: 21. Empis livida L., sgd., häufig (1); 22. E. rustica Fall., w. v. (1). d) *Muscidae*: 23. Echinomyia fera

L. (1); 24. Lucilia caesar L., sgd. und pfd. (!); 25. Musca domestica L., w. v. (1); 26. Onesia floralis R.-D., gemein, sgd. (1); 27. Sarcophaga carnaria L., sgd. und pfd. (!); 28. Scatophaga merdaria F., gemein, sgd. (1); 29. S. stercoraria L., w. v. (1, !); 30. Sepsis, häufig (1). e) *Syrphidae*: 31. Eristalis arbustorum L., häufig, sgd. und pfd. (1); 31. E. horticola Deg., w. v. (1); 32. E. nemorum L., w. v. (1); 33. E. pertinax Scop., w. v. (!); 34. E. tenax L., w. v. (!); 35. Helophilus floreus L., w. v. (!); 36. Melanostoma mellina L., w. v. (!); 37. Rhingia rostrata L., w. v. (1); 38. Syritta pipiens L., w. v. (1). C. Hymenoptera: a) *Apidae*: 39. Anthrena albicans Müll. ♂, sgd. (1, 2).; 40. A. albicrus K. ♀ ♂, sgd. und psd. (1); 41. A. atriceps K. ♀. w. v. (1); 42. A. convexiuscula K. ♀, w. v. (1); 43. A. dorsata K. ♀ ♂, w. v. (1); 44. A. smithella K. ♀, psd. (1); 45. Apis mellifica L. ⚥, sgd. und psd., sehr zahlreich (1, !); 46. Halictus rubicundus Chr. ♀, sgd. und psd. (1); 47. H. zonulus Sm. ♀, w. v. (1); 48. Nomada ruficornis L. ♀ ♂, sgd. (1); 49. N. ruficornis L. var. signata Jur. ♀, sgd. (1). b) *Formicidae*: 50. Formica pratensis Deg. ♀ ♂, sgd., häufig (1); 51. F. rufa L. ⚥, hld. (1); 52. Lasius niger L. ♀, sgd., häufig (1); 53. Myrmica sp. ⚥, w. v. (1). D. Lepidoptera: *Rhopalocera*: 54. Thecla rubi L., sgd. (2).

Loew beobachtete in Brandenburg (Beiträge S. 37): A. Coleoptera: *Nitidulidae*: 1. Meligethes aeneus F. B. Diptera: a) *Empidae*: 2. Empis punctata Mg., sgd.; 3. E. tessellata F., sgd. b) *Stratiomydae*: 4. Odontomyia tigrina F. c) *Syrphidae*: 5. Eristalis arbustorum L., sgd.; 6. E. nemorum L., sgd.; 7. E. tenax L, sgd.; 8. Helophilus floreus L., sgd.; 9. H. pendulus L., sgd.; 10. H. trivittatus F., sgd.; 11. Syrphus corollae F., sgd. C. Hymenoptera: *Apidae*: 12. Anthrena fulva Schrk. , ♀ sgd.; 13. A. nigroaenea K. ♀, sgd.; 14. A. varians K. f. helvola L. ♀, sgd.

Alfken beobachtete bei Bremen: A. Coleoptera: a) *Scarabaeidae*: 1. Cetonia aurata L.; 2. C. floricola Hbst. b) *Cerambycidae*: 3. Cerambyx scopolii Fuessl. B. Hymenoptera: a) *Apidae*: 4. Anthrena albicans Müll. ♀ ♂; 5. A. albicrus K. ♀; 6. A. apicata Sm. ♀; 7. A. cingulata F. ♂; 8. A. flavipes Pz. ♀; 9. A. nigroaenea K. ♀; 10. A. nitida Fourcr. ♀; 11. A. praecox Scop. ♀; 12. A. tibialis K. ♀; 13. A. varians K. ♀; 14. Bombus agrorum F. ♀; 15. B. terrester L. ♂; 16. Halictus nitidiusculus K. ♀. b) *Vespidae*: 17. Odynerus parietum L. ♂. Mac Leod bemerkte in den Pyrenäen 1 Hummel als Besucher. (B. Jaarb. III. S. 434); Redtenbacher in Oesterreich den Bockkäfer Rhopalopus insubricus Germ.

. H. de Vries (Ned. Kruidk. Arch. 1877) beobachtete in den Niederlanden 2 Bienen: Apis mellifica L. ⚥ und Anthrena pilipes F. ♀; Mac Leod in Flandern Apis (Bot. Jaarb. VI. S. 307).

In Dumfriesshire (Schottland) (Scott-Elliot, Flora S. 64) wurden 1 Hummel, 2 Empiden, 3 Musciden, 1 Schwebfliege, 1 Dolichopodide, Meligethes und 1 anderer Käfer als Besucher beobachtet.

920. S. Chamaemespilus Crantz (Pirus Cham. DC., Mespilus Cham. L., Crataegus Cham. Jacq.).

Nach Schulz (Beitr. II. S. 72) sind die rosenroten Blüten homogam oder schwach bis ausgeprägt protogyn. Da die Narben in der Fallrichtung des Pollens liegen, so tritt häufig spontane Selbstbestäubung ein, doch ist diese bei sonnigem Wetter entbehrlich, da die Honigabsonderung alsdann eine recht reichliche ist und die Blüten von zahlreichen honigsaugenden oder pollenfressenden Insekten (langrüsseligen Fliegen, kleinen Käfern und besonders Bienen und Wespen) besucht werden. In den Blüten, welche ihre Kronblätter bereits verloren haben, die aber noch so frisch sind, dass sie reichlich Honig absondern, sieht man auch kurzrüsselige Fliegen und grössere Käfer saugen, welche von dem Besuche der jüngeren Blüten durch die aufrechten und ziemlich dicht zusammenschliessenden Kronblätter abgehalten werden.

921. S. scandica Fr. Loew beobachtete im botanischen Garten zu Berlin: A. Coleoptera: *Malacodermata*: 1. Dasytes flavipes F., hld. B. Diptera: *Empidae*: 2. Empis trigramma Mg., sgd. C. Hymenoptera: *Apidae*: 3. Apis mellifica L. ⚲, sgd. und psd.

40. Familie Granateae Don.
201. Punica Tourn.

Honig- und geruchlose, lebhaft rot gefärbte, homogame oder protandrische Pollenblumen.

922. P. Granatum L. [Schulz, Beitr. II. S. 72, 73.] — Kelch und Krone tragen zur Augenfälligkeit der Blumen bei. Ersterer ist korallenrot, sehr derbwandig, 26—30 mm lang, oben 20—25 mm weit. Die hochroten, zarten, leicht abfallenden Kronblätter sind gleichfalls 20—30 mm lang, ihre Breite beträgt 10—20 mm. Die zahlreichen Staubblätter, deren Filamente eine orangerote Färbung besitzen, sind nach innen gekrümmt und versperren so den Blüteneingang. Der Griffel ist sehr kurz. Die Narbe ist entweder schon während des Verstäubens der Antheren empfängnisfähig oder wird es erst nach dem Ausstäuben derselben. Spontane Selbstbestäubung ist in beiden Fällen durch zurückbleibenden Pollen möglich.

Als Besucher beobachtete Schulz in Südtirol zahlreiche Käfer aus den Gattungen Cetonia und Trichodes, Blütenteile fressend, dabei neben Selbst- auch öfter Fremdbestäubung herbeiführend.

41. Familie Onagraceae Juss.
202. Epilobium L.

Rote, seltener weisse, häufig zu grossen, augenfälligen, traubigen Ständen vereinigte, protandrische, homogame oder protogynische Blumen mit verborgenem Honig, der von der Oberseite des Fruchtknotens abgesondert wird. Die Pollenzellen sind meist durch Viscinfäden mit einander verbunden.

923. E. angustifolium L. (E. spicatum Lam., Chamaenerion angustifolium Scop.) [Sprengel, S. 224—227; H. M., Befr. S. 198, 199; Weit. Beob. II. S. 237; Lindman a. a. O.; Warming, Bestövningsmaade S. 32—33; Mac Leod, B. Jaarb. VI. S. 291—292; Kerner, Pflanzenleben II.; Schulz, Beitr. II. S. 73; Knuth, Bijdragen; Loew, Bl. Fl. S. 394]. — Die purpurroten, selten weissen, sich nach Kerner zwischen 6 und 7 Uhr morgens öffnenden Blüten sind so ausgeprägt protandrisch, dass Selbstbestäubung ausgeschlossen ist, wie schon Sprengel auseinandergesetzt hat. Der von der grünen, fleischigen Oberseite des Fruchtknotens abgesonderte Honig ist gegen Regen dadurch geschützt, dass die verbreiterten unteren Enden der Staubfäden zu einem Hohlkegel zusammenneigen, welcher den Griffelgrund und somit den Nektar umschliesst; an der Austrittstelle des Griffels aus diesem Kegel hindert die Behaarung des Griffels das Eindringen von Regentropfen, während ein Insektenrüssel leicht zum Nektar vorzudringen vermag.

In jüngeren Blüten bilden die Staubblätter, welche mit dem durch Viscinfäden zusammenklebenden Pollen bedeckt sind, für die Insekten die einzig mögliche Anflugstelle, indem die Griffel noch kurz und ihre Äste noch geschlossen sind. In älteren Blüten haben sich die verstäubten Staubblätter nach unten gebogen, während der inzwischen sehr verlängerte Griffel mit vier auseinander gespreizten und zurückgekrümmten Narbenästen die jetzt einzige Anflugstelle bilden, so dass Insekten, welche von einer jüngeren Blüte kommen, eine ältere bestäuben müssen.

Nicht überall ist die Blüteneinrichtung so wie oben geschildert. Nach Warming waren Pflanzen der Form leiostyla vom Isortokfjord schwach protogyn und daher der Selbstbestäubung fähig. Nach Schulz sind die Blumen im Tieflande ausgeprägter protandrisch als im Gebirge (Tirol), wo die Blüten mancher Stöcke schon vor Beendigung der Pollenausstäubung entwickelte Narben besitzen. Nach Kerner streckt sich der anfangs kurze Griffel bereits nach 24 Stunden und spreizt seine Äste soweit auseinander, dass die Narben zuletzt durch Zurückrollung mit den noch mit Pollen versehenen Antheren in Berührung kommen, mithin spontane Selbstbestäubung erfolgen kann. Auch fand Kerner die Stöcke nur an wenigen Standorten mit normalen Blüten. An schattigen Standorten fallen die Blüten im vertrockneten Zustande ab, auch suchen die Pflanzen sich diesem ungünstigen Standorte durch Bildung langer kriechender Ausläufer zu entziehen.

Als Besucher beobachtete schon Sprengel verschiedene Hummeln. Ich beobachtete honigsaugende Apiden: 1. Apis mellifica L. ⚥; 2. B. agrorum F. ♀; 3. B. hortorum L. ♀ ⚥; 4. B. lapidarius L. ♀ ⚥ ♂; 5. B. terrester. L. ♀ ⚥.

Herm. Müller (1) und Buddeberg (2) geben folgende Besucherliste:
A. Coleoptera: *Cerambycidae*: 1. Strangalia melanura L., hld. (1). B. Diptera: a) *Empidae*: 2. Empis livida L., sgd., häufig (1); 3. E. rustica Fall., w. v. (1). b) *Stratiomydae*: 4. Chrysomyia polita L., sgd. (2). c) *Syrphidae*: 5. Syrphus ribesii L., pfd. (1). C. Hymenoptera: a) *Apidae*: 6. Apis mellifica L. ⚥, sgd. und psd., in grösster Häufigkeit (1); 7. Bombus agrorum F. ♀ ⚥ ♂, sehr häufig, sgd. (1); 8. B. confusus Schenck ♀, häufig, sgd. (1); 9. B. lapidarius L. ♀ ⚥, w. v. (1); 10. B. pratorum L. ♀ ⚥ ♂, w. v. (1); 11. B. terrester L. ♀ ⚥ ♂, w. v. (1); 12. Halictus flavipes F. ♀, sgd. (2); 13. H. malachurus K. ♀, sgd. (2); 14. H. nitidus Schenck ♀, sgd. (2); 15. Megachile versicolor Sm. ♀, sgd. (1, Thür.); 16. Nomada jacobaeae Pz. ♀ (1); 17. N. roberjeotiana Pz. ♀, sgd. (1); 18. Psithyrus campestris Pz. ♂, sgd. (1); 19. Sphecodes gibbus L. ♀, sgd. (1). b) *Sphegidae*: 20. Ammophila sabulosa L., sgd. (1); 21. Cerceris labiata F., sgd. (1); 22. Cabro alatus Pz., sgd. (1); 23. C. cribrarius L. ♂, sgd. (1). c) *Tenthredinidae*: 24. Allantus scrophulariae L., sgd. (1). D. Lepidoptera: 25. Ino statices L., sgd. (1); 26. Zyganea filipendulae L., sgd. (1).

Loew beobachtete im botanischen Garten zu Berlin: Hymenoptera: *Apidae*: 1. Apis mellifica L. ⚥, sgd.; 2. Bombus rajellus K. ♂, sgd.; 3. Chelostoma nigricorne Nyl. ♂, sgd.; im Riesengebirge: Bombus agrorum F. ⚥, sgd.; in Schlesien: Hesperia comma L.

Alfken beobachtete bei Bremen: 1. Bombus agrorum F.; 2. B. arenicola Ths.; 3. B. derhamellus K.; 4. B. distinguendus Mor.; 5. B. jonellus K.; 6. B. lapidarius L.; 7. B. proteus Gerst. ♀; 8. B. terrester L.; 9. Halictus calceatus Scop. ♀; 10. Macropis labiata F. ♀ ♂; 11. Megachile centuncularis L. ♂; 12. Podalirius furcatus Pz. ♂; Verhoeff auf Norderney: Hemiptera: *Capsidae*: Calocoris chenopodii Fall. ♀ ♂. Krieger bei Leipzig die Apiden: 1. Bombus agrorum F. ♂; 2. Eriades nigricornis Nyl.; 3. Halictus smeathmanellus K.; 4. Prosopis confusa Nyl.; Hoffer in Steiermark Bombus

distinguendus Mor. ♂ und B. hypnorum L. ⚥, Psithyrus vestalis Fourcr. ♂; Redtenbacher bei Wien den Blattkäfer Adoxus obscurus L.

Schmiedeknecht giebt als Besucher an: Hymenoptera: *Apidae:* 1. Anthrena
fumipennis Schmiedekn.; 2. Bombus distinguendus Mor. ♂; 3. B. hypnorum L. ♂;
4. B. jonellus K. ♂; 5. B. mastrucatus Gerst. ♂; 6. B. pratorum L. ♂; 7. B. soroënsis
F. ♂; 8. B. terrester L. ♂; 9. Psithyrus vestalis Fourcr. ♂.

Frey-Gessner beobachtete in der Schweiz die Apiden: 1. Bombus pratorum
L. ♀ ⚥ ♂; 2. B. scrimshiranus K. (= jonellus K.) ♂.

In den Alpen bemerkte Herm. Müller 1 Käfer, 5 Fliegen, 11 Hymenopteren,
1 Falter in den Blüten (Alpenbl. S. 209).

In Dumfriesshire (Schottland) (Scott-Elliot, Flora S. 64) wurden Apis, 2 Hummeln (häufig) und 1 Faltenwespe (häufig) als Besucher beobachtet.

924. E. Dodonaei Villars (E. rosmarifolium Haenke, E. an-
gustissimum Weber). Die Blüten sind, nach Schulz (Beitr. II. S. 73),
meist ausgeprägt protandrisch, indem sich die vier Narbenäste erst dann auseinander zu spreizen pflegen, wenn die Antheren keinen Pollen mehr besitzen,
doch kommt es auch vor, dass die Spreizung schon vor dem Ende des Verstäubens beginnt, so dass alsdann spontane Selbstbestäubung möglich ist.

Als Besucher beobachtete Schulz honigsaugende und pollensammelnde Bienen,
saugende Schmetterlinge und pollenfressende Fliegen.

Herm. Müller (Alpenbl. S. 211) sah in den Alpen 4 Bienen und 2 Falter;
Loew im bot. Garten zu Berlin Apis sgd.

925. E. Fleischeri Hochstetter (E. denticulatum Ulender).
[H. M., Alpenblumen S. 209—211.] — Die Blüteneinrichtung stimmt in vielen

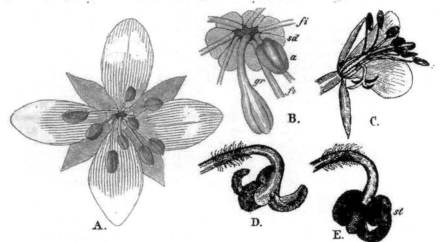

Fig. 123. Epilobium Fleischeri Hochst. (Nach Herm. Müller.)
A. Junge protandrische Blüte gerade von vorn gesehen. (2¹/₃ : 1.)   B. Mitte derselben. (7 : 1.)
C. Eine homogame Blüte nach Entfernung eines Kelchblattes und zweier Kronblätter. (2¹⁄₃ : 1.)
D. Griffel einer protogynen Blüte, in welcher sich eine Anthere zu öffnen beginnt. (7 : 1.)
E. Griffel einer Blüte, deren Antheren noch spärlich mit Pollen behaftet sind. (7 : 1.)

Stücken mit derjenigen von E. angustifolium überein, aber E. Fleischeri schwankt zwischen Protandrie, Homogamie und Protogynie, doch ist in

allen drei Fällen Kreuzung dadurch begünstigt, dass entweder die auseinander ge spreizten Narbenäste oder die Staubblätter die bequemste Anflugstelle bilden. Bei ausbleibendem Insektenbesuch tritt jedesmal spontane Selbstbestäubung ein.

Als Besucher beobachtete H. Müller Syrphiden (1), Bienen (13), Grab wespen (2), Falter (4); Loew beobachtete im botanischen Garten zu Berlin: A. Diptera: a) *Syrphidae*: 1. Syrphus balteatus Deg. B. Hymenoptera: *Apidae*: 2. Halictus minutissimus K. ♀.

926. E. hirsutum L. (E. grandiflorum Weber). Die Einrichtung der grossen, dunkelpurpurnen Blüten ist an den verschiedenen Standorten verschieden. Während H. Müller (Befr. S. 199, 200) nur homogame Blumen mit 25—30 mm Durchmesser kannte, beschreibt A. Schulz (Beitr. I. S. 35, 36) drei Blütenformen: 1. Grossblütige: Diese sind hälftig symmetrisch (zygomorph) gebaut und ausgeprägt protandrisch und mit so langen, nach unten

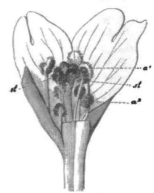

Fig. 124. Epilobium hirsutum L. (Nach Herm. Müller.)

Blüte gerade von oben gesehen.
a Antheren. st Narbe.

Fig. 125. Epilobium parviflorum Schreber.
(Nach Herm. Müller.)

Blüte von der Seite gesehen, nachdem der grösste
Teil des Fruchtknotens, die beiden vorderen Kronblätter und der grösste Teil des vorderen Kelchblattes fortgeschnitten sind. a' Längere, a^2 kürzere
Staubblätter. st Narbe.

herausgekrümmten Griffeln versehen, dass Selbstbestäubung ausgeschlossen ist 2. Mittelblütige: Diese sind (bei Halle und in Nordthüringen) seltener als die vorigen Stöcke. Die Blumen sind weniger zygomorph, meist schwach protandrisch, nur selten fast homogam. Der Griffel ist gerade; die Narbenäste krümmen sich, wenn Insektenbesuch ausbleibt, oft so weit zurück, dass sie mit den Antheren der längsten Staubblätter in Berührung kommen, mithin Selbst befruchtung möglich ist.

3. Kleinblütige: Die Blüten sind noch kleiner als die der vorigen Form und homogam, so dass, da der Griffel mit den längsten Staubblättern in gleicher Höhe steht, spontane Selbstbestäubung unvermeidlich ist.

Ausser den zweigeschlechtigen Stöcken kommen weibliche vor, deren Blüten zwar Staubblätter enthalten, bei denen die Antheren aber nicht aufspringen. Schulz beobachtete Gynomonöcie, seltener Gynodiöcie.

Nach Kerner weicht die Blüteneinrichtung nicht wesentlich von derjenigen von E. angustifolium ab.

Als Besucher beobachtete ich (Bijdragen) bei Glücksburg:
A. Diptera: *Syrphidae*: 1. Eristalis tenax L., pfd.   B. Hymenoptera: 2. Apis mellifica L. ♀, sehr häufig, sgd. und psd.; 3. Bombus agrorum F. ♀, sgd. und psd.; 4. B. silvarum L. ♀, w. v.; 5. B. terrester L. ♀, w. v.   C. Lepidoptera: 6. Pieris sp., häufig, sgd.   Mac Leod bemerkte in Flandern Apis, 1 Syrphide, 1 |Muscide, 1 Falter (Bot. Jaarb. VI. S. 294, 380).

In Dumfriesshire (Schottland) (Scott-Elliot, Flora S. 65) wurden 1 Hummel und 1 kurzrüsselige Biene als Besucher beobachtet.

927. E. parviflorum Schreber. Auch bei dieser Art schwankt, nach Schulz (Beitr. I. S. 36, 37), die Länge und Entwickelungsfolge der Staubblätter und des Stempels. In den meisten Fällen erreichen die Antheren die Spitze des Griffels oder überragen sie sogar, so dass infolge der Homogamie spontane Selbstbefruchtung unausbleiblich ist. In anderen, selteneren Fällen überragt der Griffel die Antheren, und die Narben sind zuweilen etwas früher entwickelt, als die Antheren aufspringen, doch sind die Blüten häufig homogam. Auch hier tritt oft Selbstbestäubung ein. Dieselbe erfolgt bei dieser Art, nach Kerner, bereits am ersten Blühtage.

Nach Herm. Müller (Befr. S. 199) sind Narben und Staubblätter gleichzeitig entwickelt, und zwar stehen die vier kürzeren tiefer als die Narbe, dienen also der Fremdbestäubung, während die Antheren der vier längeren in gleicher Höhe mit der Narbe stehen und diese mit Pollen bedecken. Bei eintretendem Insektenbesuche werden die in der Blumenmitte stehenden Narben in der Regel zuerst berührt, so dass dann meist Fremdbestäubung erfolgt. (S. Fig. 125.)

Die ziemlich kleinen, blassroten, vereinzelt stehenden Blüten erhalten ziemlich spärlichen Insektenbesuch.

Ich beobachtete nur die Honigbiene, sgd. und psd.; Herm. Müller nur Meligethes und einen Falter (Pieris rapae L., wiederholt, sgd); Mac Leod in Flandern Pieris sp. (Bot. Jaarb. VI, S. 298).

928. E. montanum L. Nach Schulz (Beitr. I. S. 37) sind die Blüten homogam. Da die Antheren der grösseren Staubblätter meist die Narbe erreichen, so erfolgt in diesen stets spontane Selbstbestäubung, welche nach Kerner schon am ersten Blühtage eintritt. In denjenigen Blüten, in welchen die längeren Staubblätter kürzer als die Narbe sind, ist sie ausgeschlossen.

Besucher sind spärlich. Herm. Müller (Weit. Beob. II, S. 237) beobachtete Fliegen (Anthomyia ♀, psd.) und Pieris napi L., sgd.

Schletterer giebt für Tirol Bombus pomorum als Besucher an. Mac Leod beobachtete in Flandern 1 Schwebfliege, 1 Käfer (Bot. Jaarb. VI, S. 298).

In Dumfriesshire (Schottland) (Scott-Elliot, Flora S. 65) wurden 2 Musciden und 2 Schwebfliegen als Besucher beobachtet.

929. E. collinum Gmelin. Auch bei dieser Art erfolgt, nach Kerner, bereits am ersten Blühtage spontane Selbstbestäubung, indem die Staubblätter bis zur Berührung der Antheren mit den Narben heranwachsen.

Als Besucher sah H. Müller in den Alpen 2 kurzrüsselige Bienen (Alpenbl. S. 213).

930. E. roseum Retzius. In den nach Schulz homogamen Blüten ist
spontane Selbstbestäubung in den meisten Fällen unausbleiblich, weil die langen
Staubblätter die Länge des Griffels erreichen und sich an die nicht nach aussen
ausbreitenden Narben anlegen.

Als Besucher sah Mac Leod in Flandern Pieris napi L. (Bot. Jaarb. VI, S. 296).

In Dumfriesshire (Schottland) (Scott-Elliot, Flora S. 66) wurden 2 Schwebfliegen und 1 Falter als Besucher beobachtet.

931. E. alpinum L. Nach Axell (S. 18, 109) sind die Blüten bei
Insektenabschluss durch spontane Selbstbestäubung fruchtbar. Auch aus Grönland stammende, in Kopenhagen kultivierte Pflanzen waren nach Warming
der spontanen Selbstbestäubung in hohem Grade fähig.

932. E. alsinefolium Villars. (E. origanifolium Lmk.). [H. M.,
Alpenblumen S. 211—213; Lindman a. a. O.; Schulz, Beitr.] — Die Blüten

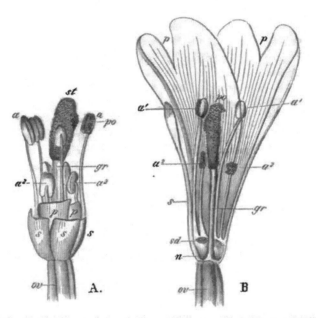

Fig. 126. Epilobium alsinefolium Villars. (Nach Herm. Müller.)
A. Jüngere Blüte kurz nach ihrer Öffnung. (Die oberen Teile der Kelch- und Kronblätter
sind fortgeschnitten.) B. Ältere Blüte nach Entfernung der beiden vorderen Kelch- und
Kronblätter. (Vergr. 7 : 1).

sind in den Alpen regelmässig der spontanen Selbstbestäubung fähig, doch ist
durch geringe Protogynie bei früh eintretendem Insektenbesuch auch Fremdbestäubung möglich. Im skandinavischen Hochgebirge ist die Blüteneinrichtung
die gleiche, doch sind die Blüten dort, nach Lindman, homogam, während
Schulz (Beitr. I. S. 37) sie im Riesengebirge wieder schwach protogyn und
auch der spontanen Selbstbestäubung angepasst fand, indem die Antheren der

Narbe dicht anliegen. Wegen der röhrigen Blütenform ist der Nektar besonders für Falter leicht erreichbar, doch ist ein 6—7 mm langer Rüssel erforderlich.

Als Besucher sah H. Müller einen Falter (Argynnis) und eine Schwebfliege (Syrphus).

933. E. adnatum Gris. (E. tetragonum auct.) [Mac Leod, Bot. Jaarb. VI. S. 296—297.] — Die bei sehr warmem Wetter (am 2. 7. 94) ausgeführten Untersuchungen liessen drei Entwickelungsstadien erkennen:

1. In den noch geschlossenen Blüten ragen die Spitzen der Kronblätter etwa 0,25 mm aus dem Kelche hervor. Die Antheren der 4 langen (episepalen) Staubblätter stehen in halber Höhe des Fruchtblattes und haben bereits den grössten Teil ihrer zu losen Tetraden vereinigten Pollenkörner entleert, und zwar haben einzelne derselben bereits Schläuche in den Stempel getrieben. Von den 4 kurzen (epipetalen) Staubblättern beginnen 2 ihre Antheren zu öffnen.

2. Die Kronblätter ragen bereits 2 mm weit aus der Knospe hervor. Die 4 kurzen Staubblätter sind länger geworden und haben den grössten Teil ihres Pollens auf den untersten Teil des Stempels entleert. Viele Pollenkörner haben lange Schläuche in den Stempel getrieben. Im Blütengrunde findet sich eine ansehnliche Menge Nektar.

3. Die Blüte ist ganz geöffnet. Die 4 langen Staubblätter sind soweit gewachsen, dass ihre Antheren den Stempel überragen, während die der 4 kurzen in halber Höhe des letzteren stehen. Sämtliche Antheren sind braun und leer, auch der Stempel hat schon eine bräunliche Farbe, die sich gewöhnlich bereits vor dem Aufblühen der Blume einstellt. Die Blüte schliesst sich gegen Ende der Blütezeit, wobei die Antheren gegen den Stempel gedrückt werden. Bei minder warmer Witterung scheint die Entwickelung der Fortpflanzungsorgane verzögert zu sein. In jedem Falle ist spontane Selbstbestäubung unvermeidlich; Kreuzbestäubung ist zwar nicht unmöglich, aber doch sehr unwahrscheinlich. Insektenbesuch ist bisher nicht beobachtet.

934. E. roseum Schreb. [Mac Leod, Bot. Jaarb. VI. S. 295—296.] — Schon bei Beginn des Blühens sind die Antheren der 8 Staubblätter geöffnet; diejenigen der 4 langen (episepalen) Staubblätter stehen dann bei einigen Exemplaren auf gleicher Höhe mit den empfängnisfähigen Narben, aber von diesen entfernt; die Antheren der 4 kurzen Staubblätter stehen $1/2$—1 mm tiefer als die Narben, sind aber weniger von ihnen entfernt als die erstgenannten. Spontane Selbstbestäubung ist also unmöglich; durch Insekten kann ebensogut Fremd- als Selbstbestäubung herbeigeführt werden.

Bei anderen Exemplaren kleben die Antheren der 4 langen Staubblätter an dem Stempel, wenn sie den Pollen entlassen haben. Später werden die Staubfäden zwar länger, aber die Antheren kommen von dem Stempel nicht los; infolge dessen werden die Staubfäden gespannt und nach innen gekrümmt. In einigen Fällen bleiben sie in diesem Zustande bis zum Ende der Blütezeit, so dass Kreuzung durch Insekten fast unmöglich ist. In anderen Fällen lösen sie sich allmählich vomStempel los, wobei der grösste Teil des Pollens auf dem

Stempel zurückgelassen wird. Wenn die Blume sich schliesst, werden die Antheren gegen die Narben gedrückt, so dass dann Autogamie unvermeidlich ist.

Als Besucher sah Mac Leod Pieris napi L., sgd.

935. E. latifolium L. Diese hochnordische Art schwankt, nach Warming (Bestövningsmaade S. 143), in der Einrichtung ihrer grossen Blüten zwischen schwacher Protandrie und schwacher Protogynie. Der auffallend kurze Griffel ist niedergebogen, so dass die Narbe unterhalb der Antheren liegt und durch Hinabfallen von Pollen spontane Selbstbestäubung erfolgen kann, doch ist keine Fruchtbildung ermittelt. Die vegetative Vermehrung durch Wurzelsprosse ist reichlich.

Dass auch Insektenbesuch in Grönland erfolgt, geht aus der Auffindung eines Bastardes zwischen E. latifolium und E. angustifolium (= E. ambiguum Th. Fr. et Lange) auf Disko hervor.

203. Lopezia Cav.

Ausgeprägt protandrische Blumen, oft mit losschnellendem Staubblatt.

Nach Delpino (Ult. oss. II. S. 124—126) finden sich an der knieartigen Umbiegung der beiden oberen Blumenblätter zwei Scheinnektarien, welche wie Honigtröpfchen glänzen, aber trocken sind (vergl. Parnassia). Das eigentliche, honigabsondernde Nektarium liegt am Grunde der beiden Staubblätter, von denen das eine steril und umgebildet ist (s. u.).

936. L. coronata Andr. [Hildebrand, Bot. Ztg. 1866, S. 76.] — Von den ursprünglich zwei Staubblättern ist das eine in ein gestieltes, löffelförmiges Blatt umgewandelt, dessen beide Hälften anfangs die Anthere des normalen Staubblattes umschlossen haben und wagerecht aus der Blüte hervorragen. Indem nun der Stiel des Löffels eine Spannung nach unten, der Staubfaden eine solche nach oben hat, so wird ein Insekt, welches sich auf den Löffel setzt, um zu den an der Umbiegung der oberen Kronblätter befindlichen Nektarien oder — nach Delpino — Scheinnektarien (s. o.) zu gelangen, diese entgegengesetzten Spannungen lösen: der Löffel wird nach unten, das gerade über ihm befindliche Staubblatt nach oben schnellen und letzteres dabei seinen Pollen der Unterseite des Insektenkörpers andrücken. Das Staubblatt krümmt sich alsdann aus der Blüte heraus, während der Griffel heranwächst und nunmehr als Anfliegestange aus der Blüte hervorragt. Spontane Selbstbestäubung ist ausgeschlossen.

Als Besucher, welche das Losschnellen bewirkten, sah H. Müller (Befr. S. 198) in seinem Zimmer die Stubenfliege und die Stechmücke.

937. L. racemosa hat, nach Ogles Darstellung (Pop. Sc. Rev. 1869, S. 271), dieselbe Einrichtung.

938. L. miniata DC. [Hildebrand, Bot. Ztg. 1869 S. 478, 479.] — Hier liegt das nicht reizbare Staubblatt über dem löffelartig geformten Staminodium.

939. Onagra Simsiana. [Willkomm, Bohemia 1884.] — Diese aus Mexiko stammende Art ist eine Nachtblume. Sie wurde im botanischen Garten zu Prag durch Käfer befruchtet.

204. Oenothera L.

Protandrische Falterblumen, deren Nektar im Grunde der Kelchröhre abgesondert und geborgen wird. Nach Kerner krümmen sich die Blütenstiele in der Weise, dass der Blüteneingang seitlich liegt. Nach demselben sind auch bei dieser Gattung die Pollenzellen durch Viscinfäden verbunden. Häufig epinykte Blüten (s. u.).

940. O. biennis L. [Sprengel, S. 217—223; H. M., Befr. S. 200; Kerner, Pflanzenleben II.; Knuth, Nordfr. Ins. S. 151; Bijdragen.] — Die Blüteneinrichtung dieser aus Virginien stammenden Pflanze hat schon Sprengel eingehend auseinandergesetzt. Die grossen, hellgelben, saftmallosen Blumen blühen des Abends auf und duften dann am stärksten, scheinen also besonders Abend- und Nachtschmetterlingen angepasst zu sein. Sie sind aber wegen ihrer lebhaft gelben Kronblätter auch bei Tage augenfällig und werden dann von langrüsseligen, honigsaugenden Bienen besucht, so dass die Blüten in die Übergangsklasse **Fn H** zu stellen sind. Die glatte, gelbe Honigdrüse im Grunde der Kelchröhre sondert Nektar aus, der von feinen Wollhaaren verdeckt wird. Er fliesst in den oberen kahlen Teil der Kelchröhre und bleibt an dem Griffel haften, der hier an die unterste Wandung der Kelchröhre angedrückt ist. Die Blühzeit der Einzelblüte währt zwei Nächte. Nach Kerner öffnen sich die Blüten kurz vor 6 Uhr abends und schliessen sich nach 24 Stunden (epinykte Blüten). Mit dem Öffnen der Blüte stäuben die Antheren, während die vier Narbenäste noch aneinander liegen. Am Morgen des nächsten Tages beginnen sie sich zu entfalten und sind in der zweiten Nacht völlig entwickelt, während die Staubblätter nunmehr verwelkt sind. Nach Kerner dient der Kronsaum nicht als Anflugstelle für die besuchenden Insekten, sondern nur als Schauapparat. Beim Einführen des Rüssels streifen die Besucher mit dem Kopfe die Antheren, wobei im Beginn des Blühens die Narben infolge einer Seitwärtsneigung des Griffels aus der Zugangslinie zum Nektar weggerückt sind Aber schon nach einer halben Stunde streckt sich, nach Kerners Darstellung, der Griffel gerade, dessen Narbenpapillen auseinanderspreizen, so dass durch besuchende, bereits mit Pollen behaftete Insekten Kreuzung herbeigeführt werden kann. Indem sich zuletzt die vier Narben bis zur Berührung mit den noch pollenbedeckten Antheren zurückrollen, findet bei ausgebliebenem Insektenbesuche spontane Selbstbestäubung statt.

Als Besucher beobachtete ich auf den nordfries. Inseln nur pollensammelnde oder -fressende Insekten (Apis, Bombus terrester L., Eristalis, Scatophaga). Bei Kiel sah ich auch saugende, nämlich Macroglossa stellatarum L. (in der Dämmerung) und Bombus hortorum L. ♀ (am Vormittage). Loew bemerkte im bot. Garten zu Berlin Apis psd.

Herm. Müller giebt folgende Besucher an:

A. Diptera: *Syrphidae:* 1. Eristalis arbustorum L., pfd., sehr häufig; 2. E. nemorum L., w. v.; 3. E. tenax L., w. v. B. Hymenoptera: *Apidae:* 4. Apis mellifica L. ♀, sgd. und psd.; 5. Bombus agrorum F. ♀, sgd.; 6. B. lapidarius L. ♀, sgd.; 7. B. silvarum L. ♀, sgd.; 8. Colletes daviesanus K. ♀, psd.; 9. Panurgus calcaratus Scop. ♀ ♂. C. Lepidoptera: *Sphinges:* 10. Macroglossa stellatarum L., sgd.

Redtenbacher giebt für Österreich den Schnellkäfer Corymbites sulphuri-pennis Germ. als Besucher an.

941. O. muricata L. Die Blüteneinrichtung dieser gleichfalls aus Nord-amerika stammenden Art schildert Kerner als mit derjenigen von O. biennis übereinstimmend.

941a. O. biennis × muricata L.

Als Besucher beobachtete Heinsius in Holland 3 saugende und bestäubende Hummeln (Bombus cognatus Steph. ♀; B. hortorum L. ♀ ♂ ⚥; B. rajellus K. ♀), eine kleine saugende und dabei auch gelegentlich befruchtende Biene (Halictus leucozonius Schrk. ♂) und ebenso verfahrende Empiden (Empis hyalipennis Fall. ♂ ♀ und E. pennaria Fall. ♀) und Syrphiden (Eristalis nemorum L. ♂). (B. Jaarb. IV. S. 115).

942. O. Lamarckiana DC. Die Blüteneinrichtung stimmt mit derjenigen von O. biennis überein: Das Nektarium dieser protandrischen, stark duftenden Falterblume kleidet, nach Stadler, den Grund der Kronröhre aus und ist gleich der Innenfläche der Röhrenwandung bis zu zwei Drittel seiner Länge mit einzelligen Sperrhaaren, weiter aufwärts mit Haarfilz besetzt. Der Honig wird so reichlich abgesondert, dass er meist bis zu einer Höhe von 5 mm emporsteigt. Die durch Viscinfäden verbundenen Pollenkörner bleiben zwischen den Antheren hängen. Selbstbestäubung ist durch die eigentümliche Fixierung des Pollens un-möglich gemacht. Jedes Pollenkorn entsendet nämlich aus den abgerundeten Polen zwei oder mehr kleine Büschel von Fäden, die sich mit jenen der be-nachbarten Körner verstricken und so in „Schnüren und Flocken wie in einem Spinngewebe gefangen" an und zwischen den Antheren haften bleibt und weder durch den Wind, noch durch die Wirkung der Schwere ausgestreut werden kann. (Bot. Jb. 1886. I. S. 797.)

Als Besucher sah Heinsius in Holland 4 saugende Hummeln (Bombus agrorum F. ♀ ⚥; B. cognatus Steph.; B. hortorum L. ⚥; B. lapidarius L. ♀ ⚥) und 3 pollen-fressende Schwebfliegen (Eristalis horticola L. ♀; E. intricarius L. ♀; Pelecocera tricincta Meig. ♂) (B. J. IV. S. 113—115).

943. O. missouriensis. [Knuth, Bijdragen.] —— Die unter diesem Namen in unseren Gärten kultivierte Art ist eine Nachtfalterblume, da sie abends sehr stark nach Citronen duftet, am Tage aber geruchlos ist. Ihre Kelch-röhre ist mehr als 10 cm lang; es ist daher keiner unserer Schwärmer im stande, mit dem Rüssel bis zum Blütengrunde einzudringen, denn der Rüssel von Sphinx convolvuli L. erreicht nur ausnahmsweise eine Länge von 8 cm. Die Blüten sind homogam. Die vierteilige Narbe überragt die Spitze der Antheren um 15 mm, so dass anfliegende Insekten zuerst die Narbe und dann die Antheren berühren, mithin stets Fremdbestäubung bewirken.

Die Blüten werden, nach Hitchcock (Bull. Torr. B. Cl. XX. 1893) von Deilephila lineata F. besucht.

944. O. grandiflora Ait. Diese in Nordamerika heimische Art ist, nach Kerner, epinykt (vgl. O. biennis). Beim Aufblühen treten die Kronblätter plötzlich auseinander und breiten sich innerhalb einer halben Stunde aus.

Als Besucher beobachtete Loew im botanischen Garten zu Berlin: A. Cole-optera: *Chrysomelidae*: 1. Haltica oleracea L., am Eingang der Blumenröhre sitzend.

B. Hymenoptera: *Apidae*: 2. Apis mellifica L. ⚥, psd., belastet sich mit langen, von den Beinen herabhängenden Pollenfäden, welche das Fliegen erschweren.

945. O. speciosa Nuttal. An den weissen, beim Verblühen roten, honigreichen, schön duftenden Falterblumen beobachtete Wolfensberger (Ent. Nachr. 10. Jahrg. S. 201, 202) verschiedene Schwärmer (Deilephila elpenor L., S. porcellus L.) gefangen, indem der Rüssel derselben durch einwärts gerichtete Sperrhaare der Kronröhre festgehalten wurde. Glaser (a. a. O.) fand dagegen (bei Mannheim), dass die Schwärmer mit in die Blüte gesenktem Rüssel auf den Blumen schliefen, so dass der Anschein des Gefangenseins erweckt wurde. Nach Ansicht des letzteren Forschers sind Einrichtungen zum Festhalten des Schwärmerrüssels nicht vorhanden.

946. Godetia Lindleyana Spach. ist protandrisch und selbstfertil. (Comes Ult. stud.)

947. G. Cavanillesii Spach. Diese im mittleren Chile vorkommende Pflanze entwickelt,· nach Philippi (Bot. Ztg. 1870, S. 104—106), im Frühling kleistogame Blüten.

205. Circaea Tourn.

Homogame Schwebfliegen-Blumen, deren Nektar im Blütengrunde abgesondert wird.

948. C. lutetiana L. Die Blüteneinrichtung der in lockeren Trauben stehenden, kleinen, weissen, oft rötlich überlaufenen Blumen hat, nach Herm. Müller (Befr. S. 196, 197), grosse Ähnlichkeit mit derjenigen von Veronica Chamaedrys (s. daselbst). Die zwei Staubblätter ragen, nach beiden Seiten hin auseinanderstehend, aus der senkrecht herabhängenden Blüte hervor; in ihrer Mitte befindet sich der noch etwas weiter aus der Blüte hervortretende Griffel mit der kopfförmigen Narbe an der Spitze. Diese drei Organe sind die Anfliegestangen,· auf welche ein Insekt sich stützen muss, um zu dem Honig zu gelangen, der im Blütengrunde von einem die Griffelbasis umgebenden Ringe abgesondert wird. Da der Griffel etwas tiefer steht und auch etwas länger ist als die Staubblätter, so fliegen die Insekten vorzugsweise auf diesen. Sie werden daher Fremdbestäubung bewirken, wenn sie schon

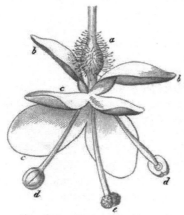

Fig. 127. Circaea lutetiana L. (Nach Herm. Müller.)

Blüte, schräg von oben gesehen. *a* Fruchtknoten. *b* Kelchblätter. *c* Kronblätter. *d* Staubblätter. *e* Griffel und Narbe.

mit Pollen behaftet sind, den sie mit der Körperunterseite auf den zweilappigen Narbenkopf bringen. Indem die Besucher nun weiter gegen den Honig vorrücken, umfassen sie mit den Vorderbeinen den verdünnten und daher leicht drehbaren Grund der Staubblätter und schlagen diese nach innen und unten, so dass die pollenbedeckten Antheren die Unterseite der Insekten berühren und von neuem mit Blütenstaub bedecken.

Nicht selten fliegen die Insekten auf eines der beiden Staubblätter auf, fassen aber dann, da sich dasselbe durch die Belastung abwärts biegt, sofort mit den Vorderbeinen die Basis dieses Staubblattes und den Griffel. Wenn nun noch die Narbe die Unterseite des Insekts berührt, was meist geschieht, so wird, da sie die dem Staubblatt entgegengesetzte Seite des Insektenleibes berührt, ebenfalls Fremdbestäubung erfolgen, falls die Fliege bereits eine andere Blüte besucht hatte.

Bei ausbleibendem Insektenbesuche ist spontane Selbstbestäubung meist ausgeschlossen; nur selten findet beim Verwelken eine unmittelbare Berührung der Antheren und der Narbe statt.

Besucher sind ausschliesslich Fliegen, und zwar besonders Schwebfliegen. Ich sah: a) *Muscidae*: 1. Lucilia cornicina F.; 2. Musca domestica L.; 3. Scatophaga stercoraria L. b) *Syrphidae*: 4. Ascia podagrica F.; 5. Eristalis nemorum L.; 6. Melanostoma mellina L.; 7. Syrphus sp.; sämtlich teils sgd., teils pfd.

Herm. Müller giebt eine ähnliche Besucherliste: a) *Muscidae*: 1. Anthomyia sp.; 2. Musca domestica L. b) *Syrphidae*: 3. Ascia podagrica F.; 4. Bacha elongata F.; 5. Melanostoma mellina L.

Mac Leod beobachtete in Flandern 1 Anthrena, 1 Schwebfliege. (B. Jaarb. VI. S. 299).

In Dumfriesshire (Schottland) (Scott-Elliot, Flora S. 67) wurde 1 Schwebfliege als Besucherin beobachtet.

949. C. alpina L. Die Blüteneinrichtung ist dieselbe wie bei voriger Art. Nach Kerner erfolgt spontane Selbstbestäubung gegen Ende der Blütezeit durch Anlegen von einer oder den beiden Antheren an die Narbe.

Besucher sind wiederum besonders Schwebfliegen, die in der bei der vorigen Art angegebenen Weise verfahren. Ich sah dieselben Besucher, die auch auf die Blüten von

950. C. intermedia Ehrhardt fliegen (wodurch die Annahme, dass C. intermedia ein konstant gewordener Bastard von C. lutetiana und C. alpina ist, Bestätigung findet), nämlich Melanostoma mellina L., Eristalis sp., mittelgrosse Musciden. Loew beobachtete im botanischen Garten zu Berlin Thrips.

951. Isnardia palustris L. In den grünen, unscheinbaren Blüten sind, nach Vaucher (Hist. phys. des pl. d'Eur. II. S. 338), im Anfange der Blütezeit die Antheren gegen die Narbe geneigt, worauf die verwelkten Staubbeutel und die Griffel bald abfallen. Die Pflanze kommt auch mit einhäusigen Blüten vor (var. paludosa Rabenhorst).

952. Gaura biennis L. Loew beobachtete im botanischen Garten zu Berlin:

A. Diptera: *Syrphidae*: 1. Syrphus ribesii L., pfd. B. Hymenoptera: a) *Apidae* 2. Apis mellifica L. ⚥, psd. b) *Vespidae*: 3. Odynerus parietum L. var. renimacula Lep. ♀.

953. Fuchsia sp.

In Gärten sah Schneider (Tromsø Museums Aarshefter 1894) im arktischen Norwegen Bombus pratorum L. ♀ und B. terrester L. ♀ als Besucher.

Fuchsia-Arten sind nach Gaertner selbstfertil.

206. Trapa L.

Kleine, unscheinbare, weissliche Blüten, deren Nektarium, nach Caspary (de nectariis), ein drüsiger Ring in der Mitte des Fruchtknotens ist.

954. T. natans L. Gibelli und Buscalioni stellten an den Pflanzen des Lago maggiore fest, dass die Blütezeit von Ende Juni bis Anfang September dauert und im August ihren Höhepunkt erreicht. Die Blüten öffnen sich regelmässig eine ganze oder halbe Stunde vor Sonnenaufgang und bleiben nur einige Stunden geöffnet. An heiteren und trockenen Tagen beginnen bereits nach 5—6 Stunden die Blütenstiele sich karpotropisch zu krümmen; an schwülen, wolkigen Tagen tritt diese Erscheinung später ein. Die Blüten öffnen sich fast immer an der Luft, selten unter Wasser. Einige der geschlossenen, unter Wasser gesammelten Blüten hatten geöffnete Antheren und belegte Narben, so dass diese Blüten als hydrokleistogame zu bezeichnen sind. Meist jedoch öffnen sich die unter Wasser noch geschlossenen Blüten, wenn die Pflanze aus dem Wasser gezogen wird. Dieses Öffnen geschieht durch die verlängerten Staubblätter, welche alsdann einen Druck gegen die Kronblätter ausüben und sie so zum Auseinandertreten zwingen. Doch wirkt auch die Temperaturerhöhung dabei mit. Meist erfolgt daher die Belegung der Narbe an der Luft und zwar autogam.

Während Gibelli 1891 angegeben hatte, dass die Larve von Mesovelia furcata Mls. et Rey. vermutlich die Befruchtung vermittle, sind Gibelli und Buscalioni 1893 der Ansicht, dass die Gegenwart der Mesovelia-Larven im Innern der Blüte nur eine nebensächliche sei, da diese Tierchen nicht die geringste Anpassung an den Bau der Blüte zeigen. Ebensowenig sehen die Beobachter die in den Blüten hin und wieder angetroffenen Rüsselkäfer als die eigentlichen Befruchtungsvollstrecker an, sondern höchstens als gelegentliche.

Dieselbe Blüteneinrichtung besitzt (a. a. O.)

955. T. Verbanensis D. Nts.

42. Familie Gunneraceae Endl.

956. Gunnera manicata Lind. ist, nach Jonas (Diss. Breslau 1892), gynomonöcisch. Nektarien fehlen. Nur die Zwitterblüten werden (durch Windbestäubung) befruchtet und reifen Früchte.

43. Familie Halorrhagidaceae R. Br.

Die Arten der hierher gehörigen Gattung

207. Myriophyllum Vaillant.

sind windblütige und einhäusige Wasserpflanzen. Die Staubfäden sind leicht beweglich, und ihre Antheren enthalten vielen, leicht verstäubbaren Pollen. Die Narben sind gross und stark höckerig. Es kommen vielleicht auch wasserblütige Arten vor.

957. M. verticillatum L. Die in blattwinkelständigen und ährigen Quirlen angeordneten kleinen, grünlich-gelben Blüten ragen aus dem Wasser hervor und werden durch Vermittelung des Windes bestäubt. Ausserdem kommen, nach Ludwig (Kosmos 1881, S. 7—12), untergetauchte Blüten vor, die sich durch Vermittelung des Wassers befruchten. Solche Blüten dürften sich aber nicht überall finden, wenigstens habe ich sie auf der Insel Föhr nicht beobachtet.

958. M. spicatum L. Die rötlichen Blüten haben, nach Ludwig (a. a. O.), dieselbe Einrichtung wie diejenigen der vorigen Art, doch sind untergetauchte Blüten nicht beobachtet. Nach Kerner sind die weiblichen Blüten früher als die männlichen entwickelt.

959. M. alterniflorum DC. Auch hier sind bisher nur über dem Wasserspiegel befindliche, windblütige Blüten beobachtet.

44. Familie Loasaceae Juss.

960. Cajophora lateritia ist, nach Delpino (Altri app.), ausgeprägt protandrisch. Im ersten Blütenzustande öffnen sich die fünf Antheren nach einander und nehmen die Blütenmitte ein, worauf sie sich wieder gegen die Kronblätter zurückbiegen. Im zweiten Stadium entwickelt sich die Narbe und nimmt den Platz ein, welchen bisher die Antheren inne hatten. Befruchter scheinen Bienen zu sein.

45. Familie Passifloraceae Juss.

208. Passiflora.

Protandrische Hummel- (und Kolibri-)Blumen, deren Honig von einem im Kelchgrunde befindlichen, fleischigen Ringe abgesondert und durch drei Saftdecken geschützt wird.

961. P. coerulea L. [Sprengel, S. 160—165; Warnstorf, Nat. V. d. Harzes XI. S. 3, 4.] — Die schöne grosse Blume ist sehr augenfällig. Die Kronblätter sind weiss, ebenso die innere Seite des Kelches. Als Saftmal dienen verschieden gefärbte konzentrische Ringe, welche durch einen grossen äusseren Strahlenkranz, einen kleinen inneren und die äussere Saftdecke gebildet werden. Da der Safthalter eine einzige ringförmige Öffnung bildet, so müssen die Besucher, wenn sie den ganzen Saftvorrat geniessen wollen, rings um den Safthalter herumgehen. Grösseren Insekten, welche allein Kreuzung bewirken können, ist dies durch den grossen äusseren Strahlenkranz bequem gemacht, auf dessen

Strahlen sie wie auf den Speichen eines Rades herumlaufen und dabei den Rüssel in den Safthalter senken können.

Im ersten Blütenzustande streift ein grösseres Insekt (etwa eine Hummel) beim Honigsaugen den Pollen mit dem Rücken von den nach unten geöffneten Antheren. Im zweiten Blütenzustande haben die Griffel sich soweit hinabgebogen, dass die dann empfängnisfähigen Narben niedriger als die nunmehr staublosen Antheren stehen. Es werden also ältere Blumen durch den Pollen jüngerer befruchtet.

Ähnlich schildert Warnstorf die Blüteneinrichtung: Blütendauer einen Tag. Beim Öffnen der Blume sind die 5 Antheren in der Richtung der dicken, starren Filamente mit ihren bereits geöffneten Fächern nach aussen gerichtet; während der vollen Entfaltung der Blüte aber führen dieselben eine Drehung in der, in der Richtung der Staubfäden liegenden, senkrechten Ebene von 180° aus, so dass die mit Pollen bedeckten geöffneten Fächer nach dem Innern der Blüte gekehrt sind. Jetzt erfolgt eine zweite Drehung in einer, die erstere rechtwinkelig schneidenden wagerechten Ebene von 90°, wodurch die Antheren schliesslich an der Spitze der Filamente rechtwinkelig zu diesen mit ihren geöffneten Fächern nach unten stehen, während die drei bogig nach oben gerichteten, purpurgefleckten Griffel mit ihrer grünen kopfförmigen Narbe dieselben etwa um 10 mm überragen. Autogamie scheint unter solchen Verhältnissen ausgeschlossen zu sein; indessen möglich wäre es ja, dass, da sich die Blüten schon nach einem Tage schliessen, Narben und Antheren durch die Zusammenneigung der Blütenblätter in direkte Berührung gebracht werden. Dies ist um so wahrscheinlicher, als Warnstorf in einem Gewächshause eine ausgebildete Frucht sah. Es läge dann hier ein Fall vor, wo eine offenbar chasmogame Blüte sich erst nach dem Schliessen befruchtet. — Pollen goldgelb, adhärent, kegeltetraëdrisch, mit netzförmig ineinander verlaufenden, niedrigen Leisten oder Falten, 63—75 μ diam.

Als Besucher und Befruchter hat Delpino (Sugli app. S. 31; Hildebrand, Bot. Ztg. 1867. S. 284) Hummeln und Xylocopa violacea L. beobachtet.

962. P. princeps Lodd. (P. racemosa Brot.). Die Kronröhre ist, nach Delpino (Ult. oss. S. 170, 172), durch Strahlenkränze in drei Kammern geteilt, von denen die unterste den Honig enthält, so dass nur einsichtige Besucher zum Nektar gelangen können.

Als Befruchter vermutet Delpino Kolibris. Solche sah Fritz Müller (H. M., Befr. S. 147) in der That in Brasilien an den Blüten von Passiflora-Arten saugen. Letzterer Forscher ist der Meinung, dass das Gitterwerk in der Kronröhre keineswegs zum Abhalten unbefugter Gäste, als zum Festhalten kleiner Insekten bestimmt ist, welche dann den Kolibris als Nahrung dienen, wobei letztere die Befruchtung vollziehen.

46. Familie Hippuridaceae Link.

209. Hippuris L.

Wasserpflanzen mit unscheinbaren, blattwinkelständigen, protogynischen Windblüten.

963. H. vulgaris L. [Knuth, Ndfr. Ins. S. 171, 172.] — Der aus dem Wasser hervorragende Stengelteil trägt an den oft 50 bis 60, selbst noch mehr Knoten je 10 quirlig gestellte Blätter, in deren Achseln je eine kleine Blüte sitzt. Anfangs ragt die weisse, stark papillöse Narbe 3 mm über dem Fruchtknoten empor, während der alsdann ungestielte Staub-beutel noch geschlossen ist. Mit dem Vertrock-nen der Narbe entwickelt sich ein 1¹/₂ mm langer, dünner Staubfaden, an dessen Spitze die aufgesprungenen Antheren ihren Blütenstaub dem Winde leicht zugänglich machen. Die An-gabe von Vaucher (Hist. phys. d. pl. d'Eur. II. S. 362), dass der ölige, gelbe Pollen unmittelbar auf die Narbe gelangt, kann ich nicht bestätigen.

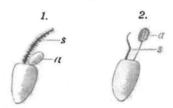

Fig. 128. Hippuris vulgaris L.
(Nach der Natur, in mehrfacher Vergrösserung.)

1. Blüte im ersten (weiblichen) Zu-stande: *a* Ungestielte geschlossene Anthere, *s* papillöse Narbe. *2.* Blüte im zweiten (männlichen) Zustande: *a* Gestielte aufgesprungene Anthere. *s* Vertrocknete Narbe.

Ausser den zwittrigen Stöcken beobachtete ich auf Föhr auch rein weibliche Pflanzen oder solche, an welche nur einzelne Blüten Staubblätter besitzen. Auch Kirchner (Flora S. 419) beobachtete Gynodiöcie bei Stuttgart, ebenso Willis (Proc. Cambridge Phil. Soc. 1893) in England.

47. Familie Melastomaceae R. Br.

964. Heeria Schlecht. hat, nach Herm. Müller (Nature 1881. Vol. 24. S. 307, 308), zwei Arten von Staubblättern mit verschiedenen Funktionen: die eine dient zur Anlockung, die andere liefert Pollen. (Vgl. Bd. I. S. 130.)

965—967. Die Melastomaceen **Centradenia floribunda, Rhexia glandulosa, Monochaetum ensiferum** sind nach Darwin selbststeril.

968. Pleroma Sellowianum hat, nach Ludwig (Biol. Centralbl. Bd. 6, 1886), anfangs rein weisse, später purpurrote Blumen. (Vgl. Bd. I. S. 104.)

Pleroma-Arten sind nach Darwin selbststeril.

48. Familie Lythraceae Juss.

Diese Familie ist durch eine grössere Anzahl trimorpher und dimorpher Pflanzen ausgezeichnet. Als trimorph sind Lythrum salicaria L., L. Graefferi Ten., sowie Arten der Gattungen Nesoea und Lagerstroemia erkannt; dimorph sind L. thymifolia L. (nach Koehne ist diese Art ho-momorph) und noch etwa 20 Lythrum-Arten, sowie Arten der Gattungen Pemphis, Rotala, Nesoea. (Vgl. Bd. I. S. 61). Zahlreiche Arten sind homomorph; Koehne zählt nicht weniger als 340 homomorphe Lythrum-Arten auf, darunter auch unsere L. hyssopifolia L.

Andere Arten kommen mit kleistogamen oder pseudokleistogamen Blüten vor. So ist nach Koehne Ammannia latifolia L. oft kleistogam; Cuphea silenoides Nees, C. floribunda Lehm., O. Melvilla Lindl. befruchten sich, nach Treviranus (Bot. Ztg. 1863), bereits vor der Blütenöffnung. (Vgl. Bd. I. S. 72.)

210. Lythrum L.

Rote, trimorphe, dimorphe oder homomorphe Blumen mit verborgenem Nektar, welcher im Kelchgrunde abgesondert wird.

969. L. salicaria L. Charles Darwin hat die Blüteneinrichtung in eingehendster Weise untersucht und durch zahlreiche Versuche den Beweis geliefert, dass die Staub- und Fruchtblätter verschiedener Länge „sich sowohl in der unmittelbaren Fruchtbarkeit, als in der Natur der erzeugten Nachkommen genau so zu einander verhalten wie die entsprechenden Organe verschiedener Arten derselben Gattung, dass mithin allgemein die gegenseitige Unfruchtbarkeit zweier Formen, in welchen man bis zu diesen Versuchen Darwins einen unzweifelhaften Beweis ihrer Artverschiedenheit zu besitzen glaubte, als Beweis der Artverschiedenheit durchaus hinfällig ist, womit denn die letzte Schranke, welche man zwischen Arten und Varietäten aufrichten zu können meinte, gefallen ist." Bevor auf diese Versuche Darwins näher eingegangen wird, möge die Blüteneinrichtung beschrieben werden.

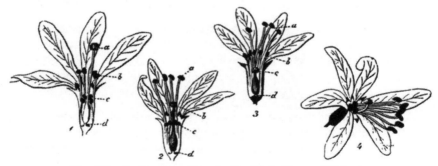

Fig. 129. Lythrum salicaria L. (Nach Herm. Müller.)

1. Langgriffelige Blüte nach Entfernung des vordersten Teiles des Kelchs, der Blumenkrone und der Staubblätter, von oben gesehen. Blütenstaub grün. *2.* Mittelgriffelige Blüte, wie vor., Blütenstaub gelb. *3.* Kurzgriffelige Blüte, wie vor., Blütenstaub gelb. *4.* Mittelgriffelige Blüte, schräg von vorn und von der rechten Seite gesehen. *a* Griffel oder Staubblätter grösster Länge. *b* Griffel oder Staubblätter mittlerer Länge. *c* Griffel oder Staubblätter geringster Länge. *d* Honig.

Der Nektar wird, nach Herm. Müller (Befr. S. 192—196), von dem fleischigen Grunde des Kelches abgesondert und umgiebt den kurzen Stiel des Fruchtknotens, indem er den Zwischenraum zwischen diesem und der Kelchwand ausfüllt. Als Saftmal dient die rote Farbe der Innenseite des Kelches, sowie die nach der Blütenmitte zusammenlaufenden dunkleren Adern der Kronblätter.

Die meist sechs-, seltener fünfzähligen, wagerecht stehenden Blüten sind nicht genau strahlig-symmetrisch. Die Kronblätter stehen auf dem Rande der 5—7 mm langen, cylindrischen Kelchröhre, und zwar sind die drei unteren meist etwas länger als die oberen, welche eine Länge von 6—10 mm besitzen. Bei völliger Entfaltung der Blüte stellen sie sich etwas schräg nach vorn, während die oberen sich in einer senkrechten Ebene ausbreiten. Indem die Staubblätter und der Stempel an der unteren Seite der Blüte verlaufen, kann ein zum Nektar vordringendes Insekt nicht zwischen diesen Organen hindurch, sondern kann nur über sie hinweg den Rüssel in den Blütengrund schieben. Mit den Enden biegen sie sich aber wieder soweit aufwärts, dass das Insekt Narbe und Antheren berühren muss.

Dass nun die dem Nektar nachgehenden Insekten in der Regel Kreuzung getrennter Stöcke bewirken, wird durch die Längenverhältnisse der Staubblätter

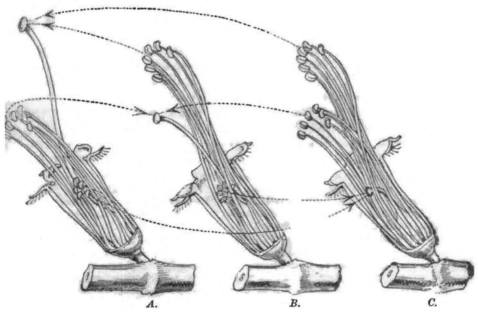

Fig. 130. Schema der bei Lythrum möglichen legitimen Verbindungen. (E. Loew nach Ch. Darwin.)
A. Langgriffelige, *B.* mittelgriffelige, *C.* kurzgriffelige Blütenform. Die Pfeillinien deuten an, aus welchen Antheren der Pollen auf die Narbe einer der drei Formen gelangen muss, um eine legitime Verbindung mit vollkommener Fruchtbarkeit zu ergeben.

und des Griffels bewirkt. In jeder Blüte nämlich nehmen die beiden Staubblattkreise und der Griffel dreierlei Höhen ein: die kürzesten dieser Blütenteile sind im Kelche verborgen, die mittleren ragen 3—4 mm, die längsten 7—8 mm aus demselben hervor. Es finden sich also folgende drei Blütenformen:

1. langgriffelige Blüten: der Griffel ist länger als die Staubblätter, von letzteren ist die eine Hälfte mittellang, die andere kurz;

2. **mittelgriffelige Blüten**: Griffel mittellang, die eine Hälfte der
Staubblätter ist länger, die andere kürzer als derselbe;

3. **kurzgriffelige Blüten**: Griffel kurz, die eine Hälfte der Staubblätter lang, die andere mittellang.

Dabei sind die Antheren der längsten Staubblätter grün gefärbt (vielleicht
eine Schutzfärbung gegen pollenfressende Insekten), die der mittleren und der
kurzen sind gelb, und zwar haben die längsten Staubblätter die grössten, die
mittleren mittelgrosse, die kürzesten die kleinsten Pollenkörner. Dementsprechend
sind die Narbenpapillen der längsten Griffel bedeutend länger als diejenigen der
mittellangen und kurzen Griffel.

Darwins oben erwähnte Versuche haben nun gezeigt, dass von den
18 möglichen Befruchtungsweisen (s. Bd. I. S. 58), die sich ergeben, wenn jede
der drei Narbenarten mit jeder der sechs Pollenarten bestäubt wird, nur diejenigen sechs eine volle Fruchtbarkeit zur Folge haben, wenn jede Narbenart
mit dem Pollen aus den mit ihr in gleicher Höhe stehenden Antheren belegt
wird. („Legitime Befruchtung", vgl. Fig. 130.)

Insekten, deren Körpergrösse den Blütenverhältnissen entspricht (mittelgrosse Bienen, gewisse Schwebfliegen), werden denn auch in der That die „legitime Befruchtung" regelmässig ausführen, wenn sie zu dem von dem fleischigen
Grunde des Kelches abgesonderten Honig vordringen. Sie halten sich auf den
langen und mittellangen Staubblättern bezw. Griffeln fest, senken den Rüssel
in den Blütengrund, wobei sie, nach Besuch der verschiedenartigen Stöcke, sich
an drei verschiedenen Stellen des Rüssels und des übrigen Körpers mit Blütenstaub behaften, den sie an den entsprechend hoch stehenden Narben abstreifen.

Als Besucher ist in erster Linie eine Biene: Melitta melanura Nyl. ♀ und ♂,
zu nennen, welche Herm. Müller (Befr. S. 195) „überall, wo Lythrum sal. wächst,
nicht selten sowohl sgd. als psd. beobachtete, und welche sich fast ausschliesslich auf
den Besuch dieser einen Pflanzenart beschränkt." Trotzdem ich in Schleswig-Holstein,
in Mecklenburg und auf der Insel Rügen Lythrum salic. zu sehr wiederholten Malen und
unter sehr günstigen Bedingungen (Windstille und Sonnenschein) beobachtete, ist es mir
merkwürdigerweise niemals geglückt, diese Biene an den Weiderichblüten zu sehen. „Da
ihr Rüssel, sagt Müller, nur 3—4 mm lang ist, so muss sie, um den Honig zu erlangen,
einen grossen Teil des 2—3 mm breiten Kopfes mit in die Kelchröhre stecken; sie berührt dann mit der Unterseite des Kopfes die Antheren der kürzesten, mit der Unterseite
der Brust die der mittleren, mit der Unterseite des Hinterleibes die der längsten Staubblätter und passt so in ihren Körperdimensionen gerade für die Blume, sowie diese offenbar der Melitta am besten gefällt, da sie sich fast ausschliesslich auf ihren Besuch
beschränkt[1]."

Friese beobachtete in der Schweiz (Wallis) die seltene Melitta haemorrhoidalis F.
var. nigra Friese.

Als sonstige Besucher von Lythrum salicaria beobachteten Herm.
Müller (1), Buddeberg (2) und ich (!) folgende Insekten: (diejenigen Besucher, welche
alle drei Arten der legitimen Befruchtung regelmässig vollziehen, sind durch einen vor-
gesetzten Stern kenntlich gemacht; diejenigen, welche nur 2 oder 1 legitime Befruchtung

---

[1] Herm. Müller beobachtete nur eine einzige Ausnahme, indem derselbe einmal
ein ♂ von Melitta melanura an Thrincia hirta sgd. fand.

regelmässig bewirken, sind ohne besonderes Zeichen gelassen; diejenigen, welche nur zufällig befruchten, dabei also ebenso gut legitime wie illegitime Befruchtung vollziehen, sind eingeklammert):

A. Coleoptera: a) *Curculionidae*: 1. [Nanophyes lythri F. (1)]. b) *Nitidulidae*: 2. [Meligethes (1, !)]. B. Diptera: *Syrphidae*: 3. Eristalis intricarius L., pfd. (1); 4. E. sp. (!); 5. *Helophilus pendulus L., sgd. (1, !); 6. *H. trivittatus F., sgd. (1); 7. [Melithreptus taeniatus Mg., pfd. (1)]; 8. Rhingia rostrata L., sgd. und pfd. (1, !); 9. Syritta pipiens L., sgd. und pfd. (1, !); 10. Syrphus balteatus Deg., w. v. (1, 2, !); 11. S. ribesii L. (!); 12. Volucella bombylans L., sgd. und pfd. (!); 13. *V. bombylans L. var. plumata Mg., sgd. (1). C. Hemiptera: 14. [Capsus (1)]. D. Hymenoptera: *Apidae*: 15. *Apis mellifica L. ⚥, sgd. (1, !); 16. *Bombus agrorum F. ⚥ ♀, sgd., nicht selten (1, !); 17. *B. derhamellus K. ⚥ (Föhr, !); 18. *B. lapidarius L. ♀ ⚥ ♂, sgd. (1, !); 19. *B. silvarum L. ⚥, sgd. (1); 20. *B. terrester L. ♀ ⚥, sgd. (1, !); 21. Chelostoma nigricorne Nyl. ♀, sgd. (2); 22. *Cilissa melanura Nyl. ♀ ♂, sgd. und psd. (1, 2); 23. [Halictus cylindricus F. ♀, psd. (1)]; 24. [H. leucopus K. ♀, sgd.] (2); 25. [H. leucozonius Schrk. ♀ ♂, sgd. (2)]; 26. [H. minutissimus K. ♀, sgd. (1)]; 27. [H. morio F. ♀, sgd. (2)]; 28. Megachile centuncularis L. ♂, sgd. (1); 29. *M. fasciata Sm. ♂, sgd. (1); 30. *Osmia adunca Latr. ♂, sgd. (2); 31. *Saropoda rotundata Pz. ♂ ♀, sgd., nicht selten (1). E. Lepidoptera: a) *Geometrae*: 32. Timandra amata L., sgd. (2). b) *Rhopalocera*: 33. Pieris rapae L., sgd., häufig (1, !); 34. Rhodocera rhamni L., sgd., häufig (1). F. Thysanoptera: 35. [Thrips (1)].

Loew beobachtete in Schlesien (Beiträge S. 32): A. Hymenoptera: *Apidae*: 1. Bombus agrorum F. ♀, sgd. B. Lepidoptera: a) *Microlepidoptera*: 2. Unbestimmte Sp., sgd. b) *Rhopalocera*: 3. Pieris brassicae L., sgd.; Alfken bei Bremen: Coleoptera: 1. Nanophyes lythri F., zahllos. *Apidae*: 2. Bombus derhamellus K. ⚥; 3. B. distinguendus Mor. ♀, sgd.; 4. Halictus calceatus Scop. ♂; Wüstnei in Schleswig Macropis labiata Pz. als Besucher.

Als Besucher giebt Friese für Baden (B.), den Elsass (E.), Fiume (F.), Mecklenburg (M.), die Schweiz (S.) und Ungarn (U.) an die Apiden: 1. Epeoloides caecutiens (F., M., s. slt., S.); 2. Eucera basalis Mor. (F.) (Nach Korlevic); 3. E. salicariae Lep., n. slt., (E. S. Tirol, U.); 4. Melitta melanura Nyl. (B. F. M. U. einz., E. slt.)

Rössler beobachtete bei Wiesbaden die Falter: 1. Earias chlorana L.; 2. Orthosia lota Cl.; v. Fricken in Westfalen und Ostpreussen den Rüsselkäfer Nanophyes lythri F.: Schletterer in Tirol die Apiden: 1. Bombus variabilis Schmk.; 2. Halictus maculatus Sm.; 3. Melitta melanura Nyl.; v. Dalla Torre daselbst gleichfalls Melitta melanura Nyl.

Redtenbacher beobachtete bei Wien den Rüsselkäfer Nanophyes lythri F.; Ducke bei Aquileja (A.) und in Oesterr.-Schlesien (S.) die Blumenwespen: 1. Eucera (Macrocera) dentata Klug ♂ (A.); 2. E. (M.) salicariae Lep. ♀ ♂ (A.); 3. Melitta melanura Nyl. (S.); Heinsius in Holland: A. Hymenoptera: a) *Apidae*: 1. *Apis mellifica L. ⚥, sgd.; 2. *Bombus agrorum F. ♂ ⚥; 3. B. cognatus Steph.; 4. *B. terrester L. ♂; 5. *Cilissa melanura Nyl. ♀; 6. Heriades nigricornis Nyl. ♂; 7. Melecta luctuosa Scop., sämtlich sgd.; 8. *Psithyrus campestris Pz.; 9. *P. vestalis Fourcr. ♂, sämtlich sgd. B. Lepidoptera: a) *Rhopalocera*: 10. Lycaena icarus Rott. ♂; 11. Pieris napi L. ♂; 12. P. rapae L. ♂; 13. Polyommatus dorilis Hfn. ♂; 14. Papilio machaon L.; 15. Rhodocera rhamni L. ♂ ♀. b) *Noctuidae*: 16. Euclidia glyphica L. Sämtlich sgd. C. Diptera: a) *Muscidae*: 17. Prosena siberita F. ♀. b) *Syrphidae*: 18. Helophilus pendulus L. ♀; 19. Rhingia campestris Meig. ♂; 20. Syritta pipiens L. Sämtlich sgd. — Von diesen Besuchern bewirkten nur die Hummeln regelmässig die sämtlichen legitimen Befruchtungen, während die übrigen Besucher besonders die längsten Staub- oder Fruchtblätter nicht berührten.

H. de Vries (Ned. Kruidk. Arch. 1877) beobachtete in den Niederlanden 1 Hummel, Bombus terrester L. ⚥, als Besucher; Mac Leod in Flandern 6 Hummeln, 5 Schwebfliegen, 5 Falter (Bot. Jaarb. VI. S. 393); Thomson in Schweden die seltene Melitta melanura Nyl.

In Dumfriesshire (Schottland) [Scott-Elliot, Flora S. 68] wurden Apis, 2 Hummeln, 1 Schwebfliege und 1 Falter als Besucher beobachtet.

Loew bemerkte im botanischen Garten zu Berlin: A. Diptera: Syrphidae: 1. Melanostoma mellina L., pfd.; 2. Syrphus pyrastri L., pfd. B. Hymenoptera: Apidae: 3. Apis mellifica L. ☿, sgd., sowie an der var. angustifolia: Apis, sgd. und Bombus agrorum F. ♂, sgd.

970. L. hyssopifolia L. Die kleinen, lila gefärbten, in endständiger Ähre zusammengestellten Blüten sind, nach Schulz (Beitr. I. S. 38), schwach protogynisch. Da die Antheren mit den Narben in gleicher Höhe und ihnen sehr genähert stehen, so findet regelmässig spontane Selbstbestäubung statt, wenn nicht durch Insektenbesuch gelegentliche Fremdbestäubung herbeigeführt wird.

Als Besucher sah ich (Bijdragen) im botanischen Garten zu Kiel: A. Hymenoptera: Apidae: 1. Apis mellifica L. ☿, sgd.; 2. Bombus lapidarius L. ☿, sgd.; 3. B. terrester L. ☿, sgd. B. Diptera: Syrphidae: 4. Eristalis tenax L., sgd. und pfd. C. Lepidoptera: Rhopalocera: 5. Pieris rapae L., sgd.

211. Peplis L.

Sehr kleine, unscheinbare, rosa Blüten mit freiliegendem Honig.

971. P. Portula L. [Henslow, Transact. Linn. Soc. Bot. I. 6. S. 363; Mac Leod, B. Jaarb. VI. S. 303—304; Koehne, Bot. Jb. 1865. I. S. 39; Knuth, Ndfr. Ins. S. 73.] — Die Kronblätter erreichen, nach Koehne, eine Länge von nur 6 mm, sie sind hinfällig und fehlen öfter gänzlich. Die fünf oder sechs Staubblätter überragen den Kelch nicht. Die Narbe ist fast sitzend, so dass in den winzigen Blüten regelmässig spontane Selbstbestäubung durch Hinabfallen von Pollen erfolgt. Blüten, welche unter Wasser geraten, bleiben geschlossen und werden, da sie Luft enthalten, durch spontane Selbstbestäubung pseudokleistogam befruchtet.

Nach Mac Leod befindet sich am Grunde des Fruchtknotens ein kleines Nektarium, welches in nur geringer Menge Honig abscheidet. Während des Blühens ist die Blume weit geöffnet und ihre sechs Staubblätter sind ein wenig nach innen gebogen, doch ist das vorderste und hinterste Staubblatt infolge einer seitlichen Zusammendrückung der Blüte nicht so weit abgespreizt, wie die vier anderen. Daraus folgt, dass die Antheren des vordersten und hintersten Staubblattes beinahe stets mit dem Stempel in Berührung kommen, mithin spontane Selbstbestäubung unvermeidlich ist. Schliesst sich die Blüte, so werden alle sechs Antheren gegen die Narbe gedrückt.

Nach Willis und Burkill (Fl. a. ins. in Gr. Brit. I. p. 266) haben die kleinen, unansehnlichen, sitzenden Blüten einen Durchmesser von 3 mm. Die Narbe ist ein wenig vor den Antheren entwickelt, so dass alsdann bei Insektenbesuch Fremdbestäubung möglich wäre, doch tritt regelmässig spontane Selbstbestäubung ein, da die Staubblätter nach innen gebogen sind und die Narbe belegen. Alle Blüten entwickeln Samen. Besucher wurden nicht beobachtet.

972. Cuphea purpurea ist nach Gaertner selbststeril.

973. C. eminens. Nach Kerner (Pflanzenleben II. S. 343) sind die protandrischen Blüten mit ihrer Öffnung nach der Seite gewendet. Die Antheren öffnen sich an ihrer oberen, von der Narbe abgewendeten Seite, und der heraustretende Blütenstaub ist jetzt seiner Lage nach darauf berechnet, dass er von honigsaugenden Insekten abgestreift und zu Kreuzungen verwendet wird. Einige Tage später hebt sich der inzwischen um 11 mm verlängerte Griffel und stellt die Narbe in die Zufahrtslinie zum Honig ein, so dass besuchende pollenbedeckte Insekten Kreuzung herbeiführen müssen. Bleibt Insektenbesuch aus, so krümmt sich das längste Pollenblatt bogenförmig zur Narbe empor und legt die pollenbedeckte Seite an dieselbe, so dass Autogamie erfolgt.

974. C. micropetala. Nach Kerner (Pflanzenleben II. S. 235) sperrt der schräg gestellte Fruchtknoten den in der Aussackung am Grunde der Kronröhre abgesonderten Honig bis auf zwei enge Zugänge ab, in welche die Kreuzungsvermittler ihren Rüssel stecken müssen. Ankriechende Insekten (Ameisen) werden durch klebrige Borsten am Kelchsaume von dem für die Blüte nutzlosen oder selbst schädlichen Eindringen in die Kronröhre abgehalten.

49. Familie **Tamaricaceae** Desvaux.

212. **Myricaria Desvaux.**

Kleine, rote, schwach protogynische Blüten mit verborgenem Honig, welcher von der Innenseite der Staubfäden abgesondert wird.

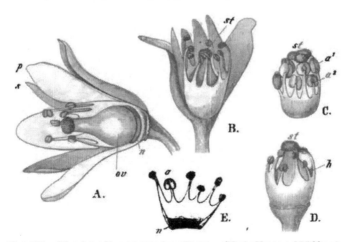

Fig. 131. Myricaria germanica Desv. (Nach Herm. Müller.)

A. Eine geöffnete Blüte im Aufriss, von der Seite gesehen. *B.* Eine in spontaner Selbstbestäubung begriffene Blüte im Aufriss, von der Seite gesehen. *C.* Befruchtungsorgane einer Knospe mit schon empfängnisfähiger Narbe. *D.* Befruchtungsorgane einer bei Regen völlig geschlossenen Blüte. *E.* Ein Teil der Staubblätter von der Innenseite mit dem Nektarium (*n*).

975. M. germanica Desv. [H. M., Alpenblumen S. 164, 165.] —
Schon vor dem Aufblühen sind die Narben empfängnisfähig, während die Antheren sich nach einander kurz nach dem Aufblühen öffnen, und nun bleiben
die Staubblätter und die Narbe zugleich funktionsfähig, so dass bei schlechtem
Wetter in der halb oder ganz geschlossenen Blüte spontane Selbstbestäubung
erfolgen muss. Bei günstiger Witterung können besuchende Insekten auch
Kreuzung bewirken. (S. Fig. 131.)

Als Besucher beobachtete H. Müller 1 Fliege und 1 Falter.

50. Familie Philadelphaceae Don.
213. Philadelphus L.

Grosse, weisse, stark duftende Blumen mit halbverborgenem Honig, welcher
von einer dem unterständigen Fruchtknoten aufliegenden Scheibe abgesondert wird.

976. Ph. coronarius L. [Sprengel, S. 267; H. M., Befr. S. 200,
201; Weit. Beob. II. S. 237, 238; Warnstorf, Bot. V. Brand. Bd. 38;
Knuth, Rügen.] — Wenn die Blüte sich öffnet, sind, nach Herm. Müller,
die Narben bereits entwickelt, so dass pollenbedeckte Insekten jetzt Fremdbestäubung herbeiführen müssen. Nach einiger Zeit springen die Antheren auf,
und zwar zuerst die der äusseren Staubblätter. Da die zahlreichen Staubbeutel
der Narbe sehr nahe stehen und diese in der Falllinie des Pollens liegen, so
tritt bei ausbleibendem Insektenbesuche leicht spontane Selbstbestäubung ein.
Finden sich erst dann Insekten ein, wenn die Antheren bereits aufgesprungen
sind, so kann ebensowohl Selbst- als Fremdbestäubung erfolgen. — Der Pollen
ist, nach Warnstorf, gelb, die normalen Körner elliptisch, dicht warzig, etwa
25 μ lang und 12—13 μ breit; sie sind mit viel kleineren, wahrscheinlich fehlgeschlagenen gemischt.

Der starke Geruch und die grosse weisse Blüte locken nicht wenige Insekten an:

Mac Leod beobachtete in Belgien 2 Noktuiden; Herm. Müller (2) besonders
Apiden, ich (1) in Schleswig-Holstein und auf Rügen fast nur Fliegen. Es ergiebt sich
folgende Besucherliste:

A. Coleoptera: a) *Dermestidae*: 1. Anthrenus pimpinellae F. (2); 2. A. scrophulariae L. (2). b) *Mordellidae*: 3. Mordella aculeata L. (2). c) *Nitidulidae*: 4. Meligethes,
pfd. (1, 2). d) *Scarabaeidae*: 5. Phyllopertha horticola L., Blütenteile abweidend (2).
e) *Telephoridae*: 6. Dasytes, häufig (2); 7. Malachius bipustulatus L., Antheren fressend
(2). B. Diptera: a) *Muscidae:* 8. Sepsis, sp. (2). b) *Syrphidae:* 9. Ascia podagrica
F., sgd. und pfd., häufig (2); 10. Eristalis arbustorum L., pfd. (1); 11. E. pertinax Scop.,
pfd. (1); 12. E. tenax L., pfd. (1); 13. Helophilus floreus L., pfd. (2); 14. Rhingia rostrata
L., sgd. (1, 2); 15. Syritta pipiens L., pfd. (1, 2); 16. Syrphus ribesii L., sgd. und pfd.
(1, 2); 17. Volucella bombylans L., pfd. (1, 2); 18. V. pellucens L. ♀, dgl. (1). C. Hymenoptera: a) *Apidae*: 19. Anthrena albicans Müll. ♂ ♀, sehr zahlreich, sgd. und psd. (2);
20. A. dorsata K. ♀, psd. (2); 21. A. fasciata Wesm. ♀, psd. (2); 22. A. fulvicrus K. ♀,
psd. (2); 23. A. nitida Fourcr. ♀, psd. (2); 24. A. tibialis K. ♀, sgd. (2); 25. A. trimmerana
K. ♀, sgd. und psd. (2); 26. Apis mellifica L. ♀, sgd. und psd., häufig (1, 2); 27. Bombus

agrorum F. (1), kurze Zeit sgd. (2); 28. B. lapidarius L. ⚥, sgd. (1); 29. B. pratorum L. ⚥, sgd. und psd. (2); 30. Halictus leucozonius Schrk. ♀, psd. (2); 31. H. sexnotatus K. ♀, psd. (2); 32. Osmia rufa L. ♀, psd., häufig (2); 33. Prosopis armillata Nyl. ♂, pfd. (2). 34. Psithyrus barbutellus K. ♀, sgd. b) *Formicidae*: 35. Lasius niger L. ⚥, sgd. (2). D. Lepidoptera: *Rhopalocera*: 36. Pieris brassicae L., sgd. (2); 37. P. napi L., sgd. (2); 38. P. rapae L., sgd. (1).

Cobelli (Giorn. bot. ital. XXV) bemerkte 9 von H. Müller nicht beobachtete Hymenopteren als Blütenbesucher.

977. Deutzia crenata Sieb. et Zucc.

Als Besucher beobachtete ich auf der Insel Rügen: Hymenoptera: *Apidae*: 1. Apis mellifica L. ⚥; 2. Bombus terrester L. ♀; 3. B. lapidarius L. ⚥; sämtlich sgd.

Alfken bemerkte bei Bremen Anthrena nigroaenea K. ♀ ♂, sgd.

51. Familie Cucurbitaceae Juss.

Knuth, Grundriss S. 55.

Monöcische oder häufiger diöcische Pflanzen, deren männliche Blüten grösser sind als die weiblichen, so dass den ersteren in der Regel zuerst Insektenbesuch zuteil wird. Der Nektar wird von dem Boden eines nackten, fleischigen Napfes abgesondert, welcher durch die Verwachsung der unteren Teile von Kelch und Blumenkrone entstanden ist. Auf den Staubblättern vieler Cucurbitaceen finden sich zahlreiche Drüsen, welche, nach Halsted, den Zweck haben, beim Abbrechen ihrer Spitzen die Pollenkörner zu befeuchten und klebrig zu machen.

Arcangeli (Atti Congr. bot. int. Genova 1893. S. 441—454) beschreibt den Blütenbau und besonders die Honigdrüsen verschiedener Cucurbitaceen, namentlich Cucurbita maxima Duch., C. Pepo L., Lagenaria vulgaris Sér., Cucumis Melo L., Benincasa, Ecballion, Momordica, Trichosanthes. Als Befruchtungsvermittler sind besonders Bienen thätig; bei Benincasa cerifera wurde auch eine Hummel beobachtet. Lagenaria dürfte von Dämmerungsinsekten (vermutlich Sphingiden) besucht werden.

Die Nektarien bestehen aus einem etwa 1 mm dicken Sekretionsgewebe mit Wasserspaltöffnungen an der Oberfläche. Der ausgeschiedene Nektar ist Stärke, welche vom Protoplasma oder durch ein besonderes Ferment in Zucker (Glykose) umgewandelt wird. (Nach Solla im Bot. Jb. 1893. I. S. 335).

214. Bryonia L.

Monöcische oder diöcische, grünlich-gelbe Blumen mit verborgenem Honig, der, wie oben angedeutet, abgesondert wird. Zwei Paare der Staubfäden sind verwachsen, der fünfte ist frei.

978. B. dioica Jacquin. [H. M., Befr. S. 148, 149; Weit. Beob. II.
S. 210; Ludwig, Bot. V. Brand. XXVI. S. XXI; Schmiedeknecht, Ap. Eur. I. S. 665; Knuth, Bijdragen.] — Die weiblichen Blüten sind nur halb so gross wie die männlichen. In den letzteren entspringen, nach Herm. Müller, am Rande des aus der Verwachsung des unteren Teiles von Kelch und Krone

entstandenen Napfes die Staubfäden, welche so nach innen zusammenneigen,
dass sie den Napf völlig verdecken. Zu diesem führen zwischen den Staubfäden

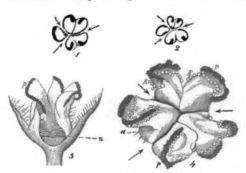

hindurch drei schmale, durch lange
Haare verdeckte seitliche Zugänge,
zu denen noch ein vierter Zugang von oben her zwischen den
oberen Enden der Staubfäden
kommt. Die Antheren springen
in langen, schmalen Spalten auf,
welche so gekrümmt sind, dass ihr
grösster Teil einem der seitlichen
Zugänge zugekehrt ist, während
der oberste Teil gerade nach oben
hin aufspringt. Es wird sich
daher ein zum Nektar vordringendes Insekt entweder an der Unterseite des Körpers oder an
beiden Seiten des Kopfes mit
Pollen behaften, den es beim Be-

Fig. 132.   Bryonia dioica L.   (Nach Herm.
Müller.)

1. 2. Antheren der männlichen Blüte. Die Pfeile
bezeichnen die seitlichen Zugänge. *3.* Dieselben vergrössert im Längsdurchschnitt. *n* Nektarium. *4.* Dieselben etwas stärker vergrössert, von oben gesehen.
a Staubfaden. *p* Pollen. *k* Farblose Kügelchen.

such einer weiblichen Blüte auf der Narbe absetzt. In den nur halb so grossen,
daher in der Regel erst später besuchten weiblichen Blüten erhebt sich nämlich
aus der Mitte des den Nektar bereitenden und aufbewahrenden Napfes der
Griffel, welcher sich in drei divergierende Äste spaltet. Diese sind an den
Enden stark verbreitert und gelappt und mit hervorragenden Spitzen versehen,
so dass ein auffliegendes Insekt sie berühren muss. Der Pollen wird von den
Besuchern auf weite Entfernungen übertragen. So beobachtete F. Ludwig die
Bestäubung eines weiblichen Stockes durch den Pollen eines männlichen auf
eine Entfernung von etwa 40 Metern.

Von den Besuchern ist in erster Linie eine Biene, Anthrena florea F. ♀ ♂
zu nennen, welche fast ausschliesslich die Blüten von B. dioica besucht (Müller,
Ludwig, Schmiedeknecht): „sie ist die bei weitem häufigste Besucherin derselben
und scheint ihren Bedarf an Blumennahrung ausschliesslich den Blüten dieser Pflanze
zu entnehmen" (Herm. Müller). Auch Schletterer beobachtete bei Pola diese Biene
als fast ausschliesslichen Befruchter dieser Pflanze, „sich fort und fort naschend in die
Blüten versenken." — Es ist mir bisher nicht geglückt, diese seltene Biene zu fangen,
obschon Br. dioica in der Umgebung von Kiel häufig ist und ich die Blüten wiederholt
überwacht habe. Von den übrigen Besuchern kommen nur die saugenden als Kreuzungsvermittler in Betracht, da die pollenfressenden oder -sammelnden regelmässig nur die
männlichen Blüten besuchen und sich nur ausnahmsweise einmal zu einer (kleineren)
weiblichen verirren.

Herm. Müller (1), Buddeberg (2) und ich (!) sahen folgende Blumengäste:
A. Coleoptera: *Telephoridae:* 1. Dasytes sp., nur an männl. Blüten, pfd. (1).
B. Diptera: a) *Empidae:* 2. Empis livida ♀, sgd. (1). b) *Syrphidae:* 3. Ascia podagrica
F., pfd. (1); 4. Eristalis tenax L., pfd. (!); 5. Rhingia rostrata L., dgl. (!); 6. Syrphus balteatus
Deg., pfd. (1). C. Hymenoptera: a) *Apidae:* 7. Anthrena florea F. ♀ ♂, sgd. und
psd. (1); 8. A. fulvicrus K. ♂, sgd. (1); 9. A. nigroaenea K. ♀ ♂, w. v. (1); 10. Apis
mellifica L. ♀, psd. (1, !); 11. Coelioxys simplex Nyl. ♀, sgd. (1); 12. Halictus cylindricus

F. ♀, sgd. (2); 13. H. morio F. ♂, sgd. (2); 14. H. sexnotatus K. ♀, psd. (1)
15. H. sexstrigatus Schenck ♀, psd. (1). b) *Sphegidae*: 16. Ammophila sabulosa L.,
sgd. (1); 17. Gorytes mystaceus L., sgd. (1). c) *Vespidae*: 18. Eumenes pomiformis F. ♂,
sgd. (1); 19. Odynerus parietum L. ♀, sgd. (1).

Schiner beobachtete in Österreich die Bohrfliege Orellia wiedemanni Mg.;
Schletterer bei Pola die Grabwespe Pemphredon unicolor F.; Handlirsch die Grabwespe Gorytes mystaceus L.

979. B. alba L. [Sprengel, S. 435—436.] — Die Pflanze ist monöcisch.
Die Blüteneinrichtung entspricht derjenigen der vorigen Art. Nach Hildebrand
(Bot. Ztg. 1893. I. S. 30) erscheinen zuerst rein männliche Blütenstände, zuletzt rein weibliche. Dazwischen bildet sich in einzelnen Blüten anstatt des männlichen das weibliche Geschlecht aus und umgekehrt.

Als ausschliesslichen Besucher beobachteten Schmiedeknecht in Thüringen,
Friese im Elsass, in Ungarn und in der Schweiz, Saunders und Smith in England:
Anthrena florea F.

Schenck beobachtete in Nassau die Apiden: 1. Anthrena cingulata F.;
2. A. florea F.; 3. A. fucata Sm.; 4. A. labialis K. ♂; 5. A. labiata Schck.; 6. Halictus
morio F.; 7. H. sexnotatus K. ♀.

215. Sicyos L.

Grünlich-weisse, monöcische Blumen mit freiliegendem Honig, welcher von
einer mittelständigen Scheibe abgesondert wird.

980. S. angulata L. [Knuth, Herbstbeob.] — Die mehrere Meter hoch
kletternde Pflanze entwickelt unansehnliche, grünlich-weisse Blüten. Die männlichen stehen in Doldentrauben, aus denen sich allmählich Trauben entwickeln.
An jedem 10—20blütigen Blütenstande ist zur Zeit immer nur eine Blüte
geschlechtsreif (selten zwei), so dass die Blütezeit bedeutend verlängert wird.
Sind die Antheren entleert, so schliesst sich die Blüte wieder und fällt nach
kurzer Zeit ab. Die männliche Einzelblüte hat einen Durchmesser von etwa
1 cm; hiervon kommt etwa ein Drittel auf eine grosse, mittelständige, Honig
absondernde Scheibe und der Rest auf die fünf weisslichen, mit grünen Adern
durchzogenen Kronblätter. Aus der Mitte der Scheibe erhebt sich die 1 mm
hohe Staubfadensäule, welche an der Spitze die 2 mm im Durchmesser betra-
gende Kugel der verwachsenen, gewundenen, schon im letzten Knospenzustande
aufspringenden Antheren trägt.

Die erheblich kleineren weiblichen Blüten stehen in 15—20-blütigen
Köpfchen, welche noch weniger auffallend sind, als die männlichen Blütenstände, so dass letztere, wie Sprengel schon für Bryonia alba L. hervorgehoben hat, von den besuchenden Insekten in der Regel zuerst bemerkt und
aufgesucht werden und erst später nach deren Ausnutzung die weniger leicht zu
findenden weiblichen Blüten. Von diesen sind alle in einem Blütenstande
stehenden Blüten gleichzeitig entwickelt; es ist somit die Möglichkeit, bezüglich
Wahrscheinlichkeit gegeben, dass durch ein mit Pollen versehenes Insekt alle
weiblichen Blüten eines Köpfchens gleichzeitig bestäubt werden. Der Durchmesser der weiblichen Blüte beträgt nur 4—5 mm. In der Mitte der fünf, wie

bei den männlichen Blüten gleichfalls weisslichen und mit grünen A'dern durchzogenen Blumenkronblättern erhebt sich aus einer kleinen, Honig absondernden
Scheibe der 2 mm lange Griffel. Er trägt an der Spitze die drei kopfförmigen
Narben, welche den Blüteneingang überragen, so dass ein Honig suchendes Insekt sie unfehlbar berühren und, falls es Blütenstaub mitbrachte, belegen muss.

I c h   b e o b a c h t e t e   a l s   B e s u c h e r : A. Hymenoptera: 1. ·Apis mellifica L.;
2. Vespa vulgaris L. B. Diptera: 3. Eristalis nemorum L.; 4. Lucilia caesar L.;
5. Onesia sepulcralis L.; 6. Sarcophaga carnaria L.; 7. Sepsis cynipsea L.; 8. Syrphus
ribesii L. Alle häufig, sgd.

Der überaus starke Insektenbesuch dieser unscheinbar grünlichen Blüten,
sowie das starke Hervortreten derselben (sowie auch derjenigen von B r y o n i a
d i o i c a L.) auf der photographischen Platte, erweckte in mir die Vermutung,
dass diese Blüten Anlockungsmittel besitzen, welche das menschliche Auge nicht
wahrzunehmen vermag, wohl aber das Insektenauge. Ich sprach die Ansicht aus,
dass der Blumenfarbstoff von S i c y o s (und auch von B r y o n i a) ultraviolette
Strahlen aussende; doch ist es auch möglich, dass die starke Einwirkung der Blütenfarben auf die photographische Platte durch Zurückwerfung des Lichtes durch die
zahllosen, die Blüten bedeckenden Drüsen erfolgt (vgl. Bd. I. S. 105—106 und
meine Mitteilungen in „Botan. Centralblatt" 1891. Nr. 41 und Nr. 50/51: „Die
Einwirkung der Blütenfarben auf die photographische Platte" und „Weitere
Beobachtungen über die Anlockungsmittel von S i c y o s a n g u l a t a L. und
B r y o n i a d i o i c a L.", sowie „Photographische Mitteilungen" 1892: „Über Blüten-
photographie".)

216. Cucumis L.

Grosse, gelbe, monöcische Blüten mit derselben Einrichtung wie bei B r y o n i a.
Zwei Paare der Staubfäden verwachsen, der fünfte frei. Antheren zusammenneigend.

981. C. sativus L. [S p r e n g e l, S. 435.] — Auch hier sind die männlichen Blüten viel grösser als die weiblichen und werden deshalb von Insekten
in der Regel früher besucht.

Als B e s u c h e r beobachtete i c h (Bijdragen) bei Kiel nur die H o n i g b i e n e, sgd.
S i c k m a n n verzeichnet für Osnabrück die Grabwespe Crabro brevis v. d. L., s. hfg.

982. C. Melo L. Nach A u b e r t (Journ. Soc. nat. et centr. d'hort.
de France. 1881) öffnen sich 5—6 Tage nach Entfalten der ersten männlichen
Blüten die ersten weiblichen, also bei grossem Überfluss der ♂. Bei künstlicher
Befruchtung zeigt sich schon nach 2—3 Tagen der Erfolg, und nach 7—8 Wochen
erscheinen die ersten reifen Früchte. (B. Jb. 1883. I. S. 490).

217. Cucurbita Juss.

Sehr grosse, dottergelbe, monöcische Blüten mit derselben Art der Nektarabsonderung wie bei B r y o n i a.

983. C. Pepo L. Die männlichen Blüten sind etwas früher entwickelt
als die weiblichen, stehen auch auf etwas längeren Stielen, so dass sie früher
als die weiblichen besucht werden.

An den männlichen Blüten sind, nach Warnstorf (Bot. V. Brand. Bd. 38), am Grunde Krone und Kelch verwachsen und tragen hier einen mit wulstigen Rändern versehenen, reichlich Honig absondernden Napf, welcher von der Staubblattsäule vollkommen verdeckt ist und zu dem am Grunde der Staubfäden nur 2—4 Öffnungen führen; Antheren extrors. Pollen sehr gross, gelb, kugelig. igelstachelig und mit einer dünnen Ölschicht überzogen, daher ausserordentlich stark adhärent; Grösse durchschnittlich 163 μ diam.

Als Besucher sah ich (Bijdragen) bei Kiel die Honigbiene sehr häufig, sgd., oft zwei, selbst drei Bienen in einer Blüte.

984. Sechium edule besitzt, nach Arcangeli, je zwei Nektarien im Grunde sowohl der weiblichen als auch der männlichen Blüten. In den letzteren bilden sie kleine, enge, unscheinbare Taschen; in den ersteren sind sie grösser und auffallender. Dies findet seinen Grund vielleicht darin, dass die Besucher in den weiblichen Blüten nur Honig, in den männlichen aber auch noch Pollen gewinnen können.

985. Ecballium Elaterium Rich. zeigt, nach Hildebrand (Bot. Ztg. 1893), die verschiedensten Anordnungen der männlichen und weiblichen Blütenstände. Im Herbst werden zuletzt nur noch einzeln stehende weibliche Blüten entwickelt, welche durch den Pollen aus früher gebildeten männlichen Blüten befruchtet werden können.

52. Familie Papayaceae Juss.

986. Papaya Carica L. ist, nach Baillon (B. S. L. Paris 1887), gewöhnlich zweihäusig, in der Kultur jedoch oft monöcisch. Eine aus Samen von Bourbon gezogene Pflanze gelangte zur Blüte und war im Treibhause immer männlich. Ins Freie verpflanzt, wurde die Endblüte einer Anzahl von Blütenständen weiblich, wurde befruchtet und die anfangs männlichen Pflanzen entwickelten später eine Anzahl guter und rasch wachsender Früchte. (B. Jb. 1887. I. S. 429.)

53. Familie Turneraceae H. B. K.

Nach Urban (Bot. V. Brandenburg XXIV. 1882) sind etwa $^8/_9$ sämtlicher bekannten Arten der Turneraceen heterostyl-dimorph.

54. Familie Portulacaceae Juss.

218. Portulaca Tourn.

Gelbe, homogame, kleine, nicht selten kleistogame oder pseudokleistogame Blüten.

987. P. oleracea L. [Kirchner, Flora S. 254; Kerner, Pflanzenleben II.; Battandier, B. Jb. 1883, I. S. 472; Halsted, B. Jb. 1888, I.

S. 562.] — Die goldgelben, honig- und duftlosen Blüten sind, nach Kerner,
nur etwa 5 Stunden an einem sonnigen Vormittage geöffnet. Zwischen dem
Grunde der Staubblätter und dem der Kronblätter findet sich ein fleischiger
Wulst, der mit glashellen Papillen besetzt ist; diese secernieren zwar nicht,
werden aber, nach Kerner, von den Insekten gern abgeweidet. Staubblätter
und Narben sind gleichzeitig entwickelt. Nach Kirchner liegen letztere so
zwischen den Antheren, dass spontane Selbstbestäubung unvermeidlich ist. Doch
wird auch wohl gelegentlich Fremdbestäubung eintreten, da Fliegen und
Ameisen als Besucher angetroffen sind. Nach Kerner tritt erst beim Schliessen
der Blüte spontane Selbstbestäubung ein, wie diese denn auch bei schlechter
Witterung in der pseudokleistogam geschlossen bleibenden Blüte erfolgt. Die
Staubblätter sind, nach Halsted, reizbar, und zwar krümmen sie sich, nach
Hansgirg, nach der Richtung, in welcher der Reiz erfolgt. Kleistogame Blüten
sind von Battandier beobachtet.

988. P. grandiflora Lindl. entwickelt, nach De Bonis, kleistogame
Blüten.

219. Montia Micheli.

Kleine, weisse, oft pseudokleistogame Blüten.

989. M. minor Gmelin. Die offenen Blüten sind, nach Axell (S. 13),
honigam. Bei schlechtem Wetter bleiben, nach Axell (a. a. O.) und nach
Kerner (Pflanzenleben II.), zahlreiche Blüten pseudokleistogam geschlossen und
befruchten sich mit Erfolg selbst.

In Dumfriesshire (Schottland) (Scott-Elliot, Flora S. 31) sind 2 Musciden
als Besucher beobachtet.

990. Claytonia alsinoides. Die im botanischen Garten zu·Cambridge
blühenden Pflanzen sind, nach Willis (Contributions I.), protandrisch. Sie
sondern den Nektar am Grunde der Staubblätter ab. Die anfangs aufrecht
stehenden Staubblätter biegen sich später gegen die Kronblätter zurück, so dass
nun der Zugang zur Narbe frei wird und kleine, mit Pollen beladene Insekten
dieselbe belegen können. Selbstbestäubung ist nicht ausgeschlossen, doch scheint
sie kaum von Erfolg zu sein.

991. C. sibirica verhält sich ebenso. (A. a. O.).

992. C. perfoliata Donn. Nach Kerner (Pflanzenleben II. S. 361)
erfolgt gegen Ende der Blütezeit dadurch Autogamie, dass beim Zusammenziehen
des Perigons die pollenbedeckten Antheren an die Narbe gedrückt werden.

220. Calandrinia H. B. K.

Beim Verwelken werden die Kronblätter „matsch", d. h. ihre Oberfläche
bedeckt sich durch Heraustreten des Zellsaftes aus dem Gewebe mit einer dünnen
Flüssigkeitsschicht, welche besonders von Fliegen aufgesucht und geleckt wird,
wobei die Narbe mit dem von anderen Blüten mitgebrachten Pollen belegt wird.
(Kerner, Pflanzenleben II. S. 167.)

993. C. compressa. In den ephemeren Blüten stehen anfangs die Antheren von der Narbe ab; nach einiger Zeit legen sich die Staubbeutel beim Schliessen der Blüte auf dieselbe. (Kerner, Pflanzenleben II. S. 344.)

55. Familie Paronychiaceae St. Hilaire.

Pflanzen mit sehr kleinen, homogamen, oft kleistogamen oder pseudo-kleistogamen Blüten.

221. Herniaria Tourn.

Kleine, unansehnliche Blumen mit freiliegendem, im Blütengrunde abgesonderten Honig.

994. H. glabra L. [H. M., Weit. Beob. II. S. 223, 224; Schulz, Beitr. II. S. 74.] — Wenn auch den winzigen gelblichen Blütchen die Kronblätter fehlen, so sind sie doch auf einige Entfernung augenfällig, weil sie in grosser Anzahl beisammen stehen. Nach H. Müller sind von den 10 Staubblättern die Hälfte verkümmert und ganz ohne Antheren. Die Staubfäden sind am Grunde zu einem auf der Innenseite Nektar absondernden Ringe verwachsen, aus dessen Mitte sich der Stempel erhebt. Kurz nach dem Aufblühen öffnen sich die Antheren und wenden die mit Pollen bedeckte Seite nach innen. Zwar liegen die beiden Griffel noch aneinander, doch spreizen ihre oberen Enden bereits etwas, und zwar sind die dort befindlichen Narben schon entwickelt, und nun kann spontane Selbstbestäubung erfolgen. Später, nachdem die Antheren entleert sind, spreizen sich die Griffel ganz auseinander. Bei Insektenbesuch ist Fremdbestäubung begünstigt. Nach Schulz breiten sich die Narben meist schon während des Verstäubens der wagerecht gestellten Antheren aus, so dass spontane Selbstbestäubung fast unvermeidlich ist.

Besucher sind der Winzigkeit der Blüten entsprechend winzige Fliegen, Schlupfwespen, Ameisen und Käfer (Schulz).

Herm. Müller sah eine honigleckende Ameise (Myrmica levinodis Nyl. ?) zahlreiche Blüten hintereinander besuchen und so Fremdbestäubung bewirken.

995. H. alpina Vill. ist, nach Kirchner, homogam mit leicht möglicher spontaner Selbstbestäubung.

996. H. hirsuta L. Auch diese Art ist, nach Delpino (Bot. Jb. 1880, I. S. 182), homogam. Spontane Selbstbestäubung ist unausbleiblich, weil die Antheren den Narben anliegen.

997. Illecebrum verticillatum L. Die silberweissen, knorpelartigen Deckblättchen der Blüten enthalten, nach Warming, luftführende Tracheïden. In den homogamen Blüten erfolgt leicht spontane Selbstbestäubung. Auch in den unter Wasser geratenen Blüten erfolgt diese pseudokleistogam (Hansgirg) oder kleistogam (Hildebrand, Geschl. S. 77), immer in einer eingeschlossenen Luftschicht (Kerner).

998. Polycarpon tetraphyllum L. Die winzigen, nur 2 mm grossen, stets knospenförmig geschlossenen Blüten besitzen, nach Batalin, 5 kahnförmige, am Rücken geflügelte Kelchblätter, während die Kronblätter kaum bemerkbar sind. Die Befruchtung erfolgt kleistogam (Batalin).

999. Corrigiola litoralis L. [Warnstorf, Bot. V. Brand. Bd. 38.] — Die kleinen weissen, in gedrängten Wickeln stehenden Blütchen bleiben meist geschlossen (pseudokleistogam). Antheren dunkelviolett, seitlich aufspringend, die Narbe überragend und deshalb Autogamie bewirkend. Pollen blassgelb, glatt, kugel-tetraëdrisch, nur 10—12 μ diam.

1000. Paronychia capitata Lam. Die weissen Blumen sah Mac Leod in den Pyrenäen von Hymenopteren (1) und Dipteren (1) besucht.

1001. Telephium Imperati L. [Kerner, Pflanzenleben II. S. 307.] — Im Anfange des Blühens schliessen die Narben in der Mitte der Blüte noch fest zusammen, während die Antheren geöffnet sind und den Besuchern Pollen darbieten. Damit nun später, wenn die Narben belegungsfähig geworden sind und sich auseinanderlegen, keine Selbstbestäubung eintreten kann, rücken die ausgehöhlten Blumenblätter, welche bisher sternförmig ausgebreitet waren, zusammen und verhüllen die Antheren, so dass nur Fremdbestäubung möglich ist.

56. Familie Scleranthaceae Link.

222. Scleranthus L.

Knuth, Ndfr. Ins. S. 73.

Unscheinbare, weissliche oder grünliche, kronblattlose, homogame, protogynische oder protandrische Blumen mit halbverborgenem Honig, welcher von dem verdickten Grunde der Kronblätter und dem am Grunde des Fruchtknotens sitzenden Ringe abgesondert wird.

1002. S. annuus L. [Knuth, Ndfr. Ins. S. 73; Schulz, Beitr. I. S. 39; II. S. 76.] — Die grünen Blüten sind homogam. Zuerst sind die Staubblätter dem glockigen Kelche angedrückt, so dass alsdann bei Insektenbesuch Kreuzung erfolgen kann. Später richten sich die Staubblätter auf, so dass eine Berührung zwischen Antheren und Narben und somit spontane Selbstbestäubung eintritt. Die Honigabsonderung im Blütengrunde ist sehr gering. So fand ich die Blüteneinrichtung auf der Insel Amrum. Schulz beobachtete bei Halle auch schwache Protandrie, sowie Gynodiöcie und Gynomonöcie (5—10%), selten Andromonöcie und Androdiöcie. Nach demselben Forscher finden sich im Winter unter dem Schnee kleistogame, nach Hansgirg pseudokleistogame Blüten.

Als Besucher beobachtete Mac Leod in Flandern 1 Muscide (B. Jaarb. VI. S. 172); Plateau daselbst winzige Dipteren und Prosopis sp.

1003. S. perennis L. [Knuth, Ndfr. Ins. S. 73; H. M., Befr. S. 180; Weit. Beob. II. S. 224; Schulz, Beitr. II. S. 75, 76; Warnstorf, Bot. V. Brand. Bd. 38.] — Die breiten, weissgerandeten Kelchblätter sind zur Zeit der Geschlechtsreife der Blüten ausgebreitet, wodurch diese eine viel grössere Augenfälligkeit bekommen als die stets glockenförmigen von S. annuus. Auch wird im Grunde der Blüte eine weit grössere Menge Honig abgesondert. Die Staubblätter liegen zunächst den ausgebreiteten Kelchblättern an, während die Griffel mit den gleichzeitig entwickelten Narben in der Blütenmitte emporragen. Sodann schliessen sich die Kelchblätter allmählich, wodurch die Antheren mit den Narben in Berührung kommen und, falls in der ersten Blütezeit durch Insekten keine Fremdbestäubung herbeigeführt ist, spontane Selbstbestäubung erfolgt. So fand ich die Bluteneinrichtung auf der Insel Amrum.

In ähnlicher Weise schildert Herm. Müller dieselbe nach Pflanzen bei Lippstadt. August Schulz beobachtete bei Halle, dass die Griffellänge der Zwitterblüten eine sehr verschiedene ist, nämlich zwischen ³/₄ bis 2¹/₂ mm schwankt. Die kurzgriffelige Form ist homogam oder schwach protandrisch und der spontanen Selbstbestäubung zugänglich, die langgriffelige dagegen oft ausgeprägt protandrisch und daher der Kreuzung fähig. Die Staubblattzahl ist ebenfalls veränderlich, ebenso die Blütengrösse. — Pollen, nach Warnstorf, gelb, warzig, durchschnittlich 35 μ diam.

Als Besucher beobachtete Schulz zahlreiche Fliegen und Ameisen; Herm. Müller folgende Insekten: A. Diptera: *Muscidae*: 1. Miltogramma intricata Mg., sgd. B. Hymenoptera: *Vespidae*: 2. Holopyga coriacea Dhlb., hld. C. Lepidoptera: *Rhopalocera*: 3. Coenonympha pamphilus L., sgd.

Verhoeff beobachtete auf Norderney: A. Diptera: a) *Muscidae*: 1. Anthomyia spec., sgd.; 2. Aricia incana Wiedem. ♀, sgd.; 3. Cynomyia mortuorum L. ♂, sgd.; 4. Sarcophaga striata F. ♀, sgd.; 5. Sepsis cynipsea L. b) *Stratiomydae*: 6. Chrysomyia formosa Scop. ♂, sgd. c) *Syrphidae*: 7. Eristalis arbustorum L. ♀ ♂, sgd.; 8. Platycheirus spec. B. Hymenoptera: *Formicidae*: 9. Lasius niger L. ⚥, sgd.; Mac Leod in den Pyrenäen eine Chryside, 4 Fliegen (B. Jaarb. III S. 381); Plateau in Belgien honigleckende Ameisen.

57. Familie Crassulaceae DC.

Knuth, Ndfr. Ins. S. 73.

Die Anlockung geschieht durch die Kronblätter, doch sind manche Blüten so klein (Tillaea, Bulliarda), dass sie höchstens gelegentlich Insektenbesuch erhalten, während bei grossblütigen Sempervivum- und Sedum-Arten durch ausgeprägte Protandrie Selbstbestäubung oft gänzlich ausgeschlossen und Insektenbesuch zur Befruchtung unbedingt nötig ist. Seltener ist Protogynie. Der Honig wird meist in Drüsen abgesondert, welche am Grunde des Fruchtknotens liegen. Die Bergung desselben ist bei unseren Arten eine ziemlich oberflächliche, so dass die meisten Blumen der Klasse A B zuzuzählen sind; manche ausländische Arten bergen den Nektar dagegen sehr tief.

1004. Tillaea muscosa L. Winzige, rötliche oder weisse, einzeln in den Blattachseln stehende Blütchen, welche wahrscheinlich fast ausschliesslich der spontanen Selbstbestäubung unterworfen sind.

1005. Bulliarda aquatica DC. (Tillaea aquatica L., T. prostrata Schkuhr). Die winzigen, weissen, fast sitzenden Blütchen haben, nach

Ascherson, zwischen den Staubblättern und dem Fruchtknoten 4 Nektarien.
In den Blüten der Pflanzen meines Herbars (Bijdragen) liegen die pollenbedeckten
Antheren fast unmittelbar an der Narbe.

223. Rhodiola L.

Diöcische, zuweilen triöcische Blumen mit halbverborgenem Honig; Zwitterblüten protandrisch.

1006. Rh. rosea L. (Sedum Rhodiola L.). [Ricca, Atti XIV. 3;
Schulz, Beitr. II. S. 188; Warming a. a. O.] — Die gelbrötlichen Blüten
sind, nach Schulz, im Riesengebirge diöcisch mit den Resten des anderen Geschlechts in den männlichen und weiblichen Blüten; auch Axell fand nur
diöcische Pflanzen, ebenso Lindman auf dem Dovrefjeld. Ricca beobachtete
in den Alpen auch protandrische Zwitterblüten, ebenso Warming in Grönland, doch fand dieser Forscher hier auch triöcische Blüten.

Nach Ekstam findet auf Nowaja Semlja an den honigduftenden Blüten reichliche
Honigabsonderung statt. Als Besucher wurden dort kleine Fliegen beobachtet; Ricca
beobachtete auch in den Alpen Fliegen und Ameisen. Desgleichen wurden in Dumfriesshire (Schottland) (Scott-Elliot, Flora S. 68) 1 Empide und 1 Muscide als Besucher
beobachtet.

224. Sedum L.

Protogynische, homogame bis ausgeprägt protandrische Blumen mit halbverborgenem Nektar, welcher im Blütengrunde zwischen den Kron- und Staubblättern abgesondert wird.

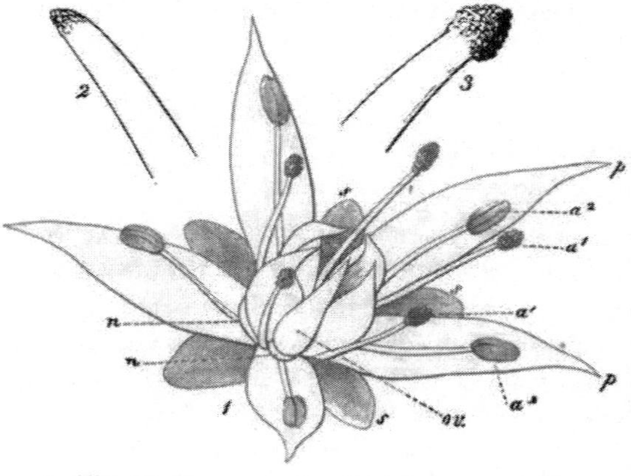

Fig. 133. Sedum acre L. (Nach Herm. Müller.)
1. Blüte im ersten Zustande, schräg von oben gesehen.
s Kelchblätter. *p* Kronblätter. *a'* Äussere, *a²* innere
Staubblätter. *n* Nektarium. *ov* Fruchtknoten. *2.* Griffelspitze im ersten Blütenszustande. *3.* Dieselbe im zweiten Zustande, nachdem sich alle Antheren geöffnet haben.

1007. S. acre L.
[H. M., Befr. S. 90, 91;
Mac Leod, B. Jaarb. VI.
S. 289; Knuth, Ndfr. Ins.
S. 74, 154; Weit. Beob.
S. 234.] — In den lebhaft
gelb gefärbten Blüten sind
von den zehn Staubblättern
die fünf äusseren (vor den
Kelchblättern   stehenden)
zuerst entwickelt und richten
ihre etwa 5 mm langen Filamente schräg aufwärts. Sind
sie verblüht, so biegen sie
sich den Kronblättern zu,
während die Antheren der
fünf inneren Staubblätter
aufspringen   und   an   die

Stelle der ersteren treten. Erst nachdem auch die inneren Staubblätter ausgeblüht haben, entwickeln sich die kleinen Narben auf der Spitze der fünf Frucht-

blätter. Eine so ausgeprägt protandrische Blüteneinrichtung, welche Selbstbestäubung völlig ausschliesst, beobachtete ich auf der Insel Föhr.

An anderen Orten sind die Blüten nicht so ausgeprägt protandrisch. Herm. Müller fand an westfälischen Pflanzen, dass die Narben sich entwickeln, bevor die fünf inneren Staubblätter verblüht sind, so dass spontane Selbstbestäubung bei ausbleibendem Insektenbesuche möglich ist.

Als Besucher beobachtete ich in Schleswig-Holstein:
A. Diptera: a) *Muscidae*: 1. Anthomyia sp.; 2. Calliphora erythrocephala Mg.; 3. Lucilia sp.; 4. Nemotelus uliginosus L. ♀; 5. Spilogaster carbonella Zett. b) *Syrphidae*: 6. Eristalis tenax L.; 7. Melithreptus teniatus Mg.; 8. Syritta pipiens L.; 9. Syrphus balteatus Deg. ♂. B. Hymenoptera: 10. Anthrena nigriceps Kirby ♀; 11. Bombus rajellus K. C. Lepidoptera: 12. Epinephele janira L.; sämtl. sgd.; auf Helgoland ausserdem:
Diptera: a) *Muscidae*: 1. Lucilia caesar L.; 2. Scatophaga stercoraria L. b) *Syrphidae*: 3. Syrphus sp.; sämtl. sgd.

Herm. Müller bemerkte in Westfalen:
A. Diptera: *Muscidae*: 1. Pyrellia aenea Zett., sgd. b) *Syrphidae*: 2. Eristalis tenax L., pfd. B. Hymenoptera: *Apidae*: 3. Anthrena cingulata K. ♀, sgd.; 4. A. parvula K. ♀ ♂, häufig, sgd.; 5. Bombus rajellus K. ⚥, sgd.; 6. Cilissa tricincta K. ♀, sgd.; 7. Megachile centuncularis L. ♀, psd.; 8. M. circumcincta K. ♀, sgd.; 9. Nomada ferruginata K. ♀, sgd.; 10. Prosopis armillata Nyl. ♂, sgd.; 11. P. brevicornis Nyl. ♂, sgd.; 12. P. variegata F. ♂, sgd.; 13. Sphecodes gibbus L. ♀, wiederholt, sgd.

Alfken beobachtete bei Bremen: *Apidae*: 1. Anthrena parvula K. ♀; 2. Halictus punctulatus K. ♀; 3. Prosopis hyalinata Sm. ♀. *Syrphidae*: 4. Melithreptus menthastri L.; Verhoeff auf Norderney: A. Diptera: a) *Muscidae*: 1. Cynomyia mortuorum L. ♂, sgd.; 2. Lucilia caesar L. ♂, sgd.; 3. Miltogramma spec., sgd.; 4. Sarcophaga striata F., sgd. b) *Syrphidae*: 5. Eristalis arbustorum L. ♀, sgd.; 6. E. sepulcralis L. 1 ♀, sgd. B. Hymenoptera: *Sphegidae*: 7. Oxybelus uniglumis L.; Schenck in Nassau die Wollbiene Anthidium oblongatum Ltr.; Rössler bei Wiesbaden den Falter: Glyphipteryx equitella Scop.; Frey auf dem Simplon: Lycaena orion Pall.; Herm. Müller in den Alpen 1 Hummel, 2 Fliegen, 3 Falter; Mac Leod in den Pyrenäen eine Muscide; Scott-Elliot in Schottland 1 Hummel.

Schletterer beobachtete bei Pola: Hymenoptera: a) *Apidae*: 1. Anthrena limbata Ev.; 2. Crocisa major Mor.; 3. Halictus variipes Mor.; 4. H. virescens Lep.; 5. Osmia fulviventris Pz.; 6. O. versicolor Ltr.; 7. Prosopis clypearis Schck. b) *Ichneumonidae*: 8. Anilasta rapax (Gr.) Ths. c) *Sphegidae*: 9. Trypoxylon figulus L.

1008. S. reflexum L. [H. M., Befr. S. 91; Weit. Beob. I. S. 295.] — Die Einrichtung der zitronengelben Blüten stimmt, nach Herm. Müller, in Bezug auf die unvollständig ausgeprägte Protandrie mit derjenigen der vorigen Art überein.

Als Besucher beobachteten H. Müller (1) und Buddeberg (2):
A. Diptera: a) *Muscidae*: 1. Anthomyia sp., pfd. (2). b) *Syrphidae*: 2. Eristalis tenax L. (1); 3. Syrphus arcuatus Fall., sgd. (2). B. Hymenoptera: *Apidae*: 4. Anthidium oblongatum Latr. ♂, sgd. (2); 5. A. punctatum Latr. ♀ ♂, sgd., in Mehrzahl (2); 6. Halictus morio F. ♀, sgd. (2); 7. H. sexnotatus K. ♀, sgd. (2); 8. Megachile maritima K. ♂ (1). C. Lepidoptera: *Rhopalocera*: 9. Epinephele janira L. ♂, sgd. (2); 10. Vanessa urticae L., sgd. (2).

Friese beobachtete in Thüringen die Schmarotzerbienen: 1. Coelioxys elongata Lep.; 2. Stelis signata Ltr. und die Sammelbienen: 3. Anthidium lituratum Pz.; 4. A. punctatum Ltr.

1009. S. boloniense Loiseleur. Nach Schulz (Beitr. I. S. 39) sind in den gelben Blüten die Narben schon während des Ausstäubens der äusseren Staubblätter vollständig entwickelt. Spontane Selbstbestäubung ist leicht möglich, da sich die Staubblätter der Narbe zubeugen, doch wird von derselben wohl nur selten Gebrauch gemacht, da sowohl die gelbe Blütenfarbe, als auch der in derselben Weise wie bei S. acre reichlich abgesonderte Nektar zahlreiche Insekten anlockt.

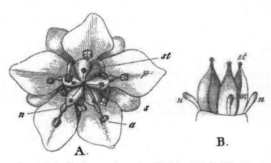

Fig. 134. Sedum alpestre Vill. (Nach Herm. Müller.)

A. Blüte im ersten (weiblichen) Zustande. (7 : 1.) *B.* Drei Stempel derselben nebst den ansitzenden Nektarien, von aussen gesehen.

1010. S. alpestre Villars (S. repens Schleicher). [H. M., Alpenblumen S. 82, 83.] — Diese hochalpine Art ist protogyn, doch bleiben die Narben bis zum Aufspringen der Antheren funktionsfähig, so dass bei ausgebliebenem Insektenbesuche spontane Selbstbestäubung möglich ist.

Als Besucher beobachtete H. Müller Hymenopteren (2), Dipteren (1), Lepidopteren (2).

1011. S. albescens Haworth.

Als Besucher beobachtete Mac Leod in den Pyrenäen 2 Bienenarten (Bombus, Anthrena) und 1 Tagfalter (Lycaena).

1012. S. annuum L. In den meist blassgelben Blüten sind, nach Schulz (Beitr. II. S. 77), bei der Blütenöffnung die Narben schon empfängnisfähig und bleiben es während der ganzen Blühzeit. Bald darauf springen die Antheren der äusseren, dann auch die der inneren Staubblätter auf. Da Narben und Antheren einander genähert sind und gleich hoch stehen, so ist anfangs spontane Selbstbestäubung möglich, sogar unvermeidlich; gegen Ende der Blütezeit ist Fremdbestäubung durch Abbiegung der inneren Staubblätter begünstigt. Auch Lindman fand die Blüten erst protogyn, dann homogam und der spontanen Selbstbestäubung fähig. Nach Kerner dienen die äusseren Staubblätter der Selbst-, die inneren der Fremdbestäubung.

Als Besucher beobachtete Schulz bei Bozen vereinzelte Fliegen und Schlupfwespen.

Nach Kerner überwintert diese einjährige Art, falls durch früh eintretenden Winter die Fruchtreife verhindert ist, durch rosettenförmige Ableger.

1013. S. atratum L. [Ricca, Atti XIII. 3. S. 256; H. M., Alpenblumen S. 79, 80; Kerner, Pflanzenleben II.] — Diese hochalpine Art ist, nach H. Müller, protogynisch mit langlebigen Narben, so dass spontane Selbstbestäubung regelmässig und ziemlich zeitig erfolgt. Nach Ricca (Atti XIII) sind

die Blüten protogynisch mit kurzlebigen Narben. Kerner fügt hinzu, dass in
den vier Tage hindurch blühenden Blumen die äusseren Staubblätter der Fremd-,
die inneren der Selbstbestäubung dienen, und dass die Honigschuppen am Ende
zerschlitzt sind.

Als Besucher beobachtete Müller nur 1 Chrys de und 1 Pyralide.

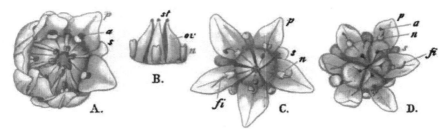

Fig. 135. Sedum atratum L (Nach Herm. Müller.)

A. Blüte im ersten (weiblichen) Zustande. *B*. Drei Stempel derselben von aussen. *C*. Blüte
gegen Ende des zweiten (männlichen) Zustandes. *D*. Blüte nach dem Verblühen. (Vergr. 7 : 1.)

1014. S. Telephium L. [H. M., Befr. S. 91, 92.] — Die beiden Arten
S. maximum Suter und S. purpureum Link, in welche S. Telephium jetzt
gespalten ist, haben dieselbe Blüteneinrichtung, nur dass die inneren Staubblätter
bei S. purpureum ¹⁄₆ über dem Grunde der Kronblätter eingefügt sind. Nach
Herm. Müller springen erst die Antheren der fünf äusseren, dann die der
fünf inneren Staubblätter auf, und erst, wenn diese verblüht sind, entwickeln

Fig. 136. Sedum Telephium L. (Nach Herm. Müller.)

1. Blüte von oben gesehen. *2*. Dieselbe nach Entfernung des Stempels, um die 5 Saftdrüsen
zu zeigen.

sich die Narbenpapillen. Die Staubblätter liegen den weit auseinander gespreizten
Kronblättern dicht an; es ist daher spontane Selbstbestäubung auch dann ausgeschlossen, wenn die Antheren während der Narbenreife noch mit Pollen behaftet sind.

Die Lage der Nektarien ist dieselbe wie S. acre, nur die Form ist etwas
abweichend; bei S. Telephium sitzen sie an der Spitze länglicher Schüppchen

am Grunde der Kronblätter unter den Fruchtknoten. Honigsaugende oder
pollensammelnde Insekten, welche auf den gedrängten Blütenständen umherkriechen, berühren sowohl die Antheren als auch die Narben zahlreicher Blüten
hintereinander und bewirken infolge der Protandrie Kreuzung, doch können sie
in alten Blüten mit schon entwickelten Narben, aber noch mit etwas Pollen
behafteten Antheren gelegentlich auch Selbstbestäubung hervorbringen.

Als Besucher sah H. Müller:

A. Diptera: *Muscidae*: 1. Echinomyia magnicornis Zett., sgd. B. Hymenoptera: a) *Apidae*: 2. Bombus agrorum F. ♂, sgd.; 3. B. lapidarius L. ⚥, psd.; 4. B.
silvarum L. ♀ ⚥, in Mehrzahl, sgd.; 5. Halictus zonulus Sm. ♀, sgd.; 6. Psithyrus campestris Pz. ♂, sgd. b) *Tenthredinidae*: 7. Allantus arcuatus Forst. (Borgstette).

Mac Leod beobachtete in den Pyrenäen Bombus terrester L. ⚥, psd. und sgd.
an den Blüten. (B. Jaarb. III. S. 419).

Alfken beobachtete bei Bremen Bombus agrorum F. ♂.

Loew bemerkte im bot. Garten zu Berlin: A. Diptera: *Syrphidae*: 1. Syritta
pipiens L. B. Hymenoptera: *Apidae*: 2. Apis mellifica L. ⚥, sgd.; 3. Bombus silvarum
L. ♀, sgd.; 4. B. terrester L. ♂, sgd.

1015. S. dasyphyllum L. Nach Schulz (Beitr. II. S. 77, 78) sind die
weissen, rötlich angehauchten Blüten protandrisch, doch schwankt der Grad der
Protandrie je nach der Höhe des Standortes; besonders die Pflanzen niederer
Gegenden zeigen sie ausgeprägter. Hier (z. B. im Etschthal) liegen zur Zeit der
Blütenöffnung die Griffel mit den unentwickelten Narben noch aneinander; sie
sind erst empfängnisfähig, wenn die Antheren schon vollständig verstäubt haben,
oft sogar erst, wenn sie schon abgefallen sind, so dass spontane Selbstbestäubung
fast ausgeschlossen ist. In höheren Gegenden (z. B. im Ortlergebiet) tritt die
Narbenreife meist etwas früher ein, so dass hier beim Spreizen der Narben spontane Selbstbestäubung meist ziemlich leicht erfolgt.

Nach Kerners Darstellung ist die Narbe schon beim Aufblühen empfängnisfähig, und es dienen die äusseren Staubblätter der Fremd-, die inneren
der Selbstbestäubung. Es scheint daher auch Homogamie vorzukommen.

Die Nektarien sind kleine, herzförmige, gestielte, gelbe bis orangerote
Schüppchen vor je einem Fruchtknoten.

Als Besucher beobachtete Schulz zahlreiche, nicht näher bestimmte kurzrüsselige
Insekten (Fliegen und kleinere Hymenopteren); Mac Leod in den Pyrenäen 1 Biene
(B. Jaarb. III. S. 418).

1016. S. altissimum Poir.

Mac Leod sah die gelben Blumen in den Pyrenäen von einer Biene (Halictus
morio) besucht.

1017. S. album L. [H. M., Weit. Beob. I. S. 296; Alpenblumen
S. 80, 81; Schulz, Beitr. I. S. 77; Loew, Bl. Flor. S. 397.] — In dieser
ausgeprägt protandrischen Blume ist, nach H. Müller, Selbstbestäubung kaum
möglich. In Tirol verhält sich, nach Aug. Schulz, die Blume ebenso.

Als Besucher sah H. Müller in den Alpen Käfer (3), Fliegen (7), Bienen (2),
Falter (3).

Ferner beobachteten Herm. Müller (1) im Fichtelgebirge und Buddeberg (2)
in Nassau folgende Insekten an den Blüten:

A. Coleoptera: a) *Byrrhidae*: 1. Byrrhus pilula L., sgd. (1). b) *Cerambycidae*: 2. Leptura maculicornis Deg., sgd., häufig (1). B. Diptera: a) *Bombylidae*: 3. Bombylius canescens Mikan, sgd. (2). b) *Muscidae*: 4. Echinomyia fera L., sgd. (1); 5. E. grossa L., sgd. (1). C. Hymenoptera: *Apidae*: 6. Chelostoma campanularum K. ♀, sgd. (2); 7. Halictus albipes F. ♂, sgd. (1); 8. H. flavipes F. ♀, sgd. (1); 9. H. interruptus Pz. ♀, sgd. (2); 10. Prosopis armillata Nyl. ♀, sgd. (2); 11. P. signata Pz. ♂, sgd. (1); 12. Psithyrus quadricolor Lep. ♂, sgd. (1).

Friese giebt nach Schenck für Nassau die Schmarotzerbiene Stelis signata Ltr. an; Schenck die Wollbiene Anthidium lituratum Pz.

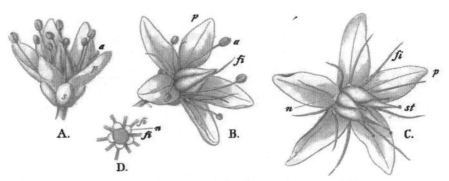

Fig. 137. Sedum album L. (Nach Herm. Müller.)

A. Eben geöffnete Blüte. *B.* Blüte in der zweiten Hälfte des ersten (männlichen) Zustandes. *C.* Blüte im zweiten (weiblichen) Zustande. *D.* Blütenmitte nach Entfernung der Stempel. (Vergr. 7 : 1.)

Loew beobachtete in der Schweiz (Beiträge S. 57): A. Coleoptera: a) *Cerambycidae*: 1. Steuopterus rufus L.; 2. Strangalia armata Hbst.; 3. S. melanura L. b) *Cleridae*: 4. Trichodes apiarius L. c) *Oedemeridae*: 5. Oedemera coerulea L.; 6. O. flavescens L.; 7. O. flavipes F. B. Hymenoptera: *Apidae*: 8. Prosopis alpina Mor. C. Lepidoptera: a) *Sesiidae*: 9. Sesia formicaeformis Esp. b) *Zygaenidae*: 10. Syntomis phegea L.; 11. Zygaena filipendulae L.; F. F. Kohl in Tirol die Faltenwespen: Vespa crabro L., Eumenes pomiformis F., Odynerus bidentatus Lep.; Mac Leod in den Pyrenäen 2 Falter, 7 Käfer, 13 Fliegen als Besucher. (B. Jaarb. III. S. 419.)

Loew beobachtete im botanischen Garten zu Berlin an einigen Sedum-Arten folgende Besucher:

1018. S. Aizoon L.: Bombus lapidarius L. ♀, sgd.;

1019. S. spectabile Bor.:

A. Diptera: *Syrphidae*: 1. Eristalis tenax L. B. Hymenoptera: *Apidae*: 2. Halictus minutissimus K. ♀.

1020. S. anglicum Hudson. Die weiss-rosa Blüten sah Mac Leod in den Pyrenäen von Bienen (1), Käfern (1), Syrphiden (1) und Musciden (1) besucht.

In Dumfriesshire (Schottland) (Scott-Elliot, Flora S. 69) wurden 2 Waffenfliegen und 1 Muscide als Besucher beobachtet.

225. Sempervivum L.

Protandrische, rote oder gelblich-weisse Blumen mit verborgenem Honig, welcher am Grunde der Fruchtblätter abgesondert wird.

1021. S. Wulfeni Hoppe. [H. M., Alpenblumen S. 83, 84; Schulz, Beitr. II. S. 79, 80.] — Nach H. Müller sind die Blüten so ausgeprägt protandrisch, dass spontane Selbstbestäubung ausgeschlossen erscheint. Nach A. Schulz, welcher gleichfalls Pflanzen des Ortler-Gebietes untersuchte, ist die Protandrie nicht so ausgeprägt, so dass spontane Selbstbestäubung, wenn auch nur selten, stattfindet.

Der von einer unterweibigen Scheibe abgesonderte, reichliche Honig wird durch Haare gegen Regen geschützt. Er wird, nach Müller, besonders von Bienen (8 Arten), seltener von Schlupfwespen (1), Käfern (1) und Schwebfliegen (2) aufgesucht, während, nach Schulz, zahlreiche Fliegen, Bienen und Falter, seltener Käfer die Besucher bilden.

1022. S. Funkii Braun. [H. M., Alpenblumen S. 84—86.] — Die Blüten sind, gleichfalls protandrisch, aber vereinzelte Narben entwickeln sich oft schon nach dem Abblühen der ersten Staubblätter, so dass Selbstbestäubung häufiger als bei der vorigen Art ist. (S. Fig. 138.)

Als Besucher beobachtete Müller Käfer (2), Bienen (6), Falter (9), Fliegen (3).

1023. S. montanum L. [H. M., Alpenblumen S. 86.] — Die Blüteneinrichtung stimmt mit derjenigen der vorigen Art überein. Nach Kerner (Pflanzenleben II.) stäuben die Antheren der inneren Staubblätter erst nach dem Verwelken der Narbe, dienen also der Fremdbestäubung, während die äusseren Selbstbestäubung bewirken.

Als Besucher beobachtete Müller im Heuthale Bienen (1) und Falter (4); Loew ebendaselbst 1 Noktuide (Agrotis ocellina S. V.); Alfken bemerkte bei Bremen Anthidium manicatum L. ♀ ♂, s. hfg., sgd.

1024. S. tectorum L. [H. M., Alpenblumen S. 86, 87.] — Die Blüteneinrichtung stimmt, nach H. Müller, mit derjenigen von S. Funkii überein. Nach A. Schulz (Beitr. II. S. 79) sind die Narben meist erst dann empfängnisfähig, wenn die Antheren ihren Pollen ganz verloren haben, so dass Selbstbestäubung dann ausgeschlossen ist.

Als Besucher sah H. Müller Käfer (3), Bienen (6), Falter (7); A. Schulz Hummeln und andere Hymenopteren, seltener Falter und Fliegen.

1025. S. arachnoideum L. [H. M., Alpenblumen S. 87.] — Die Griffel konvergieren, nach Müller (in Graubünden), oft noch, wenn die Antheren bereits sämtlich entleert sind. Nach Schulz (Beitr.) sind (in Tirol) die Griffel zur Zeit der Blütenöffnung oft noch vollständig zusammengeneigt, doch spreizen sie sich allmählich bis in eine fast senkrechte Stellung auseinander; die Narben pflegen während des Verstäubens der letzten inneren Staubblätter empfängnisfähig zu sein, so dass spontane Selbstbestäubung erfolgen kann.

Als Besucher sah H. Müller Fliegen (8), Bienen (7), Falter (11); A. Schulz gleichfalls Falter (3), Bienen und Fliegen.

1026. S. ruthenicum K. Nach Kerner dienen die inneren Staubblätter der Fremdbestäubung, während die äusseren sich den Narben zubiegen und Selbstbestäubung bewirken.

1027. Bryophyllum calycinum Salisb. Die hängenden, langröhrigen Blüten sondern, nach Delpino (Alt. app. S. 56), mittelst 4 Drüsen reichlich

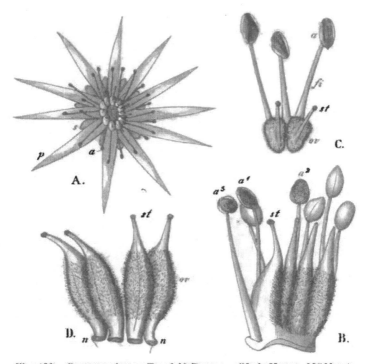

Fig. 138. Sempervivum Funkii Braun. (Nach Herm. Müller.)

A. Blüte im zweiten (weiblichen) Zustande. (2¹/₄ : 1.) *B.* Ein Teil der Befruchtungsorgane im ersten (überwiegend männlichen) Zustande. (7 : 1.) *C.* Ein Teil derselben im zweiten (rein weiblichen) Zustande. *D.* Einige Stempel mit entwickelten Narben.

Honig ab. Sie sind protandrisch; als Befruchter vermutet Delpino Kolibris trotz der unansehnlichen grünlichen bis bräunlichen Färbung.

1028. Cotyledon Umbilicus L. [Willis, Contributions II.] — Die Kronröhre ist etwa 10 mm tief und 3 mm weit; in ihrem Grunde wird der Nektar von den 5 Fruchtblättern abgesondert. Die 10 Antheren springen auf, wenn die Blüte sich öffnet. Sie stehen mit den Narben zwar in gleicher Höhe, doch sind diese dann noch nicht voll entwickelt. Insekten, welche im ersten Blütenzustande zum Nektar vordringen, bedecken sich daher mit Pollen, den sie beim Besuch einer im zweiten Zustande befindlichen Blume auf deren Narbe bringen. Gegen Ende

der Blütezeit ist wegen der Nähe von Narbe und Antheren spontane Selbstbestäubung unausbleiblich.

Als Besucher bemerkte Willis nur Thrips.

58. Familie Cactaceae DC.

Nach Hansgirg sind die zahlreichen Staubfäden vieler Kaktaceen an
allen Seiten fast gleich gegen Stossreize empfindlich und krümmen sich infolge
der Reizung nach innen, sich von der Krone gegen die Narbe hin bewegend,
so bei Opuntia Ficus Indica, O. Engelmanni, O. Camanchica,
O. Rafinesquii.

226. Opuntia Tourn.

Meist grosse, schwach protogynische, honiglose Blumen.

1029. 0. vulgaris Miller. (Cactus Opuntia L.). [Schulz, Beitr. II.
S. 80.] — Die honiglosen Blumen dieser in Südeuropa kultivierten Pflanze
haben, nach Schulz, einen Durchmesser von 30—40 mm. Die äussersten
Perigonblätter sind grünlichgelb, die inneren leuchtend schwefelgelb. Bei trüber
Witterung und nachts neigen sie etwas nach innen. Zur Zeit der Blütenöffnung
sind die Narben bereits empfängnisfähig. Die Staubfäden sind vor dem Aufblühen
nach der Blütenmitte eingekrümmt, später stehen sie mehr oder minder aufrecht.
Die ursprünglich auswärts gedrehten Antheren stehen später schräg oder wagerecht, selten sind sie einwärts gedreht. Die Staubfäden sind etwas reizbar; sie
neigen sich bei Berührung durch Insekten oder auch spontan einwärts und über-
schütten die Narben ganz dicht mit Pollen, so dass spontane Selbstbestäubung
regelmässig eintritt, die immer von Erfolg ist.

Die Blüten werden, nach Schulz, bei Bozen von zahlreichen Fliegen,
Bienen und Käfern besucht, besonders von dem Bienenwolf (Trichodes
apiarius L.). Schulz fand diesen Käfer, welcher ausser dem Pollen auch die
Staub-, zuweilen auch die Kronblätter frisst, fast in jeder Blüte, in mancher
sogar 5—10 derselben.

1030. 0. nana Vis. Diese in Südtirol und Dalmatien angepflanzte
Art hat, nach Kerner (Pflanzenleben II), nur eine so kurze Blühzeit, dass,
wenn sie sich morgens zwischen 9 und 10 Uhr geöffnet hat, die Kronblätter
am zweiten Tage bereits vergehen. Trotzdem ist die Blüte schwach protogynisch,
indem die Narbe einige Stunden früher empfängnisfähig ist, als die Antheren
aufspringen. Gegen Ende der Blühzeit erfolgt spontane Selbstbestäubung, indem
die äusseren Antheren die aus einem schlangenförmigen, am Ende des Griffels
befindlichen Wulst bestehende Narbe berühren.

59. Familie Grossulariaceae DC.

(Ribesiaceae Endl.)

227. Ribes L.

Meist grünlichgelbe, seltener rote oder gelbe, häufig zu reichblütigen Trauben vereinigte Blumen mit freiliegendem bis verborgenem Honig, welcher von einer oberweibigen Scheibe abgesondert wird. Die Honigbergung ist zuweilen so tief (R. aureum), dass er nur langrüsseligen Bienen zugänglich ist. Zuweilen Gynodiöcie.

Herm. Müller hat (Weit. Beob. I. S. 298—300) die bei uns wildwachsenden und angepflanzten Ribes-Arten in biologischer Hinsicht in folgende Reihenfolge gebracht: Am tiefsten steht Ribes alpinum, welches seinen Honig in ganz flachen Schalen auch kurzrüsseligsten Insekten leicht erreichbar darbietet. Schon weit tiefer ausgehöhlt ist die auf ihrem Boden mit Honig bedeckte Schale bei R. rubrum, sie ist hier ungefähr halbkugelig, nur nach aussen stärker erweitert. Die nach unten gerichteten Glöckchen der Stachelbeere, R. Grossularia, übertreffen diejenigen von R. rubrum kaum an Tiefe; sie sind aber gegen den Eingang hin etwas verengt, durch vom Kelchrande und vom Griffel starr abstehende, den Grund des Glöckchens mit einem Gitter verdeckende Haare und namentlich durch die nach unten gekehrte Stellung des Glöckchens Fliegen schwerer zugänglich und Bienen im höheren Grade angepasst. Merklich tiefer, fast kugelig, noch mehr auf Bienen beschränkt sind die ebenfalls nach unten gekehrten Blumenglocken von Ribes nigrum. Bereits röhrig, wenn auch kaum tiefer als bei R. nigrum (3 mm), aber durch die aufrecht stehenden Blumenblätter stärker verlängert (bis über 5 mm) sind die Blüten von R. sanguineum, die daher trotz ihrer ziemlich aufrechten Stellung ebenfalls in der Regel nur von Bienen besucht werden. Endlich bilden die Blüten von R. aureum 10—11 mm lange Röhren, welche durch die ebenfalls aufrecht stehenden Blumenblätter noch um 3 mm verlängert werden und daher nur von sehr langrüsseligen Bienen ausgebeutet werden können. Fremdbestäubung bei eintretendem Insektenbesuche ist bei R. alpinum durch Zweihäusigkeit, bei allen übrigen durch die gegenseitige Stellung der Staubgefässe und Stempel gesichert, die in verschiedenen Blüten in wechselnder Weise von entgegengesetzten Seiten der Besucher gestreift werden. Bei den zwitterblütigen Arten scheint, da sie homogam sind, die Möglichkeit der spontanen Selbstbefruchtung nicht ganz ausgeschlossen.

1031. R. alpinum L. [H. M., Befr. S. 94.] — Blumenklasse A. — In den gelblichgrünen Blüten bewirken die Kelchblätter die Augenfälligkeit, da die sehr kleinen Kronblätter fast ganz unter denselben verborgen sind. Der Kelch bildet, nach H. Müller, eine ganz flache Schale, welche den Nektar absondert. Die Pflanze ist zweihäusig, und zwar sind die männlichen Blüten ein wenig grösser als die weiblichen, aber die gelblichgrüne Färbung der ersteren bewirkt, dass sie augenfälliger sind, als die mehr grün gefärbten weiblichen und daher früher als diese besucht werden. Die weiblichen Blüten besitzen verkümmerte Staubblätter, die männliche einen verkümmerten Stempel.

Als Besucher sah H. Müller: A. Diptera: a) *Muscidae*: 1. Scatophaga merdaria F.; 2. S. stercoraria L. b) *Syrphidae*: 3. Syritta pipiens L., alle drei häufig, sgd. B. Hymenoptera: *Apidae*: 4. Anthrena albicans Müll. ♀♂, sgd. und pfd., sehr zahlreich; 5. A. gwynana K. ♂, sgd.; 6. A. parvula K. ♂, sgd.; 7. Halictus nitidus Schenck ♂, sgd.; 8. H. nitidiusculus K. ♀, psd.; 9. Sphecodes gibbus L. ♀, sgd.

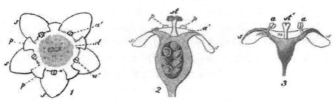

Fig. 139. Ribes alpinum L. (Nach Herm. Müller.)

1. Weibliche Blüte, von oben. *2.* Dieselbe nach Entfernung der vorderen Hälfte, von der Seite. *3.* Männliche Blüte, ebenso. *a* Antheren. *a'* Verkümmerte Antheren. *s* Kelchblatt. *p* Kronblatt. *st* Narbe. *st'* Verkümmerte Narbe. *n* Nektarium.

1032. R. nigrum L. [H. M., Befr. S. 94, 95; Mac Leod, Nouv. recherches.] — **B.** — Die eigentümlich duftenden Blüten sind, nach Herm. Müller,

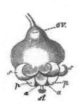

Fig. 140. Ribes nigrum L.
(Nach Herm. Müller.)
Blüte von der Seite gesehen.

homogam. Ihre Kelchzipfel sind rötlich, die kleinen Kronblätter weisslich. Die nach innen aufspringenden Antheren sind durch die nach oben zusammenneigenden Kronblätter der Narbe so genähert, dass ein zu dem im Blütengrunde abgesonderten Honig vordringender Insektenkopf mit der einen Seite eine oder zwei aufgesprungene Antheren, mit der anderen die Narbe, welche die Staubbeutel etwas überragt, berühren, mithin Fremdbestäubung erfolgen muss. Der Insektenbesuch ist aber nur ein sehr spärlicher, und es erfolgt daher in der Regel spontane Selbstbestäubung, indem aus den Antheren Pollen auf den umgebogenen Narbenrand hinabfällt.

Als Besucher der 5 mm tiefen Blütenglöckchen sah H. Müller Apis mellifica L. ⚲, ebenso Mac Leod in Belgien. Dieser letztere Forscher beobachtete, dass die Honigbienen nicht nur aus den offenen Blüten den Nektar gewinnen, sondern auch ältere Knospen mit ihren Fresswerkzeugen öffnen und dabei die bereits empfängnisfähige Narbe mit mitgebrachtem Pollen bestäuben. Mac Leod sah auch Ameisen an den Blüten von R. nigrum, wobei sie eine tiefer sitzende Blüte als Leiter benutzten, um den wegen der zurückgekrümmten Kelchzipfel der hängenden Blüten ihnen unzugänglichen Honig zu erreichen; von hier leckten sie dann das Narbensekret auf, da sie nicht bis in den Blütengrund gelangen können. Plateau bemerkte in Belgien Bombus terrester L.

Schenck beobachtete in Nassau Bombus hypnorum L. ♀ und B. pratorum L. ♀.

1033. R. rubrum L. [H. M., Befr. S. 95; Weit. Beob. I. S. 300.] — — **B.** — Die grünlich-gelben Blüten sind, nach H. Müller, homogam. Die Glöckchen sind ziemlich flach und weit geöffnet und daher der Nektar leicht zugänglich. Besuchende Insekten bewirken wie bei R. nigrum in der Regel Fremdbestäubung. Spontane Selbstbestäubung ist nur in schräg gerichteten

Blüten durch Hinabfallen von Pollen aus den dann oben stehenden Staubblättern auf die Narbe möglich.

Als Besucher sah Herm. Müller:
A. Hymenoptera: a) *Apidae:* 1. Anthrena fulva Schrank ♀, sgd. und psd., wiederholt; 2. A. parvula K. ♂, sgd.; 3. A. smithella K. ♂, sgd.; 4. Apis mellifica L. ⚥, sgd. und psd., häufig. b) *Tenthredinidae:* 5. Pteronus hortensis Htg., sgd.

Alfken beobachtete bei Bremen: 1. Apis mellifica L. ⚥; 2. Nomada borealis Zett. ♂; beide sgd.

Loew bebachtete in Brandenburg (Beiträge S. 37): Syrphus lunulatus Mg.; F. F. Kohl in Tirol die Goldwespen Chrysis austriaca Fabr., Chr. fulgida L. und die Faltenwespe Odynerus trifasciatus Fabr.; Plateau in Belgien Apis.

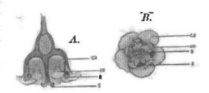

Fig. 141. Ribes rubrum L. (Nach der Natur.)

A. Blüte im Aufriss. *B.* Blüte von oben gesehen. *ca* Kelch. *co* Krone. *a* Anthere. *s* Narbe.

1034. R. aureum Pursh. [H. M., Weit. Beob. I. S. 301; Knuth, Bijdragen; Warnstorf, Bot. V. Brand. Bd. 38.] — Hh. — Die Kelchröhre ist 10—11 mm lang und wird durch die aufrecht stehenden Kronblätter noch um 3 mm verlängert, so dass der Honig nur langrüsseligen Bienen zugänglich ist. Die Blüteneinrichtung stimmt sonst mit derjenigen von R. rubrum überein. Warnstorf bezeichnet die Blüten als protogyn: Narbe schon in noch geschlossenen Blüten entwickelt und stark klebrig.. Der Griffel überragt die Staubblätter, so dass Autogamie ausgeschlossen ist. Pollen weiss, unregelmässig rundlich-tetraëdisch, bis 41 μ diam.

Die anfangs hellgelben Blüten färben sich beim Verblühen von Griffel und Antheren karminrot. Delpino hat zuerst eine Erklärung dieses Farbenwechsels zu geben versucht, indem er meint, dass dadurch den Besuchern die bereits verblühten Blumen als solche bemerkbar gemacht werden, ihnen also ein vergebliches Probieren erspart bliebe. Dieser Erklärung gegenüber macht H. Müller mit Recht geltend, dass, wenn es bloss darauf ankäme, Blüten mit solchem Farbenwechsel vor solchen, die unmittelbar nach dem Verblühen welken oder abfallen, nicht das mindeste voraus haben. Die Bedeutung des Farbenwechsels ist vielmehr die, dass die ganzen Blütenstände durch das Bleiben und die leuchtendere Färbung der verblühten Blumen weit augenfälliger werden, wodurch dann reichlicherer Insektenbesuch sich einstellt, der dadurch, dass die verblühten Blumen als solche leicht kenntlich sind, von vollem Nutzen ist.

Als Besucher sah H. Müller Anthophora pilipes F. ♀, sgd., die ihren 20 mm langen Rüssel leicht bis in den Blütengrund einführen kann. Delpino beobachtete in Italien dieselbe Biene; ich in Kieler Gärten desgleichen. Auch Warnstorf beobachtete Bienenbesuch.

Alfken beobachtete bei Bremen: Hymenoptera: *Apidae:* 1. Anthrena apicata Sm. ♀; 2. A. nigroaenea K. ♂; 3. A. varians K. ♂; 4. Nomada borealis Zett. ♂; 5. Osmia rufa L. ♀. B. Diptera: *Muscidae:* 6. Cynomyia mortuorum L.; Gerstäcker bei Berlin die Mauerbiene Osmia aurulenta Pz. ♂, bfg.

1035. R. sanguineum Pursh. [H. M., Weit. Beob. I. S. 300.] — Hb. — Die Kelchröhre ist, nach H. Müller, 3 mm lang, aber durch die aufrecht stehenden

Kronblätter bis über 5 mm verlängert. Die Blüteneinrichtnng entspricht sonst
wieder derjenigen von R. rubrum. Warnstorf (Nat. V. des Harzes XI) bezeichnet die Blumen als schwach protogyn. Der Griffel mit der gelben, stark
klebrigen Narbe überragt die Staubblätter um 1 mm. — Pollen weiss, rundlich
drei- bis fünfseitig bis obeliskenförmig, glatt, mit deutlich hervortretenden Keimwarzen, durchschnittlich 37 µ diam. Die zuerst rein weissen Kronblätter werden
nach der Befruchtung rosenrot, wodurch wieder, wie bei der vorigen Art, die
Augenfälligkeit des Blütenstandes erhöht wird.

Als Besucher sah H. Müller saugende Apiden: 1. Apis mellifica L. ♀; 2. Bombus
pratorum L. ♀; 3. Osmia rufa L. ♀; Alfken bei Bremen Anthrena trimmerana K. ♀;
Plateau in Belgien Apis, Osmia bicornis L. Burkill (Fert. of Spring Fl.) beobachtete
an der Küste von Yorkshire Bombus terrester L.

1036. R. petraeum Wulfen. [Ricca, Atti XIV. 3; H. M., Alpenblumen
S. 111, 112.] — B. —
Nach Ricca sind die
Blüten schwach proto-
gynisch, nach H. Müller
dagegen homogam. Bei
Insektenbesuch ist, wie
bei den anderen Arten,
Fremdbestäubung be-
günstigt, sonst erfolgt
leicht spontane Selbst-
bestäubung.

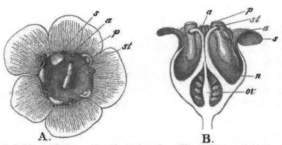

Fig. 142. Ribes petraeum Wulfen. (Nach Herm. Müller.)
A. Blüte von oben. (7 : 1.) B. Dieselbe im Längsdurchschnitt.

Als Besucher be-
obachtete Müller zwei
Schwebfliegen.

1037. Ribes niveum DC. [Loew, Blütenbiol. Beitr. I. S. 11—14.] —
Als Besucher der protandrischen Blüten beobachtete Loew im botanischen
Garten zu Berlin Bombus agrorum F. und Anthophora pilipes F., welche den
Rüssel dicht über den Kronblättern in den zwischen den basalen Teilen der
Staubfäden befindlichen Spalt einführten und dabei die Antheren an die Unter-
seite ihres Körpers drückten. Bei Besuch einer im zweiten (weiblichen) Zustande
befindlichen Blüte müssen sie den mitgebrachten Pollen auf die dann em-
pfängnisfähige Narbe legen.

1038. R. Grossularia L. [H. M., Befr. S. 95; Weit. Beob. I. S. 300;
Kirchner, Flora S. 409; Knuth, Bijdragen.] — B. — Mit dem Öffnen
der Blüte springen, wie schon H. Müller beobachtet hat, die Antheren auf,
während die Griffel noch nicht zu ihrer vollen Länge entwickelt, die Narben
noch nicht empfängnisfähig sind. Die mithin protandrischen Blüten besitzen
einen grünen Kelch mit zurückgeschlagenen, meist rötlich angehauchten Zipfeln,
während die senkrecht nach unten stehenden Kronblätter weisslich gefärbt sind.
Im Grunde des glockenförmigen Kelches wird der Nektar abgesondert, dessen
Zugang durch die Verengerung des Kelchsaumes und durch starre, senkrecht
vom Griffel abstehende Haare verdeckt wird. Die ursprünglich die Narben

etwas überragenden Antheren stehen schliesslich mit den Narben in gleicher Höhe, so dass in wagerecht oder schräg stehenden Blüten spontane Selbstbestäubung erfolgen muss, während bei Insektenbesuch Fremdbestäubung bevorzugt ist. Nach geschehener Befruchtung schlagen sich die Kelchzipfel nach oben.

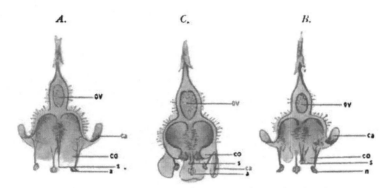

Fig. 143. Ribes Grossularia L. (Nach der Natur.)
A. Blüte im ersten (männlichen) Zustande: die Antheren sind geöffnet, die Narbe ist noch unentwickelt. B. Blüte im zweiten (Zwitter-) Zustande: auch die Narbe ist entwickelt. C. Blüte im Verblühen: die Kelchblätter schlagen sich nach innen. ov Fruchtknoten. ca Kelch. co Kronblätter. a Antheren. s Narbe.

Ausser diesen Zwitterblüten beobachtete Kirchner Sträucher mit weiblichen Blüten, deren Staubblätter so kurz sind, dass die sich nicht öffnenden Antheren in der Höhe der Kronblätter oder noch tiefer im Kelche stehen.

Als Besucher beobachteten H. Müller (1), Buddeberg (2) und ich (!):

A. Diptera: a) *Muscidae*: 1. Calliphora erythrocephala Mg., sgd. (1); 2. Sarcophaga carnaria L., sgd. (!); 3. Scatophaga stercoraria L., sgd. (1). b) *Syrphidae*: 4. Eristalis aeneus L., sgd. und pfd. (1); 5. E. tenax L., sgd. und pfd. (1, !); 6. Syrphus ribesii L., pfd. (!). B. Hymenoptera: *Apidae*: 7. Anthrena albicans Müll. ♂ ♀, sgd. und pfd. (1, 2); 8. A. fasciata Wesm. ♂, sgd. (2); 9. A. fulva Schrank ♀, sgd. und pfd. (1, 2); 10. A. gwynana K. ♂ ♀ (1); 11. A. nigroaenea K. ♂, sgd. (2); 12. A. nitida Fourc. ♂, sgd. (1); 13. A. parvula K. ♀, psd. (2, !); 14. A. smithella K. ♀, sgd. (2); 15. Apis mellifica L. ☿, sgd. (1, !); 16. Bombus pratorum L. ♀ (1); 17. B. scrimshiranus K. ♀ (1); 18. B. terrester L. ♀ ☿, sgd. (1, !); 19. Halictus cylindricus K. ♀, psd. (2); 20. H. rubicundus Chr. ♀, sgd. (1).

Wüstnei sah auf der Insel Alsen die Biene Halictus flavipes Fbr. ♀ als Besucher.

Alfken und Höppner (H) beobachteten bei Bremen: A. Diptera: *Syrphidae*: 1. Eristalis pertinax Scop.; 2. Helophilus pendulus L.; 3. Syrphus ribesii L. B. Hymenoptera: a) *Apidae*: 4. Anthrena albicans Müll. ♂, sgd.; 5. A. propinqua Schck. ♀; sgd.; 6. A. trimmerana K. ♂, sgd.; 7. A. varians K. ♀ ♂, sgd.; 8. Apis mellifica L.; 9. Bombus agrorum F. ♀, sgd.; 10. B. derhamellus K. ♀ (H.); 11. B. jonellus K. ♀, sgd.; 12. B. lapidarius L. ♀, psd. (H.); 13. B. lucorum L. ♀, sgd.; 14. B. pratorum L. ♀, sgd.; 15. B. silvarum L. ♀ (H.); 16. B. terrester L. ♀, sgd.; 17. Halictus calceatus Scop. ♀ (H.); 18. Nomada alternata K. ♀ ♂; 19. N. bifida Ths. ♀ ♂; 20. N. ruficornis L. ♀ ♂; 21. N. succineta Pz. ♀ ♂, sgd.; 22 N. xanthosticta K. ♀ ♂; 23. Osmia rufa L. ♂ ♀. b) *Tenthredinidae*: 24. Pteronus ribesii Scop. c) *Vespidae*: 25. Odynerus callosus Ths. ♀.

Friese beobachtete in Mecklenburg und in Baden die Apiden: 1. Anthrena carbonaria L., n. slt.; 2. A. fulva Schrk., Baden, einz.; 3. A. nigroaenea K., hfg.; 4. A. tibialis K., hfg.; 5. A. varians K., mit ihren Varietäten helvola L. und mixta Schenck, hfg.; Krieger bei Leipzig die Apiden: 1. Anthrena fulva Schrk.; 2. A. nitida Fourcr.; 3. A. tibialis K.; 4. A. trimmerana K.; 5. A. varians K.; 6. Bombus hypnorum L. ♀; 7. B. lapidarius L. ♀; 8. B. pratorum L. ♀; 9. B. terrester L. ♀; 10. Nomada alternata K. = marshamella K; 11. N. lineola Pz.; 12. Osmia rufa L.; Schmiedeknecht in Thüringen: Hymenoptera: *Apidae*: 1. Anthrena albicans Müll.; 2. A. fulva Schrk.; 3. A. propinqua Schck.; 4. A. trimmerana K. ♀ ♂; 5. A. varians K. ♀ ♂; 6. Bombus hypnorum L. ♀; 7. B. pratorum L. ♀; 8. B. terrester L. ♀; 9. Nomada fabriciana L.; 10. N. ochrostoma K., var. hillana K.; 11. N. ruficornis L., var. flava Pz.; Schenck in Nassau: Hymenoptera: a) *Apidae*: 1. Anthrena albicans Müll.; 2. A. cineraria L.; 3. A. combinata Chr.; 4. A. convexiuscula K.; 5. A. flavipes Pz.; 6. A. fulva Schrk.; 7. A. gwynana K.; 8. A. nitida Fourcr.; 9. A. parvula K.; 10. A. propinqua Schck.; 11. A. tibialis K.; 12. A. trimmerana K.; 13. A. varians K., mit der Form A. helvola L.; 14. Bombus hypnorum L. ♀; 15. B. pratorum L. ♀; 16. B. terrester L. ♀; 17. Halictus albipes F.; 18. H. calcaratus Scop.; 19. Nomada alternata K.; 20. N. ruficornis L., var. flava Pz. ♂; 21. N. succincta Pz. b) *Vespidae*: 22. Vespa germanica F. ♀, s. hfg.; 23. V. vulgaris L. ♀, hfg. Plateau bemerkte in Belgien: Anthrena sp., Apis, Bombus terrester L., Osmia bicornis L., Calliphora vomitoria L.

Hoffer giebt für Steiermarck den Bombus terrester L. ♀ an.

v. Dalla Torre und Schletterer verzeichnen als Besucher für Tirol die Erdbienen: 1. Anthrena cineraria L., slt.; 2. A. tibialis K.

Burkill (Fert. of Spring Fl.) beobachtete an der Küste von Yorkshire: A. Diptera: *Muscidae*: 1. Scatophaga stercoraria L., sgd. B. Hymenoptera: *Vespidae*: 2. Vespa silvestris Scop., sgd.

E. D. Marquard beobachtete in Cornwall Anthrena fulva Schrk. als Besucher.

60. Familie Saxifragaceae Ventenat.

228. Saxifraga L.

H. M., Alpenblumen S. 109—111.

Rein weisse oder gelb bis purpurn besprenkelte oder schmutziggelbe, selten rosenrote oder blaue Blumen mit freiliegendem, selten halbverborgenem Nektar, welcher von der Aussenwand des Fruchtknotens abgesondert wird. Diese Lage des Honigs lockt zahlreiche kurzrüsselige Insekten herbei, unter denen die Fliegen so überwiegen, dass die meisten Arten der Blumenklasse D zuzurechnen sind. Der starke Insektenbesuch macht für viele Arten den Notbehelf der spontanen Selbstbestäubung entbehrlich und durch mehr oder minder ausgeprägte Dichogamie thatsächlich fast oder ganz unmöglich. Die meisten Arten sind protandrisch, doch sind auch einige protogynisch (S. androsacea, muscoides, Seguieri). Bei den letzteren sind die Blüten im ersten, also weiblichen Zustande erheblich viel kleiner als im zweiten, männlichen Zustande, indem sich der Blütendurchmesser nach dem Verschrumpfen der Narben bis auf das Doppelte und noch darüber hinaus vergrössert, wodurch die Reihenfolge der Besuche, die ein und dasselbe Insekt ausführt, meist in der für die Befruchtung günstigsten Weise erfolgen wird.

Eine ausgezeichnete Monographie der Gattung Saxifraga verdanken wir A. Engler. Dieser Forscher hielt die Arten sämtlich für protandrisch. Die Bewegung der Staubblätter gegen die Blütenmitte hatte bereits Treviranus (Bot. Ztg. 1863) beobachtet; dieser schloss daraus, dass die Saxifraga-Arten der spontanen Selbstbestäubung unterworfen seien. Da einige Arten dieser Gattung ein Saftmal besitzen, andere dagegen nicht, hat Engler die Richtigkeit der von Sprengel gegebenen Deutung des Saftmales bezweifelt. Herm. Müller bemerkt (Befr. S. 92) dazu, dass bei Pflanzen, deren Honig so zwischen völlig offener und versteckter Lage schwankt, ein gleiches Schwanken des Saftmals sehr natürlich sei, so dass dies kein Einwurf gegen Sprengels Deutung sein könne, zumal noch keine andere Deutung an ihre Stelle zu setzen versucht worden sei.

1039. S. Aizoon Jacquin. [H. M., Alpenblumen S. 100—102.] — AD. — In den ausgeprägt protandrischen Blüten ist in den Alpen Selbst-

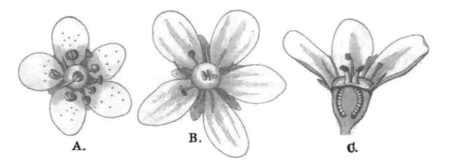

Fig. 144. Saxifraga Aizoon·Jacq. (Nach Herm. Müller.)

A. Blüte im Beginn des ersten (männlichen) Zustandes. B. Dieselbe am Ende desselben Zustandes. C. Blüte im zweiten (weiblichen) Zustande. (Vergr. 3½ : 1.)

bestäubung ganz oder fast verhindert. Der reichliche Pollen und der leicht zugängliche Honig locken zahlreiche Besucher, besonders Fliegen herbei. In dem insektenarmen Grönland sind die Blüten zwar auch stark protandrisch, doch ist hier zuletzt erfolgreiche spontane Selbstbestäubung durch Berührung der noch pollenführenden Antheren mit den ausgespreizten Narben möglich. (Warming, Bot. Tidsskr. Bd. 16, S. 27—29.)

Als Besucher sah H. Müller in den Alpen nicht weniger als 61 Fliegenarten (darunter 37 Musciden), ferner 5 Käfer, 11 Hymenopteren, 10 Falter.

Loew beobachtete in der Schweiz (Beiträge S. 56): Cheilosia modesta Egg. (?); Mac Leod in den Pyrenäen 1 kurzrüsseligen Hautflügler, 5 Musciden als Besucher. (B. Jaarb. III. S. 420).

Loew bemerkte im botanischen Garten zu Berlin: Diptera: a) *Muscidae*: 1. Ascia podagrica F., von Blüte zu Blüte, über jeder eine Zeit lang schwebend und sich dann zum Saugen niederlassend. b) *Syrphidae*: 2. Melithreptus scriptus L., w. v,

1040. S. mutata L. — A. — Die Blüten sind, nach Stadler, protandrisch, doch ist Selbstbestäubung nicht ausgeschlossen. Die Staubblätter führen zuerst eine centripetale, alsdann eine centrifugale Bewegung aus.

1041. S. Burseriana L. Die Blüten sind, nach Kerner, protogynisch, doch tritt während der zwölftägigen Blühzeit zuletzt spontane Selbstbefruchtung infolge centripetaler Bewegung der Staubblätter ein.

1042. S. caesia L. [H. M., Alpenblumen S. 102—104.] — **AD.** — Auf die Protandrie hat zuerst A. Engler (Saxifraga S. 266) hingewiesen. Auch bei dieser Art ist in den Alpen die Selbstbestäubung gänzlich verhindert. Be-

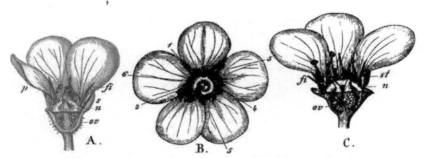

Fig. 145. Saxifraga caesia L. (Nach Herm. Müller.)
A. Blüte im ersten (männlichen) Zustande. (4²/₃ : 1.)   *B.* Blüte inmitten desselben Zustandes. *C.* Blüte im zweiten (weiblichen Zustande.

sucher sind wieder in erster Linie Fliegen, von denen H. Müller innerhalb dreier Tage 15 Arten beobachtete, ferner drei Käfer, drei Hymenopteren und drei Falter.

1043. S. exarata Villars. (= S. nervosa Lap.). [H. M., Alpenblumen S. 104.] — **AD.** — Die Blüteneinrichtung stimmt mit derjenigen der vorigen Art im wesentlichen überein. Auch hier ist in den Alpen durch ausgeprägte Protandrie Selbstbestäubung ausgeschlossen.

Als Besucher beobachtete H. Müller 4 Fliegenarten und 1 Ameise; MacLeod in den Pyrenäen 1 Grabwespe und 1 Schwebfliege.

1044. S. oppositifolia L. [Ricca, Atti XIV. 3; Warming, Bot Tidsskr. Bd. 16, S. 29—33; Bestövningsmaade S. 13; H. M., Alpenblumen S. 98—100.] — **BF.** — A. Engler fand die Blüten protandrisch, Axell (S. 36) schwach protandrisch, Ricca (Atti) homogam, H. Müller am Piz Umbrail und auf dem Albula protogyn. Auch Schulz beobachtete Protogynie, ebenso Warming in Grönland und Lindman auf dem Dovrefjeld, Ekstam auf Nowaja Semlja dagegen Protandrie. Auf dem Dovre beobachtete Lindman eine gross- und eine kleinblumige Form. Bei ausbleibendem Insektenbesuche tritt häufig Selbstbestäubung ein, die wahrscheinlich von Erfolg ist, da die Blüten in Grönland trotz der frühen Blütezeit und des Insektenmangels reichlich Früchte ansetzen; ebenso beobachtete Lindman auf dem Dovrefjeld reife Früchte, trotzdem er keine Besucher sah.

Schulz beobachtete in Tirol auch Gynodiöcie. Der Nektar ist so tief verborgen, dass er kurzrüsseligen Insekten nur mit grosser Mühe oder gar nicht erreichbar ist, während er für Falter bequem liegt.

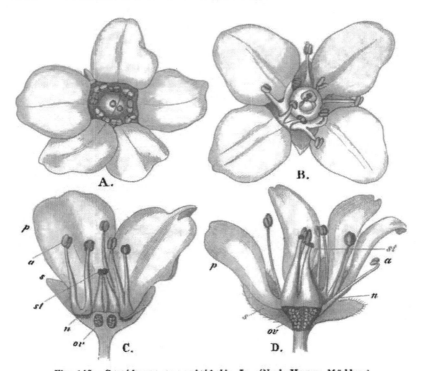

Fig. 146. Saxifraga oppositifolia L. (Nach Herm. Müller.)
A. Eben geöffnete Blüte, von oben. *B.* Eine ältere Blüte, von oben. *C.* Eine andere ältere Blüte, im Längsdurchschnitt. (5 : 1.) *D.* Eine Blüte mit entwickelten Narben und noch geschlossenen Antheren. (3½ : 1.)

Unter den von H. Müller beobachteten Besuchern finden sich daher letztere in Mehrzahl der Individuen (3 Arten), ferner 1 Käfer, 1 Syrphide, 3 Musciden; Ricca sah eine Hummel und mehrere Falter an den Blüten; Ekstam auf Nowaja Semlja Hummeln, deren einzige Zuflucht die Pflanze dort während des Sommers ist, und Fliegen; Schneider (Troms. Museums Aarshefter 1894) im botanischen Garten zu Christiania Anthrena sp.

1045. S. aizoides L. [H. M., Alpenblumen S. 94—98; Warming, Bot. Tidsskr. Bd. 16, S. 26—27.] — **AD.** — Die Protandrie dieser Art haben Axell (S. 35) und A. Engler (S. 219) zuerst hervorgehoben, doch ist die Gipfelblüte, nach A. Schulz (Beitr.), häufig weiblich. In den Zwitterblüten ist, nach H. Müller, auch hier durch die langsam auf einander folgende

Entwickelung der einzelnen Staubblätter und der Narben bei Insektenbesuch Fremdbestäubung hinlänglich gesichert; Selbstbestäubung ist nicht völlig aus-

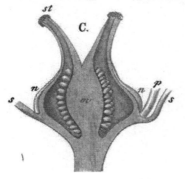

geschlossen. Auch in Grönland, Spitzbergen und Finnmarken sind die Blumen, nach Warming, anfangs ausgeprägt protandrisch, dann homogam. Reife Früchte wurden bei Jacobshavn und Franz-Josefs-Fjord beobachtet. Nach Ekstam beträgt auf Nowaja Semlja der Durchmesser der geruchlosen Blüten 10—12 mm. Als Besucher wurden dort kleine Fliegen und Ameisen beobachtet.

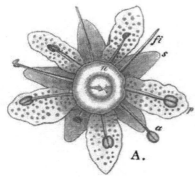 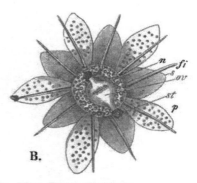

Fig. 147. Saxifraga aizoides L. (Nach Herm. Müller.)
A. Blüte im ersten (männlichen) Zustande. *B.* Blüte im zweiten (weiblichen) Zustande. (3¹/₂ : 1.) *C.* Dieselbe im Längsdurchschnitt. (7 : 1.)

H. Müller sah in den Alpen nicht weniger als 85 Fliegenarten (in Mehrzahl Musciden), ausserdem 8 Käfer, 20 Hymenopteren und 13 Falter; Loew (Bl. Fl. S. 397) in den Alpen eine Schwebfliege. Auch Lindman sah auf dem Dovrefjeld Fliegen, Hymenopteren und 1 Käfer; Mac Leod in den Pyrenäen 8 kurzrüsselige Hymenopteren, 1 Phryganide, 1 Käfer, 4 Syrphiden, 19 andere Dipteren als Besucher (B. Jaarb. III. S. 420—422).

1046. S. Hirculus L. ist, nach Warming (Bot. Tidsskr. Bd. 16. 1866. S. 25), ausgeprägt protandrisch auf Spitzbergen. Nach Ekstam beträgt auf Nowaja Semlja der Durchmesser der geruchlosen, honiglosen (?), leicht protandrischen Blüten 12—25 mm. Als Besucher wurden Fliegen beobachtet.

1047. S. rotundifolia L. [H. M., Alpenblumen S. 89, 90.] — AB. D. — Die weissen, mit purpurroten Punkten besprengten Blumen sind so ausgeprägt protandrisch, dass spontane Selbstbefruchtung ausgeschlossen ist, während bei Insektenbesuch Kreuzung notwendig erfolgen muss, weil auch das kleinste zum Nektar vordringende Insekt in jüngeren Blüten die Antheren, in älteren eine der beiden Narben berührt.

Als Besucher sah H. Müller fast ausschliesslich Fliegen (2 Empiden, 7 Musciden, 5 Syrphiden), ausserdem eine Schlupfwespe. Schiner bezeichnet die Syrphide Sphegina clunipes Fall. als häufigen Besucher.

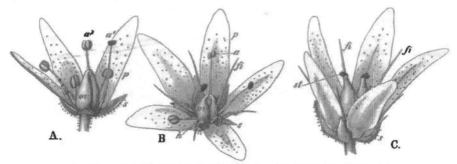

Fig. 148. Saxifraga rotundifolia L. (Nach Herm. Müller.)

A. Blüte im Anfang des ersten (männlichen) Zustandes. *B.* Blüte gegen Ende desselben Zustandes. *C.* Blüte im zweiten (weiblichen) Zustande. (Vergr. 4²/₃ : 1.)

1048. S. stellaris L. [H. M., Alpenblumen S. 90—92.] — AD. — In den sternförmig ausgebreiteten Blüten ist die Reihenfolge in der Entwickelung der Staub- und Fruchtblätter dieselbe, wie bei der vorigen Art, doch greifen die Reifezeiten der Staubblätter mehr ineinander über. In der Regel findet spontane Selbstbestäubung nicht statt, doch erfolgt sie vielleicht bei trübem

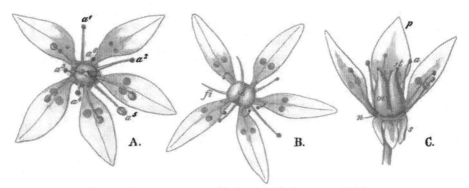

Fig. 149. Saxifraga stellaris L. (Nach Herm. Müller.)

A. Eine hälftig symmetrische Blüte inmitten des ersten (männlichen) Zustandes. *B.* Eine strahlig symmetrische am Ende desselben Zustandes. *C.* Blüte im zweiten (weiblichen) Zustande.

Wetter und ausbleibendem Insektenbesuche. Nach Schulz ist die Gipfelblüte häufig weiblich. Nach Ekstam sind die Blüten im schwedischen Hochgebirge bei Dovre und auf Nowaja Semlja protandrisch, bei Ronderne und Tronfjallet fast homogam.

Auf dem Dovrefjeld sind dagegen, nach Lindman, die Blüten ausgeprägt protandrisch, dagegen fast homogam auf Tronfjeld und in Langlupladen,

wo zuletzt Selbstbestäubung möglich ist. In Grönland beobachtete Warming
(B. Tidsskr. Bd. 16. S. 10—14) neben Protandrie auch Homogamie und Protogynie. Reife Früchte fand er bei Sukkestoppen. Vom 63° n. Br. kommt eine
Form comosa Poir. vor, welche sich durch abfallende Blattrosetten, die aus
vergrünten Blüten hervorgehen, vermehrt.

Als Besucher sah H. Müller fast ausschliesslich Fliegen (1 Dolichopode,
1 Empide, 8 Musciden, 2 Syrphiden), sowie einzelne Käfer, Falter und Hymenopteren.
In Dumfriesshire (Schottland) (Scott-Elliot, Flora S. 72) wurden 1 Empide, 3 Musciden
und 3 Schwebfliegen als Besucher beobachtet.

1049. S. aspera L. [H. M., Alpenblumen S. 92, 93.] — **AD.** — Wie
bereits A. Engler hervorhebt, sind die Blüten ausgeprägt protandrisch. Spontane Selbstbestäubung ist in der Regel ausgeschlossen.

Als Besucher beobachtete H. Müller 2 Musciden; Loew in Pontresina gleichfalls 1 Muscide.

1050. S. bryoides L. [H. M., Alpenblumen S. 93, 94.] — **AD.** — Auch
bei dieser Art hat A. Engler die Protandrie zuerst nachgewiesen. Die Blüteneinrichtung stimmt im ganzen mit derjenigen von S. aspera überein. Nach
Kerner dauert die Blühzeit acht Tage.

Als Besucher sah H. Müller wieder besonders Fliegen (1 Empide, 6 Musciden,
2 Syrphiden), sowie einzelne Käfer und Schlupfwespen.

1051. S. cuneifolia L. — **A.** — Die ausgeprägte Protandrie dieser Art hat
Delpino zuerst angegeben. Nach Kirchner (Beitr. S. 31, 32) schliesst sich die
Blüteneinrichtung nach den von ihm bei Zermatt beobachteten Pflanzen am
nächsten an diejenige von S. stellaris an. Infolge der Protandrie ist Selbst-
bestäubung ausgeschlossen: erst wenn alle Antheren verblüht und von den
Staubfäden abgefallen sind, biegen sich die Griffel auseinander und bieten die
Narben den Besuchern dar. Als solche beobachtete Kirchner 2 Fliegenarten.

1052. S. hieraciifolia W. K. — **AB.** — An Tiroler Exemplaren beobachtete Kerner, dass sich der Blütenstiel gegen Ende der Blühzeit abwärts
krümmt, wodurch die Narben in die Falllinie des Pollens geraten und spontane
Selbstbestäubung erfolgt. Auch an den grönländischen Pflanzen fand Warming,
dass Selbstbestäubung leicht möglich ist. Nach Ekstam beträgt auf Nowaja
Semlja der Durchmesser der stark protandrischen, geruchlosen, unansehnlich grün-
gelben Blüten 5—10 mm. Die grönländischen Pflanzen haben nach Warming
(Bot. Tidsskrift Bd. 16. S. 16—22) mehr oder minder geschlossene Blüten.

1053. S. Seguieri Sprengel. [H. M., Alpenblumen S. 105, 106.] —
AD. — Diese Art ist im Gegensatz zu den meisten anderen Arten dieser
Gattung ausgeprägt protogynisch mit kurzlebigen Narben. Da erst nach dem
Verschrumpfen der letzteren sich die äusseren Antheren zu öffnen beginnen, ist
Selbstbestäubung ausgeschlossen. Besucher sind Fliegen.

1054. S. muscoides Wulfen. [H. M., Alpenblumen S. 106, 107.] —
AD. — Diese Art ist wie die vorige ausgeprägt protogynisch mit kurzlebigen
Narben; auch hier ist Selbstbestäubung ausgeschlossen.

Als Besucher sah H. Müller 6 Fliegen, 1 Käfer, 1 Schlupfwespe, 1 Falter.

Mac Leod beobachtete in den Pyrenäen 2 kurzrüsselige Hymenopteren, 1 Käfer, 5 Fliegen als Besucher. (B. Jaarb. III. S. 422, 423).

1055. S. androsacea L. [H. M., Alpenblumen S. 107, 108.] — AD. — Dies ist eine dritte protogynische alpine Art, doch ist hier später Selbstbestäubung möglich, da die Narben bis zum Aufspringen der ersten Staubbeutel frisch bleiben.

In einer Höhe von mehr als 3000 m fand H. Müller die Blumen noch von einer Schwebfliege (Eristalis tenux L.) besucht.

1056. S. decipiens Ehrhart. (S. caespitosa Auct. non L.). — A. — Die Blüten sind, nach Warming (B. Tidsskr. Bd. 16. S. 18—22), schwach protandrisch, homogam oder auch protogynisch. In denselben ist Selbstbestäubung möglich und auch von Erfolg, da auf Spitzbergen, dem Beeren-Eiland u. s. w. reife Früchte vorkommen. Ausser den Zwitterblüten sind auch weibliche Blüten auf Spitzbergen, dem Dovrefjeld und in Grönland beobachtet.

Als Besucher beobachtete Loew im botanischen Garten zu Berlin: A. Diptera: a) *Muscidae:* 1. Lucilia caesar L.; 2. Scatophaga scybalaria L. b) *Syrphidae:* 3. Eristalis nemorum L., sgd.; 4. Syritta pipiens L., sgd. B. Hymenoptera: *Apidae:* 5. Halictus minutissimus K. ♀, sgd.; 6. H. nitidiusculus K. ♀, sgd.

1057. S. caespitosa L. — A. — Auf dem Dovrefjeld von Lindman homogam mit möglicher Selbstbestäubung und Fruchtbildung beobachtet. Nach Ekstam beträgt auf Nowaja-Semlja der Durchmesser der schwach duftenden Blüten 5—12 mm. Bei den fast homogamen und · den stark protandrischen Blüten ist Selbstbestäubung verhindert, bei den protogyn-homogamen möglich.

Als Besucher wurden von Lindman zahlreiche Fliegen bemerkt.

Holmgren beobachtete auf Spitzbergen als häufige Besucher die Hymenopteren Hemiteles septentrionalis Holmgr. und Orthocentrus pedestris Holmgr., sowie die Muscide Aricia (Chortophila) megastoma Bohem. ·

1058. S. rivularis L. — AB. — [Warming, Bot. Tidsskr. Bd. 16. S. 7—10.] — Die unansehnlichen Blüten dieser hochnordischen Art sind, nach Lindman und Warming, zuerst schwach protogynisch und dann homogam mit leicht möglicher Selbstbestäubung. Die Fruchtbildung erfolgt frühzeitig und schnell. Warming beobachtete auf Spitzbergen auch rein weibliche Pflanzen mit den Überresten der Staubblätter.

1059. S. stenopetala Gaudin. [H. M., Alpenblumen S. 108, 109.] — AD. — In dieser ausgeprägt protandrischen Art ist Selbstbestäubung ausgeschlossen. (S. Fig. 150.) Auch hier sind als Besucher Fliegen beobachtet.

1060. S. adscendens L. (= S. controversa Sternb.) — A. — Nach Kerner sind die Blüten protogynisch. Zuerst sind nur die Narben entwickelt, so dass Fremdbestäubung erfolgen kann; dann springen die Antheren der äusseren Staubblätter auf und geben ihren Pollen an die Narben, indem sie sich über diesen zusammenneigen, so dass bei ausgebliebenem Insektenbesuche spontane Selbstbestäubung möglich ist. Im dritten Blütenzustande schrumpfen die Narben ein, während die Antheren der inneren Staubblätter aufspringen und den Pollen den besuchenden Insekten darbieten.

Nach Lindman sind die Blüten auf dem Dovrefjeld homogam mit erfolgreicher Selbstbestäubung.

Nach Kerner ist S. controversa trimonöcisch.

1061. S. longifolia Lap. — A. — Die zu grossen, reichblütigen Inflorescenzen vereinigten, weissen Blumen sind, nach Mac Leod, in den Pyrenäen protandrisch, gegen Ende der Blütezeit homogam, so dass alsdann noch spontane Selbstbestäubung möglich ist. Die Blühzeit dauert, wie es scheint, mehrere Wochen, und die verschiedenen Blütenzustände folgen sehr langsam aufeinander.

Als Besucher sah Mac Leod einige Musciden. (B. Jaarb. Ill. S. 425.)

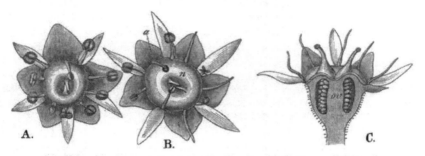

Fig. 150. Saxifraga stenopetala Gaud. (Nach Herm. Müller.)
A. Blüte im Beginn des ersten (männlichen) Zustandes. *B.* Blüte gegen Ende desselben Zustandes. *C.* Blüte im zweiten (weiblichen Zustande.)

1062. S. ajugifolia L.
Als Besucher beobachtete Mac Leod in den Pyrenäen 4 Fliegenarten.

1063. S. granulata L. [Sprengel S. 242—244; H. M., Weit. Beob. I. S. 296, 297; Knuth, Ndfr. Ins. S. 154; Bijdragen.] — Die weissen Blüten sind ausgeprägt protandrisch. Nach Sprengel befindet sich das grüne Nektarium oben auf dem Fruchtknoten. Der Kelch hält die Kronblätter so eng zusammen, dass sie eine Röhre bilden, in deren Grunde der Nektar vor Regen geschützt ist. Beim Öffnen der Blüte sind die Antheren noch geschlossen, ihre Staubfäden noch kurz. Alsbald verlängern sich zwei Filamente und stellen sich so schräg, dass ihre nunmehr geöffneten Antheren sich gerade über dem Stempel befinden. Haben diese ausgeblüht, so legen sie sich gegen die Kronblätter zurück, und zwei bis drei andere treten an ihre Stelle. Während des etwa dreitägigen Blühens der Staubblätter liegen die Griffel mit unentwickelten Narben dicht an einander. Erst nachdem die Antheren ausgestäubt haben, verlängern sich die Griffel und spreizen sich auseinander, so dass ihre Narben jetzt da stehen, wo in dem ersten (männlichen) Blütenzustande sich die Antheren befanden.

Die Blütengrösse wechselt, ohne dass, nach Kirchner, damit sonstige Unterschiede verbunden sind.

Als Besucher sah ich bei Kiel eine Schwebfliege (Eristalis arbustorum L.), sgd., ferner Meligethes; Sprengel schildert die Befruchtung durch Calliphora vomitoria L.

H. Müller (1) und Buddeberg (2) beobachteten:

A. Coleoptera: a) *Curculionidae*: 1. Miarus graminis Gyll. (2). b) *Dermestidae*: 2. Anthrenus scrophulariae L. (1). B. Diptera: a) *Empidae*: 3. Empis tesselata F., sgd. (1). b) *Syrphidae*: 4. Eristalis arbustorum L., sgd. (1). C. Hymenoptera: a) *Apidae*: 5. Anthrena schrankella Nyl. ♂, sgd. (1); 6. Halictus malachurus K. ♀, sgd. und psd. (1); 7. H. minutissimus K. ♀, sgd. und psd. (1); 8. H. morio L. ♀, sgd. und psd. (1); 9. H. nitidiusculus K. ♀, sgd. und psd. (1). b) *Tenthredinidae*: Cephus sp. (1).

Mac Leod beobachtete in den Pyrenäen 2 kurzrüsselige Bienen, 4 Musciden als Besucher. (B. Jaarb. III. S. 423, 424).

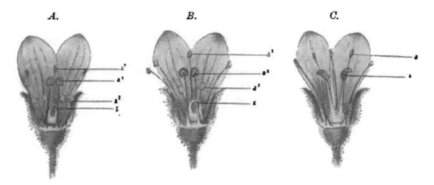

Fig. 151. Saxifraga granulata L. (Nach der Natur.)

A. Blüte in der ersten Hälfte des ersten (männlichen) Zustandes: einige Antheren des äusseren Staubblattkreises sind aufgesprungen oder schon leer, die des inneren noch geschlossen, die Narben sind noch unentwickelt. *B.* Blüte in der zweiten Hälfte desselben Zustandes: alle Antheren des äusseren Staubblattkreises sind leer, die des inneren teils pollenbedeckt, teils noch geschlossen, die Narben noch unentwickelt. *C.* Blüte im zweiten (weiblichen) Zustande: alle Antheren sind entleert, die Narben sind entwickelt. a^1 Antheren des äusseren, a^2 des inneren Staubblattkreises. *s* Narbe.

1064. S. tridactylites L. Nach Sprengel (S. 244—246) stimmt die Blüteneinrichtung mit derjenigen der vorigen Art vollständig überein; auch führt er die Bemerkung Linnés an: „sub florescentia germen stylo stigmatibusque destitutum", welche nicht anders gedeutet werden kann, als dass sich Griffel und Narben erst nach dem Verblühen der Antheren entwickeln.

H. Müller (Weit. Beob. I. S. 297) beschreibt dagegen die kleinen weissen Blüten als schwach protogynisch: Sobald die Blüten sich öffnen, sind die Narben schon entwickelt. Die Antheren springen kurze Zeit nachher eine nach der anderen auf, und zwar zuerst die der äusseren, dann die der inneren Staubblätter. Dabei kommen sie regelmässig von selbst mit den Narben in Berührung, so dass spontane Selbstbestäubung früh eintritt und auch von voller Fruchtbarkeit begleitet ist. Bei trüber Witterung bleiben die Blüten geschlossen oder schliessen sich wieder, wenn sie vorher bereits geöffnet waren. Bei solcher Witterung secerniert das Nektarium, welches den Griffel als gelber fleischiger Ring umschliesst, nicht, während es bei Sonnenschein in den Mittagsstunden glitzernde Honigtröpfchen absondert.

Nach Kerner kommen ausser den Zwitterblüten auch scheinzwitterige

Pollenblüten und scheinzwitterige Stempelblüten auf demselben Stocke vor. Auch nach Warnstorf (Bot. V. Brand. Bd. 38) finden sich neben den protogynen Zwitterblüten auf demselben Individuum auch häufig scheinzwitterige Pollen- und Stempelblüten, indem bald die Frucht-, bald die Staubblätter abortieren.

1065. S. tricuspidata Rottb. — A. — Nach Warming (Bot. Tidsskr. Bd. 16. S. 22—25) sind die sternförmig ausgebreiteten Blüten in Grönland anfangs kurze Zeit schwach protandrisch, dann homogam. Selbstbestäubung ist daher immer möglich, wenngleich in verschiedenem Grade leicht oder schwer. Sie ist von Erfolg, da reife Früchte beobachtet wurden. Ausser den Zwitterblüten beobachtete Warming auch rein weibliche Blüten.

1066. S. flagellaris Willd. Von drei von Spitzbergen stammenden Exemplaren waren, nach Warming (Bot. Tidsskrift, Bd. 16. S. 25—26), zwei protogyn; in dem dritten lagen die Antheren der äusseren Staubblätter an der Narbe, so dass spontane Selbstbestäubung erfolgen musste. Nach Ekstam sind auf Nowaja-Semlja die geruchlosen Blüten schwach protandrisch oder homogam, wobei Selbstbestäubung leicht möglich ist.

1067. S. Cotyledon L. — A. — Nach Briquet (Etudes) finden in diesen protandrischen Blüten aufeinander folgende Bewegungen der äusseren und inneren Staubblätter gegen die Blütenmitte hin statt. Der Durchmesser der Krone beträgt bis zu 15 mm. Der Honig wird von der grünen Scheibe ausgeschieden. Die auf den Kronblättern anfliegenden Fliegen bewirken regelmässig Fremdbestäubung. Kirchner fügt hinzu, dass die Blüteneinrichtung dieser Art bereits von Sprengel (Entd. Geheimnis S. 246) und von Lindman (Bihang till Kongl. Sv. Vet. Akad. Handlingar. XII. Band. Afd. III. Stockholm. 1887. S. 60) beschrieben worden ist.

Auch auf dem Dovrefjeld sind die ziemlich stark nach Äpfeln duftenden Blüten, nach Lindman, ausgeprägt protandrisch. Dieselben wurden von zahlreichen Fliegen, sowie von einer Hummel besucht.

1068. S. hypnoides L.

In Dumfriesshire (Schottland) (Scott-Elliot, Flora S. 71) wurden 1 Empide und 3 Musciden als Besucher beobachtet.

1069. S. cernua L. — A. — Die ansehnlichen Blüten sind, nach Lindman und nach Warming (Bot. Tidsskr. Bd. 16. S. 3—6), sowohl auf dem Dovrefjeld als auch in Grönland, Nordland, Finnmarken und auf Spitzbergen ausgeprägt protandrisch, doch zuweilen auch protogyn, vielleicht als Übergang zur weiblichen Blüte. Als Ersatz mangelhafter Fruchtbildung findet sowohl in den nordischen Gegenden, als auch, nach Kerner, in Tirol Vermehrung durch Bulbillen, die an Stelle der Blüten treten, statt.

Nach Ekstam beträgt auf Nowaja Semlja der Durchmesser der schwach mandelartig duftenden, augenfälligen Blüten bis 20 mm. Sie sind meist protogyn-homogam, zuweilen protandrisch-homogam.

Als Besucherin wurde eine mittelgrosse Fliege beobachtet.

1070. S. nivalis L. — AB. — Die Blüten sind klein und unansehnlich, da die aufrecht stehenden Kronblätter wenig länger als der Kelch sind. Nach

Warming (Bot. Tidskr. Bd. 16. S. 14—17) ist die Protogynie schwach ausgeprägt, nicht selten findet sich Homogamie, an kultivierten Exemplaren auch Protandrie. Homogamie mit Neigung zu schwacher Protandrie beobachtete auch Lindman an den Pflanzen des Dovrefjelds. Selbstbestäubung ist, nach Warming, bei den protandrischen Pflanzen unvermeidlich, dagegen bei den norwegischen wegen der zurückgebogenen Staubblätter weniger leicht möglich. Sowohl Lindman, als auch Warming beobachteten reife Früchte.

Nach Ekstam sind auf Nowaja Semlja die Blüten, deren Durchmesser nach Kjellman im arktischen Sibirien 10 mm beträgt, protandrisch, teils jedoch homogam oder schwach protogyn-homogam.

Als Besucher wurden mittelgrosse Fliegen beobachtet.

1071. Bei Saxifraga juniperifolia kommt, nach Kerner (Pflanzenleben II. S. 324) dadurch Geitonogamie zu Stande, dass zwar die Richtung des Griffels und die Lage der Narbe unverändert bleiben, aber die Staubfäden sich so weit strecken und krümmen, dass der Pollen auf die Narben der Nachbarblüten gelangen kann.

1072. S. umbrosa L.

Plateau beobachtete Apis, Anthrena nana K., Megachile ericetorum Lep. (= fasciata Sm.), Odynerus quadratus Pz. (?), Melanostoma mellina L., Helophilus pendulus L., Syrphus corollae F., Lucilia caesar L. als Blütengäste.

1073. S. (Bergenia) crassifolia L.

Die protogynischen Blüten sah H. Müller (Befr. S. 94; Weit. Beob. I. S. 298) von honigsaugenden Apiden (Apis, Bombus hortorum L. ♀, B. pratorum L. ♀) besucht und befruchtet. Loew beobachtete im bot. Garten zu Berlin B. terrester L. ♀, sgd.

1074. Bergenia subciliata A. Br.

Als Besucher beobachtete Loew im botanischen Garten zu Berlin: A. Hymenoptera: a) *Apidae:* 1. Anthophora pilipes F. ♂, sgd.; 2. Apis mellifica L. ☿, sgd.; 3. Osmia rufa L., sgd. b) *Vespidae:* 4. Odynerus parietum L. ♀ ♂. B. Lepidoptera: *Rhopalocera:* 5. Colias rhamni L., sgd.

229. Chrysosplenium Tourn.

Homogame, protogynische oder schwach protandrische, unansehnliche, goldgelbe oder grünliche Blüten mit freiliegendem Nektar, der von einer die Griffel umgebenden Scheibe abgesondert wird. Die die Blüten' umgebenden Laubblätter sind meist goldgelb überlaufen und tragen zur Augenfälligkeit bei. Ausser den Zwitterblüten kommen auch häufig rein männliche Blumen vor.

1075. Ch. alternifolium L. [Sprengel, S. 241; Ricca, Atti XIII. 3. S. 257; H. M., Befr. S. 92—94; Mac Leod, B. Jaarb. VI. S. 290—291; Kirchner, Flora S. 406; Warming, Arkt. Vaext. Biol. S. 7; Lindman a. a. O.; Kerner, Pflanzenleben II.; Knuth, Bijdragen.] — Die unscheinbaren gelben Blüten sind, nach H. Müller, homogam, nach Ricca auch schwach protogynisch mit langlebigen Narben. Ekstam bezeichnet die Blumen von Nowaja Semlja als protogyn-homogam. Ich fand die Blüten bei Kiel nur homogam. Jede Blume bildet ein flaches Näpfchen von 5—7 mm Durchmesser,

aus dessen Mitte die beiden, etwa 1 mm langen Griffel etwas nach aussen
gebogen hervorragen. Sie tragen an der Spitze die etwas verdickte, glatte
Narbe und sind am Grunde ringsum von einer breiten, fleischigen, gelblichen
Scheibe umgeben, auf welcher sich zahlreiche Nektartröpfchen zu einer ganz
flachen Schicht ausbreiten. Die acht Staub-
blätter stehen aufrecht; die Antheren erheben sich etwa 1 mm über der Scheibe
und stehen in gleicher Höhe mit den
während der ganzen Blütezeit empfängnisfähig bleibenden Narben. Sie öffnen sich
einzeln nach einander und bedecken sich
alsbald ringsum mit Pollen. Da die Kronblätter fehlen und die vier Kelchblatt-
zipfel sich flach auseinanderbreiten, so
bilden die meist 6—12 oder mehr dicht

Fig. 152. Chrysosplenium alternifolium L. (Nach E. Warming.)
Längsschnitt durch eine Blüte (8 : 1).

trugdoldig zusammenstehenden Einzelblüten fast ·eine Ebene, deren Verbreiterung die obersten, goldgelben Laubblätter sind, so dass eine ansehnliche Fläche
entsteht, welche zahlreiche kleine kurzrüsselige Insekten anlockt. Indem diese
meist mit der einen Körperseite ein oder mehrere Staubblätter, mit der anderen die Narbe berühren, so bewirken sie· meist Fremdbestäubung, doch erfolgt durch die unregelmässig in den Blüten und auf der Blütenstandsebene
umherkriechenden Insekten auch häufig Selbstbestäubung. Letztere kann nur
dann spontan erfolgen, wenn ausnahmsweise die Blüten sich in senkrechter oder
fast senkrechter Stellung befinden, so dass alsdann Pollen auf die Narben herabfallen kann. Nach Kerner krümmt sich der Blütenstiel später abwärts, wodurch die Blüten in eine nickende oder hängende Stellung gelangen, so dass
die Narbe in die Falllinie des Pollens kommt, mithin spontane Selbstbestäubung
erfolgen muss.

Auch Lindman fand die Blüten des Dovrefjelds homogam, aber wegen
der Entfernung der Antheren von der Narbe ist auch hier spontane Selbstbestäubung kaum möglich. Die dort beobachteten Blumen hatten einen grösseren
Durchmesser (7 mm), als die Pflanzen der Umgegend von Stockholm.

Nach Kerner kommt in späteren Blütenstadien die Narbe dadurch in
die Falllinie des Pollens, dass der Blütenstiel sich· in entsprechender Weise
krümmt.

H. Müller macht noch darauf aufmerksam, dass die Befruchtung des
Milzkrautes auch gelegentlich durch Schnecken bewirkt werden kann. Er
fand auf zahlreichen Blüten kleine Schnecken (junge Succinea) bald umherkriechend, bald einen Griffel oder ein oder einige Staubblätter verzehrend. In
den von diesen Schnecken auf den Blüten hinterlassenen Schleimstreifen konnte
Müller in der Regel Pollenkörner sehen, ja in mehreren Fällen unmittelbar
die Verschleppung des Pollens auf die Narbe erkennen. Ich kann diese Beobachtung insoferne bestätigen, als ich die Schnecken zwar nicht in ihrer
Thätigkeit selbst beobachtet habe, wohl aber in den Blüten häufig kleine,

offenbar von Schnecken herrührende Schleimstreifen bemerken konnte, sowie auch an zahlreichen Blüten und Blättern die Thätigkeit der Schnecken, indem ich Blattränder oder -Flächen oder auch Blütenteile abgeweidet fand. Ausserdem bemerke ich zahlreiche Ameisen und winzige Musciden in den Blüten honigleckend, doch habe ich die Arten nicht gesammelt und bestimmt.

Als Besucher beobachtete Herm. Müller:

A. Coleoptera: a) *Colydiidae*: 1. Corticaria gibbosa Hbst. b) *Curculionidae*: 2. Apion onopordi K.; 3. A. varipes Germ. c) *Phalacridae*: 4. Olibrus aeneus F. B. Diptera: a) *Cecidomyiidae*: 5. 6 Exemplare. b) *Chironomidae*: 6. 3 Ex.; lauter winzige Arten. c) *Muscidae*: 7. Sciomyza cinerella Fall. d) *Mycetophilidae*: 8. 5 Ex. e) *Simulidae*: 9. Simulia sp. C. Hymenoptera: a) *Cynipidae*: 10. Eucoila Westw. sp. b) *Formicidae*: 11. Lasius niger L. ⚥; 12. Myrmica levinodis Nyl. ⚥; 13. M. ruginodis Nyl. ⚥. Sämtl. hld.

In den Alpen bemerkte H. Müller 12 Dipteren, 1 Ameise, 2 Schlupfwespen, 1 Käfer an den Blüten (Alpenbl. S. 89).

Alfken beobachtete bei Bremen: *Apidae*: 1. Anthena gwynana K. ♀ ♂, sgd.; 2. A. parvula K. ♀ ♂, sgd.; Mac Leod in Flandern 2 Mücken, 3 kurzrüsselige Hymenopteren, 3 Käfer, 1 Netzflügler (Bot. Jaarb. VI. S. 291); Burkill (Fert. of Spring Fl.) an der Küste von Yorkshire: A. Coleoptera: 1. Lathrimaeum atrocephalum Gyll.: 2. Tachyporus chrysomelinus L. B. Diptera: *Muscidae*: 3. Cecidomyia sp. und 3 andere kleine Fliegen. C. Hemiptera: 4. 1 sp., sämtlich sgd.

1076. Ch. oppositifolium L. [H. M., Weit. Beob. I. S. 298.] — Die Zwitterblüten sind, nach H. Müller, protogynisch mit langlebigen Narben. Im übrigen stimmt die Blüteneinrichtung, mit derjenigen der vorigen Art im ganzen überein, doch sind die Blüten und die sie umgebenden Hochblätter kleiner und weniger kräftig gefärbt; auch ist spontane Selbstbestäubung leicht möglich. Die Pflanze ist andromonöcisch, denn sie entwickelt, wenn sie in dichten Rasen wächst, nach Kobus (Deutsche Bot. Monatsschr. I. Nr. 5), zahlreiche rein männliche Blüten.

Burkill (Fert. of Spring Flowers in Journ. of Bot. 1897) bemerkt, dass die Pflanze an der Yorkshire-Küste gynodiöcisch ist, und zwar ist die weibliche Pflanze durch das ganze Gebiet häufig. Sie ist leicht an ihren grünlichen Blüten kenntlich, da ihnen die goldgelbe Färbung der Zwitterblüten fast fehlt. Die weiblichen Blüten sind kleiner als die zweigeschlechtigen; sie lassen keine Spur von Staub erkennen und auch die Antheren fehlen beinahe vollständig und sind funktionslos.

Als Besucher sah H. Müller 2 Käfer und 2 Fliegen, welche den deutlich sichtbaren Honigtröpfchen nachgingen, nämlich: Coccinella bipunctata L. und impustulata L.; Chlorops scalaris Mg. und Musca domestica L.

Burkill (Fert. of Spring Fl.) beobachtete an der Küste von Yorkshire: A. Araneida: 1. 1 sp., auf der Lauer liegend. B. Collembola: 2. Lepidocyrtus sp. C. Diptera: a) *Muscidae*: 3. Lonchoptera sp.; 4. Sepsis nigripes Mg. b) *Mycetophilidae*: 5. Exechia sp.; 6. Sciara sp. c) *Syrphidae*: 7. Melanostoma quadrimaculata Verrall. d) *Tipulidae*: 8. Chironomus sp. D. Hymenoptera: *Ichneumonidae*: 9. eine kleine sp. E. Thysanoptera: 10. Thrips sp.

In Dumfriesshire (Schottland) (Scott-Elliot, Flora S. 72) wurden 1 Schlupfwespe, 3 Musciden und 1 Käfer als Besucher beobachtet.

1077. Ch. tetrandrum Th. Fr. Warming (Arkt. Vaext. Biol. S. 4—7) untersuchte Pflanzen, die von Spitzbergen stammten: Die Blüten sind grünlich, weniger offen als bei den vorigen Arten, und ihr Nektarium ist kaum entwickelt. Ausser Homogamie fand sich auch schwache Protandrie. Durch Berührung der Narbe mit den Antheren der beiden äusseren Staubblätter wird

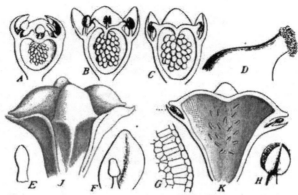

Fig. 153. Chrysosplenium tetrandrum Th. Fries. (Nach E. Warming.)
A. Längsschnitt durch eine Blume, welche noch beinahe geschlossen ist. Antheren geschlossen; Griffel kurz. *B.* Längsschnitt durch eine jüngere, aber in voller Blüte stehende Blume. Die Narben berühren z. T. die offenen Antheren, welche eine Menge Pollen auf sie abladen. (Vgl. *D.*) *C.* Eine befruchtete Blume. Frucht- und Samenbildung haben begonnen; die freien Teile erheben sich mehr und die Blumenblätter haben sich mehr geschlossen. *D.* Griffel von Fig. *B*, stärker vergrössert, die Narbe mit zahlreichen Pollenkörnern bedeckt. *E. F.* Sterile Staubblätter, das letzte in Verbindung mit seinem Blumenblatt. *G.* Längsschnitt durch ein steriles Staubblatt. *H.* Normale Anthere. *J.* Nicht ganz reife Frucht. *K.* Längsschnitt durch eine ähnliche Frucht; die Samenkörner sind entfernt, aber die Funicula sind noch teilweise vorhanden. (*A. B. C. J. K.* Vergr. 8 : 1.)

regelmässig spontane Selbstbestäubung herbeigeführt, die von Erfolg ist, da fast jede Blüte Frucht ansetzt.

1078. Heuchera cylindracea Lindl. Loew beobachtete im botanischen Garten zu Berlin:

Hymenoptera: *Apidae*: 1. Apis mellifica L. ⚨, sgd.; 2. Halictus cylindricus F. ♀, sgd.

1079. Tellima grandiflora Dougl. Loew beobachtete im botanischen Garten zu Berlin:

A. Hymenoptera: *Apidae*: 1. Apis mellifica L. ⚨, sgd. B. Lepidoptera: *Rhopalocera*: 2. Pieris brassicae L., sgd.

1080. Tiarella cordifolia L. ist, nach Francke (Diss.), protogynisch. Die Antheren reifen nach langen Zwischenpausen.

230. Parnassia L.

Weisse, ausgeprägt protandrische Blumen mit halbverborgenem Nektar. Vor den Kronblättern stehen fünf drüsig gefranste Staminodien, deren Scheibe an der Innenseite in zwei flachen Aushöhlungen spärlich Nektar ziemlich offen absondert.

1081. P. palustris L. [Sprengel, S. 166—173; Christ. Wilh. Ritter in Hoppes Bot. Taschenbuch (Regensburg) 1803. S. 181, Nachschrift; Delpino, Ult. oss. S. 168; H. M., Befr. S. 144; Alpenbl. S. 111—113; Kerner, Pflanzenleben II.; Verhoeff, Norderney; Knuth, Nordfr. Ins. S. 34—35, 150; Notizen.] — Protandrische Insektentäuschblume. — Die Bluteneinrichtung wird schon von Sprengel in gründlicher Weise geschildert, doch ist er darüber zweifelhaft geblieben, ob diese Art eine Tag- oder eine Nachtblume sei. Nach Sprengel haben Ritter, H. Müller u. a. sich mit dieser höchst interessanten Blüte beschäftigt; die Enträtselung der Bedeutung der einzelnen Blütenteile verdanken wir besonders H. Müller: Vor den fünf weissen,

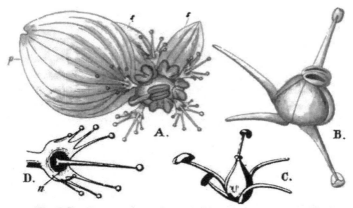

Fig. 154. Parnassia palustris L. (Nach Herm. Müller.)

A. Blüte nach Entfernung von 3 Kelch- und 4 Kronblättern, von oben gesehen, eben nach dem Aufblühen. Ein Staubblatt hat sich gestreckt, den Staubbeutel auf die Mitte des Stempels, dessen Narben noch unentwickelt sind, gelegt und ist im Begriffe aufzuspringen und seine nach oben liegende Aussenfläche mit Pollen zu bedecken. *B.* Blüte nach Entfernung von Kelch, Blumenkrone und Staminodien. Vier Staubblätter haben bereits ausgestäubt und sich zurückgebogen, das fünfte, oben mit Pollen bedeckt, liegt auf dem (noch unentwickelten) Stempel. *C.* Dieselbe Blüte im zweiten (weiblichen) Zustande. Die Staubblätter haben sämtlich ausgestäubt, die (hier dreistrahlig gezeichnete, sonst meist vierstrahlige) Narbe dagegen ist entwickelt. *D.* Staminodium. Stärker vergrössert. *n* Honig.

mit vertieften, farblosen Adern durchzogenen Kronblättern stehen fünf eigentümliche, gelbgrüne Organe, Staminodien, von denen jedes einen kurzen, breiten Stiel besitzt, der sich zu einer Scheibe mit 7—13, selbst bis 25 gestielten, der Anlockung dienenden Drüsen erweitert. Zu jeder Seite des Stielansatzes wird etwas Nektar abgesondert. Wenn die Blüte sich öffnet, liegen die mit noch kurzen Staubfäden versehenen und geschlossenen Antheren dem kegelförmigen Stempel dicht an, dessen Narben gleichfalls noch unentwickelt sind. Nun reifen die Staubblätter eins nach dem anderen heran, indem der Staubfaden sich soweit streckt, dass die Anthere gerade auf der Spitze des Fruchtknotens liegt und dabei die aufgesprungene, pollenbedeckte Seite nach oben kehrt. Nach etwa einem Tage hat es ausgeblüht und biegt sich nach aussen, während ein anderes seine Stelle auf der Spitze des Stempels einnimmt u. s. f. Sind nach vier

Tagen alle Staubbeutel leer, so entfalten sich am fünften die Narben auf der Spitze des Fruchtknotens, so dass sich diese jetzt genau an der Stelle befindet, wo im ersten (männlichen) Blütenzustande eine aufgesprungene Anthere lag.

Die Drüsenknöpfchen der Staminodien locken durch ihren Glanz Insekten herbei, denen sie das Vorhandensein von reichlichem Honig vorspiegeln. Klügere Insekten lassen sich hierdurch jedoch nicht täuschen, während dumme (Fliegen und Käfer) sich immer wieder herbeilocken lassen und, indem sie dem spärlichen Nektar nachgehen, Fremdbestäubung herbeiführen. Zwar gehen die kleineren Fliegen meist rings in der Blüte herum und lecken dabei von dem Nektar, ohne Pollen oder Narben zu berühren, und sind daher für die Blüte nutzlos; die grösseren dagegen setzen sich zum Zweck des Honigsaugens meist auf die Blüten-mitte und drehen sich im Kreise von einem Nektarium zum andern, so dass sie in jüngeren Blüten ihre Unterseite mit Pollen bedecken, den sie in älteren auf die Narbe bringen [1]).

In den Alpen sind die Blüten sehr klein (Durchmesser 25—13 mm), auch sind hier nur drei Narben vorhanden (s. Figur), während sich sonst vier finden. Auch im skandinavischen Hochgebirge sind, nach Lindman, die Blüten oft sehr klein, sinkt doch ihr Durchmesser hier sogar auf 11 mm. Nach demselben Forscher haben die Blumen dort einen angenehmen Honigduft.

Eine merkwürdige Beobachtung machte ich an Blüten, welche ich (im September 1896) an einer vor Sonne geschützten Stelle in meinem Arbeitszimmer in Wasser gestellt hatte und so eine Woche blühend erhielt: Die Knospen ent-wickelten sich hier zu rein homogamen Blumen; die fünf Staubblätter standen sämtlich divergierend aus der Blüte hervor und hatten ihre aufgesprungenen An-theren nach aussen gewendet. Die Narbe war mit ihnen gleichzeitig entwickelt, so dass nun in den schräg gestellten Blüten Pollen auf dieselbe fallen konnte, was auch bei einzelnen geschah. Es verhielten sich also die Blüten im Zimmer durchaus anders als in der freien Natur,- und es bestätigt sich auch in diesem Falle die Richtigkeit der Mahnung Sprengels (Entd. Geh. S. 22), sich nicht die Blumen aus den Gärten oder vom Felde holen zu lassen, sondern sie viel-mehr an ihren natürlichen Standorten zu untersuchen.

Als Besucher beobachteten Herm. Müller (1) und ich (!):

A. Coleoptera: *Coccinellidae*: 1. Coccinella conglobata L., sehr häufig, hld. (1); 2. C. septempunctata L., w. v. (1, !). B. Diptera: a) *Muscidae*: 3. Aricia sp. (!); 4. Lucilia

---

[1]) Schon in meinem Werke: „Blumen und Insekten auf den nordfriesischen Inseln" (S. 34, 35) habe ich (1892) darauf hingewiesen, dass die Bezeichnung „Insektentäusch-blume" nicht ganz zutreffend ist, da Parnassia mindestens soviel Nektar absondert wie die meisten Umbelliferen. Dieser ziemlich reichlich abgesonderte Saft bringt allerdings auf der menschlichen Zunge ein Gefühl von Süssigkeit nicht hervor. Dass er jedoch den auch durch den ausgeprägten Honiggeruch der Blüten angelockten Insekten mundet, zeigt der Eifer, mit welchem sie ihm nachgehen, und auch die zahlreichen Verletzungen der „Saftmaschinen" lassen auf ein Anbohren und Aussaugen des Nektariums schliessen. Prof. Ludwig in Greiz teilte mir brieflich mit, dass er meine Ansicht durchaus teile und fügt hinzu, dass er nicht begreifen könne, wie man die Blume als „Täuschblume" habe bezeichnen können.

caesar L. (!); 5. Pollenia vespillo F., sgd. (1); 6. Sarcophaga carnaria L. (1, !); 7. Kleinere Musciden (1). b) *Syrphidae*: 8. Eristalis arbustorum L. (1, !); 9. E. nemorum L. (1, !); 10. E. pertinax L. (!); 11. E. tenax L. (!); 12. Helophilus floreus L., häufig, sgd. (1); 13. H. pendulus L., besonders häufig (!); 14. Melanostoma mellina L., sgd. (1, !); 15. Melithreptus menthastri L., sgd. (1); 16. M. scriptus L., sgd. (1); 17. M. taeniatus Mg., sgd. (1, !); 18. Syritta pipiens L., häufig, sgd. (1, !); 19. Syrphus balteatus Deg., sehr häufig, sgd., bisweilen auch pfd. (1, !); 20. S. excisus Zett., sgd. (1); 21. S. pyrastri L., häufig, sgd. (1, !); 22. S. ribesii L., häufig, wie sämtl. vor. sgd. (1, !). c) *Tipulidae*: 23. Tipula oleracea L. (1). C. Hymenoptera: a) *Formicidae*: 24. Formica sp. (!). b) *Ichneumonidae*: 25. Zahlreiche kleinere Arten, sgd. (1). c) *Sphegidae*: 26. Gorytes campestris Müll. (1); 27. Pompilus viaticus L. (1). d) *Tenthredinidae*: 28. Tenthredo sp., sgd. (1).

Alfken (1) und Leege (2) beobachteten auf Juist: A. Coleoptera: *Telephoridae*: 1. Cantharis fulva Scop., hfg. (1, 2). B. Diptera: a) *Dolichopidae*: 2. Dolichopus plumipes Scop. (2). b) *Muscidae*: 3. Cynomyia mortuorum L. (1); 4. Lucilia caesar L. (1); 5. Spilogaster quadrum F., hfg. (1); 6. S. spec. (1). c) *Stratiomydae*: 7. Nemotelus notatus Zett., hfg., pfd., sgd. (1); 8. Odontomyia viridula F., einzeln (1). d) *Syrphidae*: 9. Eristalis arbustorum L. (1); 10. Melithreptus strigatus Staeg. ♀ ♂, hfg. (1); 11. Platycheirus spec. (1); 12. Syrphus balteatus Deg., hfg. (1); 13. S. trilineatus L., selten (1). C. Hymenoptera: a) *Formicidae*: 14. Lasius niger L. (1). b) *Ichneumonidae*: 15. Glypta fronticornis Gr. (2); 16. Lissonota commixta Hgr. (2). c) *Scoliidae*: [17. Tiphia femorata F. ?, einmal (1). D. Lepidoptera: a) *Satyridae*: 18. Hipparchia semele L., s. hfg., sgd. (1). b) *Noctuidae*: 19. Plusia gamma L., hfg., sgd. (1). Verhoeff auf Norderney: A. Coleoptera: *Nitidulidae*: 1. Meligethes aeneus L., einzeln. B. Diptera: *Bibionidae*: 2. Dilophus vulgaris Mg., s. hfg.

Lindman beobachtete auf dem Dovrefjeld zahlreiche Fliegen, einen Käfer und 1 Falter; Herm. Müller in den Alpen 43 Fliegenarten, 2 Käfer, 8 Hymenopteren, 6 Falter; Mac Leod in den Pyrenäen 1 Schlupfwespe, 1 Falter, 1 Schwebfliege, 7 Musciden als Besucher (B. Jaarb. III. S. 424, 425); Delpino bei Florenz eine Schwebfliege: Helophilus floreus L.

Burkill (Flowers and Insects in Great Britain Pt. I) beobachtete an der schottischen Ostküste:

A. Coleoptera: *Nitidulidae*: 1. Meligethes picipes Sturm, sgd. B. Diptera: a) *Bibionidae*: 2. Scatopse brevicornis Mg. b) *Muscidae*: 3. Anthomyia brevicornis Ztt., pfd.; 4. A. radicum L., häufig, sgd.; 5. Calliphora erythrocephala Mg., sgd.; 6. Coelopa sp., pfd.; 7. Hydrellia griseola Fall.; 8. Phytomyza sp.; 9. Sarcophaga sp.; 10. Sepsis cynipsea L. c) *Phoridae*: 11. Phora sp. d) *Syrphidae*: 12. Eristalis tenax L.; 13. Helophilus pendulus L., sgd.; 14. Melanostoma mellina L.; 15. Platycheirus albimanus F.; 16. Sphaerophoria scripta L., sgd. e) *Tipulidae*: 17. Sciara sp. C. Hemiptera: 18. Eine sp. D. Hymenoptera: a) *Formicidae*: 19. Formica fusca L., sgd.; 20. Myrmica rubra L., sgd. b) *Ichneumonidae*: 21. 3 sp.

61. Familie Umbelliferae Juss.

Sprengel, S. 153—159; H. M., Befr. S. 96, 97; Drude in Engler und Prantl. Die Natürl. Pflanzenfam. III. 8. S. 88 ff.; Knuth, Flora von Schleswig-Holstein S. 326; Ndfr. Ins. S. 75, 76; Grundriss, S. 59, 60.

Indem die kleinen Blüten zu ansehnlichen Blütenständen (meist zusammengesetzten und dabei oft strahlenden Dolden, seltener Köpfchen) zusammentreten,

werden sie für die Insekten von weitem bemerkbar. Als weiteres Anlockungsmittel dient bei nicht wenigen ein oft sehr starker, aromatischer Geruch. Der
Honig wird von dem Stempelpolster abgesondert und liegt bei den Pflanzen mit
zusammengesetzter Dolde frei in der Blütenmitte; bei denjenigen mit kopfigem
Blütenstande (Eryngium u. s. w.) dagegen wird er im Grunde einer durch. die
aufrecht stehenden Blumenkronblätter gebildeten Röhre geborgen. Es gehören
daher die meisten Umbelliferen der Blumenklasse A, einige auch B' an. —
Durch protandrische Dichogamie ist bei Insektenbesuch Fremdbestäubung möglich;
die Reichlichkeit und Mannigfaltigkeit desselben steigert sich mit der Augenfälligkeit der Blütenschirme. Protogynie ist selten (Echinophora spinosa L.);
hin und wieder findet sich Homogamie.

Kerner (Pflanzenleben II. S. 321) bezeichnet die Gattungen Eryngium
und Hacquetia als protogynisch, weil die Pollenblätter anfangs noch hakenförmig einwärts gekrümmt und die Antheren noch geschlossen sind, während die
bereits klebrigen, glänzenden Narben schon weit aus der Knospe hervorragen.
Auch die Arten von Aethusa, Astrantia, Caucalis, Pachypleurum,
Scandix und Turgenia bezeichnet Kerner (a. a. O.) als protogynisch, doch
vermag ich diese Auffassung Kerners nicht zu teilen, sondern stimme Kirchners
Anschauung zu, welcher sich in einem Vortrage: „Die Blüten der Umbelliferen"
(Jahreshefte des Vereins f. vaterl. Naturkunde in Württ. 1892, p. IXC—XCI)
in folgender Weise äussert: Diese Behauptung Kerners dürfte in Zweifel zu
ziehen sein, da sie nicht näher begründet ist und bezüglich des grössten Teiles
ihres Inhaltes mit den Angaben anderer sorgfältiger Beobachter im Widerspruch
steht. Vergl. wegen Aethusa: Sprengel, Entd. Geheimn. S. 153; A. Schulz
Beitr. II. S. 84; — Astrantia: H. Müller, Befr. d. Bl. d. Ins. S. 97;
A. Schulz a. a. O. I. S. 41; — Caucalis: daselbst S. 59; — Eryngium:
H. Müller a. a. O. S. 97; A. Schulz a. a. O. I. S. 42; P. Knuth im Bot.
Centralbl. Bd. 40 S. 273; — Pachypleurum: H. Müller, Alpenblumen
S. 120; — Sanicula: H. Müller, Weit. Beob. I. S. 303; A. Schulz
a. a. O. I. S. 40; — Scandix: Henslow in Trans. Linn. Soc. Ser. 2.
Vol. 1. 1877, S. 265; A. Schulz a. a. O. I. S. 61; — Turgenia: daselbst
S. 60. — Von Astrantia major, Eryngium campestre und Sanicula
europaea bemerkt A. Schulz ausdrücklich, dass die Griffel der Zwitterblüten
schon frühzeitig aus der Blüte hervorragen, so dass der Anschein von Protogynie
erweckt werde, die Narben seien aber in diesem Stadium noch nicht entwickelt.
Überhaupt geht Kerner in der Annahme von protogynischer Dichogamie wohl
mitunter zu weit, wenn er z. B. (a. a. O.) die Rosifloren und Cruciferen
für ausschliesslich protogynisch erklärt und (S. 309) schon dann von Protogynie
spricht, wenn die Antheren 10—15 Minuten, nachdem sich die Blüte geöffnet
hat, aufspringen.

Daselbst äussert sich Kirchner über Protogynie bei Umbelliferen: Die
erste Nachricht darüber rührt von A. F. Foerste (The Bot. Gazette, Bd. VII.
1882, S. 70—71) und W. Trelease (a. a. O. S. 71) her und bezieht sich auf
Eriginia bulbosa. Später wurde von Ch. Robertson (a. a. O. Bd. XIII.

1888, S. 193) die Protogynie dieser Art bestätigt und noch für vier weitere nordamerikanische Umbelliferen, nämlich Sanicula marylandica, Zizia aurea, Pimpinella integerrima und Polytaenia Nuttallii festgestellt. Kirchner hatte im Herbst 1891 das Glück, auf dem Lido bei Venedig auch bei einer europäischen Umbellifere ausgesprochene Protogynie zu beobachten, nämlich bei Echinophora spinosa, deren Narben sich entwickelt haben, bevor eine Anthere geöffnet ist. —

In den protandrischen Zwitterblüten entwickeln sich zuerst die Staubblätter eines nach dem anderen. Beim Öffnen der Blüte springt ein Staubbeutel auf, wobei er an gebogenem Faden die Blütenmitte einnimmt. Hat er abgeblüht, so biegt sich der Faden gegen die Blumenkrone zurück, und ein zweites Staubblatt tritt an die Stelle des ersten u. s. f. Die Griffel wachsen meist erst heran, wenn alle Staubblätter einer Blüte, ja sogar einer Dolde verblüht sind; dann spreizen sie auseinander, so dass die auf ihrer Spitze stehenden Narben nunmehr die Blütenmitte einnehmen.

Entsprechend der offenen Lage des Honigs bei den meisten Arten sind die Blumengäste in überwiegender Mehrzahl kurzrüsselige Insekten (Fliegen, Käfer, Wespen, manche Bienen), während die langrüsseligen Schmetterlinge nur gelegentlich als Blütenbesucher auftreten, dagegen die zur Blumenklasse B' gehörigen Umbelliferen häufiger aufsuchen. Die hochentwickelten Bienen (Honigbiene, Hummeln u. s. w.) finden sich auf letzteren gleichfalls in grösserer Zahl ein; auf den zur Klasse A gehörigen Umbelliferen sammeln sie meist nur Pollen, seltener lecken sie hier auch Honig. — Viele Arten sind andromonöcisch.

Warnstorf (Bot. V. Brand. Bd. 38) bemerkt folgendes: Bei unseren einheimischen Dolden macht sich hinsichtlich ihrer Blütenverhältnisse eine ganz bestimmte Tendenz bemerkbar. Um dieselbe richtig würdigen zu können, sind sämtliche Blütenstände eines Stockes, resp. Astes in Betracht zu ziehen. Da zeigt es sich, dass weitaus in den meisten Fällen die Primärdolde in ihren Döldchen nur Zwitterblüten trägt, selten finden sich in der Mitte vereinzelte männliche Blüten oder sehr selten sind sämtliche Blüten durch Fehlschlagen der Antheren weiblich geworden; solche Exemplare zeichnen sich durch längere Griffel aus. Die meist kleineren Dolden 2. Ordnung tragen gewöhnlich nur an dem Aussenrande der Döldchen Zwitterblüten, während die in der Mitte stehenden männlich sind, seltener sind sie sämtlich zwitterig wie in den Döldchen der Primärdolde. Die Döldchen in Dolden 3. Ordnung endlich zeigen ein weiteres Herabgehen der Zwitterblüten zu Gunsten der männlichen Blüten: entweder finden sich nur aussen vereinzelte Zwitterblüten oder sie sind ganz geschwunden, so dass die ganze Dolde oft rein männlich erscheint. Wird schon durch ausgeprägte Protandrie in hohem Grade Fremdbestäubung bei den Umbelliferen gefördert, so noch vielmehr durch die eigenartige Verteilung der Geschlechter bei denselben. Die Antheren unserer Dolden fand ich weder in-, noch extrors, sondern seitlich sich öffnend; dadurch aber, dass sich die beiden äusseren Antherenklappen zu einander hinbewegen, während die beiden inneren ihre ursprüngliche Stellung beibehalten, erscheint die Pollenmasse nach aussen gekehrt. —

Der Grad der Protandrie ist ein sehr verschiedener. Beketow (Petersb. Nat. V. 1890) fand die Protandrie bei Anthriscus silvestris und Carum Carvi am stärksten ausgeprägt, wo die Blüten zuerst rein männlich, dann rein weiblich erscheinen. Die erste, vom Hauptstengel getragene Dolde ist hier besonders schwach entwickelt, die Dolden der Seitenäste sind viel stärker entwickelt und kommen durch Verlängerung der Seitenzweige höher als die ersteren zu stehen. Die erste Dolde ist bereits rein weiblich, wenn die Seitendolden männlich sind. Durch den niedrigeren Stand der weiblichen Blüten wird ihre Bestäubung durch den Pollen der männlichen Blüten gesichert.

Heracleum Sphondylium, Aegopodium Podagraria und Angelica silvestris zeigen, nach Beketow, eine viel schwächer ausgeprägte Protandrie. Hier ist die Dolde des Hauptstengels grösser und steht höher als die Dolden der Seitenzweige. Es ist möglich, dass diese Beziehung zwischen dem Grade der Protandrie und der Entwickelung und Lage der verschiedenen Döldchen eine allgemeinere Verbreitung hat. (Rothert im Bot. Centralbl. Bd. 45, S. 381.)

Schulz fasst seine Untersuchungen (Beitr. II. S. 90—91) in etwa folgender Weise zusammen:

Am häufigsten sind neben den zweigeschlechtigen männliche Blüten vorhanden, und zwar befinden sich beide Blütenformen entweder auf derselben Pflanze oder auf getrennten Pflanzen. Wenn beide Blütenformen auf demselben Stocke auftreten, so kommen folgende zwei Arten der Verteilung in den Inflorescenzen vor:

1. Die zweigeschlechtigen und männlichen Blüten sind entweder in sämtlichen Dolden der Pflanze, oder nur in einzelnen und dann gewöhnlich in denjenigen höherer Ordnung vereinigt. Im letzteren Falle pflegen die Dolden der niederen Ordnungen ganz zweigeschlechtig zu sein. In den gemischtblütigen Dolden sind meist in sämtlichen Döldchen beide Blütenformen vorhanden; ganz männliche Döldchen kommen bei den meisten Arten nicht häufig und in der Regel nur im Inneren der Dolden höherer Ordnung vor. Hin und wieder sind jedoch einzelne Dolden — bei manchen Arten, wie Oenanthe fistulosa, stets diejenigen der höchsten Ordnung — ganz männlich. Zu dieser Gruppe gehört die Mehrzahl der von Schulz untersuchten Arten. In den Döldchen stehen nun entweder

   a) die zweigeschlechtigen Blüten (mit Ausnahme der bei einzelnen Gattungen und nicht immer vorhandenen, gewöhnlich zweigeschlechtigen Terminalblüte) an der Peripherie, die männlichen im Centrum, oder

   b) die zweigeschlechtigen Blüten bald an der Peripherie, bald im Centrum (Sanicula europaea), oder in einer mittleren Zone zwischen peripheren und centralen männlichen Blüten (Astrantia major).

2. Die zweigeschlechtigen und männlichen Blüten stehen nur ganz ausnahmsweise in derselben Dolde; die männlichen Dolden sind diejenigen der höheren Ordnungen oder nur diejenigen der höchsten Ordnung allein. Manchmal sind jedoch auch sämtliche Dolden einer Pflanze ganz zwei-

geschlechtig; selten treten in derselben Dolde und zwar in denselben oder
in verschiedenen Döldchen zweigeschlechtige und männliche Blüten auf.
Hierzu gehören z. B. Eryngium campestre und Laserpitium latifolium L.

Auf getrennten Pflanzen treten beide Blütenformen nur bei Trinia
glauca Dum. auf. Es kommen jedoch stellenweise bei dieser Art auch
Pflanzen vor, welche beide — die zweigeschlechtigen gewöhnlich in Minderzahl —
entweder in allen Döldchen sämtlicher oder nur einzelner Dolden, oder nur in
einzelnen Döldchen, in der Regel sämtlicher Dolden tragen, entweder neben
männlichen und zweigeschlechtigen, oder nur neben männlichen Pflanzen, oder,
wie es scheint, sogar ganz allein vor. Bei Trinia können an Stelle der zweigeschlechtigen auch weibliche vorkommen. Viel seltener als die männlichen sind
weibliche Blüten; wie es scheint, ist ihr Vorkommen bei keiner Art ein konstantes.
Beobachtet wurden dieselben ausser bei Trinia glauca bei Eryngium
campestre L., Pimpinella magna L., P. Saxifraga L. und Daucus
Carota L. Bei Eryngium campestre, Pimpinella magna und
P. Saxifraga kommen die weiblichen Blüten allein oder mit geschlechtslosen,
aber nie mit zweigeschlechtigen oder männlichen zusammen auf der Pflanze vor.
Dasselbe ist in der Regel auch bei Daucus Carota der Fall; doch treten bei
letzterer Art hin und wieder weibliche Blüten auch an der Peripherie von
Döldchen, welche aussen zweigeschlechtige und im Innern männliche Blüten
tragen, auf. Nicht selten tragen Pflanzen der vier erwähnten Arten, welche den
ganzen Sommer hindurch nur Dolden mit zweigeschlechtigen oder auch zweigeschlechtigen und männlichen oder endlich mit männlichen Blüten allein produziert haben, im Spätherbst an Stelle der männlichen geschlechtslose Blüten.
Geschlechtslose Blüten finden sich ganz vereinzelt — stellenweise scheinen sie
sogar zu fehlen — auch bei Orlaya grandiflora. Die zweigeschlechtigen
Blüten sind bei der Mehrzahl der Arten protandrisch, und zwar bei manchen
so ausgeprägt, dass die Griffel und Narben erst nach dem Abfallen der Staubblätter und Blütenblätter ihre vollständige Entwickelung erlangen. Eine Reihe
von Umbelliferen besitzt jedoch homogame oder ganz schwach protandrische
Blüten. Es sind dies fast ausschliesslich solche Arten, welche, wie Aethusa
Cynapium L., Caucalis daucoides L., Torilis infesta Hoffm.,
Scandix Pecten Veneris L. und Anthriscus vulgaris Pers. infolge
der geringen Anzahl und Grösse, sowie der unscheinbaren weissen oder grünlich-
weissen Färbung der in der Dolde vereinigten Blüten die Aufmerksamkeit der
Insekten nur in ganz geringem Masse auf sich lenken. An den Lieblings-
standorten dieser Pflanzen, im Getreide oder in dichten Gebüschen, halten sich
ausserdem auch nur wenige blütensuchende Insekten auf. Auffälliger ist es,
dass auch Anethum graveolens L., dessen Blüten zwar auch nur kleine
sind und wenig Honig produzieren, aber durch ihre kräftig gelbe Färbung
recht in die Augen fallen, und welches ausserdem auch noch mit einem stark
aromatischen Geruch ausgestattet ist, homogame Blüten besitzt. Den oben genannten sich selbst befruchtenden Blüten füge ich noch Helosciadium

inundatum (vgl. Knuth, Ndfr. Ins. S. 78), sowie Hydrocotyle vulgaris hinzu. —

Drude (in Engler u. Prantl, Natürl. Pflanzenfamilien III. 8. S. 89—91) unterscheidet folgende Arten der Geschlechterverteilung und Entwickelungsfolge der Staub- und Fruchtblätter:

A. Blüten monomorph, alle zweigeschlechtig (mit Ausnahme der schwach entwickelten Dolden höherer Verzweigungsordnungen).

1. Blüten nahezu homogam durch rasch aufeinander folgende Entwickelung beider Geschlechter; z. B. Hydrocotyle vulgaris, Anethum, Aethusa u. s. w.

2. Blüten streng protandrisch-dichogam (die der letzten Seitendolden durch Verkümmerung männlich). Der häufigste Fall.

B. Blüten in den Hauptdolden pleomorph, ☿ und ♂.

3. Hierher die häufigen Fälle der Andromonöcie; z. B. Astrantia major, Chaerophyllum aromaticum, Scandix pecten veneris, Torilis Anthriscus u. s. w.

4. Ausgesprochene Monöcie; z. B. Echinophora.

5. Ausgesprochene Diöcie; z. B. Arctopus.

C. Blüten in den Hauptdolden mit gleichmässig verkümmerndem ♂ Geschlecht, die Seitendolden dagegen rein ♂.

6. Hierher die seltenen Fälle der Trimonöcie oder der monöcischen Polygamie; z. B. Ferula.

Der Abteilung A wäre noch der von Kirchner entdeckte Fall der Protogynie (bei Echinophora spinosa L.) hinzuzufügen.

Fasst man, sagt Drude (a. a. O.), alle unterschiedenen Einzelfälle nochmals zusammen, so erkennt man in den Dolden der Umbelliferen die Neigung, durch überwiegende Entwickelung des ♀ Geschlechtes in den zuerst erblühenden Blumen und durch Verkümmerung desselben Geschlechtes in den spät erblühenden eine sichere Kreuzbefruchtung zu erzielen, denn diese Neigung spricht sich sogar im Typus 3 mit untermischten ☿ und ♀ Blüten aus, weil auch hier die Primardolden wenig ♂ Blüten, die letztverblühenden dagegen fast nur solche besitzen.

Über die bei den Doldenblütlern häufig vorkommende Geitonogamie ist schon Bd. I. S. 511—52 kurz berichtet worden. Kerner (Pflanzenleben II. S. 321—323) schildert sehr mannigfaltige Einrichtungen dieser Art: Bei Eryngium und Hacquetia kommen in den köpfchenartig zusammengestellten Blüten die pollenbedeckten Antheren beim Strecken der Filamente infolge der Spreizung der Griffel mit den belegungsfähigen Narben der Nachbarblüten in Berührung. Bei Sanicula, Astrantia und Laserpitium wird die Abweichung von der obigen Form der Geitonogamie dadurch bedingt, dass neben Zwitterblüten auch Pollenblüten vorkommen; doch findet auch hier die Bestäubung der benachbarten Blüten durch Verlängern, Krümmen und Hinübergreifen des Griffels in das Gebiet der Nachbarblüten statt, so dass der Pollen durch die Narben abgeholt wird. Das Entgegengesetzte findet sich bei Pachypleurum, wo sich die Staubblätter zuletzt fast sternförmig nach allen Seiten strecken und mit den

belegungsfähigen Narben der Nachbarblüten in Berührung kommen. Ähnlich
liegen die Verhältnisse bei Siler, während bei Athamata, Meum und Chaerophyllum durch das gleichzeitige Auftreten von Zwitterblüten und Pollenblüten
der Vorgang in der Weise sich vollzieht, dass nach dem Verblühen und Abfallen der Staubblätter der Zwitterblüten die Pollenblüten ihre Antheren öffnen
und ihren Blütenstaub auf die noch empfängnisfähigen Narben der ursprünglichen Zwitterblüten schütten. (S. Fig. 155 B.)

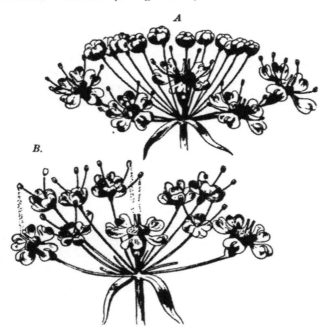

Fig. 155. Geitonogamie von Chaerophyllum aromaticum. (Nach Kerner.).
A. Die echten Zwitterblüten geöffnet, die scheinzwitterigen Pollenblüten noch geschlossen.
B. Die echten Zwitterblüten ihrer Pollenblätter beraubt, die scheinzwitterigen Pollenblüten
geöffnet und ihren Pollen auf die Narben der ersteren entleerend.

Bei Anthriscus, Foeniculum, Coriandrum, Sium und Ferulago
finden sich nach Kerner, zweierlei Blütenstände: die zuerst aufblühenden Dolden
enthalten vorherrschend echte Zwitterblüten und diesen beigemengt vereinzelte
Pollenblüten, während die später aufblühenden Dolden ausschliesslich Pollenblüten
enthalten. Nachdem in den protandrischen Zwitterblüten die Pollenblätter verblüht und abgefallen sind, werden ihre Narben belegungsfähig und bleiben dies
ein paar Tage. Inzwischen sind die Seitenstengel, welche von den Dolden mit
Pollenblüten abgeschlossen werden, herangewachsen und haben eine solche Richtung
genommen, dass ihre Dolden über die belegungsfähigen Narben der Zwitterblüten zu stehen kommen, welche durch den Pollenregen aus den sich nun öffnenden
Antheren der Pollenblüten belegt werden.

231. Hydrocotyle Tourn.

Kleine, zu unvollkommenen Dolden vereinigte, weisse Blüten mit freiliegendem Nektar.

1082. H. vulgaris L. [H. M., Weit. Beob. I. S. 302, 303; Mac Leod,
B. Jaarb. VI. S. 257; Knuth, Ndfr. Ins. S. 76; Warnstorf, Bot. V. Brand.
Bd. 38.] — In den äusserst unscheinbaren, zu nur 3—5 ein Döldchen bildenden Blüten ist, nach H. Müller, die Prot-
andrie so schwach ausgeprägt, dass bei ausbleibendem Insektenbesuche spontane Selbstbestäubung erfolgen kann. Die Staubbeutel
springen zuerst zwar auch hier langsam einer
nach dem anderen auf, doch verfrüht sich hier
die Entwickelung der Narben so, dass das letzte
Staubblatt noch mit Pollen behaftet ist, wenn
die Narben empfängnisfähig geworden sind.
Diese kommen alsdann mit dem Pollen von
selbst in Berührung, so dass spontane Selbstbestäubung erfolgt, die von voller Fruchtbarkeit begleitet ist. Auch auf den nordfriesischen
Inseln beobachtete ich Autogamie. Nach
Warnstorf sind nicht selten durch Fehl
schlagen der Antheren einzelne Blüten rein
weiblich. — Pollenzellen blassgelb, unregelmässig, entweder einer Doppelpyramide oder
einer Pyramide mit kugelschaliger Grundfläche ähnlich, etwa 25 μ lang und 18 μ breit.

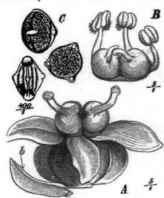

Fig. 156. Hydrocotyle vulgaris L.
(Nach Drude.)

A. Blüte am Schluss der Bestäubung
mit abgefallenen Staubblättern und hoch
aufgerichteten Griffeln. (5:1.) *B.* Staubblätter mit aufgesprungenen Antheren,
Narben noch nicht empfängnisfähig.
(5:1.) *C.* Pollenkörner trocken und
in Wasser geschwollen. (400:1.)

1083. H. americana wird, nach Henslow, in Kew von winzigen
Musciden besucht.

232. Sanicula Tourn.

Weisse, in knopfförmigen Döldchen stehende, andromonöcische Blumen
mit freiliegendem Nektar.

1084. S. europaea L. [H. M., Weit. Beob. I. S. 303; Mac Leod,
B. Jaarb. VI. S. 257—259; Kirchner, Flora S. 375; Schulz, Beitr. II.
S. 81, 82; Kerner, Pflanzenleben II.; Francke, Beitr.] — Nach H. Müller
hat jedes Döldchen 1—3 protandrische Zwitterblüten, welche von 10—20 sich
später entwickelnden rein männlichen Blüten umstellt sind. Das Nektarium der
kleinen, hellrötlichen Blütchen bildet eine von einem ringförmigen Walle umschlossene Vertiefung, welche ziemlich reichlich Honig absondert.

Nach A. Schulz treten die männlichen Blüten auch in der Mitte des
Döldchens auf und eilen den zweigeschlechtigen in der Entwickelung voraus.

Von anderen Forschern, wie Kerner und Francke, sind die Blüten
protogyn gefunden, so dass es scheint, als ob die Einrichtung in verschiedenen
Gegenden verschieden sein kann. Kerner stimmt darin mit Müller überein,

dass sich in der Mitte des Döldchens zuerst Zwitterblüten entwickeln. Die Narben derselben können in diesem Zeitpunkte nur durch den Pollen anderer Stöcke, also durch Insektenvermittelung, befruchtet werden; dann strecken sich die Staubfäden so weit, dass die Antheren mit den Narben in gleicher Höhe stehen. Da aber die Griffel aufrecht stehen, die Filamente aber schräg nach aussen gerichtet sind, so kommen Antheren und Narben nicht in Berührung. Wenn so keine spontane Selbstbestäubung möglich ist, so kann doch nach dem Abfallen der Staubblätter spontane Fremdbestäubung der bisherigen Zwitterblüten durch den Pollen von Nachbarblüten eintreten, indem sich die Griffel so weit auseinander spreizen, dass sie in den Bereich der Antheren der benachbarten Blüten desselben Döldchens kommen.

Als Besucher sah H. Müller kleine Fliegen und kleine Käfer (Meligethes); Mac Leod in Flandern 2 kurzrüsselige Bienen, 1 Empide (B. Jaarb. VI. S. 259).

In Dumfriesshire (Schottland) (Scott-Elliot, Flora S. 74) wurden 1 Faltenwespe, 2 Musciden und 1 Schwebfliege als Besucher beobachtet.

233. Astrantia Tourn.

Zu einfachen Dolden zusammengestellte, weisse oder rötliche Blumen mit verborgenem Honig, der von einer dem Fruchtknoten aufsitzenden Scheibe abgesondert wird. Als Saftdecke dienen die aufgerichteten, nach innen umgeschlagenen Kronblätter. Andromonöcisch, auch androdiöcisch; Zwitterblüten protandrisch.

1085. A. major L. [H. M., Befr. S. 97, 98; Alpenbl. S. 116; Knuth, Herbstbeobachtungen; Schulz, Beitr. II. S. 90; Kerner, Pflanzenleben II.; Ricca, Atti. XIV, 3; Warnstorf, Bot. V. Brand. Bd. 38.] — Die weissen oder rötlichen Blüten stehen, nach H. Müller, nicht in einer geschlossenen Fläche, wie bei den meisten Doldenblüten neben einander, doch wird die Augenfälligkeit der Blütenstände durch die breiten, weisslichen Hüllblätter gesteigert. Jede Dolde enthält neben protandrischen Zwitterblüten zahlreiche am Rande und auch in der Mitte stehende männliche Blüten, welche, indem sie meist später zur Entwickelung kommen, zur Befruchtung der zuletzt entwickelten Narben der Zwitterblüten dienen.

Die Verteilung der männlichen Blüten ist andromonöcisch oder androdiöcisch. Nach A. Schulz ist die Anzahl der männlichen Blüten stets grösser als die der zweigeschlechtigen. Rein weibliche Blütenstände sind selten. Die Protandrie ist, nach Schulz, so ausgeprägt, dass die Narben erst nach dem Verstäuben der Antheren empfängnisfähig werden. Nach Kerner sind die Zwitterblüten dagegen protogyn und werden, ähnlich wie diejenigen von Sanicula europaea durch den Pollen benachbarter männlicher Blüten befruchtet.

Nach Warnstorf enthalten die Dolden 1. Ordnung Zwitter- und männliche Blüten unter einander, die der 2. Ordnung entweder nur einzelne zwitterige und zahlreiche männliche Blüten oder die Blüten sind sämtlich männlich, die letzteren später entwickelt. — Pollen weiss, elliptisch, warzig, 63 μ lang und 25 μ breit.

Als Besucher beobachteten Herm. Müller (!) und ich (!):

A. Coleoptera: *Dermestidae*: 1. Anthrenus pimpinellae F. (!). B. Diptera: a) *Muscidae*: 2. Lucilia caesar L. (!); 3. L. cornicina F., hld. (!, !); 4. Miltogramma

punctata Mg. (1); 5. Onesia sepulcralis Mg., häufig (!); 6. Pollenia rudis F. (!); 7. Sarcophaga carnaria L. (!); 8. Scatophaga merdaria L. (!); 9. S. stercoraria L., sehr zahl-
reich (!). b) *Syrphidae*: 10. Eristalis arbustorum L., pfd. und hld. (1, !); 11. E. nemorum
L., gemein (!); 12. Helophilus floreus L. (!); 13. Melanostoma gracilis Mg. (!); 14 Syritta
pipiens L. (!); 15. Syrphus ribesii L. (!). C. Hemiptera: 16. Lygus (Orthops) kalmii L. (!).
D. Hymenoptera: a) *Apidae*: 17. Anthrena albicrus K. ♂, sgd. (1); 18. Bombus lapidarius
L. (!); 19. B. terrester L. (!); 20. Prosopis armillata Nyl. ♂, sgd. (1); 21. P. signata
Pz. ♂, sgd. (1). b) *Sphegidae*: 22. Cerceris arenaria L. (!); 23. Oxybelus uniglumis
L. (!). c) *Vespidae*: 24. Odynerus parietum L. (!); 25. Vespa silvestris Scop. (!).
E. Lepidoptera: *Rhopalocera*: 26. Pieris sp. (!); 27. Vanessa atalanta L. (!). Sämtl. sgd.

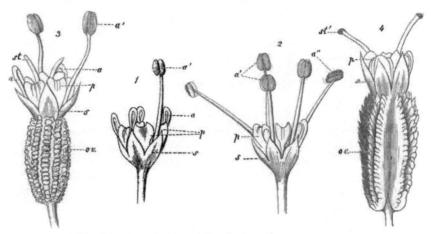

Fig. 157.   Astrantia major L.   (Nach Herm. Müller.)

1. Männliche Blüte im Beginne des Aufblühens: ein Staubblatt hat sich erhoben, seine Anthere
ist aber noch nicht aufgesprungen, die vier übrigen sind noch in die Blüte zurückgekrümmt.
2. Männliche Blüte mit aufgerichteten Staubblättern, von denen zwei ihre Antheren geöffnet
haben. *3.* Zwitterblüte im Beginn des Aufblühens: Zwei Staubblätter haben sich aufgerichtet,
doch sind ihre Antheren noch geschlossen, die übrigen sind noch in die Blüte zurückgekrümmt.
Die Griffel ragen zwar schon aus der Blüte hervor, doch sind ihre Narben noch unentwickelt.
4. Zwitterblüte im zweiten (weiblichen) Zustande: Die Staubblätter sind sämtlich abgefallen,
die Griffel haben sich verlängert und ihre Narben entwickelt. *ov* Fruchtknoten. *s* Kelchblätter. *p* Kronblätter. *a* In die Blüte zurückgebogene Staubblätter. *a'* Aufgerichtete Staubblätter. *a''* Staubblätter mit aufgesprungenen Antheren. *st* Noch unentwickelte, *st'* entwickelte Narbe.

In den Alpen bemerkte Herm. Müller 7 Käfer, 3 Fliegen, 2 Hymenopteren,
1 Falter an den Blüten.

F. F. Kohl beobachtete in Tirol die Faltenwespen: Odynerus parietum L.
Wesm., O. trifasciatus Fabr., O. simplex Fabr.; Mac Leod in den Pyrenäen 3 Hymenopteren, 3 Käfer, 2 Musciden als Besucher (B. Jaarb. III. S. 417, 418).

Loew beobachtete im botanischen Garten zu Berlin: A. Diptera: a) *Muscidae*:
1. Graphomyia maculata Scop.; 2. Lucilia caesar L. b) *Syrphidae*: 3. Eristalis nemorum L.;
4. Syritta pipiens L. B. Hymenoptera: a) *Apidae*: 5. Apis mellifica L., sgd.
b) *Sphegidae*: 6. Cerceris variabilis Schrk. ♀; sowie an der Form intermedia:
Syrphus balteatus Deg., und an der Form involucrata Koch: A. Coleoptera:
Coccinellidae: 1. Coccinella quatuordecimpunctata L., hld. B. Diptera: *Syrphidae*:
2. Eristalis nemorum L. C. Hymenoptera: a) *Apidae*: 3. Prosopis sp. ♀, psd.
b) *Sphegidae*: 4. Oxybelus uniglumis L. ♀.

1086. A. minor L. [H. M., Alpenblumen S. 114—116.] — Die Zwitterblüten sind protandrisch; sie zeigen Übergänge von Andromonöcismus zu Androdiöcismus. (Fig. 158.)

Als Besucher sah H. Müller einzelne Musciden.

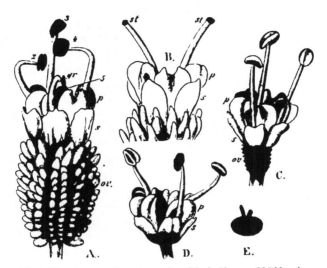

Fig. 158. **Astrantia minor L.** (Nach Herm. Müller.)
A. Zwitterblüte im ersten (männlichen) Zustande. *B.* Oberster Teil einer Zwitterblüte im zweiten (weiblichen) Zustande. *C.* Männliche Blüte mit den Überresten von Fruchtknoten und Griffel. *D.* Männliche Blüte ohne solche Überreste. *E.* Fleischiges Polster auf dem Fruchtknoten der männlichen Blüte mit 10 Nektargrübchen.

Loew beobachtete im botanischen Garten zu Berlin einige **Astrantia-**Arten von folgenden Insekten besucht:

1087. A. helleborifolia Salisb.: Anthomyia sp.;

1088. A. neglecta C. Koch et Bouch.:
A. **Diptera:** *Syrphidae*: 1. Eristalis nemorum L.; 2. E. tenax L. B. **Hymenoptera:** a) *Apidae*: 3. Sphecodes gibbus L. ♀, sgd. b) *Sphegidae*: 4. Crabro spinicollis H.-Sch. ♀; 5. Oxybelus sericatus Gerst. ♂; 6. Philanthus triangulum F. ♀. C. **Lepidoptera:** *Rhopalocera*: 7. Vanessa urticae L., sgd.

234. Eryngium Tourn.

Blumenklasse B'. — In kopfförmigen Dolden stehende, weissliche oder amethystblaue, protandrische Blumen mit verborgenem Honig, der von einer im Blütengrunde befindlichen zehnstrahligen Scheibe abgesondert und durch die nach innen umgeschlagenen Zipfel der aufrecht stehenden Kronblätter geschützt wird. Als fernere Schutzmittel dienen die starren, äusserst spitzen Hüll- und Kelchblätter, sowie die starren, dornig-gezähnten Laubblätter der Pflanzen. Als Anlockungsmittel dienen ausser den Kronblättern zuweilen auch noch die Hüllblätter, zuweilen selbst die Blütenstiele (E. maritimum L. und amethystinum L.).

1089. E. maritimum L. [Knuth, Ndfr. Ins. S. 76—78, 155; Loew, Bl. Fl. S. 390.] — Die protandrischen Blüten sind zu augenfälligen, dunkelblauen, köpfchenartigen Dolden zusammengedrängt. Diese werden von einer aus dornigen Blättern gebildeten Hülle umgeben, welche es fast unmöglich macht, dass von unten herankriechende weichhäutige Tiere, wie Schnecken oder Raupen, als unberufene Gäste in die Dolde gelangen können. Die Hülle wird noch unterstützt durch dreigablige Hochblätter, welche am Grunde jeder Einzelblüte sitzen, sowie durch die fünf in eine scharfe Spitze endigenden Kelchblätter.

Im Knospenzustande sind die Staubfäden nach innen umgebogen, so dass die Staubbeutel in der etwa 4 mm langen Blumenkrone eingeschlossen sind. In diesem Stadium ist die bläuliche Färbung der Laubblätter noch nicht stark ausgeprägt, sondern die ganze Pflanze ist weisslich, also noch nicht so augenfällig wie später, wenn die Staubfäden sich gestreckt haben und die Blüte in ihren ersten Geschlechtszustand, den männlichen, eingetreten ist.

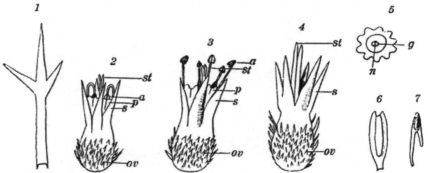

Fig. 159. Eryngium maritimum L. (1—4 in vierfacher Vergrösserung photographiert, 5—7 nach der Natur gezeichnet.)

1. Dreigabliges Deckblatt. *2.* Blüte gegen Ende des Knospenzustandes: Die Staubfäden sind noch eingekrümmt. *3.* Blüte im ersten (männlichen) Zustande: Die Antheren sind sämtlich aufgesprungen, die Narbe ist noch unentwickelt. *4.* Blüte gegen Ende des zweiten (weiblichen) Zustandes: Kron- und Staubblätter sind abgefallen, die Narbe ist entwickelt. *5.* Honigabsondernde Scheibe. (8:1.) *6.* Kronblatt von innen. (5:1.) *7.* Dasselbe von der Seite. *ov* Fruchtknoten. *s* Kelch. *p* Kronblatt. *a* Staubblatt. *st* Narbe. *g* Griffelansatz. *n* Saftdrüse.

Inzwischen hat die im Grunde der Blüte befindliche, zehnstrahlige Scheibe begonnen, Honig abzusondern. Die Kronblätter sind an der Spitze nach innen umgeschlagen und schliessen dicht zusammen, nur für den Durchtritt der Staubfäden eine Lücke lassend. Dieses straffe Zusammenhalten der Blütenteile und die tiefe Lage des Honigs macht es nur kräftigen und mit mindestens 3—4 mm langem Rüssel versehenen Insekten möglich, zum Honig zu gelangen; dem entsprechend beobachtet man fast nur grosse oder mittelgrosse Kerfe als Besucher. Dieselben werden sich an den die Blumenkrone etwa 3 mm überragenden Staubbeuteln mit Pollen bedecken, den sie beim Besuche einer im zweiten Geschlechtsstadium befindlichen Blüte auf die Narbe bringen müssen, da diese sich dann in der Höhe befindet wo im ersten die Staubbeutel stehen. In diesem zweiten

Zustande sind die Antheren abgefallen und die langen Narbenschenkel ragen weit aus der Blüte hervor. Selbstbestäubung ist also ausgeschlossen.

Als Besucher und Befruchter beobachtete ich am Kieler Hafen und auf Sylt: A. Diptera: 1. Syrphus ribesii L.; 2. S. umbellatarum F. B. Hymenoptera: 3. Apis mellifica L.; 4. Bombus lapidarius L. C. Lepidoptera: 5. Lycaena semiargus Rott.; 6. Polymmatus phlaeas L.; 7. Vanessa atalanta L.; 8. V. urticae L. Sämtl. sgd. Mac Leod sah in Belgien Apis, Vespa, Bienen und Schwebfliegen.

Loew beobachtete in Mecklenburg (Beiträge S. 41): A. Diptera: *Muscidae*: 1. Sarcophaga carnaria L. B. Hymenoptera: a) *Apidae*: 2. Bombus distinguendus Mor. ♀ ☿ ♂, sgd., ☿ ♀, auch psd.; 3. B. soroënsis F. ♀, sgd. b) *Sphegidae*: 4. Ammophila sabulosa L., sgd.; 5. Cerceris arenaria L. ♂, sgd.

1090. E. campestre L. [H. M., Befr. S. 98, 99; Kerner, Pflanzenleben II. S. 277, 310, 321; Schulz, Beitr. I. S. 42; Knuth, Bijdragen.] — Die Einrichtung der (andromonöcischen) Blüten ist, nach Herm. Müllers Darstellung, derjenigen der vorigen Art sehr ähnlich: die Zwitterblüten sind protandrisch. Das Nektarium ist gleichfalls eine von einem zehnlappigen Walle umschlossene Vertiefung, welche reichlich Nektar absondert und in ziemlicher Tiefe vollständig birgt, denn das Nektarium ist von den fünf steif aufrecht stehenden, oberwärts nach innen umgelegten, etwa 3 mm langen Kronblättern umgeben, welche ihrerseits von den fünf starren, steifgrannigen, äusserst spitzen Kelchblättern noch bedeutend überragt werden. Letztere bilden im Verein mit' den gleichfalls starren, stachelspitzigen Hüllblättern einen wirksamen Schutz gegen unberufene Gäste. Der Griffel ragt, wie Schulz zuerst hervorgehoben hat, frühzeitig aus der Blüte hervor, wodurch, wie auch bei voriger Art, der Eindruck von Protogynie hervorgerufen wird. Kerner bezeichnet wohl aus diesem

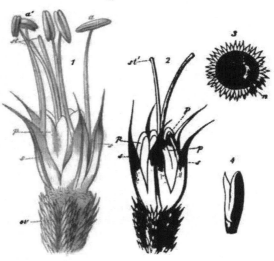

Fig. 160. Eryngium campestre L. (Nach Herm. Müller.)

1. Blüte im ersten (männlichen) Zustande. *2.* Blüte im zweiten (weiblichen) Zustande. *3.* Letztere nach Entfernung der Kelch- und Kronblätter, sowie des Griffels. *4.* Kronblatt von der Innenseite. *ov* Fruchtknoten. *s* Kelchblatt. *p* Kronblatt. *a'* aufgesprungene Antheren. *st* Unentwickelte, *st'* entwickelte Narbe *n* Honigdrüse.

Grunde Eryngium in der That als protogynisch (Pflanzenleben II. S. 310, 321), doch sagt er (a. a. S. 277) in Übereinstimmung mit den obigen Angaben von Müller u. s. w., dass sich im Anfange des Blühens aus sämtlichen Blüten nur pollenbedeckte Antheren, später dagegen nur narbentragende Griffel erheben.

Nach A. Schulz tragen die Dolden erster bis dritter Ordnung meist nur Zwitterblüten, die Dolden vierter Ordnung vorwiegend männliche Blüten.

Als Besucher sah ich pollenfressende Schwebfliegen und saugende Apiden und Falter im botanischen Garten der Ober-Realschule zu Kiel: A. Diptera: *Syrphidae*: 1. Eristalis nemorum L.; 2. Syrphus ribesii L. B. Hymenoptera: *Apidae*: 3. Apis mellifica L. ⚲; 4. Bombus lapidarius L. ♀; 5. B. terrester L. ♀ ⚲. C. Lepidoptera: *Rhopalocera*: 6. Pieris rapae L.; 7. Vanessa atalanta L.

Herm. Müller giebt folgende Besucherliste:

A. Diptera: a) *Muscidae*: 1. Anthomyiaarten; 2. Echinomyia fera L.; 3. Lucilia caesar L.; 4. Sarcophaga carnaria L. — sämtlich sgd. b) *Syrphidae*: 5. Eristalis arbustorum L.; 6. E. nemorum L.; 7. E. tenax L.; 8. Helophilus floreus L., alle vier häufig. B. Hymenoptera: a) *Apidae*: 9. Anthrena rosae Pz. ♀; 10. Apis mellifica L. ⚲; 11. Halictus cylindricus F. ♂; 12. H. longulus Sm. ♂; 13. Nomada roberjeotiana Pz. ♀. b) *Chrysidae*: 14. Chrysis sp., sgd. c) *Sphegidae*: 15. Ammophila sabulosa I., häufig; 16. Cerceris albofasciata Rossi, einzeln; 17. C. labiata F., häufig; 18. C. variabilis Schrk., nicht selten; 19. Philantus triangulum F.; 20. Salius versicolor Scop. F. ♀; d) *Scoliidae*: 21. Tiphia femorata F. e) *Vespidae*: 22. Odynerus parietum L. ♀; 23. Polistes gallica L., äusserst häufig; 24. P. biglumis L., w. vor. (Die ganze Ordnung sgd.)

Krieger beobachtete bei Leipzig die Goldwespe Hedychrum nobile Scop. und die Grabwespe Ammophila affinis K.

Friese giebt für Ungarn nach Mocsary als häufigen Besucher Nomia femoralis Pall. an.

F. F. Kohl beobachtete in Tirol die Goldwespe: Chrysis rutilans Oliv.

Rössler sah bei Wiesbaden den Falter: Agrotis vestigialis Rott.; Schiner in Österreich: Diptera: a) *Muscidae*: 1. Anthomyia albescens Zett.; 2. Cnephalia bucephala Mg.; 3. Melania bifasciata Mg.; 4. M. volvulus F.; 5. Ocyptera brassicaria Deg.; 6. Sarcophaga grisea Mg.; 7. Sarcophila latifrons Fall.; 8. S. meigeni-Schin. b) *Syrphidae*: 9. Merodon analis Mg.; Plateau in Belgien Apis, Syritta, Eristalis arbustorum L. und E. tenax L.

1091. E. Bourgati Gouan. In den Pyrenäen sah Mac Leod diese blauen, zur Klasse B' gehörigen Blumen von zwei Hummelarten, einer Eristalis und zwei Musciden besucht.

1092. E. alpinum L. öffnet, nach Christ, die Hüllblätter mit Sonnenaufgang und schliesst sie mit Sonnenuntergang.

1093. E. amethystinum L.

Als Besucher beobachtete v. Dalla Torre in Tirol die Faltenwespe: Vespa norwegica Fabr.; F. F. Kohl daselbst die Faltenwespen: Eumenes pomiformis ·F., Odynerus dantici Rossi, Polistes gallica L.

1094. E. giganteum M. B. Loew beobachtete im botanischen Garten zu Berlin:

Hymenoptera: *Apidae*: Bombus terrester L. ♂, sgd. — Daselbst beobachtete derselbe an

1095. E. planum L.:

A. Diptera: a) *Muscidae*: 1. Lucilia caesar L. b) *Syrphidae*: 2. Eristalis tenax L.; 3. Syritta pipiens L.; 4. Syrphus corollae F. B. Hymenoptera: *Apidae*: 5. Apis mellifica L. ⚲, sgd.

235. Conium L.

Weisse, zu zusammengesetzten Dolden vereinigte Blumen mit freiliegendem Honig. (Denselben biologischen Charakter haben die sämtlichen folgenden Umbelliferengattungen, doch ist bei einzelnen die Blütenfarbe gelb oder grünlich, selten rötlich.)

1096. C. maculatum L. [H. M., Befr. S. 107; Weit. Beob. I. S. 311; Knuth, Ndfr. Ins. S. 79, 156] möge als Beispiel für die protandrische Blüteneinrichtung, wie sie die meisten Umbelliferen zeigen, dienen. Mehrere hundert kleine, weisse Blüten sind zu einer grossen, zusammengesetzten, strahlenden Dolde vereinigt, wodurch die Pflanze sehr augenfällig wird, zumal die Blütenstände von einem meterhohen Stengel getragen werden. In den ausgeprägt protandrischen Blüten liegen die Staubblätter nach Entfaltung der Knospe anfangs wagerecht und mit noch geschlossenen Antheren zwischen den Blumenkronblättern; dann richten sie sich nacheinander so auf, dass die nach oben aufgesprungenen Staubbeutel über den (noch unentwickelten) Narben stehen. Ist ein Staubblatt abgeblüht, so kehrt der Staubfaden wieder in seine horizontale Lage zurück, und ein anderes, ihm in der Entwickelung folgendes tritt an seine Stelle. Meist sind schon alle Staubblätter völlig abgefallen, wenn die Narben zur Entwickelung gelangen. Sie werden alsdann durch einen

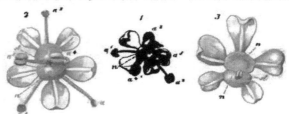

Fig. 161. Conium maculatum L.´ (Nach Herm. Müller.) *1.* Blüte im Anfange des ersten (männlichen) Zustandes. *2.* Blüte in der Mitte desselben Zustandes. *3.* Blüte im zweiten (weiblichen) Zustande. *a* Staubblatt, *st* Narbe, *n* Honigdrüse.

1 mm langen Griffel in die Höhe gehoben, so dass sie nun an der Stelle stehen, wo im ersten (männlichen) Blütenzustande sich die Staubbeutel befanden. Dem vom fleischigen Griffelpolster abgesonderten Honig gehen zahlreiche Insekten (Fliegen, Käfer, Bienen) nach und bewirken dabei Fremdbestäubung.

Nach Kerner besitzen die Blüten zarten Honigduft, das Kraut dagegen widerlichen Mäusegeruch.

Als Besucher sah ich auf den nordfriesischen Inseln die Honigbiene, mehrere Anthophiliden-Arten, Schwebfliegen (3), Musciden (4) und Meligethes.

H. Müller (1) und Buddeberg (2) geben folgende Besucherliste:
A. Coleoptera: a) *Dermestidae*: 1. Anthrenus pimpinellae F. (1). b) *Nitidulidae*: 2. Meligethes, häufig (1). c) *Scarabaeidae*: 3. Trichius fasciatus L. (1). d) *Telephoridae*: 4. Cantharis fulva Scop., hld. (1). B. Diptera: a) *Dolichopidae*: 5. Gymnopternus germanus Wied., sgd. (1). b) *Muscidae*: 6. Anthomyiaarten (1); 7. Aricia vagans Fall. (2); 8. Calliphora vomitoria L. (1); 9. Cyrtoneura curvipes Macq., sgd. (1); 10. Lucilia cornicina F. (1); 11. Musca corvina F., sgd. (1); 12. M. domestica L. (1); 13. Phasia analis F. (2); 14. Scatophaga stercoraria L. (1); 15. Sepsis sp. (1). c) *Stratiomydae*: 16. Chrysomyia formosa Scop., sgd. (1); 17. Sargus cuprarius L. (1). d) *Syrphidae*: 18. Chrysogaster coemeteriorum L., sgd. (1); 19. Eristalis arbustorum L. (1); 20. E. nemorum L. (1); 21. Helophilus floreus L. (2); 22. Syritta pipiens L. (2); 23. Syrphus ribesii L., sgd. (1). C. Hemiptera: 24. Graphosoma lineatum L., sgd. (2). D. Hymenoptera: a) *Apidae*: 25. Anthrena lepida Schenck ♂ (1). b) *Ichneumonidae*: 26. Verschiedene Arten. c) *Sphegidae*: 27. Crabro fossorius L. ♀, hld. (2); 28. C. sub-

terraneus F. ♂ (2); 29. Gorytes campestris Müll. hld. (2); 30. Pompilus gibbus F. ♀ (1).
d) *Tenthredinidae*: 31. Hylotoma cyaneocrocea Forst. hld. (2); 32. H. segmentaria Pz., hld. (2);
33. Nematus vittatus L. (1); 34. Tenthredoarten (unbestimmt) (1). E. Neuroptera:
35. Panorpa communis L., hld. (1).

Alfken und Leege beobachteten auf Juist: A. Coleoptera: a) *Alleculidae*:
1. Cteniopus sulphureus L, einzeln. b) *Coccinellidae*: 2. Coccinella septempunctata L., hfg.;
3. C. undecimpunctata L., hfg. B. Diptera: a) *Stratiomydae*: 4. Chrysomyia formosa Scop.
b) *Syrphidae*: 5. Syrphus balteatus Deg., hfg. c) *Muscidae*: 6. Lucilia caesar L., s. hfg.
C. Hymenoptera: a) *Vespidae*: 7. Odynerus parietum L., mehrfach. b) *Sphegidae*:
8. Crabro (Crossocerus) wesmaëli v. d. L. ♀, mehrfach. c) *Scoliidae*: 9. Tiphia femorata
F., selten. D. Neuroptera: *Planipennia*: 10. Chrysopa abbreviata Curt., sgd.

In Dumfriesshire (Schottland) (Scott-Elliot, Flora S. 82) wurden 1 Hummel,
1 Faltenwespe, 1 Blattwespe, 1 Muscide, 1 Schwebfliege und 1 Käfer als Besucher
beobachtet.

Friese giebt nach Korlević für Fiume Anthrena figurata Mor. als seltenen Besucher an.

1097. Smyrnium Olusatrum L.

Als Besucher beobachtete Schletterer bei Pola die Braconide Bracon
urinator F. und die Hungerwespen Gasteruption granulithorax Tourn. und G. rugulosum Ab.

Plateau bemerkte an den gelblich-grünen Blüten im botanischen Garten zu Gent
Calliphora vomitoria L. und Scatophaga sp.

236. Pleurospermum Hoffmann.

1098. P. austriacum Hoffm. ist im Riesengebirge von Schulz (Beitr. II.
S. 90) nur mit ausgeprägt protandrischen Zwitterblüten beobachtet. Selbstbestäubung ist selten und tritt nur ausnahmsweise ein, wenn die Staubblätter
zur Zeit der Narbenreife noch aufrecht stehen und ihre Antheren dann noch
Pollen führen.

237. Cicuta L.

1099. C. virosa L. Döldchen der Dolden 1. Ordnung, nach Warnstorf, nur mit Zwitterblüten, die der Dolden 2. Ordnung aussen mit zwitterigen,
innen mit männlichen Blüten; die der Dolden 3. Ordnung männlich.

Als Besucher beobachtete ich (Bijdragen) 2 saugende Fliegen: Eristalis tenax
L. und Lucilia caesar L.

In Dumfriesshire (Schottland) (Scott-Elliot, Flora S. 75) wurden 1 Hummel
(häufig), 1 Faltenwespe (häufig), 1 Grabwespe und zahlreiche Fliegen als Besucher beobachtet.

238. Apium L.

1100. A. graveolens L. Nach Kirchner sind die kleinen weisslichen
Blüten selbstfertil, vielleicht infolge unvollkommener Protandrie.

Als Besucher beobachtete ich Fliegen: a) *Muscidae*: 1. Scatophaga sp.
b) *Syrphidae*: 2. Syritta pipiens L.; 3. Syrphus sp.

239. Petroselinum Hoffmann.

1101. P. sativum Hoffmann. Die gelblich-grünen Blüten sind, nach
Schulz, bei Bozen ausgeprägt protandrisch. Henslow bezeichnet sie als
homogam. Schulz beobachtete auch Andromonöcie. Nach Warnstorf sind

die Döldchen der Dolden 1. Ordnung zwitterblütig, die der 2. und 3. Ordnung haben aussen Zwitter-, innen männliche Blüten.

Als Besucher beobachtete H. Müller (1) bei Lippstadt und Buddeberg (2) in Nassau:

A. Diptera: a) *Muscidae*: 1. Cyrtoneura simplex Loew (1); 2. Lucilia cornicina F. (1); 3. Sarcophaga carnaria L. (1). b) *Syrphidae*: 4. Cheilosia sp. (2); 5. Eristalis arbustorum L. (1); 6. E. sepulcralis L. (1); 7. Helophilus floreus L. (1); 8. Syritta pipiens L. (1); 9. Xanthogramma citrofasciata Deg. (1). B. Hymenoptera: a) *Apidae*: 10. Anthrena minutula K. ♀ (2); 11. A. parvula K. ♀ (2); 12. Halictus morio F. ♀, hld. (1). 13. H. nitidus Schenck ♀, hld. (1): 14. Prosopis communis Nyl. (2); 15. P. sinuata Schenck ♀, hld. (1, 2); 16. Sphecodes gibbus L. ♀ ♂ (1, 2); 17. Stelis breviuscula Nyl. ♂ (2). b) *Chalcididae*: 18. Leucaspis dorsigera F., hld. (2). c) *Evaniadae*: 19. Foenus sp. (2). d) *Sphegidae*: 20. Crabro clypeatus Schreb. ♀, hld. (2). e) *Vespidae*: 21. Odynerus parietum L. ♂ (2); 22. Polistes gallica L., hld. (2).

Schletterer verzeichnet für Tirol Halictus levis K. als Besucher; Plateau für Belgien Apis, Eristalis tenax L., Musca domestica L., Lucilia caesar L.

240. Trinia Hffm.

1102. T. glauca Dum. ist, nach Henslow (Or. of fl. str. S. 227) und Schulz (Beitr. II. S. 90, 91, 189), vielfach diöcisch, doch auch androdiöcisch. Nach Schulz finden sich an Stelle der zweigeschlechtigen Blüten auch weibliche.

241. Helosciadium Koch.

1103. H. inundatum Koch. [Knuth, Ndfr. Ins. S. 78.] — Die Blütchen haben einen Durchmesser von nur 2 mm. In den von mir auf der Insel Föhr beobachteten Pflanzen ist bei ursprünglich schwacher Protandrie spontane Selbstbestäubung möglich. Dieselbe ist von Erfolg.

1104. H. nodiflorum Koch. In den ausgeprägt protandrischen Blüten hört die Honigausscheidung auf, wenn die Antheren vertrocknet sind und beginnt wieder, wenn die Narben sich entwickeln. Nach Abfallen der Kronblätter hört die Nektarbildung endgültig auf.

Dieselben sah Mac Leod in Flandern von 2 Musciden und 1 Netzflügler besucht. (Bot. Jaarb. VI. S. 259—261).

242. Falcaria Rivin.

1105. F. vulgaris Bernh. (F. Rivini Host, F. sioides Ascherson, Sium Falcaria L.). Nach Schulz (Beitr. II. S. 190) andromonöcisch mit ausgeprägt protandrischen Zwitterblüten, die Dolden erster Ordnung enthalten meist nur Zwitterblüten, diejenigen zweiter Ordnung nur hin und wieder 1 bis 3 männliche Blüten, die dann in der Mitte stehen, sich also zuerst entwickeln. Die ziemlich kleinen und spät blühenden Dolden dritter Ordnung haben nur männliche Blüten.

Nach Warnstorf sind die Döldchen der Dolden erster Ordnung zwitterblütig, die der zweiten Ordnung aussen mit Zwitter-, innen mit männlichen Blüten oder ganz männlich; selten haben sämtliche Dolden Zwitterblüten. — Warnstorf beobachtete Fliegen und Käfer als Besucher.

243. Ammi Tourn.

1106. A. majus L. Die weissen Blüten sind, nach Schulz (Beitr.), andromonöcisch mit protandrischen Zwitterblüten.

Als Besucher beobachtete Schletterer bei Pola: Hymenoptera: a) *Ichneumonidae*: 1. Trachynotus foliator F. b) *Scoliidae*: 2. Tiphia minuta v. d. L.

244. Aegopodium L.

1107. A. podagraria L. [H. M., Befr. S. 99; Weit. Beob. I. S. 303; Alpenbl. S. 116; Knuth, Ndfr. Ins. S. 78, 155; Mac Leod, B. Jaarb. VI. S. 211—254; Loew, Bl. Fl. S. 388, 392.] — Nach Warnstorf sind bei Ruppin die Döldchen der Dolden 1. Ordnung mit Zwitterblüten, die der 2. Ordnung aussen zwitterig, innen männlich. Nach Mac Leod sind in Flandern die Blüten der Dolden 1. Ordnung zwitterig oder (bei schwächeren Pflanzen) zwitterig und männlich, die der Dolden 2. und höherer Ordnung an kräftigen Pflanzen ⚥, an schwächern ♂.

Als Besucher beobachtete ich auf der Insel Föhr Schwebfliegen (4), Musciden (8) und Falter (1).

Loew beobachtete in Braunschweig (B.), Schlesien (S.), im Harzgebiet (Hr.) und im Riesengebirge (R.) (Beiträge S. 46):

A. Coleoptera: a) *Cerambycidae*: 1. Callidium violaceum L. (S.); 2. Leptura livida F. (S.); 3. L. sanguinolenta F. (S.); 4. Pachyta octomaculata F. (S.); 5. P. virginea L. (S.); 6. P. quadrimaculata L. (S.) ; 7. Strangalia arcuata Pz. (S.). b) *Oedemeridae*: 8. Chrysanthia viridis Schmidt. (S.); 9. Oedemera virescens L. (S.). c) *Scarabaeidae*: 10. Hoplia philanthus Sulz. (B.). d) *Telephoridae*: 11. Dasytes niger F., hld. (S.); 12. Dictyoptera rubens Gyll. (S.); 13. Cantharis melanura F. (S.). B. Diptera: a) *Asilidae*: 14. Dioctria flavipes Mg. (B.) b) *Conopidae*: 15. Conops quadrifasciatus Deg. (B.); 16. Sicus ferrugineus L. (B.). c) *Muscidae*: 17. Echinomyia grossa L. (B.); 18. Graphomyia maculata Scop. (B.); 19. Lasiops apicalis Mg. (B.); 20. Macquartia chalybeata Mg. (B.); 21. M. nitida Zett. (B.); 22. Nemoraea erythrura Mg. (B.); 23. N. pellucida Mg. (B.); 24. Siphona cristata Fabr. (B.); 25. Zophomyia tremula Scop. (B.). d) *Pipunculidae*: 26. Pipunculus rufipes Mg. (S.). e) *Stratiomydae*: 27. Chrysomyia formosa Scop. (B.); 28. Odontomyia hydroleon L. (B.); 29. Sargus infuscatus Mg. (B.). f) *Syrphidae*: 30. Brachyopa ferruginea Fall. (S.); 31. Cheilosia variabilis Mg. (B.); 32. Chrysochlamys cuprea Scop. (B.); 33. Chrysogaster coemeteriorum L. (B.): 34. Chrysotoxum festivum L. (B.); 35. Pipiza geniculata Mg. (B.); 36. Platycheirus albimanus F. (S.); 37. Syrphus balteatus Deg. (B., S.); 38. S. corollae F. (B.); 39. S. glaucius L. (B.); 40. S. grossulariae Mg. (S.); 41. S. laternarius Mill. (B.); 42. S. linecla Zett. (B.); 43. S. pyrastri L. (B.); 44. S. ribesii L. (B.); 45. Volucella inanis L. (R.); 46. V. pellucens L. (B.). C. Hemiptera: 47. Graphosoma lineatum L. (B.). D. Hymenoptera: a) *Sphegidae*: 48. Cerceris arenaria L. ♂ (S.); 49. Crabro cribrarius L. ♂ (R.); 50. Gorytes mystaceus L. (B.); 51. Mutilla melanocephala F. ♂ (S.); 52. Passaloecus corniger Shuck. (Hr.). b) *Tenthredinidae*: 53. Allantus bicinctus F. (B.); 54. Dolerus pratensis L. (B.); 55. Eriocampa ovata L. (B.); 56. Hylotoma ustulata L. (B.); 57. Tenthredo flava Poda (B.); 58. T. livida L. (B.). c) *Vespidae*: 59. Eumenes coarctata L., sgd. (B.); 60. Polistes gallica L. (R.); 61. Vespa austriaca Pz. ♀, sgd. (S.); 62. Odynerus gracilis Brullé. (S.); 63. O. sinuatus F., sgd. (B.). E. Lepidoptera: *Rhopalocera*: 64. Argynnis paphia L. (R.).

Ferner in Mecklenburg (Beiträge S. 35): A. Coleoptera: a) *Telephoridae*: 1. Cantharis fulvicollis F.; 2. C. nigricans Müll. b) *Oedemeridae*: 3. Oedemera podagrariae L. B. Diptera: a) *Muscidae*: 4. Graphomyia maculata Scop., sgd. b) *Syrphidae*: 5. Tropidia milesiformis Fall., sgd. C. Hymenoptera: *Sphegidae*: 6. Crabro peltarius Schreb. ♀.

Alfken beobachtete bei Bremen: A. Diptera: *Syrphidae*: 1. Helophilus floreus

L., s. hfg. B. Hymenoptera: *Apidae*: 2. Anthrena nitida Fourcr. ♀, slt.; 3. A. parvula K. ♀, slt.; 4. A. proxima K. ♀, n. slt.; 5. Prosopis communis Nyl. ♀ ♂, hfg.; 6. P. confusa Nyl. ♂, hfd. b) *Tenthredinidae*: 7. Hemichroa alni L. C. Coleoptera: *Scarabaeidae*: 8. Cetonia aurata L., hfg.; 9. Guorinnus nobilis L. slt.

Auf der Insel Helgoland bemerkte ich (B. Jaarb. VIII. S. 34): Diptera: *Muscidae*: 1. Coelopa frigida Fall., sgd. und pfd.; 2. Fucellia fucorum Fall., dgl.; 3. Lucilia caesar L., w. v. Sickmann beobachtete bei Osnabrück: Hymenoptera: a) *Mutillidae*: 1. Methoca ichneumonides Ltr. 1 ♂; 2. Mutilla melanocephala F. ♂. b) *Scoliidae*: 3. Tiphia minuta v. d. L., n. hfg. c) *Sphegidae*: 4. Agenia hircana F., nicht hfg.; 5. Ammophila hirsuta Scop., nicht slt.; 6. Ceropales maculatus F., hfg.; 7. Crabro albilabris F., s. hfg.; 8. C. brevis v. d. L., s. hfg.; 9. C. chrysostoma Lep., hfg.; 10. C. clavipes L. Dhlb., n. hfg.; 11. C. fuscitasis H.-Sch., slt.; 12. C. lituratus Pz., slt.; 13. C. peltarius Schreb., s. hfg.; 14. C. planifrons Thoms, s. slt.; 15. C. podagricus v. d. L, hfg.; 16. C. scutellatus Schev., zieml. hfg.; 17. C. sexcinctus F., hfg.; 18. C. spinicollis H.-Sch., hfg.; 19. C. vagabundus Pz., hfg.; 20. C. vagus L., hfg.; 21. C. wesmaëli v. d. L., n. hfg.; 22. Dinetus guttatus F., s. hfg.; 23. Dolichurus corniculus Spin., n. hfg.; 24. Gorytes campestris Müll., selten; 25. G. mystaceus L, hfg.; 26. G. quadrifasciatus F., hfg.; 27. Miscophus bicolor Jur., n. slt.; 28. Nysson maculatus F., zieml. hfg.; 29. N. spinosus Forst., zieml. hfg.; 30. Oxybelus uniglumis L., hfg.; 31. Passaloecus brevicornis A. Mor., selten; 32. Pompilus nigerrimus Scop, hfg.; 33. P. spissus Schiödte, hfg.; 34. P. gibbus F., s. hfg.; 35. Psen atratus Pz., hfg.; 36. P. concolor Dhlb., n. hfg.; 37. Pseudagenia carbonaria Scop., s. hfg.; 38. Salius hyalinatus F., hfg.; 39. S. notatus Rossi, hfg.; 40. S. sepicola Sm., hfg.; 41. Trypoxylon attenuatum Smith, selten; 42. T. clavicerum Lep.; 43. T. figulus L., s. hfg.; Schmiedeknecht in Thüringen Anthrena combinata Chr.; Krieger bei Leipzig die Apiden: 1. Colletes daviesanus K.; 2. Prosopis communis Nyl.; 3. P. hyalinata Sm.; 4. P. pictipes Nyl.; Mac Leod in Flandern Apis, 5 kurzrüsselige Bienen, 28 sonstige kurzrüsselige Hymenopteren, 12 Schwebfliegen, 16 andere Fliegen, 12 Käfer, 1 Falter, 1 Netzflügler (Bot. Jaarb. VI. S. 262—264); H. de Vries (Ned. Kruidk. Arch. 1877) in den Niederlanden 1 Biene, Anthrena trimmerana K. ♀.

In Dumfriesshire (Schottland) (Scott-Elliot, Flora S. 76) wurden 1 Grabwespe, 1 Faltenwespe, 2 Schlupfwespen und 2 Musciden als Besucher beobachtet.

Als Besucher beobachteten Herm. Müller (1), Buddeberg (2) und Borgstette (3):

A. Coleoptera: a) *Cerambycidae*: 1. Grammoptera ruficornis F. (1); 2. Leptura livida F. (1); 3. Pachyta octomaculata F. (3). b) *Cistelidae*: 4. Cistela murina L. (1). c) *Curculionidae*: 5. Spermophagus cardui Stev. (1). d) *Cleridae*: 6. Trichodes apiarius L. (1). e) *Dermestidae*: 7. Anthrenus pimpinellae F. (1); f) *Elateridae*: 8. Agriotes aterrimus L. (1); 9. Athous niger L. (1); 10. Lacon murinus L. (1). g) *Mordellidae*: 11. Anaspis rufilabris Gyll. (1); 12. A. frontalis L. (1); 13. Mordella aculeata L., sehr häufig (1); 14. M. fasciata F. (1). h) *Nitidulidae*: 15. Cychramus luteus Oliv. (1, 3). i) *Oedemeridae*: 16. Oedemera virescens L. (1). k) *Scarabaeidae*: 17. Cetonia aurata L. (1); 18. Hoplia argentea Poda (1, in den Alpen); 19. Phyllopertha horticola L. (1); 20. Trichius fasciatus L. (1). l) *Telephoridae*: 21. Dasytes flavipes F. (1); 22. Malachius bipustulatus L. (1); 23. Telephorus fuscus L. (1). m) *Trixagidae*: 24. Trixagus fumatus F. (1). B. Diptera: a) *Bombylidae*: 25. Anthrax flava Mg. (1). b) *Dolichopidae*: 26. Gymnopternus chaerophylli Mg. (1). c) *Empidae*: 27. Empis livida L. (1); 28. E. punctata F. (1). d) *Muscidae*: 29. Anthomyiaarten (1); 30. Aricia obscurata Mg. (1); 31. Echinomyia fera L. (1); 32. Lucilia cornicina F. (1); 33. L. silvarum Mg. (1): 34. Musca corvina F. (1.); 35. Sarcophaga albiceps Mg. (1); 36. Scatophaga stercoraria L (1); 37. S. merdaria F. (1); 38. Sepsis, häufig (1); 39. Zophomyia tremula Scop. (1). e) *Stratiomydae*: 40. Chrysomyia formosa Scop. (1); 41. Sargus cuprarius L. (1); 42. Stratiomys chamaeleon Deg. (1). f) *Syrphidae*: 43. Chrysogaster chalybeata Mg. (1); 44. Ch. coemeteriorum L. (1); 45. Ch. viduata

L. (1); 46. Eristalis arbustorum L. (1); 47. E. nemorum L. (1); 48. E. tenax L. (1); 49. Helophilus floreus L., häufig (1); 50. Melithreptus taeniatus Mg. (1); 51. Pipizella virens F. (1); 52. Syritta pipiens L., zahlreich (1); 53. Syrphus nitidicollis Mg. (1); 54. S. pyrastri L. (1); 55. S. ribesii L. (1); 56. Volucella pellucens L. (3). g) *Therevidae*: 57. Thereva anilis L. (1). h) *Tipulidae*: 58. Pachyrhina crocata L. (1); 59. P. histrio F. (1). C. Hymenoptera: a) *Apidae*: 60. Anthrena albicans Müll., sgd. (1); 61. A. albicrus K. ♀ (1); 62. A. dorsata K. ♀, psd. (1); 63. A. fucata Sm. ♀, sgd. (1); 64. A. fulvago Christ. ♀, psd. (1); 65. A. helvola L. ♀ ♂, psd., sgd. (1); 66. A. parvula K. ♀ ♂ (1); 67. A. pilipes F. ♂, sgd. (1); 68. A. proxima K. ♀, sgd. und psd. (1); 69. Apis mellifica L. ☿, psd. (1); 70. Halictus albipes F. ♀ (1); 71. H. cylindricus F. ♀ (1); 72. H. minutus K. ♀ (1); 73. Prosopis clypearis Schenck ♂ (1); 74. P. communis Nyl. ♂ (1). Sämtl. sgd. b) *Chrysidae*: 75. Hedychrum lucidulum F. ♂, in Mehrzahl (1). c) *Evanidae*: 76. Foenus affectator F. (1); 77. F. jaculator F. (1). d) *Ichneumonidae*: 78. Zahlreiche Arten (1). e) *Sphegidae*: 79. Cerceris variabilis Schrk. ♀ ♂, selten (1); 80. Crabro interrupte-fasciatus Retz. ♂ (1); 81. C. lapidarius Pz. ♀ (1); 82. C. sexcintus F. ♂ (1); 83. C. vagus L. ♀ (1); 84. Gorytes campestris Müll. ♀♂, nicht selten (1); 85. G. laticintus Schuck. ♀ (1); 86. Myrmosa melanocephala F. ♀ (1); 87. Oxybelus lineatus F. ♂, zahlreich; 88. O. bellus Dhlb. ♂ (1); 89. O. bipunctatus Ol. ♂; 90. O. uniglumis L., sehr zahlreich (1); 91. Philanthus triangulum F. (1); 92. Pompilus minutus Dhlb. ♀ (1); 93. P. niger-rimus Scop. ♀ (3); 94. P. spissus Schdte. ♀ (1). f) *Tenthredinidae*: 95. Abia sericea L. (1); 96. Allantus arcuatus Forst., häufig (1); 97. Hylotoma caeruleopennis Retz. (1); 98. H. melanochroa Gmel. (1); 99. H. rosae L. (1); 100. H. ustulata L. (1); 101. Selandria serva F., häufig (1); 102. Tenthredo atra L. (2); 103. T. bifasciata Klg. (= Allantus rossii Pz.) (1); 104. T. flavicornis F. (1); 105. T. spec. (1). g) *Vespidae*: 106. Odynerus elegans Wsm. ♀ (1); 107. O. quinquefasciatus F. ♀. Sämtl. hld. D. Lepidoptera: *Rhopa-locera*: 108 Pieris napi L., sgd. (1). E. Neuroptera: 109. Panorpa communis L. (1).

1108. A. alpestre Ledb. Loew beobachtete im botanischen Garten zu Berlin:

A. Diptera: *Muscidae*: 1. Chloria demandata F. B. Hymenoptera: *Apidae*: 2. Anthrena fasciata Wesm. ♀, sgd. und psd.

245. Carum L.

1109. C. Carvi L. — Beketow (Bot. Jb. 1890, I. S. 464) hebt hervor, dass die Protandrie so ausgeprägt ist, dass die Dolde der Hauptachse bereits rein weiblich ist, wenn in den Dolden der Seitenachsen die Blüten sich im männlichen Stadium befinden.

Nach Warnstorf (Nat. V. d. Harzes XI) ist die Primärdolde zwitter-blütig oder durch Fehlschlagen der Pollenzellen in den, auf viel kürzeren Fila-menten sitzenden, weissen Antheren rein weiblich. Ist die Primärdolde nur weiblich, dann sind die übrigen Dolden zwitterig; häufig der ganze Stock durch Fehlschlagen der Antheren weiblich. Die Pflanze ist bei Ruppin also gynodiöcisch. — Pollen weiss, biscuitförmig, in der Mitte etwas eingeschnürt, mit drei Längs-furchen, etwa 30 μ lang und 12 μ breit.

Als Besucher der Blüten beobachtete ich auf Helgoland (5. 6. 97) Musciden (Lucilia caesar L.), Syrphiden (Eristalis- und Syrphus-Arten), Käfer (Cantharis).

Lindman beobachtete auf dem Dovrefjeld Fruchtreife und als Besucher mehrerer Fliegenarten und 1 Biene.

Als Besucher beobachtete Herm. Müller (Befr. S. 100; Weit. Beob. I. S. 304):

A. Coleoptera: a) *Cerambycidae*: 1. Strangalia atra Laich., hld. b) *Chrysomelidae*: 2. Crioceris duodecimpunctata L. c) *Curculionidae*: 3. Bruchus, zahlreich; 4. Phyllobius oblongus L. d) *Telephoridae*: 5. Anthocomus fasciatus L.; 6. Dasytes flavipes F., hld.; 7. Malachius bipustulatus L.; 8. Telephorus fuscus L., hld.; 9. T. lividus L., hld.; 10. T. pellucidus F., hld.; 11. T. rusticus Fall. e) *Mordellidae*: 12. Anaspis rufilabris Gyll.; 13. Mordella pumila Gyll.; 14. M. pusilla Dej., alle drei hld. f) *Staphylinidae*: 15. Tachinus fimetarius Grv., hld.; 16. Tachyporus solutus Er., hld. B. Diptera: a) *Bibionidae*: 17 Bibio hortulanus L. b) *Empidae*: 18. Empis stercorea L., sgd. c) *Muscidae*: 19. Aricia incana Wiedem.; 20. Cyrtoneura hortorum Fall. ♀; 21. Echinomyia fera L.; 22. Gymnosoma rotundata L.; 23. Luciliaarten; 24. Pyrellia aenea Zett.; 25. Sarcophaga carnaria L. und albiceps Mg.; 26. Scatophaga merdaria F.; 27. Zophomyia tremula Scop. d) *Stratiomydae*: 28. Chrysomyia formosa Scop.; 29. Stratiomys longicornis Scop. e) *Syrphidae*: 30. Chrysotoxum festivum L.; 31. Eristalis aeneus Scop.; 32. E. arbustorum L.; 33. E. horticola Deg.; 34. Helophilus floreus L., sehr häufig; 35. H. pendulus L.; 36. Melanostoma mellina L.; 37. Melithreptus taeniatus Mg.; 38. Pipizella virens F.. 39. Platycheirus peltatus Mg.; 40. Pyrophaena spec., sgd.; 41. Syritta pipiens L.; 42. Syrphus ribesii L., sgd. f) *Tipulidae*: 43. Tipula, hld. C. Hemiptera: 44. Ein kleiner Capsus. D. Hymenoptera: a) *Apidae*: 45. Anthrena albicans Müll. ♀ ♂, sgd.; 46. A. fulvicrus K. ♀, sgd.; 47. A. minutula K. ♀, sgd.; 48. A. nana K. ♂, sgd.; 49. A. nigroaenea K. ♀, sgd.; 50. A. parvula K., sgd. und psd.; 51. Halictus albipes F. ♀, psd.; 52. H. maculatus Smith ♀, sgd., wiederholt; 53. H. sexnotatus K. ♀, psd.; 54. Prosopis brevicornis Nyl. ♂; 55. P. communis Nyl. ♂. b) *Formicidae*: 56. Formica fusca L. ☿; 57. Lasius niger L. ☿; 58. Myrmica rugulosa Nyl. ☿; 59. M. levinodis Nyl. ☿. c) *Ichneumonidae*: 60. Zahlreiche Arten. d) *Pteromalidae*: 61. Unbestimmte Art, hld. e) *Sphegidae*: 62. Pemphreden unicolor F., mehrfach; 63. Crabro lapidarius Pz. ♀; 64. Cr. scutellatus Schev. ♂; 65. Cr. vagabundus Pz. ♀; 66. Gorytes campestris Müll. ♂. f) *Tenthredinidae*: 67. Athalia spinarum F.; 68. Cephus niger Harr. L.; 69. Abia sericea L.; 70. Dolerus pratensis L.; 71. Hylotoma caerulescens F.; 72. H. enodis L.; 73. H. femoralis Klg.; 74. H. rosarum Klg.; 75. Selandria serva F.; 76. Tenthredo bifasciata Klg.; 77. Allantus vespa Retz. E. Lepidoptera: a) *Tineidae*: 78. Adela, spec. F. Neuroptera: b) *Planipennia*: 79. Sialis lutaria L.

Verhoeff beobachtete auf Norderney: A. Diptera: a) *Empidae*: 1. Hilara quadrivittata Mg. b) *Dolichopidae*: 2. Dolichopus aeneus Deg. c) *Muscidae*: 3. Anthomyia spec. 2 ♂; 4. A. spec., hfg.; 5. A. triquetra Wiedem. 1 ♂; 6. Aricia incana Wiedem.; 7. A. obscurata Mg. 1 ♂; 8. Cyrtoneura hortorum Fall. 1 ♀ 1 ♂; 9. Hylemyia conica Wiedem. 1 ♂; 10. Limnophora quadrimaculata Fall. ♀ ♂; 11. Lucilia caesar L., hfg.; 12. Myospila meditabunda F.; 13. Onesia floralis R.-D.; 14. Psila villosula Mg.; 15. Sarcophaga spec. ♀; 16. Scatophaga stercoraria L. 1 ♀. d) *Syrphidae*: 17. Pipizella virens F. 1 ♂; 18. Syritta pipiens L. 1 ♀. e) *Therevidae*: 19. Thereva anilis L. 1 ♂. f) *Tipulidae*: 20. Pachyrhina scurra Mg. 1 ♀. B. Hymenoptera: *Tenthredinidae*: 21. Nematus spec.; Alfken bei Bremen: *Tenthredinidae*: 1. Allantus temulus Scop.; 2. Arge enodis L.; 3. A. ustulata L.; 4. Dolerus fissus Htg.; 5. Macrophya quadrimaculata F.; 6. Pachyprotasis rapae L.

In den Alpen bemerkte Herm. Müller 7 Dipteren, 4 Hymenopteren und 6 Falter an den Blüten (Alpenbl. S. 116); Schletterer und v. Dalla Torre verzeichnen für Tirol Prosopis borealis Nyl. als Besucher.

Kohl giebt die Grabwespe Crabro scutellatus Schev. als Besucher an; Mac Leod in den Pyrenäen 1 Biene, 2 Fliegen (B. Jaarb. III. S. 413, 414).

In Dumfriesshire (Schottland) (Scott-Elliot, Flora S. 76) wurden 1 Blattwespe, 2 Schlupfwespen, 5 Musciden und mehrere Dolichopodiden als Besucher beobachtet.

246. Pimpinella L.

1110. P. magna L. Nach Schulz (Beitr. I. II. S. 43; S. 82—84, 91, 190) sind die Blüten in Deutschland und Tirol andromonöcisch mit protandrischen Zwitterblüten. Ausserdem beobachteten Gelmi und Schulz in Südtirol eine ausschliesslich weibliche Form, deren Antheren gänzlich oder teilweise verkümmerten Pollen besitzen und welche im Innern der Döldchen an Stelle der sonst männlichen Blüten geschlechtslose enthält. Nach Gelmi ist der Griffel der Zwitterblüten stets kürzer, an rein weiblichen Blüten dagegen länger als der Fruchtknoten. Dasselbe gilt von P. Saxifraga. Nach Warnstorf sind bei Ruppin die Döldchen der Dolden 1. Ordnung zwitterblütig, die der 2. Ordnung aussen zwitterig, innen männlich, die der 3. Ordnung männlich.

Als Besucher sah H. Müller (Befr. S. 101) in Mitteldeutschland nur 2 Bienen: Anthrena parvula K. ♀, sgd. und psd. und A. rosae Pz. ♀, sgd.; in den Alpen einen Bockkäfer: Pachyta quadrimaculata L. (Alpenbl. S. 116). Sickmann beobachtete bei Osnabrück zwei Grabwespen: 1. Crabro dives Lep., slt.; 2. Mellinus sabulosus F. Mac Leod beobachtete in den Pyrenäen 1 Käfer, an der var. rosea (mit roten Blüten), 1 Blattwespe, 1 Käfer, 6 Fliegen als Besucher. (B. Jaarb. III. S. 413.)

In den subalpinen Regionen besitzt diese Art gewöhnlich rosenrote Blüten (P. magna β rosea Koch = P. rubra Hoppe), deren Griffel und Narben

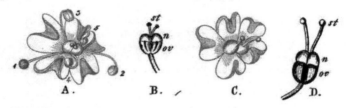

Fig. 162. Pimpinelle magna L. var. rosea Koch. (Nach Herm. Müller.)
A. Blüte im ersten (männlichen) Zustande. B. Stempel derselben. C. Blüte im zweiten (weiblichen) Zustande. D. Stempel derselben. (Vergr. 7 : 1.)

bereits im ersten (männlichen) Stadium so entwickelt erscheinen, dass man sie für empfängnisfähig halten könnte, doch erreichen sie erst später ihre volle Grösse.

Als Besucher beobachtete H. Müller 6 Käfer, 7 Fliegen, 2 Hymenopteren, 1 Falter.

v. Dalla Torre und Schletterer verzeichnen als Besucher in Tirol die Furchenbienen: 1. Halictus major Nyl.; 2. H. tetrazonius Klug; 3. H. zonulus Sm.

1111. P. Saxifraga L. [Loew, Bl. Fl. S. 379, 389, 393; H. M., Befr. S. 100; Weit. Beob. I. S. 304; Knuth, Ndfr. Ins. S. 155; Schulz, Beitr. I. S. 44; II. S. 84, 91, 190.] — Nach Gelmi und nach Schulz verhält sich diese Art ebenso wie die Hauptform der vorigen, ist also meist andromonöcisch, hin und wieder auch gynodiöcisch. (Vgl. auch vorige Art.)

Nach Warnstorf sind bei Ruppin die Döldchen der Dolden 1. Ordnung zwitterig, die der 2. Ordnung aussen zwitterig, innen männlich.

Als Besucher sah Lindman auf dem Dovre eine Blattwespe.

Herm. Müller und Buddeberg (2) beobachteten in Westfalen bzgl. Nassau: A. Coleoptera: a) *Cerambycidae*: 1. Leptura livida F., hld.; 2. Pachyta octomaculata F., häufig (Sld.). b) *Coccinellidae*: 3. Coccinella septempunctata L., auf den Blüten herumkriechend. c) *Chrysomelidae*: 4. Clytra scopolina L. d) *Telephoridae*: 5. Dasytes flavipes F.; 6. Telephorus melanurus F. B. Diptera: a) *Asilidae*: 7. Isopogon brevirostris Mg. b) *Conopidae*: 8. Conops quadrifasciata Deg. c) *Syrphidae*: 9. Eristalis horticola Mg.; 10. Syrphus nitidicollis Mg.; 11. S. pyrastri L. d) *Tabanidae*:

12. Chrysops caecutiens L.; 13. Tabanus micans Mg. C. Hymenoptera: a) *Apidae*: 14. Anthrena fulvescens Sm. ♀; 15. A. parvula K., sgd. und psd.; 16. Sphecodes gibbus L., sgd. b) *Ichneumonidae*: Zahlreiche Arten. c) *Tenthredinidae*: 17. Abia sericea L.; 18. Allantus arcuatus Forst., häufig (1, 2); 19. A. temulus Scop.; 20. Hylotoma rosae L.; 21. Selandria serva F. B. Neuroptera: *Planipennia*: 22. Panorpa communis L.

Schletterer giebt Tiphia femorata F. (Dolchwespe) für Tirol als Besucher an.

Alfken beobachtete bei Bremen:

A. Diptera: *Syrphidae*: 1. Chrysotoxum festivum L. B. Hymenoptera: a) *Apidae*: 2. Prosopis communis Nyl. ♀ ♂. b) *Sphegidae*: 3. Ceropales maculatus F., s. hfg.; 4. Crabro brevis v. d. L. ♀ ♂. c) *Tenthredinidae*: 5. Allantus arcuatus Forst.; 6. Athalia glabricollis Ths.; Sickmann bei Osnabrück: Hymenoptera: *Sphegidae*: 1. Crabro lituratus Pz.; 2. Gorytes tumidus Pz., n. hfg.; 3. Mellinus sabulosus F., slt.; Alfken auf Juist: A. Coleoptera: *Alleculidae*: 1. Cteniopus sulphureus L., hfg. pfd. B. Diptera: a) *Muscidae*: 2. Lucilia caesar L.; 3. Nemoraea radicum F., s. hfg. pfd.; 4. Sarcophaga albiceps Mg. b) *Syrphidae*: 5. Eristalis tenax L.

In Thüringen beobachtete ich (Thür. S. 32):

A. Coleoptera: 1. Judolia cerambyciformis Schrk., häufig; 2. Leptura livida F.; 3. Strangalia melanura L.; 4. Trichius fasciatus L. B. Diptera: a) *Muscidae*: 5. Aricia serva Mg. b) *Syrphidae*: 6. Syrphus lineola Zett.; 7. Volucella pellucens L. C. Lepidoptera: 8. Zygaena pilosellaᴏ Esp.

Loew beobachtete im Riesengebirge (Beiträge S. 48): A. Coleoptera: *Cerambycidae*: 1. Strangalia nigra L. B. Diptera: a) *Muscidae*: 2. Meigenia floralis Mg. b) *Syrphidae*: 3. Cheilosia oestracea L; 4. Eristalis rupium F. C. Hymenoptera: *Ichneumonidae*: 5. Unbestimmte Spez.; in Mecklenburg (Beiträge S. 37): Hymenoptera: a) *Apidae*: 1. Prosopis annularis Sm. ♀; 2. Pr. sp. b) *Chrysidae*: Chrysis saussurei Chevr. c) *Vespidae*: 4. Odynerus spinipes L; 5 Pterocheilus phaleratus Pz.; Mac Leod in Flandern 12 kurzrüsselige Hymenopteren, 10 Schwebfliegen, 14 andere Fliegen, Panorpa (B. Jaarb. VI. S. 265, 266); in den Pyrenäen 8 kurzrüsselige Hymenopteren, 4 Käfer, 10 Fliegen als Besucher (A. a. O. III. S. 412, 414).

In Dumfriesshire (Schottland) (Scott-Elliot, Flora S. 47) wurden 1 Blattwespe und zahlreiche Fliegen als Besucher beobachtet.

Willis (Flowers and Insects in Great Britain Pt. I) beobachtete in der Nähe der schottischen Südküste:

A. Coleoptera: a) *Telephoridae*: 1. Rhagonycha fulva Scop., sgd. b) *Nitidulidae*: 2. Epuraea melina Er., sgd.; 3. Meligethes sp., sgd. B. Diptera: a) *Empidae*: 4. Ramphomyia tenuirostris Fall., sgd. b) *Muscidae*: 5. Anthomyia radicum L., sgd., häufig; 6. A. sp., sgd.; 7. Hyetodesia incana W., sgd.; 8. Lucilia caesar L., sgd.; 9. Morellia curvipes Mcq., sgd.; 10. Phorbia floccosa Mcq., sgd.; 11. Anthomyia radicum L., sgd.; 12. Themira minor Hal., sgd., häufig; 13. Lasiops cunctans Mg., sgd. e) *Phoridae*: 14. Phora sp., sgd. d) *Syrphidae*: 15. Cheilosia sp., sgd.; 16. Chrysogaster splendida Mg., sgd.; 17. Eristalis aeneus Scop., sgd., häufig; 18. E. horticola Deg., w. v.; 19. E. tenax L., sgd.; 20. Orthoneura nobilis Fall., sgd.; 21. Sphaerophoria scripta L., sgd.; 22. Syritta pipiens L., sgd.; 23. Syrphus ribesii L., sgd., häufig. e) *Tipulidae*: 24. Boletina sp., sgd.; 25. Sceptonia nigra Mg., sgd.; 26. Sciara sp., sgd., häufig. C. Hemiptera: 27. Anthocoris sp., sgd. D. Hymenoptera: *Ichneumonidae*: 28. 9 unbestimmte Arten. E. Lepidoptera: *Rhopalocera*: 29. Pieris napi L., sgd.

1112. P. peregrina L.

Als Besucher beobachtete Schletterer bei Pola Hymenoptera: a) *Evanidae*: 1. Gasteruption granulithorax Tourn. b) *Ichneumonidae*: 2. Angitia armillata Gr.; 3. Linoceras macrobatus Gr. var. geniculata Krchb.; 4. Mesoleius cruralis Gr. c) *Tenthredinidae*: 5. Cephus (Philoeeus) parreyssini Spin.

247. Berula Koch.

1113. B. angustifolia Koch. Alle Dolden mit Zwitterblüten; die mittleren Blüten der Döldchen häufig mit 3 Griffeln. (Warnstorf, Bot. V. Brand. Bd. 38).

248. Sium L.

1114. S. latifolium L. [H. M., Befr. S. 101; Weit. Beob. I. S. 304; Schulz, Beitr. I. S. 44; II. S. 190; Warnstorf, Bot. V. Brand. Bd. 38; Kerner, Pflanzenleben II.; Knuth, Rügen; Ndfr. Ins. S. 155.] — Nach Schulz andromonöcisch mit ausgeprägt protandrischen Zwitterblüten; die Dolden höherer Ordnung vorwiegend oder ganz männlich. Nach Kerner werden die Narben der zuerst aufblühenden, ausgeprägt protandrischen Zwitterblüten nach dem Abfallen der Antheren durch den in Klümpchen herabfallenden Pollen der sich später entwickelnden männlichen Blüten aus den emporgewachsenen Seitendolden, also durch spontane Fremdbestäubung, befruchtet. Nach Warnstorf sind bei Ruppin die Döldchen der Dolden 1. und 2. Ordnung zwitterig, die der 3. Ordnung aussen zwitterig, innen männlich, oder ganz männlich.

Als Besucher beobachtete de Vries in den Niederlanden die Honigbiene; Mac Leod in Flandern 3 kurzrüsselige Hymenopteren, 4 Schwebfliegen, 4 andere Fliegen, 1 Käfer (B. Jaarb. VI. S. 267); ich auf den nordfriesischen Inseln 2 Schwebfliegen und 1 Muscide; auf der Insel Rügen: A. Coleoptera: a) *Telephoridae*: 1. Cantharis fulva Scop. B. Diptera: a) *Muscidae*: 2. Aricia sp.; 3. Graphomyia maculata Scop. ♀. b) *Stratiomydae*: 4. Odontomyia viridula F.; 5. Stratiomys furcata F. ♀. C. Hymenoptera: *Sphegidae*: 6. Gorytes quadrifasciatus F. ♂.

Alfken bemerkte bei Bremen die Schlupfwespe Amblyteles laminatorius Wsm. Herm. Müller giebt folgende Liste:

A. Coleoptera: a) *Coccinellidae*: 1. Coccinella quatuordecimpunctata L., hld. b) *Mordellidae*: 2. Mordella fasciata F. c) *Scarabaeidae*: 3. Trichius fasciatus L. d) *Telephoridae*: 4. Telephorus melanurus F. B. Diptera: a) *Dolichopidae*: 5. Dolichopus aeneus Deg. b) *Empidae*: 6. Empis spec. c) *Muscidae*: 7. Aricia incana Wied., zahlreich; 8. Calliphora vomitoria L.; 9. Cyrtoneura simplex Loew; 10. Lucilia caesar L.; 11. L. cornicina F.; 12. L. silvarum Mg.; 13. Mesembrina meridiana L., sgd.; 14. Musca corvina F.; 15. Ocyptera brassicaria F.; 16. Sepsis spec.; 17. Tetanocera ferruginea Fall.; 18. Tephritis pantherina Fall., hld., 2 Exemplare. e) *Syrphidae*: 19. Eristalis aeneus Scop.; 20. E. arbustorum L.; 21. E. nemorum L.; 22. Helophilus floreus L.; 23. Syritta pipiens L.; 24. Syrphus ribesii L. d) *Stratiomydae*: 25. Stratiomys riparia Mg. C. Hemiptera: 26. Eine kleine Anthocoris-Art. D. Hymenoptera: *Apidae*: 27. Prosopis variegata F., hld. b) *Ichneumonidae*: 28. Zahlreiche Arten. c) *Sphegidae*: 29. Crabro dives H.-Sch. ♂; 30. Cr. lapidarius Pz. ♂ ♀, wiederholt; 31. Cr. scutellatus Schev. ♂; 32. Cr. vagus L. ♂; 33. Gorytes quadrifasciatus F. ♂, sgd.; 34. Oxybelus uniglumis L., sgd. d) *Tenthredinidae*: 35. Allantus arcuatus Forst.; 36. Athalia rosae L.; 37. Selandria serva F.

Kohl bemerkte in Tirol die Grabwespe Crabro scutellatus Schev. als Besucherin.

249. Conopodium Koch.

1115. C. denudatum Koch.

Als Besucher der weissen Blüten beobachtete Mac Leod in den Pyrenäen Hymenopteren (5), Käfer (2), Fliegen (17), Falter (2).

250. Bupleurum Tourn.

1116. B. stellatum L. [H. M., Alpenblumen S. 117, 118.] — Die Protandrie ist so ausgeprägt, dass die ganze Dolde zuerst ausschliesslich männlich, dann ausschliesslich weiblich ist; Selbstbestäubung ist daher ausgeschlossen.

Als Besucher beobachtete H. Müller 8 Dipteren- und 8 Hymenopterenarten

1117. B. ranunculoides L. [Kirchner, Beitr. S. 31.] — Die orange-gelben, später bräunlichgelben Blüten sind bei Zermatt ausgeprägt protandrisch. Es wurden nur Zwitterblüten beobachtet.

1118. B. longifolium L. Nach Schulz (Beitr. I. S. 46) sind, wie bei allen übrigen deutschen Arten dieser Gattung, die Kronblätter in der Knospe vollständig eingerollt, so dass die Nektarien frei liegen. Auch die Antheren

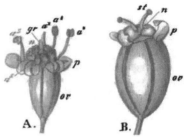

Fig. 163. Bupleurum stellatum L.
(Nach Herm. Müller.)

A. Blüte im ersten (männlichen) Zustande.
B. Blüte im zweiten (weiblichen) Zustande.
(Vergr. 7 : 1.)

liegen mit eingekrümmten Staubfäden in der Knospe unbedeckt. In dieser Lage verbleiben die Kronblätter auch meist während des Blühens. Erst nach dem Verstäuben der Antheren entwickeln sich die Griffel und zwar oft sehr langsam (wie auch bei den anderen Arten), so dass zwischen dem Beginn des Blühens und der Befruchtung ein bedeutender Zeitraum liegt.

Es wurden nur Zwitterblüten beobachtet.

1119. B. tenuissimum L. Nach H. Schulz (Beitr. I. S. 46) stimmt die Blüteneinrichtung mit voriger überein.

1120. B. falcatum L. Nach Schulz (Beitr. I. S. 46) stimmt die Blüteneinrichtung gleichfalls mit voriger überein.

Die trübgelben Blumen sah H. Müller in Thüringen von folgenden Insekten besucht:

A. Coleoptera: *Mordellidae*: 1. Mordella pumila Gyll., hld., sehr zahlreich. B. Diptera: a) *Bombylidae*: 2. Anthrax flava Mg., sgd. b) *Muscidae*: 3. Gymnosoma rotundata L., hld., einzeln. c) *Syrphidae*: 4. Eristalis arbustorum L., sgd.; 5. Pipizella annulata Macq., sgd.; 6. Syritta pipiens L., sehr zahlreich, sgd. und pfd. C. Hymenoptera: a) *Apidae*: 7. Halictus interruptus Pz. ♂, sgd. b) *Ichneumonidae*: 8. Verschiedene Arten, sgd. c) *Tenthredinidae*: 9. Hylotoma rosae L., sgd. d) *Vespidae*: 10. Polistes gallica L.; 11. P. biglumis L., beide sgd.

Mac Leod beobachtete in den Pyrenäen 2 Hymenopteren als Besucher. (B. Jaarb. III. S. 412).

1121. B. rotundifolium L. Als Besucher der gelben Blütchen, deren Nektar als glänzende Fläche mit blossem Auge erkennbar ist, beobachtete H. Müller (Weit. Beob. I. S. 304) in Thüringen:

Besucher: A. Diptera: a) *Muscidae*: 1. Anthomyiaarten; 2. Gymnosoma rotundata L.; 3. Ulidia erythrophthalma Mg., sgd. b) *Stratiomydae*: 4. Chrysomyia formosa Scop. B. Coleoptera: *Curculionidae*: 5. Bruchus olivaceus Germ., hld.; 6. Spermophagus

cardui Stev., hld.   C. Hymenoptera: a) *Ichneumonidae*: 7. Verschiedene Arten.
b) *Tenthredinidae*: 8. Eine gelbe Art. c) *Sphegidae*: 9. Tiphia minuta v. d. L., sgd.
D. Lepidoptera: 10. Lycaena bellargus Rott., sgd. oder versuchend.

251. Oenanthe L.

1122. Oe. fistulosa L. Nach Schulz (Beitr. I. S. 47, 48) sind die
Blüten andromonöcisch mit nicht sehr ausgeprägt protandrischen Zwitterblumen;
auch kommen einzelne rein männliche Pflanzen vor. Die männlichen Blüten
stehen meist am Rande, selten im Innern der Döldchen.

Als Besucher sah H. Müller (Befr. S. 101):
   A. Coleoptera: a) *Scarabaeidae*: 1. Trichius fasciatus L. B. Diptera:
b) *Empidae*: 2. Empis livida L.; 3. E. rustica Fall. b) *Leptidae*: 4. Atherix ibis F.
c) *Muscidae*: 5. Lucilia-Arten. d) *Stratiomydae*: 6. Stratiomys chamaeleon Deg. e) *Syr-*
phidae: 7. Eristalis arbustorum L.; 8. E. nemorum L.; 9. E. sepulcralis L.; 10. Syritta
pipiens L. C. Hymenoptera: *Apidae*: 11. Heriades truncorum L. ♀, sgd.; 12. Macropis labiata F. ♂, sgd.; 13. Prosopis spec.

Mac Leod beobachtete in Flandern eine Schwebfliege (B. Jaarb. VI. S. 270);
Schletterer bei Pola die Schlupfwespe Tryphon rutilator Gr.

1123. Oe. aquatica Lmk. (Oe. Phellandrium Lmk., Phellandrium aq. L.). Nach Schulz (Beitr. II. S. 190) andromonöcisch mit protandrischen Zwitterblumen. Auch Warnstorf (Bot. V. Brand. Bd. 38) bezeichnet
die Pflanzen der Umgebung von Ruppin als andromonöcisch: Döldchen der
Dolden 1. Ordnung zwitterig oder am Rande mit vereinzelten männlichen Blüten;
die der 2. Ordnung zum Teil zwitterig, zum Teil aussen männlich, innen zwitterig,
zum Teil ganz männlich; die der 3. Ordnung ganz männlich.

Als Besucher beobachtete Herm. Müller (Befr. S. 101; Weit. Beob. I. S. 305):
   A. Coleoptera: a) *Cerambycidae*: 1. Leptura livida L., zahlreich, sgd., pfd.
b) *Chrysomelidae*: 2. Prasocuris phellandrii L. (Blüten fressend). c) *Coccinellidae*: 3. Cocci-
dula rufa Hbst., hld. d) *Elateridae*: 4. Adrastus pallens F. Er. B. Diptera: a) *Muscidae*:
5. Aricia vagans Fall.; 6. Cyrtoneura curvipes Macq. (nach der Bestimmung des Herrn
Winnertz), sämtlich sgd.; 7. Lucilia cornicina F. b) *Mycetophilidae*: 8. Sciara thomae L.
c) *Stratiomydae*: 9. Odontomyia viridula F. d) *Syrphidae*: 10. Eristalis arbustorum L.;
11. Syritta pipiens L. und andere. C. Hymenoptera: a) *Apidae*: 12. Prosopis variegata
F. ♂; 13. Sphecodes gibbus L. ♂. b) *Ichneumonidae*: 14. Verschiedene Arten. c) *Scoliidae*:
15. Tiphia ruficornis Klg. d) *Sphegidae*: 16. Oxybelus bipunctatus Ol. ♀; 17. Pompilus
trivialis Dhlb. ♀; 18. P. viaticus L. e) *Tenthredinidae*: 19. Athalia rosae L.; 20. Tenthredo spec. D. Lepidoptera: 21. Vanessa c-album L.

Ich beobachtete auf der Insel Föhr (Weit. Beob. S. 234) 2 saugende Schwebfliegen (Eristalis sp., Syrphus sp.) und Musciden (Musca domestica L., Sarcophaga
carnaria L., Scatophaga stercoraria L.); Alfken bei Bremen: A. Diptera: *Syrphidae*:
1. Chrysostoxum festivum L. B. Hymenoptera: a) *Apidae*: 2. Anthrena parvula
K. ♀. b) *Sphegidae*: 3. Ceropales maculatus F.; 4. Crabro brevis v. d. L. ♀ ♂. c) *Vespidae*:
5. Odynerus parietum L. ♀.

Mac Leod sah in Flandern 6 kurzrüsselige Hymenopteren, 8 Schwebfliegen,
3 Musciden, 1 Käfer, 1 Falter. (B. Jaarb. VI. S. 269).

1124. Oe. peucedanifolia Pollich.
Als Besucher sah Mac Leod in Flandern 1 Tenthredinide, 3 Musciden. (Bot.
Jaarb. VI. S. 271).

1125. Oe. crocata L.

In Dumfriesshire (Schottland) (Scott-Elliot, Flora S. 78) wurden 1 Hummel, 1 kurzrüsselige Biene, 1 Faltenwespe, 5 Schwebfliegen und 4 Musciden als Besucher beobachtet. — Loew sah im bot. Garten zu Berlin 2 saugende Schwebfliegen (Syritta pipiens L. und Syrphus ribesii L.).

252. Aethusa L.

1126. Ae. Cynapium L. [H. M., Weit. Beob. I. S. 305; Schulz, Beitr. II. S. 84, 90, 91; Kerner, Pflanzenleben II.; Warnstorf, Bot. V. Brand. Bd. 35; Knuth, Ndfr. Ins. S. 155.] — Die Zwitterblüten sind, nach Schulz, schwach protandrisch oder homogam, während Kerner sie als protogynisch bezeichnet. Spontane Selbstbestäubung erfolgt regelmässig, indem die Staubfäden sich einwärts biegen.

Nach Warnstorf sind bei Ruppin alle Dolden zwitterblütig, oder die Döldchen 3. Ordnung aussen zwitterig, innen männlich.

Als Besucher sah ich auf den nordfriesischen Inseln 5 Syrphiden, 2 Musciden, 1 Käfer; Buddeberg in Nassau: A. Diptera: *Syrphidae*: 1. Ascia podagrica F., pfd., sehr zahlreich; 2. Helophilus floreus L., hld. und pfd.; 3. Paragus cinctus Schiner et Egg., hld. B. Hymenoptera: a) *Apidae*: 4. Prosopis communis Nyl. ♀; 5. P. obscurata Schenck (punctulatissima Sm.) ♂; 6. P. signata Pz. ♂; 7. P. sinuata Schenck ♂, alle 4 hld. b) *Sphegidae*: 8. Crabro vexillatus Pz. ♂, hld.; 9. Pompilus concinnus Dhlb. ♀, hld. c) *Tenthredinidae*: 10. Allantus temulus Scop. L., hld.; Mac Leod in Flandern 4 Schwebfliegen, 2 Musciden, Trombidium. (Bot. Jaarb. VI. S. 271, 380).

Als Besucher verzeichnet Sickmann von Osnabrück die Grabwespe Pemphredon lugubris Ltr.

253. Foeniculum Tourn.

1127. F. vulgare Miller (F. capillaceum Gilibert, F. officinale Allioni, Anethum Foeniculum L.). Die kleinen, gelben Blüten sind, nach Schulz (Beitr. II. S. 84, 190), andromonöcisch mit ausgeprägt protandrischen Zwitterblüten. Nach Kerner (Pflanzenleben II.) werden die Narben der zuerst aufblühenden, ausgeprägt protandrischen Zwitterblüten nach dem Abfallen ihrer Staubblätter durch den in winzigen, krümeligen Klümpchen zusammengeballt herabfallenden Pollen aus den später aufblühenden männlichen Blüten der benachbarten Seitendolden bestäubt (Geitonogamie, s. S. 465).

Als Besucher beobachtete Loew im botanischen Garten zu Berlin die Vespide: Eumenes coarctatus L.

F. F. Kohl beobachtete in Tirol vier Goldwespen: Chrysis scutellaris Fabr., Chr. distinguenda Spin., Stilbum cyanurum Forst. var. calens Fabr., Hedychrum roseum Rossi und 10 Faltenwespen: Vespa germanica F., V. holsatica Fabr., Polistes gallica L., Eumenes pomiformis F., E. unguiculata Vill., Odynerus inuatus Fabr., O. bifasciatus L., O. parvulus Lep., O. bidentatus Lep., O. modestus Sauss.

Handlirsch giebt als Besucher die Grabwespe Gorytes pleuripunctata Costa an.

Schletterer und v. Dalla-Torre verzeichnen für Tirol als Besucher die Furchenbienen: 1. Halictus albipes F.; 2. H. costulatus Krchb. ♂; 3. H. sexcinctus F. 4. H. vulpinus Nyl.

254. Seseli L.

1128. S. Hippomarathrum L. Nach Schulz (Beitr. I. S. 49) erfolgt die Entwickelung der Dolden sehr langsam. Es sind nur protandrische Zwitterblüten beobachtet. Einzelne Dolden dritter Ordnung kommen nicht zur Fruchtreife.

1129. S. annuum L. Auch hier fand Schulz (a. a. O.) nur protandrische Zwitterblüten.

255. Libanotis Crantz.

1130. L. montana Crtz. (Athamanta Libanotis L., Seseli Lib. Koch). Schulz (Beitr. I. S. 49) fand in den Dolden erster und zweiter Ordnung nur Zwitterblüten. Die nicht immer vorhandenen Dolden dritter Ordnung sind vielfach ganz männlich. Nach Kerner (Pflanzenleben II.) sind die im Tieflande weissen Kronblätter auf den alpinen Höhen an der Unterseite rotviolett gefärbt. In Hohenzollern haben die Blüten eine ins Gelbliche stechende Farbe und sind etwas wohlriechend. X. Rieber (Jahreshefte d. Vereins f. vaterl. Naturkunde in Württemberg. 48. Jahrg. 1892) beobachtete in der Gegend von Haigerloch in Hohenzollern nach der Mitteilung von O. Kirchner folgende Besucher:

A. Coleoptera: a) *Cerambycidae*: 1. Leptura testacea L.; 2. Molorchus minor L.; 3. Strangalia bifasciata Müll.; 4. S. melanura L.; 5. S. quadrifasciata L. b) *Scarabaeidae*: 6. Cetonia aurata L. B. Diptera: 7. 33 Verschiedene Fliegen, deren Spezies nicht mit Sicherheit angegeben werden kann. C. Hemiptera (weder Pollen noch Nektar aufsuchend, da die folgenden Raubinsekten sind): *Pentatomidae*: 8. Carpocors nigricornis F.; 9. Eurydema festivum L.; 10. E. oleraceum L.; 11. Eurygaster hottentotta H.-Sch.; 12. Graphosoma lineatum L.; 13. Palomena prasina L.; 14. Tropicoris rufipes L. D. Hymenoptera: a) *Apidae*: 15. Anthrena hattorfiana F.; 16. Coelioxys rufescens Lep.; 17. Nomada lineola Pz.; 18. N. ochrostoma K. b) *Ichneumonidae*: 19. Amblyteles negatorius F.; 20. A. palliatorius Gr.; 21. Caenocryptus bimaculatus Grav.; 22. Ichneumon sarcitorius L.; c) *Tenthredinidae*: 23. Allantus arcuatus Forst.; 24. A. schaefferi Klg.; 25. A. vespa Retz.; 26. Macrophyia albicincta Schrk.; 27. M. militaris Klg.; 28. M. diversipes Schrk; 29. Tenthredo fagi Pz.; 30. T. flava Poda; 31. T. dispar Klg. d) *Vespidae*: 32. Odynerus parietum L.; 33. Polistes gallica L. E. *Rhopalocera*: 34. Argynnis paphia L.; 35. Limenitis sibylla L.; 36. Melanargia galatea L.; 37. Syrichthus alveus Hb.; 38. Thecla quercus L.; 39. Vanessa io L.

F. F. Kohl beobachtete in Tirol die Faltenwespe: Odynerus parietum L. Wesm., sowie die Grabwespe: Crabro rhaeticus Aich. et Krchb.

Mac Leod beobachtete in den Pyrenäen 5 kurzrüsselige Hymenopteren, 1 Falter, 3 Käfer, 9 Fliegen als Besucher. (B. Jaarb. III. S. 412).

256. Cnidium Cusson.

1131. C. venosum Koch (Seseli venosum Hoffmann). Nach Schulz (Beitr. I. S. 49) andromonöcisch. Während stellenweise nur Zwitterblüten vorkommen, besitzen in anderen Gegenden die Dolden zweiter Ordnung in der Regel einige männliche Blüten, selten sind sie ganz männlich.

257. Athamanta L.

1132. A. cretensis L. Nach Kerner (Pflanzenleben II.) wird die mittelständige Zwitterblüte der Döldchen von scheinzwittrigen männlichen Blüten und weiter nach aussen wieder von Zwitterblüten umgeben.

258. Silaus Besser.

1133. S. pratensis Besser (Peucedanum Silaus L., Seseli pratense Crantz). A. Schulz (Beitr. I. S. 49) beobachtete nur Zwitterblüten.

Als Besucher sah H. Müller (Befr. S. 102):

Hymenoptera: a) *Apidae*: 1. Halictus longulus Sm. ♂, sgd. b) *Sphegidae*: 2. Pompilus viaticus L. ♂, hld. c) *Tenthredinidae*: 3. Allantus nothus Klg.

Krieger beobachtete bei Leipzig die Grabwespe Mellinus sabulosus F. ♀; F. F. Kohl in Tirol die Faltenwespen: Odynerus parietum L., O. trifasciatus Fabr.

259. Meum Tourn.

1134. M. athamanticum Jacquin. Nach Schulz (Beitr. II. S. 84, 85, 190) andromonöcisch mit ausgeprägt protandrischen Zwitterblüten.

6258. M. Mutellina Gaertner (Phellandrium .Mut. L.) [Ricca, Atti XIV, 3; H. M., Alpenbl. S. 116—120; Kerner, Pflanzenleben II.; Schröter, Beitr. in Ber. d. nat. Ges. St. Gallen.] — Die honigduftenden, rosa bis dunkel karminroten Blumen haben, nach Schröter, ausser den stark protandrischen Zwitterblüten auch männliche Blüten, welche meist mit den zweigeschlechtigen auf denselben Stöcken auftreten, ausnahmsweise aber auch in rein männ-

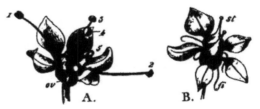

Fig. 164. Meum Mutellina Gaertn. (Nach Herm. Müller.)

A. Blüte im ersten (männlichen) Zustande. *B.* Blüte im zweiten (weiblichen) Zustande.

lichen Stöcken vorkommen. Nach Kerner haben die Dolden eine mittlere Zone scheinzwittriger männlicher Blüten.

Als Besucher bemerkte Herm. Müller in den Alpen 5 Käfer, 32 Dipteren, 5 Hymenopteren, 9 Falter.

260. Pachypleurum Ledebour.

1135. P. alpinum Ledeb. Nach Ekstam beträgt auf Nowaja Semlja der Durchmesser der stark-protandrischen, zuweilen protogyn-homogamen Blüten, deren Geruch dem von Sambucus ähnlich ist, 1,5—2 mm. Als Besucher wurden dort Fliegen beobachtet.

261. Crithmum L.

1136. C. maritimum L. Bei dieser Art ist, nach Kirchner (Jahresb. d. V. f. vaterl. Naturk. in Württ. 1892) die den Umbelliferen eigene Protandrie in hohem Grade ausgeprägt. Die kleinen, nur etwa 2 mm im Durchmesser enthaltenden Einzelblüten haben gelblichweisse Kronenblätter, welche immer nach innen eingerollt bleiben; die anfangs ebenfalls nach innen gebogenen Staubblätter spreizen sich während des Aufspringens der Antheren in der gewöhnlichen Weise ab, alsdann vertrocknen sie und fallen samt den Kronenblättern von den Blüten herunter. Jetzt erst entwickeln sich die beiden Griffel, von denen im männlichen Stadium der Blüte noch keine Spur zu erkennen war, und die nur eine sehr geringe Länge erreichen. Gewöhnlich tritt in der ganzen Dolde das weibliche Blütenstadium erst ein, wenn sämtliche Staubblätter und Kronenblätter abgefallen sind, so dass also bei stattfindendem Insektenbesuch immer Kreuzung verschiedener Dolden erfolgen muss. Wegen der weissen Farbe der Griffelpolster in den einzelnen Blüten sehen die Dolden im weiblichen Zustande weisslich-grün aus, und sind unscheinbarer als in dem vorhergehenden männlichen Stadium.

Als Besucher sind von Kirchner Fliegen (auf dem Lido bei Venedig) beobachtet; Plateau bemerkte im botanischen Garten zu Gent Musca domestica L. und eine kleine Hemiptere (Miris sp.).

262. Gaya Gaud.

1137. G. simplex Gd. ist, nach Schulz (Beitr.), andromonöcisch mit protandrischen Zwitterblüten. Nach H. Müller (Alpenbl. S. 120) stimmt die Blüteneinrichtung mit derjenigen von Meum Mutellina überein.

Als Besucher beobachtete Herm. Müller 8 Dipteren.

A.   B.

Fig. 165. Gaya simplex Gd. (Nach Herm. Müller.)

A. Blüte im ersten (männlichen) Zustande.
B. Blüte im zweiten (weiblichen) Zustande.

263. Conioselinum Fischer.

1138. C. tataricum Fischer (C. Fischeri Wimmer et Grabowsky). Nach Schulz (Beitr. II. S. 190) andromonöcisch mit protandrischen Zwitterblüten.

Als Besucher beobachtete Loew im botanischen Garten zu Berlin: A. Diptera: a) *Muscidae*: 1. Anthomyia sp., sgd.; 2. Chloria demandata F.; 3. Pyrellia cadaverina L.; 4. Sarcophaga carnaria L. b) *Syrphidae*: 5. Eristalis arbustorum L., sgd.; 6. E. nemorum L.; 7. E. tenax L., sgd.; 8. Helophilus floreus L., sgd.; 9. Syritta pipiens L., sgd. B. Hymenoptera: *Sphegidae*: 10. Oxybelus bipunctatus Oliv. ♀ ♂.

264. Levisticum Koch.

1139. L. officinale Koch (Ligusticum Levisticum L.).

Als Besucher beobachtete Loew im botanischen Garten zu Berlin: A. Diptera: a) *Muscidae*: 1. Anthomyia sp., sgd. b) *Syrphidae*: 2. Helophilus trivittatus F.; 3. Syrphus pyrastri L., sgd. B. Hymenoptera: a) *Apidae*: 4. Apis mellifica L. ♀, sgd. und psd. b) *Sphegidae*: 5. Crabro cribrarius L. ♂. — von Dalla Torre beobachtete in Tirol Bombus terrester L.; F. F. Kohl daselbst die Faltenwespe Ancistrocerus parietum L.

265. Ligusticum L.

1140. L. pyrenaicum Gouan.

Als Besucher beobachtete Mac Leod in den Pyrenäen 17 kurzrüsselige Hymenopteren, 16 Syrphiden, 26 Musciden und Empiden; Loew im bot. Garten zu Berlin 1 Schwebfliege (Eristalis arbustorum L.).

1141. L. commutatum Rgl. Loew beobachtete im botanischen Garten zu Berlin:

Hymenoptera: *Apidae*: Bombus terrester L. ♀, sgd.

266. Selinum L.

1142. S. pyrenaeum Gouan. (Angelica pyrenaea Sprengel).

Als Besucher der grünlichen Blüten beobachtete Mac Leod in den Pyrenäen 1 Käfer und 2 Fliegen.

1143. S. carvifolia L. (Angelica carvifolia Sprengel). Nach Schulz (Beitr. I. S. 49; II. S. 190) andromonöcisch mit ausgeprägt protandrischen Zwitterblüten, von denen aber viele nicht zur Reife kommen. Die Dolden zweiter Ordnung sind oft ganz männlich. Nach Warnstorf (Bot. V. Brand. Bd. 38) sind bei Ruppin die Döldchen der Dolden 1. Ordnung zwitterig, die der 2. Ordnung aussen zwitterblütig, innen mit männlichen Blüten.

Als Besucher beobachtete Loew in der Schweiz (Beiträge S. 56): Hymenoptera: a) *Ichneumonidae*: 1. Unbestimmte Spez. b) *Tenthredinidae*: 2. Tenthredo sp.

Sickmann giebt für Osnabrück die schmarotzende Grabwespe Ceropales maculatus F. an.

267. Ostericum Hoffmann.

1144. O. palustre Besser (O. pratense Hoffmann, Angelica pratensis M. B.) ist, nach Schulz (Beitr. II. S. 190), gleichfalls andromonöcisch mit protandrischen Zwitterblüten.

268. Angelica L.

1145. A. silvestris L. [Schulz, Beitr. I. S. 50.] — Nach Warnstorf (Bot. V. Brand. Bd. 38) sind bei Ruppin die Döldchen der Dolden 1. und 2. Ordnung zwitterig, die der 3. Ordnung aussen zwitterig, innen männlich, oder sämtliche Dolden durch Fehlschlagen der Staubbeutel weiblich.

Herm. Müller (Befr. S. 101; Weit. Beob. I. S. 305) giebt folgende Besucherliste:

A. Coleoptera: a) *Coccinellidae*: 1. Coccinella septempunctata L., sgd.; 2. C. quatordecimpunctata L., sgd. b) *Dermestidae*: 3. Anthrenus pimpinellae F. c) *Nitidulidae*: 4. Meligethes, häufig. d) *Scarabaeidae*: 5. Trichius fasciatus L., hld. e) *Telephoridae*: 6. Telephorus melanurus F. B. Diptera: *Muscidae*: 7. Echinomyia fera L.; 8. Lucilia silvarum L.; 9. Mesembrina meridiana L.; 10. Sarcophaga spec.; 11. Scatophaga merdaria F.; 12. S. stercoraria L.; 13. Tachina larvarum L. b) *Syrphidae*: 14. Eristalis pertinax Scop.; 15. Helophilus floreus L.; 16. Pipizella virens F.; 17. Syritta pipiens L. C. Hymenoptera: a) *Apidae*: 18. Anthrena pilipes F. ♀; 19. Prosopisarten, sgd. b) *Eranidae*:

20. Foenus affectator F. c) *Ichneumonidae*: 21. Verschiedene Arten, d) *Sphegidae*: 22. Crabro lapidarius Pz. ♂ ♀, häufig; 23. Philanthus triangulum F. e) *Tenthredinidae*: 24. Athalia rosae L.; 25. Tenthredoarten. f) *Vespidae*: 26. Odynerus debilitatus Sauss.; 27. Vespa rufa L. ☿, sgd. D. Lepidoptera: 28. Argynnis paphia L. (sgd.?). E. Neuroptera: 29. Panorpa communis L., hld.

In den Alpen beobachtete Herm. Müller 4 Käfer, 1 Muscide, 2 Wespen in den Blüten. (Alpenbl. S. 120).

Alfken beobachtete bei Bremen: A. Diptera: a) *Leptidae*: 1. Thereva nobilis F., sgd. b) *Muscidae*: 2. Cyrtoneura hortorum Fall., hfg.; 3. Frontina laeta Mg.; 4. Graphomyia maculata Scop., hfg.; 5. Nomoraea radicum F., hfg.; 6. Onesia sepulcralis Mg., hfg. c) *Syrphidae*: 7. Cheilosia variabilis Pz.; 8. Chrysotoxum bicinctum L. ♀; 9. Eristalis intricarius L., s. hfg.; 10. Sericomyia borealis Fall., s. hfg.; 11. Syrphus balteatus Deg., s. hfg.; 12. S. corollae F., s. hfg.; 13. S. pyrastri L., hfg.; 14. Volucella bombylans L. B. Hymenoptera: a) *Ichneumonidae*: 15. Amblyteles occisorius F.; 16. Banchus falcator F., n. hfg.; 17. Metopius micratorius Gr.; 18. Ophion ramidulus Gr.; 19. Phygadeuon cephalotes Gr. b) *Sphegidae*: 20. Crabro cribrarius L. ♀ ♂, s. hfg.; 21. C. fuscitarsis H.-Sch. ♀, s. slt.; 22. C. vagus L.. ♀, s. hfg. c) *Tenthredinidae*: 23. Abia sericea L., slt. d) *Vespidae*: 24. Odynerus parietum L. ♂, s. hfg.; 25. O. sinuatus F. ♂, slt.

Handlirsch giebt als Besucher an die Fossorien: 1. Gorytes bicinctus Rossi; 2. G. quadrifasciatus F.; 3. G. quinquecinctus F.

v. Dalla Torre beobachtete in Tirol die Faltenwespe: Leionotus minutus Fabr. Loew beobachtete im Riesengebirge (Beiträge S. 47): A. Coleoptera: a) *Cerambycidae*: 1. Pachyta octomaculata L.; 2. P. quadrimaculatus L.; 3. Strangalia armata Hbst. b) *Scarabaeidea:* 4. Trichius fasciatus L. B. Diptera: a) *Muscidae*: 5. Echinomyia fera L.; 6. E. grossa L. b) *Mycetophilidae*: 7. Sciara thomae L. c) *Syrphidae*: 8. Eristalis nemorum L.; 9. Syrphus cinctellus Zett. ♂; 10. S. glaucius L.; 11. Vollucella pellucens L. C. Hymenoptera: a) *Apidae*: 12. Psithyrus rupestris F. ♀, sgd. b) *Tenthredinidae*: 13. Rhogogastera viridis L. c) *Vespidae*: 14. Vespa rufa L. ☿, sgd. D. Neuroptera: 15. Panorpa communis L.; derselbe in der Schweiz (Beiträge S. 55): A. Diptera: *Tabanidae*: 1. Tabanus infuscatus Lw. (?). B. Hymenoptera: *Sphegidae*: 2. Crabro cribrarius L. ♀; 3. Gorytes campestris Müll.

Sickmann beobachtete bei Osnabrück: A. Hymenoptera: a) *Sphegidae*: 1. Ceropales maculatus F., einzeln; 2. Crabro cribrarius L., s. hfg.; 3. C. dives H.-Sch., selten; 4. C. sexcinctus v. d. L., hfg.; 5. C. vagus L., s. hfg.; 6. Gorytes bicinctus Rossi, 1 ♂; 7. G. laticinctus Shuck., n. hfg.; 8. G. quadrifasciatus F.; 9. G. quinquecinctus F., selten; 10. Mellinus sabulosus F.; 11. Mimesa atra Pz.; 12. Pemphredon unicolor F.

H. de Vries (Ned. Kruidk. Arch. 1877) beobachtete in den Niederlanden Apis mellifica L. ☿, 1 Hummel, Bombus terrester L. ☿, 1 Schmarotzerhummel, Psithyrus vestalis Fourcr. ♀, 1 Faltenwespe, Vespa germanica F. ☿, und 1 Grabwespe, Crabro vagus L. ♀; Mac Leod in Flandern Apis, 9 kurzrüsselige Hymenopteren, 10 Schwebfliegen, 11 andere Fliegen, 2 Käfer, Panorpa (Bot. Jaarb. VI. S. 273, 274, 380); derselbe in den Pyrenäen 8 Hymenopteren, 5 Käfer, 4 Fliegen (A. a. O. III. S. 407, 408).

Willis (Flowers and Insects in Great Britain Pt. I) beobachtete in der Nähe der schottischen Südküste:

A. Diptera: a) *Chironomidae*: 1. Chironomus sp., sgd.; 2. Ch. (Cricotopus) tremulus L., sgd. b) *Muscidae*: 3. Anthomyia radicum L., sgd.; 4. A. sp., sgd.; 5. Caricea tigrina F., sgd.; 6. Aricia incana. Wied., sgd.; 7. A. lucorum Fall., sgd., häufig; 8. Lucilia caesar L., sgd., häufig; 9. L. sericata Mg., w. v.; 10. Cyrtoneura curvipes Mcq., w. v.; 11. Mydaea sp., sgd.; 12. Myobia inanis Fall., sgd.; 13. Sarcophaga sp., sgd.; 14. Scatophaga stercoraria L., sgd.; 15. Spilogaster communis R-D., sgd. c) *Mycetophilidae*: 16. Glaphyroptera fasciola Mg., sgd.; 17. Sceptonia nigra Mg., sgd. d) *Phoridae*: 18. Phora sp., sgd. e) *Syrphidae*: 19. Cheilosia oestracea L., sgd.; 20. Eristalis horticola Deg., sgd.;

21. E. pertinax Scop., sgd., häufig; 22. Platycheirus peltatus Mg., sgd. B. Hemiptera: 23. Anthocoris sp., sgd.; 24. Calocoris fulvomaculatus Deg., sgd. C. Hymenoptera: a) *Apidae*: 25. Bombus terrester L., sgd.; 26. Halictus rubicundus Chr., sgd.; 27. Prosopis brevicornis Nyl., sgd. b) *Ichneumonidae*: 28. Acht unbestimmte Arten. c) *Tenthredinidae*: 29. Selandria serva F., sgd. d) *Vespidae*: 30. Vespa silvestris Scop., sgd., häufig. D. Lepidoptera: *Rhopalocera*: 31. Polyommatus phlaeas L., sgd.

Lindman bemerkte auf dem Dovrefjeld zahlreiche Fliegen und einige Bienen.

269. Archangelica Hoffmann.

1146. A. officinalis Hoffm. (Angelica Archangelica L.). Die Zwitterblüten sind stark protandrisch, so in Tirol und Mitteldeutschland nach Schulz (Beitr. II. S. 190), in Grönland nach Warming. An den ersteren Standorten andromonöcisch und zwar die Dolden zweiter Ordnung zum Teil, die Dolden dritter Ordnung ganz männlich.

Als häufige Besucher sah Plateau Apis, Chrysis ignita L., Odynerus quadratus Pz. (?), Calliphora, Musca, Lucilia.

270. Peucedanum L.

1147. P. Cervaria Cusson. Nach Schulz (Beitr. I. S. 50, 51) andromonöcisch mit protandrischen Zwitterblüten; manchmal überwiegen letztere, manchmal die männlichen. Die Dolden zweiter Ordnung enthalten teils nur männliche, teils nur zwitterige, teils nur beide Arten von Blüten. Wenn Dolden dritter Ordnung vorhanden sind, enthalten sie nur männliche Blüten.

Als Besucher beobachtete H. Müller (Befr. S. 102) in Thüringen:

A. Coleoptera: a) *Cerambycidae*: 1. Strangalia bifasciata Müller. b) *Chrysomelidae*: 2. Clythra scopolina L. B. Diptera: a) *Bombylidae*: 3. Anthrax maura L. b) *Muscidae*: 4. Gymnosoma rotundata L., sehr zahlreich; 5. Phasia analis F., einzeln; 6. Ph. crassipennis F., häufig. C. Hymenoptera: a) *Apidae*: 7. Anthrena minutula K. ♀, zahlreich, psd.; 8. Halictus leucozonius Schrk. ♂ ♀, sgd. und psd.; 9. H. quadricinctus F. ♀, sgd ; 10. Megachile lagopoda L. ♀, ein einziges Mal, sgd. b) *Chrysidae*: 11. Hedychrum lucidulum F. ♂ ♀. c) *Sphegidae*: 12. Ammophila sabulosa L.; 13. Cerophales maculatus F. ♀; 14. C. variegatus F. ♀ ♂; 15. Crabro cribrarius L. ♀ ♂, häufig; 16. Cr. vagus L. ♀; 17. Nysson maculatus F. ♀; 18. Pompilus viaticus L. ♂; 19. Priocnemis bipunctatus F. ♀; 20. P. obtusiventris Schiödte ♀; 21. Psammophila viatica L. ♂; 22. Tachyphex nitidus Spin. ♀; 23. T. pectinipes L. ♀; 24. Tiphia femorata F., sehr zahlreich — sämtlich hld. d) *Vespidae*: 25. Polistes biglumis L.; 26. P. gallica L.

Kohl giebt als häufigen Besucher in Tirol die Grabwespe Crabro cribrarius L. ♀ ♂ an.

Loew beobachtete im botanischen Garten zu Berlin: A. Diptera: a) *Muscidae*: 1. Graphomyia maculata Scop. b) *Syrphidae*: 2. Eristalis arbustorum L., sgd.; 3. E. nemorum L., sgd.; 4. E. tenax L., sgd. B. Hymenoptera: a) *Apidae*: 5. Prosopis sp. ♀, sgd. b) *Tenthredinidae*: 6. Allantus viennensis Pz.

1148. P. Oreoselinum Moench. (Athamanta Or. L.). Nach Schulz (Beitr. I. S. 52) andromonöcisch mit ausgeprägt protandrischen Zwitterblüten; meist überwiegen die männlichen Blüten. Die Dolden 1. Ordnung enthalten meist zweigeschlechtige, selten nur männliche Blüten; im letzteren Falle sind die Dolden 2. Ordnung nur zwitterig; sind Dolden 3. Ordnung vorhanden, so sind sie männlich. Auch Warnstorf (Bot. V. Brand. Bd. 38) fand bei Ruppin die Döldchen der Dolden 1. Ordnung zwitterig, die übrigen fast stets männlich, nur hin und wieder mit einer Zwitterblüte aussen an den Döldchen.

Als Besucher beobachtete Loew in Brandenburg (B.) und Mecklenburg (M.) (Beiträge S. 37):

A. Coleoptera: a) *Alleculidae*: 1. Cteniopus sulphureus L. (B.). b) *Oedemeridae*: 2. Oedemera flavescens L. ♂ (B.); 3. O. flavipes F. ♂ (B.); 4. O. lurida Marsh. (B.); 5. O. subulata Oliv. ♀ (B.); 6. O. podagrariae L. (B.); 7. O. virescens L. (B.). c) *Telephoridae*: 8. Dasytes flavipes F. (B.); 9. Rhagonycha melanura F. (B.). B. Diptera: a) *Muscidae*: 10. Cynomyia mortuorum L. (M.); 11. Exorista lucorum Mg. (M.); 12. Olivieria lateralis F. (M.). b) *Syrphidae*: 13. Eumerus ovatus Lw. ♀ (M.). C. Hymenoptera: a) *Apidae*: 14. Colletes daviesanus K. ♀, sgd. (M.); 15. C. fodiens K. ♀, sgd. (M.). b) *Ichneumonidae*: 16. Unbestimmte Spec. (B.). c) *Scoliidae*: 17. Tiphia minuta v. d. L. ♀ (B.). d) *Vespidae*: 18. Odynerus trifasciatus F. (M.). Derselbe beobachtete in der Schweiz (Beiträge S. 56 : A. Coleoptera: a) *Cleridae*: 1. Trichodes apiarius L. b) *Scarabaeidae*: 2. Cetonia aurata L. var. lucidula; 3. Hoplia praticola Duft. B. Diptera: a) *Muscidae*: 4. Ocyptera brassicaria F. b) *Stratiomydae*: 5. Stratiomys chamaeleon Deg.; 6. S. longicornis Scop. c) *Syrphidae*: 7. Syrphus diaphanus Zett. (?). d) *Tabanidae*: 8. Tabanus bromius L.; 9. T. infuscatus Lw. C. Hymenoptera: *Tenthredinidae*: 10. Allantus viduus Ross.; 11. Hylotoma berberidis Schrk.; 12. Tenthredo sp.

H. Müller beobachtete bei Kitzingen: Lepidoptera: *Sphingidae*: Zygaena meliloti Esp., sgd. oder versuchend; Rössler bei Wiesbaden gleichfalls einen Falter: Chauliodes iniquellus Wck.

1149. P. officinale L. ist, nach Schulz (Beitr. II. S. 190) andromonöcisch mit protandrischen Zwitterblüten.

1150. P. venetum K. besitzt, nach Schulz (Beitr. II. S. 85, 90) stark protandrische Zwitterblüten; rein männliche Blüten hat derselbe nicht bemerkt.

1151. P. alsaticum L. Nach Schulz (Beitr. II. S. 190) andromonöcisch mit protandrischen Zwitterblüten.

1152. P. palustre Moench. (Selinum pal. L., Thysselinum pal. Hoffmann). Nach Schulz (Beitr. II. S. 190) gleichfalls andromonöcisch mit protandrischen Zwitterblüten.

Als Besucher sah Herm. Müller (Weit. Beob. I. S. 306) bei Lippstadt:

A. Diptera: a) *Bibionidae*: 1. Dilophus vulgaris Mg., hfg. b) *Muscidae*: 2. Aricia sp.; 3. Sepsis sp. c) *Syrphidae*: 4. Eristalis arbustorum L., hld.; 5. Helophilus floreus L., hld. B. Coleoptera: *Telephoridae*: 6. Dasytes flavipes F., hld.; 7. Telephorus melanurus F., hld. C. Hymenoptera: a) *Ichneumonidae*: 8. Verschiedene Arten. b) *Sphegidae*: 9. Crabro brevis v. d. L. ♂, in Mehrzahl sgd. c) *Apidae*: 10. Prosopis clypearis Schenck ♂, sgd.; Loew in Schlesien (Beiträge S. 30): A. Coleoptera: a) *Cerambycidae*: 1. Strangalia armata Hbst. b) *Telephoridae*: 2. Dasytes flavipes F., hld. c) *Nitidulidae*: 3. Meligethes sp. B. Diptera: *Syrphidae*: 4. Eristalis arbustorum L., sgd. C. Lepidoptera: *Rhopalocera*: 5. Argynnis aglaja L, sgd.; 6. A. pandora S. V., sgd.; 7. A. paphia L., sgd.

1153. P. Ruthenicum M. B.

Als Besucher beobachtete Loew im botanischen Garten zu Berlin: A. Coleoptera: *Coccinellidae*: 1. Coccinella bipunctata L., hld.; 2. C. septempunctata L., hld. B. Diptera: a) *Muscidae*: 3. Anthomyia sp., sgd.; 4. Chloria demandata F.; 5. Pyrellia cadaverina L.: 6. Sarcophaga carnaria L. b) *Syrphidae*: 7. Eristalis arbustorum L.; 8. E. nemorum L., sgd.; 9. Helophilus floreus L., sgd.; 10. Syritta pipiens L., sgd. C. Hymenoptera: a) *Apidae*: 11. Prosopis armillata Nyl. ♀, sgd.; 12. P. sp. ♀, sgd. b) *Sphegidae*: 13. Crabro vexillatus Pz. ♀; 14. Oxybelus bipunctatus Oliv. ♀ ♂.

271. Tommasinia Bert.

1154. T. verticillaris Bert.

Als Besucher beobachtete Loew (Bl. Fl. S. 242) im botanischen Garten zu Berlin:

A. Coleoptera: *Telephoridae*: 1. Anthocomus equestris F., hld. B. Diptera: *Syrphidae*: 2. Eristalis nemorum L., sgd. C. Hymenoptera: *Apidae*: 3. Apis mellifica L. ♀, sgd. und psd.

272. Ferulago L.

1155. F. monticola Boiss. et Heldr. Als Besucher beobachtete Loew im botanischen Garten zu Berlin:

A. Coleoptera· a) *Coccinellidae*: 1. Coccinella septempunctata L. b) *Dermestidae*: 2. Anthrenus scrophulariae L., hld. B. Diptera: *Bibionidae*: 3. Bibio hortulanus L. ♀, hld. C. Hymenoptera: *Tenthredinidae*: 4. Hylotoma berberidis Schrank ♀. — Daselbst beobachtete Loew an

1156. F. silvatica Rchb.: Syritta pipiens L., sgd.

273. Imperatoria L.

1157. I. Ostruthium L. (Peucedanum Ost. Koch.). Nach Schulz (Beitr. II. S. 190) andromonöcisch mit protandrischen Zwitterblüten. Nach H. Müller stimmt die Blüteneinrichtung mit derjenigen von Gaya überein.

Als Besucher beobachtete Loew (Bl. Fl. S. 396) in den Alpen (im Heuthal) eine Fliege: Tabanus borealis F. ♂; Herm. Müller in den Alpen (am Fusse des Piz Alv) 9 Käfer, 11 Dipteren, 7 Hymenopteren, 1 Falter, 1 Neuropteron (Alpenbl. S. 121).

Loew beobachtete im botanischen Garten zu Berlin: A. Coleoptera: *Dermestidae*: 1. Anthrenus scrophulariae L., hld. B. Diptera: a) *Muscidae*: 2. Lucilia caesar L. b) *Syrphidae*: 3. Eristalis nemorum L., sgd.; 4. Syritta pipiens L. C. Hymenoptera: *Apidae*: 5. Anthrena schrankella Nyl. ♀, sgd. und psd.

274. Anethum Tourn.

1158. A. graveolens L. (Peucedanum grav. Baillon). Die kleinen, gelben, honigarmen, aber stark duftenden, nach Schulz (Beitr. II. S. 85, 90, 91) homogamen und zwitterigen Blüten erhalten starken Insektenbesuch, der vorwiegend aus Fliegen und Hymenopteren, selten aus Käfern besteht. Nach Warnstorf (Bot. V. Brand. Bd. 38) sind bei Ruppin die Döldchen der Dolden 1. Ordnung zwitterig, die der 2. und 3. Ordnung aussen mit Zwitter- innen mit männlichen Blüten.

Herm. Müller (Befr. S. 102) giebt folgende Besucherliste:

A. Diptera: a) *Bombylidae*: 1. Anthrax maura L. b) *Muscidae*: 2. Cyrtoneura curvipes Macq. und simplex Loew (Beide nach der Bestimmung des Herrn Winnertz); 3 Gymnosoma rotundata L., häufig; 4. Lucilia cornicina F.; 5. Musca corvina F.; 6. Sepsis, häufig. c) *Stratiomydae*: 7. Chrysomyia formosa Scop., sgd. d) *Syrphidae*: 8. Cheilosia scutellata Fall.; 9. Eristalis arbustorum L.; 10. E. nemorum L.; 11. E. sepulcralis L.; 12. E. tenax L. 13. Syritta pipiens L.; 14. Syrphus pyrastri L. (alle hld.). e) *Tipulidae*: 15. Tipula sp. B. Hymenoptera: a) *Apidae*: 16. Anthrena dorsata K. ♀, psd.; 17. A. parvula K. ♀, psd.; 18. Prosopis armillata Nyl. ♂ (Teckl., Borgstette); 19. Pr.

communis Nyl. ♀ ♂ (Teckl., Borgstette); 20. Pr. sinuata Schenck ♂ ♀; 21. Sphecodes gibbus L. ♂ ♀, häufig. b) *Chrysidae*: 22. Chrysis bidentata L. ♀; 23. Chr. ignita L. ♀; 24. Hedychrum lucidulum F. ♀ ♂, nicht selten. c) *Evanidae*: 25. Foenus affectator F.; 26. F. jaculator F. d) *Formicidae*: 27. Nicht selten. e) *Ichneumonidae*: 28. Zahlreiche Arten. f) *Scoliidae*: 29. Tiphia femorata F. ♀. g) *Sphegidae*: 30. Cemonus unicolor F. ♀; 31. Crabro dentricrus H.-Sch.; 32. Cr. podagricus H.-Sch. ♀; 33. Cr. sexcinctus F. ♂; 34. Cr. vexillatus Pz. ♀; 35. Cr. wesmaeli v. d. L. ♂; 36. Mutilla melanocephala F.; 37. Oxybelus uniglumis L., häufig; 38. Pompilus cinctellus Spin. ♀; 39. P. neglectus Dhlb. ♀; 40. Psen atratus Pz. ♀ ♂; 41. Tachytes pectinipes L. ♀; 42. Trypoxylon clavicerum Lep. ♀. h) *Tenthredinidae*: 43. Mehrere Tenthredoarten. i) *Vespidae*: 44. Eumenes pomiformis F. ♂; 45. Odynerus debilitatus Sauss.; 46. O. parietum L.; 47. Polistes gallica L.

Sickmann beobachtete bei Osnabrück: Hymenoptera: *Sphegidae*: 1. Crabro lituratus Pz., selten.

Nach Marshall (in André Spéc. des hym. d'Eur. IV. S. 563) findet sich die Braconide Agathis umbellatarum Nees besonders auf Anethum graveolens.

Loew beobachtete in Schlesien (Beiträge S. 28—29):
A. Coleoptera: a) *Cerambycidae*: 1. Leptura livida F., hld. b) *Scarabaeidae*: 2. Cetonia aurata L., hld. c) *Telephoridae*: 3. Rhagonycha melanura F., hld. d) *Nitidulidae*: 4. Meligethes sp. e) *Silphidae*: 5. Necrophorus vespillo L., anfliegend. B. Diptera: a) *Musidae*: 6. Anthomyia sp., sgd.; 7. Gymnosoma rotundata L., sgd.; 8. Lucilia caesar L., sgd.; 9. Phasia analis F., sgd.; 10. P. crassipennis F., sgd. b) *Mycetophilidae*: 11. Sciara thomae L. c) *Stratiomydae*: 12. Chrysomyia formosa Scop., sgd.; 13. Stratiomys chamaeleon Deg., sgd. d) *Syrphidae*: 14. Eristalis nemorum L., sgd.; 15. Helophilus floreus L., sgd.; 16. Melithreptus scriptus L., sgd.; 17. Syritta pipiens L., sgd. c) Hymenoptera: a) *Apidae*: 18. Anthrena gwynana K. f. bicolor F. ♀, sgd.; 19. A. lucens Imh. ♀, sgd. und psd.; 20. A. pilipes F. ♂, sgd.; 21. A. propinqua Schck. ♀, sgd.; 22. A. tibialis K. ♂ (?); 23. Apis mellifica L. ☿, sgd.; 24. Halictus sexnotatus K. ♀, sgd.; 25. Sphecodes gibbus L. ♂, sgd. b) *Chrysidae*: 26. Chrysis viridula L. c) *Ichneumonidae*: 27. Unbestimmte Spezies. d) *Sphegidae*: 28. Cerceris arenaria L., sgd.; 29. Crabro albilabris F., sgd.; 30. C. subterraneus F., sgd.; 31. C. vexillatus Pz., sgd.; 32. Oxybelus lineatus F. ♀, sgd.; 33. O. mucronatus F. ♂ ♀, sgd.; 34. O. pulchellus Gerst. ♂, sgd.; 35. O. uniglumis L. ♂, sgd.; 36. Pompilus viaticus L., sgd. e) *Scoliidae*: 37. Tiphia femorata F. ♀, sgd. f) *Tenthredinidae*: 38. Hylotoma ciliaris L. var. corrusca Zadd.; 39. Tenthredo sp. g) *Vespidae*: 40. Odynerus parietum L., sgd.; 41. Polistes gallica L., sgd.; 42. Vespa germanica F. ☿, sgd. D. Lepidoptera: *Rhopalocera*: 43. Epinephele janira L., sgd.; 44. Polyommatus virgaureae L., sgd.

275. Pastinaca Tourn.

1159. P. sativa L. Die gelben Blüten sind, nach Schulz (Beitr. II. S. 85, 93, 190) andromonöcisch mit protandrischen Zwitterblüten. Die Dolden erster Ordnung sind zwitterig oder mit einer mittelständigen männlichen Blüte oder auch mehreren solchen in der Mitte der Dolde; die Dolden 2. Ordnung sind häufig aussen zwitterig, innen männlich, zuweilen auch ganz zwitterig; die Dolden höherer Ordnung enthalten zahlreichere männliche Blüten. Rein männliche Dolden sind selten. Auch nach Warnstorf sind bei Ruppin die Döldchen der Dolden 1. Ordnung zwitterig, die der 2. Ordnung aussen zwitterig, innen männlich, die der 3. fast ganz männlich.

Die gelben Blüten werden nach Müller von Käfern nicht gern besucht; dagegen werden, nach Kerner, besonders Dungfliegen durch dieselben angelockt. Als Besucher beobachteten Herm. Müller (1) und Buddeberg (2) (Befr. S. 102; Weit. Beob. I. S. 306):

A. Diptera: a) *Bombylidae*: 1. Anthra flava Mg. (1). b) *Muscidae·* 2. Dexia rustica F. (1); 3. Lucilia silvarum Mg. (1); 4. Onesia sepulcralis Mg (1); 5. Sarcophaga carnaria L. (1). c) *Syrphidae*: 6. Chrysotoxum bicinctum L. (1); 7. Syritta pipiens L., pfd. (1, 2). B. Hymenoptera: a) *Ichneumonidae*: 8. Zahlreiche Arten (1). b) *Scoliidae*: 9. Tiphia femorata F. (1). c) *Sphegidae*: 10. Crabro sexcinctus F. ♂ (1); 11. Mutilla europaea L. ♀ (1); 12. M. melanocephala F. ♂ (2). d) *Tenthredinidae*: 13. Mehrere Tenthredoarten (1). e) *Vespidae*: 14. Odynerus parietum L. ♂ (1); 15. Polistes biglumis L. (1); 16. P. gallica L. (1).

Alfken beobachtete bei Bremen: A. Diptera: *Muscidae*: 1. Nemoraea erythrura Mg. B. Hymenoptera: a) *Apidae*: 2. Anthrena austriaca Pz. ♀. b) *Tenthredinidae*: 3. Allantus omissus Först.

Friese beobachtete im mittleren Saalthale: Hymenoptera: a) *Ichneumonidae*: 1. Amblyteles fossorius (Müll.) Wesm.; 2. A. fuscipennis Wesm.; 3. A. sputator (F.) Wesm.: 4. Exenterus apiarius (Gr.) Thoms.; 5. Exochus gravipes Gr.; 6. Ichneumon similatorius (F.) Thoms.; 7. Tryphon elongator Gr. b) *Mutillidae*: 8. Mutilla rufipes F. var. nigra Rossi. c) *Sphegidae*: 9. Salius hyalinatus F.; 10. S. versicolor Scop. d) *Vespidae*: 11. Polistes gallica L.

Schiner beobachtete in Österreich: Diptera: a) *Conopidae*: 1. Conops capitatus Loew. b) *Muscidae*: 2. Alophora hemiptera F.; 3. Frontina laeta Mg.; 4. Germaria ruficeps Fall.; 5. Nemoraea radicum F.; 6. Phorocera punicata Mg. c) *Syrphidae*: 7. Chrysostoxum bicinctum L.; 8. C. elegans Löw.; 9. Eumerus sinuatus Loew; 10. Syrphus cinctellus Zett.; 11. S. cinctus Fall.

F. F. Kohl beobachtete in Tirol die Goldwespen: Chrysis analis Spin., Hedychrum rutilans Dhlb., und die Faltenwespen: Odynerus parietum L. var. renimacula Lep., O. parvulus Lep., O. rossii Lep.; Schletterer daselbst Tiphia femorata F. (Dolchwespe).

Loew beobachtete in Mecklenburg Anthomyia sp.; in Brandenburg Halictus cylindricus F. ♂, sgd.; in Steiermark Crabro sp.; Warnstorf in Brandenburg nicht näher bezeichnete Bienen; Mac Leod in Flandern 1 Schwebfliege, 2 Musciden, 1 kurz-rüsseligen Hautflügler. (B. Jaarb. VI. S. 275).

1160. P. opaca Bernh. ist, nach Schulz (Beitr. II. S. 190), andro-monöcisch mit protandrischen Zwitterblüten.

276. Heracleum L.

1161. H. Sphondylium L. Die duftenden Blüten sind meist weiss und strahlend, doch, nach Kirchner, auch grünlich, gelblich oder rötlich, und nicht strahlend. Nach Ricca und Schulz sind sie nur zwitterig und zwar ausgeprägt protandrisch. Auch in Brandenburg tritt diese gemeine Dolde, nach Warn-storf (Bot. V. Brand. Bd. 38), in Bezug auf Färbung und Ausbildung der Kronen-blätter in grösster Mannigfaltigkeit auf. (Vergl. Schriften des naturw. Ver. des Harzes, Jahrg. 1892, S. 64—66). Döldchen der Dolden 1. Ordnung zwitterig, die der 2. Ordnung aussen zwitterig, innen männlich, die der 3. Ordnung fast ganz männlich, oder durch Abortieren der Antheren sämtliche Blüten aller Dolden weiblich. Die Staubgefässe dieser letzteren Form sind an den Fruchtknoten zurückgeschlagen und zeigen verkümmerte Pollenkörner, welche nur etwa 25 μ lang und 12—13 μ breit waren, während die fruchtbaren Pollenzellen eine Länge von ca. 50 μ und eine Breite von etwa 25 μ besitzen. H. Sphondylium kommt bei Ruppin also andromonöcisch und gynodiöcisch vor. (Warnstorf.)

Die riesigen Schirme werden von äusserst zahlreichen kurzrüsseligen Insekten besucht:

Herm Müller (1), Buddeberg (2) und Borgstette (3) beobachteten (Befr. S. 113; Weit. Beob. I. S. 306):

A. Coleoptera: a) *Cerambycidae*: 1. Leptura maculicornis Deg., häufig (1); 2. L. testacea L. (2); 3. Pachyta octomaculata F. (1, 2); 4. Stenocorus mordax Deg. (1); 5. Strangalia armata Hbst. (2); 6. S. attenuata L (2); 7. S. melanura L., sehr häufig (hld.) (1); 8. S. nigra L. (1). b) *Chrysomelidae*: 9. Cryptocephalus sericeus L. (1). c) *Cleridae*: 10. Trichodes apiarius L. (1). d) *Coccinellidae*: 11. Exochomus auritus Scriba (1). e) *Dermestidae*: 12. Anthrenus pimpinellae F. (1). f) *Elateridae*: 13. Agriotes ustulatus Schaller (1); 14. Corymbites holosericeus Oliv. (1); 15. C. purpureus Poda (1). g) *Mordellidae*: 16. Mordella fasciata F., hld. (1). h) *Nitidulidae*: 17. Meligethes, hfg. (1); 18. Thalycra fervida Gyll. (1). i) *Oedemeridae*: 19. Oedemera virescens L. (1). k) *Scarabaeidae*: 20. Cetonia aurata L., sehr häufig (1); 21. Hoplia philanthus Sulz., sehr zahlreich (1); 22. Oxythyrea funesta Poda häufig (1); 23. O. hirt. Poda (2); 24. Trichodes fasciatus L., häufig (1). l) *Telephoridae*: 25. Telephorus fuscus L. (1); 26. T. lividus L. (1); 27. T. melanurus F., sehr zahlreich (1). B. Diptera: a) *Asilidae*: 28. Dioctria reinhardi Wied., häufig (1). b) *Bibionidae*: 29. Dilophus vulgaris Mg., ♀ häufig, ♂ spärlich (1). c) *Bombyliidae*: 30. Anthrax flava Mg. (1, 3); 31. A. hottentotta L. (2). d) *Conopidae*: 32. Myopa occulta Mg. (1); 33. Zodion cinereum F., hld. (1). e) *Empidae*: 34. Empis livida L. (1). f) *Muscidae*: 35. Calliphora erythrocephala Mg. (1); 36. C. vomitoria L. (1); 37. Cynomyia mortuorum L., hld. (2); 38. Echinomyia fera L. (1); 39. E. grossa L. (1); 40. E. lurida F. (2); 41. E. magnicornis Zett. (1, 2); 42. Exorista vulgaris Fall. (1); 43. Graphomyia maculata Scop. (1); 44. Lucilia caesar L. (1); 45. L. cornicina F. (1); 46. L. sericata Mg. (1); 47. L. silvarum Mg. (1); 48. Mesembrina meridiana L. (1); 49. Musca corvina F. (1); 50. Nemoraea spec. (1); 51. Onesia floralis Rob.-Desv. (1); 52. O. sepulcralis Mg. (1); 53. Phasia analis F. (1); 54. Pollenia vespillo F. (1); 55. Pyrellia aenea Zett. (1); 56. Sarcophaga carnaria L., häufig (1); 57. S. haemarrhoa Mg. (1); 58. Scatophaga merdaria F., häufig (1); 59. Sepsis cynipsea L., häufig (1); 60. Tachina erucarum Rond. (1). g) *Mycetophilidae*: 61. Platyura sp. (1). h) *Syrphidae*: 62. Ascia lanceolata Mg. (1); 63. A. podagraria F. (1); 64. Cheilosia scutellata Fall. (1); 65. Ch. oestracea L., häufig (1); 66. Chrysogaster viduata L. (1); 67. Chrysostoxum bicinctum L., sld. (1); 68. Ch. festivum L. (3); 69. Eristalis aeneus Scop. (1); 70. E. arbustorum L. (1); 71. E. horticola Mg. (hld.) (1); 72. E. nemorum L. (1); 73. E. pertinax Scop. (1); 74. E. sepulcralis L. (1); 75. E. tenax L. (1); 76. Helophilus floreus L., häufig (1); 77. Melanostoma mellina L. (1); 78. Melithreptus menthastri L. (1); 79. Pipizella annulata Macq. (1); 80. P. virens F. (1); 81. Syritta pipiens L. (1); 82. Syrphus balteatus Deg. (1); 83. S. glaucius L. (1); 84. S. pyrastri L (1); 85. S. ribesii L. (1); 86. Volucella pellucens L., hld. (2); 87. Xylota florum F., hld. (1). i) *Tabanidae*: 88. Tabanus micans Mg. (2); 89. T. rusticus L. (1). h) *Tipulidae*: 90. Pachyrhina histrio F. (1). C. Hemiptera: 91. Mehrere Wanzen (1). D. Hymenoptera: a) *Apidae*: 92. Anthrena argentata Sm. ♀, psd. (1); 93. A. coitana K. ♀, hld. (1); 94. A. fucata Sm. ♀, sgd. und psd. (1); 95. A. nana K. ♀, sgd. (1); 96. A. nitida K. ♀, einzeln (2); 97. A. rosae Pz. ♀, wiederholt (1); 98. A. tibialis K. ♀, einzeln (2); 99. Apis mellifica ⚇, sgd. und psd. (1); 100. Bombus terrester L. ♀, psd. (1); 101. Halictus cylindricus F. ♀, psd. (1); 102. H. flavipes F. ♀ (1); 103. H. leucopus K. ♂ (1); 104. H. lugubris K. ♀, in Mehrzahl (1); 105. H. tetrazonius Klg. ♀ (2); 106. Megachile centuncularis L. ♀, psd. (1); 107. Nomada ferruginata K. ♀, sgd. (1); 108. Prosopis armillata Nyl. ♀ (1); 109. Sphecodes gibbus L. ♂, sgd. (1). b) *Evaniidae*: 110. Foenus sp., hld. (2). c) *Ichneumonidae*: 111. Zahlreiche Arten (1). d) *Sphegidae*: 112. Cerceris quadrifasciata Pz. (1); 113. Ceropales maculatus F., nicht selten (1);

114. Crabro cribrarius L. ♀ ♂ (1); 115. Cr. lapidarius Pz. ♀ ♂, in Mehrzahl (1); 116. Cr. vagus. L. ♀ ♂ (1); 117. Dinetus pictus F. ♀ ♂, in Mehrzahl (1); 118. Gorytes campestris Müll. ♀ ♂ (1); 119. G. quadrifasciatus F. ♂ (1); 120. G. quinquecinctus F. ♀ ♂, häufig (1); 121. Mimesa bicolor Jur. (1); 122. M. unicolor v. d. L. (1). d) *Mutillidae:* 123. Myrmosa melanocephala F. ♂ (1); 124. Nysson maculatus F. ♀ (1); 125. N. spinosus Forst., hld. (1); 126. Odynerus parietum L., zahlreich (1); 127. O. sinuatus F. (1); 128. O. trifasciatus F. ♀ (1); 129. Oxybelus uniglumis L., häufig (1); 130. Philanthus triangulum F. ♀ (1); 131. Pompilus neglectus Dhlb. (1); 132. P. pectinipes v. d. L. ♂ (1); 133. P. viaticus L. ♂ (1); 134. Salius exaltatus F. (1). e) *Scoliidae:* 135. Tiphia femorata F., zahlreich (1). f) *Tenthredinidae:* 136. Abia sericea L., nicht selten (hld.) (1); 137. Allantus albicornis F. ♀ (1); 138. A. bicinctus L. (2); 139. A. marginellus Klg. (2); 140. A. nothus Klg., nicht selten (1); 141. A. tricinctus F. (1); 142. Athalia annulata F. (1); 143. A. rosae L. (1); 144. Hylotoma caerulescens F. (1); 145. H. enodis L. (1); 146. H. femoralis Klg. (1); 147. H. rosarum Klg. (1); 148. H. ustulata L. (1); 149. H. vulgaris Kl (1); 150. Macrophya rufipes L. (1); 151. M. rustica L. (2); 152. Tenthredo bifasciata Klg. (Allantus rosii Pz.), häufig (1); 153. T. spec. (1). g) *Vespidae:* 154. Odynerus bifasciatus L. ♀ ♂ (1); 155. O. gazella Pz. ♂ (1); 156. O. parietum L., zahlreich (1); 157. O. sinuatus F. (1); 158. O. trifasciatus F. ♀ (1); 159. Vespa germanica F. ♂ ♀, häufig (1); 160. V. rufa L. ♀ (1); 161. V. silvestris Scop. ♂ (1); 162. V. vulgaris L. ♀ (1). E. Lepidoptera: a) *Rhopalocera:* 163. Thecla betulae L., sgd. (1). b) *Tineina:* 164. Hyponomeuta sp. (1); 165. Nemotois scabiosellus Scop. ♀, sgd. (2). F. Neuroptera: *Planipennia:* 166. Panorpa communis L., hld., in Mehrzahl (1).

In den Alpen bemerkte H. Müller 11 Käfer, 5 Dipteren, 5 Hymenopteren. (Alpenbl. S. 121, 122).

Alfken beobachtete bei Bremen: A. Coleoptera: 1. Aromia moschata L.; 2. Cetonia aurata L. B. Diptera: a) *Muscidae:* 3. Exorista vulgaris Fall.; 4. Musca domestica L.; 5. Olivieria lateralis F.; 6. Pollenia vespillo F.; 7. Trypeta winthemi Mg. b) *Syrphidae:* 8. Arctophila mussitans F.; 9. Ascia lanceolata Mg.; 10. A. podagrica F.; 11. Bacha elongata F.; 12. Chrysotoxum bicinctum L.; 13. C. festivum L.; 14. Helophilus floreus L.; 15. Merodon albifrons Mg.; 16. Syrphus glaucius L.; 17. S. pyrastri L.; 18. Volucella bombylans L.; 19. Xylota segnis L. C. Hymenoptera: a) *Apidae:* 20. Anthrena austriaca Pz. ♀; 21. A. flavipes Pz. ♀, 2. Gener.; 22. A. parvula K. ♀ ♂; 23. Eriades nigricornis Nyl. ♀; 24. Halictus calceatus Scop. ♂; 25. Prosopis communis Nyl. ♀; 26. P. pictipes Nyl. ♂; 27. P. punctatissimus Smith ♂. b) *Ichneumonidae:* 28. Exyston cinctulus Gr.; 29. Glypta incisa Gr.; 30. Ichneumon gradarius Wesm.; 31. Stylocryptus vagabundus F. c) *Sphegidae:* 32. Crabro brevis v. d. L. ♀ ♂; 33. C. subterraneus F. ♀ ♂; 34. C. vagabundus Pz. ♀. d) *Tenthredinidae:* 35. Allantus arcuatus Forst.; 36. A. omissus Först.; 37. A. vespa Retz.; 38. Athalia glabricollis Ths.; 39. A. spinarum F.; 40. Entodecta pumila Klg.; 41. Selandria cinereipes Klg. e) *Vespidae:* 42. Odynerus claripennis Thms. ♀; 43. O. oviventris Wesm. ♀; 44. O. parietum L. ♀ ♂.

Loew beobachtete in Schlesien (Beiträge S. 29): A. Coleoptera; *Telephoridae:* 1. Anthocomus fasciatus L., hld.; 2. Axinotarsus pulicarius F., hld. B. Diptera: a) *Empidae:* 3. Rhamphomyia umbripennis Mg., sgd. b) *Muscidae:* 4. Metopia leucocephala Ross., sgd.; 5. Olivieria lateralis F.; 6. Tachina agilis Mg. c) *Mycetophilidae:* 7. Sciara thomae L. d) *Stratiomydae:* 8. Stratiomys chamaeleon Deg., sgd.; 9. S. equestris Mg., sgd.; 10. S. furcata F., sgd. e) *Syrphidae:* 11. Cheilosia mutabilis Fall.; 12. Helophilus floreus L., sgd.; 13. Syrphus balteatus Deg., sgd.; 14. S. seleniticus Mg., sgd.; 15. S. umbellatarum F., sgd. C. Hymenoptera: a) *Chrysidae:* 16. Cleptes semiaurata L. b) *Sphegidae:* 17. Cerceris labiata F. ♂, sgd; 18. C. nasuta Ltr. ♂, sgd.; 19. Crabro patellatus Pz., sgd.; 20. C. vexillatus Pz. ♂, sgd.; 21. Philanthus triangulum F. ♂, sgd. c) *Tenthredinidae:* 22. Dolerus pratensis L.; 23. Hylotoma enodis L., sgd.; 24. H. ustulata L., sgd. d) *Vespidae:* 25. Polistes gallica L., sgd.

Loew beobachtete in Brandenburg (Beiträge S. 36): A. Coleoptera: *Ccrambycidae*:
1. Leptura testacea L. ♀ ♂. B. Diptera: a) *Muscidae*: 2. Gymnosoma rotundata L.;
3. Phasia crassipennis F. C. Hymenoptera: a) *Apidae*: 4. Halictus leucozonius Schrk. ♀,
sgd. b) *Scoliidae*: 5. Tiphia femorata F. ♀ ♂. c) *Sphegidae*: 6. Crabro albilabris F. ♀;
7. C. subterraneus F. ♀, sgd.; 8. Hoplisus quadrifasciatus F., sgd.; 9. Mellinus arvensis
L. ♀; 10. Pompilus quadripunctatus F. d) *Tenthredinidae*: 11. Allantus scrophulariae L. d) *Vespidae*: 12. Vespa germanica F. ♀, sgd.

Loew beobachtete im Riesengebirge (R.), in Schlesien (S.) und in Glatz (G.)
(Beiträge S. 48):

A. Coleoptera: a) *Cerambycidae*: 1. Clytus arietis L. (S.); 2. C. mysticus L. (S.);
3. Leptura testacea L. ♀ ♂ (S.); 4. Strangalia annularis F. (R.); 5. S. bifasciata Müll. ♀♂
(R.). b) *Scarabaeidae*: 6. Trichius fasciatus L. (R.). c) *Telephoridae*: 7. Cantharis alpina
Payk. (S.). B. Diptera: a) *Bibionidae*: 8. Bibio pomonae F. (R.). b) *Conopidae*: 9. Conops
quadrifasciatus Deg. (G.). c) *Muscidae*: 10. Gymnosoma rotundata L. (G.); 11. Leucostoma
analis Mg. (G.). d) *Pipunculidae*: 12. Pipunculus ruralis Mg. (G.). e) *Syrphidae*:
13. Cheilosia oestracea L. (S.); 14. Chrysotoxum octomaculatum Curt. (S.); 15. Syrphus
glaucius L. (S.). C. Hymenoptera: a) *Apidae*: 16. Halictus albipes F. ♂, sgd. (G.);
17. H. morio F. ♀, sgd. (G.). b) *Chrysidae*: 18. Chrysis ignata L. (G.). c) *Sphegidae*:
19. Crabro cribrarius L. ♀ ♂ (S.); 20. Mellinus arvensis L. (G.); 21. M. sabulosus F. (S.).

Sickmann beobachtete bei Osnabrück: Hymenoptera: a) *Sphegidae*: 1. Ammophila sabulosa L., zieml. hfg.; 2. Calicurgus fasciatellus Spin., n. hfg.; 3. Crabro alatus
Pz., n. hfg.; 4. C. cetratus Shuck., n. hfg.; 5. C. chrysostomus Lep., s. hfg.; 6. C. cribrarius L., s. hfg.; 7. C. dives H.-Sch., selten; 8. C. exiguus v. d. L., zieml. hfg.;
9. C. gonager Lep., s. slt.; 10. C. guttatus v. d. L. 1 ♀; 11. C. larvatus Wesm. 1 ♀;
12. C. lituratus Pz., slt.; 13. C. podagricus v. d. L., hfg.; 14. C. sexcinctus F.,
s. hfg.; 15. C. spinicollis H.-Sch., hfg.; 16. C. subterraneus F., zieml. hfg.; 17. C. varius
Lep., hfg.; 18. Dahlbomia atra Pz.; 19. Gorytes laticinctus Shuck., n. hfg.; 20. G. mystaceus L., hfg.; 21. G. quadrifasciatus F., hfg.; 22. Mellinus sabulosus F., hfg.; 23. Mimesa
bicolor Jur.; 24. M. dahlbomi Wesm., slt.; 25. M. equestris F., s. hfg.; 26. Nysson
maculatus F., zieml. hfg.; 27. Oxybelus uniglumis L., s. hfg.; 28. Pemphredon unicolor
F., hfg.; 29. Pompilus abnormis Dhlb., slt.; 30. P. nigerrimus Scop., hfg.; 31. P. trivialis
Dhlb.; 32. Psen atratus Pz., s. hfg.; 33. Pseudagenia carbonaria Scop., s. hfg.; 34. Salius
exaltatus F., s. hfg.; 35. S. notatus Lep., hfg.; 36. S. obtusiventris Schiödte, s. slt.;
37. Trypoxylon attenuatus Sm., slt. b) *Mutillidae*: 38. Myrmosa melanocephala F. ♂.

Schmiedeknecht beobachtete in Thüringen: Hymenoptera: *Apidae:* 1. Anthrena austriaca Pz.; 2. A. dubitata Schck., 2. Generat.; 3. A. fulvicrus K. (= flavipes
Pz.), 2. Generat.; 4. Nomada obtusifrons Nyl.; Krieger bei Leipzig von Hymenopteren: a) *Apidae*: 1. Anthrena austriaca Pz.; 2. A. denticulata K. b) *Sphegidae*:
3. Mellinus sabulosus F. ♀; 4. Mimesa atra F.; Friese in Baden die Apiden:
1. Anthrena austriaca Pz. 1 ♀; 2. Halictus minutus Schck. (= rugulosus Schck.) 1 ♀;
ferner in Thüringen: Hymenoptera: a) *Apidae*: 1. Anthrena austriaca Pz.; 2. A. coitana K. b) *Ichneumonidae*: 3. Amblyteles (Ctenichneumon) funereus Fourcr.; 4. A. (Protichneumon) fucipennis Wesm.; 5. Metopius micratorius Gr. c) *Mutillidae*: 6. Mutilla
rufipes F. var. nigra Rossi. d) *Sphegidae*: 7. Crabro alatus Pz.; 8. C. cribrarius L.;
9. C. lituratus Pz.; 10. Oxybelus nigripes Oliv.; 11. Pemphredon lugens Dahlb.;
12. Pompilus quadripunctatus F. e) *Tenthredinidae*: 13. Allantus marginellus F.;
14. A. vespa Retz. f) *Vespidae*: 15. Discoelius zonalis Pz.; 17. Odynerus crassicornis
Pz.; 17. O. sinuatus F.; 18. Vespa austriaca Pz.

Schenck beobachtete in Nassau: Hymenoptera: a) *Apidae*: 1. Anthrena
austriaca Pz.; 2. A. nana K.; 3. Halictus interruptus Pz.; 4. Prosopis trimacula Schck.
b) *Mutillidae*: 5. Myrmosa melanocephala F. ♀ ♂. c) *Scoliidae*: 6. Tiphia femorata F.;
7. T. minuta v. d. L. d) *Sphegidae*: 8. Ceropales maculatus F.; 9. C. variegatus F.;

10. Dahlbomia atra Pz.; 11. Gorytes levis Latr.; 12. G. mystaceus L.; 13. G. quadrifasciatus F.; 14. G. quinquecinctus F.; 15. Pompilus anceps Smith; 16. P. trivialis Dhlb. 17. Pompilus unicolor Spin.; 18. Psen atratus Pz.; 19. Tachysphex pectinipes L.

Rössler beobachtete bei Wiesbaden den Falter: Grapholitha aurana F. ab. aurantiana Kollar.

Schiner beobachtete in Österreich die Musciden: 1. Frontina laeta Mg.; 2. Homalomyia pretiosa Schin.

v. Fricken beobachtete in Westfalen und Ostpreussen die Scarabaeide Hoplia philanthus Sulz. und die Cerambycide: Acmaeops collaris L.

v. Dalla Torre beobachtete in Tirol eine Goldwespe: Chrysis austriaca Fabr.; und eine Faltenwespe: Odynerus minutus Fabr.; sowie die Bienen: 1. Eriades campanularum K. ♂; 2. Halictus morio Fbr.; 3. Osmia leucomelaena K. ♂.

Schletterer giebt für Tirol als Besucher an die Apiden: 1. Halictus morio F.; 2. Nomada succincta Pz. und beobachtete bei Pola 3. die Scoliide Tiphia femorata F.

Kohl beobachtete daselbst zwei Faltenwespen: Odynerus spiricornis Spin., Eumenes arbustorum Pz. var dimidiata Brull., und eine Goldwespe: Ellampus caerulens Dhlb.; sowie die Grabwespen: Crabro cribrarius L. und C. scutellatus Schev.

Handlirsch verzeichnet als Besucher die Grabwespen: 1. Gorytes bilunulatus Costa, nach Schmiedeknecht. 2. G. quadrifasciatus F.; 3. G. quinquecinctus F.; Redtenbacher bei Wien den Bockkäfer: Callimus cyanus F.

Loew beobachtete in der Schweiz (Beiträge S. 56): A. Coleoptera: *Cerambycidae*: 1. Leptura maculicornis Deg.; 2. Pachyta lamed L.; 3. P. quadrimaculata L.; 4. P. virginea L.; 5. Strangalia armata Hbst. B. Diptera: a) *Muscidae*: 6. Echinomyia fera L.; 7. Hydrotaea dentipes F. ♂; 8. Mesembrina meridiana L.; 9. M. mystacea L. b) *Syrphidae*: 10. Eristalis rupium F.; 11. Melithreptus pictus Mg.; 12. Syritta pipiens L. C. Hymenoptera: *Sphegidae*: 13. Gorytes sp.; 14. Myrmosa melanocephala F. ♂.

Auf der Insel Helgoland beobachtete ich (B. Jaarb. III. S. 34): A. Diptera: *Muscidae*: 1. Coelopa frigida Fall.; 2. C. pilipes Hall.; 3. Lucilia caesar L.; 4. Olivieria lateralis F.; 5. Scatella sp.; 6. Scatophaga stercoraria L.; 7. Mittelgrosse bis winzige Muscide. B. Hymenoptera: *Vespidae*: 8. Eine Vespide, welche entkam.

H. de Vries (Ned. Kruidk. Arch. 1877) beobachtete in den Niederlanden: Hymenoptera: a) *Apidae*: 1. Apis mellifica L. ♀; 2. Bombus agrorum F. ♀; 3. B. subterraneus L. ♀; 4. B. terrester L. ♀ ♂; 5. Halictus cylindricus F. ♂. b) *Sphegidae*: 6. Crabro cribrarius L. ♀. c) *Tenthredinidae*: 7. Allantus tricinctus F. d) *Vespidae*: 8. Vespa germanica F. ♀.

Mac Leod sah in Flandern 3 kurzrüsselige Bienen, 1 Blattwespe, 1 Faltenwespe, 1 Schlupfwespe, 6 Schwebfliegen, 4 Musciden, 1 Falter, 2 Käfer. (Bot Jaarb. VI. S. 275—277, 380).

Heinsius beobachtete in Holland 2 Musciden (Lucilia cornicina F. und Scatophaga stercoraria L. ♀ ♂) und 1 Syrphide (Eristalis tenax L. ♀). (Bot. Jaarb. IV. S. 59).

In Dumfriesshire (Schottland) (Scott-Elliot, Flora S. 80) wurden Apis, 1 Hummel, 1 Faltenwespe, 4 Musciden und 4 Schwebfliegen als Besucher beobachtet.

1162. H. pyrenaicum Lmk. (H. montanum Schleicher).

Die weissen Blüten sah Mac Leod in den Pyrenäen von 6 kurzrüsseligen Hymenopteren, 4 Käfern und 26 Fliegen (8 Syrphiden, 16 Musciden) besucht.

1163. H. sibiricum L.

Die, nach Lindman, stark urinös riechenden Blüten werden auf dem Dovrefjeld von zahlreichen Fliegen und Hymenopteren besucht.

Loew beobachtete im botanischen Garten zu Berlin: A. Coleoptera: a) *Cistelidae*: 1. Cistela sulphurea L. b) *Scarabaeidae*: 2. Cetonia aurata L., Blütenteile fressend; 3. Phyllopertha horticola L., w. v. B. Diptera: *Syrphidae*: 4. Eristalis arbustorum L., sgd.; 5. E. nemorum L., sgd. C. Hymenoptera: *Apidae*: 6. Apis mellifica L. ⚥, sgd. und psd.

Loew beobachtete im botanischen Garten zu Berlin an einigen Heracleum-Arten folgende Insekten:

1164. H. dissectum Ledeb.:

Anthrena schrankella Nyl. ♀, sgd. und pfd.;

1165. H. pubescens M. B.:

A. Coleoptera: *Scarabaeidae*: 1. Cetonia aurata L., Blütenteile fressend. B. Hymenoptera: *Apidae*: 2. Apis mellifica L. ⚥, sgd. und psd.; sowie an der Form Wilhelmsii Fisch. et Lall.: Pollenia rudis F.

277. Tordylium Tourn.

1166. T. maximum L. ist, nach Schulz (Beitr. II. S. 190), andromonöcisch mit protandrischen Zwitterblüten.

1167. T. apulum L.

Als Besucher beobachtete Schletterer bei Pola: Hymenoptera: a) *Apidae*: 1. Anthrena carbonaria L.; 2. A. parvula K.; 3. A. taraxaci Gir., n. hfg.; 4. Halictus calceatus Scop.; 5. H. levigatus K. ♀; 6. H. minutus K.; 7. H. morio F.; 8. H. quadrinotatus K.; 9. H. variipes Mor. b) *Braconidae*: 10. Bracon urinator F. c) *Chrysidae*: 11. Chrysis angustifrons Ab.; 12. C. inaequalis Dhlb.; 13. Ellampus auratus L.; 14. Hedychrum longicolle Ab. d) *Evanidae*: 15. Gasteruption granulithorax Tourn.; 16. G. terrestre Tourn. e) *Ichneumonidae*: 17. Amblyteles armatorius Forst. = fasciatorius F.; 18. Angitia armillata Gr.; 19. Anilasta notata Gr.; 20. Cryptus hellenicus Schmiedekn.; 21. C. viduatorius F.; 22. Hoplocryptus heliophilus Tschek; 23. Ichneumon bilunulatus Gr.; 24. I. finitimus Tischb.; 25. I. xanthorius Först.; 26. Omorga mutabilis Hgr.; 27. Pimpla instigator F.; 28. P. roberator F.; 29. Trychosis plebeja Tschek mit den Varietäten nigricornis Krchb. und nigritarsis Krchb. f) *Pompilidae*: 30. Pompilus minutus Dhlb. = cellularis Dhlb.; 31. P. sexmaculatus Spin.; 32. P. viaticus L.; 33. Salius fuscus F.; 34. S. parvulus Dhlb. g) *Scoliidae*: 35. Tiphia minuta v. d. L.; 36. T. morio F.; 37. T. femorata F. h) *Sphegidae*: 38. Cerceris quadrifasciata Pz.; 39. Crabro clypeatus L.; 40. C. meridionalis Costa; 41. Diodontus minutus F. 1 ♂; 42. Gorytes pleuripunctatus Costa. i) *Tenthredinidae*: 43. Allantus fasciatus Scop.; 44. A. viduus Rossi; 45. Amasis laeta F.; 46. Arge cyaneocrocea Först.; 47. A. melanochroa Gmel.; 48. Athalia annulata F.; 49. A. glabricollis Ths., hfg.; 50. A. spinarum F.; 51. A. rosae L. v. cordata Lep.; 52. Macrophya rustica L. k) *Vespidae*: 53. Polistes gallica L.

278. Siler Scopoli.

1168. S. trilobum Scop. (Laserpitium aquilegifolium Jacquin). Nach Schulz (Beitr. II. S. 85—86, 190) andromonöcisch mit protandrischen Zwitterblüten. Die männlichen Blüten sind zahlreich und sitzen in der Mitte der Döldchen. Nach Kerner (Pflanzenleben II.) bleibt die Richtung des Griffels und die Lage der Narbe unverändert, aber die fadenförmigen Träger der Antheren strecken und krümmen sich so, dass der Pollen auf die Narben der Nachbarblüten gelegt wird.

Loew beobachtete in Steiermark (Beiträge S. 48) als Besucher: A. Coleoptera: 1. Anoncodes rufiventris Scop.; 2. Chrysanthia viridissima L.; 3. Oxythyrea stictica L.;

4. Strangalia armata Hbst. B. Diptera: *Muscidae*: 5. Clytia pollucens Fall.; 6. Echinomyia ferox Pz. C. Hemiptera: 7. Nabis sp.; 8. Graphosoma lineatum L.; 9. Unbestimmte Spez.

Derselbe beobachtete im botanischen Garten zu Berlin: A. Diptera: *Syrphidae*: 1. Eristalis nemorum L., sgd.; 2. Syritta pipiens L., sgd.; 3. Syrphus ribesii L. B. Hymenoptera: a) *Apidae*: 4. Anthrena tibialis K. ♀, sgd. und psd.; 5. Apis mellifica L. ⚥, w. v.; 6. Prosopis communis Nyl. ♀, sgd. b) *Vespidae*: 7. Odynerus parietum L.

279. Laserpitium Tourn.

1169. L. latifolium L. Die weissen, selten rötlichen Blüten sind, nach Schulz (Beitr. II. S. 90, 94, 190), andromonöcisch mit ausgeprägt protandrischen Zwitterblüten. Die Dolden erster Ordnung tragen meist nur zweigeschlechtige, die Dolden höherer Ordnung vorwiegend männliche Blüten. Nach Kerner (Pflanzenleben II. S. 295) finden sich in sämtlichen Döldchen kurzgestielte scheinzwitterige männliche Blüten, welche von langgestielten wirklichen Zwitterblüten umgeben sind.

1170. L. prutenicum L. Die gelblich-weissen Blüten sind, nach Schulz (Beitr. II. S. 190), wohl nur zwitterig und zwar ausgeprägt protandrisch.

1171. L. hirsutum Lam. Die weissen Blüten sind, nach H. Müller (Alpenbl. S. 122), protandrisch.

Als Besucher beobachtete derselbe in den Alpen: 1 Käfer, 23 Fliegen (darunter 17 Musciden), 7 Hymenopteren, 3 Falter.

280. Daucus Tourn.

1172. D. Carota L. Die weissen Blüten sind, nach Schulz (Beitr. II. S. 86—89, 91, 93, 190), andromonöcisch mit ausgeprägt protandrischen Zwitterblüten, doch sind auch (in Holland) monöcische und (in Mitteldeutschland) rein weibliche Pflanzen beobachtet. Die randständigen Blüten sind, wie bei vielen Umbelliferen, auffallend vergrössert, besonders die nach aussen gerichteten Kronblätter. In Mitteldeutschland und in Tirol konnte Schulz zwei Formen unterscheiden: die häufigere hat weisse, zweigeschlechtige und männliche Blüten in demselben Döldchen, und zwar stehen letztere in der Mitte desselben und sind in den Dolden höherer Ordnung zahlreicher als in den Dolden niederer Ordnung. Die zweite, seltener auftretende Form hat oft grün oder rötlich angehauchte Blüten; ihre Döldchen haben entweder nur weibliche oder weibliche und geschlechtslose Blüten. Die Antheren enthalten in vielen Fällen normale Pollenkörner, oft aber auch kleinere und unregelmässig gestaltete, doch öffnen sie sich nur selten und verharren dabei in der Lage, welche sie in der Knospe inne hatten. Die Gipfelblüten sind entweder weiblich oder geschlechtslos.

Nach Warnstorf sind bei Ruppin die Döldchen der Dolden erster Ordnung zwitterig, die zweiter Ordnung aussen zwitterig, innen meist mit wenigen männlichen, die dritter Ordnung fast nur mit männlichen Blüten; Gipfelblüte in den

Döldchen der Dolden zweiter Ordnung häufig zwitterig; selten durch Fehlschlagen der Antheren alle Dolden weiblich.

Eine höchst auffallende Erscheinung ist das Auftreten einer (selten mehrerer, selbst 5—10) vergrösserten, strahlig-symmetrischen, purpurroten Mittelblüte. Sie findet sich nicht überall, sie fehlt z. B., nach Buchenau (Flora der ostfries. Ins. S. 143), an manchen Stellen auf den ostfriesischen Inseln und, nach meinen Beobachtungen (Flora der nordfriesischen Inseln S. 67), ist sie auch auf den nordfriesischen Inseln nicht häufig anzutreffen. Nach Schulz findet sich ein Enddöldchen höchstens bei 3—5 % der Gesamtzahl, und von diesen besitzt nur ein kleiner Bruchteil eine oder einige purpurrote Blüten (Bot. Centralbl. IL. [1892] S. 12). Kronfeld bezeichnet diese Blüten als kleistogam und dabei fruchtbar; er fasst sie als eine vererbte Gallenbildung auf. (Vgl. B. Jb. 1892. I. S. 491.)

Beijerinck (Daucus Carota) hat in Holland bei Wageningen nur solche Pflanzen beobachtet, deren Döldchen entweder innen männliche und aussen weibliche Blüten enthalten oder im Mittelpunkte oft eine zweigeschlechtige Endblüte haben, welche von männlichen Blüten umgeben ist, an welche sich weibliche Randblüten anschliessen. Staes (Bot. Jaarboek I. S. 124) hat in Belgien bei Gent und Blankenberghe Pflanzen gefunden, deren Randblüten zweigeschlechtig, aber nicht weiblich sind. Die von Beijerinck als physiologisch weiblich betrachtete Form mit rötlichen Blüten findet sich nicht selten mit zweigeschlechtigen Blüten, kann also unabhängig von der weissblühenden Form befruchtet werden. Schulz hat die von Beijerinck mitgeteilten Formen weder in Mitteldeutschland noch in Tirol beobachtet.

W. Beijerinck (Nederl. Kruidk. Arch. 1885 S. 245 ff.) und G. Staes (Bot. Jaarboek I. S. 124 ff.) beschreiben von Wageningen, bezüglich von Gent und den Dünen von Blankenberghe diese beiden verschiedenen Formen der Dolden von Daucus Carota (Bot. Jaarb. I. S. 139) in folgender Weise:

1. Weissblühende Form:

Nach Beijerink sind bei Wageningen die randständigen Blüten jedes Döldchens staubblattlos, oder, wenn Staubblätter vorhanden sind, fallen sie vor dem Aufspringen der Antheren ab.

Diese Blumen sind also immer weiblich.

Nach Staes können bei Gent und Blankenberghe die Staubblätter fehlschlagen, doch sind sie meist fruchtbar.

Diese Blumen können daher weiblich sein, doch sind sie oft zweigeschlechtig.

2. Rotblühende oder grünlich-rosa Form:

Bei Wageningen sind die Staubblätter dieser Dolden oft mehr oder minder in Kronblätter umgewandelt; die Antheren springen niemals auf.

Bei Gent und Blankenberghe haben die Staubblätter, falls sie nicht umgebildet sind, oft aufspringende Antheren.

Die ganze Dolde ist weiblich.

Die Dolde kann weiblich sein (infolge umgebildeter Staubblätter oder geschlossen bleibender Antheren); sie ist aber oft zweigeschlechtig.

Bei Wageningen kann die rotblühende Form sich nur mit Hülfe der weissblühenden vermehren.

Bei Gent und Blankenberghe können sich die beiden Formen unabhängig von einander vermehren.

Deichmann (Bot. Centralbl. II. S. 271) macht darauf aufmerksam, dass in Dänemark durch häufige Kreuzung der kultivierten Varietät mit der wilden Form erstere einen schädlichen Rückgang erleidet.

Als Besucher sah ich (Bijdragen) bei Glücksburg: A. Coleoptera: a) *Coccinellidae*: 1. Coccinella septempunctata L. b) *Telephoridae*: 2. Cantharis fusca L. B. Diptera: a) *Muscidae*: 3. Lucilia caesar L. b) *Syrphidae*: 4. Syrphus balteatus Deg. C. Hymenoptera: *Apidae*: 5. Apis mellifica L. ♀; 6. Bombus terrester L. ♀. Sämtlich sgd. oder psd. oder pfd., die Hummel dabei mit grosser Geschwindigkeit über die Blütenschirme laufend. In Schleswig-Holstein sah ich (Ndfr. Ins. S. 155) ausserdem 4 Schwebfliegen, 1 Muscide, 1 Hummel, 1 Grabwespe; ferner auf Helgoland (S. 35) 3 Musciden (Coelopa frigida Fall.; Fucellia fucorum Fall.; Scatophaga stercoraria L.). Wüstnei sah auf der Insel Alsen die Biene Halictus nitidiusculus K. als Besucher.

Sickmann beobachtete bei Osnabrück: Hymenoptera: a) *Sphegidae*: 1. Astata minor Kohl., hfg.; 2. Cerceris labiata F., hfg.; 3. C. quinquefasciata Rossi, hfg.; 4. Ceropales maculatus F., hfg.; 5. Crabro alatus Pz.; 6. C. albilabris F., s. hfg.; 7. C. armatus v. d. L. 1 ♂; 8. C. brevis v. d. L., hfg.; 9. C. clypeatus Schreb.; 10. C. cribrarius L., s. hfg.; 11. C. distinguendus A. Mor.; 12. C. elongatus v. d. L., hfg.; 13. C. exiguus v. d. L., ziemlich hfg.; 14. C. palmarius Schreb., n. hfg.; 15. C. peltarius Schreb., s. hfg.; 16. C. pygmaeus v. d. L., slt.; 17. C. scutellatus Schev.; 18. C. sexcinctus F., hfg.; 19. C. vagabundus Pz., hfg.; 20. C. wesmaëli v. d. L., n. hfg.; 21. Gorytes fallax Handl. 1 ♀; 22. G. quadrifasciatus F.; 23. G. quinquecinctus F., slt.; 24. Mellinus sabulosus F., hfg.; 25. Mimesa equestris F., s. hfg.; 26. Oxybelus bipunctatus Oliv., hfg.; 27. O. nigripes Oliv., n. hfg.; 28. O. uniglumis L., s. hfg.; 29. Pemphredon shuckardi A. Mor., hfg.; 30. Pompilus pectinipes v. d. L. var. campestris Wesm., hfg.; 31. P. viaticus L., s. hfg.; 32. P. wesmaëli Thms., n. hfg.; 33. Psen atratus Pz., s. hfg.; 34. Pseudagenia carbonaria Scop., s. hfg.; 35. Salius affinis v. d. L., slt.; 36. S. exaltatus F., s. hfg.; 37. S. notatus Lep., hfg.; 38. Trypoxylon figulus L., hfg. b) *Scoliidae*: 39. Tiphia femorata F., s. hfg.; 40. T. minuta v. d. L., n. hfg. c) *Mutillidae*: 41. Myrmosa melanocephala F. ♂.

Friese beobachtete im mittleren Saalthal: Hymenoptera: a) *Apidae*: 1. Authrena convexiuscula K.; 2. Bombus terrester L. b) *Chrysidae*: 3. Chrysis callimorpha Mocs.; 4. C. fulgida L.; 5. C. inaequalis Dahlb.; 6. C. splendidula Rossi; 7. C. succincta L.; 8. C. viridula L.; 9. Cleptes nitidulus F.; 10. Ellampus scutellaris Pz.; 11. Holopyga curvata Först. c) *Ichneumonidae*: 12. Amblyteles oratorius (F.) Wesm.; 13. A. (Ctonichneumon) repentinus (Gr.) Thoms.; 14. Hellwigia elegans Gr.; 15. Ichneumon leucomelas (F.) Wesm.; 16. I. (Protichneumon) similatorius (F.) Thoms.; 17. Lissonota maculatoria Gr.; 18. Microcryptus curvus (Gr.) Thoms. d) *Mutillidae*: 19. Mutilla rufipes F. var. nigra Rossi. e) *Scoliidae*: 20. Scolia quadripunctata F. f) *Sphegidae*: 21. Astata boops Schrk.; 22. Didineis lunicornis F.; 23. Gorytes levis Ltr.; 24. Nysson maculatus F. g) *Tenthredinidae*: 25. Allantus marginellus F.; 26. Cladius pectinicornis Fourcr.; 27. Cyphona furcata Vill.

Alfken beobachtete bei Bremen: *Apidae*: 1. Authrena austriaca Pz. ♀ ♂; 2. A. hattorfiana F. ♂; 3. A. parvula K. ♀. *Tenthredinidae*: 4. Allantus omissus Först.; 5. Poecilostoma luteolum Klg.; 6. Tenthredo coryli Pz.

Als Besucher giebt Krieger für Zwickau die seltene Grabwespe Nysson dimidiatus Jur. an. (Nach v. Schlechtendal.)

Schmiedeknecht beobachtete in Thüringen die Apiden: 1. Anthrena austriaca Pz.; 2. A. combinata Chr.; 3. A. lucens Imh.; 4. A. nana K.

Loew beobachtete in Brandenburg (B.) und Mecklenburg (M.) (Beiträge S. 36): A. Diptera: *Muscidae*: 1. Xysta cana Mg., sgd. (M.). B. Hymenoptera: a) *Ichneumonidae*: 2. Unbestimmte Spez. (M.). b) *Sphegidae*: 3. Cerceris interrupta Pz. ♀, sgd. (B.); 4. Mellinus sabulosus F., sgd. (M.); in Schlesien: Eristalis horticola Deg., sgd.; ferner in Steiermark (Beiträge S. 48): A. Diptera: *Muscidae*: 1. Phasia analis F. B. Hymenoptera: *Apidae*: 2. Anthrena parvula K. ♀, psd.; sowie in der Schweiz (Beiträge S. 55): A. Coleoptera: a) *Cerambycidae*: 1. Leptura sanguinolenta L. b) *Cleridae*: 2. Trichodes apiarius L. B. Diptera: a) *Stratiomydae*: 3. Stratiomys longicornis Scop. ♀ var. b) *Syrphidae*: 4. Cheilosia impressa Lw.; 5. Syrphus lasiophthalmus Zett.; 6. S. umbellatarum F. c) *Tabanidae*: 7. Tabanus auripilus Mg. var. aterrimus Mg. ♀; 8. T. infuscatus Lw.

Schenck beobachtete in Nassau: Hymenoptera: a) *Apidae*: 1. Anthrena austriaca Pz.; 2. A. nana K.; 3. Prosopis variegata F. b) *Sphegidae*: 4. Ceropales maculatus F.; 5. C. variegatus F.; 6. Gorytes levis Latr.; 7. Tachysphex pectinipes L. c) *Mutillidae*: 8. Mutilla rufipes F. var. nigrita Pz.

F. F. Kohl beobachtete in Tirol: Odynerus parietum L. Wesm., sowie Crabro cribrarius L. als Besucher. Handlirsch verzeichnet als Besucher die Sphegiden: 1. Gorytes levis Ltr.; 2. G. quadrifasciatus F.

Schiner beobachtete in Österreich: Diptera: a) *Muscidae*: 1. Alophora hemiptera F.; 2. Clairvillia ocypterina R.-D.; 3. Germaria ruficeps F.; 4. Miltogramma ruficornis Mg.; 5. Plesina nigrisquama Zett.; 6. Siphona geniculata Deg. b) *Syrphidae*: 7. Cheilosia impressa Lw.

Mac Leod beobachtete in Flandern 9 kurzrüsselige Hymenopteren, 5 Syrphiden, drei andere Fliegen, 2 Käfer, 1 Falter (Bot. Jaarb. VI. S. 278, 279); H. de Vries (Ned. Kruidk. Arch. 1877) in den Niederlanden 1 Grabwespe: Ceropales maculatus F. und eine Dolchwespe Tiphia femorata F. ♂ ♀, als Besucher; Heinsius in Holland 4 Käfer (Agriotes obscurus L., Cistela sulphurea L., Coccinella septempunctata L., Cantharis fulva Scop. = Telephorus melanurus F.) und eine Waffenfliege (Stratiomys furcata F. ♀) (Bot. Jaarb. IV. S. 59); Mac Leod in den Pyrenäen 12 Hymenopteren, 4 Käfer, 7 Fliegen (B. Jaarb. III. S. 407).

Saunders beobachtete in England die Dolchwespe Tiphia femorata F.

Burkill (Flowers and Insects in Great Britain Pt. I) beobachtete an der schottischen Ostküste:

A. Coleoptera: a) *Chrysomelidae*: 1. Crepidodera ferruginea Scop. b) *Nitidulidae*: 2. Cercus rufilabris Latr.; 3. Meligethes picipes Sturm. c) *Staphylinidae*: 4. Tachyporus obtusus L. B. Diptera: a) *Muscidae*: 5. Anthomyia brevicornis Ztt.; 6. A. radicum L., sehr häufig; 7. Calliphora erythrocephala Mg., sgd.; 8. C. vomitoria L., sgd.; 9. Hydrellia griseola Fall.; 10. Lucilia cornicina F.; 11. L. silvarum Mg.; 12. L. splendida Mg.; 13. Morellia sp.; 14. Oscinis frit L.; 15. Pollenia rudis F.; 16. Sarcophaga, 2 Arten; 17. Drosophila graminum Fall.; 18. Scatophaga stercoraria L., sgd.; 19. Sepsis cynipsea L. b) *Fhoridae*: 20. Phora sp. c) *Syrphidae*: 21. Eristalis arbustorum L., sgd.; 22. E. pertinax Scop., sgd.; 23. E. tenax L., sgd.; 24. Melanostoma scalare F.; 25. M. barbifrons Fall.; 26. Paragus sp.; 27. Platycheirus albimanus F.; 28. Sphaerophoria scripta L.; 29. Syritta pipiens L., sgd.; 30. S. ribesii L., sgd. d) *Chironomidae*: 31. Ceratopogon niger Winn. e) *Psychodidae*: 32. Pericoma sp. f) *Mycetophilidae*: 33. Sciara sp., häufig. C. Hymenoptera: *Apidae*: 34. Bombus hortorum L., sgd., einmal. b) *Formicidae*: 35. Formica fusca L., sgd.; 36. Myrmica rubra L., sgd. c) *Ichneumonidae*: 37. 25 unbestimmte Arten. d) *Sphegidae*: 38. Priocnemis pusillus Schiödte. e) *Tenthredinidae*: 39. Allantus arcuatus Forst., sgd.

Herm. Müller endlich (Befr. S. 104; Weit. Beob. I S. 307) giebt folgende Besucherliste:

A. Coleoptera: a) *Cerambycidae*: 1. Strangalia armata Hbst. (1); 2. S. bifasciata Müller (1). b) *Cleridae*: 3. Trichodes apiarius L., hld. (2). c) *Coccinellidae*: 4. Coccinella mutabilis Scriba, hld. (1); 5. C. quinquepunctata L., hld. (1). d) *Curculionidae*: 6. Spermophagus cardui Stev. (1). e) *Dermestidae*: 7. Anthrenus pimpinellae F. (1). f) *Elateridae*: 8. Agriotes gallicus Lac. (1); 9. A. sputator L. (1); 10. A. ustulatus Schaller (1). g) *Scarabaeidae*: 11. Trichius fasciatus L. (1). h) *Telephoridae*: 12. Dasytes pallipes Pz. (1); 13. Telephorus melanurus F. in copula, hld. (1). i) *Mordellidae*: 14. Mordella aculeata L. (1); 15. M. fasciata F. (1). B. Diptera: a) *Bombylidae*: 16. Anthrax flava Mg. (1). b) *Muscidae*: 17. Gymnosoma rotundata L. (1); 18. Luciliaarten (1); 19. Phasia crassipennis F. (2); 20. Sarcophaga albiceps Mg. (1); 21. Sepsisarten (1). c) *Stratiomydae*: 22. Stratiomys chamaeleon Deg., häufig (1); 23. S. riparia Mg., häufig (1). d) *Syrphidae*: 24. Ascia podagraria F. (1); 25. Cheilosia barbata Loew, sgd. (1); 26. Ch. soror Zett. (1); 27. Ch. variabilis Pz., sgd. (2); 28. Chrysogaster viduata L. (1); 29. Eristalis arbustorum L. (1); 30. E. sepulcralis L. (1); 31. Helophilus floreus L. (1); 32. Melithreptus scriptus L. (1); 33. Pipiza funebris F. (1); 34. Pipizella annulata Macq. (1); 35. Syritta pipiens L. (1); 36. Syrphus pyrastri L. (1). C. Hemiptera: 37. Graphosoma nigrolineatum L., häufig (1). D. Hymenoptera: a) *Apidae*: 38. Anthrena nana K. ♀, sgd. (1); 39. A. parvula K. (1); 40. Halictus albipes F. ♂ (1); 41. H. levis K. ♂; 42. H. interruptus Pz. ♀ (1); 43. Nomada lateralis Pz. ♀ (1); 44. Prosopis sinuata Schenck ♂ (1); 45. P. variegata F. ♂ (1); 46. Sphecodes gibbus L. ♀. b) *Chrysidae*: 47. Hedychrum lucidulum F. ♂ ♀, häufig. c) *Ichneumonidae*: 48. Verschiedene. d) *Sphegidae*: 49. Cerceris variabilis Schrk. ♀ (1); 50. Ceropales maculatus F. (1). e) *Mutillidae*: 51. Mutilla europaea L. ♂ (1); 52. Oxybelus bipunctatus Ol. (1); 53. O. uniglumis L., häufig (1); 54. Pompilus intermedius Schenck (1); 55. P. neglectus Dhlb. ♂ (1); 56. P. niger F. ♂ (1); 57. P. viaticus L. ♂ (1); 58. Priocnemis obtusiventris Schiödte (1) f) *Scoliidae*: 59. Tiphia femorata F., zahlreich (1). g) *Tenthredinidae*: 60. Allantus nothus Klg. (1, 2). 61. Athalia rosae L. (1); 62. Hylotoma femoralis Klg. (1); 63. H. rosarum Klg., hld. (2); 64. H. ustulata L. (1); 65. Selandria serva F. (1). f) *Vespidae*: 66. Odynerus sinuatus F. ♀ (1). E. Lepidoptera: a) *Rhopalocera*: 67. Hesperia lineola O., sgd. (1); 68. Spilothyrus alceae Esp. (2). b) *Tincia*: 69. Nemotois Hbn., spec., sgd. (1). F. Neuroptera: *Planipennia*: 70. Hemerobius (1).

Herm. Müller bemerkte in den Alpen 1 Käfer, 2 Falter an den Blüten. (Alpenbl. S. 122).

281. Orlaya Hoffmann.

1173. O. grandiflora Hoffm. [H. M., Weit. Beob. I. S. 307—310; Schulz, Beitr. II. S. 86, 91, 92, 190.] — Die weissen Blüten sind, nach A. Schulz, andromonöcisch, nach H. Müller auch gynomonöcisch, mit homogamen Zwitterblüten. In der Mitte der Döldchen stehen die männlichen Blüten, welche nur die Reste des Fruchtknotens, aber keine Griffel und Narben erkennen lassen; ihre Kronblätter sind klein und einwärts gekrümmt. Die Randblüten der Döldchen sind zwitterig, nach Müller zuweilen auch weiblich und fruchtbar; ihr nach aussen gerichtetes Kronblatt ist vergrössert. Zuweilen schlagen die Geschlechtsorgane der männlichen, weiblichen und zweigeschlechtigen Blüten ganz fehl. Die am Rande der ganzen Dolde stehenden Blüten vergrössern ihr nach aussen gerichtetes Kronblatt zu einer tief zweispaltigen, mehr als 1 cm langen Fläche.

Trotz des Standortes der Pflanze im Getreide ist sie infolge der vergrösserten Randblüten sehr augenfällig, so dass die Blütenschirme von zahlreichen
Insekten aufgesucht werden, welche beim Aufliegen auf den Doldenrand Kreuzung
getrennter Dolden, häufig auch getrennter Stöcke bewirken. In den homogamen
Zwitterblüten ist, nach S c h u l z, spontane Selbstbestäubung nur kurze Zeit möglich,
da die Staubblätter sich schnell nach aussen biegen.

Als B e s u c h e r sah A. S c h u l z in Tirol zahlreiche Käfer und Fliegen, seltener
kleine Hymenopteren.

H. M ü l l e r beobachtete in Thüringen:
A. D i p t e r a: a) *Bombylidae*: 1. Ploas grisea F., sgd. b) *Empidae*: 2. Empis livida
L., sgd. c) *Syrphidae*: 3. Syritta pipiens L., häufig. d) *Muscidae*: 4. Anthomyiaarten;
5. Gymnosoma rotundata L., sgd.; 6. Ocyptera brassicaria F., sgd.; 7. Ulidia erythrophthalma Mg., in grösster Menge sgd. B. C o l e o p t e r a: a) *Telephoridae*: 8. Danacea
pallipes Pz., hld.; 9. Dasytes subaeneus Schh. b) *Mordellidae*: 10. Mordella fasciata F.,
hld., zahlreich. c) *Curculionidae*: 11. Spermophagus cardui Stev. d) *Cerambycidae*:
12. Strangalia bifasciata Müll., hld. C. H y m e n o p t e r a: a) *Formicidae*: 13. Mehrere
Arten. b) *Apidae*: 14. Halictus maculatus Sm. ♀, psd. D. L e p i d o p t e r a: *Rhopalocera*: 15. Coenonympha pamphilus L., sgd.

F. F. K o h l beobachtete in T i r o l die Goldwespen: Chrysis rutilans Oliv., Chr.
scutellaris Fabr., Hedychrum regium Fabr., und die Faltenwespen: Polistes gallica L.,
Eumenes pomiformis F., E. coarctata L., E. unguiculata Vill., Ancistrocerus parietum L.,
Leionotus simplex Fabr., L. dantici Rossi, L. parvulus Lep., L. chevrieranus Sauss.,
L. tarsatus Sauss.

S c h l e t t e r e r beobachtete bei Pola und in Tirol (T.): H y m e n o p t e r a: a) *Apidae*:
1. Anthrena aeneiventris Mor. (T.); 2. Ceratina cucurbitina Rossi; 3. Halictus villosulus
K.; 4. Prosopis clypearis Schck.; 5. P. hyalinata Smith. var. corvina Först.; 6. P. variegata F. b) *Chrysididae*: 7. Chrysis cuprea Rossi; 8. C. refulgens Spin.; 9. C. viridula L.;
10. Ellampus auratus L.; 11. Stilbum cyanurum Först. v. calens F. c) *Evanidae*:
12. Gasteruption granulithorax Tourn. d) *Ichneumonidae*: 13. Colpognathus celerator Gr.;
14. Ichneumon xanthorius Först. e) *Pompilidae*: 15. Pompilus tripunctatus Dhlb.;
16. P. viaticus L.; 17. Pseudagenia carbonaria Scop.; 18. Salius fuscus F. f) *Scoliidae*:
19. Scolia insubrica Scop.; 20. S. quadripunctata F.; 21. Tiphia morio F. g) *Sphegidae*:
22. Cerceris emarginata Pz.; 23. C. quadrifasciata Pz. h) *Tenthredinidae*: 24. Amasis
laeta F. i) *Vespidae*: 25. Polistes gallica L.

282. Caucalis L.

1174. C. daucoides L. [S c h u l z, Beitr. II. S. 91, 94, 190; K e r n e r,
Pflanzenleben II.] — Die weissen Blüten sind, nach S c h u l z, andromonöcisch
mit homogamen, seltener schwach protandrischen Zwitterblüten. In den Dolden
und Döldchen stehen die männlichen Blüten meist in der Mitte. Die Enddolde
hat in der Regel die meisten Zwitterblüten; in denselben ist Selbstbestäubung
leicht möglich.

K e r n e r bezeichnet die Blüten als protogyn. Nach demselben bestehen
die mittelständigen Döldchen ausschliesslich aus scheinzwitterigen männlichen
Blüten; die übrigen Döldchen besitzen 2 echte Zwitterblüten und 4—7 scheinzwitterige männliche Blüten. Selbstbestäubung erfolgt durch Einwärtsneigung
der gekrümmten Staubfäden.

Als Besucher sah H. Müller in Thüringen (Weit. Beob. I. S. 306) eine Wanze: Graphosoma nigrolineatum L.

Schletterer beobachtete bei Pola: Hymenoptera: a) *Chrysidae*: 1. Chrysis succincta L. b) *Evanidae*: 2. Gasteruption kriechbaumeri Schlett. c) *Ichneumonidae*: 3. Mesoleius cruralis Gr. d) *Tenthredinidae*: 4. Cephus variegatus Stein.

283. Turgenia Hoffmann.

1175. T. latifolia Hoffm. (Tordylium latif. L.). Die Blüten sind, nach Schulz (Beitr. II. S. 92, 191), andromonöcisch mit homogamen Zwitterblüten; die Geschlechterverteilung ist dieselbe wie bei Caucalis.

Kerner (Pflanzenleben II.) bezeichnet auch diese Blüten als protogyn. Nach demselben stehen 6—9 scheinzwitterige Pollenblüten in der Mitte und 5—8 strahlende echte Zwitterblüten am Rande der Döldchen. Selbstbestäubung erfolgt nach Kerner wie bei voriger Art.

284. Torilis Adanson.

1176. T. Anthriscus Gmelin. (Tordylium Anthriscus L.). Die weissen, oft rötlich überlaufenen Blüten sind, nach Schulz (Beitr. I. S. 60) andromonöcisch mit ausgeprägt protandrischen Zwitterblüten. · In sämtlichen Döldchen befinden sich die kurzgestielten männlichen Blüten in der Mitte, und zwar steigt in den Dolden höherer Ordnung die Anzahl der männlichen Blüten. Die Dolden 3. und 4. Ordnung enthalten hin und wieder rein männliche Blüten. Nach Warnstorf (Bot. V. Brand. Bd. 38) sind bei Ruppin die Döldchen der Dolden 1. Ordnung aussen zwitterig, innen männlich, die der 2. Ordnung aussen mit wenigen zwitterigen, innen mit zahlreicheren männlichen Blüten, die der 3. Ordnung fast ganz oder ganz männlich.

Als Besucher sahen H. Müller (1) und Buddeberg (2) (Befr. S. 103; Weit. Beob. I. S. 307; Alpenbl. S. 122):

A. Coleoptera: a) *Malacodermata*: 1. Trichodes apiarius L., hld. (1). B. Diptera: a) *Dolichopidae*: 2. Gymnopternus germanus Wiedem., hld. (1). b) *Muscidae*: 3. Gymnosoma rotundata L., in Mehrzahl (1). c) *Syrphidae*: 4. Ascia podagria F., hld. (1). C. Hymenoptera: a) *Apidae*: 5. Prosopis variegata F. ♂ (1). b) *Sphegidae*: 6. Cerceris quinquefasciata Rossi ♂, hld. (2); 7. Ceropales maculata F. ♂ ♀, zahlreich (1); 8. Crabro cribrarius L. ♂ (1); 9. Cr. sp. (1, Alpen), hld.; 10. Cr. vagus L. ♀ (1); 11. Oxybelus bellicosus Ol. (1); 12. O. uniglumis L., zahlreich (1). c) *Tenthredinidae*: 13. Tenthredo notha Kl. (2). d) *Vespidae*: 14. Odynerus parietum L. (1). D. Lepidoptera: 15. Pieris rapae L. (1).

Loew beobachtete in Mecklenburg (Beiträge S. 38): Vespa silvestris Scop. ♂, sgd.

Alfken beobachtete bei Bremen: A. Coleoptera: a) *Chrysomelidae*: 1. Lema duodecimpunctata L. b) *Telephoridae*: 2. Malachius aeneus L. B. Hymenoptera: a) *Tenthredinidae*: 3. Allantus temulus Scop.; 4. Arge enodis L.; 5. A. ustulata L.; 6. Dolerus fissus Htg.; 7. Macrophya quadrimaculata F.; 8. Pachyprotasis rapae L.

Sickmann verzeichnet für Osnabrück die schmarotzende Grabwespe Ceropales maculatus F.

Mac Leod sah in Flandern 3 kurzrüsselige Hymenopteren, 5 Schwebfliegen, 4 Musciden, 1 Falter. (Bot. Jaarb. VI. S. 279, 280).

Willis (Flowers and Insects in Great Britain Pt. I) beobachtete in der Nähe der schottischen Südküste:

A. Diptera: a) *Muscidae*: 1. Agromyza flaveola Fall., sgd.; 2. Anthomyia radicum L., sgd.; 3. Hylemyia strigosa F., sgd.; 4. Phorbia floccosa Mcq., sgd.; 5. Stomoxys calcitrans L., sgd. b) *Syrphidae*: 6. Platycheirus albimanus F., sgd. B. Hemiptera: 7. Anthocoris sp., sgd. C. Hymenoptera: a) *Apidae*: 8. Halictus sp., sgd. b) *Ichneumonidae*: 9. 4 unbestimmte Arten. D. Lepidoptera: a) *Noctuidae*: 10. Plusia gamma L., sgd. b) *Rhopalocera*: 11. Epinephele janira L., sgd. c) *Microlepidoptera*: 12. Simaëthis fabriciana Steph., sgd.

1177. T. nodosa Gaertner.

Als Besucher beobachtete Schletterer bei Pola: Hymenoptera: a) *Chrysidae*: 1. Ellampus auratus L. b) *Ichneumonidae*: 2. Acoenites fulvicornis Gr.; 3. Anisobas spec. c) *Tenthredinidae*: 4. Arge rosae L.

1178. T. infesta Koch (T. helvetica Gmel., Scandix infesta L.) Nach Schulz (Beitr. II. S. 91, 191) andromonöcisch mit homogamen oder schwach protandrischen Zwitterblüten, in denen Selbstbestäubung leicht möglich ist.

Mac Leod beobachtete in den Pyrenäen 1 Muscide als Besucher (B. Jaarb. III. S. 407); Schletterer bei Pola die Schlupfwespe Glypta pictipes Taschenb.

285. Scandix L.

1179. S. pecten veneris L. [Schulz, Beitr. II. S. 91, 94, 191; Kirchner, Flora S. 394; Mac Leod, B. Jaarb. VI. S. 280—282; Kerner, Pflanzenleben II; Knuth, Bijdragen.] — Die kleinen, weissen Blüten sind, nach Schulz, Kirchner und Mac Leod, andromonöcisch mit homogamen oder schwach protandrischen Zwitterblüten. Die langgestielten männlichen Blüten lassen keine Spur von Fruchtknoten und Griffel erkennen; meist stehen sie in der Mitte der Döldchen, doch sind die Dolden erster Ordnung oft rein zweigeschlechtig, die Dolden dritter Ordnung oft männlich; überhaupt nimmt die Zahl der männlichen Blüten in den Dolden höherer Ordnung zu. Nach Warnstorf (Nat. V. d. Harzes XI) sind in Brandenburg sämtliche Dolden in der Anlage zwitterig, aber durch zum Teil oder gänzlich fehlschlagende Antheren teilweise weiblich. — Staubbeutel grüngelb; Pollen weiss, brotförmig, in der Mitte nicht eingeschnürt, mit drei Längsfurchen, glatt, etwa 10 μ breit und 30 μ lang.

Die leicht mögliche Selbstbestäubung findet, nach Kerner, durch Einwärtskrümmen der Staubfäden statt, wobei sich die Antheren auf die Narbe legen. Kerner bezeichnet die Blüten als protogyn.

Als Besucher sah ich in dem an die Insel Fehmarn grenzenden „Land Oldenburg“ nur eine Schwebfliege (Eristalis tenax L.), pfd.; Mac Leod in Flandern 1 Grabwespe, 3 Dipteren (Bot. Jaarb. VI. S. 282).

286. Anthriscus Hoffmann.

1180. A. silvestris Hoffmann. Die weissen Blüten sind, nach Warming, Kirchner, Kerner, Schulz, Mac Leod, andromonöcisch mit ausgeprägt protandrischen Zwitterblüten. In den einzelnen Döldchen sind die inneren Blüten männlich, die äusseren zweigeschlechtig, und zwar nimmt, nach Schulz, in den Dolden höherer Ordnung die Zahl der männlichen Blüten zu. Mac Leod giebt (B. Jaarb. VI. S. 282—285) eine ausführliche Darstellung dieser Verhältnisse. Nach Schröter (Bot. Jb. 1889. I. S. 557) ist die ganze Pflanze protandrisch, indem alle Blüten desselben Stockes gleichzeitig erst männlich,

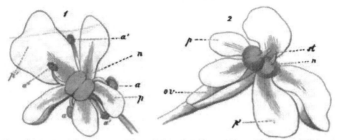

Fig. 166. Anthriscus silvestris Hoffm. (Nach Herm. Müller.)
1. Blüte im ersten (rein männlichen) Zustande. *a* Noch nicht aufgesprungene, aus der Blüte herausgebogene Antheren. *a'* Aufgesprungene, schräg aufwärtsstehende Antheren. Der Griffel ist noch nicht sichtbar. *2.* Blüte im zweiten (rein weiblichen) Zustande. Die Staubblätter sind abgefallen, die Griffel herangewachsen und ihre Narben (*n*) entwickelt. *p* Innere, *p'* äussere Kronblätter. *ov* Fruchtknoten. *x* Nektarium.

dann ungeschlechtlich, endlich weiblich sind. Kerner beobachtete dagegen dieselbe Art der Geitonogamie wie bei Sium und Foeniculum (s. daselbst).

Herm. Müller (Befr. S. 105; Weit. Beob. I. S. 310) giebt folgende Besucherliste:

A. Coleoptera: a) *Cerambycidae*: 1 Clytus arietis L. (1); 2. Leptura livida F. (3); 3. Grammoptera ruficornis F. (1); 4. Pachyta collaris L. (1); 5. P. octomaculata F. (1); b) *Cistelidae*: 6. Cistela murina L. (1). c) *Cleridae*: 7. Trichodes apiarius L., hld., häufig (1). d) *Coccinellidae*: 8. Coccinella quatordecimpunctata L., hld. (1); 9. C. septempunctata L., hld (1). e) *Curculionidae*: 10. Bruchus, zahlreich. f) *Dermestidae*: 11. Anthrenus claviger Er., hld., häufig (1); 12. A. scrophulariae L., hld., häufig (1); 13. Tiresias serra F., hld., häufig (1). g) *Elateridae*: 14. Athous niger L. (1); 15. Corymbites quercus Ol. (1); 16. Lacon murinus L., mehrfach (1); 17. Synaptus filiformis F. (1). h) *Telephoridae*: 18. Anthocomus fasciatus F., hld., häufig (1); 19. Axinotarsus pulicarius F., hld. (1); 20. Malachius aeneus L. (1); 21. M. bipustulatus L. (1); 22. Telephorus fuscus L. (1); 23. T. lividus L. (1); 24. T. rusticus Fall. (1). i) *Mordellidae*: 25. Mordella fasciata F. (1); 26. M. pumila Gyll. (1). k) *Nitidulidae*: 27. Epuraea sp. (1); 28. Meligethes (1). B. Diptera: a) *Bibionidae*: 29. Bibio hortulanus L. (1). b) *Chironomidae*: 30. Ceratopogon sp., sgd. (1). c) *Empidae*: 31. Empis punctata F. (1); 32. E. stercorea L. (1). d) *Muscidae*: 33. Echinomyia fera L. (1); 34. Graphomyia maculata Scop. (1); 35. Lucilia sericata Mg. (1); 36. Musca corvina F. (1); 37. Platystoma seminationis F. (1); 38. Psila fimetaria L. (1); 39. Sarcophaga spec. (1); 40. Scatophaga merdaria F. (1); 41. S. stercoraria L., zahlreich (1); 42. Sepsis spec. (1). e) *Stratiomydae*: 43. Nemotelus pantherinus L. (1); 44. Statiomys chamaeleon Deg. (1); 45. Zophomyia tremula Scop. (1). f) *Syrphidae*: 46. Ascia podagrica F. (1); 47. Eristalis arbustorum L. (1); 48. E. pertinax Scop. (1); 49. Helophilus floreus L. (1); 50. Melitbreptus pictus Mg. (1); 51. M. scriptus L. (1); 52. Syritta pipiens L. (1); 53. Syrphus corollae F. (1); 54. S. ribesii L. (1); 55. Xylota lenta Mg. (3). g) *Tipulidae*: 56. Pachyrhina crocata L. (1); 57. P. pratensis L. (1). C. Hemiptera: 58. Systellonotus triguttatus L., sgd. (1). D. Hymenoptera: a) *Apidae*: 59 Anthrena collinsonana K. ♀ (1); 60. A. dorsata K. ♀, psd. (1); 61. A. fucata Sm. ♀ (1); 62. A. parvula K. sgd. und psd. (1); 63. Apis mellifica L. ⚥, psd. (1); 64. Chelostoma campanularum K. ♀ ♂, hld. (1); 65. Colletes daviesanus K. ♂, sgd. (1); 66. Halictus smeathmanellus K. ♀ (1); 67. Prosopis annularis Sm. ♀, hld. (1). b) *Braconcidae*: 68. Microgaster spec., hld. (1). c) *Cynipidae*: 69. Eucoela subnebulosa Gir. teste Schenck ♀ (1). d) *Formicidae*: 70. Verschiedene Arten. e) *Ichneumonidae*: Desgl. f) *Sphegidae*: 71. Crabro cephalotes H.-Sch. ♂ (1); 72. C. sexcinctus F. ♂ (1); 73. Gorytes laticinctus Lep. ♀ (1); 74. Pompilus neglectus Dahlb. ♀ (1); 75. P. viaticus L. ♀ (1); 76. Psen atratus Pz. ♀, hld. (1). g) *Tenthredinidae*: 77. Abia sericea L., in Mehrzahl (1); 78. Allantus nothus Klg. (1); 79. Amauronematus vittatus Lep. (1); 80. Athalia annullata F. (1); 81. A. rosae L. (1); 82 Dolerus fissus Htg. (1); 83. Hylotoma femoralis Klg. (1); 84. H. rosarum Klg., hld. (1); 85. Macrophya neglecta Klg. (1); 86. M. rustica L. (1); 87. Pachyprotasis rapae Kl. (1); 88. Pteronus myosotidis F. (1); 89. Selandria serva F. (1); 90. Tenthredo spec. (1). h) *Vespidae*: 91. Odynerus elegans H.-Sch. ♀ (3). E. Lepidoptera: a) *Rhopalocera*: 92. Thecla betulae L. (2). b) *Tortricina*: 93. Grapholitha compositella F., sgd. (1). F. Neuroptera: *Planipennia*: 94. Hemerobius sp. (1); 95. Panorpa communis L, hld. (1); 96. Sialis luteria L. (1).

Auf der Insel Rügen beobachtete ich: A. Coleoptera: *Malacodermata*: 1. Strangalia maculata Poda. B. Hemiptera: 2. Calocoris norvegicus Gmel.

Alfken beobachtete bei Bremen: A. Diptera: a) *Muscidae*: 1. Platystoma seminationis F. b) *Bibionidae*: 2. Bibio marci L.; 3. Dilophus vulgaris Mg. e) *Syrphidae*: 4. Eristalis sepulcralis L.; 5. Rhingia rostrata L.; 6. Xylota ignava Pz. B. Hymenoptera: a) *Apidae*: 7. Anthrena albicans Müll. ♀; 8. A. chrysosceles K. ♀, slt.; 9. A. labialis K. ♂; 10. A. nitida Fourcr. ♀, psd., ♂ sgd., slt.; 11. A. parvula K. ♀, psd., sgd., ♂ sgd., s. hfg.; 12. A. proxima K. ♀, sgd., psd., ♂ sgd., hfg. b) *Ichneumonidae*: 13. Alomya ovator F. ♀ ♂; 14. Ichneumon extensorius L.; 15. I. fabricator F.; 16. Tryphon trochanteratus Hgr. c) *Sphegidae*: 17. Crabro chrysostomus Lep. ♂, hfg.: 18. C. nigrita Lep. ♂, slt.; 19. C. planifrons Thms. ♀, slt.; 20. C. vagabundus Pz. ♂; n. slt.; 21. Psen concolor Dahlb. ♀, n. slt. d) *Tenthredinidae*: 22. Athalia glabricollis Ths.; 23. A. lugens Klg.; 24. A. rosae L.; 25. A. spinarum F.; 26. Poecilostoma luteola Klg.; 27. Pteronus myosotidis F.; 28. Selandria serva F.; 29. Tenthredo atra L.; 30. Tenthredopsis gibberosa Knw. e) *Vespidae*: 31. Odynerus oviventris Wesm. ♂, n. hfg.; 32. O. parietum L. ♀ ♂, hfg.; 33. O. spinipes L. ♂, hfg.

Friese beobachtete in Mecklenburg die Schmarotzerbiene Nomada guttulata Schck., n. hfg. und in Thüringen: *Tenthredinidae*: 1. Allantus fasciatus Scop.; 2. A. koehleri Klg.; 3. A. marginellus F.; 4. A. temulus Scop.; Verhoeff auf Norderney: A. Coleoptera: a) *Elateridae*: 1. Athous haemorrhoidalis F. b) *Telephoridae*: 2. Cantharis fusca L.; 3. Dasytes plumbeus Müll. c) *Mordellidae*: 4. Anaspis flava L. d) *Nitidulidae*: 5. Brachypterus gravidus Ill.; 6. Epurea aestiva L.; 7. Meligethes aeneus L.; 8. M. coracinus Strm. e) *Curculionidae*: 9. Phyllobius urticae Deg. B. Diptera: a) *Bibionidae*: 10. Bibio spec. b) *Chironomidae*: 11. Chironomus spec. c) *Dolichopidae*: 12. Dolichopus aeneus Deg.; 13. D. brevipennis Mg. d) *Empidae*: 14. Empis stercorea L.; 15. Hilaria quadrivittata Mg.; 16. Platypalpus flavipalpis Mg. e) *Muscidae*: 17. Anthomyia muscaria Zett.; 18. A. spec.; 19. Aricia incana Wiedem.; 20. Calliphora erythrocephala Mg.; 21. Chlorops spec.; 22. Cynomyia mortuorum L. 1 ♂; 23. Cyrtoneura hortorum Fall. 1 ♂; 24. Dryomyza anilis Fall.; 25. Hylemyia conica Wiedem. 1 ♂; 26. Lucilia caesar L.; 27. Musca domestica L.; 28. Myospila meditabunda F. ♂ ♀; 29. Nemopoda spec.; 30. Onesia floralis R.-D. ♂ ♀; 31. Psila villosula Mg.; 32. Sapromyza rorida Fall.; 33. Scatophaga lutaria F.; 34. S. stercoraria L. ♂; 35. Sepsis cynipsea L.; 36. Spilogaster duplicata Mg. ♂; 37. Sp. vespertina Fall. ♂. f) *Syrphidae*: 38. Eristalis arbustorum L.; 39. Helophilus pendulus L.; 40. Platycheirus albimanus F. ♀; 41. Syritta pipiens L.; 42. Syrphus corollae F. ♀ ♂. g) *Therevidae*: 43. Thereva anilis L. 1 ♂. h) *Tipulidae*: 44. Ptychoptera contaminata L. C. Hymenoptera: a) *Chalcidae*: 45. Torymus spec. b) *Formicidae*: 46. Lasius niger L. c) *Tenthredinidae*: 47. Pteronus monticola Ths.

Als Besucher erwähnt Sickmann die Grabwespe Gorytes quadrifasciatus F., einzeln bei Osnabrück.

Schmiedeknecht beobachtete in Thüringen Anthrena chrysosceles K.

Loew beobachtete in Brandenburg (B.), auf Rügen (R.) und in Mecklenburg (M.) (Beiträge S. 35):

A. Coleoptera: a) *Cerambycidae*: 1. Pachyta collaris L. (B.). b) *Chrysomelidae*: 2. Crioceris duodecimpunctata L. (B.). c) *Dermestidae*: 3. Anthrenus scrophulariae L. (B.). d) *Scarabaeidae*: 4. Cetonia floricola Hbst. var. metallica F. (B.) e) *Telephoridae*: 5. Rhagonycha testacea L. (B.); 6. Telephorus fulvicollis F. (B.); 7. T. fuscus L. (B.); 8. T. obscurus L. (B.); 9. T. rufus L. (B.); 10. T. rusticus Fall. (B.). B. Diptera: a) *Bibionidae*: 11. Bibio hortulanus L. ♀ (B.). b) *Dolichopidae*: 12. Dolichopus sp. (B.). c) *Empidae*: 13. Empis fallax Egg. (B.). d) *Syrphidae*: 14. Melanostoma hyalinata Fall., sgd. (R.). C. Hymenoptera: a) *Sphegidae*: 15. Crabro cetratus Shuck. ♀, sgd. (B.); 16. C. vagus L. (B.); 17. Gorytes campestris Müll. ♀ ♂, sgd. (B.); 18. Nysson interruptus F. (B.); 19. Oxybelus uniglumis L. ♀ ♂ (B.); 20. Pemphredon rugifer Dhlb. (B.). b) *Tenthredinidae*: 21. Rhogogastera viridis L. (M.); 22. Tenthredo livida L. (M.).

Loew beobachtete in Schlesien (S.), Hessen (H.), im Riesengebirge (R.) und im Harzgebiet (Hr.) (Beiträge S. 29 und S. 47):

A. Coleoptera: a) *Dermestidae*: 1. Anthrenus scrophulariae L., hld. (S.); 2. Byturus fumatus F., hld. (S.). b) *Telephoridae*: 3. Rhagonycha melanura F. (S.). B. Diptera: a) *Asilidae*: 4. Dioctria atricapilla Mg. (H.). b) *Muscidae*: 5. Miltogramma germari Mg. (Hr.). c) *Syrphidae*: 6. Chrysotoxum fasciolatum Deg. (S.); 7. Microdon devius L. (H.); 8. Spilomyia diophthalma L., sgd. (S.); 9. Volucella pellucens L. (R.). d) *Tabanidae*: 10. Tabanus micans Mg. (H.). C. Hymenoptera: a) *Sphegidae*: 11. Crabro wesmaëli v. d. L. ♀ ♂, sgd. (S.). b) *Vespidae*: 12. Vespa rufa L. ♂, sgd. (S.); 13. V. silvestris Scop. ♂, sgd. (S.).

Kohl giebt als Besucher die Grabwespen: Crabro cribrarius L. und C. scutellatus Schev. an; Handlirsch verzeichnet die Grabwespe Gorytes quadrifasciatus F. als Besucher.

Schletterer beobachtete bei Pola an Hymenopteren: a) *Apidae*: 1. Halictus minutus K.; 2. Prosopis clypearis Schck. b) *Ichneumonidae*: 3. Amblyteles armatorius Forst.; 4. Pimpla examinator F.

Loew beobachtete in der Schweiz (S.) und in Tirol (T.) (Beiträge S. 55):

A. Coleoptera: a) *Cerambycidae*: 1. Leptura sanguinolenta L. (T.); 2. Oxymirus cursor L. (T.); 3. Pachyta collaris L. (T.); 4. P. octomaculata F. (T.); 5. P. quadrimaculata L. (T.); 6. Strangalia armata Hbst. (T.); 7. S. attenuata L. (T.); 8. S. melanura L. (T.); 9. Toxotus meridianus L. (T.). b) *Scarabaeidae*: 10. Hoplia praticola Duft. (T.); 11. Trichius fasciatus L. (T.). c) *Telephoridae*: 12. Malachius bipustulatus L. (T.); 13. Rhagonycha terminalis Redt. (T.). B. Diptera: a) *Stratiomydae*: 14. Odontomyia viridula F. (T.). b) *Syrphidae*: 15. Cheilosia decidua Egg. (?) (T.); 16. C. pigra Lw. (?) (T.); 17. Syrphus vittiger Zett. (T.). C. Hymenoptera: a) *Chrysidae*: 18. Chrysis ignita L. var. angustula Schck. (T.). b) *Tenthredinidae*: 19. Allantus albicornis F. (T.); 20. Tenthredo flavicornis F. (T.). c) *Vespidae*: 21. Leionotus simplex F. (T.); 22. Polistes gallica L. (S.).

H. de Vries (Ned. Kruidk. Arch. 1877) beobachtete in den Niederlanden 1 Blattwespe, Dolerus haematodes Schrk., als Besucher; Mac Leod in Flandern 2 kurzrüsselige Hymenopteren, 13 Dipteren, 3 Käfer (Bot. Jaarb. VI. S. 285, 286).

Burkill (Fert. of Spring Fl.) beobachtete an der Küste von Yorkshire: Diptera: *Muscidae*: Sepsis nigripes Mg., sgd.

1181. A. nitida Garcke.

Als Besucher beobachtete Loew in Schlesien (im Altvatergebirge) (Beiträge S. 48): Hymenoptera: a) *Ichneumonidae*: 1. Unbestimmte Spez. b) *Tenthredinidae*: 2. Pamphilius hortorum Klg.; 3. Tenthredopsis scutellaris F.

1182. A. Cerefolium Hoffm. Nach Warnstorf (Nat. V. des Harzes XI) sind die Primärdolden sämtlich zwitterig mit vereinzelten fehlschlagenden Antheren in den Blüten; Dolden zweiter Ordnung meist mit lauter scheinzwitterigen Pollenblüten; selten sind in den Döldchen einzelne Aussenblüten zwitterig, häufiger schlagen auch in den sekundären Dolden die Antheren teilweise fehl. Pollen weiss, brotförmig, dreifurchig, mit einer Einschnürung und einem Gürtel in der Mitte, glatt, etwa 15 μ breit und bis 35 μ lang.

Als Besucher beobachtete H. Müller (Befr. S. 105):

A. Coleoptera: a) *Cerambycidae*: 1. Grammoptera ruficornis F., hld. (1). b) *Dermestidae*: 2. Anthrenus pimpinellae F. (1); 3. A. scrophulariae L. (1), beide häufig; c) *Mordellidae*: 4. Anaspis frontalis L. d) *Nitidulidae*: 5. Meligethes, sehr häufig, hld. (1); e) *Telephoridae*: 6. Anthocomus fasciatus L. (1); 7. Malachius aeneus L. (1). B Diptera: a) *Bibionidae*: 8. Bibio hortulanus L. (1). b) *Muscidae*: 9. Anthomyia radicum L. (1); 10. Cyrtoneura simplex Loew (1); 11. Exorista vulgaris Fall. (1); 12. Gymnosoma rotundata L. (1); 13. Sarcophaga dissimilis Mg. (1); 14. S. haemorrhoa Mg. (1); 15. Sepsis sp., hld. (1). c) *Syrphidae*: 16. Eristalis arbustorum L. (1); 17. E. nemorum L. (1); 18. Syritta pipiens L. (1). C. Hymenoptera: a) *Apidae*: 19. Apis mellifica L. ⚥, psd. (1); 20. Prosopis armillata Nyl. ♀ (1); 21. P. communis Nyl. ♂ (1). b) *Formicidae*: 22. Mehrere Arten. c) *Ichneumonidae*: 23. Zahlreiche Arten. d) *Sphegidae*: 24. Oxybelus uniglumis L., häufig (1); 25. P. pectinipes v. d. L. ♂ (1); 26. P. spissus Schiödte (1).

Schenck beobachtete in Nassau Anthrena proxima K. ♀, s. hfg.

Mac Leod sah in Flandern 1 Muscide, 1 Käfer. (Bot. Jaarb. VI. S. 286).

Schletterer beobachtete bei Pola die Schlupfwespe Limneria (Angilia) fenestralis (Hgr.) Ths.

1183. A. vulgaris Persoon (Scandix Anthriscus L.). Die kleinen, grünlich-weissen Blüten sind, nach Schulz (Beitr. II. S. 89, 90, 91, 94), zweigeschlechtig und homogam. Selbstbestäubung ist durch Einwärtsbiegen der Staubblätter unvermeidlich und auch von Erfolg. Sie erhalten nur vereinzelten und zufälligen Insektenbesuch (von Fliegen).

287. Chaerophyllum L.

1184. Ch. temulum L. [Schulz, Beitr. I. S. 62; H. M., Befr. S. 106; Weit. Beob. I. S. 310; Knuth, Ndfr. Ins. S. 155.] — Die weissen Blüten sind, nach Schulz, andromonöcisch mit ausgeprägt protandrischen Zwitterblüten. In den meisten Dolden stehen am Rande Zwitterblüten und ausserdem eine solche im Mittelpunkte; die übrigen Blüten der Döldchen sind männlich. Die Zahl der letzteren nimmt in den Dolden höherer Ordnung zu: die Dolden dritter Ordnung und zuweilen auch die inneren Döldchen der Dolden zweiter Ordnung sind meist männlich.

Als Besucher beobachtete ich auf der Insel Föhr 2 Syrphiden, 1 Pseudoneuroptere.

Herm. Müller (1) und Buddeberg (2) geben folgende Besucher an:

A. Coleoptera: a) *Cerambycidae*: 1. Leptura livida L. (1); 2. Obrium brunneum F., hld. (2); 3. Pachyta octomaculata F. (2, 3) b) *Dermestidae*: 4. Anthrenus pimpinellae F. (1); 5. A. scrophulariae L. (1). c) *Mordellidae*: 6. Anaspis rufilabris Gyll., hld. (1). d) *Nitidulidae*: 7. Epuraea aestiva L., hld. (1); 8. Meligethes aeneus F., hld. (1). B. Diptera: a) *Muscidae*: 9. Gymnosoma rotundata L. (1). b) *Stratiomydae*: 10. Chrysomyia formosa Scop. (1). c) *Syrphidae*: 11. Bacha elongata F. (1); 12. Cheilosia scutellata Fallen u. a. (1); 13. Ch. sp., pfd. (2); 14. Chrysogaster coemeteriorum L. (1); 15. Eristalis nemorum L. (1); 16. Helophilus floreus L., sgd., pfd. (1, 2); 17. Melanostoma mellina L. (1); 18. Melithreptus scriptus L. (1); 19. Syritta pipiens L. (1). C. Hymenoptera: a) *Apidae*: 20. Anthrena parvula K. ♀, sgd. (1); 21. Apis mellifica L. ☿, psd. (1); 22. Prosopis armillata Nyl. ♀ (1); 23. P. communis Nyl. ♂ (1). b) *Formicidae*: 24. Mehrere Arten. c) *Ichneumonidae*: 25. Zahlreiche Arten. d) *Sphegidae*: 26. Crabro dives H.-Sch ♂, hld. (1); 27. Oxybelus uniglumis L., häufig (1); 28. Pompilus pectinipes v. d. L. ♂ (1); 29. P. spissus Schiödte (1). e) *Tenthredinidae*: 30. Hylotoma caerulescens F., hld. (1).

Alfken beobachtete bei Bremen: A. Diptera: *Syrphidae*: 1. Chrysogaster coemeteriorum L. B. Hymenoptera: a) *Apidae*: 2. Anthrena shawella K. ♂. b) *Ichneumonidae*: 3. Campoplex oxycanthae Boie.; Schenck in Nassau: Hymenoptera: a) *Apidae*: 1. Anthrena proxima K. ♀, s. hfg. b) *Sphegidae*: 2. Diodontus minutus F.; 3. Tachysphex nitidus Spin. c) *Sapygidae*: 4. Sapyga clavicornis L.; F. F. Kohl in Tirol die Faltenwespe: Leionotus dufourianus Sauss., sowie die Grabwespe: Crabro cribrarius L. ♀ ♂.

Mac Leod bemerkte in Flandern 6 Syrphiden, 1 Waffenfliege, 1 Mücke, 7 kurzrüsselige Hymenopteren, 6 Käfer. (Bot. Jaarb. VI. S. 287).

1185. Ch. bulbosum L. Die Blüten sind, nach Kirchner (Flora S. 396), andromonöcisch mit ähnlicher Geschlechtsverteilung wie bei voriger Art. Die sich erst später entwickelnden Dolden vierter Ordnung sind fast immer ganz männlich.

Als Besucher beobachtete Loew im botanischen Garten zu Berlin eine saugende Biene: Prosopis armillata Nyl. ♀.

1186. Ch. aureum L. ist, nach Schulz (Beitr. II. S. 191), gleichfalls andromonöcisch mit protandrischen Zwitterblüten.

Mac Leod beobachtete in den Pyrenäen 7 kurzrüsselige Hymenopteren, 5 Käfer, 6 Syrphiden, 17 andere Fliegen als Besucher. (B. Jaarb. III. S. 415, 416.)

Loew beobachtete im botanischen Garten zu Berlin:

A. Coleoptera: a) *Dermestidae*: 1. Anthrenus scrophulariae L., hld b) *Scarabaeidae*: 2. Cetonia aurata L. B. Diptera: a) *Bibionidae*: 3. Bibio hortulanus L. ♀, sgd. b) *Muscidae*: 4. Graphomyia maculata Scop. c) *Stratiomydae*: 5. Stratiomys longicornis Scop. d) *Syrphidae*: 6. Eristalis nemorum L., sgd.; 7. Helophilus floreus L.; 8. Melanostoma mellina L., sgd.; 9. Platycheirus scutatus Mg., sgd.; 10. Syritta pipiens L., sgd.; 11. Syrphus ribesii L, sgd.

v. Dalla Torre beobachtete im botanischen Garten zu Innsbruck die Biene Prosopis annulata L. ♀ ♂.

1187. Ch. aromaticum L. ist, nach Schulz (Beitr.), ebenfalls andromonöcisch mit protandrischen Zwitterblüten. Nach Kerner (Pflanzenleben II. S. 318) besitzt jedes Döldchen eine mittelständige echte Zwitterblüte, welche von etwa 20 scheinzwitterigen männlichen Blüten eingeschlossen wird, die ihrerseits wieder von 3—5 echten Zwitterblüten umgeben sind. Die Zwitterblüten blühen früher als die männlichen; letztere öffnen ihre Antheren erst dann, wenn die Antheren der Zwitterblüten abgefallen sind, während ihre Narben empfängnisfähig werden. Letztere gelangen alsdann in die Falllinie des Pollens der männlichen Blüten und werden so geitonogam befruchtet. (Abb. s. S. 465 und Bd. I. S. 52.)

1188. Ch. hirsutum L. ist, nach Schulz (Beitr. II. S. 191), gleichfalls andromonöcisch mit protandrischen Zwitterblüten.

Als Besucher beobachtete H. Müller (Befr. S. 106):
A. Coleoptera: a) *Elateridae*: 1. Agriotes gallicus Lac. b) *Oedemeridae*: 2. Oedemera flavescens L. B. Diptera: a) *Syrphidae*: 3. Eristalis pertinax Scop. C. Hymenoptera: a) *Apidae*: 4. Sphecodes ephippia L. b) *Chrysidae*: 5. Chrysis ignita L. c) *Evanidae*: 6. Foenus affectator F. d) *Sphegidae*: 7. Crabro subterraneus F. ♂; 8. Pompilus pectinipes v. d. L. e) *Tenthredinidae*: 9. Athalia rosae L.; 10. Hylotoma enodis L., in Mehrzahl; 11. H. segmentaria Pz.; 12. Allantus arcuatus Forst. 13. A. rossii Pz.; 14. Tenthredo spec.

Loew beobachtete im botanischen Garten zu Berlin: A. Coleoptera: a) *Coccinellidae*: 1. Coccinella septempunctata L., hld. b) *Scarabaeidae*: 2. Cetonia aurata L. c) *Telephoridae*: 3. Malachius bipustulatus L., hld. B. Diptera: a) *Bibionidae*: 4. Bibio hortulanus L. ♂, sgd. b) *Muscidae*: 5. Graphomyia maculata Scop.; 6. Onesia floralis Rob.-Desv. c) *Syrphidae*: 7. Eristalis sepulcralis L., sgd. C. Hymenoptera: *Apidae*: 8. Anthrena tibialis K. ♂, sgd.; 9. Apis mellifica L., sgd. und psd.

1189. Ch. Villarsii Koch (Ch. hirsutum Vill.). Nach Schulz (Beitr. II. S. 89—90, 191) andromonöcisch mit ausgeprägt protandrischen Zwitterblüten. Die Dolden erster Ordnung sind aussen meist zweigeschlechtig, innen meist männlich, die Dolden zweiter Ordnung vorwiegend männlich.

Als Besucher beobachtete Hermann Müller (Alpenbl. S. 123) in den Alpen 9 Käfer, 23 Dipteren, 4 Hymenopteren, 5 Falter, 1 Neuropteron.

Loew beobachtete dort (bei Pontresina) (Beiträge S. 55):
A. Coleoptera: a) *Cerambycidae*: 1. Callidium violaceum L.; 2. Strangalia melanura L.; 3. Tetropium luridum L. b) *Telephoridae*: 4. Dasytes alpigradus Kiesw.; 5. Rhagonycha nigripes Redt.; 6. R. denticollis Schumm. B. Diptera: a) *Bombylidae*: 7. Anthrax paniscus Ross. b) *Syrphidae*: 8. Chrysotoxum vernale Lw.; 9. Eristalis tenax L.; 10. Volucella bombylans L. e) *Tabanidae*: 11. Tabanus borealis F. ♂. C. Hymenoptera: *Tenthredinidae*; 12. Tenthredo sp. D. Lepidoptera: a) *Geometridae*: 13. Odezia atrata L. b) *Noctuidae*: 14. Unbestimmte Spez.

288. Echinophora L.

1190. E. spinosa L. [Kirchner, Umbelliferen.] — Die weissen Blüten dieser im Habitus einer Distel ähnelnden Pflanze, die sich auf dem Lido bei Venedig sehr häufig vorfindet, sind zu flachen oder etwas konvexen Dolden vereinigt; die Einzeldöldchen enthalten etwa 12 Blüten, die am Rande der Dolden stehenden mehr, die mittleren weniger. In jedem Döldchen ist nur die Mittelblüte zwitterig, alle anderen sind männlich, entwickeln gar keine Griffel, einen rudimentären Fruchtknoten und einen auf dessen oberem Ende befindlichen, ringförmigen, hellen Wulst, welcher den Nektar aussondert. Die Filamente aller Blüten sind, bevor die Antheren sich öffnen, bogig nach innen gekrümmt, später spreizen sie sich einzeln nach aussen und ihre Antheren springen auf. Die weissen Kronenblätter sind tief zweilappig, in der Mitte des Ausschnittes mit einem nach innen gerichteten Anhängsel versehen; an den inneren Blüten der ganzen Dolde und jedes Döldchens haben sie eine sehr geringe Grösse, die am Rande, besonders der Dolde, stehenden sind grösser und strahlend. Die beiden Griffel der Mittelblüten haben ihre Narben bereits entwickelt, bevor irgend ein Staubblatt desselben Döldchens sich aufgerichtet hat; das Abspreizen der Filamente schreitet vom Rande nach der Mitte des Döldchens vor. Griffel und Narben der Zwitterblüten bleiben frisch bis alle Antheren des Döldchens abgeblüht haben. Diese frühe Entwickelung und Langlebigkeit der Narben sichern ohne Zweifel den Vollzug der Bestäubung in den verhältnismässig in geringer Anzahl ausgebildeten Zwitterblüten; spontane Selbstbestäubung dürfte bei der gegenseitigen Stellung der Geschlechtsorgane ausgeschlossen und auch entbehrlich sein, da die Blüten von Insekten reichlich besucht werden. Beobachtet wurden Fliegen, Schwebfliegen, Bienen und mehrere Schmetterlinge (Lycaena, Zygaena und ein Kleinschmetterling).

289. Myrrhis Scopoli.

1191. M. odorata Scop. [H. M., Befr. S. 106, 107; Weit. Beob. I. S. 311; Schulz, Beitr. II. S. 191] ist, nach A. Schulz, andromonöcisch mit protandrischen Zwitterblüten. Ebenso beschreibt H. Müller die zuletzt entwickelten Blüten als rein männlich, deren kleine Kronblätter abfallen, ohne dass ihre Fruchtknoten oder Griffel mit Narben sich entwickelt hätten. Sie liefern mithin den für die Befruchtung der letzten Zwitterblüten nötigen Pollen.

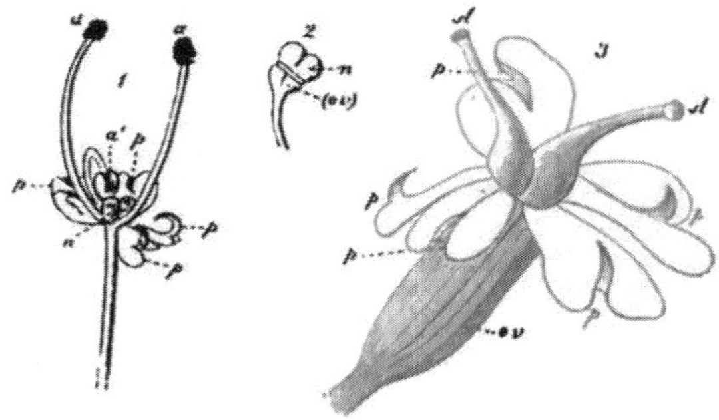

Fig. 167. Myrrhis odorata Scop. (Nach Herm. Müller.)

1. Männliche Blüte, wie solche am Ende der Blütezeit erscheinen. *2.* Dieselbe nach dem Verblühen. *3.* Zwitterblüte im letzten (rein weiblichen) Zustande. *ov* Fruchtknoten. *p* Kronblätter. *a* Geöffnete, *a'* noch nicht aufgesprungene Antheren. *st* Narbe. *n* Nektarium.

Als Besucher beobachteten Herm. Müller (1) bei Lippstadt und Borgstette (2) bei Tecklenburg:

A. Coleoptera: a) *Cerambycidae*: 1. Grammoptera ruficornis F., in Mehrzahl (1). b) *Chrysomelidae*: 2. Galeruca calmariensis L. (2). c) *Dermestidae*: 3. Anthrenus scrophulariae L., in grösster Zahl, hld. (1) d) *Mordellidae*: 4. Anaspis frontalis L., hld. (1). 5. Mordellistena pumila Gyll., hld., einzeln (1). e) *Nitidulidae*: 6. Epuraea sp., häufig (1); 7. Meligethes aeneus F., hld., einzeln (1). B. Diptera: a) *Bombylidae*: 8. Bombylius major L. (2). b) *Empidae*: 9. Empis punctata F., sgd. (1); 10. E. stercorea L., sgd., häufig (1); 11. E. tessellata F. (2); 12. E. vernalis Mg. ♂ (1); 13. Platypalpus candicans Fall. (1); 14. Rhamphomyia umbripennis Mg. ♀ (1). c) *Muscidae*: 15. Anthomyia aterrima Mg. und andere Arten (1); 16. Calobata cothurnata Pz., in Mehrzahl (1); 17. Chlorops hypostigma Mg., häufig (1); 18. Coenosia intermedia Fallen (1); 19. Cordylura pubera L. (1); 20. Dryomyza flaveola F. (1); 21. Nemopoda cylindrica F. (1); 22. N. stercoraria Rob.-Dev. (1); 23. Piophila casei L. (1); 24. Psila fimetaria L., in Mehrzahl (1); 25. Scatophaga lutaria F. (1); 26. Sepsisarten, in Mehrzahl (1). d) *Syrphidae*: 27. Xylota femorata L. (2). e) *Tipulidae*: 28. Tipulaarten (1). C. Hymenoptera:

a) *Apidae*: 29. Halictus maculatus Sm. (2).   b) *Formicidae*: 30. Lasius brunneus Latr. ☿ und andere Ameisenarten (1).   c) *Ichneumonidae*: 31. Mehrere Arten (2).   c) *Tenthredinidae*: 32. Allantus temulus Scop., hld. (1); 33. Athalia rosae L. (1); 34. Rhogogastera viridis L., hld. (1); 35. Tenthredo flavicornis F., hld. (1).

Mac Leod beobachtete in den Pyrenäen 4 kurzrüsselige Hymenopteren, 1 Käfer, 5 Fliegen als Besucher. (B. Jaarb. III. S. 417).

In Dumfriesshire (Schottland) (Scott-Elliot, Flora S. 80) wurden 1 Blattwespe, 2 Empiden und 6 Musciden als Besucher beobachtet.

Loew beobachtete im botanischen Garten zu Berlin: A. Coleoptera: *Scarabaeidae*: 1. Cetonia aurata L., Blütenteile fressend.   B. Diptera: a) *Muscidae*: 2. Chloria demandata F.; 3. Lucilia caesar L.; 4. Scatophaga merdaria.   b) *Syrphidae*: 5. Eristalis nemorum L., sgd.

1192. Molopospermum Peloponnesiacum Koch.   Loew beobachtete

als Besucher im botanischen Garten zu Berlin:

A. Coleoptera: a) *Dermestidae*: 1. Anthrenus scrophulariae L., hld.   b) *Scarabaeidae*: 2. Cetonia aurata L., Blütenteile fressend.   c) *Telephoridae*: 3. Telephorus fuscus L., hld.   B. Diptera: a) *Bibionidae*: 4. Bibio hortulanus L., sgd.   b) *Muscidae*: 5. Echinomyia fera L., sgd.; 6. Scatophaga merdaria F.   c) *Stratiomydae*: 7. Stratiomys longicornis Scop.   d) *Syrphidae*: 8. Eristalis nemorum L., sgd.   C. Hymenoptera: a) *Apidae*: 9. Anthrena tibialis K. ♀, sgd. und psd.; 10. Apis mellifica L. ☿, sgd. und psd.   b) *Tenthredinidae*: 11. Hylotoma rosae L. ♂.

1193. Prangos ferulacea Lindl.   Loew beobachtete im botanischen

Garten zu Berlin:

A. Coleoptera: a) *Coccinellidae*: 1. Coccinella bipunctata L., hld.   b) *Curculionidae*: 2. Ceutorhynchidius floralis Payk.   c) *Dermestidae*: 3. Anthrenus scrophulariae L., hld.   B. Diptera: a) *Muscidae*: 4. Graphomyia maculata Scop.; 5. Lucilia caesar L.   b) *Syrphidae*: 6. Eristalis arbustorum L.; 7. Helophilus floreus L.   C. Hymenoptera: a) *Formicidae*: 8. Lasius niger L., hld.   b) *Ichneumonidae*: 9. Campoplex sp.

62. Familie Araliaceae Juss.

290. Hedera L.

Grünliche, protandrische oder homogame Blumen mit freiliegendem Honig, der von einer die Griffel umgebenden Scheibe abgesondert wird.

1194. H. Helix L. [Delpino, Altri app. S. 52; H. M., Weit. Beob. I.

S. 301, 302; Knuth, Herbstbeobachtungen; Mac Leod, B. Jaarb. VI. S. 255—256; Kirchner, Flora S. 398; Macchiati, Bot. Centr. XXI. S. 8; Wittrock, a. a. O. XXVI. S. 124.] — Der Epheu gehört in Schleswig-Holstein zu den am spätesten aufblühenden Pflanzen, so dass ich das Entfalten der ersten Knospen bei Kiel im Jahre 1890 erst am 1. November beobachten konnte; die Blütezeit dauerte bis Mitte Dezember. Etwa 20 grüne, duftende Blüten mit 1—1,5 cm langen Stielen bilden einen halbkugeligen, doldenförmigen Blütenstand, die im Verein mit dem schwachen, fast fauligen Geruch verschiedene winzige, sowie einige grössere Fliegen und Hymenopteren anlocken. Die Einzelblüten sind protandrisch. In der Mitte einer von den (meist) 5 (selten 6) herabgeschlagenen Blumenkronblättern umgebenen, Honig absondernden, gelblich-grünen Scheibe von 4 mm Durchmesser erhebt sich der (durch Verwachsung von fünf Griffeln entstandene) kaum 1 mm hohe Staubweg mit der Narbe. Am Rande der Scheibe stehen auf 2—3 mm hohen Fäden die (meist) 5 (selten 6) nach innen gerichteten, hellgelben Staubbeutel. Nach dem Aufspringen erscheinen sie bräunlich-gelb und fallen bald ab. Die Narbe ist dann empfängnisfähig, und die mittelständige Scheibe sondert nunmehr stärker Honig ab als vorher, wodurch die durch den Verlust der Staubbeutel verminderte Augenfälligkeit wieder erhöht wird. Die sich auf die im ersten (männlichen) Zustande befindlichen Blüten setzenden Insekten bestäuben sich an der Unterseite und übertragen den Pollen beim Besuch einer im zweiten (weiblichen) Stadium befindlichen Blüte auf die Narbe.

Delpino bezeichnet die Blüten gleichfalls als protandrisch und beobachtete Befruchtung durch Fliegen; Müller und Kirchner fanden sie jedoch homogam. Die diese Blumen besuchenden Insekten bewirken gleichfalls Fremdbestäubung, da sie auf die in der Blütenmitte befindliche Narbe auffliegen und dann erst die divergierenden Staubblätter berühren. H. Müller und Kirchner fügen noch hinzu, dass der Honig so reichlich abgesondert wird, dass er, falls er nicht von Insekten abgeholt wird, nach dem Verblühen das Nektarium mit einer weissen Zuckerkruste bedeckt. — Wittrock macht darauf aufmerksam, dass der Epheu im mittleren Schweden nur selten zur Blüte kommt; der nördlichste Standort der blühenden Pflanze ist in Södermanland unter 58° 57'. Derselbe teilt ferner mit, dass der in einem Gewächshause in Stockholm alljährlich im Oktober blühende Epheu dort niemals fruktifiziert, wahrscheinlich weil die pollenübertragenden Insekten fehlen. Spontane Selbstbestäubung ist demnach ohne Erfolg.

Als Besucher sah ich: A. Hymenoptera: 1. Vespa vulgaris L. B. Diptera: 2. Aricia lardaria F. C. Orthoptera: 3. Forficula auricularia L., Blütenteile fressend.

H. Müller beobachtete: A. Diptera: *Muscidae:* 1. Calliphora erythrocephala Mg.; 2. Echinomyia fera L., hfg.; 3. Lucilia cornicina F., häufig.

Plateau bemerkte in Belgien Vespa germanica F., zahllos: Eristalis, Helophilus, Calliphora vomitoria L., hfg.

Schletterer bemerkte bei Pola: Hymenoptera: a) *Scoliidae:* 1. Scolia hirta Schrk.: am 10. Okt. b) *Vespidae:* 2. Eumenes mediterranea Kriechb.; 3. Polistes gallica L.; 4. Vespa germanica F. Im Okt.

Burkill und Willis (Flowers and Insects in Great Britain Pt. 1) beobachteten bei Cambridge:

A. Diptera: a) *Muscidae:* 1. Anthomyia, 2 sp.; 2. Aricia lucorum Fall.; 3. Calliphora erythrocephala Mg., sehr häufig, sgd.; 4. Chloropisca ornata Mg.; 5. Hydrellia griseola Fall.; 6. Limnophora sp.; 7. Lucilia sp., sgd.; 8. Onesia sepulcralis Mg., sgd.; 9. Phytomyza sp.; 10. Aricia lardaria F.; 11. Pollenia rudis F., sgd., häufig; 12. Drosophila graminum Fall.; 13. Scatophaga stercoraria L., sgd.; 14. Siphona geniculata Deg., sgd.; 15. Trichophthicus cunctans Mg. b) *Syrphidae:* 16. Eristalis tenax L., sgd., häufig. c) *Mycetophilidae:* 17. Bolitophila fusca Mg.; 18. Metriocnemus sp.; 19. Orthocladius sp.; 20. Sciara sp. B. Hymenoptera: a) *Ichneumonidae:* 21. Fünf unbestimmte Arten. b) *Vespidae:* 22. Vespa vulgaris L., sgd., häufig. C. Lepidoptera: Microlepidoptera: Tortrix sp.

63. Familie **Cornaceae** DC.

291. Cornus Tourn.

Homogame Blumen mit freiliegendem Honig, welcher von einem den Griffel umschliessenden Ringe abgesondert wird.

1195. C. sanguinea L. [H. M., Befr. S. 96; Weit. Beob. I. S. 301; Kirchner, Flora S. 399; Knuth, Bijdragen; Rügen.] — Nach H. Müller sind Staubblätter und Narbe gleichzeitig entwickelt. Da die Antheren nach innen aufspringen und in gleicher Höhe in einigem Abstande von der Narbe stehen, so werden diejenigen grösseren Insekten, welche auf dem Blütenstande oder einer Einzelblüte stehen und den Kopf zur Honigscheibe bringen, in der Regel mit einer Seite des letzteren ein oder zwei Antheren, mit der anderen die Narbe berühren, mithin beim Weiter-schreiten auf demselben Blütenstande oder beim Besuche eines anderen vorwiegend Fremdbestäu-bung bewirken. Kleinere Fliegen und Käfer wer-den dagegen infolge ihres unregelmässigen Umher-kriechens in den Blüten bald Fremd-, bald Selbst-bestäubung hervorbrin-gen. Erstere kann, nach Müller, hin und wieder dadurch spontan ein-

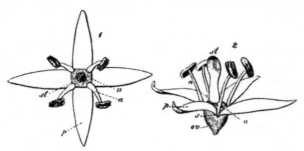

Fig. 168. Cornus sanguinea L. (Nach Herm. Müller.)
1. Blüte von oben gesehen. *2.* Blüte von der Seite gesehen.
ov Fruchtknoten. *p* Kronblatt. *a* Staubblatt. *st* Narbe.
n Nektarium.

treten, dass manche Narben von den Antheren der sich streckenden Staub-blätter benachbarter Blüten desselben Blütenstandes berührt werden (Geitono-gamie, nach Kerner, Pflanzenleben II. S. 324). — Pollen, nach Warnstorf, im Wasser gross, rundlich, undurchsichtig, mit körnigem Plasmainhalt, 63 bis 75 μ diam.

Als Besucher der nach Trimethylamin riechenden Blüten sah ich bei Kiel mehrere saugende oder pollenfressende Schwebfliegen (Eristalis tenax L., E. arbus-torum L., Syrphus balteatus Deg., Volucella pellucens L.) und Musciden (Lucilia caesar L., L. cornicina F.).

H. Müller (1) und Buddeberg (2) beobachteten:

A. Coleoptera: a) *Cerambycidae:* 1. Clytus arietis L. (2); 2. Grammoptera tabacicolor Deg. (1); 3. Leptura livida F. (1); 4. Pachyta octomaculata F. (2); 5. Strangalia armata Hbst. (1, 2); 6. S. atra Laich. (1); 7. S. attenuata L. (1). b) *Curculionidae:* 8. Otiorhynchus picipes F. (1). c) *Dermestidae:* 9. Byturus fumatus F. (1). d) *Elateridae:* 10. Athous niger L. (1); 11. Dolopius marginatus L. (1). e) *Telephoridae:* 12. Telephorus pellu-cidus F. (1). f) *Nitidulidae:* 13. Meligethes (1); 14. Thalycra sericea Strm. (1). B Diptera: a) *Empidae:* 15. Empis livida L. (1). b) (?) 16. Eine winzige Mücke in sehr grosser Zahl (1). c) *Syrphidae:* 17. Eristalis arbustorum L., psd. (1); 18. E. nemorum L., psd. (1); 19. Volucella pellucens L. (2). C. Hymenoptera: *Sphegidae:* 20. Pompilus sp. (1). Sämtliche Besucher an der fleischigen Scheibe leckend.

Auf der Insel Rügen beobachtete ich: Lepidoptera: Argynnis paphia L., kurze Zeit sgd.; Krieger bei Leipzig die Mauerwespe Odynerus spinipes L. und die Erdbiene Anthrena labiata Schck. = schencki Mor.; Schmiedeknecht in Nassau A. carbonaria L.; v. Dalla Torre in Tirol A. albicans Müll. ♀; Mac Leod in Flandern 1 Empis, Meligethes (B. Jaarb. VI. S. 256).

1196. C. mas L. [Sprengel, S. 85.] — Die gelben Blüten sind, nach Schulz (Beitr. II. S. 191), zweigeschlechtig und homogam; doch werden sie auch als diöcisch oder vielehig angegeben. Die Einrichtung der Zwitterblüten stimmt mit derjenigen von C. sanguinea überein. Geitonogamie erfolgt, nach Kerner (a. a. O.), wie bei voriger Art. — Pollen, nach Warnstorf, blassgelb, elliptisch bis brotförmig, fast glatt, 37 μ lang und 23 — 25 μ breit.

Als Besucher sah ich eine pollenfressende Schwebfliege: Eristalis nemorum L.; Loew im bot. Garten zu Berlin Apis.

1197. C. florida L. zeigt nach Kerner dieselbe Art der Geitonogamie wie vorige.

1198. C. suecica L. [Knuth, Bijdragen.] — Im Dravitholz zwischen Tondern und Lügumkloster im mittleren Schleswig hatte ich im Anfange des Juli 1891 Gelegenheit, die Blüteneinrichtung dieser Pflanze zu untersuchen: Die vier gelblichen, mit rötlichen Adern durchzogenen Hüllblätter übernehmen die Rolle der Kronblätter, wodurch eine Scheinblüte von fast 2 cm Durchmesser entsteht. Jedes Hüllblatt hat eine Länge von 1 cm; je zwei einander gegenüberstehende sind etwas breiter als die beiden anderen gegenüberstehenden, nämlich 8 bezüglich 6 mm. Aus der Mitte dieser Scheinblüte erheben sich gegen 20 zu einer Dolde vereinigten, nur 2 mm hohe, rote, eigentliche Zwitterblüten auf gleichfalls nur 2 mm langen Stielen. Kelch- und Kronblätter sind zurückgeschlagen. Aus jeder Einzelblüte erhebt sich 1 mm hoch der Griffel mit der Narbe, während die vier 2 mm langen Staubblätter nach aussen spreizen. Ein auf die Dolde aufliegendes Insekt muss also zuerst die Narben und dann erst die Antheren berühren, mithin schon beim Besuch der zweiten Blüte Fremdbestäubung bewirken.

Es war mir nicht möglich zu entscheiden, ob die Blüten homogam mit langlebigen Narben oder protandrisch sind, da ich sie erst gegen Ende ihrer Blütezeit untersuchen konnte; doch waren die Antheren meist schon abgefallen, die Narben aber noch empfängnisfähig.

Bei ausbleibendem Insektenbesuche ist durch den Pollen der spreizenden Staubblätter geitonogam die Befruchtung der Narben benachbarter Blüten durch spontane Fremdbestäubung möglich.

Als Besucher sah ich einige Schwebfliegen: Eristalis arbustorum L. und Helophilus pendulus L., pfd.

64. Familie Caprifoliaceae Juss.

H. M., Befr. S. 367; Knuth, Grundriss S. 61, 62.

Wie schon Herm. Müller bemerkt, sind die Geissblattgewächse in blütenbiologischer Hinsicht äusserst verschieden: Lonicera Caprifolium

besitzt bis 30 mm lange Blumenröhren, gestattet daher nur den langrüsseligsten
Schwärmern den Genuss des Nektars; L. Periclymenum mit etwa 20 mm
langer Röhre gewährt ausser Schwärmern auch langrüsseligen Bienen den Zutritt; L. coerulea ist Hummelblume; L. nigra Bienenblume, während bei
L. tatarica und Xylosteum mit nur 7—3 mm langer Röhre der Honig
neben Bienen auch gewissen Fliegen zugänglich ist; Symphoricarpus wird
von Herm. Müller als eine Wespenblume aufgefasst (ich sah besonders
Bienen, sodann auch Schwebfliegen als Blütenbesucher), ebenso verhält sich
L. alpigena; die trichterförmige Krone von Linnaea gestattet auch ziemlich
kurzrüsseligen Insekten den Zutritt; Viburnum besitzt völlig freiliegenden
Honig, wird daher von kurzrüsseligen Insekten (Fliegen und Käfern) befruchtet,
welche teilweise auch die honiglosen Sambucus-Arten besuchen; Adoxa endlich
lockt mit seiner ganz flachen, offenen Honigschicht winzige Insekten verschiedener Ordnungen (Fliegen, Hautflügler, Käfer) an. Spontane Selbstbestäubung
ist bei denjenigen Arten vorzugsweise ermöglicht, welche den geringsten Insektenbesuch erhalten; bei eintretendem Insektenbesuche ist Fremdbestäubung gesichert. Unsere wichtigsten Caprifoliaceen verteilen sich also in folgender Weise
auf die Blumenklassen:

    Po: Sambucus;

    A: Viburnum, Adoxa;

    B: Symphoricarpus, Linnaea, Lonicera alpigena, tatarica und Xylosteum;

    H: Lonicera coerulea und nigra;

    Fn: Lonicera Periclymenum und Caprifolium.

292. Adoxa L.

Unscheinbare, grünliche, homogame oder protogynische Blumen mit freiliegendem Nektar, welcher von einem fleischigen Ringe am Grunde der Staubblätter abgesondert wird.

1199. A. moschatellina L. [H. M., Befr. S. 366, 367; Ricca, Atti XIII. 3;
Mac Leod, B. Jaarb. V. S. 389; Knuth, Bijdragen; Kerner, Pflanzenleben II.;
Kirchner, Flora S. 668.] — Die zu einem würfelförmigen Köpfchen vereinigten Blüten duften schwach nach Moschus. In der vierzähligen Gipfelblüte sind,
nach H. Müller, die Staubblätter gerade nach oben, in den vier fünfzähligen
Seitenblüten nach aussen gerichtet. Die Antheren stehen mit den mit ihnen
gleichzeitig entwickelten Narben in gleicher Höhe. Indem honigleckende oder
pollenfressende Insekten über die Blüten kriechen, berühren sie mit den Füssen
und dem Rüssel bald die Antheren, bald die Narben und bewirken dabei vorwiegend Fremdbestäubung. Spontane Selbstbestäubung ist namentlich in den
Seitenblüten durch Hinabfallen von Pollen auf die Narbenränder möglich, in
der Gipfelblüte nur beim Neigen der Pflanze durch den Wind. Nach Kerner,
welcher die Blüten als protogyn bezeichnet, sind die Antheren anfangs von den
Narben entfernt; später biegen sich die Staubblätter ihnen zu, so dass durch
Berührung von Narben und Antheren spontane Selbstbestäubung erfolgt.

Nach Warnstorf (Bot. V. Brand. Bd. 37) sind die Blüten bei Ruppin schwach protogyn bis homogam, die acht- (selten auch zehn-) männige Gipfelblüte sich zuerst öffnend, dann folgen nach einander je ein paar gegenständige Seitenblütchen; mitunter sind die Gipfelblüte und ein oder zwei Seitenblütchen

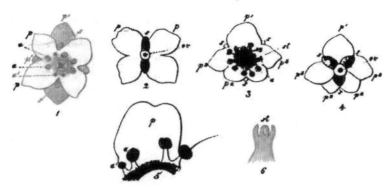

Fig. 169. Adoxa moschatellina L. (Nach Herm. Müller.)

1. 'Gipfelblüte von oben gesehen. $(3^1/_2 : 1)$. *2.* Dieselbe von unten. *3.* Seitliche, noch nicht erschlossene Blüte gewaltsam geöffnet und ausgebreitet, die Griffel nach unten gedrückt, gerade von vorn gesehen. *4.* Dieselbe von hinten (von der Seite des Stengels her) gesehen. *5.* Stück der Blüte mit 2 (gespaltenen) Staubblättern. $(7 : 1.)$ *6.* Griffel der Gipfelblüte, von der Seite gesehen. *a* Antherenhälfte, noch nicht geöffnet. *a'* Dieselbe, geöffnet. *s* Kelchblätter. *p* Kronblätter der Gipfelblüte. *p¹* Obere, *p²* untere, *p³* seitliche Kronblätter einer seitlichen Blüte. *st* Narbe. *ov* Fruchtknoten. *n* Nektarium.

verkümmert; die 4—7 Narbenäste, sowie die Antheren mehrere Tage lebensfähig; Antheren tiefer stehend als die Narben, daher Autogamie kaum möglich. Pollen hellgelb, in der Grösse sehr veränderlich, brotförmig, schwach warzig, bis 37 μ lang und 18 μ breit.

Als Besucher beobachtete Warnstorf kleine Käfer; Herm. Müller:
A. Coleoptera: *Curculionidae*: 1. Apion columbinum Germ., hld. B. Diptera: a) *Cecidomyidae*: 2. Verschiedene Arten, hld. b) *Muscidae*: 3. Borborus niger Mg., hld. c) *Mycetophilidae*: 4. Verschiedene Arten von $1^1/_2$—4 mm Länge. d) *Simulidae*: 5. Simuliaarten. C. Hymenoptera: a) *Ichneumonidae*: 6. Pezomachus Grav., 2 Arten. b) *Pteromalini*: 7. Eulophus ♂; 8. 7 andere Arten; Mac Leod in Flandern 1 Hautflügler, 1 Fliege, 1 Käfer (Bot. Jaarb. V. S. 389).

Burkill (Fert. of Spring Fl.) beobachtete an der Küste von Yorkshire:
A. Coleoptera: *Curculionidae*: 1. Apion apricans Hbst., sgd. B. Diptera: a) *Muscidae*: 2. Scatopbaga stercoraria L.; 3. Sepsis nigripes Mg. b) *Mycetophilidae*: 4. Exechia sp.; 5. Sciara sp. und 3 andere Arten. c) *Rhyphidae*: 6. Rhyphus sp. d) *Syrphidae*: 7. Melanostoma quadrimaculata Verral. C. Hymenoptera: *Ichneumonidae*: 8. Pezomachus sp. und eine andere kleine Ichneumonide. D. Thysanoptera: 9. Thrips sp., sämtlich sgd.

293. Ebulum Pontedera.

Rötlich-weisse, duftende, zu flachen Doldenrispen vereinigte Blumen mit freiliegendem Honig, welcher auf der Spitze des Fruchtknotens abgesondert wird.

1200. E. humile Garcke (Sambucus Ebulus L.). Nach Bonnier (bei Müller, Alpenbl. S. 392) sondern die weissen, aussen rötlichen Blüten freien Honig ab. Der Durchmesser der Krone beträgt, nach Kirchner (Flora S. 670), 8 mm; aus derselben stehen die Staubblätter fast senkrecht hervor.

Als Besucher sah H. Müller in der Schweiz: Apis, 2 Bombus, 1 Volucella; Borgstette (H. M., Weit. Beob. III. S. 76) in Mitteldeutschland 2 Fliegen (Leptis vitripennis Mg. und Aricia sp.).

v. Dalla Torre und Schletterer geben für Tirol die Apiden: 1. Nomada ferruginata K. ♀; 2. Sphecodes gibbus L. ♂ als Besucher an.

MacLeod beobachtete in den Pyrenäen 4 Musciden als Besucher. (B. Jaarb. III. S. 346.)

In Dumfriesshire (Schottland) (Scott-Elliot, Flora S. 84) wurden 1 Hummel, mehrere Fliegen und Falter als Besucher beobachtet.

Loew beobachtete im botanischen Garten zu Berlin: Diptera: a) *Muscidae*: 1. Lucilia caesar L. b) *Syrphidae*: 2. Eristalis nemorum L.; 3. Helophilus floreus L.

294. Sambucus Tourn.

Weissliche, homogame oder protogynische, oft duftende, aber nektarlose Blumen, die zu grossen Trugdolden vereinigt sind.

1201. S. nigra L. [H. M., Befr. S. 365; Weit. Beob. III. S. 76; MacLeod, Bot. Jaarb. V. S. 369; Knuth, Ndfr. Ins. S. 80, 156; Kirchner, Flora S. 669; Warnstorf, Bot. V. Brand. Bd. 38.] — Die gelblich-weissen, stark duftenden, honiglosen Blüten sind homogam und zu grossen, etagenartig übereinander liegenden Flächen zusammengedrängt, wodurch die Augenfälligkeit eine sehr grosse wird. Trotzdem erhalten sie wenig Insektenbesuch; vielleicht ist der scharfe Duft vielen Insekten zuwider, vielleicht finden sie aber auch zu wenig Ausbeute. Die Staubblätter spreizen weit auseinander, während die Narben im Blütengrunde dem Fruchtknoten dicht aufsitzen. Insekten, welche beim Pollenfressen oder -sammeln über die Blütenstände laufen, bewirken ebensogut Fremd- wie Selbstbestäubung; letztere tritt auch leicht spontan ein, da die Narben in der Falllinie des Pollens liegen.

Fig. 170. Sambucus nigra L. (Nach Herm. Müller.)

1. Blüte, gerade von vorn gesehen. *2.* Blüte, schräg von der Seite und vorn. *3.* Blüte, schräg von der Seite und hinten. (Vergr. 3½ : 1.)

Nach Warnstorf stehen die Staubblätter im weiteren Verlauf der Blütezeit von der Narbe nach aussen ab und bewirken möglichenfalls Geitonogamie; Selbstbestäubung ist auch dadurch erschwert, dass die Antheren extrors sind. Pollen blassgelb, klein, elliptisch, dicht warzig, bis 31 μ lang und 15—16 μ breit.

Als Besucher sah ich auf der Insel Föhr zwei pollenfressende Schwebfliegen: Eristalis tenax L. und Syrphus ribesii L.; auf Helgoland Lucilia caesar L., über die Trugdolden kriechend und so benachbarte Blüten befruchtend.

Herm. Müller beobachtete in den Alpen einen Käfer, in Mittel- und Süddeutschland folgende Insekten:

A. Coleoptera: *Scarabaeidae*: 1. Cetonia aurata L., an Blumenblättern und anderen Blütenteilen nagend; 2. Gnorimus nobilis L., w. v.; 3. Oxythyrea stictica L., w. v.; 4. Phyllopertha horticola L., w. v.; 5. Trichius fasciatus L., w. v. B. Diptera; a) *Stratiomydae*: 6. Sargus cuprarius L., pfd. b) *Syrphidae*: 7. Eristalis arbustorum L., pfd.: 8. E. horticola Deg., pfd.; 9. E. nemorum L., pfd.; 10. E. tenax L., pfd.; 12. Volucella pellucens L., pfd. C. Hymenoptera: a) *Tenthredinidae*: 12. Allantus nothus Klg.

F. F. Kohl beobachtete in Tirol die Goldwespe: Ellampus aeneus F.; Rössler bei Wiesbaden den Falter: Botys sambucalis Schiff.; Mac Leod in den Pyrenäen: Cetonia aurata L., in den Blüten (B. Jaarb. III. S. 346).

Nach Kirchner finden sich am Blattstiel nektarabsondernde Drüsen, welche Ameisen anlocken, die der Pflanze als Schutz gegen aufkriechende Tiere dienen.

1202. S. racemosa L. [Kirchner, Flora S. 670; Schulz, Beitr. II. S. 94—95; Kerner, Pflanzenleben II.] — Nach Kirchner sind die Blüten in Württemberg protogynisch mit langlebigen Narben, nach Schulz in Südtirol zwischen Protogynie, Homogamie und schwacher Protandrie schwankend. Der Geruch erinnert, nach Kerner, an Heringslake (Trimethylamin), nach Kirchner ist er mehlartig. Nach letzterem legen sich die Kronzipfel nach dem Aufblühen bald gänzlich nach hinten zurück, und die Staubblätter spreizen sich so auseinander, dass sie fast in einer Ebene liegen, doch sind ihre Antheren noch geschlossen, während die drei kurzen Narben bereits vollständig entwickelt sind. Alsdann wachsen die Kronzipfel noch etwas und nehmen eine gelbliche Färbung an, und die Antheren springen nach unten und aussen auf; die Narben sind jetzt noch frisch. Alle Blüten ein und desselben Blütenstandes befinden sich gleichzeitig ungefähr in demselben Entwickelungszustand. Indem die Blütenstände im ersten (weiblichen) Zustande eine unscheinbarere grünliche Farbe haben, als im zweiten (zweigeschlechtigen), werden die im letzteren befindlichen in der Regel zuerst von den Insekten besucht, welche dann den Pollen auf die weiblichen übertragen. Im zweiten Zustande ist in den vielen, nach allen Richtungen stehenden Blüten spontane Selbstbestäubung und auch spontane Fremdbestäubung möglich. Die Geitonogamie kommt, nach Kerner, dadurch zu stande, dass sich in späteren Blütenstadien die Staubfäden strecken und krümmen, so dass der Pollen auf die Narben der Nachbarblüten gelangt.

Redtenbacher beobachtete bei Wien die Bockkäfer: 1. Leptura virens L.; 2. Strangalia quadrifasciata L. als Besucher.

1203. S. australis Cham. et Schltdl. ist nach K. Müller (Ber. d. d. b. Ges. II) gynodiöcisch.

295. Viburnum L.

Weisse, zu Doldenrispen zusammengestellte, aminoid duftende, homogame Blüten mit freiliegendem bis halbverborgenem Nektar, welcher in einer flachen Schicht auf der Oberfläche des Fruchtknotens dicht unter der Narbe im Blütengrunde abgesondert wird.

1204. V. Opulus L. [Sprengel, S. 159; H. M., Befr. S. 364, 365; Weit. Beob. III. S. 75, 76; Knuth, Bijdragen.] — Die Bedeutung der vergrösserten, randständigen, geschlechtslosen Blüten für die Erhöhung der Augenfälligkeit der ganzen Blütenstände hat schon Sprengel in klarer Weise auseinandergesetzt.

Nach H. Müller sind die Zwitterblüten homogam. Die Staubblätter ragen auseinanderspreizend aus der Blüte hervor, und ihre Antheren bedecken sich ringsum mit Pollen, welcher auch pollensammelnden Bienen gute Ausbeute liefert, während die flache Honigschicht nur Fliegen und andere kurzrüsselige Insekten anlockt. Diese Besucher bewirken, indem sie über die Blütenstände hinwegschreiten, überwiegend Fremdbestäubung, doch auch vielfach Selbstbestäubung. Letztere kann auch spontan eintreten, da in vielen Blüten die Narben

Fig. 171. Viburnum Opulus L. (Nach Herm. Müller.)

1. Randblüte von oben gesehen, die Überreste der Antheren und der Narbe zeigend. (2¹/₃ : 1.) *2.* Fruchtbare Blüte kurz nach dem Aufblühen, schräg von oben gesehen. (4²/₃ : 1.) *3.* Dieselbe nach Entfernung des vorderen Teils der Kron- und Staubblätter. (4²/₃ : 1.)

senkrecht unter einer Anthere stehen. Nach Kerner erfolgt auch hier Geitonogamie.

Als Besucher nennt bereits Sprengel Meligethes („Blütenkäfer") und Phyllopertha horticola L. („kleiner Maikäfer").

Ich beobachtete nur Bombus terrester L. ♀, in den Randblüten vergeblich nach Honig suchend.

Herm. Müller giebt folgende Besucherliste:

A. Coleoptera: a) *Anisotomidae*: 1. Anisotoma obesa Schmidt, hld. (? . b) *Elateridae*: 2. Athous vittatus F.; 3. Cryptohypnus pulchellus L. c) *Scarabacidae*: 4. Oxythyrea stictica L., zarte Blütenteile fressend, häufig; 5. Phyllopertha horticola L., Blumenblätter und andere Blütenteile fressend; 6. Trichius fasciatus L., w. v., häufig (Borgstette). B. Diptera: a) *Empidae*: 8. Empis tessellata F., sgd. (Buddeberg). b) *Muscidae*: 9. Echinomyia fera L. c) *Syrphidae*: 10. Eristalis arbustorum L., sgd. und pfd., häufig; 11. E. nemorum L., w. v.; 12. E. sepulcralis L., w. v.; 13. E. tenax L., w. v.; 14. Helophilus floreus L., w. v.; 15. H. pendulus L., w. v. d) *Nitidulidae*: 16. Meligethes, häufig. C. Hymenoptera: 17. Halictus sexnotatus K., psd.

Alfken beobachtete bei Bremen die Apiden: 1. Anthrena albicans Müll. ♀, sgd. und psd.; 2. A. labialis K. ♂; 3. A. tibialis K. ♀. psd.; v. Fricken in Westfalen die Scarabaeide Trichius abdominalis Mén.

Mac Leod sah in Flandern 2 Schwebfliegen, 1 Empide, 1 Käfer, 1 Falter. (Bot. Jaarb. VI. S. 373).

In Dumfriesshire (Schottland) (Scott-Elliot, Flora S. 84) wurden 2 Schwebfliegen als Besucher beobachtet.

1205. V. Lantana L. [Kirchner, Flora S. 671; Schulz, Beitr. II. S. 95; Kerner, Pflanzenleben.] — Nach Kirchner stimmt die Bestäubungseinrichtung der weissen Blüten mit derjenigen der vorigen Art überein, doch ist spontane Selbstbestäubung dadurch noch erleichtert, dass die Antheren fast senkrecht über den Narben stehen; auch ist die Honigabsonderung noch geringer als bei V. Opulus. Schulz bezeichnet die Blüten als protogyn mit langlebigen Narben; die anfangs nach innen gekrümmten Staubblätter neigen sich später über den Rand der ausgebreiteten Krone hinaus, so dass spontane Selbstbestäubung in der Regel nicht stattfindet. Nach Kerner erfolgt geitonogam spontane Fremdbestäubung durch den Pollen der Nachbarblüten.

Als Besucher beobachtete Schulz zahlreiche Fliegen, Hymenopteren und Käfer.

Loew bemerkte im botanischen Garten zu Berlin: Diptera: *Bibionidae*: Bibio laniger Mg. ♂. sgd.

F. F. Kohl beobachtete in Tirol die Faltenwespe Leionotus rossii Lep.; v. Dalla Torre und Schletterer daselbst Bombus pomorum Pz. ♀.

296. Weigelia Thunberg.

Rote bis weisse, trichterförmig-glockige, homogame Bienenblumen, deren Nektar zwischen dem Grunde des Griffels und der Krone von einem grünen Knötchen abgesondert wird.

1206. W. rosea Lindley. [H. M., Weit. Beob. III. S. 73, 74; Knuth, Bijdragen.] — Nach Herm. Müller bildet die Krone in den ersten 12 mm eine enge Röhre von 2—3 mm Durchmesser, worauf sie sich plötzlich auf das Doppelte und Dreifache erweitert und so eine Länge von etwa 27 mm erreicht. Die Mündung hat einen Durchmesser von 8—10 mm, so dass eine Biene von der Grösse der Osmia rufa L. ♀, welche Müller als besonders häufigen pollensammelnden oder honigsaugenden Besucher beobachtete, in der Blüte Raum zum völligen Hineinkriechen hat und dann mit ausgestrecktem Rüssel den Honig zu erreichen vermag; grössere Hummeln finden dagegen keinen Platz in der Blume. Indem nun die genannte Biene in den Blüteneingang kriecht, berührt sie zuerst den 2—5lappigen Narbenkopf, welcher die Staubblätter überragt, und behaftet ihn mit Pollen, den sie aus früher besuchten Blüten mitgebracht hat; alsdann streift sie die ringsum im Blüteneingange stehenden pollenbedeckten Antheren und behaftet ihr Haarkleid ringsum mit Blütenstaub. Stadler (Nektarien) bezeichnet die Blüten als protogynisch mit nicht ausgeschlossener spontaner Selbstbestäubung.

Die Kronen bleiben noch längere Zeit nachher frisch und färben sich sogar noch dunkler rosenrot, als sie während der Zeit der Reife der Narbe und der Antheren waren. Die biologische Bedeutung dieses Vorganges ist dieselbe wie bei Ribes sanguineum und aureum. (Vgl. S. 439 und Bd. I. S. 104.)

Ausser Osmia rufa L. ♀ beobachtete H. Müller noch zwei Furchenbienen (Halictus leucopus K. ♀ und H. sexnotatus K. ♀), beide ganz in die Blüten kriechend, sowie einen pollenfressenden Käfer (Dasytes sp.).

Alfken beobachtete im Blütengrunde eine Maskenbiene: Prosopis hyalinata Sm., früh morgens darin schlafend.

Ich sah in meinem Garten wiederholt Bombus agrorum F. ♀, mit dem Vorderleibe in die Blüte kriechen, den Rüssel bis zum Nektar vorschieben und saugen. Trotzdem die Hummel auf diese Weise regelmässig Fremdbestäubung herbeiführte, habe ich niemals Fruchtansatz bemerkt. Dieselbe Hummel beobachtete ich auch in Mecklenburg und Pommern als Besucherin der Weigelia-Blüte.

1207. Diervillea japonica Thunb. (Weigelia versicolor S. et Z.) ist nach Stadler (Beitr.) protogynisch; ebenso die Form amabilis (Francke, Beitr.). Desgleichen

1208. D. canadensis W. [Francke, Beitr.; Loew, Blütenbiol. Beitr. II. S. 61, 63.] — Diese Art besitzt ebenso wie ·

1209. D. floribunda S. et Z. und andere verwandte Arten ein Nektarium, welches mit langen keulenförmigen Haaren besetzt ist. (Loew, a. a. O.; Behrens, Nektarien).

1210. Aucuba japonica Thunb. sah Plateau in Belgien von pollen-fressenden Fliegen (Calliphora vomitoria L. und Musca domestica L.) besucht.

297. Symphoricarpus Dill.

Rötliche, glockenförmige, homogame Blumen mit verborgenem Honig. Die Absonderung geschieht nach Delpino von einer einseitigen, papillösen Ausbuchtung der Blumenkrone; Bonnier bezeichnet die Blütenteile überhaupt als sehr zuckerreich, doch erscheint ihm das Gewebe am Griffelgrunde nicht als Nektarium zu dienen, während H. Müller die fleischige Anschwellung des Griffelgrundes als solches ansieht. Diese Anschwellung scheint mir so sehr den Charakter eines Nektariums zu tragen, dass ich mich der letzteren Ansicht anschliesse.

1211. S. racemosa Michaux. [H. M., Befr. S. 360, 361; Weit. Beob. III. S. 78; Knuth, Ndfr. Ins. S. 81; Blütenbesucher I. S. 16; Thüringen; Bijdragen; Mac Leod, Bot. Centralbl. Bd. 29, S. 119; Loew, Bl. Flor. S. 250; daselbst Anm.] — Vorzugsweise Wespenblume. — Die schwach duftenden Blumenkronglöckchen sind 7—8 mm lang und haben einen Durchmesser von 5 mm, so dass sie, nach H. Müller, einem Wespenkopfe, der 5 mm breit und 2—2¹/₂ nmm dick ist, bequem Raum bieten. In der That scheinen Wespen die zahlreichsten Besucher und Befruchter zu sein. Doch sind, meiner Ansicht nach, die Grössenverhältnisse der Köpfe der anderen Besucher, wie der Schwebfliegen und Bienen, den Ausmessungen des Büteninneren nicht minder entsprechend.

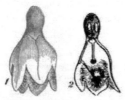

Fig. 172. Symphoricarpus racemosa Mchx. (Nach Herm. Müller.)

1. Blüte von der Seite gesehen.
2. Dieselbe im Längsdurchschnitt. (Vergr. 2¹/₃ : 1.)

Die Innenwand des herabhängenden Glöckchens ist an der stärksten Ausbauchung mit zahlreichen, langen Haaren dicht bedeckt, welche von den fünf Kronlappen bis zur Mitte des Glöckchens reichen und so nicht nur einen wirksamen Schutz des reichlich abgesonderten Nektars gegen Regen gewähren, sondern auch dessen Herausfliessen verhindern.

Etwa in der Mitte des Glöckchens entspringen die 5 Staubblätter. Sie neigen so nach innen, dass die gleichfalls nach innen aufspringenden Antheren in dem der Blütenöffnung zunächst gelegenen, untersten Teile der dichten Behaarung stehen. Unmittelbar über derselben, die

Mitte des Glöckchens einnehmend, befindet sich die gleichzeitig mit den Antheren entwickelte Narbe.

Indem nun ein honigsuchendes Insekt seinen den Grössenverhältnissen der Blüte entsprechenden Kopf in das Glöckchen senkt, streift dieser zuerst die fünf Antheren, bedeckt sich also ringsum mit Pollen, und streift alsdann mit einer Seite die Narbe. Es bleibt aber, nach Müller, auf dem Wege bis zur Narbe wenig oder gar kein Blütenstaub an ihm haften, teils weil derselbe wenig klebrig ist, teils weil etwa anhaftende Körner in dem dichten Haarbesatze, den sie zu passieren haben, ehe sie die Narbe erreichen, wieder abgestreift werden. Erst beim Zurückziehen aus dem Glöckchen behaftet sich der zum grossen Teil mit Nektar benetzte Kopf des Insektes reichlich mit Pollen, der dann beim nächsten Besuche zum Teil auf die Narbe gelegt wird, so dass bei Insektenbesuch Fremdbestäubung erfolgt. Bleibt dieser aus, so ist nach der Stellung der Blüte und der Lage von Antheren und Narbe spontane Selbstbestäubung wohl immer ausgeschlossen.

Als Besucher beobachtete ich in Thüringen Bombus agrorum F. und Vespa saxonica F., sgd.; in Schleswig-Holstein, Mecklenburg und Pommern habe ich, trotz ganz besonders aufmerksamer Beobachtung niemals eine Wespe als Besucherin gesehen, sondern nur saugende Apiden (Apis; Bombus terrester L.) und Schwebfliegen (Eristalis sp.; Syrphus ribesii L.; Syritta pipiens L., pfd.).

(Nach Fertigstellung des Manuskripts sah ich am 20. Juli 1897 die Blüten bei Heringsdorf auf der Insel Usedom ausser von Apis mellifica L. ⚥, sgd. und Bombus lapidarius L. ⚥, sgd., auch von zahlreichen saugenden Vespa-Arten, besonders V. vulgaris L., V. media Retz. und V. silvestris Scop., besucht.)

Müller (1) und Buddeberg (2) geben folgende Besucherliste:
A. Diptera: *Syrphidae:* 1. Helophilus floreus L., sgd. (?) (1). B. Hymenoptera: a) *Apidae:* 2. Apis mellifica L. ⚥, sgd., häufig (1); 3. Bombus agrorum F. ⚥, sgd. (1); 4. B. pratorum L. ⚥, sgd. (1); 5. Eucera longicornis L. ♂, sgd. (1); 6. Halictus sexnotatus K. ♀, sgd. und pfd., häufig (1, 2); 7. H. smeathmanellus K. ♀, sgd. (2); 8. Megachile centuncularis L. ♂, sgd. (1). b) *Sphegidae:* 9. Ammophila sabulosa L., sgd. (1). c) *Vespidae:* 10. Eumenes pomiformis F., sgd. (2); 11. Odynerus sp., von aussen das Blumenglöckchen anbeissend (1); 12. Polistes diadema Ltr. (1); 13. P. gallica L.; 14. Vespa media Retz. (1); 15. V. rufa L. (1); 16. V. saxonica F. (1); 17. V. silvestris Scop. ♀, sgd. (1, 2).

Loew beobachtete in Brandenburg (Beiträge S. 42):
A. Diptera: a) *Muscidae:* 1. Lauxania aenea Fall. b) *Syrphidae:* 2. Eristalis arbustorum L., sgd.; 3. Helophilus floreus L., sgd.; 4. Syritta pipiens L., sgd.; 5. Syrphus balteatus Deg., sgd.; 6. S. corollae F., sgd. B. Hymenoptera: a) *Apidae:* 7. Halictus cylindricus F. ♂, sgd.; 8. H. malachurus K. ♂, sgd. b) *Vespidae:* 9. Eumenes pomiformis F., sgd.; 10. Odynerus parietum L., sgd.; 11. O. parietum L. var. renimacula Lep. ♀, sgd.; 12. Vespa silvestris Scop. ⚥, sgd.

Alfken beobachtete bei Bremen: A. *Apidae:* 1. Anthrena convexiuscula K. ♂; 2. Bombus agrorum F. ⚥; 3. B. derhamellus K. ♀ ⚥; 4. B. hortorum L. ⚥; 5. B. jonellus K. ⚥ ♂, sgd.; 6. B. lucorum L. ⚥ ♂; 7. B. muscorum F. ♂; 8. B. pratorum L. ⚥ ♂, sgd; 9. B. terrester L. ♂; 10. Podalirius parietinus F. ♀; 11. Psithyrus vestalis Fourc. ♂. b) *Vespidae:* 13. Vespa media Retz. ⚥; 13. V. silvestris Scop.; sowie mehrfach einen Bockkäfer (Judolia cerambyciformis Schrk.); Schmiedeknecht bemerkte in Thüringen Anthrena combinata Christ; v. Dalla Torre in Tirol die Biene Halictus morio Fbr. ♀, sehr zahlreich. — Mac Leod bemerkte in Flandern zahlreiche saugende Nachtfalter (B. C. Bd. 29); Chr. Schröder beobachtete bei Rendsburg abends zwischen 9 und 10 Uhr gleichfalls zahlreiche Noktuiden aus den Gattungen Agrotis, Mamestra und Plusia sgd.

298. Linnaea Gronovius.

Weisse, innen mit Saftmal versehene, homogame Blumen mit völlig verborgenem Nektar, der im Blütengrunde aus einer verdickten Stelle zwischen den
Wurzeln der kürzeren Staubfäden abgesondert wird.

1212. L. borealis L. [H. M., Alpenblumen S. 393, 394; Loew, Bl.
Fl. S. 249; Lindman, a. a. O.] — Durch die schräg abwärts gerichtete Stellung
der Blüte wird der Nektar gegen Regen geschützt; die im Innern befind-
findlichen Haare dienen vielleicht auch zum Schutz gegen ankriechende kleinere
Insekten. Dadurch, dass die zweilappige, stark secernierende Narbe weit über
die gleichzeitig mit ihr entwickelten Antheren hervorragt, ist Fremdbestäubung
begünstigt. H. Müller hält spontane Selbstbestäubung nur in ungewöhnlich

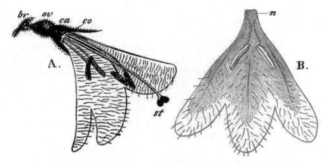

Fig. 173. Linnaea borealis L. (Nach Herm. Müller.)

A. Blüte von der Seite gesehen, nachdem die rechte Hälfte von Kelch und Krone abgeschnitten. (7 : 1.) *B.* Untere Hälfte der Blumenkrone nebst den anhaftenden Staubblättern
und dem Nektarium (*n*).

steil herabhängenden Glöckchen für möglich; vielleicht aber bleibt auch Pollen
in den Haaren der Innenseite der Blumenkrone haften, der auf die Narbe gelangen kann.

An den Exemplaren von Tegel bei Berlin beobachtete Loew (Bl. Fl.
S. 250) nur sehr spärlichen, wahrscheinlich funktionslosen Pollen, da die betreffenden Exemplare niemals fruktifizierten. Nach Loew ist möglicherweise ein
antherenbewohnender Pilz die Ursache hiervon.

Die trichterförmige Erweiterung der, nach Kerner, vanilleduftenden,
10—12 mm langen Blüte gestattet auch ziemlich kurzrüsseligen Insekten den
Zugang zu derselben.

Als Besucher sah H. Müller in den Alpen 3 Fliegen und 1 Falter; Loew in
Brandenburg (Beiträge S. 44) eine Dolichopode: Neurigona quadrifasciata F., sgd. (?).

299. Lonicera L.

Homogame, protogynische oder protandrische Bienen- oder Falterblumen,
oder Blumen mit verborgenem Nektar, welcher im Grunde oder in einer Aussackung der Kronröhre abgesondert wird.

1213. L. Periclymenum L. [H. M., Befr. S. 363; Weit. Beob. III.
S. 75; Heinsius a. a. O.; Mac Leod, B. Jaarb. V. S. 390—391; Knuth,
Ndfr. Ins. S. 90, 156; Weit. Beob. S. 234, 235; Bot. Centralbl. Bd. 60. S. 41 ff.;
Helgoland S. 33; Warnstorf, Nat. V. des Harzes XI.] — Protandrische
Nachtschwärmerblume. — Hermann Müller beschreibt die Blüten dieser
Art als homogam und giebt die folgende Abbildung, welche sowohl für L. Pe-
riclymenum als auch für L. Caprifolium gilt, nur mit dem Unterschiede,
dass die Kronröhre der letzteren Art 5—8 mm länger ist als die der ersteren.

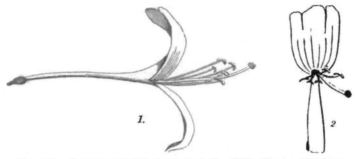

Fig. 174. Lonicera Periclymenum L. (Nach Herm. Müller.)
1. Blüte in natürlicher Grösse, von der Seite gesehen. *2.* Dieselbe, von vorn gesehen. Die
Narbe überragt die Antheren, wird also von den Besuchern zuerst gestreift, mithin mit fremdem
Pollen belegt.

Den in dieser Abbildung (Fig. 174) dargestellten Befund wird man auch regelmässig am hellen Tage beobachten. Ich selbst habe in meinem Buche: „Blumen
und Insekten auf den nordfriesischen Inseln" S. 80 die Blüteneinrichtung von
L. Periclymenum ebenso beschrieben, weil ich die Blumen mittags untersuchte und den in der Mittagstunde erfolgenden Besuch durch Macroglossa
stellatarum L. beobachtete.

Ende Juli 1894 untersuchte ich die Blüteneinrichtung dieser langrüsseligen
Nachtschwärmern (Sphingiden) angepassten Art in Nieblum auf der Insel Föhr,
wo der angepflanzte Schlingstrauch sehr kräftig gedeiht und in jenem Jahre ganz
besonders schön blühte. Hier fand ich nun sehr bemerkenswerte Abweichungen
von der Darstellung Herm. Müllers:

Die Knospen stehen senkrecht. Bereits am Nachmittage zwischen sechs
und sieben Uhr sind die Antheren in denselben aufgesprungen; auch ist die
Narbe zu dieser Stunde bereits empfängnisfähig. Doch kann eine spontane
Selbstbestäubung nicht stattfinden, weil auch die längsten Staubblätter von der
Narbe um 2 mm überragt werden. (Vgl. Fig. 175, 1.)

Die ersten Blumen brechen etwa um 7 Uhr abends auf; um 8 Uhr sind
die meisten Blüten bereits erschlossen. Zuerst löst sich die Unterlippe von der
Oberlippe; dann treten die Staubblätter nach einander aus der Oberlippe hervor,
während der Griffel noch an seiner Spitze von den kapuzenartig zusammenhaftenden Zipfeln derselben festgehalten wird. Seltener schnellt der Griffel
früher als die Staubblätter hervor. Dabei senkt sich die Blüte allmählich und

geht aus der bisher senkrechten in die wagerechte Stellung über. Diese Drehung um 90° ist beendet, sobald Griffel und Staubblätter die Oberlippe verlassen haben und sich der Griffel zwischen den Staubblättern hindurch bis auf die noch fast wagerechte oder erst schwach gebogene Unterlippe gesenkt hat.

Gleichzeitig tritt ein (am Tage sehr verschwindender) starker Duft auf. Sofort stellen sich Schwebfliegen (Syrphus sp.) ein, welche sich, um Pollen zu fressen, auf die Antheren niederlassen, häufig aber auch auf die Narbe fliegen und daher gelegentlich Fremdbestäubung herbeizuführen vermögen. Die in einem Punkte an den Staubfäden schaukelförmig befestigten Staubbeutel haben eine solche Lage vor dem Blüteneingange, dass ihre nach oben oder aussen gerichtete, aufgesprungene, pollenbedeckte Fläche von der Unterseite eines jeden Schwärmers

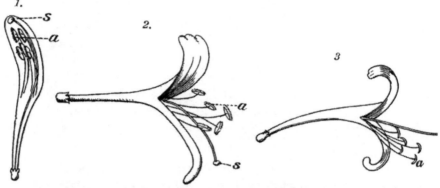

Fig. 174. Lonicera Periclymenum L. (Natürliche Grösse, nach der Natur.)
1. Knospe kurz vor der Entfaltung: Die Narbe ist bereits empfängnisfähig, die Staubbeutel sind aufgesprungen, jedoch ist spontane Selbstbestäubung wegen der senkrechten Stellung der Knospe und der die Staubblätter überragenden Länge des Griffels ausgeschlossen. *2.* Blüte am ersten Abend: Die pollenbedeckten Antheren stehen vor dem Blüteneingange, der Griffel ist so stark abwärts gebogen, dass die Narbe von anfliegenden Schwärmern nicht gestreift wird. Ober- und Unterlippe sind nur schwach gebogen (und sind weiss gefärbt.) *3.* Blüte am zweiten Abend: Der Griffel ist soweit aufwärts gebogen, dass die Narbe vor dem Blüteneingange steht, dagegen sind die Staubblätter abwärts gebogen und die Antheren verschrumpft. Ober- und Unterlippe sind durch Aufrollung verkleinert (und sind gelb gefärbt). *a* Antheren.
s Narbe.

gestreift werden muss, welcher zu dem vom Fruchtknoten abgesonderten und in der etwa 25 mm langen, jetzt geraden Kronröhre beherbergt wird. Der gleichfalls 25 mm hervorragende Griffel dagegen ist, wie vorhin geschildert, in diesem ersten Blütenzustande soweit abwärts gebogen, dass eine Berührung der Narbe durch anfliegende Schwärmer unmöglich ist. (Fig. 175, 2).

Am andern Morgen ist das Bild, welches die Blumen bieten, ein ganz anderes: Die Antheren besitzen, falls Insektenbesuch eingetreten war, keinen Pollen mehr, und der Griffel hat seine Stellung verändert; er ist in einer Aufwärtsbewegung begriffen und steht nunmehr in den noch weisslich gefärbten Blüten zwischen oder wenig unter oder über den Staubblättern. Die Aufwärtsbewegung ist zu der Zeit, wo neue Knospen aufspringen, also abends zwischen

7 und 8 Uhr, beendet; die Staubfäden sind dann abwärts gebogen und ihre Antheren dann soweit eingeschrumpft, dass sie nur noch kleine vertrocknete Häkchen bilden.

Die Blüte ist nunmehr in den zweiten, rein weiblichen Zustand eingetreten: Der Griffel erstreckt sich oberhalb der, wie gesagt, nun abwärts gebogenen Staubblätter und ist seinerseits an der Spitze etwas aufwärts gebogen, so dass die Narbe jetzt den Blüteneingang beherrscht (Fig. 175, 3), mithin ein anfliegender Schwärmer dieselbe mit seiner Unterseite unfehlbar streifen und, falls er von einer im ersten Zustande befindlichen Blüte kam, mit Pollen belegen muss.

Im Laufe des Tages haben sich an dieser Blüte noch einige weitere Veränderungen vollzogen: Ober- und Unterlippe haben sich mehr oder weniger aufgerollt, so dass die der Augenfälligkeit dienende Fläche eine immer geringere geworden ist. Gleichzeitig ist auch allmählich eine Umfärbung erfolgt, indem die ursprünglich innen rein weisse, aussen rötliche Blumenkrone hellgelb geworden ist. Am Abend ist diese Umfärbung beendet, so dass man unmittelbar vor der Entfaltung der Knospen reinweisse Blüten nicht mehr findet.

Die Bedeutung dieser Erscheinung für die Befruchtung ist offenbar die, dass die von weither durch den Duft der Blumen, in grösserer Nähe durch die augenfälligen Blütenstände angelockten Schwärmer in unmittelbarer Nähe zuerst die helleren, weissen und grösseren, im ersten Zustand befindlichen Blumen bemerken und besuchen und sich dann zu den weniger hellen, gelblichen und durch Aufrollung der Kronzipfel kleineren, im zweiten Zustand befindlichen begeben und letztere mit den Pollen der ersteren belegen. Trotzdem die beiden Blütenformen sich so scharf gegen den klaren Abendhimmel abheben, dass man sie sehr deutlich von einander unterscheiden kann, konnte ich obige Vermutung durch die Beobachtung unmittelbar nicht bestätigen, denn die Bewegungen der die Blumen besuchenden Schwärmer (Sphinx ligustri L. und Sphinx convolvuli L.) sind so blitzschnell und das Herannahen ist so geräuschlos, dass es mir unmöglich war, zu unterscheiden, welcher Blütensorte sich diese Schmetterlinge zuerst näherten.

Die Blüten des zweiten Zustandes, deren Kronröhre gebogen ist, nehmen im Laufe der folgenden Tage noch eine dunklere, schliesslich schmutzig-orangebräunliche Färbung an, die Aufrollung der Kronzipfel wird noch stärker, der Duft verschwindet auch abends mehr und mehr, doch bleibt die Stellung der Staub- und Fruchtblätter dieselbe, auch findet noch etwas Honigabsonderung statt und die Narbe bleibt noch einige Zeit empfängnisfähig. Infolgedessen wird zwar der Schwärmerbesuch spärlicher werden, doch ist die Möglichkeit nachträglicher Bestäubung noch einige Tage vorhanden. —

Nach Warnstorf hat die Kronröhre innen in der unteren Hälfte unterhalb der schmalen alleinstehenden Unterlippe einen gelben, aussen durch eine Furche gekennzeichneten wulstigen Längsstreifen, welcher auf seiner Oberfläche mit kleinen sitzenden Drüsen besetzt ist, die reichlich Honig in Tröpfchen ausscheiden, welche sich am Grunde der Röhre sammeln. Es gehört deshalb ein mindestens 15 mm langer Rüssel dazu, wenn ein Insekt bis zu den ersten Honigtröpfchen gelangen will. Der Griffel mit seiner kopfförmigen Narbe ragt meist gegen 28 mm, die Staubblätter ragen dagegen nur 15—18 mm aus der Krone hervor. In solchen Blüten ist Selbstbestäubung sehr erschwert, wenn nicht ganz ausgeschlossen. Es kommen indessen auch Blüten vor, in denen die Narbe die Antheren nur um 1 mm überragt; hier ist selbstverständlich bei ausbleibendem Insektenbesuche Autogamie sehr erleichtert. Die Antherenöffnung erfolgt schon nach 30—40 Minuten, nachdem sich die Blüte erschlossen hat. — Pollen weiss, adhärent und cohärent, tetraëdisch, durch zahlreiche kurze Stachelwarzen undurchsichtig, 88—100 μ diam.

Die von mir beobachtete Aufblühstunde haben auch K e r n e r und W a r n s t o r f angegeben; ersterer auch, dass der Duft von 6 Uhr abends bis Mitternacht am stärksten ist. Auch die nachträgliche Krümmung der Kronröhre giebt dieser Forscher an und bemerkt dazu, dass hierdurch eine direkte Berührung von Narbe und Antheren, mithin eine nachträgliche spontane Selbstbestäubung erfolge. Letzteres habe ich nicht beobachtet: bei den Blumen der Insel Föhr ist dies unmöglich, weil die Narbe die Antheren bedeutend überragt. Dass die Blüteneinrichtung nicht überall die gleiche ist, zeigen auch meine Beobachtungen auf der Insel Helgoland. Hier stehen die Knospen gleich wagerecht; nur bei freistehenden, nicht von anderen eingeengten Blütenständen stehen sie anfangs senkrecht und neigen sich später. Staubbeutel und Narben sind hier gleichzeitig entwickelt, und zwar sind drei Staubblätter ebenso lang wie der Griffel, so dass die pollenbedeckten Staubbeutel die Narbe mit Blütenstaub bedecken müssen, mithin spontane Selbstbestäubung unvermeidlich ist. Die beiden anderen Staubblätter sind um eine Antherenlänge kürzer, dienen also nur der Fremdbestäubung.

Die Honigabsonderung ist eine so bedeutende, dass die Kronröhre oft bis zur Hälfte ausgefüllt wird, der Nektar mithin auch kürzerrüsseligen Schmetterlingen zugänglich ist, selbst von langrüsseligen Hummeln zum Teil ausgebeutet werden kann, die dabei gleichfalls Fremdbestäubung bewirken.

Als B e s u c h e r sah i c h ausser den genannten legitimen Befruchtern (Sphinx convolvuli und ligustri) auf F ö h r noch weitere Sphingiden (Magroglossa stellatarum L.; Deilephila elpenor L.; Smerinthus ocellatus L.), sowie 1 Nachtfalter (Plusia) und pollenfressende Schwebfliegen (Syrphus, Eristalis, Rhingia, Syritta), sowie auch Bombus hortorum L. ♀, regelrecht saugend und befruchtend. Diese Hummel kann zwar den Nektar nicht ganz ausbeuten, erlangt aber einen ziemlich grossen Teil desselben. Auf der Insel Amrum beobachtete ich besonders zahlreiche Exemplare von Plusia gamma L., gleichfalls regelrecht saugend und befruchtend. Dieser Nachtfalter war so eifrig bei der Sache, dass ich ihn mit den Fingern von den Blüten fortnehmen konnte.

H e i n s i u s beobachtete in Holland Bombus hortorum L. ♂, sgd., sowie pollenfressende Schwebfliegen; M a c L e o d in Belgien zwei saugende Hummeln (Bombus hortorum L. und B. agrorum F.), sowie den Taubenschwanz (Macroglossa stellatarum L.), sgd.

H e r m. Müller sah nur Bombus hortorum L. ♀ als Besucher, vermutete aber Nachtschwärmer. Über den Besuch der Gartenhummel äusserte dieser Forscher: Es verursachte der Hummel merklichen Zeitverlust, eine zum Saugen geeignete Standfläche zu gewinnen und sie kroch von der breiten Oberlippe her zum Blüteneingange, ohne zuerst die Narbe, dann die Staubgefässe zu berühren. Auch war ihre Honigausbeute jedenfalls nur gering: denn nach dem Besuche einiger Blüten verliess sie die in voller

Blüte stehenden Stöcke gänzlich. Unsere langrüsseligen Bienen kommen also nur als zufällige Besucher in Betracht, welche für die Ausprägung der vorhandenen Blüteneigentümlichkeiten von keinem Einflusse gewesen sind.

Auf Helgoland beobachtete ich (Bot. Jaarb. 1896. S. 44): Lepidoptera: a) *Noctuidae*: 1. Plusia gamma L.; 2. Kleine Noctuiden. b) *Sphingidae*: 3. Deilephila galii Rott.; 4. Macroglossa stellatarum L.; Heinsius in Holland Bombus hortorum L. ♂, zahlreich sgd., sowie eine pollenfressende Schwebfliege Melanostoma hyalinata Fall. ♀. (B. J. IV S. 115, 116).

In Dumfriesshire (Schottland) (Scott-Elliot, Flora S. 84) wurden 3 Falter als Besucher beobachtet.

Willis (Flowers and Insects in Great Britain Pt. 1) beobachtete in der Nähe der schottischen Südküste: Bombus hortorum L. ♀, sgd., häufig.

Herm. Müller beobachtete an Pflanzen, welche unter „unnatürlichen Lebensbedingungen", nämlich der Traufe eines Daches litten und wohl daran eingingen, eine Reduzierung der Kronröhre von 22—25 mm Länge auf 6 mm.

1214. L. Caprifolium L. [H. M., Befr. S. 361 363; Kirchner, Flora S. 672; Kerner, Pflanzenleben II]. — Nachtschwärmerblume. — Die Blüteneinrichtung stimmt mit derjenigen der vorigen Art überein (Müller, Kirchner, Kerner), nur ist die Kronröhre etwa 30 mm lang, so dass nur solche Sphingiden den Nektar ganz ausbeuten können, deren Rüssel die entsprechende Länge besitzt. Kerner bezeichnet die Blüten als schwach protogynisch während H. Müller sie homogam nennt. Nach Kirchner ist die anfangs aussen rosa überlaufene Blumenkrone im unbefruchteten Zustande innen weiss oder rötlichweiss, später hellgelb gefärbt. Kerner sagt, dass der Blütenduft, wie bei vor., zwischen sechs Uhr abends bis Mitternacht am stärksten und dass die Blütenöffnung innerhalb einiger Minuten erfolgt und die Blütedauer drei Tage beträgt. Diese Beobachtungen deuten darauf hin, dass die Einrichtung von L. Caprifolium sich ebenso verhält, wie ich sie von L. Periclymenum beschrieben habe. Es fehlte mir bisher an Gelegenheit, diese von mir schon 1894 ausgesprochene Vermutung durch die Beobachtung zu bestätigen. Nach Kerner findet bei ausbleibendem Insektenbesuch spontane Selbstbestäubung statt.

Als Besucher beobachtete H. Müller folgende Schmetterlinge: a) *Sphinges*: 1. Sphinx convolvuli L. (Rüssellänge 65—80 mm); 2. S. ligustri L. (37—42 mm); 3. S. pinastri L. (28—33 mm), alle drei den Honig ganz aussaugend; 4. Deilephila elpenor L. (20—24 mm); 5. D. porcellus L. (20 mm), diese beiden den grössten Teil des Honigs saugend; 6. Smerinthus tiliae L. (3 mm), vergebens zum Honig zu gelangen suchend. b) *Noctuae*: 7. Dianthoecia capsincola Hb. (23—25 mm), wie 4 und 5; 8. Cucullia umbratica L. ♀ (18—22 mm), dgl.; 9. Plusia gamma L. (15 mm), ebenso den Honig erreichend. c) *Bombyces*: 10. Dasychira pudibunda L. (0 mm), wie 6.

Mac Leod sah in Belgien einen Schwärmer (Deilephilus sp.) als Besucher.

1215. L. tatarica L. — B. — Die Kronröhre dieser aus Sibirien stammenden, bei uns in Anlagen u. s. w. angepflanzten Art ist, nach H. Müller (Befr. S. 363, 364), 6—7 mm lang. Im Grunde derselben wird der Nektar abgesondert. Die hellroten Blüten sind homogam; die Antheren überragen die Narbe ein wenig. Insekten, welche zum Nektar vordringen, berühren mit der einen Seite des Kopfes die Narbe, mit der anderen die pollenbedeckten Antheren so dass bei wiederholten Blütenbesuchen Fremdbestäubung bevorzugt ist, doch kann natürlich auch Selbstbestäubung erfolgen. Letztere tritt auch spontan ein, indem sich nicht selten Blüten finden, in denen die Narbe ein oder zwei Antheren berührt.

Als Besucher, sahen Herm. Müller (1) und ich (!) (Weit. Beob. S. 235; Bijdragen):

A. Diptera: *Syrphidae*: 1. Rhingia rostrata L. (!, 1), sgd. und pfd., sehr häufig. B. Hymenoptera: *Apidae*: 2. Anthrena albicans Müll. ♀ (1), vergebens zu saugen versuchend; 3. Apis mellifica L. ♀ (!, 1). sgd., häufig; 4. Megachile centuncularis L. ♂ (1), sgd.

Morawitz beobachtete häufig bei St. Petersburg die beiden Blattschneiderbienen: 1. Megachile willughbiella K.; 2. M. circumcincta K.; Alfken bei Bremen: *Apidae*: 1 Bombus derhamellus K. ♀; 2. B. silvarum L. ♀; 3. B. lucorum L. ♀ ♀.

1216. L. Xylosteum L. — B. — Die gelblich-weissen Blüten sind, nach Herm. Müller (Befr. S. 364), homogam; ihre Kronröhre ist nur 3—4 mm lang, so dass der in einer schwachen, mit Haaren überdeckten Aussackung am Grunde derselben beherbergte Honig auch kurzrüsseligen Insekten zugänglich ist. Da Staubblätter und Narbe weit aus der Blüte hervorragen und erstere durch Auseinanderspreizen weit von letzterer entfernt sind, so werden besuchende Insekten die Antheren und die Narbe mit entgegengesetzten Seiten des Kopfes berühren und regelmässig Fremdbestäubung bewirken. Bei ausbleibendem Insektenbesuche kann durch Herabfallen von Pollen auf die Narbe spontane Selbstbestäubung stattfinden.

Von den besuchenden Insekten bewirken nur die Hummeln regelmässig Fremdbestäubung, indem sie, wie oben geschildert, verfahren. Die Honigbiene und die Fliegen kommen, wie schon H. Müller bemerkt, zuweilen mit der Narbe gar nicht in Berührung.

Kerner (Pflanzenleben II.) beschreibt die Blüten als protogyn, und zwar steht nach diesem Forscher die Narbe anfangs in der Zutrittslinie zum Nektar. Später krümmt sich der Griffel abwärts, während die Antheren die bisher von der Narbe inne gehabte Stelle einnehmen.

Als Besucher sah Herm. Müller saugende Apiden (Apis mellifica L. ♀; Bombus agrorum F. ♀; B. pratorum L. ♀), sowie einige Fliegen (Empis opaca F., sgd., häufig; Rhingia rostrata L., sgd., pfd.).

Schmiedeknecht giebt den Bombus distinguendus Mor. ♀ für Thüringen als Besucher an.

Rössler beobachtete bei Wiesbaden den Falter: Grapholitha albersana Hb.; Schletterer und Dalla Torre in Tirol Bombus pomorum L. ♀.

1217. L. nigra L. [H. M., Alpenblumen S. 394, 395.] — Eine Bienenblume. — Die Blüten sind homogam. Der Nektar ist durch zahlreiche Haare im Innern der Kronröhre gegen Regen geschützt. Die Narbe steht am weitesten aus der Blüte hervor, so dass sie von anfliegenden Insekten zuerst berührt wird, mithin Fremdbestäubung erfolgen muss. Da der Griffel nach unten gebogen ist, erfolgt bei ausbleibendem Insektenbesuche durch Pollenfall spontane Selbstbestäubung. (S. Fig. 176.)

Als Besucher sah H. Müller Apis und. Halictus sp.

Ricca (Atti XIV, 3) beobachtete zahlreiche Hummeln, Bienen und Fliegen.

1218. L. coerulea L. [Hildebrand, Geschl. S. 18; Ricca, Atti XIV. 3; H. M., Alpenblumen S. 397, 398.] — Eine Hummelblume. —

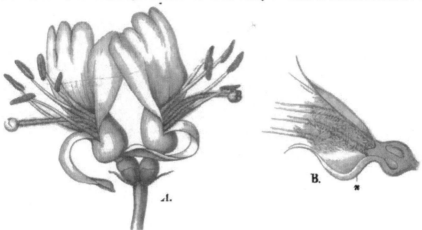

Fig. 176. Lonicera nigra L. (Nach Herm. Müller.)
A. Ein Blütenpaar von vorn gesehen. B. Unterer Teil einer Blüte im Längsdurchschnitt. (Vergr. 7 : 1.)

Die gelblich-weissen, hängenden Blüten sind nach Hildebrand homogam, nach Ricca protogyn. Die Länge der Kronröhre beträgt, nach Müller, etwa 10 mm; die Ausbeutung des Nektars gelingt am leichtesten langrüsseligen Bienen, namentlich Hummeln, welche beim Eindringen in die Blüte zuerst die Narbe, dann die Antheren berühren, mithin stets Fremdbestäubung bewirken. Bei schräg hängenden Blüten kann durch Pollenfall leicht spontane Selbstbestäubung eintreten.

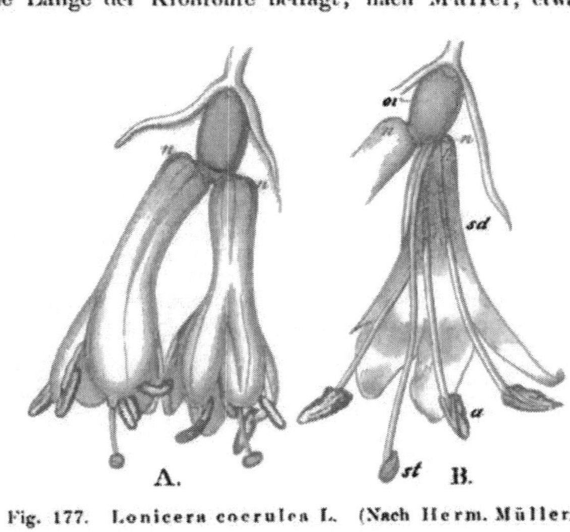

Als Besucher sah H. Müller 12 Hymenopteren (darunter 5 Hummelarten), 3 Syrphiden, 2 Käfer, 3 Falter.

Fig. 177. Lonicera coerulea L. (Nach Herm. Müller.)
A. Ein herabhängendes Blütenpaar. B. Eine Blüte im Längsdurchschnitt. (Vergr. 4 : 1.)

Ricca beobachtete Bombus lapidarius L. noch in einer Höhe von 2000—2500 m als Besucher.

1219. L. alpigena L. [Kerner, Pflanzenleben II.; Schulz, Beitr. II. S. 95—97; H. M., Alpenblumen S. 395—397.] — Wespenblume. — Die rötlich-braunen Blüten werden von Bienen, Hummeln und besonders Wespen aufgesucht und befruchtet. Die Ausbauchung der Kronröhre sondert sehr reichlich Nektar ab, der wieder durch starke Behaarung geschützt wird. Die schräg abwärts gerichtete Unterlippe bildet einen bequemen Halteplatz für die Besucher. Diese müssen alsdann zuerst die sich ihnen in den Weg stellende Narbe berühren und dann die Antheren, so dass sie Fremdbestäubung bewirken müssen.

Während H. Müller die Blüten als homogam bezeichnet, sind sie nach Kerner protogyn, und zwar ist nach letzterem anfangs nur Fremdbestäubung möglich, später durch Berührung von Narbe und Antheren spontane Selbstbestäubung unausbleiblich.

Fig. 178. Lonicera alpigena L. (Nach Herm. Müller.) Ein Blütenpaar kurz nach dem Aufblühen, von vorn gesehen. (4:1.) Die Blüte rechts hat ein überzähliges Staubblatt, aber keinen überzähligen Kronabschnitt.

Als Besucher sah H. Müller 9 Hymenopteren (darunter 2 Wespenarten in grosser Zahl), 2 Syrphiden, 2 Falter, 2 Käfer; Schulz beobachtete besonders Macroglossa.

1220. L. iberica M. B. Diese aus dem Kaukasus stammende Art untersuchte Kirchner (Beitr. S. 62—63) nach angepflanzten Exemplaren in Württemberg. Die hellgelben Blumen sind schwach protogyn; der untere Teil ihrer Röhre steigt 10 mm steil in die Höhe, der obere Teil hat eine Länge von 3 mm. Die 10 mm lange Unterlippe rollt sich nach unten zurück, worauf die Oberlippe sich aufrichtet und ausbreitet. Die dem im Blütengrunde abgesonderten Nektar nachgehenden Insekten berühren zuerst die Narbe, welche auch später die aufgesprungenen Antheren noch um 1—2 mm überragt, so dass auch dann noch Fremdbestäubung begünstigt ist.

Als Besucher sah Kirchner Apis und Bombus lapidarius L.

1221. L. implexa Ait.

Als Besucher beobachtete Schletterer bei Pola die Schlupfwespe Gravenhorstia picta Boie = Anomalon fasciatum Gir. Ferner daselbst an

1222. L. etrusca Santi:

Hymenoptera: a) *Apidae*: 1. Bombus argillaceus Scop. b) *Braconidae*: 2. Bracon (Vipio) castrator F. b) *Vespidae*: 3. Eumenes mediterraneus Krchb.

65. Familie Rubiaceae DC.

Knuth, Ndfr. Ins. S. 81; Grundriss S. 63; Schumann, in Engler und Prantl, Nat. Pflanzenfam. IV. 4. S. 8—9.

Während unsere einheimischen Rubiaceen meist kleine, weisse oder gelbe, selten rote oder blaue, nur durch ihre Zusammenhäufung zu traubigen Blütenständen augenfällige Blumen besitzen, welche den Honig meist in spärlicher Menge an einer dem Fruchtknoten aufsitzenden, fleischigen Scheibe absondern, bergen manche ausländische Arten den Nektar so tief, dass er nur für langrüsselige Schwärmer oder langschnäbelige Kolibris erreichbar ist (z. B. Manettia nach F. Müller). Von unseren Arten gehören nur Asperula taurina und azurea, vielleicht auch Sherardia arvensis zur Blumenklasse F, während die noch fehlenden Arten von Asperula zu B, die von Galium zu A gehören.

Manche ausländische Arten sind dimorph, so z. B. Arten von Hedyotis (nach Treviranus), Borreria, Faramea und Manettia (nach Fritz Müller), Mitchella, Knoxia und Cinchona (nach Darwin), Chasalia, Nertera, Ophiorrhiza und Luculia (nach Kuhn). Darwin zählt (Diff. forms) 17 Gattungen mit dimorphen Blüten auf.

Die Blüteneinrichtung der in Brasilien heimischen Posoqueria (Martha) fragrans beschreibt Fritz Müller in B. Ztg. 1866. S. 129—133.

300. Sherardia Dillenius.

Hellviolette Blumen, welche vielleicht der Klasse F angehören, da der Nektar von der fleischigen Umwallung der Griffelbasis abgesondert, im Grunde eines engen Röhrchens geborgen wird und daher kleinen Faltern am leichtesten zugänglich sein wird.

1223. Sh. arvensis L. [H. M., Weit. Beob. III. S. 71, 72; Mac Leod, B. Jaarb. V. S. 385—386; Meehan, Bull. Torr. Bot. Cl. XIV; Schulz, Beitr. I. S. 64; Kirchner, Beitr. S. 61] ist, nach Herm. Müller, gynodiöcisch. Die zweigeschlechtigen Blüten sind etwas grösser als die weiblichen. Erstere sind unvollkommen protandrisch, indem sich die Staubblätter mit aufgesprungenen Antheren aus der Blüte herausbiegen, ehe die Narben völlig entwickelt sind; doch kommen auch nicht selten Blüten vor, deren Narben bereits völlig entwickelt sind, während die pollenbehafteten Antheren mit ihnen in gleicher Höhe stehen, so dass spontane Selbstbestäubung leicht erfolgt. Die Kronröhre der Zwitterblüten ist, nach Schulz, 2½—3½ mm lang. Herbstblüten befruchten sich in geschlossen bleibender Blüte. Schulz beobachtete auch Gynomonöcie. Kirchner fand die Zwitterblüten homogam.

Die von H. Müller als Besucher vermuteten kleinen Falter sind bisher nicht beobachtet, wie denn überhaupt der Insektenbesuch der unscheinbaren Blüten ein sehr geringer ist. Es ist Kirchner geglückt, einige Besucher zu beobachten, nämlich: A. Diptera: a) *Syrphidae*: 1. Eristalis tenax L., häufig; 2. Platycheirus scutatus Mg., mehrfach; b) *Muscidae*: 3. Siphona cristata F.; 4. Caenaria sp.; 5. Chlorops sp. B. Hymenoptera: *Apidae*: 6. Bombus agrorum F. C. Hemiptera: 7. Calocoris seticornis F.

301. Asperula L.

Weisse, rötliche, gelbe oder blaue, zu rispigen Ständen vereinigte Blumen mit verborgenem Nektar, oder seltener Falterblumen.

1224. A. cynanchica L. [H. M., Befr. S. 358, 359; Weit. Beob. III. S. 72, 73; Kerner, Pflanzenleben II.; Schulz, Beitr. I. S. 65; Loew, Bl. Fl. S. 394.] — **B.** — Die, nach Kerner, vanilleduftenden, weissen oder rötlichen Blüten sind, nach Müller, homogam. Sie bergen reichlich abgesonderten Nektar im Grunde einer 2 mm langen Kronröhre. In der Mitte derselben stehen die beiden Narbenknöpfe dicht neben einander, im Eingange die nach oben zusammenneigenden Antheren. Bei eintretendem Insektenbesuche ist Fremdbestäubung dadurch begünstigt, dass die Insekten meist mit entgegengesetzten Seiten des Rüssels Pollen

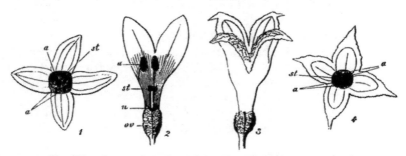

Fig. 179. Asperula cynanchica L. (Nach Herm. Müller.)

1. Blüte mit rein weissen, glatten Kronblättern, gerade von oben gesehen. (7:1.) *2.* Dieselbe, nach Entfernung der vorderen Kronhälfte, von der Seite. *3.* Blüte, deren Kronblätter mit rauhen und mit roten Linien verziert sind, von der Seite. *4.* Dieselbe, von oben gesehen. *ov* Fruchtknoten. *n* Nektarium. *a* Staubblätter. *st* Narbe.

und Narbe berühren. Spontane Selbstbestäubung kann durch Herabfallen von Pollen auf die Narbe leicht eintreten. H. Müller konnte in Thüringen zwei verschiedene Formen unterscheiden, nämlich eine mit glatten, weissen, ziemlich stumpfen Kronzipfeln, und eine andere mit solchen, welche oberseits rauh sind, je drei rote Linien haben und eine am Ende etwas zurückgekrümmte Spitze besitzen. — Pollen, nach Warnstorf, im Wasser gelb, klein, kugelig, zart gestreift, durchscheinend, etwa 25 μ diam.

Willis (Proc. Cambridge Phil. Soc. 1893) beobachtete in England Gynodiöcie.

Als Besucher beobachtete Herm. Müller in Thüringen:
A. Coleoptera: a) *Elateridae*: 1. Agriotes ustulatus Schall., unthätig auf den Blüten. b) *Telephoridae*: 2. Danacea pallipes Panz., w. v. (1); 3. Dasytes subaeneus Schh., sgd. (?); 4 Ebaeus thoracicus Oliv. B. Diptera: a) *Bombylidae*: 5. Systoechus sulphureus Mik., sgd. b) *Empidae*: 6. Empis livida L., sgd., häufig; 7. Rhamphomyia sp., emsig sgd., in grösster Zahl. c) *Muscidae*: 8. Siphona geniculata Deg., sgd., häufig; 9. Ulidia erythrophthalma Mg., sgd., häufig. d) *Stratiomydae*: 10. Nemotelus pantherinus L., sgd. e) *Syrphidae*: 11. Syritta pipiens L., anschwebend und sgd. C. Hymenoptera: *Apidae*: 12. Bombus agrorum F. ⚲. flüchtig zu saugen versuchend. D. Lepidoptera: a) *Geometrae*: 13. Minoa murinata Scop., sgd. b) *Rhopalocera*: 14. Coenonympha arcania L., sgd.

Loew beobachtete in Steiermark (Beiträge S. 51): Exoprosopa picta Mg., sgd.; Mac Leod in den Pyrenäen 2 Fliegen als Besucher (B. Jaarb. III. S. 345).

Die verwandte Art

1225. A. montana Willd. hat, nach Kirchner (Beitr. S. 59, 60), im Wallis eine 4—5¹/₂ mm lange Kronröhre. Sie ist homogam mit Griffeln von wechselnder Länge und langlebigen Narben. Bei der langgriffeligen Form ist Selbstbestäubung verhindert, bei der kurzgriffeligen ist sie leicht möglich.

1226. A. glauca Besser. Die weissen oder rötlich-weissen, duftenden Blumen sind, nach Schulz (Beitr.), homogam bis schwach protandrisch. Da die Antheren meist bis zum vollständigen Verstäuben über der Blütenmitte verharren, so ist spontane Selbstbestäubung unvermeidlich.

Besucher sind, nach Schulz, zahlreiche kleinere Insekten aus den Ordnungen der Fliegen, Hymenopteren und Käfer; doch bewirken diese in vielen Fällen wohl nur Selbstbestäubung.

1227. A. odorata L. [Sprengel, S. 84; H. M., Befr. S. 359; Weit. Beob. III. S. 73; Knuth, Bijdragen.] — Die nach Kumarin duftenden, weissen Blüten haben, nach H. Müller, dieselbe Einrichtung wie A. cynanchica. - Pollen, nach Warnstorf, weiss, elliptisch, glatt, etwa 25 μ lang und 12 bis 15 μ breit.

Als Besucher sahen H. Müller (1) und ich (!):

A. Coleoptera: a) *Cerambycidae*: 1. Grammoptera levis F. (1), nicht selten, wohl pfd. b) *Telephoridae*: 2. Dasytes spec. (1). c) *Mordellidae*: 3. Anaspis frontalis L. (1), häufig. d) *Nitidulidae*: 4. Meligethes (1), häufig. B. Diptera: a) *Empidae*: 5. Empis tessellata F. (1), sgd., einzeln. b) *Muscidae*: 6. Siphona geniculata Deg. (1), sgd., häufig. c) *Syrphidae*: 7. Eristalis nemorum L. (1), sgd.; 8. Rhingia rostrata L., sgd., einzeln (!); 9. Syritta pipiens L., sgd., wiederholt (1, !). C. Hymenoptera: *Apidae*: 10. Apis mellifica L. ⚥ sgd., häufig (1, !); 11. Halictus cylindricus F. ♀, sgd. (!). D. Lepidoptera: *Microlepidoptera*: 12. Elachista spec., sgd. (1).

1228. A. taurina L. [H. M., Alpenblumen S. 390—392.] — Fn. — Die weisse Farbe der Blumenkrone und die enge, 9—11 mm lange Kronröhre zeigen an, dass diese Art eine Nachtfalterblume ist. Sie ist andromonöcisch; die zweigeschlechtigen Blüten sind ausgeprägt protandrisch. (Fig. 180.) Nach Kerner (Pflanzenleben II. S. 324) gelangen die Narben später durch Krümmung der Griffel den Antheren der benachbarten männlichen Blüten so nahe, dass spontane Fremdbestäubung geitonogam erfolgt.

Die eigentlichen Befruchter hat H. Müller nicht beobachtet, sondern nur einige gelegentliche Besucher (1 Bombylius, 1 Empis, 1 Echinomyia, 1 Syritta und 2 Käfer).

Loew beobachtete im botanischen Garten zu Berlin: A. Diptera: *Syrphidae*: 1. Melithreptus scriptus L., pfd. B. Hymenoptera: *Apidae*: 2. Anthrena nitida Fourc. ♀, psd.; 3. Prosopis communis Nyl. ♂, in den Staubgefässen sitzend und pfd.

1229. A. azurea. [H. M., Weit. Beob. III. S. 73.] — Ft. — Die blauen Blüten bergen, nach H. Müller, den Nektar in einer ebenso engen und ebenso tiefen Röhre wie vor., doch zeigt die Blütenfarbe an, dass sie nicht von Nacht-, sondern von Tagfaltern befruchtet wird.

1230. A. tinctoria L. [H. M., Weit. Beob. III. S. 72; Schulz, Beitr. I. S. 65.] — Die Kronröhre ist, nach H. Müller, kaum 2 mm lang; im Eingange derselben stehen die Antheren, ein wenig unterhalb der Mitte die beiden Narbenköpfe. Die Blüten sind homogam. Honigsaugende Insekten streifen mit entgegengesetzten Seiten des Rüssels Narben und Antheren, bewirken daher vorzugsweise Kreuzung getrennter Blüten und getrennter Stöcke.

Gegen Ende der Blütezeit neigen die Staubblätter in der Blütenmitte zusammen, so dass jetzt Pollen auf die Narbe fallen kann, mithin bei ausge-

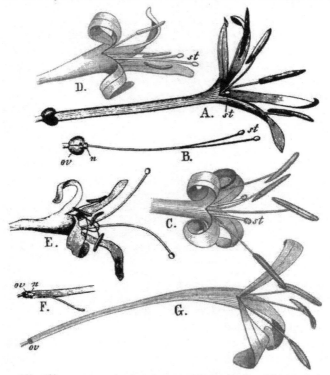

Fig. 180. Asperula taurina L. (Nach Herm. Müller.)

A. Zwitterblüte von der Seite gesehen. *B.* Stempel und Nektarium derselben Blüte. *C.* Andere Zwitterblüte mit deutlich hervortretender Narbe. *D.* Eine dritte Zwitterblüte mit langem Griffel. *E.* Halbverwelkte Blume mit noch weit länger hervorragenden Griffelästen. *F.* Verkümmerter Stempel einer männlichen Blüte. *G.* Eine dreizählige männliche Blüte. (Vergr. 7:1.)

bliebenem Insektenbesuche spontane Selbstbestäubung als Notbehelf eintritt. Schulz beobachtete auch Protandrie.

Als Besucher sah H. Müller in Thüringen:

A. Diptera: *Muscidae*: 1. Ulidia erythrophthalma Mg., sgd. B. Hymenoptera: *Ichneumonidae*: 2. Mehrere kleine Arten. C. Lepidoptera: *Microlepidoptera*: 3. Eine kleine Motte aus der Gruppe der Gelechiden, sgd. — Rössler giebt für Wiesbaden den Falter Orobena limbata L. an.

1231. A. stylosa Briss. sah Loew im botanischen Garten zu Berlin von Apis, sgd., besucht.

1232. 1233. A. scoparia und **A. pusilla Hook.** Diese beiden tasmanischen Arten bezeichnet Treviranus (B. Ztg. 1863. S. 6) als dimorph.

302. Rubia Tourn.

Kleine, grünliche, homogame Blumen mit freiliegendem Nektar.

1233. R. tinctorum L. [Kirchner, Beitr. S. 69.] — Trotzdem die Blüten zu rispigen Ständen vereinigt sind, ist ihre Augenfälligkeit wegen ihrer geringen Grösse und ihrer grünen Farbe sehr gering. Der Durchmesser der flachen Krone beträgt, nach Kirchner, 5 mm. Mit dem Öffnen derselben sind auch die fast sitzenden Antheren bereits aufgesprungen. Die beiden kugeligen Narbenköpfe stehen auf so kurzen Griffeln, dass sie etwa in der Höhe des unteren Teiles der Antheren stehen. Hier verharren sie noch einige Zeit nach dem Einschrumpfen der Antheren und bleiben auch noch frisch. Spontane Selbstbestäubung erfolgt sehr leicht und tritt regelmässig ein; doch beobachtete Kirchner auch Insektenbesuch (kleine saugende Hymenopteren und Fliegen), durch welchen auch Fremdbestäubung bewirkt werden kann. Der Nektar wird im Grunde der nur ½ mm tiefen, schüsselförmigen Kronröhre allgemein zugänglich abgesondert.

303. Galium L.

H. M., Befr. S. 357.

Weisse bis gelbe, zu rispigen Ständen vereinigte kleine Blumen mit freiliegendem Honig. Nach H. Müller wird die Übertragung des Pollens auf die Narben in erster Linie durch die Fusssohlen und erst in zweiter Linie durch die Rüssel der auf den Blütenständen umherschreitenden besuchenden Insekten bewirkt. Wohl bei allen Arten ist spontane Fremdbestäubung der kleinen, dicht gedrängten Blumen durch Herabfallen von Pollen auf die Narben darunter stehender Blüten geitonogam möglich.

1235. G. Cruciata Scopoli. Nach Darwin (Verschiedene Blütenformen S. 248), dem sich Kirchner (Flora S. 666; Neue Beob. S. 65) anschliesst, sind die unscheinbaren, grünlichgelben, zu armblütigen Ständen vereinigten, honigduftenden Blüten andromonöcisch, und zwar die unteren männlich, die oberen zwitterig. Schulz (Beitr. I. S. 66) hat sehr zahlreiche Pflanzen von verschiedenen Standorten untersucht und nur ausnahmsweise die Verhältnisse so gefunden, wie sie Darwin beschreibt. Vielmehr fand Schulz (a. a. O.), dass die zuerst aufblühenden Blüten jedes Haupt- und Seitenzweiges der Blütenstände (Schrauben) zweigeschlechtig sind, die späteren dagegen meist männlich. Die Zwitterblüten sind mehr oder minder ausgeprägt protandrisch, selten sind sie homogam; es ist daher auch Selbstbestäubung selten oder ausgeschlossen trotz der zentrifugalen Bewegung der Staubblätter.

Als Besucher beobachtete Schulz Bienen; Schletterer bei Pola die Blattwespe Athalia rosae L. var. cordata Lep.

In Dumfriesshire (Schottland) (Scott-Elliot, Flora S. 84) wurden 7 Schwebfliegen und mehrere Dolichopodiden als Besucher beobachtet.

1236. G. Mollugo L. [H. M., Befr. S. 357, 358; Weit. Beob. III. S. 69, 70; Knuth, Ndfr. Ins.; Rügen; Schulz, Beitr. I. S. 67; Kerner,

Pflanzenleben II.] Die weissen, zu augenfälligen Blütenständen vereinigten kleinen Blumen sind nach Herm. Müller protandrisch. Sie sondern, wie alle unsere Rubiaceen, den Nektar auf einer dem Fruchtknoten aufsitzenden, den Griffelgrund umgebenden Scheibe sehr spärlich ab, so dass er nur als eine dünne Schicht erscheint. In jüngeren Blüten stehen die Staubblätter aufrecht, ihre Antheren sind ringsum mit Pollen bedeckt, während die beiden Narbenköpfe noch dicht aneinanderliegen, aber schon befruchtungsfähig sind. Später spreizen

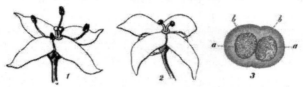

Fig. 181. Galium Mollugo L. (Nach Herm. Müller.)
1. Jüngere Blüte mit aufrecht stehenden Staubblättern und Griffeln. *2*. Ältere Blüte mit aus der Blüte herausgebogenen Staubblättern und auseinandergespreizten Griffeln. *3*. Blütenmitte, von oben, stärker vergrössert. *a* Die beiden Narben. *b* Fleischige Scheibe des Fruchtknotens.

sich die Staubblätter nach aussen und biegen sich schliesslich ganz aus der Blüte heraus, während die beiden Griffel auseinanderspreizen. Es ist also Fremdbestäubung bei Insektenbesuch im zweiten Zustande begünstigt. Nach Schulz sind namentlich Herbstpflanzen häufig homogam, so dass, da auch hier die Antheren anfänglich über den Narben stehen, Selbstbefruchtung eintreten kann. Die der Autogamie dienende Einwärtskrümmung der Staubblätter, wie sie Kerner von dieser Art und von G. infestum und tricorne beschreibt, habe ich niemals beobachtet.

Als Besucher beobachtete ich (Weit. Beob S. 235) auf der Inselt Sylt folgende saugende Musciden: 1. Coenosia tigrina F.; 2. Dolichopus aeneus Deg.; 3. Hylemyia sp.; 4. H. variata F.; 5. Sargus cuprarius L.; 6. Scatophaga stercoraria L.; 7. Spilogaster communis R.-D.; 8. S. duplaris Zett.; 9. S. duplicata Mg.; 10. Stomoxys stimulans Mg. ♀; 11. Thereva nobilitata Fabr.; auf der Insel Rügen einen Käfer: Cantharis fulva Scop., pfd.

Herm. Müller giebt folgende Besucherliste:
A. Coleoptera: *Oedemeridae*: 1. Oedemera podagrariae L., pfd. (Thür.). B. Diptera: a) *Bombylidae*: 2. Anthrax flava Mg., hld., nicht selten (Thür.); 3. Systoechus sulphureus Mik., sgd., vermutlich das Nektarium anbohrend (hld., Thür.). b) *Muscidae*: 4. Musca corvina F.; 5. Scatophaga merdaria F., sgd. c) *Stratiomydae*: 6. Odontomyia viridula F., hld., nicht selten. d) *Syrphidae*: 7. Melithreptus sp., pfd. (Buddeberg); 8. Merodon aeneus Mg., pfd. (Thür.); 9. Syritta pipiens L., häufig, sgd. und pfd.; 10. Syrphus ribesii L., w. v. e) *Tipulidae*: 11. Pachyrhina crocata L., sgd. C. Hymenoptera: *Sphegidae*: 12. Ammophila sabulosa L. ♀.

Alfken und Leege beobachteten auf Juist: Lepidoptera: a) *Pieridae*: 1. Picris napi L. b) *Noctuidae*: 2. Plusia gamma L.; Verhoeff auf Norderney: A. Coleoptera: *Telephoridae*: 1. Dolichosoma lineare Rossi. B. Diptera: a) *Dolichopidae*: 2. Dolichopus aeneus Deg. b) *Empidae*: 3. Hilara quadrivittata Mg. c) *Muscidae*: 4. Anthomyia spec.; 5. Aricia incana Wied.; 6. Cynomyia mortuorum L., sgd.; 7. Hydrotaea spec. 1 ♂; 8. Lucilia caesar L., sgd.; 9. Miltogramma spec.; 10. Sarcophaga striata F., sgd.; 11. Sepsis cynipsea L. d) *Syrphidae*: 12. Eumerus sabulosus Fall. ♀; 13. Melithreptus menthastri L. ♀, sgd.; 14. Platycheirus clypeatus Mg.; 15. Syritta pipiens L., sgd.

dj *Thereridae*: 16. Thereva anilis L., sgd. C. Hymenoptera: a) *Formicidae*: 17. Myrmica rubra L.; 18. M. rugulosa Nyl. 1 ♀; Arachnidae: *Trombiidae*: 12. Rhyncholophus phalangioides D.-G.

Als „wirklich stetigen Blumenbesucher" bezeichnet Verhoeff (Ent. Nachr. XVIII, 1892) die letztgenannte Milbe.

Loew beobachtete in Schlesien (Beiträge S. 29): A. Coleoptera: *Oedemeridae*: 1. Chrysanthia viridis Schmidt. B. Diptera: *Syrphidae*: 2. Melithreptus scriptus L., sgd.; Mac Leod in Flandern 3 Fliegen, 1 Käfer (B. Jaarb. V. S. 386); derselbe in den Pyrenäen 4 Musciden und 2 Syrphiden als Besucher. (A. a. O. III. S. 345).

In Dumfriesshire (Schottland) (Scott-Elliot, Flora S. 86) wurden 1 Empide und mehrere andere Fliegen als Besucher beobachtet.

1237. G. silvaticum L. Die kleinen, weissen Blüten sind, nach Kirchner (Flora S. 662) und nach Schulz (Beitr. I. S. 67), protandrisch und stimmen in ihrer Bestäubungseinrichtung mit derjenigen von G. Mollugo überein, nur schlagen sich die Staubblätter nicht nach aussen zurück, sondern bleiben nach innen gebogen, so dass spontane Selbstbefruchtung leicht eintreten kann.

Als Besucher sah ich (Bijdragen) eine pollenfressende Schwebfliege (Syritta pipiens L.).

Herm. Müller (Weit. Beob. III. S. 69) bemerkte in der bayerischen Oberpfalz: A. Coleoptera: a) *Cerambycidae*: 1. Leptura testacea L. ♂, Antheren verzehrend. b) *Lycidae*: 2. Dictyoptera sanguinea F., unthätig auf den Blüten sitzend. c) *Oedemeridae*: 3. Oedemera flavescens L., mit dem Munde an den Antheren beschäftigt. B. Diptera: a) *Muscidae*: 4. Sarcophaga spec., Honig saugend, in Mehrzahl. b) *Syrphidae*: 5. Melithreptus menthastri L., sgd.

Loew beobachtete in der Schweiz (Beiträge S. 56): Diptera: *Bombylidae*: 1. Anthrax maura L., sgd.; 2. Argyromoeba sinuata Fall., sgd. b) *Syrphidae*: 3. Melanostoma barbifrons F.

1238. G. silvestre Pollich. [H. M., Alpenblumen S. 389, 390: Schulz, Beitr. I. S. 67; Knuth, Bijdragen.] — Die Einrichtung der weissen Blüten stimmt im wesentlichen mit derjenigen von G. Mollugo überein, doch biegen sich die Staubblätter nach dem Verstäuben weniger weit aus der Blüte heraus. Die Blüten schwanken zwischen Protandrie und Homogamie; im letzteren Falle ist spontane Selbstbestäubung leicht möglich. Die alpinen Pflanzen haben, nach H. Müller und A. Schulz, grössere Blüten (mit 5—7 mm Durchmesser), als die der Ebene.

Als Besucher sah H. Müller 2 Syrphiden, 12 Falter; A. Schulz Fliegen, Käfer, kleinere Bienen und kleinere Falter, namentlich Noktuiden. Ich sah bei Kiel nur Syritta pipiens L., pfd.

Eine zu G. silvestre Poll. gehörige Form, vielleicht G. Lapeyrousianum (?), hat Mac Leod in den Pyrenäen von Käfern (1), Musciden (3) und

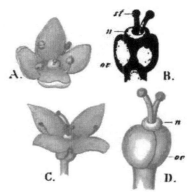

Fig. 182. Galium silvestre Pollich. (Nach Herm. Müller.)

A. Jüngere Blüte. (7 : 1.) *B.* Stempel und Nektarium derselben. (16 : 1.) *C.* Ältere Blüte. (7 : 1). *D.* Stempel und Nektarium derselben. (16 : 1.)

Syrphiden (3) besucht gesehen. Er bezeichnet diese Art als zur Klasse **B** gehörig, während ja sonst die Galium-Arten zu **A** gehören.

1238a. G. verum ✕ L. Mollugo L. (G. ochroleucum Wolff). [Knuth, Weit. Beob. S. 235.] — Auf der Insel Sylt beobachtete ich am 2. Juli 1893 zahlreiche Insekten die Blüten von G. verum L. und G. Mollugo L. nach einander besuchen und so Kreuzung derselben herbeiführen. Das zwischen diesen beiden Spezies wachsende G. ochroleucum Wolff liess erkennen, dass diese Kreuzung von Erfolg ist und letzteres der Bastard der beiden ersteren ist.

Als Besucher beobachtete ich folgende saugende Musciden: 1. Coenosia tigrina Fabr.; 2. Dolichopus aeneus Deg.; 3. Hylemyia sp. ♀; 4. H. variata Fabr.; 5. Spilogaster communis R.-D.; 6. Sp. duplaris Zett.; 7. Sp. duplicata Mg.; 8. Stomoxys stimulans Mg. ♀.

1239. G. verum L. [H. M., Befr. S. 358; Weit. Beob. III. S. 70; Mac Leod, B. Jaarb. V. S. 387; Knuth, Ndfr. Ins. S. 82, 83; Rügen; Weit. Beob. S. 235; Schulz, Beitr. I. S. 67.] — Die von mir auf der Insel Röm untersuchten Pflanzen zeigten folgende Blüteneinrichtung: Im Knospenzustande sind die Blüten geruchlos. Mit der Entfaltung der Blumenkrone tritt ein sehr starker Kumarinduft auf, (Kerner bezeichnet den Geruch als Honigduft). Die Blüten haben einen Durchmesser von nur 4 mm; doch werden sie durch ihre Zusammenhäufung zu

Fig. 183. Galium verum L. (Nach Herm. Müller.)
1. Junge Blüte eines sehr kleinblumigen Stockes mit pollenbedeckten Antheren und unentwickelten Narben. (7:1.) *2.* Ältere Blüte desselben Stockes mit verblühten, aus der Blüte herausgebogenen Staubblättern und entwickelten Narben. *3.* Blüte eines grossblumigen Stockes inmitten ihrer Entwickelung, älter als *1*, jünger als *2*. (7:1.) *4.* Dieselbe von der Seite gesehen.

dichten Ständen und ihre intensiv gelbe Farbe weithin sichtbar. Sie sind ausgeprägt protandrisch. Im ersten Blütenzustande biegen sich die 4 Staubblätter so weit zurück, dass der untere Teil ihrer Filamente zwischen den Zipfeln der flach ausgebreiteten Krone liegen; dabei richten sie den oberen Teil derselben bogig auf, so dass die aufgesprungenen Antheren sich etwaigen Besuchern entgegenstrecken. Nachdem die Staubbeutel ganz oder teilweise entleert sind, spalten sich die beiden bis dahin verwachsenen Griffel, wachsen ein wenig und erheben dadurch die jezt empfängnisfähigen Narben fast zu der Höhe, in welcher sich die Staubbeutel im ersten Blütenzustande befanden.

Hin und wieder findet spontane Selbstbestäubung dadurch statt, dass sich die Staubfäden bis zur Berührung der Narbe durch die Antheren umbiegen. Spontane Fremdbestäubung findet häufig geitonogam durch Herabfallen von Pollen aus höher stehenden Blüten auf die Narben tiefer stehender statt. Endlich ist es bei den dicht gedrängten Blütenständen und dem nahen Aneinanderstehen der einzelnen Stöcke möglich, dass der Wind etwas Pollen auf die Narben benachbarter Pflanzen überträgt.

Herm. Müller beobachtete einen auffallenden Grössenunterschied der Blüten der verschiedenen Stöcke, was er auch in seiner Zeichnung zum Ausdruck gebracht hat (vgl. Fig. 183); ein solcher ist mir auf Röm und überhaupt auf den nordfriesischen Inseln, wo die Pflanze an und in den Dünen in ungeheurer Menge vorkommt, nicht aufgefallen. Auch Schulz fand bei Halle und in Thüringen bedeutende Unterschiede in der Blütengrösse; die Extreme sind durch eine grosse Reihe von Mittelstufen verbunden. Hier schwankt die Blüteneinrichtung zwischen ausgeprägter Protandrie und völliger Homogamie. Im letzteren Falle ist spontane Selbstbestäubung möglich; später ist sie durch Herausbiegen der Staubblätter aus der Blüte ausgeschlossen.

Als Besucher sah ich auf den Inseln Sylt und Föhr zahlreiche Musciden, sgd.: 1. Coenosia tigrina Fabr.; 2. Dolichopus aeneus Deg.; 3. Hylemyia sp.; 4. H. variata Fabr.; 5. Musca sp.; 6. Spilogaster communis R.-D.; 7. Sp. duplaris Zett.; 8. Sp. duplicata Mg.; 9. Stomoxys stimulans Mg., 1 Schwebfliege (Syritta pipiens L., pfd.) und 1 Falter (Epinephele janira L., zu saugen versuchend); auf der Insel Rügen 1 Käfer (Strangalia melanura L., pfd.) und 1 Schwebfliege (Syritta pipiens L., pfd.).

Auf Helgoland beobachtete ich (B. Jaarb. VIII. S. 34): Diptera: Muscidae: 1. Coelopa frigida Fall.; 2. Lucilia caesar L.; 3. Scatophaga stercoraria L.; 4. kleine unbestimmte Musciden, sämtlich sgd.

Alfken beobachtete bei Bremen als häufigen Besucher den Blattkäfer Agelastica halensis L.

Herm. Müller giebt folgende Besucherliste:

A. Coleoptera: a) *Cerambycidae*: 1. Strangalia bifasciata Müll., Antheren verzehrend (Thür.). b) *Elateridae*: 2. Agriotes gallicus Lac. (Thür.). c) *Mordellidae*: 3. Mordella aculeata L. (Thür.); 4. M. fasciata F. (Thür.). d) *Oedemeridae*: 5. Oedemera podagrariae L., pfd. (Thür.). e) *Scarabaeidae*: 6. Cetonia aurata L., Blütenteile abweidend (Thür.). B. Diptera: a) *Bombylidae*: 7. Anthrax flava Mg., hld. (bayer. Oberpf.). b) *Conopidae*: 8. Conops flavipes L. (hld.). c) *Muscidae*: 9. Ulidia erythrophthalma Mg., häufig, hld. (Thür.). d) *Syrphidae*: 10. Eristalis arbustorum L., pfd. (Thür.). C. Hymenoptera: a) *Apidae*: 11. Halictus cylindricus F. ♂, hld. (bayer. Oberpf.); 12. Prosopis sp. ♂, hld. (bayer. Oberpf.). b) *Chrysidae*: 13. Holopyga ovata Dhlb., hld. (Thür.). c) *Tenthredinidae*: 14. Pachyprotasis rapae K. (hld.). D. Lepidoptera: *Sphingidae*: 15. Macroglossa stellatarum L., vergebl. nach Honig suchend (Thür.); 16. Zygaena lonicerae Esp. (Thür.).

Mac Leod beobachtete in den Pyrenäen 2 Musciden als Besucher. (B. Jaarb. III. S. 345).

In Dumfriesshire (Schottland) (Scott-Elliot, Flora S. 85) wurden 2 Schwebfliegen und 4 Musciden als Besucher beobachtet.

1240. G. boreale L. [Axell, S. 97; H. M., Befr. S. 358; Weit. Beob. III. S. 70; Alpenblumen S. 390; Schulz, Beitr. I. S. 66, 67] stimmt in der Honigabsonderung, der schwachen Protandrie und der gegenseitigen Stellung der Staubblätter und Stempel mit G. silvestre überein; daher ist auch ebenfalls bei eintretendem Insektenbesuche Kreuzung begünstigt, bei ausgebliebenem spontane Selbstbestäubung möglich. Mit G. Mollugo stimmt das Herausbiegen der verblühten Staubblätter aus der Blüte überein.

A. Schulz beschreibt, wie schon früher Axell, die Blüten gleichfalls

als mehr oder weniger ausgeprägt protandrisch; doch fand derselbe sie im Riesengebirge homogam. Im letzteren Falle ist spontane Selbstbestäubung möglich;
später ist dieselbe jedoch wegen Auswärtskrümmung der Staubblätter ausgeschlossen, obgleich in sehr vielen Blüten die Narben noch während des Ausstäubens der Antheren vollständig befruchtungsfähig werden. Warnstorf
(Bot. V. Brand. Bd. 37) bezeichnet die Blüten als homogam oder (a. a. O.
Bd. 38) protogynisch.

Als Besucher sah H. Müller in den Alpen eine Schwebfliege und einen Falter,
in Westfalen und Thüringen:

A. Coleoptera: a) *Cerambycidae*: 1. Strangalia bifasciata Müll., Antheren fressend.
b) *Chrysomelidae*: 2. Luperus flavipes L.. c) *Dermestidae*: 3. Anthrenus claviger Er.,
hld. d) *Mordellidae*: 4. Mordelle aculeata L., hld., in Mehrzahl. B. Diptera:
a) *Muscidae*: 5. Ulidia erythrophthalma Mg. (Thür.). b) *Syrphidae*: 6. Tropidia milesiformis Fall., hld. C. Hymenoptera: a) *Apidae*: 7. Prosopis brevicornis Nyl. ♂,
sgd. b) *Tenthredinidae*: 8. Tarpa cephalotes F., nur flüchtig verweilend. D. Lepidoptera: *Microlepidoptera*: 9. Eine kleine Motte, sgd.

1241. G. palustre L. [Axell, S. 97; Kirchner, Flora S. 664.] —
Auf die Protandrie hat Axell zuerst aufmerksam gemacht. Nach
Kirchner ist die Möglichkeit der spontanen Selbstbestäubung dieselbe wie bei
G. silvaticum.

Als Besucher beobachtete Verhoeff auf Norderney: Diptera: a) *Empidae*:
1. Hilara quadrivittata Mg. b) *Muscidae*: 2. Sepsis cynipsea L.; Mac Leod in Flandern
1 Schwebfliege, 1 Holzwespe, 1 Schlupfwespe, 1 Käfer (B. Jaarb. V. S. 488).

In Dumfriesshire (Schottland) (Scott-Eliot, Flora S. 85) wurden 2 Schwebfliegen
und 2 Musciden als Besucher beobachtet.

1242. G. uliginosum L. [Axell, S. 97; Mac Leod, B. Jaarb. V.
S. 387; Kirchner, Flora S. 665; Schulz, Beitr. I. S. 66.] — Die Protandrie
auch dieser Art hat Axell zuerst erkannt. Die weissen Blüten haben, nach
Kirchner, dieselbe Einrichtung wie G. Mollugo. Im Herbste finden sich,
nach Schulz, Blüten, welche sich nicht öffnen, sondern sich kleistogam befruchten.

Lindman beschreibt die Pflanzen des Dovrefjeld als zuerst protandrisch, dann homogam. In den ähnlich wie G. verum riechenden Blüten neigen
sich die pollenbedeckten Antheren zuerst über der Blütenmitte zusammen, während
die Narbe noch nicht empfängnisfähig ist, es aber doch noch vor dem Verstäuben
wird. Auch nach dem Verwelken der Antheren bleiben die Staubfäden nach
innen gebogen, so dass erstere an letzteren schlaff herabhängen. Alsdann
wächst der Griffel soweit empor, dass die Narben die vorher von den Antheren
inne gehabte Stelle einnehmen. Spontane Selbstbestäubung ist während des
homogamen Zustandes leicht möglich.

1243. G. Aparine L. [Mac Leod, B. Jaarb. V. S. 388; Kirchner, Flora
S. 665; Knuth, Bijdragen.] — Die kleinen weissen, unscheinbaren Blüten
sind, nach Kirchner, protandrisch. Die Staubblätter krümmen sich aber nicht
aus der Blüte zurück, so dass die später sich entwickelnden und ausbreitenden
Narben immer mit den zwar schon trockenen, aber noch pollenführenden Antheren in Berührung kommen, mithin stets spontane Selbstbestäubung gesichert
ist. Diese ist, nach Darwin, von Fruchterfolg begleitet.

Als Besucherin sah ich eine pollenfressende Schwebfliege: Syritta pipiens L.

In Dumfriesshire (Schottland) (Scott-Eliot, Flora S. 87) wurden 1 Faltenwespe, 1 Schlupfwespe und 1 Muscide als Besucher beobachtet.

1244. G. purpureum L. In den dunkelbraun-roten Blüten stehen, nach Schulz (Beitr. II. S. 97), die Staubblätter aufrecht, so dass die Antheren sich über den mit ihnen gleichzeitig reifen Narben fast berühren. Letztere liegen daher in der Fallrichtung des Pollens, so dass spontane Selbstbestäubung unvermeidlich ist. Ebenso werden die Besucher (Schwebfliegen, kleine Wespen und andere kleine Hymenopteren) meist Selbstbestäubung, gelegentlich auch wohl Fremdbestäubung bewirken.

1245. G. tricorne Withering. Nach Herm. Müller (Weit. Beob. III. S. 70, 71) wird zwar reichlich Nektar abgesondert, aber die weissen oder gelblich-weissen, vereinzelten Blüten sind zu klein, um viel Besuch zu erhalten. Es findet daher regelmässig spontane Selbstbestäubung statt, indem die Staubblätter sich nicht auswärts biegen, sondern über der gleichzeitig entwickelten Narbe stehen bleiben. Nach Kerner findet spontane Selbstbestäubung durch Anlegen der Antheren an die Narbe infolge von Einwärtskrümmung der Staubfäden statt.

Als Besucher sah H. Müller nur eine Muscide (Anthomyia) honigleckend.

1246. G. lucidum Allioni. Die Einrichtung gleicht, nach Schulz (Beitr. II. S. 97, 88), derjenigen von G. Mollugo. Die Blüten sind stärker oder schwächer protandrisch. Selbstbestäubung ist infolge der Auswärtsbiegung der Staubblätter meist ausgeschlossen. Die Griffel verlängern sich während der Blüte bedeutend.

Als Besucher sah Schulz viele kleinere Insekten (Fliegen, kleinere Hymenopteren, Käfer), welche auch häufig Selbstbestäubung herbeiführten.

1247. G. rubrum L. Die rosa bis dunkelrot gefärbten Blüten sind, nach Schulz (a. a. O.), homogam. Da die Staubblätter sich nach aussen drehen, so ist spontane Selbstbestäubung erschwert, aber die einzige Befruchtungsart von Bedeutung, da Schulz trotz wiederholter Beobachtung bei günstiger Witterung nur zwei Schwebfliegen als Besucher sah.

1248. G. rubioides L. Die von Kirchner (Beitr. S. 61) im botanischen Garten zu Bern untersuchten Pflanzen waren protandrisch. In den weissen, flach trichterförmigen Blüten stehen die Staubblätter anfangs aufrecht; später biegen sie sich nach aussen und ihre Antheren fallen ab. Erst dann strecken sich die Griffel, und die Narben spreizen auseinander.

1249. G. helveticum Weigel. In den sich zu einem Stern von ungefähr $3^{1}/_{2}$—5 mm ausbreitenden, weisslich-gelben oder grün-gelben Blumen verharren, nach Schulz (Beitr. II. S. 99), die Staubblätter meist während ihrer ganzen Blühzeit in fast senkrechter Stellung, so dass sich die Antheren über den mit ihnen gleichzeitig entwickelten Narben befinden, spontane Selbstbestäubung also unvermeidlich ist. Auch die besuchenden Insekten werden daher wohl stets Selbstbestäubung bewirken.

Als Besucher sah Schulz in den Alpen zahlreiche Fliegen, Käfer, kleinere Bienen und kleinere Falter.

1250. G. saxatile L. [H. M., Weit. Beob. III. S. 69; Knuth, Ndfr. Ins. S. 83; Rügen.] — Die von mir auf den nordfriesischen Inseln und bei Kiel beobachteten Pflanzen sind protandrisch und stimmen in der Blüteneinrichtung im wesentlichen mit derjenigen von G. Mollugo überein. Die Antheren sind bereits aufgesprungen, bevor die Spaltung der Griffel erfolgt ist. In jungen Blüten stehen die Staubblätter aufrecht, spreizen sich aber mit dem Heranwachsen der Griffel so weit auseinander, dass sie zwischen den Zipfeln der Blumenkrone liegen, während die Narben die Stelle der Antheren eingenommen haben. Spontane Fremdbestäubung ist geitonogam leicht möglich, indem sich die Narben teils bis zur Berührung mit den Antheren benachbarter Blüten krümmen, teils Pollen auf die Narben der Blüten desselben Stockes herabfällt.

Als Besucher sah Herm. Müller:

A. Coleoptera: *Cerambycidae*: 1. Leptura livida F., Blütenteile verzehrend. B. Diptera: *Syrphidae*: 2. Syritta pipiens L., sgd. und pfd., häufig.

Auf der Insel Rügen beobachtete ich die Syrphide: Eristalis sepulcralis L., sgd. und pfd.

In Dumfriesshire (Schottland) (Scott-Elliot, Flora S. 86) wurden 3 Schwebfliegen als Besucher beobachtet.

1251. G. persicum DC. sah Loew im botanischen Garten zu Berlin von einem Kleinfalter (unbestimmten Pyralide) besucht.

1252. Ixora salicifolia DC. sondert, nach Willis (Proc. Cambridge Phil. Soc. 1892), den Nektar am Grunde einer langen Kronröhre aus, so dass er nur langrüsseligen Insekten zugänglich ist. Der Pollen wird auf die noch unentwickelte Narbe entleert. Der als Anflugstange dienende Griffel streckt den Besuchern also im ersten Blütenzustande den Pollen, im zweiten die dann entwickelte Narbe entgegen. Ebenso verhält sich

1253. J. coccinea.

1254. Phyllis Nobla, eine Rubiacee der canarischen Inseln, ist ausgeprägt windblütig. (Delpino, Malpighia III.)

1255. Crucianella stylosa Trin. Nach Francke (Diss.) wird der Pollen bereits im Knospenzustande entleert und später durch den verlängerten Griffel herausgeschoben. Alsdann erst entwickelt sich die Narbe. — Kerner (Pflanzenleben II. S. 264, 265, 329) schildert die Blüteneinrichtung in folgender Weise:

Der lange, dünne, schlangenförmig gewundene Griffel trägt eine dicke Narbe, welche zwischen den Antheren festgeklemmt ist und diese mit Pollen bedeckt. Durch Streckung des Griffels wird die pollenbedeckte Narbe bis unter die Kuppel der immer noch geschlossenen Blüte gehoben. Bei Insektenbesuch klappt der Kronsaum plötzlich auf und die hervorschnellende Narbe bestreut den Besucher von unten mit Pollen. Sodann ragt der Griffel mit der sich jetzt entwickelnden Narbe weit aus der Blüte hervor, so dass die besuchenden kleinen Hautflügler oder Fliegen diese zuerst berühren, mithin Fremdbestäubung bewirken müssen. Bleibt Insektenbesuch aus, so erfolgt das Aufklappen des

Blütensaumes und das Ausstreuen des Pollens von selbst, und der staubförmige Pollen gelangt durch die Luft auf die Narbe benachbarter Blüten.

1256. C. angustifolia L. Die sehr kleinen, grünlich-gelben Blüten sah Plateau von einem Käfer (Cassida nobilis L.) und einer Biene (Anthrena sp.) besucht.

1257. Coffea arabica L. bringt, nach Bernoulli (B. Ztg. 1869. S. 17), zu Anfang der Blütezeit kleine, rein weibliche, fruchtbare Blüten hervor. Die Zwitterblüten sind, nach Ernst, protandrisch. Als Befruchter beobachtete Bourdillon (Nature XXXVI) besonders Falter.

1258. Nertera depressa Bks. ist, nach Francke (Diss.), protogynisch mit ausgeschlossener Autogamie.

1259. Rondeletia strigosa Benth. besitzt, nach Penzig (Mlp. VIII. S. 466—475), auf dem becherförmigen Teil der Blumenkrone dichtgehäufte gelbe Körnchen, welche Pollenkörnern sehr ähnlich sehen und wohl solche imitieren und zur Anlockung der Insekten dienen.

66. Familie Valerianaceae DC.

Knuth, Grundriss S. 63.

Die Blüten sind zu Trugdolden vereinigt, wodurch die Augenfälligkeit der an und für sich meist kleinen Blumen bedingt wird. Die Honigabsonderung und -bergung findet fast immer in einem Höcker oder Sporn an der Blumenkronröhre statt; die meisten Arten gehören daher der Blumenklasse B' an, diejenigen der Gattung Centranthus sind ausgeprägte Falterblumen. Fremdbestäubung wird durch Dichogamie, seltener durch Zweihäusigkeit (Valeriana dioica) gesichert. Bei kleineren Blüten tritt auch Homogamie auf.

304. Valeriana L.

Weissliche, zu Trugdolden vereinigte, protandrische oder homogame Blumen mit verborgenem Honig, welcher über dem Grunde der Kronröhre in einer kleinen Aussackung mit grünem, fleischigen Boden abgesondert und beherbergt wird.

1260. V. officinalis L. Wie schon Sprengel (S. 63—65) erkannt, Ricca (Atti XIV, 3) und H. Müller (Befr. S. 415; Alpenbl. S. 469, 470) bestätigt haben, sind die weisslichen oder fleischroten, stark riechenden kleinen, aber durch ihre Vereinigung zu grossen Inflorescenzen augenfälligen Blüten protandrisch. Als Saftmal besitzen sie fünf purpurfarbige Linien, welche an älteren Blüten verbleichen. Die Kronröhre ist 4—5 mm lang und hat $^1/_2$ mm über dem Grunde eine das Nektarium enthaltende Aussackung, über welcher die Innenseite der Kronröhre mit einigen Haaren besetzt ist.

Im ersten Blütenzustande ragen die rings mit Pollen bedeckten Antheren aus der Blüte hervor, im zweiten die drei auseinander gespreizten Narbenlappen des Griffels.

Besuchende Insekten werden daher in jüngeren Blüten ihre Füsse und ihre Unterseite mit Pollen bedecken, den sie auf die Narben älterer tragen. Da die Staubblätter im zweiten Blütenzustande nach aussen gebogen sind, ist spontane Selbstbestäubung ausgeschlossen.

Nach Warnstorf (Bot. V. Brand. Bd. 38) sind die Staubblätter nicht gleichzeitig, sondern nach einander entwickelt, weit aus den Blüten hervorragend, später mit den nach aussen geöffneten Antheren zurückgebogen und deshalb leicht benachbarte Blütchen, die sich im zweiten, weiblichen Zustande befinden, befruchtend. Pollen weiss, dicht stachelwarzig, elliptisch, an dem einen Pol meist gestutzt, bis 75 μ lang und 44 μ breit.

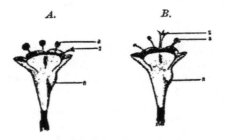

Fig. 184. **Valeriana officinalis L.** (Nach der Natur, vergrössert.)

A. Blüte im ersten (männlichen) Zustande: Die pollenbedeckten Antheren (*a*) stehen über der Blüte, die unentwickelten Narbe (*s*) ist noch seitwärts gebogen. *B.* Blüte im zweiten (weiblichen) Zustande: Die Antheren (*a*) sind entleert und zur Seite gebogen, die entwickelte Narbe (*s*) steht über der Blüte. — *n* Nektarium.

Nach demselben (Nat. V. des Harzes XI) treten durch Fehlschlagen der Antheren mitunter auch rein weibliche Stöcke auf, die sich durch kleinere, dichter zusammengedrängte Blüten schon von fern bemerkbar machen; die Pflanze ist also gynodiöcisch.

Als Besucher sah ich (Bijdragen) bei Kiel: A. Diptera: *Syrphidae*: 1. Syrphus balteatus Deg., pfd.; 2. Eristalis tenax L., pfd. B. Lepidoptera: *Rhopalocera*: 3. Pieris sp. sgd.; ferner auf Rügen: Diptera: a) *Muscidae*: 1. Aricia sp. b) *Stratiomydae*: 2. Odontomyia viridula F., gemein. c) *Syrphidae*: 3. Eristalis pertinax Scop. ♀. Sämtl. sgd.

Herm. Müller (Alpenbl. S. 469) sah in den Alpen Käfer (1), Fliegen (16), Hymenopteren (6), Falter (15); Loew (Bl. Fl. S. 398) eine Muscide (Spilogaster angelicae Scop.); Mac Leod in Flandern 4 Syrphiden, 1 Muscide, 1 Falter, 1 Käfer (B. Jaarb. V. S. 392); in den Pyrenäen 1 Falter, 3 Musciden und 2 Syrphiden als Besucher (A. a. O. III. S. 346).

Rössler beobachtete bei Wiesbaden den Falter: Limenitis camilla S. V.; Schenck in Nassau die Grabwespe Gorytes mystaceus L.; Lindmann auf dem Dovrefjeld mehrere Blattwespen und Fliegen, 1 Hummel, 2 Blumenkäfer.

Herm. Müller (1) und Buddeberg (2) geben für Mitteldeutschland folgende Besucherliste (Befr. S. 415; Weit. Beob. III S. 98):

A. Coleoptera: *Elateridae*: 1. Adrastus pallens Er., unthätig (1). B. Diptera: a) *Conopidae*: 2. Conops quadrifasciatus Deg., sgd. (1); 3. C. scutellatus Mg., sgd. (1); 4. Sicus ferrugineus L., sgd. (1). b) *Empidae*: 5. Empis livida L., in grösster Menge, sgd. (1); 6. E. rustica L., w. v. (1). c) *Muscidae*: 7. Anthomyia sp., pfd. (2); 8. Calliphora erythrocephala Mg., häufig, sgd. (1); 9. C. vomitoria L., häufig, sgd. (1); 10. Echinomyia fera L., sgd. (1); 11. Lucilia cornicina F., häufig, sgd. (1); 12. Musca domestica L., w. v. (1); 13. Onesia floralis R.-D., w. v. (1); 14. Sarcophaga carnaria L., w. v. (1). d) *Syrphidae*: 15. Chrysotoxum festivum L., bald sgd., bald pfd. (1); 16. Eristalis arbustorum L., sgd. und pfd. (1, 2); 17. E. horticola Deg., w. v. (1); 18. E. nemorum L.,

w. v. (1); 19. E. sepulcralis L., w. v. (1); 20. E. tenax L., sgd. (1); 21. Helophilus floreus L., häufig, bald sgd., bald pfd. (1); 22. H. pendulus L., w. v. (1); 23. Syritta pipiens L., w. v. (1); 24. Volucella bombylans L., w. v. (1); 25. V. inanis L., sgd. (1); 26. V. pellucens L., sgd. und pld. (1). e) *Tabanidae*: 27. Tabanus luridus Pz. (1). C. Hemiptera: 28. Pentatoma sp., sgd. (1). D. Hymenoptera: a) *Apidae*: 29. Apis mellifica L. ⚇, häufig (1); 30. Bombus pratorum L. ⚥, sgd. (1); 31. Chelostoma nigricorne Nyl. ♂, sgd. (2); 32. Halictus malachurus K. ♀ (2); 33. Kleine Halictus ♀ ♂, sgd. (1); 34. Sphecodes gibbus L., sgd. (2). b) *Sphegidae*: 35. Crabro vexillatus Pz. ♀ (1). E. Lepidoptera: 36. Epinephole hyperanthus L., sgd. (1).

Loew beobachtete im bot. Garten zu Berlin eine Schwebfliege (Eristalis nemorum L.) und die Honigbiene, sgd.; ferner an der var. altissima Mchx.: A. Coleoptera: *Scarabaeidae*: 1. Cetonia aurata L., Blütenteile verzehrend. B. Hymenoptera: *Apidae*: 2. Anthrena albicans Müll. ♀, sgd. und pfd.; 3. Apis mellificae L. ⚇, sgd.

1261. V. dioica L. Sprengel (S. 65—67) und später auch H. Müller (Befr. S. 115, 116) setzen auseinander, dass, da die männlichen Blüten erheblich grösser sind, als die weiblichen, erstere von den anfliegenden Insekten fast immer früher besucht werden, als die weiblichen, so dass letztere durch den aus den ersteren mitgebrachten Pollen befruchtet werden. Die Röhre der oberwärts trichterförmig erweiterten männlichen Blüten ist etwa 3, die der weiblichen nur 1 mm lang: der Honig ist also auch den kurzrüsseligsten Insekten zugänglich. Nach Kerner öffnen sich die scheinzwitterigen weiblichen Blüten 3—5 Tage früher als die scheinzwitterigen männlichen. Nach Müller kommen die eingeschlechtigen Blüten in verschiedener Grösse und verschiedener Ausbildung der Überreste des anderen Geschlechtes vor. Es treten nämlich männliche Blüten ohne Stempelreste mit sehr grossen Kronen, und solche mit Stempelrest und etwas kleineren Kronen auf; sodann finden sich weibliche Blüten mit kleinerem Pistill und grösseren Kronen und solche mit grösserem Pistill und sehr kleinen Kronen. In seltenen Fällen treten auch Zwitterblüten auf.

Als Besucher sah ich bei Kiel nur die Honigbiene, sgd.; Herm. Müller beobachtete dieselbe, ferner eine andere Biene (Anthrena albicans Müll. ♀), sowie Schwebfliegen (Eristalis arbustorum L., sgd.; Rhingia rostrata L., pfd.), eine Tipula, sowie Pieris napi L., sgd., endlich Meligethes, sehr zahlreich. Mac Leod sah in Flandern 2 Musciden. (B. Jaarb. V S. 392.)

1262. V. montana L. [H. M., Alpenblumen S. 470, 471; Schulz, Beitr. II. S. 100, 101—102, 192] ist gynodiöcisch (in Graubünden), nach Schulz (in Tirol) trimonöcisch bis triöcisch. Es treten Stöcke mit grossblütigen, ausgeprägt protandrischen Zwitterblüten und solche mit kleinblütigen, rein weiblichen Blüten auf. Letztere besitzen Staubblätter, welche äusserlich wenig verkümmert erscheinen; doch enthalten ihre Antheren kein einziges entwickeltes Pollenkorn (Fig. 184).

Als Besucher beobachtete H. Müller in den Alpen 2 Käfer-, 35 Fliegen-, 3 Hymenopterenarten und 1 Falter; Mac Leod in den Pyrenäen Syrphus pyrastri L. an den Blüten (B. Jaarb. III. S. 347); Schletterer in Tirol die Erdhummel.

1263. V. saxatilis L. ist, nach Schulz (Beitr. II. S. 102—103, 193), trimonöcisch bis triöcisch, und zwar sind die weiblichen Blüten viel kleiner als die männlichen und die zweigeschlechtigen.

Als Besucher beobachtete Schulz kleinere und mittelgrosse Fliegen.

1264. V. supina L. ist, nach Kerner, gynodiöcisch. Ebenso
1265. V. saliunca All.
1266. V. tripteris L. [H. M., Alpenblumen S. 471—473] ist in Graubünden diöcisch, in Tirol, nach Schulz, gynodiöcisch und androdiöcisch, mit
protandrischen Zwitter-
blüten. Nach Kerner
öffnen sich die schein-
zwitterigen weiblichen
Blüten, wie bei V. dio-
ica, 3—5 Tage früher
als die männlichen. Auch
hier treten klein- und
grossblumige Stöcke auf.
Letztere sind rein männ-
lich; sie enthalten zwar
neben den 3 aus der
Blüte hervorragenden
Staubblättern einen Grif-
fel, doch bleibt dieser
in der Blüte eingeschlos-
sen. (Fig. 186.) Die
Pflanzen auf dem Monte
Baldo sind, nach Massa-
longo (Soc. bot. ital.
1896), entweder mikran-
drisch weiblich oder
makrandrisch zwitterig,
wie bei Valeriana
montana.

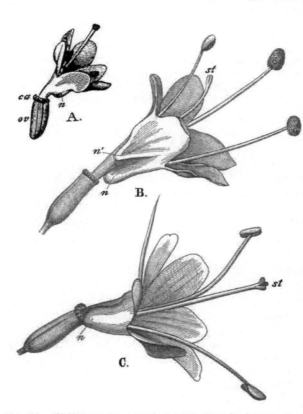

Fig. 185. Valeriana montana L. (Nach Herm. Müller.)
A. Kleinhüllige, weibliche Blüte. B. Grossblütige, zweigeschlechtige Blüte im ersten (männlichen) Zustande. C. Grosshüllige, zweigeschlechtige Blüte im zweiten (weiblichen) Zustande. (Vergr. 7 : 1.)

Als Besucher sah
H. Müller 17 Fliegen-
arten, 1 Käfer, 1 Biene,
3 Falter.

1267. V. cordi-
folia L. ist, nach Ricca
(Atti XIV, 3), ausge-
prägt protandrisch.

1268. V. capitata Pall.
Nach Ekstam beträgt auf Nowaja-Semlja der Blütendurchmesser 5—8 mm.
Die heliotrop-duftenden Blüten sind teils stark protandrisch, teils homogam.
Als Besucher wurden Fliegen, darunter Sarcophaga atriceps Zett. beobachtet.
Loew beobachtete im botanischen Garten zu Berlin an einigen Valeriana-
Arten folgende Besucher:
1269. V. exaltata Mik.: eine Muscide (Cynomyia mortuorum L.); an
1270. V. alliariaefolia Vahl.:

A. Coleoptera: *Scarabaeidae*: 1. Cetonia aurata L., Blütenteile verzehrend. B. Diptera: a) *Muscidae*: 2. Echinomyia fera L. b) *Syrphidae*: 3. Eristalis tenax L. C. Hymenoptera: *Apidae*: 4. Bombus terrester L. ⚥, sgd.;

1271. V. asarifolia Dufr.:

A. Diptera: a) *Muscidae*: 1. Scatophaga merdaria F. b) *Syrphidae*: 2. Syritta pipiens L. B. Hymenoptera: *Apidae*: 3. Anthrena sp. ♀, sgd. und psd.; 4. Osmia fulviventris Pz. ♂, sgd. C. Lepidoptera: *Rhopalocera*: 5. Pieris brassicae L., sgd.;

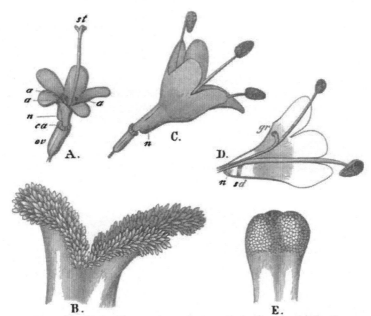

Fig. 186. Valeriana tripteris L. (Nach Herm. Müller.)

A. Kleinhüllige, weibliche Blüte. (7 : 1.) *B.* Narbe derselben. (80 : 1.) *C.* Grosshüllige männliche Blüte. (7 : 1.) *D.* Eine andere grosshüllige Blüte im Längsschnitt; Fruchtknoten und Kelch sind fortgelassen. (7 : 1.) *E.* Narbe derselben. (80 : 1.)

1272. V. Phu L.:

A. Coleoptera: *Scarabaeidae*: 1. Rhizotrogus solstitialis L., Blütenteile verzehrend. B. Diptera: *Syrphidae*: 2. Helophilus floreus L. C. Hymenoptera: *Apidae*: 3. Osmia rufa L. ♀, psd. D. *Rhopalocera*: 4. Pieris brassicae L., sgd.

305. Centranthus DC.

Rote oder weisse ausgeprägt protandrische (Delpino, Ult. oss. S. 127) Falterblumen, deren Nektar in einem am Grunde der Kronröhre befindlichen Sporn abgesondert wird.

1273. C. ruber DC. Die Blüten sind, nach Schulz (Beitr. II. S. 103—104), wie diejenigen der übrigen Valerianaceen, asymmetrisch. Ein Kronsaumzipfel bildet die Oberlippe, die 4 übrigen die Unterlippe. Die enge, nach Kerner durch eine dünne Haut der Länge nach in zwei Abteilungen geteilte Kronröhre ist 8—10 mm lang und besitzt einen 6—7 mm langen Sporn. Die Anthere des einzigen, rechts oder links von der Oberlippe stehenden Staubblattes ist intrors, doch stellt sie sich während des Verstäubens schräg oder selbst wagerecht. Anfangs ragt der Griffel nur wenig aus der Kronröhre hervor, doch verlängert er sich nach dem Verstäuben der Antheren so weit, dass er dann 5—6 mm aus derselben hervorsieht. Spontane Selbstbestäubung ist ausgeschlossen.

Als Besucher beobachtete ich an Gartenpflanzen auf der Insel Helgoland Macroglossa stellatarum L.; auch Loew sah bei Bellagio gleichfalls Macroglossa; Schulz bei Bozen vorwiegend Tagfalter (Papilio podalirius L., P. machaon L., Parnassias apollo L., Pieris brassicae L., P. rapae L.); Mattei bei Genua Tagfalter und Zygäniden.

Loew beobachtete im botanischen Garten zu Berlin: A. Coleoptera: *Scarabaeidae*: 1. Cetonia aurata L., Blütenteile verzehrend. B. Diptera: *Syrphidae*: 2. Syritta pipiens L., pfd. (?); 3. Syrphus luniger Mg., flüchtig besuchend. C. Lepidoptera: *Rhopalocera*: 4. Vanessa urticae L., sgd. Ferner daselbst an

1274. C. angustifolius DC.:

A. Coleoptera: *Scarabaeidae*: 1. Cetonia aurata L., Blütenteile verzehrend. B. Diptera: *Syrphidae*: 2. Eristalis sepulcralis L., flüchtig besuchend; 3. E. tenax L., w. v. E. Lepidoptera: *Rhopalocera*: 4. Pieris brassicae L., sgd.; 5. Vanessa urticae L., sgd.

306. Valerianella Pollich.

Bläulich-weisse, homogame oder protogyne, zu vielblütigen Trugdolden vereinigte, aber wegen ihrer Kleinheit doch wenig augenfällige Blumen mit verborgenem Honig, welcher in einer am Grunde der Kronröhre sitzenden Erweiterung abgesondert wird.

1275. V. olitoria Moench. [H. M., Weit. Beob. III. S. 98; Kirchner, Flora S. 675; Mac Leod, B. Jaarb. V. S. 392—393; Knuth, Bijdragen; Warnstorf, Bot. V. Brand. Bd. 38.] — Nach Herm. Müller besteht die Blumenkrone der winzigen Blütchen aus einer Röhre, die in ihrem untersten, etwa 1/3 mm langen Teile kaum 1/4 mm weit ist, sich dann plötzlich auf etwa 3/4 mm erweitert und in einen meist 5- oder 6-lappigen Saum von 2 mm Durchmesser endigt. Im Grunde der Erweiterung werden winzige Nektartröpfchen ausgesondert. Die Blüten sind homogam. Kurz nachdem sie sich geöffnet haben, sind die drei Staubblätter gerade aus der Blüte hervorgestreckt, ihre Antheren rings mit Pollen bedeckt und die gleichzeitig entwickelte, tiefer stehende Narbe bereits mit einzelnen aus den Antheren herabgefallenen Pollenkörnern bedeckt. Allmählich streckt sich der Griffel so, dass die Narbe mit den Antheren in gleicher Höhe steht. Es ist daher spontane Selbstbestäubung unvermeidlich; bei eintretendem Insektenbesuche ist aber auch Fremdbestäubung möglich.

Als Besucher sah ich nur einige Fliegen (Lucilia caesar L.; Syritta pipiens L.; Syrphus ribesii L., sämtl. sgd.) und Meligethes.

H. Müller (1) und Buddeberg (2) geben folgende Besucher an:

A. Coleoptera: a) *Chrysomelidae*: 1. Lema cyanella L. (1). b) *Elateridae*: 2. Limonius cylindricus Payk. (1). c) *Nitidulidae*: 3. Meligethes, sehr zahlreich, pfd. (1). d) *Staphylinidae*: 4. Philonthus sp. (1). B. Diptera: a) *Empidae*: 5. Cyrtoma spuria Fall. (1); 6. Empis peunipes L., sgd., häufig (1); 7. E. trigramma Mg., sgd., in Mehrzahl (1); 8. Hilara sp., sgd., in Mehrzahl (1). b) *Lonchopteridae*: 9. Lonchoptera punctum Mg. (1). c) *Muscidae*: 10. Aricia incana Wiedem., sgd., häufig (1); 11. Lucila sp., wiederholt (1); 12. Onesia sepulcralis Mg. (1); 13. Pollenia vespillo F., bld. (1); 14. Psila fimetaria L., sgd. (1); 15. Scatophaga stercoraria L. ♀ ♂, in grosser, Zahl, sgd. (1); 16. Sepsis sp. (1); 17. Siphona geniculata Deg., sgd. (1). d) *Syrphidae*: 18. Ascia podagrica F., sgd. und pfd., sehr häufig (1); 19. Syritta pipiens L., w. v. (1). e) *Bibionidae*: 20. Dilophus sp. (1). f) *Mycetophilidae*: 21. Sciara sp. (1). C. Hemiptera: 22. Eurydema oleraceum L., sgd. (1). D. Hymenoptera: *Apidae*: 23. Anthrena albicans Müll. ♀, sgd. (2); 24. A. collinsonana K. ♀, sgd. (2); 25. A. convexiuscula K. ♀, sgd. (2); 26. A. gwynana K. ♀, sgd. (2); 27. A. nitida Fourcr. ♀, sgd. (2); 28. A. parvula K. ♀, sgd. (2); 29. A. smithella K. ♀, sgd. (2); 30. Halictus politus Schenck ♀, sgd. (2); 31. Nomada ruficornis L. var. signata Jur. ♂, sgd. (2); 32. N. sp., sgd. (2); 33. Sphecodes gibbus L. ♂, sgd. (2). E. Lepidoptera: a) *Noctuidae*: 34. Euclidia mi L., flüchtig sgd. (1). b) *Rhopalocera*: 35. Polyommatus dorilis Hfn. (1).

Alfken beobachtete bei Bremen: Bombus muscorum F. ♀, sgd.; Rössler bei Wiesbaden den Falter: Adela rufifrontella Tr.

1276. V. Auricula DC. (V. rimosa Bastard, V. dentata DC.). Nach Kirchner stimmt die Blüteneinrichtung im wesentlichen mit derjenigen von V. olitoria überein. Kerner beschreibt die Blüten als protogynisch. Anfangs ist durch Abwärtskrümmung des Griffels beim Öffnen der Antheren spontane Selbstbestäubung ausgeschlossen, doch tritt diese später durch Rückkrümmung des Griffels ein.

Als Besucherin sah H. Müller eine kleine Biene (Halictus longulus Smith ♂), sgd.

1277. V. carinata Loisleur hat, nach Kerner, eine ähnliche Einrichtung wie vor.

1278. V. dentata Pollich (= V. Morisonii DC.). Die Blüteneinrichtung ist, nach Müller, derjenigen von V. olitoria ähnlich. Kerner bezeichnet die Blüten wieder als protogyn.

67. Familie Dipsacaceae DC.

Knuth, Grundriss S. 63, 64.

Die kleinen Einzelblumen sind zu grossen, kopfigen Blütenständen vereinigt, wodurch die grosse Augenfälligkeit und der damit verbundene starke Insektenbesuch hervorgerufen wird. Bei unseren Arten ist in den Zwitterblüten durch ausgeprägte protandrische Dichogamie Fremdbestäubung gesichert. Der Honig wird von der Oberfläche des Fruchtknotens abgesondert und im Grunde der Blumenkronröhre geborgen. Sämtliche Arten gehören daher zur Blumenklasse B'. Häufig Gynodiöcie.

307. Morina L.

Schwach protogynische Blumen, welche sich in der abendlichen Dämmerung öffnen, also Dämmerungs- und Nachtfalterblumen.

1279. M. Persica L. Nach Kerner (Pflanzenleben II. S. 349) ist die protogynische Dichogamie auf nur eine halbe Stunde beschränkt, doch genügt diese, um anfangs Kreuzung zu ermöglichen. Sobald sich nämlich der Kronsaum ausgebreitet hat, wird dicht über der Zufahrt zum Honig die dicke, wulstige Narbe sichtbar, welche an ihrer Unterseite das belegungsfähige Gewebe trägt. Die zwei dahinterstehenden Antheren sind noch geschlossen, so dass ein bereits pollenbedeckter zum Honig vordringender Insektenrüssel die Narbe belegen muss.

1280. M. elegans hat, nach Hildebrand (Bot. Ztg. 1869, S. 488 bis 491), homogame Blüten, doch überragt die Narbe die Antheren, so dass bei Insektenbesuch erstere meist zuerst berührt wird, mithin Fremdbestäubung bevorzugt ist. Später krümmt sich die Narbe bis zur Berührung mit den Antheren abwärts, so dass alsdann noch spontane Selbstbestäubung erfolgen kann.

308. Dipsacus Tourn.

Weissliche oder lila, ausgeprägt protandrische, zu eiförmigen oder kugeligen Köpfen zusammengestellte Blüten. Steifborstige Spreublätter verhindern die besuchenden Insekten, über die Blütenstände zu kriechen, so dass die Antheren und Griffel nicht durch die Füsse der Insekten, sondern mit dem Kopfe derselben berührt werden.

1281. D. silvester Miller. [H. M., Befr. S. 367; Weit. Beob. III. S. 76; Heinsius, B. Jaarb. IV. S. 81; Knuth, Bijdragen; Loew, Bl. Fl. S. 390.] — Die Röhre der lila Blüten ist, nach Herm. Müller, 9—11 mm lang. Im ersten Blütenzustande überragen die aufgesprungenen Antheren, im zweiten meist nur der eine Griffelast die Blüten, während der andere meist verkümmert ist. Als Erklärung für diese Erscheinung bemerkt H. Müller, dass, wenn eine Hummel den Kopf in eine Blüte senkt, ein Griffelast dem anderen im Wege sein würde, und dass eine viel vollkommenere Bestreifung der ganzen Narbenfläche des einen Astes durch den Hummelkopf möglich ist, wenn der andere Narbenast ganz wegfällt. Das Aufblühen erfolgt, nach Kirchner, von einer mittleren Zone des Köpfchens nach beiden Seiten.

Als Besucher sah ich im botanischen Garten zu Kiel nur 2 saugende und pollensammelnde Hummeln (Bombus lapidarius L. ⚲ und B. terrester L. ♀ ⚲); Herm. Müller bemerkte in Westfalen:

A. Diptera: *Syrphidae*: 1. Volucella pellucens L., sgd. B. Hymenoptera: *Apidae*: 2. Bombus agrorum F. ♀ ⚲, sgd.; 3. B. lapidarius L. ♀ ⚲ ♂, häufig, sgd.; 4. Crocisa scutellaris F. ♀, sgd.; 5. Halictus tetrazonius Klg. ♂, sgd.; 6. H. sexcinctus F. ♂, sgd.; 7. Megachile lagopoda L. ♀ ♂, sgd.; 8. M. maritima K. ♀ ♂, sgd.; 9. Psithyrus rupestris F. ♀, sgd.; Loew in Brandenburg (Beiträge S. 40): Bombus cognatus Steph. ♂, sgd.

Schletterer giebt für Tirol die beiden Hummeln Bombus terrester L. und arenicola Thoms., v. Dalla Torre B. muscorum F. ♂ als Besucher an.

Heinsius beobachtete in Holland: A. Diptera: *Syrphidae*: 1. Eristalis pertinax Scop. ♀. B. Hymenoptera: *Apidae*: 2. Bombus agrorum F. ♂; 3. B. rajellus K. ♂; 4. Megachile maritima K. ♂; 5. Psithyrus campestris Pz. ♂; 6. P. vestalis Fourcr. ♂. C. Lepidoptera: *Rhopalocera*: 7. Pieris rapae L. ♂; 8. Rhodocera rhamni L. ♂ ♀;

9. Vanessa Jo L.; 10. V. urticae L.; Mac Leod in Flandern 3 Hummeln, 1 Schwebfliege, 1 Falter (Bot. Jaarb. VI. S. 373).

Kirchner erwähnt eine interessante Schutzvorrichtung gegen aufkriechende
ungeflügelte Insekten: die Ansammlung von Regenwasser in den Trögen, welche
die stengelständigen, mit ihren Basen zusammengewachsenen Blätter bilden.
Dieselbe Vorrichtung zeigen auch D. laciniatus und D. fullonum Miller.

1282. D. fullonum Miller. Die weisslichen, ebenfalls protandrischen
Blüten haben, nach Kirchner (Flora S. 678, 679), 12—14 mm lange Kronen,
die in der unteren Hälfte kaum 1 mm dick sind und sich nach oben allmählich
trichterförmig erweitern. Das Aufblühen schreitet, wie bei vor., von einer mittleren Zone nach oben und unten fort. Nachdem die Blüte sich geöffnet hat,
ragen die Staubblätter mit ihren lilafarbigen Antheren 5—6 mm aus der Krone
hervor. Wenn die Antheren verwelkt sind, streckt sich der anfangs in der
Krone eingeschlossene Griffel, so dass die Narben die letztere um 2—4 mm
überragen. Häufig ist auch bei dieser Art einer der beiden Narbenäste verkümmert.

Als Besucher sah Kirchner in Württemberg Hummeln und kleine Blumenkäfer; ich (Bijdragen) beobachtete im Kieler botanischen Garten Bombus lapidarius L.
und B. terrester L., sgd.; F. F. Kohl in Tirol die Faltenwespe: Ancistrocerus parietum L.

1283. D. laciniatus L. Die bleich-lila, fast weissen, ausgeprägt protandrischen Blüten haben, nach Kirchner (Beitr. S. 63), eine Krone von etwa
10 mm Länge, aus welcher die Staubblätter 5 mm weit hervorstehen und weit
auseinanderspreizen. Nach dem Abfallen der Antheren wächst der Griffel aus
der Kronröhre hervor und überragt sie dann um 4—5 mm. Auch hier ist von
den beiden Narbenschenkeln meist der eine verkümmert; sind beide ausgebildet, so breiten sie sich bogig auseinander. Das Aufblühen der Blütenstände
wie bei den beiden vorigen.

Loew beobachtete im botanischen Garten zu Berlin an einigen **Cephalaria**-
Arten folgende Besucher:

1284. C. alpina Schrad.:
Bombus hortorum L. ♀, sgd. und B. terrester L. ☿, psd. und sgd.; an

1285. C. radiata Grsb.:
A. Diptera: *Syrphidae*: 1. Eristalis nemorum L.; 2. E. tenax L.; 3. Syrphus
albostriatus Fall.; 4. S. balteatus Deg; 5. S. ribesii L. B. Hymenoptera: *Apidae*:
6. Apis mellifica L. ☿, sgd. und psd.; 7. Bombus hypnorum L. ☿, sgd.; 8. Halictus
cylindricus F. ♂, sgd.; an

1286. C. uralensis R. et Schult.:
A. Diptera: *Syrphidae*: 1. Syrphus ribesii L.; 2. Volucella pellucens L., sgd.
B. Hymenoptera: *Apidae*: 3. Bombus agrorum F. ♂, sgd.; 4. B. terrester L. ♀, sgd.;
5. Psithyrus campestris Pz. var. rossiellus K. ♂, sgd.; sowie an der var. cretacea
3 Apiden: 1. Bombus terrester L. ♂, sgd.; 2. Prosopis communis Nyl. ♀; 3. Psithyrus
rupestris F. ♂, sgd.

309. Knautia L.

Lila oder weisse, zu augenfälligen, flach halbkugeligen Inflorescenzen vereinigte Blumen der Klasse B'. Gynodiöcisch mit protandrischen Zwitterblüten.

1287. K. arvensis Coulter (Scabiosa arvensis L., Trichera
arvensis Schrader). [Sprengel, S. 84; H. M., Befr. S. 368—370; Alpenblumen S. 399; Weit. Beob. III. S. 76, 77; Schulz, Beitr. II. S. 173, 192;
Knuth, Ndfr. Ins. S. 83, 84, 156, 157; Weit. Beob. S. 235; Thüringen; Rügen;
Bijdragen u. s. w.; Loew, Bl. Fl. S. 390, 394, 398.] — Etwa 50 Blüten sind in einem
Köpfchen vereinigt, dessen Augenfälligkeit, wie H. Müller auseinandersetzt, durch
die nach dem Rande immer grösser werdenden Blumenkronen erhöht wird. Die
4—9 mm langen Kronröhren erweitern sich nach oben trichterförmig, und zwar
um so mehr, je grösser sie sind. Der von der Oberseite des Fruchtknotens abgesonderte und durch die Behaarung der Innenseite der Kronröhre gegen Regen
geschützte Honig ist auch für kürzerrüsselige Insekten leicht erreichbar. Ebenso
ist auch der Blütenstaub bequem zugänglich. Im ersten (männlichen) Blütenzustande nämlich ragen in den Zwitterblüten die Staubblätter 4—5 mm weit
aus der Blüte hervor, indem die
Antheren ihre pollenbedeckte Seite
nach oben kehren, und zwar gelangen die Staubblätter eins nach
dem anderen zur Entwickelung,
so dass dieser erste Zustand mehrere Tage dauert. Nachdem sämtliche Staubblätter ihre Entwickelung beendet haben, die Staubbeutel abgefallen und die Fäden
zusammengeschrumpft sind, wächst
der bisher im Blüteneingange ver-
steckte Griffel so weit heran, bis
die sich nunmehr entwickelnde
Narbe ebensoweit aus der Blume
hervorragt, wie früher die Staubblätter. Obgleich das Aufblühen
der Einzelblüten vom Rande nach
der Mitte hin fortschreitet, so
beginnt die Streckung der Griffel

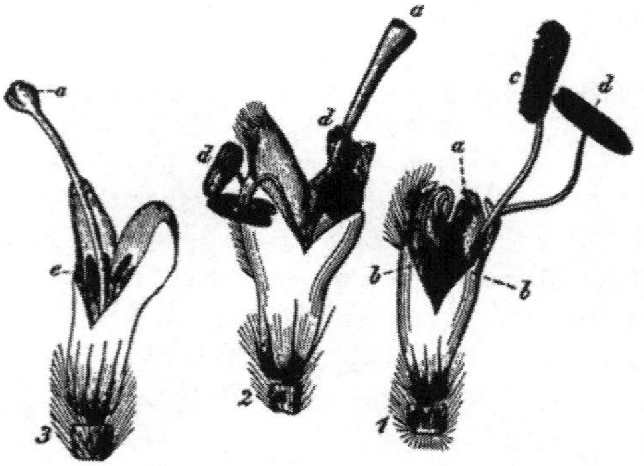

Fig. 187. Knautia arvensis Coult. (Nach
Herm. Müller.)

1. Zweigeschlechtige Blüte im ersten (männlichen) Zustande, nach Entfernung des Kronenlappens. (3¹/₃ : 1.)
2. Dieselbe im zweiten (weiblichen) Zustande. *3.* Weibliche Blüte nach Entfernung des Kronsaums. *a* Narbe.
b noch in der Blüte eingeschlossene, *c* eben blühende,
d verblühte, *e* verkümmerte Staubblätter.

und die Entwickelung der Narben erst, nachdem die sämtlichen Staubblätter
eines Köpfchens verblüht sind, so dass der ganze Blütenstand anfangs rein
männlich, später rein weiblich ist. Besuchende Insekten werden daher beim Hin-
und Herkriechen auf einem Köpfchen sich entweder sehr reichlich mit Pollen
behaften oder zahlreiche Narben gleichzeitig befruchten. Spontane Selbstbestäubung ist nicht gänzlich ausgeschlossen, da manche Narben beim Hervorwachsen
von selbst mit den Antheren in Berührung kommen.

Pollen, nach Warnstorf, im Wasser fast kugelig, weiss, ganz undurchsichtig, mit drei grossen Keimwarzen, bis 137 μ diam.

Ausser den Pflanzen mit Zwitterblüten finden sich auch häufig solche mit
weiblichen Blüten, besonders zu Anfang der Blütezeit. Der Grad der Verküm-

merung der Staubblätter ist ein verschiedener. Der Blütenstandsdurchmesser ist durchschnittlich nicht geringer als der der zwittrigen Stöcke, doch kommen auch solche weibliche vor, deren Durchmesser kaum 2 cm beträgt.

Auch Mac Leod fand die Pflanze gynodiöcisch (in Flandern), ebenso Charles Darwin in England (Kent). Nach Willis ist in Cambridgeshire (England) die weibliche Form häufiger als die zweigeschlechtige.

Ausser Stöcken mit weiblichen Blüten beobachtete Lindman auf dem Dovrefjeld eine Form mit kürzeren Griffeln und verkümmerten Staubblättern; ihre Blumenkronen waren sämtlich vergrössert und strahlig-symmetrisch (var. isantha L. M. Neumann). Diese Umbildung ist wahrscheinlich durch einen Pilz veranlasst.

Als Besucher ist in erster Linie eine Biene: Anthrena hattorfiana F. zu nennen, welche fast ausschliesslich an Knautia fliegt; überall, wo die Pflanze vorkommt, tritt auch diese Anthrena auf. Ich beobachtete sie in Thüringen, auf Sylt und Föhr, in Schleswig, Holstein, Mecklenburg und auf der Insel Rügen; (hier fing ich an einem heissen Vormittage 6 Exemplare).

Ausserdem bemerkte ich in Schleswig-Holstein (S. H.) und auf Rügen (R.): A. Coleoptera: a) *Cerambycidae*: 1. Strangalia melanura L. (R.f.) b) *Curculionidae*: 2. Miarus campanulae L. (S. H.). c) *Nitidulidae*: 3. Meligethes aeneus F. (S. H.). Sämtl. pfd. B. Diptera: a) *Conopidae*: 4. Sicus ferrugineus L., sehr häufig (R.). b) *Empidae*: 5. Empis livida L. (S. H.); 6. E. opaca F. (S. H.); 7. E. tessellata F. (S. H.). c) *Muscidae*: 8. Aricia incana Wied. (S. H.); 9. Dexia canina F. (R.); 10. kleinere Musciden (S. H.). Sämtl. pfd. d) *Syrphidae*: 11. Eristalis anthophorinus Zett. ♂ ♀ (R.); 12. E. arbustorum L. (S. H.); 13. E. horticola Deg. (S. H. u. R.); 14. E. intricarius L. (S. H. u. R.); 15. E. nemorum L. (S. H.); 16. E. pertinax Scop. (S. H.); 17. E. rupium F. (S. H.); 18. E. sepulcralis L. (R.); 19. E. tenax L. (S. H. u. R.); 20. Helophilus pendulus L. (S. H.); 21. H. trivittatus F. (S. H.); 22. Sericomyia borealis Fall. ♂ (R.); 23. Syritta pipiens L. (S. H.); 24. Syrphus pyrastri L. ♀ (R.); 25. S. ribesii L. (S. H.); 26. Volucella bombylans L. ♀ ♂, auch var. plumata Mg. (R. u. S. H.). Sämtl. sgd. u. pfd. e) *Tabanidae*: 27. Haematopota pluvialis L. (R.). C. Hemiptera: 28. Calocoris roseomaculatus Deg. (S. H.). D. Hymenoptera: *Apidae*: 29. Anthrena gwynana L. (S. H.); 30. Apis mellifica L. ♀, sehr häufig (S. H. und R.); 31. Bombus agrorum F. ⚇ (S. H. und R.); 32. B. distinguendus Mor. (S. H.); 33. B. hortorum L. (S. H.); 34. B. lapidarius L. ⚇ ♀ (S. H. u. R.); 35. B. pratorum L. (S. H.); 36. B. rajellus K. (S. H.); 37. B. terrester L. (S. H.); 38. Dasypoda plumipes Pz. (S. H.); 39. D. thomsoni Schlett. ♀ (R.); 40. Halictus fulvicornis K. (S. H.); 41. Megachile centuncularis L. ♀ (R.); 42. Nomada armata H.-Sch., einzeln (R.); 43. Psithyrus vestalis Fourcr. (S. H.) Sämtl. sgd., 29—42 auch psd. E. Lepidoptera: a) *Noctuidae*: 44. Plusia gamma L. (S. H.). b) *Rhopalocera*: 45. Argynnis aglaja L. (S. H.); 46. A. ino L. (S. H.); 47. A. paphia L., sehr zahlreich (R.); 48. Epinephele janira L. (S. H. und R.); 49. Hesperis lineola Ochs. (S. H.); 50. Lycaena semiargus Rott. (S. H.); 51. Pieris sp. (R.); 52. Polyommatus phlaeas L. (S. H.); 53. Satyrus semele L. (S. H.); 54. Vanessa atalanta L. (R.); 55. V. urticae L. (R. u. S. H.). c) *Sphingidae*: 56. Jno statices Esp. (R.); 57. Zygaena filipendulae L. (S. H.); 58. Z. 2 sp. (R.). Sämtl. sgd.

Wüstnei beobachtete auf der Insel Alsen, sowie bei Eutin und Husum Anthrena hattorfiana L., ferner Nomada armata H.-S. auf Alsen als Besucher; Schenck in Nassau die Apiden: 1. Anthrena hattorfiana F.; 2. Coelioxys conoidea Ill.; 3. Stelis aterrima Pz.

Schmiedeknecht giebt für Thüringen als Besucher an: Hymenoptera: *Apidae*: 1. Anthrena hattorfiana F.; 2. Bombus derhamellus K. ♂; 3. B. pratorum L. ♂; 4. Psithyrus barbutellus K. ♂; 5. P. globosus Ev. ♀; 6. P. quadricolor Lep. ♂; 7. Nomada armata H.-Sch.

In Thüringen beobachtete i c h (Thür. S. 38):

A. Coleoptera: 1. Judolia cerambyciformis Schrk.; 2. Meligethes sp.; 3. Strangalia melanura L.; 4. Trichius fasciatus L., häufig, pfd. B. Diptera: a) *Empidae*: 5. Empis tessellata L., sgd. und pfd. b) *Muscidae*: 6. Aricia basalis Zett., häufig; 7. Homalomyia scalaris F., sgd. c) *Syrphidae*: 8. Eristalis pertinax Scop. ♂; 9. Syrphus annulipes Zett. ♀; 10. Volucella bombylans L. var. plumata Mg.; häufig; 11. V. pellucens L. Sämtl. sgd. und pfd. C. Hymenoptera: 12. Bombus agrorum F. ♀; 13. B. hyp- norum L. ♂; 14. B. lapidarius L. ♀; 15. B. soroënsis F. var. proteus Gerst. ♀; 16. B. terrester L. ♀; 17. Psithyrus barbutellus K. ♂; 18. Ps. quadricolor Lep. var. luctuosus Hoffer.; 19. Ps. vestalis Fourch. ♂, häufig. Sämtl. sgd. 20. Halictus cylindricus F. ♀, Feisen dicht mit violettem Pollen bedeckt. D. Lepidoptera: 21. Argynnis paphia L.; 22. Epinephele janira L.; 23. Ino statices L., häufig; 24. Zygaena pilosellae Esp.; 25. Z. trifolii Esp. Sämtl. sgd.

Alfken beobachtete bei Bremen:

A. Diptera: a) *Bombylidae*: 1. Anthrax paniscus Rossi, s. hfg., sgd.; 2. Exoprosopis capucina F., n. slt., sgd. b) *Conopidae*: 3. Conops quadrifasciatus Deg., n. slt.; 4. Physo- cephala rufipes F., slt, sgd ; 5. Sicus ferrugineus L., s. hfg., sgd. c) *Muscidae*: 6. Echi- nomyia tessellata F., s. hfg. d) *Syrphidae*: 7. Eristalis anthophorinus Zett., slt.; 8. E. arbustorum L.; 9. E. intricarius L. ♀ ♂, s. hfg., sgd.; 10. E. pertinax Scop.; 11. E. sepulcralis L.; 12. E. tenax L. ♀ ♂, s. hfg., sgd.; 13. Helophilus pendulus L.; 14. H. trivittatus F.; 15. Platycheirus peltatus Mg.; 16. Volucella bombylans L.; 17. V. pellu- cens L. e) *Tabanidae*: 18. Tabanus rusticus L. B. Hymenoptera: a) *Apidae*: 19. Anthrena gwynana K. ♀, 2. Generation, slt., psd.; 20. A. hattorfiana F., hfg, ♂ sgd. und psd. ♂ sgd.; 21. A. marginata F., slt., ♀ sgd. und pfd., ♂ sgd ; 22. Bombus agrorum F., ♀ ♂; 23. B. arenicola Thoms. ♀ ♂; 24. B. derhamellus K. ♀ ♂; 25. B. hortorum L. ♀, sgd.; 26. B. lapidarius L. ♂, sgd.; 27. B. lucorum L. ♀ ♂: 28. B. muscorum F., ♀ ♂; 29. B. pratorum L. ♂, sgd.; 30. B. proteus Gerst. ♀ ♀ hfg. sgd. u. pfd., ♂ hfg. sgd.; 31. B. ruderatus F. ♂, sgd.; 32. B. silvarum L. ♂, sgd.; 33. B. terrester L. ♂, s. hfg., sgd.; 34. Coelioxys acuminata Nyl. ♂; 35. C. conoidea Ill. ♀ ♂, slt., sgd.; 36. C. rufescens Lep. ♀, sgd.; 37. Epeolus variegatus L. ♀, slt.; 38. Eriades nigri- cornis Nyl. ♀; 39. Halictus calceatus Scop. ♀; 40. H. leucozonius Schrk. ♀; 41. H. zonu- lus Sm. ♀; 42. Megachile centuncularis L. ♂; 43 M. circumcincta K. ♂; 44. Melitta leporina Pz. ♂; 45. Nomada armata H.-Sch., s. slt., sgd.; 46. N. jacobaeae Pz. ♀ ♂, slt., sgd.; 47. Psithyrus barbutellus K. ♀ ♂, n. slt., sgd.; 48. P. campestris Pz. ♀ ♂, sgd.; 49. P. rupestris F. ♀ ♂, sgd.; 50. P. vestalis Fourcr. ♀ ♂, sgd.; 51. Stelis phaeoptera K. (H. ö.). b) *Sphegidae*: 52. Ammophila campestris Ltr., sgd.; 53. A. sabulosa L. ♀, hfg., sgd.; 54. Crabro scutellatus Schev.; 55. C. subterraneus F. ♀ ♂. n. slt. c) *Vespidae*: 56. Odynerus oviventris Wesm. ♂; 57. O. parietum L. ♂.

Loew beobachtete in Brandenburg (Beiträge S. 40): Hymenoptera: a) *Apidae*: 1. Anthrena hattorfiana F. ♀, sgd. b) *Sphegidae*: 2. Bembex rostrata L. ♀, sgd.; 3. Tachytes obsoletus Ross. ♀, sgd.; in Schlesien (Beiträge S. 32): A. Coleoptera: a) *Cerambycidae*: 1. Leptura maculicornis Deg.; 2. Strangalia bifasciata Müll. b) *Nitidulidae*: 3. Meligethes sp. c) *Oedemeridae*: 4. Oedemera flavipes F. ♂. B. Diptera: a) *Empidae*: 5. Empis sp., sgd. b) *Syrphidae*: 6. Melithreptus scriptus L., sgd.; 7. Syrphus ribesii L., sgd.; 8. Volucella bombylans L., sgd.; 9. V. pellucens L., sgd. C. Hymenoptera: *Apidae*: 10. Apis mellifica L. ♀, sgd.; 11. Bombus agrorum F. ♀, sgd ; 12. Macropis labiata Pz. ♂, sgd.; 13. Megachile argentata F. ♂, sgd.; 14. Nomada jacobaeae Pz. ♀, sgd.; 15. Psithyrus campestris Pz. ♀, sgd. D. Lepidoptera: *Rhopalocera*: 16. Argynnis paphia L., sgd.; 17. Epinephele janira L., sgd.; 18. Rhodocera rhamni L., sgd.; 19. Vanessa urticae L., sgd.; ferner daselbst (Beiträge S. 26): A. Diptera: *Conopidae*: 1. Myopa fasciata Mg., sgd.; 2. Physocephala vittata F. ♂, sgd.; 3. Zodion cinereum F., sgd. B. Hymenoptera: a) *Apidae*: 4. Anthrena hattorfiana F. ♀, sgd.; 5. Anthophora furcata Pz. ♂, sgd.; 6. Apis mellifica L. ⚥, sgd.; 7 Coelioxys octodentata (L. Duf.) Lep. ♂, sgd.; 8. Crocisa histrio F. ♂, sgd.; 9. Dasypoda hirtipes F. ♂ ♀, sgd., ♀ auch psd.; 10. Halictus leucozonius Schrk. ♀, sgd.; 11. Nomada jacobaeae Pz. ♂, sgd.; 12. Psithyrus campestris Pz. ♀, sgd. b) *Sphegidae*: 13. Bembex rostrata F., sgd. C. Lepidoptera: *Rhopalocera*: 14. Pieris brassicae L., sgd.; im Riesengebirge (R.) und in Schlesien (S.) (Beiträge S. 50): A. Diptera: a) *Asilidae*: 1. Dioctria flavipes Mg. (S.). b) *Syrphidae*: 2. Syrphus nitidicollis Mg. (S.). B. Hymenoptera: *Apidae*: 3. Anthrena convexiuscula K. ♂, sgd. (S.). C. Lepidoptera: *Zygaenidae*: 4. Zygaena achilleae Esp. (R.); 5. Z. minos S. V. (R.).

Loew beobachtete in der Schweiz (Beiträge S. 59): A. Diptera: *Syrphidae*: 1. Eristalis jugorum Egg.; 2. Volucella pellucens L. B. Hymenoptera: *Zygaenidae*: 3. Zygaena lonicerae Esp.

Hoffer giebt für Steiermark die Schmarotzerbiene: Psithyrus barbutellus K. ♂ an; Schletterer für Tirol Anthrena marginata F. und Eucera cinerea Lep.; Friese beobachtete in Baden (B.), Mecklenburg (M.) und im Elsass (E.) die Apiden: 1. Anthrena hattorfiana F. (B., E., M.), n. slt.; 2. A. marginata F. (M.); 3. Coelioxys acuminata Nyl. (M.), n. slt.; 4. C. conoidea Ill. (M, U.); 5. C. mandibularis Nyl. (M.), slt.; 6. Dasypoda argentata Pz. (M.), einzeln; 7. D. thomsoni Schlett. (M.), ♂ einz., ♀ s. slt.; 8. Nomada armata H.-Sch. (M.), einz.; 9. Stelis aterrima Pz. (E.), 1 ♀; ferner in Ungarn Eucera pollinosa Lep., mehrfach.

H. de Vries (Ned. Kruidk. Arch. 1877) beobachtete in den Niederlanden 1 Biene, Halictus cylindricus F. ♀, und 1 Hummel, Bombus agrorum F. ♂, als Besucher.

Mac Leod beobachtete in den Pyrenäen 4 Hummeln, 4 Falter, 4 Fliegen. (B. Jaarb. III. S. 347).

Saunders (Sd.) und Smith (Sm.) beobachteten in England die Apiden: 1. Anthrena hattorfiana F. (Sd., Sm.); 2. A. marginata F. (Sd., Sm.); 3. Nomada armata H.-Sch. (Sm.); 4. N. jacobaeae Pz. (Sm.); 5. Osmia spinulosa K. (Sm.).

Auch im äussersten Westen von Cornwall findet sich, nach Marquard, Anthrena hattorfiana auf Knautia.

Müller sah in den Alpen (Alpenbl. S. 399, 400) Käfer (4), Fliegen (9), Hymenopteren (10, darunter Anthrena hattorfiana F.), Falter (23).

Für Nord- und Mitteldeutschland geben Herm. Müller (1) und Buddeberg (2) folgende Liste:

A. Coleoptera: a) *Cerambycidae*: 1. Leptura livida F. (1); 2. Pachyta octomaculata F. (Sld.) (1); 3. Strangalia armata Hbst. (Siebengeb.) (1); 4. Str. atra Laich. (Siebengeb.) (1); 5. Str. attenuata L. (1); 6. Str. melanura L. (1); 7. Toxotus meridianus L. (Siebengeb.) (1). die Cerambyciden teils Pollen und Antheren fressend, die schmalköpfigen, besonders Str. attenuata, auch sgd. b) *Chrysomelidae*: 8. Cryptocephalus sericeus L., Blütenteile fressend (1). c) *Scarabaeidae*: 9. Hoplia philanthus Sulz. (Sld.), Blütenteile fressend (1); 10. Trichius fasciatus L., sehr häufig. Blumenblätter fressend. d) *Telephoridae*: 11. Malachius bipustulatus L., Antheren fressend (1). e) *Nitidulidae*: 12. Meligethes, häufig. pfd. (1). f) *Phalacridae*: 13. Olibrus bicolor F., pfd. (1). B. Diptera: a) *Conopidae*: 14. Sicus ferrugineus L., zahlreich, sgd. (1). b) *Empidae*: 15. Empis livida L., äusserst zahlreich, sgd. (1); 16. E. tessellata F., w. v. (1). c) *Muscidae*: 17. Echinomyia tessellata F., sgd. (1); 18. Micropalpus fulgens Mg., sgd. (1); 19. Ocyptera cylindrica F., sgd. (1); 20. Prosena siberita F., sgd., häufig (Liebenau) (1). d) *Syrphidae*: 21. Eristalis arbustorum L. (1); 22. E. intricarius L. (1); 23. E. nemorum L. (1); 24. E. tenax L. (1); 25. Pipiza festiva Mg., psd. (Lippstadt, 1); 26. Rhingia rostrata L. (1); 27. Syrphus ribesii L., psd. (1); 28. Volucella bombylans L. (1); 29. V. pellucens L. (hld.) (1); 30. V. plumata L. (1); sämtliche genannten Syrphiden häufig und mit Ausdauer auf diesen Blüten beschäftigt, bald sgd., bald psd. C. Hymenoptera: a) *Apidae*: 31. Anthrena gwynana K., psd.; 32. A. hattorfiana F. ♂ ♀ (6—7), sowohl sgd., als psd. (1); 33. Apis mellifica L. ☿ (6), häufig, sgd., seltener sgd.; 34. Bombus agrorum F. ♀, nur sgd. (1); 35. B. hortorum L. ♂☿♀, sgd. (1); 36. B. hypnorum L. ♂, sgd. (1); 37. B. lapidarius L. ☿, sgd. (1); 38. B. pratorum L. ♀☿♂, sgd. (1); 39. B. rajellus K. ♂, sgd. (1); 40. B. silvarum L. ♀☿, sgd. (1); 41. B. terrester L. ♀♂, sgd. (1); 42. B. tristis Seidl. ☿, sgd. (2); 43. Ceratina callosa F. ♂, sgd. (2); 44. C. cyanea K. ♀ ♂, sgd. (Lippst.) (1); 45. Coelioxys conoidea Ill. ♀, sgd. (1); 46. C. quadridentata L. ♂ ♀, häufig. sgd. (1); 47. Diphysis serratulae Pz. ♂ ♀, sehr häufig, sgd. (1); 48. Halictus albipes F. ♀ (1); 49. H. cylindricus F. ♀ ♂ (1); 50. H. leucozonius Schrk. ♂ (1); 51. H. lugubris K. ♀, sgd. (2); 52. H. malachurus K. ♀, sgd. (2), psd., bayerische Oberpfalz; 53. H. quadricinctus F. ♀, sgd. (2); 54. H. quadristrigatus Latr. ♀, sgd. (2); 55. H. sexcinctus F. ♀, sgd. (2); 56. H. sexnotatus K. ♀ (1); 57. H. xanthopus K. ♀, sgd. (2), die Halictusarten bald saugend, bald psd.; 58. Heriades truncorum L. ♂, sgd. (1); 59. Megachile centuncularis L. ♂, sgd. (1); 60. M. circumcincta K. ♀ ♂, sgd. (1); 61. M. maritima K. ♂ ♀, in Mehrzahl, sgd. (1); 62. M. willughbiella K. ♂, sgd. (1); 63. Nomada armata H.-Sch. ♀, sgd. (1); 64. N. fabriciana L. ♀, sgd. (1); 65. N. jacobaeae Pz. ♀, sgd. (1, 2); 66. N. lineola Pz. ♀ ♂, sgd. (1); 67. Osmia aenea L. ♂, sgd. (1, 2); 68. O. fulviventris Pz. ♀, psd. (1); 69. Prosopis signata Pz. ♀ ♂ (2); 70. Psithyrus barbutellus K. ♂ ♀, sgd. (1); 71. P. campestris Pz. ♀ ♂, sgd. (1); 72. P. rupestris L. ♀, sgd. (1); 73. P. vestalis Fourc. ♀, sgd. (1); 74. Stelis aterrima Pz. ♂, sgd. (2); 75. St. breviuscula Nyl. ♂, sgd. (1). b) *Ichneumonidae*: 76. Eine kleine Art, tief in die Blüten kriechend (2). c) *Sphegidae*: 77. Bembex rostrata L., sgd. (1); 78. Mimesa bicolor Jur. ♂ (2); 79. Philanthus triangulum F. ♂, sgd. (2); 80. Psammophila affinis K. ♀, sgd. (1); 81. P. viatica Deg. ♂, sgd. (1). d) *Vespidae*: 82. Odynerus parietum L. ♀, sgd. (1). D. Lepidoptera: a) *Microlepidoptera*: 83. Nemotois scabiosellus Scop. ♀ (2). b) *Noctuae*: 84. Euclidia glyphica L. (1); 85. Mamestra serena S. V. ♀ (Th.). c) *Rhopalocera*: 86. Argynnis latonia L., sgd. (bayerische Oberpf.) (1); 87. A. niobe L., sgd. (daselbst) (1); 88. Colias hyale L. (Th.), häufig (1); 89. Hesperia comma L., sgd. (Fichtelgebirge) (1), (Lausitz) (2), (Nassau); 90. H. lineola Ochs. (1); 91. Papilio machaon L. (2); 92. Pieris napi L., sgd. (Liebenau) (1); 93. Epinephele janira L. (1); 94. Erebia aethiops Esp. (1); 95. Vanessa urticae L. d) *Sphingidae*: 96. Ino statices L.; 97. Zygaena carniolica Scop.; 98. Z. filipendulae L.; 99. Z. minos S. V.; alle drei finden sich nach Buddebergs Angaben fast nur auf Scabiosa arvensis und Carduus crispus; 100. Z. lonicerae Esp. (Thür.), häufig (1). e) *Tineina*: 101. Adela sp., sehr häufig, bisweilen zu 4 auf einem Köpfchen.

1288. K. silvatica Duby. (Scabiosa silv. L., Trichera silv. Schrader). Die Einrichtung der rötlich-blauen Blumen stimmt, nach Kirchner (Flora S. 680), ganz mit derjenigen von K. arvensis überein, doch sind weibliche Stöcke sehr selten.

Als Besucher nennt Ricca (Atti XIV, 3) besonders Falter; Kirchner Apiden, Käfer und gleichfalls besonders Falter; Herm. Müller (Alpenbl. S. 400) bemerkte in den Alpen Bienen (3), Fliegen (2), Falter (3), Käfer (1).

Loew beobachtete in Steiermark (Beiträge S. 50):

A. Diptera: a) *Conopidae*: 1. Occemyia atra F., sgd.; 2. Sicus ferrugineus L., sgd. b) *Syrphidae*: 3. Cheilosia personata Lw.; 4. Rhingia rostrata Mg., sgd. B. Hymenoptera: *Apidae*: 5. Anthrena hattorfiana F. ♀, psd.; 6. Ceratina cyanea K. ♀, sgd.; 7. Halictus zonulus Sm. ♀, psd.; 8. Psithyrus barbutellus K. ♀, sgd.; sowie in der Schweiz (Beiträge S. 59): Physocephala rufipes F.

310. Succisa Vaillant.

Blaue, selten weisse, zu halbkugeligen Köpfchen vereinigte Blumen der Klasse B'. Gynodiöcisch mit protandrischen Zwitterblüten.

1289. S. pratensis Moench. (Scabiosa Succisa L.). [Sprengel, S. 84; H. M., Befr. S. 371, 372; Weit. Beob. III. S. 77; Magnus, Ber. d. naturf. Fr. Berlin 1881; Schulz, Beitr. II. S. 192; Knuth, Ndfr. Ins. S. 84, 157; Bijdragen S. 31 (43); Weit. Beob. S. 235.] — In den halbkugeligen Köpfen sind, nach Herm. Müller, 50—80 unter einander ziemlich gleiche, kleine Blüten vereinigt. Der wie bei allen Dipsacaceen auf der Oberfläche des Fruchtknotens abgesonderte Honig wird in dem verengten glatten Grunde der 3—4 mm langen, oberwärts innen abstehend behaarten Kronröhre, die sich oben bis auf 2 mm Durchmesser erweitert, aufbewahrt. Von den 4, selten 5 Saumlappen desselben ist der nach aussen gerichtete der grösste.

Fig. 188. Succisa pratensis Moench. (Nach Herm. Müller.)
1. Blüte vor dem Aufspringen der Antheren (nach Entfernung des Aussenkelches). *2.* Dieselbe nach dem Aufspringen der Antheren. *3.* Dieselbe im weiblichen Zustande.

Wenn die Blüte sich öffnet, strecken sich die in der Knospe einwärtsgebogenen Staubblätter einzeln nach einander und öffnen ihre Antheren, während der Griffel noch kaum die Hälfte seiner Länge erreicht hat. Sind die Antheren verblüht, streckt sich auch der Griffel bis zu seiner vollen Länge, und alsdann wird auch die Narbe klebrig. Spontane Selbstbestäubung findet hiernach nicht statt.

Ausser Stöcken mit Zwitterblüten finden sich solche mit weiblichen Blüten. Letztere sind etwas kleiner als erstere; der Grad der Verkümmerung der Staubblätter ist ein sehr verschiedener. Nicht selten sind diese Blüten auch gefüllt. Stellenweise sind die Stöcke mit weiblichen Blüten selten; an anderen Orten sind sie häufiger: so nach Magnus bei Homburg etwa 10 %, nach Schulz bei Braunschweig und Halle sogar etwa 30 %. — Turner (Nature XL. 1889) bezeichnete die Pflanze als trimorph. — Pollen, nach Warnstorf (Bot. V. Brand. Bd. 38). sehr gross, weiss, kugelig, durch niedrige Stachelwarzen adhärent, bis 93 μ diam.

Als Besucher beobachteten Herm. Müller (1) und ich (!) in Nord- und in Mitteldeutschland folgende Insekten:

A. Coleoptera: *Chrysomelidae*: 1. Cryptocephalus sericeus L., Blütenteile verzehrend (1). B. Diptera: a) *Bombylidae*: 2. Exoprosopa capucina F., im Juli häufig (1). b) *Empidae*: 3. Empis livida L., sgd., sehr zahlreich (1). c) *Muscidae*: 4. Luciliaarten (1); 5. Lucilia cornicina F. (1). d) *Syrphidae*: 6. Eristalis arbustorum L., häufig, sgd. und pfd. (!, 1); 7. E. intricarius L. (1); 8. E. nemorum L., häufig, sgd. und pfd. (1); 9. E. tenax L., w. v. (!, 1); 10. Helophilus pendulus L., w. v. (!, 1); 11. Rhingia rostrata L., sgd. (!, 1); 12. Syrphus balteatus Deg., pfd. (!); 13. S. pyrastri L., sgd. und pfd. (1); 14. S. ribesii L., w. vor. (!); 15. Volucella plumata Mg., sgd. (1). C. Hymenoptera: Apidae: 16. Anthrena cetii Schrank ♀, pfd. (1); 17. A. convexiuscula K. ♂ (1); 18. Apis mellifica L. ⚥, sgd. und pfd., häufig (!, 1); 18. Bombus agrorum F. ⚥ ♂, sehr häufig, sgd. (1); 20. B. lapidarius L. ⚥ ♂, w. v. (!, 1); 21. B. muscorum F. ⚥ ♂, w. v. (1); 22. B. pratorum L., w. v. (1); 23. B. silvarum L. ♀ ⚥ ♂, w. v. (1); 24. B. terrester L. ⚥ ♂, w. v. (1); 25. Halictus cylindricus F. ♂, in Mehrzahl (1); 26. H. leucozonius Schrank ♂, w. v. (1); 27. H. rubicundus Christ ♀, psd. (1); 28. H. zonulus Sm. ♀, sgd. (1); 29. Psithyrus rupestris L. ♂, w. v. (1); 30. P. vestalis Fourc. ♀ ♂, w. v. (1). D. Lepidoptera: a) Pyralidae: 31. Botys purpuralis L., sgd. (1). b) Noctuidae: 32. Plusia gamma L., häufig, sgd. (!, 1). c) Rhopalocera: 33. Epinephele janira L., sgd. (!, 1); 34. Pieris brassicae L., sgd. (!); 35. P. rapae L., zahlreich, sgd., (!, 1); 36. Polyommatus phlaeas L., ˙sehr häufig, sgd. (1). d) Sphingidae: 37. Zygaena filipendulae L., dgl. (!).

Alfken und Höppner (H.) beobachteten bei Bremen: Apidae: 1. Anthrena marginata F. ♀ ♂; 2. Bombus agrorum F. ♀ ⚥ ♂; 3. B. arenicola Ths. ♀ ⚥ ♂; 4. B. derhamellus K. ♀ ⚥ ♂, sgd.; 5. B. hortorum L. v. nigricans Schm. ⚥; 6. B. jonellus K. ⚥ ♂; 7. B. lapidarius L. ♀ ⚥ ♂; 8. B. terrester L. ⚥ ♂; 9. B. lucorum L. ♀; 10. B. proteus Gerst. ♀ ⚥ ♂, 11. B. muscorum F. ♀ ⚥; 12. B. silvarum L. ♀ ♂; 13. B. variabilis Schmkn. ♀ ⚥ ♂; 14. Halictus calceatus Scop. ♀ ♂; 15. H. leucopus K. ♀ ♂; 16. H. leuzozonius K. ♂; 17. H. rubicundus Chr. ♀; 18. H. zonulus Sm. ♀ ♂; 19. Psithyrus barbutellus K. ♀ ♂; 20. P. campestris Pz. ♀ ♂; 21. P. rupestris F. ♀ ♂; 22. P. vestalis Fourc. ♀ ♂. Syrphidae: 23. Arctophila mussitans F. (H.), ♀ ♂, s. hfg., sgd.; 24. Eristalis tenax L.; Sickmann bei Osnabrück die Grabwespe Gorytes quadrifasciatus F. ♀.

Als Besucher giebt Friese an für Mecklenburg (M.) und Ungarn (U.) die Apiden: 1. Anthrena bimaculata K., 2. Generation (M.); 2. A. marginata F. (M.) (nach Konow); 3. A. nigriceps K. (M.), s. selt.; 4. Epeolus variegatus L. (M.), einz.; 5. Nomada jacobaeae Pz. (M.), n. slt.; 6. N. roberjeotiana Pz. (M.), einz.; 7. N. solidaginis Pz. (M.), einz.; 8. Prosopis dilatata K. (M.) einz., (U.) n. slt.

Rössler beobachtete bei Wiesbaden die Falter: 1. Nemotois cupriacellus Hb.; 2. N. minimellus Z.

Handlirsch verzeichnet als Besucher die Grabwespe Gorytes quadrifasciatus F.

Mac Leod sah in Flandern 3 langrüsselige und 3 kurzrüsselige Bienen, 1 Faltenwespe, 9 Schwebfliegen, 1 Muscide, 6 Falter. (B. Jaarb. V. S. 395, 396.).

H. de Vries (Ned. Kruidk. Arch: 1877) beobachtete in den Niederlanden 3 Hummeln: Bombus agrorum F. ⚥, B. lapidarius L. ⚥ und B. subterraneus L. ⚥ als Besucher.

Heinsius beobachtete in Holland: Hymenoptera: Apidae: 1. Bombus rajellus K. ♂. B. Lepidoptera: a) Rhopalocera: 2. Epinephele janira L. ♀; 3. Pieris napi L. ♂; 4. Polyommatus dorilis Hfn. ♂ ♀. b) Sphingidae: 5. Zygaena filipendulae L. ♂ ♀, zahlreich; 6. Z. trifolii Esp.

Willis (Flowers and Insects in Great Britain Pt. I) beobachtete in der Nähe der schottischen Südküste:

A. Diptera: a) Muscidae: 1. Anthomyia sp., sgd.; 2. Mydaea sp., sgd. b) Syrphidae: 3. Eristalis intricarius L., sgd.; 4. E. tenax L., sgd.;. 5. Helophilus pendulus L., sgd.; 6. Melanostoma scalare F., pfd., häufig; 7. Syrphus balteatus Deg., sgd. und pfd. B. Hymenoptera: Apidae: 8. Bombus agrorum F., sgd., häufig; 9. B. pratorum L., w. v.; 10. B. terrester L., w. v.; 11. Halictus cylindricus F., w. v.; 12. H. rubicundus Chr., sgd.; 13. Psithyrus campestris Pz., sgd. C. Lepidoptera: Rhopalocera: 14. Pieris napi L., sgd.

Burkill (Flowers and Insects in Great Britain Pt. 1) beobachtete an der schottischen Ostküste:

A. Coleoptera: a) *Chrysomelidae*: 1. Crepidodera ferruginea Scop., sgd. b *Nitidulidae*: 2. Meligethes picipes Sturm, sgd.; 3. M. viridescens F., sgd. B. Diptera: a) *Muscidae*: 4. Anthomyia brevicornis Zett., sgd.; 5. A. radicum L., pfd.; 6. Calliphora erythrocephala Mg., sgd.; 7. Lucilia cornicina F., sgd.; 8. Scatophaga stercoraria Mg., sgd.; 9. Siphona geniculata Deg., sgd. b) *Syrphidae*: 10. Eristalis tenax L., sgd.; 11. Melanostoma scalare F.; 13. Platycheirus manicatus Mg.; 13. Sphaerophoria scripta L.; 14. Syrphus balteatus Deg.; 15. S. ribesii L., sgd. C. Hymenoptera: a) *Apidae*: 16. Bombus agrorum F., sgd. und psd., sehr häufig; 17. B. hortorum L., sgd.; 18. B. lapidarius L., sgd. und psd. b) *Formicidae*: 19. Myrmica rubra L., sgd. D. Lepidoptera: *Noctuidae*: 20. Plusia gamma L., sgd.

Burkill und Willis (Flowers and Insects in Great Britain Pt. 1) beobachteten im mittleren Wales:

A. Coleoptera: *Nitidulidae*: 1. Melegethes viridescens F., häufig. B. Diptera: a) *Empidae*: 2. Pachymeria palparis Egg.; 3. Rhamphomyia sp., pfd. b) *Muscidae*: 4. Anthomyia sp., sgd.; 5. Hyetodesia incana Wied., häufig; 6. Hylemyia lasciva Ztt.; 7. H. strigosa F., häufig; 8. Lucilia cornicina F., pfd.; 9. Scatophaga stercoraria L., sgd.; 10. Siphona geniculata Deg., häufig; 11. Trichophticus cunctans Mg., häufig. c) *Syrphidae*: 12. Eristalis horticola Deg., sgd.; 13. E. intricarius L.; 14. E. pertinax Scop., sgd.; 15. E. rupium F., sgd.; 16. E. tenax L., sgd., sehr häufig; 17. Helophilus pendulus L., sgd.; 18. Melanostoma scalare F.; 19. Platycheirus manicatus Mg., sgd.; 20. Sericomyia borealis Fall., sgd.; 21. Volucella pellucens L., sgd. C. Hymenoptera: a) *Apidae*: 22. Bombus agrorum L., sgd., häufig; 23. B. hortorum L., sgd.; 24. B. lapidarius L., sgd., häufig; 25. B. pratorum L., sgd.; 26. B. scrimshiranus Kirby, sgd.; 27. B. terrester L., sgd. D. Lepidoptera: a) *Noctuidae*: 28. Charaeas graminis L., sgd.; 29. Luperina haworthii Curt., sgd.; 30. Plusia gamma L., sgd. b) *Rhopalocera*: 31. Coenonympha pamphilus L., sgd.; 32. Lycaena icarus Rott., sgd.; 33. Pieris rapae, L., sgd.; 34. Polyommatus phlaeas L., sgd.; 35. Vanessa atalanta L., sgd.; 36. V. C-album L., sgd.; 37. V. urticae L., sgd., häufig. E. Thysanoptera: 38. Thrips sp., häufig.

1290. S. australis Rchb.

Als Besucher beobachtete Loew im botanischen Garten zu Berlin: Diptera: a) *Muscidae*: 1. Echinomyia fera L. b) *Syrphidae*: 2. Eristalis tenax L.

311. Scabiosa L.

Lilafarbige, rötliche oder weisse, selten gelbe, zu augenfälligen Köpfchen vereinigte Blumen der Klasse B'. Gynodiöcisch mit protandrischen Zwitterblüten.

1291. S. Columbaria L. [Sprengel, S. 82—84; M. H., Befr. S. 372; Alpenbl. S. 400, 401; Knuth, Bijdragen.] — Ausser Gynodiöcie beobachtete Ludwig noch häufiger Gynomonöcie. Die Blüteneinrichtung der protandrischen Zwitterblumen hat Sprengel in trefflicher Weise beschrieben. Dieselbe stimmt mit derjenigen von Knautia arvensis (ausgenommen in der Fünf- statt der Vierzahl der Kronzipfel) überein. Im Köpfchen befinden sich 70—80 Blüten, von denen die Randblüten stark strahlend sind. Auf die biologische Bedeutung dieser vergrösserten Randblüten hat Sprengel bei der Besprechung von S. Columbaria ganz besonders hingewiesen. Herm. Müller hat Messungen der Blüten vorgenommen und gefunden, dass die Randblüten 6 mm lange Kronröhren und 2—2½ mm weite Eingänge haben, deren äussere Zipfel eine Länge von 7—8 mm, deren seitliche eine solche von 6 mm und deren innere eine solche von 2—3 mm besitzen. Unmittelbar an diese Randblüten grenzen Scheibenblüten mit 5 mm langen Röhren und 2 mm weitem Eingange, deren Kronzipfel nur 3, bezüglich 2 und 1¹/2 mm lang sind. Die mittelsten Blüten des Köpfchens haben nur noch 4 mm lange und 1¹/2 mm weite Kronröhren mit 1¹/2 mm langen Zipfeln. Dazu bemerkt H. Müller, dass infolge der geringen Grösse der mittleren Blüten und der geringen Steigerung der Grösse von der Mitte bis zum Rande des Köpfchens bei S. Columbaria auf dem gleichen Flächenraume weit zahlreichere Blüten Platz finden als bei Knautia arvensis.

Auch die weiblichen Blüten, die sich zu Anfang der Blütezeit am häufigsten finden, stimmen mit denjenigen der letzteren Art überein; doch scheinen sie nur stellenweise vorzukommen, da H. Müller bei Lippstadt, wo allerdings die Pflanze nur in unerheblicher Menge vorkommt, sie nie gefunden hat.

Als Besucher sah ich im botanischen Garten zu Kiel: A. Hymenoptera: *Apidae*: 1. Apis mellifica L. ⚥, sgd. und psd.; 2. Bombus agrorum F. ♀ und 3. B. lapidarius L. ebenso. B. Diptera: *Syrphidae*: 4. Rhingia rostrata L., sgd. und pfd. C. Lepidoptera: *Rhopalocera*: 5. Vanessa atalanta L.; 6. V. io L.; 7. V. urticae L., alle sgd.

Herm. Müller beobachtete in den Alpen Fliegen (6), Hymenopteren (7), Falter (27); in Westfalen folgende Insekten:

A. Diptera: a) *Conopidae*: 1. Sicus ferrugineus L., sgd. b) *Syrphidae*: 2. Eristalis nemorum L., häufig, sgd. und pfd.; 3. E. tenax L., w. v.; 4. Helophilus trivittatus F., w. v. B. Hymenoptera: 5. Apis mellifica L. ⚥, sgd., häufig; 6. Bombus lapidarius L. ♂, sehr zahlreich, sgd.

Loew beobachtete in Brandenburg (Beiträge S. 40): Hymenoptera: *Apidae*: 1. Anthrena schencki Mor. ♀, psd.; 2. Halictus sexcinctus F. ♂, sgd.; sowie im botanischen Garten zu Berlin: A. Diptera: *Syrphidae*: 1. Helophilus floreus L.; 2. H. trivittatus F.; 3. Syrphus ribesii L. B. Hymenoptera: *Apidae*: 4. Bombus agrorum F. ♂, sgd.; 5. B. pratorum L. ♀, sgd. C. Lepidoptera: *Rhopalocera*: 6. Argynnis latonia L., sgd.; 7. Colias rhamni L., sgd.

Wüstnei beobachtete in Holstein Anthrena cetii Schrank als Besucher; Schmiedeknecht in Thüringen: Hymenoptera: *Apidae*: 1. Anthrena cetii Schrk. = marginata F.; 2. Nomada brevicornis Mocs.; 3. Psithyrus barbutellus K. ♂; Schenck in Nassau die Erdbiene Anthrena marginata F. — Schletterer und v. Dalla Torre führen für Tirol als Besucher auf die Apiden: 1. Bombus mesomelas Gerst. ♂; 2. B. soröensis F. ♂; 3. Podalirius parietinus F.; 4. Psithyrus campestris Pz. ♀.

Frey bemerkte bei Zürich: Nemotois minimellus Z.; Mac Leod in den Pyrenäen 11 Hymenopteren (darunter Anthrena hattorfiana F.), 20 Falter, 4 Käfer, 13 Fliegen als Besucher (B. Jaarb. III. S. 347—349, 440).

Die gelblichblühende Form von S. Columbaria:

1292. S. ochroleuca L. (als Art) ist, nach Schulz (Beitr. II. S. 192), gynomonöcisch mit protandrischen Zwitterblüten. Auch Comes (Ult. stud.) bezeichnet die Blüten als protandrisch und als selbstfertil.

Als Besucher giebt Friese für Ungarn an die Bienen: 1. Dasypoda argentata Pz. und var. braccata Ev., n. slt.; 2. Eucera pollinosa Lep., mehrfach; 3. E. scabiosae Mocs. (Nach Mocsary). Derselbe sah in Thüringen Cilissa haemorrhoidalis F.

Loew beobachtete in Steiermark Anthrena cetii Schrk. ♀, psd. und Halictus cylindricus F. ♀, sgd.; sowie im botanischen Garten zu Berlin: A. Diptera: *Syrphidae*: 1. Eristalis intricarius L.; 2. E. nemorum L.; 3. E. tenax L.; 4. Pipiza festiva Mg.;

5. Syrphus balteatus Deg.; 6. S. ribesii L.; 7. Volucella pellucens L., sgd. B. Hymenoptera: *Apidae*: 8. Apis mellifica L. ⚥, sgd. C. Lepidoptera: a) *Noctuidae*: 9. Plusia gamma L., sgd. b) *Rhopalocera*: 10. Pieris brassicae L., sgd.; 11. P. rapae L., sgd.

1293. S. suaveolens Desfontaines. Nach Schulz (Beitr. I. S. 67, 68; II. S. 192) gynomonöcisch, viel seltener gynodiöcisch, mit ausgeprägt protandrischen Zwitterblüten. Zuerst blühen die stark hälftig-symmetrischen Blüten der beiden äusseren Reihen auf; dann entfalten sich die innersten Blüten des Köpfchens und zuletzt die der mittleren Zone. Durch diese Art des Blühens findet, nach Schulz, eine bedeutende Schädigung der Pflanze statt, indem sich in vielen Fällen die Narben der beiden äusseren Blütenreihen ganz entwickeln können, bevor die Antheren der folgenden Reihen ausgestäubt haben. Da nun die Narben und Antheren der Blüten zweier benachbarter Reihen sehr nahe bei einander stehen, so ist Befruchtung der äusseren durch die inneren, auch durch Insektenhülfe, leicht möglich.

Nach Warnstorf (Bot. V. Brand. Bd. 38) besitzen die auf sterilem Sandboden unter Kiefern am Altruppiner Schützenhause wachsenden Exemplare entweder lauter protandrische Zwitterblüten, oder ein Teil der zygomorphen Randblüten ist durch Abortieren der Antheren weiblich geworden. Mithin ist diese Art an dem genannten Standorte gynomonöcisch. Die Antheren sind ursprünglich intrors; während sich die Antherenfächer öffnen, machen dieselben aber eine Drehung von 90° und stehen auf den langen, weit aus den Blüten hervorragenden Filamenten wagerecht, ihren Pollen nach oben kehrend. Letzterer ist weiss, warzig, kugelig oder elliptisch, bis 112 μ lang und 88 μ breit.

Als Besucher beobachtete Loew im botanischen Garten zu Berlin: Diptera: *Muscidae*: Echinomyia fera L.; Krieger bei Leipzig die Apiden: 1. Anthrena marginata F. = cetii Schrk.; 2. Nomada jacobaeae Pz.; 3. N. roberjeotiana Pz.; 4. N. solidaginis Pz.

1294. S. lucida Villars stimmt, nach Schulz (Beitr. I. S. 65; II. S. 192), in Bezug auf die Protandrie der Zwitterblüten, die Gynomonöcie, sowie die Art des Aufblühens mit voriger überein.

Als Besucher sah Müller in den Alpen (Alpenbl. S. 401) 4 Falterarten und 1 Schwebfliege; Loew im botanischen Garten zu Berlin: A. Diptera: *Syrphidae*: 1. Helophilus pendulus L. B. Hymenoptera: *Apidae*: 2. Bombus agrorum F. ♂, sgd.; 3. B. lapidarius L. ♂, sgd.; 4. Heriades truncorum L. ♂, psd. C. Lepidoptera: *Rhopalocera*: 5. Argynnis aglaja L.

1295. S. gramuntia L. ist, nach Schulz (Beitr. II. S. 192), bei Bozen gleichfalls gynomonöcisch mit protandrischen Zwitterblüten.

Schletterer sah bei Pola die Blüten von Halictus calceatus Scop. besucht.

Loew beobachtete im botanischen Garten zu Berlin an einigen Scabiosa-Arten folgende Besucher:

1296. S. Dallaportae Heldr.:

A. Diptera: *Syrphidae*: 1. Helophilus trivittatus F. B. Hymenoptera: *Apidae*: 2. Apis mellifica L. ⚥, sgd. C. Lepidoptera: *Rhopalocera*: 3. Rhodocera rhamni L., sgd.;

1297. S. daucoides Desf.:

A. Diptera: *Syrphidae*: 1. Eristalis aeneus Scop.; 2. E. intricarius L.; 3. Helophilus trivittatus F.; 4. Pipiza festiva Mg. B. Hymenoptera: *Apidae*: 5. Apis mellifica

L. ⚥, sgd.; 6. Bombus lapidarius L. ♂, sgd.; 7. B. terrester L. ♂, sgd.; 8. Stelis aterrima Pz. ♀, sgd. C. Lepidoptera: *Rhopalocera*: 9. Pieris brassicae L., sgd.; 10. Vanessa urticae L., sgd.;

1298. S. Hladnikiana Host.:

A. Diptera: *Syrphidae*: 1. Syrphus balteatus Deg.; 2. Volucella pellucens L., sgd. B. Lepidoptera: *Rhopalocera*: 3. Pieris brassicae L, sgd.;

1299. S. ucranica L.: eine Schwebfliege (Syrphus corollae F.).

1300. S. atropurpurea L.

Plateau beobachtete in Belgien Apis, Bombus hypnorum L., Megachile ericetorum Lep., Eristalis tenax L., Syrphus-Arten, Vanessa c-album L., Pieris napi L. Diese Insekten besuchten ohne Auswahl relativ gleich häufig die purpurnen, roten, rosa und weissen Blütenköpfe, ebenso Vanessa io L., Pieris brassicae L. und napi L. eine Abart mit grösseren Köpfen (von 4—5 cm Durchmesser).

68. Familie Compositae Adanson.

Auf die vorteilhaften biologischen Eigentümlichkeiten der Korbblütler hat bereits Sprengel (Entdecktes Geheimnis S. 365) aufmerksam gemacht. Die Reizbarkeit der Staubfäden einiger Arten (von Centaurea, Onopordon, Cichorium, Hieracium) hat schon vor ersterem Kölreuter (3. Fortsetzung S. 199, Leipzig 1766) beobachtet. Hildebrand[1]) hat die Griffeleinrichtungen zum Gegenstande einer eingehenden Untersuchung gemacht (Über die Geschlechts-verhältnisse bei den Kompositen. Verhdl. d. Leop. Carol. Ak. d. Naturf. 1869). Delpino gab 1870 eine Erörterung der biologischen Eigentümlichkeiten der Kompositenblüte, die Herm. Müller 1873 (Befr. S. 378—380) zu einem über-sichtlichen Bilde zusammenstellte:

---

[1]) Dieser Forscher behandelt hier folgende Arten: Taraxacum officinale (S. 7 ff., Taf. I, Fig. 1—7); Cichorium intybus (Tafel I, Fig. 8—10); Vernonia scaberrima (S. 14); Cacalia sonchifolia (S. 15, Tafel I, Fig. 11—13); Eupatorium riparium und cannabinum (S. 16, 17, Fig. 14—19); Liatris spicata (S. 17—19, Taf. I, Fig. 20—25); Dahlia varia-bilis (S. 19, 20, Taf. I, Fig. 26—29); Bidens tripartitus (Tafel I, Fig. 30, 31); Agathaea coelestis (S. 20, 21, Taf. II, Fig. 1—6); Solidago virga aurea (S. 22, 23, Taf. II, Fig. 7—10); Bellis perennis (S. 23, 24, Taf. II, Fig. 11—15); Telekia speciosa (S. 24, 25, Taf. II, Fig. 16, 17); Doronicum macrophyllum (S. 25, 26, Taf. II, Fig. 18—28); Senecio populi-folius (S. 27, 28, Taf. II, Fig. 29—36); Gaillardia lanceolata (S. 28, 29, Taf. III, Fig. 1—3); Silphium doronicifolium (S. 29—31, Taf. III, Fig. 4—9); Calendula arvensis (S. 31—33, Taf. III, Fig. 10—17); C. officinalis (S. 33, Taf. III, Fig. 18—20): Melanopodium divari-catum (S. 33, 34, Taf. III, Fig. 21—25); Madaria elegans (S. 34, 35, Taf. IV, Fig. 26, 27); Petasites officinalis (S. 35—40, Taf. IV, Fig. 1—19); Gnaphalium dioicum (S. 40—42, Taf. III, Fig. 26—32); Gazania ringens und speciosa (S. 42—44, Taf. IV, Fig. 20—26); Cryptostemma hypochondriacum (S. 44, 45, Taf. VI, Fig. 23—25); Arctotis acaulis (S. 45, Taf. VI, Fig. 21, 22); Lappa minor und andere Lappa-Arten (S. 46, Taf. V, Fig. 32); Echinops sphaerocephalus (S. 46—48, Taf. VI, Fig. 1—3); Xeranthemum annuum (S. 48—50, Taf. V, Fig. 24—30); Centaurea montana (S. 50—56, Taf. V, Fig. 1—23); C. scabiosa (S. 56, 57); C. dealbata (S. 59, 60, Taf. VI, Fig. 6—9); Cnicus benedictus (S. 57, 58, Taf. V, Fig. 31); Amberboa Lippii (Taf. VI, Fig. 4, 5); Jurinea alata (S. 58, 59); Silybum Marianum (S. 60—62, Taf. VI, Fig. 10—20).

Die vielen kleinen Blüten sind zu einem Körbchen vereinigt, welches im Knospenzustande fest von einem meist mehrreihigen Hüllkelche umgeben ist, der auch später als wirksames Schutzmittel gegen ankriechende Tiere, sowie zum Zusammenhalten der Blüten des Körbchens dient. Die Augenfälligkeit wird durch die Zusammenhäufung der Blütchen bewirkt und dadurch erhöht, dass teils sämtliche Blumenkronen nach aussen gebogen werden, teils der Saum derselben in Form eines langen Lappens nach aussen gerichtet wird, teils endlich, wie in den meisten Fällen dadurch, dass die Randblüten auf Kosten ihrer Staubblätter oder auch noch der Fruchtblätter sich zu langen, abstehenden, das Körbchen stark vergrössernden Zungen umbilden, welche noch dazu häufig eine andere Färbung besitzen, wie die Scheibenblüten, wodurch die Augenfälligkeit wiederum erhöht wird. In einigen Fällen (Carlina) übernehmen die inneren Blätter des Hüllkelches diese Rolle.

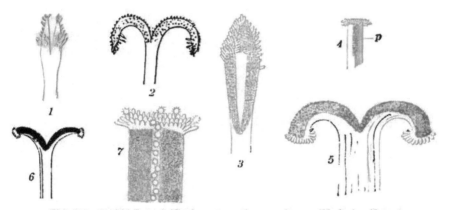

Fig. 189. Griffel und Narben von Compositen. (Nach der Natur.)

1. Vergrösserte Griffelspitze von Bidens mit fast noch geschlossenen Ästen, an der Aussenseite mit starken Fegezacken, die nach oben zu an Grösse abnehmen. *2.* Dieselbe mit entfalteten Griffelästen, deren Innenseite dicht mit Papillen besetzt ist. *3.* Vergrösserte, geschlossen bleibende Griffelspitze von Aster. Die kegelförmige Spitze ist dicht mit starken Fegezacken besetzt; darunter sieht man die Papillen. *4.* Vergrösserte Griffelspitze einer Scheibenblüte von Chrysanthemum segetum L. im ersten (männlichen) Zustande. *5.* Dieselbe stark vergrössert im zweiten (weiblichen) Zustande. *6.* Vergrösserte Griffelspitze einer Randblüte derselben Pflanze mit auseinander gespreizten Narbenästen. *7.* Stark vergrösserte Griffelspitze einer Scheibenblüte von der Innenseite; in der Mitte eine mit Pollenkörnern gefüllte Griffelrinne.

Durch die Zusammenhäufung wird auch ferner erreicht, dass zahlreiche Blüten desselben Blütenstandes bei dem Darüberhinlaufen der honigsuchenden oder pollensammelnden oder -fressenden Insekten gleichzeitig befruchtet werden, indem im ersten Blütenzustande der Pollen, im zweiten die Narbenpapillen so weit aus den Blüten hervorragen, dass sie von den Kerfen gestreift werden. Daher ist Fremdbestäubung in hohem Grade wahrscheinlich; doch tritt in vielen Fällen bei ausbleibendem Insektenbesuche spontane Selbstbestäubung ein, indem sich die Narbenpapillen durch die sich zurückbiegenden Griffeläste mit dem noch haften gebliebenen Pollen bedecken.

Der Honig wird am Grunde des Griffels durch einen diesen ringförmig umgebenden Wulst in so reichlicher Menge abgesondert, dass er in der Blumenkronröhre emporsteigt und, gegen den Regen durch die oben zusammenschliessenden Staubfäden geschützt, sowohl lang- als kurzrüsseligen Insekten zugänglich ist. Die Kompositen sind daher das typische Beispiel für die Blumenklasse B'.

In den ausgeprägt protandrischen Zwitterblüten hat sich der Pollen bereits im Knospenzustande in die den alsdann mit noch geschlossenen Narben versehenen Griffel umgebende Staubbeutelröhre entleert. Indem dieser heranwächst, fegt er mit Hülfe von Haaren oder Zacken, welche er an seiner Oberfläche besitzt und welche in ihrer Gestalt und Anordnung für die Gattungen durchaus charakteristisch sind (s. Fig. 189), den Pollen vor sich her aus der Antherenröhre heraus, so dass er sich über dem Blüteneingange ansammelt. Besuchenden Insekten wird er sich am Bauche festsetzen, und zwar wird er dies um so sicherer thun, als die Staubfäden bei Berührung durch den an ihnen vorbeistreifenden, honigsaugenden Rüssel sich zusammenziehen, so dass die Staubbeutelröhre oft mehrere Millimeter hinabsinkt, und der darin enthaltene Pollen herausgepresst wird. Nachdem dies geschehen ist, breiten sich die Griffeläste aus und entfalten die meist auf ihrer Innenseite gelegenen Narbenpapillen.

Eine weitere vorteilhafte Eigentümlichkeit der Kompositen ist, dass sich, wie schon Sprengel hervorgehoben hat, die Körbchen bei ungünstiger Witterung schliessen.

Über die bei den Kompositen häufige Geitonogamie ist bereits Bd. I. S. 51 nach Kerner (Pflanzenleben II. S. 316—321) kurz berichtet worden. (Vgl. auch Fig. 191.)

A. Tubuliflorae Lessing. Scheibenblüten nicht zungenförmig.

I. Corymbiferae Vaillant. Blüten alle röhrenförmig oder die randständigen meist strahlig. Griffel an der Spitze nicht verdickt und dort ohne Haarkranz.

a) Eupatoroideae Lessing. Griffel der zweigeschlechtigen Blüten walzig, zweispaltig, Schenkel verlängert, fast stielrund oder etwas keulenförmig, oberwärts weichhaarig.

312. Eupatorium Tourn.

Protandrisch. Körbchen armblütig, zu dichten Ebensträussen vereinigt. Griffeläste so lang wie die Blumenkrone, im untersten Viertel jederseits mit einem Streifen Narbenpapillen besetzt, darüber ringsum dicht mit Fegehaaren besetzt. Blumenklasse B'F.

1301. E. cannabinum L. [H. M., Befr. S. 403; Alpenbl. S. 450; Weit. Beob. III. S. 92; Mac Leod, B. Jaarb. III, V, VI; Hildebrand, Comp. Taf. I. Fig. 14—19, S. 16—17; Kerner, Pflanzenleben II; Warnstorf, Bot. V. Brand. Bd. 38; Knuth, Bijdragen; Herbstb.] — Jedes Köpfchen enthält, nach Herm. Müller; meist nur fünf, bisweilen sogar nur vier trübrötliche Blüten; da jedoch meist mehrere hundert solcher Köpfchen zu dichten, doldenrispigen Blütenständen zusammentreten, so werden sie doch recht augenfällig, zumal die weit hervor-

ragenden Griffeläste weiss und die Umrandung der Hüllblätter rötlich gefärbt
sind. Die Kronröhre ist 2½ mm lang, sie endet in ein kaum 2 mm langes
Glöckchen, welches von den Griffelästen um 5 mm überragt wird.

Im ersten Blütenzustande befindet sich das unterste, mit Narbenpapillen
besetzte Griffelstück noch in der Kronröhre, nur die mit Fegehaaren besetzten
oberen drei Viertel der Griffeläste ragen frei hervor und divergieren so weit,
dass besuchende Insekten mit ihnen in Berührung kommen und die an den
Fegehaaren haftenden Pollenkörner abstreifen können. Im zweiten Blüten-

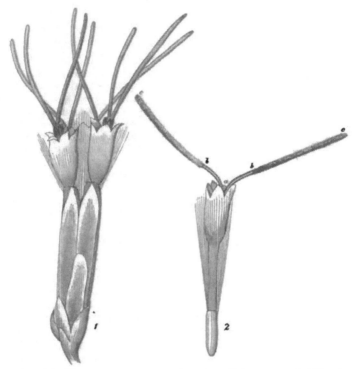

Fig. 190. Eupatorium cannabinum L. (Nach Herm. Müller.)
1. Ein vierblütiges Körbchen im ersten (männlichen) Zustande. *2.* Eine einzelne Blüte im
zweiten (weiblichen) Zustande. Von *a* bis *b* ist jeder Griffelast an jedem der beiden Ränder
mit einem Streifen Narbenpapillen, von *b* bis *c* ringsum mit Fegehaaren besetzt.

zustande treten auch die unteren papillösen Teile der Griffeläste aus dem Kronglöckchen hervor, so dass in das Glöckchen eindringende honigsuchende Insekten
die Narben berühren müssen. Warnstorf fügt hinzu, dass die Staubbeutelcylinder nicht über die Blütchen emporgehoben sind und dass die Fegepapillen
dick stumpf-konisch, mitunter zweizellig, zart gestreift und wagerecht abstehend
sind. Pollen weiss, rundlich bis elliptisch, stachelig und durchschnittlich mit
25 µ diam. — Tritt also hinreichend Insektenbesuch ein, so dass die Fegehaare

des ihnen anhaftenden Pollens beraubt sind, ehe die Narben hervortreten, so ist Fremdbestäubung gesichert. Sind jedoch die Fegehaare noch mit Pollen behaftet, wenn die unteren Teile der Griffel hervortreten, so ist bei Insektenbesuch ebenso gut Selbstbestäubung möglich. Letztere kann auch bei gänzlich ausbleibendem Insektenbesuche nicht spontan eintreten, wohl aber Fremdbestäubung, da die Griffeläste sich so weit auseinanderspreizen, dass sie bisweilen die Narben benachbarter Blüten berühren. Auf diese Geitonogamie macht Kerner (Pflanzenleben II. S. 318) besonders aufmerksam. (Fig. 191.)

Als Besucher sind in erster Linie Falter beobachtet. Ich sah bei Glücksburg 2 Tagfalter, sgd. (Vanessa io L. und Pieris napi L.) und 1 Schwebfliege (Eristalis tenax L.). Dieselben Besucher sah ich auch bei Kiel; hier ausserdem Apis. Herm. Müller bemerkte in den Alpen Fliegen (6), Hymenopteren (4) und Falter (6). Derselbe (1) und Buddeberg (2) beobachteten in Mitteldeutschland:

A. Diptera: a) *Muscidae*: 1. Dexia canina F. (1); 2. Echinomyia fera L. (1); 3. Lucilia albiceps Mg. (1). b) *Syrphidae*: 4. Eristalis arbustorum L., häufig, pfd. (1); 5. E. nemorum L., w. v. (1); 6. E. tenax L., w. v. (1). B. Hymenoptera: *Apidae*: 7. Apis mellifica L. ⚥, sgd. (1); 8. Psithyrus vestalis Fourc. ♂, sgd. (1). C. Lepidoptera: a) *Bombycidae*: 9. Callimorpha

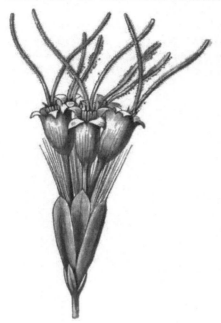

Fig. 191. Geitonogamie von Eupatorium cannabinum L. (Nach Kerner.) Durch Kreuzung der mit Pollen behafteten Griffeläste findet Befruchtung benachbarter Blüten statt.

dominula L., sgd. (2). b) *Rhopalocera*: 10. Argynnis paphia L., häufig, sgd. (1, 2); 11. Erebia medusa S. V., sgd. (1); 12. Hesperia lineola O., sgd. (1); 13. Lycaena sp., sgd. (1); 14. Melanargia galatea L., sgd. (1); 15. Pararge egeria L., sgd. (1); 16. Pieris rapae L., sgd. (1); 17. Thecla quercus L., sgd. (1); 18. Vanessa io L., häufig, sgd. (1, 2). D. Neuroptera: 19. Panorpa communis L., sgd. (1).

Dalla Torre beobachtete in Tirol die Hummeln: 1. Bombus muscorum F. ⚥; 2. B. pomorum Pz. ♀; 3. die Schmarotzerhummel Psithyrus campestris Pz. ♂ und die Furchenbiene 4. Halictus leucopus K. ♀, sowie die Faltenwespe 5. Vespa norwegica Fabr. F. F. Kohl bemerkte daselbst die Goldwespe Cleptes semiaurata L.; Schletterer daselbst die Apiden: 1. Bombus pomorum Pz.; 2. B. soroënsis L.; 3. B. variabilis Schmiedekn.; 4. Halictus leucopus K.; 5. Psithyrus campestris Pz.; Gerstäcker bezeichnet für Kreuth die häufigste Schmarotzerhummel Psithyrus vestalis Fourc. als Besucher.

Alfken beobachtete auf Juist: Hymenoptera: *Apidae*: Psithyrus rupestris F. ♂; Schiner in Österreich die Tabanide Silvius vituli F.; Frey in der Schweiz: Callimorpha hera L. und Tortrix inopiana Haw.; Mac Leod in Flandern Apis, 1 Muscide (Bot. Jaarb. VI. S. 373), sowie 4 Schwebfliegen, 1 Muscide, 3 Falter. (B. Jaarb. V S. 410); in den Pyrenäen 3 Falter und 1 Muscide als Besucher. (A. a. O. III. S. 359.)

Burkill (Flowers and Insects in Great Britain Pt. I) beobachtete an der schottischen Ostküste:

A. Coleoptera: *Nitidulidae*: 1. Meligethes picipes Sturm, pfd. B. Diptera: a) *Muscidae*: 2. Anthomyia brevicornis Ztt., pfd.; 3. A. radicum L., sgd. und pfd.; 4. Calliphora erythrocephala Mg., sgd.; 5. Lucilia cornicina F., sgd.; 6. Onesia sepulcralis Mg.; 7. Scatophaga stercoraria L.; 8. Siphona geniculata Deg. b) *Syrphidae*: 9. Eristalis horticola Deg., sgd.; 10. E. pertinax Scop., sgd.; 11. E. tenax L., sgd.; 12. Platycheirus manicatus Mg.; 13. Sphaerophoria scripta L.; 14. Syritta pipiens L.; 15. Syrphus ribesii L. c) *Phoridae*: 16. Phora sp. C. Hymenoptera: a) *Apidae*: 17. Bombus lapidarius L., sgd. b) *Formicidae*: 18. Myrmica rubra L., auf den Blütenständen umherlaufend. D. Lepidoptera: *Rhopalocera*: 19. Vanessa urticae L., sgd.

1302. E. riparium hat, nach Hildebrand (a. a. O.), dieselbe Bluten-einrichtung wie vor.

1303. E. ageratoides L. Loew beobachtete im botanischen Garten zu Berlin als Besucher:

Diptera: *Muscidae*: 1. Anthomyia sp.; 2. Echinomyia fera L. b) *Syrphidae*: 3. Eristalis arbustorum L.; 4. E. nemorum L.; 5. Syritta pipiens L.; 6. Syrphus corollae F.

1304. E. purpureum L. Loew beobachtete im botanischen Garten zu Berlin:

A. Diptera: *Syrphidae*: 1. Eristalis arbustorum L.; 2. E. tenax L.; 3. Helophilus floreus L.; 4. Melithreptus scriptus L.; 5. Syritta pipiens L.; 6. Syrphus ribesii L., am Griffel einzelner Blüten leckend und pfd. B. Hymenoptera: *Apidae*: 7. Apis mellifica L. ⚥. sgd.; 8. Bombus terrester L. ♀ ♂, sgd.; 9. Psithyrus rupestris F. ♂, sgd.; 10. P. vestalis Fourc. ♂. C. Lepidoptera: *Rhopalocera*: 11. Pieris brassicae L., sgd.; 12. Vanessa Calbum L., sgd. — Ferner daselbst an

1305. Vernonia fasciculata Mchx.:

A. Diptera: *Syrphidae*: 1. Syrphus balteatus Deg. B. Hymenoptera: *Apidae*: 2. Apis mellifica L. ⚥, sgd.; 3. Bombus lapidarius L. ♂, sgd.; 4. B. terrester L. ♂. sgd.; 5. Psithyrus vestalis Fourc. ♂, sgd. C. Lepidoptera: *Rhopalocera*: 6. Pieris brassicae L., sgd.; sowie an

1306. V. praealta Ell.:

A. Hymenoptera: *Apidae*: 1. Apis mellifica L. ⚥, sgd.; 2. Bombus terrester L. ♂. sgd.; 3. Psithyrus vestalis Fourc. ♂. sgd. B. Lepitoptera: *Rhopalocera*: 4. Pieris brassicae L., sgd.

313. Adenostyles Cassini.

Protandrisch. Körbchen armblütig, zu dichten Ebensträussen vereinigt. Die ganze Aussenseite des Griffels dicht mit Fegehaaren, welche kleine kurzgestielte, drüsenartige Knöpfchen darstellen, besetzt; Innenfläche beider Griffeläste mit winzigen Narbenpapillen dicht bekleidet. Nach Kerner fehlen einigen Arten die Fegezacken. — B'F. —

1307. A. alpina Bl. et Fing. (A. viridis Cass., Cacalia alpina L.). [H. M., Alpenblumen S. 450—452.] — Jedes Köpfchen enthält, wie bei Eupatorium cannabinum, nur 4—5 Einzelblüten, welche aus einer etwa 3 mm langen Röhre und einem ein wenig längeren Glöckchen bestehen.

Der Griffel spaltet sich, nachdem er häufig die Antherenröhre zersprengt hat,
in zwei Äste, welche sich schliesslich soweit zurückkrümmen, dass die Narbenpapillen mit den Fegehaaren der Aussenseite in Berührung kommen und, falls
letztere noch Pollen enthalten, durch spontane Selbstbestäubung befruchtet
werden können.

Als Besucher sah H. Müller in den Alpen besonders Falter (21), weniger
häufig Käfer (14) und Hymenopteren (4); Schletterer und Dalla Torre geben für
Tirol die Erdhummel als Besucherin an.

Fig. 192.   Adenostyles alpina Bl. et Fing.   (Nach Herm. Müller.)

A. Ein Körbchen mit 4 Blüten: Die beiden mittleren im ersten (männlichen), die beiden
äusseren im zweiten (weiblichen) Zustande. (7 : 1.) B. Einzelblüte. (7 : 1.) C. Stück eines
Griffelastes. (80 : 1.)

1308. A. albida Cass. (A. albifrons Rchb.). [H. M., Alpenblumen
S. 452.] — Als Besucher sah H. Müller nur Fliegen (Echinomyia und
Eristalis), doch sind die hauptsächlichsten Besucher wahrscheinlich wie bei vor.
Falter. Loew sah im Altvatergebirge:

A. Coleoptera: *Chrysomelidae*: 1. Chrysomela cacaliae Schr. subsp. senecionis.
B. Lepidoptera: *Pyralidae*: 2. Unbestimmte Spez., sgd.

Nach Kerner fehlen die Fegezacken; es wird daher der Pollen durch die Griffelenden herausgepresst und herausgefegt.

1309. A. hybrida DC. (A. candidissima Cass.) [H. M., Alpenblumen S. 452.] — Als Besucher beobachtete Müller nur Eristalis tenax L., sgd. u. pfd.

314. Homogyne Cassini.

Gynomonöcisch mit protandrischen Zwitterblüten. Zahlreiche Blütchen in einem Körbchen vereinigt. Randblüten weiblich, fädlich; Scheibenblüten zwitterig röhrig. Griffeläste der letzteren aussen mit Fegehaaren, innen mit Narbenpapillen besetzt. — B'F. —

1310. H. alpina Cass. (Tussilago alpina L.) [H. M., Alpenblumen S. 452—454; Ricca, Atti XIII. 3; Kerner, Pflanzenleben II.] — Die Randblüten sind weiblich, honiglos, mit mehr oder minder verkümmertem Kronsaum. Die Scheibenblüten sind zweigeschlechtig und so ausgeprägt protandrisch, dass in

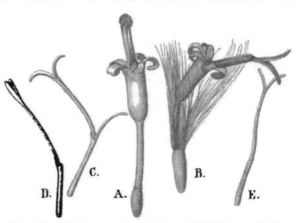

Fig. 193. Homogyne alpina Cass. (Nach Herm. Müller.)
A. Scheibenblüte im ersten (männlichen) Zustande. (Der Pappus ist fortgelassen.) *B.* Dieselbe im zweiten (weiblichen) Zustande. *C. D. E.* Randblüten mit verkümmertem Kronsaum und lang hervorragendem Griffel.

ihnen, nach Müller, spontane Selbstbestäubung gänzlich oder doch fast ausgeschlossen ist. Doch ist, nach Kerner, spontane Fremdbestäubung durch Auswärtskrümmung der pollenbedeckten Griffeläste geitonogam möglich.

Als Besucher beobachtete Ricca Fliegen; H. Müller wieder in erster Linie Falter (28 Arten), ausserdem einige Fliegen (5) und 1 Hummel.

315. Tussilago Tourn.

Monöcisch. Scheibenblüten männlich, mit verkümmerten Stempeln; Randblüten weiblich, mehrreihig, zungenförmig. Griffeläste der letzteren innen mit Narbenpapillen, aussen und an der Spitze mit (nutzlosen) Fegehaaren. Griffeläste der männlichen fast bis zur Spitze verwachsen bleibend, aussen oben dicht mit kurzen Fegehaaren besetzt.

1311. T. Farfara L. [Sprengel, S. 374—376; H. M., Befr. S. 402; Alpenbl. S. 454, 455; Knuth, Ndfr. Ins. S. 85, 157; Kerner, Pflanzenleben II.] — Dreissig bis vierzig goldgelbe, rein männliche Scheibenblüten werden von fast 300, in mehreren

Reihen stehenden, ebenso gefärbten, rein weiblichen Randblüten umgeben, wodurch ein im Sonnenscheine zu einer Scheibe von 20—25 mm sich ausbreitendes
Köpfchen entsteht, welches sich in der Nacht und bei trüber Witterung schliesst.
Die männlichen Blüten haben einen Fruchtknoten, dessen Samenknospe verkümmert ist, und am Griffelgrunde einen gelben Honigring. Der Pollen wird
durch die Fegehaare zur Spitze des Antherencylinders herausgekehrt.

Die weiblichen (randständigen) Blüten haben eine 3 mm lange, nektarlose
Kronröhre mit einem 6—8 mm langen, schmal linealen, nach aussen gerichteten
Saumlappen. Der Griffel ragt 2—3 mm weit hervor und teilt sich am Ende
in zwei etwa $1/2$ mm lange, an der Innenseite papillöse Äste. Die Narben der
Randblüten sind erheblich eher entwickelt, als der Pollen aus den männlichen
Blüten hervorgefegt wird; es findet daher bei hinreichendem Insektenbesuche
stets Kreuzung getrennter Stöcke statt. Spontane Selbstbestäubung ist wegen
der Eingeschlechtigkeit der Blüten natürlich ausgeschlossen. Nach Kerner
tritt aber spontane Fremdbestäubung geitonogam ein, wenn die randständigen
Zungenblüten sich nachmittags um 5—6 Uhr schliessen. Dabei krümmen sie
sich so über die Scheibenblüten, dass eine Berührung mit den herausgefegten
Pollenmassen der männlichen Blüten erfolgt. Dieser Blütenstaub haftet dann
an den Zungenblüten und gleitet am anderen Morgen, wenn der Blütenstand
sich wieder öffnet, zu den belegungsfähigen Narben hinab. — Pollen, nach
Warnstorf (Bot. V. Brand. Bd. 38), goldgelb, rundlich bis elliptisch, etwa
44 μ lang und 37 μ breit, dicht igelstachelig.

Nach Burkill (Spring Flowers in Journ. of Bot. 1897) enthalten die
Köpfchen der Pflanzen an den Klippen der Yorkshire-Küste ungefähr 200 bis
300 weibliche und etwa 40 männliche Blüten bei einem Durchmesser von
20—36 mm, während die an den Abhängen des Meeres wachsenden bis auf
15 mm Durchmesser herabsinken. Während der Blütezeit verlängert sich die
Röhre der Scheibenblüten um 1 mm; gleichzeitig wachsen die Zungenblüten und
auch der Blütenboden verbreitert sich. Es wird daher das Köpfchen etwas
augenfälliger, wenn es von dem ersten zum letzten Stadium übergeht. Werden
die Köpfchen älter und hört das Wachstum der Blumenkronen auf, so verliert
sich auch allmählich die Möglichkeit, die Blüten während der Nacht zu schliessen,
was bekanntlich auf einem ungleichmässigen Wachstum der Zungenblüten beruht.
Daher sind die weiblichen Blüten besser gegen die Einflüsse der Witterung
geschützt als die männlichen. Nach der Befruchtung der weiblichen Blüten
behalten diese ihr frisches Aussehen bei, und erst, wenn die männlichen Blüten,
welche sich erst lange nach den weiblichen öffnen, ihren Pollen entleert haben,
werden die Köpfchen unansehnlich.

Als Besucher sah ich bei Kiel die Honigbiene, sgd. u. psd., sehr häufig; H.
Müller beobachtete dieselbe in Westfalen, ferner noch einige Bienen (Anthrena fulvicrus
K. ♀, sgd.; A. gwynana K. ♀. sgd. u. pfd.; A. parvula K. ♀, ebenso), einzelne Fliegen
(Bombylius major L., sgd.; Eristalis tenax L., pfd.) und Meligethes, pfd., zahlreich. In
den Alpen beobachtete dieser Forscher 21 Fliegen, 3 Bienen, eine Ameise, 2 Falter.

Wüstnei beobachtete auf der Insel Alsen Anthrena tibialis K. und A. ruficrus
Nyl., als Besucher; Alfken und Höppner (Hö) bei Bremen: A. Diptera: a) Conopidae:

1. Myopa spec. b) *Muscidae*: 2. Anthomyia spec.; 3. Lucilia caesar L., sgd. u. psd.; 4. Musca domestica L.; 5. Pollenia vespillo F., hfg., sgd. c) *Syrphidae*: 6. Cheilosia spec.; 7. Eristalis tenax L., s. hfg., sgd. B. Hymenoptera: a) *Apidae*: 8. Anthrena albicans Müll. ♂, n. slt.; sgd.; 9. A. albicrus K. ♂. slt., sgd.; 10. A. apicata Sm. ♂ ♀. (Hö); 11. A. clarkella K. ♀, n. slt., sgd.; 12. A. flavipes Pz. ♀, mehrfach, sgd. u. pfd. ♂, hfg., sgd.; 13. A. gwynana K., n. slt., ♀ sgd. und psd., ♂ sgd.; 14. A. lapponica Zett. ♂; 15. A. morawitzi Ths. ♀ ♂, sgd. (Hö).; 16. A. nigroaenea K. ♀ ♂ (Hö); 17. A. parvula K., hfg., ♀ sgd. u. psd., ♂ sgd.; 18. A. praecox Scop. ♀ ♂; 19. A. rufitarsis Zett. ♀ ♂; 20. A. thoracica F., slt., ♀ sgd. u. psd., ♂, sgd.; 21. A. tibialis K. ♂ (Hö); 22. A. tibialis K. ♀, slt, 23. A. varians K. ♀ ♂, slt.; 24. Apis mellifica L. ♀, s. hfg., sgd. u. pfd.; 25. Bombus agrorum F. ♀ (Hö); 26. B. jonellus K. ♀, mehrfach; 27. B. terrester L. ♀, mehrfach; 28. Nomada bifida Ths. ♂, einzeln; 29. N. borealis Zett. ♀ ♂. n. slt., sgd.; 30. N. fabriciana L. ♀, einmal, sgd. ♂, mehrfach, sgd.; 31. N. flavoguttata K. var. höppneri Alfken ♀ ♂. b) *Sphegidae*: 32. Ammophila sabulosa L. ♂, hfg. sgd.; 33. A. hirsuta Scop. ♀ ♂, sgd. C. Lepidoptera: a) *Nymphalidae*: 34. Vanessa antiopa L., sgd. (Hö); 35. V. io L., hfg., sgd.; 36. V. urticae L., hfg., sgd. b) *Pieridae*: 37. Rhodocera rhamni L., mehrfach, sgd. Mac Leod sah in Flandern Apis, 1 kurzrüsselige Biene, 3 Fliegen (Bot. Jaarb. VI. S. 373), Friese bei Fiume Anthrena taraxaci Gir.

Nach Schneider (Tromso Museum Aarshefter 1894) sind im arktischen Norwegen Bombus hypnorum L. und B. terrester L. als Besucher beobachtet.

Burkill (Fert of Spring Fl.) beobachtete an der Küste von Yorkshire:

A. Araneida: 1. Xysticus pini Hahn, häufig auf der Lauer nach Fliegen liegend. B. Coleoptera: 2. Meligethes picipes Sturm, pfd.; 3. Omalium florale Payk; 4. Thyamis fuscicollis Foudr. C. Diptera: a) *Muscidae*: 5. Calliphora (Onesia) cognata Mg.; 6. C. erythrocephala Mg., sgd.; 7. C. (Onesia) sepulcralis Mg., sgd.; 8. C. vomitoria L., sgd.; 9. Actora aestuum Mg., pfd.; 10. Coelopa sp.; 11. Ephydra sp.; 12. Helomyza sp., sgd. u. pfd.; 13. Hylemyia sp.; 14. Lasiops sp., sgd.; 15. Lucilia cornicina F. sgd. u. pfd.; 16. Phorbia sp.; 17. Pollenia rudis F.; 18. Scatophaga stercoraria L., sgd. u. pfd.; 19. Sepsis nigripes Mg., sgd. u. pfd. b) *Phoridae*: 20. Phora sp. c) *Syrphidae*: 21. Eristalis horticola Deg.; 22. E. pertinax Scop., sgd. u. pfd.; 23. Melanostoma quadrimaculata Verral, sgd.; 24. Platycheirus sp.; 25. Syrphus lasiophthalmus Ztt.; 26. S. maculatus Zett. d) *Sipulidae*: 27. Cecidomyia sp. D. Hymenoptera: a) *Apidae*: 28. Anthrena clarkella K. ♀ ♂, sgd.; 29. A. gwynana K. ♀ ♂; 30. A. nigroaenea K. ♀ ♂; 31. Apis mellifica L., sgd. u. psd.; 32. Bombus agrorum F., sgd.; 33. B. terrester L., sgd. b) *Formicidae*: 34. Formica fusca L. c) *Ichneumonidae*: 35. Ichneumon sp., sgd. E. Lepidoptera: *Rhopalocera*: 36. Vanessa urticae L., sgd. F. Tysanoptera: 37. Thrips sp.

316. Petasites Tourn.

Diöcisch-polygamisch. Männliche Blüten mit glockenförmigem, regelmässig fünfzähnigem Saume; weibliche fadenförmig, mit schief abgeschnittenem Saume. Griffel besonders an den männlichen Blüten aussen mit Fegehaaren, an den weiblichen Blüten innen mit Papillen. Kerner hebt hervor, dass die verschiedengeschlechtigen Stöcke auch eine verschiedene Tracht haben. Der eine Stock besitzt zahlreiche scheinzwitterige Pollenblüten auf der Scheibe und eine geringe Anzahl Fruchtblüten auf dem Strahl; bei dem anderen Stock ist es umgekehrt.

1312. P. officinalis Moench. (P. vulgaris Desf.; Tussilago Petasites L., die sog. zweigeschlechtige Pflanze; T. hybrida L., die weibliche Pflanze). [Hildebrand, Comp. S. 35—40, Taf. IV., Fig. 1—19;

Kirchner, Flora S. 690; Kerner, Pflanzenleben II.; H. M., Weit. Beob. III.
S. 92; Mac Leod, B. Jaarb. V. S. 411; Knuth, Bijdragen; Warnstorf,
Bot. V. Brand. Bd. 38.] — Die Blüten sind trübpurpurfarbig, selten blassrosa
bis fast weiss. Die Pflanze tritt in 2 im Aussehen völlig von einander verschiedenen Stöcken auf. Die einen haben, nach Kerner, zahlreiche scheinzwitterige männliche Scheibenblüten und eine geringere Anzahl rein weiblicher
Randblüten; bei der anderen Stockform ist es umgekehrt. Die männlichen Stöcke
haben kleinere Blütenstengel und einen gedrängten Blütenstand; die 22 bis 38
Blüten ihrer Köpfchen sind nach Kirchner, alle unter einander gleich und
nektarhaltig, oder es befinden sich bis zu 3 Zwitterblüten unter ihnen; im Fruchtknoten ist die Samenknospe meist verkümmert; der Griffel hat unter den Ästen
eine keulige, etwas flach gedrückte Verdickung, die mit Fegehaaren besetzt ist,
seine beiden Äste biegen sich wenig auseinander, sind aussen mit kurzen Fegehaaren besetzt, innen ohne Narbenpapillen. Die Krone der männlichen Blüten
ist unten röhrig und bildet oben ein Glöckchen mit 5 zurückgeschlagenen Zipfeln.

Die weiblichen Pflanzen, fährt Kirchner fort, zeigen einen höheren, aber
weniger dichten Blütenstand. Ihr Köpfchen enthält etwa 140 Blüten, von denen
1—3 mittelständige männlich sind. Die weiblichen Blüten sind ohne eine Spur von
Staubblättern und nektarlos; ihre Krone besteht aus einer langen, engen Röhre, die
in eine schmälere und eine breitere Lippe übergeht. Der Griffel ist fadenförmig, glatt,
seine beiden Äste auf der Aussenseite mit nur kurzen Haaren besetzt, auf der
Innenseite mit Narbenpapillen. Die 1—3 mittelständigen männlichen Blüten dieser
Stöcke haben einen schwach oder garnicht verdickten, mit Fegehaaren besetzten
Griffel mit 2 Ästen. Der Nektarring sondert reichlich Honig ab, die Antheren
sind verkümmert und pollenlos. Burkill (Fert. of Spring Flowers in Journ.
of Bot. 1897) bemerkte an der Yorkshire-Küste nur männliche Blütenstände. —
Auch in Brandenburg bei Neu-Ruppin kommt, nach Warnstorf, Petasites
officinalis Mnch. nur in der Form mit lauter scheinzwitterigen, unfruchtbaren
Pollenblüten vor, deren weit hervortretende, mit Fegepapillen dicht besetzte und
geschlossen bleibende Narbenäste nur den Zweck haben, die Pollenmassen aus
dem Antherencylinder zu fegen. Es tritt daher Petasites officinalis hier
nicht mit zweierlei Stöcken — aussen scheinzwitterige Pollenblüten, innen Frucht
tblüten oder aussen Fruchtblüten innen scheinzwitterige Pollenblüten — auf,
sondern in 3 verschiedenen Blütenformen. — Pollenweiss, rundlich bis ellipti-ch,
bis 37 μ lang und 31 μ breit, igelstachelig und darum an den Papillen der
Narbe lange häftend.

Als Besucher von Tussilago Petasites L. sah ich bei Kiel die Honigbiene;
Warnstorf bei Ruppin gleichfalls.

Wüstnei beobachtete auf der Insel Alsen Bombus terrester L. als Besucher;
Alfken bei Bremen: 1. Bombus lucorum L. ♀; 2. B. pratorum L. ♀.

Mac Leod beobachtete an P. officinalis Mnch. in Belgien Bienen (5),
Falter (3) und kleine Fliegen.

Burkill (Fert. of Spring Fl.) beobachtete an P. officinalis an der Küste von
Yorkshire: A. Diptera: *Syrphidae:* 1. Chironomus sp. B. Hemiptera: 2. Hetero-
cordylus sp. C. Hymenoptera: *Apidae:* 3. Anthrena gwynana K. ♀; 4. Bombus terrester L., sgd.

1313. P. albus Gaertner. (Tussilago alba L., die zweigeschlechtige Pflanze; T. ramosa Hoppe, die weibliche Pflanze). [H. M., Alpenblumen S. 455—459.] — Die Pflanze ist zweihäusig mit viererlei Blütenformen: In den Blütenkörbchen der weiblichen Stöcke finden sich: 1. Honigblüten, 2. nicht Honig absondernde Geschlechtsblüten. In den Blütenkörbchen der

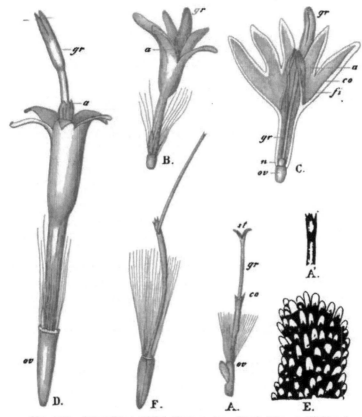

Fig. 194. Petasites albus Gaertner. (Nach Herm. Müller.)

A. Geschlechtsblüte des weiblichen Köpfchens (*ov* zerdrückter Fruchtknoten mit hervortretendem Samenknöspchen). *A'* Oberster Teil einer Blumenkrone. *B.* Honigblüte des weiblichen Köpfchens. *C.* Dieselbe, der Länge nach gespalten. *D.* Geschlechts- und Honigblüte des männlichen Köpfchens. *E.* Ein Stück eines Griffelastes dieser Blüte. *F.* Rückfallblüte des männlichen Köpfchens. (*A.—D. F.* 7 : 1; *E.* 80 : 1.)

männlichen Stöcke sind häufig nur solche Blüten vorhanden, welche sowohl Nektar absondern, als auch Pollen besitzen, doch kommen vielleicht ebenso häufig solche Körbchen vor, welche neben diesen Geschlechts- und Honigblüten 1 oder 2 Blüten enthalten, welche weder Nektar noch Pollen hervorbringen.

Als Besucher beobachtete H. Müller in den Alpen Fliegen (6 Arten), Falter (nur 2 Arten, aber sehr zahlreiche Individuen), Käfer (2).

1314. P. fragrans Presl.

Burkill (Fert. of Spring Fl.) beobachtete an der Küste von Yorkshire: Diptera: a) *Muscidae*: 1. Lucilia cornicina F.; 2. Onesia cognata Mg., pfd.; 3. O. sepulcralis Mg., pfd. b) *Syrphidae*: 4. Eristalis pertinax Scop.; 5. Melanostoma quadrimaculata Verral als Besucher.

1315. P. frigida Fries. Nach Lindman ist die Diöcie dieser nordischen Art auf dem Dovrefjeld in geringerem Grade ausgeprägt als bei den vorigen. In den männlichen Köpfchen sind die Randblüten rein weiblich; aus den grossen, aber wenig zahlreichen männlichen Blüten ragt die rötliche Narbe hervor, welche nicht nur die Aufgabe hat, den Pollen hervorzufegen, sondern auch als Schauapparat dient. Die weiblichen Köpfchen sind kleiner als die männlichen; ihre Scheibenblüten haben rudimentäre Staubblätter, ihre Randblüten sind rein weiblich. Nach Ekstam beträgt auf Nowaja Semlja der Körbchendurchmesser etwa 10 mm. Die geruchlosen Blüten wurden dort von einer mittelgrossen Fliege besucht.

b) Asteroideae Lessing. Griffelschenkel linealisch, spitz, auswendig fast flach, sonst wie vorige.

317. Aster L.

Strahlblüten einreihig, weiblich, meist anders gefärbt als die gelben Scheibenblüten. Griffeläste verbreitert, oberwärts mit Fegezacken besetzt, an den Seiten und innen mit Narbenpapillen, in den zweigeschlechtigen Blüten mit den Spitzen fast immer zusammenneigend.

Nach Kerner kommen die Griffeläste der Randblüten mit den vorgeschobenen Pollenmassen der Scheibenblüten in Berührung. In letzteren findet nach demselben durch Verschränkung der Griffeläste spontane Selbstbestäubung statt. Letzteres habe ich nie beobachtet.

1316. A. alpinus L. [H. M., Alpenblumen S. 447, 448; Kerner, Pflanzenleben II.; Loew, Bl. Flor. S. 397; Knuth, Bijdragen.] — Gynomonöcisch mit protandrischen Zwitterblüten. Die 50—150 gelben Scheibenblüten werden von 24—40 violetten Strahlblüten umgeben, so dass das eine den Stengel krönende Köpfchen einen Durchmesser von 32—45 mm erhält. Aus den Randblüten ragt der Griffel mit 2 sich auseinanderspreizenden Ästen 2—3 mm weit hervor. Aus den Glöckchen der Scheibenblüten tritt anfangs Pollen, dann die oben zusammenneigenden Griffeläste hervor. — Nach Kerner sind die Narben der weiblichen Blüten mehrere Tage vor dem Hervortreten des Pollens aus den benachbarten Zwitterblüten entwickelt.

Als Besucher sah H. Müller in den Alpen Käfer (2), Bienen (2), Falter (36), Fliegen (9).

Ich sah im Juli 1878 bei Andermatt 3 Schwebfliegen (Eristalis tenax L., Helophilus trivittatus F., Melanostoma mellina L., sgd. und pfd.), sowie zahlreiche Falter.

Loew beobachtete in der Schweiz (Beiträge S. 58): A. Diptera: *Syrphidae*: 1. Cheilosia caerulescens Mg. B. Lepidoptera: *Rhopalocera*: 2. Lycaena sp.

1317. A. Tripolium L. [Knuth, Nordfries. Inseln S. 86, 87, 157; Weit. Beob. S. 235; Mac Leod, Bot. Centralbbl. Bd. 29.] — Zwanzig bis dreissig hellviolette, weibliche Randblüten mit etwa 11 mm langer und 2¹/₂ mm breiter Zunge umgeben die ebenso zahlreichen, gelben, röhrenförmigen, zweigeschlechtigen Scheibenblüten; das ganze Köpfchen hat einen Durchmesser von etwa 20 mm. Durch die entgegengesetzte Färbung der Rand- und Scheibenblüten und die Zusammenhäufung zahlreicher Köpfchen wird die Pflanze sehr augenfällig. Die Krone der Scheibenblüten ist unten auf eine Strecke von 4 mm

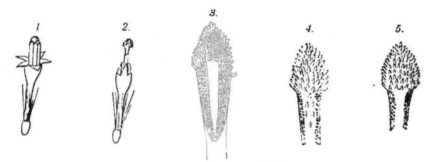

Fig. 195. Aster Tripolium L. (Nach der Natur.)

1. Blüte im ersten (männlichen) Zustande: Der Pollen dringt zur Spitze des Antherencylinders hervor; die Kronzipfel sind ausgebreitet. *2.* Blüte im zweiten (weiblichen) Zustande: Der an der Spitze mit Fegezacken versehene und unter diesen papillöse Griffel ragt aus der Blüte hervor; der Staubbeutelcylinder hat sich in die Blumenkrone zurückgezogen, deren Zipfel jetzt emporgeschlagen sind. *3.* Stark vergrösserte Griffelspitze einer Blüte im weiblichen Zustande: oben Fegezacken, unten Narbenpapillen. *4.* Ein Griffelast von aussen: oben und in der Mitte Fegezacken, unterwärts an den Seiten Papillen. *5.* Derselbe von innen.

stielartig zusammengezogen und oberwärts zu einem 2 mm langen Glöckchen erweitert. Der Pollen wird durch die zusammenschliessenden, rhombischen, mit schräg aufwärts gerichteten Fegezacken versehenen Griffelspitzen herausgekehrt. Ist die Staubbeutelröhre leer, so treten die unterhalb der Fegehaare in einer Längsleiste des Aussenrandes und auf der Innenseite papillösen, oben geschlossen bleibenden Narbenäste 2 mm weit aus dem Antherencylinder hervor und überragen so den ganzen Blütenstand. Besuchende Insekten werden daher im ersten Blütenzustande ihre Unterseite mit Pollen behaften, den sie beim Besuche eines im zweiten Zustande befindlichen Köpfchens auf die Narben bringen. Spontane Selbstbestäubung ist bei ausbleibendem Insektenbesuche möglich, da immer etwas Pollen zwischen den Griffelästen haften bleibt.

Nach der Befruchtung werden die Scheibenblüten missfarbig orange, schliesslich braun. Hin und wieder treten auch strahllose Köpfchen auf; diese besitzen, nach Mac Leod, 10 etwas grössere Scheibenblüten.

Als Besucher sah Mac Leod in Belgien Apis und kleinere Bienen.

Ich beobachtete bei Kiel (Nordfr. Ins. S. 157.; Weit. Beob. S. 235):

A. Diptera: a) *Muscidae*: 1. Anthomyia sp. ♀; 2. Aricia obscurata Mg.; 3. Dolichopus sp. ♀; 4. D. sp. ♂; 5. Lucilia caesar L.; 6. L. sp.; 7. Musca corvina F.; 8. Platycephala planifrons Fabr.; 9. Pollenia rudis F.; 10. Scatophaga litorea Fall.; 11. S. merdaria Fabr.; 12. S. stercoraria L.; 13. Siphona cristata Fabr.; 14. Winzige Musciden. Sämtl. sgd. b) *Syrphidae*: 15. Melithreptus taeniatus Mg. ♀; 16. Syrphus

582   Compositae.

corollae F. ♀. Beide sgd. B. Hymenoptera: *Apidae*: 17. Apis mellifica L. ☿; 18. Bombus lapidarius L. Beide sgd. und psd.

Leege sah auf Juist die Noctuide: Hydroecia nictitans Bkh.

In Dumfriesshire (Schottland) (Scott-Elliot, Flora S. 90) wurden 5 Hummeln, 6 Schwebfliegen, 12 Musciden, 1 Falter und Meligethes als Besucher beobachtet.

Willis (Flowers and Insects in Great Britain Pt. I) beobachtete in der Nähe der schottischen Südküste:

A. Coleoptera: *Nitidulidae*: 1. Meligethes aeneus F., häufig, sgd. und pfd. B. Diptera: a) *Muscidae*: 2. Anthomyia radicum L., häufig, sgd. und pfd.; 3. A. sp., sgd.; 4. Hyetodesia incana W., sgd. und pfd.; 5. Lucilia cornicina F., sgd.; 6. Onesia sepulcralis Mg., sgd.; 7. Scatophaga stercoraria L., häufig, sgd.; 8. Tephritis vespertina Lw., sgd. b) *Syrphidae*: 9. Eristalis aeneus Scop., häufig, sgd.; 10. E. horticola Deg., sgd.; 11. E. tenax L., häufig, sgd.; 12. Platycheirus manicatus Mg., sgd. C. Hymenoptera: *Apidae*: 13. Apis mellifica L., sgd.; 14. Bombus agrorum L., sgd.; 15. B. lapidarius L., sgd.; 16. B. pratorum L., sgd.; 17. B. terrester L., sgd. D. Lepidoptera: *Rhopalocera*: 18. Polyommatus phlaeas L.

1318. A. Amellus L. [H. M., Befr. S. 402; Kirchner, Beitr. S. 63, 64; Loew, Bl. Flor. S. 258.] — Die vanilleduftenden Blüten bilden Köpfchen von etwa 35 mm Durchmesser, welche, nach Kirchner, aus 20 lila gefärbten, weiblichen Strahlblüten und doppelt so viel goldgelben, zweigeschlechtigen Scheibenblüten bestehen. Erstere haben eine 2 mm lange Röhre und eine etwa 13 mm lange Zunge, ihr blau gefärbter Griffel breitet seine beiden Äste auseinander. Die Scheibenblüten bestehen aus einer 2½—3 mm langen Röhre und einem 3 mm langen Glöckchen. Der Griffel wächst etwa 3 mm weit über letzterem aus der Antherenröhre hervor. Seine Narbenschenkel sind derartig gebogen, dass sie mit der konkaven und papillösen Seite sich einander zuwenden und an der Spitze berühren; später krümmt sich ihre Aussenseite noch stärker, so dass sie sich an einander vorbeibiegen.

Als Besucher beobachtete H. Müller in Thüringen eine Schwebfliege (Eristalis arbustorum L., pfd.).

Loew beobachtete im botanischen Garten zu Berlin: A. Diptera: a) *Muscidae*: 1. Anthomyia sp.; 2. Echinomyia fera L. b) *Syrphidae*: 3. Eristalis arbustorum L.; 4. E. nemorum L.; 5. Syrphus corollae F. B. Hymenoptera: a) *Apidae*: 6. Halictus cylindricus F. ♀, sgd. b) *Sphegidae*: 7. Ammophila sabulosa L. c) *Vespidae*: 8. Vespa germanica F. C. Lepidoptera: *Rhopalocera*: 9. Pieris brassicae L., sgd.; sowie daselbst an der var. Bessarabicus DC.: A. Diptera: a) *Muscidae*: 1. Sepsis annulipes Mg., auf einer Randblüte sitzend. b) *Syrphidae*: 2. Eristalis nemorum L.; 3. Helophilus floreus L.; 4. Syritta pipiens L.; 5. Syrphus ribesii L. B. Hymenoptera: a) *Apidae*: 6. Bombus terrester L. ♀, sgd. b) *Vespidae*: 7. Vespa germanica F. C. Lepidoptera: *Rhopalocera*: 8. Epinephele janira L., sgd.; 9. Vanessa urticae L., sgd.

1319. A. novae Angliae Aiton. [Knuth, Herbstbeob.]. —

Der 1½ m hoch werdende, ästige Stengel trägt zahlreiche, schwach duftende Blütenköpfe von 3½ cm Durchmesser, wovon ⅓ auf die etwa 100 gelben Scheibenblüten und der Rest auf den meist mehrreihigen Kreis der 80—90 blauen Randblüten kommt. Letztere sind ungefähr 2 cm lang und 1½ mm breit. Abends und beim Regenwetter schliessen die Randblüten so zusammen, dass die Scheibenblüten bedeckt sind. Die Blüten-Einrichtung ist dieselbe wie bei den übrigen Aster-Arten: Die herauswachsenden Narbenspitzen fegen mittelst kleiner Zacken den Pollen aus dem Staubbeutelcylinder heraus und strecken sich später so weit hervor, dass die papillöse Stelle frei wird. — Diese Art ist unter den von mir beobachteten Astern die am spätesten blühende: noch am 16. Oktober 1891 fanden sich ausser völlig abgeblühten noch zahlreiche Blütenköpfe im Knospenzustande. An diesem Tage fanden sich auch noch alle unten mitgeteilten Besucher, sämtlich auf der Unterseite dicht mit Pollen bedeckt, auf den Blüten, nämlich:

A. Hymenoptera: *Apidae*: 1. Apis mellifica L., sehr häufig (einzeln noch am 23. Oktober); 2. Bombus lapidarius L.; 3. B. terrester L.; 4. B. sp. B. Lepidoptera: *Rhopalocera*: 5. Vanessa io L ; 6. V. atalanta L.; 7. Argynnis sp. Sämtl. sgd. C. Diptera: *Syrphidae*: 8. Eristalis tenax L., sehr häufig (einzeln noch am 23. Oktober); 9. E. arbustorum L.; 10. Helophilus pendulus L.; 11. Syritta pipiens L. b) *Muscidae*: 12. Onesia sepulcralis Mg.; 13. Sarcophaga sp.; 14. Lucilia cornicina F., häufig; 15. Scatophaga stercoraria L., häufig (einzeln noch am 23. Oktober); 16. S. merdaria L.; 17. Calliphora erythrocephala Mg.; 18. Pollenia rudis F. Sämtl. sgd. und pfd.

1320. A. chinensis L. (Callistephus chinensis Nees) stimmt in der Blüteneinrichtung mit den vorigen gleichfalls im wesentlichen überein.

Als Besucher sah H. Müller (Befr. S. 402) eine saugende Biene (Coelioxys simplex Nyl. ♀), einen Tagfalter (Vanessa urticae L, sgd.) und 2 Schwebfliegen (Eristalis arbustorum L. und E. nemorum L., sgd. u. pfd.).

Schletterer und Dalla Torre geben für Tirol die Kegelbiene Coelioxys elongata Lep. ♀ als Besucher an.

Macchiati (N. G. J. B. 1884) machte in Sardinien, Calabrien und Piemont folgende merkwürdige Beobachtung: Vor dem Aufblühen der Köpfchen lebt an den Blütenzweigen häufig eine Blattlaus, Aphis capsellae Kaltenbach, welche von vielen Ameisen beleckt wird. Wenn die Pflanze im Herbste aufblüht, entsteht gleichzeitig eine neue Generation von Blattläusen, nämlich die geflügelten Weibchen, welche sich in die geöffneten Blütenköpfchen begeben. Dahin können ihnen die Ameisen nicht folgen, weil sie an den klebrigen Hüllblättchen der Köpfchen ein unübersteigliches Hindernis finden. Dies ist insofern für die Bestäubung von Bedeutung, weil die Ameisen die Kreuzungsvermittler verscheuchen würden, während die Blattläuse mit ihrer Honigabsonderung ein Lockmittel für dieselben sind, gleichsam „lebendige Nektarien" vorstellen. (B. Jb. 1884. I. S. 663—664.)

1321. A. salicifolius Scholler (A. salignus Willdenow). [Knuth, Herbstbeob.] —

Der hohe, sehr ästige Stengel mit zahlreichen Blütenköpfen macht die Pflanze weither sichtbar und lockt eine so grosse Anzahl von Insektenarten an, wie kaum noch eine andere Herbstpflanze. Die Einzelköpfchen bestehen aus 20 bis 30 15 mm langen Randblüten mit blauer, 10 mm langer und 2 mm breiter Zunge und 30 bis 40 gelben, 9 mm langen Scheibenblüten, und zwar kommen hiervon 2 mm auf den Fruchtknoten, 4 mm auf den zusammengezogenen Teil der Blumenkronröhre, 2 mm auf das honigbergende Glöckchen mit ½ mm Durchmesser und endlich 1 mm auf die Blumenkronzipfel. Die Blüteneinrichtung entspricht ganz derjenigen von Aster Tripolium L. und A. Amellus L., nur dass der Durchmesser des Glöckchens ein grösserer ist und daher der Honig auch Insekten mit stärkerem Rüssel oder dickerer Zunge bequem zugänglich ist. Nach Ludwig (Bot. Jb. 1886. I. S. 806) nehmen die Scheibenblüten der älteren Köpfchen eine lebhaft rote Farbe an; ebenso diejenigen von A. parviflorus Nees.

Als Besucher beobachtete ich: A. Diptera: a) *Muscidae*: 1. Anthomyia sp.;

2. Calliphora vomitoria L.; 3. Lucilia caesar L.; 4. L. cornicina F.; 5. Pollenia vespillo F.; 6. Sepsis cynipsea L. Sämtl. sgd. b) *Syrphidae*: 7. Eristalis arbustorum L.; 8. E. nemorum L.; 9. Helophilus floreus L.; 10. H. pendulus L.; 11. Melanostoma gracilis Mg. Sämtl. sgd. und pfd. B. Hymenoptera: 12. Bombus terrester L., sgd. C. Lepidoptera: 13. Vanessa io L., sgd. — Loew beobachtete im bot. Garten zu Berlin eine Schwebfliege (Helophilus pendulus L. ♀ ♂).

Loew beobachtete im botanischen Garten zu Berlin an Aster-, Biotia- und Galatella-Arten folgende Blütenbesucher:

1322. A. abbreviatus N. E.:

A. Diptera: a) *Muscidae*: 1. Anthomyia sp.; 2. Echinomyia fera L.; 3. Sarcophaga carnaria L. b) *Syrphidae*: 4. Eristalis nemorum L.; 5. Syritta pipiens L.; 6. Syrphus ribesii L. B. Hymenoptera: *Apidae*: 7. Apis mellifica L. ⚥, sgd. u. pfd.;

1323. A. azureus Lindl.:

Diptera: a) *Muscidae*: 1. Lucilia caesar L. b) *Syrphidae*: 2. Eristalis aeneus Scop.; 3. E. nemorum L.; 4. Syritta pipiens L.;

1324. A. brumalis N. E.:

Eine Apide (Halictus leucozonius Schrk. ♂, sgd.);

1325. A. concinnus W.:

A. Diptera: a) *Muscidae*: 1. Anthomyia sp.; 2. Echinomyia fera L. b) *Syrphidae*: 3 Eristalis aeneus Scop.; 4. E. tenax L.; 5. Melanostoma mellina L.; 6. Syritta pipiens L. B. Hymenoptera: a) *Apidae*: 7. Apis mellifica L. ⚥, sgd. und psd. b) *Sphegidae*: 8. Ammophila sabulosa L.;

1326. A. floribundus W.:

A. Diptera: a) *Muscidae*: 1. Anthomyia sp. b) *Syrphidae*: 2. Eristalis arbustorum L.; 3. E. nemorum L.; 4. E. tenax L.; 5. Syritta pipiens L.; 6. Syrphus luniger Mg. B. Lepidoptera: *Rhopalocera*: 7. Pieris brassicae L., sgd.;

1327. A. laevis L.:

A. Diptera: a) *Muscidae*: 1. Echinomyia fera L.; 2. Lucilia caesar L. b) *Syrphidae*: 3. Eristalis arbustorum L.; 4. E. nemorum L.; 5. Helophilus floreus L. B. Hymenoptera: *Sphegidae*: 6. Oxybelus uniglumis L.;

1328. A. lanceolatus W.:

A. Diptera: *Syrphidae*: 1. Eristalis arbustorum L.; 2. E. nemorum L.; 3. E. tenax L.; 4. Syrphus ribesii L. B. Hymenoptera: *Apidae*: 5. Prosopis communis Nyl. ♀, sgd.;

1329. A. Lindleyanus Torr. et Gr.:

A. Diptera: a) *Muscidae*: 1. Echinomyia fera L.; 2. Pyrellia cadaverina L.; 3. Sarcophaga carnaria L. b) *Stratiomydae*: 4. Chrysomyia formosa Scop. c) *Syrphidae*: 5. Eristalis arbustorum L.; 6. E. nemorum L.; 7. E. tenax L.; 8. Helophilus floreus L.; 9. H. pendulus L.; 10. H. trivittatus F.; 11. Syritta pipiens L. B. Hymenoptera: a) *Apidae*: 12. Halictus rubicundus Chr. ♂, sgd. b) *Vespidae*: 13. Vespa crabro L. ⚥. C. Lepidoptera: *Rhopalocera*: 14. Pieris brassicae L., sgd.;

1330. A. Novi Belgii L.:

Diptera: a) *Muscidae*: 1. Anthomyia sp. b) *Syrphidae*: 2. Syritta pipiens L.;

1331. A. paniculatus Ait.:

Diptera: a) *Muscidae*: 1. Anthomyia sp.; 2. Echinomyia fera L. b) *Syrphidae*: 3. Syritta pipiens L.;

1332. A. paniculatus Ait. var. pubescens:

A. Diptera: a) *Muscidae*: 1. Pyrellia cadaverina L.; 2. Sarcophaga carnaria L. b) *Syrphidae*: 3. Eristalis nemorum L.; 4. Syrphus ribesii L. B. Hymenoptera: a) *Apidae*: 5. Apis mellifica L. ⚥, sgd. und psd.; 6. Bombus terrester L. ♂, sgd. b) *Sphegidae*: 7. Ammophila sabulosa L. c) *Vespidae*: 8. Vespa crabro L. ⚥;

1333. A. phlogifolius Mühlb.:

Diptera: *Syrphidae*: 1. Eristalis nemorum L.; 2. Syritta pipiens L.;

1334. A. prenanthoides Mühlbg.:

A. Diptera: *Syrphidae*: 1. Melithreptus menthastri L. B. Hymenoptera: a) *Apidae*: 2. Halictus cylindricus F. ♂, sgd. b) *Vespidae*: 3. Vespa germanica F.;

1335. A. sagittifolius W.:

A. Diptera: a) *Muscidae*: 1. Anthomyia sp.; 2. Calliphora vomitoria L.; 3. Lucilia caesar L.; 4. Sarcophaga carnaria L. b) *Syrphidae*: 5. Eristalis aeneus Scop.; 6. E. nemorum L.; 7. E. tenax L.; 8. Helophilus floreus L.; 9. Melithreptus scriptus L.; 10. Syritta pipiens L. B. Hymenoptera: a) *Apidae*: 11. Apis mellifica L. ⚥; 12. Bombus terrester L. ⚥, sgd.; 13. Sphecodes gibbus L. ♀, sgd. b) *Sphegidae*: 14. Ammophila sabulosa L.;

1336. A. sparsiflorus Mch.:

A. Diptera: a) *Muscidae*: 1. Anthomyia sp.; 2. Echinomyia fera L.; 3. Sarcophaga carnaria L. b) *Syrphidae*: 4. Eristalis aeneus Scop.; 5. E. nemorum L.; 6. Helophilus floreus L.; 7. Syritta pipiens L. B. Hymenoptera: *Apidae*: 8. Apis mellifica L. ⚥, sgd. und psd.; 9. Bombus terrester L. ⚥, sgd.; 10. Halictus sexnotatus K. ♀, sgd.;

1337. A. squarrulosus N. E.:

A. Diptera: a) *Muscidae*: 1. Echinomyia fera L. b) *Syrphidae*: 2. Eristalis arbustorum L.; 3. Helophilus floreus L. B. Hymenoptera: *Vespidae*: 4. Odynerus parietum L. ♀ ♂. Ferner daselbst an

1338. Biotia commixta DC.:

Loew beobachtete im botanischen Garten zu Berlin: Diptera: a) *Muscidae*: 1. Anthomyia sp.; 2. Echinomyia fera L.; 3. Lucilia caesar L.; 4. Pyrellia cadaverina L. b) *Syrphidae*: 5. Eristalis arbustorum L.; 6. E. nemorum L.; 7. Helophilus floreus L.; 8. Syritta pipiens L.; 9. Syrphus ribesii L.;

1339. B. corymbosa DC.:

A. Diptera: a) *Muscidae*: 1. Echinomyia fera L.; 2. Pyrellia cadaverina L. b) *Syrphidae*: 3. Eristalis arbustorum L.; 4. E. nemorum L. B. Hymenoptera: a) *Apidae*: 5. Halictus cylindricus F. ♂, sgd. b) *Sphegidae*: 6. Ammophila sabulosa L. c) *Vespidae*: 7. Vespa crabro L. ⚥;

1340. B. macrophylla DC.:

A. Diptera: *Muscidae*: 1. Echinomyia fera L. B. Lepidoptera: *Rhopalocera*: 2. Polyommatus phlaeas L., sgd.;

1341. B. Schreberi DC.:

A. Diptera: a) *Muscidae*: 1. Echinomyia fera L. b) *Syrphidae*: 2. Eristalis nemorum L.; 3. E. tenax L. B. Lepidoptera: *Rhopalocera*: 4. Pieris brassicae L., sgd.; 5. Vanessa urticae L., sgd. Ferner daselbst an

1342. Galatella dracunculoides N. E.:

Loew beobachtete im botanischen Garten zu Berlin: Diptera: *Syrphidae*: 1. Eristalis aeneus Scop.; 2. E. nemorum L.; 3. Helophilus trivittatus F.:

1343. G. hyssopifolia L.:

A. Diptera: *Muscidae*: 1. Lucilia caesar L. B. Hymenoptera: a) *Apidae*: 2. Apis mellifica L. ⚥, sgd.; 3. Prosopis communis Nyl. ♀, sgd. b) *Sphegidae*: 4. Ammophila sabulosa L.; 5. Oxybelus quattuordecimnotatus Jur. ♂; 6. O. uniglumis L. ♂;

1344. G. punctata Lindl.:

A. Hemiptera: 1. Aphanus lynceus F.; 2. Eurydema oleraceum L. B. Lepidoptera: *Rhopalocera*: 3. Pieris brassicae L., sgd.

318. Chrysocoma L.

Strahlblüten geschlechtslos oder fehlend, sonst wie vorige.

1345. Ch. Linosyris L. (Aster Linosyris Bernhardi, Linosyris
vulgaris Cassini, Galatella Lin. Rchb. fil.). Die goldgelben Blüten
des zu flachen Ständen vereinigten Köpfchens sind, nach Herm. Müller (Befr.
S. 400), sämtlich unter einander gleich. Sie sind wieder protandrisch. Die im
ersten (männlichen) Zustande befindlichen Blüten breiten ihre Zipfel auseinander
und sind daher augenfälliger,
als die im zweiten (weiblichen)
Zustande befindlichen, deren
Kronzipfel aufgerichtet sind.
Die 1 1/2 mm langen Griffeläste sind an den Aussenrändern bis etwas über die Mitte
mit je einer Leiste von Narbenpapillen besetzt, die darüber
befindlichen Teile der Griffeläste verbreitern sich und sind
an der Aussenseite und den
Rändern dicht mit Fegehaaren
bedeckt. Ihre Spitzen breiten
sich nicht auseinander, sondern
bleiben andauernd zusammengeneigt, doch biegen sich, wie
bei Aster, die mittleren Teile
der Griffeläste auseinander.
Besuchende Insekten werden
daher auf den im ersten Stadium befindlichen Blüten ihre
Unterseite mit Pollen behaften,

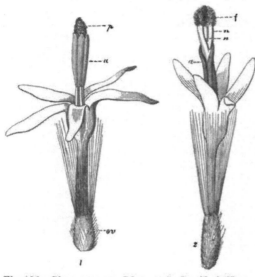

Fig. 196. Chrysocoma Linosyris L. (Nach Herm.
Müller.)

1. Blüte im ersten (männlichen) Zustande. *2.* Blüte im
zweiten (weiblichen) Zustande. *n* Narbenpapillen. *p* Pollen.
f Fegehaare. *a* Antheren. *ov* Fruchtknoten.

den sie beim Besuche der im zweiten Zustande befindlichen Blüten auf die
Narben bringen. Da alle Blüten eines Köpfchens sich in demselben Ent-
wickelungsstadium befinden, so werden zahlreiche Blüten auf einmal befruchtet.

Als Besucher beobachtete H. Müller:

A. Diptera: a) *Muscidae*: 1. Ocyptera cylindrica F., sgd. b) *Syrphidae*: 2. Eristalis
arbustorum L., sgd. und pfd., sehr häufig; 3. E. nemorum L., w. v.; 4. Syritta pipiens
L., w. v. B. Hymenoptera: *Apidae*: 5. Halictus albipes F. ♂, sehr zahlreich, sgd.;
6. H. cylindricus F. ♂, häufig, sgd.; 7. H. flavipes F. ♂, sgd.; 8. H. nitidiusculus K. ♂,
in Mehrzahl, sgd. C. Lepidoptera: a) *Noctuae*: 9. Plusia gamma L., sgd. b) *Rhopalocera*: 10. Lycaena alsus W. V., sgd.; 11. Polyommatus dorilis Hfn., sgd.

Loew beobachtete im botanischen Garten zu Berlin: A. Coleoptera: *Coccinellidae*: 1. Coccinella impustulata L. B. Diptera: a) *Muscidae*: 2. Anthomyia sp.;
3. Chloria demandata F.; 4. Echinomyia fera L.; 5. Onesia sepulcralis Mg.; 6. Pyrellia
cadaverina L. b) *Syrphidae*: 7. Eristalis nemorum L.; 8. E. sepulcralis L.; 9. E. tenax
L.; 10. Melanostoma mellina L.; 11. Melithreptus scriptus L.; 12. Syrphus balteatus
Deg.; 13. S. pyrastri L.; 14. S. ribesii L.

319. Bellidiastrum Cassini.

Strahlblüten weiss, weiblich; Scheibenblüten gelb, zweigeschlechtig. Die Griffeläste der letzteren oben meist zusammenschliessend, oben an der Innen- und Aussenseite mit Fegehaaren, unten am Aussenrande mit Papillen. Griffeläste der weiblichen Blüten ohne Fegehaare, divergierend, am Rande und an der Spitze mit Papillen.

1346. B. Michelii Cass. (Doronicum Bell. L., Arnica Bell. Villars, Aster Bell. Scopoli). [H. M., Alpenblumen S. 449, 450.] — Gynomonöcisch mit protandrischen Zwitterblüten. Meist weit über 100 gelbe Scheibenblüten werden von 40—50 weissen Randblüten umgeben, wodurch eine Fläche von 30 und mehr mm entsteht. Die Blütenentwickelung schreitet langsam von innen nach aussen fort, so dass sich immer nur ein schmaler Ring blühender Scheibenblüten findet. Nach Kerner (Pflanzenleben II.) sind die Narben der weiblichen Blüten mehrere Tage vor dem Ausstäuben der benachbarten Zwitter- blüten reif.

Als Besucher sah H. Müller Käfer (5), Fliegen (20), Bienen (2), Falter (14).

320. Bellis Tourn.

Strahlblüten weiss, einreihig, weiblich; Scheibenblüten gelb, glockenförmig, zwitterig. Griffel der letzteren kurz, breit eiförmig, auf der Aussenseite bis zur breitesten Stelle dicht mit Fegezacken besetzt, unterhalb derselben am Aussen- rande jederseits mit einem kurzen Streifen Narbenpapillen. Griffel der weiblichen Blüten länglich ohne Fegezacken, Narbenpapillen zahlreicher als bei den Zwitterblüten.

1347. B. perennis L. [Sprengel, S. 377; Hildebrand, Comp. S. 23, 24, Taf. II. Fig. 11—15; H. M., Befr. S. 401, 402; Weit. Beob. III. S. 92; Knuth, Ndfr. Ins. S. 87, 157; Kerner, Pflanzenleben II.] — Gynomonöcisch. Die goldgelben, zweigeschlechtigen Scheibenblüten sind, nach Herm. Müller, nur 1—2 mm lang; die weissen, oft rot angehauchten, weiblichen Strahlblüten be- sitzen einen etwa 5 mm langen Saum. Der Durchmesser der Köpfchen beträgt durchschnittlich etwa 16 mm, doch kommen erheblich grössere und kleinere Köpfchen vor; auf den nordfriesischen Inseln sah ich den Durchmesser auf 10 mm und noch weniger herabsinken. Die an dem heranwachsenden Griffel der Scheibenblüten sitzenden Haare drängen den Pollen teils vor sich her, teils halten sie ihn auf sich fest und bieten ihn so der Berührung besuchender In- sekten dar. Nach Warnstorf (Bot. V. Brand. Bd. 38) sind die Narben der weiblichen Blüten vor der Pollenreife der Scheibenblütchen empfängnisfähig; letztere centripetal aufblühend. Pollen blassgelb, rundlich, igelstachelig, 21—25 μ diam. messend. Nach erfolgter Befruchtung ziehen sich die Griffeläste wieder in das Blütenglöckchen zurück. Bei trüber Witterung und nachts schliessen sich die Köpfchen.

Als Besucher sah ich (Nordfr. Ins. S. 157): Apis, Schwebfliegen (4), Musciden (4), Tagfalter (1), Meligethes; auf Helgoland (Bot. Jaarb. 1896. S. 38): Diptera: a) *Muscidae:*

1. Coelopa frigida Fall.; 2. Homalomyia scalaris F. ♂; 3. Lucilia caesar L.; 4. Winzige
Musciden. b) *Syrphidae*: 5. Eristalis tenax L.; in Thüringen eine Syrphide: Melithreptus
sp. und eine kleine Muscide: Anthomyia sp. Sämtl. sgd.; Alfken bei Bremen:
A. Diptera: *Muscidae*: 1. Lucilia caesar L., s. hfg.; 2. Musca domestica L., einzeln;
3. Pollenia rudis F.; 4. P. vespillo F., selten. B. Hymenoptera: *Apidae*: 5. Anthrena
parvula K. ♀ ♂, hfg., sgd.; 6. Halictus morio F. ♀, sgd. und psd.; 7. H. nitidiusculus
K. ♀, hfg., sgd.; 8. Nomada flavoguttata K. var. höppneri Alfken ♀ ♂, mehrfach, sgd.;
9. Sphecodes ephippius L.; 10. S. spec.

Loew beobachtete in Schlesien (Beiträge S. 30—31): A. Diptera: *Syrphidae*:
1. Syritta pipiens L., sgd. B. Hymenoptera: *Apidae*: 2. Trypetes truncorum L. ♀,
psd.; Verhoeff auf Norderney: A. Diptera: a) *Empidae*: 1. Hilara quadrivittata Mg.
b) *Muscidae*: 2. Anthomyia sp.; 3. Onesia floralis R.-D. B. Lepidoptera: *Pieridae*:
4. Pieris brassicae L., sgd.; Krieger bei Leipzig: Halictus nitidiusculus K.

Herm. Müller beobachtete in den Alpen 4 Musciden, 2 Schwebfliegen, 2 Falter.
Für Westfalen giebt dieser Forscher folgende Besucherliste:

A. Coleoptera: a) *Cerambycidae*: 1. Leptura livida L., pfd. b) *Nitidulidae*:
2 Meligethes, pfd. c) *Oedemeridae*: 3. Oedemera virescens L. d) *Phalacridae*: 4. Olibrus
sp. B. Diptera: a) *Empidae*: 5. Empis livida L., sgd., sehr häufig; 6. E. opaca F.,
sgd. b) *Muscidae*: 7. Lucilia cornicina F., pfd., zahlreich; 8. Musca corvina F., w. v.;
9. Scatophaga merdaria F., w. v.; 10. S. stercoraria L., w. v.; 11. Zophomyia tremula
Scop., pfd. c) *Syrphidae*: 12. Ascia podagrica F., pfd; 13. Eristalis arbustorum L., pfd.,
sehr häufig; 14. E. pertinax Scop., w. v.; 15. E. sepulcralis L., w. v.; 16. E. tenax L.,
w. v.; 17. Melithreptus scriptus L., pfd.; 18. Rhingia rostrata L., pfd., sehr häufig;
19. Syritta pipiens L., w. v., sgd. C. Hymenoptera: a) *Apidae*: 20. Anthrena nitida
Fourc. ♀, flüchtig sgd.; 21. A. parvula K. ♀, psd.; 22. Apis mellifica L. ♀, psd., in Mehrzahl; 23. Halictus albipes F. ♀, sgd.; 24. H. cylindricus F. ♀, sgd.; 25. H. minutissimus
K. ♀, psd., in Mehrzahl; 26. Nomada flavoguttata K. ♂, sgd.; 27. N. lineola Pz. ♂, sgd.;
28. Osmia rufa L. ♀, sgd. und psd.; 29. Sphecodes gibbus L. ♀, sgd. b) *Formicidae*:
30. Myrmica levinodis Nyl., zu saugen versuchend. D. Lepidoptera: a) *Rhopalocera*:
31. Coenonympha pamphilus L., sgd.; 32. Polyommatus dorilis Hfn., flüchtig sgd. b) *Tineidae*: 33. Adela violella Tr. ♂, sgd.

Schletterer beobachtete bei Pola die Apiden: 1. Anthrena carbonaria L.;
2. A. parvula K.; 3. A. thoracica F.; 4. Halictus calceatus Scop.; 5. H. malachurus K.

Als Besucher giebt Schmiedeknecht für Florenz nach Piccioli an: Anthrena
florentina Magr.

Mac Leod beobachtete in den Pyrenäen 1 Biene, 1 Falter, 3 Schwebfliegen,
6 Musciden als Besucher (B. Jaarb. III. 360); in Flandern Apis, 9 Anthrena-, 6 Halictus-
Arten, 4 andere kurzrüsselige Bienen, 5 Schwebfliegen, 10 Musciden, 5 Falter, 3 Käfer
(B. Jaarb. V. S. 412—414); H. de Vries (Ned. Kruidk. Arch. 1877) in den Niederlanden
1 Biene: Halictus leucozonius Schrk. ♀.

In Dumfriesshire (Schottland) (Scott-Elliot, Flora S. 91) wurden 1 Schwebfliege und 2 Musciden als Besucher beobachtet.

Burkill (Fert. of Spring Fl.) beobachtete an der Küste von Yorkshire:
A. Araneida: 1. Xysticus pini Hahn, auf der Lauer liegend. B. Coleoptera:
a) *Curculionidae*: 2. Apion striatum K. b) *Nitidulidae*: 3. Meligethes sp. C. Diptera:
a) *Bibionidae*: 4. Dilophus albipennis Mg. b) *Muscidae*: 5. Eine Ephydride; 6. Helomyza
sp.; 7. Lucilia cornicina F., sgd. und pfd.; 8. Onesia cognata Mg., sgd. und pfd.;
9. Pollenia rudis F.; 10. Scatophaga stercoraria L., sgd. und pfd.; 11. Sepsis nigripes Mg.,
pfd. c) *Syrphidae*: 12. Eristalis pertinax Scop., pfd.; 13. Melanostoma quadrimaculatum
Verral; 14. Syrphus lasiophthalmus Zett. D. Hymenoptera: a) *Apidae*: 15. Anthrena
clarkella K. ♂, sgd.; 16. A. gwynana K. ♀; 17. Bombus terrester L. b) *Ichneumonidae*:

Compositae. 583

18. Ichneumon sp. E. Lepidoptera: *Rhopalocera*: 19. Pieris rapae L., sgd.; 20. Vanessa urticae L., sgd.

321. Stenactis Cassini.

Strahlblüten, schmal, weisslich, weiblich, zweireihig; Scheibenblüten gelb, glockenförmig, zwitterig. Griffel ähnlich wie bei A s t e r.

1348. St. annua Nees. (S. bellidiflora A. Br., Aster annuus L., Erigeron annuus Persoon). Gegen 100 Strahlblüten umgeben die zahlreichen Scheibenblüten und bilden, nach K i r c h n e r (Beitr. S. 64, 65), ein Köpfchen von 15—20 mm Durchmesser. Die Zungen der Strahlblüten sind 5—6 mm lang; im Anfange des Blühens sind sie etwas nach hinten zurückgebogen, später breiten sie sich flach aus und richten sich schliesslich beim Abblühen (sowie auch abends) in die Höhe. Der Scheibendurchmesser beträgt 5—6 mm. Die Krone der Scheibenblüten ist 2^1/$_2$ mm lang; sie wird von dem Griffel noch um ^{1}/$_2$ mm überragt. Die Narbenschenkel bleiben bis zum Ende der Blütezeit konkav gegen einander gebogen.

1349. Diplopappus amygdalinus Torr. et Gr.
Als Besucher beobachtete L o e w im botanischen Garten zu Berlin: A. Coleoptera: a) *Coccinellidae*: 1. Coccinella impustulata L. b) *Curculionidae*: 2. Apion miniatum Germ. B. Diptera: a) *Muscidae*: 3. Anthomyia sp.; 4. Chloria˙ demandata F.; 5. Echinomyia fera L.; 6. Graphomyia maculata Scop.; 7. Pyrellia cadaverina L. b) *Syrphidae*: 8. Eristalis nemorum L.; 9. E. tenax L.; 10. Helophilus floreus L.; 11. Syritta pipiens L.; 12. Syrphus balteatus Deg.; 13. S. corollae F.; 14. S. ribesii L. C. Hymenoptera: a) *Apidae*: 15. Apis mellifica L. ⚥, sgd. und psd.; 16. Bombus terrester L. ♀, sgd.; 17. Halictus cylindricus F. ♂, sgd; 18. Prosopis communis Nyl. ♀ ♂, sehr zahlreich, sgd.; 19. P. confusa Nyl. ♀, sgd.; 20. Sphecodes ephippius L. ♂, sgd. b) *Ichneumonidae*: 21. Foenus sp. c) *Sphegidae*: 22. Cerceris arenaria L. ♀; 23. Crabro vexillatus Pz. ♀; 24. Oxybelus bipunctatus Oliv. ♀ ♂; 25. O. quattuordecimnotatus Jur. ♂; 26. O. uniglumis L. ♀ ♂. d) *Vespidae*: 27. Eumenes coarctatus L.; 28. Odynerus parietum L. ♀ ♂; 29. O. parietum L. var. renimacula Lep. ♀; 30. O. trifasciatus F. ♀; 31. Vespa crabro L. ⚥. D. Lepidoptera: *Rhopalocera*: 32. Vanessa urticae L., sgd.

F. F. K o h l beobachtete in T i r o l die Faltenwespen: Eumenes pomiformis F., E. coarctatus L.

322. Erigeron L.

Randblüten mehrreihig, weiblich, sämtlich zungenförmig oder die inneren röhrenförmig; Scheibenblüten zweigeschlechtig, röhrenförmig. Griffel an der Aussenseite der Zwitterblüten mit Fegehaaren, der weiblichen Blüten ohne solche; Narbenschenkel auch gegen Ende der Blütezeit nur klaffend, nicht zurückgerollt. Nach K e r n e r ist durch Verschränkung der Griffeläste und Berührung mit dem Pollen derselben Blüte später spontane Selbstbestäubung möglich.

1350. E. canadensis L. Der obere Durchmesser der nur 5 mm langen und 3 mm dicken Blütenköpfchen beträgt 3 mm. Die Krone der sehr zahlreichen weiblichen Randblüten hat, nach K i r c h n e r (Beitr. S. 65), eine Länge von 3 mm, wovon weniger als 1 mm auf die fadenförmig schmale, weissliche, aufgerichtete Zunge kommt. Die oberwärts gelb gefärbten, 3 mm langen Scheibenblüten sind sämtlich zwitterig, schmal röhrenförmig. Spontane Selbstbestäubung scheint trotz der Unscheinbarkeit der Blütenköpfchen nicht zu erfolgen. (Vgl. oben die Bemerkung von Kerner).

Als Besucher beobachtete Schenck in Nassau Halictus pauxillus Schck. ♂.

1351. E. alpinus L. [H. M., Alpenblumen S. 445—447.] — Die Pflanze ist gynomonöcisch mit zwei Formen der weiblichen Blüten. Die gelbe Scheibe hat 5—7 mm Durchmesser und ist von einem Kranze schmaler, lilarötlicher Blüten mit 5 mm langen Zungen umgeben. In diesen Köpfchen finden sich drei Arten von Blüten: 1. Weibliche Randblüten, deren Zunge der Augenfälligkeit und deren Stempel der Fruchtbildung dienen. 2. Weibliche zungenlose Blüten zwischen dem Rande und der Mitte der Scheibe, welche nur der Fruchtbildung dienen. 3. Zweigeschlechtige Blüten in der Mitte des Köpfchens, welche Honig bereiten, Pollen erzeugen und mit ihren Narben der Kreuzung oder bei ausbleibendem Insektenbesuche wahrscheinlich auch der spontanen Selbstbestäubung dienen. Nach Kerner sind die Narben der weiblichen Blüten einige Tage vor dem Hervortreten des Pollens der in demselben Blütenstande befindlichen Zwitterblüten entwickelt.

Als Besucher sah H. Müller Fliegen (1) und Falter (2); Mac Leod in den Pyrenäen einen Falter (B. Jaarb. III. S. 359); auch Lindman beobachtete auf dem Dovrefjeld einen Falter als Besucher.

1352. E. acer L. Der Durchmesser der Blütenköpfchen beträgt 8 bis 10 mm. Sie zeigen, nach Kirchner (Beitr. S. 65), denselben Bau und denselben Dimorphismus der weiblichen Blüten, welchen H. Müller von E. alpinus beschrieben hat. Die 30—40 weiblichen Strahlblüten haben eine 3—4 mm lange Röhre und eine ebenso lange schmale, lilafarbige Zunge. Auf diese folgt nach der Mitte der Scheibe zu eine grosse Anzahl ebenfalls weiblicher, weisslich gefärbter, aber zungenloser Blüten. Die Mitte des Köpfchens wird von 6—12 und mehr gelben Zwitterblüten eingenommen, deren Narbenschenkel zuletzt klaffen. Nach dem Verblühen färben sich die Zwitterblüten schmutzig dunkelrot.

1353. E. uniflorus L. [H. M., Alpenblumen S. 447.] — Gynomonöcisch mit nur einer weiblichen Blütenform. Die gelbe Scheibe hat nur 3—4 mm Durchmesser; durch die weissen oder hellroten Zungen der zahlreichen Randblüten vergrössert sie sich zu einer Fläche von 8—15 mm.

Als Besucher beobachtete H. Müller Käfer (1), Fliegen (1), Hymenopteren (1) und Falter (10).

1354. E. speciosus DC. sah Loew im botanischen Garten von Eristalis arbustorum L. besucht.

1355. E. Villarsii Bell. Der Bau der Blütenköpfchen stimmt, nach Kirchner (Beitr. S. 66), welcher die Pflanze bei Zermatt untersuchte, mit denen von E. alpinus im wesentlichen überein: Etwa hundert weibliche Strahlblüten vergrössern mit ihren lilafarbigen, 3 mm langen Zungen den Durchmesser des ausgebreiteten Köpfchens auf etwa 15 mm. Auf diese folgen röhrenförmige weibliche, ein- oder mehrreihige Scheibenblüten, während die Mitte der Scheibe von Zwitterblüten eingenommen wird, deren Zahl schwankt und selbst bis auf eine einzige reduziert sein kann.

323. Solidago L.

Griffelbau der Scheibenblüten ähnlich wie bei Chrysocoma. Nach Kerner werden die Randblüten ähnlich wie bei Aster durch die Scheibenblüten geitonogam befruchtet.

1356. S. virga aurea L. [Hildebrand, Comp. S. 22, 23, Taf. II. Fig. 7—10; Warnstorf, Bot. V. Brand. Bd. 38; H. M., Befr. S. 401; Knuth, Herbstheob.; Bijdragen.] — Gynomonöcisch. Die Zungen der goldgelben weiblichen Randblüten sind 5—7 mm lang; ihre Griffeläste besitzen fast keine Fegehaare und sind an den Rändern der Innenseite mit Narbenpapillen besetzt. Der Durchmesser der Blütenkörbchen beträgt 14—19 mm. Nach Warnstorf sind die Narben der weiblichen Randblüten und die der äusseren Reihe der Zwitterblüten des Mittelfeldes fast gleichzeitig entwickelt. Bei ausbleibendem Insektenbesuche kann leicht Pollen der am oberen Teile der Narbenäste haftenden Pollenhäufchen auf die Ränder der unteren Narbenpartie gelangen und so Selbstbestäubung erfolgen. Pollenzellen gelb, rundlich bis elliptisch, grob stachelwarzig, bis 31 μ lang und 23 μ breit.

Als Besucher sah ich: A. Diptera: a) *Muscidae*: 1. Lucilia caesar L., sgd.; 2. Musca domestica L., sgd. b) *Syrphidae*: 3. Eristalis arbustorum L., pfd.; 4. E. nemorum L., pfd.; 5. E. pertinax Scop., pfd.; 6. E. tenax L., pfd.; 7. Syritta pipiens L., pfd.; 8. Syrphus sp., pfd. B. Hymenoptera: *Apidae*: 9. Apis mellifica L. ⚥, sgd. und psd.; 10. Bombus lapidarius L. ♀, w. v.; 11. B. terrester L. ⚥, w. v. C. Lepidoptera: *Rhopalocera*: 11. Epinephele janira L., sgd.

Herm. Müller bemerkte: A. Diptera: *Syrphidae*: 1. Eristalis arbustorum L., pfd., häufig; 2. E. nemorum L., w. v. B. Hymenoptera: *Apidae*: 3. Anthrena denticulata K. ♀ ♂. psd. und sgd. (Borgstette); 4. Apis mellifica L. ♂, sgd., häufig; 5. Bombus terrester L. ♂, sgd.; 6. Psithyrus campestris L. ♂, sgd.; 7. P. rupestris L. ♂, sgd. C. Lepidoptera: *Rhopalocera*: 8. Thecla ilicis Esp., sgd.

In den Alpen beobachtete Herm. Müller 1 Käfer, 22 Fliegen, 6 Bienen, 1 Faltenwespe, 27 Falter. (Alpenbl. S. 444, 445).

Alfken beobachtete bei Bremen: *Apidae*: 1. Anthrena denticulata K. ♂; 2. A. gwynana K. ♀ (2. Generation); 3. Bombus agrorum F. ♂; 4. B. derhamellus K. ♂; 5. B. lapidarius L. ♂; 6. Halictus flavipes F. ♂; 7. H. leucozonius Schrk. ♂.

Schmiedeknecht beobachtete in Thüringen die Apiden: 1. Bombus hypnorum L. ♂; 2. B. lapidarius L. ♂; Hoffer in Steiermark Bombus lapidarius L. ♀ ⚥ ♂ und B. hypnorum L. ♂; Friese in Baden die Apiden: 1. Halictus calceatus Scop. ♂, n. slt.; 2. H. flavipes F. ♂, hfg.; 3. Nomada solidaginis Pz., hfg.; Schenck in Nassau die Apiden: 1. Bombus confusus Schck. ♀ ♂; 2. Halictus calceatus Scop. ♂; 3. H. flavipes F. ♂; 4 H. rubicundus Chr. ♂; 5. H. tetrazonius Klg. ♂.

Schletterer giebt für Tirol als Besucher an die Apiden: 1. Anthrena parvula K.; 2 Bombus mastrucatus Gerst.; 3. B. terrester L.; 4. Halictus albipes F.; 5. Psithyrus campestris Pz.; 6. P. globosus Ev.; 7. P. rupestris F.; 8. P. vestalis Fourcr.

Mac Leod beobachtete in den Pyrenäen 1 Syrphide und 3 Musciden als Besucher (B. Jaarb. III. S. 359); in Flandern Apis, 3 Hummeln. 5 kurzrüsselige Bienen, 1 Schlupfwespe, 1 Grabwespe, 9 Schwebfliegen, 9 Musciden, 6 Falter (B. Jaarb. V. S. 414, 415); Lindman auf dem Dovrefjeld den Besuch von Fliegen, Hummeln und einem Falter.

In Dumfriesshire (Schottland) (Scott-Elliot, Flora S. 91) wurden Apis, 1 Schmarotzerhummel und mehrere Fliegen als Besucher beobachtet.

1357. S. canadensis L. [H. M., Befr. S. 401; Weit. Beob. III. S. 92; Knuth, Bijdragen.]

Als Besucher sah ich: Diptera: *Syrphidae*: 1. Eristalis arbustorum L., sgd. und pfd.; 2. Helophilus pendulus L., w.v.; 3. Syritta pipiens L., w.v.; Herm. Müller: A. Coleoptera: *Phalacridae*: 1. Phalacrus corruscus Payk., einzeln. B. Diptera: a) *Muscidae*: 2. Calliphora erythrocephala Mg.; 3. Lucilia caesar L.; 4. L. cornicina F.; 5. Musca corvina F.; 6. M. domestica L.; 7. Sarcophaga carnaria L., pfd.; 8. Zahlreiche kleinere Musciden. b) *Syrphidae*: 9. Cheilosia scutellata Fall.; 10. Eristalis arbustorum L., pfd., häufig; 11. E. nemorum L., w. v.; 12. E. pertinax Scop.; 13. E. tenax L.; 14. Helophilus floreus L.; 15. H. pendulus L.; 16. Syritta pipiens L., pfd., häufig. C. Hymenoptera: a) *Apidae*: 17. Halictus cylindricus F. ♂, zahlreich; 18. H. zonulus Sm. ♀ ♂, sgd., pfd. und psd., sehr zahlreich; 19. Sphecodes gibbus L. ♀ ♂, sgd. und pfd., sehr zahlreich. b) *Formicidae*: 20. Formica fusca L. ☿, sehr zahlreich. c) *Sphegidae*: 21. Ammophila sabulosa L. ♀, sgd.; 22. Pompilus niger F. ♀, sgd. D. Neuroptera: 23. Panorpa communis L., in Mehrzahl; Loew im botanischen Garten zu Berlin: Diptera: a) *Muscidae*: 1. Anthomyia sp.; 2. Echinomyia fera L.; 3. Pyrellia cadaverina L. b) *Syrphidae*: 4. Eristalis arbustorum L.; 5. E. nemorum L.; 6. Syrphus ribesii L.

Alfken beobachtete die Männchen der Erdbiene Anthrena denticulata K.; einmal, s. hfg.

Loew beobachtete im botanischen Garten zu Berlin an Solidago-Arten folgende Blütenbesucher:

1358. S. ambigua Ait.:

A. Diptera: a) *Muscidae*: 1. Anthomyia sp.; 2. Echinomyia fera L.; 3. Pyrellia cadaverina L. b) *Syrphidae*: 4. Eristalis nemorum L.; 5. Syritta pipiens L. B. Hymenoptera: *Apidae*: 6. Bombus terrester L. ♀, sgd.;

1359. S. bicolor L.:

Diptera: a) *Muscidae*: 1. Calliphora erythrocephala Mg.; 2. Lucilia caesar L. b) *Syrphidae*: 3. Syrphus balteatus Deg.;

1360. S. caesia L.:

A. Diptera: *Muscidae*: 1. Anthomyia sp.; 2. Onesia sepulcralis Mg. B. Hymenoptera: *Apidae*: 3. Oxybelus uniglumis L. ♂;

1361. S. carinata Schrad.:

Einen saugenden Tagfalter: Vanessa C-album L.;

1362. S. Drummondii Torr. et Gr.:

Hymenoptera: a) *Sphegidae*: 1. Ammophila sabulosa L. b) *Vespidae*: 2. Eumenes coarctatus L.; 3. Odynerus parietum L.;

1363. S. fragrans W.:

A. Coleoptera: *Lagriidae*: 1. Lagria hirta L. B. Diptera: a) *Muscidae*: 2. Calliphora vomitoria L.; 3. Echinomyia fera L.; 4. Onesia sepulcralis Mg.; 5. Pyrellia cadaverina L.; 6. Sarcophaga carnaria L.; 7. Sarcophila latifrons Fall. b) *Syrphidae*: 8. Eristalis aeneus Scop.; 9. E. arbustorum L.; 10. E. nemorum L.; 11. E. tenax L.; 12. Helophilus floreus L.; 13. H. trivittatus F.; 14. Syritta pipiens L. C. Hymenoptera: a) *Apidae*: 15. Apis mellifica L. ☿, sgd. und psd.; 16. Bombus terrester L. ☿, sgd.; 17. Halictus cylindricus F. ♀, sgd. b) *Sphegidae*: 18. Ammophila sabulosa L. c) *Vespidae*: 19. Vespa crabro L. ☿; 20. V. germanica F.;

1364. S. glabra Dsf.:

A. Diptera: a) *Muscidae*: 1. Anthomyia sp.; 2. Chloria demandata F.; 3. Echinomyia fera L.; 4. Lucilia caesar L.; 5. Pyrellia cadaverina L.; 6. Sarcophaga carnaria L. b) *Syrphidae*: 7. Eristalis arbustorum L.; 8. E. nemorum L.; 9. Helophilus floreus L.;

10. Syritta pipiens L.; 11. Syrphus balteatus Deg. B. Hymenoptera: *Apidae*: 12. Halictus cylindricus F. ', sgd.; 13. Prosopis armillata Nyl. ♀, sgd.; 14. P. communis Nyl. ♀, sgd.; 15. Sphecodes ephippius L. ♂, sgd. b) *Sphegidae*: 16. Ammophila sabulosa L. ♀ ♂; 17. Cerceris variabilis Schrk. ♀; 18. Crabro vexillatus Pz. ♀; 19. Oxybelus bipunctatus Oliv. ♀; 20. O. uniglumis L. c) *Vespidae*: 21. Odynerus parietum L.; 22. Vespa germanica F.;

1365. S. graminifolia Ell.:
Coleoptera: *Staphilinidae*: Xantholinus linearis Ol.;

1366. S. juncea Ait.:
Diptera: *Bibionidae*: Dilophus vulgaris Mg.;

1367. S. lateriflora Ait.:
A. Coleoptera: *Scarabaeidea:* 1. Cetonia aurata L. B. Diptera: a) *Muscidae*: 2. Calliphora erythrocephala Mg.; 3. Echinomyia fera L.; 4. Lucilia caesar L. b) *Syrphidae*: 5. Syritta pipiens L. C. Hymenoptera: a) *Apidae:* 6. Bombus terrester L. ♂, sgd.; 7. Prosopis communis Nyl. ♀, sgd. b) *Sphegidae:* 8. Ammophila sabulosa L. c) *Vespidae:* 9. Vespa germanica F. D. Lepidoptera: *Rhopalocera*: 10. Epinephele janira L.;

1368. S. latifolia L.:
Diptera: *Muscidae*: Anthomyia sp.;

1369. S. lithospermifolia W.:
A. Diptera: *Muscidae*: 1. Anthomyia sp. B. Hymenoptera: *Vespidae*: 2. Vespa germanica F.;

1370. S. livida W.:
A. Diptera: *Muscidae*: 1. Anthomyia sp.; 2. Lucilia caesar L.; 3. Sarcophaga carnaria L. B. Hymenoptera: a) *Apidae*: 4. Halictus cylindricus F. ♂, sgd.; 5. H. rubicundus Chr. ♀, sgd. und psd.; 6. Prosopis communis Nyl. ♂, sgd. b) *Sphegidae*: 7. Crabro vexillatus Pz. ♀; 8. Oxybelus uniglumis L. ♂.;

1371. S. Missouriensis Nutt.:
Diptera: *Syrphidae*: 1. Eristalis arbustorum L.; 2. E. nemorum L.; 3. E. tenax L.; 4. Helophilus floreus L.;

1372. S. Ohicensis Ridd.:
Diptera: *Muscidae*: Anthomyia sp.;

1373. S. Ridellii Frank.:
A. Diptera: a) *Muscidae*: 1. Anthomyia sp.; 2. Spilogaster urbana Mg. b) *Syrphidae*: 3. Syritta pipiens L.; 4. Syrphus balteatus Deg. B. Hymenoptera: a) *Apidae*: 5. Halictus cylindricus F. ♂, sgd.; 6. Prosopis communis Nyl. ♂, sgd. b) *Vespidae* 7. Vespa germanica F.;

1374. S. rigida L.:
Diptera: a) *Muscidae*: 1. Anthomyia sp. b) *Syrphidae*: 2. Eristalis arbustorum L.; 3. E. nemorum L.; 4. Helophilus floreus L.; 5. Syritta pipiens L.;

1375. S. ulmifolia Mühlb.:
A. Diptera: *Muscidae*: 1. Anthomyia sp. B. Hymenoptera: *Vespidae*: 2. Vespa germanica F.

1376. Micropus L.
Nach Kerner besitzen die Stöcke neben scheinzwitterigen männlichen Blumen reine weibliche Blüten, doch keine echten Zwitterblüten.

324. Telekia Baumgarten.

Die kolbenförmig verdickte Griffelspitze trägt Fegezacken; die Narbenpapillen bilden auf der Innenseite des Griffels eine Längsrinne.

·**1377. T. speciosa Baumg.** [Hildebrand, Comp. S. 24, 25, Taf. II. Fig. 16, 17.] — Die anfangs gelben Scheibenblüten werden später braun. Nach Kerner erhebt sich der zuerst flache Blütenboden während des Blühens, so dass die empfängnisfähigen Narben der äusseren Blüten in die Falllinie des Pollens der inneren kommen. Ebenso verhält sich

1378. Buphthalmum salicifolium L. (B. grandiflorum L.).

Als Besucher beobachtete Herm. Müller in den Alpen 3 Fliegen, 6 Hymenopteren, 6 Falter (Alpenbl. S. 444); Schiner in Österreich die Bombylide Exoprosopa cleomene Egg. und die Conopide Myopa variegata Mg., einzeln.

325. Dahlia Cav.

Griffelschenkel aussen von der Spitze ab etwa bis zur Hälfte mit Fegehaaren besetzt, welche etwas unter der Mitte am längsten sind. Die Narbenpapillen bilden zwei randständige Streifen.

1379. D. variabilis Desf. [Hildebrand, Comp. S. 19, 20, Taf. I. Fig. 26—29.] — Die weiblichen Randblüten enthalten meist rudimentäre Staubblätter.

Die ungefüllte Form sah ich (Notizen) am 10. 9. 97 im Garten der Ober-Realschule zu Kiel von zahlreichen Honigbienen besucht, welche beim Honigsaugen ihre Unterseite dicht mit Pollen bepuderten.

Alfken beobachtete bei Bremen 4 Hummeln: 1. Bombus agrorum F. ♀ ♂; 2. B. lapidarius L. ♂; 3. B. ruderatus F. ♂; 4. B. terrester L. ♂.

1380. D. Cervantesii Lag. sah Loew im botanischen Garten zu Berlin von Syrphus balteatus Deg. und Bombus terrester L. ♂, sgd., besucht.

Daselbst beobachtete Loew **Silphium**-Arten von folgenden Insekten besucht:

1381. S. Asteriscus L.:

A. Diptera: *Syrphidae:* 1. Eristalis tenax L.; 2. Syritta pipiens L. B. Hymenoptera: *Apidae:* 3. Apis mellifica L. ⚥, sgd. und psd.; 4. Bombus terrester L. ♂, sgd.; 5. Halictus leucozonius Schrk. ♀, sgd.; 6. H. sexnotatus K. ♀, sgd. C. Lepidoptera: *Rhopalocera:* 7. Rhodocera rhamni L.; 8. Pieris brassicae L., sgd.;

1382. S. connatum L.:

A. Diptera: *Syrphidae:* 1. Eristalis nemorum L. B. Hymenoptera: *Apidae:* 2. Bombus terrester L. ♂, sgd. C. Lepidoptera: *Rhopalocera:* 3. Pieris brassicae L., sgd.;

1383. S. dentatum Ell.:

Diptera: *Syrphidae:* Eristalis tenax L.;

1384. S. erythrocaulon Bernh.:

A. Diptera: *Syrphidae:* 1. Eristalis nemorum L.; 2. E. tenax L.; 3. Melithreptus scriptus L. B. Hymenoptera: *Apidae:* 4. Apis mellifica L. ⚥, sgd. und psd.; 5. Bombus terrester L. ♂, sgd.;

1385. S. gummiferum Ell.:

A. Diptera: *Syrphidae:* 1. Eristalis tenax L. B. Hymenoptera: *Apidae:* 2. Bombus terrester L. ♂, sgd.;

1386. S. perfoliatum L.:

A. Diptera: *Syrphidae*: 1. Eristalis tenax L. B. Lepidoptera: *Rhopalocera*: 2. Pieris brassicae L., sgd.;

1387. S. terebinthinaceum L.:

Diptera: *Syrphidae*: 1. Eristalis tenax L.; 2. Syrphus ribesii L.

1388. S. trifoliatum L.:

A. Coleoptera: *Chrysomelidae*: 1. Cassida nebulosa L. B. Hymenoptera: *Apidae*: 2. Apis mellifica L. ¨, sgd. und psd.; 3. Bombus terrester L. ♂, sgd.; 4. Psithyrus vestalis Fourcr. ♂, sgd.

326. Inula L.

Strahlblüten einreihig, weiblich; Scheibenblüten zweigeschlechtig.

Die im pontischen Formengebiete gesellig lebenden Alante: I. Oculus Christi L., I. ensifolia L., I. germanica L., I. salicina L. kommen, nach Kerner, in einer bestimmten Reihenfolge im Hochsommer zur Blüte und zwar so, dass die eine Art immer erst zu blühen anfängt, wenn eine andere schon in voller Blüte steht. In jedem Köpfchen dieser Alante finden sich zungenförmige, scheinzwitterige, weibliche Strahlblüten und röhrenförmige, echt zwitterige Scheibenblüten. Die ersteren entfalten sich früher als die letzteren, so dass es für jede dieser Arten eine kurze Zeit giebt, in welcher die Narben der randständigen nur mit Pollen von anderen Arten durch besuchende Insekten versehen werden können, da eigener Pollen noch nicht vorhanden ist.

1389. I. hirta L. [H. M., Weit. Beob. III. S. 91.] — Etwa 200 röhrige, in schmale Glöckchen erweiterte, dunkelgelbe Blütchen bilden, nach Müller, die Scheibe von 13—15 mm Durchmesser. Sie ist von etwa 40 goldgelben Randblüten mit 15 mm langen Zungen umgeben, so dass ein Stern von 40—45 mm Durchmesser entsteht. Die Röhre der Scheibenblüten ist 3—3 $\frac{1}{2}$ mm, das Glöckchen 2 mm lang und 1 mm weit. Da der Nektar bis in letzteres emporsteigt, so ist er auch sehr kurzrüsseligen Insekten zugänglich. Aus den Scheibenblüten ragen die beiden Griffeläste 1 mm weit hervor und spreizen 45—60° auseinander.

Als Besucher sah H. Müller in Thüringen:

A. Coleoptera: *Cerambycidae*: 1. Strangalia bifasciata Müll., Antheren fressend. B. Diptera: a) *Empidae*: 2. Empis sp., sgd. b) *Muscidae*: 3. Aricia sp., sgd. C. Hymenoptera: a) *Apidae*: 4. Coelioxys conoidea Ill. ♂, sgd.; 5. Megachile centuncularis L. ♂, sgd.; 6. Nomada ruficornis L. ♀, sgd.; 7. Osmia spinulosa K. ♀, eifrig psd., höchst zahlreich; 8. Stelis breviuscula Nyl. ♂, sgd. b) *Tenthredinidae*: 9. Tarpa cephalotes F., sgd., häufig. D. Lepidoptera: *Rhopalocera*: 10. Coenonympha pamphilus L., sgd.; 11. Melitaea athalia Rott., sgd., sehr häufig; 12. Thecla ilicis Esp., sgd.

1390. I. Helenium L. [H. M., Weit. Beob. III. S. 91.]

Als Besucher sah Buddeberg in Nassau:

A. Diptera: *Syrphidae*: 1. Eristalis arbustorum L., pfd.; 2. Volucella inanis L., pfd. B. Hymenoptera: *Apidae*: 3. Anthidium manicatum L. ♂, sgd. (?); 4. Anthrena minutula K. ♀, sgd.; 5. Chelostoma nigricorne Nyl. ♂, sgd.; 6. Coelioxys rufescens Lep. ♀ ♂, sgd.; 7. Epeolus variegatus L., sgd.; 8. Halictus leucopus K. ♂, sgd.; 9. H. sexcinctus F. ♂ ♀, psd. und sgd.; 10. H. tetrazonius Klg. ♀, w. v.; 11. Osmia claviventris Thoms. ♀, psd. und sgd.; 12. Stelis aterrima Pz. ♀ ♂. sgd., sehr zahlreich; 13. S. phaeoptera K. ♀, sgd., einzeln.

Handlirsch giebt nach Assmuss die Grabwespe: Alyson fuscatus Pz. an.

1391. I. britannica L. [H. M., Weit. Beob. III. S. 92.]

Als Besucher sah Buddeberg in Nassau:

A. Diptera: *Syrphidae*: 1. Eristalis arbustorum L., pfd. B. Hymenoptera: *Apidae*: 2. Anthidium manicatum L. ♂, sgd.; 3. Epeolus variegatus L. ♀ ♂, sgd.; 4. Panurgus calcaratus Scop. ♀ ♂, sgd. und pfd.; Alfken bei Bremen: Psithyrus vestalis Fourcr. ♀, sgd.

Loew beobachtete im botanischen Garten zu Berlin: Hemiptera: Eurygaster maura L.

1392. I. salicina L. [Warnstorf, Bot. V. Brand. Bd. 38.] — Die Narben der weiblichen Randblüten sind noch frisch, wenn die äusseren Zwitterblüten des Mittelfeldes sich öffnen, daher ist gegenseitige Bestäubung ohne Insektenhülfe leicht möglich. Die Narbenäste der Röhrenblütchen sind verflacht und verbreitern sich gegen die Spitze ein wenig, wodurch, so lange beide noch in der Staubbeutelröhre zusammengepresst sind, oben eine kolbenartige Verdickung entsteht, welche genügt, um den Pollen aus derselben herauszustossen. Fegehaare sind nur sehr wenige an der äussersten Spitze vorhanden, und durch die eigentümliche Konstruktion der Narbenäste auch fast überflüssig geworden. Innen sind dieselben mit sehr niedrigen Befruchtungspapillen besetzt und zuletzt spreizen sie sich bis zu einem Winkel von 90^0, ohne sich indes zurückzurollen. Da sie verhältnismässig lang sind, so kann bei ausbleibendem Insektenbesuch leicht Pollen jüngerer auf Narben älterer Blütchen gelangen, so dass Geitonogamie eintritt. Pollen gelb, polyedrisch, auf den Kanten stachelwarzig, etwa 23 μ diam. messend.

Als Besucher beobachtete Loew in Braunschweig (Beitr. S. 50): Zygaena onobrychis S. V., sgd.

1393. I. thapsoides DC.

Als Besucher beobachtete Loew im botanischen Garten zu Berlin: A. Diptera: *Syrphidae*: 1. Eristalis arbustorum L.; 2 E. nemorum L.; 3. Syrphus ribesii L. B. Hemiptera: 4. Aelia acuminata L.

1394. I. (Cupularia) viscosa Godr. et Grén. sah Delpino (Ult. oss. in Atti. XVII.) von Pieris, Vanessa und anderen Tagfaltern besucht und gekreuzt.

1395. I. ensifolia. L.

Als Besucher beobachtete Schiner in Österreich die Bohrfliege Myopites inulae v. Roser.

1396. I. Conyza DC. (Conyza squarrosa L.).

Als Besucher beobachtete Schenck in Nassau die Blattschneiderbiene Megachile centuncularis L.; Schiner in Österreich die Bohrfliege Tephritis zelleri Löw.

Schletterer und Dalla Torre geben für Tirol die grosse Furchenbiene Halictus sexcinctus F. als Besucher an.

327. Pulicaria Gaertner.

Strahlblüten einreihig, weiblich; Randblüten röhrenförmig, zwitterig. Griffeläste an der ganzen Innenseite mit Papillen besetzt, oberstes Drittel der Aussenseite mit schräg aufwärts gerichteten Fegehaaren.

1397. P. dysenterica Gaertner. (Inula dysenterica L.). [H. M., Befr. S. 399; Weit. Beob. III. S. 90; Giard, Bot. Jaarbeek II. S. 334—337; Knuth, Bijdragen.] — Gynomonöcisch. Über 600 gelbe Scheibenblüten sind von etwa 100 gleichfalls gelben Randblüten umgeben. Nach Müller ist die Kronröhre etwa 4 mm lang. Der Griffel tritt nur mit seinen beiden, etwa $1/2$ mm langen Narbenästen aus dem Staubbeutelcylinder hervor, die nun wagerecht auseinander und nach unten zurückgebogen werden, so dass alsdann die Narben diejenige Stelle einnehmen, wo sich im ersten (männlichen) Blütenzustande der Pollen befand. Indem besuchende Insekten über das Köpfchen schreiten, belegen sie also die zahlreichen im weiblichen Zustande befindlichen Blüten gleichzeitig. Die das obere Antherenende bildenden dreieckigen Klappen haben einen Besatz von Haaren, die viel länger und dicker sind, als die Fegehaare; sie halten den aus der Antherenröhre gedrängten Pollen.

Giard entdeckte 1877 bei Boulogne-sur-Mer (Pas de Calais) mehrere Exemplare von Pulicaria dysenterica mit anormalen Köpfchen, welche teils strahllose (weibliche), teils unvollkommen strahlige (männliche) Köpfchen besassen, deren Blüten entweder verkümmerte Staubblätter oder Stempel enthielten und auch in den übrigen Blütenteilen Rückbildungen zeigten. Giard entfernte zehn Jahre hindurch sämtliche normale Pflanzen dieses Standortes und verwandelte so die sonst gynomonöcische Pflanze in eine rein diöcische.

Als Besucher sah ich nur einen Tagfalter (Vanessa urticae L., sgd.).

Herm. Müller bemerkte:

A. Coleoptera: *Chrysomelidae*: 1. Cassida murraea L., nicht selten auf den Blüten umherkriechend. B. Diptera: *Syrphidae*: 2. Eristalis arbustorum L., pfd., sehr häufig; 3. E. sepulcralis L., w. v.; 4. Melithreptus scriptus L., pfd.; 5. Syritta pipiens L., pfd. C. Hymenoptera: *Apidae*: 6. Halictus albipes F. ♂, sgd.; 7. H. cylindricus F. ♂, sgd.; 8. H. longulus Sm. ♂, sgd.; 9. H. maculatus Sm. ♂, sgd.; 10. H. nitidus Schenck ♂, sgd.; 11. Heriades truncorum L. ♀ ♂, sehr zahlreich. D. Lepidoptera: *Rhopalocera*: 12. Hesperia thaumas Hfn., sgd.; 13. Lycaena sp.; 14. Polymmatus dorilis Hfn. Mac Leod sah in Flandern 1 Halictus, 6 Schwebfliegen, 3 Musciden. (B. Jaarb. V. S. 416).

Burkill (Flowers and Insects in Great Britain Pt. I.) beobachtete an der schottischen Ostküste:

A. Coleoptera: *Nitidulidae*: 1. Meligethes aeneus F., pfd. und beinahe damit bedeckt; 2. M. obscurus Er.; 3. M. picipes Sturm; 4. M. viridescens F., w. M. aeneus. B. Diptera: a) *Muscidae*: 5. Anthomyia brevicornis Ztt., pfd.; 6. A. radicum L., pfd., sehr häufig; 7. Calliphora erythrocephala Mg.; 8. Coelopa sp., pfd.; 9. Drymeia hamata Fall., sgd. und pfd.; 10. Hylemyia strigosa F.; 11. Lucilia cornicina F.; 12. Morellia sp.; 13. Phorbia lactucae Bouché, pfd.; 14. Scatophaga stercoraria L.; 15. Siphona geniculata Deg., häufig, sgd. und pfd. b) *Syrphidae*: 16. Eristalis arbustorum L.; 17. E. pertinax Scop., sgd.; 18. E. tenax L., sgd.; 19. Platycheirus albimanus F.; 20. P. manicatus Mg.; 21. Sphaerophoria scripta L.; 22. Syritta pipiens L.; 23. Syrphus ribesii L. C. Hymenoptera: a) *Apidae*: 24. Bombus lapidarius L., sgd. b) *Ichneumonidae*: 25. Zwei unbestimmte Arten D. Lepidoptera: *Microlepidoptera*: 26. Plutella xylostella L., sgd.; 27. Simaëthis fabriciana Steph., sgd. E. Thysanoptera: 28. Thrips sp.

c) Senecionideae Lessing. Griffel der zweigeschlechtigen Blüten walzlich, mit linealischen, an der Spitze pinselförmigen und gestutzten Schenkeln.

328. Xanthium Tourn.

Männliche und weibliche Blüten in verschiedenen Köpfchen auf derselben Pflanze. Männliche Blüten mit verkümmerten Griffeln (Kirchner). Weibliche Blüten sich bedeutend früher als die männlichen entfaltend (Kerner).

Loew beobachtete im botanischen Garten zu Berlin an **Helenium**-Arten folgende Besucher:

1398. H. autumnale L.:

A. Diptera: *Syrphidae*: 1. Eristalis nemorum L.; 2. E. tenax L.; 3. Helophilus floreus L.; 4. Syrphus balteatus Deg. B. Hymenoptera: *Apidae*: 5. Apis mellifica L. ⚥, sgd. und psd.; 6. Halictus cylindricus F. ♂, sgd.; 7. H. rubicundus Chr. ♀, sgd. und psd.; 8. Heriades truncorum L. ♀, psd. C. Lepidoptera: *Rhopalocera*: 9. Pieris brassicae L., sgd.; 10. P. rapae L., sgd.;

1399. H. californicum Dougl.: Apis, sgd. und psd.

1400. H. decurrens Vatke:

A. Diptera: *Syrphidae*: 1. Eristalis tenax L.; 2. Syritta pipiens L. B. Hymenoptera: *Apidae*: 3. Apis mellifica L. ⚥, sgd. und psd.; 4. Heriades truncorum L. ♀, psd.

1401. Silphium perfoliatum L. Sprengel, (S. 383—384) glaubt, dass die in die Blume hineinkriechenden Insekten „zugleich die ihnen im Wege stehende Anthere in die Blume hineinschieben", so dass dann die pollenbedeckte Griffelbürste hervortreten muss.

329. Bidens Tourn.

Strahlblüten bei unseren Arten zuweilen fehlend, sonst zungenförmig, geschlechtslos und ebenso gefärbt wie die zweigeschlechtigen, röhrenförmigen Scheibenblüten. Griffeläste an der Aussenseite der lanzettförmigen Spitze mit starken Fegezacken, an der Innenseite mit zahlreichen Narbenpapillen.

1402. B. tripartitus L. [Hildebrand, Comp. S. 67, Taf. I. Fig. 30, 31; Mac Leod, B. Jaarb. V. S. 416—417; Knuth, Nordfriesische Inseln S. 88, 157.] — Strahlblüten fast stets fehlend. Durchmesser des Köpfchens höchstens 1 cm. Die Fegezacken sind an der Spitze des Griffels ziemlich lang, die darauf folgenden sind kürzer, die untersten am längsten. Sie fegen den Pollen aus dem Antherencylinder hervor, worauf sich letzterer ganz in die Kronröhre zurückzieht. Alsdann entfalten die Narbenäste ihre papillöse Innenseite, indem sich gleichzeitig die bisher ausgebreiteten Kronzipfel wieder etwas in die Höhe schlagen und die rückwärts stacheligen Kelchzähne auseinanderspreizen, so dass der Durchmesser des

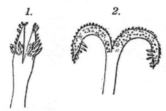

Fig. 197. Bidens tripartitus L. (Nach der Natur.)

1. Griffelspitze mit den Fegezacken in der aufbrechenden Blüte. *2*. Dieselbe mit entfalteten, innen papillösen Griffelästen einer Blüte im weiblichen Zustande. (Vergr. 20 : 1.)

Köpfchens oben schliesslich 2½ cm wird. Die ursprünglich gelben Blumen färben sich gegen Ende der Blütezeit unansehnlich braun.

Als Besucher sah Mac Leod in Belgien 2 Bienen (Bombus, Anthrena).

Ich beobachtete bei Kiel 3 Schwebfliegen (Melithreptus taeniatus Mg.; Platycheirus manicatus Mg.; Syrphus balteatus Deg.) und eine Wanze (Calocoris bipunctatus F.).

1403. B. cernuus L. [H. M., Weit. Beob. III. S. 88; Mac Leod, a. a. O.; Knuth, Bijdragen; Herbstbeob.] — Etwa hundert gelbe Blüten bilden ein Köpfchen. Jede Scheibenblüte besitzt, nach H. Müller, eine etwa $1^1/_2$ mm lange Röhre und ein fast ebenso langes, 1 mm weites Glöckchen. Aus diesem ragt im ersten Blütenzustande die mit Pollen bedeckte Antherenröhre etwa 1 mm weit hervor, im zweiten Zustande spreizen sich die gleichfalls 1 mm langen Griffeläste auseinander. Der Bau derselben stimmt mit dem der vorigen überein. Die Narbenpapillen sind so breit, dass am Rande leicht Pollenkörner aus derselben Blüte haften bleiben, so dass hier wie auch bei der vorigen Art, spontane Selbstbestäubung ermöglicht ist. Die Pflanze tritt in drei Formen auf:

a) discoideus Wimmer. Strahlblüten fehlend.

b) radiatus DC. Köpfe mit grossen Strahlblüten (Coreopsis Bidens L.).

c) minimus L. (als Art). Pflanze niedrig (mit nur 4—10 cm hohem Stengel), meist nur einköpfig; Köpfe klein.

Als Besucher sah H. Müller bei Lippstadt nur die Honigbiene; ich beobachtete bei Kiel Bombus terrester L. ♀ sgd. und Lucilia cornicina F., pfd.

1404. Actinomeris helianthoides Nutt. sah Loew im botanischen Garten zu Berlin von Bombus lapidarius L. ♂, sgd., besucht.

1405. Boltonia glastifolia L'Hér.

Als Besucher beobachtete Loew im botanischen Garten zu Berlin: A. Diptera: a) *Muscidae*: 1. Anthomyia sp.; 2. Lucilia silvarum Mg.; 3. Pyrellia cadaverina L. b) *Syrphidae*: 4. Eristalis arbustorum L.; 5. E. nemorum L.; 6. E. tenax L.; 7. Helophilus floreus L.; 8. Melithreptus scriptus L.; 9. Syritta pipiens L.; 10. Syrphus ribesii L. B. Hymenoptera: a) *Apidae*: 11. Apis mellifica L., sgd. b) *Vespidae*: 12. Vespa germanica F. C. Lepidoptera: *Rhopalocera*: 13. Vanessa urticae L., sgd.

330. Helianthus L.

Strahlblüten geschlechtslos; Scheibenblüten zwitterig.

1406. H. annuus L. [Sprengel, S. 378—380.] — Der Durchmesser der Blütenköpfe beträgt bis $^1/_3$ m. Die Strahlblüten sind gelb, die Scheibenblüten braun.

Als Besucher sah ich Apis mellifica L. ⚥, Bombus lapidarius L. und B. terrester L. ♀⚥, sgd. und psd.; ferner 2 Fliegen, pfd. (Eristalis sp., Pollenia rudis F.), 2 Halbflügler (Calocoris bipunctatus F. und Lygus pabulinus L.), sowie Forficula auricularia L., Blütenteile fressend. Den Ohrwurm giebt auch Sprengel als häufigen Besucher an.

Alfken beobachtete bei Bremen: *Apidae*: 1. Bombus agrorum F. ♂; 2. B. hortorum L. ♀, sgd., ♂ sgd.; 3. B. hypnorum L. ♂; 4. B. lapidarius L. ♂; 5. B. pomorum Pz. ♂; 6. B. ruderatus F. ♂, sgd.; 7. B. silvarum L. ♀ ♂, sgd.; 8. B. terrester L. ⚥; 9. Coelioxys acuminata Nyl. ♀, sgd.; 10. Megachile circumcincta L. ♀; 11. Psithyrus campestris Pz. ♂; 12. P. rupestris F. ♂, sowie bei Bozen: Xylocopa violacea L. ♀, einzeln, sgd.; und die *Pentatomide*: Carpocoris baccarum L., hfg., sgd., erstere noch abends um 10 Uhr von einem Blütenkörbchen zum anderen fliegend.

Sickmann verzeichnet für Osnabrück als Besucher Pseudagenia carbonaria Scop., slt.

Schletterer giebt für Tirol die Schmalbiene Halictus alternans Ill. (testo Schletterer) als Besucher an.

1407. H. multiflorus L. Im ersten Blütenstadium tritt der Pollen aus der Staubbeutelröhre hervor, im zweiten die Narbenäste.

Als Besucher beobachtete Delpino eine Biene (Heriades truncorum L.); H. Müller sah zwei Bienen (Megachile centuncularis L., psd. und Halictus zonulus Sm. ♀, sgd. und pfd.) und 3 pollenfressende und honigsaugende Schwebfliegen (Eristalis tenax L., Syrphus pyrastri L., S. ribesii L.).

Loew beobachtete im botanischen Garten zu Berlin an Helianthus-Arten folgende Besucher:

1408. H. atrorubens L.:

A. Diptera: *Syrphidae*: 1. Eristalis nemorum L.; 2. E. tenax L.; 3. Syrphus balteatus Deg. B. Hymenoptera: *Apidae*: 4. Apis mellifica L. ⚥, sgd. und psd.; 5. Bombus terrester L. ♂, sgd.; 6. Psithyrus vestalis Fourcr. ♂, sgd.;

1409. H. decapetalus L.:

A. Diptera: *Syrphidae*: 1. Syrphus balteatus Deg. B. Hymenoptera: *Apidae*: 2. Apis mellifica L. ⚥, sgd. und psd.; 3. Bombus pratorum L. ♂, sgd.; 4. B. terrester L. ⚥, sgd.;

1410. H. divaricatus L.:

A. Diptera: *Syrphidae*: 1. Eristalis nemorum L ; 2. Melithreptus scriptus L.; 3. Syritta pipiens L.; 4. Syrphus corollae F. B. Hymenoptera: *Apidae*: 5. Apis mellifica L. ⚥, sgd. und psd. C. Lepidoptera: *Rhopalocera*: 6. Pieris brassicae L., sgd.;

1411. H. lactiflorus Pers.:

Eristalis tenax L.;

1412. H. Maximiliani Schrad.:

Hymenoptera: *Apidae*: 1. Apis mellifica L. ⚥, sgd. und psd.; 2. Bombus terrester L. ⚥, sgd.;

1413. H. mollis Lam.:

Hymenoptera: *Apidae*: 1. Bombus pratorum L. ♂, sgd.; 2. B. terrester L. ♀♂, sgd.;

1414. H. trachelifolius W.:

Diptera: *Syrphidae*: 1. Eristalis tenax L.; 2. Helophilus trivittatus F.

Loew beobachtete daselbst an

1415. Echinacea purpurea Mnch.:

Bombus terrester L. ♂, sgd.;

1416. Heliopsis laevis P.:

Hymenoptera: *Apidae*: 1. Bombus pratorum L. ♂, sgd.; 2. B. terrester L. ♂, sgd.; 3. Halictus sexnotatus K. ♀, sgd.;

1417. H. scabra Dun.:

A. Diptera: *Muscidae*: 1. Calliphora vomitoria L. B. Hymenoptera: *Apidae*: 2. Bombus terrester L. ⚥, sgd.

1418. H. patula.

Schletterer giebt Bombus confusus Schck. für Tirol als Besucher an.

v. Dalla Torre beobachtete im botanischen Garten zu Innsbruck die Biene: Trypetes truncorum L. ♀ ♂.

1419. Chrysostemma tripteris Less.

Als Besucher beobachtete Loew im botanischen Garten zu Berlin: A. Diptera: *Syrphidae*: 1. Eristalis tenax L. B. Lepidoptera: *Rhopalocera*: 2. Pieris brassicae L., sgd.; ferner daselbst an:

1420. Coreopsis auriculata L.:

A. Diptera: a) *Muscidae*: 1. Echinomyia fera L.: 2. Graphomyia maculata Scop.

b) *Syrphidae*: 3. Eristalis arbustorum L.; 4. Syritta pipiens L.; 5. Syrphus luniger Mg.; 6. S. ribesii L. B. Hymenoptera: *Apidae*: 7. Halictus cylindricus F. ♂, sgd. Daselbst an

1421. C. lanceolata L.:

A. Diptera: a) *Muscidae*: 1. Echinomyia fera L. b) *Syrphidae*: 2. Eristalis nemorum L.; 3. E. tenax L.; 4. Melithreptus scriptus L.; 5. Syritta pipiens L.; 6. Syrphus balteatus Deg.; 7. S. corollae F. B. Lepidoptera: a) *Noctuidae*: 8. Plusia triplasia L., sgd. b) *Rhopalocera*: 9. Pieris brassicae L., sgd.

331. Rudbeckia L.

Strahlblüten lang, zungenförmig, geschlechtslos; Scheibenblüten zweigeschlechtig.

1422. R. laciniata L. [Knuth, Herbstbeob.; Bijdragen.] sah ich im Garten der Ober-Realschule zu Kiel von 2 saugenden Hummeln (Bombus lapidarius L. und B. terrester L.), sowie von 1 Schwebfliege (Syritta pipiens L.) und 1 Muscide (Pollenia vespillo F.) besucht.

Loew beobachtete im botanischen Garten zu Berlin: A. Diptera: *Syrphidae*: 1. Eristalis tenax L.; 2. Helophilus floreus L.; 3. Syritta pipiens L.; 4. Syrphus balteatus Deg.; 5. S. corollae F. B. Hymenoptera: *Apidae*: 6. Apis mellifica L. ⚥, sgd. und psd.; 7. Bombus terrester L. ♂, sgd.; 8. Chelostoma nigricorne Nyl. ♀, psd.; 9. Coelioxys elongata Lep. ♀, sgd.; 10. Heriades truncorum L. ♀, psd.; 11. Megachile centuncularis L. ♀, psd. Ferner daselbst an:

1423. R. speciosa Wend.:

A. Diptera: a) *Muscidae*: 1. Pyrellia cadaverina L. b) *Syrphidae*: 2. Helophilus floreus L.; 3. Syritta pipiens L. B. Hymenoptera: a) *Apidae*: 4. Apis mellifica L. ⚥, psd.; 5. Halictus sexnotatus K. ♀, sgd. b) *Vespidae*: 6. Eumenes coarctatus L. C. Lepidoptera: *Rhopalocera*: 7. Pieris brassicae L., sgd.

332. Filago Tourn.

Randblüten weiblich, fadenförmig, zwei- bis mehrreihig; Scheibenblüten zwitterig, röhrenförmig.

1424. F. minima Fries. [Knuth, Bijdragen.] — Die gelblich-weissen Blütenköpfe sah ich von einer pollenfressenden Schwebfliege (Melanostoma mellina L.) besucht.

333. Antennaria Gaertner.

Zweihäusig. Griffel der männlichen Blüten ohne Papillen, aber oben dicht mit Fegehaaren besetzt, der der weiblichen mit wenigen Haaren, doch an der Innenseite jederseits mit einem Streifen Narbenpapillen versehen.

1425. A. dioica Gaertner. (Gnaphalium dioicum L.). [Hildebrand, Comp. S. 40—42, Taf. III., Fig. 26—32; H. M., Alpenbl. S. 436; Lindmann a. a. O.; Kerner, Pflanzenleben II.; Kirchner, Flora S. 703; Knuth, Bijdragen.] — Diöcisch. Die weissen oder rosa Hüllblätter bewirken die Augenfälligkeit der Köpfchen. Die weiblichen Blüten sind fadenförmig, die männlichen röhrenförmig; beide Blütenarten enthalten Nektar. Nach Hildebrand enthält der Fruchtknoten der männlichen Blüten keine Samenknospe, der Griffel derselben endet in 2 kurze, stumpfe Äste ohne Narbenpapillen, dagegen ist der ganze obere Teil des Griffels mit Fegehaaren besetzt, von denen die an der Spitze stehenden die längsten sind. Die unten röhrige Krone endet in ein Glöckchen mit etwas zurückgeschlagenen Zipfeln. Die Staubfäden sind reizbar, indem sie sich bei Berührung krümmen. Dadurch wird der Antherencylinder herabgezogen, und es tritt aus seinem oberen Ende Pollen hervor. Die Kronröhre der weiblichen Blüten ist lang und dünn; sie werden von der Griffelspitze überragt, deren Äste an der Aussenseite nur an der Spitze kurzhaarig sind, während die Innenseite jederseits mit einem Streifen von Narbenpapillen versehen ist.

Als Besucher sah Lindman auf dem Dovrefjeld einige Falter; Herm. Müller in den Alpen 1 Schwebfliege, 1 Grabwespe, 9 Falter. Ich beobachtete bei Tondern eine pollenfressende Schwebfliege (Eristalis tenax L.) und einen saugenden Tagfalter; Mac Leod in den Pyrenäen 2 Musciden (B. Jaarb. III. S. 363).

1426. A. margaritacea R. Br. (Gnaphalium marg. L.)

Als Besucher beobachtete ich (Notizen) am 12. 9. 97 zwei pollenfressende Schwebfliegen (Eristalis tenax L. und E. intricarius L.), sowie Coccinella quinquepunctata L. und C. quattuordecimpunctata L.; ausserdem fand sich Thrips in den Blüten.

1427. A. alpina Gaertner. (Gnaphalium alpinum L.). Diöcisch. Laestadius hat 1842 nach Hartman (Handbok i Skand. Flora S. 7) männliche Pflanzen dieser nordischen Art gefunden. Vahl, Lange und Warming kennen dagegen keine solchen, vermuten vielmehr, dass die Pflanze parthenogenetisch ist, da sie an mehreren Stellen mit Früchten beobachtet ist.

334. Gnaphalium L.

Strahlblüten weiblich, fadenförmig, mehrreihig; Scheibenblüten zweigeschlechtig, röhrenförmig; Griffelspitze mit büscheligen Fegehaaren.

1428. G. Leontopodium Scopoli (Leontopodium alpinum Cassini). [H. Müller, Alpenblumen S. 434—436; Kerner, Pflanzenleben II.; Mac Leod, Pyreneeënbl. S. 363.] — Monöcisch. Zwanzig bis dreissig männliche Scheibenblüten und erheblich mehr weibliche Randblüten sind in einem Köpfchen von 4 mm Durchmesser vereinigt. Die Augenfälligkeit wird durch die den Ebenstrauss der winzigen Köpfchen umgebenden, dicht weissfilzig behaarten Stengelblätter erhöht, wodurch ein weisslicher Stern von 20 bis 40 oder 50 mm Durchmesser entsteht.

Die Randblütchen bilden ein enges, keinen Nektar absonderndes Röhrchen von 2½—3 mm Länge, aus welchem 1 mm weit der an der Innenseite dicht mit Papillen versehene Griffel hervorragt; an seiner Aussenseite trägt er kurze Fegehaare bis weit unter seiner Spaltung. Der Griffel der männlichen Blüten spaltet sich nicht in zwei Äste, besitzt daher keine Spur von Narbenpapillen, sondern stellt nur einen cylindrischen, an seinem Ende rings mit Fegezacken umgebenen Stab dar, welcher nur als Cylinderbürste dient, um den Pollen aus der Antherenröhre herauszukehren. Diese scheinzwitterigen männlichen Blüten besitzen eine etwa 2 mm lange Kronröhre mit kaum 1 mm langem Glöckchen, aus dem Antheren und Griffel hervorragen; an dem Griffelgrunde wird Honig ausgesondert. — Nach Schröter (Ber. Schweiz. Ges. Bd. V. 1895) finden sich auch Honigblüten, welche den ♂ ähnlich sind, einen verkümmerten Griffel mit ganz kurzen Fegehaaren und keine Staubblätter besitzen.

Nach Kerner sind die Narben der weiblichen Blüten mehrere Tage vor dem Hervortreten des Pollens der benachbarten scheinzwitterigen Pollenblüten belegungsfähig.

In den Pyrenäen tritt die Pflanze, nach Mac Leod, schon in der subalpinen und der untersten Bergregion auf, wo ihr Aussehen sich bedeutend

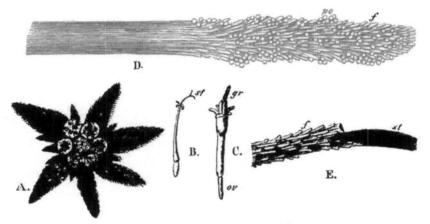

Fig. 198. Gnaphalium Leontopodium Scop. (Nach Herm. Müller.)
A. Blütengesellschaft von 7 Köpfchen. (Nat. Gr.) *B.* Weibliche Randblüte, ohne den Pappus. (7 : 1.) *C.* Männliche Scheibenblüte, dgl. (7 : 1.) *D.* Griffelende (als Fegestange dienend) der männlichen Blüte. (80 : 1.) *E.* Griffelende der weiblichen Blüte. (80 : 1.) *f* Fegehaare. *st* Narbenpapillen. *po* Pollenkörner. *gr* Griffel. *ov* Fruchtknoten.

abändert: sie ist dort kräftiger, die Köpfchen sind zahlreicher, lockerer zusammenstehend, und die wollig-behaarten Blätter, welche den ganzen Blütenstand umgeben, sind länger.

Der Besuch ist ein sehr schwacher: Mac Leod sah eine Muscide; H. Müller 1 Käfer, 1 Muscide und Thrips.

1429. G. luteo-album L. Nach Warnstorf (Bot. V. Brand. Bd. 38) verlängern sich die zahlreichen sehr engen, röhrigen, weiblichen Randblüthen, deren Narbenäste sich vor den wenigen (8–10) Zwitterblüten des Mittelfeldes entwickeln, nach der Bestäubung und schliessen die Narben vollständig wieder ein. Geitonogamie nur zwischen den inneren weiblichen und äusseren Zwitterblüten möglich. Pollen gelb, rundlich, igelstachelig, von durchschnittlich 25 μ diam.

Als Besucher beobachtete H. Müller (Befr. S. 398) bei Lippstadt:
A. Diptera: *Muscidae:* 1. Lucilia, in Mehrzahl; 2. Pollenia rudis F., pfd. *Syrphidae:* 3. Melanostoma mellina L., pfd.; 4. Melithreptus scriptus L., pfd. B. Hyme-

noptera: a) *Apidae:* 5. Halictus quadrinotatulus Schenck ♂ ♀, sgd.; 6. Sphecodes gibbus L. ♂ ♀, verschiedene Var., auch ephippius L., sgd. b) *Sphegidae:* 7. Ceropales maculatus F., sgd.; 8. Pompilus viaticus L., sgd.

1430. G. silvaticum L. [Knuth, Nordfr. Ins. S. 89; Kirchner, Beitr. S. 66.] — Die ährenförmig am Stengel angeordneten, länglichen Köpfchen sind wenig augenfällig. Sie sind, nach Kirchner, 5—6 mm lang; ihr oberer Durchmesser beträgt nur $1^1/_2$—2 mm. Jedes derselben enthält 60—70 weibliche, und in der Mitte einige, meist nur 3—4 zweigeschlechtige Blüten. Bei beiden Blütenarten ist die Krone 4 mm lang, auch ist der Stempel gleichartig gebaut; er enthält eine Samenknospe und am Grunde des Griffels einen Nektarkragen. Der Griffel der weiblichen Blüten ist kahl und breitet über der Kronröhre seine beiden dünnen, ziemlich langen Narbenäste bogig aus. Der Griffel der Zwitterblüten ist am oberen Ende mit Fegehaaren besetzt. Diese kehren den Pollen heraus und spreizen dann die beiden Narbenäste auseinander, so dass die papillöse Innenseite sichtbar wird. Dabei ist, wie ich auf den nordfriesischen Inseln beobachtete, spontane Selbst- oder Fremdbestäubung möglich, indem die noch in den Fegezacken sitzenden stacheligen Pollenkörner auf die Papillen derselben oder benachbarter Blüten fallen können.

In Dumfriesshire (Schottland) (Scott-Elliot, Flora S. 92) wurden 1 Muscide als Besucherin beobachtet.

1431. G. uliginosum L. [Knuth, Nordfr. Inseln S. 89; Kirchner, Beitr. S. 67.] — Die in dicht gedrängten, beblätterten Knäueln zusammenstehenden, kugelig-eiförmigen Köpfchen haben einen oberen Durchmesser von $1^1/_2$—2 mm. Die Einzelblüten sind gleichfalls nur $1^1/_2$—2 mm lang. Kirchner zählte etwas über 100 weibliche und meist 6 zwitterige Blüten im Köpfchen; ich bemerkte nur etwa 30. Die Blüteneinrichtung stimmt sonst mit derjenigen der vorigen Art überein.

Nach Warnstorf (Bot. V. Brand. Bd. 38) drücken die Hüllblätter der kleinen Köpfchen mit ihren die weiblichen Randblüten etwas überragenden Spitzen die aus denselben hervorstehenden Narbenäste nach der Mitte an den Pollen der wenigen Zwitterblütchen und bewirken so Selbstbestäubung. Pollen blassgelb, elliptisch, stachelwarzig, etwa 25 μ lang und 19 μ breit.

· Als Besucher sah H. Müller eine Biene (Sphecodes ephippia L.) sgd.

335. Helichrysum Gaertner.

Randblüten weiblich, fadenförmig, einreihig; Scheibenblüten zwitterig, röhrenförmig.

1432. H. arenarium DC. (Gnaphalium ar. L.). Die citronengelben Blätter des Hüllkelches machen die Köpfchen augenfällig.

Nach Warnstorf (Bot. V. Brand. Bd. 38) kommt bei Neu-Ruppin nur die Form ohne weibliche fadenförmige Randblütchen vor; die Form mit orangeroten Hüllblättchen ist nicht selten. Die Narbenäste haben an der Spitze einen Büschel Fegepapillen und darunter innen Befruchtungspapillen. Der Griffel ist anfänglich über die Staubbeutelröhre wenig oder gar nicht emporgehoben, daher

befinden sich die spreizenden Narbenäste zwischen den Abschnitten des Staubbeutelcylinders; durch gegenseitige Berührung derselben ist Geitonogamie gesichert.
Pollen goldgelb, rundlich bis elliptisch, igelstachelig, bis 31 μ lang und 23 μ breit.

Als Besucher sah Herm. Müller (Weit. Beob. III. S. 89) in Brandenburg einen
Käfer: Coccinella quattuordecimpunctata L., auf den Blüten sitzend, wiederholt.

1433. H. bracteatum Willd. [Knuth, Herbstbeob., Notizen]
sah ich in Kieler Gärten von einer Faltenwespe (Vespa vulgaris L.) und 2 Schwebfliegen
(Eristalis arbustorum L., Helophilus pendulus L.) besucht; ferner von Coccinella quinquepunctata L. und besonders C. quattuordecimpunctata L. Ausserdem fand sich Forficula
auf den Blütenköpfchen, diese zerfressend.

Schletterer giebt für Tirol die rotafterige Schmarotzerhummel Psithyrus rupestris
F. und die Holzbiene Xylocopa violacea L. als Besucher an.

1434. H. angustifolium DC.
Schletterer beobachtete als Besucher bei Pola: Hymenoptera: a) *Apidae:*
1. Eriades truncorum L.; 2. Eucera interrupta Baer; 3. Halictus leucozonius Schrk.;
4. H. quadricinctus F.; 5. H. scabiosae Rossi; 6. Megachile muraria L. b) *Scoliidae:*
7. Scolia hirta Schrk.; 8. S. insubrica Scop.

336. Artemisia L.

Windblütler bis Pollenblumen. Delpino (Studi sopra un lignaggio anemo-
filo delle Composte etc. Firenze 1871) hat, wie Kirchner (Beitr. S. 67)
auseinandersetzt, gezeigt, dass die von ersterem als Artemisiaceen zusammen-
gefasste Gruppe der Korbblütler windblütig ist. Diese Blütengesellschaften sind
unscheinbar geworden, ihre Blütenköpfe hängen oft herab, die Blüten enthalten
keinen Nektar, der Pollen ist trocken und verstäubt von selbst.

Die Anpassung an die Windblütigkeit lässt, nach Delpino, verschiedene
Grade erkennen: sie befindet sich erst in den Anfängen bei der Gattung Arte-
misia selbst, doch ist sie noch innerhalb derselben Unterabteilung bei der
Gattung Oligosporus Cassini vollkommen, ebenso auch bei den Gruppen
Iveae und Ambrosieae.

Innerhalb der Gattung Artemisia einschliesslich Oligosporus unterscheidet Delpino folgende Abstufungen: Artemisia im engeren Sinne umfasst
die Arten, deren Köpfchen neben weiblichen auch zweigeschlechtige Blüten enthalten; die Narbenäste der letzteren breiten sich in normaler Weise aus und
krümmen sich zuletzt nach rückwärts. Oligosporus ist rein monöcisch: in
jedem Köpfchen kommen neben weiblichen Blüten rein männliche vor, deren
Fruchtknoten verkümmert ist und deren papillöse Griffeläste sich nicht ausbreiten.

Die Gattung Artemisia im engeren Sinne zerlegt Delpino in 3 Unter-
gattungen: 1. Absinthium (A. Absinthium L. und camphorata Villars)
mit den Anfängen der Windblütigkeit, d. h. mit staubigem, von selbst herab-
fallendem Pollen, aber noch kurzen Narben der weiblichen Blüten, lebhaft gefärbten Kronen der Zwitterblüten und nicht immer herabhängenden Köpfchen.
2. Evartemia Delp. mit stärkerer Ausprägung der Windblütigkeit, d. h. mit
langen, geschwänzten und vorragenden Narben der weiblichen Blüten, unansehnlichen, bräunlich gefärbten Kronen und eiförmigen oder bauchigen, nickenden

Köpfchen. 3. Seriphidium Bess. mit abweichender Weiterbildung der Windblütigkeit, nämlich wenigblütigen Köpfchen mit zwitterigen, homogamen Blüten.

Kirchner hebt mit Recht hervor, dass es richtiger sei, zwischen die
normalen Senecionideen und die Artemisia-Arten der Delpino'schen Untergattung
Absinthium noch eine besondere Gruppe derjenigen Arten von Artemisia als
Mittelglieder einzuschalten, bei welcher, wie bei A. glacialis L., A. Mutellina L.
und A. spicata Wulfen, die Annäherung an die normalen insektenblütigen
Kompositen eine so grosse ist, dass man sie mit grösserem Rechte zu diesen als
zu den windblütigen rechnen dürfte.

Über die Blüteneinrichtung von A. Absinthium, vulgaris und campestris äussert sich Warnstorf (Bot. V. Brand. Bd. 38) in folgender Weise:
Die Blüten der kleinen Köpfchen sind sämtlich röhrig; die randständigen weiblichen zeigen eine unten etwas weitere Röhre, welche sich nach oben allmählich
verengt und hier in einen nicht abgesetzten fünfteiligen Saum übergeht. Die
Narbenäste derselben sind vor den Zwitterblüten in der Mitte der Köpfchen
bereits entwickelt, werden bei A. vulgaris und campestris verhältnismässig
lang und zeigen an der Spitze keine Verbreiterung und eigentliche Fegepapillen,
sondern sind nur dicht mit Narbenpapillen besetzt; später spreizen sie und biegen
sich mehr oder weniger nach aussen, um nicht mit Pollen des eigenen Köpfchens
in Berührung zu kommen. Zur Zeit der Pollenreife öffnen die oben glockig
erweiterten, gelben oder rötlichen Zwitterblütchen ihren Saumzipfel, und die fünf
pfriemenförmigen Anhängsel am oberen Teil der Staubbeutelröhre treten hervor,
während die beiden dicht zusammenschliessenden, oben verbreiterten und an der
Spitze eine trichterförmige, rings mit langen Fegepapillen besetzte Vertiefung
bildenden Narbenäste noch innerhalb derselben stehen, aber den Pollen bereits
herausgefegt haben. Letzterer lagert nur kurze Zeit zwischen den Antheren-
anhängseln und wird bald wegen seiner Kleinheit und mangels aller Haftorgane
von der Luft fortgetragen; auch die Stellung der Köpfchen ist dem Verstäuben
durch den Wind ausserordentlich günstig. Nun erheben sich die Narbenäste
über den Kronensaum und breiten sich bogig auseinander, das innere Narbengewebe nach oben kehrend, und die Anhängsel des Antherencylinders ziehen
sich in die Krone zurück. Pollenzellen klein, gelblich, rundlich bis elliptisch,
warzig, durchschnittlich 25 μ lang und 18 μ breit.

1435. A. glacialis L. von Zermatt hat zwar, nach Kirchner (Beitr.
S. 67, 68), sehr kleine Einzelblütchen, doch sind die Blütenstände keineswegs
unscheinbar, da die Kronen goldgelb gefärbt, etwa 30—40 Blütchen zu einem
aufrechten Köpfchen von 4—6 mm Durchmesser vereinigt sind und meist 5—7
solcher Köpfchen dicht beisammen stehen. Die Blüten sind gynomonöcisch mit
protandrischen Zwitterblüten. In jedem Köpfchen sind die randständigen Blüten
weiblich. Der Pollen der mittelständigen Zwitterblüten wird durch die beiden
aneinander liegenden Narbenäste herausgekehrt, welche an ihrem oberen Ende
etwas verbreitert und mit Fegehaaren, weiter unten auf der Innenseite mit Narbenpapillen besetzt sind. Die verhältnismässig breiten und langen Narbenäste biegen
sich später auseinander und bogig nach unten. Der gelbe Pollen ist nicht

mehlig und verstäubt nicht, sondern bleibt zusammengeballt oben auf der Antheren-röhre haften. Die Blüten sind nektarlos; auch der Nektarkragen am Griffel-grunde fehlt.

1436. A. Mutellina Villars untersuchte Kirchner (Beitr. S. 69) ebenso wie die vorige bei Zermatt. Sie ist gleichfalls pollenblütig mit Übergang zur Windblütigkeit. Die Blütenköpfchen sind kleiner und auch wegen ihrer traubigen Anordnung am Stengel weniger augenfällig. Das Köpfchen besteht gewöhnlich aus 8—16 goldgelben Blüten, von denen die 5—8 randständigen weiblich sind. Sie haben bereits entwickelte Narben, bevor der Pollen der Zwitterblüten des-selben Köpfchens hervortritt, so dass sie in der Regel durch Pollen aus älteren Köpfchen, nach Kerner geitonogam, bestäubt werden.

1437. A. Absinthium L. [Knuth, Nordfr. Inseln S. 89, 90.] — Po. mit Übergang zu W. — Die zahlreichen, fast kugeligen Blütenköpfchen von etwa 4 mm Durchmesser sitzen dicht gedrängt an den vielen rutenförmigen, vom Winde leicht beweglichen Ästen des über meterhohen Stengels. Sie werden durch die gelbe Färbung der etwa zu 50 in einem Köpfchen vereinigten winzigen gelben Blütchen ziemlich augenfällig. Jedes derselben ist einschliesslich des Fruchtknotens nur 2 mm lang. Die an der Spitze mit wenigen Fegehaaren ver-sehenen Griffeläste der mittelständigen weiblichen Blüten rollen sich nach Ent-fernung des Pollens in einer aus dem Glöckchen hervorragenden kreisförmigen Windung auf und machen ihre papillöse Innenfläche den anfliegenden oder durch Insekten übertragenen Pollenkörnern zugänglich. Die zwar geringe Augenfällig-keit und der aromatische Duft der Pflanze locken hin und wieder pollenfressende Insekten an.

Ich beobachtete (Bijdragen) bei Kiel eine Schwebfliege (Syrphus ribesii L.), pfd.; Rössler giebt für Wiesbaden auch den Falter Grapholitha pupillana Cl. als Besucher an; Schletterer beobachtete in Tirol Anthrena combinata Chr.

1438. A. Dracunculus L.
Als Besucher beobachtete Borgstette in Nassau eine pollenfressende Schwebfliege (Melanostoma mellina L.).

1439. A. maritima L. [Knuth, Nordfr. Inseln S. 90.] — Die kurz-gestielten, eiförmigen Köpfchen der aromatisch riechenden Pflanze werden vom Winde leicht bewegt.

1440. A. vulgaris L. [A. a. O., S. 90.] — Die sehr kleinen, eiförmigen Blütenköpfchen sind 6 mm lang und halb so breit; sie bestehen aus etwa 20 Blütchen von 4 mm Länge. — Mac Leod giebt B. Jaarb. S. V. 420 eine Abbildung der Blüten.

1441. A. campestris L.
Rössler giebt folgende Falter: 1. Conchylis dipoltella Hb.; 2. Crambus alpinellus Hb.; 3. Eurycreon turbidalis Tr.; 4. Grapholitha lacteana Tr. als Besucher (bei Wiesbaden) an, ohne ihre Thätigkeit weiter anzudeuten.

337. Cotula L.

Köpfchen goldgelb, einzelständig. Randblüten weiblich, unfruchtbar, mit aufgeblasener Röhre; Scheibenblüten zweigeschlechtig, mit vierzähnigem Saum.

1442. C. coronopifolia L. Trotzdem Roth (Englers Jahrb. für Syst. V, 1884) in Holstein (bei Lütjenburg) wiederholt seine Aufmerksamkeit darauf richtete, bestäubungsvermittelnde Insekten zu beobachten, ist es demselben nie gelungen. Die Köpfchen sind trotz ihres dichten Zusammenstehens wenig augenfällig. Auch sind sie duftlos und scheinen fast keinen Honig zu führen. Sollte vielleicht bei uns, fragt Roth, ein passendes Insekt fehlen, dagegen in Kalifornien vorhanden sein, und hierdurch das dortige rapide Vordringen der Pflanze begreiflich, und der fast unveränderte Stillstand auf den im fernen Norden Europas in Besitz genommenen Stellen erklärt werden? — Diese Frage scheint mir nicht gerechtfertigt, da die Honigbergung eine wenig tiefe ist, so dass der Nektar den meisten unserer blumenbesuchenden Insekten zugänglich sein dürfte. Es wird sich im vorliegenden Falle um eine nicht hinreichende Beobachtung handeln.

1443. Ammobium alatum R. Br.

Als Besucher beobachtete ich (Notizen) im botanischen Garten zu Kiel Coccinella quattuordecimpunnctata L. (einzeln).

338. Achillea L.

Gynomonöcisch. Köpfchen klein. Randblüten weiss oder selten rosa, weiblich, mit rundlicher Zunge, ihr Griffel ohne Fegehaare; Scheibenblüten meist gelblich, zweigeschlechtig, ihr Griffel an der Spitze mit divergierenden Fegehaaren, an der Innenseite mit Papillen, welche in der Mitte von einem Streifen durchzogen sind.

1444. A. Millefolium L. [H. M., Befr. S. 391—394; Alpenbl. S. 428; Weit. Beob. III. S. 84; Lindman a. a. O.; Knuth, Ndfr. Ins. S. 90, 157, 158; Weit. Beob. S. 236; Verhoeff, Norderney; Heinsius a. a. O.; Mac Leod, B. Jaarb. III. S. 363; V. S. 421—423; Loew, Bl. Flor. S. 390, 395.] — Sehr zahlreiche, oft über hundert Blütenköpfchen sind doldenrispig zu einer Ebene zusammengestellt, wodurch nicht nur die Augenfälligkeit bewirkt wird, sondern auch die Möglichkeit gegeben ist, dass durch einen einzigen Insektenbesuch zahlreiche Blüten gleichzeitig befruchtet werden, indem die besuchenden Insekten auf den aneinanderstossenden Zungenblüten der benachbarten Köpfchen gleichsam wie auf verbindenden Brücken von einem Körbchen zum anderen gehen, ohne sich erst zum Fluge erheben zu brauchen.

Ein Köpfchen enthält, nach Herm. Müller, etwa 20 Scheibenblüten mit kaum 2 mm langer Röhre, die sich in ein etwa 1 mm langes nektarhaltiges Glöckchen fortsetzt. Die beiden Griffeläste liegen, wenn die Blüte sich öffnet, dicht zusammen in dem untersten Teile der Antherenröhre, welche sie alsdann durchwachsen und den Pollen mittelst ihrer Fegehaare vor sich herschieben. Alsdann biegen sie sich auseinander und kehren ihre papillöse Seite nach oben, wobei sie das Glöckchen ein wenig überragen, während sich die entleerten Antheren etwas zurückziehen. Diese etwa 20 Scheibenblüten sind von meist 5 staubblattlosen Randblüten mit grossen Kronlappen umgeben; sie vergrössern den Durchmesser des Körbchens auf 9—10 mm.

Bleibt Insektenbesuch aus, so erfolgt in den Scheibenblüten durch Hinabfallen des Pollens aus den Fegezacken auf die sich ausbreitenden Narbenpapillen
spontane Selbstbestäubung.

Soll auch bisweilen gynodiöcisch vorkommen.

Als Besucher sah Lindman auf dem Dovrefjeld einige Falter, sowie eine
Hummel und eine Fliege; Herm. Müller in den Alpen Fliegen (4), Hymenopteren (2),
Falter (24).

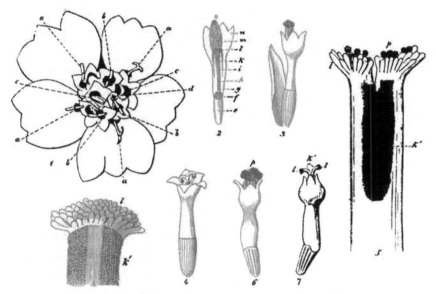

Fig. 199. Achillea Millefolium L. (Nach Herm. Müller.)

1. Einzelnes Blütenkörbchen von oben gesehen. *a* Narben der rein weiblichen Randblüten.
b Narben im zweiten Zustande befindlicher Scheibenblüten. *c* Staubbeutelcylinder im ersten
Zustande befindlicher Scheibenblüten. *d* Dem Aufblühen nahe Knospe. *2.* Einzelne Scheibenblüte, eben aufblühend, im Längsdurchschnitt. *e* Fruchtknoten. *f* Honigdrüse. *g* Griffel.
h Kronröhre. *i* Staubfäden. *k* Griffeläste. *l* Griffelspitze mit den Fegehaaren. *m* Antherencylinder. *n* Kronglöckchen. *o* Endklappen der Staubbeutel. *3.* Einzelne Scheibenblüte etwas
weiter entwickelt: der Pollen tritt aus dem Antherencylinder hervor. *4.* Ältere Scheibenblüte
mit auseinandergespreizten, hervorragenden Narben; der Antherencylinder hat sich wieder in
das Blütenglöckchen zurückgezogen. *5.* Griffelspitze einer im ersten (männlichen) Zustande
befindlichen Scheibenblüte. — *k'* Narbenpapillen der beiden Griffeläste. *l* Fegehaare. *p* Pollenkörner. Chrysanthemum Leucanthemum L.: *6.* Scheibenblüte im ersten (männlichen)
Zustande. — *p* Pollenkörner. *7.* Dieselbe im zweiten (weiblichen) Zustande. *8.* Spitze eines
Griffelastes, von innen. (60 : 1.)

Als Besucher beobachtete ich in Schleswig-Holstein (S.-H.) und auf dem
Oberland von Helgoland (H.):

A. Coleoptera: a) *Curculionidae:* 1. Apion marchicum Hbst. (S.-H.). b) *Nitidulidae:*
2. Meligethes sp. (S.-H.). c) *Telephoridae:* 3. Cantharis fulva Scop. (S.-H.). Sämtl. pfd.
B. Diptera: a) *Muscidae:* 4. Anthomyia sp. (S.-H.); 5. Aricia incana Wied. ♀ (S.-H.); 6. Dolichopus plumipes Scop. (S.-H.); 7. Leucostoma aenescens Zett. (S.-H.); 8. Lucilia caesar L.
(S.-H.); 9. Musca corvina F. (S.-H.); 10. Nemotelus uliginosus L. (S.-H.); 11. Olivieria lateralis F., sgd. (H. und S.-H.); 12. Onesia sp. (S.-H.); 13. Pollenia sp. (S.-H.); 14. Sarcophaga
carnaria L. (S.-H.); 15. S. striata Fabr. (S.-H.); 16. Scatophaga lutaria F. (S.-H.);

17. S. merdaria F. (S.-H.); 18. S. stercoraria L. (S.-H. und H.); 19. Spilogaster carbonella Zett. (S.-H.). Sämtl. sgd. b) *Syrphidae:* 20. Eristalis arbustorum L. (S.-H.); 21. E. pertinax Scop. (S.-H.); 22. E. tenax L. (S.-H.); 23. Helophilus pendulus L. (S.-H.); 24. Syritta pipiens L. (S.-H.). Sämtl. sgd. und pfd. C. Lepidoptera: a) *Rhopalocera:* 25. Epinephele janira L. (S.-H.); 26. Pieris sp. (S.-H.); 27. Polyommatus phlaeas L. (S.-H.). b) *Sphingidae:* 28. Zygaena filipendulae L. (S.-H.). Sämtl. sgd. D. Orthoptera: 29. Forficula auricularia L., Blütenteile fressend (H.).

W üstnei beobachtete auf der Insel Alsen Hedychrum nobile Scop. als Besucher; Verhoeff auf Norderney: A. Diptera: a) *Bibionidae:* 1. Dilophus vulgaris Mg., nicht selten. b) *Muscidae:* 1. Aricia incana Wiedem.; 2. Calliphora erythrocephala Mg. ♀; 3. Cynomyia mortuorum L., nicht selten; 4. Cyrtoneura simplex Loew ♂; 5. Lucilia latifrons Schin., s. hfg.; 6. Scatophaga stercoraria L.; 7. Stomoxys calcitrans L. c) *Syrphidae:* 8. Eristalis arbustorum L., s. hfg.; 9. Platycheirus manicatus Mg. ♀; 10. Syrphus balteatus Deg., einzeln; 11. S. corollae F. B. Hymenoptera: a) *Apidae:* 12. Prosopis communis Nyl.; 13. Sphecodes cirsii Verh. ♂, einzeln. b) *Vespidae:* 14. Odynerus parietum L., einzeln; Alfken auf Juist: A. Diptera: a) *Muscidae:* 1. Lucilia caesar L.; 2. Sarcophaga carnaria L. b) *Syrphidae:* 3. Eristalis arbustorum L.; 4. Syritta pipiens L.; Schmiedeknecht in Thüringen die 2. Generation von Anthrena flavipes Pz.; Krieger bei Leipzig: Hymenoptera: a) *Apidae:* 1. Anthrena flavipes Pz.; 2. Halictus maculatus Sm.; 3. Nomada roberjeotiana Pz.; 4. N. solidaginis Pz.; 5. Prosopis communis Nyl.; 6. P. nigrita F. b) *Chrysidae:* 7. Chrysis neglecta Shuck.; 8. Hedychrum nobile Scop. c) *Sphegidae:* 9. Cerceris labiata F.; 10. C. quinquefasciata Rossi. d) *Vespidae:* 11. Eumenes coarctatus L.; Sickmann bei Osnabrück die schmarotzende Grabwespe Ceropales maculatus F. (einmal); Friese im Elsass (E.) und in Mecklenburg (M.); 1. Colletes daviesanus K. (E.); 2. C. impunctatus Nyl. (M.); 3. Prosopis variegata F. (M.), sowie in Thüringen die Grabwespe Dinetus guttatus F.

Gerstäcker beobachtete bei Berlin die Grabwespe Oxybelus quattordecimnotatus Jur. als Besucher; Alfken bei Bremen: A. Diptera: *Syrphidae:* 1. Eristalis anthophorinus Zett., n. slt. B. Hymenoptera: a) *Apidae:* 2. Colletes daviesanus K. ♀ ♂, slt.; 3. C. marginatus L. ♀ ♂, slt.; 4. Eriades truncorum L. ♀, slt.; 5. Megachile argentata F. ♂, slt.; 6. Stelis breviuscula Nyl., n. slt. b) *Sphegidae:* 7. Crabro quadrimaculata Spin., slt. und die Käfer: a) *Cerambycidae:* 1. Leptura livida L.; 2. Stenopterus rufus L. b) *Silphidae:* 3. Necrophorus vespillo L.; Rössler bei Wiesbaden den Falter: Adela tombacinella H.-S.; Schenck in Nassau die Apiden: 1. Halictus albipes F.; 2. H. morio F.; 3. Nomada furva Pz.; 4. Prosopis bipunctata F.; 5. P. brevicornis Nyl.; 6. P. nigrita F.; Schiner in Österreich: Diptera: a) *Muscidae:* 1. Besseria melanura Mg.; 2. Gymnosoma nitens Mg.; 3. Lauxania cylindricornis F.; 4. Metopia argentata Macq.; 5. Miltogramma ruficornis Mg.; 6. Saltella scutellaris Fall.; 7. Tephritis flavipennis Loew; 8. Urophora stigma F.; F. F. Kohl in Tirol die Goldwespe: Hedychrum regium Fabr.

Loew beobachtete in Brandenburg (B.) und Mecklenburg (M.) (Beiträge S. 39): A. Diptera: a) *Conopidae:* 1. Zodion cinereum F. (M.). b) *Stratiomydae:* 2. Nemotelus uliginosus L. ♀ ♂ (M.). c) *Syrphidae:* 3. Eristalis aeneus Scop. (B.); 4. E. sepulcralis L. (B.). B. Hymenoptera: a) *Apidae:* 5. Colletes fodiens K. ♂, psd. (M.); 6. Prosopis dilatata K. ♂, sgd. (M.). b) *Ichneumonidae:* 7. Unbestimmte Spec. (M.). c) *Sphegidae:* 8. Oxybelus bellus Dhlb. (M.); ferner in Schlesien (Beiträge S. 25—26):

A. Diptera: a) *Muscidae:* 1. Cistogaster globosa F., sgd.; 2. Gymnosoma rotundata L., sgd.; 3. Ocyptera brassicaria F., sgd. b) *Syrphidae:* 4. Eristalis intricarius L., sgd.; 5. E. tenax L., sgd. B. Hymenoptera: a) *Apidae:* 6. Cilissa tricincta K. ♂, sgd.; 7. Coelioxys octodentata Lep. ♂, sgd. b) *Chrysidae:* 8. Hedychrum lucidulum F. c) *Sphegidae:* 9. Cerceris nasuta Dhlb., sgd. C. Lepidoptera: 10. Polyommatus virgaureae L.; ausserdem (Beiträge S. 49): A. Diptera: *Syrphidae:* 1. Chrysogaster coemeteriorum L. B. Hymenoptera: *Tenthredinidae:* 2. Tenthredo sp. und (Beiträge S. 30): A. Coleoptera: *Cerambycidae:* 1. Leptura testacea L., hld. B. Diptera:

a) *Stratiomydae*: 2. Odontomyia viridula F., sgd. b) *Syrphidae*: 3. Syritta pipiens L., sgd.; 4. Volucella bombylans L., sgd. C. Lepidoptera: *Rhopalocera*: 5. Argynnis aglaja L., sgd.; 6. A. pandora S. V., sgd; 7. Coenonympha arcania L., sgd.

Heinsius beobachtete in Holland: *Sphingidae*: 1. Ino statices L. *Rhopalocera*: 2. Lycaena aegon Schn. ♂; Mac Leod in Flandern 6 Hymenopteren, 5 Schwebfliegen, 7 andere Fliegen, 4 Falter, 3 Käfer (B. Jaarb. V. S. 423); in den Pyrenäen 2 Hymenopteren, 4 Käfer, 11 Fliegen als Besucher (A. a. O. III. S. 362); Smith in England die Seidenbienen: 1. Colletes daviesanus K.; 2. C. marginatus L.; Saunders in England die Apiden: 1. Colletes picistigma Thoms.; 2. Prosopis cornuta Smith; 3. P. dilatata K.; 4. P. masoni Sd.

In Dumfriesshire (Schottland) (Scott-Elliot, Flora S. 95) wurden zahlreiche Hymenopteren, Fliegen, Falter und Käfer als Besucher beobachtet.

Willis (Flowers and Insects in Great Britain Pt. I) beobachtete in der Nähe der schottischen Südküste:

A. Coleoptera: a) *Nitidulidae*: 1. Cercus rufilabris Latr., sehr häufig, pfd. b) *Staphylinidae*: 2. Quedius boops Grav., pfd. B. Diptera: a) *Bibionidae*: 3. Cricotopus sp., pfd. b) *Muscidae*: 4. Anthomyia radicum L., sgd. und pfd., häufig; 5. A. sp.; 6. Hydrellia griseola Fall., pfd.; 7. Hyetodesia incana W., sgd.; 8. Lucilia sericata Mg., sgd. und pfd.; 9. Olivieria lateralis F., sgd.; 10. Phorbia floccosa Mcq., pfd.; 11. Scatophaga stercoraria L., pfd.; 12. Spilogaster communis Dsv., sgd. c) *Syrphidae*: 13. Eristalis pertinax Scop., pfd.; 14. E. tenax L., sgd.; 15. Sphaerophoria scripta L., häufig, sgd.; 16. Syritta pipiens L., sgd.; 17. Syrphus balteatus Deg., sgd. C. Hemiptera: 18. Anthocoris sp., häufig, sgd.; 19. Calocoris bipunctatus F., sgd.; 20. C. fulvomaculatus Deg., häufig, sgd. D. Hymenoptera: a) *Microlepidoptera*: 21. Choreutis myllerana F., sgd.; 22. Simaëthis fabriciana Steph., sgd. b) *Noctuidae*: 23. Hydroecia nictitans (L.) Bkh., sgd. c) *Rhopalocera*: 24. Pieris napi L., sgd.; 25. P. rapae L., sgd.; 26. Polyommatus phlaeas L., sgd.

Herm. Müller (1) und Buddeberg (2) geben für Achillea millefolium und A. Ptarmica in Westfalen, Thüringen und Nassau eine Besucherliste:

A. Coleoptera: a) *Buprestidae*: 1. Anthaxia millefolii F. (2); 2. A. nitidula L. (1, Thür., 2). b) *Cerambycidae*: 3. Leptura livida F., pfd. (1); 4. L. testacea L., pfd. (1); 5. Strangalia bifasciata Müll. (1, Thür.); 6. S. melanura L., pfd. (1, bayer. Oberpf.) c) *Chrysomelidae*: 7. Cryptocephalus sericeus L., Blütenteile fressend (1). d) *Coccinellidae*: 8. Coccinella mutabilis Scrib., häufig auf den Blüten (1); 9. C. septempunctata L., w. v. (1); 10. Exochomus auritus Scriba, häufig (1). e) *Elateridae*: 11. Agriotes gallicus Lac., pfd. (1, Thür.); 12. A. ustulatus Schall., pfd. (1, Thür., bayer. Oberpfalz). f) *Mordellidae*: 13. Mordella fasciata F. (1). g) *Oedemeridae*: 14. Oedemera podagrariae L., pfd. (1, Thür.). h) *Scarabaeidae*: 15. Cetonia aurata L., Blütenteile fressend (1, Thür.) i) *Telephoridae*: 16. Telephorus melanurus F., w. v. (1). B. Diptera: a) *Bombylidae*: 17. Exoprosopa capucina F., in Mehrzahl (1). b) *Conopidae*: 18. Conops flavipes L., wiederholt, sgd. (1); 19. C. scutellatus Mg., sgd. (1, bayer. Oberpf., Fichtelgeb.); 20. Physocephala vittata F., wiederholt, sgd. (1). c) *Empidae*: 21. Empis livida L., häufig (1). d) *Muscidae*: 22. Aricia vagans Fall. (1); 23. Echinomyia ferox Pz., sgd. (1, bayer. Oberpf.); 24. E. tessellata F., sgd. (1); 25. Gonia capitata Deg., sgd. (1); 26. Gymnosoma rotundata Pz., sgd. (1, 2); 27. Ocyptera cylindrica F., sgd. (1); 28. Phasia crassipennis F. (1, Thür., 2); 29. Scatophaga stercoraria L., pfd. (2); 30. Trypeta pantherina Fall. (2); 31. Ulidia erytrophthalma Mg., sehr zahlreich (1, Thür.). e) *Syrphidae*: 32. Chrysotoxum bicinctum L., pfd. (1, bayer. Oberpf.); 33. Eristalis arbustorum L., häufig, sgd. und pfd. (1); 34. E. horticola Deg., pfd. (2); 35. E. nemorum L., häufig, sgd. und pfd. (1); 36. E. sepulcralis L., w. v. (1); 37. E. tenax L., w. v. (1); 38. Eumerus sabulonum Fall. (1); 39. Helophilus floreus L., pfd. (1); 40. Melithreptus scriptus L. (1); 41. M. taeniatus Mg. (1); 42. Paragus bicolor L., pfd. (2); 43. Syritta pipiens L., sgd. und pfd., häufig (1); 44. Syrphus ribesii L. (1, bayer. Oberpf.); 45. Volucella bombylans L. (1); 46. V. pellucens

L. (1, Almetbal). f) *Stratiomydae*: 47. Odontomyia viridula F., häufig (1). g) *Tabanidae*: 48. Tabanus rusticus L., mehrfach (1). C. Hymenoptera: a) *Apidae*: 49. Anthrena albicans Müll. ♂, sgd. (1); 50. A. argentata Sm. ♂, sgd. (1); 51. A. chrysosceles K. ♀ (1); 52. A. denticulata K. ♂, sgd. (1); 53. A. dorsata K. ♀ ♂, sgd. und psd., in Mehrzahl (1); 54. A. fulvicrus K. ♀ ♂, w. v. (1). 55. A. fuscipes K. ♂ (1); 56. A. lepida Schenck ♂, sgd. (1); 57. A. nana K. ♂, sgd. (1); 58. A. nigripes K. ♀, sgd. (1); 59. A. pilipes F. ♂, sgd. (1); 60. A. schrankella Nyl. ♂ (2); 61. Chelostoma nigricorne Nyl. ♂, sgd. (1); 62. Colletes daviesanus K. ♀ ♂, sgd. und psd., sehr häufig (1, bayer. Oberpf., 2); 63. C. fodiens K. ♀ ♂, psd., pfd. und sgd., sehr häufig (1); 64. Halictus cylindricus F. ♀ ♂, psd. und sgd. (1); 65. H. interruptus Pz. ♀, psd. (1, Thür.); 66. H. leucozonius Schrk. ♀, psd. (1); 67. H. maculatus Sm., psd. (1); 68. H. morio F. ♀ ♂, psd. und sgd. (1, 2); 69. H. quadricinctus F. ♀ ♂, w. v. (1, 2); 70. H. rubicundus Chr. ♂, sgd. (1); 71. H. smeathmanellus K. ♀, sgd. (2); 72. H. villosulus K. ♀, sgd. und psd. (1, 2); 73. Heriades truncorum L. ♀ ♂, w. v. (1); 74. Nomada ruficornis L. ♀, sgd. (1); 75. N. zonata Pz. ♀, sgd. (1); 76. Osmia leucomelaena K. ♀, psd. (1); 77. O. spinulosa K. ♀, psd. (1); 78. Prosopis pictipes Nyl. ♀ ♂, sgd. und Blütenstaub mit dem Munde einnehmend (1); 79 P. confusa Nyl. ♀ ♂ (2); 80. P. variegata F. ♀ ♂, sehr zahlreich, wie P. pictipes (1, 2); 81. Rhophites quinquespinosus Spin. ♂, sgd., häufig (1, bayer. Oberpf.); 82. Sphecodes gibbus L. und Var. ♀ ♂, sgd. (1, 2); 83. Stelis breviuscula Nyl. ♀ ♂, sgd. (1). b) *Chrysidae*: 84. Hedrychum lucidulum F. ♀ ♂, in Mehrzahl (1). c) *Evaniadae*: 85. Foenus sp. (2). d) *Sphegidae*: 86. Ammophila sabulosa L. (1); 87. Cerceris arenaria L., nicht selten (1); 88. C. labiata F., häufig (1); 89. C. variabilis Schrk., sehr häufig (1); 90. Ceropales maculatus F., in Mehrzahl (1); 91. Crabro alatus Pz. ♀ ♂, häufig (1); 92. C. subterraneus F. ♀ (1); 93. C. vexillatus Pz. ♂ (2); 94. Dinetus pictus F. (1); 95. Lindenius albilabris F., in Mehrzahl (1); 96. Oxybelus bellus Dhlb., zahlreich (1); 97. O. nigripes Oliv. ♀ (1); 98. O. trispinosus F., zahlreich (1); 99. O. uniglumis L., zahlreich (1); 100. Philanthus triangulum F. ♀ ♂, in Mehrzahl (1); 101. Pompilus chalybeatus Schiödte ♀ (1); 102. P. plumbeus F. ♀ ♂ (1); 103. P. rufipes L. ♀ ♂ (1); 104. P. trivalis Dhlb. ♂ (1); 105. P. viaticus L. ♂ (1). e) *Tenthredinidae*: 106 Allantus nothus Klg., häufig (1, 2); 107. A. scrophulariae L. (1); 108. Athalia rosae L., in Paarung auf den Blüten (1, 2); 109. Mehrere H. M. unbekannte Tenthredoarten (1). f) *Vespidae*: 110. Odynerus parietum L. ♀ (1, 2); 111. O. sinuatus F. ♀ (1); 112. O. spinipes L. ♀ (2); 113. Pterocheilus phaleratus Latr. ♀ (1). D. Lepidoptera: a) *Crambina*: 114. Botys purpuralis L., sgd. (1). b) *Rhopalocera*: 115. Coenonympha arcania L., sgd. (1. Thür.); 116. Epinephele janira L., sgd. (1); 117. Hesperia lineola O., sgd. (1, bayer. Oberpf.); 118. H. silvanus Esp., sgd. (1); 119. Lycaena aegon Schn. (1); 120. L. icarus Rott., sgd. (1, bayer. Oberpf.); 121. Melanargia galatea L., sgd. (2); 122. Pieris napi L. (1); 123. P. rapae L., sgd. (1); 124. Polyommatus phlaeas L. (1); 125. Coenonympha pamphilus L. (1). c) *Tineidae*: 126. Pleurota schlaegeriella Z., sgd. (2).

1445. A. Ptarmica L. [H. M., a. a. O.; Knuth, Ndfr. Ins. S. 90, 158; Weit. Beob. S. 236; Mac Leod, B. Jaarb. V.] — Die Blütenköpfchen sind grösser als bei A. Millefolium, doch stehen sie in nicht so grosser Gesellschaft beisammen, wodurch die Augenfälligkeit der beiden Arten etwa die gleiche ist. Sie werden daher auch, da sie, nach H. Müller, in Westfalen an denselben Standorten gleichzeitig und gleich häufig blühen, auch von denselben Insekten gleich häufig besucht, namentlich auch von Prosopis-Arten, welche besonders von dem Geruch der Pflanzen angelockt werden. An anderen Orten z. B. in Schleswig-Holstein ist A. Ptarmica erheblich seltener als A. Millefolium, daher auch der Insektenbesuch ein viel geringerer.

A. Ptarmica besitzt nach H. Müller, 80—100 Scheibenblüten von kaum 2¹/₂ mm Länge im Köpfchen, welche eine Fläche von 6—7 mm Durchmesser bilden. Diese wird durch die 8—12 Randblüten mit 4—6 mm langen und fast so breiten Zungen auf 15—18 mm vergrössert.

Als Besucher beobachtete ich auf den nordfriesischen Inseln Falter (1), Fliegen (3), Käfer (1), in Thüringen einen pollenfressenden Käfer (Cetonia aurata L.); Mac Leod in Belgien 2 Fliegen (Bot. Jaarb. V. S. 424).

Loew beobachtete im botanischen Garten zu Berlin: Diptera: a) *Muscidae*: 1. Echinomyia fera L._ b) *Syrphidae*: 2. Eristalis nemorum L.; 3. Syritta pipiens L.

In Dumfriesshire (Schottland) (Scott-Elliot, Flora S. 95) wurden 1 Schwebfliege und 1 Muscide als Besucher beobachtet. — Die Besucherliste von H. Müller s. S. 611—612.

1446. A. moschata Wulfen. [H. M., Alpenblumen S. 426—428.] — Gynomonöcisch (im Oberengadin) mit protandrischen Zwitterblüten. Der Durchmesser der gelben Scheibe beträgt 3—5 mm, der des gesamten Körbchens 10—14 mm. Zahlreiche Körbchen sind zu einem Ebenstrausse vereinigt. Die

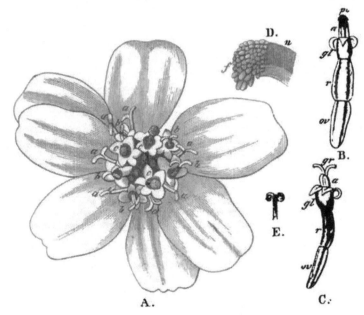

Fig. 200. Achillea moschata Wulfen. (Nach Herm. Müller.)

A. Ein Blütenkörbchen, inmitten seiner Entwickelung. *B.* Einzelne Scheibenblüte im ersten (männlichen) Zustande. *C.* Dieselbe im zweiten (weiblichen) Zustande. *D.* Ende eines Griffelastes. *E.* Griffel mit zurückgerollten Ästen. (Vergr. *A. B. C. E.* 7 : 1; *D.* 80 : 1.)

20—25 zwitterigen Scheibenblüten blühen von aussen nach innen auf. Bei ausbleibendem Insektenbesuche erfolgt leicht spontane Selbstbestäubung teils durch Hinabfallen von Pollen aus den Fegezacken auf die sich ausbreitenden Innenflächen der Narben, teils durch Zurückrollung der Griffeläste bis zur Berührung mit dem Griffelstamm.

Als Besucher der duftenden Pflanze sah H. Müller Käfer (1), Fliegen (9), Bienen (2), Falter (10).

1447. A. nana L. [H. M., Alpenblumen S. 428.] — Die Blüteneinrichtung stimmt mit derjenigen der vorigen Art überein, doch sind nur 6—9 Blütenkörbchen zu einem Ebenstrausse von 12—20 mm zusammengedrängt. Die Scheibe enthält etwa 20, der Rand 7—10 Blütchen.

Als Besucher beobachtete H. Müller 10 Fliegenarten.

1448. A. atrata L. [A. a. O., S. 428, 429.] — Die Blüteneinrichtung stimmt gleichfalls mit derjenigen von A. moschata überein. Etwa 50 Scheibenblüten und 9—12 Randblüten bilden ein Köpfchen von 12—18 mm Durchmesser. 3—8 solcher Köpfchen sind zu einem Ebenstrausse zusammengestellt.

Als Besucher sah H. Müller Käfer (5), Fliegen (91), Hymenopteren (1), Falter (2).

1449. A. macrophylla L. [A. a. O., S. 429, 430.] — Gleichfalls gynomonöcisch mit protandrischen Zwitterblüten. Jedes Körbchen besteht aus etwa 20 Scheiben- und meist 5 Randblüten. Der Durchmesser beträgt 10 mm, und 6—12 solcher Körbchen sind zu einem lockeren Ebenstrausse von 25—40 mm Durchmesser zusammengestellt. Spontane Selbstbestäubung ist leicht möglich.

Loew beobachtete im botanischen Garten zu Berlin an Achillea-Arten folgende Besucher:

1450. A. coronopifolia W.:
Eine Grabwespe (Dinetus pictus F. ♂);

1451. A. dentifera DC.:
Eine Schwebfliege (Eristalis arbustorum L.);

1452. A. filipendulina Lam.:
A. Coleoptera: *Coccinellidae*: 1. Coccinella quattuordecimpunctata L. B. Diptera: *Syrphidae*: 2. Syritta pipiens L. C. Hemiptera: 3. Calocoris spec.; 4. Corizus parumpunctatus Schill. D. Hymenoptera: *Vespidae*: 5. Eumenes coarctatus L.;

1453. A. grandifolia Friv.:
A. Diptera: a) *Muscidae*: 1. Anthomyia sp. b) *Syrphidae*: 2. Eristalis arbustorum L.; 3. E. nemorum L.; 4. Helophilus floreus L.; 5. Syritta pipiens L. B. Hymenoptera: *Sphegidae*: 6. Eumenes coarctatus L. C. Lepidoptera: *Rhopalocera:* 7. Pieris brassicae L., sgd.;

1454. A. nobilis L.:
A. Diptera: *Syrphidae*: 1. Eristalis arbustorum L.; 2. E. nemorum L. B. Hymenoptera: *Apidae*: 3. Sphecodes gibbus L. ♀, sgd.;

1455. A. tanacetifolia All. var. dentifera DC.:
Diptera: *Syrphidae*: Syritta pipiens L.

339. Anthemis L.

Strahlblüten weiss oder gelb, länglich; Körbchen grösser wie bei voriger Gattung; Griffelbau wie bei Achillea.

1456. A. arvensis L. [H. M., Befr. S. 396; Knuth, Ndfr. Ins. S. 90, 158.] — Die Köpfchen haben, nach Müller, einen Durchmesser von 21—27 mm; derjenige der gelben Scheibe beträgt 5—7 mm. Die Zahl der die letztere zusammensetzenden Blütchen beträgt mehrere Hundert, die der Randblüten nach Ludwig, meist 5, 8 oder 13. Die Fegehaare der weiblichen Blüten sind bedeutend kürzer als die der zweigeschlechtigen. (S. Fig. 202, 8.)

Spontane Selbstbestäubung ist, wie bei Achillea Millefolium, regelmässig möglich.

Als Besucher sah ich in Schleswig-Holstein Bienen (2) und Fliegen (5); auf Helgoland Lucilia caesar L.

H. Müller giebt folgende Liste:

A. Coleoptera: a) *Cerambycidae*: 1. Leptura livida L. b) *Curculionidae*: 2. Bruchus sp. c) *Elateridae*: 3. Athous niger L. B. Diptera: a) *Muscidae*: 4. Echinomyia tessellata F., pfd.; 5. Scatophaga merdaria F., pfd.; 6. S. stercoraria L., pfd. b) *Stratiomydae*: 7. Nemotelus pantherinus L., äusserst zahlreich. c) *Syrphidae*: 8. Eristalis arbustorum L., pfd.; 9. E. nemorum L., pfd.; 10. E. sepulcralis L., pfd.; 11. E. tenax L., pfd. C, Hymenoptera: a) *Apidae*: 12. Anthrena fulvicrus K. ♀, sgd. und pfd.; 13. A. minutula K. ♂; 14. A. nana K. ♀, sgd.; 15. A. nigroaenes K. ♀, sgd. und psd.; 16. A. schrankella Nyl. ♀, w. v.; 17. Apis mellifica L. ♀, sgd.; 18. Colletes davieseanus K. ♀ ♂, sgd. und psd., häufig; 19. Halictus lucidulus Schenck ♀; 20. H. nitidiusculus K. ♀. b) *Sphegidae*: 21. Cerceris variabilis Schrk. ♂; 22. Crabro alatus Pz. ♀ ♂; 23. C. cribrarius L. ♀. c) *Tenthredinidae*: 24. Allantus nothus Klg.

Wüstnei beobachtete auf der Insel Alsen Colletes davieseanus K. als Besucher; Schmiedeknecht in Thüringen Osmia montivaga Mor.

Redtenbacher beobachtete in Österreich die Cistelide Podonta nigrita F.; Schletterer bei Pola die Apiden: 1. Anthrena convexiuscula K. var. fuscata K.; 2. A. cyanescens Nyl.; 3. A. nana K.; 4. Eriades truncorum L.; 5. Halictus calceatus Scop. 6. H. fasciatellus Schck.; 7. H. tetrazonius Klug; 8. Prosopis hyalinata Smith var. corvina Först.

Kohl giebt als Besucher in Tirol die häufigste Siebwespe Crabro cribrarius L. an.

1457. A. tinctoria L. [H. M., Befr. S. 396; Weit. Beob. III. S. 86—88; Knuth, Bijdragen.] — Der Durchmesser der goldgelben Scheibe beträgt 12—18 mm. Sie besteht, nach Herm. Müller, aus 300 bis mehr als 500 röhrigen zwitterigen Blüten und ist von 30—35 weiblichen, meist gleichfalls goldgelben Strahlblüten umgeben, wodurch eine kreisförmige Fläche von 25—40 mm Durchmesser entsteht. Die Strahlblüten blühen zuerst auf, spreizen ihre beiden Griffeläste auseinander und rollen sich etwas zurück. Dann folgen zonenweise nach der Mitte fortschreitend die Scheibenblüten, deren Einrichtung mit derjenigen von Achillea Millefolium übereinstimmt. Da die Röhrchen der Scheibenblüten nur 2 mm, die Glöckchen, bis zu welchen der Nektar emporsteigt, nur 1 mm lang sind, so ist derselbe auch den kurzrüsseligsten Insekten, deren Rüssel eine entsprechende Dicke hat, zugänglich.

Als Besucher sah ich an kultivierten Pflanzen einige saugende und pollensammelnde Bienen (Apis, Halictus cylindricus F.), pollenfressende Syrphiden (Eristalis arbustorum L., E. tenax L., E. nemorum L., Helophilus pendulus L.) und saugende Musciden (Lucilia caesar L., L. cornicina F., Scatophaga stercoraria L.).

Herm. Müller (1) und Buddeberg (2) geben folgende Besucherliste:

A. Coleoptera: a) *Buprestidae*: 1. Anthaxia nitidula L. (2). b) *Cerambycidae*: 2. Strangalia bifasciata Müll. ♀ ♂, pfd. (1, Thür.). c) *Chrysomelidae*: 3. Cryptocephalus sericeus L., Antheren fressend (1, Thür.) d) *Elateridae*: 4. Agriotes gallicus Lac. (1). e) *Mordellidae*: 5. Mordella aculeata L. (1); 6. M. fasciata F. (1). f) *Oedemeridae*: 7. Oedemera flavescens L., pfd. (1, Thür.). B. Diptera: a) *Bombylidae*: 8. Exoprosopa capucina F. (2). b) *Conopidae*: 9. Myopa sp., sgd. (1). c) *Muscidae*: 10. Anthomyia sp., pfd. (2); 11. Aricia sp., pfd. (1, Thür.); 12. Gymnosoma rotundata L. (1); 13. Ocyptera brassicariae F., sgd. (1, Thür.); 14. Ulidia erythrophthalma Mg., sehr häufig (1, Thür.).

d) *Syrphidae*: 15. Eristalis arbustorum L., pfd. (1); 16. Helophilus floreus L., pfd.
(1, Thür.); 17. Melithreptus taeniatus Mg., pfd. (1); 18. Syritta pipiens L., sgd. und pfd.
(1, 2). C. Hemiptera: 19. Calocoris chenopodii Fall., sgd. (1, Thür.). D. Hymenoptera:
a) *Apidae*: 20. Colletes daviesanus K. ♀. sgd. und psd. (1, Thür.), ♂ sgd. (2); 21. C.
marginatus L. ♂, sgd. (1); 22. Halictus maculatus Sm. ♂, sgd., ♂ psd. (1, 2); 23. Heriades truncorum L. ♀, psd. (1); 24. Osmia spinulosa K. ♂, sgd. (2); 25. Prosopis propinqua
Nyl. ♂, sgd. (2); 26. Rhophites quinquespinosus Spin. ♂, sgd. (2). b) *Ichneumonidae*:
27. Verschiedene (1). c) *Tenthredinidae*: 28. Tarpa cephalotes F., sehr häufig (1, Thür.).
d) *Vespidae*: 29. Vespa rufa L. ☿, anfliegend, aber alsbald weiter (1, Thür.). E. Lepidoptera: a) *Rhopalocera*: 30. Epinephele janira L., sgd. (1, Thür.); 31. Lycaena corydon
Scop., sgd. (1, Thür.); 32. Melanargia galatea L., sgd. (1, Thür.); 33. Thecla ilicis Esp.,
sgd. (1, Thür., 2). b) *Sphingidae*: 34. Zygaena achilleae Esp., sgd. (1, Thür.). c) *Tineidae*:
35. Nemotois dumeriliellus Dup., sgd. (2).

Anthemis tinctoria sah Delpino (Ult. oss. in Atti XVII) von Lomatia belzebub
F. besucht.

Loew beobachtete im botanischen Garten zu Berlin: A. Coleoptera: *Coccinellidae*: 1. Coccinella impustulata L.; 2. C. quattuordecimpunctata L. B. Diptera:
a) *Muscidae*: 3. Anthomyia sp. b) *Syrphidae*: 4. Eristalis nemorum L.; 5. Helophilus
floreus L.; 6. Syritta pipiens L.; 7. Syrphus ribesii L. C. Lepidoptera: *Rhopalocera*:
8. Pieris brassicae L., sgd.

1458. A. rigescens W.

Als Besucher beobachtete Loew im botanischen Garten zu Berlin: Diptera:
a) *Muscidae*: 1. Anthomyia sp. b) *Syrphidae*: 2. Eristalis tenax L.; 3. Melanostoma
mellina L.; 4. Syritta pipiens L.

1459. A. Cotula L. Die, nach Ludwig, meist 8 oder 13 weissen
Strahlblüten sind geschlechtslos.

340. Matricaria L.

Randblüten zungenförmig, weiss oder fehlend; Scheibenblüten zweigeschlechtig,
gelb. Griffelbau wie bei Achillea. (S. Fig. 202, 10.)

1460. M. Chamomilla L. [Ogle, Pop. Sc. Rev. 1870, S. 160—164;
H. M., Befr. S. 395, 396; Weit. Beob. III. S. 86; Knuth, Ndfr. Ins. S. 91, 158;
Mac Leod, B. Jaarb. V.] — Der Durchmesser des ganzen Köpfchens be-
trägt 18—24 mm, derjenige der Scheibe 6—8 mm. In dem Grade, wie die
Entwickelung der Blüten von aussen nach innen fortschreitet, erhebt sich, wie
Herm. Müller auseinandersetzt, der Blütenboden zu einem Cylinder, dem oben
ein abgerundeter Kegel aufsitzt. Der verblühte Teil des Köpfchens bildet den
Cylindermantel, der noch nicht aufgeblühte Teil den abgerundeten Kegel und
der gerade blühende Teil die Grenze zwischen beiden. Letztere wird natürlich
von den anfliegenden Insekten zuerst berührt, so dass die Besucher stets auf
die für ihre Ausbeute und für die Befruchtung der Blumen günstigste Stelle
gelangen. Im übrigen stimmt die Blüteneinrichtung mit derjenigen von Anthemis
arvensis überein.

Besucher sind in erster Linie Fliegen, während den Bienen (mit Ausnahme
der Prosopis-Arten) der starke Geruch der Blütenköpfchen nicht angenehm ist.

Ich beobachtete auf den nordfriesischen Inseln Apis, Fliegen (9), Falter (1),
Käfer (1); Schletterer bei Pola die Bauchsammlerbiene Eriades truncorum L.; Mac

Leod in Flandern 1 Hummel, 2 Falter, 7 Käfer (Bot. Jaarb. V. S. 424); Saunders in England die beiden Seidenbienen Colletes daviesanus K. und C. picistigma Thoms.

Herm. Müller (1) und Buddeberg (2) geben folgende Besucherliste:

A. Coleoptera: a) *Cerambycidae*: 1. Leptura livida L., nicht selten (1); 2. Strangalia attenuata L., w. v. (1). b) *Nitidulidae*: 3. Meligethes, häufig (1). B. Diptera: a) *Empidae*: 4. Empis livida L., sgd. (1). b) *Muscidae*: 5. Lucilia cornicina F. (1); 6. Pollenia vespillo F., pfd. (1); 7. Sarcophaga carnaria L., pfd., häufig (1); 8. S. haemorrhoa Mg., pfd. (1); 9. Spilogaster nigrita Fall. (1). c) *Stratiomydae*: 10. Nemotelus pantherinus L., sehr häufig, sgd. (1). d) *Syrphidae*: 11. Eristalis arbustorum L., pfd., sehr häufig (1); 12. E. nemorum L., w. v. (1); 13. E. sepulcralis L., w. v. (1); 14. Syritta pipiens L., w. v. (1). C. Hymenoptera: *Apidae*: 15. Colletes daviesanus K. ♂, sgd., in Mehrzahl (2); 16. Halictus nitidus Schenck ♂, sgd. (2); 17. Prosopis signata Pz. ♀ ♂, ab- und zufliegend, häufig (1, 2); 18. Sphecodes gibbus L. ♀ ♂ (1). b) *Vespidae*: 19. Oxybelus uniglumis L., häufig (1).

Krieger beobachtete bei Leipzig die häufigste Seidenbiene Colletes daviesanus K.

1461. M. inodora L. Fl. suec. (Chrysanthemum inodorum L. spec.). [Knuth, Ndfr. Ins. S. 91, 158; H. M., Befr. S. 395; Weit. Beob. III. S. 86.] — Die Blüteneinrichtung ist im wesentlichen dieselbe wie bei Anthemis arvensis. Die fast geruchlosen Blütenköpfchen haben, nach Ludwig, meist 13 oder 21 Strahlblüten. Nach Kerner erhebt sich der anfangs wenig gewölbte Blütenboden später so, dass die Narben der äusseren Röhrenblüten in die Falllinie des Pollens der inneren geraten und so Geitonogamie eintritt.

Als Besucher beobachtete Herm. Müller eine Chryside (Hedychrum lucidulum F. ♂) und eine Muscide (Ulidia erythrophthalma Mg.).

Ich beobachtete in Schleswig-Holstein:

A. Diptera: a) *Dolichopidae*: 1. Gymnopternus nobilitatus L. b) *Muscidae*: 2. Lucilia caesar L.; 3. L. cornicina F.; 4. Pollenia rudis F.; 5. Scatophaga merdaria F.; 6. kleinere Musciden. Sämtl. sgd. b) *Syrphidae*: 7. Eristalis arbustorum L.; 8. E. sp.; 9. E. tenax L. Sämtl. sgd. und pfd. B. Hymenoptera: 10. Colletes daviesanus K., sgd.

Auf Helgoland bemerkte ich (Bot. Jaarb. 1896, S. 40): Diptera: *Muscidae*: 1. Coelopa frigida Fall.; 2. Fucellia fucorum Fall.; 3. Lucilia caesar L.; 4. Olivieria lateralis F. Sämtl. sgd.

In Dumfriesshire (Schottland) (Scott-Elliot, Flora S. 94) wurden zahlreiche Bienen, Fliegen und Falter als Besucher beobachtet.

Willis (Flowers and Insects in Great Britain Pt. I.) beobachtete in der Nähe der schottischen Südküste:

A. Coleoptera: *Curculionidae*: 1. Anthonomus rubi Herbst, häufig. B. Diptera: a) *Bibionidae*: 2. Scatopse brevicornis Mg., sgd., häufig. b) *Muscidae*: 3. Anthomyia radicum L., sgd. und pfd., sehr häufig; 4. A. sp, pfd.; 5. Hydrellia griseola Fall., sgd. und pfd.; 6. Oscinis frit L., pfd., häufig; 7. Drosophila graminum Fall., sgd., häufig; 8. Spilogaster communis Dsv., sgd.; 9. Themira minor Hal., sgd., häufig. c) *Mycetophilidae*: 10. Sciara sp., sgd., häufig. d) *Syrphidae*: 11. Ascia podagrica F., sgd., häufig; 12. Eristalis pertinax Scop., sgd.; 13. E. tenax L., sgd.; 14. Sphaerophoria scripta L., sgd. C. Hemiptera: 15. Calocoris bipunctatus F., häufig; 16. C. fulvomaculatus Deg., w. v. D. Hymenoptera: *Apidae*: 17. Bombus lapidarius L.; 18. Halictus cylindricus F.; 19. H. rubicundus Chr.; 20. Odynerus pictus Curt., häufig; 21. Prosopis brevicornis Nyl.; 22. Sphecodes affinis Hag., häufig; sämtlich sgd. E. Lepidoptera: a) *Microlepidoptera*: 23. Choreutis myllerana F.; 24. Simaëthis fabriciana Steph. b) *Rhopalocera*: 25. Polyommatus phlaeas L., häufig; sämtlich sgd.

Eine interessante Form des Meeresstrandes: M. maritima L. (als Art) (Chrysanthemum maritimum Persoon) habe ich (a. a. O.) bei Kiel untersucht: Durch die zahlreichen, grossen Blütenköpfe, welche der ästige, ausgebreitete, niederliegend-aufsteigende Stengel der Pflanze entwickelt, wird sie sehr augenfällig, und ein schwacher (beim Reiben viel stärker hervortretender), fast kamillenartiger Geruch besonders lässt Fliegen als Bestäuber vermuten. Die weisse Zunge der 20 bis 30 weiblichen Strahlblüten ist, wie bei der Hauptart, etwas über 1 cm lang und oberwärts etwa 4 mm breit. Sie umschliessen einige hundert gelbe, röhrenförmige Scheibenblüten, deren Fläche einen gleichfalls etwas über 1 cm betragenden Durchmesser besitzt, so dass der Durchmesser des gesamten Köpfchens etwa $3^1/_2$ cm beträgt. Die über dem Fruchtknoten stehende Blumenkrone der Scheibenblüten hat ungefähr die Länge von 2 mm, wovon kaum die Hälfte auf ein unten weisses, oben mit gelben Zipfeln versehenes, wenig Honig haltendes Glöckchen kommt.

Die kleinen Einzelblüten sind im ersten Blütenstadium männlich, der Pollen ist dann durch die wachsenden, geschlossenen Griffeläste zur Spitze des Staubbeutelcylinders hinausgedrängt und bedeckt die Oberfläche der Blüten. Im zweiten (weiblichen) Zustande sind die ihre empfängnisfähige Innenseite ausbreitenden Griffeläste an die Stelle des Blütenstaubes getreten, so dass durch die auf der Oberfläche des Blütenstandes kriechenden Insekten entweder Blütenstaub oder Narbenpapillen berührt werden und gleichzeitige Fremdbestäubung einer grösseren Anzahl herbeigeführt wird. Bleibt diese aus, so berühren die sich allmählich umbiegenden Griffeläste den an seiner Stelle gebliebenen Pollen, so dass spontane Selbstbestäubung die Folge ist.

Da das Aufblühen (wie ja bei allen Kompositen) centripetal stattfindet, so sind die am Rande stehenden Scheibenblüten früher entwickelt als die nach der Mitte zu stehenden, und man bemerkt an den in voller Entwickelung befindlichen Blütenköpfen am Rande bereits abgeblühte Glöckchen, dann folgen im weiblichen Zustande, hierauf im männlichen Zustande befindliche und endlich in der Mitte noch Knospen. In dem Masse, als das Abblühen nach innen zu fortschreitet, wölbt sich der ursprünglich spitzbogige, gemeinschaftliche Blütenboden und wird kugelig, so dass die noch zu bestäubenden, bezüglich Pollen liefernden Blüten erheblich höher stehen als die abgeblühten. Die anfliegenden Insekten werden daher ausschliesslich die ersteren, auf der Höhe stehenden Blüten aufsuchen, dagegen die auf der abschüssigen Kugelfläche stehenden, letzteren vermeiden.

Hierdurch wird ausserdem, wie bei der Hauptform, Geitonogamie begünstigt.

Als Besucher sah ich 2 Fliegen: Eristalis arbustorum L. und Scatophaga merdaria F., beide sgd.

1462. M. discoidea DC. (Matricaria suaveolens Buchenau, Chrysanthemum suav. Ascherson). Strahlblüten fehlen. Die Einrichtung der gelben Scheibenblüten dürfte dieselbe sein, wie bei den beiden vorigen Arten. Warnstorf (Bot. V. Brand. Bd. 38) beschreibt die Blüteneinrichtung in folgender Weise: Viele sehr kleine, etwa $^1/_2$ mm hohe zwitterige Röhrenblütchen bilden einen fast kugeligen, gelblich-grünen Kopf; dieselben ergrünen nach der Pollenreife und werden grösser, wodurch natürlich auch die ganzen Köpfchen bedeutend an Grösse zunehmen. Der Pollen wird durch die Narbenäste nicht über die Blütenglöckchen emporgehoben, sondern lagert zwischen den Saumabschnitten, die ihn gegen Entführung schützen; durch die sich später ausbreitenden Narbenäste ist bei der Kleinheit der Blütchen Geitonogamie unausbleiblich. Pollen gelb, polyedrisch, stachelwarzig, etwa 25 μ diam.

Als Besucher beobachtete ich: Diptera: *Syrphidae:* 1. Syritta pipiens L., sgd. und pfd.; *Muscidae:* 2. Scatophaga stercoraria L., sgd.

341. Tanacetum Tourn.

Strahlblüten bei manchen Arten fehlend, sonst zungenförmig, weiss. Sonst wie vorige.

1463. T. vulgare L. (Chrysanthemum Tanacetum Karsch). [H. M., Befr. S. 397, 398; Mac Leod, B. Jaarb. V.; Knuth, Ndfr. Ins. S. 91, 158, 159.] — Die Lage der Blütenkörbchen in einer Ebene bietet den Vorteil, dass die besuchenden Insekten, wie bei Achillea, ohne sich zum Fluge zu erheben, über die ganze Fläche hinschreiten und äusserst zahlreiche Blüten gleichzeitig befruchten können. Durch diese Zusammenhäufung zahlreicher Blütenkörbchen wird die Pflanze so augenfällig, dass sie trotz des geringen Durchmessers des strahllosen Einzelkörbchens recht augenfällig ist und daher von zahlreichen Insekten besucht wird.

Mehrere hundert gelbe Blütchen setzen, nach H. Müller, ein Köpfchen zusammen. Die Glöckchen der Kronen sind nur 1 mm tief. Der Griffel ist wie bei Achillea gebaut; er trägt an der Spitze seiner Äste einen knopfförmigen Büschel divergierender Fegehaare, welche im ersten Blütenzustande den Pollen aus der Antherenröhre herauskehren. Im zweiten Blütenzustande breitet er seine auf der Innenseite mit Papillen dicht besetzten Äste so auseinander, dass sie in derselben Höhe stehen, wie früher die Pollenmassen.

Als Besucher sah ich (Nordfr. Ins. S. 158, 159) Apis, 2 Hummeln, 1 kurzrüsselige Biene, 1 Blattwespe, 8 Falter, 5 Schwebfliegen, 6 Musciden, 1 Käfer.

Wüstnei beobachtete auf der Insel Alsen Colletes daviesanus Kby., Halictus albipes Fbr. ♂, H. morio Fbr., H. nitidiusculus Kby. als Besucher.

Friese beobachtete in Mecklenburg die Apiden: 1. Colletes daviesanus K., s. hfg.; 2. C. fodiens K., hfg.; 3. C. marginatus Sm., slt.: 4. Epeolus productus Ths., n. slt.; 5. E. variegatus L.; in Thüringen Colletes daviesanus K.; Alfken auf Juist: A. Diptera: *Muscidae*: 1. Lucilia caesar L. B. Hemiptera: *Capsidae*: 2. Calocoris norvegicus Gmel., s. hfg., sgd. C. Hymenoptera: *Apidae*: 3. Colletes daviesanus K. ♀, einzeln; Sickmann bei Osnabrück: Hymenoptera: *Sphegidae*: 1. Ceropales maculatus F., einzeln; 2. Dinetus pictus F., hfg.; 3. Mellinus sabulosus F., hfg.; Alfken bei Bremen: A. Diptera: a) *Muscidae*: 1. Gymnosoma rotundata L., slt. b) *Syrphidae*: 2. Eristalis anthophorinus Zett., s. slt.; 3. Melanostoma mellina L., hfg. B. Hymenoptera: a) *Apidae*: 4. Bombus derhamellus K. ♀; 5. B. muscorum F. ♀; 6. B. terrester L. ♂, sgd.; 7. Colletes daviesanus K. ♀, s. hfg., sgd. und psd., ♂ s. hfg., sgd. (Unter den Apiden ist diese Seidenbiene der häufigste Besucher); 8. C. fodiens K. hfg., ♀ sgd. und psd., ♂ sgd.; 9. C. picistigma Ths., slt., ♀ sgd. und psd., ♂ sgd.; 10. Epeolus variegatus L. ♀ ♂, hfg., sgd.; 11. Eriades nigricornis Nyl. ♀, slt.; 12. E. truncorum L. ♀ ♂, hfg.; 13. Halictus rubicundus Chr. ♀, slt.; 14. Melitta leporina Pz. ♂; 15. Psithyrus barbutellus K. ♀; 16. Stelis breviuscula Nyl. ♀ ♂, mehrfach. b) *Sphegidae*: 17. Ammophila affinis Kirby ♀, n. slt., sgd.; 18. Diodontus tristis v. d. L. ♀. c) *Tenthredinidae*: 19. Athalia glabricollis Ths.; 20. A. spinarum F.; 21. Dolerus pratensis Fall.; S c h e n c k in Nassau die A p i d e n: 1. Colletes fodiens K.; 2. Halictus minutulus Schck.: 3. H. nitidiusculus K.; 4. H. pauxillus Schck. ♂; 5. Nomada rhenana Mor.; 6. N. ruficornis L.; 7. Prosopis bipunctata F.; 8. P. nigrita F.; M a c L e o d in Flandern Apis, 4 kurzrüsselige Bienen, 4 Schwebfliegen, 6 Musciden 1 Falter (B. Jaarb. V. S. 426, 427); sowie 1 Muscide, 1 Faltenwespe, 1 Käfer (Bot. Jaarb. VI. S. 374).

An eingeführten Pflanzen beobachtete S c h n e i d e r (Tromsø Museums Aarshefter 1894) Bombus terrester L. ♂ ♀ zu Hunderten (1890), ferner B. lapponicus L. und B. scrimshiranus K.

S m i t h beobachtete in England die A p i d e n: 1. Colletes davieseanus K.; 2. C. fodiens K.; 3. Epeolus variegatus L.

H e r m. M ü l l e r giebt folgende Besucherliste:

A. C o l e o p t e r a: *Coccinellidae*: 1. Coccinella bipunctata L.; 2. C. quinquepunctata L. B. D i p t e r a: a) *Muscidae*: 3. Sarcophaga carnaria L. b) *Stratiomydae*: 4. Odontomyia viridula F., häufig. c) *Syrphidae*: 5. Eristalis arbustorum L., pfd., häufig; 6. E. nemorum L., w. v.; 7. Melithreptus taeniatus Mg., pfd.; 8. Syritta pipiens L., sgd. und pfd., sehr zahlreich; 9. Syrphus ribesii L., pfd., häufig. C. H e m i p t e r a: 10. Mehrere Wanzenarten. D. H y m e n o p t e r a: a) *Apidae*: 11. Anthrena denticulata K. ♀, psd.; 12. A. fulvicrus K. ♂, sgd.; 13. Apis mellifica L. ⚥, sgd.; 14. Colletes daviesanus K. ♂ ♀, sgd. und psd., ausserordentlich häufig; 15. C. fodiens K. ♂ ♀, sgd. und psd., sehr häufig; 16. Halictus maculatus Sm. ♂ ♀, sgd. und psd., sehr häufig; 17. Sphecodes gibbus L. ♂ ♀, verschiedene Varietäten, einschliesslich ephippius L., sgd. und sich mit etwas Pollen bedeckend. b) *Sphegidae*: 18. Crabro sp.; 19. Dinetus pictus F. ♀ ♂, in Mehrzahl; 20. Mellinus arvensis L. c) *Vespidae*: 21. Odynerus parietum L. ♂. E. L e p i - d o p t e r a: a) *Crambina*: 22. Botys purpuralis L., sgd. b) *Noctuae*: 23. Hadena didyma Esp. ♂, sgd. c) *Rhopalocera*: 24. Polyommatus dorilis Hfn., sgd.; 25. P. phlaeas L., sgd.; 26. Vanessa atalanta L., sgd. F. N e u r o p t e r a: 27. Panorpa communis L., wiederholt.

L o e w beobachtete im botanischen Garten zu Berlin: A. D i p t e r a: *Muscidae*: 1. Tephritis elongatula Lw. B. H e m i p t e r a: 2. Unbestimmte Hemipterenlarve.

1464. T. corymbosum Schultz bip. (C h r y s a n t h e m u m c o r y m b. L., P y r e t h r u m c o r y m b. Willd.). K e r n e r hat vergleichende Kulturen dieser Pflanze im Wiener botanischen Garten und auf dem Blaser in Tirol angestellt und dabei beobachtet, dass die Tieflandsexemplare grössere Blütenköpfchen (von 26 mm Durchmesser) und grössere Strahlblüten mit 8 mm langen und 4 mm breiten Zungen entwickeln, als die Hochgebirgspflanzen, deren Köpfchen nur 20 mm Durchmesser mit 7 mm langen Strahlblüten besitzen.

Als B e s u c h e r sah H e r m. M ü l l e r in Thüringen:

A. C o l e o p t e r a: a) *Buprestidae*: 1. Anthaxia nitidula L. b) *Cerambycidae*: 2. Strangalia bifasciata Müll. ♀ ♂, zahlreich. 3. S. melanura L., beide pfd. c) *Curculionidae*: 4. Spermophagus cardui Stev. d) *Mordellidae*: 5. Mordella aculeata L. e) *Oedemeridae*: 6. Oedemera marginata F.; 7. O. virescens L., pfd. f) *Telephoridae*: 8. Danacea pallipes Pz.; 9. Dasytes flavipes F. B. D i p t e r a: a) *Bombylidae*: 10. Anthrax morio L. b) *Empidae*: 11. Empis livida L., sgd., häufig. c) *Muscidae*: 12. Aricia spec.; 13. Ulidia erythrophthalma Mg., in grösster Zahl. d) *Stratiomyidae*: 14. Nemotelus pantherinus L., sgd. C. H e m i p t e r a: 15. Capsus sp., sgd.; 16. Phytocoris ulmi L., sgd. D. H y m e n o p t e r a: a) *Apidae*: 17. Halictus maculatus Sm. ♀, sgd. und psd, häufig; 18. Prosopis confusa Nyl. ♂; 19. P. variegata F. ♀ ♂, sgd. und pfd., auch in Paarung auf den Blüten. b) *Chrysidae*: 20. Cerceris variabilis Schrk. ♀; 21. Hedychrum lucidulum F. ♂. c) *Tenthredinidae*: 22. Tarpa cephalotes F., sgd.? E. Lepidoptera: a) *Rhopalocera*: 23. Melitaea athalia Esp., sgd.; 24. Thecla spini S. V., sgd. b) *Sphingidae*: 25. Zygaena spec., sgd.

Loew beobachtete im botanischen Garten zu Berlin: Hymenoptera: *Sphegidae:* Dinetus pictus F. ♂.

1465. T. Parthenium Schultz bip. (Chrysanthemum Parth. Bernhardi, Matricaria Parth. L., Pyrethrum Parth. Smith). [Knuth, Nordfr. Inseln S. 93, 159.] — Der Griffel der weissen, weiblichen Strahlblüten hat keine Fegehaare an der Spitze, während die gelben Scheibenblüten eben solche Fegehaare besitzen wie Matricaria Chamomilla, doch spreizen sich die Griffeläste im zweiten Blütenzustande nicht so weit auseinander. (S. Fig. 202, 9.) Sie ragen, wie Kirchner (Flora S. 711) bemerkt, garnicht aus den Kronen hervor, nachdem die Antherenröhre sich zurückgezogen hat.

Als Besucher bemerkte ich auf den nordfriesischen Inseln und bei Kiel Bienen (2) und Fliegen (6).

Herm. Müller (1) und Buddeberg (2) geben (Befr. S. 396; Weit. Beob. III. S. 96) folgende Besucher an:

A. Hymenoptera: a) *Apidae*: 1. Halictus smeathmanellus K. ♀, sgd. (1, 2). b) *Evanidae*: 2. Foenus spec., sgd. (1, 2). B. Lepidoptera: *Sphinges*: 3. Sesia tipuliformis L., sgd. (1).

Schletterer beobachtete bei Pola die Furchenbienen: 1. Halictus levigatus K. ♀; 2. H. patellatus Mor., sowie die Erdbiene: 3. Anthrena carbonaria L.

1466. T. alpinum Schultz bip. (Chrysanthemum alp. L.). [H. M., Alpenblumen S. 430—432.] — Gynomonöcisch mit protandrischen Zwitterblüten. Die weit über hundert gelben Scheibenblüten bilden einen Kreis von 10 mm Durchmesser,

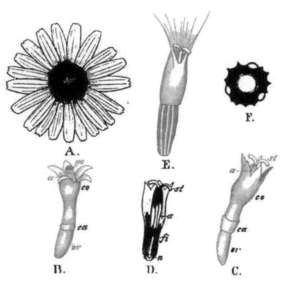

Fig. 201. Tanacetum alpinum Schultz bip. (Nach Herm. Müller.)

A. Blütenkörbchen in nat. Gr. *B.* Scheibenblüte im ersten (männlichen) Zustande. (7 : 1.) *C.* Dieselbe im zweiten (weiblichen) Zustande. (7 : 1.) *D.* Dieselbe im Aufriss; der Fruchtknoten ist fortgelassen. (7 : 1.) *E.* Randblüte (7 : 1). *F.* Pollenkorn.

welcher durch die etwa 30 weissen Randblüten auf 30—34 mm vergrössert wird. Die Entwickelung der Blüten schreitet von aussen nach innen vor. Die Möglichkeit spontaner Selbstbestäubung ist gesichert.

Als Besucher beobachtete H. Müller Käfer (3 Arten), Fliegen (35), Hymenopteren (4), Falter (14).

Loew (Bl. Fl. S. 397) sah am Piz Umbrail eine Muscide (Anthomyia sp.).

1467. T. atratum Schultz bip. (Chrysanthemum atratum Jacquin,
Chr. coronopifolium Villars). [H. M., Alpenblumen S. 432.] — Die
Blüteneinrichtung stimmt mit derjenigen der vorigen Art vollständig überein.
Als Besucher sah H. Müller 7 Fliegenarten.

1468. Tanacetum (Pyrethrum) macrophyllum W.

Als Besucher beobachtete Loew im botanischen Garten zu Berlin: A. Coleoptera: a) *Dermestidae*: 1. Anthrenus scrophulariae L. b) *Scarabaeidae*: 2. Cetonia
aurata L., zahlreich. B. Diptera: *Muscidae*: 3. Lucilia caesar L. C. Hymenoptera:
a) *Apidae*: 4. Apis mellifica L. ⚥, sgd. und psd.; 5. Prosopis communis Nyl. ♀, sgd.
b) *Vespidae*: 6. Odynerus parietum L. — Ferner daselbst an:

1469. Tanacetum (Phyrethrum) partheniifolium W. var. pulveru-
lentum:

A. Diptera: a) *Muscidae*: 1. Ocyptera brassicaria F. b) *Syrphidae*: 2. Syritta
pipiens L. B. Hymenoptera: *Apidae*: 3. Heriades truncorum L. ♀; an

•   **1470. T. (Pyr.) tanacetoides DC.:**
Einen Käfer (Coccinella bipunctata L.).

342. Chrysanthemum Tourn.

Strahlblüten gelb oder weiss; sonst wie Anthemis.

1471. Ch. segetum L. [Knuth, Nordfr. Inseln S. 91—93, 159.] —
Der Durchmesser des goldgelben Blütenköpfchens beträgt 4—5 cm, wovon ein
Drittel auf die Scheibe entfällt. Die 12—16 Randblüten sind weiblich. Aus
der 4 mm langen Kronröhre ragt die Narbe ein wenig hervor. Die senkrecht
von der Röhre abstehende Platte ist $1^1/_2$—2 cm lang und fast 1 cm breit. Etwa
300 Blütchen bilden die Scheibe. Jedes derselben ist 6—7 mm lang, einschliesslich des 2 mm hohen Fruchtknotens, so dass $2^1/_2$ mm auf die Röhre und
2 mm auf das Glöckchen kommen. Aus letzterem ragt im ersten Blütenstadium
die geschlossene, pollenbedeckte Griffelspitze, im zweiten die papillöse Innenfläche
der Narbenäste ein wenig hervor. Der Durchmesser der stacheligen Pollenkörner
ist etwas geringer als die die papillöse Innenfäche der Narbenschenkel durch-
ziehende Rinne. Die Griffeläste der Randblüten haben kürzere Fegezacken als
die der Scheibenblüten. Bemerkenswert für Chrysanthemum segetum ist
noch, dass die Oberseite der Kronglöckchen sowohl der Rand- als auch der
Scheibenblüten mit zahllosen, mikroskopischen, papillenartigen Erhebungen besetzt
ist. Bei ausbleibendem Insektenbesuche fällt der Pollen von selbst auf die
sich ausbreitenden Innenflächen der Narbenäste. Nach Warnstorf (Bot. V.
Brand. Bd. 37) sind die meist ellipsoidischen, gelben, dichtstacheligen Pollenkörner durchschnittlich 30 μ breit und 37,5 μ lang.

Buddeberg beobachtete nach Herm. Müller (Weit. Beob. III. S. 86) 1 Sphegide (Sapyga decemguttata Jur. ♂, sgd.) als Besucher. Ich sah auf der Insel Föhr
und bei Kiel:

A. Diptera: a) *Muscidae*: 1. Lucilia caesar L.; 2. L. cornicina F.; 3. Scatophaga merdaria L.; 4. Sepsis cynipsea L. Sämtl. sgd. b) *Syrphidae*: 5. Eristalis arbustorum L.; 6. E. nemorum L.; 7. E. tenax L.; 8. Helophilus pendulus L.; 9. Syritta pipiens L. Sämtl. sgd. und pfd. B. Hemiptera: 10. Calocoris roseomaculatus Deg.; 11. Lygus pabulinus L.; 12. L. pratensis F. C. Lepidoptera: *Rhopalocera*: 13. Vanessa io L., sgd.

Alfken beobachtete bei Bremen eine pollenfressende Muscide: Pyrellia cadaverina L.

In Dumfriesshire (Schottland) (Scott-Elliot, Flora S. 94) wurde 1 Schmarotzerhummel, 2 Schwebfliegen und 4 Musciden als Besucher beobachtet.

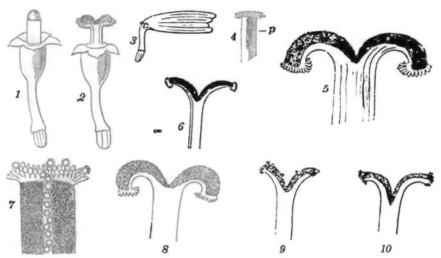

Fig. 202. Chrysanthemum segetum L. (Nach der Natur.)

1. Scheibenblüte im ersten (männlichen) Zustande: aus dem Antherencylinder ist der Pollen hervorgetreten. *2.* Dieselbe im zweiten (weiblichen) Zustande. *3.* Weibliche Randblüte. *4.* Vergrösserte Griffelspitze einer Scheibenblüte im ersten (männlichen) Zustande (mit geschlossenen Narbenästen). *p* Narbenpapillen. *5.* Stark vergrösserte Griffelspitze einer Scheibenblüte im zweiten (weiblichen) Zustande mit halbkreisförmig auseinander gespreizten Narbenästen. *6.* Vergrösserte Griffelspitze einer Randblüte mit auseinander gespreizten Narbenästen. *7.* Stark vergrösserte Griffelspitze einer Scheibenblüte von der Innenseite; in der Mitte die mit Pollenkörnern gefüllte Griffelrinne. Anthemis arvensis L.: *8.* Vergrösserte Griffelspitze einer Scheibenblüte mit mehr als halbkreisförmig auseinander gespreizten Narbenästen. Tanacetum Parthenium L.: *9.* Wie vorige, Griffelspitzen (mit einigen Pollenkörnern) wenig gebogen. Matricaria Chamomilla L.: *10.* Wie vorige, Griffelspitzen etwas mehr gebogen als bei *9.*

1472. Chr. Leucanthemum L. (Leucanthemum vulgare Koch, Tanacetum Leuc. Schultz bip.). [H. M., Befr. S. 394; Weit. Beob. III. S. 85; Alpenbl. S. 432; Mac Leod, B. Jaarb. V.; Loew, Bl. Flor. S. 394, 397; Knuth, Ndfr. Ins. S. 93, 195; Warnstorf, Bot. V. Brand. Bd. 38.] — Der Durchmesser der gelben Scheibe beträgt 12—15 mm; dieselbe wird von einem ebenso breiten oder noch breiteren Strahlenkranze weisser Randblüten umgeben, so dass der Gesamtdurchmesser des Körbchens 40 mm und mehr beträgt. Die Kronlänge der 400—500 Röhrenblütchen erreicht, nach H. Müller, kaum 3 mm; die Zunge der, nach Ludwig, meist 13 oder 21 Strahlblüten ist 14—18 mm

lang und 3—6 mm breit. Der Nektar steigt bis in die kaum 1 mm langen
Glöckchen der Scheibenblüten hinauf. Diese bieten im ersten Zustande den
Pollen, im zweiten die ausgebreiteten Narben den besuchenden Insekten dar, so
dass durch letztere wieder zahlreiche Fremdbestäubungen auf einmal vollzogen
werden müssen. Der Griffelbau ist derselbe wie bei voriger Art. (S. Fig. 199,
6—8.) Auch die Möglichkeit spontaner Selbstbestäubung ist die gleiche: ist der
Pollen aus den Fegezacken noch nicht durch Insekten entfernt, so wird er aus
denselben auf die sich ausbreitenden papillösen Innenflächen der Narbenschenkel
fallen, mithin spontane Selbstbestäubung erfolgen. — Pollenzellen, nach Warnstorf, gelb, polyedrisch, mit starken Stachelwarzen, von 25—31 μ diam.

Als Besucher sah ich auf den nordfriesischen Inseln Apis, Bombus (2), sonstige
Bienen (1), Syrphiden (7), Musciden (4), Falter (2).

Warnstorf sah in Brandenburg zahlreiche kleine pollenübertragende Staphylinen.

Loew beobachtete in Schlesien (Beiträge S. 31): Meligethes sp.; im Riesengebirge
(Beiträge S. 50): A. Diptera: Conopidae: 1. Conops quadrifasciatus Deg. B. Hymenoptera: Apidae: 2. Prosopis armillata Nyl. ♀, sgd. C. Lepidopterä: Rhopalocera:
3. Melanargia galatea L., sgd.

In Thüringen beobachtete ich (Thür. S. 36): A. Coleoptera: 1. Judolia
cerambyciformis Schrk.; 2. Leptura maculicornis Dg.; 3. Strangalia melanura L.; 4. Trichius fasciatus L., häufig. Sämtl. pfd. B. Diptera: a) Muscidae: 5. Anthomyia sp.;
6. Aricia basalis Zett.; 7. Hydrotaea sp. Sämtl. sgd. b) Syrphidae: 8. Melithreptus
sp; 9. Syrphus annulipes Zett. ♀; 10. Volucella pellucens L. Sämtl. sgd. und pfd.
C. Lepidoptera: 11. Epinephele janira L.; 12. Zygaena trifolii Esp. Beide sgd.
Ferner auf Helgoland (Bot. Jaarb. 1896. S. 40): Diptera: Muscidae: 1. Lucilia
caesar L.; 2. Scatophaga stercoraria L. Beide pfd.; Alfken bei Bremen: Apidae:
Eriades truncorum L. ♂, sgd. und Hemiptera: Calocoris roseomaculatus Deg.,
s. hfg., sgd.; Krieger bei Leipzig: a) Apidae: 1. Halictus zonulus
Smith. b) Sapygidae: 1. Sapyga clavicornis L. c) Sphegidae: 3. Cerceris labiata F.;
Rössler bei Wiesbaden den Falter Butalis laminella H.-S.; v. Fricken in Westfalen
und Ostpreussen den Blattkäfer Cryptocephalus vittatus F., hfg.; Loew in der
Schweiz: Empis tessellata F.; Herm. Müller daselbst Käfer (6), Fliegen (20), Wanzen
(1), Hymenopteren (7), Falter (34) (Alpenbl. S. 432—434); Delpino bei Florenz (Ult. oss.
in Atti XVII) eine Fliege, Lomatia belzebub F.; Schletterer in Tirol die Holzbiene
Xylocopa violacea L.

Kohl verzeichnet Crabro cribrarius L. als Besucher in Tirol.

Mac Leod beobachtete in den Pyrenäen 3 Hymenopteren, 1 Falter, 3 Käfer,
21 Fliegen als Besucher (B. Jaarb. III. S. 360—362); in Flandern 5 Hymenopteren,
6 Schwebfliegen, 14 andere Fliegen, 6 Falter, 7 Käfer (B. Jaarb. V. S. 425, 426).

In Dumfriesshire (Schottland) (Scott-Elliot, Flora S. 93) wurden 4 Musciden
als Besucher beobachtet.

Herm. Müller (1) und Buddeberg (2) geben für Westfalen und Nassau folgende
Besucherliste:

A. Coleoptera: a) Cerambycidae: 1. Leptura livida F., sehr zahlreich (1); 2. L.
testacea L. (Fichtelgebirge, 1); 3. Pachyta octomaculata F. (1); 4. Strangalia armata Hbst.,
psd. (Thüringen, 1 und 2); 5. S. atra F. (1); 6. S. attenuata L. (1); 7. S. melanura L.,
häufig (1). b) Chrysomelidae: 8. Clytra quadripunctata L. (Kitzingen, 1). c) Dermestidae:
9. Anthrenus pimpinellae F., pfd. (1). d) Elateridae: 10. Agriotes ustulatus Schall.,
pfd., (Thüringen, 1); 11. Athous niger L. (1). e) Mordellidae: 12. Mordella aculeata L.,
häufig (1); 13. M. fasciata F. (1). f) Nitidulidae: 14. Meligethes, sehr häufig (1). g) Oedemeridae: 15. Oedemera podagrariae L., pfd. (Thüringen, 1). h) Scarabaeidae: 16. Cetonia
aurata L. (Sauerland, 1): 17. Gnorimus nobilis L. (1); 18. Trichius fasciatus L., häufig (1).

i) *Telephoridae*: 19. Dasytes flavipes F., 1; 20. Malachius aeneus L. (1). k) *Cleridae*: 21. Trichodes apiarius L. (1). B. **Diptera**: a) *Bombylidae*: 22. Bombylius canescens Mikan, sgd., (1 und 2). b) *Conopidae*: 23. Conops flavipes L., sgd. (1); 24. Sicus ferrugineus L., sgd. (1). c) *Empidae*: 25. Empis rustica F., sgd (1). d) *Muscidae*: 26. Echinomyia tessellata F. (1); 27. Lucilia cornicina F. (1); 28. L. silvarum Mg. (1); 29. Macquartia praetica Mg. (1); 30. Musca corvina F. (1); 31. Pollenia vespillo F., pfd. und sgd. (1); 32. Pyrellia aenea Zett. (1); 33. Scatophaga stercoraria L., sgd. (1); 34. Sepsis sp., sgd. (1). e) *Stratiomydae*: 35. Nemotelus pantherinus L., äusserst zahlreich, sgd. (1); 36. Odontomyia viridula F., sehr häufig, sgd. (1). f) *Syrphidae*: 37. Cheilosia fraterna Mg. (1); 38. Eristalis aeneus Scop., sehr häufig, pfd. (1); 39. E. arbustorum L., w. v. (1); 40. E. horticola Deg., w. v. (Sld.) (1); 41. E. nemorum L., w. v. (1); 42. E. sepulcralis L., w. v. (1); 43. Helophilus floreus L., pfd. (1); 44. H. pendulus L. (1); 45. Melithreptus taeniatus Mg., pfd. (1); 46. Paragus bicolor F., pfd. (1 und 2); 47. Pipiza lugubris F. (1); 48. Syritta pipiens L., sgd. (1); 49. Syrphus nitidicollis Mg., pfd. (1); 50. Volucella pellucens L. (Sld.) (1). C. **Hymenoptera**: a) *Apidae*: 51. Anthrena nigroaenea K. ♀. psd. (1); 52. A. schrankella Nyl. ♂, sgd. (1 und 2); 53. A. xanthura K. ♀, sgd. (1); 54. Bombus terrester L. ♀, sgd. (1); 55. Colletes daviesanus K. ♀ ♂, psd. und sgd., sehr häufig (1); 56. Halictus albipes F. ♂, sgd. (1); 57. H. cylindricus F. ♀ ♂, psd. und sgd., sehr häufig (1); 58. H. leucozonius Schrk. ♀, psd. (1); 59. H. lugubris K. ♀, psd. (1 und 2); 60. H. maculatus Sm. ♀ ♂, psd. und sgd., zahlreich (1); 61. H. rubicundus Chr. ♀, psd. (1); 62. H. villosulus K. ♀ ♂, psd. und sgd. (1 und 2); 63. Prosopis communis Nyl. ♀ (1); 64. Sphecodes gibbus L. und Var. ♀ ♂, alle verschiedene Varietäten, einschliesslich ephippius L. (1 und 2). b) *Ichneumonidae*: 65. Verschiedene (1). c) *Sphegidae*: 66. Cerceris variabilis Schrk. (1); 67. Crabro cephalotes F. ♀ (1); 68. C. cribrarius L. ♂, in Mehrzahl (1); 69. C. dives H.-Sch. ♂ (1 und 2); 70. Oxybelus trispinosus F. (1); 71. O. uniglumis L., häufig (1). d) *Tenthredinidae*: 72. Abia sericea L. (1); 73. Allantus nothus Klg., sgd. (1); 74. A. scrophulariae L. (1); 75. Mehrere unbestimmte Tenthredoarten (1). D. **Lepidoptera**: a) *Noctuae*: 76. Anarta myrtilli L., sgd. (1). b) *Rhopalocera*: 77. Epinephele janira L., w. v. (1); 78. Hesperia thaumas Hfn., w. v. (1); 79. Melitaea athalia Esp., w. v. (1); 80. Pieris napi L., w. v. (1); 81. Polyommatus phlaeas L., w. v. (1); 82. Syrichthus alveolus Hb., w. v. (1). c) *Sphinges*: 83. Ino statices L., wiederholt (1).

Ludwig fand bei Regenwetter auf Hunderten von Blütenköpfchen eine Schnecke (Limax laevis Müller). Vgl. Bd. I. S. 96.

Auch Clessin beobachtete, nach Ihering, in Rio Grande do Sul eine Schnecke (Limax brunneus Drap.) als gelegentlichen Kreuzungsvermittler von Chrysanthemum Leucanthemum.

343. Doronicum L.

Scheibenblüten zwitterig; Narbenschenkel dicht unter der äussersten Spitze von einem Kranze von schräg aufwärts gerichteten Fegehaaren umgeben, von denen die äussersten die längsten sind, Innenfläche ganz mit Narbenpapillen besetzt. Randblüten zungenförmig, weiblich, aussen fast ganz ohne Fegehaare.

1473. D. macrophyllum Fischer. Diese aus Persien stammende Art hat, nach Hildebrand (Comp. S. 25, 26, Taf. II. Fig. 18—28), eine nicht so vollkommene und zweckentsprechende Fegevorrichtung wie die meisten anderen Kompositen, weniger durch den Bau des Griffels selbst, als dadurch, dass dieser beim Öffnen der Antheren mit seiner Spitze schon ein Stück oberhalb ihres Grundes liegt. Die Randblüten haben Rudimente der fünf Staubblätter; ihr Nektarium ist ebenso stark ausgebildet wie bei den Scheibenblüten.

1474. D. Pardalianches L. verhält sich, nach Hildebrand (a. a. O. S. 26), wie vorige Art. Auch hier haben die Randblüten Staubblattrudimente und ein ebenso stark entwickeltes Nektarium wie die Zwitterblüten. — Pollen, nach Warnstorf (Bot. V. Brand. Bd. 38), goldgelb, kugelig bis elliptisch, stachelwarzig, von etwa 25—31 μ diam.

Als Besucher beobachtete Loew im botanischen Garten zu Berlin:

A. Coleoptera: a) *Dermestidae*: 1. Anthrenus scrophularie L. b) *Nitidulidae*: 2. Meligethes aeneus F., zahlreich. B. Diptera: a) *Muscidae*: 3. Anthomyia sp.; 4. Lucilia caesar L. b) *Syrphidae*: 5. Eristalis arbustorum L.; 6. E. nemorum L.; 7. Helophilus floreus L.; 8. H. pendulus L.; 9. Platycheirus albimanus F. $\male$; 10. Syritta pipiens L. C. Hymenoptera: *Apidae*: 11. Chelostoma nigricorne Nyl. $\male$, sgd.; 12. Heriades truncorum L. $\female$, psd.; 13. Osmia fulviventris Pz. $\female$, psd.

1475. D. cordatum C. H. Schultz bip. [Warnstorf, Bot. V. Brand. Bd. 38.] — Randblüten weiblich, ihre Narben früher entwickelt als die der zwitterigen Scheibenblütchen; die äusserste Reihe der letzteren mit meist fehlschlagenden Staubblättern; Röhrenblüten centripetal aufblühend. Pollen dunkelgelb, rundlich bis elliptisch, igelstachelig, von 30—37 μ diam.

1476. D. austriacum Jacq.

Als Besucher beobachtete Loew im botanischen Garten zu Berlin:

A. Coleoptera: a) *Buprestidae*: 1. Anthaxia quadripunctata L. b) *Nitidulidae*: 2. Meligethes sp. B. Diptera: a) *Muscidae*: 3. Lucilia caesar L. b) *Syrphidae*: 4. Eristalis arbustorum L.; 5. E. nemorum L.; 6. Helophilus floreus L.; 7. Syritta pipiens L. C. Hymenoptera: a) *Apidae*: 8. Anthrena fasciata Wesm. $\male$, sgd.; 9. Halictus cylindricus F. $\female$, psd.; 10. H. leucozonius Schrk. $\female$, psd.; 11. H. sexnotatus K. $\female$, psd.; 12. Heriades truncorum L. $\male$ sgd., $\female$ psd.; 13. Megachile centuncularis L. $\male$, sgd.; 14. Osmia fulviventris Pz. $\female$, psd.; 15. Prosopis armillata Nyl. $\female$ $\male$. sgd.; 16. P. communis Nyl. $\male$, sgd.; 17. Sphecodes ephippius L. $\female$, sgd.; 18. S. gibbus L. $\female$, sgd.; 19. Stelis aterrima Pz. $\female$, sgd.; 20. S. phaeoptera K. $\female$, sgd. b) *Tenthredinidae*: 21. Cephus sp. $\male$. D. Lepidoptera: *Rhopalocera*: 22. Pieris brassicae L., sgd.

Ferner beobachtete Loew daselbst an

1477. D. caucasicum M. B.:

A. Coleoptera: a) *Coccinellidae*: 1. Coccinella bipunctata L. b) *Nitidulidae*: 2. Meligethes sp. B. Diptera: *Syrphidae*: 3. Eristalis aeneus Scop. C. Hymenoptera: *Apidae*: 4. Anthrena nitida Fourc. $\female$, sgd. und psd.; 5. Apis mellifica L. $\worker$, sgd. und psd.; 6. Halictus nitidiusculus K. $\female$, psd.;

1478. D. macrophyllum Fisch.:

A. Coleoptera: *Elateridae*: 1. Limonius cylindricus Payk. B. Hymenoptera: *Apidae*: 2. Halictus cylindricus F. $\female$, psd.;

1479. D. plantagineum L.:

A. Coleoptera: *Dermestidae*: 1. Anthrenus scrophulariae L. B. Hymenoptera: a) *Apidae*: 2. Halictus leucozonius Schrk. $\female$, psd. b) *Sphegidae*: 3. Cerceris variabilis Schrk. $\female$.

344. Aronicum Necker.

Griffel der Scheibenblüten am Ende der Aussenseite mit langen, spitzen Fegeborsten, Innenfläche einschliesslich des nach aussen hervorschwellenden

Randes mit Narbenpapillen dicht besetzt; Griffel der Randblüten ebenso, aber mit kürzeren Fegeborsten.

1480. A. Clusii Allioni (einschliesslich A. glaciale Rchb.). [H. M., Alpenblumen S. 437, 438.] - Gynomonöcisch mit protandrischen Zwitterblüten. Die orangegelben Köpfchen haben eine Scheibe von 15—20 mm Durchmesser, welcher durch die Randblüten auf 40—60 mm vergrössert wird.

Als Besucher beobachtete H. Müller Fliegen (11), Bienen (1), Falter (5). Bei der Form A. glaciale Rchb. (als Art = Doronicum glac. Nyman) werden, nach Kerner (Pflanzenleben II.), durch nachträgliche Erhöhung des Blütenbodens die empfängnisfähigen Narben der äusseren Blüten in die Falllinie des Pollens der inneren gebracht, so dass durch Geitonogamie spontane Fremdbestäubung erfolgt. Auch sind die Narben der Randblüten, nach Kerner, mehrere Tage vor den Zwitterblüten desselben Köpfchens entwickelt.

1481. A. scorpioides Koch verhält sich, nach Kerner, in Bezug auf Geitonogamie wie vorige Art.

Mac Leod beobachtete in den Pyrenäen 1 Falter und 2 Musciden als Besucher. (B. Jaarb. III. S. 360.)

1482. Ligularia macrophyllum DC.

Als Besucher beobachtete Loew im botanischen Garten zu Berlin: Hymenoptera: *Apidae*: Megachile centuncularis L. ♀, psd. Ferner daselbst an

1483. L. speciosa Fisch. et Mey.:

Hymenoptera: *Apidae*: Coelioxys elongata Lep. ♂, sgd.

345. Arnica Rupp.

Randblüten weiblich, zungenförmig; Scheibenblüten zweigeschlechtig, röhrenförmig. Griffel der letzteren auf seiner ganzen Aussenfläche nebst seiner etwas verbreiterten Spitze mit starren, schräg aufwärts gerichteten Fegezacken, auf seiner Innenfläche dicht mit Narbenpapillen besetzt. Randblütengriffel ohne Fegehaare.

1484. A. montana L. [H. M., Alpenblumen S. 436; Warnstorf, Bot. V. Brand. Bd. 37; Knuth, Nordfr. Inseln S. 93, 159, 160.] — Der Durchmesser der orangefarbigen Köpfchen beträgt auf den nordfriesischen Inseln bis 7 cm, wovon fast ein Drittel auf die Scheibe entfällt. Jede der 50—90 Blüten der letzteren besteht aus einer 4 mm langen Röhre, welche sich zu einem 5 mm tiefen Glöckchen mit 1 mm langen Zähnchen erweitert. Aus diesem ragt im ersten Blütenzustande der aus dem Staubbeutelcylinder hervorgepresste Pollen, im zweiten der Griffel mit den sich allmählich kreisförmig aufrollenden Narbenästen hervor. Die Röhre der etwa 20 Randblüten ist 5 mm tief, ihre Zunge 2—2½ cm lang und 5—7 mm breit. Aus der ersteren erhebt sich der zuerst ungeteilte, später die Narbenpapillen entfaltende Griffel.

Herm. Müller stellte in den Alpen ähnliche Zahlen fest. Er fand gleichfalls 50—90 Scheibenblüten, welche eine Fläche von etwa 20 mm Durchmesser einnehmen, sowie gleichfalls gegen 20 Randblüten, welche den Köpfchendurchmesser auf 60—70 mm erweitern. Warnstorf fügt hinzu, dass die rundlichen, gelben, dicht stachelwarzigen Pollenzellen durchschnittlich 31 μ diam. messen. Indem sie durch die geschlossenen Narbenäste aus der Staubbeutelröhre der Scheibenblütchen herausgestossen werden, fallen sie auf die am Rande rings mit grossen, stumpfen Papillen dicht besetzten Zipfel des Kronensaumes, wodurch sie auf demselben festgehalten werden. Bald nach dem Austreten der beiden langen Narbenäste aus der Staubbeutelröhre treten dieselben auseinander und krümmen sich bogig zurück, wobei sie nicht allein mit ihren inneren belegungsfähigen Flächen mit eigenen Pollenkörnern, sondern auch häufig mit denen benachbarter Blütchen in Berührung kommen und so Selbst- und Fremdbestäubung aus eigener Kraft zu bewirken imstande sind.

Auch nach Kerner findet durch Zurückrollen der Griffeläste schliesslich Autogamie statt.

Als Besucher sah ich auf den nordfriesischen Inseln und bei Tondern Bienen (3), Falter (5), Fliegen (10), Käfer (1). Herm. Müller beobachtete in den Alpen Käfer (3), Fliegen (5), Hymenopteren (5), Falter (34).

Loew beobachtete in der Schweiz (Beiträge S. 58): Diptera: a) *Muscidae*: 1. Spilogaster duplicata Mg. b) *Syrphidae*: 2. Cheilosia antiqua Mg.; Kriechbaumer in den Alpen die Schmarotzerhummel Psithyrus quadricolor Lep. ♂; Schiner in Österreich die Bohrfliege Tephritis arnicae L.

Schletterer giebt als Besucher für Tirol an die Alpenhummel Bombus alticola Krchb. und die Schmarotzerhummel Psithyrus quadricolor Lep. Erstere bemerkte dort auch v. Dalla Torre.

1485. A. Chamissonis Less.

Als Besucher beobachtete Loew im botanischen Garten zu Berlin:

A. Diptera: *Syrphidae*: 1. Eristalis aeneus Scop.; 2. E. tenax L. B. Hymenoptera: *Apidae*: 3. Heriades truncorum L. ♀, psd.; 4. Megachile centuncularis L. ♀, psd.

1486. Cacalia hastata L. Die stark honigduftenden Blütenköpfchen sah ich (Notizen) am 12. 9. 97 in Kieler Gärten von zahlreichen saugenden Insekten besucht:

A. Diptera: *Syrphidae*: 1. Eristalis intricarius L.; 2. E. tenax L.; 3. Syrphus corollae F.; 4. S. ribesii L.; 5. Volucella pellucens L. (einzeln). B. Hymenoptera: *Apidae*: 6. Apis mellifica L. ⚨; 7. Bombus agrorum F. ♀ (einzeln); 8. B. lapidarius L. ♂; 9. B. terrester L. ♀. C. Lepidoptera: *Rhopalocera*: 10. Vanessa io L.; 12. V. urticae L. Alle (bis auf 5 und 7) sehr häufig.

346. Senecio Tourn.

Hildebrand Comp. S. 27, 28, Taf. II. Fig. 29—36 (S. populifolius).

Randblüten weiblich, zungenförmig, gelb, zuweilen fehlend; Zungenblüten gelb, zweigeschlechtig, röhrenförmig. Griffeläste mit einem Büschel von Fegehaaren an der Spitze, innen und am Rande ganz mit Narbenpapillen besetzt.

1487. S. vulgaris L. [H. M., Befr. S. 399; Weit. Beob. III. S. 90; Knuth, Ndfr. Ins. S. 94; Bijdragen.] — Zungenförmige Strahlblüten fehlen. In einem Köpfchen sind, nach H. Müller, 60—80 Blütchen mit $3\frac{1}{2}$—4 mm langer Röhre und 1—$1\frac{1}{2}$ mm langem Glöckchen vereinigt. Der Nektar steigt bis in letzteres empor, ist also sehr leicht zugänglich. Bei der Kleinheit der Köpfchen (— Durchmesser nur 4 mm —) und der geringen Augenfälligkeit der

Pflanze findet sehr geringer Insektenbesuch statt. Die Pollenkörner, welche von den in einem Büschel am Ende der Griffeläste sitzenden Fegehaaren herausgekehrt sind, bleiben beim Auseinanderspreizen der Griffeläste teils an den randständigen Papillen haften, teils fallen sie auf die papillöse Innenfläche. Es tritt daher regelmässig spontane Selbstbestäubung ein, die ohne Zweifel von Erfolg ist. Doch fand Bateson, dass die durch Kreuzung entstandenen Pflanzen grösser und fruchtbarer als die durch Selbstbestäubung hervorgegangenen waren.

Als Besucher sah ich einmal eine Schwebfliege (Melanostoma mellina L.) pfd.; H. Müller beobachtete in einem Zeitraum von 15 Jahren nicht selten gleichfalls eine Schwebfliege (Syritta pipiens L.) und sodann eine Wanze (Pyrrhocoris apterus L., sgd.); Buddeberg in Nassau 2 Bienen (Halictus morio F. ♀, sgd. und Heriades truncorum L. ♂, sgd.); Verhoeff beobachtete auf Norderney Syritta pipiens L.; Mac Leod in Flandern 4 Hymenopteren, 5 Syrphiden, 4 Musciden, 1 Falter (B. Jaarb. V. S. 427, 428; VI. S. 374).

In Dumfriesshire (Schottland) (Scott-Elliot, Flora S. 97) wurde 1 Muscide als Besucherin beobachtet.

Burkill (Fert. of Spring Fl.) beobachtete an der Küste von Yorkshire 1 Muscide, Anthomyia sp., auf den Blüten.

1488. S. viscosus L. Nach Kerner krümmen sich die Griffeläste zuletzt halbkreisförmig so weit abwärts, dass ihre Papillen mit Pollen in Berührung kommen, der an den verlängerten Pappushaaren derselben Blüte haften geblieben ist.

Als Besucher sah Buddeberg (H. M., Weit. Beob. III. S. 90) eine Biene: Panurgus calcaratus Scop. ♀, sgd. und psd., ♂ sgd.

1489. S. silvaticus L. [Knuth, Nordfr. Ins. S. 94.] — Der Durchmesser der gelben Blütenköpfchen beträgt nur 5 mm; die wenigen (9—12) Randblüten haben sehr kleine, sich bei Trockenheit aufrollende Zungen. Die etwa 40 Scheibenblüten haben eine Länge von 8 mm einschliesslich des 2 mm langen Fruchtknotens. Ihre nur an der Spitze mit Fegehaaren besetzten Griffel biegen sich im zweiten Blütenstadium halbkreisförmig um, wobei die noch an den Fegezacken haftenden Pollenkörner auf die so freigelegten Narbenpapillen hinabfallen und bei ausgebliebener Fremdbestäubung spontane Selbstbestäubung herbeigeführt wird.

Als Besucher beobachtete Buddeberg (H. M., Weit. Beob III. S. 90) in der Oberpfalz 2 pollenfressende Fliegen (Echinomyia magnicornis Zett. und Melithreptus scriptus L.).

Sickmann giebt für Osnabrück als Besucher die Grabwespe Mellinus arvensis L. an.

1490. S. Doronicum L. [H. M., Alpenblumen S. 438—440.] — Die 100—200 weiblichen Blüten bilden eine orangegelbe Scheibe von 10—20 mm Durchmesser. Sie wird durch die etwa 20 Strahlblüten zu einem Stern von 36—58 mm Durchmesser vergrössert. Der männliche Zustand der Scheibenblüten dauert nur sehr kurze Zeit, denn die äusserste Reihe derselben spreizt die Griffeläste schon auseinander, ehe die zweite Reihe aufgeblüht ist. Der weibliche Zustand dauert länger, indem die Narben der äussersten Reihe noch frisch sind, wenn die mittelsten Scheibenblüten sich schon im weiblichen Zustande befinden.

Nach Kerner ist durch Wölbung des Fruchtbodens Geitonogamie wie bei Aronicum glaciale möglich. (S. S. 627.)

Als Besucher sah H. Müller Käfer (1), Fliegen (14), Hymenopteren (4), Falter (39). Loew beobachtete in der Schweiz: Merodon cinereus F., sowie im botanischen Garten zu Berlin: Hymenoptera: *Apidae*: 1. Heriades truncorum L. ♀, psd.; 2. Osmia fulviventris Pz. ♀, psd.; 3. Stelis phaeoptera K. ♂, sgd.

1491. S. paludosus L.

Als Besucher beobachtete Heinsius bei Wageningen Eristalis horticola Dg. ♂ und Meligethes aeneus F.

1492. S. nemorensis L. [H. M., Befr. S. 399; Weit. Beob. III. S. 90; Alpenblumen S. 440, 441.] — Ein Blütenkörbchen besteht aus 10—13 Scheiben- und 5—6 Randblüten; der Gesamtdurchmesser desselben ist nur 4—6 mm. Da aber 20—30 und mehr Körbchen zu einem lockeren Ebenstrausse zusammengestellt sind, ist die Augenfälligkeit doch eine ziemlich grosse. Durch Zurückrollung der Griffeläste ist, nach Kerner, spontane Selbstbestäubung möglich.

Als Besucher sah H. Müller in den Alpen Fliegen (4), Bienen (4), Falter (10); in Mitteldeutschland beobachtete derselbe folgende Insekten:

A. Diptera: a) *Conopidae*: 1. Conops scutellatus Mg., sgd. b) *Leptidae*: 2. Leptis tringaria L., sgd. c) *Muscidae*: 3. Aricia spec.; 4. Echinomyia fera L., sgd. (?). d) *Syrphidae*: 5. Eristalis pertinax Mg., pfd.; 6. Volucella inanis L., pfd.; 7. Xylota spec., pfd. B. Hymenoptera: a) *Apidae*: 8. Bombus hypnorum L. ♂, sgd.; 9. B. muscorum F. ♀ ☿, sgd.; 10. B. pratorum L. ♀ ☿, sgd.; 11. B. terrester L. ♂ (Thür.); 12. Halictus cylindricus F. ♂, sgd.; 13. H. lucidus Schenck ♀ ♂, sgd.; 14. Psithyrus quadricolor Lep. ♂, sgd.; 15. P. vestalis Fourcr. ♂, sgd. b) *Vespidae*: 16. Vespa rufa L. ☿. C. Lepidoptera: *Rhopalocera*: 17. Erebia ligea L., sgd.

Loew beobachtete im Riesengebirge (Beiträge S. 51): Cheilosia canicularis Pz.; Frey in den Alpen den Falter Grapholitha hepaticana Tr.

Loew beobachtete im botanischen Garten zu Berlin: A. Coleoptera: *Coccinellidae*: 1. Halyzia quattuordecimpunctata L. B. Diptera: a) *Muscidae*: 2. Echinomyia fera L.; 3. E. tessellata F.; 4. Pyrellia cadaverina L.; 5. Sarcophaga albiceps Mg.; 6. S. carnaria L. b) *Syrphidae*: 7. Eristalis aeneus Scop.; 8. E. arbustorum L.; 9. E. nemorum L.; 10. E. sepulcralis L.; 11. E. tenax L.; 12. Syritta pipiens L.; 13. Syrphus balteatus Deg.; 14. S. cinctellus Zett.; 15. S. ribesii L. C. Hymenoptera: a) *Apidae*: 16. Apis mellifica L. ☿, sgd. und psd.; 17. Bombus terrester L. ♂, sgd.; 18. Halictus sp. ♂, sgd.; 19. Heriades truncorum L. ♀, psd.; 20. Prosopis armillata Nyl. ♂, sgd.; 21. Stelis phaeoptera K., sgd. b) *Sphegidae*: 22. Ammophila sabulosa L. D. Lepidoptera: *Rhopalocera*: 23. Pieris brassicae L., sgd.

1493. S. sarracenicus L. [Knuth, Herbstbeob.] sah ich im botan. Garten zu Kiel von Apis, Vanessa io L. und 2 Schwebfliegen (Eristalis nemorum L. und Syritta pipiens L.), sämtl. sgd., besucht.

1494. S. Fuchsii Gmel. ist, nach Kerner, in derselben Weise autogam, wie S. nemorensis.

Loew sah die Blumen im bot. Garten zu Berlin von einem saugenden Tagfalter, Polyommatus phlaeas L., besucht.

1495. S. carniolicus Willd. [H. M., Alpenblumen S. 441, 442.] — Der Durchmesser der 3—10 zu einem Ebenstrausse zusammengestellten Blütenkörbchen beträgt 20—30 mm. Jedes derselben besteht aus 5—10 Scheibenblütchen und meist 3—5 Randblüten, doch können letztere auch ganz fehlen.

Sie sind dadurch merkwürdig, dass sie Übergänge zu den röhrenförmigen Scheibenblüten zeigen. (S. Fig. 203.)

Als Besucher sah Herm. Müller Käfer (1), Fliegen (3), Falter (2).

1496. S. cordatus Koch. (Cineraria cordifolia L. fil.). [H. M.,
Alpenblumen S. 442.] — Der Durchmesser der Scheibe beträgt 12—18 mm.
Sie besteht aus 150—200 Blütchen und wird durch mehr als 20 Randblüten
zu einem Stern von 50—60 mm Durchmesser vergrössert. Die Blüteneinrichtung
stimmt mit derjenigen von S. Doronicum überein, auch in Bezug auf die Wölbung
des Blütenbodens und die dadurch mögliche Geitonogamie (Kerner).

Als Besucher sah Herm. Müller Fliegen (2) und Falter (2); von Dalla
Torre in Tirol die Alpenhummel Bombus alticola Kriechb.

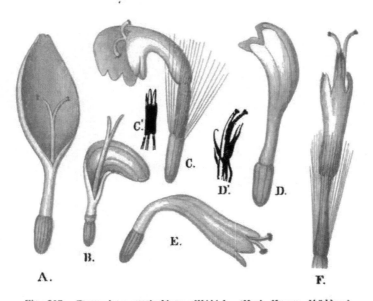

Fig. 203. Senecio carniolicus Willd. (Nach Herm. Müller.)
A. Normale Randblüte (ohne den Pappus). B.—E. Verschiedene andere Formen der Randblüten. F. Normale Scheibenblüte (ohne den Fruchtknoten).

1497. S. abrotanifolius L. [H. M., Alpenblumen S. 442, 443.] —
Der Durchmesser des Blütenkörbchens beträgt 25—35 mm; da zahlreiche solcher
Körbchen in einer Ebene zusammenstehen, so ist die Augenfälligkeit der Pflanze
eine grosse. Die Scheibe hat einen Durchmesser von 8—10 mm; sie besteht
aus 60—80 Blütchen. Die Griffel derselben biegen sich im zweiten Blütenstadium soweit auseinander, dass sie fast das obere Ende der Staubfadenröhre
berühren; doch sah H. Müller nie spontane Selbstbestäubung eintreten.

Als Besucher beobachtete H. M. Käfer (2), Fliegen (7), Falter (18), Hemipteren (1).
Es ist bemerkenswert, das die orangeroten Blüten mit Vorliebe von rotgefärbten Tagfaltern aufgesucht werden. (Vgl. Crepis aurea und Hieracium aurantiacum.)

1498. S. nebrodensis L. Nach Kerners Versuchen auf dem Blaser in Tirol wird die sonst einjährige Pflanze ausdauernd, wenn ihre Samen im ersten Jahre nicht reifen können.

Als Besucher sah Herm. Müller in den Alpen Fliegen (8), Bienen (5), Falter (11). (Alpenbl. S. 444).

Loew beobachtete im botanischen Garten zu Berlin:

A. Diptera: a) *Muscidae*: 1. Anthomyia sp. b) *Syrphidae*: 2. Eristalis arbustorum L., 3. E. nemorum L.; 4. Syritta pipiens L. B. Hemiptera: 5. Pyrrhocoris apterus L. C. Hymenoptera: *Apidae*: 6. Halictus nitidiusculus K. ♀, psd. — Daselbst beobachtete Loew als Besucher von

1499. S. macrophyllus M. B.:

A. Coleoptera: *Coccinellidae*: 1. Coccinella bipunctata L. B. Diptera: a) *Muscidae*: 2. Echinomyia fera L.; 3. Pyrellia cadaverina L.; 4. Sarcophaga carnaria L. b) *Syrphidae*: 5. Eristalis arbustorum L.; 6. E. nemorum L.; 7. Helophilus floreus L.; 8. H. trivittatus F.; 9. Syritta pipiens L. C. Hymenoptera: *Apidae*: 10. Apis mellifica L. ♀, sgd. und psd.; 11. Halictus cylindricus F. ♀, sgd.; 12. Psithyrus vestalis Fourcr. ♂, sgd.

1500. S. Jacobaea L. [H. M., Befr. S. 398; Weit. Beob. III. S. 89; Knuth, Ndfr. Ins. S. 94, 160; Mac Leod, B. Jaarb. III; V.] — Wie die übrigen Arten gynomonöcisch. Der Durchmesser der Scheibe beträgt, nach H. Müller, 7—10 mm; sie besteht aus 60—80 Blütchen mit $2^1/_2$—3 mm langer Röhre und ebenso langem Glöckchen. Die 12—15 Randblüten vergrössern den Durchmesser des Blütenkörbchens auf etwa das Dreifache des Scheibendurchmessers. Da die Köpfchen zu ziemlich dichten Doldenrispen vereinigt sind, so ist die Augenfälligkeit der Pflanze eine erhebliche und der Insektenbesuch entsprechend.

Als Besucher sah ich auf den nordfriesischen Inseln und bei Kiel Apis, Bombus (1), Syrphiden (4), Musciden (3).

Herm. Müller (1) und Buddeberg (2) geben für Westfalen und Nassau folgende Besucherliste:

A. Coleoptera: *Oedemeridae*: 1. Oedemera virescens L., pfd. (1). B. Diptera: a) *Conopidae*: 2. Zodion cinereum F., sgd. (2). b) *Empidae*: 3. Empis livida L., sehr häufig, sgd. (1). c) *Muscidae*: 4. Aricia incana Wiedem., sgd. (1); 5. Gymnosoma rotundata L. (2); 6. Lucilia sp., sgd. (1); 7. Olivieria lateralis Pz., sehr zahlreich, sgd. (1); 8. Onesia floralis R.-D., sgd. (1); 9. O. sepulcralis Mg., sgd. (1); 10. Phasia analis F. (2); 21. P. crassipennis F. (2); 12. Pollenia rudis F., sgd. (1). d) *Mycetophilidae*: 13. Sciara thomae L., sgd. (1). e) *Stratiomydae*: 14. Odontomyia viridula F., sgd. und pfd., sehr häufig (1). f) *Syrphidae*: 15. Ascia podagrica F., w. v. (1); 16. Cheilosia barbata Loew., sgd. und pfd. (2); 17. C. praecox Zett., sehr zahlreich (Borgstette, Tecklenburg); 18. C. soror Zett. (1); 19. Eristalis aeneus Scop., sehr häufig, sgd. und pfd. (1); 20. E. arbustorum L., w. v. (1, 2); 21. E. nemorum L., w. v. (1); 22. E. sepulcralis L., w. v. (1); 23. E. tenax L., w. v. (1); 24. Paragus tibialis Fallen, sgd. und pfd. (2); 25. Syritta pipiens L., w. v. sehr häufig (1, 2). C. Hymenoptera: a) *Apidae*: 26. Anthrena denticulata K. ♀, psd. (1); 27. A. dorsata K., psd. (2); 28. A. fulvicrus K. ♀, psd. (1); 29. Apis mellifica L., psd. (1); 30. Bombus lapidarius L. ♀ ♂, sgd. und psd. (1); 31. B. pratorum L. ♀ ♂, w. v. (1); 32. Halictus albipes F. ♂, sgd. (1); 33. H. cylindricus F. ♀ ♂. sgd. (1, 2); 34. H. longulus Sm. ♂, sgd. (2); 35. H. maculatus Sm. ♂. sgd. (1); 36. H. malachurus K. ♀, psd. (2); 37. H. nitidus Schenck ♂, sgd (1); 38. H. villosulus K. ♀, sgd. und psd. (2); 39. H. zonulus Sm. ♀, psd. (2);

40. Heriades truncorum L. ♂, sgd. und psd. (1, 2): 41. Nomada ferruginata K. ♀, sgd. (1): 42. N. furva Pz. ♀, sgd. (1); 43. N. jacobaeae Pz. ♂, sgd., in Mehrzahl (2); 44. N. varia Pz. ♀, sehr zahlreich, sgd. (1); 45. N. zonata Pz. ♀, sgd. (1); 46. Osmia spinulosa K. ♀, psd. (1, Thür.); 47. Psithyrus campestris Pz. ♂, sgd. (1). b) *Tenthredinidae*: 48. Tarpa cephalotes F. (1, Thür.). D. Hemiptera: 49. Capsus sp., sgd. (1). E. Lepidoptera: a) *Rhopalocera*: 50. Epinephele hyperanthus L., sgd. (1); 51. Melitaea athalia L., sgd. (2); 52. Polyommatus phlaeas L., sgd. (1); b) *Sphinges*: 53. Sesia asiliformis Rott., sgd. (1. Thür.).

Gerstäcker beobachtete bei Berlin die Grabwespen: 1. Oxybelus lineatus Dhlb.; 2. O. sericatus Lep.; Wüstnei auf der Insel Alsen Anthrena listerella Kby., ausschliesslich auf dieser Pflanze; ferner Nomada roberjeotiana Kby.; Alfken auf Juist: A. Hymenoptera: *Sphegidae*: 1. Mellinus arvensis L., selten. B. Lepidoptera: a) *Satyridae*: 2. Hipparchia semele L. b) *Noctuidae*: 3. Plusia gamma L.; ferner mit Höppner (Hö.) bei Bremen: Hymenoptera: a) *Apidae*: 1. Anthrena convexiuscula K. ♀, slt.; 2. A. denticulata K. ♀; 3. A. fuscipes K. (Hö.); 4. Coelioxys elongata Lep. ♀, sgd.; 5. Colletes picistigma Ths. ♀ (Hö.); 6. Dufourea halictula Nyl. ♀ (Hö.); 7. Eriades nigricornis Nyl. ♀ ♂; 8. E. truncorum L. ♀; 9. Halictus calceatus Scop. ♀ ♂, s. hfg., sgd. und psd.; 10. H. flavipes F., s. hfg., sgd. und psd.; 11. H. morio F., n. slt.; 12. N. jacobaeae Pz. ♀ ♂, mehrfach, sgd.; 13. Stelis breviuscula Nyl. ♂. b) *Sphegidae*: 14. Crabro (Entomognathus) brevis v. d. L. ♀ ♂.

Sickmann beobachtete bei Osnabrück: Hymenoptera: *Sphegidae*: 1. Crabro cribrarius L., s. hfg.; 2. C. scutellatus Schev.; 3 C. sexcinctus F., slt.; 4. C. vagus L.; 5. C. wesmaëli v. d. L., n. hfg.; 6. Gorytes mystaceus L., hfg.; 7. G. quadrifasciatus F., hfg.; 8. Pompilus viaticus L., s. hfg.; 9. Salius exaltatus F., s. hfg.; 10. S. notatus Lep., hfg.; Schmiedeknecht in Thüringen: Hymenoptera: *Apidae*: 1. Anthrena listerella K.; 2. A. nigripes K.; 3. Nomada brevicornis Mocs.: 4. N. fabriciana L., 2. Generation; 5. N. ferruginata K.; 6. N. fucata Pz., 2. Generation; 7. N. jacobaeae Pz.; 8. N. rhenana Mor.; 9. N. roberjeotiana Pz.; Friese in Baden (B.) und Mecklenburg (M.) die Apiden: 1. Halictus calceatus Scop. (B.) ♂, n. slt.; 2. Nomada fucata Pz. (M.), 2. Generation; 3. N. jacobaeae Pz. (M.), n. slt.; 4. N. solidaginis Pz. (M.), einzeln; Schenck in Nassau die Apiden: 1. Anthrena carbonaria L.; 2. A. denticulata K.; 3. A. flavipes Pz., 2. Generat.; 4. Colletes fodiens K.; 5. Epeolus variegatus L.; 6. Eriades truncorum L.; 7. Halictus albipes F. ♂; 8. H. calceatus Scop.; 9. H. flavipes F.; 10. H. levigatus K. ♂; 11. H. nitidiusculus K; 12. H. pauxillus Schck. ♀ ♂; 13. H. rubicundus Chr. ♂; 14. H. tetrazonius Klg. ♂; 15. Nomada furva Pz.; 16. N. jacobaeae Pz.; 17. N. lineola Pz.; 18. N. rhenana Mor.; 19. N. roberjeotiana Pz.; 20. N. ruficornis L.; 21. N. sexfasciata Pz. ♀ ♂; 22. N. solidaginis Pz.; 23. N. zonata Pz.; 24. Osmia spinulosa K.; Rössler bei Wiesbaden folgende Falter: 1. Grapholitha hepaticana Tr.; 2. G. trigeminana Stph.

Schletterer und Dalla Torre geben für Tirol als Besucher an die Hummeln: 1. Bombus hortorum L. ♀ ☿; 2. B. mastrucatus Gerst. ☿; 3. B. soroënsis F. ☿, sowie die Erdbiene: 4. Anthrena collinsonana K. ♂; Loew in Brandenburg (Beiträge S. 40): Nomada jacobaeae Pz. ♀, sgd.; ferner in Schlesien (Beiträge S. 32): Hymenoptera: a) *Apidae*: 1. Anthrena fulvicrus K. ♂ ♀, sgd., ♀ auch psd. b) *Chrysidae*: 2. Hedrychum lucidulum F. c) *Sphegidae*: 3. Ammophila sabulosa L. ♀, sgd.; 4. Crabro cribrarius L. ♀, sgd.; 5. Psammophila viatica Deg. ♀, sgd.

H. de Vries (Ned. Kruidk. Arch. 1877) beobachtete in den Niederlanden 1 Biene, Colletes fodiens K., und 1 Hummel, Bombus terrester L., als Besucher: Mac Leod in Flandern 5 Schwebfliegen, 2 Falter (B. Jaarb. V. S. 427); in den Pyrenäen 1 Biene, 1 Schwebfliege, 2 Musciden (A. a. O. III. S. 360).

In Dumfriesshire (Schottland) (Scott-Elliot, Flora S. 98) wurden 2 Hummeln, 3 kurzrüsselige Bienen, mehrere Fliegen und 1 Käfer als Besucher beobachtet.

Willis (Flowers and Insects in Great Britain Pt. I.) beobachtete in der Nähe der schottischen Südküste:

A. Coleoptera: a) *Cryptophagidae*: 1. Antherophagus nigricornis F., pfd. b) *Nitidulidae*: 2. Meligethes sp., pfd., häufig. B. Diptera: a) *Bibionidae*: 3. Bibio pomonae F., sgd, häufig; 4. Dilophus sp., sgd. b) *Muscidae*: 5. Anthomyia radicum L., sgd. und pfd., häufig; 6. Calliphora erythrocephala Mg., sgd.; 7. Hyetodesia incana Wied., sgd.; 8. Lucilia caesar L., sgd., häufig; 9. L. sericata Mg., sgd., häufig; 10. Morellia sp., sgd.; 11. Mydaea sp. sgd. und pfd., häufig; 12. Olivieria lateralis F., sgd., häufig; 13. Phytomyza geniculata Macq., pfd.; 14. Sarcophaga carnaria L., sgd ; 15. Scatophaga stercoraria L., sgd., häufig; 16. Trichophthicus cunctans Mg., sgd. c) *Syrphidae*: 17. Arctophila mussitans F., sgd.; 18. Cheilosia sp., sgd.; 19. Eristalis aeneus Scop., sgd. und pfd., häufig; 20. E. horticola Deg., w. v.; 21. E. pertinax Scop., w. v.; 22. Helophilus pendulus L., sgd.; 23. Sphaerophorea scripta L., sgd. und pfd.; 24. Syrphus balteatus Deg., pfd.; 25. S. ribesii L., pfd ; 26. S. topiarius Mg., sgd. C. Hemiptera: 27. Acocephalus sp.; 28. Anthocoris sp., häufig; 29. Calocoris bipunctatus F.. häufig. D. Hymenoptera: a) *Apidae*: 30. Anthrena nigriceps K., sgd.; 31. Apis mellifica L., sgd., häufig; 32. Bombus argrorum F., sgd., häufig; 33. B. cognatus Steph., sgd.; 34. B. hortorum L., sgd., häufig; 35 B. lapidarius L., sgd.; 36. B. pratorum L., sgd., häufig; 37. Halictus albipes K., sgd., häufig; 38. H. rubicundus Chr., sgd., häufig; 39. Psithyrus quadricolor Lep., sgd., häufig. b) *Formicidae*: 40. Myrmica rubra L., sgd., häufig. c) *Ichneumonidae*: 41. Mehrere Arten. d) *Vespidae*: 42. Odynerus pictus Curt., sgd. E. Lepidoptera: a) *Microlepidoptera*: 43. Crambus sp., häufig; 44. Choreutis myllerana F.; 45. Plutella cruciferarum Zell.; 46. Simaëthis fabriciana Steph., häufig. b) *Noctuidae*: 47. Charaeas graminis L. c) *Rhopalocera*: 48. Epinephele janira L.; 49. Pieris rapae L.; 50. Polyommatus phlaeas L., häufig; sämtlich sgd.

Saunders (Sd.) und (Smith) Sm. beobachteten in England die Apiden: 1. Anthrena denticulata K. (Sd.); 2. A. tridentata K. (Sd. Sm.); 3. Colletes fodiens K. (Sd. Sm.); 4. Halictus calceatus Scop. ♂ (Sm.); 5. Nomada jacobaeae Pz. (Sd., Sm.); 6. N. roberjeotiana Pz. (Sd., Sm.); 7. N. solidaginis Pz. (Sd., Sm.), sowie die Grabwespe: 8. Oxybelus mucronatus F.

1501. S. vernalis W. et K.

Als Besucher beobachtete Loew in Brandenburg (Beiträge S. 40):
A. Coleoptera: *Nitidulidae*: 1. Meligethes sp. B. Diptera: *Muscidae*: 2. Onesia floralis Rob.-Desv.

1502. Senecio vulgaris × vernalis Ritschel. [Warnstorf, Bot. V. des Harzes XI.]

— Durchmesser der Blütenköpfchen etwa 10—12 mm (bei S. vernalis 22—25 mm); Strahlblüten 8—12 (bei S. vernalis 12—13), klein, Zunge halbröhrig, etwa 4 mm lang, nach oben löffelförmig hohl und 3zähnig, an den Rändern mit deutlich vortretenden Papillen. Bei S. vernalis ist die Zunge vom Grunde an flach, 8—10 mm lang, an der abgerundeten Spitze schwach ausgerandet und an den Rändern nicht papillös. Die Pollenzellen des Bastards sind goldgelb, sehr unregelmässig und von verschiedener Grösse, rundlich bis elliptisch, dicht stachelwarzig und haben einen Durchmesser von 23—24 μ. Die Pollenkörner von S. vernalis sind regelmässiger und durchschnittlich 37 μ lang und 25 μ breit. Die Zungen der Randblütchen rollen sich gegen Abend beim Bastarde nicht, oder nur zum Teil zurück, während die von S. vernalis sich sämtlich stark zurückrollen. Nach dem Ausstreuen des Pollens werden die Scheibenblütchen des Bastards sehr bald von dem Pappus überragt. —

Die Strahlblüten von Senecio vulgaris $\times$ vernalis sind unzweifelhaft metamorphosierte 5 zähnige Scheibenblütchen, die ein Mittelding zwischen Rand- und Röhrenblüten darstellen, was auch daraus hervorgeht, dass man an einzelnen Blüten noch unmittelbar über dem Röhrenteile der Zunge einen vierten Zahn bemerkt, während sonst gewöhnlich 2 Zähne zu einer Röhre verschmolzen sind und der verlängerte löffelförmige Teil derselben an der gestutzten Spitze 3 zähnig erscheint. (Warnstorf.)

1503. S. erucifolius L. Die Blüteneinrichtung ist, nach Kirchner (Beitr. S. 70), dieselbe wie bei S. Jacobaea: Der Gesamtdurchmesser des Köpfchens beträgt etwa 30 mm, derjenige der Scheibe 10 mm. Die Zahl der Strahlblüten beträgt 12—14. Die Narbenschenkel der Scheibenblüten biegen sich am Ende des zweiten Blütenstadiums, wenn sie zu verwelken beginnen, so weit nach unten zurück, dass sie mit der Spitze den Griffel berühren.

Als Besucher beobachtete Kirchner Eristalis tenax L.; Schenk in Nassau die Apiden: 1. Epeolus variegatus L.; 2. Nomada jacobaeae Pz.; 3. N. roberjeotiana Pz.; 4. N. ruficornis L.; 5. N. sexfasciata Pz.; 6. N. solidaginis Pz.; 7. N. zonata Pz.

1504. S. uniflorus All. Bei Zermatt beträgt der Durchmesser des Blütenköpfchens, nach Kirchner (Beitr. S. 70), 30 mm. Die Zahl der Strahlblüten ist 12—15. Der Bau der zahlreichen Scheibenblüten entspricht demjenigen der verwandten Arten; ihre Narbenschenkel biegen sich gegen Ende der Blütezeit nur halbkreisförmig zurück, so dass spontane Selbstbestäubung nicht erfolgen kann.

1505. S. aquaticus Hudson.
Als Besucher sah Heinsius in Holland 2 Musciden: Lucilia cornicina F. ♀, und Scatophaga stercoraria L. ♂ ♀ und eine Syrphide: Eristalis stenax L.

In Dumfriesshire (Schottland) (Scott-Elliot, Flora S. 98) wurden 1 Schwebfliege und 5 Musciden als Besucher beobachtet.

347. Calendula L.

Randblüten strahlend, weiblich; ihr Griffel aussen fast glatt, innen an jedem Rande mit einem Narbenstreifen. Scheibenblüten röhrenförmig, männlich; ihr Griffel an der Spitze kegelförmig mit Fegehaaren, ohne Spur von Narbenpapillen. Nach Kerner krümmen sich die Griffeläste der Randblüten bis zur Berührung des Pollens der Scheibenblüten.

1506. C. arvensis L. Monöcisch. Die unteren Fegehaare der Scheibenblüten sind, nach Hildebrand (Comp. S. 31—33, Taf. III. Fig. 10—17), länger als die oberen. Die Blütenköpfchen öffnen sich vormittags 9 Uhr und schliessen sich mittags 12 Uhr (Linné in Upsala).

Schletterer beobachtete bei Pola die Apiden: 1. Anthrena parvula K.; 2. Halictus calceatus Scop. als Besucher.

1507. C. officinalis L. stimmt, nach Hildebrand (a. a. O. S. 33, Taf. III. Fig. 18—20), in Bezug auf die Blüteneinrichtung mit voriger Art überein, nur ist die Spitze des Griffels plötzlich verdickt und mit ziemlich gleichlangen Fegehaaren besetzt. Nach Kerner sind die Narben der weiblichen

Randblüten eher reif als der Pollen aus der Antherenröhre der männlichen Scheibenblüten hervorgepresst wird. Die Blütenköpfchen öffnen sich vormittags zwischen 9 und 10 Uhr und schliessen sich nachmittags zwischen 4 und 5 Uhr (Kerner in Innsbruck).

Als Besucher sah ich (Herbstbeob.) in Gärten bei Kiel Apis, 1 Hummel (Bombus silvarum L.), |3 Schwebfliegen (Eristalis arbustorum L., E. tenax L.. Syrphus ribesii L.), 1 Muscide (Calliphora erythrocephala Mg.), sämtl. sgd.; Wüstnei beobachtete auf der Insel Alsen Megachile centuncularis L., M. circumcincta Kby. und Coelioxys acuminata Nyl. als Besucher.

II. Cynareae Lessing.

II. Cynareae Lessing. Griffel der zweigeschlechtigen Blüten oben in einen Knoten verdickt, am Knoten oft kurzhaarig; sonst wie I.

348. Echinops L.

Griffeläste am Grunde aussen von einem Ringe längerer Fegehaare umgeben, über demselben mit kurzen Härchen besetzt; Innenflächen papillös.

1508. E. sphaerocephalus L. [Hildebrand, Comp. S. 46—48, Taf. VI. Fig. 1—3; H. M., Befr. S. 381, 382; Weit. Beob. III. S. 79; Knuth, Bijdragen; Herbstbeob.] — Der Nektar steigt, nach H. Müller, in der 5—6 mm langen,

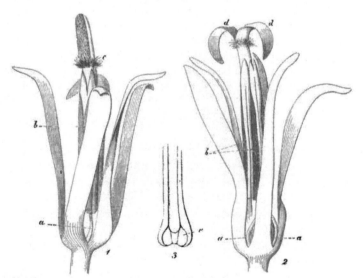

Fig. 204. Echinops sphaerococephalus L. (Nach Herm. Müller.)
1. Blüte am Ende des ersten (männlichen) Zustandes. *2.* Dieselbe im zweiten (weiblichen) Zustande. *3.* Längsdurchschnitt des Griffels und der ihn umschliessenden Kronröhre. *a* Staubfäden. *b* Staubbeutel. *c* Griffelbürste. *d* Narbe. *e* Honigdrüse.

vom Griffel fast ganz ausgefüllten Kronröhre bis in den Grund des Glöckchens. Dieses ist fast bis zu demselben in 5 lineale Zipfel zerspalten, so dass der Nektar auch Insekten mit sehr kurzem Rüssel zugänglich ist. Nach dem Hervortreten des Griffels aus der Antherenröhre bleiben seine Äste noch eine Zeitlang geschlossen, so dass von besuchenden Insekten der Pollen vor dem Auseinanderbreiten der Narbenflächen entfernt werden kann.

Als Besucher sah ich im botanischen Garten zu Kiel Apis (sgd.) und zwei saugende Hummeln: Bombus lapidarius L. ⚥ ♀ und B. terrester L. ♀, sowie 2 Falter (Pieris sp., Vanessa io L.), 2 Schwebfliegen (Eristalis sp., Syritta pipiens L.) und 2 Musciden (Lucilia cornicina F., Pollenia rudis F.); Loew im bot. Garten zu Berlin Bombus terrester L. ♀, sgd.

Herm. Müller (1) und Buddeberg (2) beobachteten in Thüringen und Nassau: Hymenoptera: a) Apidae: 1. Bombus lapidarius L. ⚥, sgd. (1); 2. B. muscorum F. ⚥, w. v. (1); 3. B. silvarum L. ⚥, w. v. (1); 4. B. variabilis Schmied. ⚥, w. v. (2); 5. Halictus cylindricus F. ♀ ♂, sgd., sehr zahlreich (2); 6. H. interruptus Pz. ♂, sgd. (2); 7. H. maculatus Sm. ♀, sgd. (2); 8. H. minutissimus K. ♀, sgd. (2); 9. H. morio F. ♀, sgd. (2); 10. H. quadricinctus F. ♀ ♂, sgd. (1); 11. H. rubicundus Chr. ♂, sgd. (1); 12. Prosopis communis Nyl. ♀, sgd. (2). b) Vespidae: 13. Polistes gallica L. (1); 14. P. diadema Ltr., häufig, sgd. (1).

1509. E. Ritro L. [Sprengel, S. 384—385; Warnstorf, Bot. V. Brand. Bd. 38.] — Diese schöne Pflanze besitzt Köpfe von 5—6 cm Durchmesser, die durch ihre amethystfarbenen Blüten der Köpfe 1. Ordnung, sowie durch reichlichen Honig zahlreiche Insekten anzulocken imstande sind. Die Blütenentwickelung schreitet oben von der Mitte der kugeligen Köpfe in Kreisen nach unten fort. Der Saum der Röhrenblüten ist fast bis zum Grunde in 5 schmale, hellblaue, sich oben sternförmig ausbreitende Zipfel geteilt, deren weisser, unterer Teil bauchig nach aussen tritt und einen ovalen oder kugeligen Honigbehälter bildet, welcher oben durch eine an den Saumzipfeln befindliche Haarleiste zum Teil verdeckt und gegen Regen geschützt wird. Die blaue Narbe zeigt aussen zahlreiche kleine Härchen, welche den herausgestossenen Pollen nur längere Zeit festzuhalten bestimmt sind, während der unmittelbar unter der Narbengabel aus längeren Haaren gebildete Haarkranz das Herausfegen des Pollens aus dem Antherencylinder zu bewirken hat. Das Narbengewebe auf der inneren Fläche der dicht zusammenschliessenden Narbenäste ist um diese Zeit noch ganz unentwickelt, und erst nach mehreren Tagen, wenn die Narbe ihre Reife erlangt hat, spreizen sich die Narbenäste, nachdem längst der Pollen durch Insekten oder Wind von den betreffenden Blüten entfernt worden ist, und die Kronenzipfel biegen sich nach oben und stehen jetzt aufrecht. Auf diese Weise ist nur Fremdbestäubung durch Insekten möglich, die den Pollen aus Blüten im ersten (männlichen) Zustande auf solche im zweiten (weiblichen) Zustande übertragen. Pollen zweigestaltig, weiss, mit niedrigen Stachelwarzen, rundlich und etwa 56 μ diam. oder elliptisch und 88 μ lang und 50 μ breit.

1510. E. banaticus Roch.

Als Besucher beobachtete Loew im botanischen Garten zu Berlin: A. Diptera: Syrphidae: 1. Syrphus albostriatus Fall.; 2. S. cinctellus Zett.; 3. S. corollae F. B. Hymenoptera: a) Apidae: 4. Apis mellifica L. ⚥. sgd. und psd.; 5. Bombus terrester L. ♂, sgd. b) Sphegidae: 6. Philanthus triangulum F. ♂. — Ferner daselbst an

1511. E. exaltatus Schrad.:

A. Coleoptera: Scarabaeidae: 1. Cetonia aurata L. B. Diptera: a) Muscidae: 2. Chloria demandata F. b) Syrphidae: 3. Eristalis nemorum L.; 4. Syrphus balteatus

Deg.: 5. S. corollae F.; 6. S. pyrastri L. C.Hymenoptera: *Apidae:* 7. Apis mellifica L. ☿, sgd. und psd.: 8. Bombus hypnorum L. ☿, sgd.; 9. B. terrester L. ♂ ☿, sgd. D. Lepidoptera: *Rhopalocera*: 10. Colias rhamni L., sgd.

349. Cirsium Tourn.

Blüten sämtlich röhrenförmig, zweigeschlechtig oder zweihäusig. Griffeläste fast oder ganz geschlossen bleibend, an der Aussenseite von der Spitze bis zu ihrer Spaltung dicht mit kleinen spitzen Fegehaaren besetzt, unmittelbar unter der Spaltung mit einem Ringe längerer Zacken; Ränder der Griffeläste mit Narbenpapillen.

1512. C. arvense Scop. [H. M., Befr. S. 387—389; Weit. Beob. III. S. 81; Alpenbl. S. 422; Knuth, Ndfr. Ins. S. 94, 95, 160; Weit. Beob. S. 236; Halligen; Bijdragen u. s. w.; Verhoeff, Norderney; Mac Leod, B. Jaarb. V; Heinsius a. a. O. IV.; Loew, Bl. Flor. S. 390, 394.] — Gynodiöcisch. In den

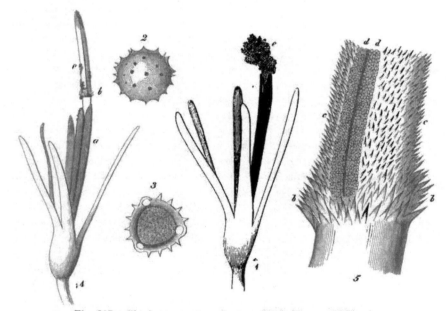

Fig. 205. Cirsium arvense Scop. (Nach Herm. Müller.)

1. Einzelblüte im ersten (männlichen) Zustande. *2.* Einzelnes Pollenkorn von aussen gesehen. (400 : 1.) *3.* Dasselbe im optischen Durchschnitt. *4.* Blüte im zweiten (weiblichen) Zustande; einzelne Pollenkörner haften noch am Griffel. *5.* Oberstes Stück des Griffels. (88 : 1.) *a* Antherencylinder. *b* Lange, *c* kurze Fegehaare. *d* Narbenpapillen. *e* Pollen.

zwitterigen Köpfchen stehen, nach H. Müller, über 100 lilafarbige Blütchen mit 8—12 mm langen Kronröhren, die sich oben in 1—1¹/₂ mm tiefe Glöckchen mit fünf schwach divergierenden, 4—5 mm langen, linealen Zipfeln erweitern. In dem unteren, von den Deckblättern umschlossenen Teile beträgt der Durchmesser der Köpfchen kaum 8 mm, in dem oberen, von den divergierenden Kronzipfeln gebildeten Teile ist er jedoch 20 und mehr mm, und da meist zahlreiche solcher Blütenköpfchen auf einer Pflanze vereinigt sind, so ist die Augenfälligkeit und der Insektenbesuch gross. Letzterer wird besonders noch dadurch begünstigt, dass der Nektar bis in die Kronglöckchen emporsteigt, also auch Insekten mit sehr kurzem Rüssel zugänglich ist. Der Griffel besitzt zwei fast 2 mm lange Äste, welche auch im zweiten Blütenzustande geschlossen bleiben; es treten dann nur ihre mit Narbenpapillen besetzten Ränder nach aussen, während im ersten eine reichliche Menge Blütenstaub aus dem Antherencylinder hervorgefegt wird. Der klebrige und mit spitzen Vorsprüngen versehene Pollen haftet leicht an der behaarten Unterseite der über die Blütenstände schreitenden Insekten; er wird bei günstiger Witterung von den Besuchern bald abgefegt, so dass alsdann Fremdbestäubung gesichert ist. Tritt dagegen Insektenbesuch erst dann ein, wenn die Narbenpapillen hervorgetreten sind, so ist auch Selbstbestäubung möglich. Letztere kann bei gänzlich ausgebliebenem Insektenbesuche auch spontan durch Herabfallen von Pollenkörnern aus den Fegehaaren auf die Narbenpapillen erfolgen. In den Dünen von Blankenberghe ist die Pflanze, nach Mac Leod, gynodiöcisch, ebenso, nach Warnstorf, bei Neu-Ruppin. Kerner bezeichnet die Geschlechtsverteilung sehr treffend: scheinzwitterige Fruchtblüten und scheinzwitterige Pollenblüten auf getrennten Stöcken.

Als Besucher sah ich in Schlewig-Holstein (S. H.), auf Rügen (R.), auf der Düne von Helgoland (H.) und in Thüringen (Th.):

A. Coleoptera: a) *Cerambycidae*: 1. Pachyta virginea L. (Th.). b. *Coccinellidae*: 2. Coccinella septempunctata L. (H.). c) *Scarabaeidae*: 3. Trichius fasciatus L., sehr häufig. pfd. oder träge auf dem Blütenstande hockend (Th.). d) *Telephoridae*: 4. Psilothrix cyanea Ol., gemein (H.). B. Diptera: a) *Muscidae*: 5. Anthomyia sp. (Th.); 6. Aricia iacana Wied. (S. H.); 7. Calliphora vomitoria L. (H.); 8. Coleopa frigida Fall. (H.); 9. Lucilia caesar L. (S. H. u. H.); 10. Nemotelus uliginosus L. (S. H.); 11. Rivellia syngenesiae Fabr. (S. H.). 12. Sarcophaga carnaria L. (S. H.); 13. S. merdaria Fabr. (S. H.); 14. S. stercoraria L. (S. H.). Sämtl. sgd. b) *Syrphidae*: 15. Eristalis aeneus Scop. ♂, (S. H.); 16. E. arbustorum L. (S. H.); 17. E. intricarius L. ♂ (S. H.); 18. E. nemorum L. (S. H.); 19. E. pertinax Scop. (S. H.); 20. E. tenax L. (S. H.); 21. Helophilus pendulus L. (S. H.); 22 Melithreptus taeniatus Mg. (S. H.); 23. Syritta pipiens L. (S. H.); 24. Syrphus arcuatus Fall. ♀ (H.); 25. S. ribesii L. (S. H.); 26. Volucella bombylans L. var. plumata Mg. (Th); 27. V. pellucens L., häufig (Th.). Sämtl. sgd. C. Hymenoptera: a) *Apidae*: 28. Anthophora quadrimaculata Fabr. ♀ (S. H.); 29. Apis mellifica L. (S. H. und R.); 30. Bombus agrorum F. ♀ (Th.); 31. B. cognatus Steph. ⚥ (S. H.); 32. B. lapidarius L. ♀ ⚥ (Th. u. S. H.); 33. B. soroënsis F., var. proteus Gerst. ⚥ (Th.); 34. B. terrester L. (S. H. und Th.), sämtl. sgd. und psd.; 35. Psithyrus quadricolor Lep., sgd. (Th.) b) *Sphegidae*: 36. Ammophila sabulosa L., häufig (R.). c) *Tenthredinidae*: 37. Allantus nothus Klg. (S. H.). d) *Vespidae*: 38. Odynerus parietinus L. (S. H.); 39. O. trifasciatus F. ♂ (S. H.); 40. Vespa vulgaris L. (S. H.). D. Lepidoptera: a) *Noctuidae*: 41. Plusia gamma L. (S. H.). b) *Rhopalocera*: 42. Argynnis adippe L. (Th.); 43. Epinephele janira L. (Th. u. S. H.); 44. Pieris brassicae L. (S. H.); 45. P. napi L. (S. H.); 46. P. rapae L. (S. H.); 47. P. sp. (Th.); 48. Polyommatus phlaeas L. (S. H.); 49. Vanessa urticae L. (S. H.) c) *Sphingidae*: 50 Zygaena filipendulae L. (S. H.). Sämtl. sgd.

Herm. Müller (1), Buddeberg (2) geben für Westfalen (W.), Nassau (N.), Thüringen (Th.) und Oberpfalz (b. O.) folgende Besucherliste:

A. Coleoptera: a) *Carabidae*: 1. Lebia crux-minor L., auf den Blüten sitzend (1, b. O.). b) *Cerambycidae*: 2. Leptura testacea L., pfd. (1, b. O.); 3. Strangalia melanura L., pfd. (1, b. O.). c) *Chrysomelidae*: 4. Cryptocephalus sericeus L., unthätig auf den Blüten sitzend (1, b. O.). d) *Cleridae*: 5. Trichodes apiarius L. (1, b. O.) e) *Curculionidae*: 6. Bruchus sp. (1); 7. Larinus jacobaeae L. (1, Th.); 8. L. obtusus Schh. (1, b. O.). f) *Elateridae*: 9. Agriotes gallicus Lac. (1, Th.); 10. A. ustulatus Schaller (1, Th.); 11. Corymbites holosericeus L. (1, b. O.). g) *Lycidae*: 12. Dictyoptera sanguinea F. (1, b. O.). h) *Mordellidae*: 13. Mordella aculeata L., wiederholt (1); 14. M. fasciata F., w. v. (1). i) *Oedemeridae*: 15. Oedemera podagrariae L., pfd. (1, Kitzingen). k) *Scarabaeidae*: 16. Cetonia aurata L., Blütenteile abweidend (1, b. O.); 17. Trichius fasciatus L. (1). l) *Telephoridae*: 18. Telephorus melanurus F., äusserst zahlreich, den Kopf in die Blumenglöckchen senkend (1). B. Diptera: a) *Bombylidae*: 19. Anthrax flava Mg. (1, Th.). b) *Conopidae*: 20. Conops flavipes L. (1); 21. C. quadrifasciatus Deg., sgd. (1, b. O.); 22. Physocephala rufipes F., sgd. (1, b. O. u. W.). c) *Empidae*: 23. Empis livida L., sgd. (1). d) *Muscidae*: 24. Lucilia cornicina F., häufig, sgd. (1), 25. L. sericata Mg. (1); 26. Musca corvina F., sgd., zahlreich (1); 27. Ocyptera brassicaria F., w. v. (1); 28. O. cylindrica F., w. v. (1); 29. Olivieria lateralis F., sgd. (1); 30. Onesia floralis R.-D. (1); 31. Platystoma seminationis F. (1); 32. Sarcophaga carnaria L., sgd. (1). e) *Stratiomydae*: 33. Odontomyia viridula F., nicht selten, sgd. (1). f) *Syrphidae*: 34. Cheilosia oestracea L. (1, Fichtelgeb.); 35. Eristalis aeneus Scop., häufig, sgd. (1); 36. E. arbustorum L., w. v. (1); 37. E. intricarius L. (1); 38. E. nemorum L., häufig, sgd. (1, W. und b. O.); 39. E. sepulcralis L., w. v. (1); 40. E. tenax L., w. v. (1); 41. Melithreptus taeniatus Mg., w. v. (1); 42. Syritta pipiens L., häufig (1); 43. Syrphus sp., häufig, sgd. (1); 44. Volucella inanis L., pfd. (1, Fichtelgeb.); 45. V. pellucens L., pfd. (1, Fichtelg.); 46. V. bombylans L. var. plumata L., pfd. (1, Fichtelgeb.). g) *Tabanidae*: 47. Tabanus bromius L. (1, b. O.); 48. T. rusticus L. (1, Th.). C. Hymenoptera: a) *Apidae*: 49. Anthrena dorsata K. ♀ ♂, in Mehrzahl, sgd. (1); 50. A. fulvicrus K. ♀, sgd. (1); 51. A. gwynana K. ♀ ♂, wiederholt, sgd. (1); 52. A. nana K. ♂, sgd. (1); 53. A. pilipes F. ♂, sgd. (1); 54. A. bimaculata K. var. vitrea Sm. ♂ (1, Cassel); 55. Apis mellifica L., in grösster Menge, sgd., einzeln auch sgd. (1); 56. Bombus hortorum L. ♂, sgd. (1); 57. B. lapidarius L. ⚲, sgd. (1); 58. Cilissa leporina Pz. ♂, sgd., wiederholt (1); 59. Dasytes hirtipes F. ♀♂, sgd. und psd., die ♂, häufig (1); 60. Halictus albipes F. ♂, sgd. (1, 2); 61. H. cylindricus F. ♀ ♂, zahlreich, sgd. (1); 62. H. flavipes F. ♀, sgd. (1); 63. H. longulus Sm. ♂, sgd. (1); 64. H. maculatus Sm. ♀, sgd. (1, 2); 65. H. minutus K. ♀, sgd. (1); 66. H. nitidiusculus K. ♂, sgd. (1); 67. H. nitidus Schenck ♂, sgd. (1); 68. H. rubicundus Chr. ♂, sgd. (1); 69. H. tarsatus Schenck ♀, sgd. (1); 70. Heriades truncorum L. ♀, sgd. (1); 71. Macropis labiata Pz. ♂ (1, b. O.); 72. Nomada jacobaeae Pz. ♀ ♂, zahlreich, sgd. (1); 73. N. lineola Pz. ♀ ♂, w. v. (1); 74. N. fabriciana L. var. nigrita Schenck ♂, sgd. (1); 75. N. roberjeotiana Pz. ♀ ♂, sgd. (1); 76. N. solidaginis Pz. ♀ ♂, sgd. (1); 77. Prosopis communis Nyl. ♀, häufig, sgd. (1); 78. P. confusa Nyl. ♀ ♂, sgd. (1); 79. P. sinuata Schenck ♂, sgd. (1); 80. P. variegata F. ♀ ♂, zahlreich, sgd. (1, 2); 81. P. sp. ♂, sgd. (1, b. O.); 82. Sphecodes gibbus L. ♀ ♂, sgd., in verschiedenen Varietäten, einschliesslich ephippius L. (1). b) *Chrysidae*: 83. Hedychrum lucidulum F. ♀, sgd. (1). c) *Ichneumonidae*: 84. Verschiedene (1). d) *Sphegidae*: 85. Ammophila sabulosa L., sgd. (1); 86. Bembex rostrata L. ♀, sgd. (1); 87. Cerceris arenaria L. ♀ ♂, nicht selten, sgd. (1); 88. C. nasuta Dhlb. ♀ ♂, häufig, sgd. (1, 2); 89. C. variabilis Schrk. ♀ ♂, sehr häufig, sgd. (1), 90. Crabro alatus Pz. ♀ ♂, sehr zahlreich (1); 91. C. cribrarius L. ♀ ♂, sgd., häufig (1, W. u. b. O.); 92. C. vagus L. ♂, sgd. (1, b. O.); 93. Dinetus pictus F. ♀ ♂, sgd. (1); 94. Gorytes quinquecinctus F., sgd., häufig (1, b. O.); 95. Lindenius albilabris F. ♀ ♂, sgd. (1); 96. Oxybelus trispinosus F. ♀, sgd. (1); 97. O. uniglumis L.

♀ ♂, häufig, sgd. (1); 98. Philanthus triangulum F. ♂, sgd. (1, W. u. b. O.); 99. Salius sanguinolentus F., sgd. (1).   e) *Tenthredinidae*: 100. Allantus nothus Klg., sgd. (1); 101. Mehrere unbestimmte Arten, sgd. (1).   f) *Vespidae*: 102. Eumenes pomiformis F. ♀ (1, b. O.); 103. Polistes diadema Latr. (1, b. O.).   D. Lepidoptera: a) *Noctuidae*: 104. Hydroecia nictitans Bkh. var. erythrostigma Haw., sgd. (1).   b) *Rhopalocera*: 105. Epinephele hyperanthus L., sgd. (1, Fichtelgeb.); 106. E. janira L., sgd. (1, Fichtelgeb. und W.); 107. Hesperia lineola O., sgd. (1, b. O.); 108 H. silvanus Esp., sgd. (1); 109. Pieris brassicae L., wiederholt, sgd. (1); 110. Rhodocera rhamni L., sgd. (1); 111. Thecla rubi L., sgd. (1); 112. Vanessa urticae L., sgd. (1).   c) *Sphingidae*: 113. Ino statices L., sgd. (1, Fichtelgeb.); 114. Zygaena carniolica Scop., sgd. (1, Th.); 115. Z. minos S. V., sgd. (1, Fichtelgeb.).

Herm. Müller beobachtete in den Alpen Käfer (4), Fliegen (6), Hymenopteren (8), Falter (15).

Alfken beobachtete auf Juist: A. Coleoptera: *Coccinellidae*: 1. Coccinella septempunctata L. B. Diptera: a) *Muscidae*: 2. Calliphora vomitoria L.; 3. Cynomyia mortuorum L.; 4. Lucilia caesar L.; 5. Nemoraea radicum F.   b) *Syrphidae*: 6. Eristalis arbustorum L.; 7. E. tenax L., s. hfg.; 8. Syrphus pyrastri L. C. Hymenoptera: a) *Apidae*: 9. Bombus arenicola Ths. ⚲, einmal; 10. B. hortorum L. ⚲; 11. B. lapidarius L. ⚲, hfg.; 12. B. ruderatus F. ♂; 13. B. terrester L. ⚲, hfg. b) *Sphegidae*: 14. Oxybelus mucronatus F.; 15. O. uniglumis L., selten. D. Lepidoptera: a) *Nymphalidae*: 16. Argynnis aglaja L.; 17. A. niobe L. b) *Lycaenidae*: 18. Lycaena icarus Rott.; 19. Polyommatus phlaeas L.; Verhoeff auf Norderney: A. Diptera: a) *Muscidae*: 1. Calliphora erythrocephala Mg. ♀, nicht selten; 2. Cynomyia mortuorum L. ♀ ♂; 3. Lucilia latifrons Schin., s. hfg.; 4. Sarcophaga carnaria L.; 5. Scatophaga stercoraria L. ♀; 6. Stomoxys calcitrans L. ♀. b) *Syrphidae*: 7. Eristalis arbustorum L. ♀, hfg.; 8. E. tenax L. ♀, einzeln; 9. Helophilus pendulus L. ♀; 10. Platycheirus manicatus Mg. ♀, einzeln; 11. Syritta pipiens L., einzeln; 12. Syrphus balteatus Deg. ♂; 13. S. pyrastri L. ♂. B. Hymenoptera: a) *Apidae*: 14. Bombus silvarum L. ♂, einzeln; 15. Psithyrus vestalis Fourcr. ♂; 16. Sphecodes cirsii Verh. ♂, einzeln. b) *Formicidae*: 17. Formica fusca L. ⚲, hfg. c) *Vespidae*: 18. Odynerus parietum L. ♀ ♂; Alfken bei Bremen: *Apidae*: 1. Anthrena flavipes Pz. ♀; 2. A. nigriceps K. ♀; 3. Bombus agrorum F. ♀ ⚲; 4. B. derhamellus K. ♀ ♂; 5. B. lapidarius L. ⚲; 6. B. lucorum L. ♂; 7. B. proteus Gerst. ♂; 8. Osmia solskyi Mor. ♀; 9. Prosopis hyalinata Smith ♀; 10. Psithyrus rupestris F. ♀, sgd.; 11. P. vestalis Fourcr. ♂.   *Muscidae*: 22. Aricia basalis Zett.

Sickmann giebt als seltenen Besucher für Osnabrück die Grabwespe Passaloecus brevicornis A. Mor. an, sowie für Wellingholthausen dieselbe und die Raubwespe Cerceris arenaria L.

Schmiedeknecht beobachtete in Thüringen die Apiden: 1. Anthrena fumipennis Schmiedekn. ♂; 2. Bombus terrester L. ♂; Schenck in Nassau: Hymenoptera: a) *Apidae*: 1. Anthrena austriaca Pz.; 2. A. florea F.; 3. Coelioxys conoidea Ill.; 4. Macropis labiata F.; 5. Prosopis hyalinata Sm. b) *Sphegidae*: 6. Cerceris rybiensis L.

Loew beobachtete in Schlesien (Beiträge S. 31): A. Coleoptera: a) *Scarabaeidae*: 1. Cetonia aurata L, Blütenteile verzehrend. b) *Telephoridae*: 2. Rhagonycha melanura F. B. Diptera: a) *Conopidae*: 3. Conops quadrifasciatus Deg. ♂ ♀, sgd. b) *Muscidae*: 4. Nemoraea pellucida Mg., sgd.; 5. N. strenua Mg., sgd. c) *Stratiomydae*: 6. Odontomyia hydroleon L., sgd.; 7. O. viridula F., sgd. d) *Syrphidae*: 8. Eristalis intricarius L., sgd.; 9. E. nemorum L., sgd.; 10. Syritta pipiens L., sgd.; 11. Volucella bombylans L., sgd. C. Hymenoptera: a) *Apidae*: 12. Apis mellifica L. ⚲, sgd. b) *Chrysidae*: 13. Hedychrum lucidulum Dhlb.; 14. Holopyga amoenula Dhlb. c) *Sphegidae*: 15. Scolia bicincta Ross. ♀ ♂, sgd. D. Lepidoptera: *Rhopalocera*: 16. Hesperia comma L., sgd.; 17. Melanargia galatea L., sgd.; 18. Epinephele janira L., sgd.; 19. Pieris brassicae L., sgd.; in Brandenburg (Beiträge S. 39): Diptera: *Syrphidae*: 1. Eristalis arbustorum L.; 2. E.

nemorum L.; 3. E. tenax L.; in Braunschweig (Beiträge S. 50): Diptera: *Syrphidae*:
1. Volucella bombylans L.; 2. V. pellucens L., sgd. Kohl verzeichnet Crabro cribrarius
L. als Besucher; Schletterer für Tirol die Steinhummel und beobachtete bei Pola Osmia
fulviventris Pz. Schiner giebt für Österreich die Bohrfliege Trypeta ruficauda F. an.
Heinsius beobachtete in Holland: A. Diptera: a) *Empidae*: 1. Empis livida
L. ♂ ♀, sehr zahlreich. b) *Muscidae*: 2. Scatophaga stercoraria L. ♀. B. Hymenoptera: a) *Apidae*: 3. Apis mellifica L. ⚥; 4. Macropis labiata F. ♂; 5. Psithyrus
quadricolor Lep. ♂. C. Lepidoptera: *Rhopalocera*: 6. Vanessa io L., andauernd
saugend. H. de Vries (Ned. Kruidk. Arch. 1877) beobachtete in den Niederlanden
2 Hummeln: Bombus subterraneus L. ⚥ und B. terrester L. ♂; Mac Leod in Flandern
7 langrüsselige und 6 kurzrüsselige Bienen, 1 Blattwespe, 1 Goldwespe, 7 Faltenwespen,
15 Schwebfliegen, 12 andere Fliegen, 6 Falter, 2 Käfer (B. Jaarb. V. S. 407, 408); in
den Pyrenäen 1 Hummel und 1 Schwebfliege als Besucher (A. a. O. III. S. 350); Smith
in England Macropis labiata F.

In Dumfriesshire (Schottland) (Scott-Elliot, Flora S. 100) wurden 1 Hummel,
1 Blattwespe, 1 kurzrüsselige Biene und mehrere Bienen als Besucher beobachtet.

1513. C. lanceolatum Scopoli. (Carduus lanceolatus L.). [H. M.,
Befr. S. 389; Weit. Beob. III. S. 82; Knuth, Ndfr. Ins. S. 94, 169; Weit. Beob.
S. 236; Heinsius, B. Jaarb. IV.; Mac Leod, a. a. O. III; V.; Loew, Bl. Flor.
S. 390; Warnstorf, Bot. V. Brand. Bd. 38.] — Die Bestäubungseinrichtung der
hellpurpurnen Blüten ist, nach H. Müller, wie bei C. arvense. Der Nektar ist
jedoch weniger leicht zugänglich, denn die auf 16—18 mm langen Kronröhren
sitzenden Glöckchen sind 4—6 mm tief, so dass ein bedeutend längerer Rüssel
als bei C. arvense dazu gehört, zu dem im Grunde derselben befindlichen
Honig zu kommen. Warnstorf giebt die Masse etwas anders an: Kronenröhre
etwa 23 mm und der mit 3 seichteren und 2 tieferen Einschnitten versehene
Saum 11 mm lang; Griffel mit der Narbe aus dem zurückgezogenen Staubblatt-
cylinder 8 mm hervorragend, so dass die Griffellänge 42 mm beträgt. Pollen
weiss, kugelig bis elliptisch, grobstachelig, von etwa 56 μ diam. Die Besucher
sind daher meist langrüsselige Bienen.

Als Besucher beobachtete Loew in Mecklenburg (Beiträge S. 40): Megachile
lagopoda L. ♀, psd.

Als Besucher sah ich in Schleswig-Holstein:

A. Diptera: a) *Muscidae*: 1. Lucilia caesar L. b) *Syrphidae*: 2. Eristalis arbustorum L.; 3. E. nemorum L.; 4. E. tenax L. Sämtl. pfd. B. Hymenoptera: *Apidae*:
5. Apis mellifica L.; 6. Bombus cognatus Steph. ⚥; 7. B. lapidarius L.; 8. B. terrester L.
Sämtl. psd. und sgd. C. Lepidoptera: *Rhopalocera*: 9. Pieris brassicae L., sgd.; ferner
auf Helgoland (Bot. Jaarb. 1896. S. 40): A. Coleoptera: *Telephoridae*: 1. Psilothrix
cyanea Ol. B. Diptera: *Muscidae*: 2. Coelopa frigida Fall.; 3. Scatophaga stercoraria
L. Sämtl. pfd. C. Lepidoptera: *Rhopalocera*: 4. Pieris brassicae L., sgd. D. Orthoptera: 5. Forficula auricularia L., Blütenteile fressend.

Alfken beobachtete auf Juist: A. Hymenoptera: a) *Apidae*: 1. Bombus hortorum L. ♂, hfg. b) *Sphegidae*: 2. Ammophila sabulosa L. B. Lepidoptera:
a) *Pieridae*: 3. Pieris brassicae L. b) *Noctuidae*: 4. Plusia gamma L.; ferner bei Bremen:
Apidae: 1. Bombus agrorum F. ♂; 2. B. hortorum L. ♀; 3. B. silvarum L. ⚥; 4. B. terrester L. ♂; 5. Megachile centuncularis L. ♀ ♂; 6. Psithyrus rupestris F. ♀, sgd.

Herm. Müller (1) und Buddeberg (2) geben für Westfalen und Nassau
folgende Besucher an:

A. Diptera: a) *Conopidae*: 1. Physocephala rufipes F., sgd. (1). b) *Syrphidae*:
2. Eristalis arbustorum L., pfd. und sgd., sehr häufig (1); 3. E. nemorum L., w. v. (1);

4. E. tenax L., w. v. (1). B. Hymenoptera: a) *Apidae*: 5. Apis mellifica L. ⚥, häufig, sgd. (1); 6. Bombus agrorum F. ⚥ ♂, w. v. (1); 7. B. lapidarius L. ⚥ ♂, häufig, sgd. (1); 8. B. terrester L. ⚥ ♂, w. v. (1); 9. Halictus cylindricus F. ♀, psd., ♂ vergeblich suchend (2); 10. H. maculatus Sm. ♀, psd. (2); 11. H. malachurus K. ♀, psd., (2); 12. H. tetrazonius Klg. ♀, psd. (2); 13. H. zonulus Sm. ♂, vergeblich suchend (2); 14. Megachile maritima K. ♀, psd. (1); 15. Stelis aterrima Pz. ♀, sgd. (2). b) *Vespidae*: 16. Polistes gallica L. (1); 17. P. diadema Latr., beide wiederholt (ob sgd.?) (1); 18. Psithyrus campestris Pz. ♂, sgd., (1). C. Lepidoptera: *Rhopalocera*: 19. Hesperia sp., sgd. (1); 20. Pieris brassicae L., häufig, sgd. (1); 21. P. napi L., sgd. (2).

In den Alpen beobachtete Herm. Müller 1 Käfer, 7 Bienen, 8 Falter. (Alpenbl. S. 425, 426).

Schenck beobachtete in Nassau die Schmarotzerbiene Coelioxys conoidea Ill.; Mac Leod in den Pyrenäen 3 langrüsselige Bienen als Besucher (B. Jaarb. III. S. 349); in Flandern Apis, 9 Hummeln, 3 Schwebfliegen, 1 Falter. (B. Jaarb. V. S. 404).

H. de Vries (Ned. Kruidk. Arch. 1877) beobachtete in den Niederlanden 1 Hummel, Bombus agrorum F. ♂, und 1 Schmarotzerhummel, Psithyrus vestalis Fourcr. ♂, als Besucher; Heinsius in Holland: A. Diptera: *Syrphidae*: 1. Eristalis horticola Deg. ♀. B. Hymenoptera: *Apidae*: 2. Halictus leucozonius Schrk. ♀. C. Lepidoptera: *Rhopalocera*: 3. Epinephele janira L.; 4. Vanessa urticae L.

In Dumfriesshire (Schottland) (Scott-Elliot, Flora S. 100) wurden 2 Hummeln, 1 andere langrüsselige Biene, 1 Empide, 3 Schwebfliegen, 2 Musciden und 1 Falter als Besucher beobachtet.

1514. C. palustre Scopoli. [H. M., Befr. S. 389; Weit. Beob. III. S. 82, 83; Alpenbl. S. 425; Heinsius a. a. O.; Loew, Bl. Flor. S. 394.] — Gynodiöcisch. Die purpurroten Blüten stehen, nach Müller, in Bezug auf die Zugänglichkeit des Honigs und die dadurch bedingte Mannigfaltigkeit des Insektenbesuches zwischen den beiden vorigen Arten, da die Kronglöckchen 2½ mm tief sind. Die weiblichen Stöcke sind seltener als die zweigeschlechtigen. Warnstorf (Bot. V. Brand. Bd. 38) fügt hinzu, dass die äusseren Hüllblätter der Köpfe in der Mitte des oberen Teiles mit einer Schwiele versehen sind, die zur Blütezeit einen sehr klebrigen Stoff secerniert, dessen Zweck unbekannt ist. Röhre der Blumenkrone etwa 7 mm, ebenso der Saum, Griffel 4—5 mm darüber hinausragend; Filamente der Staubblattröhre in der oberen Hälfte behaart. Pollen kugelig, weiss, grob-stachelig, durchschnittlich von 52 μ diam.

Als Besucher beobachtete Loew in Braunschweig (Beiträge S. 50): A. Coleoptera: *Chrysomelidae*: 1. Cryptocephalus bipunctatus L.; 2. C. moraei L.; 3. C. vittatus F. B. Diptera: *Muscidae*: 4. Herina frondescentiae L.; in Schlesien (Beiträge S. 31): A. Diptera: *Syrphidae*: 1. Eristalis intricarius L., sgd. B. Lepidoptera: *Sphingidae*: 2. Zygaena achilleae Esp., sgd; 3. Z. minos S. V., sgd.

Herm. Müller beobachtete in Mittel- und Süddeutschland folgende Insekten: A. Coleoptera: a) *Cerambycidae*: 1. Strangalia melanura L. (Sauerland), häufig. b) *Elateridae*: 2. Agriotes ustulatus Schaller (Sld.). B. Diptera: a) *Conopidae*: 3. Conops quadrifasciatus Deg., sgd, einzeln; 4 C. scutellatus Mg., sgd., häufig; 5. Sicus ferrugineus L., sgd. b) *Muscidae*: 6. Echinomyia fera L. c) *Syrphidae*: 7. Eristalis tenax L., sgd. und pfd.; 8. Rhingia rostrata L.; 9. Syrphus ribesii L.; 10. S. tricinctus Fallen, pfd.; 11. Volucella bombylans L., desgl.; 12. V. inanis L., sgd. und pfd.; 13. V. pellucens L., w. v. C. Hymenoptera: a) *Apidae*: 14. Anthrena coitana K. ♀, sgd.; 15. A. denticulata K. ♀, sgd.; 16. A. gwynana K. ♂, sgd.; 17. Apis mellifica L. ⚥, sgd. und psd. sehr zahlreich; 18. Bombus lapidarius L. ⚥ ♂, psd. und sgd.; 19. B. pratorum L. ♂, sgd.; 20. B. rajellus K. ⚥, sgd.; 21. Halictus cylindricus F. ♀ ♂, psd. und sgd., sehr zahlreich; 22. H. spec. ♂, sgd.; 23. Heriades truncorum L. ♂, sgd.; 24. Megachile centuncularis F. ♂, sgd.; 25. M. maritima K. ♂, sgd.; 26. Psithyrus quadricolor Lep. ♂, sgd., häufig; 27. P. vestalis Fourc. ♀, sgd. b) *Sphegidae*: 28. Cerceris labiata F. ♂, vergeblich suchend; 29. Lindenius albilabris F. D. Lepidoptera: a) *Noctuae*: 30. Plusia gamma L., sgd., nicht selten. b) *Rhopalocera*: 31. Argynnis paphia L., andauernd sgd.; 32. Epinephele hyperanthus L., sgd.; 33. E. janira L., sgd.; 34. Erebia ligea L., sgd., häufig; 35. Hesperia silvanus Esp.; 36. Pieris brassicae L., sgd., zahlreich; 37. P. rapae L., zahlreich; 38. Vanessa urticae L., sgd., in Mehrzahl. c) *Sphingidae*: 39. Zygaena minos S. V., sgd.; ferner in den Alpen 5 Bienen und 6 Falter.

Alfken beobachtete bei Bremen: *Apidae*: 1. Bombus agrorum F. ♂; 2. B. distinguendus Mor. ♀ ♂; 3. Halictus zonulus Sm. ♀; Schmiedeknecht in Thüringen die Apiden: 1. Bombus hypnorum L. ♂, 2. B. pratorum L. ⚥ ♂; 3. Psithyrus quadricolor Lep., hfg.

Hoffer giebt für Steiermark die Schmarotzerbiene Psithyrus quadricolor Lep. ♂ als Besucher an.

Schiner beobachtete in Österreich die Bohrfliegen (Trypetinae): 1. Trypeta ruficauda F.; 2. T. winthemi Mg.; 3. Urophora stigma Löw.

Schletterer verzeichnet für Tirol als Besucher die Apiden: 1. Megachile ligniseca K. (auch Dalla Torre); 2. M. pacifica Pz.; 3. Psithyrus quadricolor Lep.

Heinsius beobachtete in Holland: A. Diptera: a) *Empidae*: 1. Empis livida L. ♀. b) *Syrphidae*: 2. Volucella bombylans L. ♂. B. Hymenoptera: *Apidae*: 3. Bombus agrorum F. ⚥; 4. B. scrimshiranus K. ⚥. C. Lepidoptera: *Rhopalocera*: 5. Vanessa urticae L.; H. de Vries (Ned. Kruidk. Arch. 1877) in den Niederlanden Bombus agrorum F. ♂, und Apis mellifica L. ⚥; Mac Leod in Flandern 13 langrüsselige und 4 kurzrüsselige Bienen, 1 Grabwespe, 8 Schwebfliegen, 2 Empiden, 7 Falter (Bot. Jaarb. V. S. 404, 405).

In Dumfriesshire (Schottland) (Scott-Elliot, Flora S. 100) wurden 2 Hummeln, 1 Faltenwespe, 1 Empide und 1 Schwebfliege als Besucher beobachtet.

1515. C. eriophorum Scopoli. (Carduus eriophorus L.) Die purpurnen Blüten bergen, nach Mac Leod (Pyreneeënbl. S. 349—350), den Nektar sehr tief. Die Kronröhre ist 20 mm lang, das Glöckchen 9 mm tief mit fünf Kronzipfeln von 4,5 mm Länge. Einer der 5 Schlitze zwischen den Kronzipfeln ist ungefähr 2 mm tiefer als die vier anderen, so dass eine Hummel mit Hülfe dieses Zuganges den Kopf 1—2 mm tief in das Glöckchen stecken und bei einer Rüssellänge von 7—8 mm den Grund der Honigglocke erreichen kann. Durch diese tiefe Bergung des Nektars ist er nur langrüsseligen Bienen oder Faltern erreichbar.

Als Besucher beobachtete Mac Leod in den Pyrenäen nur Hummeln (6 Arten); H. Müller in Thüringen gleichfalls eine langrüsselige Biene (Megachile lagopoda L. ♀, psd. und sgd. ♂, sgd.), in den Alpen (Alpenbl. S. 425) 2 Hummel- und 2 Falterarten.

Schiner beobachtete in Österreich die Bohrfliegen: 1 Trypeta acuticornis Löw; 2. Urophora eriolepidis Löw, s. hfg.

1516. C. heterophyllum Allioni. (Carduus het. L.). [H. M., Alpenblumen S. 424, 425.] — Zwei- bis dreihundert Blüten mit roten, 8 mm langen Glöckchen setzen ein Köpfchen zusammen. Im ersten Blütenzustande wird der Pollen aus dem Antherencylinder hervorgekehrt, im zweiten breiten sich die beiden Griffeläste an der Spitze ein wenig auseinander und die papillösen Ränder der Innenflächen quellen etwas hervor. Spontane Selbstbestäubung ist bei ausbleibendem Insektenbesuche dadurch möglich, dass das Hervorquellen der papillösen Ränder bis zur Berührung mit dem an den Fegehaaren haften gebliebenen Pollen erfolgt.

Als Besucher sah H. Müller Bombus mesomelas Gerst. ♂, sgd. und psd.

In Dumfriesshire (Schottland) (Scott-Elliot, Flora S. 101) wurden 2 Hummeln und 1 Schwebfliege als Besucher beobachtet.

Schneider (Tromsø Museums Aarshefter 1894) beobachtete im arktischen Norwegen besonders Bombus agrorum F. als Besucher.

Loew beobachtete im botanischen Garten zu Berlin:

A. Coleoptera: *Telephoridae:* 1. Dasytes flavipes F., zahlreich. B. Hymenoptera: *Apidae:* 2. Apis mellifica L. ⚥, sgd.; 3. Bombus hortorum L. ⚥, stetig sgd.; Osmia fulviventris Pz. ♀, psd.

1517. C. acaule Allioni. (Carduus acaulis L.). Warnstorf (Bot. V. Brand. Bd. 38, S. 38, 39) beschreibt die Blüteneinrichtung der bei Neu-Ruppin immer zweigeschlechtigen Pflanze ausführlich in folgender Weise: Die Kronröhre ist 20—22, Saum bis 15 mm lang; letzterer oben durch drei etwa 5—6 mm und zwei bis 10 mm tiefe Einschnitte in 5 schmale, oben kappenförmige, aufrecht-abstehende Zipfel gespalten. Der am Grunde mit haarähnlichen Anhängseln versehene Staubbeutelcylinder ist, wenn der Pollen durch die geschlossenen Narbenäste, von unten gedrängt, oben heraustritt, etwas über den Kronensaum emporgehoben; zur Zeit aber, wenn der Griffel vollkommen ausgewachsen ist, hat sich die Staubblattröhre bereits durch Kontraktion der Filamente zwischen die Kronenzipfel zurückgezogen. Die Narbenäste zeigen aussen überaus dicht stehende, sehr kurze, auch unter der Lupe kaum erkennbare Fegehaare, die nur unter der Narbengabel etwas grösser sind. Im zweiten Blütenstadium biegen sich die inneren, mit Narbenpapillen besetzten Ränder der Narbenäste etwas nach aussen, so dass nun Fremdbestäubung durch Insekten, oder falls noch Pollen an den Härchen der Narbenäste haften geblieben sein sollte, auch Selbstbestäubung eintreten kann. Pollen weiss, rundlich bis elliptisch, grob-igelstachelig, bis 63 μ diam. messend.

An anderen Standorten tritt die Pflanze gynodiöcisch auf.

Die weiblichen Stöcke haben, nach Ljungström (Bot. Jh. 1884. I. S. 675), in Schweden kleinere Köpfe, als die zweigeschlechtigen.

Die purpurroten Blüten sah H. Müller in den Alpen von Bienen (7) und Faltern (6) besucht. (Alpenbl. S. 422).

Rössler beobachtete bei Wiesbaden den Falter: Depressaria incarnatella Z.; Mac Leod in den Pyrenäen 2 Hummeln als Besucher (B. Jaarb. III. S. 349, 350).

1518. C. rivulare Link.

Als Besucher verzeichnet Hoffer für Steiermark Bombus lapidarius L. ♂.

1519. C. oleraceum Scopoli. (Cnicus oleraceus L.). [H. M., Befr. S. 389; Knuth, Herbstbeob.; Bijdragen; Loew, Bl. Flor. S. 260, 397; Warnstorf, Bot. V. Brand. Bd. 38.] — Warnstorf beobachtete bei Neu-Ruppin ausschliesslich Zwitterblüten, deren Kronröhre etwa 15 mm beträgt, mit 6—7 mm langem Saum. Der Griffel ragt darüber 7—8 mm hinaus. Der Antherencylinder besitzt am Grunde haarähnliche Anhängsel, und die Filamente sind in der oberen Hälfte behaart. Pollen weiss, rundlich-elliptisch, grobstachelig, bis 62 μ diam. messend.

Eine interessante Beobachtung hat K o e h n e (Bot. V. d. Pr. Brand. XXVIII, S. VI und VII) veröffentlicht. Derselbe fand in Pommern die gelblich-weissen Blütenköpfe von sehr zahlreichen Exemplaren des Citronenfalters umschwärmt, dessen Färbung und Flügelform eine gewisse Übereinstimmung mit den bleichgelben, aufwärts gerichteten Hüllblattspitzen der Pflanze zeigt, so dass hier ein Fall von Mimikry vorliegen dürfte. (Vergl. Bd. I. S. 171—172.)

Als B e s u c h e r sahen H. Müller (1) in Westfalen und i c h (!) in Schleswig-Holstein:

A. Hymenoptera: *Apidae*: 1. Apis mellifica L. ⚥ (!, 1), sgd.; 2. Bombus agrorum F. (!), sgd.; 3. B. lapidarius L. (!), sgd.; 4. B. terrester L. ⚥ ♂ (1), sgd.; 5. Psithyrus vestalis Fourc., sgd. (!). B. Lepidoptera: a) *Rhopalocera*: 6. Pieris sp. (!), sgd. b) *Noctuae*: 7. Euclidia glyphica L. (1), sgd.

Herm. Müller sah in den Alpen (Alpenbl. S. 424) 3 Hummeln; L o e w daselbst eine Muscide: Spilographa meigenii Lw.

W ü s t n e i beobachtete auf der Insel Alsen Bombus latreillellus Kby. als Besucher; Alfken bei Bremen 2 Hummeln (sgd.): Bombus arcenicola Ths. ⚥ und B. proteus Gerst. ♂; S c h m i e d e k n e c h t in Thüringen die A p i d e n: 1. Psithyrus barbutellus K. ♂; 2. Osmia solskyi Mor. ♀; H o f f e r in Steiermark die A p i d e n: 1. Bombus lapidarius L. ♂; 2. Psithyrus barbutellus K. ♂, s. hfg.

S c h l e t t e r e r und v. D a l l a T o r r e verzeichnen die Trauerbiene Melecta luctuosa Scop. ♀ für Tirol als Besucher.

L o e w beobachtete an der var. a m a r a n t i n u m im botanischen Garten zu Berlin:

A. Coleoptera: *Scarabaeidae*: 1. Cetonia aurata L., Blütenteile verzehrend. B. Diptera: *Syrphidae*: 2. Syrphus balteatus Deg.; 3. S. corollae F. C. Hymenoptera: *Apidae*: 3. Bombus pratorum L. ♂; 4. Psithyrus vestalis Fourcr. ♂.

C.·oleraceum × acaule (C. decolorans Koch). [W a r n s t o r f, Bot. V. Brand. Bd. 38.] — Gynodiöcisch; Blüteneinrichtung wie bei C. a c a u l e; Kronensaum weiss oder schwach lila, Länge der Röhre etwa 10 mm; Narbenäste weiss. Pollen weiss, rundlich, stachelig, von etwa 50 μ diam.

Als B e s u c h e r beobachtete L o e w im botanischen Garten zu Berlin:
A. Hymenoptera: *Apidae*: 1. Psithyrus vestalis Fourcr. ♂, sgd. B. Lepidoptera: *Rhopalocera*: 2. Pieris brassicae L., sgd., zahlreich; sowie an dem Bastard

C. a c a u l e × o l e r a c e u m:
Hymenoptera: *Apidae*: 1. Bombus terrester L. ♂, sgd.; 2. Psithyrus campestris Pz. ♂, sgd.

C. oleraceum × palustre (C. h y b r i d u m und l a c t e u m Koch). Pollen der Form mit nicht herablaufenden Blättern und schwieligen Hüllblättern, weiss, kugelig bis elliptisch, in der Grösse sehr schwankend zwischen 37 und 56 μ diam. (W a r n s t o r f, Bot. V. Brand. Bd. 38).

1520. C. spinosissimum Scopoli. [H. M., Alpenblumen S. 423, 424.] — Die sehr wehrhafte Pflanze trägt eine Anzahl gelblich-weisser Blütenköpfe, deren Augenfälligkeit durch die ebenso gefärbten Deckblätter erhöht wird. Die Kronröhre der Einzelblüte ist 8—9 mm lang; sie endet in ein 4—5 mm tiefes, mit fünf etwa 5 mm langen Zipfeln versehenes Glöckchen. Die Einrichtung ist ähnlich wie bei C. heterophyllum.

Als Besucher sah H. Müller in den Alpen Käfer (6), Fliegen (6), Hymenopteren (15), Falter (14); Loew (Bl. Fl. S. 398) daselbst im Heuthale (Beiträge S. 58): Lepidoptera: a) *Hesperidae*: 1. Hesperia comma L., sgd. b) *Noctuidae*: 2. Agrotis ocellina S. V. c) *Zygaenidae*: 3. Zygaena exulans Hchw. et Rein.

Dalla Torre beobachtete in den Ötzthaler Alpen Bombus mastrucatus Gerst. ♀.

Schmiedeknecht giebt für Tirol Osmia confusa Mor. (nach Morawitz) als Besucher an, ebenso v. Dalla Torre und Schletterer. Letztere geben ferner an die Hummeln: 1. Bombus alticola Kriechb. ⚥, im stärksten Regen sammelnd; 2. B. hortorum L. ♀ und 3. die Schmarotzerhummel Psithyrus globosus Ev.

1521. C. ochroleucum Allioni.

Als Besucher beobachtete H. Müller in den Alpen 4 Hummelarten und 1 Tagfalter. (Alpenbl. S. 425.)

1522. C. monspessulanum Allioni. Der Stengel trägt, nach Mac Leod (B. Jaarb. III. S. 350—351), 3—4 purpurfarbige Blütenköpfchen, die einen Durchmesser von je 25—30 mm besitzen. Die Kronröhre ist 7—8 mm lang, das Glöckchen 6—7 mm tief mit 3—4 mm langen Zipfeln. Es gehört also zur Erreichung des Nektars ein 6 mm langer Rüssel.

Die von Mac Leod in den Pyrenäen beobachteten Besucher sind dem entsprechend Hummeln (4 Arten), Falter (9) und Syrphiden (3).

Loew sah im bot. Garten zu Berlin einen saugenden Falter (Pieris brassicae L.).

1523. C. glabrum DC. Die gelblich-weissen Blütenköpfchen fand Mac Leod in den Pyrenäen von Bombus hortorum L. ⚥ besucht. (B. Jaarb. III. S. 352.)

1524. C. serrulatum M. B.

Als Besucher beobachtete Loew im botanischen Garten zu Berlin: A. Hymenoptera: a) *Apidae*: 1. Psithyrus rupestris F. ♂, sgd. b) *Sphegidae*: 2. Ammophila sabulosa L. B. Lepidoptera: *Rhopalocera*: 3. Rhodocera rhamni L., sgd.; 4. Pieris brassicae L., sgd.; sowie an der Form ucranicum Bess.: Hymenoptera: *Apidae*: 1. Psithyrus campestris Pz. ♂, sgd.; 2. P. vestalis Fourc. ♂.

1525. Kentrophyllum lanatum DC.

Als Besucher beobachtete Schletterer bei Pola die seltene Furchenbiene Halictus quadrinotatus K.

350. Silybum Vaillant.

Am Grunde der Griffeläste ein meist etwas schräg verlaufender Ring von Fegehaaren, über demselben an der Aussenseite der Äste ganz kurze Fegehaare; Griffeläste im zweiten Blütenzustande nur an der Spitze klaffend.

1526. S. Marianum Gaertner. (Carduus Marianus L.). Sprengel, S. 371—372.] — Die Blüten sind purpurrot. In frühzeitig entwickelten Köpfen ist, nach Hildebrand (Comp. S. 60—62), der Pollen bisweilen verkümmert.

Als Besucher sah Buddeberg (H. M., Weit. Beob. III. S. 81) in Nassau:

Hymenoptera: *Apidae*: 1. Chelostoma nigricorne •Nyl. ♂, sgd.; 2. Halictus sexcinctus F. ♀, sgd. und psd.; 3. H. tetrazonius Klg. ♀, sgd.; 4. Megachile fasciata Sm. ♂, sgd.; 5. Osmia adunca Latr. ♂, sgd.; 6. O. fulviventris Pz. ♀, sgd.; 7. Stelis phaeoptera K. ♂, sgd.

351. Carduus Tourn.

Blüten röhrenförmig, zweigeschlechtig; Griffeläste nur an der Spitze sich auseinanderthuend, aussen am Grunde der Äste mit einem Ringe von Fegehaaren, an den später hervortretenden Rändern mit Narbenpapillen besetzt.

1527. C. crispus L. [H. M., Befr. S. 390; Weit. Beob. III. S. 83; Knuth, Ndfr. Ins. S. 95, 161; Heinsius, B. Jaarb. IV.; Loew, Bl. Flor. S. 395.] — Nach H. Müller sind 35—80 hellpurpurne Blütchen zu einem Köpfchen von 10 mm Durchmesser vereinigt, doch sind sie so nach aussen gebogen, dass oben eine rote Fläche 25—30 mm Durchmesser entsteht. Die Einzelblüte besitzt ein $2^1/_2$—3 mm langes, bauchiges Glöckchen mit 4—$5^1/_2$ mm langen, wenig divergierenden, linealen Zipfeln. Im übrigen stimmt die Bluteneinrichtung mit derjenigen der Zwitterblüten von Cirsium arvense überein, doch ist natürlich durch die Tiefe der Glöckchens einer beschränkteren Anzahl Insekten der Genuss des Nektars möglich.

In Schweden sind von Ljungström (Bot. Jb. 1884. I. S. 675) rein weibliche Pflanzen beobachtet.

Als Besucher sah ich auf der Insel Föhr 4 Bienen, 3 Falter, 2 Schwebfliegen.

Loew beobachtete in Brandenburg (Beiträge S. 39): Conops quadrifasciatus Deg., sgd.; Wüstnei in der Marsch von Schleswig-Holstein Bombus cullumanus (Kby.) Thomson; Alfken bei Bremen: Megachile centuncularis L. ♀, sgd.; Schmiedeknecht in Thüringen: Bombus soroënsis F. ♂ und B. confusus Schck. ♂.

Herm. Müller (1) und Buddeberg (2) geben folgende Besucherliste:
A. Diptera: a) *Empidae*: 1. Empis livida L., sgd., zahlreich (2). b) *Muscidae*: 2. Cynomyia mortuorum L., sgd. (2). c) *Syrphidae*: 3. Eristalis arbustorum L., sgd. und pfd. (2); 4. E. tenax L., sgd. und pfd., häufig (1). B. Hymenoptera: *Apidae*: 5. Anthrena gwynana K. ♀, sgd. (2); 6. Apis mellifica L. ♀, sgd., zahlreich (2); 7. Bombus agrorum F., sgd. (1 und 2); 8. B. lapidarius L. ♀ ♂, sgd., beide häufig (1 und 2); 9. B. terrester L. ♀, sgd. (1 und 2); 10. Chelostoma nigricorne Nyl. ♂, sgd. (2); 11. Coelioxys conoidea Ill. ♀, sgd. (2); 12. Halictus albipes F. ♂, sgd. (2); 13. H. cylindricus F. ♂ ♀, sgd., (1 und 2); 14. H. leucozonius Schrk. ♀, sgd. (2); 15. H. sexnotatus K. ♀, sgd. (2); 16. Megachile lagopoda K. ♂ ♀, sgd. (2); 17. Osmia fulviventris Pz. ♀, psd. (1); 18. Psithyrus barbutellus K. ♂, sgd. (2); 19. Stelis aterrima Pz. ♀, sgd. (1 und 2). C. Lepidoptera: a) *Pyralidae*: 20. Eurycreon verticalis L., sgd. (1). b) *Rhopalocera*: 21. Hesperia comma L., w. v. (2); 22. Melanargia galatea L., sgd., häufig (2); 23. Pieris napi L., sgd. (1); 24. P. rapae L. (1). c) *Sphingidae*: 25. Zygaena carniolica Scop., häufig (2); 26. Z. filipendulae L., w. v. (2); 27. Z. minos S. V., w. v., (2).

H. de Vries (Ned. Kruidk. Arch. 1877) beobachtete in den Niederlanden 3 Hummeln: Bombus hypnorum L. ♂, B. subterraneus L. ♂ und B. terrester L. ♂, und 2 Schmarotzerhummeln: Psithyrus rupestris F. ♂ und P. vestalis Fourcr. ♂, als Besucher; Heinsius in Holland: A. Diptera: a) *Empidae*: 1. Empis livida L. ♂ ♀. b) *Muscidae*: 2. Scatophaga stercoraria L. ♂. c) *Syrphidae*: 3. Melanostoma mellina L. ♂. B. Hymenoptera: *Apidae*: 4. Bombus pomorum Pz. ♂; 5. B. terrester L. ♂; 6. Halictus cylindricus F. ♂; 7. H. flavipes F. ♂.

1528. C. glaucus Bmg.

Als Besucher beobachtete Loew in Steiermark (Beiträge S. 49) einen Tagfalter: Melanargia galatea L., sgd.

1529. C. acanthoides L. [H. M., Befr. S. 390; Weit. Beob. III. S. 83; Alpenbl. S. 417; Knuth, Bijdragen; Herbstbeob.] — Die gleichfalls hellpurpurnen Blütenköpfchen sind augenfälliger als die von C. crispus, da, nach Müller, die linealen Zipfel der Glöckchen 7—8 mm lang sind. Da ausserdem die nekturhaltigen Glöckchen etwas weiter, aber weniger tief (nur 2 mm) als bei Carduus crispus sind, so ist der Besuch ein reichlicher. Die sonstige Blüteneinrichtung, also auch die Sicherung der Fremdbestäubung bei eintretendem, und die Möglichkeit spontaner Selbstbestäubung bei ausgebliebenem Insektenbesuche stimmt vollständig mit Carduus crispus und Cirsium arvense überein.

Als Besucher beobachtete ich im botanischen Garten zu Kiel 2 saugende Hummeln (Bombus lapidarius L. ♀ ♀ und B. terrester L.) und 2 saugende Falter (Pieris brassicae L. und Vanessa io L.); H. Müller in den Alpen 4 Hummeln. 3 Falter, 1 Käfer; in Mitteldeutschland folgende Insekten:

A. Coleoptera: a) *Chrysomelidae*: 1. Cryptocephalus sericeus L. b) *Curculionidae*: 2. Larinus jaceae F.; 3. Spermopbagus cardui Stev., in grösster Menge in den Blüten. c) *Elateridae*: 4. Corymbites holosericeus L. d) *Scarabaeidae*: 5. Trichius fasciatus L. B. Diptera: a) *Conopidae*: 6. Conops scutellatus Mg., sgd.; 7. Physocephala rufipes F., sgd. b) *Syrphidae*: 8. Eristalis arbustorum L., sgd. C. Hemiptera: 9. Anthocoris sp. D. Hymenoptera: a) *Apidae*: 10. Bombus agrorum F. ⚥, sgd.; 11. B. lapidarius L. ⚥, sgd.; 12. B. pratorum L. ♂, sgd.; 13. B. silvarum L. ♀ ♀, sgd.; 14. Cilissa tricincta K. ♀, sgd.; 15. Chelestoma campanularum L. ♀ ♂, sgd. und pfd.; 16. Dasypoda hirtipes F. ♀, sgd.; 17. Halictus albipes F. ♂, häufig, sgd.; 18. H. cylindricus F. ♂, sgd.; 19. H. interruptus Pz. ♂, sgd.; 20. H. leucozonius Schrk. ♂ ♀, sgd. und psd.; 21. H. longulus Sm. ♂ ♀, sgd.; 22. H. lucidulus Schenck ♀, sgd.; 23. H. maculatus Sm. ♂ ♀, sgd.; 24. H. minutus K. ♂, sgd.; 25. H. nitidiusculus K. ♂ ♀. 26. H. quadricinctus F. ♂ ♀, sehr häufig, sgd.; 27. H. quadrinotatus K. ♂, einzeln, sgd.; 28. H. rubicundus Chr. ♂ ♀, in Mehrzahl, sgd.; 29. H. smeathmanellus K. ♀, sgd.; 30. Heriades truncorum L. ♀ ♂. sgd. und psd.; 31. Megachile centuncularis L. ♂, sgd.; 32. M. lagopoda L. ♀ ♂, sgd. und psd.; 33. M. versicolor Sm. ♀, sgd.; 34. Osmia aenea L. ♂, sgd.; 35. O. aurulenta Pz. ♀, sgd. und psd.; 36. O. fulviventris F. ♀, w. v.; 37. Prosopis punctulatissima Sm. ♀, sgd.; 38. Stelis aterrima Pz. ♀ ♂, in Mehrzahl, sgd.; 39. St. breviuscula Nyl. ♀, sgd.; 40. St. phaeoptera K. ♀, nicht selten, sgd. b) *Vespidae*: 41. Cerceris variabilis Schrk. ♀, sgd. E. Lepidoptera: a) *Noctuae*: 42. Plusia gamma L., sgd. b) *Rhopalocera*: 43. Argynnis aglaja L., sgd.; 44. Epinephele janira L., sgd.; 45. Pieris brassicae L., sgd. c) *Sphinges*: 46. Zygaena carniolica Scop., sgd.

Schmiedeknecht giebt für Tirol Osmia confusa Mor. (nach Morawitz) als Besucher an.

Schletterer verzeichnet für Tirol als Besucher die beiden Bauchsammler-Bienen Osmia confusa Mor. und Megachile willughbiella K.

Schiner beobachtete in Österreichs die Bohrfliege Oxyphora miliaria Schrk.

1530. C. defloratus L. [H. M., Alpenblumen S. 418—422.] — Der Durchmesser des aus 100—200 purpurnen Blüten bestehenden Köpfchens beträgt an der Einschnürung nur 20 mm, von oben gesehen 25—30 mm, da sich die Kronen nach aussen biegen. Die Kronröhre 7—8 mm lang, das Glöckchen etwa 5 mm tief mit fünf linealen, divergierenden Zipfeln von 6—7 mm Länge. Beiderseits des untersten Zipfels ist das Glöckchen bis auf 3 mm Tiefe gespalten, so dass Insekten mit 3 mm langem Rüssel Zutritt zu dem bis in das Glöckchen emporsteigenden Honig haben.

Im ersten Blütenstadium bedeckt der bläuliche Blütenstaub in reichlicher Menge die Blüthen, im zweiten thun sich die beiden Griffeläste an den Spitzen etwas auseinander, auch quellen die mit Narbenpapillen besetzten Ränder der Äste nach aussen hervor. Dieses letztere Stadium dauert erheblich länger als das erste. Bleibt Insektenbesuch aus, so kann spontane Selbstbestäubung durch stärkeres Hervorquellen der Narbenränder bis zur Berührung mit haften gebliebenem Pollen erfolgen. Doch wird Autogamie kaum eintreten, da H. Müller in der Schweiz sehr zahlreiche Insekten (nicht weniger als 103 Arten) als Besucher beobachtete, nämlich Käfer (8), Fliegen (10), Hymenopteren (31), Falter (54).

Loew beobachtete in der Schweiz (Beiträge S. 58): A. Diptera: a) *Bombylidae*: 1. Argyromoeba sinuata Fall., sgd. b) *Empidae*: 2. Empis tessellata F. c) *Tabanidae*: 3. Tabanus bromius L. B. Hymenoptera: *Apidae*: 4. Halictus quadricinctus F. ♀; 5. Osmia villosa Schck. ♀ ♂, sgd., ♀ auch psd. C. Lepidoptera: a) *Rhopalocera*: 6. Parnassius delius Esp. b) *Zygaenidae*: 7. Zygaena exulans Hchw. et Rein. Ferner im bot. Garten zu Berlin: Bombus terrester L. ♂, sgd.

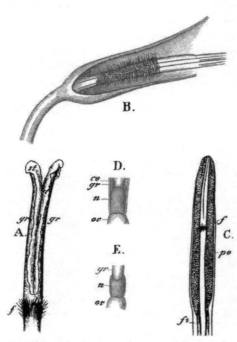

Fig. 206.   Carduus defloratus L.   (Nach Herm. Müller.)

A. Oberer Teil des Griffels. (17 : 1.)   *B.* Unterer Teil der Kronröhre (aufgeschnitten).   (7 : 1.) *C.* Durchschnitt der Antherenröhre kurz vor dem Aufblühen der Blumen. (7 : 1.)   *D.* Unterster Teil der Kronröhre (offen gespalten).   *E.* Unterster Teil des Griffels. (7 : 1.)

1531. C. Personata Jacquin.
(Arctium Personata L.). [H. M., Alpenblumen S. 417, 418.] — Etwa 6 klettenähnliche, purpurrote Blütenköpfchen von 30—40 mm Durchmesser stehen am Ende des Stengels. Jedes der 150—200 Blütchen eines Köpfchens besitzt eine 7—9 mm lange Röhre und ein etwa 3 mm langes, unten bauchiges Glöckchen. Die Staubfäden sind in hohem Grade reizbar. Im übrigen stimmt die Blüteneinrichtung mit C. defloratus völlig überein, dessen Staubfäden aber wenig oder gar nicht reizbar sind.

Als Besucher sah H. Müller Käfer (2), Fliegen (6), Hummeln (3), Falter (6).

Loew beobachtete im botanischen Garten zu Berlin: Hymenoptera: *Apidae*: 1. Apis mellifica L. ⚲, sgd.; 2. Osmia fulviventris Pz. ♀, psd.

1532. C. nutans L. [Sprengel, S. 370—371; H. M., Befr. S. 390; Weit. Beob. III. S. 83, 84; Loew, Bl. Flor. S. 390; Kirchner, Flora S. 390.] — Mehrere Hundert purpurrote Blüten sind, nach Kirchner, zu einem duftenden Köpfchen vereinigt, dessen, obere Fläche einen Durchmesser von etwa 40 mm hat. Die Röhre der Einzelblüte ist 10 mm, das Glöckchen 5 mm lang; die Länge der Zipfel desselben wechselt zwischen 5 bis 8 mm. Im übrigen stimmt die Blüteneinrichtung mit derjenigen von Cirsium arvense überein.

Als Besucher beobachtete Loew in Brandenburg (Beiträge S. 39): Megachile lagopoda L. ♀, psd.; in Schlesien (Beiträge S. 31): Parnopes grandior Pall., sgd.

Herm. Müller beobachtete in Mitteldeutschland:

A. Diptera: Syrphidae: 1. Eristalis tenax L., pfd.; 2. Syrphus ribesii L., pfd. B. Hymenoptera: Apidae: 3. Apis mellifica L., sgd., zahlreich; 4. Bombus hortorum L. ♂, sgd.; 5. B. hypnorum L. ♀, sgd.; 6. B. pratorum L. ♀ ♂, sgd.; 7. B. silvarum L. ♀ ♀, sgd.; 8. B. vestalis Fourc., sgd.; 9. Halictus cylindricus F. ♂, sgd.; 10. H. leucozonius Schrk. ♀, psd.; 11. H. malachurus K. ♀, sgd.; 12. H. quadrinotatus K. ♂, sgd. (Thür.); 13. H. sexcinctus F. ♀, sgd. und pfd.; 14. H. zonulus Sm. ♀, sgd. (Thür.). C. Lepidoptera: a) Rhopalocera: 15. Argynnis aglaja L., sgd., in Mehrzahl; 16. A. paphia L., sgd.; 17. Epinephele janira L., sgd. (Thür.); 18. Hesperia lineola O., sgd. b) Sphinges: 19. Zygaena lonicerae Esp., sgd.; Schmiedeknecht in Thüringen die Schmarotzerhummeln: 1. Psithyrus globosus Ev. ♂; 2. P. rupestris F. ♂; Alfken bei Bremen: Apidae: 1. Bombus arenicola Ths. ♂; 2. B. distinguendus Mor. ♀; 3. B. lapidarius L. ♀; 4. B. ruderatus F. ♀, sgd.; 5. B. terrester L. ♂; 6. Halictus calceatus Scop. ♀; 7. Osmia solskyi Mor. ♀; 8. Psithyrus barbutellus K. ♀ ♂; 9. P. campestris Pz. ♂; 10. P. rupestris F. ♂. Schiner bemerkte in Österreich die Bohrfliegen: 1. Oxyphora miliaria Schrk.; 2. Urophora solstitialis L.; 3. U. stylata F.

Schletterer verzeichnet für Tirol (T.) als Besucher und beobachtete bei Pola: Hymenoptera: Apidae: 1. Anthrena florea F., psd.; 2. Bombus hypnorum L. (T.); 3. B. mesomelas Gerst. (T.); 4. B. terrester L. (T.); 5. Ceratina nigroaenea Gerst.; 6. Halictus levigatus K. ♀; 7. H. morbillosus Krchb.; 8. H. quadricinctus F.; 9. H. scabiosae Rossi; 10. Osmia fulviventris Rossi; 11. Psithyrus rupestris F. (T.) b) Scoliidae: 12. Scolia insubrica Rossi.

1533. C. medius Gouan. Der Durchmesser der purpurroten Blütenköpfchen ist, nach Mac Leod (Pyreneeënbl. S. 352—354), in den Pyrenäen 30 mm. Die Kronröhre ist 10—11 mm lang, das bauchige, honighaltige Glöckchen 4—5½ mm tief. Es können daher Insekten mit 4—5 mm langem Rüssel den Nektar aussaugen, während die Käfer, sowie kurzrüsselige Fliegen und Hymenopteren nur pollenfressend auf den Köpfchen angetroffen werden.

Als Besucher beobachtete Mac Leod Hymenopteren (14), Falter (16), Käfer (6), Syrphiden (3), Musciden (9).

1534. C. carlinoides Gouan. Der Durchmesser der purpurnen Blütenköpfchen beträgt, nach Mac Leod (B. Jaarb. III. S. 354—356), in den Pyrenäen 25—30 mm. Die Kronröhre ist 7—8 mm lang, das Glöckchen 3—4 mm tief. Wie die vorige wird auch diese Art vornehmlich von langrüsseligen Insekten besucht.

Als Besucher beobachtete Mac Leod Hymenopteren (14), Falter (2), Käfer (1), Musciden (1), Empiden (1).

1535. C. pycnocephalus Jacq.

Als Besucher beobachtete Schletterer bei Pola: Hymenoptera: a) Apidae: 1. Anthidium septemdentatum Ltr.; 2. Anthrena lucens Imh.; 3. Ceratina cucurbitina Rossi; 4. Osmia fulviventris Pz.; 5. O. spinolae Schck.; 6. Prosopis hyalinata Sm. v. subquadrata F. b) Chrysidae: 7. Holopyga amoenula Dhlb. c) Sphegidae: 8. Pemphredon unicolor F.; 9. Tachytes obsoleta Rossi.

352. Onopordon Vaillant.

Blüten zweigeschlechtig, röhrenförmig. Griffeläste sich nicht auseinander-
breitend, an den Aussenrändern mit Streifen von Narbenpapillen, unter der
Spaltung mit einem Ringe ziemlich kurzer, schräg aufwärts gerichteter Fegehaare.

1536. O. Acanthium L. [H. M., Befr. S. 385, 386; Weit. Beob. III.
S. 81; Alpenbl. S. 417; Kerner, Pflanzenleben II.; Knuth, Herbstb.; Rügen;
Bijdragen.] — Die hellpurpurnen Blüten haben, nach Müller, eine 10—12 mm
lange Kronröhre, an welche sich das 3—4 mm tiefe Glöckchen mit fünf linealischen,
6—8 mm langen, nicht divergierenden Zipfeln anschliesst. Der Nektar steigt
bis in das Glöckchen empor. Im ersten Stadium bedeckt der hervorgekehrte
Pollen die Blüten, im zweiten überragt die Narbe 5—7 mm die Kronzipfel,
indem sich dann die Narbenpapillen stärker nach aussen gekehrt haben. — Kerner
bemerkt über die mechanische Reizbarkeit der Staubfäden von Onopordon,
dass, wie bei anderen Kompositen, der Pollen durch den Antherencylinder gegen
Regen und nächtlichen Tau geschützt wird, durch das Herabziehen des Antherencylinders aber das obere Griffelende entblösst und so der auf ihm abgelagerte
Pollen freigelegt wird.

Als Besucher sah ich im botanischen Garten zu Kiel saugende Hummeln
(Bombus agrorum F., B. hortorum L., B. lapidarius L., B. terrester L.) und Tagfalter
(Pieris napi L., Vanessa atalanta L., V. io L., V. urticae L.), sowie 1 Muscide (Calli-
phora erythrocephala Mg.).

Auf der Insel Rügen beobachtete ich: Pieris sp.

Herm. Müller (1) und Buddeberg (2) geben für Mitteldeutschland folgende
Besucherliste:
A. Coleoptera: *Coccinellidae*: 1. Coccinella mutabilis Scriba, vergeblich nach
Honig suchend (1). B. Hemiptera: 2. Capsus, 2 verschiedene Arten, sgd. (1); 3. Lygaeus equestris L., sgd. (1, Thür.). C. Hymenoptera: a) *Apidae*: 4. Anthrena schrankella Nyl. ♀ (1); 5. Bombus lapidarius L. ⚥, sgd. (1); 6. B. rupestris F. ♀, sgd. (1);
7. B. terrester L. ♀, sgd. (1); 8. Coelioxys conoidea Ill. ♀, sgd. (1); 9. Halictus
cylindricus F. ♀ (2); 10. H. leucozonius Schrk. ♀, sgd. (1, Thür.); 11. H. maculatus Sm.,
psd. (1, Thür.); 12. H. quadricinctus F. ♀, sgd. (2); 13. H. quadristrigatus Latr. ♀,
sgd. (1); 14. H. sexcinctus F. ♂ (2); 15. H. tetrazonius Klg. ♀ (2); 16. Megachile lagopoda L. ♀ ♂, psd. und sgd. (1, 2); 17. M. ligniseca K. ♀, sgd. und psd. (2); 18. Osmia
aurulenta Pz. ♀, psd. und sgd. (1, Thür.); 19. O. fulviventris Pz. ♀, sgd. und psd.,
häufig (2); 20. Saropoda bimaculata Pz. ♀, sgd. (1); 21. Stelis aterrima Pz. ♀ ♂, sgd.
(1, 2); 22. S. phaeoptera K. ♀, sgd. (2). b) *Sphegidae*: 23. Psammophila affinis K. ♀,
sgd. (1). D. Lepidoptera: a) *Rhopalocera*: 24. Hesperia silvanus Esp., sgd. (1, Thür.);
25. Melanargia galatea L., sgd. (1); 26. Vanessa cardui L., sgd. (1, Thür.); 27. V. urticae
L., sgd. (1). b) *Sphinges*: 28. Macroglossa stellatarum L., sgd. (1).

In den Alpen sah Herm. Müller eine Hummel auf den Blüten.

Gerstäcker beobachtete bei Berlin Osmia fulviventris Pz. ♀; Schmiedeknecht in Thüringen: Osmia solskyi Mor. ♀; Friese in Ungarn die Langhornbiene
Eucera nigrifacies Lep.; Schiner in Österreich die Bohrfliege Tephritis postica Löw.

Dalla Torre beobachtete in Tirol die Apiden: 1. Bombus hypnorum L. ♂; 2. B.
muscorum F. ♂; 3. Anthrena cetii Schrk. ♀; 4. Halictus sexcinctus Fbr. ♀; 5. Stelis
phaeoptera K. ♀; Schletterer daselbst: 1. Anthrena marginata F.; 2. Bombus hypnorum
L.; 3. Halictus sexcinctus F.; 4. Stelis phaeoptera K.

353. Lappa Tourn.

Blüten röhrenförmig, zweigeschlechtig. Griffeläste sehr kurz, auf der Innenseite mit Papillen, auf der Aussenseite mit kurzen, spitzen, schräg aufwärts gerichteten Fegezacken besetzt, die sich bis unter die Spaltung fortsetzen und an ihrer unteren Grenze mit einem Ringe längerer Fegehaare abschliessen.

1537. L. minor DC. [Hildebrand, Comp. S. 46, Taf. V. Fig. 32; H. M., Befr. S. 391; Weit. Beob. III. S. 84; Knuth, Ndfr. Ins. S. 161.] — Die Augenfälligkeit der ziemlich kleinen, meist nur etwa haselnussgrossen Blütenköpfchen wird durch die rötliche Färbung der inneren Hüllblätter etwas erhöht. Das Glöckchen der oben purpurn gefärbten Blumenkrone ist, nach Müller, 3 mm lang; die Kronzipfel sind aufrecht, dreieckig und nur 1 mm lang. Im ersten Blütenzustande tritt wieder der Pollen aus dem Antherencylinder hervor, im zweiten der Griffel 1—2 mm unterhalb des Ringes der längeren Fegehaare. Er spreizt seine innen mit Papillen besetzten Äste dann vollständig auseinander.

Als Besucher sah ich auf den nordfriesischen Inseln und bei Kiel Apis und 2 Falter (Pieris sp., Plusia gamma L.) sgd.; Herm. Müller in Westfalen zwei Apiden (Bombus agrorum F. ⚥, sgd. und Halictus longulus Sm. ⚥, sgd.); Buddeberg in Nassau 2 Apiden (Halictus cylindricus F. ♀ ♂, sgd. und Stelis aterrima Pz. ♀ ♂, sgd.), sowie eine Grabwespe (Ammophila sabulosa L. ♀, sgd.); Alfken bei Bremen Bombus proteus Gerst. ♂.

Mac Leod beobachtete in den Pyrenäen eine Hummel als Besucherin. (B. Jaarb. III. S. 359.)

1538. L. tomentosa Lmk.

Als Besucher beobachtete Herm. Müller (Befr. S. 391) folgende Bienen: 1. Apis sgd. und psd.; 2. Bombus agrorum F. ⚥ ♂, sgd.; 3. B. silvarum L. ⚥, sgd.; 4. Psithyrus campestris Pz. ♂, sgd.; 5. Megachile centuncularis L. ♀, sgd.; sowie 1 Noktuide (Plusia gamma L.), sgd. Die letzte der genannten Apiden beobachtete Loew auch im botanischen Garten zu Berlin an den Blüten. Derselbe sah in der Schweiz (Beiträge S. 59): Trypeta tussilaginis F.

H. de Vries (Ned. Kruidk. Arch. 1877) beobachtete in den Niederlanden 2 Hummeln, Bombus agrorum F. ⚥ und B. subterraneus L. ♂. und 1 Schmarotzerhummel, Psithyrus campestris Pz. ♂, als Besucher.

1539. L. major Gaertner sah Herm. Müller (Alpenbl. S. 426) in den Alpen von Apis, 3 Hummeln, 3 Faltern besucht.

354. Carlina Tourn.

Blüten zweigeschlechtig. Die weisslichen inneren Hüllblätter vertreten die Stelle der Strahlblüten, doch dienen sie ausser zur Erhöhung der Augenfälligkeit zum Schutze der Blüten, indem sie bei feuchter Witterung über dem Köpfchen zusammenschliessen ("Wetterdistel"). Der Griffel besitzt an der Aussenseite seiner verkehrt-keulig verdickten Spitze zahlreiche bis unter die Spaltung hinabgehende Fegehaare; die sehr kurzen Äste bleiben fast geschlossen und lassen längs ihrer äusseren Berührungslinie einen Streifen Papillen hervortreten. - Die stacheligen äusseren Hüllblätter bilden einen wirksamen Schutz gegen aufkriechende Tiere.

1540. C. acaulis L. [H. M., Alpenblumen S. 414, 415; Knuth, Herbstbeob.; Bijdragen.] — Mehrere Hundert, unter einander gleichgebaute Blütchen setzen das an und für sich unscheinbare, dem Boden anliegende Köpfchen zusammen, dessen Durchmesser 20—40 mm beträgt. Durch die 60—80 trockenen, starren, glänzend weisslichen, bandförmigen inneren Hüllblätter von je 35—40 mm Länge und 2½—3 mm Breite entsteht jedoch ein weithin glänzender Stern von 75—80 mm Durchmesser. Die Kronröhre der Einzelblütchen ist 4—5 mm, das Glöckchen 5—6 mm lang. Der Griffel hat zwei kurze, stumpfe, kaum 1 mm lange Äste, die auf der Aussenseite unter den kurzen Fegehaaren hinter der Spaltung noch einen Kranz längerer Fegehaare besitzen. Die Blüten öffnen sich bei Innsbruck, nach Kerner, zwischen 7 und 8 Uhr vormittags und schliessen sich zwischen 6 und 7 Uhr nachmittags.

Als Besucher sah ich im Berner Oberland Bombus lapidarius L., sgd.; im botanischen Garten zu Kiel ausserdem noch B. hortorum L., B. terrester L., Apis, sowie 1 Falter (Vanessa io L.) und 1 Schwebfliege (Eristalis arbustorum L.). Sämtl. sgd.

Herm. Müller beobachtete in den Alpen 3 Hummel- und 2 Falterarten.

In Thüringen beobachtete Herm. Müller (Befr. S. 382) folgende Besucher:
A. Coleoptera: *Curculionidae*: 1. Larinus senilis F.; Larven und Puppen finden sich im gemeinsamen Blütenboden der Körbchen, die fertigen Käfer auf den blühenden Körbchen und auf anderen Teilen der Pflanze. B. Hymenoptera: *Apidae*: 2. Bombus agrorum F. ♂, sehr zahlreich, sgd.: 3. B. confusus Schenk ♂, w. v.; 4. B. lapidarius L. ♂, w. v.; 5. B. muscorum F. ♂, w. v.; 6. B. silvarum L. ♂, w. v.; 7. B. terrester L. ♂, w. v.; Halictus spec. besonders 8. Halictus cylindricus F. ♂; und 9. H. quadricinctus F. ♂; 10. Psithyrus rupestris L. ♂. Redtenbacher sah in Österreich den Rüsselkäfer Larinus senilis F.; Hoffer in Steiermark Bombus pomorum Panz. var. mesomelas Gerst. (elegans Seidl.).

Schmiedeknecht beobachtete in Thüringen die Apiden: 1. Bombus pomorum Pz. ♂; 2. Psithyrus rupestris F. ♂.

Mac Leod sah in den Pyrenäen 1 Hummel, 1 Ameise, 1 Muscide als Besucher. (B. Jaarb. III. S. 358).

1541. C. acanthifolia Allioni. Die gelben Blütenköpfe, deren Augenfälligkeit durch die umgebenden goldgelben Hochblätter noch erhöht wird, sah Mac Leod in den Pyrenäen von einer Hummel besucht. (B. Jaarb. III. S. 358—359.)

1542. C. vulgaris L. [Knuth, Nordfr. Ins. S. 161; Weit. Beob. S. 236; Mac Leod, Bot. Jaarb. V. S. 402; Warnstorf, Bot. V. Brand. Bd. 38.] — Die Pflanze trägt auf der Insel Sylt meist nur 1, selten bis 5 Blütenkörbchen von je 40 mm Durchmesser. Das aus mehreren hundert Einzelblüten bestehende Köpfchen ist von mehreren Reihen starker, dorniger, schützender Hüllblätter umgeben, an welche sich nach innen zu ein Kranz strohgelb gefärbter, 20 mm langer und 1½—2 mm breiter, trockenhäutiger, nicht bewehrter Hüllblätter anschliesst, welche die Rolle des Strahles so gut spielen, dass die sonst sehr unscheinbaren Köpfchen weithin sichtbar werden. Bei trüber Witterung und während der Dunkelheit legen sich diese Hüllblätter nach innen und oben zusammen und bilden so ein schützendes Strohdach. Darunter liegt dann noch ein zweites kegelförmiges Dach, welches von den die Blüten um mehrere mm überragenden Spreuborsten gebildet wird.

Der Pollen wird, wie bei allen Kompositen, bereits im Knospenzustande in die Antherenröhre entleert und dann durch die starren, schräg aufwärts gerichteten Fegehaare hervorgekehrt. Ist der Antherencylinder leer, so treten die an den Seiten befindlichen Narbenpapillen hervor.

Warnstorf fügt noch folgendes hinzu: Kronensaum zur Blütezeit dunkelviolett und seine Zipfel am Rande mit einfachen und unregelmässig verästelten kurzen Härchen besetzt, welche den herabfallenden Pollen festzuhalten bestimmt sind. Blütchen etwa 10—11 mm lang, Staubbeutelröhre bis 3 mm weit aus denselben hervorragend; letztere durch Kontraktion der Filamente später ganz in den Saum zurückgezogen, wodurch die schmutzig-gelblichen Pollenzellen vollständig freigelegt werden. Narbenäste kurz, aussen mit Fegehaaren, welche sich unter der Narbengabel etwas verlängern, und innen mit Narbenpapillen; später in einem spitzen Winkel auseinander tretend. Die inneren strohfarbenen, schmal linealischen Hüllblätter vertreten hier die Strahlblüten anderer Kompositen und bewirken durch ihr periodisches Öffnen und Schliessen, dass Narben älterer Blüten mit dem Pollen von nebenstehenden jüngeren in Berührung kommen und bestäubt werden. Sollte also Insektenbesuch ausbleiben, so ist Vorsorge getroffen, dass die Pflanze sich selbst befruchtet. Pollen rundlich, mit niedrigen Stachelwarzen, von etwa 50 μ diam.

Nach Kerner öffnen sich die Köpfchen morgens um 7—8 Uhr und schliessen sich 12 Stunden später.

Als Besucher sah ich 3 saugende Hummeln: Bombus derhamellus K. B. lapidarius L. und B. terrester L., 1 Schwebfliege (Syrphus balteatus Deg. ♂) und 2 Musciden (Olivieria lateralis Fabr. und Anthomyia ♀), sämtl. pfd. Herm. Müller (1) (Befr. S. 382; Weit. Beob. III. S. 79) und Buddeberg (2) beobachteten in Thüringen und Nassau: Hymenoptera: a) Apidae: 1. B. lapidarius L. ♂ (1); 2. B. terrester L. ♂ (1); 3. B. tristis Seidl. ♂ (1, bei Schwiebus); 4. Coelioxys acuminata Nyl. ♀ (1); 5. C. quadridentata L. ♀ (1); 6. Halictus cylindricus F. ♂, s. hfg. (1); 7. H. quadricinctus F. ♂ (1, 2), hfg.; 8. Megachile circumcincta K. ♀ (1); 9. M. lagopoda L. ♂, einmal (1). b) Sphegidae: 10. Ceropales maculatus F. ♀ (1). Sämtl. sgd.

Schletterer giebt für Tirol Bombus derhamellus K. als Besucher an.

Mac Leod beobachtete in den Pyrenäen 3 Hummeln und 1 Falter. (B. Jaarb. III. S. 358).

355. Saussurea DC.

Blüten zweigeschlechtig. Aussenfläche der Griffeläste ganz mit langen, spitzen Fegehaaren besetzt, am Grunde die längsten; Innenfläche mit Papillen; Griffeläste sich zurückrollend.

1543. S. alpina DC. [H. M., Alpenblumen S. 413, 414.] — Das Einzelköpfchen besteht aus 11—17 Blüten mit 7—8 mm langer, weisslicher Röhre und 2 mm langem, violettem Glöckchen. Fünf bis neun solcher Köpfchen stehen dicht beisammen. Die veilchen- oder vanilleduftenden, protandrischen Blüten werden, nach Müller, vermutlich von pollenfressenden Fliegen und pollensammelnden und saugenden Bienen besucht, doch beobachtete derselbe nur eine

Schwebfliege. Lindman beobachtete auf dem Dovrefjeld Fliegen, eine Blattwespe und eine Hummel als Besucher.

1544. S. albescens Hook. fil. et Th.

Als Besucher beobachtete Loew im botanischen Garten zu Berlin: Hymenoptera: a) *Apidae*: 1. Apis mellifica L. ⚥, sgd.; 2. Bombus hortorum L. ♂, sgd.; 3. Halictus nitidiusculus K. ♂, sgd. b) *Chalcididae*: 4. Unbestimmte Chalcidide,. auf den
Blüten herumsuchend.

356. Jurinea Cassini.

1545. J. mollis Rchb. [v. Wettstein, Compos. d. österr.-ungar. Flora.] —
Die Spaltöffnungen der jungen, noch geschlossenen Köpfchen sondern Nektar
aus, der Ameisen (— bei Wien und Budapest meist Camponotus silvaticus
Oliv. var. aethops Latz., seltener Aphenogaster structor Latz. —) anlockt, welche
ihrerseits schädliche Insekten von den Blütenköpfchen fernhalten. Die Nektarabsonderung hört mit dem Beginn der Anthese auf.

1546. J. alata hat, nach Hildebrand (Comp. S. 58, 59), einen ähnlichen Griffelbau wie Centaurea montana.

Als Besucher beobachtete Loew im botanischen Garten zu Berlin eine pollensammelnde Biene: Osmia fulviventris Pz. ♀.

1547. Alfredia cernua Cass. sah Loew im botanischen Garten zu
Berlin von Bombus terrester L. ♀, psd., besucht.

1548. Rhaponticum pulchrum Fisch. et Mey.:

Loew beobachtete im botanischen Garten zu Berlin als Besucher: Hymenoptera:
a) *Apidae*: 1. Dasypoda hirtipes F. ♂, sgd.; 2. Osmia fulviventris Pz. ♀, psd.; 3. Stelis
aterrima Pz. ♀, sgd. b) *Vespidae*: 4. Odynerus parietum L.

357. Serratula L.

Blüten zweigeschlechtig oder diöcisch.

1549. S. tinctoria L. [Kirchner, Flora S. 727; H. M., Befr. S. 391;
Knuth, Herbstbeob.] — Gynodiöcisch. Zwischen der weiblichen und der zweigeschlechtigen Form giebt es, nach Kirchner (Flora S. 727), Übergänge.

Als Besucher der purpurroten Blüten sah Herm. Müller (Befr. S. 391) in
Thüringen 1 Hummel (Bombus agrorum F. ♀ ♂, sgd.) und 1 Tagfalter (Colias hyale L.,
sgd., häufig). Ich beobachtete im botanischen Garten zu Kiel 6 Schwebfliegen pfd. und
sgd. (Eristalis horticola Deg., E. pertinax Scop. Platycheirus sp., Syritta pipiens L.,
Syrphus ribesii L., S. umbellatarum L.) und 2 Musciden pfd. (Calliphora erythrocephala
Mg., Musca corvina F.), sowie 2 Falter sgd. (Pieris sp., Vanessa Jo L.).

Schiner beobachtete in Österreich die Bohrfliege Trypyta ruficauda F.

1550. S. quinquefolia M. B.

Als Besucher beobachtete Loew im botanischen Garten zu Berlin: Hymenoptera: *Apidae*: 1. Bombus agrorum F. ♂; 2. B. terrester L. ♀, sgd.

1551—1552. S. lycopifolia Vill. und S. centauroides Host. (= S. radiata
M. B.) sondern, nach Wettstein (a. a. O.), an den Hüllschuppen der jungen, noch
geschlossenen Köpfchen aus den Spaltöffnungen reichlich Nektar aus, welcher

zur Anlockung von Ameisen dient, welche wie bei Jurinea schädliche Insekten von den Knospen fernhalten.

An S. lycopifolia beobachtete Wettstein Formica exsecta Nyl., F. rufibarbis Fabr., Lasius niger L. und Myrmica lobicornis Nyl.; an S. centauroides Lasius alienus Först.

358. Cnicus Vaillant.

Griffel der Zwitterblüten demjenigen von Centaurea (montana) sehr ähnlich.

1553. C. benedictus L. [Hildebrand, Comp. S. 57, 58, Taf. V. Fig. 31.] — Die ersten Blüten besitzen, trotzdem die Antheren normal aussehen, keinen Pollen. Die geschlechtslosen Randblüten sind so klein, dass sie gegen die Scheibenblüten fast verschwinden.

359. Centaurea L.

Randblüten geschlechtslos, röhrenförmig, strahlend. Scheibenblüten zweigeschlechtig. Staubfäden stark reizbar. Griffel unterhalb der kurzen breiten Äste mit einem Ringe schräg aufwärts gerichteter Fegehaare, darüber mit kurzen Härchen besetzt, innen mit Narbenpapillen. — Kerner hebt hervor, dass der Pollen bis zur Zeit des Insektenbesuches in dem von den Antheren gebildeten Futteral versteckt ist, was den Vorteil für ihn hat, dass er so gegen Regen und Nachttau geschützt ist. Durch den Reiz, welcher durch den Rüssel des honigsuchenden Insektes auf die Staubfäden ausgeübt wird, ziehen sich letztere zusammen, so dass der krümlige Pollen, nachdem er kaum hervorgetreten ist,

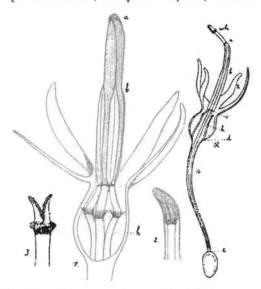

Fig. 207. Centaurea Cyanus L. (Nach J. Mac Leod.)

1. Eine Scheibenblüte im ersten (männlichen) Zustande. Der Griffel ist noch in dem von den Staubfäden (*h*) getragenen Staubbeutelcylinder (*c b a*) verborgen. *a b* ist der oberste, geteilte, durch die Staubbeutelanhängsel gebildete Teil des Cylinders. *2.* Oberster Teil (*a b*) von Fig. *1*, im Längsschnitt. Die beiden Griffeläste sind noch gegen einander gedrückt, an ihrem Grunde sitzt ein Haarring, über welchem sich der Blütenstaub befindet. *3.* Narbe im zweiten Zustande; ihre Äste sind gespreizt; der Haarring ist noch mit Pollenkörnern beladen; einige Pollenkörner kleben auch an der papillösen Innenfläche der Griffeläste. *4.* Scheibenblüte im zweiten (weiblichen) Zustande, halbschematisch. Der Griffel ist aus der Spitze des Staubbeutelcylinders hervorgetreten. *w h* Haarring. *a b* Staubbeutelanhängsel. *b c* Eigentliche Staubbeutel. *h* Staubfäden. *st* Griffel. *k* Kronzipfel. *d c* Kronröhre. Die Honigdrüse (nicht abgebildet) befindet sich bei *c*.

auch schon von den Insekten abgestreift wird. Nach Entfernung desselben ist kurze Zeit hindurch nur Kreuzung möglich, dann rollen sich die Griffeläste so

zurück, dass die Narbenpapillen mit dem an den Fegehaaren zurückgebliebenen
Pollen in Berührung kommen und so spontane Selbstbestäubung erfolgt. Diese
Zurückrollung habe ich nicht bemerkt. — Einige Arten (C. alpina nach Wettstein, C. montana nach Delpino in den Apeninnen, dagegen nach Wettstein nicht bei Wien) zeigen ähnliche Honigausscheidungen wie Serratula
lycopifolia und centauroides und Jurinea mollis an den Hüllschuppen
der Köpfchen im Knospenzustande. An C. alpina bemerkte Wettstein in
Istrien Camponotus silvaticus Oliv. var. aethiops Latz.

1554. C. Jacea L. [H. M., Befr. S. 382—384; Weit. Beob. III. S. 79, 80;
Alpenbl. S. 415; Loew, Bl. Fl. S. 390, 393, 397; Mac Leod, B. Jaarb. V.
S. 401—402; Knuth, Herbstbeob.; Bijdragen.] — Triöcisch. Die meist hellpurpurnen Blüten stehen, nach Müller, zu 60 bis über 100 in einem Köpfchen zusammen,
welches unten auf 8—10 mm Durchmesser zusammengedrängt ist, oben aber
sich zu einer Fläche von 20—30 mm Durchmesser ausbreitet. Die Randblüten
dienen ausschliesslich zur Erhöhung der Augenfälligkeit; sie sind unfruchtbar
und in grosse, nach aussen gerichtete Trichter umgewandelt. Die Scheibenblüten
sind zweigeschlechtig; ihre Röhre ist 7—10 mm lang, das Glöckchen 3—4½ mm;
es besitzt 5 linealische, 5 mm lange Zipfel. Die behaarten Staubfäden sind reizbar; sie krümmen sich bei Berührung durch den Rüssel besuchender Insekten,
wodurch die Antherenröhre hinabgezogen wird. Es wird daher die kranzförmige
Griffelbürste den im Antherencylinder enthaltenen Pollen hinausfegen.

Später wächst der Griffel aus der Staubbeutelröhre hervor, und die papillöse
Innenseiten der Griffeläste klaffen etwas auseinander. Spontane Selbstbestäubung
ist, nach Müller, ausgeschlossen (vgl. oben die Angabe von Kerner), dagegen
kann Selbstbestäubung durch Insektenvermittelung dann erfolgen, wenn beim Hervortreten der Narbenpapillen der Pollen noch nicht vollständig abgeholt ist.
Bei hinreichendem Insektenbesuche ist aber kein Blütenstaub mehr auf den im
zweiten Zustande befindlichen Köpfchen, so dass Fremdbestäubung erfolgen muss.
— Pollen, nach Warnstorf, weiss, elliptisch, gefurcht, mit niedrigen Stachelwarzen, etwa 56 μ lang und 30 μ breit.

Müller beobachtete auch Pflanzen mit männlichen und weiblichen Köpfchen mit vergrösserten Strahlblüten, Mac Leod in Belgien neben den zweigeschlechtigen Köpfchen mit geschlechtslosen Randblüten auch weibliche Köpfchen ohne Randblüten. Die männlichen Köpfchen haben eine blassere Färbung;
ihre Randblüten sind sehr vergrössert, das Nektarium ist verkümmert, die Griffeläste bleiben immer zusammen. Die Blüten der weiblichen Köpfe sind dunkler
gefärbt und kleiner, ihre Antheren sind verschrumpft und ohne Pollen.

Als Besucher sah ich bei Glücksburg Pieris napi L., sgd., sehr zahlreich; bei
Kiel 3 Apiden (Apis mellifica L., Bombus lapidarius L., Psithyrus rupestris F.), 4 Schwebfliegen (Eristalis nemorum L., Helophilus hybridus Loew, H. pendulus L., Rhingia campestris L.), sowie 4 Falter (Lycaena sp., Pieris sp., Plusia gamma L., Vanessa io L.).
Sämtlich sgd.

In den Alpen beobachtete H. Müller 3 Bienen und 3 Falter als Besucher. Für
Mitteldeutschland geben Müller (1) und Buddeberg (2) folgende Besucherliste:

A. Diptera: a) *Conopidae*: 1. Conops flavipes L., sgd. (1); 2. Physocephala vittata F., sgd. (1); 3. Sicus ferrugineus L., sgd. (2). b) *Empidae*: 4. Empis livida L., sgd. (1, 2); 5. E. rustica F., sgd. (1). c) *Syrphidae*: 6. Eristalis intricarius L., sgd. (1); 7. E. tenax L., bald pfd., bald den langausgestreckten Rüssel in die einzelnen Glöckchen senkend (1); 8. Helophilus pendulus L., sgd. (1); 9. Rhingia rostrata L., sgd. (1); 10. Syrphus balteatus Deg., pfd. (2). B. Hymenoptera: a) *Apidae*: 11. Anthidium strigatum Pz., psd. (1, Thür.); 12. Anthrena pilipes F. ♀, psd. (1); 13. Apis mellifica L. ♀, häufig, sgd. und psd. (1); 14. Bombus agrorum F. ♀, sgd. (1); 15. B. lapidarius L. ♀, sgd. (1); 16. B. pratorum L. ♂, sgd. (1); 17. B. silvarum L. ♀ ♀, sgd. (1); 18. Dasypoda hirtipes F. ♂, sgd., in Mehrzahl (1); 19. Halictus albipes F. ♂, sgd. (1); 20. H. cylindricus F. ♀ ♂, sgd. und psd., sehr häufig (1); 21. H. interruptus Pz. ♂, sgd. (1); 22. H. leucozonius Schrk. ♀ ♂, sgd. und psd. (1); 23. H. longulus Sm. ♀ ♂ (1); 24. H. lucidulus Schenck ♀, sgd. und psd. (1); 25. H. maculatus Sm. ♀ ♂, psd. und sgd. (1); 26. H. malachurus K. ♀, sgd. und psd. (2); 27. H. minutus K. ♂, sgd. (1); 28. H. nitidiusculus K. ♂ ♀, psd. und sgd. (1); 29. H. quadricinctus F. ♀ ♂, sgd. und psd., häufig (1, 2); 30. H. rubicundus Chr. ♀ ♂, sgd. und psd. (1); 31. H. sex- cinctus F. ♀, sgd. (2); 32. H. smeathmanellus K. ♀, sgd. und psd. (1); 33. H. tetra- zonius Klg. ♀ ♂, sgd. (2); 34. H. villosulus K. ♀, sgd. und psd. (2); 35. H. zonulus Sm. ♂, sgd. (1); 36. Megachile centuncularis L. ♀ ♂, psd. und sgd. (1, 2); 37. M. lagopoda L. ♀, psd. (1, Thür.); 38. Osmia spinulosa K. ♀, pfd. (1, Thür.); ·39. Psi- thyrus barbutellus K. ♂, sgd. (1); 40. P. campestris Pz. ♂, sgd.·(1); 41. P. rupestris F. ♀ ♂, sgd. (1); 42. P. quadricolor Lep. ♂, sgd. (1); 43. Saropoda bimaculata L. ♂, sgd. (1, Liebenau bei Schwiebus). b) *Sphegidae*: 44. Ammophila sabulosa L. ♀, sgd. (1). c) *Vespidae*: 45. Pollistes gallica L. (1, Thür.). C. Lepidoptera: a) *Noctuae*: 46. Plusia gamma L. (1). b *Rhopalocera*: 47. Coenonympha pamphilus L. (1); 48. Colias hyale L. (1); 49. Epinephele janira L. (1); 50. Hesperia thaumas Hfn. (1); 51. Lycaena corydon Scop., sgd. (1, Thür.); 52. L. sp. (1); 53. Melanargia galatea L., sgd., in Mehrzahl (1); 54. Pa- rarge megaera L. (1); 55. Pieris brassicae L. (1); 56. P. napi L. (1); 57. Polyommatus phlaeas L. (1). c) *Sphinges*: 58. Zygaena carniolica Scop. (1, Thür.); 59. Z. lonicerae Esp. (1).

Rössler beobachtete bei Wiesbaden folgende Falter: 1. Grapholitha hohenwarthiana Tr.; 2. Zygaena meliloti Esp.; Friese in Thüringen die Furchenbiene Halictus sexcinctus F.; Loew in Brandenburg (Beiträge S. 39): Eristalis sepulcralis L.; in der Schweiz (Beiträge S. 58): A. Hymenoptera: *Apidae*: 1. Bombus pascuorum Scop. ♀, psd. B. Lepidoptera: *Zygaenidae*: 2. Zygaena carniolica Scop.; in Steiermark (Beiträge S. 49): Hymenoptera: *Apidae*: 1. Halictus zonulus Sm. ♀, psd.; 2. Megachile melanopyga Costa ♀, psd.

Schletterer giebt für Tirol als Besucher an die Apiden: 1. Anthrena lucens Imh.; 2. Bombus pascuorum Scop.; 3. Halictus albipes F.; Dalla Torre daselbst die Goldwespe: Chrysis analis Spin.

Hoffer beobachtete in Steiermark die Schmarotzerbiene Psithyrus barbutellus K. ♂; Mac Leod in Flandern 7 langrüsselige und 5 kurzrüsselige Bienen, 6 Schweb- fliegen, 1 Muscide, 1 Empide, 13 Falter (B. Jaarb. V. S. 401, 402); H. de Vries (Ned. Kruidk. Arch. 1877) in den Niederlanden 2 Bienen, Megachile argentata F. ♀ und M. spinulosa K. ♀, und 2 Hummeln, Bombus subterraneus L. ♂ und B. terrester L. ♂ ♀, als Besucher.

1555. C. nigra L. Die Einrichtung der bläulich-roten Blüten stimmt, nach Kirchner (Beitr. S. 70), mit derjenigen von C. Jacea überein. Da jedoch vergrösserte Randblüten stets fehlen, so ist der obere Durchmesser des Köpfchens nur etwa 25 mm. Jede der über 100 Einzelblüten besitzt eine 10 mm lange Röhre und ein 4—5 mm langes Glöckchen mit fünf eben so langen Zipfeln.

Als Besucher sah Kirchner Hummeln und eine Schwebfliege (Eristalis tenax L.).

Heinsius beobachtete in Holland: A. Diptera: *Conopidae:* 1. Sicus ferrugineus L. ♂. B. Hymenoptera: *Apidae:* 2. Bombus agrorum F. ♂; 3. Coelioxys conica L. ♀; 4. Megachile centuncularis L. ♀. C. Lepidoptera: *Rhopalocera:* 5. Pieris brassicae L. ♂; Mac Leod in den Pyrenäen 12 Hymenopteren, 18 Falter, 1 Käfer, 6 Fliegen als Besucher (B. Jaarb. III. S. 356, 357).

In Dumfriesshire (Schottland) (Scott-Elliot, Flora S. 101) wurden Apis, 7 Hummeln, 1 andere langrüsselige Biene, 5 Schwebfliegen, 3 Musciden und 5 Falter als Besucher beobachtet.

E. D. Marquard bemerkte in Cornwall Anthrena denticulata K. als Besucher; Saunders in England die Apide Rophites quinquespinosus Spin.

Willis (Flowers and Insects in Great Britain Pt. I) beobachtete in der Nähe der schottischen Südküste:

A. Coleoptera: a) *Nitidulidae:* 1. Meligethes viridescens F., pfd., sehr häufig. b) *Scarabaeidae:* 2. Crepidodera ferruginea Scop. B. Diptera: a) *Muscidae:* 3. Anthomyia radicum L., pfd.; 4. A. sp., häufig; 5. Hylemyia strigosa F., sgd.; 6. Trichophthicus cunctans Mg., sgd. b) *Syrphidae:* 7. Eristalis aeneus Scop., sgd., häufig; 8. E. pertinax Scop., pfd.; 9. E. tenax L., sgd.; 10. Platycheirus albimanus Mg., pfd.; 11. P. manicatus Mg., pfd.; 12. Rhingia rostrata L., sgd. und pfd., häufig; 13. Sphaerophoria scripta L., sgd.; 14. Syrphus balteatus Deg., pfd., häufig. C. Hemiptera: 15. Anthocoris sp.; 16. Calocoris bipunctatus F.; 17. C. fulvomaculatus Deg. D. Hymenoptera: *Apidae:* 18. Anthidium manicatum L.; 19. Apis mellifica L.; 20. Bombus agrorum F.; 21. B. hortorum L., häufig; 22. B. lapidarius L.; 23. B. pratorum L.; 24. B. scrimshiranus Kirb., häufig; 25. B. terrester L., sämtl. sgd. E. Lepidoptera: a) *Microlepidoptera:* 26. Crambus sp. b) *Rhopalocera:* 27. Argynnis aglaja L.; 28. A. sp.; 29. Epinephele janira L.; 30. Pieris napi L., häufig; 31. P. rapae L.; 32. Polyommatus phlaeas L., häufig; 33. Vanessa urticae L., sämtlich sgd.

1556. C. montana L. Die trichterförmigen Randblüten sind geschlechtslos, die Scheibenblüten zweigeschlechtig. Die längeren Fegehaare des Griffels der letzteren liegen, nach Hildebrand (Comp. S. 50—56, Taf. V, Fig. 1—23), nicht in gleicher Höhe, sondern in einem Bogen unterhalb der Äste. Der heranwachsende Griffel fegt den Pollen vor sich her zunächst in den leeren Kegel der Antherenkämme, dann aus der Spitze derselben hervor. Bei Insektenbesuch ziehen sich die vom Rüssel berührten Staubfäden zusammen, so dass nun grössere Pollenmassen hervortreten und sich an den Bauch des Insekts heften. Alsdann tritt der Griffel hervor und entfaltet seine papillösen Innenflächen. Über die Honigaussonderung der Hüllschuppen s. S. 658.

Als Besucher sah ich (Bijdragen) im botanischen Garten zu Kiel Bombus hortorum L. ♀, sgd.; in Westfalen bei Iserlohn B. lapidarius L. ♀, sgd.

Schenck beobachtete in Nassau die Apiden: 1. Coelioxys quadridentata L.; 2. Megachile centuncularis L.; 3. M. ericetorum Lep.; 4. Stelis phaeoptera K.; Dalla Torre und Schletterer in Tirol Bombus pratorum L.; Loew im botanischen Garten zu Berlin: Hymenoptera: *Apidae:* 1. Apis mellifica L. ♀, sgd.; 2. Osmia fulviventris Pz. ♂, sgd.

1557. C. axillaris Willdenow. Kirchner (Beitr. S. 71) hatte am Simplon Gelegenheit, die Blüteneinrichtung zu untersuchen; er fand dieselbe mit derjenigen von C. montana übereinstimmend. Die 9—12 geschlechtslosen Randblüten besitzen eine so stark vergrösserte Krone, dass sie 25—35 mm aus der Köpfchenhülle hervorstehen. Die Röhren der Scheibenblüten sind 9 mm, die Glöckchen 3 mm, ihre Zipfel 7 mm lang; die 7 mm lange Antherenröhre überragt den Blüteneingang. Der Griffel wächst noch 4 mm über sie hinaus und krümmt im zweiten Zustande seine Äste bogig zurück.

Als Besucher sah Kirchner Hummeln; Loew im botanischen Garten zu Berlin die Honigbiene.

1558. C. phrygia L.

Als Besucher sah Müller in den Alpen 2 Falter (Alpenbl. S. 415); Loew im bot. Garten zu Berlin Psithyrus vestalis Fourcr. ♂. sgd.

1559. C. Mureti Jord. (= C. maculosa Aut. pro parte).

Als Besucher bemerkte H. Müller (a. a. O.) in den Alpen 1 Hummel und 3 Falter.

1560. C. Cyanus L. [Sprengel, S. 371—373; H. M., Befr. S. 385; Weit. Beob. III. S. 80, 81; Knuth, Ndfr. Ins. S. 96, 161; Mac Leod, B. Jaarb. V. S. 398-401]. Auch hier dienen die, nach Ludwig, meist 8 Randblüten ausschliesslich zur Anlockung der Insekten; sie sind unfruchtbar und in grosse Trichter umgewandelt, welche nach aussen gerichtet sind und so die blaugefärbte Fläche des Körbchens von 2 auf 5 cm Durchmesser vergrössern, dasselbe zugleich nach allen Seiten augenfällig machend. (Vgl. die Beobachtungen von Plateau, Bd. I. S. 396.) Die Scheibenblütchen besitzen, nach H. Müller, eine 5—6 mm lange Röhre, welche sich zu einem nur 3 mm tiefen, sich in fünf lineale Zipfel spaltenden Glöckchen, bis zu dessen Grunde der Honig empor-steigt, erweitert. Die Scheibenblüten sind wenig zahlreich; sie bilden keine ebene Fläche, sondern lassen die Antherenröhren in weiten Abständen hervortreten. Die Staubfäden sind in hohem Grade reizbar. (Abb. s. Fig. 207, S. 657.)

Als Besucher bemerkte ich auf den nordfriesischen Inseln und bei Kiel Apis, 3 Hummeln, 1 Falter, 6 Schwebfliegen; Alfken bei Bremen: *Apidae*: Apis, hfg., psd. und Megachile maritima K. ♀, sgd.; Krieger bei Leipzig: Halictus smeathmanellus K.; Rössler bei Wiesbaden den Falter: Chariclea delphinii L.; Friese im Elsass (E.), in Mecklenburg (M.), Thüringen (Th.) und Ungarn (U.) die Apiden: 1. Eucera hunga-rica Friese (U.), n. slt.; 2. Osmia claviventris Thoms. ♂ (E., M., Th., U.); 3. Osmia papaveris Ltr. (M., Th., einzeln, U.).

Herm. Müller giebt für Westfalen und Thüringen folgende Besucher an:
A. Diptera: a) *Empidae*: 1. Empis livida L., sgd., häufig. b) *Syrphidae*: 2. Eris-talis arbustorum L., pfd.; 3. Helophilus pendulus L., pfd.; 4. Melithreptus scriptus L., pfd.; 5. Rhingia rostrata L., sgd. B. Hymenoptera: a) *Apidae*: 6. Apis mellifica L. ☿, häufig, sgd. und psd.; 7. Bombus lapidarius L. ☿, sgd.; 8. B. silvarum L. ☿, sgd.; 9. Halictus tetrazonius Klg. ♀, sgd.; 10. Megachile maritima K. ♂, sgd.; 11. Saropoda bimaculata Pz. ♀, sgd. und psd., andauernd; 12. Stelis breviuscula Nyl. ♀, sgd. b) *Sphe-gidae*: 13. Psammophila affinis K., sgd. C. Lepidoptera: a) *Noctuae*: 14. Plusia gamma L., sgd. b) *Rhopalocera*: 15. Lycaena aegon S. V. ♂, sgd.; 16. L. damon S. V., sgd.

Auf der Insel Rügen beobachtete ich: A. Diptera: *Syrphidae*: 1. Volucella bombylans L. B. Hymenoptera: *Apidae*: 2. Apis mellifica L.; 3. Bombus agrorum F.; 4. B. lapidarius L. ♂ ☿. Sämtl. sgd.

Loew beobachtete in Schlesien (Beiträge S. 31): A. Diptera: a) *Asilidae*: 1. Dioctria flavipes Mg. b) *Muscidae*: 2. Anthomyia sp. B. Hymenoptera: *Apidae*: 3. Apis mellifica L., ☿ psd.; Mac Leod in Flandern Apis, 2 Hummeln, 1 Halictus, 6 Schwebfliegen, 1 Empis, 2 Falter (B. Jaarb. V. S. 400, 401); H. de Vries (Ned. Kruidk. Arch. 1867) in den Niederlanden Apis mellifica L. ☿.

1561. C. Scabiosa L. [Hildebrand, Comp. S. 56, 57; H. M., Befr. S. 384, 385; Weit. Beob. III. S. 80; Alpenbl. S. 416; Ljungström, Bot. Jb.

1884. I. S. 675; Loew, Bl. Fl. S. 393; Knuth, Rügen; Bijdragen; Herbstbeob.] — Die Bestäubungs-Einrichtung der meist trübpurpurnen Blüten
stimmt, nach H. Müller, im ganzen mit derjenigen der Zwitterblüten von
C. Jacea überein, doch sind die Randblüten geschlechtslos, ohne Glöckchen
und erheblich grösser, mit 16—22 mm langen Röhren, auch ist der Honig noch
leichter zugänglich, denn die Kronröhre der Scheibenblüten ist 11—12 mm lang,
das Glöckchen dagegen $3^1/_2$—4 mm tief. Pollen, nach Warnstorf, wie bei
C. Jacea, doch bis 75 μ lang und 44 μ breit. — In Schweden sind von
Ljungström auch rein weibliche Pflanzen mit verkümmerten Staubblättern der
Scheibenblüten beobachtet.

Als Besucher sah ich bei Glücksburg 2 Bienen (Apis, Bombus lapidarius L. ♀♂)
und 1 Schwebfliege (Eristalis tenax L.), sgd.; bei Kiel ausserdem eine Schmarotzerhummel (Psithyrus vestalis Fourc.), 3 Schwebfliegen (Eristalis sp., Helophilus pendulus
L., Platycheirus peltatus Mg.), 4 Falter (Lycaena sp., Plusia gamma L., Vanessa io L.),
sämtlich sgd., sowie Meligethes.

Schmiedeknecht beobachtete in Thüringen Bombus derhamellus K. ♂; Schiner
in Österreich: Diptera: a) *Muscidae*: (Trypetinae): 1. Trypeta cornuta F.; 2. T. tussilaginis F. b) *Bombylidae*: 3. Phtiria gaedii Mg.

Schletterer und Dalla Torre verzeichnen als Besucher für Tirol die Apiden:
1. Anthrena eximia Sm.; 2. A. propinqua Schck.; 3. Halictus leucopus K. ♂; 4. H.
sexcinctus F. ♂; 5. H. sexnotatus K. ♀; 6. Osmia spinulosa K. ♂.

Für Westfalen, Thüringen und Nassau geben Müller (1) und Buddeberg (2)
folgende Besucher an:

A. Coleoptera: *Chrysomelidae*: 1. Cryptocephalus sericeus L., unthätig auf den
Blüten sitzend (1). B. Diptera: a) *Empidae*: 2. Empis sp., sgd., häufig (1, Thür.).
b) *Muscidae*: 3. Trypeta cornuta F. (1). c) *Syrphidae*: 4. Eristalis horticola Deg., pfd. (2);
5. E. nemorum L. (1). C. Hemiptera: 6. Capsus sp., sgd. (1). D. Hymenoptera:
Apidae: 7. Anthidium manicatum L. ♀ ♂, psd. und sgd. (1); 8. Apis mellifica L. ⚥,
sgd., zahlreich (1); 9. Bombus agrorum F. ♂ ♀, sgd. und pfd. (1); 10. B. confusus
Schenck ♂, sgd. (1); 11. B. lapidarius L. ♂, sgd. (1); 12. B. silvarum L. ♂, sgd. (1);
13. B. terrester L. ♂ (1); 14. Coelioxys conoidea Ill. ♂, sgd., wiederholt (1); 15. Halictus
maculatus Sm. ♀, psd. (1); 16. H. quadricinctus F. ♀ ♂, sehr häufig, sgd. (1); 17. Megachile argentata F. ♂, sgd. (1, Strassburg); 18. M. ligniseca K. ♂, sgd. (1); 19. Osmia
aenea L. ♂ ♀, psd. und sgd. (1); 20. O. rufa L. ♀, sgd. und psd. (1, Strassburg); 21. O.
spinulosa K. ♀, psd. (1); 22. Psithyrus rupestris F. ♂, sgd. (1). E. Lepidoptera:
a) *Rhopalocera*: 23. Epinephele janira L. (1); 24. Lycaena corydon Scop., sgd. (1);
25. Melanargia galatea L., sgd., in Mehrzahl (1); 26. Melitaea athalia Esp. (1). b) *Sphinges*:
27. Zygaena carniolica Scop. (1).

Auf der Insel Rügen beobachtete ich: Hymenoptera: *Apidae*: 1. Bombus lapidarius L. ♀; 2. B. silvarum L. ⚥; 3. B. terrester L. ⚥, sämtl. sgd. Loew sah in Steiermark (Beiträge S. 49): Hymenoptera: *Apidae*: 1. Bombus pratorum L. ♂, sgd.;
2. B. variabilis Schmdk. ⚥, psd.; 3. Megachile melanopyga Costa ♀, psd.; H. Müller
in der Schweiz 2 Käfer, 2 Schwebfliegen, 12 Bienen, 2 Falter; Mac Leod in den Pyrenäen 4 Hummeln und 2 Falter (B. Jaarb. III. S. 358).

Loew beobachtete im botanischen Garten zu Berlin:

A. Hymenoptera: a) *Apidae*: 1. Apis mellifica L., sgd.; 2. Bombus terrester
L. ♂, sgd. b) *Vespidae*: 3. Eumenes coarctatus L. B. Lepidoptera: *Rhopalocera*:
4. Argynnis latonia L., sgd.; 5. Pieris brassicae L., sgd.; 6. Vanessa urticae L., sgd.;
sowie an der Form: spinulosa: A. Diptera: *Syrphidae*: 1. Syritta pipiens L.; 2. Syrphus balteatus Deg. B. Hymenoptera: *Apidae*: 3. Psithyrus rupestris F. ♂. sgd.

1562. C. nervosa Willdenow. [H. M., Alpenblumen S. 415, 416.] —
Die roten Köpfchen haben einen Durchmesser von 60—70 mm. Die etwa 20
Randblüten sind geschlechtslos, dafür aber in je eine 22 mm lange Röhre mit
fünf 15—20 mm langen Zipfeln verwandelt. Die gegen 100 Scheibenblüten
haben eine 8—9 mm lange Röhre und ein 5 mm langes Glöckchen. Im übrigen
stimmt die Blüteneinrichtung mit derjenigen von C. Cyanus überein.

Als Besucher sah H. Müller in den Alpen Hummeln (5 Arten), Falter (14).

1563. C. Calcitrapa L. [Knuth, Bijdragen]
sah ich im botanischen Garten zu Kiel von Bombus lapidarius L. ♀, sgd., besucht.

Friese giebt für Istrien die Schmarotzerbiene Crocisa major Mor. an.

Schletterer beobachtete bei Pola: Hymenoptera: a) *Apidae*: 1. Crocisa major
Mor.; 2. Halictus leucozonius Schrk. ♀; 3. H. scabiosae Rossi; 4. Megachile apicalis Spin.
b) *Sphegidae*: 5. Crabro clypeatus L.

1564. C. rhenana Boreau. (C. paniculata Jacq., C. maculosa
Aut., non Lmck.).

Als Besucher beobachtete Loew in Schlesien (Beiträge S. 26—27):
A. Coleoptera: *Chrysomelidae*: 1. Crytocephalus sericeus L. B. Diptera:
a) *Bombylidae*: 2. Bombylius minor L., sgd.; 3. Systoechus sulphureus Mikan, sgd.
b) *Conopidae*: 4. Myopa fasciata Mg., sgd.; 5. Physocephala nigra Deg. ♀, sgd.; 6. P.
truncata Lw. ♂, sgd.; 7. P. vittata F. ♂, sgd. c) *Stratiomydae*: 8. Odontomyia hydroleon
L., sgd. d) *Syrphidae*: 9. Eristalis tenax L., sgd.; 10. Syrphus lineola Zett., sgd.; 11. S.
pyrastri L., sgd.; 12. Volucella bombylans L., sgd. C. Hymenoptera: a) *Apidae*:
13. Anthrena pilipes F. ♀, sgd. und psd.; 14. Bombus rajellus K. ⚥, psd.; 15. B. variabilis
Schmdkn. ⚥, psd.; 16. Coelioxys punctata Lep. ♀ ♂, sgd.; 17. Dasypoda hirtipes
F. ♀ ♂, sgd., ♀ eifrig psd.; 18. Eucera (Tetralonia) pollinosa Lep. ♀, sgd.; 19. Halictus
leucozonius Schrk. ♀, sgd.; 20. H. quadristrigatus Latr. ♀, sgd.; 21. Megachile argentata F. ♂,
sgd.; 22. M. fasciata Sm. ♂, sgd.; 23. M. maritima K. ♀, psd.; 24. M. octosignata Nyl. ♀,
psd.; 25. Nomada jacobaeae Pz. ♀ ♂, sgd.; 26. Osmia solskyi Mor. ♀, sgd.; 27. Psithyrus rupestris F. ♀, sgd.; 28. Saropoda rotundata F. ♀, sgd. b) *Sphegidae*: 29. Bembex
rostrata F. ♀ ♂, sgd. D. Lepidoptera: a) *Noctuidae*: 30. Acronycta aceris L., sgd.;
31. Plusia gamma L., sgd. b) *Rhopalocera*: 32. Argynnis aglaja L., sgd.; 33. Melanargia
galatea L., sgd.; 34. Papilio machaon L., sgd.; 35. Pieris brassicae L., sgd.; 36. P.
daplidice L., sgd.; 37. Vanessa cardui L., sgd.; 38. V. urticae L., sgd. c) *Sphingidae*:
39. Ino statices L., sgd.

In Tirol beobachtete derselbe (Beiträge S. 58): Coleoptera: *Cerambycidae*:
1. Clytus ornatus F.; 2. C. plebeius F.; 3. Mylabris floralis Pall.

Gerstäcker beobachtete bei Chiavenna und Meran die Apiden: 1. Ceratina
cucurbitina Rossi, hfg., psd.; 2. C. gravidula Gerst. ♀, psd.; 3. Megachile melanopyga
Costa ♀, psd. Dalla Torre und Schletterer geben dieselben Bienen als Besucher
in Tirol an.

1565. C. arenaria M. B.

Als Besucher beobachtete Schletterer in Tirol die Apiden: 1. Anthidium
manicatum L.; 2. A. septemdentatum Ltr.; 3. Epeolus tristis Sm. = luctuosus Ev.;
4. Melitta leporina Pz.

Friese giebt Eucera dentata Klg. (in den Alpen), E. graja Ev. (in Ungarn) an.

Alfken beobachtete bei Bozen: Hymenoptera: *Apidae*: 1. Anthidium laterale
Ltr., zahllos, fast jeder Blütenknopf trug ein Exemplar, ♀ sgd. und psd., ♂ sgd.; 2. A.
manicatum L., seltener, ♀ ♂; 3. A. septemspinosum L., selten; 4. Anthrena carbonaria
L. ♀, s. hfg., sgd. und psd.; 5. Eriades crenulata Nyl. ♀, hfg., psd.; 6. Eucera dentata
Klug ♂, slt.; 7. Megachile apicalis Spin. ♀ ♂, zahllos, erstere sgd. und psd.; letztere

sgd.; 8. M. lagopoda L. ♀, sgd. und psd.; 9. M. pilicrus Mor. ♀; 10. Xylocopa violacea L., einz. Hemiptera: *Pentatomidae*: 11. Carpocoris nigricornis L.

1566. C. Bibersteini.

Friese beobachtete in Ungarn die Schmarotzerbienen: 1. Ammobates vinctus Gerst., mehrfach; 2. Pasites minutus Mocs. und die Sammelbienen: 3. Camptopoeum frontale F., hfg.; 4. Eucera graja Mor.; 5. Lithurgus chrysurus Fonsc.; 6. L. fuscipennis Fonsc.; 7. Osmia bidentata Mor.; 8. O. dives Mocs.; 9. O. spinulosa K.; 10. Podalirius bimaculatus Pz.

1567. C. valesiaca Jord.

Friese beobachtete in der Schweiz Podalirius bimaculatus Pz. und die seltene Schmarotzerbiene Stelis frey-gessneri Friese.

1568. C. solstitialis L.

Friese beobachtete in Ungarn die Apiden: 1. Lithurgus chrysurus Fonsc.; 2. L. fuscipennis Fonsc.; 3. Osmia bidentata Mor.; 4. O. dives Mocs., einzeln; 5. O. spinulosa K.; Schletterer bei Pola: Hymenoptera: a) *Apidae*: 1. Crocisa major Mor.; 2. Halictus calceatus Scop.; 3. Lithurgus chrysurus Fonsc. b) *Sphegidae*: 4. Crabro clypeatus L.

1569. C. amara L.

Schletterer beobachtete die kleine Pelzbiene, Podalirius bimaculatus Pz., bei Pola als Besucherin.

1570. C. nigrescens Willd.

Schletterer verzeichnet als Besucher für Tirol die Apiden: 1. Anthidium oblongatum Ltr.; 2. Anthrena nitida Fourcr.; 3. Halictus calceatus Scop.

Loew beobachtete im botanischen Garten zu Berlin an Centaurea-Arten folgende Blütenbesucher:

1571. C. argentea L.:

2 Schwebfliegen (Eristalis arbustorum L. und E. nemorum L.);

1572. C. astrachanica Spr.:

A. Hymenoptera: *Apidae*: 1. Bombus terrester L. ♂, sgd. B. Lepidoptera: *Rhopalocera*: 2. Pieris brassicae L., sgd.;

1573. C. atropurpurea W. K.:

Hymenoptera: a) *Apidae*: 1. Bombus pratorum L. ♂, sgd.; 2. B. terrester L. ♂, sgd.; sowie an der var. ochroleuca: Bombus terrester L. ♂, sgd.;

1574. C. calocephala W.:

A. Coleoptera: *Scarabaeidae*: 1. Cetonia aurata L. B. Diptera: *Syrphidae*: 2. Eristalis tenax L.; 3. Syritta pipiens L. C. Lepidoptera: *Rhopalocera*: 4. Vanessa urticae L., sgd.;

1575. C. conglomerata C. A. Mey.:

A. Hymenoptera: *Apidae*: 1. Bombus terrester L. ♂, sgd. B. Lepidoptera: *Rhopalocera*: 2. Epinephele janira L., sgd.;

1576. C. dealbata M. B.:

A. Diptera: *Syrphidae*: 1. Syrphus pyrastri L. B. Hymenoptera: *Apidae*: 2. Apis mellifica L. ☿, sgd. und psd.; 3. Megachile centuncularis L. ♀, psd.; 4. Osmia fulviventris Pz. ♀, psd.; 5. Prosopis communis Nyl. ♂, sgd.;

1577. C. Endressi Hochst.:

Diptera: *Syrphidae*: Syrphus corollae F.;

1578. C. Fischeri Willd.:

Hymenoptera: a) *Apidae*: 1. Anthidium manicatum L. ♀, pfd.; 2. Apis mellifica L. ☿, sgd.; 3. Megachile lagopoda L. ♂, sgd.; 4. Osmia fulviventris Pz. ♂, sgd.;

5. O. papaveris Latr. ♂, sgd.; 6. Stelis phaeoptera K. ♀, sgd. b) *Vespidae*: 7. Odynerus parietum L. ♀ ♂;

1579. C. Fontanesii Spach.:
Diptera: *Syrphidae*: Syrphus balteatus Deg.;

1580. C. leucolepsis DC.:
Hymenoptera: *Apidae*: Bombus pratorum L. ♂, sgd.;

1581. C. microptilon G. G.:
A. Diptera: *Syrphidae*: 1. Syrphus ribesii L. B. Hymenoptera: *Apidae*: 2. Halictus cylindricus F. ♂, sgd.;

1582. C. ochroleuca W.:
Hymenoptera: *Apidae*: Osmia fulviventris Pz. ♂, sgd.;

1583. C. orientalis L.:
A. Diptera: *Syrphidae*: 1. Eristalis arbustorum L.; 2. Syrphus balteatus Deg. B. Hymenoptera: *Apidae*: 3. Apis mellifica L. ⚥. sgd.; 4. Psithyrus rupestris F. ♂, sgd.; 5. P. vestalis Fourcr. ♂, sgd. C. Lepidoptera: *Rhopalocera*: 6. Vanessa urticae L., sgd.;

1584. C. rigidifolia Bess.:
Diptera: *Syrphidae*: 1. Eristalis intricarius L. B. Hymenoptera: *Apidae*: 2. Psithyrus rupestris F. ♂, sgd.;

1585. C. rupestris L.:
A. Coleoptera: *Scarabaeidae*: 1. Cetonia aurata L. B. Hymenoptera: *Apidae*: 2. Bombus terrester L. ♂, sgd.;

1586. C. ruthenica Lam.:
A. Diptera: *Syrphidae*: 1. Syritta pipiens L.; 2. Syrphus corollae F. B. Hymenoptera: 3. Bombus terrester L. ♂, sgd.; 4. Megachile lagopoda L. ♀, psd.;

1587. C. salicifolia M. B.:
A. Hymenoptera: *Apidae*: 1. Bombus terrester L. ⚥, sgd. B. Lepidoptera: *Rhopalocera*: 2. Argynnis latonia L., sgd.; 3. Pararge megaera L.;

1588. C. Salonitana Vis.:
A. Hymenoptera: *Apidae*: 1. Osmia fulviventris Pz. ♀, psd. B. Lepidoptera: *Rhopalocera*: 2. Pieris brassicae L., sgd.;

1589. C. stereophylla Bess.:
Hymenoptera: *Apidae*: Psithyrus vestalis Fourcr. ♂, sgd.

360. Xeranthemum Tourn.

Griffel der Zwitterblüten (des Mittelfeldes) an der kurz kegelförmigen Spitze bis zur Spaltung dicht mit schräg aufwärts gerichteten Fegeborsten besetzt, innen mit Narbenpapillen. Griffel der geschlechtslosen Randblüten ohne Narbenpapillen und ohne Fegehaare.

1590. X. annuum L. Sprengel (S. 371) sah die Randblüten als weiblich an, doch enthält, nach Hildebrand (Comp. S. 48—50, Taf. V. Fig. 24—30), der ziemlich stark entwickelte Fruchtknoten niemals eine Samenknospe. Im zweiten Blütenzustande treten die Narbenschenkel auseinander und bieten ihre inneren, papillösen Flächen den Besuchern dar.

B. Liguliflorae Lessing. (Cichoriaceae Juss.). Blüten sämtlich zungenförmig und zweigeschlechtig; Griffel nicht gegliedert, seine Schenkel faden-

förmig zurückgerollt, kurz-weichhaarig. — Kirchner bemerkt, dass die Arten dieser Gruppe eine grosse Übereinstimmung in Bezug auf die Bestäubungseinrichtungen zeigen. Der Blumenkrone ist nämlich vor ihrer Entfaltung eine oben geschlossene Röhre, welche an der der Köpfchenmitte zugekehrten Seite aufreisst und sich zu einer zungenförmigen Ebene ausbreitet. Indem der Griffel durch die Antherenröhre hindurchwächst, schiebt er den Pollen nicht vor sich her, sondern er bedeckt sich mit demselben auf seiner mit Fegehaaren besetzten Aussenseite. In Bezug auf die Thätigkeit der die Ligulifloren (Cichoriaceen) besuchenden Insekten bemerkt H. Müller, dass, da die Staubbeutelcylinder meist mehrere mm und der Griffel aus diesen noch einige weitere mm hervortreten, die meisten besuchenden Insekten mehr zwischen als über den Griffelenden umherkriechen, daher mehr mit ihren Seiten- als mit ihren Bauchflächen die Übertragung des Pollens bewirken. Die gleichzeitige Befruchtung zahlreicher Blüten findet daher bei den meisten Ligulifloren in beschränkterem Masse statt, als bei denjenigen Senecionideen und Asteroideen, bei welchen erst der hervorgedrängte Blütenstaub, dann die Narbenflächen in einer Ebene liegen. Dagegen sind die Blüten der Cichoriaceen gleichzeitig imstande, von den besuchenden Insekten fremden Blütenstaub mit ihren Narben zu entnehmen und eigenen den Insekten anzuheften.

Die gelbblühenden Arten dieser Gruppe werden besonders gern von Panurgus-Arten besucht.

361. Lampsana Tourn.

Blüten gelb. Griffel an der Aussenseite weitläufig mit Fegezacken, innen dicht mit Narbenpapillen besetzt.

1591. L. communis L. [H. M., Befr. S. 412; Weit. Beob. III. S. 97, 98; Kirchner, Flora S. 733; Mac Leod, B. Jaarb. III; V.; Knuth, Ndfr. Ins. S. 96, 191; Warnstorf, Bot. V. Brand. Bd. 38.] — Die einzeln stehenden Köpfchen sind wenig augenfällig, da, nach Müller, nur 8—17 Blüten mit $1^{1}/_{2}$—$2^{1}/_{2}$ mm langen Röhren und 4—6 mm langen Zungen in ihnen vereinigt sind, so dass der ganze Blütendurchmesser nur 8—10 mm beträgt. Der Griffel, welcher $1^{1}/_{2}$—2 mm weit aus der die Kronröhre 2—3 mm überragenden Antherenröhre hervortritt, spaltet sich im zweiten Blütenstadium in zwei nur $^{1}/_{2}$ mm lange Äste, die sich weit auseinanderbiegen, so dass sie sich, falls nicht besuchende Insekten den Pollen entfernt haben, regelmässig spontan bestäuben. Nach Kerner öffnen sich die Köpfchen bei günstiger Witterung zwischen 6 und 7 Uhr morgens und schliessen sich bereits zwischen 10 und 11 Uhr vormittags; bei ungünstiger Witterung bleiben sie gänzlich geschlossen. Nach Warnstorf öffnen sich die Köpfchen bei Neu-Ruppin zwischen 6—7 Uhr morgens und schliessen sich zwischen 3—4 Uhr nachmittags. — Pollen gelb, polyedrisch, auf den Kanten stachelwarzig, durchschnittlich von 31 μ diam.

Als Besucher sah ich auf den nordfriesischen Inseln 3 Schwebfliegen; Herm. Müller in Westfalen 3 pollenfressende Schwebfliegen (Eristalis arbustorum L., E. nemomorum L., E. sepulcralis L.); Buddeberg in Nassau 1 Schwebfliege (Ascia podagrica

F., pfd.) und 3 Bienen (Halictus leucozonicus Schrk. ♀, psd., H. morio F. ♂, sgd., H. smeathmanellus K. ♀, sgd.); Mac Leod in Flandern 1 Schwebfliege, 3 Musciden, 1 Falter (B. Jaarb. V. S. 428); in den Pyrenäen 1 Muscide (B. Jaarb. III. S. 364).

In Dumfriesshire (Schottland) (Scott-Elliot, Flora S. 108) wurden 1 kurzrüsselige Biene, 1 Schwebfliege und 3 Musciden als Besucher beobachtet.

1592. Aposeris foetida Less. (Hyoseris foet. L., Lampsana foet. Scop.). Nach Briquet (Études) beträgt der Durchmesser des aus 10—25 gelben Blumen bestehenden Köpfchens 25—30 mm. In den Einzelblüten, welche eine 13–15 mm lange Zunge und eine 2—2½ mm lange Röhre haben, ragt der Griffel um etwa 4 mm aus der eben so langen Antherenröhre hervor und rollt seine beiden Narbenschenkel zuletzt so weit ein, dass sie mit eigenen Pollen belegt werden können. Die spärlichen Besucher sind Käfer, Dipteren, Vespiden und auch Hummeln, welche Fremd- und Selbstbestäubung bewirken. (Nach Kirchner).

362. Arnoseris Gaertner.

Köpfchen klein, gelb. Griffel an der Aussenseite dicht mit kurzen, wagerecht abstehenden Fegehaaren besetzt, doch ist die Spitze, soweit sie gespalten ist, frei davon; Innenseite mit Narbenpapillen.

1593. A. minima Link. (A. pusilla Gaertner, Hyoseris minima L.). [Knuth, Ndfr. Ins. S. 96, 161; Weit. Beob. S. 229.] — Die von mir auf der Insel Föhr untersuchten Köpfchen besitzen einen Durchmesser von 8 mm; sie bestehen aus 20—25 Blütchen von je 6 mm Länge; ihre Zunge ist 3 mm lang und 1½ mm breit. Im zweiten Blütenzustande breiten sich die Griffeläste halbmondförmig aus.

Als Besucher sah ich auf Föhr 2 Schwebfliegen und winzige Musciden; Mac Leod in Flandern 1 kleine Fliege (Bot. Jaarb. VI. S. 374).

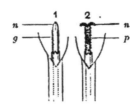

Fig. 208. Arnoseris minima Lk. (Nach der Natur, vergrössert.)

1. Narbenäste (n) geschlossen. *g* Griffelbürste. *2.* Dieselben ausgebreitet. *p* Pollenkörner auf der Griffelbürste.

1594. Hyoseris radiata sah Delpino (Ult. oss. S. 125) von Megachile centuncularis L. besucht.

1595. Anandria hat, wie schon Linné bekannt war, kleistogame Blüten. (H. v. Mohl, Bot. Ztg. 1863).

363. Cichorium Tourn.

Blüten blau, selten rosenrot oder weiss. Griffel an der Aussenseite bis weit unter die Spaltung mit starken, schräg aufwärts gerichteten Fegezacken besetzt, innen papillös.

1596. C. Intybus L. [Hildebrand, Comp. S. 10, Taf. I, Fig. 8—10; H. M., Befr. S. 411; Weit. Beob. III. S. 97; Loew, Bl. Flor. S. 390; Knuth, Bijdragen; Herbstbeob.; Warnstorf, Bot. V. Brand. Bd. 38.] — Die im

Sonnenscheine zu einer meist blauen Scheibe von etwa 30 mm ausgebreiteten
Köpfchen enthalten nur verhältnismässig wenig Blüten, doch sind ihre Zungen
12—14 mm lang, während die Röhre nur eine Länge von 3 mm besitzt. Im
zweiten Blütenzustande rollen sich die Griffeläste spiralig in 1—2 Umgängen
auf, so dass die mit Narbenpapillen besetzten Innenflächen mit den in den
Fegehaaren haften gebliebenen Pollenkörnern in Berührung kommen, also spontane
Selbstbestäubung bei ausgebliebenem Insektenbesuche erfolgt. — Die Blüten
öffnen sich, nach Linné, in Upsala um 5 Uhr morgens und schliessen sich
um 10 Uhr vormittags; in Innsbruck öffnen sie sich, nach Kerner, erst um
6—7 Uhr morgens und schliessen sich um 2—3 Uhr nachmittags. Bei Neuruppin
findet die Blütenöffnung, nach Warnstorf, zwischen 6—7 Uhr morgens statt.
Pollen weiss, polyedrisch, auf den Kanten mit Stachelwarzen, durchschnittlich
von 46 μ diam.

Als Besucher sah ich bei Kiel 6 saugende und pollenfressende Schwebfliegen:
Eristalis sp., Melanostoma sp., Platycheirus podagratus Zett., Syrphus balteatus Deg. ♂,
S. ribesii L. und S. umbellatarum F.

Alfken beobachtete bei Bremen: Apidae: 1. Eriades nigricornis Nyl. ♀; 2. Ha-
lictus calceatus Scop. ♂; 3. H. flavipes Pz. ♀; 4. H. morio F. ♀; Schenck in Nassau
die Apiden: 1. Anthidium punctatum Ltr.; 2. Halictus leucozonius Schrk.; 3. H. lucidulus
Schck.; 4. H. sexnotatulus Nyl. (= quadrifasciatus Schck.); Friese Panurgus banksianus
K. und im Elsass Dasypoda plumipes Pz.; Loew in Brandenburg (Beiträge S. 39):
A. Diptera: Syrphidae: 1. Eristalis sepulcralis L. B. Hymenoptera: Apidae:
2. Dasypoda hirtipes F. ♂, sgd.; 3. Halictus cylindricus F. ♂, sgd.; 4. H. sexnotatus
K. ♂, sgd.

H. Müller (1) und Buddeberg (2) geben für Westfalen und Nassau folgende
Besucher an:

A. Coleoptera: Telephoridae: 1. Malachius bipustulatus L., pfd., häufig (1).
B. Diptera: a) Conopidae: 2. Sicus ferrugineus L., sgd. (1). b) Syrphidae: 3. Eristalis
tenax L., sgd. und pfd. (1); 4. Syritta pipiens L., w. v. (1). C. Hymenoptera:
Apidae: 5. Anthrena fulvicrus K. ♀, psd. (1); 6. Apis mellifica L. ⚥, sgd., häufig (1);
7. Chelostoma campanularum L. ♀ (2); 8. Dasypoda hirtipes F. ♂, sgd. (1); 9. Halictus
albipes F. ♂, sgd. (1); 10. H. cylindricus F. ♀, sgd. (1); 11. H. interruptus Pz. ♀, sgd.
(1, Thür.); 12. H. leucozonius Schrk. ♂, sgd. (2); 13. H. longulus Sm. ♀, sgd. (1); 14. H.
nitidiusculus K. ♂, sgd. (1); 15. H. quadricinctus F. ♂, sgd. (1); 16. H. rubicundus
Chr. ♂, sgd. (1); 17. H. smeathmanellus K. ♀, sgd. (1, bayer. Oberpf.); 18. H. tetrazonius Klg. ♀, sgd. (1, bayer. Oberpf.); 19. Osmia adunca Pz. ♂, sgd. (1, Kitzingen);
20. O. spinulosa K. ♀, sgd. und psd., nicht selten (1, Thür.); 21. Prosopis nigrita
F. ♂, sgd., in Mehrzahl (1. bayer. Oberpf.). D. Lepidoptera: Rhopalocera: 22. Colias
hyale L., sgd. (1, Thür.).

1597. C. Endivia L. [Knuth, Herbstbeob.) sah ich in Gärten von
1 Schwebfliege (Eristalis sp.) und 1 Falter (Pieris sp.) besucht. Die Blüteneinrichtung stimmt mit derjenigen von C. Intybus überein: Die zu bedeutender
Grösse entwickelten blauen Blüten richten ihre Zungen nach aussen, so dass
diese der Anlockung dienen, während die Geschlechtsorgane in der Mitte
des Blütenstandes einen Kreis bilden. Bei beiden Arten beträgt die Länge der
Zungen etwa 2 cm, ihre Breite 6—7 mm. Der Durchmesser des Köpfchens ist
bei C. Endivia 4—5 cm, bei C. Intybus durchschnittlich wohl etwas geringer.

Die Zahl der Blüten eines Blütenstandes beträgt bei ersterer Art 20—30, bei letzterer 12—20.

1598. Thrincia hirta Roth. (Leontodon hirtus L.).

Als Besucher beobachteten Alfken und Höppner bei Bremen: *Apidae*: 1. Bombus agrorum F. ♀; 2. B. arenicola Ths. ♂; 3. B. lapidarius L. ♂; 4. B. silvarum L. ♂; 5. B variabilis Schmkn. ♂; 6. Halictus calceatus Scop. ♀ ♂; 7. H. flavipes F. ♀ ♂; 8. H. leucozonius Schrk. ♀ ♂; 9. H. rubicundus Chr. ♀ ♂; 10. H. zonulus Sm. ♀ ♂.

Herm. Müller giebt (Befr. S. 410, 411; Weit. Beob. III. S. 97) für Westfalen und die bayerische Oberpfalz folgende Besucher an:

A. Coleoptera: *Buprestidae:* 1. Anthaxia quadripunctata L., in Paarung auf den Blüten. B. Diptera: *Syrphidae:* 2. Eristalis arbustorum L., sgd. und pfd., häufig; 3. E. sepulcralis L., pfd.; 4. E. tenax L., sgd. und pfd., häufig; 5. Syrphus balteatus Deg., w. v. C. Hymenoptera: a) *Apidae:* 6. Anthrena denticulata K. ♀, sgd. un dpsd. (Sld., Thür.); 7. A. fulvago Chr. ♀, psd. (Thür.); 8. A. fulvescens Sm. ♀, psd. (Thür.); 9. A. fulvicrus K. ♀, psd.; 10. Bombus confusus Schenck ♂, sgd.; 11. B. tristis Seidl. ♂, sgd. (Liebenau bei Schwiebus); 12. Cilissa melanura Nyl. ♀; 13. Dasypoda hirtipes F. ♂, sgd. (Liebenau bei Schwiebus); 14. Dufourea vulgaris Schenck ♀ ♂, psd. und sgd.; 15. Halictus cylindricus F. ♀ ♂, w. v.; 16. H. flavipes F. ♂, sgd.; 17. H. leucozonius Schrk. ♀ ♂, sgd. und psd., sehr zahlreich (Thür.); 18. H. lugubris K. ♂, sgd.; 19. H. maculatus Sm. ♂, sgd.; 20. H. sexcinctus F. ♀, sgd. und psd.; 21. H. smeathmanellus K. ♀, psd.; 22. H. villosulus K. ♀, psd.; 23. Panurgus calcaratus Scop. ♀ ♂, psd. und sgd., häufig. b) *Sphegidae:* 24. Cerceris variabilis Schrk. ♀, sgd. C. Lepidoptera: a) *Noctuae:* 25. Plusia gamma L., sgd. b) *Rhopalocera:* 26. Pieris napi L., sgd.

Mac Leod beobachtete in Flandern 2 Hummeln, 5 Schwebfliegen, 1 Muscide, 3 Falter als Besucher. (Bot. Jaarb. V. S. 428—429).

364. Leontodon L.

Blüten gelb. Griffel aussen bis weit über die Spaltung ziemlich dicht mit spitzen Fegezacken, auf der Innenseite der zuweilen nicht ganz auseinandertretenden Äste dicht mit Papillen besetzt. — Nach Kerner findet durch Spreizung der Griffeläste spontane Fremdbestäubung durch den Pollen innerer Blüten statt. Nach demselben Forscher findet spontane Selbstbestäubung auch durch nachträgliche Verlängerung der zungenförmigen Krone und die dadurch erfolgende Hebung des an derselben haftenden Pollens statt.

1599. L. autumnalis L. [H. M., Befr. S. 409, 410; Weit. Beob. III. S. 96, 97; Knuth, Ndfr. Ins. S. 96, 97, 161; Halligen S. 37; Weit. Beob. S. 236, 237; Rügen; Bijdragen etc.; Lindman a. a. O.; Verhoeff, Norderney; Mac Leod, B. Jaarb. V.] — Die Köpfchen breiten sich im Sonnenscheine zu einer goldgelben Scheibe von 20—30 mm Durchmesser aus; sie ziehen sich bei Regenwetter auf 5 mm im Durchmesser zusammen. Jedes Köpfchen besteht, nach H. Müller, aus 40—70 Einzelblüten mit 2½—5 mm langen Röhren und 7—12 mm langen Zungen. Aus der Röhre, bis in deren weiteren Teil der Nektar emporsteigt, ragt der Griffel noch 3—4 mm weit hervor. Findet rechtzeitig hinreichender Insektenbesuch statt, so wird der Pollen von den Fegehaaren entfernt, bevor sich die Narbenflächen entfalten; später können Insekten auch Selbstbestäubung bewirken. Letztere kann schliesslich auch spontan erfolgen, indem bei ausgebliebenem Insektenbesuche die Narbenflächen mit Pollen in Berührung kommen.

Als Besucher beobachtete Lindman auf dem Dovrefjeld zahlreiche Fliegen, 1 Hummel, mehrere Falter; Schneider im arktischen Norwegen besonders Bombus scrimshiranus K.

Ich beobachtete in Schleswig-Holstein (S.-H.), auf Rügen (R.) und auf der Düne und dem Oberland von Helgoland (H.):

A. Coleoptera: a) *Chrysomelidae*: 1. Crytocephalus sericeus L. pfd. (R.). b) *Telephoridae*: 2. Psilothrix cyanea Ol., pfd. (H.).

Fig. 209. Leontodon autumnalis L. (Nach Herm. Müller.)

1. Blüte im zweiten (weiblichen) Zustande, nach Entfernung von Kelch und Fruchtknoten. (7:1.) *2.* Griffelende derselben. (35:1.) *a* Fegehaare. *b* Narbenpapillen. *c* Pollenkörner.

B. Diptera: a) *Muscidae*: 3. Anthomyia sp. (S.-H.); 4. Aricia incana Wied. (S.-H.); 5. Coleopa frigida Fall. (H.); 6. Lucilia caesar L. (H.); 7. Sarcophaga sp. (S.-H.); 8. Scatophaga stercoraria L. (S.-H.); 9. Kleinere Musciden (S.-H.). b) *Syrphidae*: 10. Eristalis arbustorum L. (S.-H.); 11. E. sp. (S.-H.); 12. E. tenax L. (S.-H.); 13. Helophilus pendulus L. (S.-H.); 14. H. trivittatus Fabr. ♀ (S.-H.); 15. Syrphus balteatus Deg. (S.-H.); 16. S. ribesii L. (S.-H. und R.); 17. Volucella bombylans L. (S.-H.). Sämtl. sgd. oder pfd. C. Hymenoptera: *Apidae*: 18. Apis mellifica L. (S.-H.); 19. Bombus agrorum F. (S.-H.); 20. B. derhamellus K. ♀ (S.-H.); 21. B. lapidarius L. (S.-H.); 22. Colletus daviesanus K. (S.-H.); 23. Dasypoda plumipes Pz. (S.-H.); 24. Panurgus banksianus K. (S.-H.); 25. P. calcaratus Scop. (= lobatus F.) (S.-H. und R.). Sämtl. sgd. oder psd. D. Lepidoptera: a) *Hesperidae*: 26. Hesperia lineola O. (R.). b) *Microlepidopterae*: 27. Tortrix sp. (S.-H.). c) *Noctuidae*: 28. Plusia gamma L. (S.-H.). d) *Rhopalocera*: 29. Argynnis adippe L. (R.); 30. A. paphia L. (R.); 31. Epinephele janira L. (S.-H.); 32. Pieris sp. (S.-H.); 33. Polyommatus phlaeas L. (S.-H.). e) *Sphingidae*: 34. Zygaena filipendula L. (S.-H.); Z. 2 sp. (R.). Sämtl. sgd.

Ferner in Thüringen (Thür. S. 36:) A. Diptera: a) *Muscidae*: 1. Aricia basalis Zett. häufig; 2. A. serva Mg. b) *Syrphidae*: 3. Eristalis pertinax Scop. ♀; 4. Syrphus annulipes Zett. ♀; 5. S. ribesii L. ♂. Sämtl. sgd. oder pfd. B. Hymenoptera: 6. Bombus lapidarius ♀; 7. B. soroënsis F. var. proteus Gerst. ♀; 8. B. terrester L. ♀; 9. Halictus leucozonius Schrk. ♀. Sämtl. sgd. oder psd.; 10. Psithyrus vestalis Fourcr. ♂, sgd. C. Lepidoptera: 11. Argynnis adippe L.; 12. A. paphia L.; 13. Epinephele janira L.; 14. Pieris sp.; 15. Vanessa urticae L. Sämtl. sgd.

Alfken beobachtete bei Bremen:
A. Diptera: a) *Bombylidae*: 1. Exoprosopis capucina L. b) *Syrphidae*: 2. Eristalis anthophorinus Zett.; 3. E. intricarius L.; 4. Helophilus pendulus L.; 5. Melanostoma mellina L. B. Hymenoptera: a) *Apidae*: 6. Anthrena argentata Sm. ♀; 7. A. combinata Chr. ♂; 8. A. denticulata K. ♀, sgd. und psd., mehrfach; 9. A. flavipes K. 2. Generat, hfg., ♀ sgd. und psd., ♂ sgd.; 10. A. marginata F. ♂; 11. A. parvula K. ♀; 12. A. propinqua Schck. 2. Generat. ♀ ♂; 13. A. shawella K. ♀ ♂; 14. A. tarsata Nyl. ♀ ♂; 15. Bombus agrorum F. ♀; 16. B. derhamellus K. ♀, psd.; 17. B. distinguendus Mor. ♀ ♂; 18. B. lapidarius L ♀ ♂; 19. B. lucorum L. ♀; 20. B. muscorum F. ♀; 21. B. proteus Gerst. ♀ ♂; 22. B. silvarum L.; 23. Coelioxys acuminata Nyl. ♂; 24. Colletes daviesanus K. ♀ ♂; 25. Dasypoda plumipes Pz., hfg. ♀, sgd. und psd., ♂ sgd.; 26. Dufourea vulgaris Schck., s. hfg. ♀, sgd. und psd.; 27. Epeolus variegatus L. ♂; 28. Eriades truncorum L. ♀, psd.; 29. Halictoides inermis Nyl. ♂; 30. Halictus calceatus Scop. ♀ ♂, s. hfg.; 31. H. brevicornis Schck. ♀, slt.; 32. H. flavipes F. ♀ ♂, hfg.; 33. H. levis K. ♀ ♂; 34. H. leucopus K. ♀; 35. H. leucozonius Schrk., s. hfg. ♀, sgd. und psd., ♂ sgd.; 36. H. malachurus K. ♂; 37. H. minutissimus K. ♂; 38. H. minutus K. ♂; 39. H. punctulatus K. ♀ ♂, s. hfg.; 40. H. rubicundus Chr. ♂; 41. H. quadrinotatulus Schck. ♀; 42. H. semipunctulatus Schck. ♀; 43. H. sexnotalus Nyl. ♀; 44. H. tumulorum L. ♂; 45. H. zonulus Sm. ♂; 46. Megachile maritima K. ♀, psd. 47. Melitta leporina Pz., slt. ♀, psd. ♂ sgd.; 48. Nomada fuscicornis Nyl. ♀ ♂; 49. N. solidaginis Pz. ♀, sgd.; 50. Osmia solskyi Mor. ♀; 51. Panurgus banksianus K. ♀ ♂, s. hfg.; 52. P. calcaratus Scop. ♀ ♂, s. hfg.; 53. Psithyrus barbutellus K. ♂; 54. P. rupestris F. ♂; 55. P. vestalis Fourcr. ♂; 56. Trachusa serratulae Pz. ♂. b) *Sphegidae*: 57. Crabro albilabris F. ♀; 58. C. palmarius Schreb. ♀; 59. Diodontus tristis v. d. L. ♂; Sickmann bei Osnabrück die Grabwespe Mellinus arvensis L.; Verhoeff auf Norderney: Diptera: Syrphidae: 1. Melithreptus menthastri L. ♀; 2. Syrphus ribesii L. ♀.

Herm. Müller giebt für Westfalen und die Oberpfalz folgende Besucherliste:
A. Diptera: a) *Bombylidae*: 1. Systoechus sulphureus Mikan, sgd. b) *Conopidae*: 2. Sicus ferrugineus L., sgd. c) *Muscidae*: 3. Sarcophaga carnaria L., sgd. d) *Syrphidae*: 4. Eristalis arbustorum L., sehr häufig, bald sgd., bald pfd.; 5. E. sepulcralis L., w. v.; 6. E. tenax L., w. v.; 7. Melithreptus taeniatus Mg., bald sgd., bald pfd.; 8. Syrphus balteatus Deg., w. v.; 9. S. nitidicollis Mg., w. v.; 10. S. pyrastri L., häufig, w. v.; 11. Volucella bombylans L., bald sgd., bald pfd. B. Hymenoptera: a) *Apidae*: 12. Anthrena fulvicrus K. ♀, psd.; 13. Apis mellifica L. ♀, sgd.; 14. Bombus agrorum L. ♀, sgd.; 15. B. lapidarius L. ♀, sgd.; 16. Dasypoda hirtipes F. ♀, psd.; 17. Diphysis serratulae Pz. ♀ ♂, einzeln, sgd.; 18. Dufourea vulgaris Schenck ♀ ♂, psd. und sgd.; 19. Halictus cylindricus F. ♂, sgd.; 20. H. leucopus K. ♀, sgd. und psd.; 21. H. leucozonius Schrk. ♀, w. v.; 22. H. longulus Sm. ♀, w. v.; 23. H. maculatus Sm. ♂, sgd.; sgd.; 24. H. morio F. ♂, sgd.; 25. H. smeathmanellus K. ♂, sgd.; 26. H. villosulus K. ♀, sgd. und psd.; 27. Panurgus banksianus K. ♀, psd.; 28. P. calcaratus Scop., sgd. und psd., oft träge zwischen den Blüten liegend (H. M. und Buddeberg); 29. Prosopis armillata Nyl. ♂, sgd.; 30. Sphecodes gibbus L. ♀ ♂, sgd. und pfd. b) *Sphegidae*: 31. Pompilus viaticus L., sgd. C. Lepidoptera: a) *Noctuae*: 32. Plusia gamma L., sgd. b) *Rhopalocera*: 33. Argynnis aglaja L., sgd., häufig; 34. Colias hyale L., sgd. (Thür.).

v. Dalla Torre beobachtete im botanischen Garten zu Innsbruck die Biene Halictus leucozonius Schrk. ♂.

H. de Vries (Ned. Kruidk. Arch. 1877) beobachtete in den Niederlanden 11 Apiden als Besucher: 1. Bombus subterraneus L. ♀; 2. B. terrester L. ♀; 3. Chelostoma florisomne L. ♂; 4. Halictus cylindricus F. ♂; 5. H. leucozonius Schrk. ♀; 6. H. nitidiusculus K. ♂; 7. H. villosulus K. ♀; 8. H. zonulus Sm. ♀; 9. Nomada fabriciana L. ♂; 10. Panurgus banksianus K. ♂; 11. Prosopis communis Nyl. ♀; Mac Leod in Flandern 3 Hummeln, 2 Halictus, 6 Schwebfliegen, 3 Falter (B. Jaarb. V. S. 429).

In Dumfriesshire (Schottland) (Scótt-Elliot, Flora S. 102) wurden 2 Hummeln und zahlreiche Bienen und Fliegen als Besucher beobachtet.

Willis (Flowers and Insects in Great Britain Pt. I) beobachtete in der Nähe der schottischen Südküste:

A. Coleoptera: *Curculionidae*: 1. Sitones puncticollis Steph. B. Diptera: a) *Muscidae*: 2. Anthomyia radicum L.; 3. A. sp.; 4. Hydrellia griseola Fall.; 5. Trichophthicus cunctans Mg. b) *Mycetophilidae*: 6. Sciara sp. c) *Syrphidae*: 7. Brachyopa bicolor Fall.; 8. Eristalis aeneus Scop.; 9. E. pertinax Scop.; 10. E. tenax L.; 11. Platycheirus manicatus Mg.; 12. Sericomyia borealis Fall.; 13. Sphaerophoria scripta L.; 14. Syrphus ribesii L.; 15. S. sp. C. Hemiptera: 16. Acocephalus sp.; 17. Calocoris bipunctatus F.; 18. C. fulvomaculatus Deg.; 19. Miris levigatus L. D. Hymenoptera: a) *Apidae*: 20. Bombus agrorum F.; 21. B. terrester L.; 22. Halictus rubicundus Chr. b) *Ichneumonidae*: 23. Ichneumon sp. E. Lepidoptera: a) *Microlepidoptera*: 24. Crambus sp.; 25. Simaëthis fabriciana Steph. b) *Rhopalocera*: 26. Lycaena icarus Rott.

1600. L. hastilis L. (erw.). (L. hispidus und hastilis L.). Die Köpfchen enthalten, nach Kirchner (Flora S. 735), 40 bis über 80 Blüten und breiten sich vormittags bei sonnigem Wetter zu einer goldgelben Scheibe von 20—25 mm aus. Die Kronröhre ist 4—6 mm lang, die Zunge 8—12 mm. Die Antherenröhre ragt 3—4 mm aus der Kronröhre hervor, der Griffel noch weitere 4—5 mm. Die 2 mm langen Äste des letzteren rollen sich zuletzt bis auf 1½ Umgänge zurück. — Pollen, nach Warnstorf, sattgelb, polyedrisch, igelstachelig, etwa 37,5 μ diam.

Als Besucher beobachtete Mac Leod in den Pyrenäen 9 Bienen, 7 Falter, 3 Käfer, 7 Musciden.

Frey-Gessner giebt. als Besucher für die Schweiz die seltene Bauchsammlerbiene Eriades grandis Nyl. an.

Schenck beobachtete in Nassau die Mauerbiene Osmia leucomelaena K.

Herm. Müller giebt (Befr. S. 410) folgende Besucherliste für Westfalen an:

A. Diptera: a) *Bombylidae*: 1. Systoechus sulphureus Mikan, sgd. (Sld.). b) *Conopidae*: 2. Sicus ferrugineus L., sgd. c) *Syrphidae*: 3. Cheilosia spec.; 4. Eristalis arbustorum L., pfd. und sgd., sehr häufig; 5. E. horticola Deg., pfd. und sgd.; 6. Melithreptus taeniatus Mg., psd. und sgd.; 7. Sericomyia lappona L., sgd. (Sld.); 8. Volucella pellucens L., sgd., in Mehrzahl (Sld.). B. Hymenoptera: a) *Apidae*: 9. Anthrena coitana K. ♀ ♂, sgd. und psd.; 10. A. fulvescens Sm. ♀, sgd. und psd., sich stark mit Pollen behaftend; 11. Psithyrus barbutellus K. ♀, sgd.; 12. Bombus pratorum L. ⚥, sgd. und psd.; 13. Halictus albipes F. ♀, psd.; 14. H. cylindricus F. ♀, psd., häufig; 15. H. leucozonius Schrk. ♀, psd.; 16. H. smeathmanellus K. ♀, psd.; 17. H. villosulus K. ♀, psd. b) *Tenthredinidae*: 18. Tenthredo sp., sgd. C. Lepidoptera: *Rhopalocera*: 19. Hesperia silvanus Esp., sgd.

In den Alpen sah Herm. Müller Leontodon hastilis, L. pyrenaeus u. a. von 6 Käfern, 21 Fliegen, 29 Hymenopteren, 43 Faltern besucht. (Alpenbl. S. 466—468).

Loew beobachtete auf der Insel Rügen (Beiträge S. 40): Panurgus lobatus F. ♂, sgd.; in Schlesien (Beiträge S. 32): A. Diptera: *Syrphidae*: 1. Pipiza noctiluca L. (?). B. Hymenoptera: *Apidae*: 2. Anthidium strigatum Pz.; im Riesengebirge (R.) und in Schlesien (S.) (Beiträge S. 51): A. Diptera: *Syrphidae*: 1. Cheilosia canicularis Pz., sgd. (R.). B. Hymenoptera: *Apidae*: 2. Anthrena shawella K. ♀, sgd. (S.); Loew in der Schweiz (S.) und in Tirol (T.) (Beiträge S. 59): A. Diptera: *Syrphidae*: 1. Cheilosia antiqua Mg. (S.); 2. Merodon cinereus F. (S.); 3. Syrphus confusus Egg. (?) (S.). B. Hymenoptera: *Apidae*: 4. Anthrena proxima K. ♀ (T.). C. Lepidoptera: *Rhopalocera*: 5. Argynnis pales S. V. (S.); 6. Colias phicomone Esp. (S.); 7. Erebia medea S. V. (S.); 8. Melitaea parthenie H. S. (S).

Loew beobachtete ausserdem im botanischen Garten zu Berlin: A. Diptera: *Syrphidae*: 1. Eristalis arbustorum L.; 2. E. nemorum L.; 3. E. tenax L.; 4. Syrphus balteatus Deg.; 5. S. ribesii L. B. Hemiptera: 6. Strachia oleracea L. C. Hymenoptera: *Apidae*: 7. Halictus villosulus K. ♀, sgd. D. Lepidoptera: *Rhopalocera*: 8. Pieris brassicae L., sgd.; 9. Vanessa urticae L., sgd.

In Dumfriesshire (Schottland) (Scott-Elliot, Flora S. 102) wurden Apis, 1 Hummel, 1 Muscide als Besucher beobachtet.

1601. L. asper Poir.

Als Besucher beobachtete Loew im botanischen Garten zu Berlin: A. Diptera: *Syrphidae*: 1. Syrphus ribesii L. B. Hymenoptera: *Apidae*: 2. Halictus villosulus K. ♀, psd.; 3. Heriades truncorum L. ♀, psd. — Ferner daselbst an

1602. L. crispus Vill.:

Hymenoptera: *Apidae*: 1. Halictus villosulus K. ♀, psd.; Psithyrus campestris Pz. ♂, sgd.

1603. L. pyrenaicus Gouan (?)

Als Besucher beobachtete Mac Leod in den Pyrenäen 1 Syrphide und 1 Muscide.

365. Picris L.

Blüten gelb. Fegehaare und Narbenpapillen wie bei Leontodon.

1604. P. hieracioides L. Nach Hermann Müller [Befr. S. 408, 409; Weit. Beob. III. S. 96] setzen 44—75 von der Mitte nach dem Rande an Grösse zunehmende Blüten ein Köpfchen zusammen, welches bei sonnigem Wetter sich zu einer goldgelben Scheibe von 24—36 mm Durchmesser ausbreitet, bei trüber Witterung sich dagegen auf 7 mm zusammenzieht. Da zahlreiche Körbchen auf meterhohem Stengel vereinigt sind, ist die Pflanze sehr augenfällig. Die Kronröhre ist 4—6 mm lang, die Zunge 8—12 mm. Die Antherenröhre ragt aus ersterer 5 mm, der Griffel noch weitere $2\frac{1}{2}$—$3\frac{1}{2}$ mm hervor. Beim Auseinanderspreizen der 2 mm langen Griffeläste kommt es manchmal vor, dass sie sich aneinander vorbeibiegen, wobei spontane Selbstbestäubung erfolgt.

Als Besucher beobachteten Herm. Müller (1) in Westfalen und Buddeberg (2) in Nassau:

A. Diptera: a) *Empidae*: 1. Empis livida L., sehr zahlreich, sgd. (2). b) *Syrphidae*: 2. Chrysogaster viduata L., sgd. und pfd. (1); 3. Eristalis arbustorum L., w. v., sehr häufig (1); 4. E. nemorum L., w. v. (1); 5. E. sepulcralis L., w. v. (1); 6. E. tenax L., w. v. (1); 7. Melithreptus scriptus L., sgd. und pfd. (1); 8. M. taeniatus Mg., w. v. (1); 9. Syrphus balteatus Deg., w. v. (1). B. Hymenoptera: a) *Apidae*: 10. Dasypoda hirtipes F. ♀ ♂, sgd. und psd. (2); 11. Halictus albipes F. ♂, sgd. (1); 12. H. cylindricus F. ♂, sgd. (1, 2); 13. H. leucozonius Schrk. ♀, sgd. und psd. (1); 14. H. longulus Sm. ♀, sgd. und psd., ♂ sgd. (1); 15. H. maculatus Sm. ♀, sgd. und psd. (1, 2); 16. H. minutus K. ♀, sgd und psd., ♂ sgd. (1); 17. H. nitidiusculus K. ♂, sgd. (1); 18. H. quadricinctus F. ♂, sgd. (1); 19. H. rubicundus Chr. ♂, sgd. (1); 20. H. sexnotatus K., w. v., ♂ sgd. (1); 21. H. smeathmanellus K. ♀, sgd. und psd. (1); 22. H. zonulus Sm. ♀, w. v. (1); 23. Heriades truncorum L. ♀, psd. (1); 24. Osmia leucomelaena K. ♀, sgd. (1, Thür.); 25. O. spinulosa K. ♀, psd. (1, Thür.); 26. Panurgus calcaratus Scop. ♀ ♂, sgd. und psd., häufig (1, 2); 27. Dufourea vulgaris Schenck ♀, zahlreich, ♂ spärlich (1, Thür.). b) *Sphegidae*: 28. Crabro sexcinctus F. ♀ (1). c) *Vespidae*: 29. Vespa silvestris Scop. ☿, mit dem Kopf tief in die Blüten wühlend (1). C. Lepidoptera: *Rhopalocera*:

30. Pieris brassicae L., sehr häufig, sgd. (1); 31. P. rapae L., w. v. (1); 32. Epinephele janira L., sgd. (1). Loew sah im bot. Garten zu Berlin einen saugenden Tagfalter (Argynnis latonia L.) als Blütengast.

Friese beobachtete in Baden (B.), im Elsass (E.), in Mecklenburg (M.) und Ungarn (U.) die Apiden: 1. Anthrena bimaculata K. (U.), 2. Generat., n. slt.; 2. Dasypoda plumipes Pz. (E.), hfg.; 3. Dufourea vulgaris Schck. (B.), n. slt. (U.); 4. Eriades truncorum L. (M.) hfg., (U.); 5. Osmia villosa Schck. (B.), n. slt.; 6. Panurgus banksianus K. (B.); 7. P. calcaratus Scop. (B.).

Schenck beobachtete in Nassau die Apiden: 1. Dasypoda plumipes Pz.; 2. Dufourea vulgaris Schck.; 3. Eriades truncorum L.; 4. Halictes albipes F. ♂; 5. H. levigatus K. ♂, 6. H. levis K.; 7. H. villosulus K. (= punctulatus K.); 8. Macropis labiata F.; 9. Panurgus calcaratus Scop.; 10. Stelis breviuscula Nyl.; 11. S. ornatula Klug 1 ♀.

Schletterer führt als Besucher für Tirol die Furchenbiene Halictus albipes F. auf.

H. de Vries (Ned. Kruidk. Arch. 1877) beobachtete in den Niederlanden 5 Apiden als Besucher: 1. Bombus agrorum F. ♂; 2. B. terrester L. ☿; 3. Halictus cylindricus F. ♂; 4. H. leucozonius Schrk. ♂; 5. Osmia spinulosa K. ♀; Mac Leod in den Pyrenäen 1 Hummel, 2 Panurgus-Arten, 2 Käfer, 3 Fliegen (B. Jaarb. III. S. 366).

366. Helminthia Juss.

Wie vorige Gattung.

1605. H. echioides Gaertner. Im Sonnenscheine breiten sich, nach Kirchner (Beitr. S. 71, 72), die goldgelben Blütenköpfchen zu einer Scheibe von 20 mm Durchmesser aus. Gegen Ende der Blütezeit rollen sich die Griffelschenkel bis zu $1^1/_2 - 1^3/_4$ Windungen schneckenförmig nach unten zurück, wobei die papillösen Narbenflächen leicht mit Pollen, welcher noch in den Fegehaaren haftet, in Berührung kommen können.

Als Besucherin beobachtete Sprengel (S. 367) die Honigbiene.

367. Tragopogon Tourn.

Blüten gelb, seltener violett, zweigeschlechtig, zungenförmig. Griffel aussen mit Fegehaaren, innen mit Narbenpapillen, die Schenkel sich später aufrollend. — Nach Kerner kommen die Griffeläste der äusseren Blüten durch Spreizung und Zurückrollen mit dem Pollen von inneren Blüten in Berührung. Diese Geitonogamie wird noch dadurch gefördert, dass die Blüten des äusseren Kreises genau zwischen zwei Blüten des anstossenden inneren Kreises stehen. Es wird daher der eine der beiden spreizenden Griffeläste den pollenbedeckten Griffel der rechts von ihm stehenden Blüte, der andere denjenigen der linken Blüte berühren.

1606. T. pratensis L. Die Köpfe enthalten, nach Kirchner (Flora S. 737), 20—50 goldgelbe Blüten und sind vormittags bei sonnigem Wetter bis auf einen Durchmesser von 60 mm ausgebreitet, nachmittags und bei trüber Witterung geschlossen. Nach Linné öffnen sich die Blütenköpfe bei Upsala morgens um 3—5 Uhr und schliessen sich um 8—10 Uhr vormittags. Die Kronröhre der Randblüten ist 6—7 mm lang, ihre Zunge bis 30 mm; die mittleren Blüten sind kleiner (Kronröhre 5, Zunge 7 mm). Die 3 mm langen Griffeläste biegen sich später soweit zurück, dass sie mehrere Umgänge machen, mithin spontane Selbstbestäubung erfolgt, wenn noch Pollen in den Fegehaaren haftet. — Pollen, nach Warnstorf, goldgelb, polyedrisch, stachelwarzig, bis 56 μ diam.

Als Besucher sah ich (Bijdragen) in Schleswig-Holstein:

A. Coleoptera: *Nitidulidae*: 1. Meligethes, pfd., häufig. B. Diptera: a) *Muscidae*: 2. Calliphora erythrocephala Mg.; 3. Scatophaga merdaria F. b) *Syrphidae*: 3. Melithreptus taeniatus Mg., sämtl. pfd.; 5. Syrphus balteatus Deg., dgl. C. Hymenoptera: *Apidae*: 6. Anthrena sp., psd.; 7. Bombus agrorum F., sgd.; 8. Halictus morio F., psd. D. Lepidoptera: *Rhopalocera*: 9. Pieris rapae L., sgd.

Schiner beobachtete in Österreich die Bohrfliege Trypeta falcata Scop.

In Dumfriesshire (Schottland) (Scott-Eliot, Flora S. 102) wurde 1 Muscide als Besucherin beobachtet.

1607. 1608. T. orientalis L. und T. floccosus W. et K. öffnen die Blütenköpfe bei Innsbruck, nach Kerner, morgens um 6—7 Uhr und schliessen sie um 10—11 Uhr vormittags.

Loew beobachtete an den Blütenköpfen von T. orientalis in der Schweiz (Beiträge S. 60): Spilogaster angelicae Scop.; Schletterer in Tirol Halictus calceatus Scop.; Loew an denjenigen von T. floccosum im botanischen Garten zu Berlin: A. Diptera: a) *Muscidae*: 1. Anthomyia sp. b) *Syrphidae*: 2. Eristalis nemorum L.; 3. E. tenax L.; 4. Syritta pipiens L.; 5. Syrphus balteatus Deg. B. Hymenoptera: a) *Apidae*: 6. Halictus cylindricus F. ♀, psd.; 7. Osmia fulviventris Pz. ♀, psd. b) *Vespidae*: 8. Odynerus parietum L.

1609. T. major Jacq.

Als Besucher beobachtete Schiner in Österreich die Bohrfliege Trypeta falcata Scop.

1610. Urospermum Dalechampii Desf. (Tragopogon Dalech. L.) sah Schletterer bei Pola von Halictus calceatus Scop. besucht.

368. Scorzonera Tourn.

Blüten gelb, seltener lila oder rosenrot. Griffelbau wie bei voriger Gattung. — Nach Kerner findet ähnliche Geitonogamie wie bei Tragopogon statt, indem die Griffeläste der äusseren Blüten durch Spreizung und Zurückrollung mit dem Pollen innerer Blüten in Berührung kommen.

1611. S. humilis L. [Knuth, Nordfr. Ins. S. 97.] — Bei ausbleibendem Insektenbesuche ist durch Zurückrollen der Griffel spontane Selbstbestäubung möglich.

Als Besucher beobachtete ich (Bijdragen) an kultivierten Exemplaren in Kieler Gärten: A. Coleoptera: *Nitidulidae*: 1. Meligethes, häufig. B. Diptera: a) *Muscidae*: 2. Lucilia cornica F., pfd. b) *Syrphidae*: 3. Eristalis tenax L., pfd.; 4. Syrphus balteatus Deg., pfd. C. Hymenoptera: *Apidae*: 5. Halictus cylindricus F., sgd.; 6. Panurgus sp., psd. D. Lepidoptera: *Rhopalocera*: 7. Pieris brassicae L. und 8. P. rapae L., sgd., häufig.

Loew beobachtete im botanischen Garten zu Berlin an Scorzonera-Arten folgende Blütenbesucher:

1612. S. hispanica L.:

Einen Käfer (Anthaxia quadripunctata L.); sowie an der var. glastifolia Willd. eine Biene (Osmia fulviventris Pz. ♀, psd.); ferner an

43*

1613. S. parviflora Jacq.:

A. Diptera: *Syrphidae:* 1. Eristalis nemorum L. B. Hymenoptera: *Apidae:*
2. Halictus cylindricus F. ♀, psd.; 3. Osmia fulviventris Pz. ♀, psd.

369. Hypochoeris L.

Blüten gelb, sonst wie vorige Gattung, doch ist die Zurückrollung der Griffel
geringer. — Nach Kerner findet spontane Selbstbestäubung durch nachträgliches
Wachstum der Blütenzunge statt, wodurch der an dieselbe angeklebte Pollen
mit dem Narben in Berührung kommt.

1614. H. radicata L. [Sprengel, S. 369—370; Kirchner, Flora S. 739;
H. M., Befr. S. 441; Weit. Beob. III. S. 97; Alpenbl. S. 469; Knuth, Nordfr.
Ins. S. 97, 161, 162; Weit. Beob. S. 237; Mac Leod, B. Jaarb. III; V; Verhoeff,
Norderney; Loew, Bl. Flor. S. 394.] — Das sich vormittags im Sonnenscheine auf
20—30 mm Durchmesser ausbreitende Köpfchen, enthält, nach Kirchner, 50 bis
mehr als 100 Blüten mit 9—12 mm langen Zungen. Die Kronröhre ist 5—8 mm
lang und wird von der Antherenröhre um 4—5, von dem Griffel noch weiter um
5—6 mm überragt. Die 1 mm langen Griffeläste krümmen sich nicht soweit
zurück, dass spontane Selbstbestäubung erfolgen kann. — In den Blütenköpfen
finden sich besonders häufig Panurgus-Arten.

Als Besucher beobachtete ich auf den nordfriesischen Inseln:

A. Diptera: a) *Empidae:* 1. Empis livida L., sgd.   b) *Muscidae:* 2. Anthomyia
sp. ♀; 3. Coenosia sp.; 4. Trypeta sp.; 5. Eine kleine Muscide. c) *Syrphidae:* 6. Chrysotoxum festivum L; 7. Eristalis arbustorum L.; 8. E. tenax L.; 9. Helophilus pendulus L.
Sämtl. sgd. und pfd. B. Hymenoptera: *Apidae:* 10. Apis mellifica L., sgd. und psd.;
11. Colletes daviesanus K.; 12. Dasypoda plumipes Ltr.; 13. Panurgus ater Ltr.; 14. P.
lobatus F. Sämtl. psd. und sgd. C. Lepidoptera: *Rhopalocera:* 15. Coenonympha
pamphilus L.; 16. Epinephele janira L.; 17. Polyommatus phlaeas L. Sämtl. sgd.
Verhoeff sah auf Norderney: A. Diptera: a) *Muscidae:* 1. Onesia floralis R.-D. b) *Syrphidae:* 2. Chrysogaster sp., einzeln; 3. Platycheirus albimanus F. ♀; 4. Syrphus corollae
F. ♀ ♂.   B. Hymenoptera: *Apidae:* 5. Bombus lapidarius L. ♀ ♂, hfg., sgd.;
Alfken auf Juist: Hymenoptera: *Apidae:* Bombus muscorum F. ♀.

Alfken beobachtete bei Bremen: *Apidae:* 1. Anthrena albicrus K. ♀; 2. A. humilis
Imh. ♀; 3. A. tarsata Nyl. ♀; 4. Bombus lapidarius L. ♀; 5. Dasypoda plumipes
Pz. ♀ ♂; 6. Dufourea vulgaris Schck. ♀ ♂; 7. Eriades florisomnis L. ♂; 8. E. trun-
corum L. ♀; 9. Halictus calceatus Scop. ♀; 10. H. leucozonius Schrk. ♀; 11. H. morio
F. ♀ ♂; 12. H. nitidiusculus K. ♀; 13. H. punctulatus K. ♀; 14. H. tomentosus
Schck. ♀; 15. H. tumulorum L. ♀; 16. H. zonulus Sm. ♀; 17. Megachile centuncularis
K. ♂ ♀; 18. Nomada brevicornis Mocs. ♀; 19. Nomada fuscicornis Nyl. ♀; 20. Osmia
solskyi Mor. ♀; 21. Panurgus banksianus K. ♀ ♂; 22. P. calceatus Scop. ♀ ♂;
23. Prosopis communis Nyl. ♂; 24. P. confusa Nyl. ♀; Krieger bei Leipzig die
Apiden: 1. Halictus rubicundus Chr.; 2. Panurgus banksianus K.

Herm. Müller (1) und Buddeberg (2) geben für Westfalen und Nassau folgende
Besucherliste:

A. Diptera: a) *Conopidae:* 1. Sicus ferrugineus L., sgd. (1). b) *Muscidae:*
2. Demoticus plebeius Fall., sgd. (1); 3. Ocyptera brassicariae F., sgd. (2). c) *Syrphidae:*
4. Eristalis arbustorum L. (1); 5. E. nemorum L. (1); 6. E. sepulcralis L., pfd. (1);
7. Pipiza funebris Mg., pfd. (2). B. Hymenoptera: a) *Apidae:* 8. Anthrena denticulata
K. ♀ ♂, psd. und sgd. (1, Thür., Borgstette); 9. A. fulvago Chr. ♀, psd. (1, Thür.);
10. A. fulvescens Sm. ♀, sgd. und psd. (1, Thür., bayer. Oberpfalz); 11. A. xanthura

K. ♀, sgd. (1, 2); 12. Apis mellifica L. ⚥, psd. (1); 13. Bombus lapidarius L. ⚥, sgd. (1); 14. Colletes daviesanus K. ♀ ♂, psd. und sgd., zahlreich (1); 15. Dasypoda hirtipes F. ♀, psd., häufig (1, 2); 16. Diphysis serratulae Pz. ♂, sgd. (1); 17. Halictus brevicornis Schenck ♂, sgd. (1); 18. H. cylindricus F. ♀ ♂, psd. und sgd. (1); 19. H. flavipes F. ♂ (1); 20. H. leucozonius Schrk. ♀ ♂, psd. und sgd. (1); 21. H. lugubris K. ♂ (1); 22. H. malachurus K. ♀, psd. (1); 23. H. quadricinctus F. ♀, sgd. und psd. (2); 24. H. rubicundus Chr. ♀. psd. (1); 25. H. sexcinctus F. ♀, sgd. und psd. (2); 26. H. sexstrigatus Schenck ♀, psd. (1); 27. H. villosulus K. ♀, psd. (1); 28. Panurgus banksianus K. ♀ ♂, sgd. und psd. (1); 29. P. calcaratus Scop. ♀ ♂, psd. und sgd., häufig (1, 2); 30. Dufourea vulgaris Schenck ♀, sgd. und psd. (1); 31. Sphecodes gibbus L. ♀ ♂ (1). b) *Sphegidae*: 32. Lindenius albilabris F., sgd. (2). C. Lepidoptera: *Rhopalocera*: 33. Rhodocera rhamni L., sgd. (1, Fichtelgeb.).

Hermann Müller sah in den Alpen 4 Bienen, 2 Schwebfliegen, 1 Käfer.

Loew beobachtete in Schlesien (Beiträge S. 31): A. Coleoptera: a) *Chrysomelidae*: 1. Cryptocephalus hypochoeridis L. ♀ ♂. b) *Oedemeridae*: 2. Oedemera flavipes F. ♂; 3. O. virescens L. B. Diptera: *Syrphidae*: 4. Cheilosia sp., pfd.; 5. Melithreptus scriptus L.; 6. Syrphus balteatus Deg. C. Hymenoptera: *Apidae*: 7. Anthrena nana K. ♀, psd.; 8. Diphysis serratulae Pz. ♀, psd.: 9. Halictus cylindricus F. ♀, psd.; 10. H. leucozonius Schrk. ♀, psd. D. Lepidoptera: *Rhopalocera*: 11. Vanessa urticae L., sgd.; ferner in Schlesien (S.), besonders bei Glatz (G.) (Beiträge S 50): A. Diptera: a) *Bibionidae*: 1. Bibio pomonae F. (S.). b) *Syrphidae*: 2. Cheilosia variabilis Pz. (S.). B. Hymenoptera: *Apidae*: 3. Anthrena convexiuscula K. ♀, psd. (S.); 4. A. fulvescens Sm. ♀, psd. (S.); 5. Dufourea vulgaris Schck. ♀ ♂, sgd., ♀ auch psd. (G.); 6. Halictus flavipes F. ♀, psd. (S.); 7. H. malachurus K. ♀ (S.); 8. H. punctulatus K. ♀ (S.); 9. H. smeathmanellus K. ♀ (S.); 10. H. xanthopus K. ♀, psd. (S.); 11. Panurgus banksianus K. ♀ ♂, sgd., ♀ psd. (S.); 12. Prosopis sp. (S.).

Mac Leod sah in Flandern 9 kurzrüsselige Bienen (darunter 2 Panurgus), 8 Schwebfliegen, 4 Musciden, 3 Falter (B. Jaarb. V. S. 430, 431); ferner in den Pyrenäen 7 Bienen (darunter 2 Panurgus-Arten), 5 Käfer, 5 Falter, 11 Fliegen als Besucher (A. a. O. III. S. 364, 365).

In Dumfriesshire (Schottland) (Scott-Elliot, Flora S. 103) wurden 2 Musciden als Besucher beobachtet.

1615. H. glabra L. [H. M., Befr. S. 411.]

Als Besucher beobachtete Herm. Müller in Westfalen:

Hymenoptera: *Apidae*: 1. Anthrena fulvescens Sm. ♀, psd.; 2. Dufourea vulgaris Schenck ♀, psd. und sgd.; 3. Halictus cylindricus F. ♀, dsd.; 4. H. nitidiusculus K. ♀ (Tecklenburg, Borgst.); 5. Sphecodes gibbus L. ♀ ♂, sgd. und sich dabei mit Pollen bedeckend. H. de Vries (Ned. Kruidk. Arch. 1877) sah in den Niederlanden 1 Hummel, Bombus subterraneus L. ⚥, als Besucher.

370. Achyrophorus Scopoli.

Wie vorige Gattung.

1616. A. maculatus Scop. (Hypochoeris mac. L.). Nach Linné öffnen sich die Köpfchen bei Upsala um 6 Uhr morgens und schliessen sich um 4—5 Uhr nachmittags; nach Kerner öffnen sie sich bei Innsbruck um 7—8 Uhr morgens und schliessen sich um 6—7 Uhr nachmittags.

Als Besucher beobachtete Loew im botanischen Garten zu Berlin Osmia fulviventris Pz. ♀, psd.

1617. A. uniflorus Bl. et Fing. (Hypochoeris helvetica Jacq.; Hyp. unifl. Vill.). Die Griffeläste biegen sich, nach Müller (Alpenbl. S. 468),

allmählich so weit nach aussen zurück, dass die auf ihrer Innenseite befindlichen Narbenpapillen sich mit dem etwa noch in den Fegezacken haften gebliebenen Pollen behaften, mithin bei ausgebliebenem Insektenbesuche spontane Selbstbestäubung möglich ist.

Als Besucher beobachtete H. Müller in den Alpen Käfer (3), Fliegen (2), Bienen (4), Falter (14).

Loew sah in den Alpen 1 Zyganide: Zygaena exulans Hchw. et Rein; im Altvatergebirge zahlreiche Schwebfliegen: 1. Cheilosia canicularis Pz.; 2. C. sp.; 3. Didea intermedia Lw.; 4. Platycheirus manicatus Mg.; 5. Sericomyia borealis Fall.; 6. Syrphus annulipes Zett.; 7. S. cinctellus Zett.; 8. S. corollae F.; 9. S. lunulatus Mg.; 10. S. pyrastri L.; 11. S. topiarius Mg., sämtlich sgd.

371. Taraxacum Juss.

Blüten gelb. Griffel an der Aussenseite bis weit unter der Spaltung dicht mit schräg aufwärts gerichteten Fegehaaren besetzt, innen mit Narbenpapillen; Griffeläste sich stark aufrollend. — Nach Kerner kommen die Griffeläste der äusseren Blüten mit dem Pollen innerer Blüten dadurch in Berührung, dass sie sich stark spreizen und zurückrollen.

1618. T. officinale Weber. (Leontodon Taraxacum L.). [Hildebrand, Comp. S. 7—13, Taf. I. Fig. 1—7; H. M., Befr. S. 407; Weit. Beob. III. S. 94, 95; Alpenbl. S. 464; Loew, Bl. Flor. S. 390, 394, 398; Lindman a. a. O.; Kerner, Pflanzenleben II.; de Vries a. a. O.; Mac Leod, B. Jaarb. III; V.; Knuth, Ndfr. Ins. S. 97, 98, 162; Helgoland; Warnstorf, Bot. V. Brand. S. 38, 39, 40.] — Der Durchmesser der gelben, im Sonnenschein ausgebreiteten Köpfchen beträgt 30—50 mm; auf dem Dovrefjeld beobachtete Lindman sogar übermässig grosse, lebhaft gelbrote Köpfe, deren Durchmesser bis 60 mm betrug, mit stark vergrösserten Randblüten. Nachts und bei trüber Witterung sind die Blütenköpfe geschlossen. Bei Upsala öffnen sie sich, nach Linné, um 5—6 Uhr morgens und schliessen sich bereits um 8—10 Uhr; bei Innsbruck geschieht, nach Kerner, das Öffnen um 6—7 Uhr morgens und das Schliessen um 2—3 Uhr nachmittags. Nach Benecke (Ber. d. d. b. Ges. II.) schlagen sich beim Aufblühen der Blütenköpfchen von Taraxacum officinale zuerst die Blätter des äusseren Hüllkelches infolge stärkeren Wachstums ihrer Innenseite zurück. Die Blätter des inneren Hüllkelches werden nur passiv durch die Entfaltung der Blütenblätter nach aussen gedrängt, und zwar sowohl beim ersten Blühen als auch beim jedesmaligen Öffnen der Köpfchen am Morgen, während sie sich abends infolge der Elastizität ihrer Blätter wieder schliessen.

Ein Blütenköpfchen besteht, nach H. Müller, aus 100—200 Einzelblüten, deren Kronröhren 3—7 mm und deren Zungen 7—15 mm lang sind. Die Antherenröhre ragt $2^1/_2$—5 mm weit aus der Kronröhre hervor, der Griffel überragt erstere noch um 3—5 mm. Im zweiten Blütenstadium biegen sich die $1^1/_2$—2 mm langen Griffeläste nach aussen und rollen sich soweit zurück, dass sie $1^1/_2$ Umläufe bilden, so dass, falls der Pollen noch nicht durch besuchende Insekten abgeholt ist, spontane Selbstbestäubung eintreten muss. Nach Kerner tritt auch spontane Fremdbestäubung ein, indem die Griffeläste der äusseren Blüten durch Spreizung und Zurückrollung mit dem Pollen innerer Blüten in Berührung kommen. Hansgirg hat auch pseudokleistogame Blüten beobachtet. — Pollenkörner, nach Warnstorf, goldgelb, polyedrisch, igelstachelig, etwa 37 μ diam.

Als Besucher sah ich auf den nordfriesischen Inseln Apis, 3 Hummeln, 8 Schwebfliegen, 2 Musciden, 4 Falter, Meligethes; ferner auf Helgoland: A. Coleoptera: *Telephoridae*: 1. Psilotrix cyanea Ol., sehr häufig. B. Diptera: a) *Muscidae*: 2. Coelopa frigida Fall., sehr häufig; 3. Lucilia caesar L., gemein; 4. Scatophaga stercoraria L., häufig. b) *Syrphidae*: 5. Helophilus pendulus L. ♀, einzeln. Sämtl. sgd. und pfd. C. Lepidoptera: *Rhopalocera*: 6. Pieris brassicae L., einzeln, sgd. D. Hymenoptera: *Apidae*: 7. Anthrena labialis K. ♀, sgd.; 8. Eucera difficilis (Duf.) Pér. ♂, sgd., zahlreich; Verhoeff auf Norderney: A. Diptera: a) *Bibionidae*: 1. Dilophus vulgaris Mg. 1 ♀, 1 ♂. b) *Empidae*: 2. Hilara quadrivittata Mg. 1 ♂. c) *Muscidae*: 3. Calliphora erythrocephala Mg., sgd.; 4. Cynomyia mortuorum L. 2 ♂; 5. Cyrtoneura hortorum Fall 1 ♂; 6. Hylemyia variata Fall. 1 ♂; 7. Lucila caesar L. ♀ ♂; 8. Limnophora protuberans Zett. ♀ ♂; 9. Micropeza sp.; 10. Myospila meditabunda F. d) *Syrphidae*: 11. Helophilus pendulus L.; 12. H. trivittatus F. 1 ♀; 13. Rhingia rostrata L. B. Hymenoptera: *Apidae*: 14. Bombus lapidarius L. ♀, sgd.; 15. B. terrester L. ♀ ♀, sgd.; 16. Colletes cunicularius L. ♀, sgd. und psd.; 17. Psithyrus vestalis Fourcr. ♀. C. Lepidoptera: *Pieridae*: 18. Pieris brassicae L., sgd.; 19. P. napi L., sgd.; Alfken auf Juist: Hymenoptera: *Apidae*: 1. Bombus hortorum L. ♂; 2. B. ruderatus F. ♂.

Wüstnei beobachtete auf der Insel Alsen die Apiden Cilissa tricincta K., Anthrena tibialis K., A. chrysosceles K., Halictus cylindricus Fabr. ♂, Nomada fabriciana L. und bei Flensburg Anthrena labialis K. als Besucher.

Alfken beobachtete bei Bremen: A. Diptera: a) *Bibionidae*: 1. Bibio marci L., n. slt. b) *Empidae*: 2. Eucera ciliata L., hfg.; 3. E. opaca F., zahllos, sgd. c) *Syrphidae*: 4. E. arbustorum L., hfg., sgd.; 5. E. intricarius L., hfg., sgd.; 6. E. pertinax Scop., hfg., sgd.; 7. E. sepulcralis L., n. slt., sgd.; 8. E. tenax L., s. hfg., sgd.; 9. Helophilus pendulus L., s. hfg., sgd.; 10. Leucozona lucorum L., slt., sgd.; 11. Sericomyia borealis Fall., hfg., sgd.; 12. Spilomyia vespiformis L., s. slt.; 13. Syrphus tricinctus Fall., sgd.; 14. S. venustus Mg., s. hfg., sgd. B. Hymenoptera: a) *Apidae*: 15. Anthrena albicans Müll., s. hfg., ♀ sgd. und psd., ♂ sgd. Der häufigste Befruchter; man sieht ihn mit wahrer Wollust, auf der Seite liegend, in den Körbchen wühlen; 16. A. albicrus K. ♀ ♂, n. slt.; 17. A. apicata Sm. ♀ ♂, slt., hauptsächlich ein Weidenbesucher; 18. A. argentata Sm. ♀, slt.; 19. A. carbonaria L. ♀ ♂, slt.; 20. A. chrysosceles K. ♀ ♂, slt.; 21. A. cineraria L. ♀, hfg. sgd. und psd., ♂ s. hfg., sgd.; 22. A. cingulata F. ♀ ♂, s. slt.; 23. A. convexiuscula K. ♀ ♂, slt.; 24. A. dorsata K. ♂, einmal; 25. A. extricata Sm. ♀, n. slt., sgd. und psd., ♂ s. hfg., sgd.; 26. A. flavipes Pz. ♀, zahllos, sgd. und psd., ♂ desgl., sgd.; 27. A. fucata Sm. ♀, s. slt.; 28. A. fulvaga Chr. ♂; 29. A. gwynana K. ♀, n. slt., sgd. und psd., ♂ n. slt., sgd.; 30. A. helvola L. ♀ ♂, s. slt.; 31. A. humilis Imh. ♀ ♂, meistens stylopisierte Exemplare; 32. A. labialis K. ♀ ♂, slt.; 33. A. labiata Schck. ♀, s. slt., sgd. und psd.; 34. A. morawitzi Ths. ♀ ♂, n. slt.; 35. A. nigroaenea K. ♀, s. hfg., sgd. und psd., ♂ s. hfg., sgd.; 36. A. nitida Fourcr. ♀, s. hfg., sgd. und psd., ♂ s. hfg., sgd.; 37. A. ovina Klg. ♀, n. hfg., sgd. und psd., ♂ s. hfg., sgd.; 38. A. parvula K. ♀, s. hfg., sgd. und psd., ♂ n. hfg., sgd.; 39. A. praecox Scop. ♀, n. hfg., sgd. und psd., eigentlich Besucher der Weiden, ♂ slt.; 40. A. propinqua Schck. (Hö.); 41. A. proxima K. ♀ ♂, slt.; 42. A. rufitarsis Zett. ♀, mehrfach, sgd. und psd. ♂ s. slt.; 43. A. thoracica F. ♀, slt., sgd. und psd., ♂ slt., sgd.; 44. A. tibialis K., slt., ♀ sgd. und psd., ♂ sgd.; 45. A. trimmerana K., slt., ♀ sgd. und psd., ♂ sgd.; 46. A. varians K. ♀ ♂, slt.; 47. Bombus agrorum F. ♀, n. slt., sgd. und psd.; 48. B. arenicola Ths. ♀, slt.;

49. B. derhamellus K. ♀, hfg., sgd. und psd.; 50. B. distinguendus Mor. ♀, n. slt., sgd. und psd.; 51. B hortorum L. ♀, slt., ♂ slt., sgd. an den im Herbste blühenden Exemplaren von Taraxacum offic.; 52. B. jonellus K. ♀, slt., sgd. und psd., typischer Weidensucher; 53. B. lapidarius L. ♀, s. hfg., sgd. und psd.; 54. B. lucorum L. ♀, dsgl.; 55. B. muscorum F. ♀ ☿, n. slt., sgd. und psd.; 56. B. pratorum L. ♀, sgd.; 57. B. ruderatus F. ♀, slt., sgd. und psd.; 58. B. silvarum L. ♀, n. slt., sgd. und psd.; 59. B. terrester L., s. hfg., sgd. und psd.; 60. Colletes cunicularius L. ♀, slt., psd.; 61. Eriades florisomnis L. ♀ ♂; 62. Eucera difficilis (Duf.) Pér. ♂; 63. Halictus calceatus Scop. und v. elegans Lep. ♀, slt., sgd. und psd.; 64. H. flavipes F. ♀, hfg., sgd. und psd.; 65. H. levis K. ♀, n. slt., sgd. und psd.; 66. H. malachurus K., s. slt.; 67. H. morio F. ♀, n. slt., sgd. und psd.; 68. H. nitidiusculus K. ♀, s. hfg., sgd. und psd.; 69. H. punctatissimus Schck. ♀; hfg., sgd. und psd.; 70. H. punctulatus K. ♀, s. hfg., sgd. und psd.; 71. H. quadrinotatus K. ♀, s. slt.; 71a. H. quadrinotatulus Schck., einmal; 72. H. rubicundus Chr. ♀, s. hfg., sgd. und psd. Die Frühlingsweibchen besuchen fast ausschliesslich diese Pflanze; 72a. H. sexnotatulus Nyl. ♀, slt., sgd. und psd.; 73. H. zonulus Smith. ♀, slt., sgd. und psd.; 74. Melecta armata Pz. ♀, slt., sgd.; 75. Nomada alternata K. ♀ ♂, hfg., sgd.; 76. N. bifida Ths. ♀ ♂, s. hfg., sgd.; 77. N. borealis Zett. ♀ ♂, n. slt., sgd.; 78. N. fabriciana L. ♀ ♂, s. slt.; 79. N. flavoguttata K. ♀ ♂, n. slt., sgd.; 80. N. fucata Pz. ♀ ♂, n. slt., sgd.; 81. N. lathburiana K. ♀ ♂, slt., sgd.; 82. N. lineola Pz. ♀ ♂, slt., sgd.; 83. N. ruficornis L. ♀ ♂, slt., sgd.; 84. N. succincta L. ♀ ♂, hfg., sgd.; 85. N. xanthosticta K. ♀ ♂, slt., sgd.; 86. Osmia caerulescens L. ♀ ♂, slt.; 87. O. rufa L. ♀ ♂, slt.; 88. O. solskyi Mor., n. slt., sgd.; 89. Podalirius acervorum L. ♀, einmal; 90. Psithyrus barbutellus K. ♀, hfg., sgd.; 91. P. campestris Pz. ♀, hfg., sgd.; 92. P. quadricolor Lep. ♀, einmal; 93. P. rupestris F. ♀, n. slt., sgd.; 94. P. vestalis Fourcr. ♀, s. hfg., sgd. b) *Tenthredinidae*: 95. Dolerus pratensis Fall.; 96. Emphytus cinctus L.; 97. Pachyprotasis rapae L. c) *Vespidae*: 98. Odynerus callosus Ths.

Krieger sah bei Leipzig die Apiden: 1. Anthrena albicans Müll.; 2. A. flavipes Pz.; 3. A. gwynana K.; 4. A. nigroaenea K.; 5. Halictus calceatus Scop.; Schmiedeknecht in Thüringen die Apiden: 1. Anthrena extricata Smith; 2. A. flavipes Pz.; 3. A. humilis Imh.; 4. A. nitida Fourcr.; 5. A. parvula K.; 6. A. tibialis K.; 7. Bombus hypnorum L. ♀; 8. Psithyrus quadricolor Lep. ♀; Friese in Mecklenburg (M.), Baden (B.), im Elsass (E.), bei Fiume (F.), Triest (T.) und in Ungarn (U.) die Apiden: 1. Anthrena albicans Müll., (M.), n. slt.; 2. A. carbonaria L. (M.), n. slt.; 3. A. cineraria L. (M.), 1. Generat., n. slt.; 2. Gen. 1 ♀ (U.), einz.; 4. A. extricata Smith (M.), n. slt.; 5. A. flavipes Pz. (M.), hfg. (B., E.); 6. A. fucata Pz. (E.), n. slt.; 7. A. gwynana K. (M.), hfg.; 8. A. humilis Imh. (T., U.), hfg.; 9. A. taraxaci Gir. (T., U.), hfg.; 10. A. tibialis K. (M.), hfg ; 11. A. thoracica F. (E.), 1 ♀; 12. Halictus rubicundus Chr. (M.), hfg.; 13. H. xanthopus K. (M.), einz.; 14. Nomada lathburiana K. (M.), einz.; 15. N. succincta Pz. (M.), hfg.; 16. N. trispinosa Schmiedekn. (U.), hfg.; 17. N. zonata Pz. (F., U.); 18. Osmia rufohirta Lep. ♀, psd. (U.), hfg.; ferner in Thüringen die Apiden: 1. Anthrena cineraria L.; 2. Halictus rufocinctus (Sich.) Nyl.; 3. H. xanthopus K.

Schletter verzeichnet als Besucher für Tirol (T.) und beobachtete bei Pola (P.) die Apiden: 1. Anthrena congruens Schmiedekn. (T.); 2. A. convexiuscula K. (P.); 3. Bombus hortorum L. (T.); 4. Dasypoda hirtipes Pz. (T.); 5. Halictus calceatus Scop. (P.); 6. H. malachurus K. (P.); 7. H. morio F. (P.); 8. H. vulpinus Nyl. (T.). Herm. Müller beobachtete in den Alpen Käfer (9), Fliegen (26), Hymenopteren (30), Falter (35).

Redtenbacher giebt für Österreich als Besucher an: Coleoptera: a) *Buprestidae*: 1. Anthaxia nitidula L. b) *Telephoridae*: 2. Malachius gracilis Mill.

Loew beobachtete in Brandenburg (Beiträge S. 40):

A. Coleoptera: a) *Buprestidae*: 1. Anthaxia nitidula L. b) *Nitidulidae*: 2. Meligethes sp. B. Diptera: a) *Stratiomydae*: 4. Cheilosia praecox Zett.; 5. Helophilus pendulus L. C. Hymenoptera: *Apidae*: 6. Anthrena albicans Müll. ♀, psd.; 7. A.

albicrus K. ♀, psd.; 8. A. cineraria L. ♀, psd.; 9. A. combinata Chr. ♀, psd.; 10. A. nigroaenea K. ♀, psd.; 11. A. pilipes F. ♀; 12. A. ventralis Imh. ♀, psd.; 13. Chelostoma maxillosum L. ♂, sgd.; 14. Dasypoda hirtipes F. ♀, psd.; 15. Halictus cylindricus F. ♀, sgd.; 16. H. levis K. ♀, psd.; 17. H. maculatus Sm. ♀, psd.; 18. H. minutus K. ♀. psd.; 19. H. punctulatus K. ♀, psd.; 20. H. quadristrigatus Latr. ♀ ♂, sgd., ♀ auch psd.; 21. H. sexcinctus F. ♂, sgd.; 22. Nomada fucata Pz. ♂, sgd.; 23. Sphecodes gibbus L., sgd.; 24. Trypetes truncorum L. ♀, psd.; in Hessen (Beiträge S. 51): Anthrena chrysosceles K. ♀, psd.; in der Schweiz (Beiträge S. 59): A. Coleoptera: *Chrysomelidae*: 1. Cryptocephalus hypochoeridis L. B. Diptera: *Syrphidae*: 2 Cheilosia canicularis Pz.; 3. C. plumulifera Lw. (?); 4. Eristalis nemorum L.; 5. Merodon cinereus F.; 6. Syrphus lineola Zett.; 7. S. vittiger Zett. (?); 8. Xylota triangularis Zett. C. Hymenoptera: *Tenthredinidae*: 9. Tarpa spissicornis Klg.; Schenck in ·Nassau die Apiden: 1. Anthrena chrysosceles K.; 2. A. extricata Sm.; 3. A. flavipes Pz.; 4. A. fulvago Chr.; 5. A. nitida Fourcr.; 6. A. proxima K. ♂; 7. A. tibialisK.; 8. A. trimmerana K.; 9. Halictus flavipes F.; 10. H. levigatus K.; 11. H. rubicundus Chr. ♀; 12. H. rufocinctus (Sich.) Nyl.; 13. H. tetrazonius Klg. ♀; Schiner in Österreich die Bohrfliege Tephritis conjuncta Löw.; Mac Leod in den Pyrenäen 9 Hymenopteren, 4 Falter, 1 Käfer, 10 Fliegen (B. Jaarb. III. S. 366, 367).

H. de Vries (Ned. Kruidk. Arch. 1877) beobachtete in den Niederlanden 12 Apiden als Besucher: 1. Anthrena albicans Müll.; 2. A. albicrus K. ♀; 3. A. fasciata Wesm. ♂; 4. A. nigroaenea K. ♀; 5. Apis mellifica L. ♀; 6. Chelostoma florisomne L. ♀; 7. Halictus cylindricus F. ♀; 8. H. leucozonius Schrk. ♀; 9 H. rubicundus Chr. ♀; 10. H. seladonius Fab. ♀; 11. H. villosulus K. ♀; 12. Psithyrus vestalis Fourcr. ♀; Mac Leod in Flandern Apis, 4 Hummeln, 19 kurzrüsselige Bienen, 1 Holzwespe, 3 Syrphiden, 2 Empiden, 8 Musciden, 2 Falter, 2 Käfer (B. Jaarb. V. S. 432, 433).

Schneider (Tromsø Museums Aarshefter 1894) beobachtete im arktischen Norwegen Bombus alpinus L. ♀, B. hypnorum L. ♀, B. lapponicus L. ♀ ♂, B. pratorum L. ♀ ♂, B. scrimshiranus K. ♀ ♂, B. terrester L. ♀ ♂, Psithyrus quadricolor Lep. ♂, P. vestalis Fourc. ♂ als Besucher; Warming in Grönland den Falter Colias boothi H.-Schl. = C. hecla Lef.); Lindman auf dem Dovrefjeld zahlreiche Fliegen, mehrere Falter, 1 Hummel.

In Dumfriesshire (Schottland) (Scott-Elliot, Flora S. 104) wurden 4 kurzrüsselige Bienen, 1 Empide und 3 Musciden als Besucher beobachtet.

Smith beobachtete in England die Apiden: 1. Anthrena albicans Müll.; 2. A. angustior K.; 3. A. nitida Fourcr.; 4. A. nigroaenea K.; Saunders in England die Apiden: 1. Anthrena extricata Sm.; 2. A. humilis Imh.; 3. A. labialis K.

Burkill (Fert. of Spring Fl.) beobachtete an der Küste von Yorkshire: A. Coleoptera: a) *Curculionidae*: 1. Apion sp. b) *Nitidulidae*: 2. Meligethes picipes Sturm, sgd. und pfd. B. Diptera: a) *Bibionidae*: 3. Dilophus albipennis Mg., pfd. b) *Muscidae*: 4. Calliphora erythrocephala Mg.; 5. Helomyza sp., sgd.; 6. Lucilia cornicina F., sgd.; 7. Scatophaga stercoraria L., sgd. und pfd.; 8. Sepsis nigripes Mg. sgd.; 9. Stomoxys sp., pfd. c) *Syrphidae*: 10. Eristalis arbustorum L., sgd.; 11. E. pertinax Scop., sgd. C. Hymenoptera: a) *Apidae*: 12. Anthrena clarkella K.; 13. A. gwynana K., sgd.; 14. Apis mellifica L., sgd., selten; 15. Bombus agrorum F., sgd.; 16. B. terrester L., sgd.; 17. Nomada borealis Zett., sgd., einmal. b) *Ichneumonidae*: 18. Ichneumon sp., sgd. D. Lepidoptera: *Rhopalocera*: 19. Pieris rapae L., sgd.; 20. Vanessa urticae L., sgd. E. Thysanoptera: 21. Thrips sp.

Herm. Müller (1) und Buddeberg (2) endlich geben für Westfalen und Nassau folgende Besucherliste: A. Coleoptera: a) *Buprestidae*: 1. Anthaxia nitidula L. (1). b) *Chrysomelidae*: 2. Gastrophysa polygoni L., in Paarung auf den Blüten (1). c) *Coccinellidae*: 3. Coccinella septempunctata L., vergeblich zu saugen versuchend (1). d) *Elateridae*: 4. Corymbites haematodes F., mit dem Kopfe tief in die Blüten gesenkt (1); 5. Limonius cylindricus

Payk., w. v. (1). e) *Nitidulidae*: 6. Meligethes, in grösster Menge in den Blüten (1).
f) *Telephoridae*: 7. Malachius bipustulatus L., pfd. (1); 8. M. elegans Oliv. ♂, pfd. (1).
B. Diptera: a) *Empidae*: 9. Empis livida L., häufig, sgd. (1); 10. E. opaca F., sgd. (1);
11. E. punctata F. in Menge, sgd. (1). b) *Muscidae*: 12. Cyrtoneura hortorum Fall. ♀,
sgd. und pfd. (1); 13. Onesia floralis R.-D., zahlreich (1); 14. Pollenia vespillo F., pfd.
(1); 15. Sarcophaga carnaria L., pfd. (1); 16. Scatophaga merdaria F., sgd. und pfd.,
häufig (1); 17. S. stercoraria L., w. v. (1). c) *Syrphidae*: 18. Ascia lanceolata Mg., sgd. (1);
19. A. podagrica F., häufig, pfd. (1); 20. Cheilosia chloris Mg., pfd. (1); 21. Ch. vernalis
Fall., pfd. (1); 22. Eristalis arbustorum L., sgd. und pfd., häufig (1); 23. E. intricarius
L., w. v. (1); 24. E. nemorum L., w. v. (1); 25. E. pertinax Scop., w. v. (1); 26. E. sepulcralis L., w. v. (1); 27. E. tenax L., w. v. (1); 28. Melithreptus menthastri L. pfd.
(1); 29. M. taeniatus Mg., pfd. (1); 30. Rhingia rostrata L. (1); 31. Syrphus nitidicollis
Mg., pfd. (1); 32. S. pyrastri L., pfd. (1). C. Hymenoptera: a) *Apidae*: 33. Anthrena
albicans Müll. ♀, sgd. und pfd., ♂ (1); 34. A. albicrus K., w. v. (1); 35. A. argentata Sm.
♂, sgd., häufig (1); 36. A. atriceps K. ♀, sgd. und psd., ♂ sgd. (1); 37. A. cineraria
L., w. v. (1); 38. A. cingulata K. ♂, sgd. (1); 39. A. connectens K. ♀, sgd. und psd.
(1); 40. A. convexiuscula K. ♀, w. v. (1); 41. A. dorsata K. ♀, sgd. und psd., ♂ sgd.
(1); 42. A. fasciata Wesm., w. v. (1); 43. A. flavipes Pz. (= 46) ♀, sgd. und psd. (1); 44. A.
fulva Schrk. ♀, w. v. (1); 45. A. fulvescens Sm. ♀, w. v. (1); 46. A. fulvicrus K. ♀
w. v. ♂ sgd., sehr häufig (1); 47. A. gwynana K., w. v. (1); 48. A. helvola L., w. v. (1);
49. A. mixta Schenck ♀, sgd. und psd. (Var. der vor.) (1); 50. A. nigroaenea K. ♀,
sgd. und psd. (1); 51. A. nitida Fourc. ♀. w. v., ♂ sgd. (1); 52. A. parvula K., w. v., häufig
(1); 53. A. pratensis Nyl., ♀ sgd. und psd. (1); 54. A. smithella K. ♀, w. v., ♂ sgd.
(1); 55. A. trimmerana K. ♀, w. v. (1); 56. A. varians K. ♀, w. v., nicht selten (1);
57. Apis mellifica L. ⚥, sgd. und psd., sehr zahlreich (1); 58. Bombus agrorum F. ♀,
sgd. (1); 59. B. confusus Schenck ♀, sgd. (1); 60. B. lapidarius L. ♀, sgd. (1); 61. B. silvarum L., ♀, sgd. (1); 62. B. terrester L. ♀, sgd. (1); 63. Halictus albipes F. ♀, häufig,
sgd. und psd. (1); 64. H. cylindricus F. ♀, w. v. (1); 65. H. flavipes F. ♀, sgd. und psd. (1);
66. H. leucopus K. ♀, sgd. und psd. (1); 67. H. leucozonius Schrk. ♀, w. v., häufig (2);
68. H. longulus Sm. ♀, sgd. und psd. (1); 69. H. lucidulus Schenck ♀, w. v. (1); 70. H.
maculatus Sm. ♀, w. v. (1); 71. H. malachurus K. ♀, sgd. (1); 72. H. minutissimus
K. ♀, sgd. und psd. (1); 73. H. morio F. ♀, w. v. (1); 74. H. nitidiusculus K. ♀, w. v.,
häufig (1); 75. H. nitidus Schenck ♀, sgd. und psd. (1); 76. H. rubicundus Chr. ♀,
w. v. (1); 77. H. sexnotatus K. ♀, w. v., häufig (1); 78. H. sexsignatus Schenck ♀,
w. v. (1); 79. H. smeathmanellus K. ♀, sgd. und psd., einzeln (2); 80. H. villosulus K.
♀, sgd. und psd. (1); 81. H. zonulus Sm. ♀, w. v. (1); 82. Megachile centuncularis L.
♂, sgd. (2); 83. Nomada alternata K. ♀, sgd. (1); 84. N. flavoguttata K. ♂, sgd. (1);
85. N. lathburiana K. ♀, sgd. (1); 86. N. lineola Pz. ♀, sgd. (1); 87. N. ruficornis L.
♀ ♂, sehr zahlreich, sgd. (1); 88. N. ruficornis L. var. signata Jur. ♀ ♂, sgd. (1); 89. N.
succincta Pz. ♀ ♂, sgd. (1); 90. N. varia Pz. ♀ ♂, häufig, sgd. (1); 91. Osmia aenea L.
♂, sgd. (2); 92. O. aurulenta Pz. ♀, sgd. (1, Thür.); 93. O. fusca Chr. ♀, psd. (1); 94. O.
rufa L. ♂, sgd. (1); 95. Psithyrus barbutellus K. ♀, sgd. (1); 96. B. vestalis Fourc.
♀, sgd. (1); 97. Sphecodes gibbus L. ♀, sgd. und psd. (1); 98. Stelis aterrima Pz. ♂,
sgd. (2); 99. S. minuta Lep. ♂, sgd. (2). b) *Formicidae*: 100. Formica congerens Nyl. ⚥,
häufig, sgd. (1); 101. Lasius niger L. ⚥, häufig (1). c) *Sphegidae*: 102. Oxybelus uniglumis L., sich tief in die Blüten wühlend (1). d) *Tenthredinidae*: 103. Cephus pallidipes Klg.
(2); 104. C., kleine Art, zahlreich (1). e) *Vespidae*: 105. Odynerus parietum L. ♂ (1).
D. Hemiptera: 106. Pyrrhocoris apterus L., sgd., häufig (1). E. Lepidoptera: *Rhopalocera*: 107. Parage megaera L., sgd. (1); 108. Pieris brassicae L., sgd. (1); 109. P.
napi L., sgd. (1); 110. Rhodocera rhamni L., sgd. (1); 111. Syrichthus alveolus Hb., sgd. (1);
112. Vanessa io L., sgd., häufig (1); 113. V. urticae L., häufig, sgd. (1). F. Thysanoptera: 114. Thrips, häufig (1).

1619. T. salinum Poll.

Als Besucher beobachtete Loew im botanischen Garten zu Berlin: A. Diptera: *Syrphidae*: 1. Eristalis nemorum L.; 2. Syrphus ribesii A. B. Hymenoptera: *Apidae*: 3. Halictus zonulus Sm. ♂, sgd.

1620. T. phymatocarpum Vahl. Nach Ekstam beträgt auf Nowaja Semlja der Körbchendurchmesser 35 mm. Die weissen und hellvioletten Blüten sind schwach duftend. Durch spiralige Drehung der Griffeläste ist Autogamie oder Geitonogamie möglich. Als Besucher wurden dort eine kleine Spinne und eine mittelgrosse Fliege beobachtet.

372. Chondrilla Tourn.

Gelb. Narbenäste sich halbkreisförmig zurückrollend. — Nach Kerner findet Geitonogamie in derselben Weise wie bei Taraxacum statt.

1621. Ch. juncea L. Nach Kirchner (Beitr. S. 72) enthält ein Blütenköpfchen nur 7—12, meist 11 goldgelbe Blüten, welche sich so ausbreiten, dass der Durchmesser des Köpfchens 17 mm beträgt. Alle Blüten desselben sind gleichzeitig entwickelt. Die Antherenröhre ragt aus der Kronröhre 3—4 mm weit hervor und wird später noch um 3 mm durch den Griffel überragt. Dieser rollt seine beiden Narbenäste nur halbkreisförmig zurück, so dass spontane Selbstbestäubung ausgeschlossen ist. Dagegen kommt, nach Kerner, spontane Fremdbestäubung dadurch zu Stande, dass die Griffeläste der äusseren Blüten sich soweit zurückspreizen, dass sie mit dem Pollen der inneren in Berührung kommen. Nach Warnstorf (Bot. V. Brand. Bd. 38) öffnen sich die Blüten bei Neu-Ruppin gegen 10 Uhr vormittags und schliessen sich zwischen 2—3 Uhr nachmittags. Pollen goldgelb, kugelig, dicht stachelwarzig, ungleich gross, bis 50 μ diam.

Schletterer giebt für Tirol die häufigste Hosenbiene Dasypoda plumipes Pz. als Besucher an und beobachtete bei Pola die Grabwespe Notogonia pompiliformis Kohl.

373. Prenanthes L.

Purpurrot. Griffel an der ganzen Aussenseite bis weit unter der Spaltung mit spitzen, schräg aufwärts gerichteten Fegehaaren besetzt, innen mit Narbenpapillen; Griffeläste sich stark zurückrollend. Dabei findet, nach Kerner, Geitonogamie statt, indem sich beim Verblühen die Griffeläste benachbarter Blüten verschlingen, mithin die Narben mit dem Pollen benachbarter Blüten belegt werden müssen, falls noch solcher vorhanden ist.

1622. P. purpurea L. Nach Herm. Müller (Weit. Beob. III. S. 95, 96) besteht das ganze Blütenkörbchen nur aus 4—6 Blüten. Die Hülle des Köpfchens ist 12—14 mm lang und nur 2 mm breit; die daraus hervorragenden purpurroten Blüten haben eine Zunge von 10 mm Länge und 3—4 mm Breite, wodurch die Augenfälligkeit eine ziemlich grosse ist. Aus der 5—6 mm langen und kaum ³/₄ mm breiten Antherenröhre ragt der Griffel später 7 mm weit hervor. Zuletzt breiten sich seine beiden 3 mm langen Äste aus und rollen sich bis zu 1 1/2 und 2 Umläufen zurück, so dass bei ausbleibendem Insektenbesuche spontane Selbstbestäubung stattfindet.

Als Besucher sah H. Müller in der bayerischen Oberpfalz 1 Käfer (Agrilus coeruleus Rossi), 1 Muscide (Sarcophaga carnaria L., pfd.) und 2 Bienen (Apis, sgd. und psd., zahlreich; Anthrena denticulata K. ♀).

Hoffer beobachtete in Steiermark den Bombus hypnorum L. ♂; Dalla Torre und Schletterer in Tirol Bombus confusus Schck. und B. mastrucatus Gerst. ♀; Mac Leod in den Pyrenäen eine Muscide (B. Jaarb. III. S. 368); Loew im botanischen Garten zu Berlin Apis, sgd.

374. Lactuca Tourn.

Gelb, selten lila. Griffelbau wie bei voriger Gattung. Beim Verblühen findet, nach Kerner, Geitonogamie statt. Der Milchsaft vieler Arten ist, nach Kerner, ein Schutzmittel gegen pflanzenverwüstende Tiere.

1623. L. Scariola L. Der Durchmesser der ausgebreiteten zwanzigblütigen, gelben Köpfchen beträgt, nach Kirchner (Beitr. S. 72), etwa 20 mm. Schon ehe das Köpfchen sich ganz ausgebreitet hat, wächst der pollenbedeckte Griffel zur Antherenröhre hinaus, worauf sich die Narbenschenkel bald auseinanderlegen und sich so strecken, dass letztere etwa 1 1/2 mm über der Antherenröhre und 5 mm über dem Eingange zur Kronröhre stehen. Gegen Ende der Blütezeit rollen sich die Griffeläste in 1 1/2 Windungen nach unten zurück, so dass spontane Selbstbestäubung eintreten muss, wenn in den Fegehaaren noch Pollen haftet. Nach Kerner öffnen sich die Köpfchen in Innsbruck um 8—9 Uhr vormittags und schliessen sich um 3—4 Uhr nachmittags.

Als Besucherin sah Kirchner eine kleine Apide.

1624. L. sativa L. Die Blüteneinrichtung ist, nach Kirchner (Beitr. S. 73), derjenigen von L. Scariola sehr ähnlich. Jedes Köpfchen enthält 10—16 gleichzeitig entwickelte, gelbe Einzelblüten, deren 11 mm lange Zungen sich schräg nach aussen legen, so dass der Durchmesser des ausgebreiteten Köpfchens etwa 15 mm beträgt. Aus der 4 1/2 mm langen Kronröhre ragt die Antherenröhre 4 mm weit hervor. Etwa 2 mm über derselben breitet der Griffel seine Äste aus; diese rollen sich schliesslich bis zu einer ganzen Umdrehung zurück, so dass durch Berührung der Narbenpapillen mit den in den Fegehaaren haftenden Pollenkörnern spontane Selbstbestäubung erfolgen muss.

Nach Linné öffnen sich die Köpfchen in Upsala um 7 Uhr morgens und schliessen sich um 10 Uhr vormittags; die entsprechenden Zeiten sind, nach Kerner, für Innsbruck 8—9 Uhr vormittags und 1—2 Uhr nachmittags.

Als Besucher sah Kirchner verschiedene Fliegenarten.

1625. L. muralis Lessing (Prenanthes muralis L.). Jedes Köpfchen enthält, nach Kirchner (Beitr. S. 73), nur 5, selbst auch nur 4 hochgelbe Blüten, welche ihre Zungen wagerecht ausbreiten oder auch etwas nach unten zurückbiegen, so dass der Durchmesser des Köpfchens 13—14 mm beträgt. Auch bei dieser Art entwickeln sich die Blüten eines Köpfchens gleichzeitig.

Schon bevor das Köpfchen sich ganz ausgebreitet hat, ragen die Griffel bereits aus der Antherenröhre hervor. Alsdann wachsen sie in schräger Richtung soweit aus derselben hervor, dass ihre Spitze etwa 5 mm über der Köpfchenfläche steht. Die anfangs bogig auseinandergelegten beiden Narbenschenkel rollen sich später nach unten, jedoch nicht soweit, dass sie mit dem in den Fegezacken noch haftenden Pollen in Berührung kommen.

Warnstorf (Bot. V. Brand. Bd. 38) beobachtete jedoch die Einrollung der Griffeläste bis zur Berührung der Narben mit dem Pollen, so dass Autogamie eintreten muss. Geitonogamie ist dagegen nur in geschlossenen Köpfchen möglich. — Pollen gelb, polyedrisch, auf den Kanten stachelwarzig, von 40—43 μ diam.

Bei Neu-Ruppin öffnen sich die Köpfchen morgens zwischen 6—7 Uhr und schliessen sich nachmittags zwischen 4—5 Uhr. Nach Kerner öffnen sie sich bei Innsbruck um 7—8 Uhr vormittags und schliessen sich um 2—3 Uhr nachmittags.

Als Besucher beobachtete Kirchner bei Stuttgart 2 Fliegenarten, 1 kleine Biene, Meligethes; Herm. Müller (Weit. Beob. III. S. 96) im Fichtelgebirge 1 Muscide (Echinomyia grossa L., pfd.) und 1 Biene (Halictus albipes F., sgd.); Mac Leod in den Pyrenäen 1 Panurgus in den Blütenköpfchen (B. Jaarb. III. S. 367.)

1626. L. perennis L. [H. M., Alpenblumen S. 463, 464]. — Jedes Blütenköpfchen besteht aus etwa 16 Blüten, welche in der Mittagssonne ihre 16—18 mm langen Zungen ausbreiten, so dass ein violetter Stern von etwa 40 mm Durchmesser entsteht. Die Griffeläste rollen sich schliesslich oft so weit zurück, dass ihre papillöse Innenfläche mit der häufig noch pollenbedeckten Aussenseite in Berührung kommt. Wie bei den vorigen Arten sind die Blüten eines Köpfchens gleichzeitig zuerst männlich, dann weiblich, so dass bei Insektenbesuch Kreuzung getrennter Köpfchen erfolgen muss. Nach Kerner öffnen sich die Köpfchen bei Innsbruck um 6—7 Uhr morgens und schliessen sich um 5—6 Uhr nachmittags.

Als Besucher sah H. Müller in den Alpen 1 Fliege, 1 Käfer.

Loew beobachtete im botanischen Garten zu Berlin: A. Coleoptera: *Telephoridae*: 1. Dasytes flavipes F. B. Diptera: *Syrphidae*: 2. Syrphus luniger Mg. C. Hymenoptera: *Apidae*: 3. Chelostoma nigricorne Nyl. ♂, sgd. — Daselbst beobachtete Loew an

1627. L. viminea Presl.:

A. Coleoptera: *Buprestidae*: 1. Anthaxia quadripunctata L. B. Hymenoptera: *Apidae*: 2. Megachile centuncularis L. ♂, sgd.; 3. Prosopis armillata Nyl. ♀, sgd.; 4. Stelis aterrima Pz. ♀, sgd.

375. Mulgedium Cassini.

Blüten blau. Griffel auf der Aussenseite mit sehr spitzen, dornförmigen Fegehaaren besetzt, und zwar auf dem Stamm weitläufig, auf den Ästen dichter; Innenseite der Äste mit Narbenpapillen. — Nach Kerner spreizen die Griffeläste beim Verblühen so weit, dass sie mit den noch pollenbedeckten Aussenseiten der Griffeläste benachbarter Blüten in Berührung kommen, mithin Geitonogamie herbeigeführt wird.

1628. M. alpinum Cassini. (Sonchus alpinus L.) [H. M., Alpenblumen S. 459, 460.] — Etwa 20 Blüten bilden ein Köpfchen von nur 4 mm Durchmesser im geschlossenen Zustande, von 20—30 mm im Sonnenscheine. Die beiden 2 mm langen Äste des Griffels spreizen sich im zweiten Stadium auseinander, doch rollen sie sich nie so weit zurück, dass spontane Selbstbestäubung erfolgen könnte.

Als Besucher sah H. Müller in den Vogesen Apis, 1 Hummel, 1 Falter, 1 Käfer; Lindman auf dem Dovrefjeld eine Hummel.

Loew beobachtete im botanischen Garten zu Berlin: Hymenoptera: *Apidae*: 1. Bombus lapidarius L. ♀ ☿, sgd.; 2. Chelostoma nigricorne Nyl. ♂, sgd.; 3. Halictus sexcinctus F. ♀, sgd.; 4. Osmia fulviventris Pz. ♂ ♀, sgd.; 5. O. rufa L. ♀, psd.; 6. Stelis phaeoptera K. ♂, sgd. — Daselbst beobachtete Loew an

1629. M. macrophyllum DC.:

A. Diptera: *Syrphidae*: 1. Melanostoma mellina L. B. Hymenoptera: *Apidae*: 2. Chelostoma nigricorne Nyl. ♂, sgd.;

1630. M. prenanthoides DC.:

Diptera: *Syrphidae*: 1. Didea intermedia Lw., sgd.; 2. Syrphus balteatus Deg., den Griffel ableckend.

1631. M. Plumieri DC. (Sonchus Pl. L.). Nach Kerner öffnen sich die Blütenköpfchen bei Innsbruck um 6—7 Uhr morgens und schliessen sich um 8—9 Uhr abends.

376. Sonchus Tourn.

Blüten gelb. Griffel aussen mit schräg aufwärts gerichteten Fegehaaren, innen mit Papillen.

1632. S. oleraceus L. [Kirchner, Flora S. 745; H. M., Befr. S. 408; Knuth, Nordfr. Ins. S. 98, 162.] — Die sich zu einem Durchmesser von etwa 20 mm ausbreitenden Köpfchen enthalten, nach Kirchner, ungefähr 120 hellgelbe Blüten, von denen die randständigen aussen rötlich-grau angelaufen sind. Die Kronröhre ist 10 mm, die Zunge 6 mm lang; die Antherenröhre ist orangegelb, der Griffel nebst den beiden kaum 1 mm langen Ästen aussen mit schwärzlichen Fegehaaren. Die Griffeläste krümmen sich schliesslich halbkreisförmig auseinander. — Die Köpfchen öffnen sich nach Linné in Upsala um 5 Uhr morgens und schliessen sich um 11—12 Uhr mittags; die entsprechenden Zeiten sind nach Kerner für Innsbruck 6—7 Uhr morgens und 1—2 Uhr mittags.

Als Besucher sah ich in Schleswig-Holstein 1 Hummel, 2 Schwebfliegen, 1 Falter; Herm. Müller in Westfalen drei Schwebfliegen (Eristalis arbustorum L., Syrphus arcuatus Fall., S. balteatus Deg., alle 3 sgd. und pfd.) und 1 Falter (Pieris brassicae L., sgd.).

Schletterer beobachtete bei Pola die kleine Furchenbiene Halictus villosulus K.

In Dumfriesshire (Schottland) (Scott-Elliot, Flora S. 103) wurden 2 Schwebfliegen und 3 Musciden als Besucher beobachtet.

1633. S. arvensis L. Die Köpfchen enthalten, nach **Kirchner** (Flora S. 745), über 200 goldgelbe Blüten und breiten sich zu einem Durchmesser von 40—50 mm aus. Die Kronröhre ist 8—12 mm, die Zunge 8—14 mm lang. Die Griffeläste rollen sich zuletzt soweit zurück, dass sie 3 Umgänge machen; dabei erfolgt natürlich spontane Selbstbestäubung.

Bei trübem Wetter schliessen sich die randständigen Blüten zusammen. Das Öffnen der Köpfchen bei hellem Wetter geschieht nach **Linné** in Upsala um 6—7, bei Innsbruck nach **Kerner** um 7—8 Uhr morgens, das Schliessen um 10 Uhr vormittags bezw. um 12—1 Uhr mittags.

Als Besucher sah ich in Schleswig-Holstein (Nordfr. Ins. S. 162; Weit. Beob. S. 237):

A. **Diptera**: *Syrphidae*: 1. Eristalis arbustorum L.; 2. E. tenax L.; 3. Syrphus balteatus Deg.; 4. S. pyrastri L.; 5. S. ribesii L. Sämtl. sgd. und pfd. B. **Hymenoptera**: *Apidae*: 6. Apis mellifica L., sgd. und psd.; 7. Dasypoda plumipes Pz., psd. C. **Lepidoptera**: *Rhopalocera*: 8. Pieris napi L., sgd.; 9. P. rapae L., w. v.; ferner auf Helgoland (Bot. Jaarb. 1896. S. 40): **Diptera**: *Muscidae*: 1. Lucilia caesar L., gemein; 2. Kleine Musciden.

Alfken beobachtete auf Juist: A. **Diptera**: a) *Muscidae*: 1. Cynomyia mortuorum L. b) *Syrphidae*: 2. Eristalis arbustorum L. B. **Hymenoptera**: a) *Apidae*: 3. Bombus lapidarius L. ♀; 4. B. muscorum F. ♂; 5. B. terrester L.; 6. Dasypoda plumipes Pz. ♀, psd., hfg. b) *Sphegidae*: 7. Oxybelus mucronatus F., s. hfg.; 8. O. uniglumis L., selten. C. **Lepidoptera**: *Pieridae*: 9. Pieris brassicae L.; sowie bei Bremen: *Apidae*: 1. Bombus lapidarius L. ♀; 2. B. muscorum F. ♂; 3. B. terrester L. ♀; 4. Dasypoda plumipes Pz. ♀ ♂; H. de **Vries** (Ned. Kruidk. Arch. 1877) in den Niederlanden 1 Hummel; **Mac Leod** in Fandern 2 Schwebfliegen (B. Jaarb. V. S. 434).

In Dumfriesshire (Schottland) (**Scott-Elliot**, Flora S. 103) wurden mehrere Fliegen als Besucher beobachtet.

Herm. Müller giebt für Westfalen (Befr. S. 408) folgende Besucher an:

A. **Coleoptera**: a) *Curculionidae*: 1. Spermophagus cardui Stev., in grosser Zahl. b) *Telephoridae*: 2. Malachius sp., pfd. B. **Diptera**: a) *Conopidae*: 3. Sicus ferrugineus L., sgd. b) *Syrphidae*: 4. Cheilosia sp., pfd.; 5. Eristalis arbustorum L., sgd. und pfd., häufig; 6. E. tenax L., w. v. C. **Hymenoptera**: *Apidae*: 7. Apis mellifica L. ♀, sgd. und psd., sehr häufig; sie bestäubt sich über und über; 8. Bombus sp., sgd.; 9. Halictus flavipes F. ♀, psd.; 10. H. lugubris K. ♂, sgd.; 11. H. quadricinctus F. ♀, psd.; 12. H. rubicundus Chr. ♀, psd. und sgd.; 13. Megachile centuncularis L. ♀, psd. und sgd.; 14. Nomada varia Pz. ♀, sgd.; 15. Osmia spinulosa K ♀, psd. und sgd. (Thür.); 16. Panurgus banksianus K. ♀ ♂, nicht gerade sehr häufig; 17. P. calcaratus Scop. ♀ ♂, sgd. und psd., sehr häufig. D. **Lepidoptera**: *Rhopalocera*: 18. Hesperia sp., sgd.

1634. S. asper Allioni.

Die gelben Blüten sah **Buddeberg** in Nassau (H. M., Weit. Beob. III. S. 96) von folgenden Insekten besucht:

A. **Diptera**: *Muscidae*: 1. Anthomyia sp., pfd. B. **Hymenoptera**: *Apidae*: 2. Chelostoma campanularum L. ♂, sgd.; 3. Coelioxys rufescens Lep. ♂, sgd.; 4. Halictus morio F. ♂, sgd.; 5. H. smeathmanellus K. ♀, sgd.; 6. Prospis armillata Nyl. ♂, sgd.; 7. Stelis aterrima Pz. ♀, sgd.

Schletterer beobachtete bei Pola die Mauerbiene Osmia rufohirta Ltr.

Mac Leod beobachtete in Flandern 2 kurzrüsselige Bienen, 3 Schwebfliegen, 2 Musciden, 1 Falter. (B. Jaarb. V. S. 433).

Alfken beobachtete auf Juist: Dasypoda plumipes Pz. ♂; **Verhoeff** auf Norderney Bombus lapidarius L. ♂.

377. Crepis L.

Blüten gelb. Griffeläste auf der ganzen Aussenseite und am Rande ebenso der Griffelstamm, soweit er aus der Antherenröhre hervorragt, mit stachelig spitzen Fegehaaren weitläufig besetzt; Innenfläche der Griffeläste bis gegen den Rand mit Narbenpapillen. — Nach Kerner kommen die Griffeläste der äusseren Blüten durch Spreizung und Zurückrollung mit dem Pollen innerer Blüten in Berührung. Ausser dieser Geitonogamie findet auch spontane Selbstbestäubung durch Verlängerung der Zungen der Blumenkrone und die dadurch bewirkte Hebung des an ihnen haftenden Pollens bis zur Berührung mit dem Narbenpapillen statt.

1635. C. biennis L. Nach Kirchner (Flora S. 747) bilden die goldgelben Blüten ein Köpfchen, dessen obere Fläche im ausgebreiteten Zustande einen Durchmesser von 35—40 mm hat. Die Kronröhre ist fünf, die Zunge 12—16 mm lang. Die Griffeläste rollen sich zuletzt so zurück, dass sie 2 Umgänge machen, mithin bei ausbleibendem Insektenbesuche spontane Selbstbestäubung erfolgen muss. Als Besucher beobachtete H. Müller (Befr. S. 406; Weit. Beob. III. S. 93, 94):

A. Coleoptera: a) *Chrysomelidae*: 1. Cryptocephalus sericeus L., Antheren fressend (Thür.). b) *Nitidulidae*: 2. Meligethes, in Menge. B. Diptera: a) *Muscidae*: 3. Gonia capitata Fall., sgd. (Thür.). b) *Syrphidae*: 4. Cheilosia chrysocoma Mg., pfd.; 5. Eristalis arbustorum L., sgd. und pfd., sehr häufig; 6. E. nemorum L., w. v.; 7. E. sepulcralis L., w. v.; 8. E. tenax L., w. v.; 9. Syritta pipiens L., w. v.; 10. Syrphus sp., pfd. C. Hymenoptera: a) *Apidae*: 11. Anthrena denticulata K. ♀ ♂, psd. und sgd.; 12. A. dorsata K. ♀, psd.; 13. A. fulvago Chr. ♀, psd. (Thür.); 14. A. fulvescens Sm. ♀, psd. (Thür.); 15. A. parvula K. ♂, sgd.; 16. A. zonalis K. ♂, sgd. (Thür.); 17. Apis mellifica L. ♀, sgd.; 18. Chelostoma campanularum K. ♀ ♂, sehr zahlreich, psd. und sgd.; 19. Dasypoda hirtipes F. ♂, häufig, noch Abends auf den Blüten sitzend; 20. Halictus albipes F. ♀, sgd. und psd.; 21. H. cylindricus F. ♀, w. v., ♂ sgd., häufig; 22. H. flavipes F. ♂, sgd.; 23. H. leucopus K. ♀, psd. (Nassau, Buddeberg); 24. H. leucozonius Schrk. ♀, sgd. und psd., ♂ sgd., häufig; 25. H. longulus Sm. ♀, w. v.; 26. H. lugubris K. ♂, sgd.; 27. H. maculatus Sm. ♀, sgd. und psd.; 28. H. nitidus Schenck ♀, w. v.; 29. H. quadricinctus F. ♂, sgd., häufig; 30. H. rubicundus Chr. ♂, sgd.; 31. H. sexcinctus F. ♀, sgd. (Thür.); 32. H. villosulus K. ♀, sgd. und psd., sehr zahlreich (Thür.); 33. H. zonulus Sm. ♀, psd. (Thür.); 34. Heriades truncorum L. ♀ ♂, sgd. und psd., sehr zahlreich; 35. Osmia spinulosa K. ♀ ♂, sgd. und psd., sehr zahlreich (Thür.); 36. Panurgus banksianus K. ♀ ♂, psd., sgd., sich in den Blüten wälzend, häufig; 37. P. calcaratus Scop. ♀ ♂, w. v.; 38. Dufourea vulgaris Schenck ♀ ♂, sehr zahlreich (Thür.); 39. Stelis breviuscula Nyl. ♂, sgd. (Thür.); 40. S. phaeoptera K., sgd. (Thür.). b) *Tenthredinidae*: 41. Tarpa cephalotes F., sgd., häufig (Thür.). D. Lepidoptera: a) *Rhopalocera*: 42. Argynnis latonia L., sgd. (bayer. Oberpf.); 43. Epinephele janira L., sgd. (Thür.); 44. Lycaena sp., sgd. (Thür.); 45. Melitaea athalia Esp., sgd. (Thür.); 46. Thecla sp., sgd. (Thür.). b) *Sphingidae*: 47. Zygaena lonicerae Esp., sgd. (Thür.).

Loew beobachtete im botanischen Garten zu Berlin: Hymenoptera: *Apidae*: 1. Dasypoda hirtipes F. ♂, in mehreren Exemplaren sgd.; 2. Osmia fulviventris Pz. ♀, psd.; Alfken bei Bremen: A. Diptera: *Syrphidae*: 1. Eristalis arbustorum L., hfg.; 2. E. nemorum L., hfg.; 3. E. pertinax Scop., hfg.; 4. E. sepulcralis L., hfg.; 5. Syrphus pyrastri L., hfg.; 6. Volucella bombylans L., var. bombylans Mg., hfg. B. Hymenoptera: *Apidae*: 7. Anthrena albicans Müll. ♀; 8. A. flavipes Pz. ♀; 9. A.

parvula K. ♀; 10. Bombus hortorum L. ♀; 11. B. lapidarius L. ♀; 12. Eriades truncorum
L. ♀; 13. Eucera difficilis (Duf.) Pér. ♂; 14. Halictus leucozonius Schrk. ♀, hfg., psd.;
15. Osmia solskyi Mor. ♀, einzeln, psd.; 16. Panurgis banksianus K. ♀ ♂; 17. Psithyrus
rupestris F. ♀, sgd.; Schmiedeknecht in Thüringen die Apiden: 1. Anthrena
flessae Pz.; 2. A. humilis Imh.; Schenck in Nassau die Apiden: 1. Anthrena fulvago
Christ.; 2. Osmia caerulescens L. ♂.

1636. C. virens Villars.

Als Besucher beobachtete Alfken bei Bremen: Apidae: 1. Anthrena denticulata K. ♀; 2. A. fucata Smith ♀; 3. Dasypoda plumipes Pz. ♀; 4. Eriades truncorum
L. ♀; 5. Halictus leucozonius Schrk. ♀; 6. H. punctatissimus Schck. ♀; 7. H. punctulatus
K. ♀; 8. Nomada flavoguttata K. ♀ ♂; 9. N. fuscicornis Nyl. ♀; 10. Osmia solskyi Mor.
♀; 11. Panurgus banksianus K. ♀ ♂; 12. P. calcaratus Scop. ♀ ♂; H. de Vries
(Ned. Kruidk. Arch. 1877) in den Niederlanden 2 Hummeln, Bombus subterraneus L. ♀
und B. terrester L. ♀; Mac Leod in Flandern 1 Hummel, 6 kurzrüsselige Bienen (dar-
unter 2 Panurgus), 8 Schwebfliegen, 4 Musciden, 6 Falter (B. Jaarb. V. S. 434); in den
Pyrenäen 4 Hymenopteren (darunter 1 Panurgus), 1 Käfer, 6 Fliegen (A. a. O. III
S. 368.)

In Dumfriesshire (Schottland) (Scott-Elliot, Flora S. 104) wurden 3 kurzrüsselige
Bienen, 1 Blattwespe, mehrere Fliegen und 1 Käfer als Besucher beobachtet.

Herm. Müller (1) (Befr. S. 407; Weit. Beob. III. S. 94) und Buddeberg (2)
geben für Westfalen und Nassau folgende Besucher an:

A. Coleoptera: Mordellidae: 1. Mordella fasciata F. (1). B. Diptera: a) Conopidae: 2. Oecemyia atra F., sgd. (1); 3. Sicus ferrugineus L., sgd. (1). b) Syrphidae:
4. Cheilosia chrysocoma Mg., pfd. (Borgstette); 5. Eristalis tenax L., pfd. (1); 6. Melithreptus scriptus L., pfd. (1); 7. M. taeniatus Mg., pfd. (1); 8. Syrphus arcuatus Fall.,
pfd. (1); 9. S. balteatus Deg., pfd. (1); 10. S. ribesii L., pfd. (1). C. Hymenoptera:
Apidae: 11. Anthrena denticulata K. ♀, psd. (1, Borgstette); 12. A. dorsata K. ♂, sgd.
(1); 13. A. fulvago Chr. ♀, sgd. und psd. (2); 14. A. xanthura K. ♀, psd. (2); 15. Chelostoma campanularum L. ♀, sgd. (2); 16. Dasypoda hirtipes F. ♂, nicht selten, sgd.
(1, 2); 17. Dufourea vulgaris Schenck ♀ ♂, psd. und sgd. (1, bayer. Oberpfalz); 18. Halictus cylindricus F. ♀, psd. (1); 19. H. lucidus Schenck ♀, sgd. (2); 20. H. minutus
K. ♀, psd. (1); 21. H. morio F. ♂ (2); 22. H. smeathmanellus K. ♀, sgd. und psd. (2);
23. H. villosulus K. ♀, psd. (1); 24. H. zonulus Sm. ♀, psd. (2); 25. Panurgus banksianus K. ♀ ♂, selten (1); 26. P. calcaratus Scop. ♂ ♀, sgd. und psd., sich in den
Blüten wälzend, häufig (1, 2); 27. Prosopis propinqua Nyl. ♀, sgd. (2); 28. Stelis aterrima Pz. ♀, sgd. (2). D. Lepidoptera: Rhopalocera: 29. Pieris rapae L., sgd. (1,
bayer. Oberpfalz).

1637. C. tectorum L. Die Blüteneinrichtung beschreibt Warnstorf
(Bot. V. Brand. Bd. 37) in folgender Weise:

Die langen Narbenäste sind aussen rings mit aufrecht abstehenden Fegestacheln versehen, durch welche die polyedrischen, mit Öltröpfchen bedeckten, auf
ihren Kanten mit Stachelwarzen besetzten Pollenzellen aus der Staubbeutelröhre
nicht nur herausgehoben, sondern auch festgehalten werden. Im zweiten Blütenstadium rollen sich die Narbenäste spiralig nach unten ein und kommen dadurch
mit den noch an den Fegestacheln des Griffels sitzenden Pollenkörnern so in
Berührung, dass, wenn Fremdbestäubung durch Insekten ausgeblieben sein sollte,
Eigenbefruchtung ermöglicht wird.

Als Besucher beobachtete H. Müller (1) (Befr. S. 407; Weit. Beob. III. S. 94)
in Westfalen, Buddeberg (2) in Nassau und Borgstette (3) in Tecklenburg:.

A. Diptera: *Syrphidae*: 1. Cheilosia chrysocoma Mg., pfd. (3); 2. Eristalis sepulcralis L., pfd. (2). B. Hymenoptera: a) *Apidae*: 3. Anthrena chrysopyga Schenck, pfd. (1, Thür.); 4. A. denticulata K. ♀ ♂ (3); 5. A. fulvicrus K. ♀, psd. (1); 6. Halictus malachurus K. ♀, sgd. und psd. (2); 7. H. quadricinctus F. ♂, häufig (1); 8. H. rubicundus Chr. ♂, sgd. (1); 9. H. villosulus K. ♀, psd. (1); 10. Heriades truncorum L. ♂, sgd. (1); 11. Osmia spinulosa K. ♀, psd., häufig (1); 12. Dufourea vulgaris Schenck ♀ ♂, psd. und sgd. (1). b) *Sphegidae*: 13. Pompilus viaticus L. ♀, sgd. (1).

Loew beobachtete in Schlesien (Beiträge S. 31):

A. Hymenoptera: *Apidae*: 1. Halictus punctulatus K. ♂, sgd. B. Lepidoptera: *Rhopalocera*: 2. Polyommatus virgaureae L., sgd.; sowie in der Schweiz (Beiträge S. 58): Halictus vulpinus Nyl. ♀, psd.

1638. C. pulchra L. Die Köpfchen öffnen sich nach Kerner bei Innsbruck um 6—7 Uhr morgens und schliessen sich um 9—10 Uhr vormittags.

1639. C. Jacquini Tausch. (Hieracium chondrilloides L.). Die Köpfchen öffnen sich nach Linné bei Upsala um 9 Uhr vormittags und schliessen sich um 1 Uhr mittags.

1640. C. rubra L. Diese südeuropäische Art öffnet bei Innsbruck nach Kerner die Köpfchen um 7—8 Uhr morgens und schliesst sie um 6—7 Uhr nachmittags.

v. Dalla Torre und Schletterer beobachteten in Tirol die Bienen: 1. Anthrena albicrus K. ♀ ♂; 2. Halictus sexnotatus K. ♀; 3. Prosopis annulata L. ♀ ♂ als Besucher.

1641. C. aurea Cassini. (Hieracium aureum Scopoli, Leontodon aureum L.). [H. M., Alpenblumen S. 462, 463.] — Meist mehr als hundert Blüten setzen ein Köpfchen zusammen, welches im Sonnenschein einen Durchmesser von 35—60 mm besitzt. Aus der Kronröhre ragt der Staubbeutelcylinder bis 6—7 mm, aus diesem im zweiten Blütenstadium der Griffel noch um 5¹/₂ mm hervor. Die 3 mm langen Äste des letzteren spreizen sich bogenartig auseinander, doch nur in einzelnen Blüten so weit zurück, dass spontane Selbstbestäubung möglich ist.

Als Besucher sah H. Müller in den Alpen Käfer (2 Arten), Fliegen (4), Hymenopteren (3), Falter (19).

Loew beobachtete in der Schweiz (Beiträge S. 58): A. Diptera: *Bombylidae*: 1. Nemophila plantaginis L. B. Lepidoptera: a) *Noctuidae*: 2. Agrotis ocellina S. V. b) *Rhopalocera*: 3. Argynnis selene S. V.

Dalla Torre beobachtete in Tirol Bombus mastrucatus Gerst. ♂; Schletterer daselbst die Apiden: 1. Bombus mastrucatus Gerst.; 2. Halictus levis K. = fulvicornis K.; 3. H. smeathmanellus K. als Besucher.

Bemerkenswert ist, dass die orangeroten Blüten mit Vorliebe von rotgefärbten Tagfaltern (Argynnis, Melitaea, Polyommatus-Arten) aufgesucht werden. (Vergl. Senecio abrotanifolius und Hieracium aurantiacum und die Bemerkung Bd. I. S. 171.)

1642. C. paludosa L. (Hieracium paludosum L.).

Als Besucher beobachtete H. Müller in den Alpen einen Falter; Buddeberg in Nassau (H. M., Weit. Beob. III. S. 94) 6 Bienen: 1. Anthrena fulvago Chr. ♀, sgd.; 2. Halictus leucozonius Schrk. ♀; 3. H. quadricinctus F. ♀, sgd. und psd.; 4. H. tetrazonius Klg., sgd. und psd.; 5. Osmia aenea L. ♂, sgd.; 6. O. rufa F. ♀, sgd.; Mac Leod in den Pyrenäen 1 Muscide (B. Jaarb. III. S. 369).

In Dumfriesshire (Schottland) (Scott-Elliot, Flora S. 105) wurden 1 Blattwespe, 4 Schwebfliegen und 1 Muscide als Besucher beobachtet.

Loew beobachtete im botanischen Garten zu Berlin an Crepis-Arten folgende Besucher:

1643. C. montana Tausch.:

Hymenoptera: *Apidae*: 1. Chelostoma nigricorne Nyl. ♂, sgd.; 2. Osmia fulviventris Pz. ♀, psd.;

1644. C. rigida W. K.:

A. Diptera: *Syrphidae*: 1. Eristalis nemorum L.; 2. E. tenax L. B. Hymenoptera: *Apidae*: 3. Megachile centuncularis L. ♀, psd.;

1645. C. sibirica L.:

Hymenoptera: *Apidae*: Stelis phaeoptera K. ♀, sgd.;

1646. C. succisaefolia Tausch.:

Eine pollensammelnde Biene: Osmia fulviventris Pz. ♀.

1647. C. albida Villars.

Als Besucher der gelblichen Köpfchen sah Mac Leod in den Pyrenäen Bienen (4 Arten), Falter (1), Käfer (4), Syrphiden (1), Musciden (2).

1648. C. grandiflora Tausch.

Kerner (Pflanzenleben II.) hat beobachtet, dass die sich am Abend schliessenden Blütenköpfchen von kleineren Käfern (Cryptocephalus, Meligethes) und kleinen Bienen (Panurgus ursinus Latr.) als Nachtherberge aufgesucht werden, weil im Innern der geschlossenen Köpfchen während der Nacht eine höhere Temperatur als im Freien herrscht. Sobald die Sonne kommt, verlassen die Tiere ihr Nachtquartier, wobei sie abgestreiften Pollen mitnehmen, den sie auf andere von ihnen besuchte Blüten übertragen. — Autogamie kommt, nach Kerner, durch schraubige Drehung und Verschränkung der Griffeläste bis zur Berührung mit dem eigenen Pollen zu stande.

378. Hieracium Tourn.

Blüten meist hell- bis goldgelb, selten orange. Ganze Aussenseite des Griffels, soweit sie aus dem Staubbeutelcylinder hervorragt, mit stachelig-spitzen Fegehaaren besetzt; Innenfläche der Äste mit Narbenpapillen. — Nach Kerner findet Geitonogamie wie bei Crepis statt; auch die spontane Selbstbestäubung ist wie bei Crepis durch nachträgliche Verlängerung der Blumenkrone möglich.

1649. H. Pilosella L. [H. M., Befr. S. 406; Weit. Beob. III. S. 93; Alpenbl. S. 460; Knuth, Ndfr. Ins. S. 98, 162; Bijdragen; de Vries a. a. O.; Mac Leod, B. Jaarb. III; V; Loew, Bl. Flor. S. 390, 398.] Vergl. Fig. 210. —

Nach Herm. Müller setzen 42—64 Blüten das Köpfchen zusammen. Sie sind hellschwefelgelb, die randständigen aussen meist rötlich gestreift. Bei sonnigem Wetter breitet sich das Köpfchen (nach Linné etwa von 7 Uhr vormittags bis 3 Uhr nachmittags) bis zu einer Fläche von 20 mm Durchmesser aus. Abends und nachts, sowie bei trüber Witterung ist es geschlossen. Die Blüten nehmen von der Mitte nach dem Rande an Grösse zu; ihre Kronröhre ist 3—6 mm, ihre Zunge 4—8 mm lang. Im ersten Blütenstadium kehren die Fegehaare des

Griffels den gesamten Pollen aus dem Antherencylinder hervor, alsdann krümmt der Griffel seine beiden Äste allmählich so zurück, dass spontane Selbstbestäubung möglich ist.

Als Besucher sah ich auf den nordfriesischen Inseln und bei Kiel Panurgus sp., Pieris sp., 5 Schwebfliegen, kleinere Musciden; auf Helgoland gleichfalls kleine Musciden.

In Thüringen beobachtete ich (Thür. S. 38): A. Coleoptera: 1. Cryptocephalus sericeus L. B. Diptera: *Syrphidae*: 2. Syrphus balteatus Deg., pfd. C. Hymenoptera: 3. Bombus soroënsis F. var. proteus Gerst., sgd., ♀ auch psd. D. Lepidoptera: 4. Pieris sp., sgd.; Friese daselbst Anthrena polita Sm.; Alfken und Höppner (H.) bei Bremen: A. Coleoptera: *Buprestidae*: 1. Anthaxia quadripunctata L., hfg. B. Diptera: *Syrphidae*: 2. Cheilosia soror Zett., sgd.; 3. Eristalis tenax L., sgd., hfg.; 4. Helophilus trivittatus F., sgd., s. hfg. C. Hymenoptera: a) *Apidae*: 5. Anthrena albicans Müll. ♀ ♂, slt.; 6. A. albicrus K. ♂, hfg., sgd.; 7. A. argentata Sm. ♀, slt., psd.; 8. A. chrysopyga Schck. ♂, slt.; 9. A. convexiuscula K. ♀ ♂, slt.; 10. A. fulvago Chr., s. slt., ♀ sgd., psd., ♂ sgd.; 11. A. fulvida Schck. ♀, s. slt.; 12. A. humilis Imh., der häufigste Besucher, ♀ zahllos, psd., sgd., ♂ ebenso hfg., sgd. und nach Art der Zottelbiene in dem Blütenkörbchen wühlend; 13. A. labialis K. ♂, slt.; 14. A. parvula K. ♀, slt., sgd., psd.; 15. A. praecox Scop. ♀, slt.; 16. A. proxima K. ♀ ♂, slt., sgd.; 17. A. xanthura K. ♀ ♂, slt.; 18. Bombus variabilis Schmiedekn. ♀ (H.); 19. Eriades florisomnis L. ♀ ♂; 20. Halictus calceatus Scop. ♀, s. hfg., sgd. und psd.; 21. H. flavipes F. ♀, s. hfg., sgd. und psd.; 22. H. leucozonius Schrk. ♀, ein äusserst häufiger Besucher, sgd. und psd.; 23. H. minutus K. ♀, slt.; 24. H. nitidiusculus K. ♀, hfg., psd. und sgd.; 25. H. punctatissimus Schck. ♀, n. slt.; 26. H. punctulatus K. ♀; nimmt man einen der kl. schwarzen Halictus von einem Hieracium pilosella, so kann man in den meisten Fällen darauf rechnen, einen H. punctulatus vor sich zu haben; zahllos, sgd. und psd., oft 4—5 in einer Blüte; 27. H. rubicundus Chr., hfg., sgd. und psd.; 28. H. zonulus Sm., slt., sgd. und psd.; 29. Megachile circumcincta K. ♂; 30. Nomada bifida Thoms., slt.; 31. N. ferruginata K. ♂, s. slt.; 32. N. flavoguttata K. ♂, hfg., sgd.; 33. N. ochrostoma K. ♀ ♂, slt., sgd.; 34. Osmia claviventris Ths. ♀, einmal; 35. O. solskyi Mor. ♀ ♂, slt.; 36. Panurgus banksianus K. ♀, sgd. und psd., ♂ sgd. b) *Tenthredinidae*: 37. Cephus nigrinus Thoms. ♀ ♂, sgd.; Verhoeff auf Norderney: A. Coleoptera: *Scarabaeidae*: 1. Phyllopertha horticola L., pfd. B. Diptera: a) *Empidae*: 2. Hilara quadrivittata Mg. b) *Muscidae*: 3. Anthomyia spec.; 4. Cyrtoneura hortorum Fall.; Schmiedeknecht in Thüringen die Apiden: 1. Anthrena fulvago Chr. ♀; 2. A. humilis Imh.; Friese in Baden (B.), Mecklenburg (M.), Ungarn (U.) und im Elsass (E.) die Apiden: 1. Anthrena fulvago Chr. (B., M.), slt.; 2. A. humilis Imh. (B., E., U. slt., M. häufiger); 3. Nomada alboguttata H.-Sch. (M., U.), slt.

In Westfalen und Nassau beobachteten Herm. Müller (1) und Buddeberg (2): A. Coleoptera: a) *Buprestidae*: 1. Anthaxia nitidula L. (2). b) *Cerambycidae*: 2. Leptura livida L. (1). c) *Chrysomelidae*: 3. Cryptocephalus moraei L. (bayerische Oberpfalz, häufig, 1); 4. C. sericeus L., w. v. (1). d) *Oedemeridae*: 5. Oedemera lurida Marsh., pfd. (2). B. Diptera: a) *Bombylidae*: 6. Bombylius canescens Mikan (Sld.), sgd. (1). b) *Conopidae*: 7. Sicus ferrugineus L., sgd. (bayerische Oberpfalz) (1). c) *Syrphidae*: 8. Helophilus floreus L., pfd. (1). C. Hymenoptera: a) *Apidae*: 9. Anthrena cyanescens Nyl. ♀, sgd. und psd. (1); 10. A. fulvago Chr. ♀, sgd. und psd., in Mehrzahl (1, 2); 11. A. fulvescens Sm. ♀, psd., sgd. (1); 12. Ceratina callosa F. ♀, sgd. (2); 13. C. cyanea K. ♂, sgd. (einzeln) (1, 2); 14. Diphysis serratulae Pz. ♂, sgd. (einzeln) (1); 15. Halictus cylindricus F. ♀, sgd. (bayerische Oberpfalz) (1); 16. H. leucopus K. ♀, sgd. und psd. (2); 17. H. leucozonius Schrk. ♀, psd. (bayerische Oberpfalz) (1); 18. H. maculatus Sm. ♀, sgd. und psd., daselbst (1); 19. H. nitidus Schenk, ♀, w. v., daselbst (1); 20. H.

tetrazonius Klg. ♀, sgd. (2); 21. H. villosulus K., sgd. und psd. (1, 2); 22. Nomada fabriciana L. ♀, sgd. (1); 23. Osmia aenea L. ♂, sgd. (2); 24. Panurgus banksianus K. ♂ ♀, sgd. und psd. (bayerische Oberpfalz, Thür.) (1); 25. P. calcaratus Scop. ♀ ♂, psd. und sgd., häufig (1); 26. Prosopis armillata Nyl. ♀, sgd. und psd., daselbst (1); 27. Sphecodes gibbus L. ♀, sgd. (bayerische Oberpfalz) (1). b) *Tenthredinidae*: 28. Cephus, kleine Art, zahllos (1). D. Lepidoptera: a) *Noctuae*: 29. Euclidia mi L., sgd. (1). b) *Rhopalocera*: 30. Lycaena argiolus L., sgd. (1); 31. Pieris brassicae L., sgd. (1); 32. Polyommatus dorilis Hfn., sgd. (2).

Loow beobachtete in Anhalt (A.) und in Brandenburg (B.) (Beiträge S. 40): Hymenoptera: *Apidae*: 1. Anthrena albicans Müll. ♀, psd. (A.); 2. A. fulvescens Sm. ♂, sgd. (A.); 3. A. ventralis Imh. ♀ ♂, sgd. (A.); 4. Halictus leucozonius Schrk. ♀, psd. (B.); 5. H. quadricinctus F. ♀, psd. (A.); 6. H. sexcinctus F. ♀, psd. (B.); in Schlesien (Beiträge S. 31): A. Coleoptera: *Chrysomelidae*: 1. Cryptocephalus sericeus L. B. Diptera: a) *Muscidae*: 2. Echinomyia tessellata F. b) *Syrphidae*: 3. Chrysotoxum octomaculatum Curt., sgd. C. Hymenoptera: *Apidae*: 4. Dasypoda hirtipes F. ♀, psd.; 5. Panurgus lobatus F. ♂ ♀, ♀ psd.; 6. Prosopis communis Nyl. ♂; 7. P. sinuata Schck. ♂. D. Lepidoptera: *Rhopalocera*: 8. Rhodocera rhamni L., sgd.

Schletterer giebt für Tirol als Besucher an und beobachtete bei Pola (P.) die Apiden: 1. Anthrena marginata F. = cetii Schrk.; 2. Dufourea vulgaris Schck.; 3. Halictoides dentiventris Nyl.; 4. Halictus fasciatellus Schck. (P.); 5. H. flavipes F.; 6. H. longulus Sm.; 7. H. minutus K. Dalla Dorre bemerkte daselbst die ersten 3.

Loew beobachtete in der Schweiz (Beiträge S. 59): A. Coleoptera: 1. Chrysochus pretiosus F. B. Hymenoptera: *Apidae*: 2. Anthrena fulvago Cbr. ♀, psd.; 3. Panurgus banksianus K. ♂, sgd. Daselbst sah Herm. Müller 1 Käfer, 1 Tagfalter, 2 kurzrüsselige Bienen.

Mac Leod beobachtete in den Pyrenäen 2 Panurgus-Arten, 1 Ameise, 1 Falter, 6 Käfer, 1 Syrphide, 6 Musciden als Besucher (B. Jaarb. III. S. 369, 370); in Flandern 1 langrüsselige und 6 kurzrüsselige Bienen, 1 Holzwespe, 3 Schwebfliegen, 2 Musciden, 1 Käfer, 3 Falter (B. Jaarb. V. S. 435); H. de Vries (Ned. Kruidk. Arch. 1877) in den Niederlanden 5 Apiden als Besucher: 1. Apis mellifica L. ⚥; 2. Halictus cylindricus F. ♀; 3. H. leucozonius Schrk. ♀; 4. H. villosulus K. ♀; 5. Nomada ruficornis L. ♀.

Smith beobachtete in England die Apiden: 1. Anthrena albicrus K.; 2. A. fulvago Chr.; 3. A. humilis Imh. = fulvescens Sm.; sowie an „mouse ear hawk weed" (= Hieracium pilosella, nach Mitteilung von J. H. Burkill) die Bienen: Dasypoda plumipes Pz.; Epeolus variegatus L.; Panurgus calcaratus Scop.; Saunders in England Anthrena angustior K.; E. D. Marquard in Cornwall Anthrena fulvescens Sm. als Besucher.

1650. H. Auricula L. Nach Linné öffnen sich die Köpfchen bei Upsala um 8 Uhr vormittags und schliessen sich um 2 Uhr nachmittags.

Als Besucher sah H. Müller (Alpenbl. S. 460, 461) in den Alpen Käfer (2), Musciden (3), Bienen (1), Falter (8); Loew im botanischen Garten zu Berlin eine Muscide (Anthomyia sp.).

1651. H. aurantiacum L. Die orangeroten Blumen werden, wie H. Müller (Alpenbl. S. 461), hervorhebt, ebenso wie die ähnlich gefärbten Senecio abrotanifolius und Crepis aurea mit Vorliebe von rotgefärbten Tagfaltern aufgesucht. (Vgl. Bd. I. S. 171.) Als Besucher beobachtete derselbe in den Alpen 3 Argynnis-, 1 Melitaea- und 1 Polyommatus-Art, sowie 1 Zygaena. Nach Kerner öffnen sich die Köpfchen bei Innsbruck um 6 bis 7 Uhr morgens und schliessen sich um 3—4 Uhr nachmittags.

1652. H. villosum L. [H. M., Alpenbl. S. 461, 462.]

Als Besucher sah H. Müller in den Alpen Hymenopteren (3), Falter (2), Fliegen (3).

1653. H. glanduliferum Hoppe. (A. a. O. S. 462).

Besucher in den Alpen 2 Fliegenarten (Müller).

1654. H. albidum Villars. (H. intybaceum Wulfen).

Besucher in den Alpen 1 Hummel, 1 Falter (a. a. O.).

1655. H. staticefolium Villars. (A. a. O. S. 461).

Besucher in den Alpen (1), Fliegen (13), Bienen (7), Falter (19) (Müller). Schletterer beobachtete in Tirol die Sandbiene Anthrena propinqua Schck.

1656. H. laevigatum Willdenow.

Als Besucher sah Loew in Brandenburg (Beitr. S. 40) einen Käfer (Cryptocephalus sericeus L.).

1657. H. vulgatum Fries.

Als Besucher sah ich (Herbstbeob.) bei Kiel 1 Schwebfliege (Helophilus pendulus L., sgd. und pfd.), 1 Muscide (Musca sp.), 1 Kleinfalter (Tortrix sp.).

Herm. Müller (Befr. S. 406; Weit. Beob. III. S. 93) giebt folgende Besucher an: A. Diptera: *Syrphidae*: 1. Eristalis tenax L, pfd. (bayer. Oberpfalz). B. Hymenoptera: *Apidae*: 2. Anthrena coitana K. ♂, sgd.; 3. A. denticulata K. ♂, sgd.; 4. A. fulvescens Sm. ♀, psd.; 5. Bombus rajellus K. ♀, sgd.; 6. B. silvarum L. ♀, w. v.; 7. B. terrester L. ♀, w. v.; 8. Halictus cylindricus F. ♀ ♂, psd. und sgd., häufig; 9. Panurgus calcaratus Scop. ♀ ♂, psd. und sgd., häufig. C. Lepidoptera: *Rhopalocera*: 10. Epinephele hyperanthus L., sgd. (bayer. Oberpfalz); 11. E. janira L. sgd., daselbst; 12. Erebia ligea L., sgd. (Fichtelgebirge); 13. Lycaena icarus Rott., sgd.; 14. Melitaea athalia Esp., sgd. (Thür.).

Mac Leod beobachtete in Flandern 1 Bombus, 5 kurzrüsselige Bienen, 1 Holzwespe, 14 Schwebfliegen, 6 Musciden, 4 Falter, 2 Käfer (B. Jaarb. V. S. 435—437); H. de Vries (Ned. Kruidk. Arch. 1897) in den Niederlanden 1 Apide, Chelostoma florisomne L. ♂, als Besucher.

Loew beobachtete im botanischen Garten zu Berlin: A. Diptera: *Syrphidae*: 1. Eristalis nemorum L. B. Hymenoptera: *Apidae*: 2. Megachile centuncularis L. ♀, psd.; 3. Osmia fulviventris Pz. ♀, psd.

1658. H. murorum L. Nach Linné öffnen sich die Köpfchen bei Upsala um 9 Uhr morgens und schliessen sich um 1 Uhr mittags.

Als Besucher beobachtete ich (Bijdragen) in Thüringen 1 Käfer (Cryptocephalus sericeus L.). 2 Apiden (Bombus soroënsis F. var. proteus Gerst., sgd.; Halictus punctulatus K. ♀, sgd. und psd.) und 1 Falter (Pieris napi L., sgd.).

Loew (Beitr. S. 58) beobachtete in den Alpen eine kurzrüsselige Biene (Anthrena fulvago Chr. ♀, psd.) an den Blütenköpfen.

Borgstette sah bei Tecklenburg 1 Biene: Anthrena listerella K. ♀, psd.; Buddeberg in Nassau 2 Bienen: Halictus albipes F. ♂, sgd. und H. tetrazonius Klg. ♀, sgd. als Besucher. (H. M., Weit. Beob. S. 93.)

Noch am 9. 10. 97 sah ich bei Lauterberg im Harz Eristalis rupium F., pfd., auf den Blütenköpfen.

Alfken beobachtete bei Bremen: *Apidae*: 1. Anthrena denticulata K. ♂; 2. Dasypoda plumipes Pz. ♀ ♂; 3. Dufurea halictula Nyl. ♀; 4. D. vulgaris Schck. ♀ ♂; 5. Halictus flavipes F. ♂; 6. H. leucozonius Schrk. ♂; 7. Panurgus banksianus K. ♀ ♂; 8. P. calceatus Scop. ♀ ♂; 9. Prosopis communis Nyl. ♀. Schletterer giebt für Tirol Bombus soroënsis F. als Besucher an.

Loew beobachtete im botanischen Garten zu Berlin: Hymenoptera: *Apidae*: 1. Coelioxys rufescens Lep. ♀, sgd.; 2. Osmia fulviventris Pz. ♀, psd.

Lindman sah auf dem Dovrefjeld Hummeln und 1 Falter, sowie Fliegen an den Blüten.

1659. H. umbellatum L. [H. M., Befr. S. 404—406; Weit. Beob. III.
S. 92; Knuth, Ndfr. Ins. S. 98, 163; Verhoeff, Norderney; de Vries
a. a. O.] — Der Durchmesser des ausgebreiteten Köpfchens beträgt 25 mm.
Die Kronröhre der goldgelben Einzelblüten ist, nach H. Müller, 3—5 mm,
die Zunge 8—16 mm lang. Der Griffel wächst mit seinen beiden 2½ mm
langen Ästen und noch mit einem 3½ mm langen Stücke aus der Antherenröhre hervor, fegt dabei den ganzen Pollen aus derselben heraus und behält
ihn in seinen stacheligen Fegehaaren. Im zweiten Zustande spreizen sich seine
Äste auseinander und biegen sich allmählich so weit zurück, dass die Narbenpapillen mit den Fegehaaren in Berührung kommen, mithin bei ausbleibendem
Insektenbesuche spontane Selbstbestäubung eintreten muss.

Nach Linné öffnen sich die Köpfchen bei Upsala um 6 Uhr morgens
und schliessen sich um 5 Uhr nachmittags.

Als Besucher beobachtete ich auf den nordfriesischen Inseln Apis, 1 Bombus,
1 Panurgus, 1 Schwebfliege, 1 Tagfalter.

Herm. Müller be-
obachtete bei Lippstadt folgende Besucher:
A. Coleoptera:
1. Coccinella quinquepunctata L. B. Diptera:
a) *Conopidae:* 2. Occemyia
atra F., sgd.; 3. Sicus ferrugineus L., sgd. b) *Syrphidae:* 4. Eristalis arbustorum L., pfd. und sgd.,
sehr häufig; 5. E. nemo-
rum L., sgd.; 6. E. tenax
L., pfd. und sgd., sehr häufig; 7. Syrphus balteatus
Deg., w. v.; 8. S. ribesii
L., pfd. C. Hymeno-
ptera: a) *Apidae*: 9. Apis
mellifica L. ☿, sgd. und
psd., häufig; 10. Bombus
lapidarius L. ☿, sgd.; 11.
Coelioxys conoidea Ill. ♀,
sgd.; 12. C. simplex Nyl.
♀, sgd.; 13. Dasypoda
hirtipes F. ♀, sgd. und
psd.; 14. Halictus cylin-
dricus F. ♂, sgd.; 15. H.
leucozonius Schrk. ♀ ♂,
psd. und sgd.; 16. H. villosulus K. ♀ ♂, sgd. und
psd.; 17. H. zonulus Sm.
♀; 18. Megachile argen-
tata F. ♀, sgd.; 19. M.

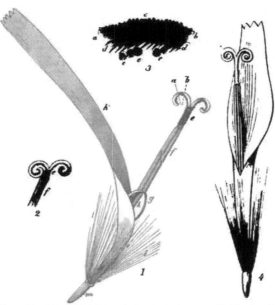

Fig. 210. Hieracium umbellatum L. (Nach Herm.
Müller.)

1. Blüte im zweiten Zustande. (7:1.) *2.* Die Griffeläste, noch
weiter zurückgerollt, so dass Autogamie erfolgt. *3.* Stück a b
des linken Griffelastes in *1.* (60:1.) H. pilosella L. *4.* Blüte
sich selbst bestäubend. (7:1). c Narbenpapillen. d Fegehaare. e Pollenkörner. f Antherencylinder. g Staubfäden.
h Griffel. i Kronröhre. k Einseitiger Kronsaum. l Haar-
kelch. m Fruchtknoten.

willughbiella K. ♂, sgd.; 20. Panurgus calcaratus Scop. ♀ ♂, psd. und sgd.; 21. Sphecodes gibbus L. ♂, sgd. b) *Chrysidae*: 22. Hedychrum lucidulum F. ♂. D. Lepido-

ptera: *Rhopalocera*: 23. Hesperia sp., sgd.; 24. Lycaena icarus Rott., sgd.; 25. Pieris napi L., häufig; 26. P. rapae L., sgd.; 27. Polyommatus dorilis Hfn., sgd.; 28. Pararge megaera L., w. v.; 29. Vanessa urticae L., nicht selten, w. v.

Verhoeff beobachtete auf Norderney: A. Diptera: *Syrphidae*: 1. Eristalis arbustorum L. ♂, hfg.; 2. Syrphus corollae F. ♂, hfg.; 3. S. nitidicollis Mg. ♀, einzeln. B. Hymenoptera: *Apidae*: 4. Bombus lapidarius L. ♀ ♂, hfg.; 5. B. terrester L. ♀; 6. Psithyrus rupestris F. ♂. C. Lepidoptera: *Nymphalidae*: 7. Argynnis latonia L., einzeln; Alfken auf Juist: A. Diptera: a) *Muscidae*: 1. Cynomyia mortuorum L.; 2. Echinomyia tessellata L.; 3. Lucilia caesar L. b) *Syrphidae*: 4. Eristalis tenax L.; 5. Melithreptus spec.; 6. Platycheirus manicatus Mg. B. Hymenoptera: *Apidae*: 7. Bombus distinguendus Mor.; 8. B. hortorum L. ♂; 9. B. lapidarius L. ♀ ♂; 10. B. muscorum F. ♀ ♂; 11. B. terrester L. ♂; 12. Dasypoda plumipes Pz. ♀, s. hfg., oft 3—4 in einem Blütenköpfchen, sgd., psd., ♂ sgd. b) *Sphegidae*: 13. Ammophila sabulosa L.; 14. Oxybelus mucronatus F. C. Lepidoptera: a) *Lycaenidae*: 15. Lycaena icarus Rott.; 16. Polyommatus phlaeas L. b) *Pieridae*: 17. Pieris brassicae L.; 18. P. napi L. c) *Satyridae*: 19. Epinephele janira L ; ferner bei Bremen: 1. Anthrena gwynana K. ♂, 2. Generat.; 2. A. humilis Imh. ♀; 3. Bombus distinguendus Mor. ♀; 4. B. hortorum L. ♀; 5. B. muscorum F. ♀; 6. Dasypoda plumipes Pz. ♀ ♂; 7. Melitta leporina Pz. ♂; 8. Panurgus banksianus K. ♀ ♂; 9. P. calceatus Scop. ♀ ♂.

Loew beobachtete im botanischen Garten zu Berlin: A. Diptera: *Syrphidae*: 1. Eristalis aeneus Scop.; 2. E. arbustorum L.; 3. E. nemorum L.; 4. E. tenax L.; 5. Helophilus floreus L.; 6. Syritta pipiens L.; 7. Syrphus albostriatus Fall. B. Hymenoptera: a) *Apidae*: 8. Apis mellifica L. ♀, sgd. und psd.; 9. Dasypoda hirtipes F. ♂, sgd. und psd.; 10. Halictus leucozonius Schrk. ♀ ♂, sgd. b) *Sphegidae*: 11. Ammophila sabulosa L. C. Lepidoptera: *Rhopalocera*: 12. Rhodocera rhamni L., sgd.; 13. Pieris brassicae L., sgd.; 14. P. rapae L., sgd.

H. de Vries (Ned. Kruidk. Arch. 1877) beobachtete in den Niederlanden 1 Hummel, Bombus subterraneus L. ♀, als Besucher.

Loew beobachtete im botanischen Garten zu Berlin an Hieracium-Arten folgende Besucher:

1660. H. australe Fr.:

Hymenoptera: *Apidae*: 1. Apis mellifica L. ♀, sgd. und psd.; 2. Bombus agrorum F. ♂, sgd.; 3. Halictus leucozonius Schrk. ♀, sgd.;

1661. H. boreale Fr.:

Eine saugende Biene: Prosopis armillata Nyl. ♀;

1662. H. brevifolium Tausch.:

A. Diptera: a) *Muscidae*: 1. Anthomyia sp. b) *Syrphidae*: 2. Helophilus floreus L. B. Hymenoptera: *Apidae*: 3. Apis mellifica L. ♀, sgd. und psd.; 4. Bombus terrester L. ♀, sgd.; 5. Halictus cylindricus F. ♂, sgd.; 6. Halictus nitidiusculus K. ♂, sgd.; 7. Panurgus calcaratus Scop. ♀, sich zwischen den Blüten wälzend und dicht mit Pollen behaftet;

1663. H. bupleuroides Gmel.:

A. Diptera: *Syrphidae*: 1. Eristalis tenax L.; 2. Helophilus pendulus L. B. Hymenoptera: *Apidae*: 3. Apis mellifica L. ♀, sgd. und psd.; 4. Heriades truncorum L. ♂, sgd.; 5. Prosopis sp. ♀, sgd.;

1664. H. crinitum Sibth. et Sm.:

A. Diptera: *Syrphidae*: 1. Eristalis nemorum L.; 2. E. tenax L.; 3. Helophilus floreus L.; 4. Syritta pipiens L. B. Hymenoptera: *Apidae*: 5. Apis mellifica L. ♀, sgd. und psd.; 6. Halictus cylindricus F. ♂, sgd.; 7. H. leucozonius Schrk. ♀, sgd.;

1665. H. cymosum L.:

Diptera: *Syrphidae*: Syrphus balteatus Deg.;

1666. H. echioides Lumn.:

Hymenoptera: *Apidae:* Osmia fulviventris Pz. ♀, psd.;

1667. H. foliosum W. K.:

A. Diptera: *Syrphidae*: 1. Pipiza festiva Mg. B. Hymenoptera: *Apidae*: 2. Chelostoma campanularum K. ♀, psd.;

1668. H. hirsutum Bernh.:

A. Diptera: *Syrphidae*: 1. Syritta pipiens L. B. Hymenoptera: *Apidae*: 2. Psithyrus vestalis Fourcr. ♂, sgd. C. Lepidoptera: *Rhopalocera*: 3. Vanessa io L., sgd.;

1669. H. porphyritae F. Schultz.:

Hymenoptera: *Apidae*: Stelis aterrima Pz. ♀, sgd.;

1670. H. pratense Tausch.:

Diptera: *Syrphidae*: Syrphus balteatus Deg.;

1671. H. pulmonarioides Vill.:

Hymenoptera: *Apidae*: Apis mellifica L. ☿, sgd. und psd.;

1672. H. Retzii Grsb.:

Hymenoptera: *Apidae*: Osmia fulviventris Pz. ♀, psd.;

1673. H. virosum Pall.:

A. Diptera: *Syrphidae*: 1. Eristalis tenax L. B. Hymenoptera: *Apidae*: 2. Apis mellifica L. ☿, sgd. und psd.; 3. Halictus cylindricus F. ♂, sgd.; 4. H. nitidiusculus K. ♀, sgd.

69. Familie Stylidiaceae R. Br.

Nach der von Delpino (Ult. oss. S. 125, 126) an getrockneten Pflanzen vorgenommenen Untersuchung sind die hierher gehörigen Arten ausgeprägt protandrisch; sie sind wahrscheinlich auf Insektenbesuch angewiesen.

Berichtigung.

Hypecoum L. (S. 68) ist nach Kerner (Pflanzenleben II. S. 174) Honigblume.
